中国景观规划设计年鉴 2011 ①

CHINA LANDSCAPE & PLA-NNING DESIGN YEARBOOK 2011

城市设计
滨水规划
商业街

URBAN DESIGN
WATERFRONT PLANNING
COMMERCIAL STREET

张先慧 主编

大连理工大学出版社

图书在版编目（CIP）数据

中国景观规划设计年鉴.2011.1：汉英对照/张先慧主编. —大连：大连理工大学出版社，2010.10
ISBN 978-7-5611-5848-7

Ⅰ.①中… Ⅱ.①张… Ⅲ.①景观—园林设计—中国—2011—年鉴—汉、英 Ⅳ.①TU986.2-54

中国版本图书馆CIP数据核字（2010）第199884号

统　　筹　房　磊
责任编辑　张昕焱
封面设计　王志峰
责任校对　伍　嘉
美术指导　李小芬
设　　计　苏雪莹　莫绿菲　梁　晓

出版发行：大连理工大学出版社
（地址：大连市软件园路80号　邮编：116023）
印　　刷：广州汉鼎印务有限公司
幅面尺寸：230mm×305mm
印　　张：78
出版时间：2010年10月第1版
印刷时间：2010年10月第1次印刷

书　　号：ISBN 978-7-5611-5848-7
定　　价：1280.00元（共4册）

CONTENTS 目录

1

2

3

4

INTRO-DUCTION
/导言

张先慧

中国麦迪逊文化传播机构董事长
中国（广州、上海、北京）广告书店董事长
广州先慧策划工作室主持人
《麦迪逊丛书》主编

记录精英　传播经典

中国景观规划设计起步较晚，但是随着中国经济的飞速发展，近年来景观规划设计领域空前繁荣，项目数量之多、规模之大、建设速度之快，令人瞠目。而与此同时，众多设计师却缺少一套全、新、好的设计参考借鉴书籍以及交流前沿思想的平台，为此，《中国景观规划设计年鉴2011》应运而生。

鉴于景观设计与规划设计在很多时候都是密不可分的，本年鉴秉持以景观设计与规划设计并重的原则，主张以创新与发展作为景观规划设计创作的主旋律，以科学与艺术相结合的审美眼光审视景观规划设计作品，力求打造中国最具影响力的景观规划设计行业年鉴。

本年鉴征稿消息发出后，在中国有设计项目的世界各地的设计机构与设计师都踊跃参与，大量投稿，投稿数量之多完全出乎我们的意料，最终本年鉴以一套四册的形式面世。

《中国景观规划设计年鉴2011》精选目前中国最新的设计项目作品汇编而成，共分十二类，汇集百余家中外知名设计公司、近200个最新设计案例，如此大的规模前所未有。我们用年鉴的形式把当代最具价值的景观规划设计作品记录下来，传播开去，意在对景观规划设计文化予以保存的同时，也为读者提供了解当代设计状况及交流思想的平台。

“记录精英，传播经典”，这是《麦迪逊丛书》的宗旨。

希望业界朋友继续关注与支持我们。

城市设计
URBAN DESIGN

北京市丰台区丽泽金融商务区

项目资料：
项目地址：北京市丰台区
设计面积：约525公顷
设计单位：伍兹贝格建筑设计咨询（北京）有限公司

项目说明：

北京市丽泽金融商务区位于北京中心城东南部丰台区卢沟桥乡东区，总体规划范围约525公顷。

丽泽金融商务区是中心城西南部发展带上的重要组成部分，也是加快南城建设的一个重要节点，加之优越的区位及交通条件，本项目应当抓住央企总部扩张的机遇，与丰台区现有总部基地相呼应，促进总部经济在城市西南地区的迅速聚集。

通过对项目的深入研究，设计对项目本身做出如下定位：利用优越的区位和交通条件，充分发挥规模优势和后发优势，创建北京金融商务中心、总部经济中心及城市综合服务中心，全力打造北京金融产业第三极。

Waldenbooks

长沙市新火车站周边地区

项目资料：
项目地址：湖南省长沙市
设计面积：20平方公里
设计单位：EPSTEIN爱普斯顿国际投资项目顾问（深圳）有限公司
主要设计人员：王艳华 Mullein Moore buss Johannes Jaeger 濮新强 朱雯 黄玉珑 宋芸芸 卢东晴 郭靓 吴苗钏 王贤伟 王岩 胡志高 陈毅秋

项目说明：

一、区位分析

本规划地块位于长沙市主城区东部雨花区的黎托乡，西临体育新城，南有森林植物园，北为隆平高科技农业园，浏阳河流经该地区，区位优势明显。

京珠高速公路从西边穿越，机场高速路从北部横跨，距黄花国际机场仅17公里，地块位于内环线与绕城线之间，同时规划的地铁2号线与3号线在此交汇，雨花客运站也在规划片区内，交通既便捷又复杂。

二、城市功能分级布置

新长沙火车站周边地区的城市功能应分级配置，区域级功能以对外交流、展示为主，城市级以服务长沙市及周边城镇为主，地段级以服务本地段居民为主。

区域级的功能有：商品批发交易中心、会务展览中心、接待酒店、旅游设施、信息服务等。

城市级的功能有：综合商务办公、居住区、大型购物中心、文化娱乐中心、电讯设施、城市公园等。

三、城市功能总体定位

1.建立高效运行、功能强大的区域性交通枢纽；

2.打造以区域交通枢纽为依托的综合商贸区；

3.营造以浏阳河风光带为特色的旅游商务区；

4.建设以商贸、旅游为特色的生态居住区；

5.树立有机、生态、现代、高效、充满活力的长沙东大门形象。

四、空间结构研究

（一）区域城市空间结构

组团轴向滚动发展模式

规划区与长沙整体空间结构协调，由长沙市中心区向东依次为长沙体育新城组团、规划的交通商贸组团、东部田园风光组团。第一生态圈和绕城线为城区扩展的可能终止界限。规划区北部与星马新城衔接。

（二）规划区城市空间结构

1.主辅双中心结构

规划新区总用地达20平方公里，但被浏阳河分隔为东西两大片区，东西两片宜各形成一个功能侧重不同的公共设施中心，使整个规划区形成西为主、东为辅的双中心模式，原因有三：

（1）有利于城市建设循序渐进的开展；

（2）城市中心区的核心范围、辐射范围较单中心更大；

（3）有利于减轻商业、商务公共设施的聚集，对交通枢纽的压力。

2.弹性发展空间

规划并不主张采用将用地完全铺满的做法，而是划分为若干功能单元，单元之间保留一定的绿楔空间，为城市开发保留一定的弹性发展空间，使土地利用具有一定的兼容性，有利于依据市场变化情况做出调整。城市开发以组团模式滚动发展，城市开发停止于任何一个阶段，城市功能结构都可以保持完整，同时又能总体控制。

总体城市规划

一、规划结构分析

"一心二环三轴四带多组团"

一心：以新长沙站为动力源的交通商贸中心；

二环：交通外环和生活内环；

浏阳河
机场高速
京珠高速
劳动东路
01 新火车站
02 步行平台系统
03 长途汽车站
04 批发市场
05 展示交易中心
06 演艺中心
07 综合商业中心
08 立体商业步行平台
09 中心绿地
10 情景商业街
11 防护绿化带
12 居住区
13 学校
14 医院
15 市民公园
16 滨水休闲步道
17 滨水酒店
18 滨水公园
19 文化公园
20 文化娱乐中心
21 游艇码头
22 木栈道
23 步行桥
24 滨水亲水平台
25 磨盆洲旅游公园
26 帆船造型景点
27 滨水商业办公中心
28 观景塔
29 中央公园
30 商业办公
31 商务酒店
32 风情餐饮街
N
0 200 500 1000m

城市规划总平面

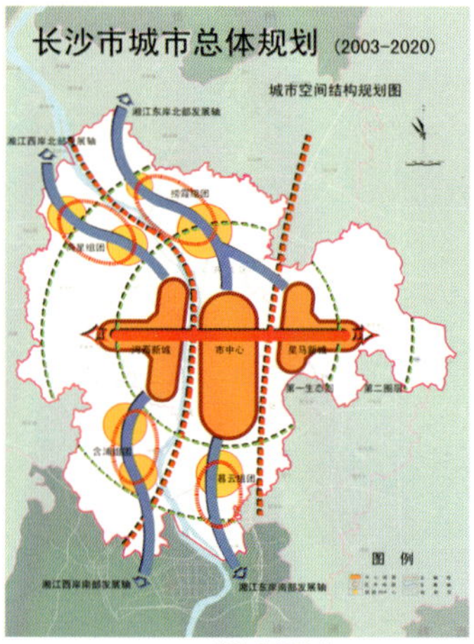

城市空间结构 City Space Structure

规划区空间结构 Planning Area City Space Structure

三轴：铁路动态发展轴、浏阳河生态景观轴，以及城市的可持续发展轴；

多组团：文化娱乐组团、商贸综合组团、商务居住组团、河东商务组团，以及两个滨河生态居住组团。

二、功能组团分析

（一）交通商贸中心：

武广铁路客运专线新长沙站的建设，是周边地区的发展动力之源。

本地域以新长沙站为中心，集商业、贸易、办公、酒店等设施，以“人气”带动“财气”，构建长沙站新区重要的城市窗口和门户形象。

（二）商务居住组团：

紧挨交通商贸中心，铁路线经过此组团向南延伸，良好的交通优势促成商务经济的发展，少量安置村民回迁用地，滨河部分设置高尚居住区。

（三）河东商务组团：

通过对新长沙站周边地区的战略分析和轴向滚动可持续发展研究，设计将此组团定义为未来的商贸副中心，集中布置河东片区的商业、商务设施，有利于城市建设循序渐进的开展。

（四）文化娱乐组团：

比邻“体育新城”和“文体本一家”。文化娱乐组团在核心区交通商贸中心的商业辐射效应带动下，聚集博物馆、图书馆、文化馆、影剧院等文化娱乐建筑和居住配套，在提升整体文化形象的同时，进一步拉动商业人气，形成未来的“文化新区”。

（五）商贸综合组团：

结合长沙市地铁3号线的交通走向，利用轨道交通对经济效益产生的巨大拉动力，以及组团西侧滨河的良好景观优势，合理布置商业、办公、酒店、居住、文化娱乐等各种功能用地，提升土地的整体资源价值。

（六）滨河生态居住组团：

濒临浏阳河，拥有极佳的自然生态资源，“择水而居”，将滨河风光带的景观资源渗透到组团内，于是，富有生机的、景色宜人的生活空间被创造出来。

三、道路交通规划

（一）设计理念

1.以公共交通主导开发模式（TOD）为前提。

2.功能有别、等级明确；功能上形成交通外环和生活内环的道路结构；等级上将道路划分为主干道、次干道、支路三个等级，主干路网呈“三纵三横”的结构。

3.弹性街区设计；细致纹理的街区弹性容纳不同种类及不同强度的使用可能性，未来开发可针对不可预见的需求状况弹性地加以调整。

（二）对外交通

铁路：武广铁路客运专线、杭长客运专线沪昆方向铁路线；

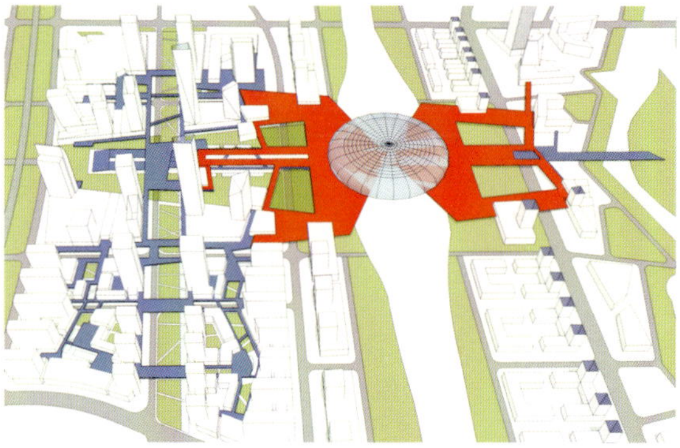
◆立体交通组织，人车尽可能分行

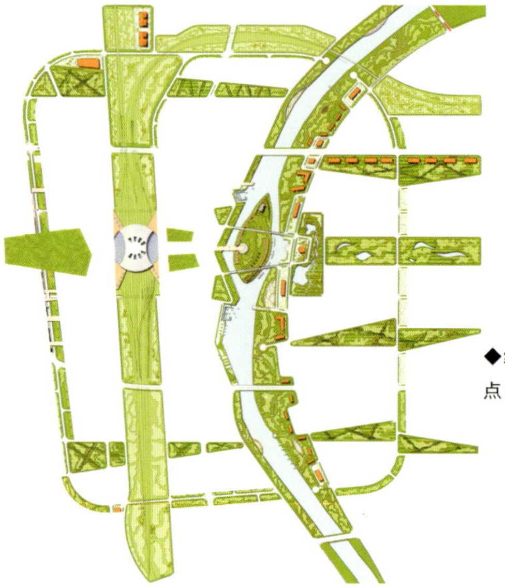
◆绿带项链串起各景观节点，创造宜人的休闲空间

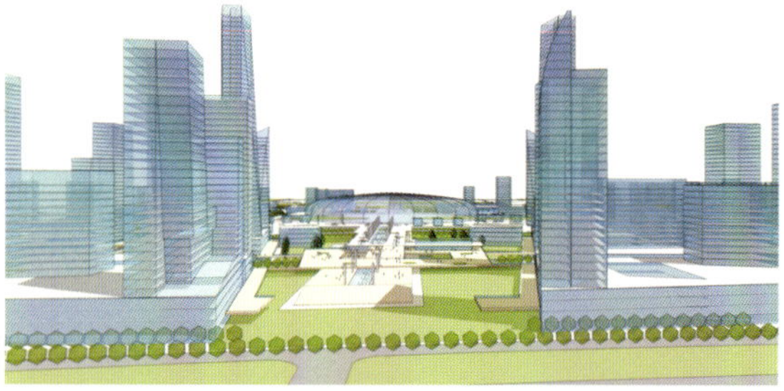
◆塑造高效、智能、生态的长沙东大门形象

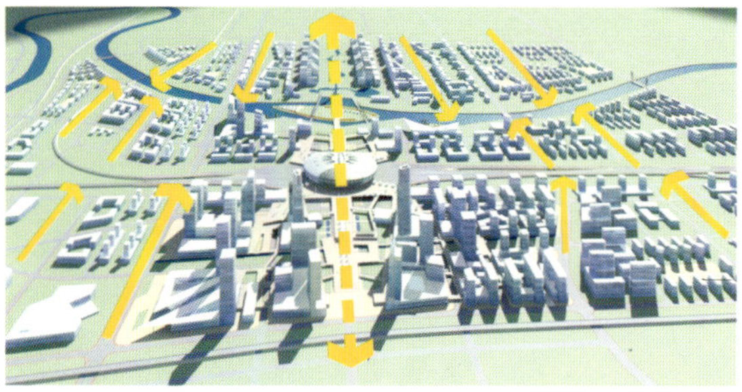
◆精明发展计划，预留弹性发展空间

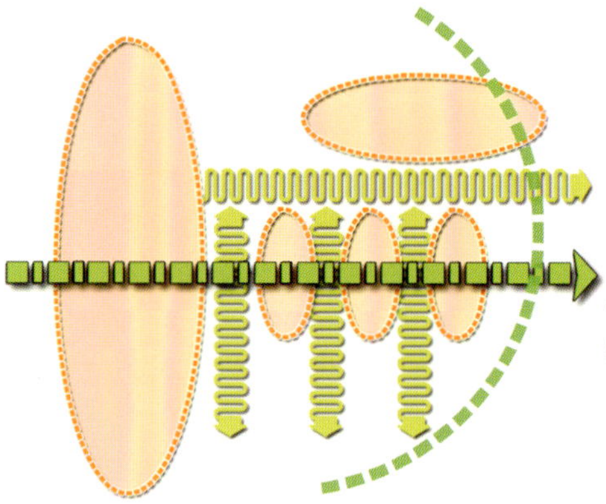
◆轴线生长，带动组团滚动发展

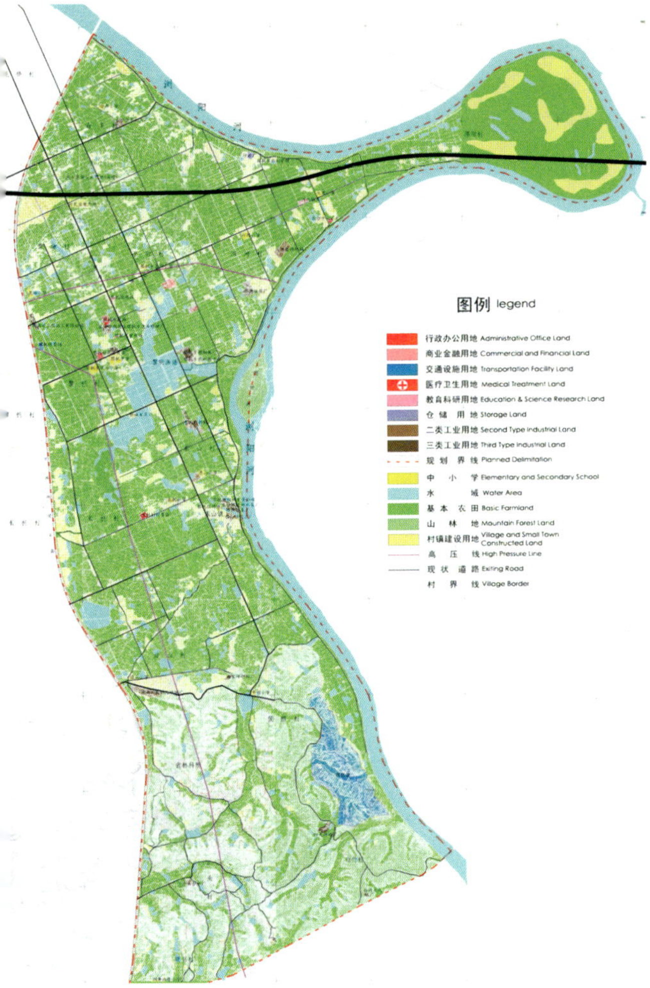
图例 legend
行政办公用地 Administrative Office Land
商业金融用地 Commercial and Financial Land
交通设施用地 Transportation Facility Land
医疗卫生用地 Medical Treatment Land
教育科研用地 Education & Science Research Land
仓储用地 Storage Land
二类工业用地 Second Type Industrial Land
三类工业用地 Third Type Industrial Land
规划界线 Planned Delimitation
中小学 Elementary and Secondary School
水域 Water Area
基本农田 Basic Farmland
山林地 Mountain Forest Land
村镇建设用地 Village and Small Town Constructed Land
高压线 High Pressure Line
现状道路 Exiting Road
村界线 Village Border

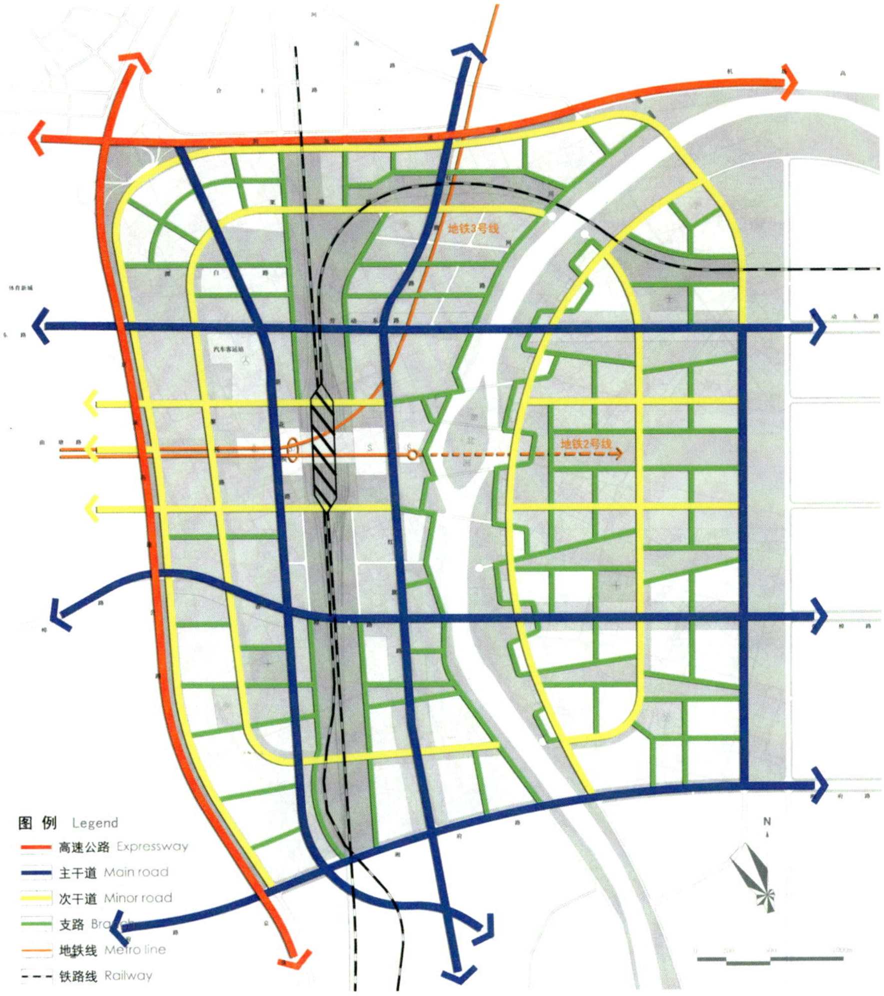
地铁3号线
地铁2号线
图例 Legend
高速公路 Expressway
主干道 Main road
次干道 Minor road
支路
地铁线 Metro line
铁路线 Railway
N

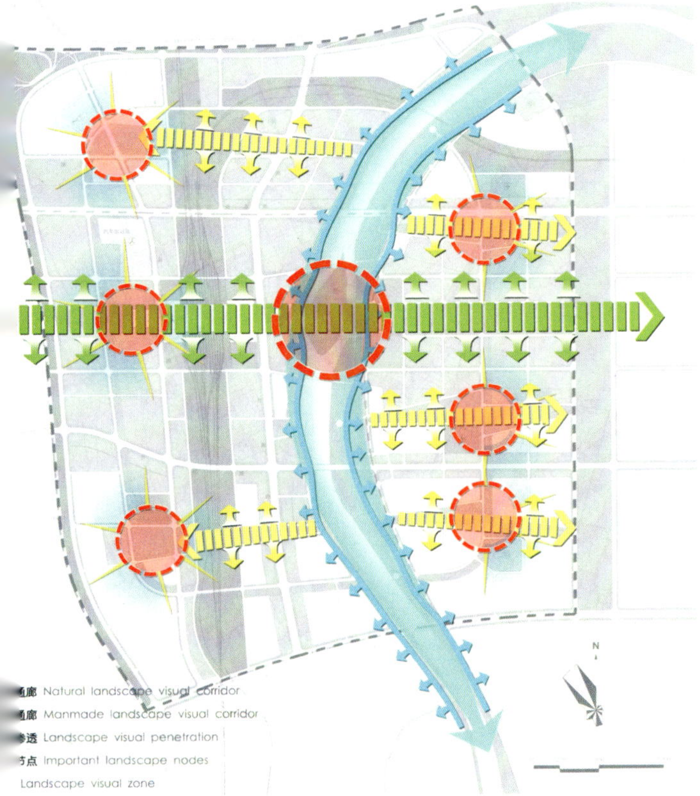
N
Natural landscape visual corridor
Manmade landscape visual corridor
Landscape visual penetration
Important landscape nodes
Landscape visual zone

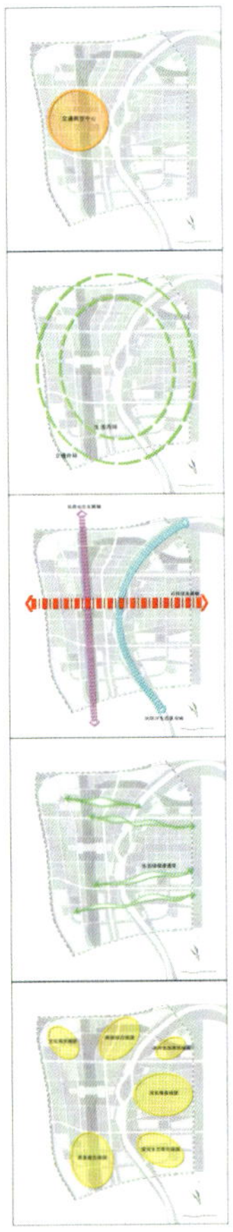

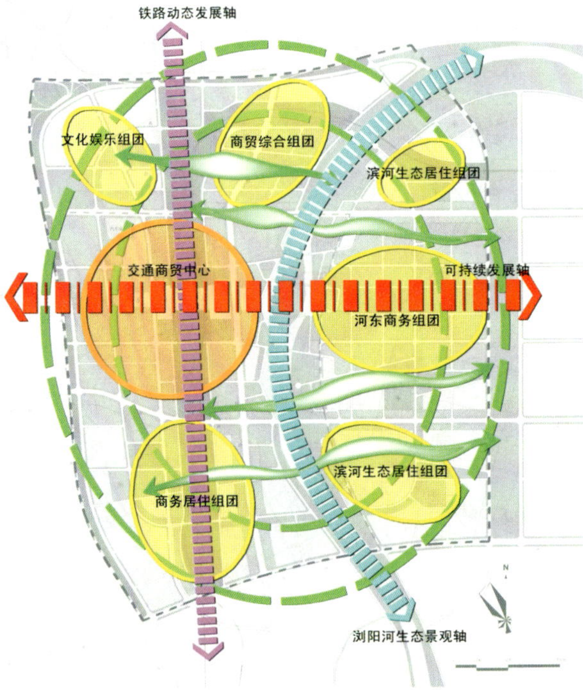
铁路动态发展轴
文化娱乐组团
商贸综合组团
滨河生态居住组团
交通商贸中心
可持续发展轴
河东商务组团
滨河生态居住组团
商务居住组团
N
浏阳河生态景观轴

高速公路：京珠高速公路、机场高速公路；

长途客运站：临劳动东路设置，位于新火车站附近。

（三）城市道路

与长沙市区衔接的干道：劳动东路、香樟路和湘府路东西向与中心区相连，红旗路南北向与星马新城相连，新花侯路与高速公路相接；核心区新增三条次干道与中心区联系。

（四）立体交通

核心商贸区设置三层立体交通体系，合理集约利用土地，高强度开发核心区地块，提高路网密度，实现竖向人车分流和平面局部人车分流。

（五）地铁

地铁2号线和3号线自市中心区在此交会，3号线沿红旗路与星马新城相联系，2号线延伸至河东商务组团核心。

（六）步行系统

以绿色开放空间为依托，浏阳河自然风光带为城市的主要休闲景观步行空间，横向中央景观带及交叉错落的生态绿楔构成步行系统的重要组成部分，生活内环将各步行空间串联。

步行与车行尽量分流，减少车辆对步行环境的影响。

四、浏阳河沿线规划

（一）设计理念

1.概念化、主题化

一个概念明晰、主题鲜明的公共滨水地带，关注城市与自然的关系。设计城市与自然共同恪守的、具有城市特殊景观象征的中间地带——浏阳河滨河风光带。

2.场所感、融合感

一个特征鲜活的城市地区，通过城市设计、环境景观重塑、活动策划等手段去创造强烈的场所诱惑力，完成城市公共空间与浏阳河的融合，创造并完善城市公共服务体系。

3.差异性、兼容性

利用其特殊的生态资源，鼓励个性化功能单元的组合，强化差异性、兼容性的民族文化特色。

交通商贸中心

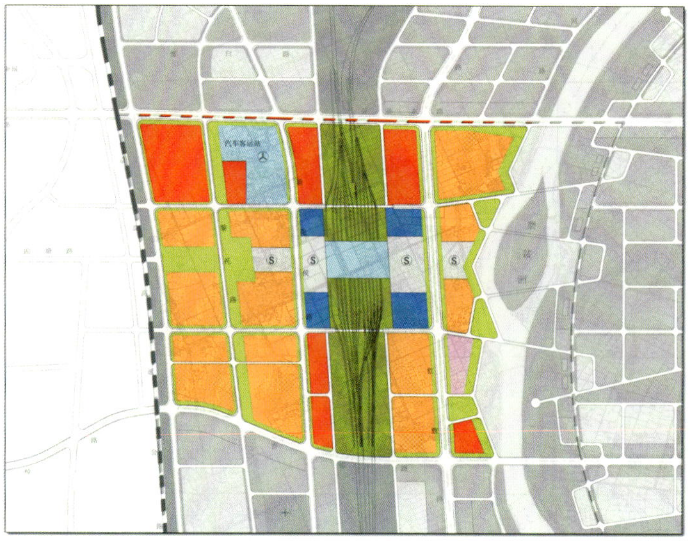

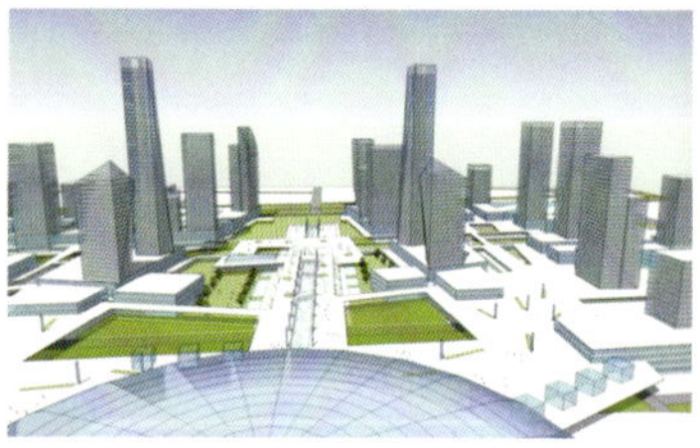

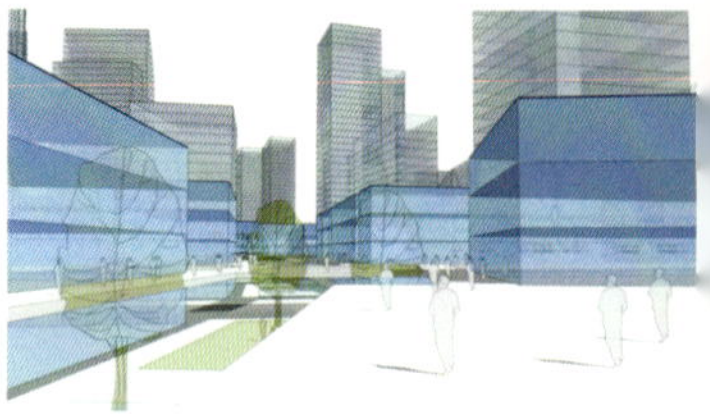

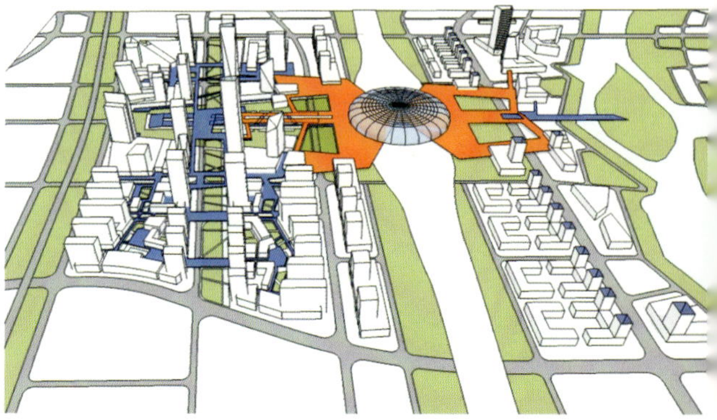

商务居住组团

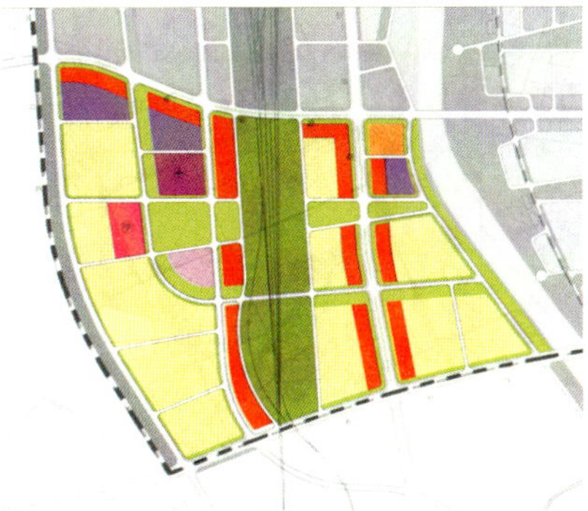

河东商务组团

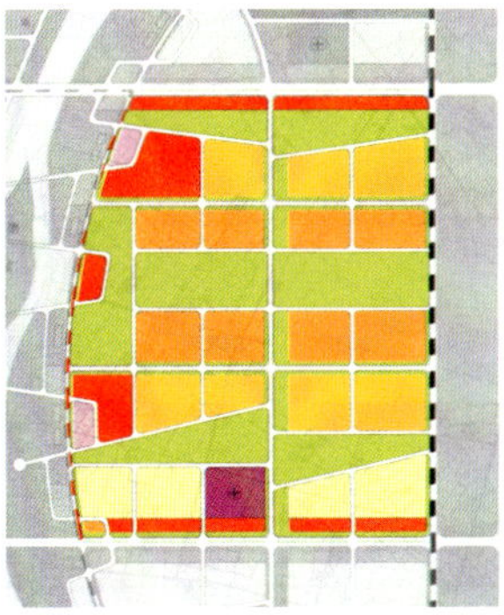

文化娱乐组团

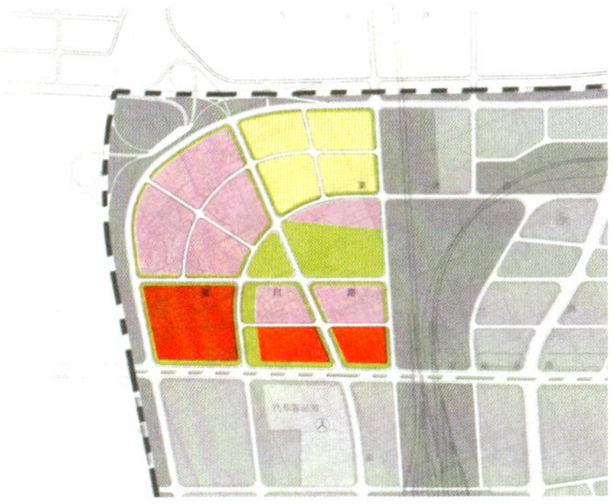

商贸综合组团

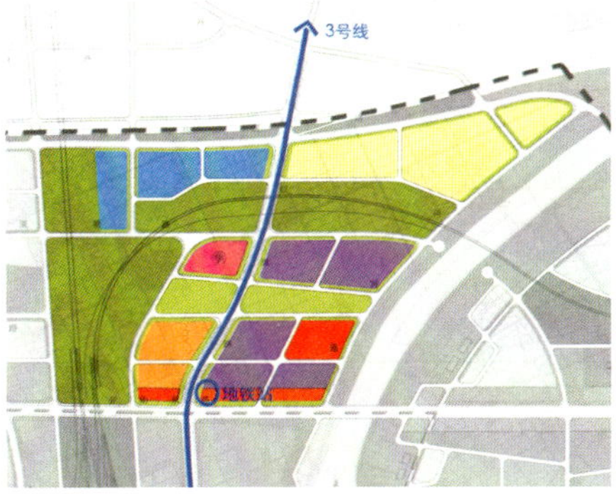

滨河生态居住组团

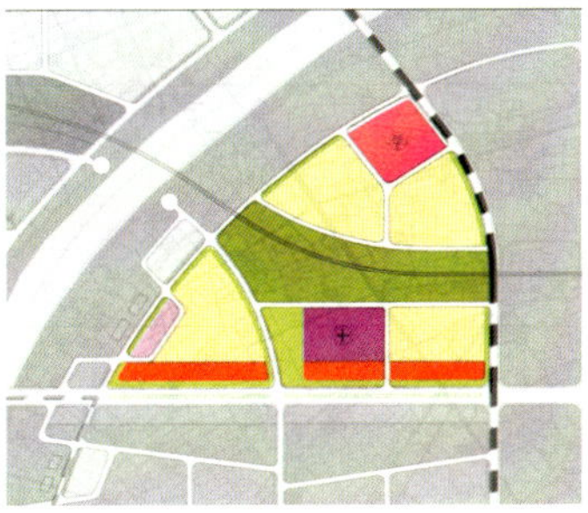

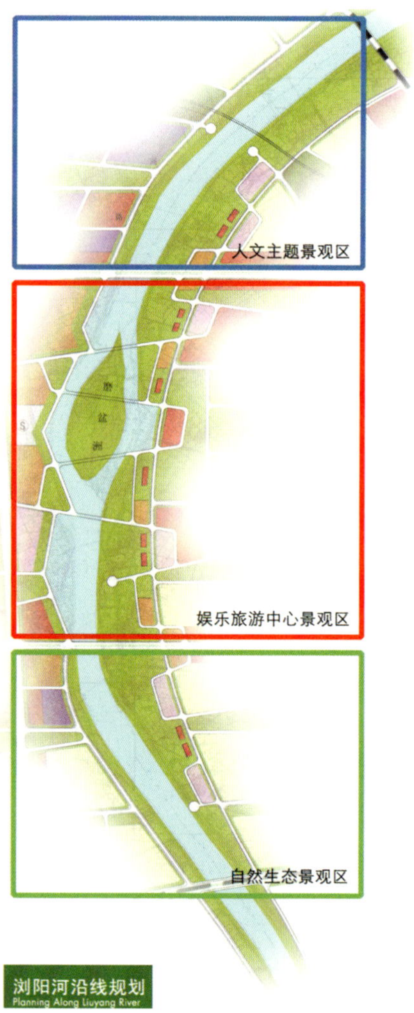

浏阳河沿线规划
Planning Along Liuyang River

（二）设计构思

1.蓝的渗透，绿的楔入

将浏阳河的生态资源尽量渗透到城区的各功能组团，通过倾斜、错落的生态绿楔，实现自然生态与社区公共空间的融合渗透，完善区域的生态绿地体系。

2.连续的界面，融合的空间

对应浏阳河西岸功能上的分割、限制、界定，东岸的设计则寻求一种新的思路，以增加城市内部与滨河区域的直接对话。渴望直接感受自然。于是设计出一种弹性的、独特的、有效的道路系统与明确的滨河绿化空间相互融合，建筑在绿地旁，建筑在绿园中。弱化车行功能，更多地提供人与自然的亲密接触。

（三）城市功能

根据河段位置及周边的城市功能，将浏阳河滨河风光带划分成娱乐旅游中心景观区、人文主题景观区和自然生态景观区。

1.娱乐旅游中心景观区：

结合交通商贸中心的商场、酒店、办公等集聚之态，重点形成自然景观与人工景观的完美融合，通过亲水平台、游船码头、休闲度假等娱乐设施，塑造中心景观区的复合旅游景观形象。

2.人文主题景观区：

分为“清风傲骨人文艺术”和“指点江山革命纪念”两条主题岸线。

“清风傲骨人文艺术”岸线以秀才四艺“琴棋书画”为表现方式，以浏阳河的远古文化、古代文化、近代文化和当代文化为主题；“指点江山革命纪念”则以一条红色的河为主题，以革命事迹为中心，亲身体验红军长征途中的沼泽、雪山等湿地下沉亲水空间，亦可借铁路干线成为“红色根据地”湖南的形象窗口之一。

3.自然生态景观区：

以自然生态风光为主题，通过生态湿地风光，有效带动周边的房地产开发，给周边房地产升值带来巨大的潜力，形成最适于居住、休闲的公共开放空间。

五、防洪规划

长沙站新区范围内，整个地势西高东低，标高一般在33米~43米，大部分用地都在百年一遇洪水位标高（39.72米）以下，于是设计设置防洪与景观功能相结合的多种防洪断面模式。

堤岸断面模式

人文主题景观区：建议采用分层式，既确保防洪要求又可以增加活动空间和亲水性；

娱乐旅游中心景观区：建议采用台阶式，形成城市与滨水空间的良好过渡；

自然生态景观区：可采用坡地式的设计，以保护自然生态湿地资源为主导，适度、有选择地增加人的停留和活动空间。

六、开放空间规划

规划区的开放空间系统是兼顾生态连续性、居民可达性、空间体验的层次性与丰富性、活动的多元性而形成的。

景观意向 Landscape Intent

滨水公共空间示意一
Coastal space demonstration 1

滨水公园示意一
Coastal park demonstration 1

滨水公共空间示意二
Coastal space demonstration 2

滨水公园示意二
Coastal park demonstration 2

磨盆洲生态示意
Mopanzhou ecology demonstration

滨水公共空间示意三
Coastal space demonstration 3

滨水景观壁示意一
Coastal landscape wall demonstrat

磨盆洲帆船景点示意
Mopanzhou Sailboat site demonstration

滨水休闲步道示意
Coastal leisure walkway demonstration

滨水景观壁示意二
Coastal landscape wall demonstrat

滨水景观鸟瞰示意一
Coastal landscape Bird's eye view 1

滨水景观鸟瞰示意二
Coastal landscape Bird's eye view 2

滨水景观鸟瞰示意三
Coastal landscape Bird's eye view 3

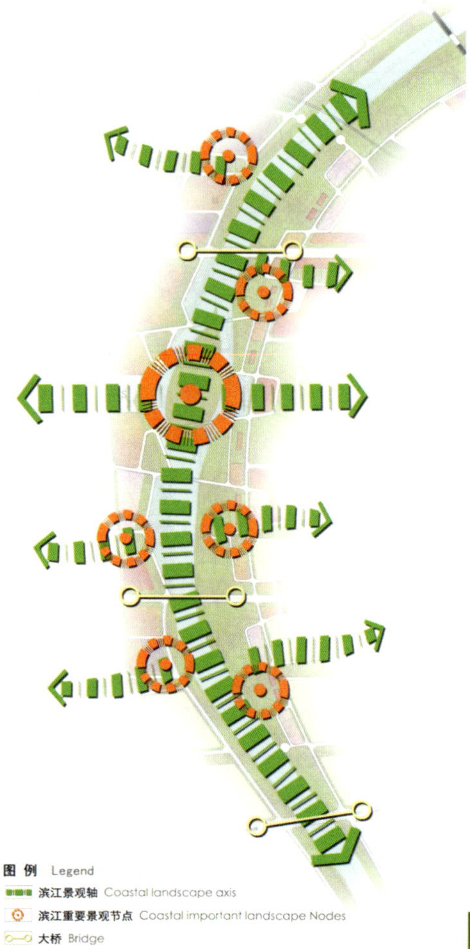

图例 Legend
滨江景观轴 Coastal landscape axis
滨江重要景观节点 Coastal important landscape Nodes
大桥 Bridge

浏阳河沿线规划
Planning Along Liuyang River

天际轮廓线分析

Skyline Analysis

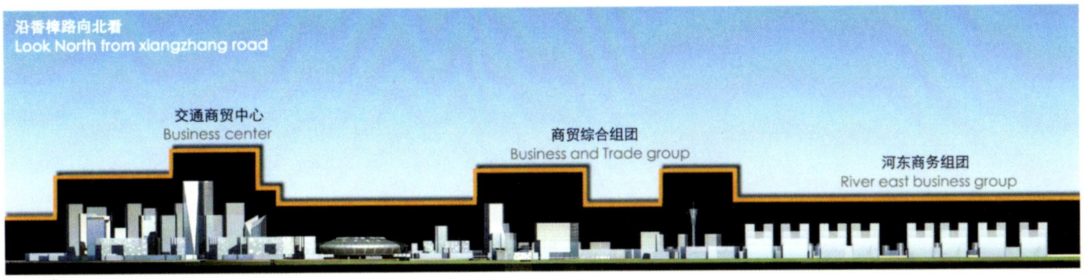

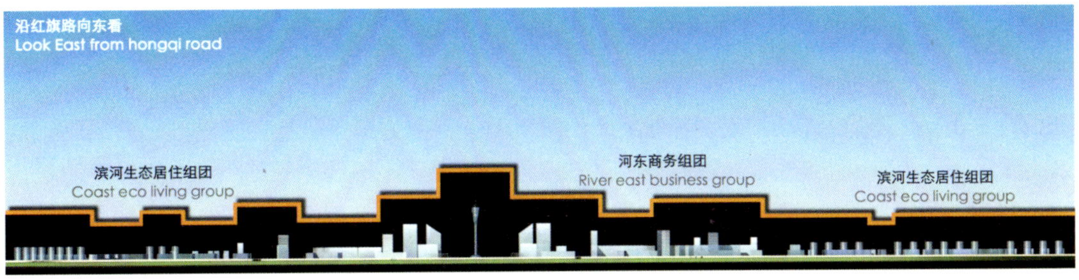

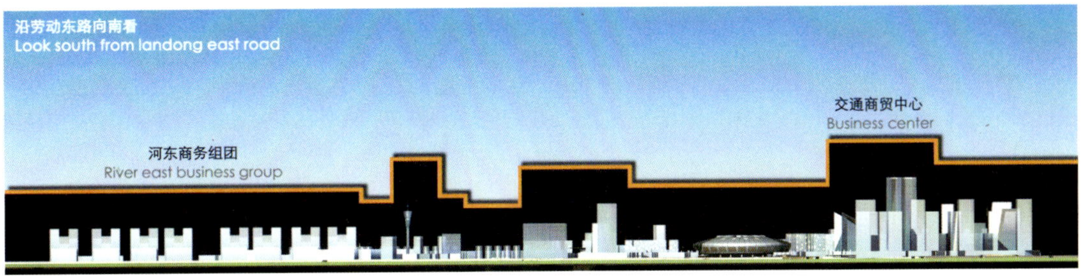

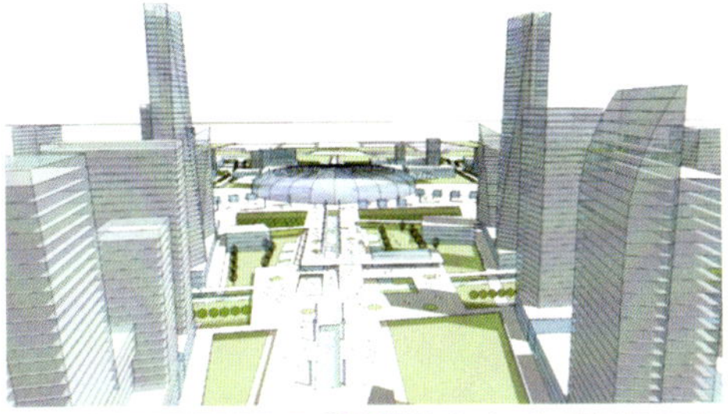

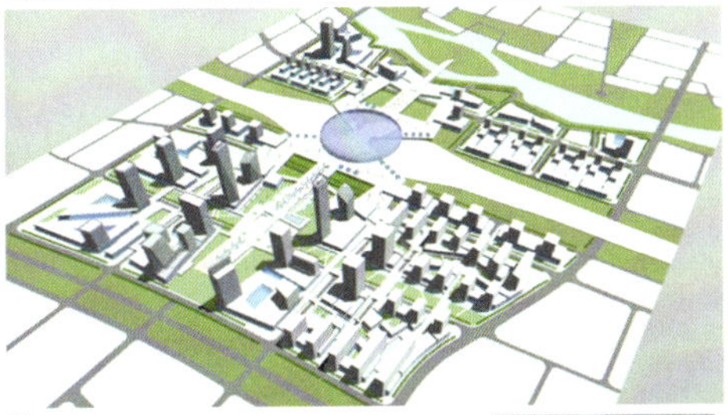

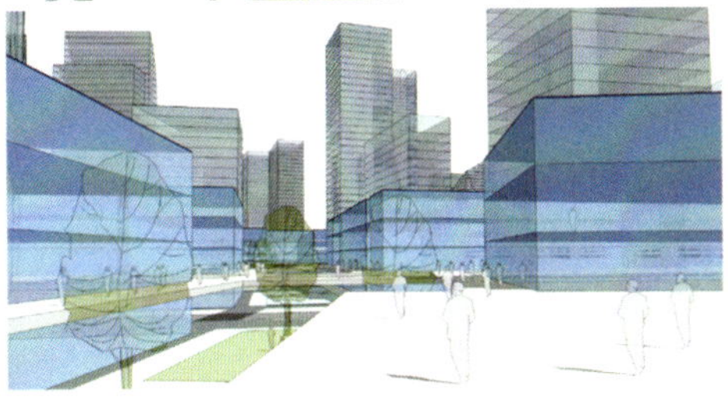

引入绿色开放空间的概念，实现主要开放空间园林化，依托浏阳河自然生态风光带、铁路防护绿带、横向中央景观带、交叉错落的社区公园，结合道路绿化，沟通和联系“点、线、面”的开放空间，建立生态网络系统。

生活道路内环像一串绿色项链，将各社区公园串联起来，实现公共空间、自然空间与居住社区的融合渗透，为市民提供机动交通之外的出行方案和休闲娱乐空间。

七、景观视线分析

针对景观五元素：区域、界面、道路、节点、标志物，分别进行针对性设计。以浏阳河自然风光带、中央可持续发展轴为景观骨架，结合交叉错落的生态绿楔渗透通廊和重要的景观节点，形成层次丰富、主题鲜明的景观系统。

通过景观视域辐射，彼此渗透，最终形成完整的城市景观体系。

八、天际轮廓线分析

在设计城市天际轮廓线时，主要通过塑造交通商贸核心区高层建筑天际线景观、浏阳河两岸滨水天际线景观、标志物立面突破及周边城市功能组团轮廓线协调，以形成高低错落、层次丰富、形象鲜明、主题突出的城市立面。无论从哪一个角度看，都能呈现出动人的天际曲线。

九、开发建设时序

分期原则

率先启动以新长沙站为动力源的经济孵化器；

优先建设对外交通的主干道辐射区域；

兼顾产业发展和人居环境建设，保持自身的相对平衡；

保证各期建设区的形象完整性。

近期：项目带动，经济提升

依托“十一五”国家重点工程项目武广铁路客运专线的建设，掀开长沙站新区建设的序幕，全力打造作为新区“门户”的交通商贸中心，通过商务居住组团内的大型住区项目的开发，平衡首期的城市功能。

中期：完善功能，塑造形象

在具有活力的交通商贸和稳定的生活居住条件下，开发博物馆、图书馆、剧场等商贸文化设施，使长沙站新区的发展上升到一个新台阶，逐步形成城市新的文化形象。

远期：优化环境，持续发展

在交通商贸中心区初步形成后，规划区的区位价值将极尽凸显，浏阳河河东区域则具备极大的开发潜质。河东商贸组团将以“未来商贸副中心”之态，携手滨河生态居住组团共同和谐发展。

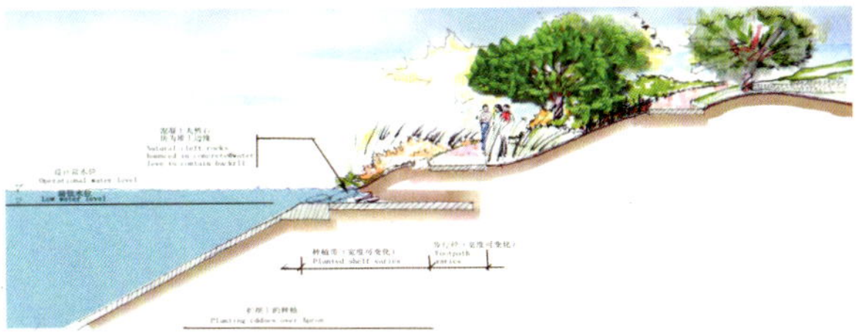

分层式：增加亲水性与活动空间

Multi layer: add more leisure space and touch of the water

台阶式：城市与滨水区自然过渡

Steps: natural transition from city to coast

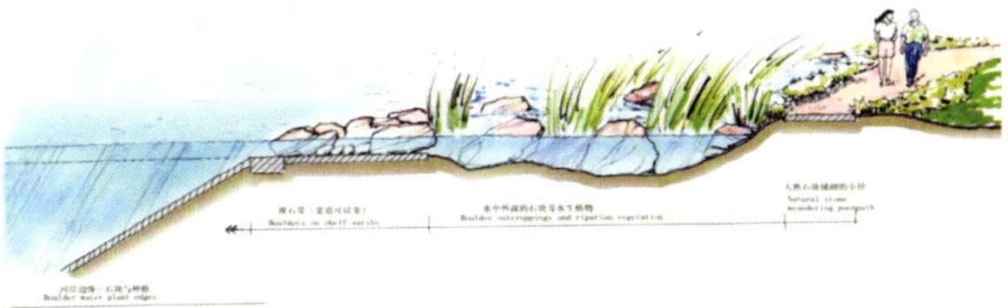

坡地式：使水岸自然性得以加强

Sloping field: strength the naturality of the water

长沙未来之门

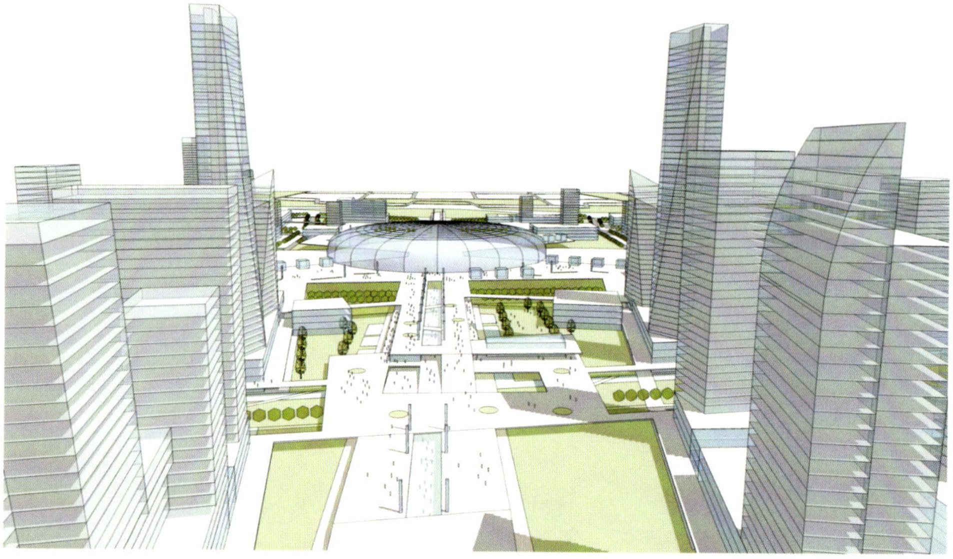

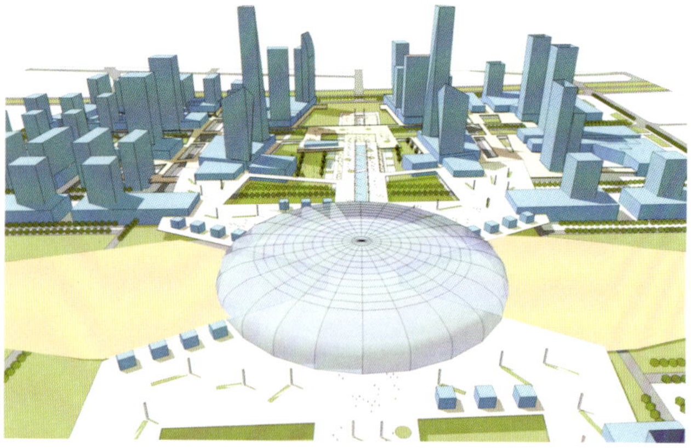

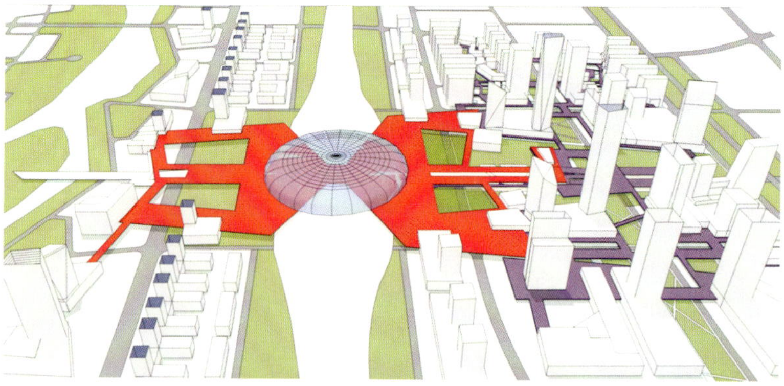

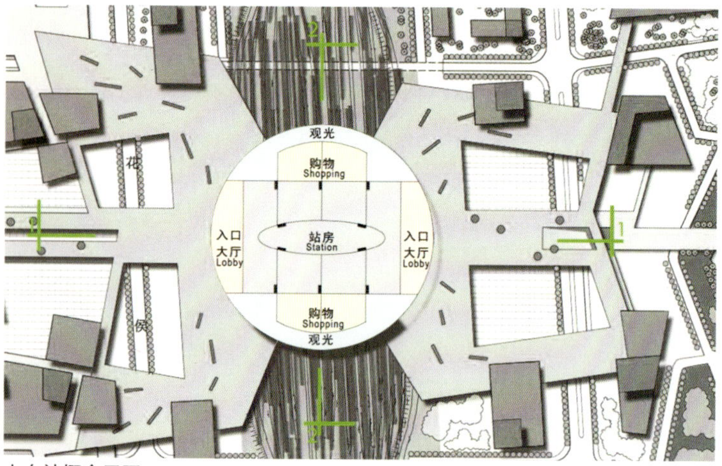

火车站概念平面

Railway station concept plane

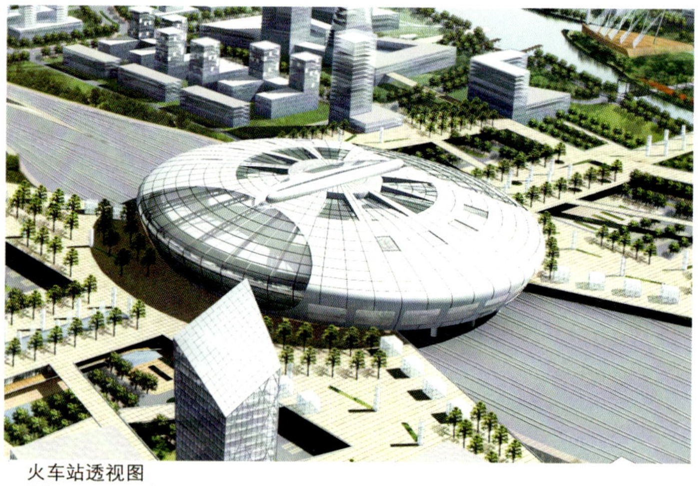

火车站透视图

Railway perspective

为了近期核心区建设的顺利进行，又将其分为一、二、三期。以铁路线为轴，自西向东，由北往南，武广客运专线及与主城区相邻的优势带动西区启动，沪昆线的建设则促成东区的开发，以及近期建设的完成。

核心区城市设计

一、设计主题

长沙未来之门

规划多层次的立体交通体系，营造便捷的车行、人行空间，实现土地的集约利用。

飞碟形火车站房设计，功能与形态的完美结合。

门形的空间引导出城市主轴线，营造丰富的城市立面。

该设计希望火车站的建设及周边地区的发展能成为长沙未来对外的窗口、长沙走向世界的门户。

二、设计构思

（一）城市轴线强化的视觉形象

不同的场所，有着不同的速度，也就有了不同的节奏。从体育新城延伸至规划地段的双子塔楼、景观广场、高架平台、火车站房，到达核心绿岛磨盆洲，直至景观塔，构成具有强烈视觉冲击力的城市轴线，同时引导城市向东可持续发展。

标志建筑碟形站房、双子塔楼、景观塔构成该地段的标志性建筑，具有强烈的识别性和导向性，与开放空间和其他建筑相协调，共同营造长沙东部的门户形象。

（二）建筑群体高效的立体联系

站房与商务建筑通过高架平台、空中连廊、地面街道、地下通道有机衔接，形成连续的立体步行系统，实现多首层的商业价值，同时也可减少人行与车行的相互干扰，形成多种功能有序、高效接驳的综合空间体。

（三）开放空间——可渗透的呼吸空间

充满活力的广场空间、生态宁静的滨水空间、休闲惬意的城市绿地共同构成连续的开放空间体系，渗透至社区和商务空间，成为城市森林的呼吸空间，让身心得以放松。

三、土地开放强度

规划新区是未来城市的窗口，体现着现代化的城市形象，对景观和商贸功能要求均较高。规划中功能单元之间预留自然绿楔，功能单元内，则进行相对高强度的开发，这样既集中紧凑，避免摊子过大而导致浪费，又能最大限度地提高环境品质，使城市绿楔得以完善，并得到明确控制。整个核心区的容积率为1.2。

四、建筑高度分布

规划区是长沙市的东大门，建筑高度对城市景观形象影响较大。由于火车站周边地区支持相对高强度的开发，允许出现少量超高层建筑，利于形成长沙市门户形象。

该地区最高建筑是火车站中轴线两侧的两栋超高层建筑，达200米左右。周边商务建筑以高层为主，多层为辅，住宅建筑以高层、小高层为主。建筑高度控制注重天际轮廓线的韵律，形成了一种错落有致、动感现代的城市印象。

五、功能结构图

具体的功能产业分布主要划分为几个片区：

（一）中轴线商贸综合区

在和车站用地的交接区域规划一些小型商业作为车站配套过渡，并结合不同标高平台实现多首层商业概念。车站西面中轴线区域结合大片城市开放空间规划多个大型商业中心、办公酒店，从而形成一个多功能综合区。多种产业形式相配合，利用混合开发模式，打造丰富便利的商业综合区，充分优化提升地块价值。

（二）情景商业街区

在商业综合区南部规划为富有趣味特色的商业步行街区，结合道路周边规划一些公寓建筑，在和综合区衔接处规划两个较大商业办公建筑，并以空中步行平台高效联系两个商业区。其商业办公价值直接辐射到南面相邻的商务居住区域。

（三）交通商贸展示区

在核心区西北部规划大型展示交易中心及配套商务酒店，充分利用车站的交通优势形成一个商贸交易展示聚集地。

（四）铁路沿线商业区

在车站轨道两侧规划大片绿化隔离带，并沿城市道路规划配套商业办公区。

（五）滨水旅游商务区

沿浏阳河岸线主要结合旅游商业功能规划旅游酒店、商业办公和住宅，并规划文化娱乐休闲中心。充分利用生态旅游资源，打造旅游经济，提升区域文化价值。

（六）商务居住区

香樟路以南、湘府路以北片区主要规划为居住区域，少量配套商业及公共设施，并规划拆迁安置区。

六、交通分析

直接高效的交通联系

核心区城市交通道路基本呈井字格局。劳动东路、香樟路、湘府路三条主要城市道路为城市中心区在该区域的延伸路段，纵向两条主干道新花侯路和红旗路往北和星马新城相连。核心区西面和京珠高速公路相邻，北面可直接通向机场高速公路。整个区域内公交站、地铁出入口、垂直换乘系统合理分布，为该区域实现交通顺畅和分流提供充足的条件。

七、城市空间景观分析

充分利用区域优势创建两个大的城市空间景观体系。将整个核心区以景观空间为骨架，创造出和谐发展的新城市形象。

（一）创造人性化的城市空间景观；

（二）建设生态环保型的开敞空间；

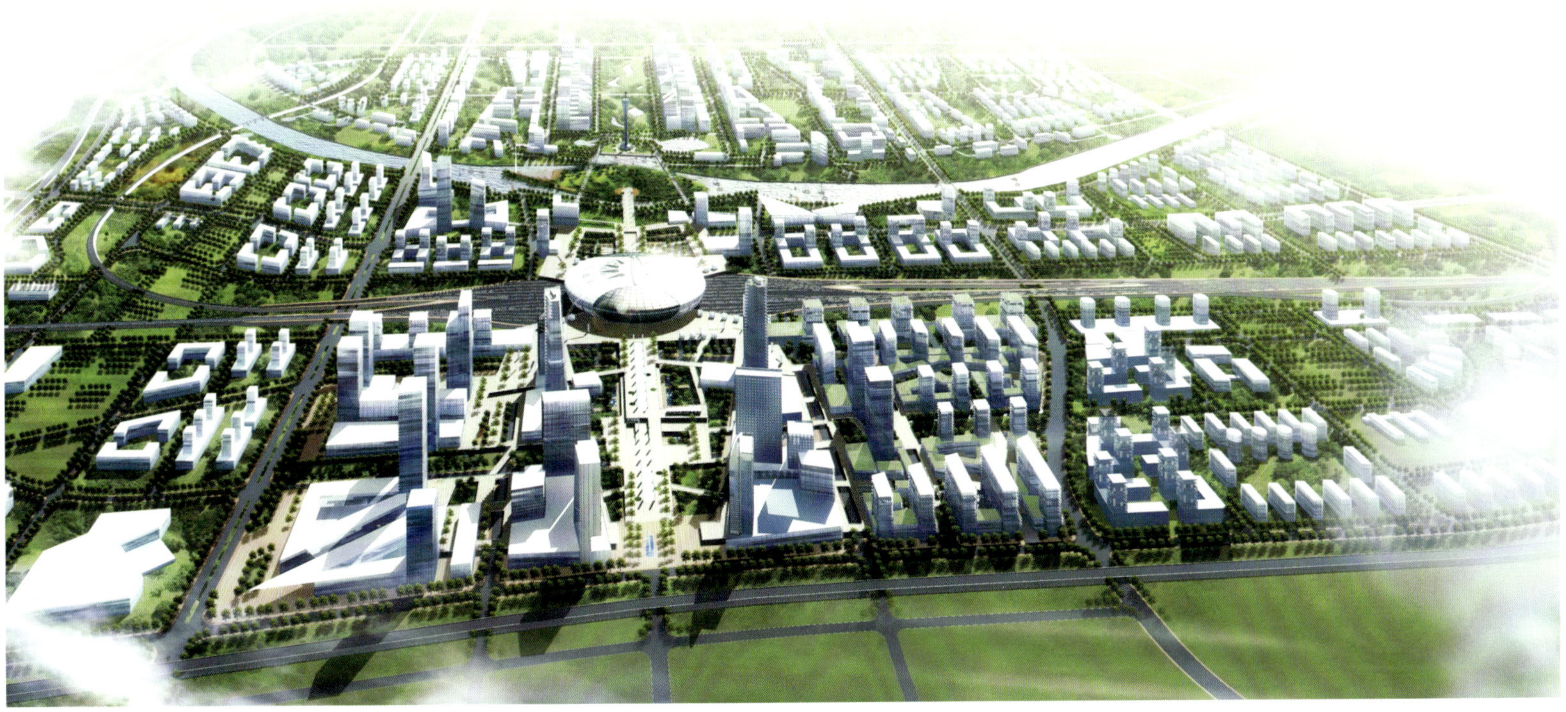

用地平衡表

序号	用地代码	用地性质	面积（公顷）	比例（%）
1	R	居住混合用地	125.6	15
	其中	居住用地	120.2	14.4
		中小学用地	5.4	0.6
2	C	公共设施用地	230.5	27.6
其中	C2	商业金融业用地	206.8	24.7
	其中	商业用地	77.6	9.3
		商业性办公用地	21.2	2.5
		商业办公混合用地	108	12.9
	C3	文化娱乐用地	16.6	2
	C4	体育设施用地	1.6	0.2
	C5	医疗卫生用地	5.5	0.7
3	T	对外交通用地	20.8	2.5
4	S	道路广场用地	154.4	18.5
	其中	道路用地	135	16.2
		广场用地	11.2	1.3
		社会停车场用地	8.2	1
5	U	市政设施用地	19.4	2.3
6	G	绿地	285.4	34.1
	其中	公共绿地	157.9	18.9
		防护绿地	127.5	15.2
7	合计	城市建设用地	836.1	100
8	E	水域	63.9	
9	总计	核心区用地	900	

No.	Land code	Land Property	Area(ha.)	percentage (%)
1	R	mixed residential	125.6	15
	include	residential	120.2	14.4
		school	5.4	0.6
2	C	public	230.5	27.6
include	C2	financial	206.8	24.7
	include	commercial	77.6	9.3
		commerical office	21.2	2.5
		comm. & office	108	12.9
	C3	recreation	16.6	2
	C4	sports	1.6	0.2
	C5	medical	5.5	0.7
3	T	public transp.	20.8	2.5
4	S	road square	154.4	18.5
	include	road system	135	16.2
		plaza	11.2	1.3
		public parking	8.2	1
5	U	Municipal	19.4	2.3
6	G	green	285.4	34.1
	include	public green	157.9	18.9
		protected green	127.5	15.2
7	sub-total	city construction	836.1	100
8	E	water	63.9	
9	Total	core area	900	

图 例 Legend

- 居住用地 Residential
- 中小学用地 Schools
- 派出所 Police station
- 商业用地 Commercial
- 商业性办公用地 Commercialized office
- 商业办公混合用地 Commercial and office mixec
- 文化娱乐用地 Recreation
- 体育设施用地 Sport
- 医疗卫生用地 Medical
- 广场用地 Plaza
- 社会停车场用地 Public parking
- 市政设施用地 Municipal infrastructure
- 邮政局 Post office
- 电信局 Telecommunication
- 消防站 Fire station
- 加油站 Gas station
- 垃圾转运站 Rubbish treatment
- 变电站 Electrical transformer
- 对外交通用地 Public traffic
- 公共绿地 Public green space
- 防护绿地 Prevented green
- 水域 Water
- 核心区用地范围 Core area boundary

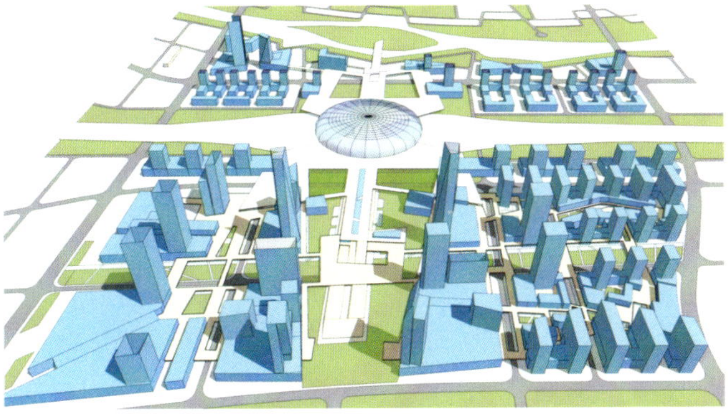

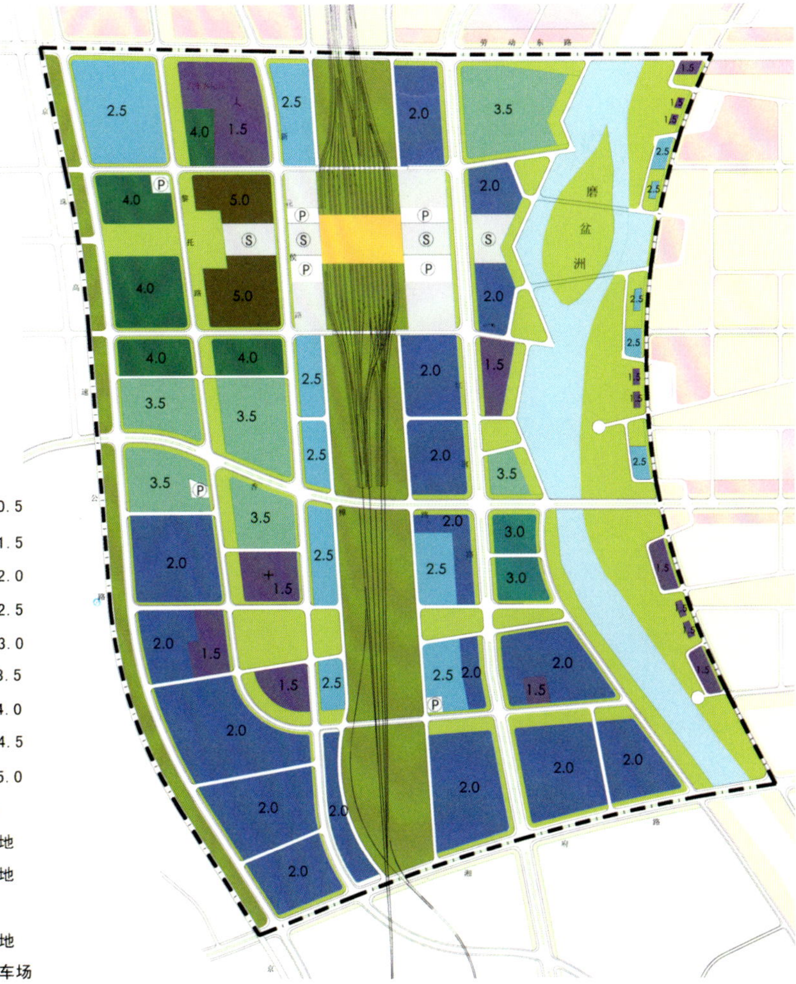

图 例

- 容积率0.5
- 容积率1.5
- 容积率2.0
- 容积率2.5
- 容积率3.0
- 容积率3.5
- 容积率4.0
- 容积率4.5
- 容积率5.0
- 火车站
- 公共绿地
- 防护绿地
- 水域
- 广场用地
- 社会停车场

直接高效的交通联系

沿街商业剖面示意图
Section picture for along commercial street

沿街商业剖面示意图
Section picture for along commercial street

情景商业街剖面示意图
Section picture for scene commercial street

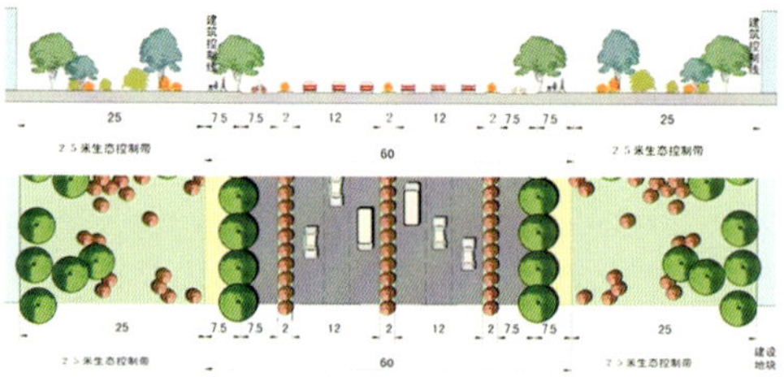

主干道平面示意
Main road plan

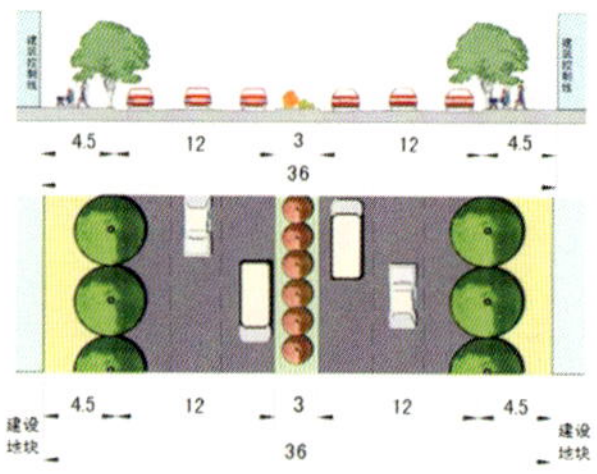

次干道平面示意
Secondary road plan

岸边休闲广场
Rest plaza along river bank

林阴大道
Boulevard

景观小道
View road

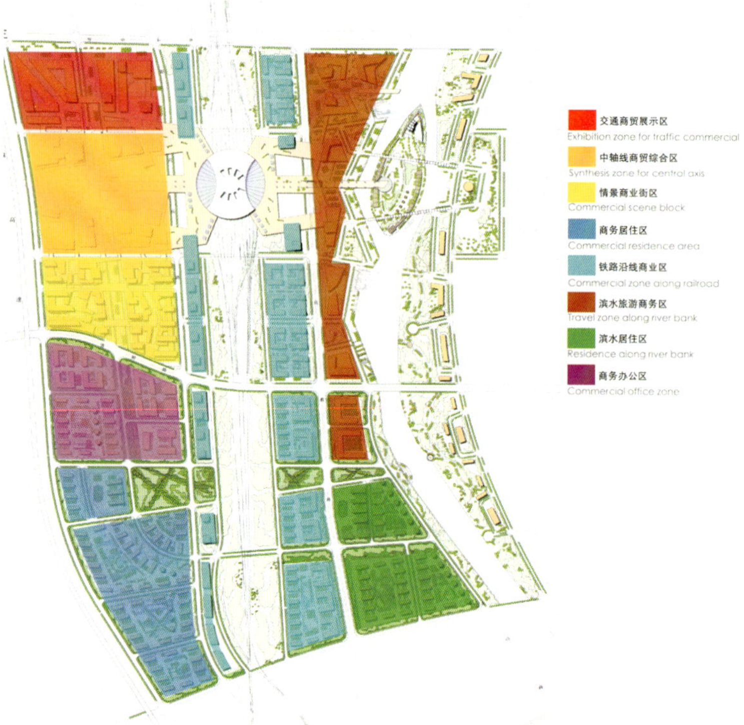

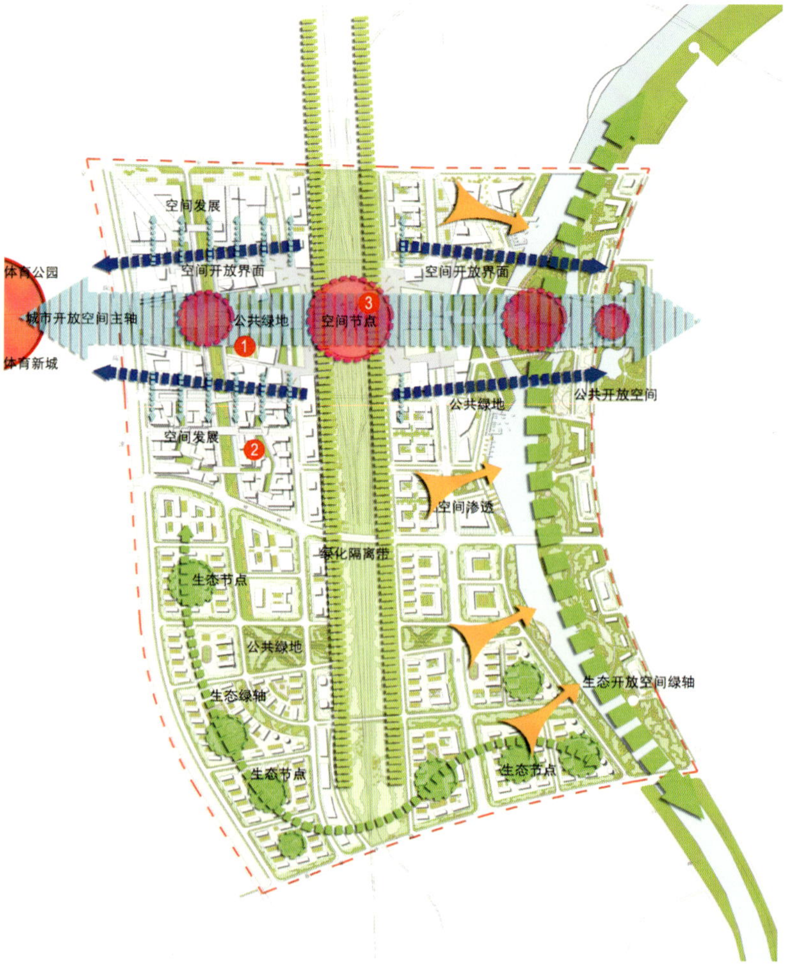

（三）趣味丰富的商业立体步行空间。

八、基础设施及公共设施布局

公共设施分级布置

火车站周边地区的公共设施既要满足对外功能，又要满足城市对外需求，故基础设施及公共设施应分级配置，区域级的公共设施以对外交流、展示为主，城市级的公共设施以服务长沙市及周边城镇为主，地段级公共设施以服务本地段居民为主。

区域级的公共设施有：交通枢纽、商品批发交易中心、会务展览中心、接待酒店、旅游设施、信息服务等。

城市级的功能有：综合商务办公中心、购物中心、文化娱乐中心、电讯设施、城市公园等。

地段级的功能有：行政管理、社区商业、体育健身、医疗卫生、教育设施、社区公园、消防站、变电所、邮政所等，以满足必要的服务半径。

九、产业规划组织图

核心区功能及产业配套规划，充分利用区域内两大资源：即新火车站交通枢纽资源以及浏阳河生态景观资源，以新火车站为中心辐射周边地区，形成一个多种经济产业互动链条；以浏阳河生态绿线为轴构成滨水旅游商业文化发展链。

十、立体交通构想一

（一）交通组织立体发展构想

为实现多元交通合理组织、高效便捷的多种交通体系及其立体化多层面的换乘系统，并建立安全舒适的人行空间，该核心区城市设计提出通过充分利用地下空间及建立空中平台系统，使整个车站周边地区成为交通合理分流、商贸办公各种功能有序高效接驳的一体化综合空间体。

（二）立体化多层面的交通换乘枢纽

首先利用地面现有交通道路体系，规划城市公交车、的士，以及社会车辆的车流体系。根据功能分布合理设置公交车停靠站、的士上落处，并在车站区规划公交总站及社会车辆停放区。地面层包括火车站出站广场，设有多处与空中人行平台、地下层商业及地铁进出厅的垂直联系。利用多点设置自动扶梯、电梯、台阶、坡道等多种方式简化不同标高层面的联系，使各个功能地点之间到达简便易行。

十一、立体交通构思二

结合火车站站前广场设计大尺度9米高的空中平台，平台下地面层设置有大型公交总站和社会停车场，以及垂直交通换乘体系，和出站广场直接相通。平台上设置进站广场，并组织联系不同方向多种人行流线。周围多个办公酒店、商业建筑与平台层呈嵌入式关系。利用平台标高转换实现多层进入，创造多首层商业效益。车站平台过渡至综合商业区及商业街区均转换成5米高的空中平台体系。在步道广场上还设有零售商店和餐饮设施，形成了环境优雅的步行者天堂。完善的空中平台系统把车站周边多种功能产业有效联系起来，大大加强混合开发产业互动的效率，使各个设施与周边道路、车站以及其他商业设施有机联系为一体。同时创造出了一个以公共空间为主题的商业环境。

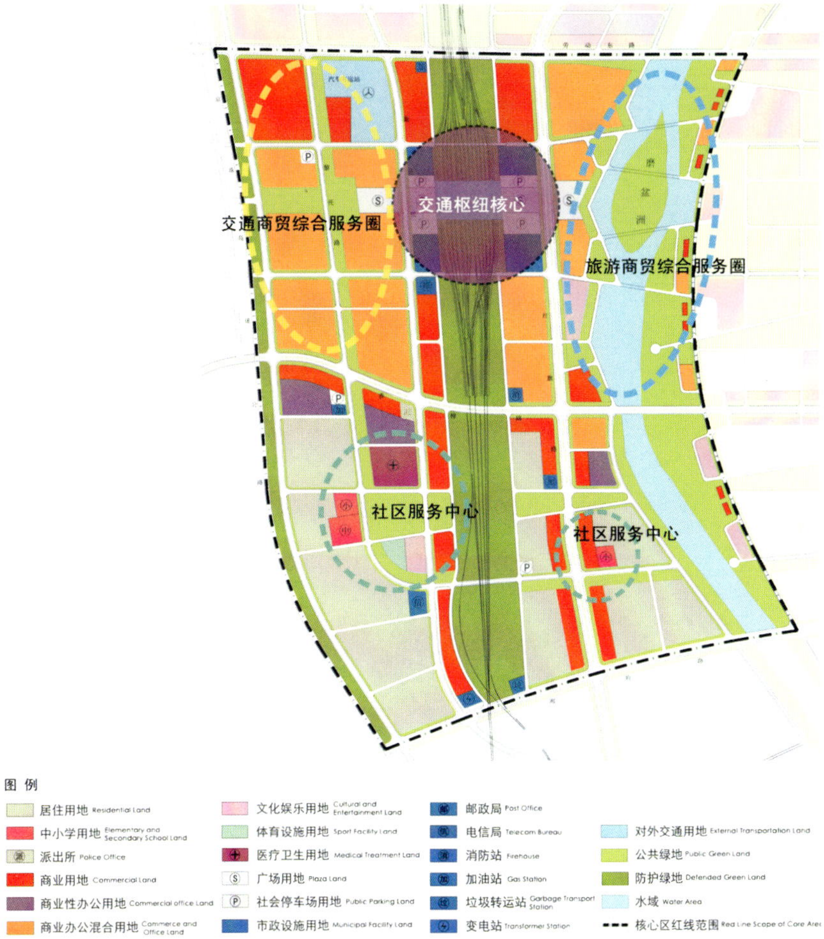

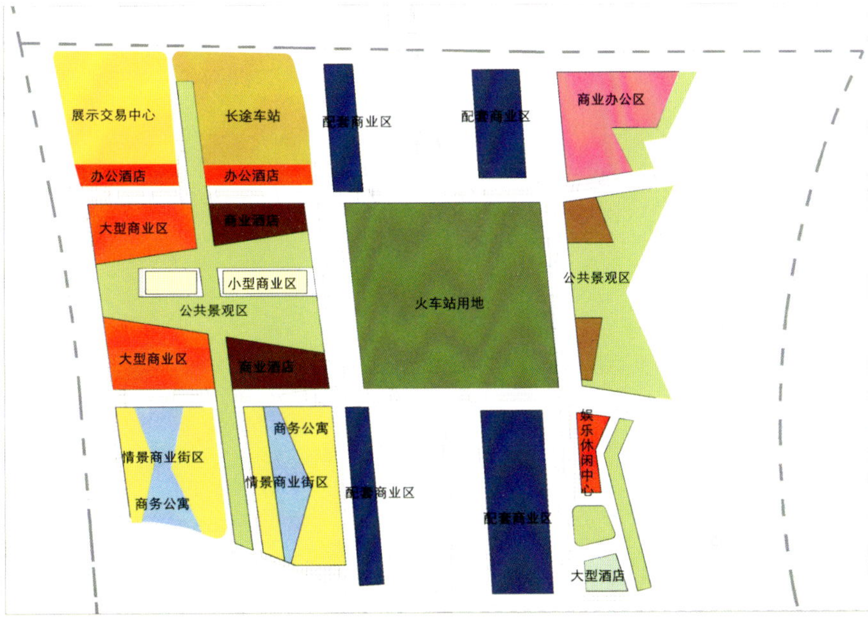

周边现状 Actuality of surrounding area

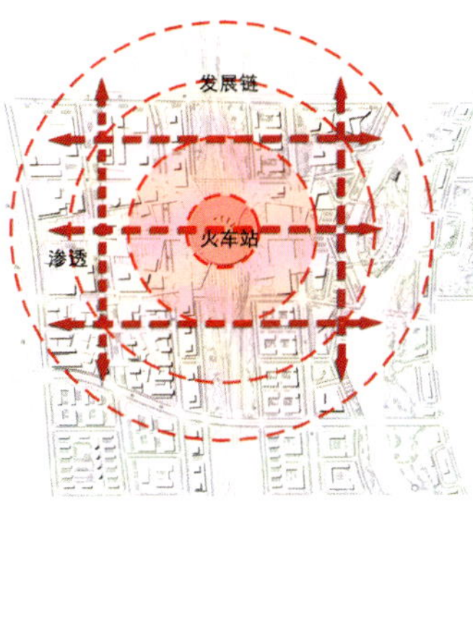

以新火车站为中心辐射周边地区，形成一个多种经济产业互动链条。以浏阳河生态沿岸水线及绿线构成滨水旅游商业文化发展链。

The new station and surrounding area are forming a inter-action chain。Travel and commercial cultre chain are build by LIUYANG river ecological bank.

立体交通构想一
Solid Traffic Idea 1

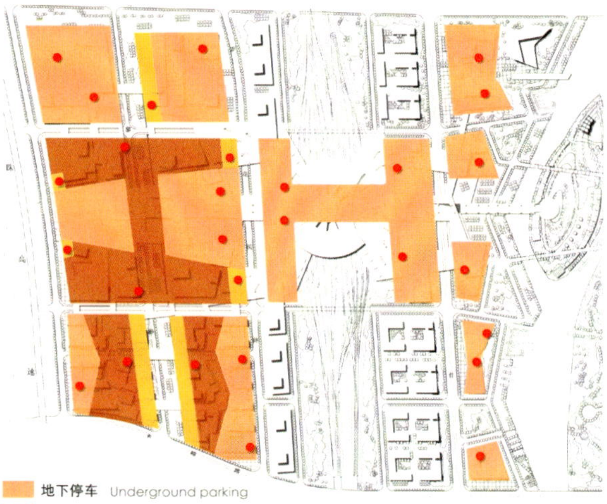

地下停车 Underground parking
地下商业 Underground commerce
地下物流区 Underground logistics service zone
垂直交通 Solid traffic

地下空间利用 Make use of underground space

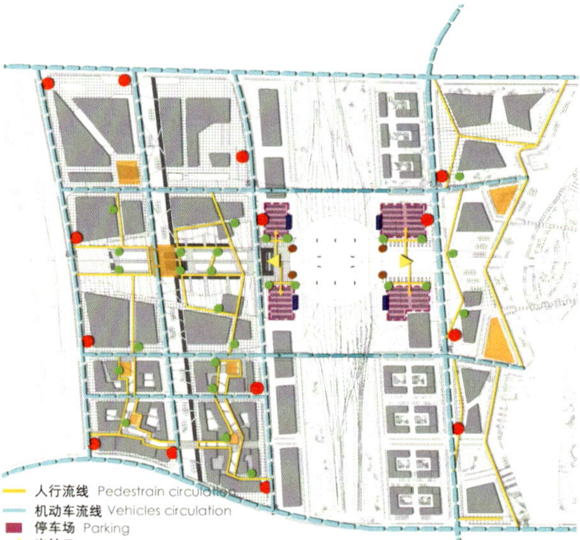

人行流线 Pedestrain circulation
机动车流线 Vehicles circulation
停车场 Parking
出站口 Exit
机动车坡道 Ramp for vehicles
开放空间 Open space
公交车站 Bus station
竖向交通 地铁站 Subway station

地面层交通流线 Ground traffic circulation

竖向联系示意一
Picture of solid connection 1

竖向联系示意二
Picture of solid connection 2

竖向联系示意三
Picture of solid connection 3

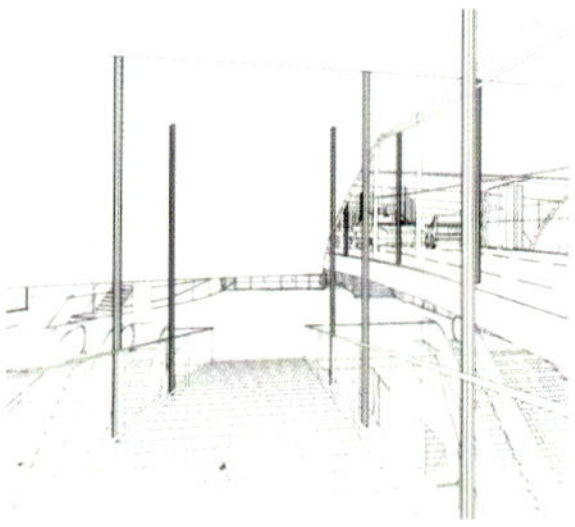

竖向联系示意四
Picture of solid connection 4

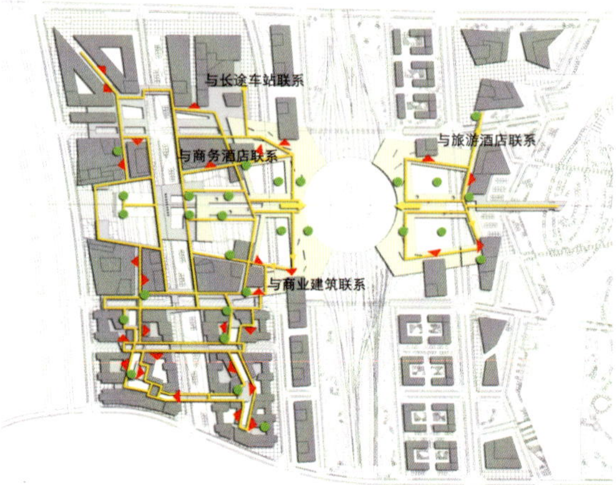

建筑与平台的联系 Connection with building and flat roof
人行流线 Pedestrain line
入站口 Entrance to station
竖向交通 Solid traffic

平台层交通流线 Traffic line on flat roof

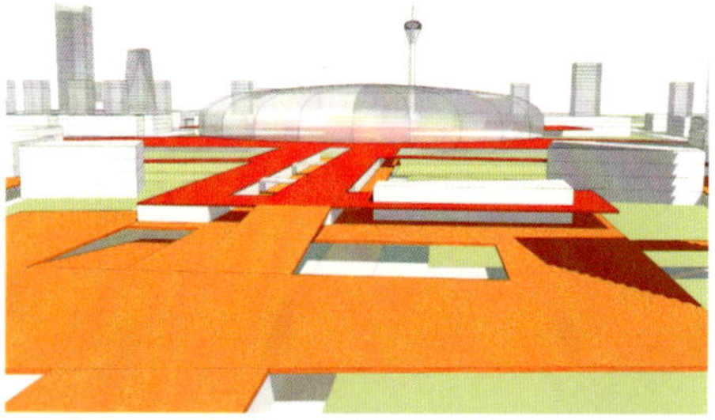

平台层透视一
Rendering 1

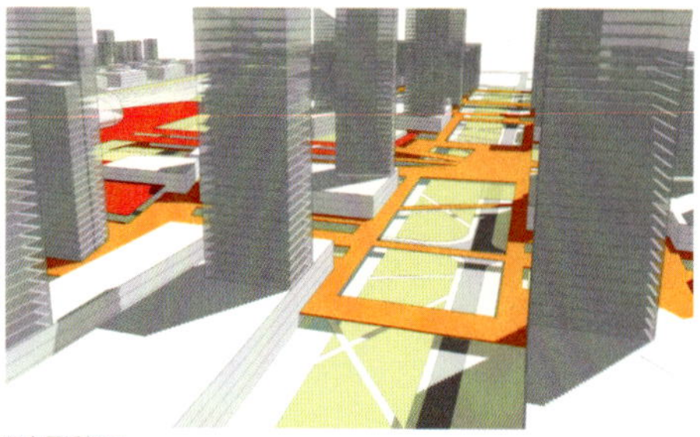

平台层透视二
Rendering 2

通过不同标高面的立体交通等方式解决人流、货流、车流的问题。结合地形和建筑处理形成多层面的步行系统，创造轻松宜人的步行环境；并特别注意垂直与水平之人流引导；以充分贯穿整体项目之商业价值。高耸的建筑、自然的地形、人工的台地、明亮的色彩将构成人们对城市的第一印象。

平台平面示意 Flat roof plan

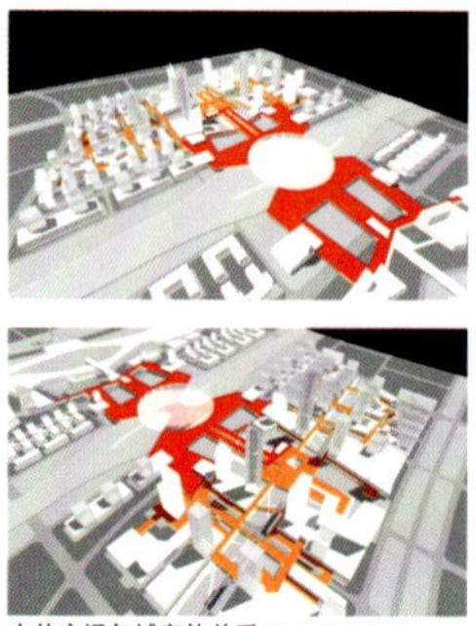

立体交通与城市的关系 Relation between solid traffic and urban

立体交通范例
Example for solid traffic

立体交通构想二
Solid Traffic Idea 2

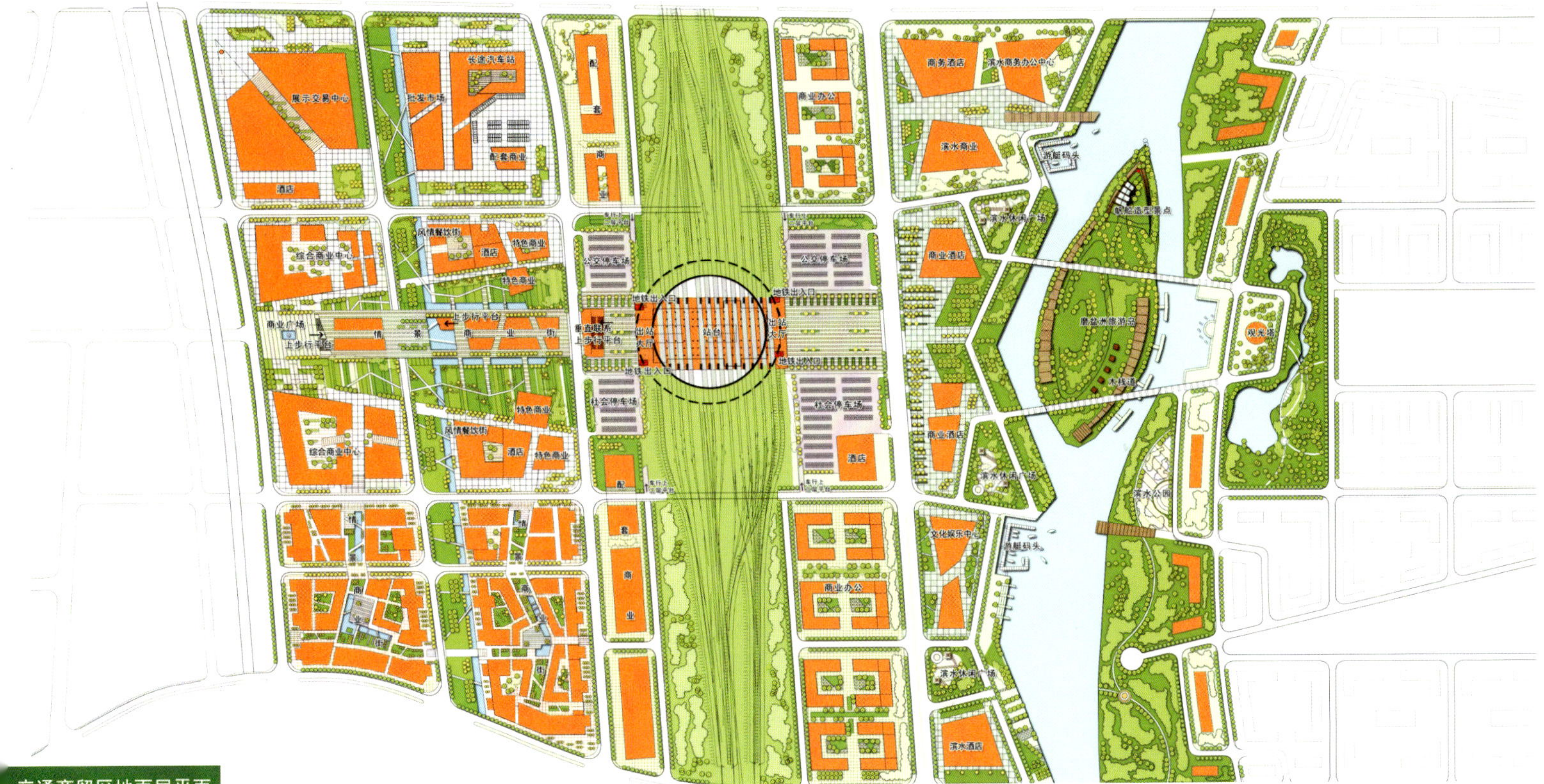

交通商贸区地面层平面
First Floor Plan

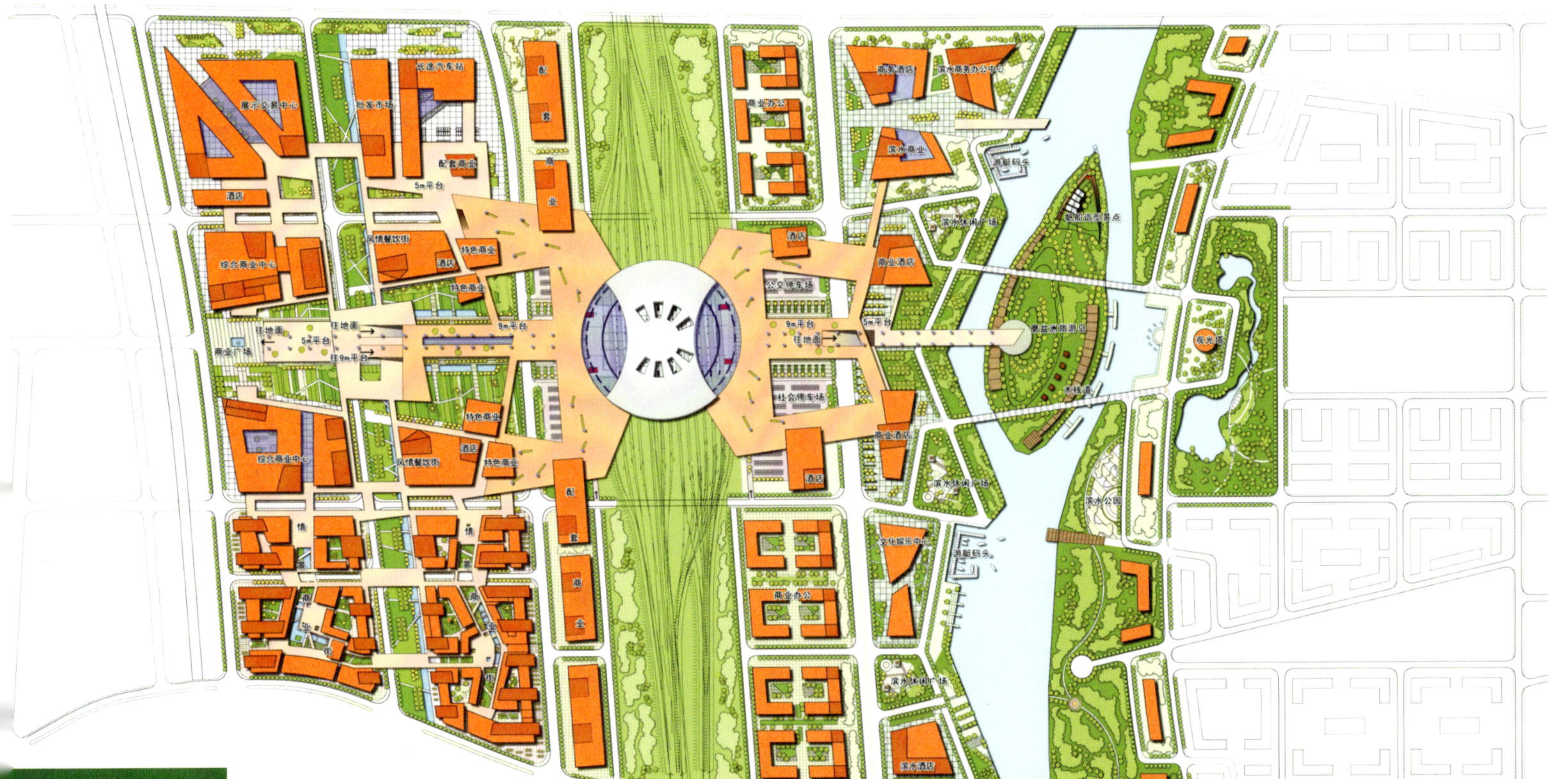

交通商贸区平台层平面
Second Floor Plan

十二、城市空间构想

中心主轴分析

新火车站位于长沙主城区东部，其特殊的枢纽地位以及地理位置使其必然成为未来长沙的东大门，作为长沙主城区向东部发展的功能延伸，以及概念拓展，从主城区延续而来的三条城市主干道形成交通道路空间发展轴。充分利用区域优势创建两个大的城市空间景观轴向体系。将整个核心区以景观空间为骨架，创造优美且极具特色的城市形象。

充分利用整合城市及自然资源；

创造高效有序的空间发展模式；

人性化及个性化城市空间体系；

环境与自然的生态型共荣共生。

十三、火车站概念构想

火车站应同时集交通枢纽、商业文化、旅游观光于一体。混合型用途和功能设计已经成为开发一个动态的、不断发展的地区的基本前提条件。

设计在保留原火车站方案基本功能和机构的基础上，加入了混合型用途和多功能设计的概念，将十字形站房平面布局外加了一个飞碟形外壳，为创造灵活性强的建筑提供了可能。在圆的周边设计两条观景长廊，即直接把东西两个广场联系起来，又为人们提供了独具特色的商业观景空间。圆形飞碟意象的形象设计充满未来感，与放射形空中平台设计融为一体，充分体现了对未来的展望。通过对新火车站功能和形式的强化设计，使之成为东部新城区的核心。成为城市连接周边城镇村落和其他城市的窗口。

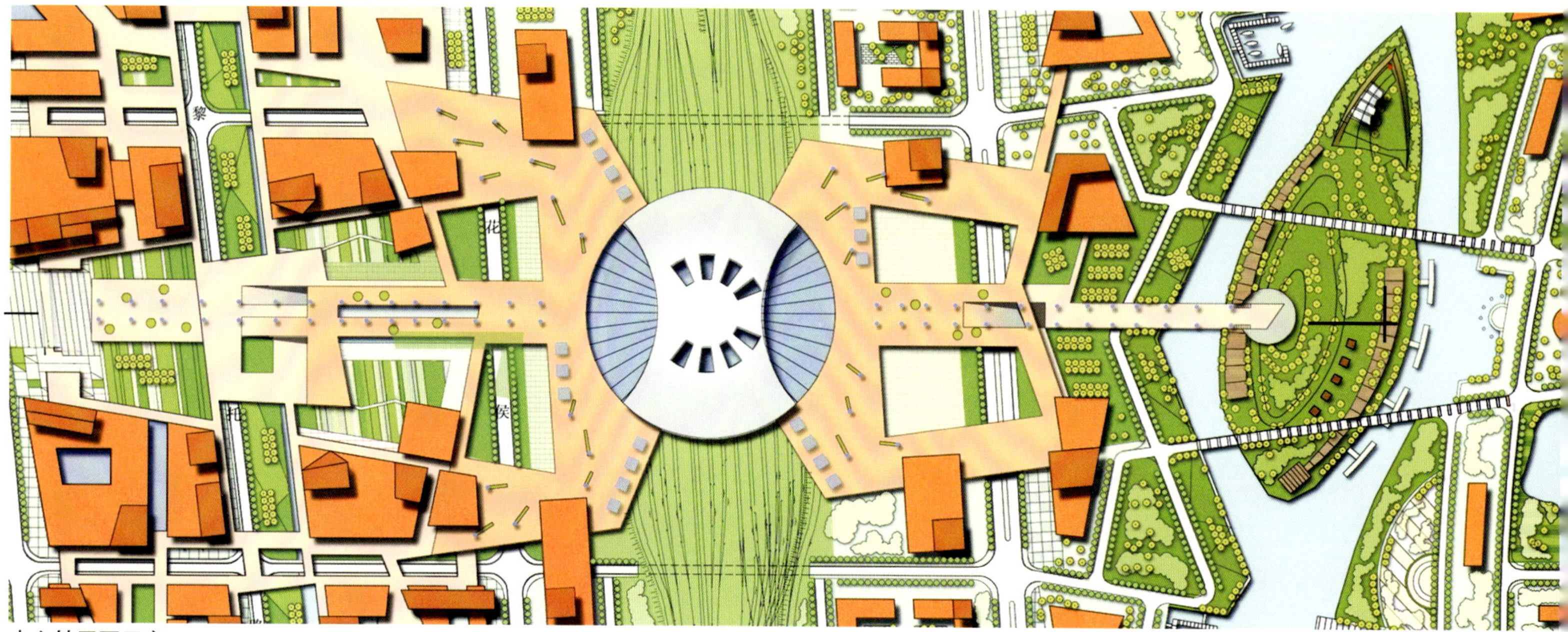

中心轴平面示意
Central axis plan

中心轴剖面示意
Central axis section

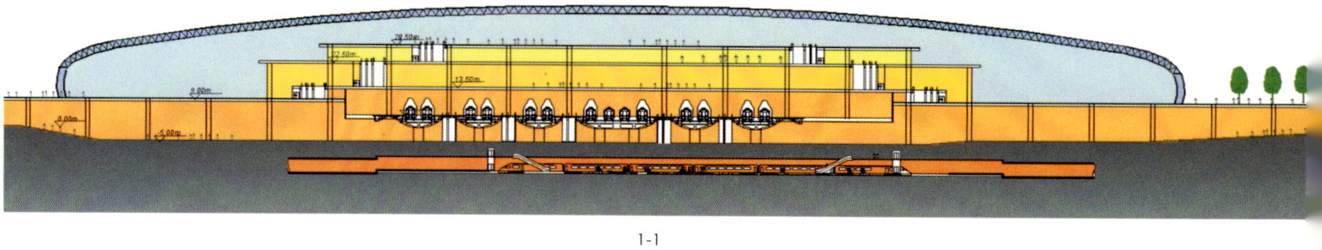

1-1

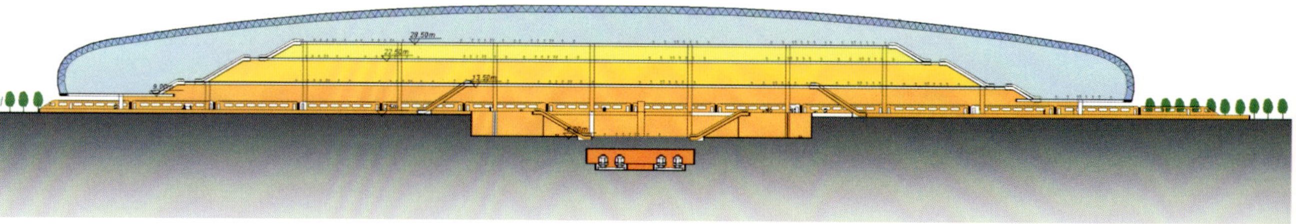

功能用房
Functional room

候车与商业
Platform and Commerce

站台、地铁出入口
Subway entrance/exit

地铁隧道
Subway

2-2

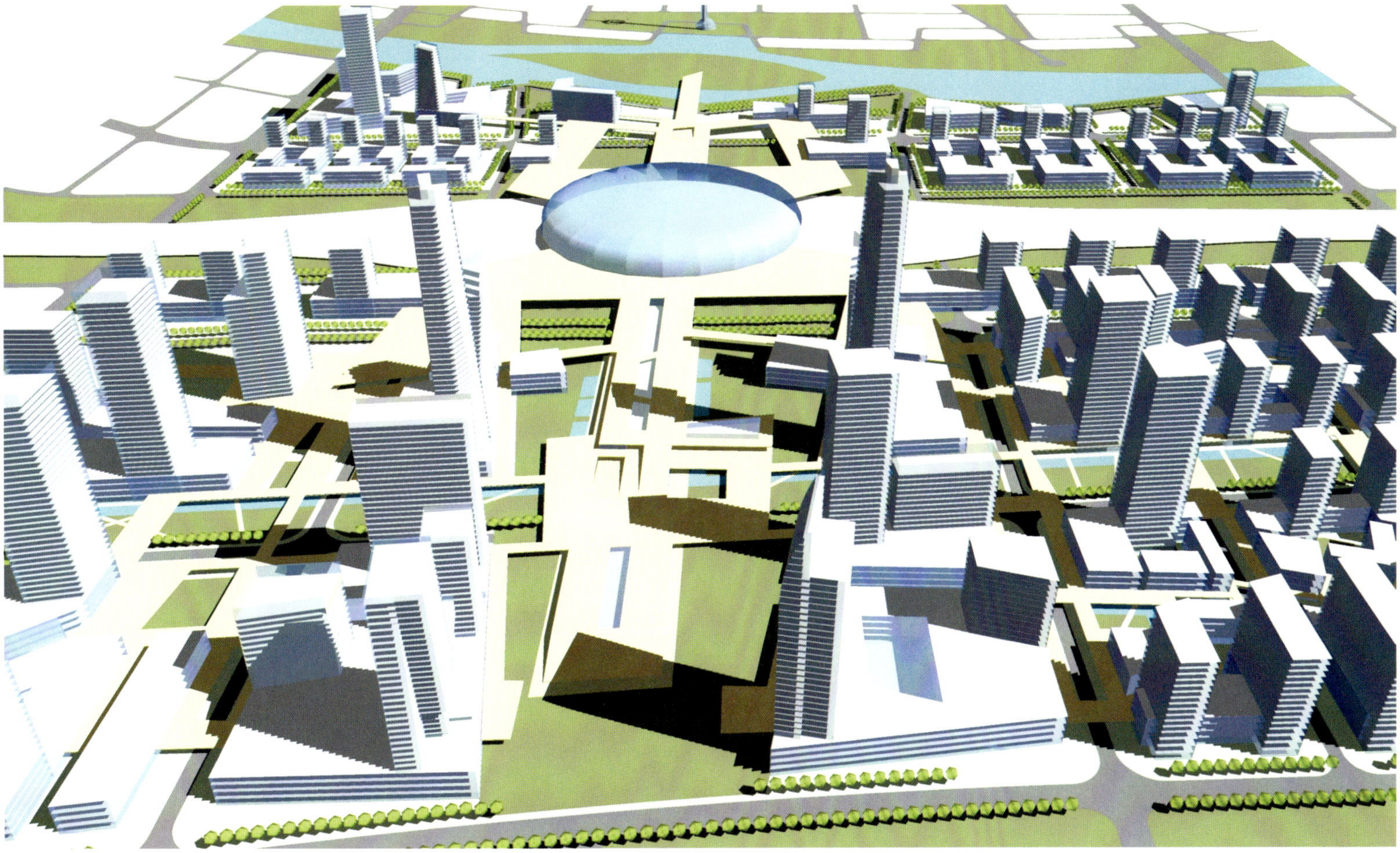

城市轴线——强化的视觉形象

不同的场所，有着不同的速度，也就有了不同的节奏，从体育新城延伸至规划段的双子塔楼、景观广场、高架平台、火车站房，到达河心绿岛磨盆洲，直至景观塔，构成具有强烈视觉冲击力的城市轴线，同时引导城市向东可持续发展。City axes-strengthen view image Different places make different speed well as different rhythm. The double towers, the landscape plaza, the sky flat roof, the station and the view tower from new gym to oasis are composed urban axes with strong view impression. It also leads city sustaninable development to the east.

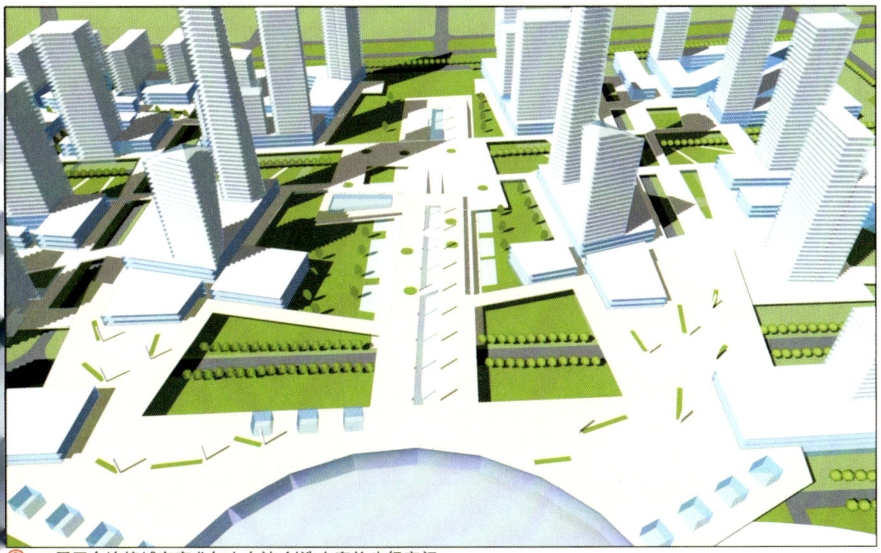

① 二层平台连接城市商业与火车站,创造丰富的步行空间
Second platform connects city commercial and railway station, creating rich waling space

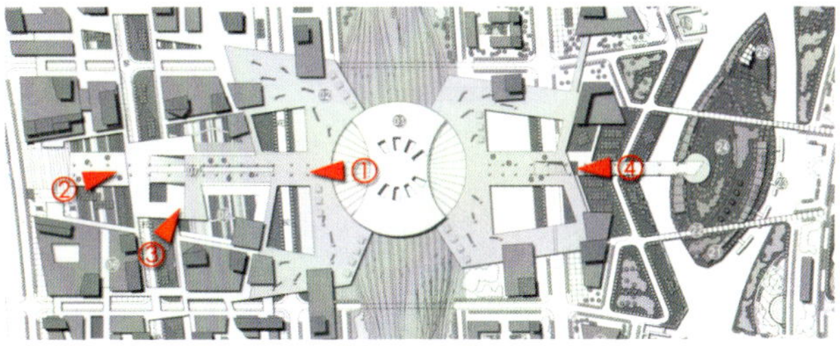

④ 浏阳河畔看火车站一侧
View from the side of Liryang River

③ 两个大坡道连接地面和火车站广场平台
Two big ramp connect ground and railway platform

建筑群体——高效的立体联系

站房与商务建筑通过高架平台、空中连廊、地面街道、地下通道有机衔接，形成连续的立体步行系统。这样实现多首层的商业价值，同时也可减少人行与车行的相互干扰，形成多种功能有序高效接驳的综合空间体。

Building group－efficient solid system

The station connected with commercial building through sky flat roof, sky corridor, streets and tunnel so that form sustainable solid pedestrian system. This system is not only realize muti-floors commercial value but also could reduce interference between pedestrian and traffic.

② 平台有多层商业空间，视野开阔
The platform has multi-storey commercial spaces with open vision

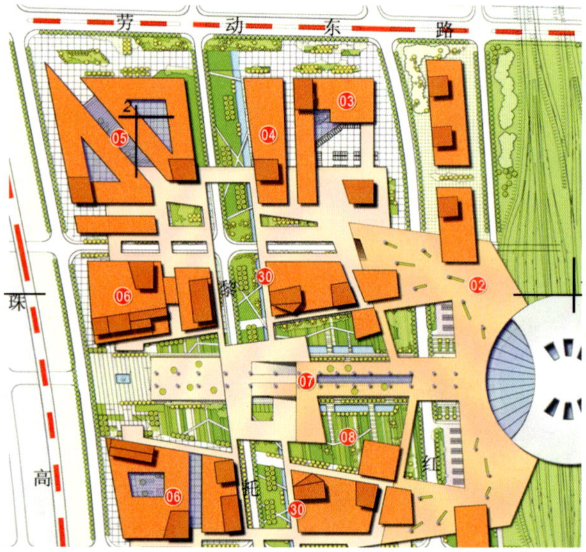

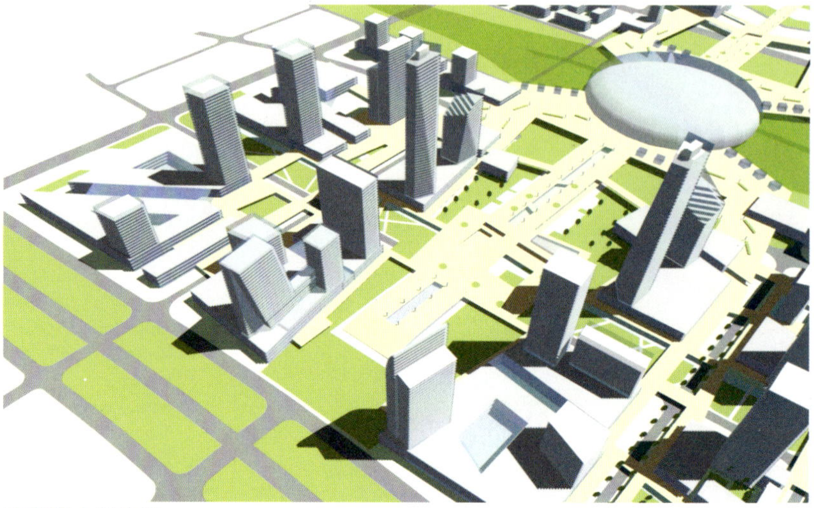

商贸综合区鸟瞰
Business synthesis area bird' s eye view

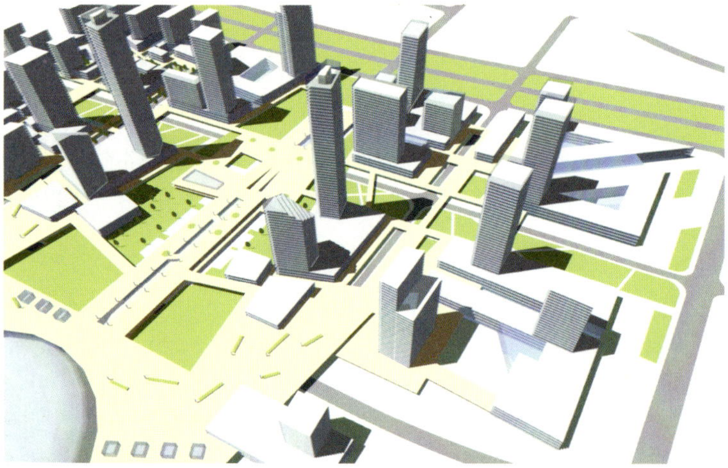

商贸综合区鸟瞰
Business synthesis area bird' s eye view

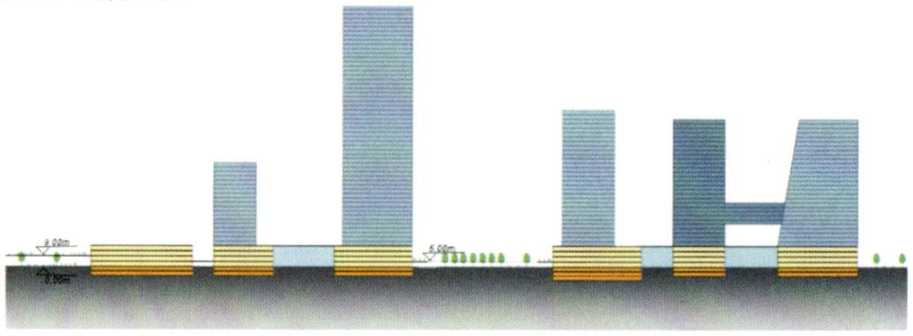

1-1

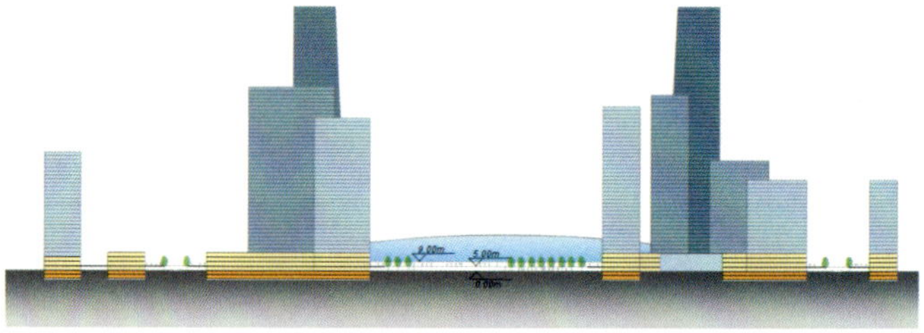

2-2

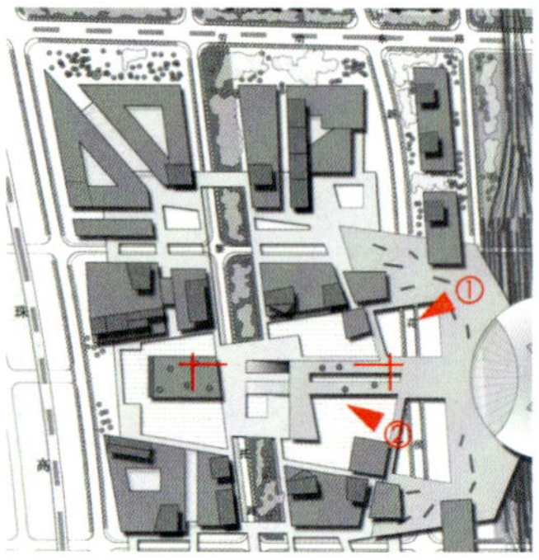

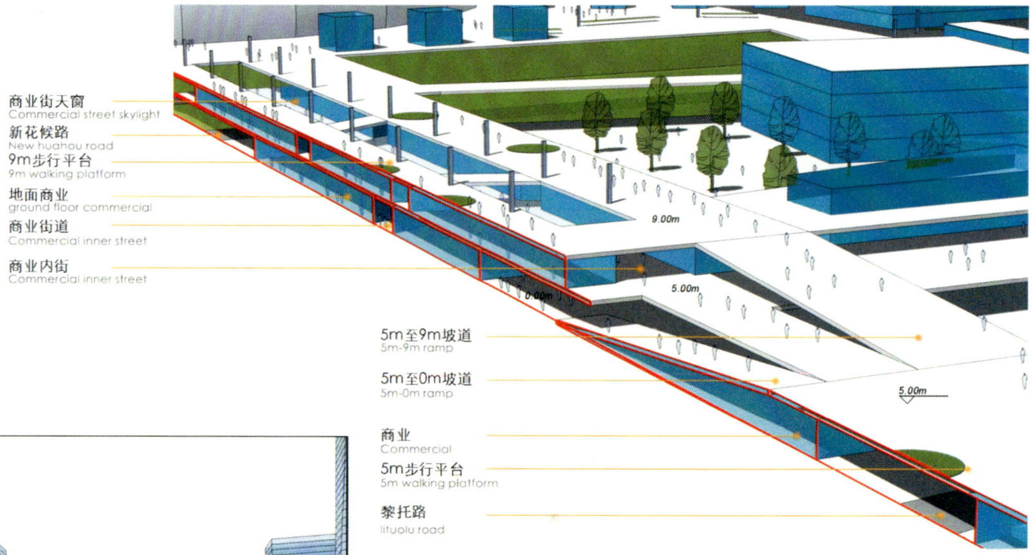

① 火车站前广场看核心区
Seeing the core area from the plaza in front of the railway station

② 火车站前中心绿地及商业
Central green land and commercial in front of the railway station

开放空间—— 可渗透的呼吸空间

充满活力的广场空间，生态宁静的滨水空间，休闲惬意的城市绿地共同构成连续的开放空间体系，渗透至社区和商务空间，成为城市森林的呼吸空间，让人身心得以舒展。

Open space-osmotic breath space

The sustainable spaces are composed with energetic space, ecological space and comfortable urban greenbelt. These spaces infiltrate community and commercial spaces so that forming a breath space and making people fell very comfortable.

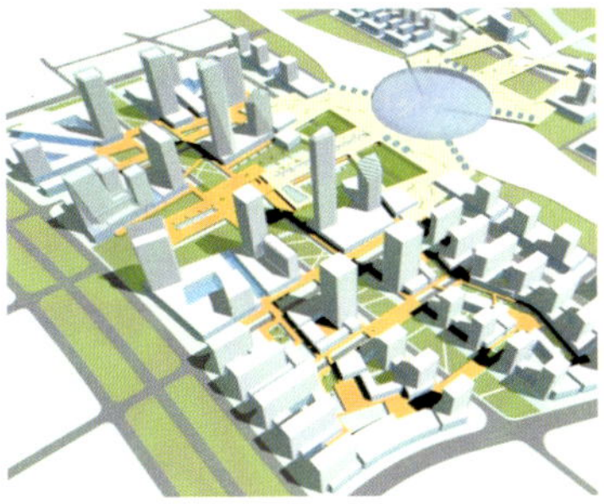

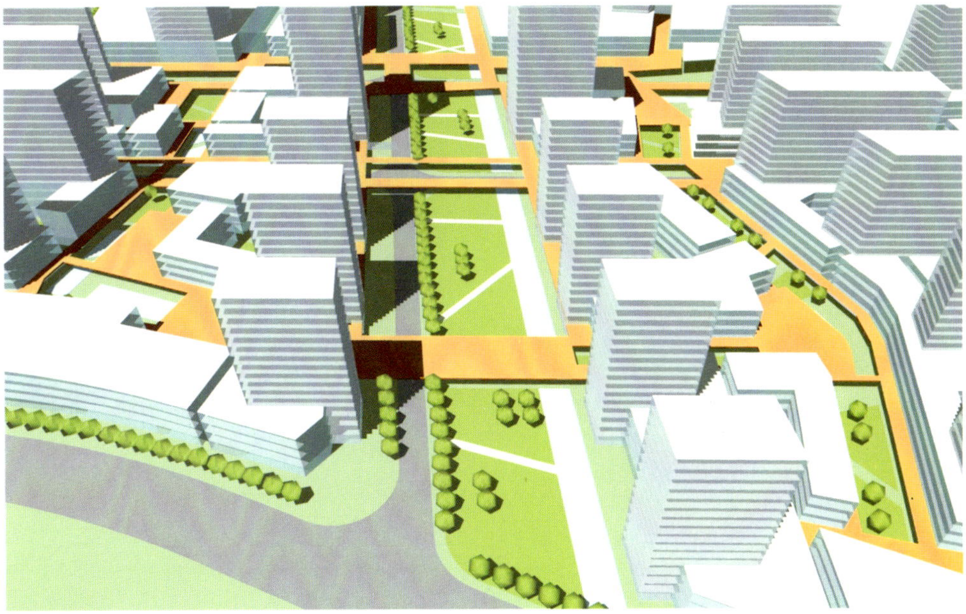

商业区透视

9m标高平台

5m标高平台

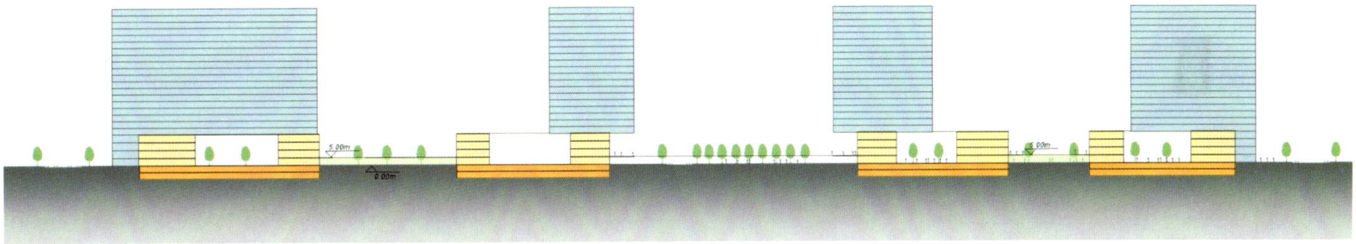

高层建筑　裙楼商业　地下室　商业街

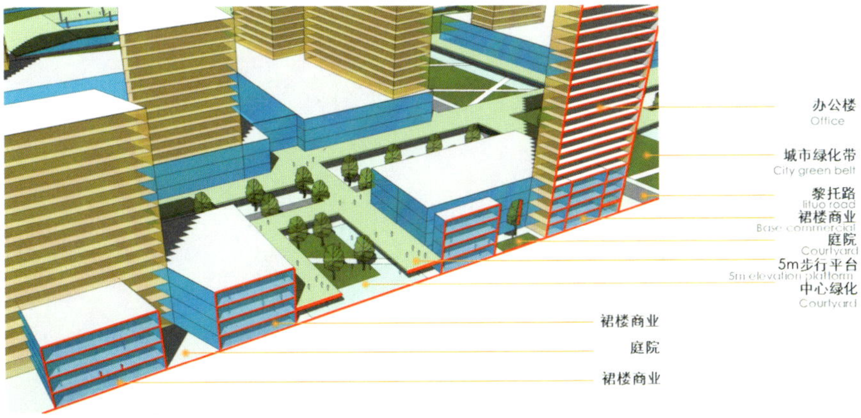

商业街剖面示意
Commercial street section

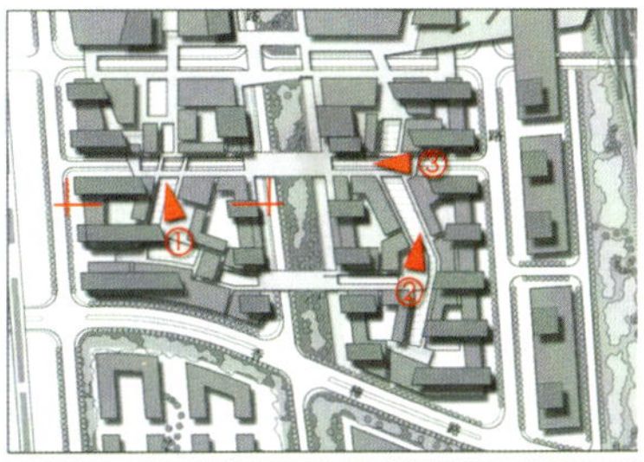

① 商业街透视
Commercial street perspective

② 商业街透视
Commercial street perspective

③ 商业街透视
Commercial street perspective

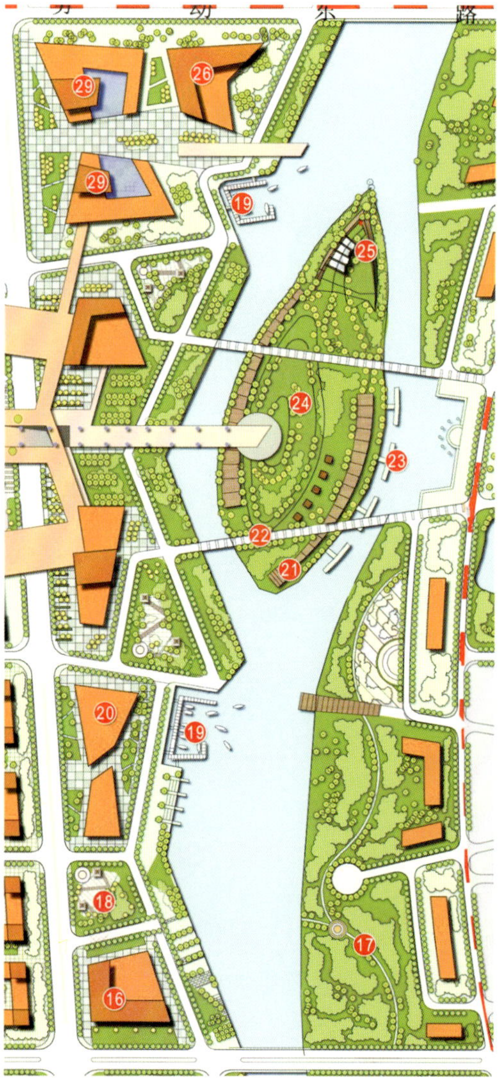

滨水旅游商务区

情景商业空间透视
Commercial street perspective

情景商业空间透视
Commercial street perspective

情景商业空间透视
Commercial street perspective

原设计功能布局
Original design function layout

增加观光及商业等
Adding sightseeing and commercial

新概念方案
New concept scheme

火车站房 Railway Station
站台 Platform
商业 Commercial
观光区 Sightseeing area

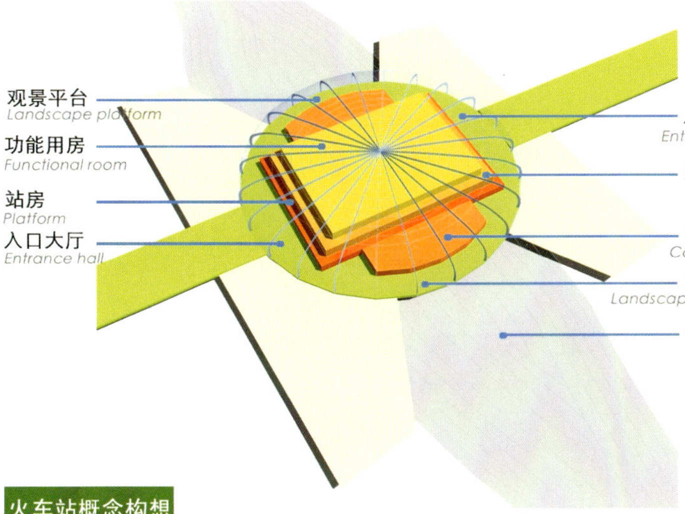

室内透视
Indoor perspective

室外透视
outdoor perspective

室内透视
indoor perspective

火车站概念构想
Urban Space Analysis

北京市通州区新城

项目资料：
项目地址：北京市通州区
设计面积：1100公顷
委托方：北京珠江投资有限公司
设计单位：广州市天作建筑规划设计有限公司

项目说明：

城市设计运用混合功能城市理念。规划区将被建设成为一个充满活力、环境优美的新城。

规划设计方案，从规划结构上看方格路网构成了地块的基本骨架，地块东翼为会展基地区，西翼为总部办公区，这两个主要功能区是通州南部城区的发展动力。

而位于南部城区几何构图中心的中央公园，是各功能区的自然分隔和缓冲，更是景观、绿化、娱乐及运动休闲的核心。

在设计中，还特别强调景观轴线的概念，一条中央景观轴（绿轴）从东到西分别穿越了旅游服务区、会展综合区、总部基地区、中央公园区、居住区和配套服务区，将各个区有机地联系在一起，将成为通州南部城区发展的主轴。

现状土地利用图(Actual Land Use)

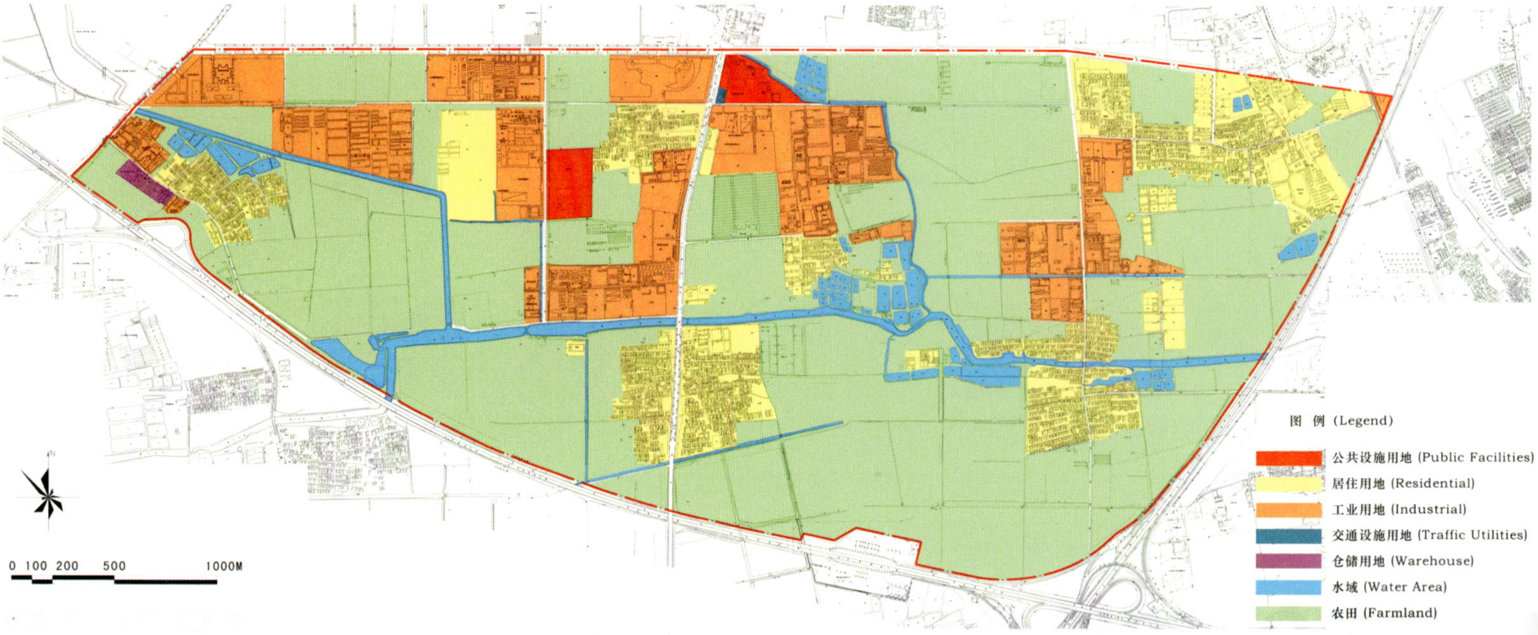

规划总平面
Master Plan

现状水系分析图 (Analysis of Actual Water System)

现状交通分析图（Analysis of Actual Transportation）

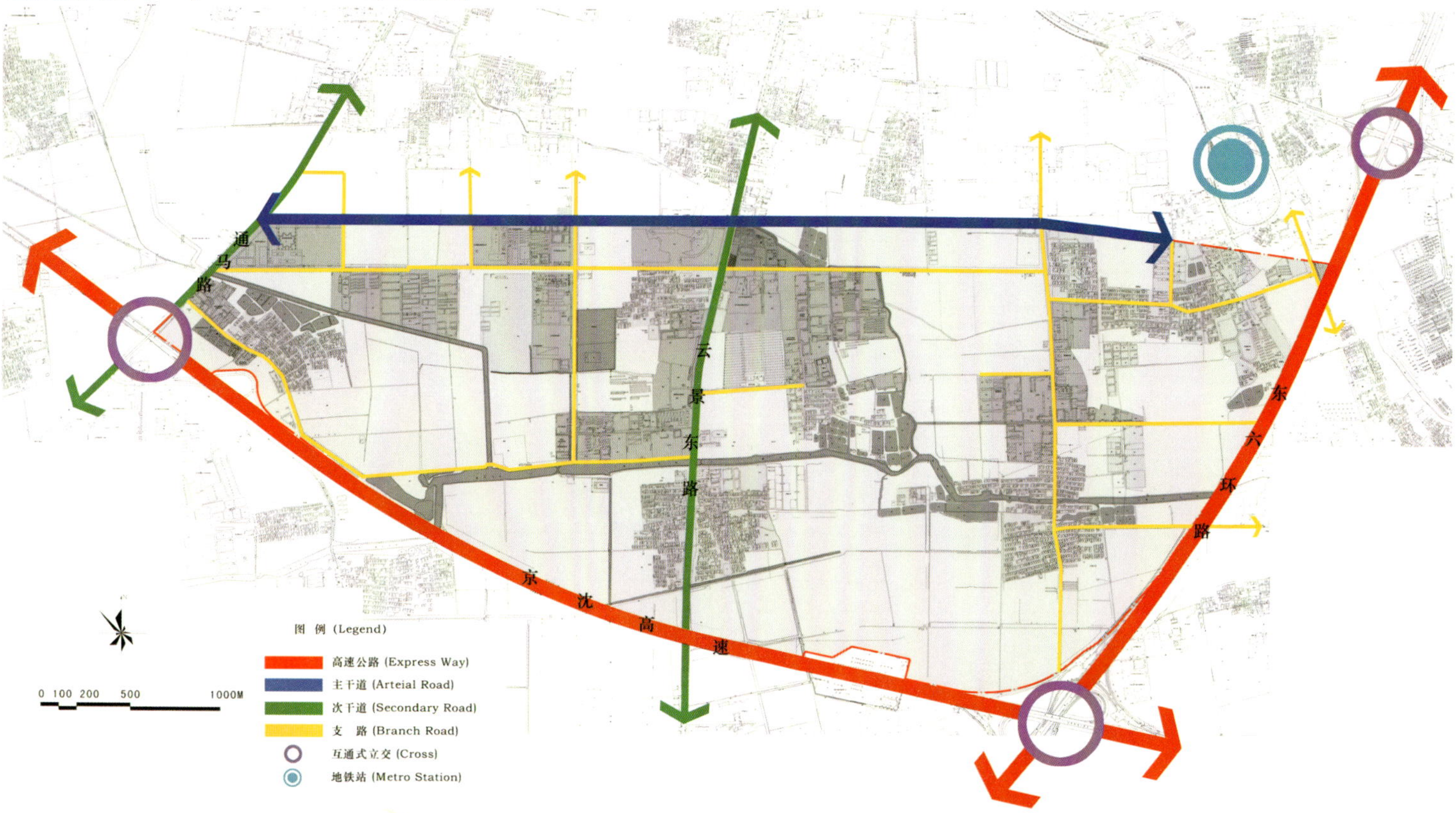

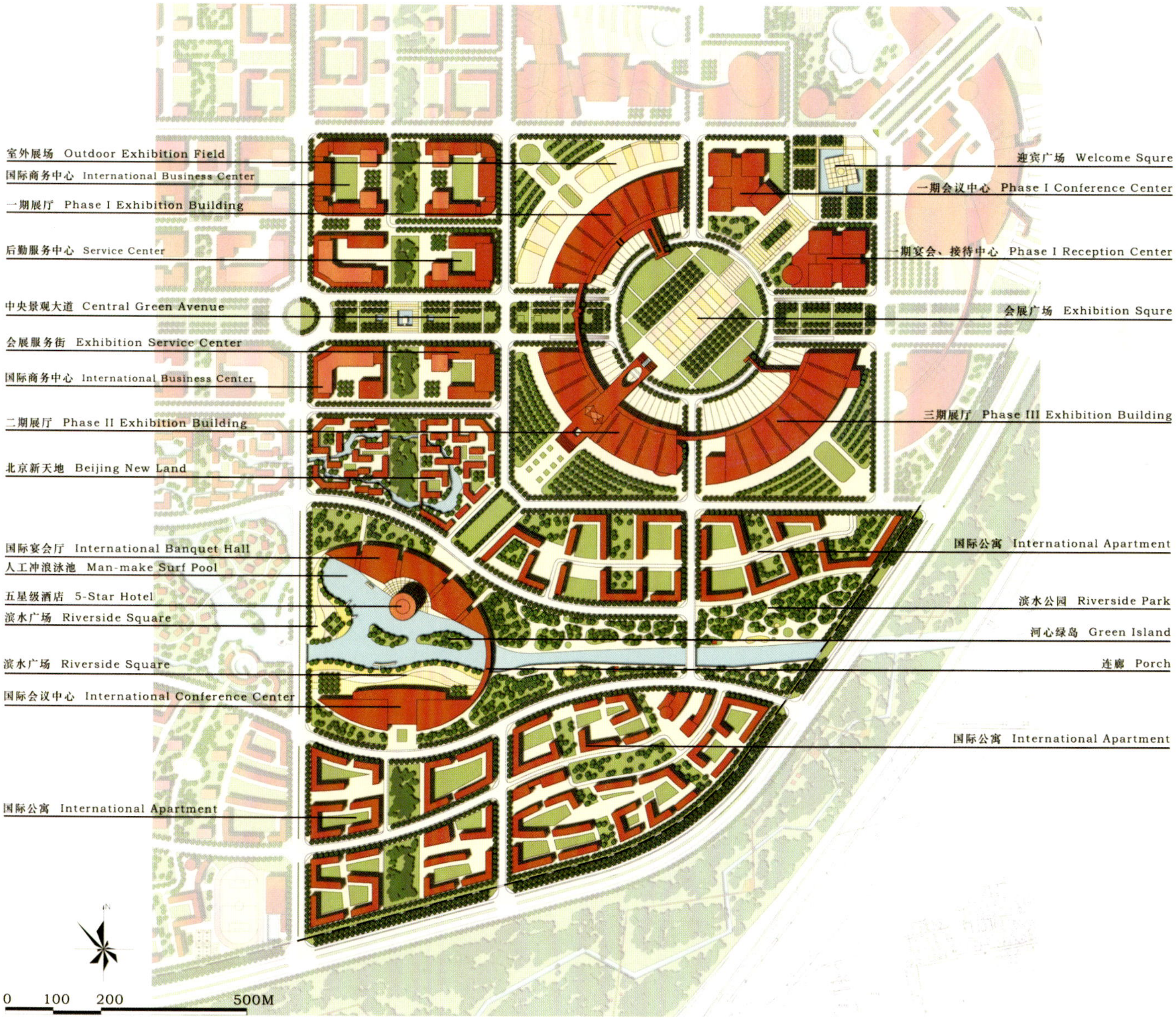

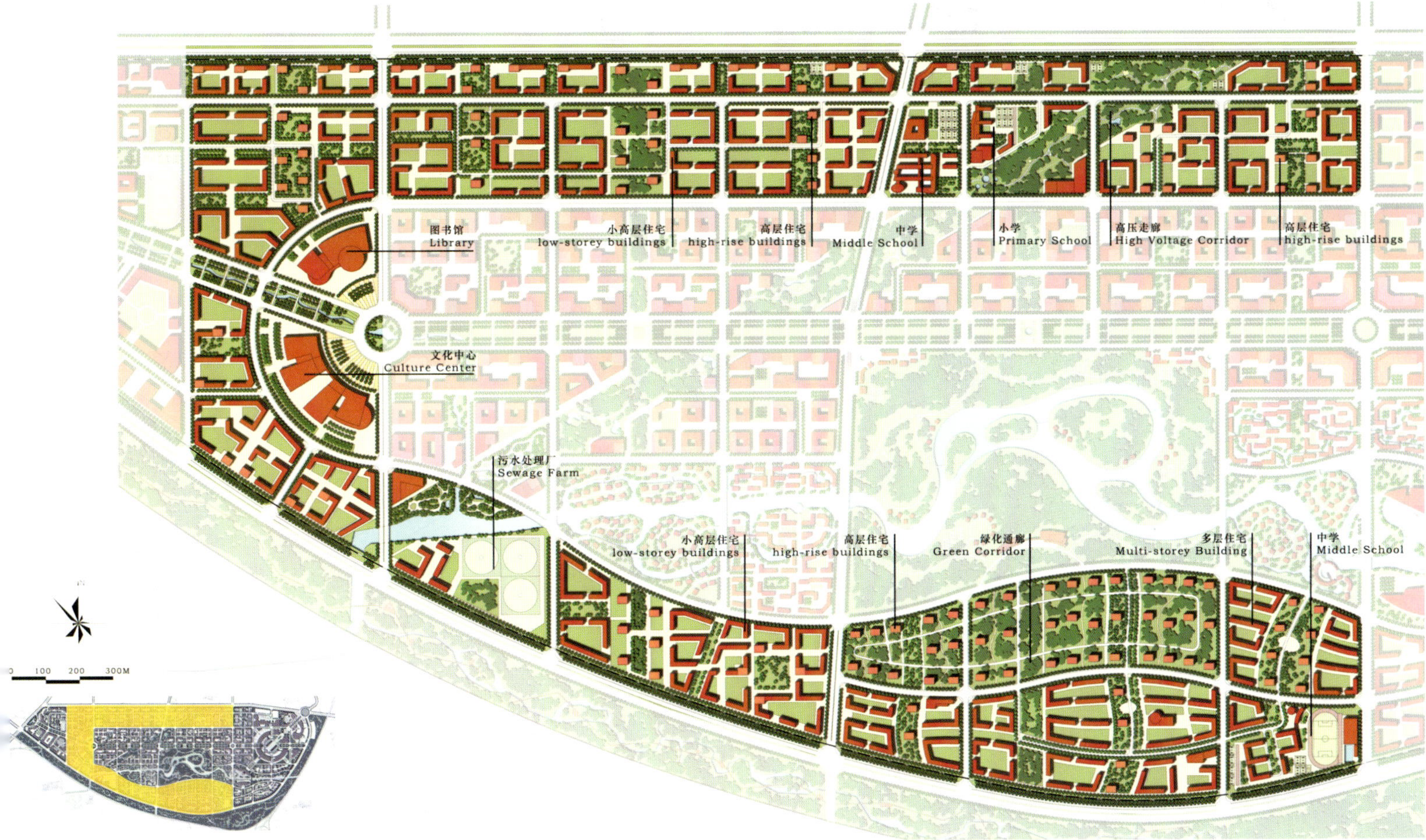

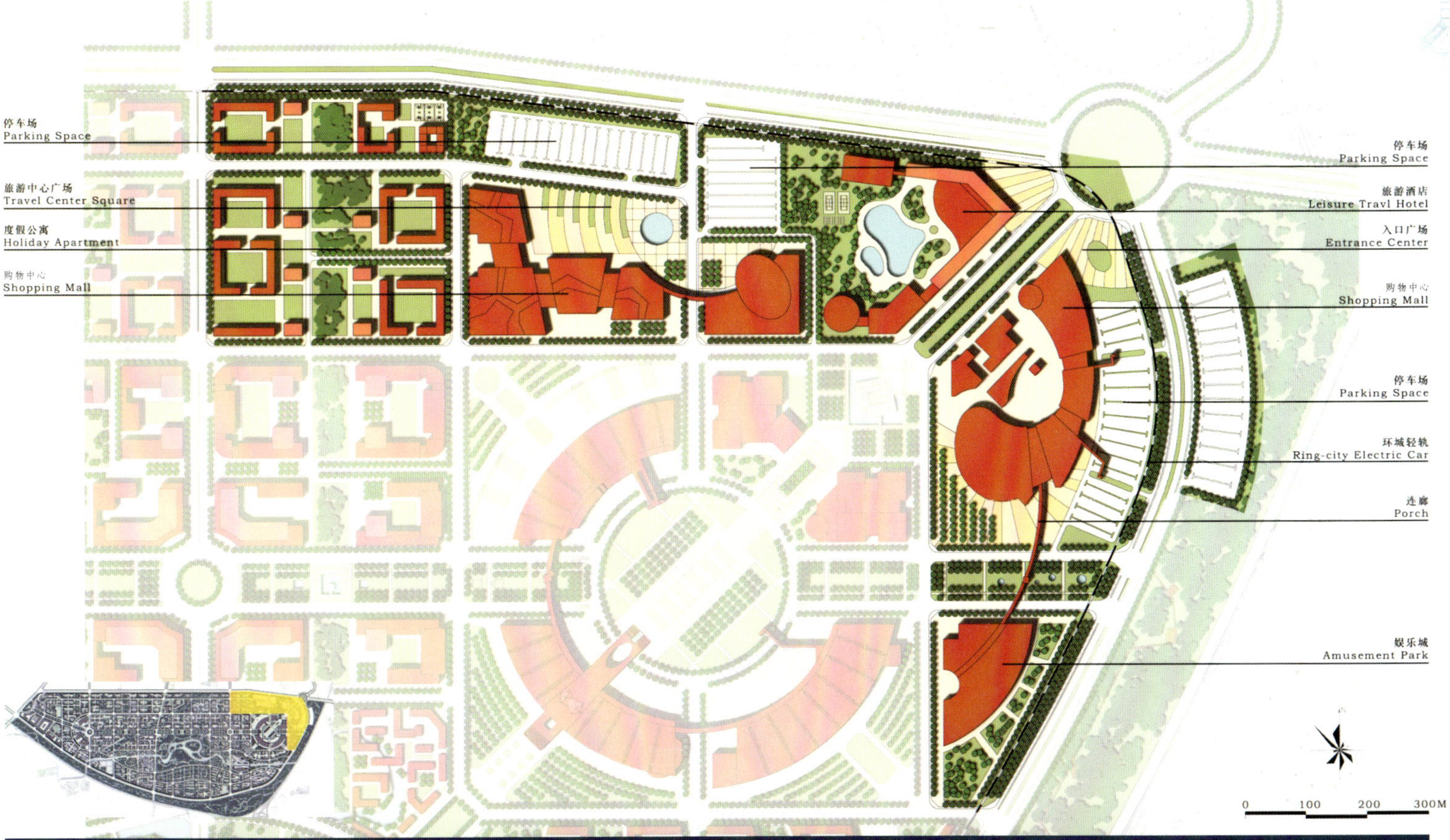

旅游服务区位于规划区的东北角，占地面积约55公顷。中间入口处为一座休闲旅游酒店，还有一条商业步行街。两旁是大型购物中心，并配有大型停车场。

Travel Service District

Located at northeastern corner of planning area, the travel service district occupies a land area of 55 hectare. At the middle entrance is a leisure travel hotel and a commercial pedestrian street. On two sides is large shopping mall. Large parking space will be provided.

旅游服务区总平面
Travel Service District Master Plan

高层办公楼
High-rise Office building
休闲广场
Leisure Square
总部基地
Headquarter Base
高压走廊
High Voltage Corridor
绿化通廊
Green Corridor
中央景观大道
Central Green Avenue
北京新天地
Beijing New
总部基地
Headquarter Base
0 100 200 300M
生态办公区
Ecologic Office Area
萧太后河
Xiaotaihou River
北京新天地
Beijing New Land
生态办公区
Ecologic Office Area

风情街
Exotic Street
家庭园艺小花园
Garden
露营区
Camping Field
生态教育馆
Environment Exhibition
水净化演示区
Water Purify Show field
自行车俱乐部
Bicycle Club
风情街
Exotic Street
网球场
tennis court
游船码头
Shipside
钓鱼台
Fishing Stage
密林区
Forest
观光塔
Sightseeing Tower
露天剧场
Outdoor Theater
拓展训练场
Training Field
游船码头
Shipside
足球场
Football Field
生态湿地
Wetland
烧烤俱乐部
Barbecue Club
钓鱼台
Fishing Stage
观光塔
Sightseeing Tower
温室
hothouse
生态植物园
Arboretum
健身径
Exercise Path
自行车俱乐部
Bicycle Club
体育会所
Sports Club
越野自行车道
Cross-country Bicycle Way
极限运动区
X-Game Field
0 50 100 200M

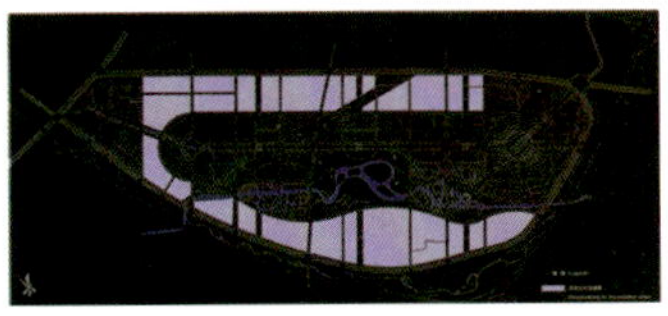

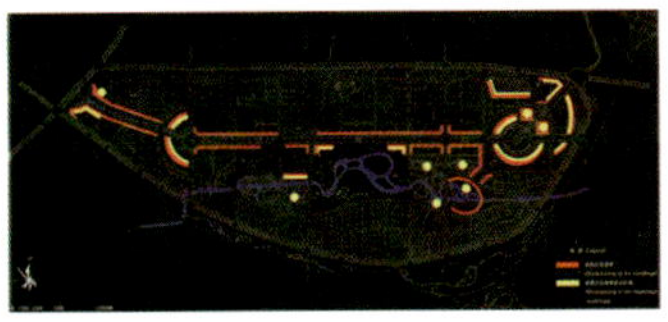

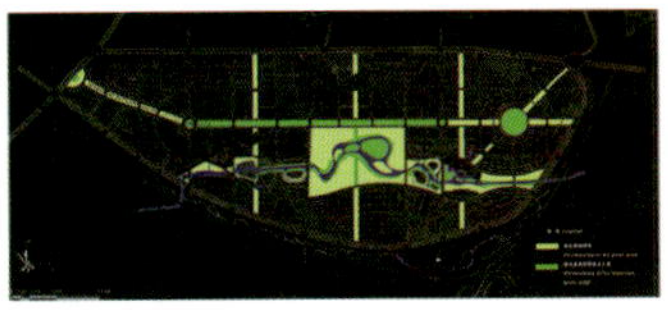

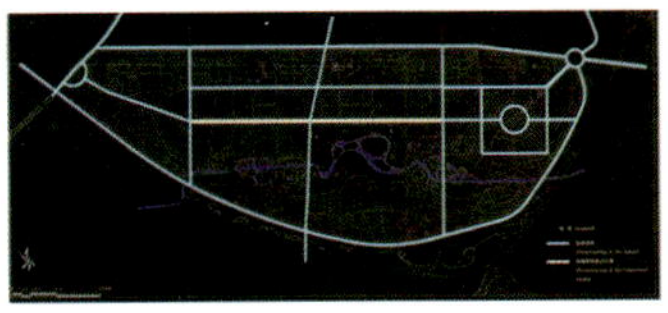

SONY

保定市西大园片区

项目资料：
项目地址：河北省保定市
设计面积：79.4公顷
设计单位：洲联集团 · 五合国际（5+1 WERKHART）

项目说明：

本项目位于保定市城市中心，紧邻保定市火车站，新火车站的建设为项目的启动奠定了基础。

用地未来将会成为城际快速铁路站边的市中心，代表保定新的城市中心区形象，所以需要在组织合理、便捷的交通体系的基础之上，缝合城市“裂痕”，加强东西联络发展，高效集约地利用土地、合理安排中心的业态，打造现代、宜人的购物、办公环境。

设计重点主要包含三个方面：

1、市中心、站区综合交通设计

市中心交通设计由大区域交通入手，对未来区内主、次要干道进行设计，针对未来市中心的定位对机动车、非机动车、人行、停车等进行全面设计；由于本地区紧邻城市火车站，因此对于本地区竖向交通的设计尤为重要。通过地下空间的利用一方面可以解决交通问题，另一方面可以提升土地价值。规划设计一条下沉式商业街连通车站东西两侧，同时对车站的地上地下空间综合设计，保证垂直交通的通畅便捷。

2、市中心业态经济测算

通过对保定市场的研究，对本项目未来的开发强度、产品配比、开发时序、土地出让价格、投融资，以及土地出让提出建议，保证本项目的可操作性。

3、城市中心区形象塑造

①通过火车站区下沉式地下商业街，连接火车站南北老城与新市中心，解决城市南北由于铁路导致的割裂问题；

②结合出站广场，利用地上地下空间综合打造市中心区下沉式中心公园；

③规划设计一条东西商业商贸带，串连每个组团的中心；

④改造利用现状铁轨、厂房形成体验型购物休闲区。

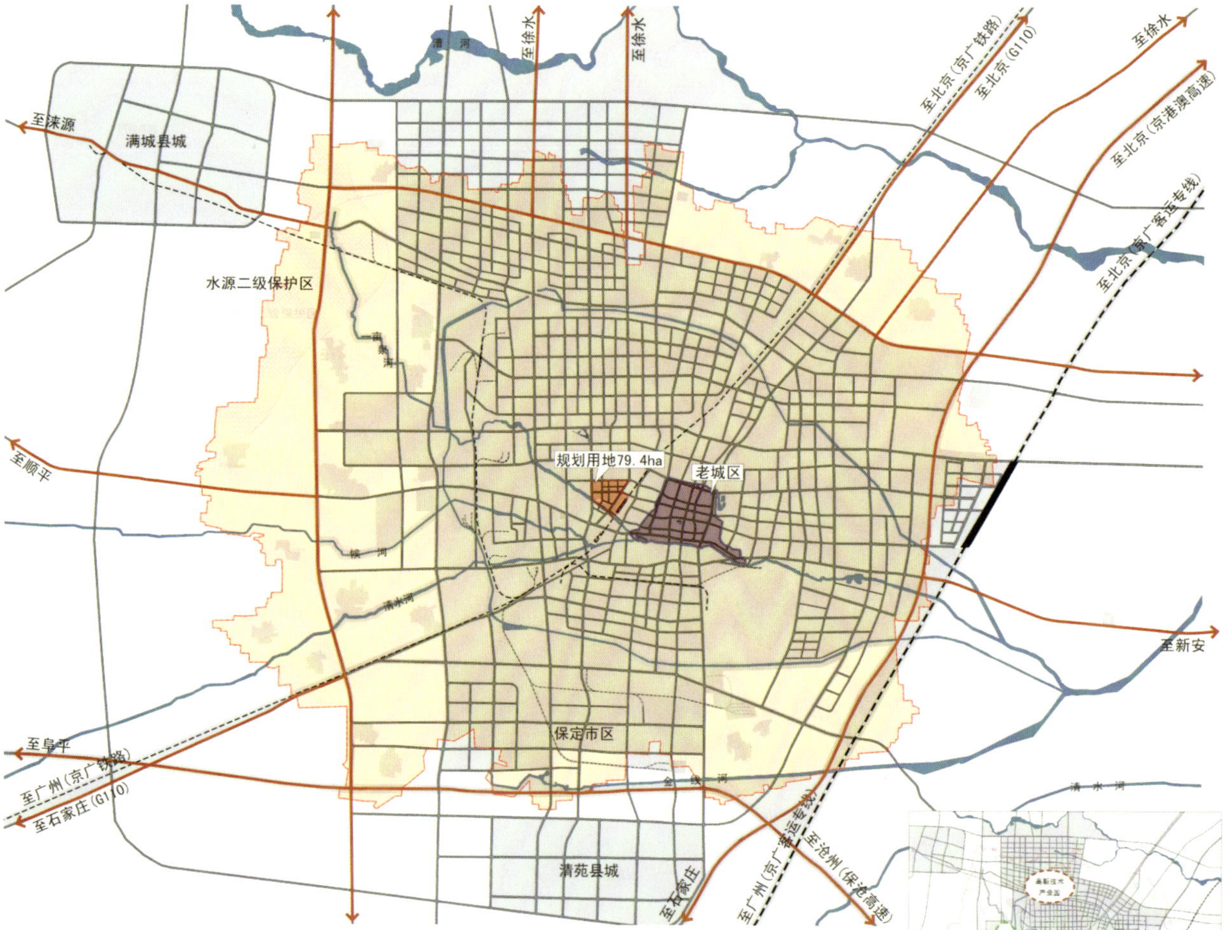

1.1 区位分析

LOCATION ANALYSIS

保定市地理区位

保定位于河北省中部，地处北京、天津和石家庄三角地带，北距北京140公里，西南距石家庄125公里，东距天津145公里，交通便利，受京津冀都市圈很大影响。

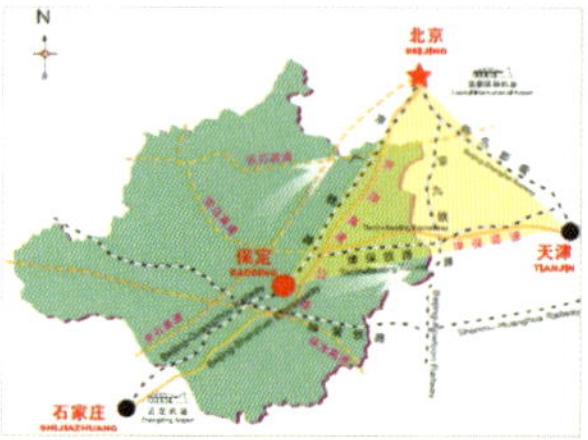

项目区位

项目位于保定市中心城区，东临建华路西侧京广铁路线，西接朝阳路，北靠百花路，南至一亩泉河。市中心距离北部高新技术产业园区约8公里，西距体育产业基地起步区约7.5公里，东距京石高铁站11公里，南距现代装备制造业园区约6公里。规划总面积约为79.4公顷，并结合火车站改造将火车站东广场，车站南部和北部纳入规划范围。

1.3 功能定位

FUNCTION OF PROJECT AREA

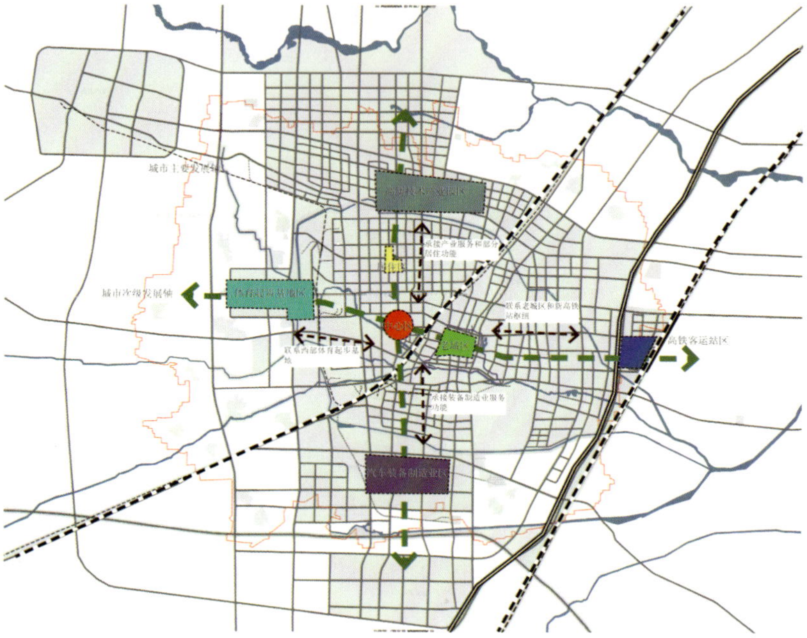

功能定位示意图

总体定位

保定市城市中心，商业商务活力中心，现代交通枢纽节点。

定位内容

区域交通枢纽

火车站改造后会给保定带来更便捷的交通环境，更多的发展契机，作为京广铁路线的重要组成部分，必将成为区域重要的交通枢纽。

商业活力中心

依托火车站强有力的聚集效应，吸引城市功能紧凑发展，大力加强第三产业发展，创造城市活力购物区。

城市公共绿核

绿色的生机以一亩泉河沿岸的绿色景观带为源头，沿竖向展开的道路系统流入城市各处，形成市中心区域各个公共绿核。

多元化社区

保定市中心区人群结构复杂，针对这一特点，在项目地块北部将引入不同类型的混合的多元化居住小区，涵盖了保障性住房、普通商品房和高档住房。

保定历史文脉延续

古城保定有太多太多的故事要对人们述说，在保证历史文化古迹必须得到良好地保护和修缮的前提下，保定市的各种代表性元素将被运用到规划设计当中。

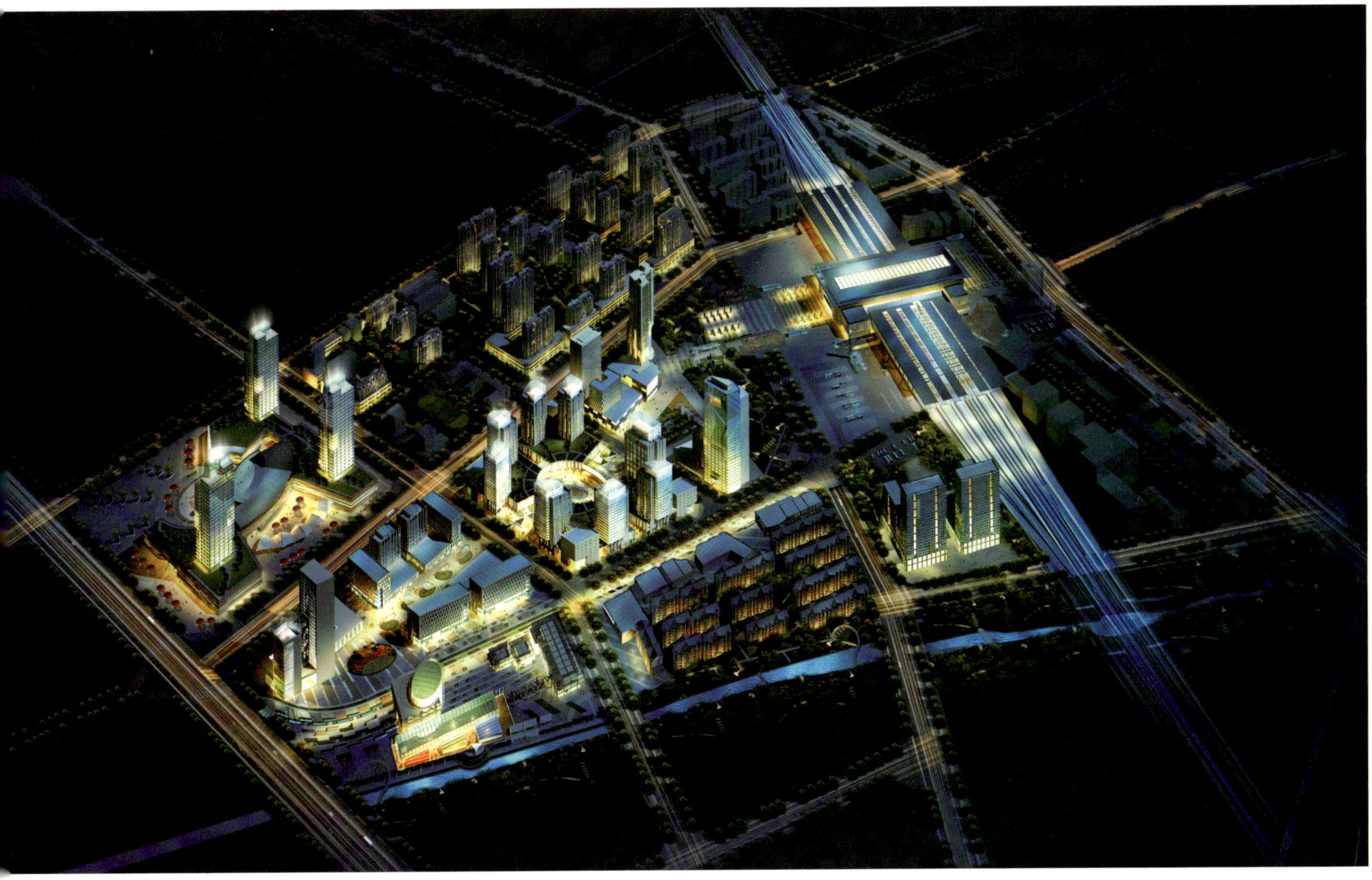

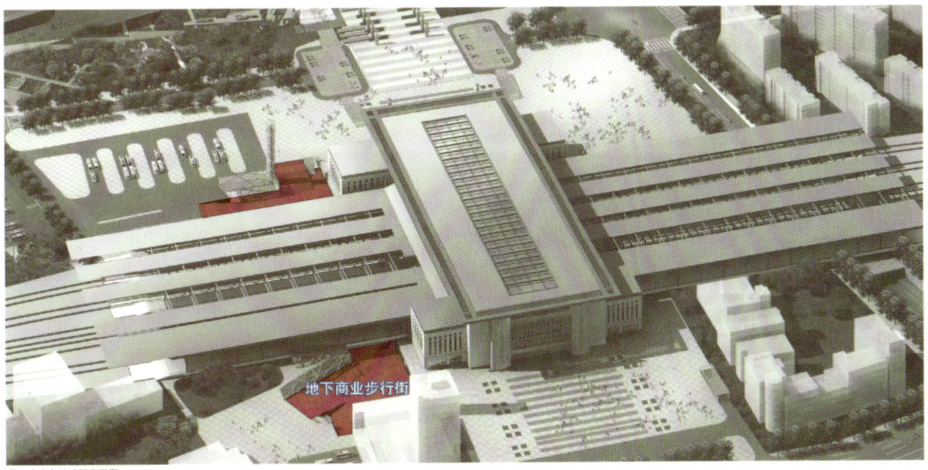

保定市火车站站区鸟瞰图

下沉式商业步行街空间意向

下沉式商业步行街空间意向

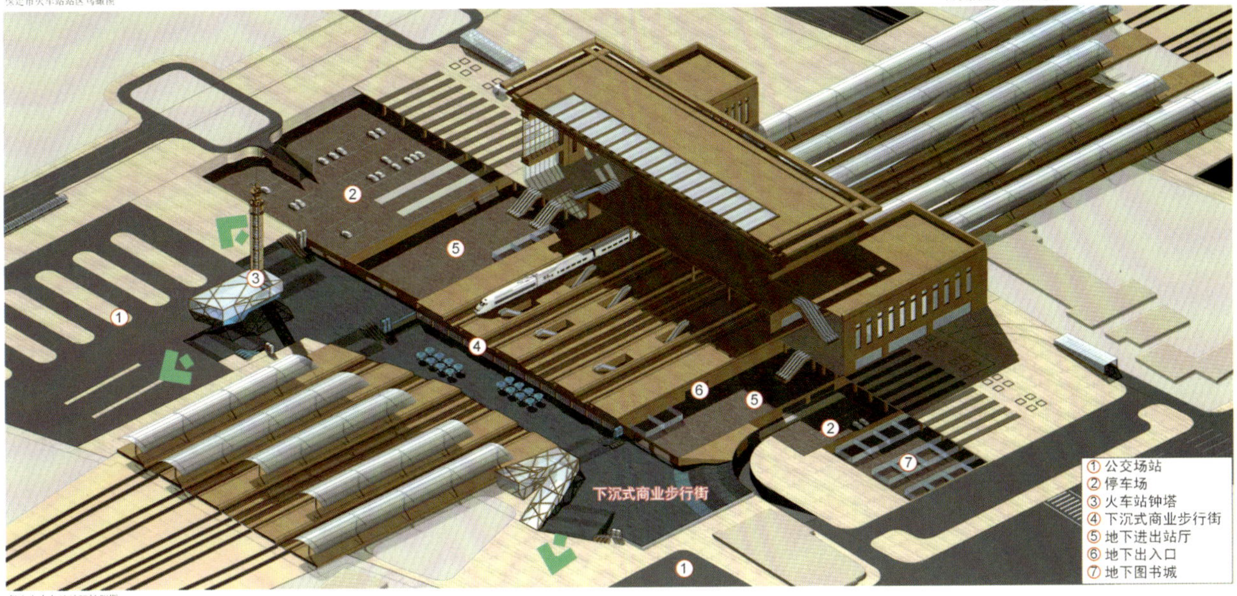

保定市火车站站区轴侧图

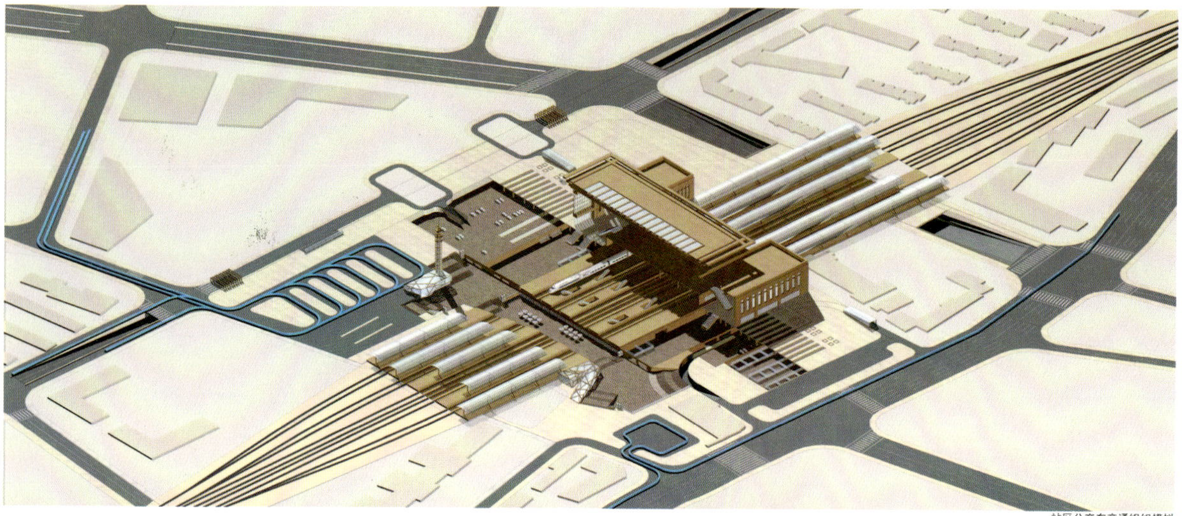

站区公交车交通组织模拟

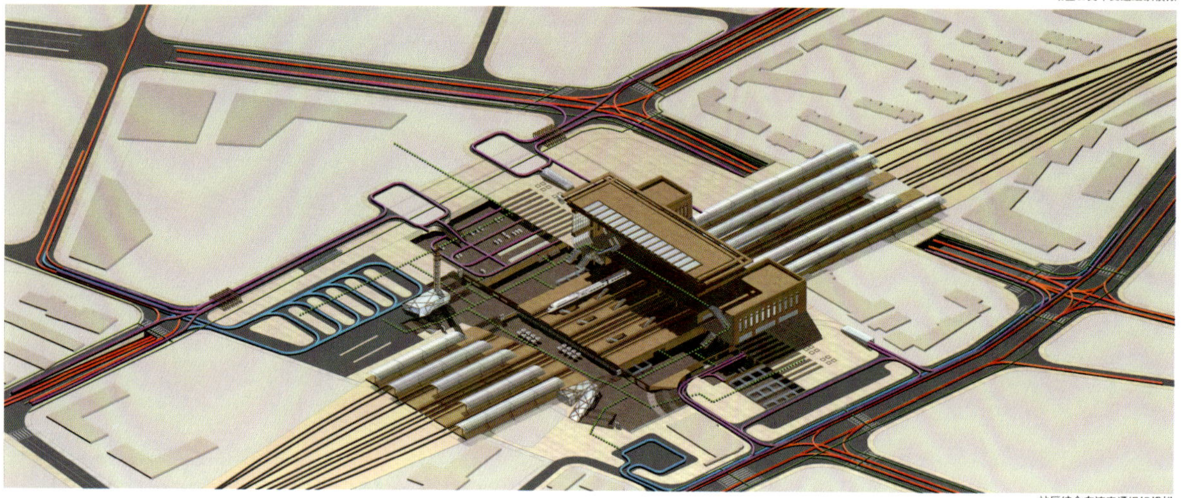

站区综合车流交通组织模拟

NIKE
LENSCRAFTERS
亮视点
L'OREAL

克拉玛依市西部新城

项目资料：
项目地址：新疆维吾尔自治区克拉玛依市
占地面积：22.45平方公里
设计单位：洲联集团·五合国际（5+1 WERKHART）

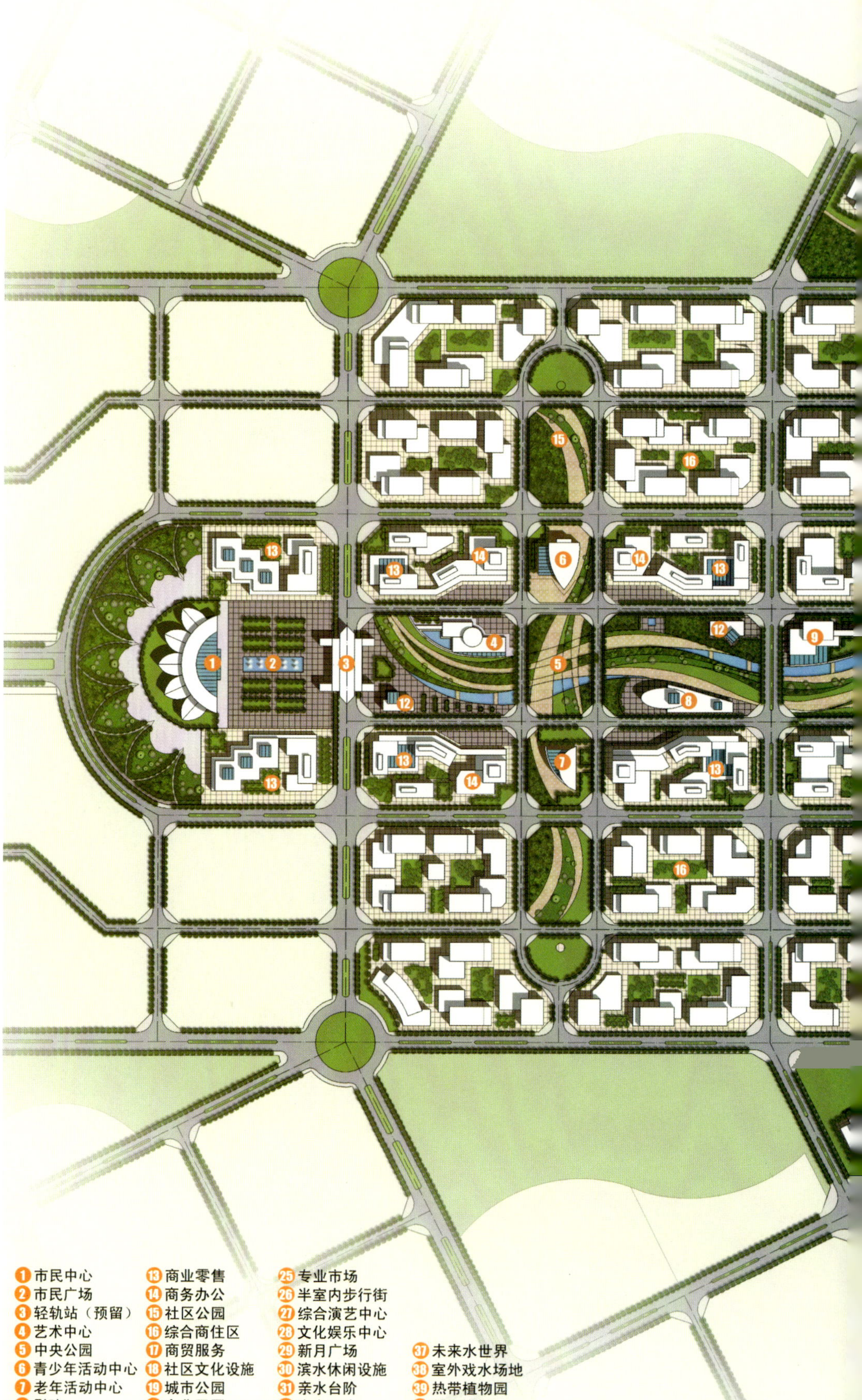

1 市民中心
2 市民广场
3 轻轨站（预留）
4 艺术中心
5 中央公园
6 青少年活动中心
7 老年活动中心
8 影院
9 艺术画廊
10 旅游信息中心
11 地下采光窗
12 服务设施
13 商业零售
14 商务办公
15 社区公园
16 综合商住区
17 商贸服务
18 社区文化设施
19 城市公园
20 企业园区
21 街角公园
22 大型超市
23 购物中心
24 家具城
25 专业市场
26 半室内步行街
27 综合演艺中心
28 文化娱乐中心
29 新月广场
30 滨水休闲设施
31 亲水台阶
32 渔人码头
33 过街通廊
34 观景塔
35 度假酒店
36 酒店大堂
37 未来水世界
38 室外戏水场地
39 热带植物园
40 新月拱门
41 生态岛
42 蓄水泵房
43 桥和水闸
44 蓄水坝

项目说明：

在原有概念规划的基础上，对新城的产业、生态建设、空间布局进行了更为细致的研究，合理预测其发展规模，提出空间结构、重要基础设施、绿地系统的规划构想，注重新城建设的可操作性与可实施性。

0 50 100 200 300M
NORTH

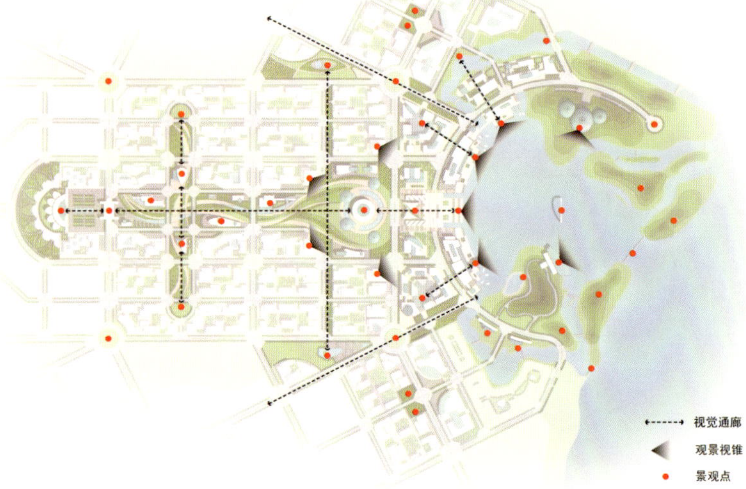
视觉通廊
观景视锥
景观点

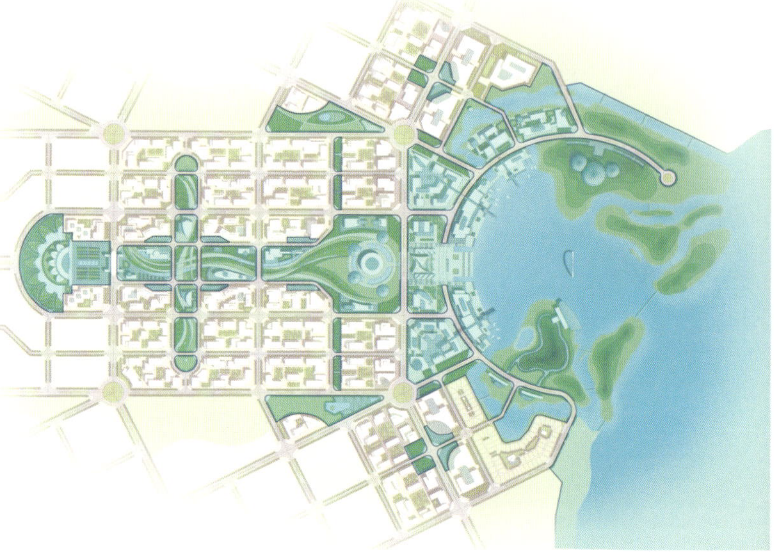

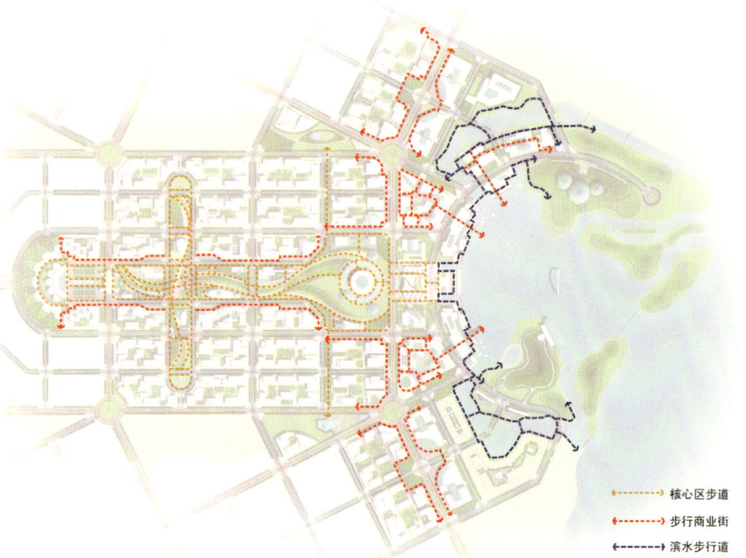
核心区步道
步行商业街
滨水步行道

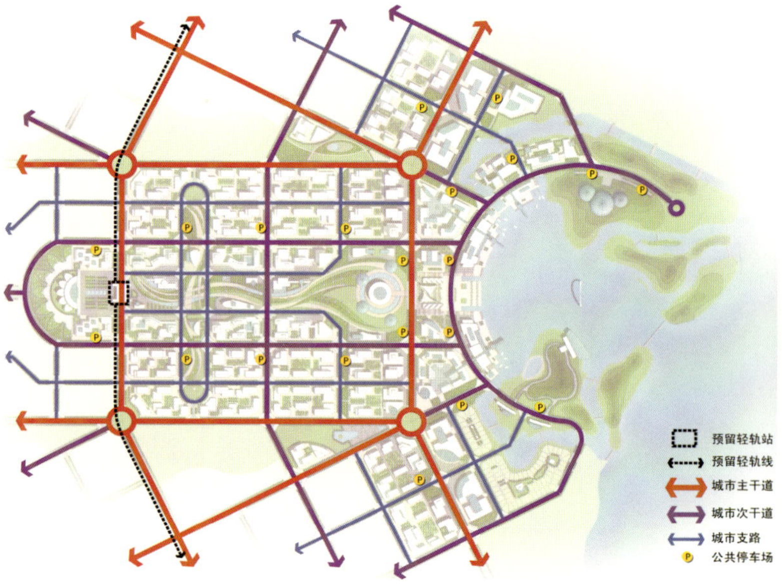
预留轻轨站
预留轻轨线
城市主干道
城市次干道
城市支路
公共停车场

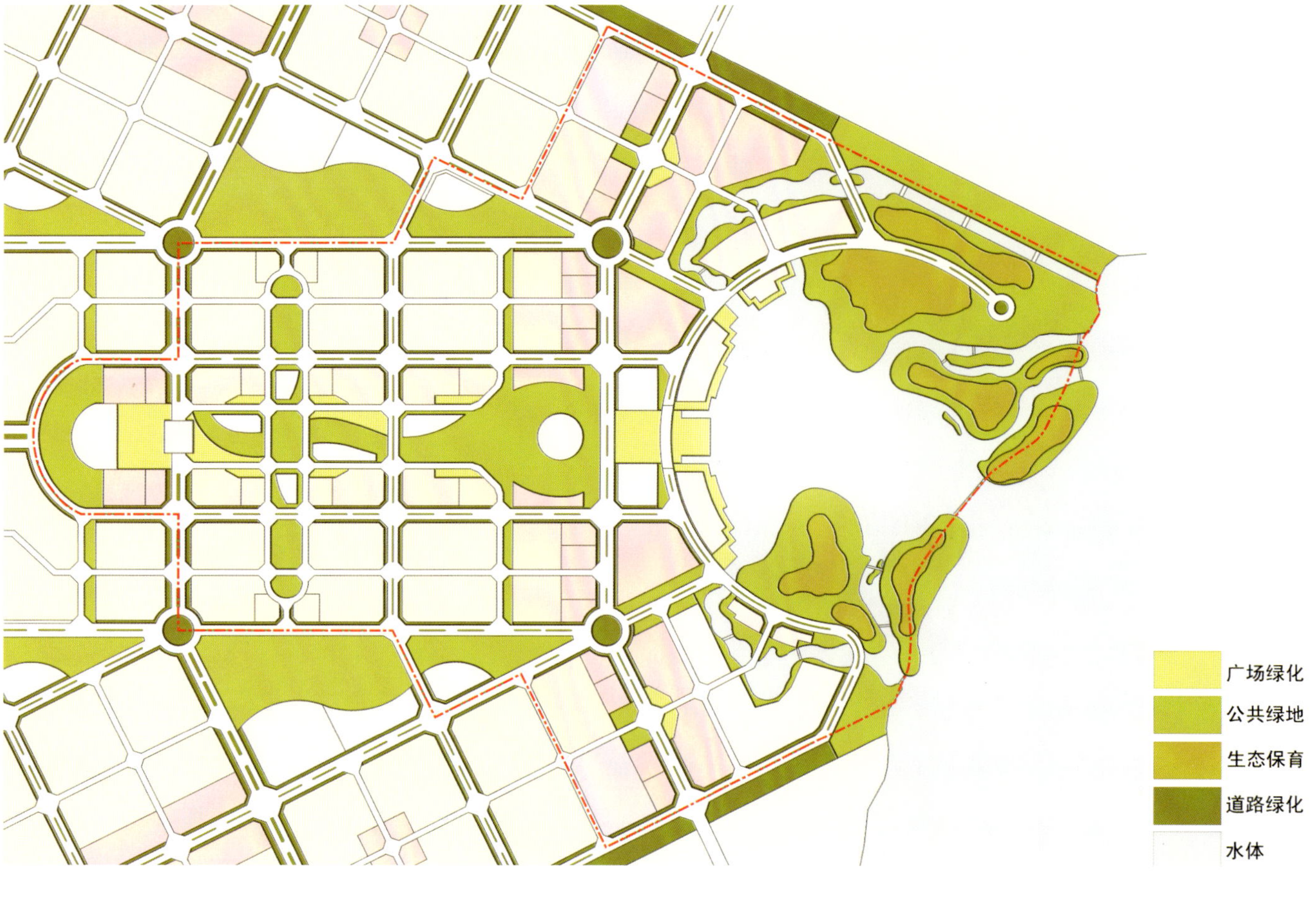
广场绿化
公共绿地
生态保育
道路绿化
水体

宁波市江北区庄桥区块

项目资料：
项目地址：浙江省宁波市
设计面积：10平方千米
委托方：宁波市规划局
设计单位：广州市天作建筑规划设计有限公司

项目说明：

庄桥区块位于宁波市中心城区北部，属江北片区城乡结合部。规划区内的庄桥机场曾是东海前哨，改革开放后作为军民共用机场，是当时主要的对外交通枢纽。火车北站也为城市发展起到过重要的作用。它们记录了城市发展壮大的历史，但也阻碍着城市继续前进的脚步。受它们的长期影响和制约，江北片区建设发展十分滞后。

随着杭州湾跨海大桥的开通，江北即将获得由边缘转变为门户的机遇；庄桥机场和火车北站的搬迁，也将唤醒这块沉睡的土地。庄桥区块的开发建设意义重大，是实现宁波市“中提升”战略目标的重要举措。

江北区的发展长期以来滞后于宁波市其他片区，亟需一个强有力的核心，带动整个江北区快速发展。我们设想，庄桥区块在未来有条件成长为宁波市中心城北部重要的经济板块，形成与宁波老城区、东部新城“三足鼎立”的格局。机场和火车北站搬迁之后，庄桥区块应当能够担当此任。经过这样的分析，我们将本项目定位为“宁波中心城核心区北部的现代服务业中心、生态休闲文化区；宁波市高新技术园区、创意产业示范园区”。

在空间形态的考虑上，形成“核心地标——总部商务——现代服务产业带——生态居住区——产业园区”高度逐渐降低的空间形态意象。其中，沿江的建筑轮廓线是规划设计的重点。沿江作高低起伏的变化是必要的，但总体上看，沿江滨水区主要做低层考虑，向后则逐渐升高，这应该是余姚江东岸建筑天际轮廓线的主旋律。规划在沿江方向通过不同类型用地的交错布置，引导形成高低起伏的天际轮廓线；在纵深方向也强调了逐渐升高的形态意向。同时，通过对塔楼的高度控制，使建筑群体的高低关系也错落有致。

规划设计的另一个特点在于对产业类型及其空间布局的研究。借助区域交通汇聚的优势，可以形成一条临港现代服务产业带。这条产业带通过规划区外围的快速路与宁波市其他区域相连，南至甬江北岸滨水区的核心商务区，并与江东各区相连；北接机械工业产业园，并可达杭州湾跨海大桥。

1. 高新产业园
2. 艺文展示中心
3. 亲水休闲吧
4. 商务酒店
5. 游艇俱乐部
6. 水上剧院
7. 康体中心
8. 观光码头
9. 滨江艺术廊
10. 生态岛
11. 会议中心
12. 世贸大厦
13. 三江文化展览馆
14. 车站综合体
15. 下沉广场
16. 创意产业园
17. 江北汽车城

LOUIS VUITTON

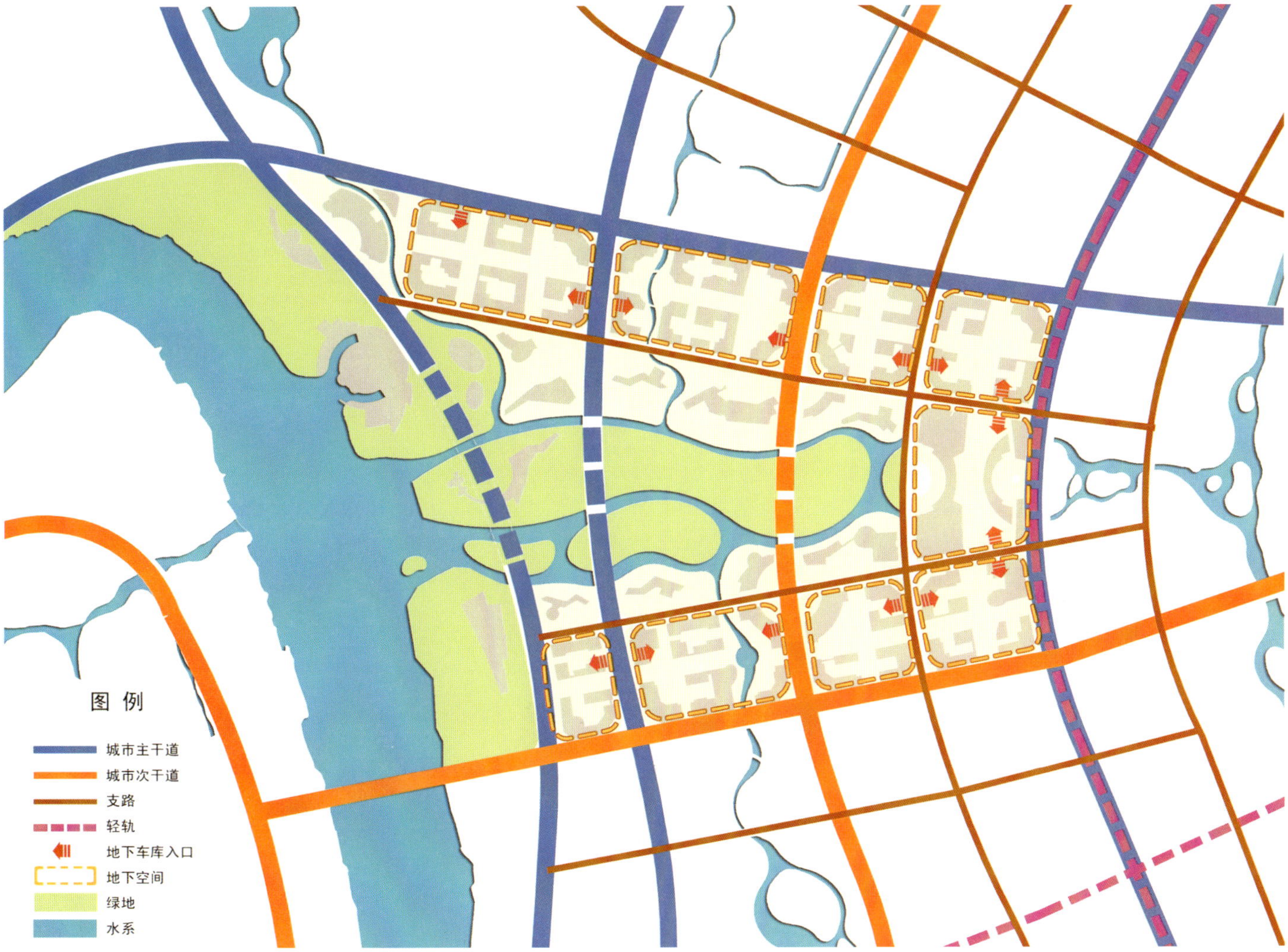
图 例
城市主干道
城市次干道
支路
轻轨
地下车库入口
地下空间
绿地
水系

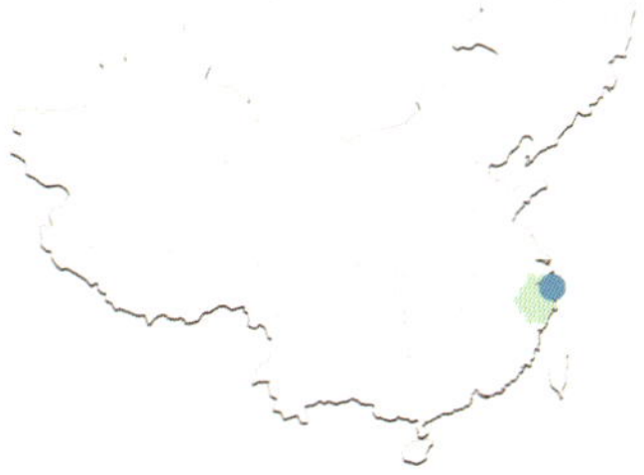

上海
SHANGHAI
嘉兴
JIAXING
杭州
HANGZHOU
杭州湾
慈溪
CIXI
舟山
ZHOUSHAN
宁波
NINGBO

杭电园区
镇海新城
江北西区
高教北区
海曙区
江东区
东部新城

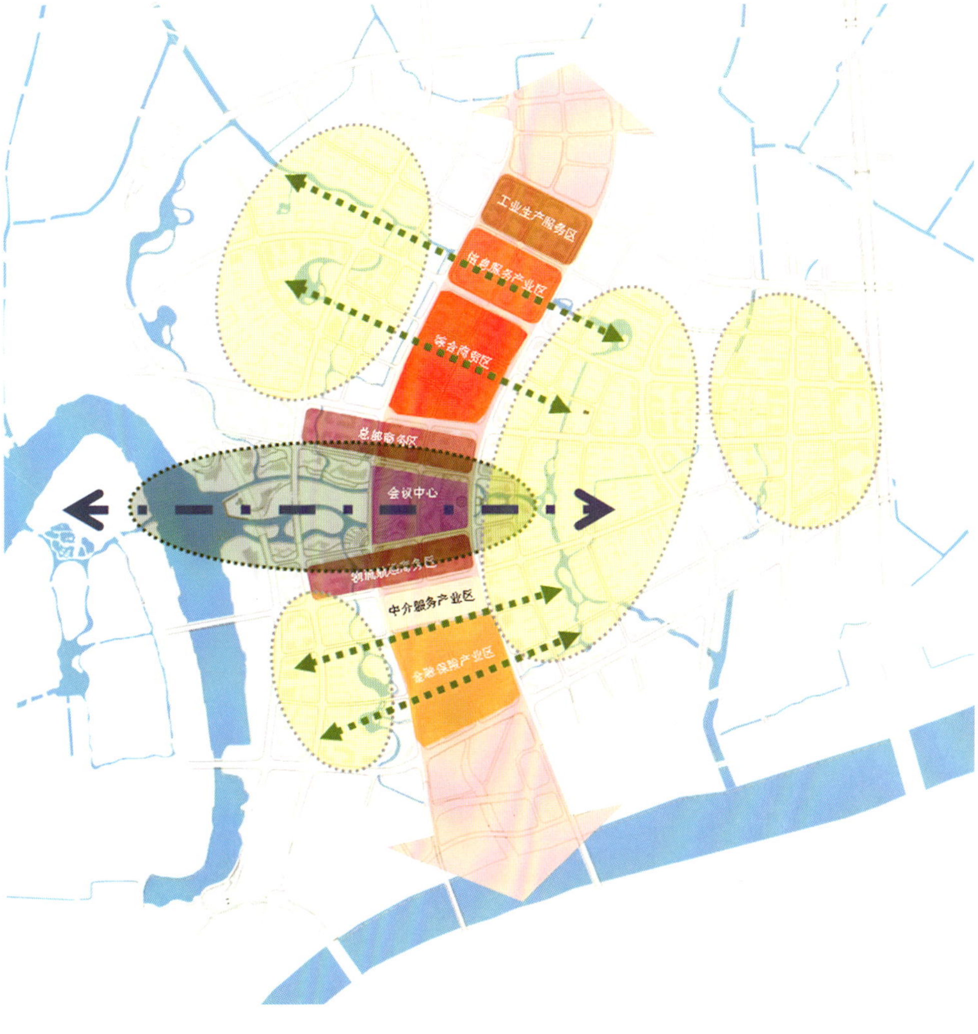
工业生产服务区
信息服务产业区
综合商贸区
总部商务区
会议中心
中介服务产业区
金融保险产业区

乐清市中心区环河

项目资料：
项目地址：浙江省乐清市
总用地面积：18平方公里
景观规划设计面积：37.7公顷
设计单位：美国龙安建筑规划设计顾问有限公司
主要设计人员：饶及人

项目说明：

乐清环河项目位于浙江省东南沿海的乐清市中心区。中心区规划总用地面积18平方公里，由老城区向东部海滨扩展。“环河景观”是一条环绕核心区长约6.1公里的环状绿色水系，总面积约37.7公顷。

对乐清环河提出了“主题式旅游”这一国际流行理念，营建一个以河流为依托，乐清悠久历史文化为背景的“主题式旅游休闲胜地，东方与西方文化契合的时尚地标”。

整个环河景观分为四个主题区：动感时尚区、民俗风情区、缤纷生活区和名品时尚区。四个主题区通过环河紧密相连，根据功能定位又各具特色：环河两岸分别设计了阑珊新天地、水上公园、民俗古街、运动公园、文化广场、名品购物广场和滨水休闲公园等设计内容。这些景观充分结合了具有特色的水上游线和陆上游线，从而满足不同层次、不同需求的使用者。环河景观内的建筑以新中式的风格为主，既简洁现代又可以体现乐清特有的城市风貌。

设计倡导“以人为本”的主题思想，立足于城市主体——人的活动与交往需求，为公众提供休闲娱乐交往的场所；同时延续与发展乐清城市山水文脉，实现城市绿肺的功能，谱写城市与自然绿地平衡与和谐乐章。

NEWSPAPERS · TOBACCO

深圳市中科研发园

项目资料：
项目地址：广东省深圳市
设计面积：22705.1平方米
委托方：广东省深圳市正中置业集团有限公司
设计单位：广州土人景观顾问有限公司
主要设计人员：庞伟 张健

项目说明：

深圳中科研发园位于深圳南山高新技术区南区，身处新旧夹杂的多层办公楼与高层写字楼包围之中。场地标高流线复杂，归属与形态不明确，周边多家单位停车问题复杂，正是中国常见的混乱无序的普通城市地块。如何营造实用的、积极的、有魅力的城市公共空间，成为本次设计的目的和挑战。

一座曲折错落的景观桥体镶嵌于异形水池与植物种植容器之上，成为主景。围绕桥体组织交通流线，连接离散空间。桥底设置数排光影柱，轻盈宛如波光流动。桥面分割成不同尺度的踏面，分作交通与休憩之用。桥下遮阴，桥上休憩。以形态本身来满足人性需求；同时，人在行动中滞留，成为风景。看与被看，正是戏剧的张力之美。

1. 入口雕塑
2. 水池
3. 金属种植槽
4. 景桥
5. 小广场
6. 移动树池
7. 种植区
8. 停车位
9. 室外茶座
10. 屋顶花园
11. 空中花园

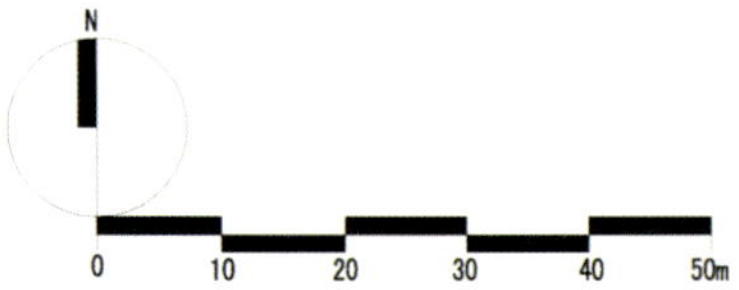

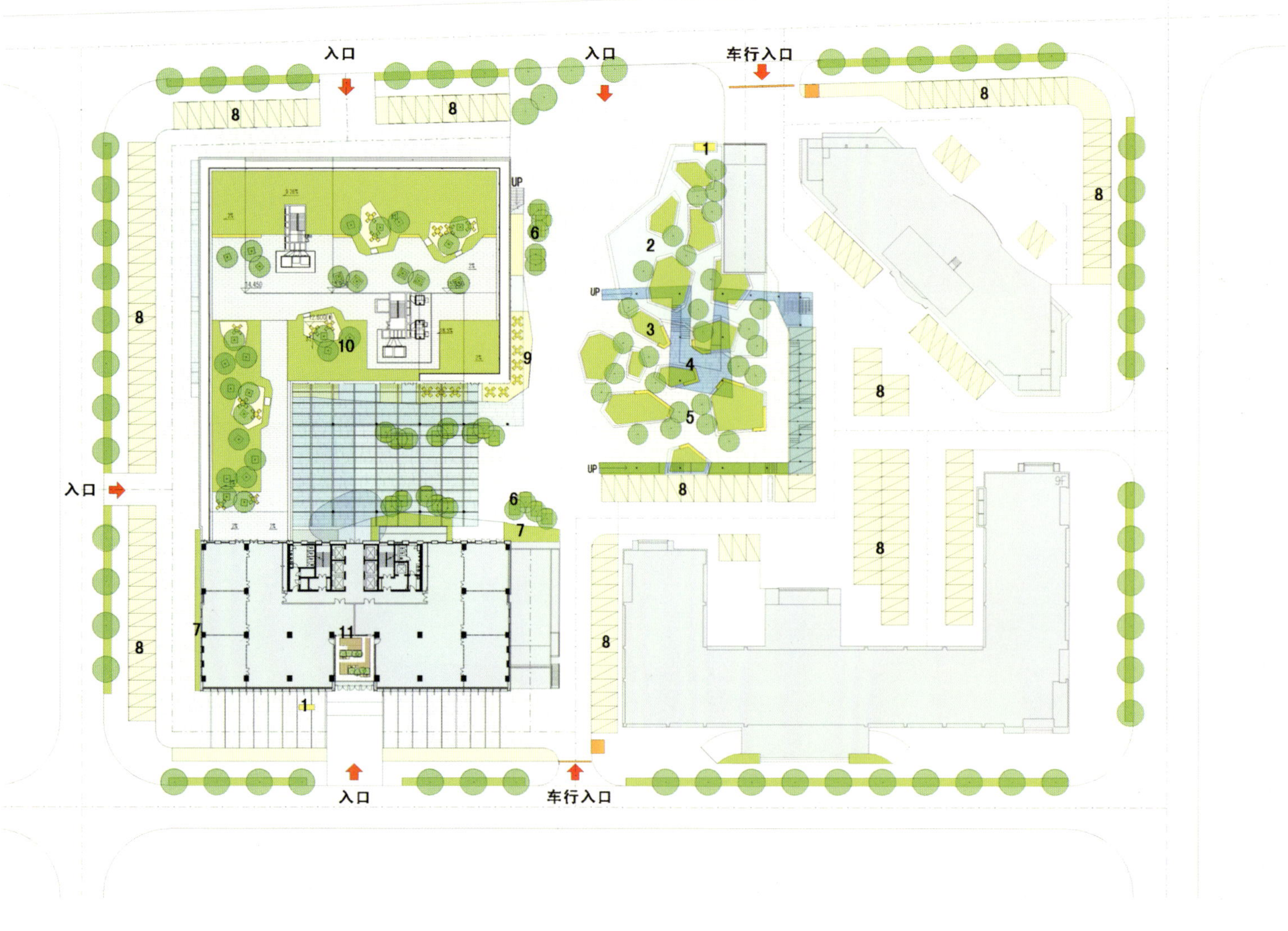

TCL
TCL

大庆市铁路客运西站地区

项目资料：
项目地址：黑龙江省大庆市
占地面积：8.42平方公里
详细规划面积：5.94平方公里
核心区面积：2.50平方公里
设计单位：洲联集团·五合国际（5+1 WERKHART）
主要设计人员：赵云伟 董致 运晓光 Dr. J. Nilsson 王新伊 林颖佳 焦旻 俞子立

LOTTE

项目说明：

大庆西站地区溶解并沉淀着大庆历史最精华的部分，将扮演城市对外交通承接和疏散的重要角色，并以此为契机重构地区功能布局，推动大庆实现“区域中心城市”目标。我们在对大庆西站地区总体定位：区域交通枢纽、商业活力中心、城市公共绿肺、生态寒地社区、湿地景观典范、大庆文化传媒的基础上，采取空间、人文和生态的三大策略，赋予西站地区新形象、新功能和新文化的“新”与交通枢纽核心、商业金融中心、生态示范绿心的“心”的内涵，使西站地区肩负起新大庆战略转型的历史使命，成为大庆乃至区域新的中“心”。

阳朔县阳朔新城

项目名称:
项目地址：广西壮族自治区阳朔县
占地面积：约10平方公里
设计单位：广州市天作建筑规划设计有限公司

项目说明：

阳朔新城区位于县城南面约3公里，用地面积约为10平方公里，是近中期实施《阳朔县城总体规划2008－2025》的重要区域。

基于对现状的认知，阳朔新城应是依托阳朔老城和漓江山水，发展集高端休闲度假旅游、生态居住、行政办公、商业服务、精品会展、会议培训、总部后台、户外运动等为一体，立足北部湾经济区和泛珠三角经济圈的国际化一流的休闲居住旅游目的地和多功能复合的综合性新城。同时，规划强调以"反规划"的规划、大地景观的规划、发展策划的规划和城市运营的规划为设计原则；以链接、融合和复合为设计理念形成"一廊双城，秀峰映水，一心多楔，碧莲伏波"的规划结构。

"一廊双城，秀峰映水"是指在秀峰碧水之间，两公里长绿色廊道将新旧两城区连接在一起。

"一心多楔，碧莲伏波"指的是新城区规划结构。一心是位于田家河中心河段，集合了水上活动区、水上商业街、江心绿岛、生态湿地等功能的城市绿心。新城区为组团式布局，组团间多条绿楔与周边山体对应。加上环形路网结构，蜿蜒而过的水系，城市宛如一朵水中盛开的莲花。

新城区中，喀斯特地貌的秀峰和蜿蜒而过的河水是城区独特的大地景观，新城建设与其形成一个秩序化的整体，通过"叶脉绵密，环状放射"的道路网系统有机串联各个城区组团，并结合山水形成"群峰环水，绿野融城"的景观意境。

将阳朔新城建设为"景观化、生活化、国际化、本土化"的新城；通过延续和发展阳朔本地居民和外来旅游者相融合的休闲生活方式，强调新城的"宜居"特色；成为面向世界的国际化新城典范。

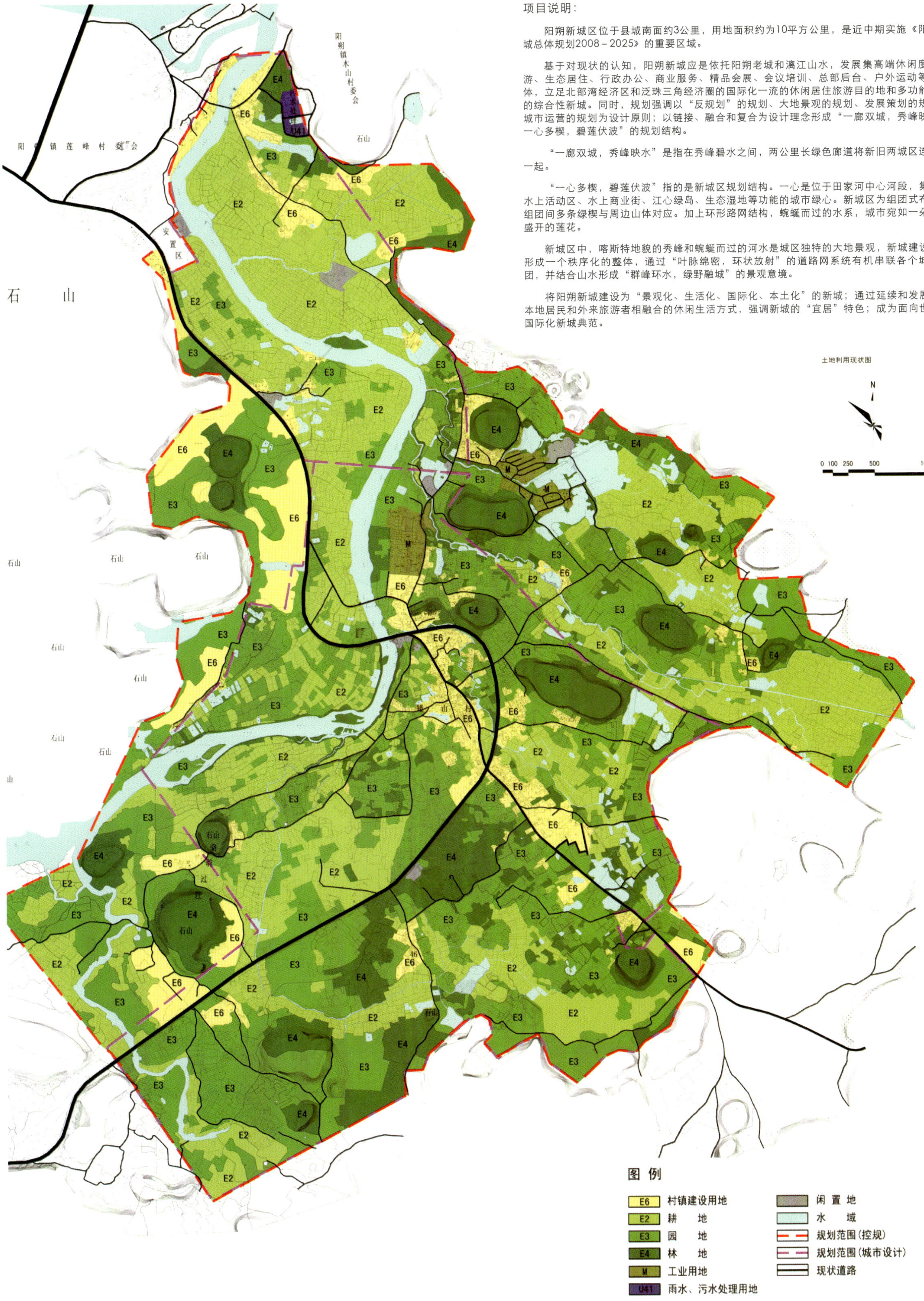

1. 多层住宅
2. 商住混合楼
3. 社区中心公园
4. 山地别墅区
5. 片区生态公园
6. 小学
7. 别墅区会所
8. 攀岩训练基地
9. 环城自行车专用道

1. 滨河竹林
2. 滨河竹园广场
3. 滨河景观步行道
4. 渔火广场
5. 莲心码头
6. 莲心下沉广场
7. 风情酒吧街
8. 莲心茶坊
9. 阳朔特色风情城
10. 生态湿地公园
11. 滨心咖啡
12. 超白金五星级酒店
13. 滨湖景观步道
14. 人造景观湖面
15. 精品会展区
16. 停车场

1. 18洞世界级高尔夫球场
2. 高尔夫休闲会所
3. 企业总部/后台基地
4. 高档休闲会所
5. 生态景观湖面
6. 高尚SPA中心
7. 停车场
8. 生态湿地
9. 低密度精品别墅区
10. 景观山体
11. 滨江生态公园

1. 室外篮球场
2. 体育休闲中心
3. 文化娱乐馆
4. 民俗文化中心
5. 美食港湾
6. 购物中心
7. 折趣步行街
8. 国际SOHO地带
9. 中心医院
10. 政府商务区
11. 政务广场
12. 商业广场
13. 坡地景观广场
14. 国际品茗中心
15. 电信邮政中心
16. 消防站
17. 休闲中心

成都市青羊区新城区

项目资料:
项目地址: 四川省成都市
设计面积: 约10平方公里
设计单位: 广州市天作建筑规划设计有限公司

项目说明:

成都青羊新城区为规划的城市西部副中心，本次规划力求体现成都地域文化特色，建设环境优美、设施完善的城市新区。规划总用地约10平方公里，总人口12万人，我们的方案在当地政府组织的国际大型国际招标中，从五十多家国内外知名设计单位中脱颖而出中标。以光华大道为轴线，重点考虑道路两侧建筑形象的景观效果，以聚集人流、吸引消费为原则，体现城市的商贸功能，展现成都市浓郁的历史文化的风貌，南北向的生态绿轴联系了重要的公共设施，加强了成温公路南北两大片区的联系。现在该项目已经通过专家评审，进入实施阶段，为成都西部的发展奠定了很好的基础。

N
100 300 500 M
0 200 400
空军成飞基地
金牛区
铁路西环线
清水河
成青羊北路
武青路
铁路西站物流区
成温快速路
华大道
华侨路
河污水处理厂
武侯区
1 中学
2 政府大楼
3 体育公园
4 会展中心
5 科技展览馆
6 综合医院
7 图书馆、文化馆
8 博物馆、美术馆
9 市属办公楼
10 社会停车场
11 消防局
12 变电站
13 污水处理厂
14 垃圾处理站
15 邮政局、电信局
16 公交总站
17 加油站
18 汽车货运站
19 火车货运站
20 社区文化中心
21 酒店
22 敬老院
23 电影院

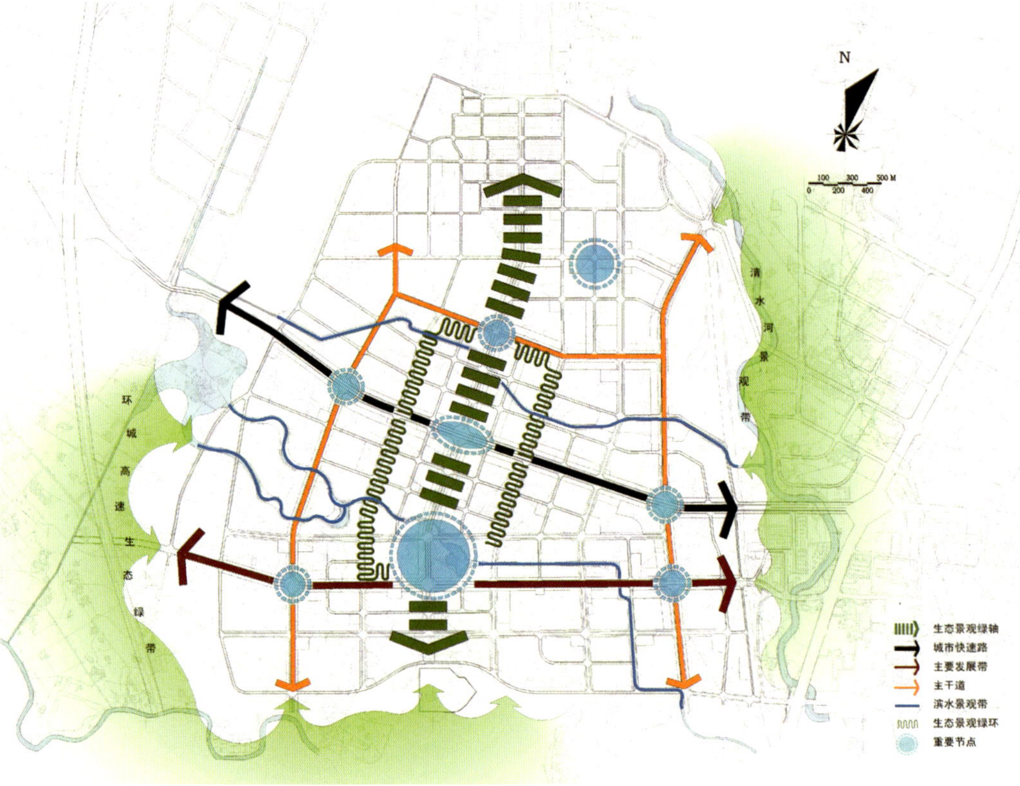

开放空间体系 ▼

▲ 总体意向结构形态

高度控制体系 ▼

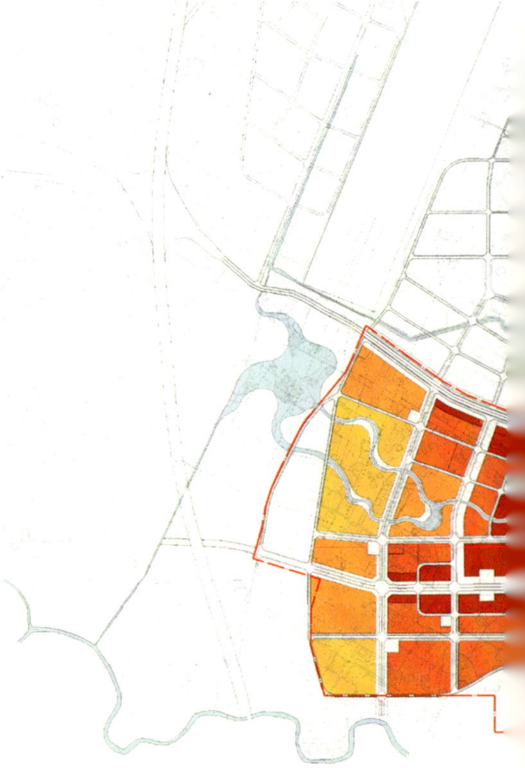

生态绿化系统规划

步行体系 ▼ ▲ 方向指认体系

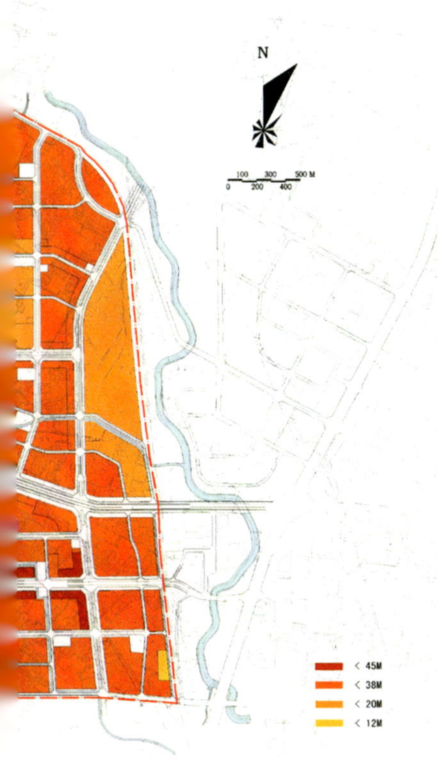

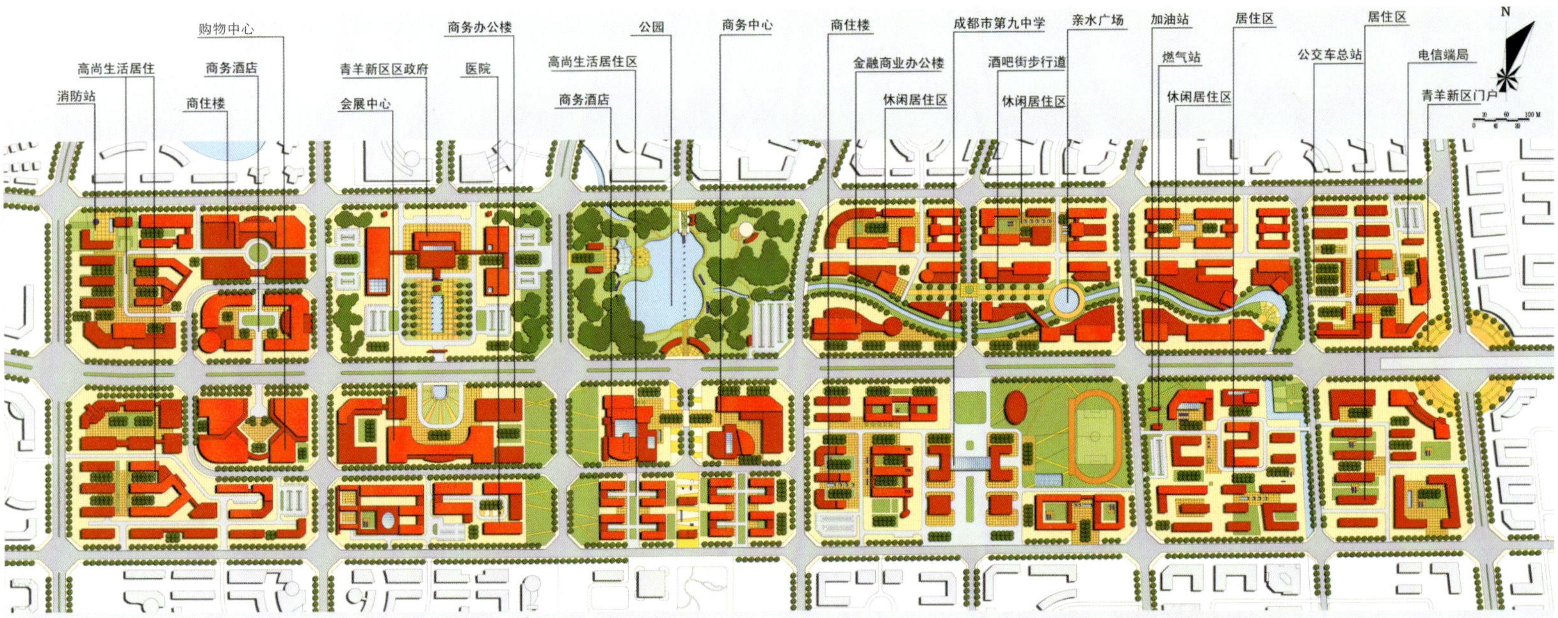

结构功能分析图

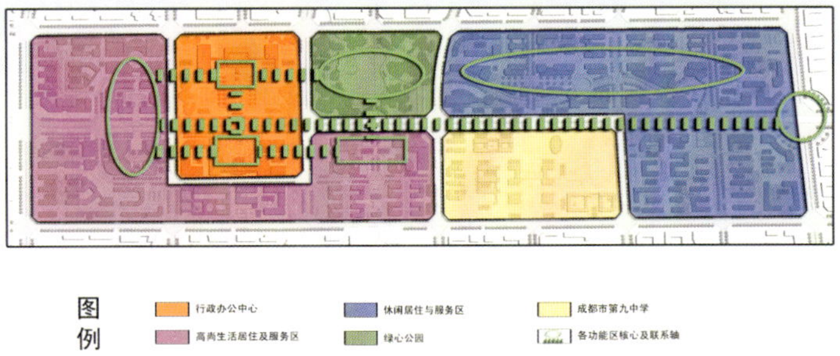

道路交通分析图

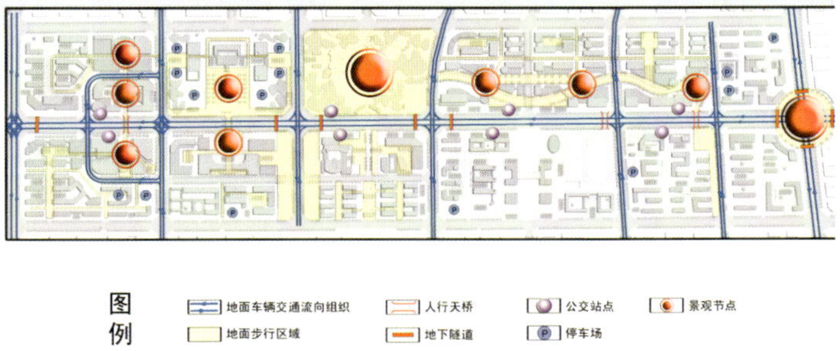

用地代码			用地性质	用地面积(ha)	比例(%)
总用地				1058.62	100
R	R1		一类居住用地	56.49	
	R2		二类居住用地	420.44	
	小计			476.93	45.05
C	CR		商业居住用地	58.57	
	C1	C11	市属办公用地	11.11	
	C2	C2	商业金融业用地	48.00	
		C25	旅馆业用地	11.74	
	C3		文化娱乐用地	15.13	
	C4		体育用地	7.36	
	C5	C5	医疗卫生用地	8.52	
		C53	休疗养用地	0.66	
	C6		教育科研设计用地	19.98	
	小计			181.07	17.10
G	G1		公共绿地	106.67	
	G2		防护绿地	9.60	
	小计			116.27	10.98
W	W		仓储用地	17.40	
	小计			17.40	1.64
T	T1		铁路用地	38.06	
	小计			38.06	3.60
S	S1		道路用地	192.42	18.18
	S2		广场用地	1.00	
	S3		社会停车场库用地	3.75	
	小计			197.17	18.63
U	U1	U12	供电用地	0.71	
		U13	供燃气用地	0.12	
	U2	U21	公共交通用地	1.50	
		U22	货运交通用地	1.74	
		U29	其他交通设施用地	1.17	
	U3		邮电设施用地	0.50	
	U4		环境卫生设施用地	11.29	
	U9		其他市政公用设施用地	0.98	
	小计			16.84	1.59
E	E1		水域	14.88	
	小计			14.88	1.41

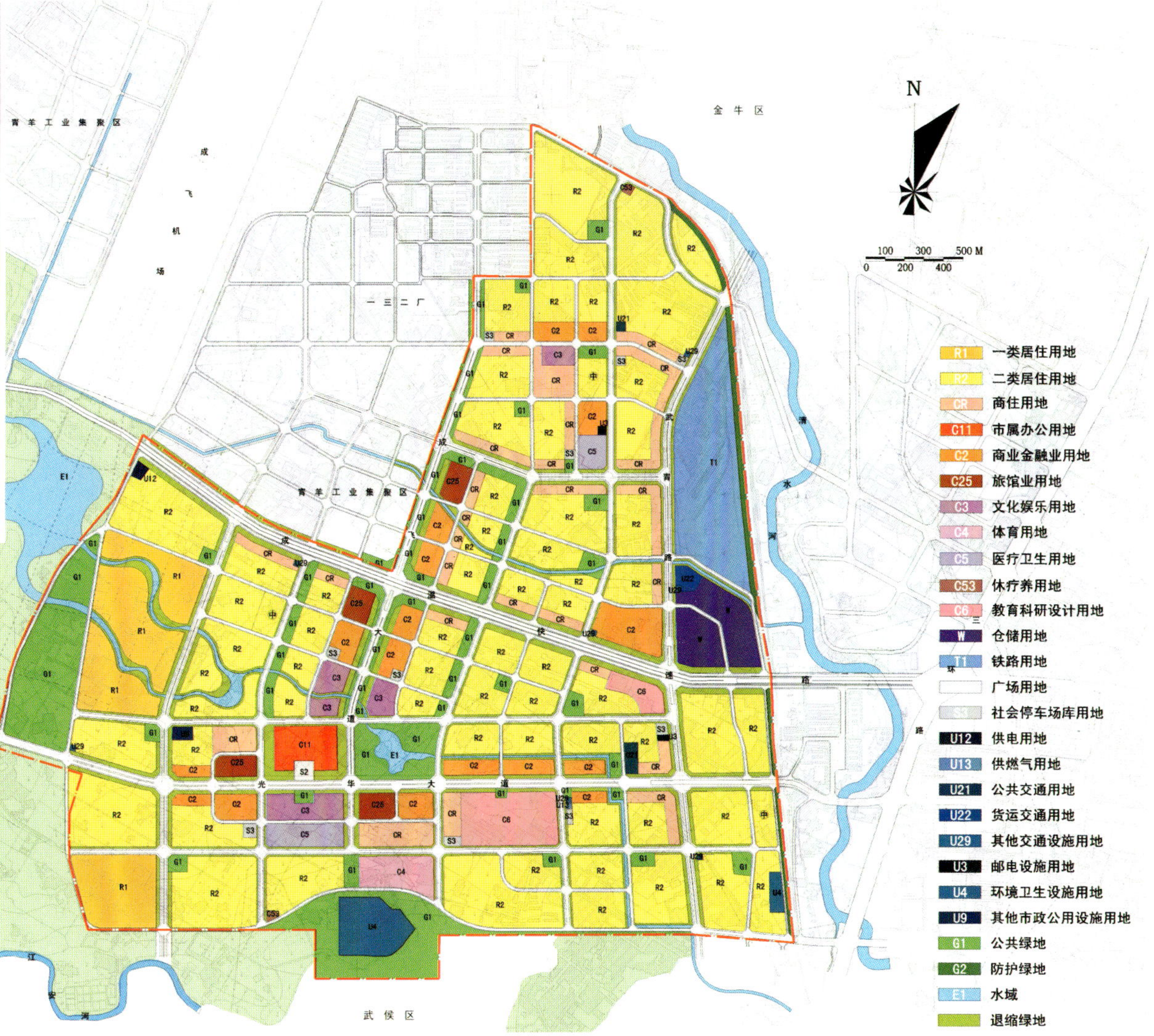

成都青羊新城区

PEACOCK
BORBONESE
Panasonic

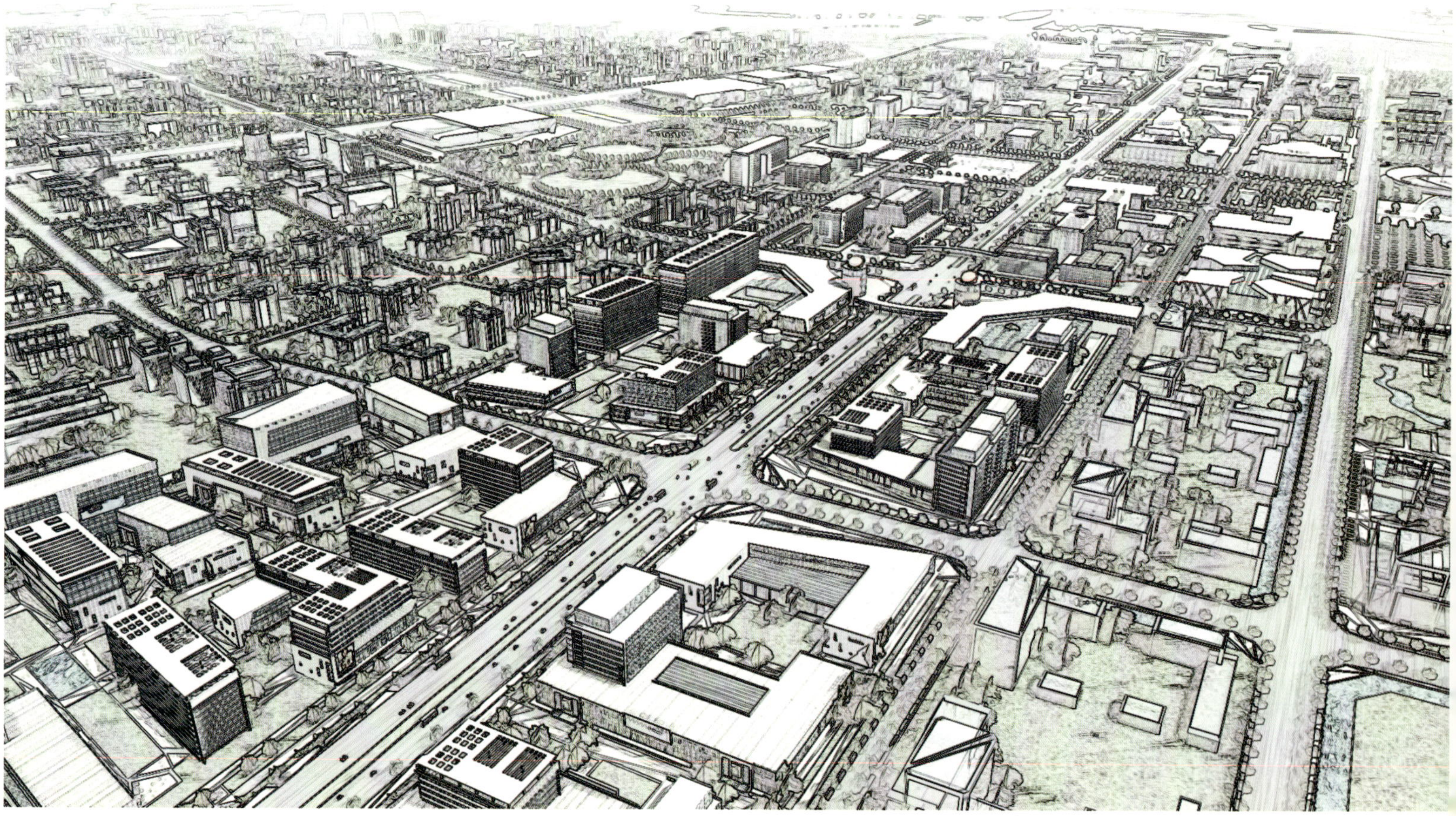
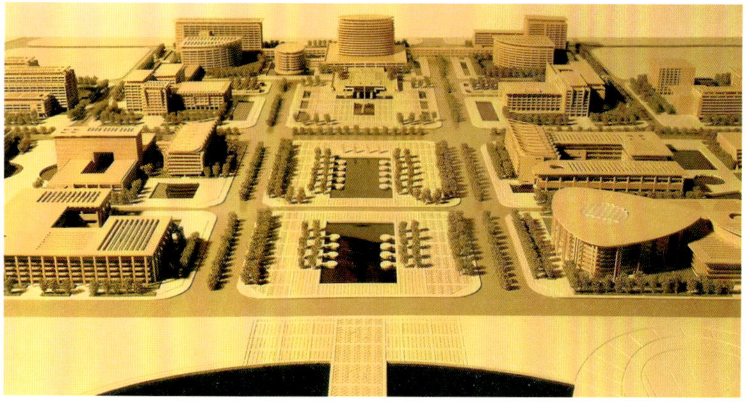
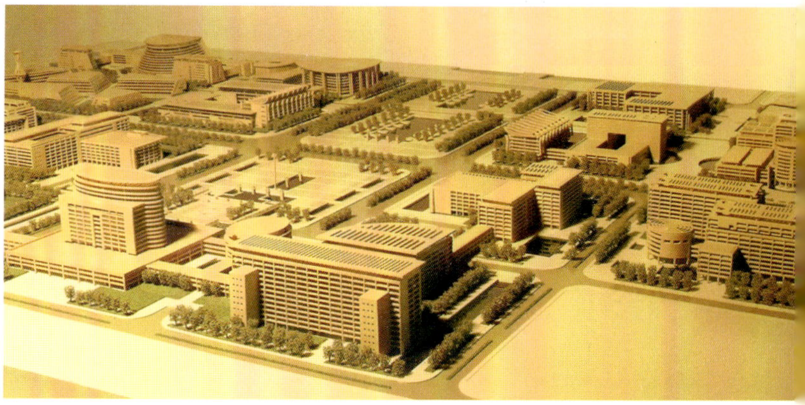

汕头市东部城市经济带新津片区

项目资料：
工程地点：广东省汕头市
规划面积：5.18平方公里
建筑面积：643万平方米
设计单位：天成国际景观策略规划有限公司
北京中国风景园林规划设计研究中心·深圳分院
主要设计人员：傅克勤 李小传 梅卫平 赖树翁 秦训刚 王锋

项目说明：

以滨水、亲水、休闲为特色，集居住、休闲、度假、商业为一体；融汇地域特征和时代精神，以潮汕文化为魂，体现生态理念，是一座符合未来城市发展潮流的魅力之城！

道路景观效果

中泰立交及周边交通完善方案效果图

滨海大道路段景观效果图

中山东路-新津河西路节点效果图

1
2
3

东莞市中堂镇滨江A地块

项目资料：
项目地址：广东省东莞市
占地面积：696611.78平方米
总建筑面积：1056360平方米
绿地率：49.51%
容积率：1.52
设计单位：项秉仁建筑设计咨询（上海）有限公司
主要设计人员：项秉仁 秦戈今 祁涛

1.1效果图
日景鸟瞰图

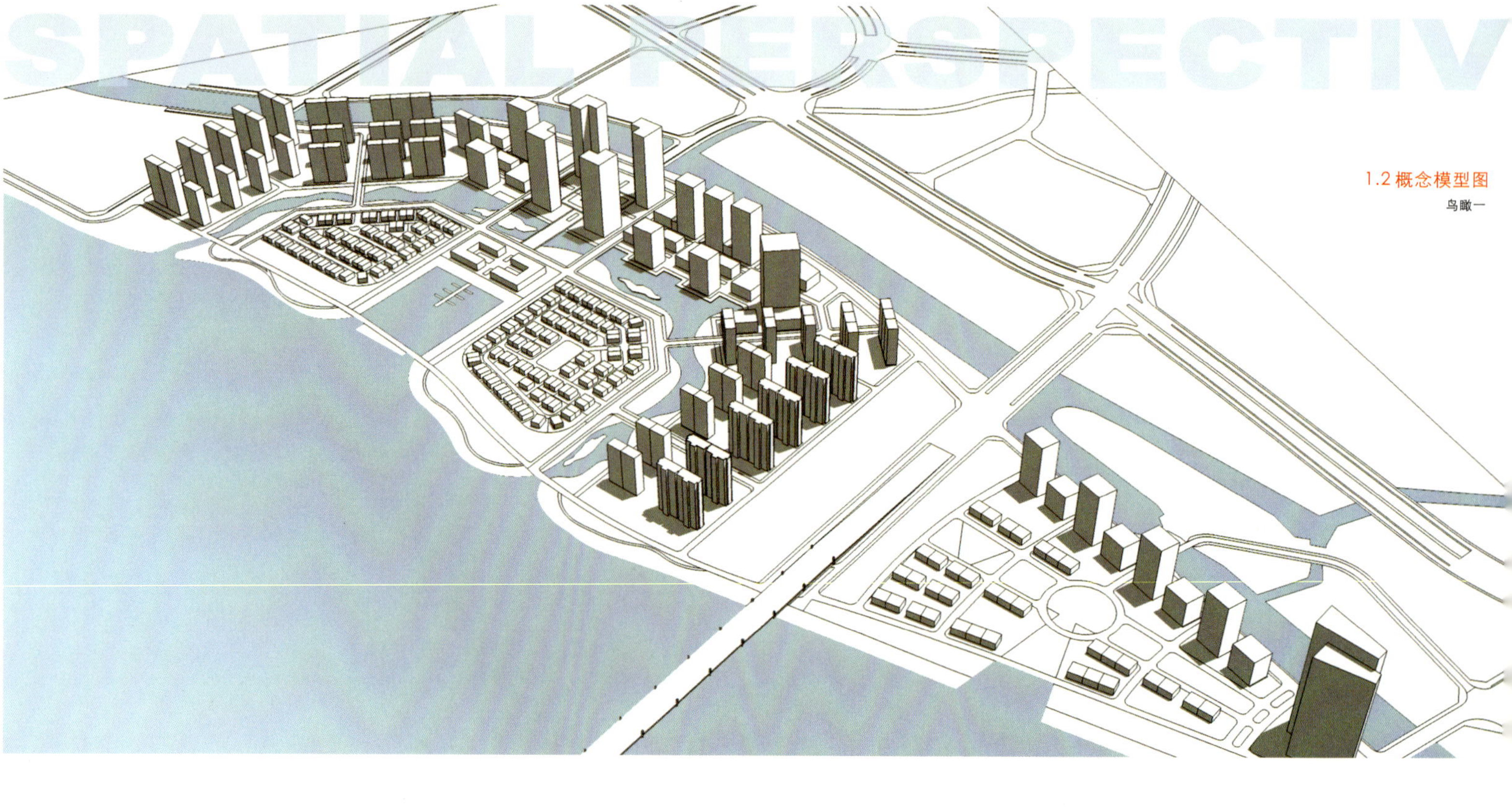

1.2概念模型图
鸟瞰一

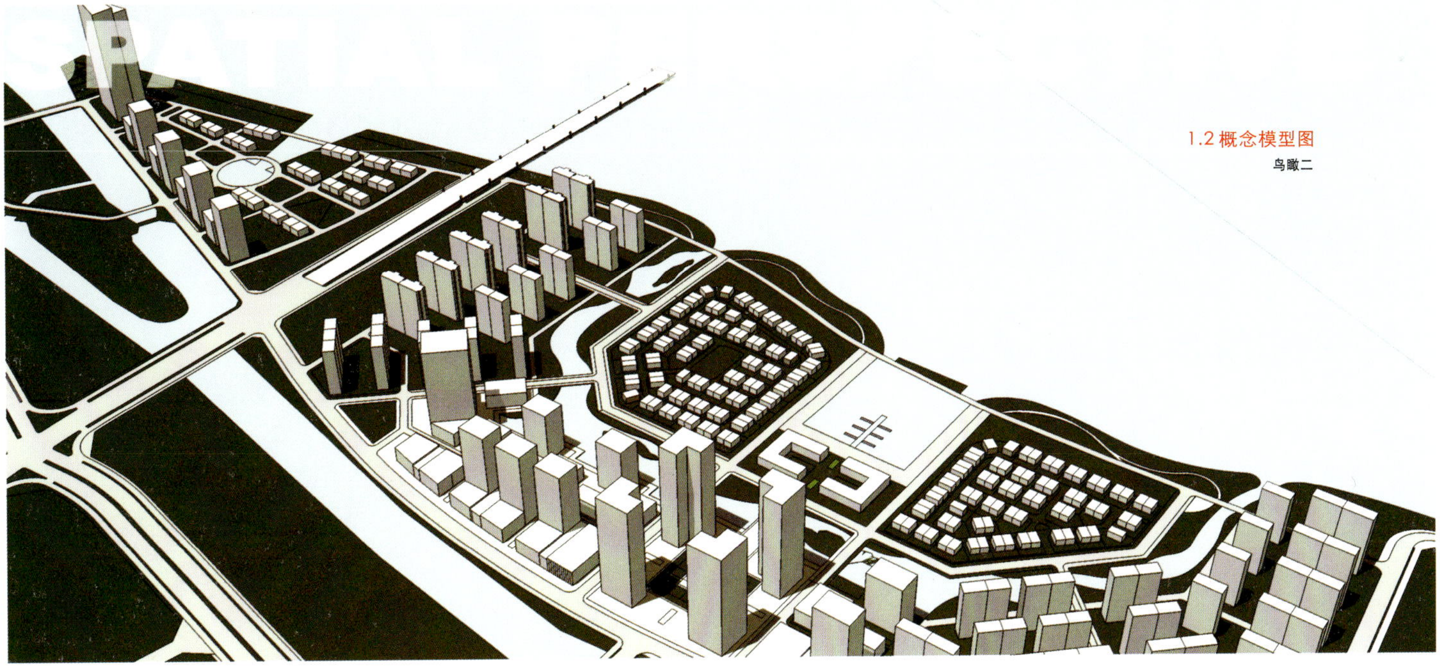

1.2 概念模型图

鸟瞰二

SPATIAL PERSPECTIVE

1.2 概念模型图

鸟瞰三

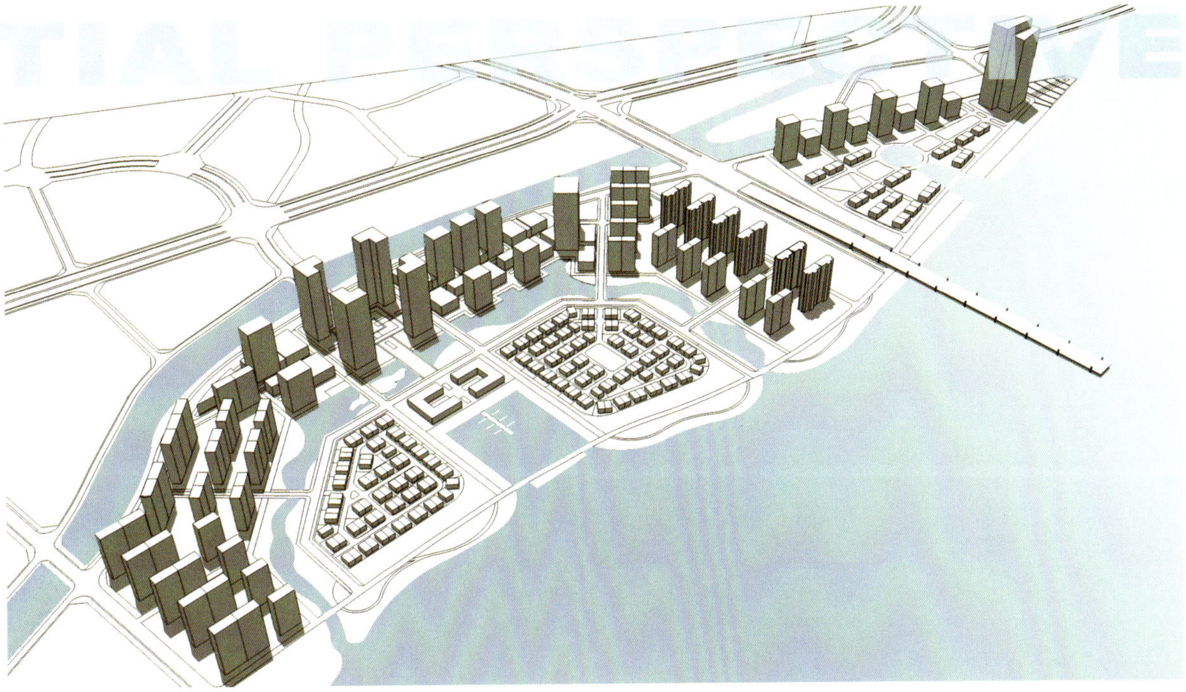

2.2 基地现状

2.3 环境资源评价

基地沿东西向呈梭形，有利于总图排布中建筑获得良好的朝向。同时基地三向环水，周边江景优美，如何有效利用滨水空间独特的景观资源，打造高品质、生态化、富有水景特色的城市社区是本方案首先考虑的问题。

同时积极考虑基地与周边城市空间的关系，力图在多层次、多角度的塑造滨水社区的空间形象，建立富有强烈空间特色的城市空间，丰富滨水城市的天际线。

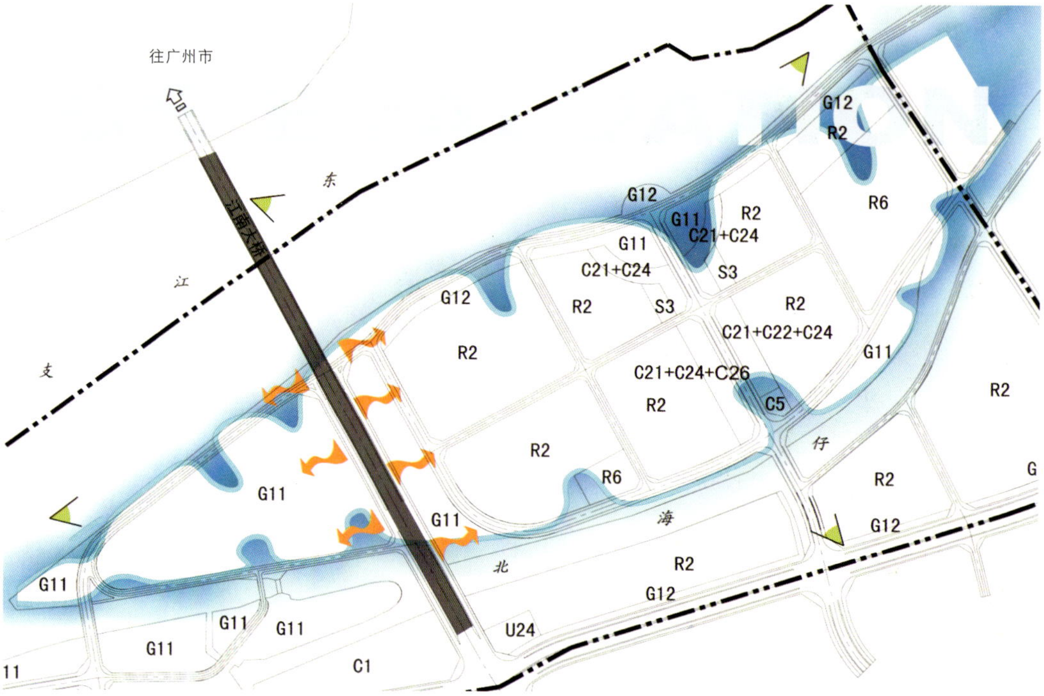

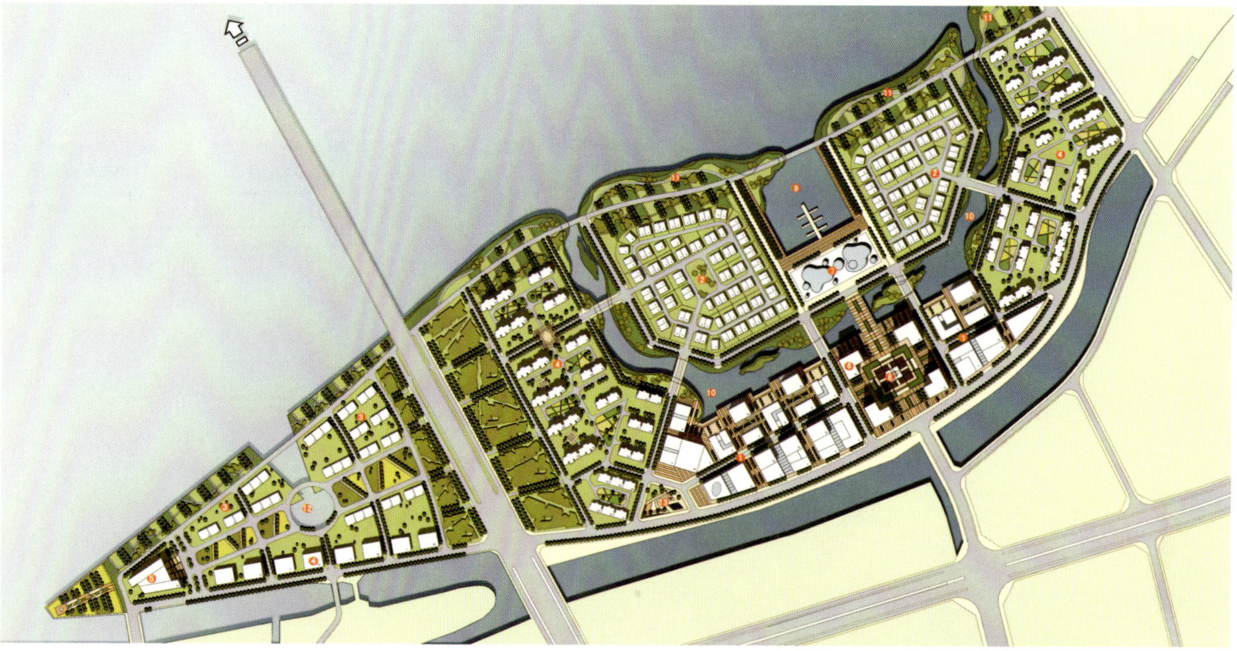

1. 主题商业街区
2. 高档别墅区
3. 江景连排别墅区
4. 水景高层住宅区
5. 滨江酒店
6. 商务公寓
7. 水上会所
8. 中央广场
9. 水上休闲中心
10. 生态水道
11. 滨江休闲带
12. 水景花园
13. 绿化广场

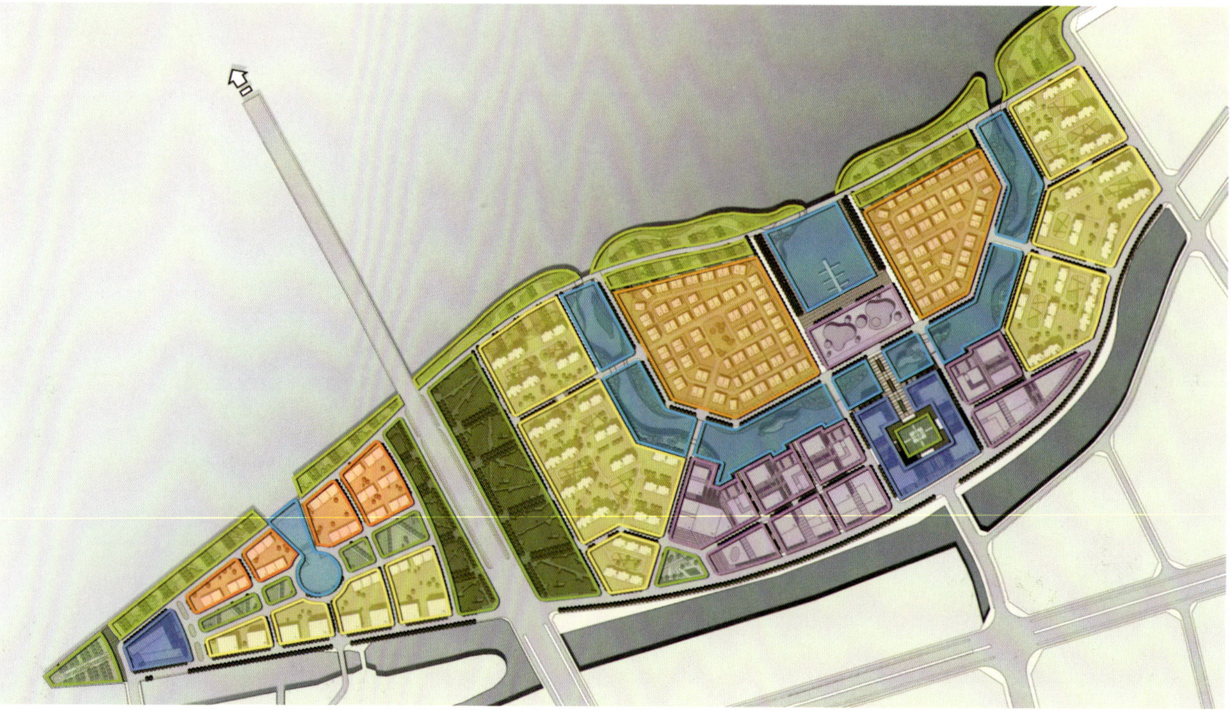

- 酒店公寓
- 主题商业街区
- 江景别墅区
- 联排别墅
- 高层住宅
- 水景绿化
- 滨江绿化
- 绿化隔离带
- 绿化广场

4.2 用地规划分析

用地功能构成

主题商业街区：包括大型餐饮街区、酒吧街区、娱乐休闲街区

商务公寓：商务功能酒店、产权式酒店、分时度假式酒店

水景高层住宅

双拼别墅

功能布局原则

本项目功能组成多样，在总体用地布局上，

应充分考虑各功能用地的内在要求，

功能布局应能体现用地的区位价值，

从而创造出富有特色的城市空间。

另外，总体布局应有利于加强与相邻城市街区的功能联系。

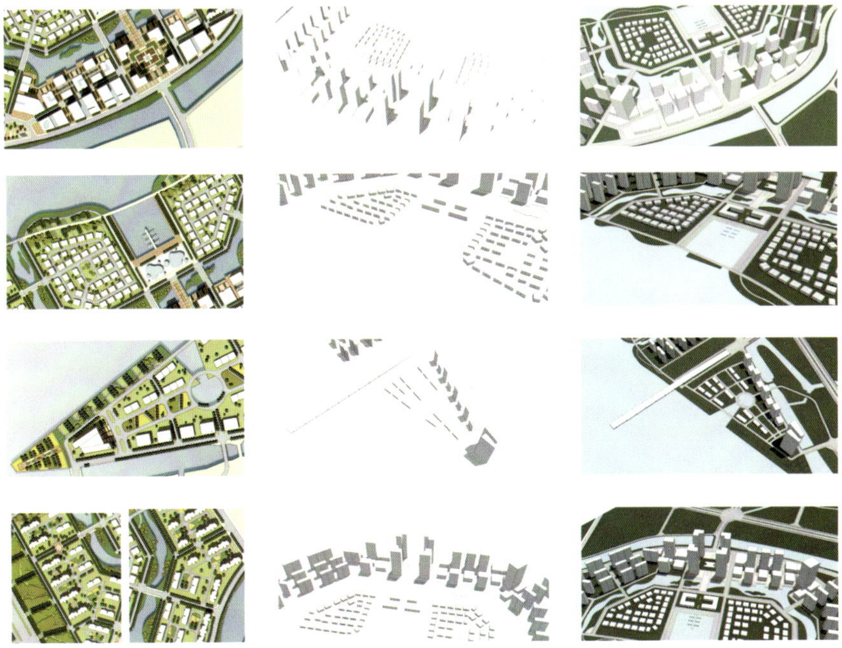

主题商业街区

江景别墅区

商务公寓酒店

高层住宅

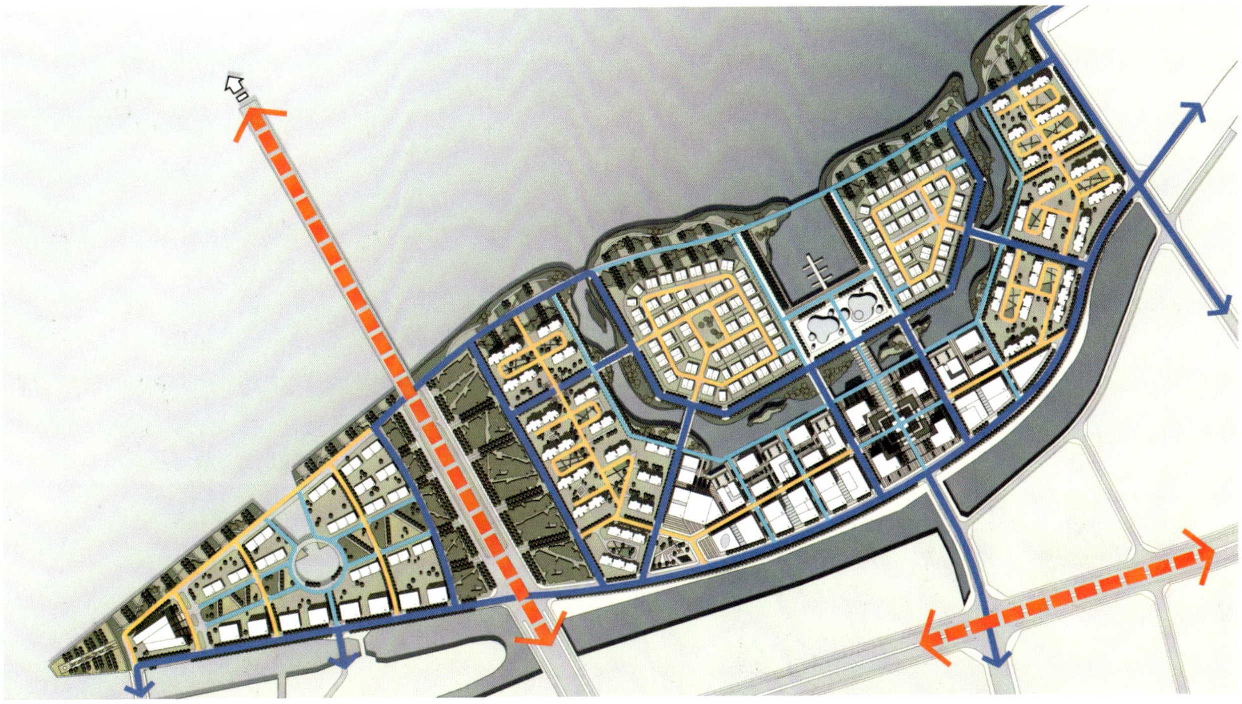

城市主干道

次干道

支路

步行道路

4.4 空间结构分析

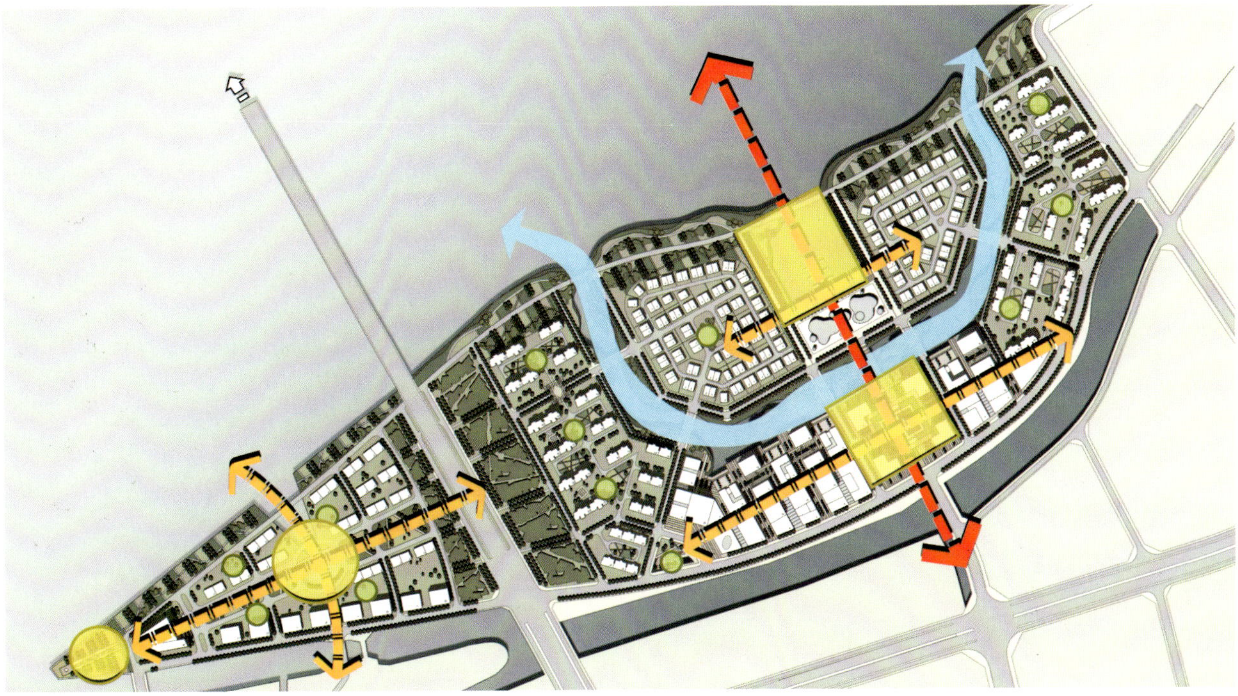

规划主轴

规划次轴

生态水道

主要景观节点

组团景观节点

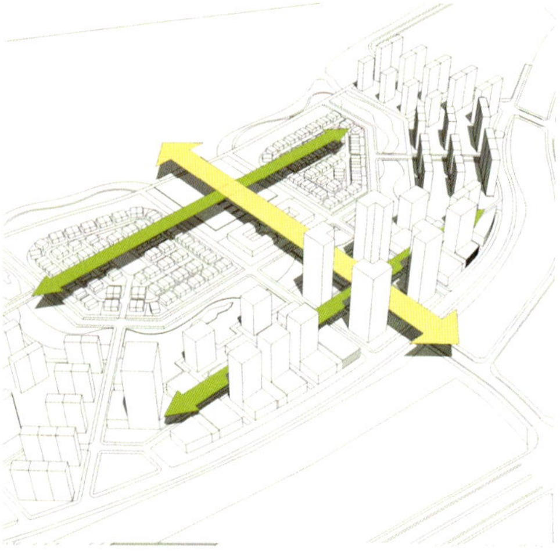

南北向中央景观轴线

连接城市空间到自然空间、中堂镇到东江水景区的主要通道，在轴线上布置有高层建筑群、中央广场、水上休闲中心、水上会所等一系列城市标志性建筑及城市空间，强化了主轴上的空间序列。

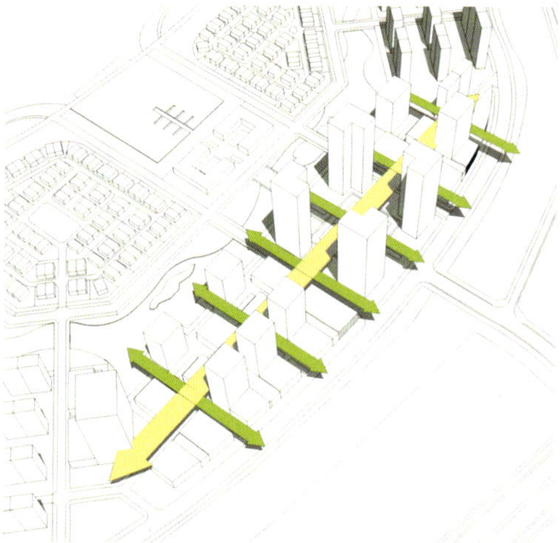

东西向主题商业发展轴线

在邻近的城市道路的南侧地块，设主题商业轴线，各具特色的商业用房布置在轴线两侧，同时穿插不同形态的广场和绿化庭院，在形成富有商业氛围的城市景观 的同时，创造了趣味化的步行路线和街区特色。

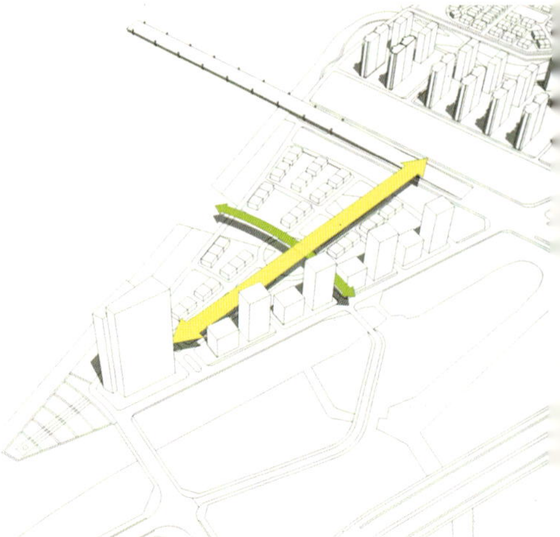

西区景观轴线

由东西向的中央景观轴线和南北向的水景轴线形成城市开放空间骨架，在轴线上布置星级酒店、绿化广场和主题水景公园。

水上休闲娱乐

滨江开放空间

绿化生态廊道

社区休闲空间

小区绿化交通

社区公共空间

4.5 绿化系统分析

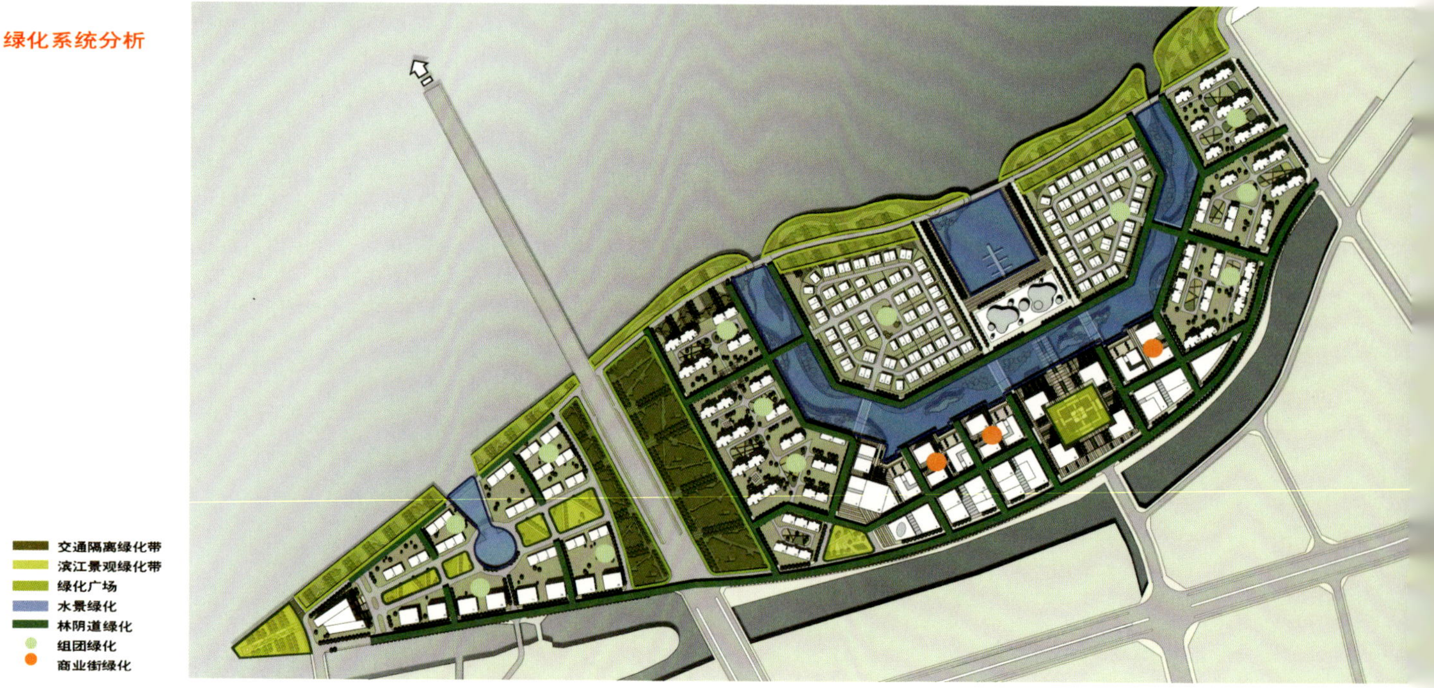

4.6 建筑功能分析

4.8 技术经济指标图

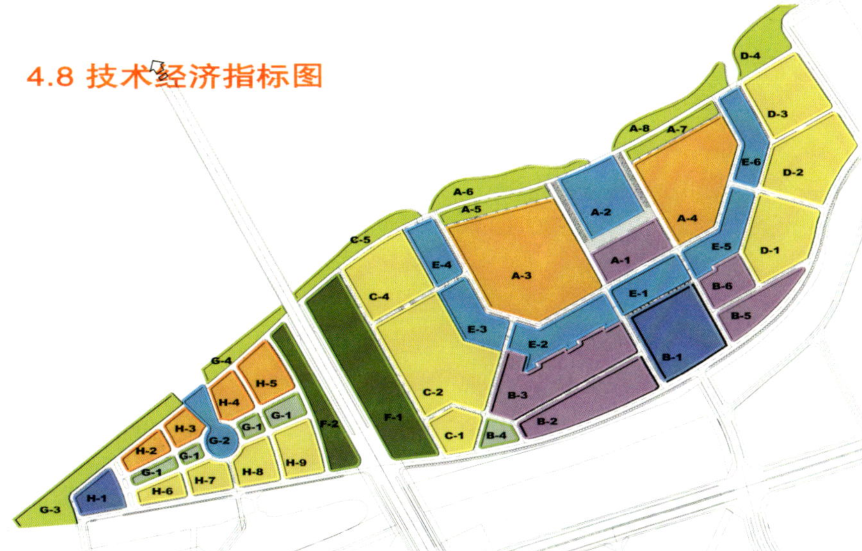

技术经济指标

项目 类别	总建筑面积 (m^2)
总用地面积	696611.78
总建筑面积	1056360
主题商业	262560
酒店及商务公寓	212000
高层住宅	514500
联排别墅	17500
双拼别墅	49800
绿地率	49.51%
覆盖率	13.9%
容积率	1.52

用地平衡表

项目 类别	用地面积 (m^2)	比例
居住R	224564	32.2%
商业C	88506	12.7%
道路广场S	155942.78	22.39%
绿地G	227599	32.7%
总用地面积	696611.78	100%

项目 类别	用地性质代码	地块总面积 (m^2)	总建筑面积 (m^2)	容积率	建筑密度 (%)	绿化率 (%)
A-1	C	9900	18000	1.82	52.3%	10.2%
A-2	G	23153	--	--	--	100%
A-3	R	46028	30000	0.65	29.3%	40.3%
A-4	R	29683	19800	0.66	32.5%	34.8%
A-5	G	6753	--	--	--	100%
A-6	G	10173	--	--	--	100%
A-7	G	5807	--	--	--	100%
A-8	G	8845	--	--	--	100%
B-1	C	21801	132000	6.1	18.3%	25.8%
B-2	C	14786	86960	5.9	70.5%	5.3%
B-3	C	22783	94800	4.2	45.1%	12.1%
B-4	G	2419	--	--	--	100%
B-5	C	7052	38680	5.5	71.6%	4.5%
B-6	C	6604	24120	3.7	44.8%	9.5%
B-7	G	4638	--	--	--	100%
B-8	G	6604	--	--	--	100%
C-1	R	6360	27000	4.2	23.6%	33.4%
C-2	R	34769	118400	3.4	16.9%	53.6%
C-3	R	13114	50000	3.8	18.6%	51.2%
C-4	G	4641	--	--	--	100%
C-5	G	7440	--	--	--	100%
D-1	R	17288	76300	4.4	22.0%	49.0%
D-2	R	19789	72280	3.7	17.8%	54.5%
D-3	R	15981	66840	4.2	20.3%	45.3%
D-4	G	8151	--	--	--	100%
E-1	G	7952	--	--	--	100%
E-2	G	13620	--	--	--	100%
E-3	G	8841	--	--	--	100%
E-4	G	7069	--	--	--	100%
E-5	G	10324	--	--	--	100%
E-6	G	9103	--	--	--	100%
F-1	G	31431	--	--	--	100%
F-2	G	11615	--	--	--	100%
G-1	G	9746	--	--	--	100%
G-2	G	8246	--	--	--	100%
G-3	G	15604	--	--	--	100%
G-4	G	5424	--	--	--	100%
H-1	C	5580	80000	14.3	35.8%	45.8%
H-2	R	3459	2800	0.8	27.8%	58.0%
H-3	R	3518	4200	1.2	40.9%	44.1%
H-4	R	5150	4200	0.8	28.0%	59.8%
H-5	R	7564	8400	1.1	38.1%	42.9%
H-6	R	3511	25920	7.4	41.0%	41.5%
H-7	R	4445	25920	5.8	32.4%	52.0%
H-8	R	6072	28020	4.6	35.6%	48.3%
H-9	R	7633	28720	3.8	31.4%	54.8%

5.1 滨水景观意向

ESORT HOTEL AND INTERNATIONAL CONFERENCE CENTER

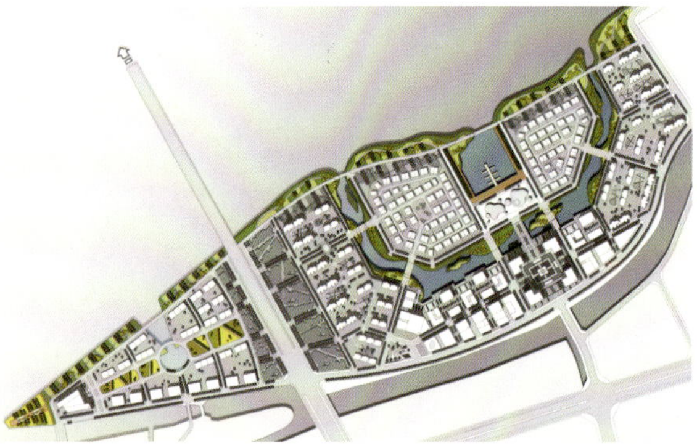

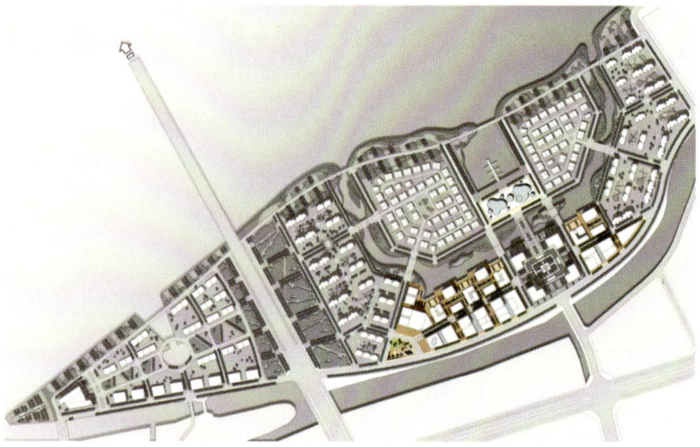

5.2 主题商业街区计意向

FOLK TOWN HELICOPTER CLUB AND WATER SPORTS CENTER

项目说明：

用地功能：

构成主题商业街区：包括大型餐饮街区、酒吧街区、娱乐休闲街区、商务公寓、商务功能酒店、产权式酒店、分时度假式酒店、水景高层住宅、双拼别墅。

功能布局原则：

本项目功能组成多样，在总体用地布局上，充分考虑各功能用地的内在要求和区位价值，从而创造出富有特色的城市空间。另外，总体布局加强了与相邻城市街区的功能联系。

依照尺度和服务对象的不同，城市开放空间分为城市尺度、社区尺度。

城市尺度开放空间：

滨江开放空间：东江沿岸的城市滨水空间，沿岸设亲水活动、散步道以及各类水上活动，并设置水上休闲中心、水上会所，从而成为城市性的滨水休闲场所。

绿化生态廊道：

在基地中央将东江水引入，形成基地内部“绿化生态廊道”及高档别墅“生态岛”。廊道的形成为社区亲近自然、创造生态化的社区环境提供了契机，同时也塑造了特色化的“水城”意向。

社区尺度开放空间：

社区小尺度的开放空间，不仅利于形成清晰明确的空间结果，同时也具有重要的信息交流、公共活动、交通等城市生活的功能，塑造着不同使用功能的内在环境氛围。

5.3 商务公寓、度假酒店设计意向

RESORT HOTEL AND
INTERNATIONAL
CONFERENCE CENTER

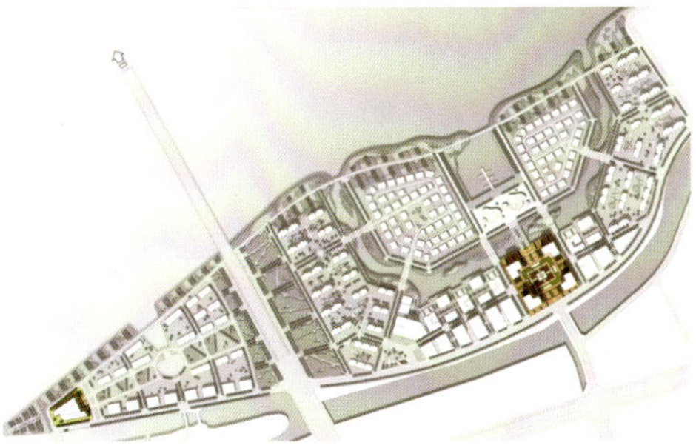

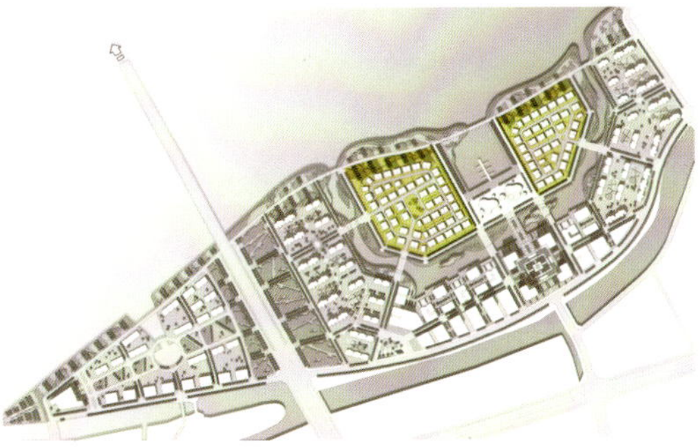

5.4 水景别墅区设计意向

ENTRANCE HEALTHY AND ENTERTAINMENT AREA

5.5 联排别墅及高层住宅意向

RESORT HOTEL AND
INTERNATIONAL
CONFERENCE CENTER

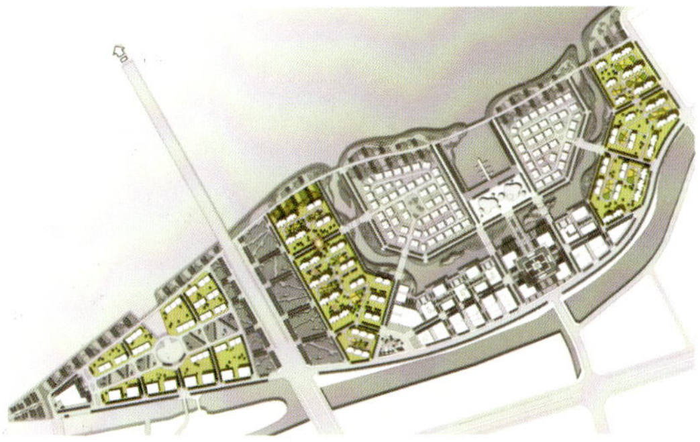

uy Laroche

唐山市南湖生态城

项目资料：
项目地址：河北省唐山市
设计面积：9170 公顷
设计单位：美国龙安建筑规划设计顾问有限公司
主要设计人员：黄立敏　葛旻昱

项目说明：

项目位于河北省唐山市南湖新区，规划本着“以人为本、环境优先”的原则，利用规划中的组团功能形态及打造生态城市的基础思想，结合太极理论，提出了“双凤和谐”的概念。本次规划的主题为“和谐”，即打造一座和谐之城——南湖生态城。南湖生态城的核心支撑理念为“蓝色”“绿色”理念，即水系统和绿地系统：以现状南湖水资源为依托，形成阴面的雌凤凰；以现状绿地、湿地系统及规划绿地系统为依托，形成阳面的雄凤凰。雌雄凤凰，相依相生，将自然生态与硬性建筑紧密联通，给物造势，给水补形，设计和谐的健康型生态居住环境。

主要规划策略体现在土地利用策略、空间发展策略、开放空间策略、交通引导策略（TOD模式）、生态发展策略、旅游发展策略、产业发展策略等之上。其中土地利用策略主要是改革和创新土地使用策略，促进产业升级和转型，保证人口结构优化和城市内部人口空间分布的适度稳定，保障城市稳定和公共安全。更新资源观，大力发展循环经济，强化土地资源的可更新属性，按照产业发展和功能完善的要求，合理安排土地使用周期。而空间发展策略则是在规划空间结构上采用“138”模式，即一核三带八组团的模式。“1”为一个生态绿核，即南湖生态绿核；“3”为文化带、商业带、生态旅游景观带；“8”为生态城市公共空间组团、生态商业组团、生态居住组团、生态工业组团、生态农业组团、高新产业组团、生态绿色景观旅游组团、生态蓝色水上休闲娱乐组团。

陡
河
唐港高速公路 至京唐港
图例
一类居住用地
二类居住用地
行政办公用地
商业金融用地
交易市场用地
文化娱乐用地
体育用地
医疗卫生用地
教育科研用地
文化创意用地
一类工业用地
二类工业用地
仓储用地
物流用地
对外交通用地
广场用地
市政共用设施用地
公共绿地
生产防护绿地
郊野公园
体育公园用地
生态农业用地
水域
村镇建设用地
城市发展备用地
唐滨快速路
至曹妃甸新城
至唐海

土地利用规划

城市形态策略

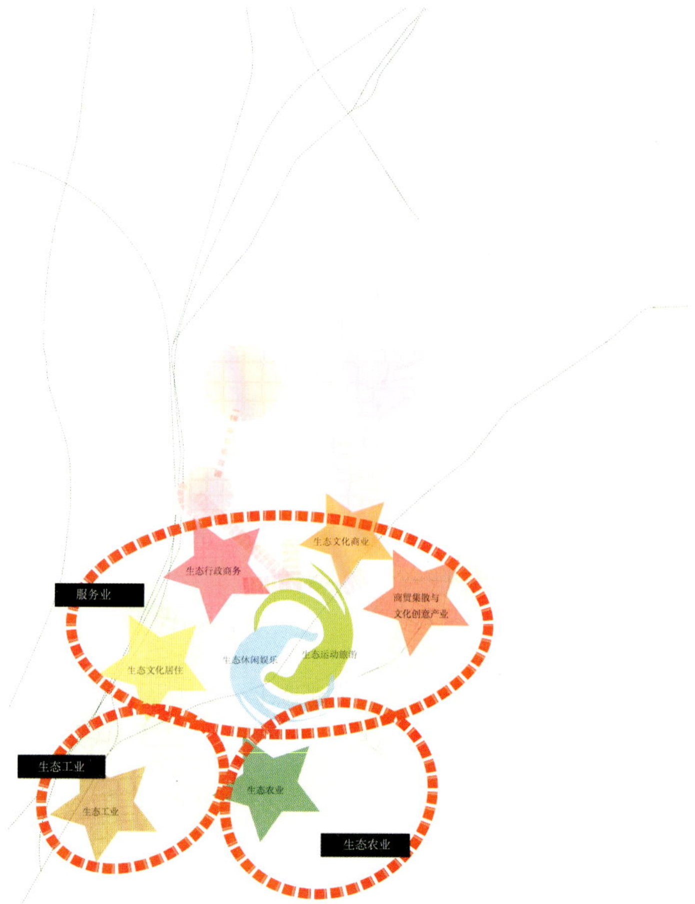

生态产地功能布局图

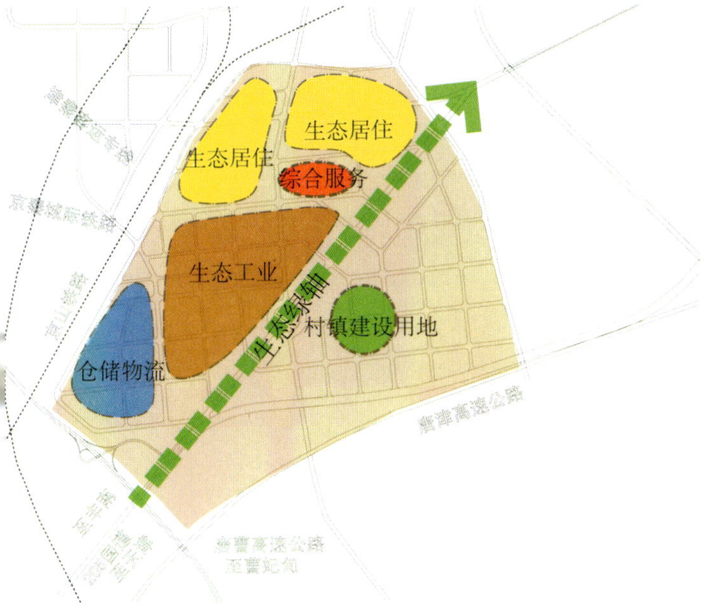

生态工业区城市设计指引

行政商务中心区城市设计指引

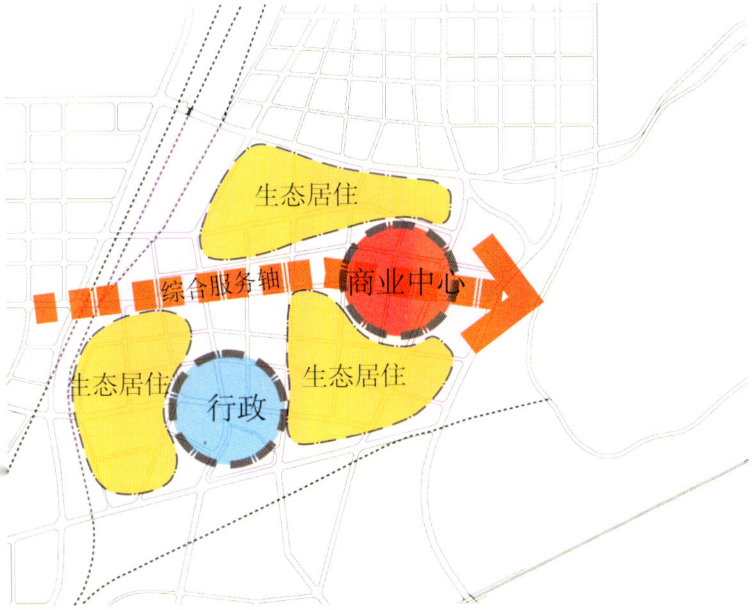

生态居住区城市设计指引

文化商业区城市设计指引

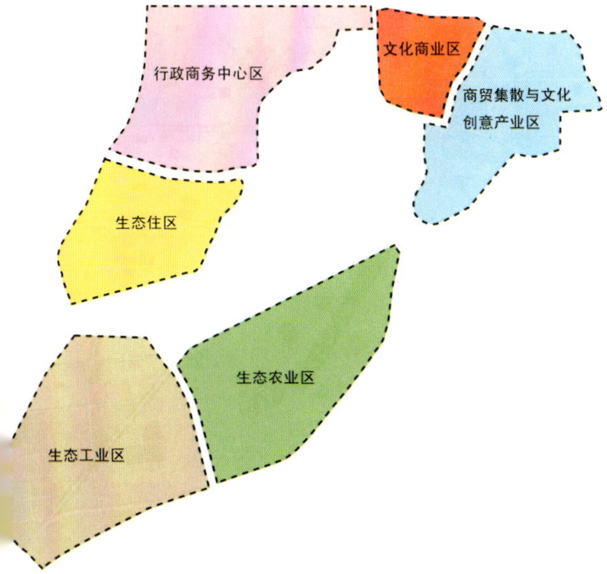

功能分区

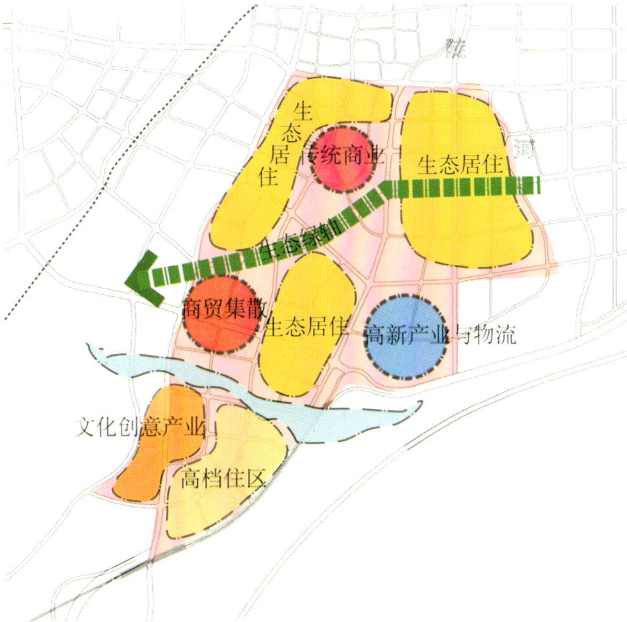

商贸集散与文化创意产业区城市指引

鹤壁市淇水乐园

项目资料：
项目地址：河南省鹤壁市
设计面积：约600亩
设计单位：尚旅麟德景观设计顾问（深圳）有限公司
主要设计人员：张立志 曾建军 朱晶莹

0 50 100 200m

交通流线分析图

图例:

- 外围城市道路
- 一级道路
- 二级道路
- 空中走廊
- 水上航线

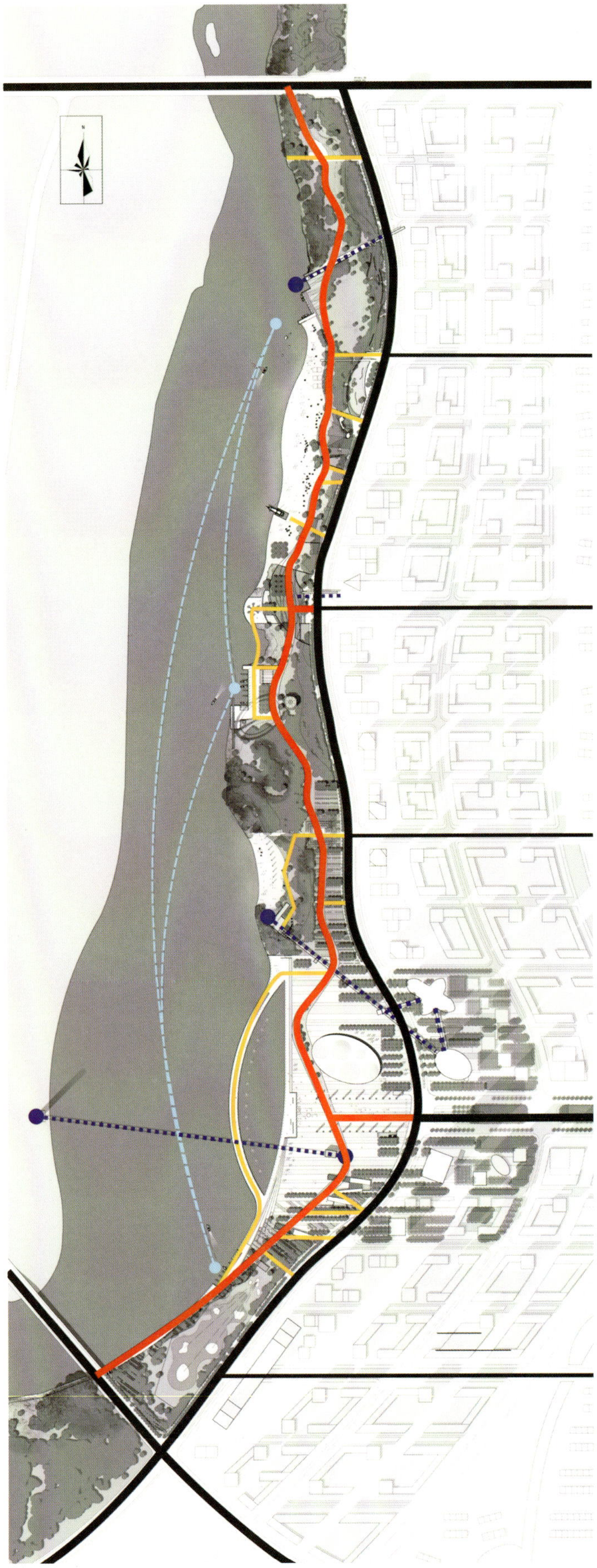

驳岸形态分析图

图例:

- 沙滩驳岸
- 生态驳岸
- 硬质驳岸
- 码头

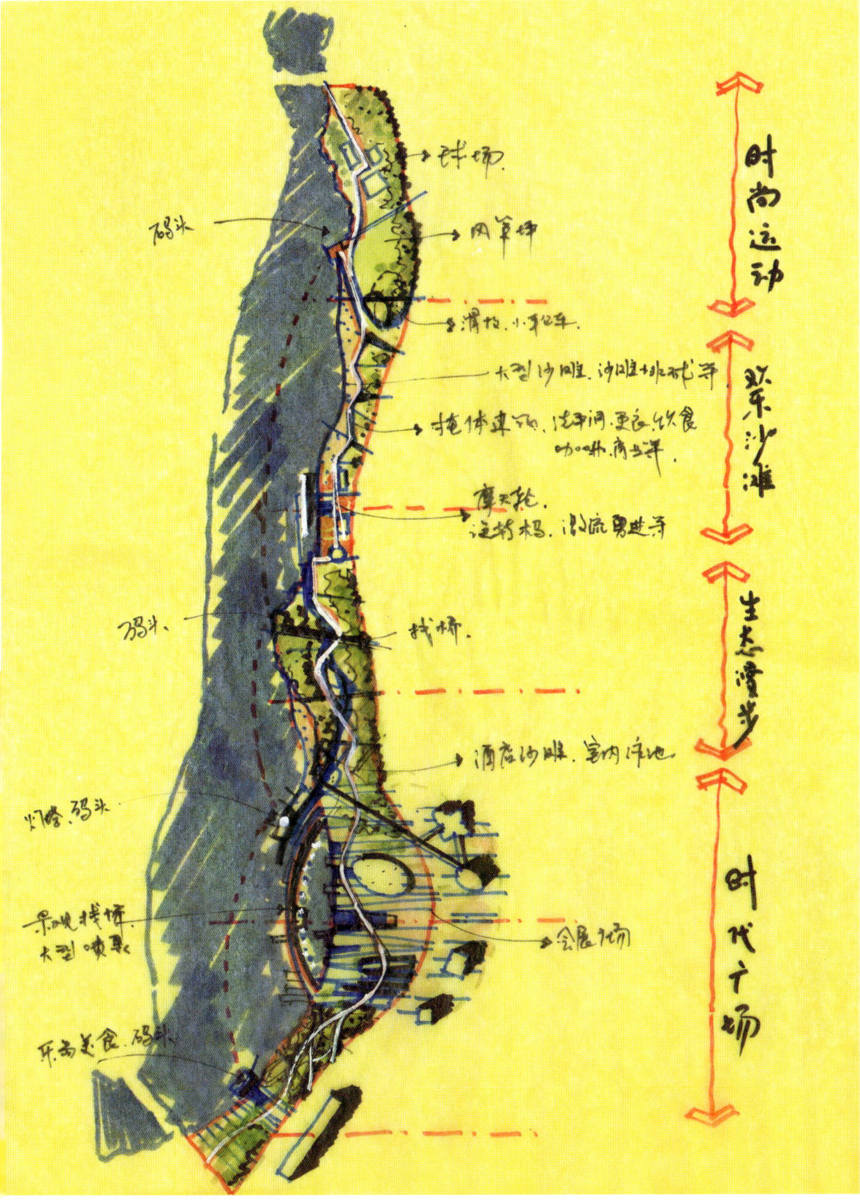

结构分区分析图

图例：

一线：南北贯穿整个园区的特色游线

两区：欢乐沙滩区
会展广场区

三点：大型沙滩、摩天轮、会展中心

四廊：沙滩走廊、欢乐走廊、休闲走廊、城市走廊

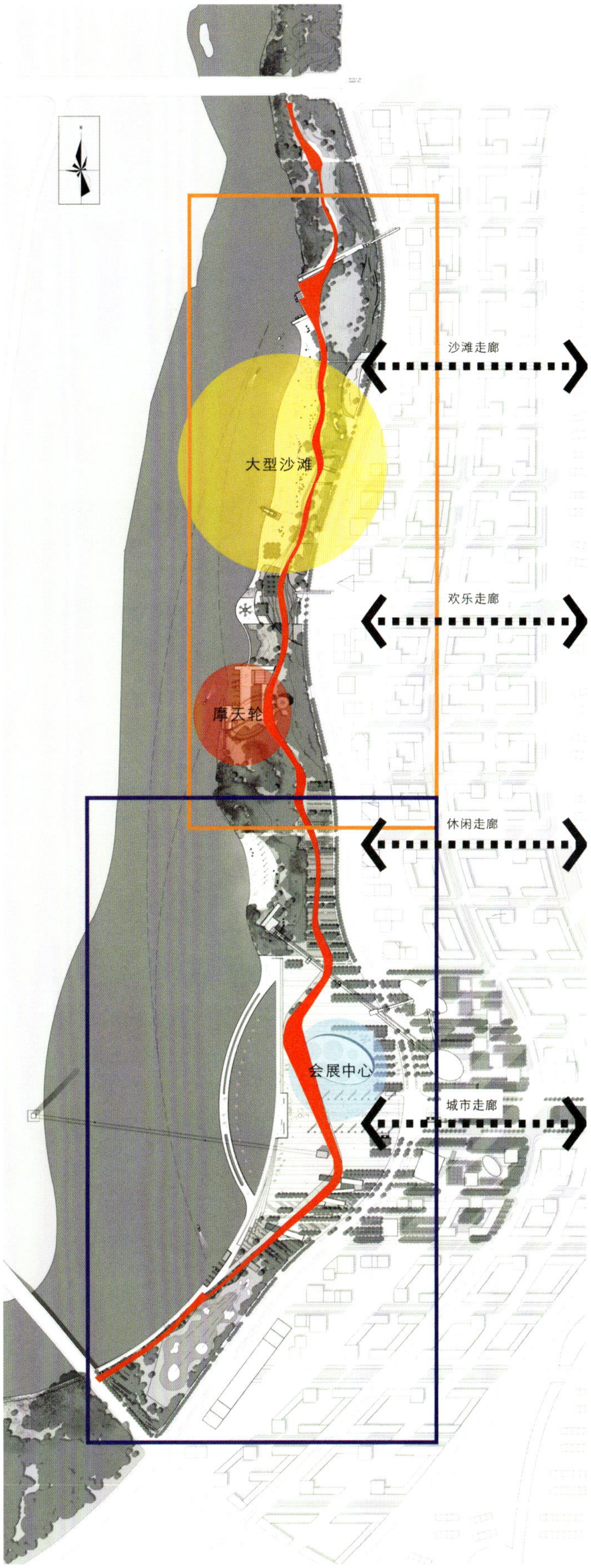

项目说明：

鹤壁市淇水乐园位于鹤壁新区的淇河东岸，设计面积约600亩。未来城市CBD核心区与生态自然相互渗透，使亥区域充满无尽活力和浪漫想象。

愿景：延续城市金融商业中心轴线，拓展滨河亲水空间，展现城市风貌及现代文明；满足市民文体娱乐、商业木闲需求；提供节假日游览观光及大型集会庆祝活动场所。

总体定位：沁融都市激情与浪漫，感悟时代氛围与品质。

设计手法：

我们采用国际设计手法与本土材料相结合的设计思路，强调井字形城市肌理与淇河曲线的交融与对比，力图展见城市的现代感和欢乐氛围。在具体设计上，我们将整个园区分为欢乐沙滩区和会展广场区两大板块，重点打造欢F沙滩、摩天轮、会展滨河广场等景观节点，由“红色曲线”南北贯穿整个园区，形成了“一线、两区、三点、口廊”的总体景观结构。

分区阐释：

会展广场板块

该板块位于整个园区的南半部，围绕会展中心，划分了会展滨水广场、酒店专属沙滩和高尔夫休闲区三个主题区域，整体区域面积约13万平方米。

会展滨水广场延续城市中轴线，既是现代城市面貌的轴点也是整个园区人流聚集的焦点，我们以横向“条纹编号”形的广场肌理为基本形式，有效地衔接了CBD中心，使整个区域空间顺畅转换连为一体，显得时尚现代、简洁大气。主要包括大型主体雕塑、特色灯柱、水幕电影、休闲商业建筑群、地下商业通道、花田彩带、特色弧形栈乔、滨河码头、空中游览索道等一系列现代城市级功能设施。

酒店专属沙滩作为五星级酒店的主要配套设施，我们更注重私密性的营造。首先我们利用现状密林将小沙滩进亍围合，在此基础上设置玻璃廊桥，直接连通酒店主体。其次我们利用地形设置特色的双层无边界泳池和休闲木平台等一系列舒适的配套设施，从而形成相对独立的优雅休闲场所。

高尔夫休闲会所集接待、双层发球长廊、专业球具售卖、淋浴、咖啡茶座等功能为一体，满足高端人士的品位追求。在景观处理上，我们采用乔木密植和围网的方式将高尔夫练习球场进行私密性处理，旁侧白色风力发电杆的非列与纯净的高尔夫绿阴形成悦目的视觉对比。

会展广场区平面图（一）

图例说明：

01 酒店配套沙滩
02 无边界泳池、水上酒吧
03 特色雕塑灯柱
04 酒店配套管理处、室内泳池、咖啡茶座
05 玻璃走廊（酒店专属栈桥）
06 千杆方阵
07 亲水栈桥
08 大型音乐喷泉或水幕电影
09 水幕电影观演座阶、亲水台阶
10 会展中心
11条纹编码形草灌木特色种植
12 地下车库出入口
13 特色步行道
14 游船码头
15 会展广场
16 主题雕塑
17 特色灯柱
18 地下商业通道
19 空中索道
20 休闲商业区（酒吧、咖啡等）
21 设备间
22 木质遮荫棚
23 大型标识性雕塑塔
24 镁大厦
25 冬凌草大厦
26 淇鲫大厦
27 莲鹤大厦

欢乐沙滩区平面图（二）

图例说明：

01咖啡、茶室（掩体建筑）
02 小商铺（掩体建筑）
03更衣、洗浴室（掩体建筑）
04区域服务中心（掩体建筑）
05 肯德基（餐饮）
06 特色遮阳棚
07 儿童游乐节点[海盗船]
08 欢乐广场+林荫树阵
09 摩天轮
10 摩天轮管理处
11表演舞台
12 观演座阶
13 码头广场
14 激光水战（游乐节点）
15 旋转木马
16 特色过街天桥
17 生态停车位
18林荫树阵
19欢乐广场
20煤大厦

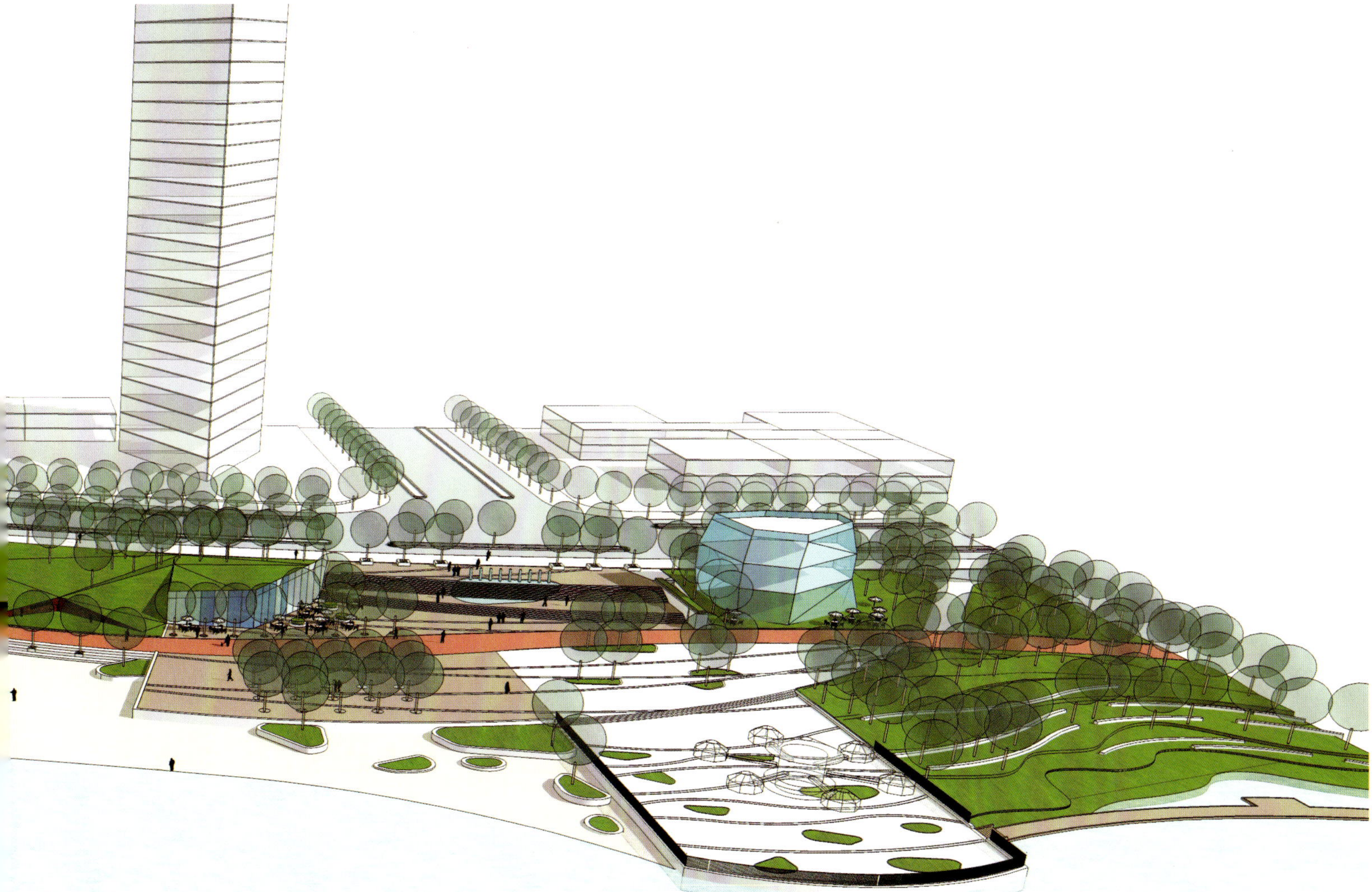

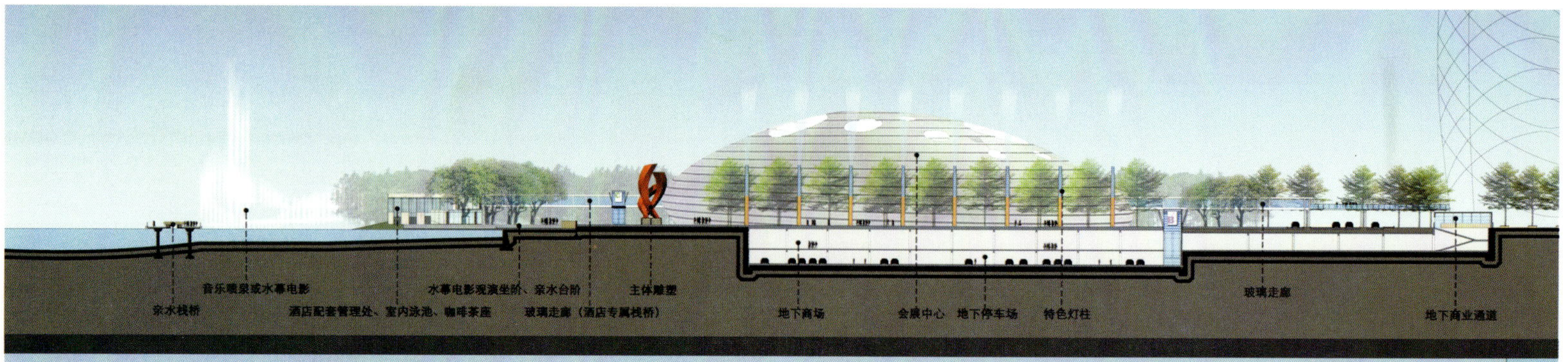

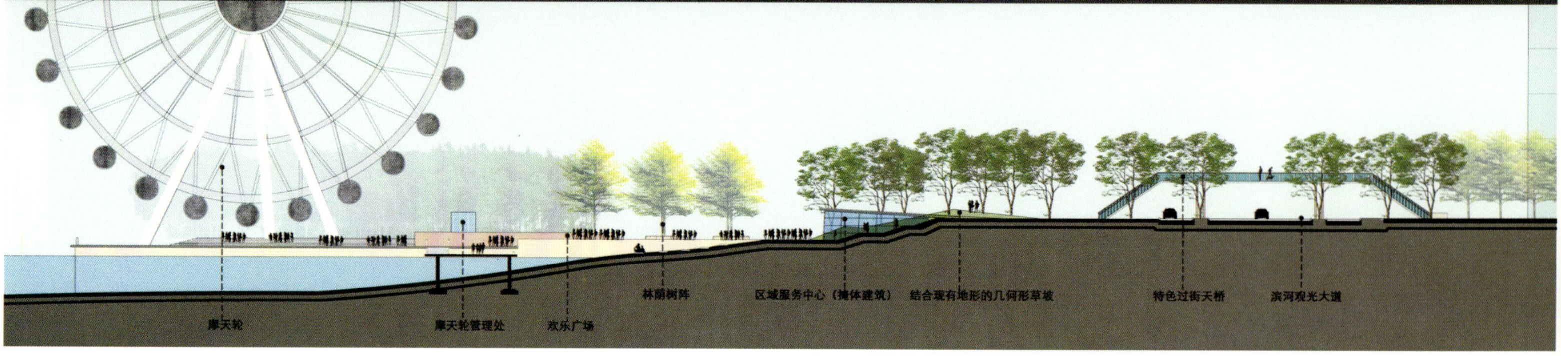

欢乐沙滩板块

该板块位于整个园区的北半部，主要分为沙滩休闲区和游乐设施布置区，整个区域约24万平方米。我们以大型沙滩为基底，曲线和弧线作为主要的造景语言，伴以几何化造型的掩体建筑和不规则水滴状肌理，整个区域形感顺畅、现代感强，犹如沧桑淇涛冲刷所致。

沙滩休闲区主要包含特色眺望栈桥、风筝草坪、下沉小轮车、滑板区、攀岩活动广场、沙滩排球场、区域服务中心、酒吧茶座、更衣室、游乐古船等一系列休闲设施。利用现状地形，我们将沙滩的配套设施"掩藏"于艺术化的几何形草坡下，无论高层俯视还是沙滩漫步，该区域都展现出通透、纯净的景观效果。

游乐设施布置区主要包含区域服务中心、小商铺、欢乐广场、肯德基餐饮、摩天轮、过山车、亲水码头、旋转木马、激光水战、欢乐蹦床等游乐设施。我们以欧式童话般建筑为主体，辅以一系列卡通欧式造景元素，竭力营造出一片欢乐的河滨世界。

建成后的淇水乐园，不仅能够满足市民文体娱乐、商业休闲等需求，而且可以改善淇河的生态环境，拓展城市的旅游空间，进而提升鹤壁市的国际文明形象。

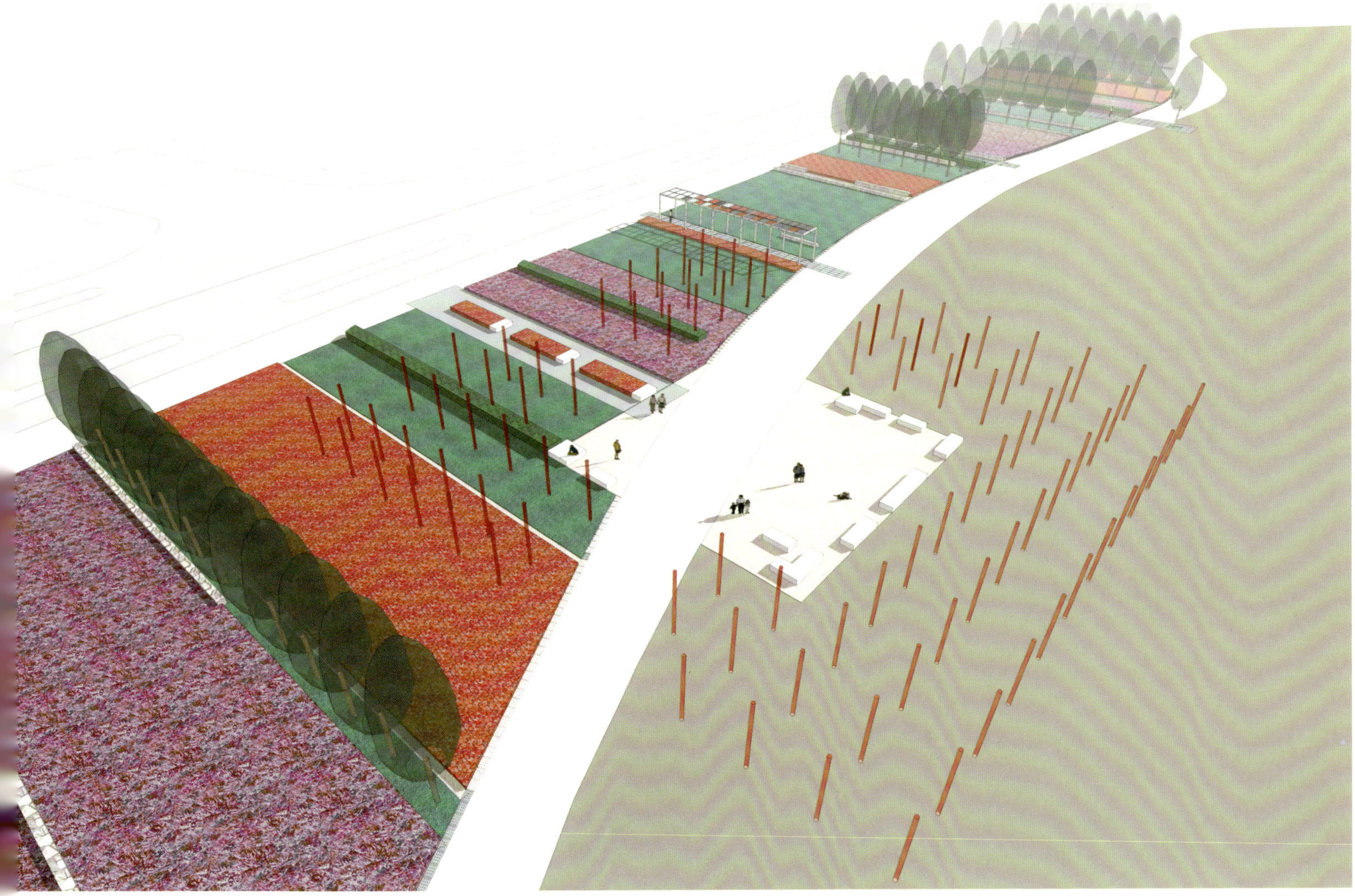

石家庄市主城区西部山前片区

项目资料：
项目地址：河北省石家庄市
占地面积：57平方公里
委托方：石家庄市规划局
设计单位：北京澳斯派克景观规划设计顾问有限公司
主要主设人员：Kirsten Bauer 李伦 王鑫
控规合作设计：清华规划院

项目说明：

项目位于石家庄主城区西部，是石市打造山水城市新格局、发展“西山北水”中的“西山”重要地区。规划控制范围包括57平方公里的总体概念规划设计与10平方公里重点区域的详细规划与城市设计。

概念规划运用生态规划理念，目标是将基地建设成为一个低密度、生态化的地区，塑造一个有向心力、有活力的社区，并且保障概念规划的实施具有弹性。规划结构的核心为“龙轴+绿网”。“龙轴”是整个西部山前地区的中轴线，从城市意象上连接了西山著名的“龙泉寺”风景区与主城的功能轴；“绿网”则确定了西部山前地区组团式的低强度、生态化的开发模式。

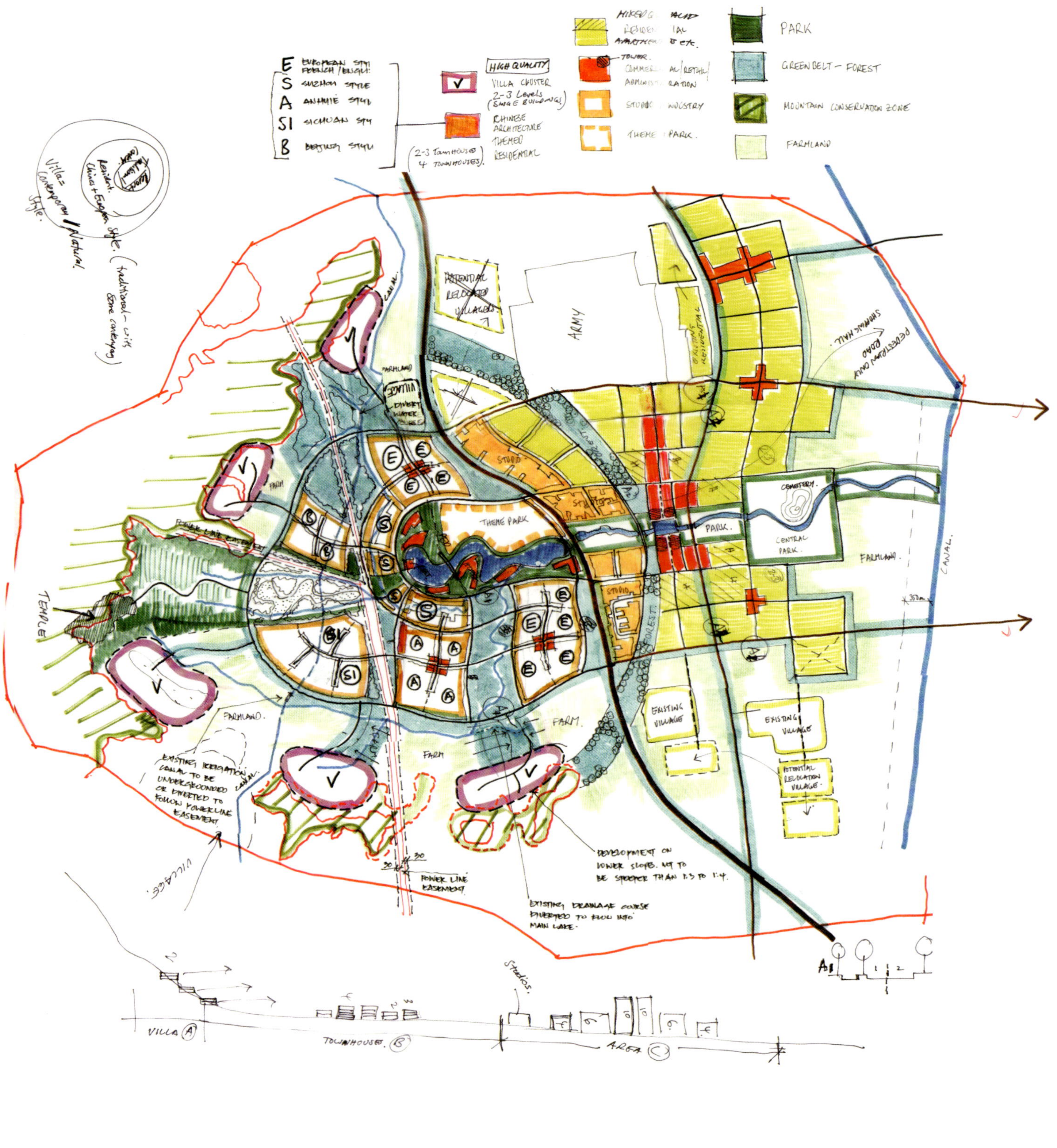

重庆市大渡口区
文化生活先锋港

项目资料：
项目地址：重庆市大渡口区
设计单位：伍兹贝格建筑设计咨询（北京）有限公司

项目说明：

规划地段是重庆市“两江四岸”建设中重点打造的八个地段之一，拥有7.5公里的沿长江岸线。此设计要求在该地块上进行综合应用规划，使城区完成“退二进三”的发展战略，并注重打造城市的生活方式、生态文化、轻工业和工业遗址。

总体规划通过打造自然边界形成的网络，即地块西面陡峭的地形和东面的长江，使该地块融入周边城市环境之中。通过保留和再开发，地块上的工业遗址创造了一个新的文化和商务区，它在支撑现有区域的同时，为居民创造了独特的生活方式并为游客提供了旅游目的地。

与之前长江沿线的规划不同，本规划拥有一个公共滨水区和一个市内水运交通系统，形成了三个各自带有港口的主要中心区域。主要的交通动脉被设置在内陆区域，为依山而建的居民区提供了便捷的交通，服务于中心区域并使滨水区域避免了来自城市的干扰。一系列公园和低密度区域为从山间到水边的行人通行提供了直接的道路和景观带。

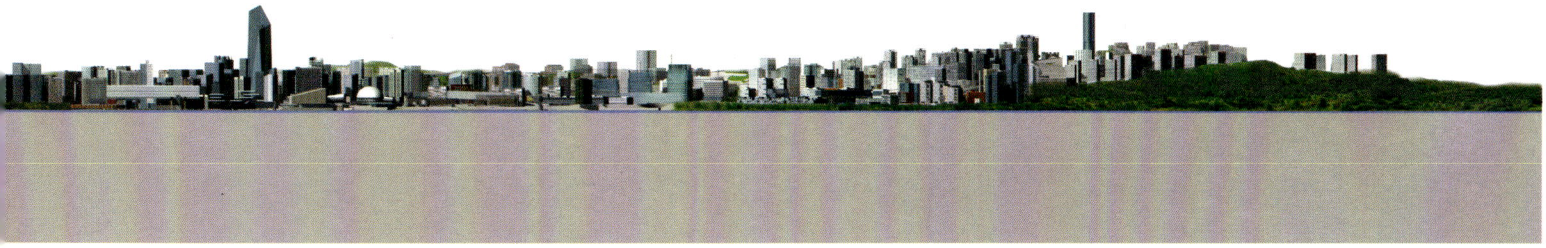

Sapient
2008

广州市南沙区

项目资料：

项目地址：广东省广州市
设计面积：约536平方公里
委托方：广州市规划局南沙分局
设计单位：广州市天作建筑规划设计有限公司
合作单位：法国Panaha事务所

项目说明：

本项目位于广州南沙地区，是广州市城市南拓的前沿，规划区总面积约为536平方公里，其中陆域面积约为330平方公里。

结合广州市城市发展战略，城市设计的终级目标是：

1、塑造南沙具有滨海风貌特色的形象；

2、形成一套物质形体环境的规划框架，以指导南沙未来的发展；

3、强化广州现代化滨海国际性大都市形象。

因此，城市设计主要包括两部分内容：一是地区整体城市设计，对南沙规划控制区的整体城市空间进行宏观、概念性城市设计，提出地区总体空间布局的整体构思；二是重要节点的城市设计，在地区整体城市设计的基础上，对重要城市节点进行中微观的、具体的城市设计，并提出相应的城市设计导则。

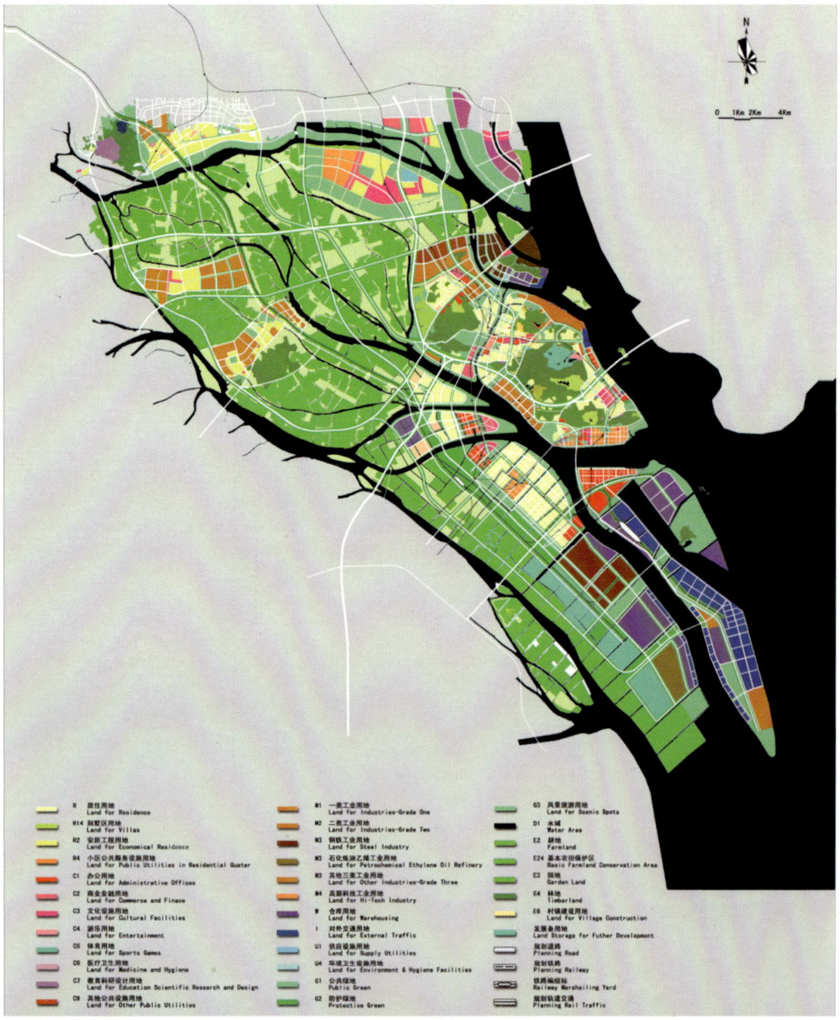

N
0 1Km 2Km 4Km
R 居住用地
Land for Residence
R14 别墅区用地
Land for Villas
R2 安居工程用地
Land for Economical Residence
R4 小区公共服务设施用地
Land for Public Utilities in Residential Quater
C1 办公用地
Land for Administrative Offices
C2 商业金融用地
Land for Commerce and Finace
C3 文化设施用地
Land for Cultural Facilities
C4 游乐用地
Land for Entertainment
C5 体育用地
Land for Sports Games
C6 医疗卫生用地
Land for Medicine and Hygiene
C7 教育科研设计用地
Land for Education Scientific Research and Design
C9 其他公共设施用地
Land for Other Public Utilities
M1 一类工业用地
Land for Industries-Grade One
M2 二类工业用地
Land for Industries-Grade Two
M3 钢铁工业用地
Land for Steel Industry
M3 石化炼油乙烯工业用地
Land for Petrochemical Ethylene Oil Refinery
M3 其他三类工业用地
Land for Other Industries-Grade Three
M4 高新科技工业用地
Land for Hi-Tech Industry
W 仓库用地
Land for Warehousing
I 对外交通用地
Land for External Traffic
U1 供应设施用地
Land for Supply Utilities
U4 环境卫生设施用地
Land for Environment & Hygiene Facilities
G1 公共绿地
Public Green
G2 防护绿地
Protective Green
G3 风景旅游用地
Land for Scenic Spots
D1 水域
Wator Area
E2 耕地
Farmland
E24 基本农田保护区
Basic Farmland Conservation Area
E3 园地
Garden Land
E4 林地
Timberland
E6 村镇建设用地
Land for Village Construction
发展备用地
Land Storage for Futher Development
规划道路
Planning Road
规划铁路
Planning Railway
铁路编组站
Railway Marshalling Yard
规划轨道交通
Planning Rail Traffic

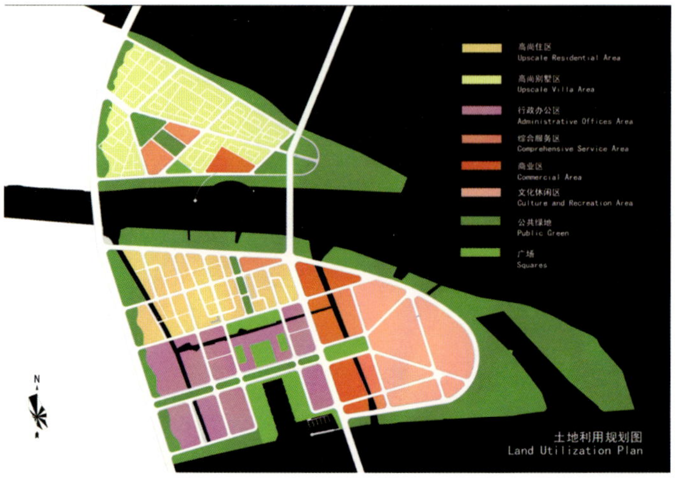

高尚住区
Upscale Residential Area
高尚别墅区
Upscale Villa Area
行政办公区
Administrative Offices Area
综合服务区
Comprehensive Service Area
商业区
Commercial Area
文化休闲区
Culture and Recreation Area
公共绿地
Public Green
广场
Squares
N
土地利用规划图
Land Utilization Plan

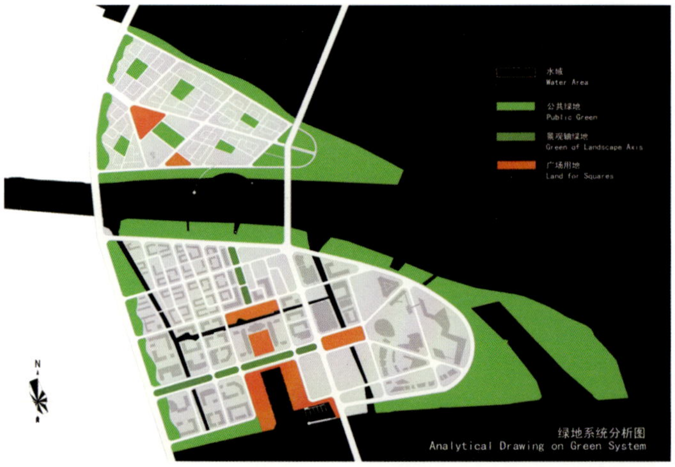

水域
Water Area
公共绿地
Public Green
景观轴绿地
Green of Landscape Axis
广场用地
Land for Squares
N
绿地系统分析图
Analytical Drawing on Green System

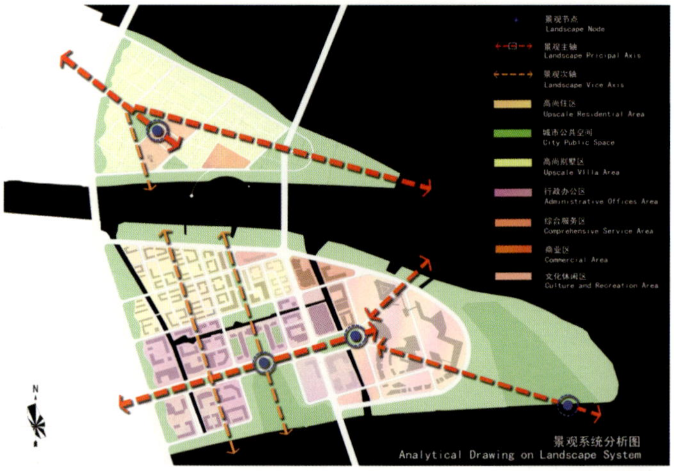

景观节点
Landscape Node
景观主轴
Landscape Pricipal Axis
景观次轴
Landscape Vice Axis
高尚住区
Upscale Residential Area
城市公共空间
City Public Space
高尚别墅区
Upscale Villa Area
行政办公区
Administrative Offices Area
综合服务区
Comprehensive Service Area
商业区
Commercial Area
文化休闲区
Culture and Recreation Area
N
景观系统分析图
Analytical Drawing on Landscape System

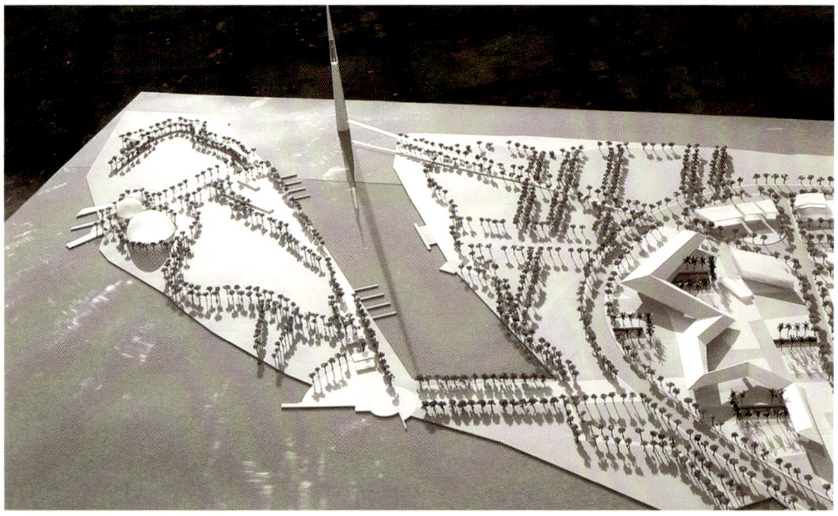

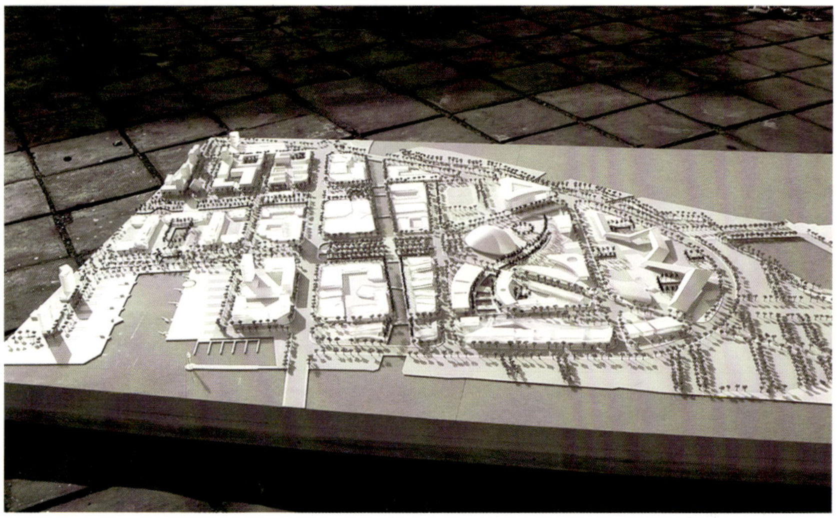

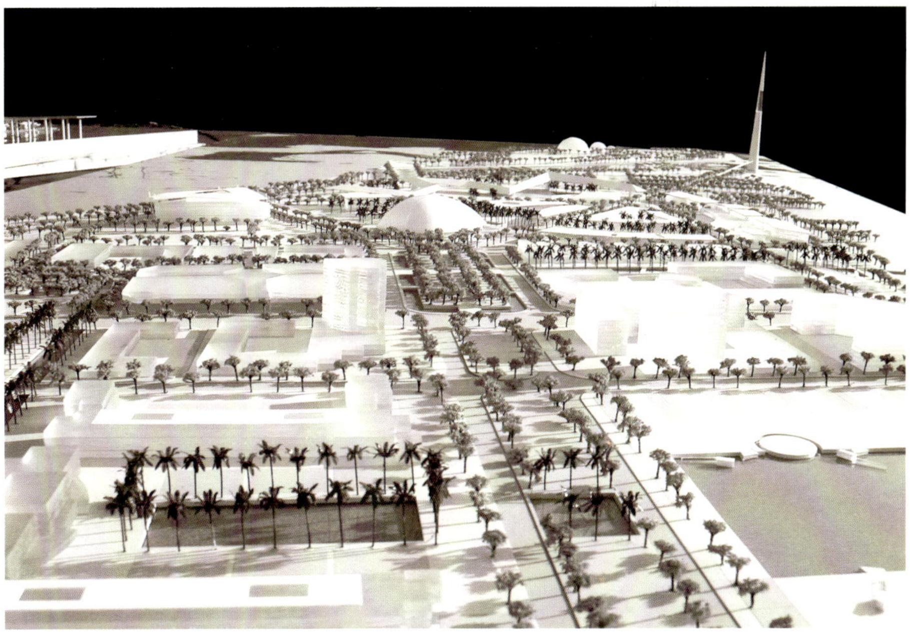

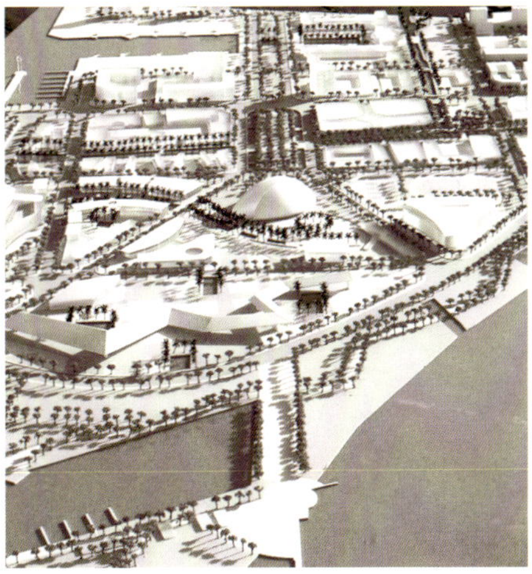
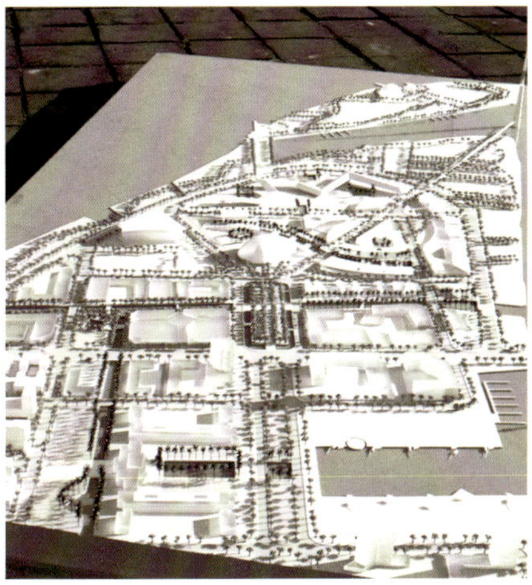

虎门大桥与大角山节点平面
N
0 50 100 200M
1 港湾
Gulf
2 会所
Club
3 公园
Park
4 虎门大桥
Humen Bridge
5 住区公共休闲带
Public open space of residential district
6 滨江亲水广场
Waterfront plaza
7 沿街商业
Shops along the road
8 小高层住宅
High end - high rise apartment
9 多层住宅
Multistory
10 滨江高尚住区
Waterfront high-quality residential district
11 南沙商贸城
Nansha business center
12 滨江广场
Waterfront plaza
13 南沙客运港
Passenger port of Nansha
14 蒲洲酒店
Puzhou Hotel
15 啤酒屋
Beer cottage
16 水乡一条街
River village street
17 天后宫
Tinhou Temple
18 高级别墅区
Senior villa residential district
19 会所
Club
20 步行栈道
Walking trestle
21 湿地公园
Everglade park
22 酒店
Hotel
23 游艇俱乐部
Yacht club
24 人工岛
Man-made island

蕉门河与北入口节点平面

上海市嘉定区新城

项目资料：
项目地址：上海市嘉定区
设计单位：洲联集团·五合国际（5+1 WERKHART）

项目说明：

项目定位

本次规划区域定位为嘉定区的公共活动中心、嘉定新城核心区，包括行政商务办公、商业服务、休闲娱乐、文化展示、居住、生态景观等功能，将建成集行政办公、商业服务、商务办公、会议展览、文化娱乐和中高档居住等功能为一体的综合性城市中心。嘉定新城核心区将服务于全区人口以及可能的外来人口，是嘉定新城最具活力和凝聚力的地区，也是展示嘉定新城风貌最为重要的地区。

设计理念

项目位于“城中路城市发展核心轴”和“森林都市核心轴”两条城市轴线的丁字交汇处，这两条轴线连接着北部的老城核心、西部的F1赛车中心和南部的马陆商务区等一系列重要的城市节点。作为新城主轴线上的重要节点，规划用地内一方面要承载新城中心不同人群的多样性要求，在功能的设置上必须强调多功能的融合；另一方面要通过设计手段对两条轴线加以强调，尤其是对“森林都市核心轴”端点处的特殊处理与强化，从而具体落实上一层次对于规划结构的要求，并使规划地块成为新城轴线上以及新城板块开发中的一个亮点。

设计以城市水网、绿地开放空间为核心，结合布置城市功能设施，形成独具特色的新城城市肌理。形成与老城区的水景特征的对比，体现开放、健康的现代特征。完善新城的结构与功能，强化新城轴线，塑造嘉定新的城市中心区形象，整合用地，促进城市不同功能的融合，通过服务功能的提升和环境的改善来带动区域及其周边的发展，以自然山水为依托，创造有多样性特征的城市公共空间环境。滨水城市空间设计，强调以水为主题，结合城市绿地、湖面，提供市民生活、休闲、娱乐等活动设施，通过桥、水、树、船、构筑物等多种元素的组织，营造宜人的滨水城市空间。

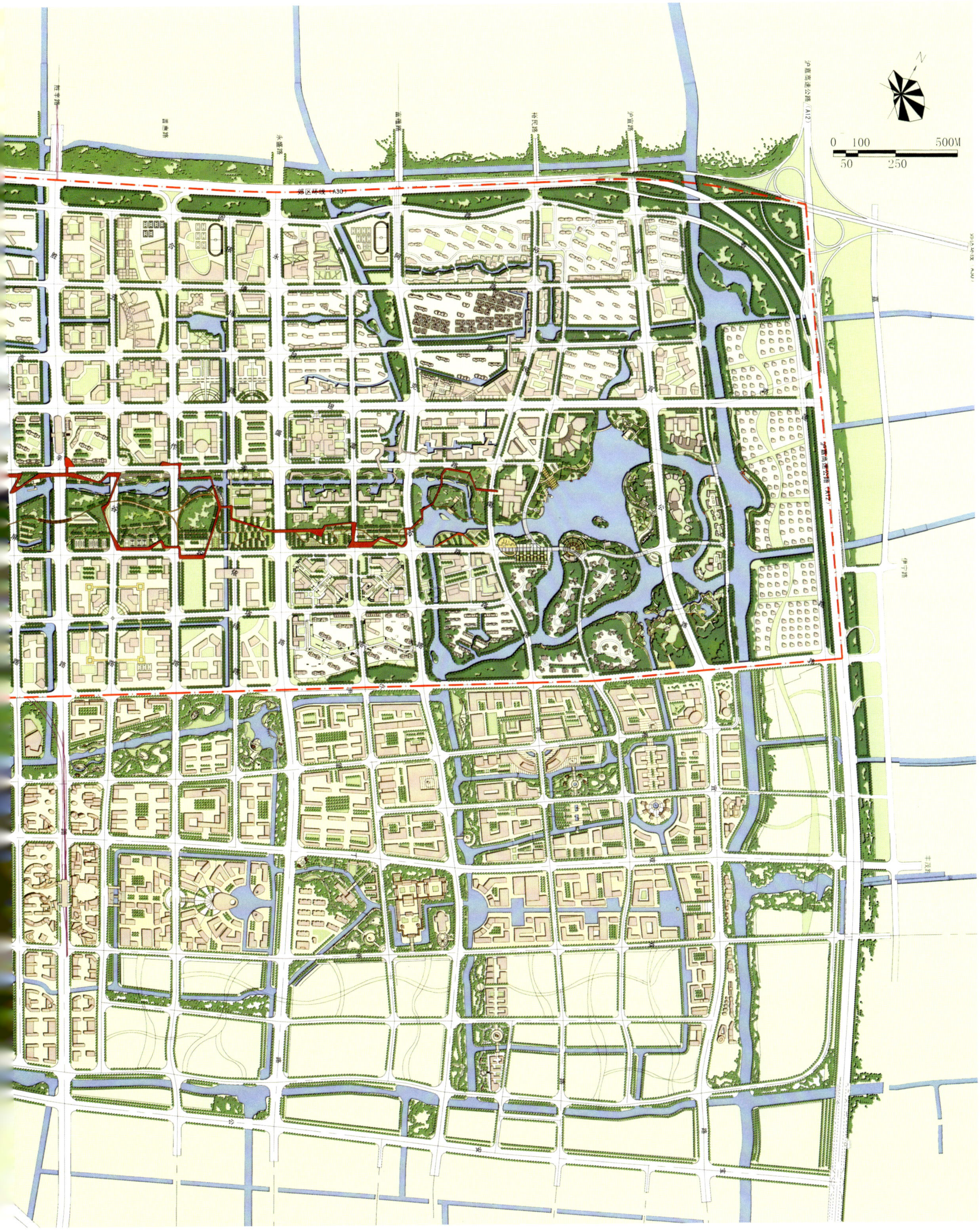
沪嘉高速公路（A12）
0 100 500M
50 250
N

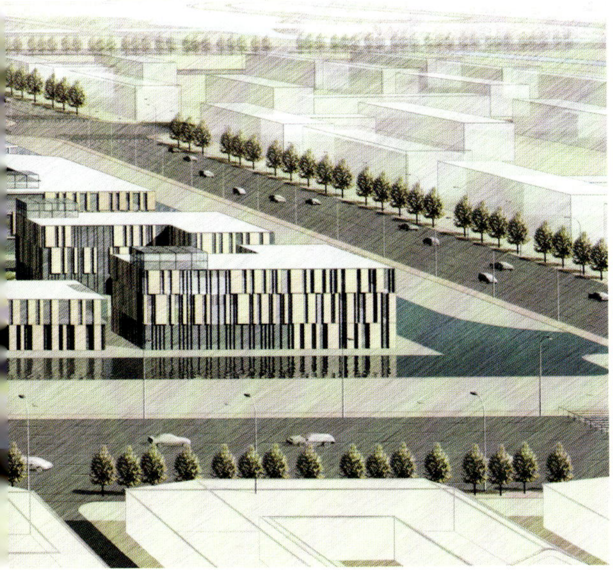

石家庄市滹沱河片区

项目资料：
项目地址：河北省石家庄市
占地面积：60平方公里
委托方：石家庄市规划局
设计单位：北京澳斯派克景观规划设计顾问有限公司
主要设计人员：张亚津 李伦 王鑫
合作单位：德国ISA公司

项目说明：

项目位于石家庄市主城区北部，是石家庄市打造山水城市新形象、发展“西山北水”中的“北水”重要地区。规划控制范围是60平方公里，核心城市设计区域14平方公里。

规划设计采用科学的态度、生态规划的技术方法，对地区的客观条件进行系统的梳理研究，并与城市发展的诉求相结合。最终使城市的建设限定在生态体系完整健康的框架下，为石市的建设提供可持续发展的格局。

规划结构类似横向抻开的“太极”——一绿一红两个核心，被南北两个功能带连接。西侧的绿心是对尚未规划确定的生态保护区进行深化、提升，成为市级生态休闲公园体系；东侧的红心则是对基地水景资源的利用，结合旅游会展等功能，成为石市城市新形象的窗口。

片区规划建设成为具有教育科研、休闲度假、会展办公、生态居住等综合功能，生态优良、环境优美、居住舒适的区域。该区是对城市中心区功能的补充完善，生态景观体系和城市景观生态体系相互渗透，功能协调发展，并形成一个完整的城市体系。

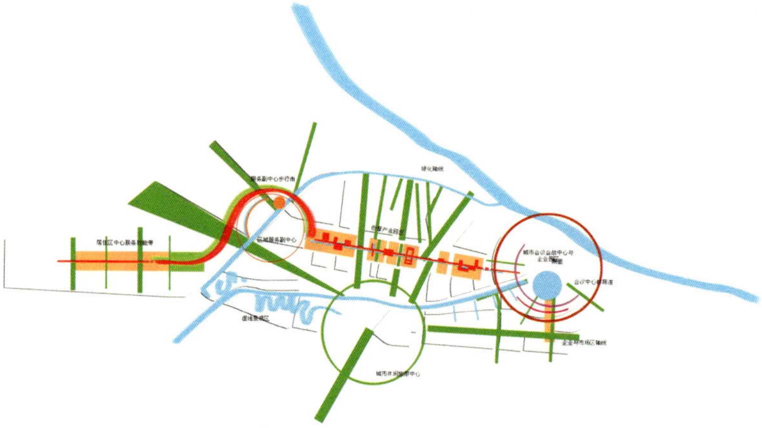

商业、文化次中心区
科研教育产业发展带
创意产业带
综合居住组团
发展备用地
旅游度假观光带
旅游度假观光带
会展、酒店、dockland
商务中心区
总部园区
公园娱乐休闲区
生态功能核心
综合居住组团
市场贸易区
发展备用地

居住功能结构

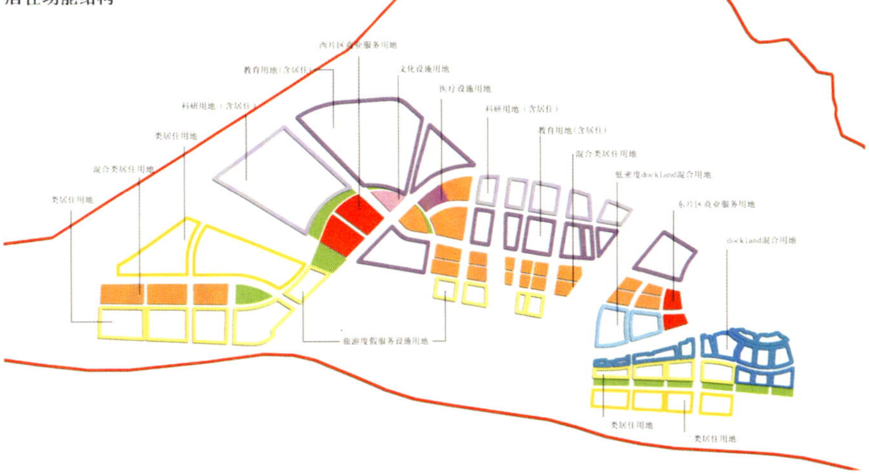

西片区商业服务用地
教育用地（含居住）
文化设施用地
医疗设施用地
科研用地（含居住）
科研用地（含居住）
教育用地（含居住）
类居住用地
混合类居住用地
混合类居住用地
低密度dockland混合用地
类居住用地
东片区商业服务用地
dockland混合用地
旅游度假服务设施用地
类居住用地
二类居住用地

潍坊市滨海经济开发区

项目资料：
项目地址：山东省潍坊市
设计单位：山东省城乡规划设计研究院第五规划所
主要设计人员：朱方位 张红岩 王晓瑜

项目说明：

潍坊市滨海经济开发区概念规划中，根据城市的地形地貌和人文特点，以海为“魂”、水为“脉”，以水为主题，对滨海水城特色进行了研究与创新塑造，突出“人与海”的亲海意境。城市规划设计对社会发展和城市文化特色塑造进行必要的引领和导向，使城市自身更具特色和魅力。

一 基础研究

1 发展背景分析

环渤海地区正在崛起，这一区域将成为我国继珠江三角洲、长江三角洲之后又一个发展重点地区。潍坊位于渤海南岸，是环渤海地区的重要城市，潍坊市在发展布局上构成“一圈、两翼、三带”的新格局。用5～10年时间，把北部沿海建设成为现代化滨海经济新区。

2 滨海经济开发区现状需求

“建港兴城，以港兴城，港为城用，港以市兴，港城相长，衰荣共济”是世界范围内港口城市发展演变的普遍规律。港城良性互动是滨海城市发展的客观要求。

3 区域发展目标与策略

潍坊市滨海经济开发区主要功能是承托城市未来希望的滨海新城，支撑城市经济腾飞的产业基地，提升城市品牌形象的度假胜地。本区的发展目标为：国家级海洋化工基地；渤海南岸先进制造业基地；区域休闲旅游目的地和现代服务业聚集地；鲁中西部地区重要出海口和物流中心；生态环境良好的滨海宜居地区。

渤海
防浪堤
环海路
白浪河
虞河

4 滨海岸线利用

按照用途分为自然岸线、城市生活岸线和港口岸线等三类岸线。从弥河到丹河段为自然岸线以自然形态为主，禁止开发，保护生态环境。从丹河到白浪河段为港口岸线，岸线利用应以深水深用、浅水浅用为原则，陆域部分可配置与港口职能较为密切的物流等产业。从白浪河到虞河段为城市生活岸线，引导城镇向纵深发展，突出滨海生态旅游城镇特色。

二 概念规划与滨海水城的特色塑造

1 分析基地特征，确定城市发展目标

结合潍坊城市特色和基地特征，我们确定的规划理念为：

（1）合理拓展产业空间，倾力打造滨海水城

借助海港的推动，在白浪河以西继续拓展临港产业，为滨海区的发展提供强力的引擎；白浪河以西重点打造滨海水城，借鉴水城威尼斯的建设策略，打造亲水城市。

（2）突出滨海意境

以海为“魂”、水为“脉”，城市以水为主题，生活围水而展开，突出“人与海”的亲海意境。

（3）延续文化精神

未来的新城将延续潍坊的文化内涵和厚重的文化积淀，融入风筝图案形态，体现城市文化内涵。

（4）未来新岸线 东方威尼斯

利用基地丰富的水景资源，打造“东方威尼斯”水城形象，利用海岸线体现现代滨海特征，创造崭新岸线风景。

最终提出的设计主题为“未来新岸线，东方威尼斯”，建设现代化的滨海新城。

2 探索城市构架，完善城市功能体系

在整体方案构思阶段，规划组结合现状特征，首先得到一个组团式发展的灵感萌动，因循细胞分裂般的生长原理，逐步构思得出概念规划的主题框架。

经过一轮方案反复，滨海水城确定了“东方威尼斯”的设计理念，将水网作为创作方案的躯干，水网、绿网、路网的三重叠加，构成了水城的基本元素，各组团的码头和组团间的游船交通成为水城的标识，最终得出整体方案。

在水城方案构思中，考虑到水脉是水城的生命，正如树叶的叶脉，通过水脉的纵横贯通，形成一个具有脉络生长肌理的水城。水城的发展模式呈组团式，每一个组团都依水而建，每一个组团都能荡水出行，每一个组团都紧邻一条快速路，每一个社区都配套完备，每一个居民都能享受水城风韵，每一个游客都能体验威尼斯风情……

3 利用生态资源，构筑城市生态网络

水城公共服务中心为特色景观功能区，是城市的代表性景观地段。通过疏竣、整治、开挖，形成遍布城区、网状的“一海一湖三河”城市水系，构筑：以水为中心的城市生活；以海为特色的城市景观；以内湖为亮点的水城核心；以河流为间隔的组团结构；一条蓝色湖泊贯穿水城南北，各类服务设施、生活组团滨水而建。每个组团均设游船码头，通过网状水系沟通社区之间的水上联系。体现“东方威尼斯”的风情。

4 关注城市特色，塑造滨海城市景观

为维护和突显滨海地区的景观特色，以“邻水、通海”为原则，构建蓝绿生态景观框架，突出城市个性和独特的水城“东方威尼斯”的形象，规划从景观多层次（城市、绿带、大海、河湖）、多角度（海上、陆上、制高点上）、多空间（休闲度假岸线、自然生态岸线、城市生活滨水岸线）入手，对整体景观、开放空间系统、视觉廊道、建筑高度进行控制，打造东方威尼斯的城市气质和神韵。

（1）水城核心区城市设计

核心区是城市结构和功能的重要组成部分，是城市公共建筑和第三产业的集中地，为城市和城市所在区域提供集中的经济、政治、文化、社会等活动设施和服务空间，并在空间特征上有别于城市其他地区。

城市设计理念：潍坊是风筝的发祥地。早在20世纪30年代，潍坊就曾举办过风筝会。潍坊国际风筝会是我国最早冠以“国际”之名，并有众多海外人士参与的大型地方节会。潍坊因此被冠以“世界风筝之都”的美誉。

本核心区城市设计以“风筝”作为核心区城市设计理念，延续城市文脉与文化标志，赋予城市既有的文化积淀和意象符号以新的生命力和意义。

（2）水城景观特色塑造

以水网作为滨海区的整体空间限定界面，强调建筑、绿化界面的完整性、连续性和天际线的起伏效果。结合主要道路走向滨海区内部形成若干轴向空间和通视。具体边线在纵横两个方面：

纵向形成多个层次的组合，分别为海、岛、湖、绿、城。

海——辽阔的渤海海域

岛——自然海景、标志建筑（会议中心）、生态岛

湖——近水休闲场所、兼备蓄洪功能

绿——宽阔的滨海、滨湖绿化带和迷人的滨水休闲带

城——水城基地内的人工开发景观、横向的沿河景观界面，形成起伏变化的天际线，将沿岸建筑高度做出分区，保证从海上、观景灯塔、内湖沿岸等位置形成各具特色的景观效果。海滨中心区两翼形成高层商贸建筑带，南部沿湖以小高层围合空间景观，总体形成围湖面海的城市景观，丰富滨水地区的海岸线。

在滨海区内部的建筑群形成局部开敞空间，保证水城区内空间系统的均质和通透；区内道路通至海边处应保留有开敞和通透的渗透性空间和视线通廊；海滨绿化带是最有吸引力的亲水空间，为市民和游客提供最通透和开敞的场所并尽可能联系水岸和内陆景观，在道路和绿化带交汇处设置广场空间，使之成为滨海活动公共交往的核心空间。

在通畅的视线通廊尽端设置重要的景观节点，形成视觉的活跃点，给城市景观带来一种愉悦感。

建筑高度和建筑密度合理分布，为新城区创造了丰富的空间轮廓和景观界面。设计对新城建筑高度、面宽、体量的控制避免建筑对海域的视线遮挡。

规划设计中央景观轴统领整个新城，轴线面向大海，引水入城，形成内湖，将城市各组团串连起来，形成景观带，结合水网，引水景入城，“水”“城”和谐。

水城地区拥有丰富的自然水网和天然水系，规划后系统梳理水系，使水网、空间、景观三者和谐均衡。面湖、面海规划多条视线通廊，为城市提供多样、丰富的生活空间，湖心岛、观海长廊、滨水绿带、海岛、观景灯塔等自然和人造景观构成丰富的空间轮廓。

昆明市草海片区

项目资料:
项目地址：云南省昆明市
设计面积：873 公顷
设计单位：美国龙安建筑规划设计顾问有限公司
主要设计人员：曹雷　黄立敏

项目说明：

本次控制性详细规划概念设计，是为了更好地保护和利用昆明草海这一稀缺资源。规划区西至昆安高速、北至二环南路、东至西坝河、南至南绕城高速，规划总面积873公顷。

“生态湿地，公共绿地、文化娱乐和旅游休闲”这几个关键词组成本次规划的核心概念，并被形象地描述为昆明市的“城市客厅和阳台”。

规划以草海的开发建设为契机，利用草海现有的生态湿地、纵横交错的河流和独特的空间肌理和历史文脉，将自然山水环境引入城市公共生活，再现传统城市形态和历史性公共空间，为城市文化生活提供具有草海地区特色的物质载体，塑造“半城山水半城街”的城市形象，即自然化的环境特色与开放城市生活空间，最终打造一个21世纪生态休闲游憩港。

规划以草海为天然分界线，将规划区分为大观楼、草海西岸、草海东岸三大片区。片区及片区内部又以天然河道及生态廊道细分为十一个不同的功能组团。

道路系统的规划设计是草海片区中各种用地要素关系的纽带和骨架。规划遵循“延续肌理、有机增长、密度适中、适当超前”的原则，对总体规划的主、次干道网进行了部分优化和细化，确定了道路红线宽度、走向和断面形式等，最终设计了一个外延城市路网、内部结合水网的、自然活泼的道路体系。

交通规划以快速便捷为设计原则。利用都市轨道交通、城市轨道交通、快速公交等设施与城市主中心、片区中心等形成便捷的交通联系。在片区内环湖路设置有轨电车连接草海各景观节点，既作为游人的观光游览车，也方便当地居民的交通出行。规划区内部鼓励自行车和步行等慢行交通，并为之设计了路网。

绿地系统分为生态湿地和绿地两种类型。沿草海水域周边保留了大量的生态自然湿地，作为草海水域各种生物的栖息地，并划出了禁建区，避免人类社会活动对草海水域的污染。公共绿地主要沿城市道路、水域和居住区分布，形成片区级公共开放空间。点状绿地则是为周边居民服务的半公共开放绿地，是居住区层面的开放空间。

本次规划构建了翠湖大观楼、草海公园、西山睡美人的视线廊道。以大观楼为中心节点，北望翠湖五华山，南望西山睡美人，形成无遮挡的视觉通廊。

夜景照明设计是本次规划的一大亮点。设计中以各功能片区的照明为背景，以草海十景为重点，以标志性建筑照明为基本特色，形成能够反映地区特色的夜间照明系统，营造出一幅立体化、明暗互衬、动静结合、错落有致的夜间灯光景观。

大观楼
草海
草海公园
景观节点
视线主轴
视线廊道
绿色通廊
滇池
西山睡美人

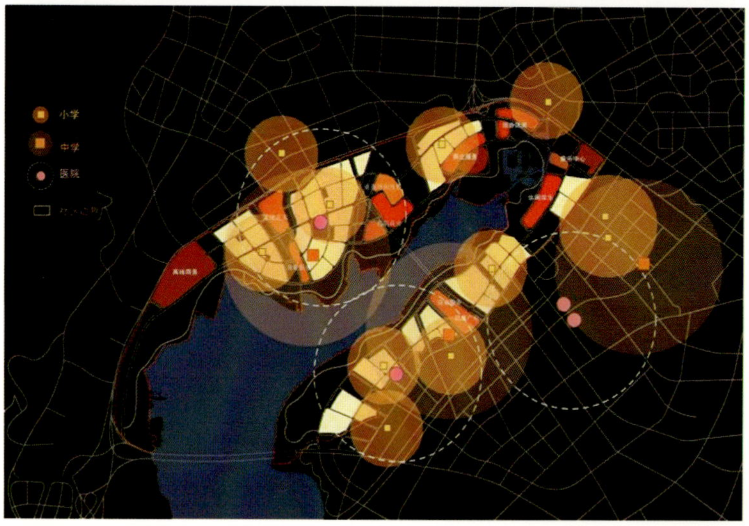

小学
中学
医院

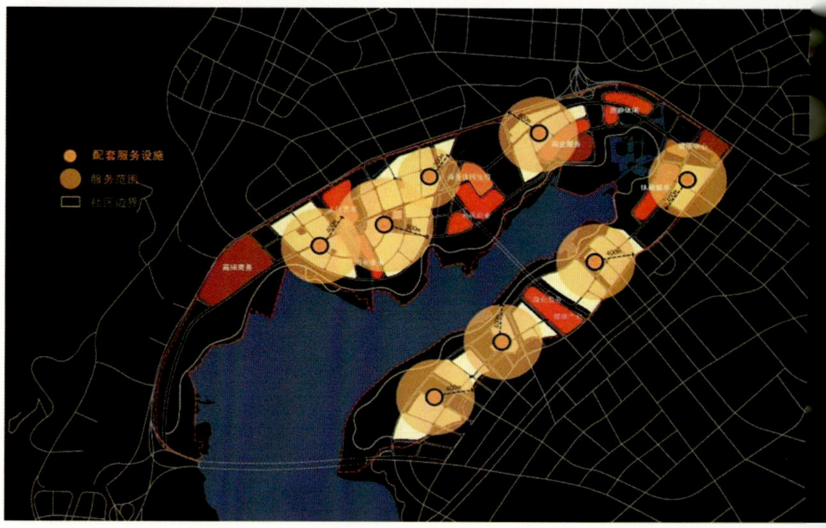

配套服务设施
服务范围
社区边界

昆明市五华区王家桥片区

项目资料：
项目地址：云南省昆明市
设计面积：11.57平方公里
设计单位：美国龙安建筑规划设计顾问有限公司
主要设计人员：丁海茹 郝振燕

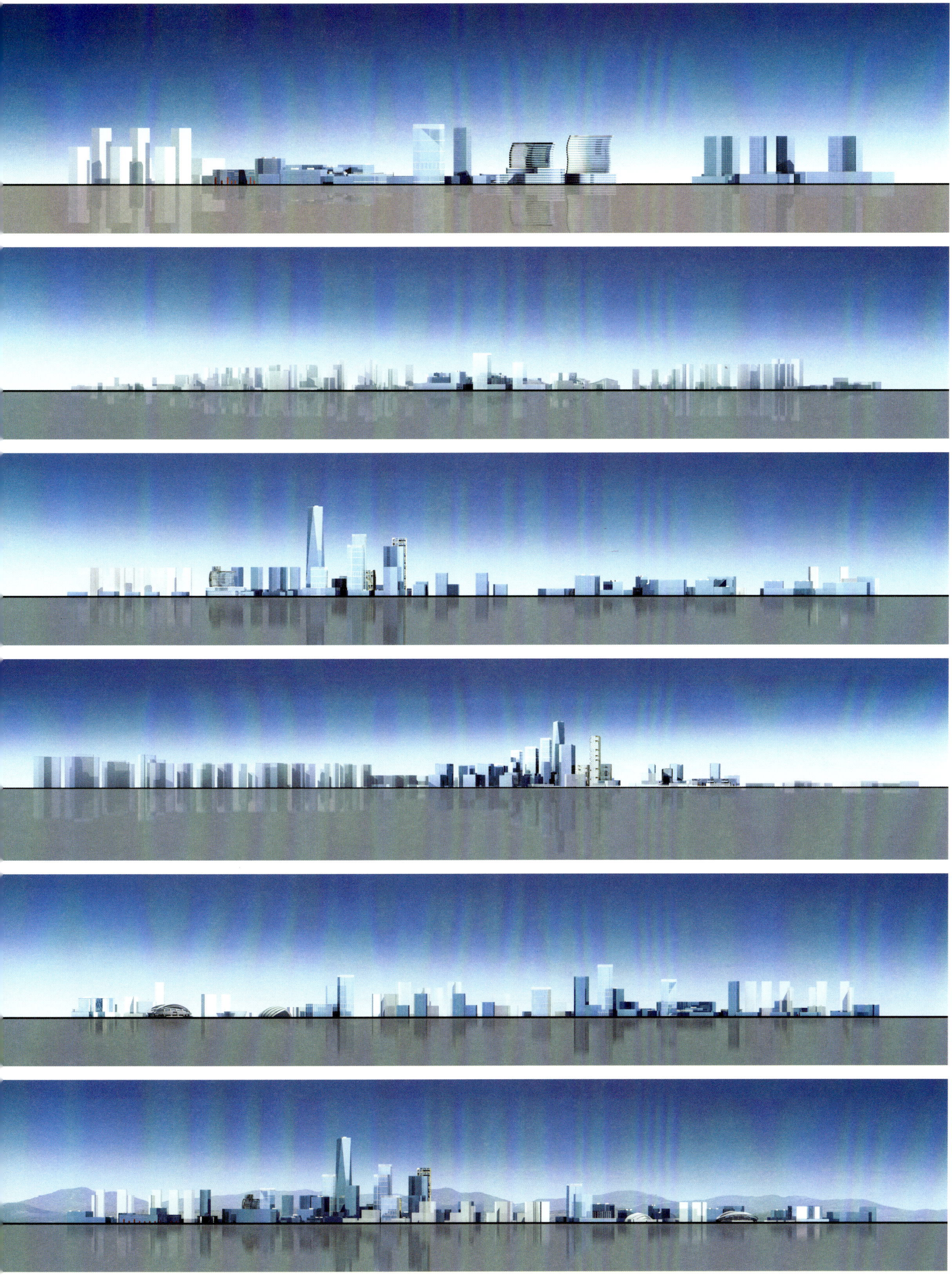

项目说明：

王家桥片区位于昆明中心城区西北部，毗邻高新技术产业区和金鼎科技园，三面环山。结合总规划和西北片区控制性详细规划，本次设计提出，未来王家桥片区将以现代服务业和创新产业为主导发展方向，逐渐形成“昆明西北部的重要门户，以绿色生态为主要特征的城市综合片区”。

王家桥片区的发展将形成以轨道四号线为核心，以规划二路和普吉路为双轴，以筇王路为连接的马鞍形的城市空间形态。这样的设计突出体现以绿色空间为导向、以轨道交通为主线、土地集约化使用的生态城市发展理念。以此为基础，本次城市设计塑造了多条带状生态廊道，在廊道交汇处形成中央公园，结合轨道交通，北侧设置行政中心，南侧设置商务办公，西侧设计商业中心，东侧设计总部经济与产业区衔接。

总部经济南北侧布置科技研发与科技会展，便利与产业、服务两大功能区的联系。产业是区域发展的基础，设于王家桥片区北侧。沿主要公共交通周围安排高密度居住区，靠近山体安排中低密度居住区。

空间设计是本次设计的一大特点，城市开放空间是以分布于不同区域的广场、绿地和公园为中心建构起来的；主要的广场有行政广场、商业广场、会展和体育广场；由城市街道、绿地、河流和步行街组成的线形空间，则最能表现城市特有的空间品质和个性，为市民提供最丰富多样的公共活动场所。

作为昆明的西北城市门户，本次城市设计还对三环与昆武高速的普吉立交及周边的景观做了概念性方案设计。

街区设计导则是在整体架构的基础上定性、定量和图文结合方式下的弹性控制，是指导王家桥城市空间环境建设的通则。本次设计以核心起步区为重点，将王家桥片区分为13个街区，针对每个街区提出控制导则。在城市规划、建筑设计以及其他城市建设领域的设计者、建设者和管理者之间架起沟通的桥梁，以协调有序的城市建设。

核心起步区是本次城市设计的重点街区。设计考虑以轨道站为中心，对七个地块，包括商务办公、商业零售、酒店和公寓等配套设施的位置、体量、地下通道、出入口和交通流线等做出了详细设计。精心组织的地上和地下、人行与车行、下沉结合地面、商业组合办公等，对提升王家桥城市品质和土地价值起到了核心作用。

长沙市长沙滨水新城

项目资料：
项目地址：湖南省长沙市
占地面积：670公顷
设计单位：伍兹贝格建筑设计咨询（北京）有限公司

项目说明：

项目区域定位为主要城市再造，提升土地价值。滨水新城成为大河西先导区“两型社会”示范区的新形象。

根据前阶段的工业规划，项目目标是将滨江新城打造成综合城市中心区并集商务、商业、住宅、娱乐和文化元素于一身。所以，本规划的核心任务是基于前期工业策略和城市空间来研究空间布局的。

三个主要的中心集中在从北到南的新地铁线沿线。每个中心有其自身的城市特色和功能业态，通过地标性或民用建筑体现。

“中央商务区”“绿色之城”和“生活方式区”通过一系列的广场、开放空间、绿色网络、行人道路、公共交通系统和视线廊道连接到滨水区。

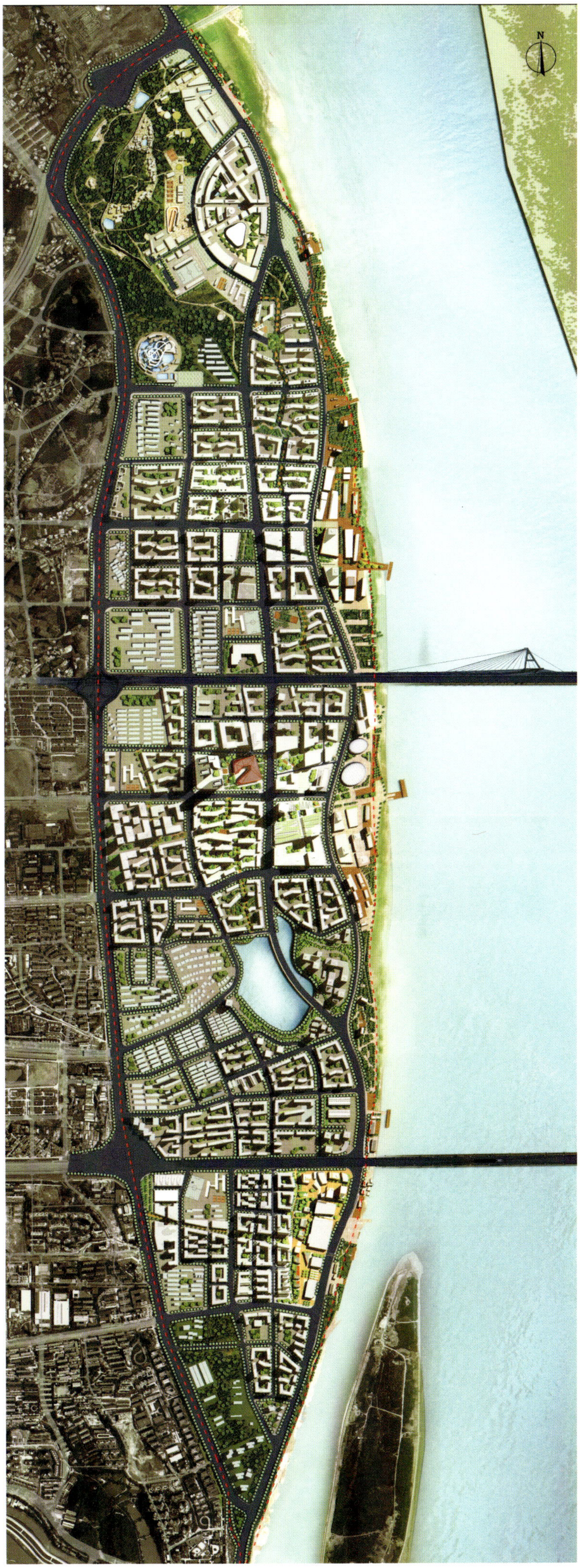
N

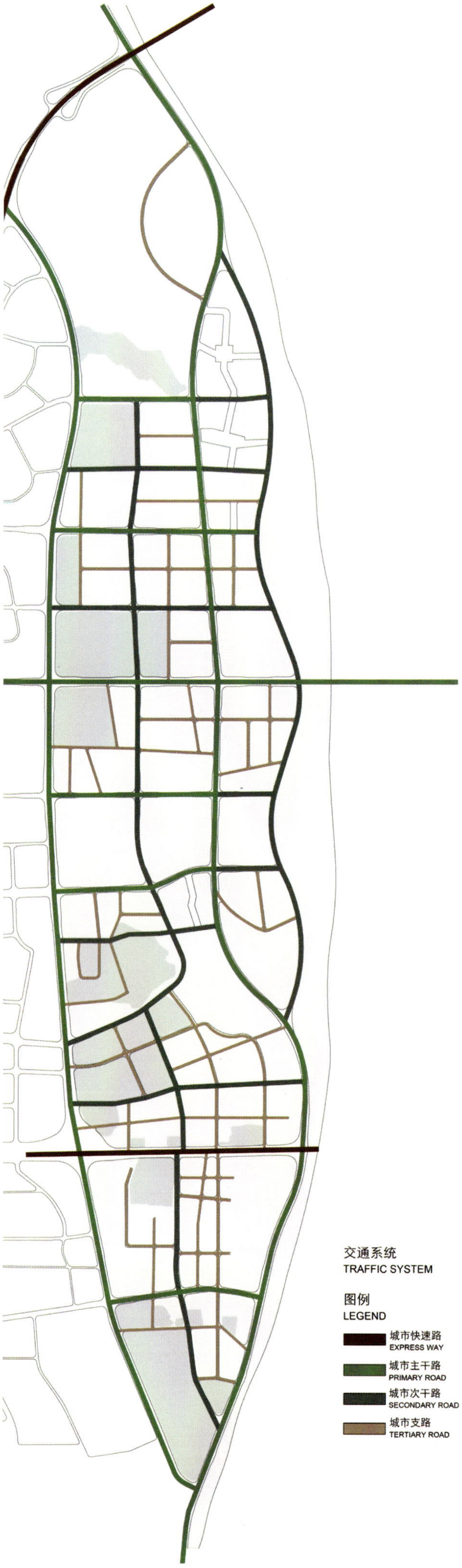

交通系统
TRAFFIC SYSTEM
图例
LEGEND
城市快速路
EXPRESS WAY
城市主干路
PRIMARY ROAD
城市次干路
SECONDARY ROAD
城市支路
TERTIARY ROAD

绿化系统
GREEN SYSTEM
图例
LEGEND
公共绿地
GRASSLAND
景观通廊
LANDSCAPE LINE
人行景观道
BOULEVARD
广场
PLAZA
水域
WATER
人行天桥
PEDESTRIAN BRIDGE
公园
PARK

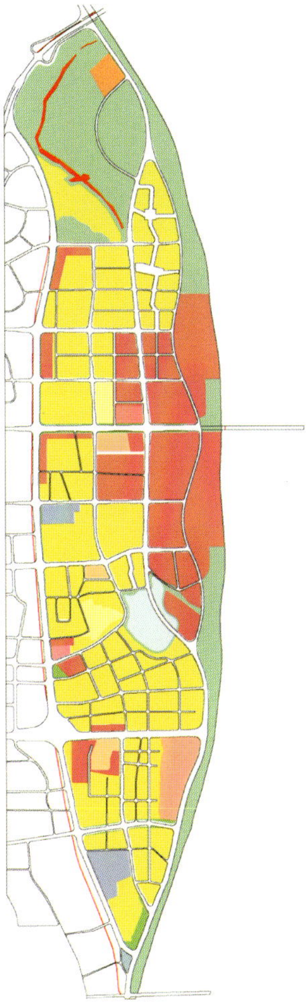

用地图

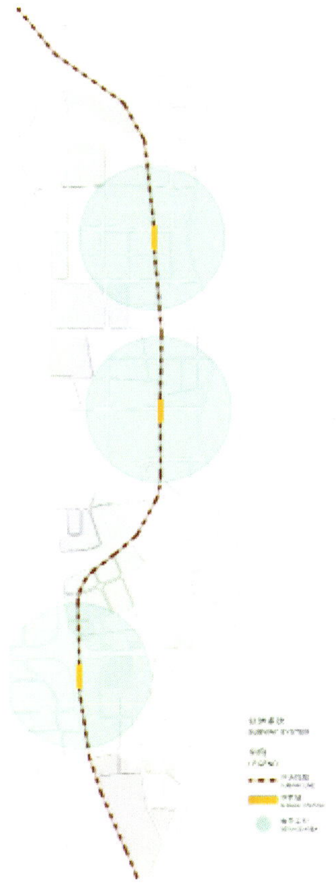

地铁网络图

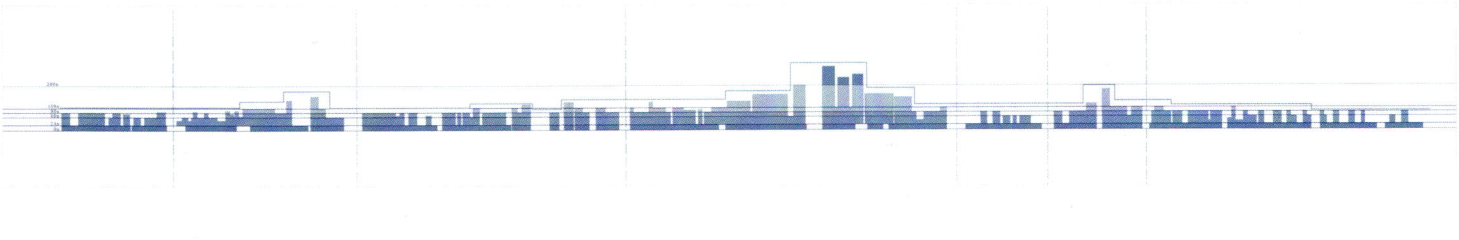

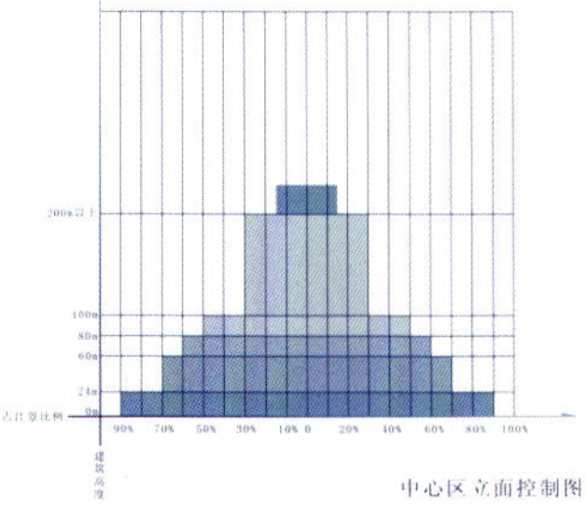

中心区立面控制图

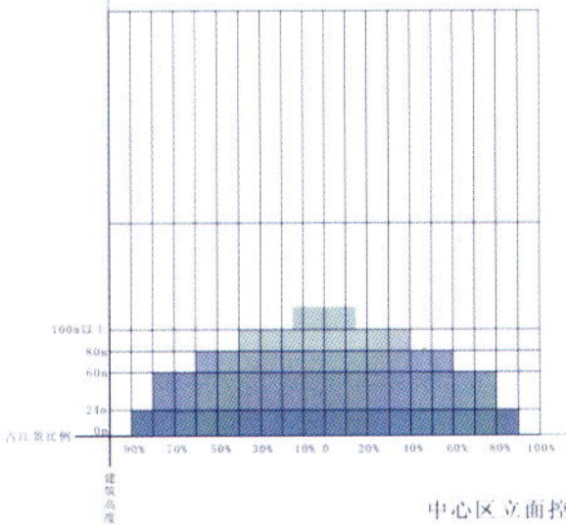

中心区立面控制图

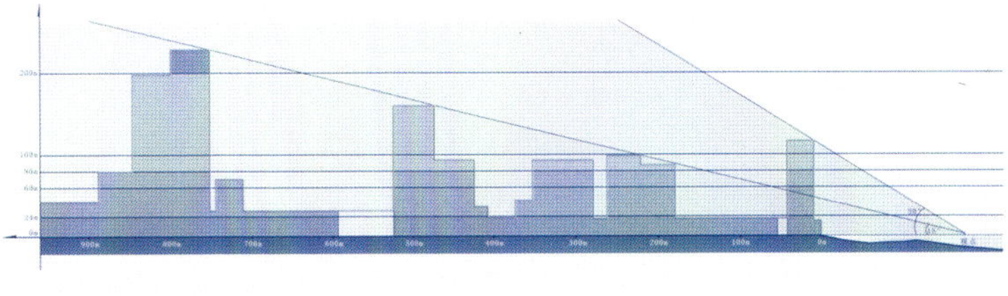

佛山市新城市中心区

项目资料：
项目地址：广东省佛山市
设计面积：2.34平方公里
委托方：佛山市规划局
设计单位：广州市天作建筑规划设计有限公司

总平面图
N
0 20 50 100 200 400M

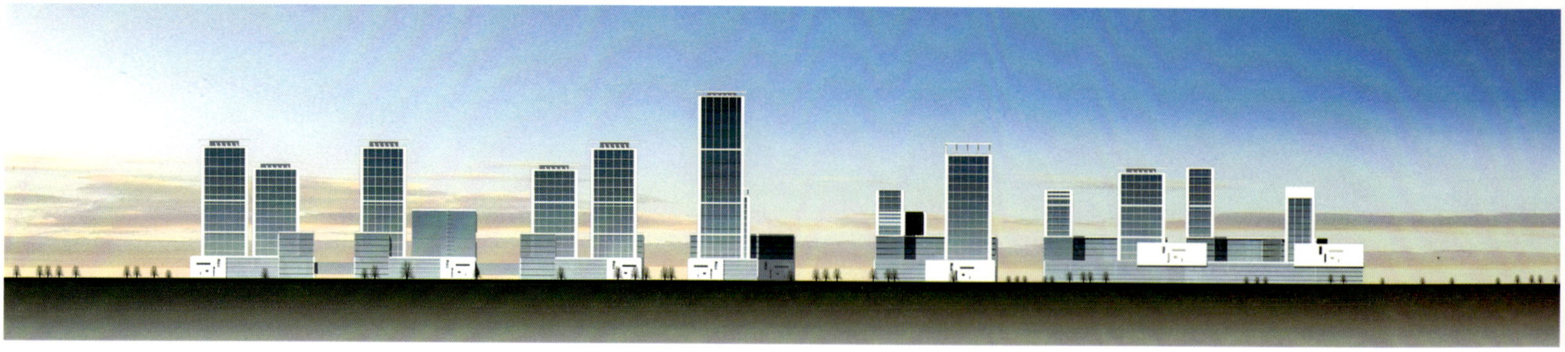

项目说明：

佛山新城市中心区位于佛山市中心组团东南部，东平水道南岸，地属顺德区乐从镇用地范围。目前规划区已落实的建设项目有佛山市奥林匹克体育中心、新闻中心、联通大厦、科技馆及体育公园等重大的市级公共设施。

本规划的整体构思是将其安排在城市轴线上，创建一个具有紧凑布局的中高密度和可持续发展的城市中心。

设计注意到空间导向和地区的感觉对平坦的地形很重要，因此沿着视觉走廊，尽量捕捉连接远处的自然因素和人工因素。这些自然焦点可以显著提高即将兴建的一些人造因素如桥塔、中心广场、标志性建筑和高层城市轴等，以完善城市空间构造。

而规划的城市中心轴线与东平河沿岸城市生活轴线交汇处强化处理，形成标志性地域；规划的城市中心轴线两侧则是工作、生活和休闲区，穿过中心轴线的距离较小，以鼓励步行或使用自行车在区域间活动；规划还确定新城市中心区较高的发展密度，确保公共交通系统的高效率；此外，规划将强化沿东平水道的城市生活轴线，东平水道很适宜作为一河两岸的生活性滨水公共空间，而且还在其他大面积的公共开放空间的节点间提供丰富的娱乐设施。

厦门市国际邮轮城

项目资料：
项目地址：福建省厦门市
占地面积：10.3万平方米
总建筑面积：28.7万平方米
委托方：厦门市港务地产有限公司
设计单位：北京澳斯派克景观规划设计顾问有限公司
主设计师：李伦 Pauline Jehanno 王志旺 田望

项目说明：

基地条件非常复杂，包括不同功能（从港口客运站到居住）的"Block"，对内对外的立体交通体系，同时需要一个精美细致的景观设计，以展示厦门改革开放25年的成就。

设计针对复杂凌乱的基地特点，结合不同功能分区，强化景观设计的连续性来抵消凌乱带给人的不方便与不舒适。比如创造完整的步行空间系统、统一的设计手法与种植风格。另一方面，结合不同功能，创造各个"Block"独特的功能与景观节点。

整体设计风格现代，强调了与滨海文化的特色并与现状建筑设计风格协调统一。

0 5m 10m 20m 50m
假日酒店
联检大楼
海景公寓
商业
写字楼
住宅
港务局大楼
① 乌类生态栖息岛
② 滨水广场
③ 滨水散步道
④ 酒店主入口
⑤ 酒店次入口
⑥ 酒店次入口
⑦ 酒店泳池
⑧ 会所落水景观
⑨ 游泳池
⑩ 居民集中舞台
⑪ 立体造型草坡
⑫ 运动休闲小空间
⑬ 儿童主题活动区
⑭ 地形景观
⑮ 商业集散小广场
⑯ 商业前广场
⑰ 办公主入口
⑱ 倒影池
⑲ 微地形
⑳ 彩色造型灯柱
㉑ 花灌木种植带
㉒ 办公休闲区
㉓ 滨水休闲咖啡吧
㉔ 滨海种植带
㉕ 树阵广场
㉖ 观海绿阶
㉗ 波浪形绿篱带
㉘ 绿岛小花园
㉙ 下沉广场
㉚ 立体草坪

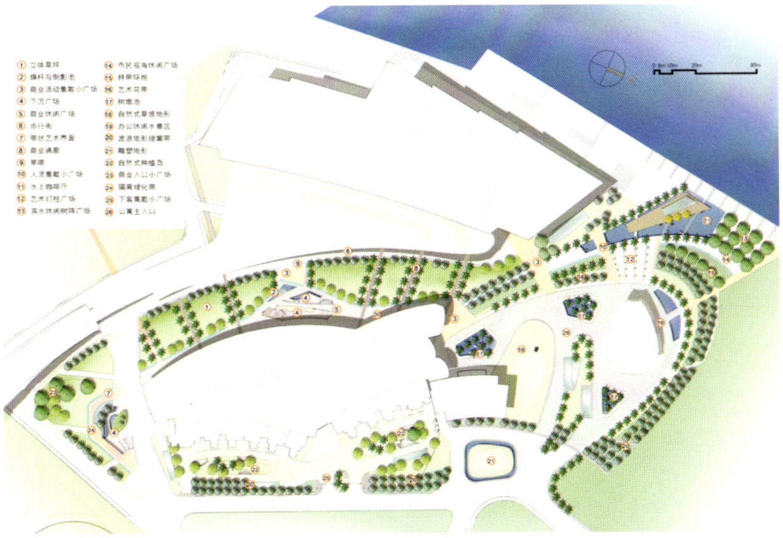

A-A

B-B

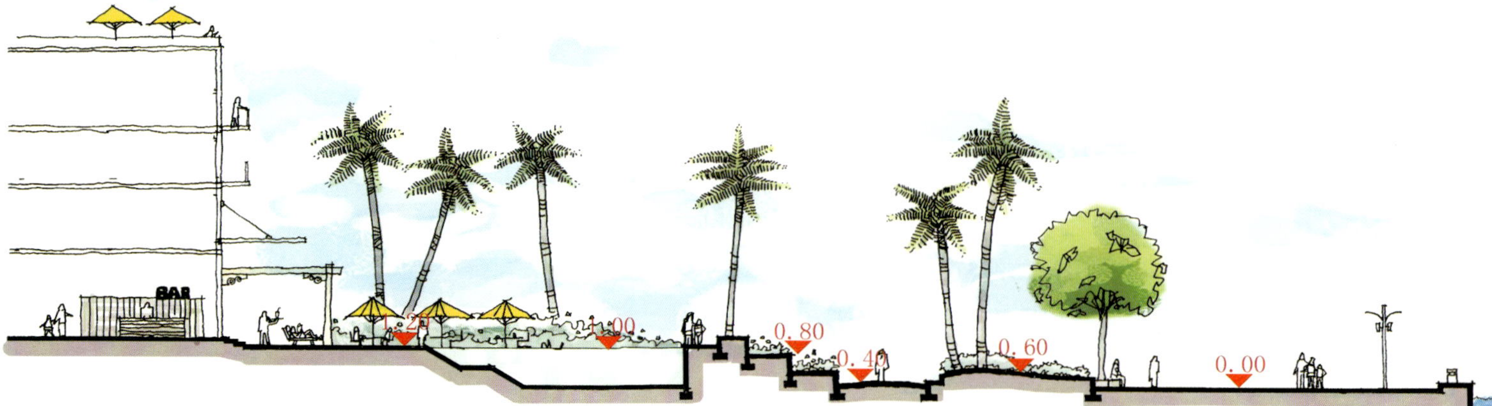

MAYBELLINE
MIKIMOTO
CLARINS
SUAREZ

深圳市宝安区碧海片区

项目资料：
项目地址：广东省深圳市
委托方：深圳市规划局
设计单位：北京澳斯派克景观规划设计顾问有限公司
主要设计人员：李伦 张亚津 谢莉莉 何娅娅
合作单位：德国ISA公司

项目说明：

规划片区位于宝安新区，总用地824.13公顷，定位为未来城市中心区前海中心的辐射区内的综合辅助功能区。

该项目最大的两个难题，同时也是两大“城市需求”：城市片区的特色、城市自身的近期发展与远期规划定位的冲突。

设计围绕上述两大主题，运用生态规划的理念，充分利用基地内的山水景观资源，构建了原区域内稀缺的公共空间体系和与之共生的城市活力、特色。

引入生长代谢的概念，根据碧海片区自身的生长以及前海片区的整体规划，形成“一心，两轴，两带”的规划结构，近期与远期定位冲突处以弹性用地过渡，很好地解决了国际城市高速发展的不同阶段之间的和谐发展问题。

FUETER

KOLLBRUNNER
Caviarteria

BOSS

成都市海峡两岸科技产业开发园中心商务区

项目资料:
项目地址：四川省成都市
设计单位：重庆市规划设计研究院四川分院

项目说明：

该规划是满足政府在旧城改造的可操作性情况下，达到城市功能合计及人居环境优美。主要针对旧城改造，分析拆迁成本，通过地价、房价与建设改造成本进行经济分析，制定建筑总量、容积率等，并运用城市设计的手法，将自然要求嵌入规划区中，创造出宜人的创业共享空间。

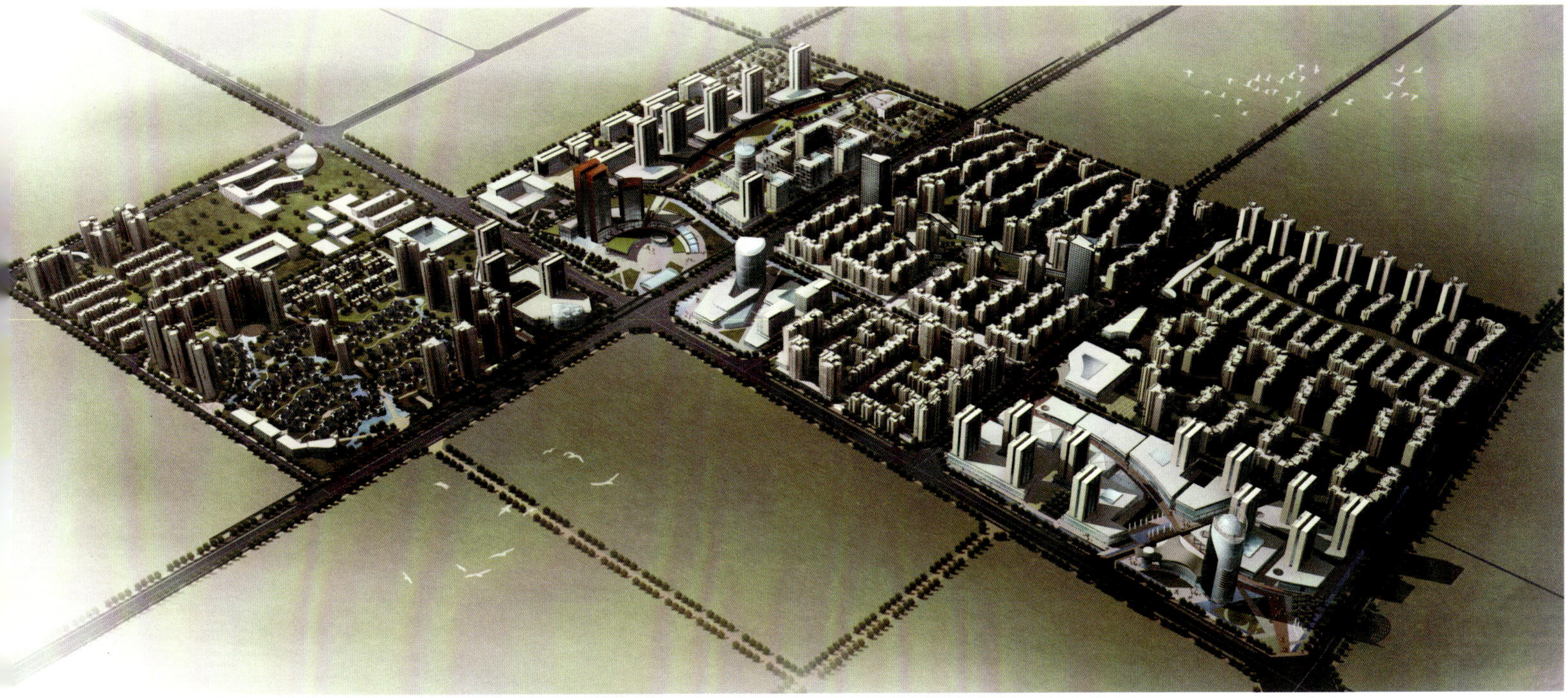

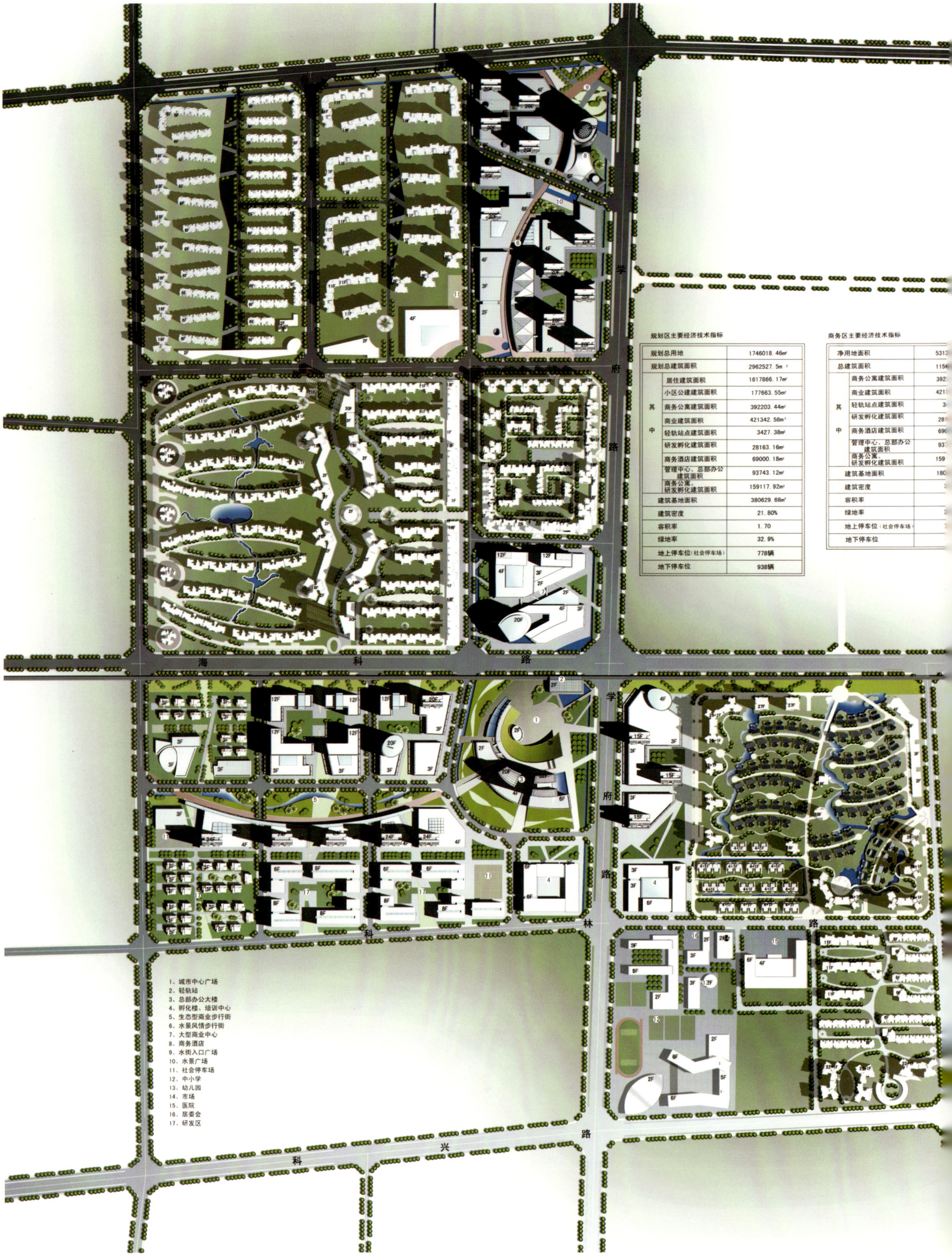

规划区主要经济技术指标

规划总用地		1746018.46㎡
规划总建筑面积		2962527.5㎡
其中	居住建筑面积	1617866.17㎡
	小区公建建筑面积	177663.55㎡
	商务公寓建筑面积	392203.44㎡
	商业建筑面积	421342.58㎡
	轻轨站点建筑面积	3427.38㎡
	研发孵化建筑面积	28163.16㎡
	商务酒店建筑面积	69000.18㎡
	管理中心、总部办公建筑面积	93743.12㎡
	商务公寓、研发孵化建筑面积	159117.92㎡
建筑基地面积		380629.68㎡
建筑密度		21.80%
容积率		1.70
绿地率		32.9%
地上停车位（社会停车场）		778辆
地下停车位		938辆

商务区主要经济技术指标

净用地面积		5313
总建筑面积		1156
其中	商务公寓建筑面积	392
	商业建筑面积	421
	轻轨站点建筑面积	3
	研发孵化建筑面积	281
	商务酒店建筑面积	690
	管理中心、总部办公建筑面积	937
	商务公寓、研发孵化建筑面积	159
建筑基地面积		180
建筑密度		[illegible]
容积率		[illegible]
绿地率		[illegible]
地上停车位（社会停车场）		[illegible]
地下停车位		[illegible]

滨水规划
WATERFRONT PLANNING

绵阳市北川羌族自治县新县城永昌河景观带

项目资料：
项目地址：四川省绵阳市
设计单位：中国城市规划设计研究院风景园林所
主要设计人员：韩炳越　贾建中　束晨阳　马浩然　吴雯　牛铜钢　程鹏　刘佳　郝硕　郭榕榕

总平面图

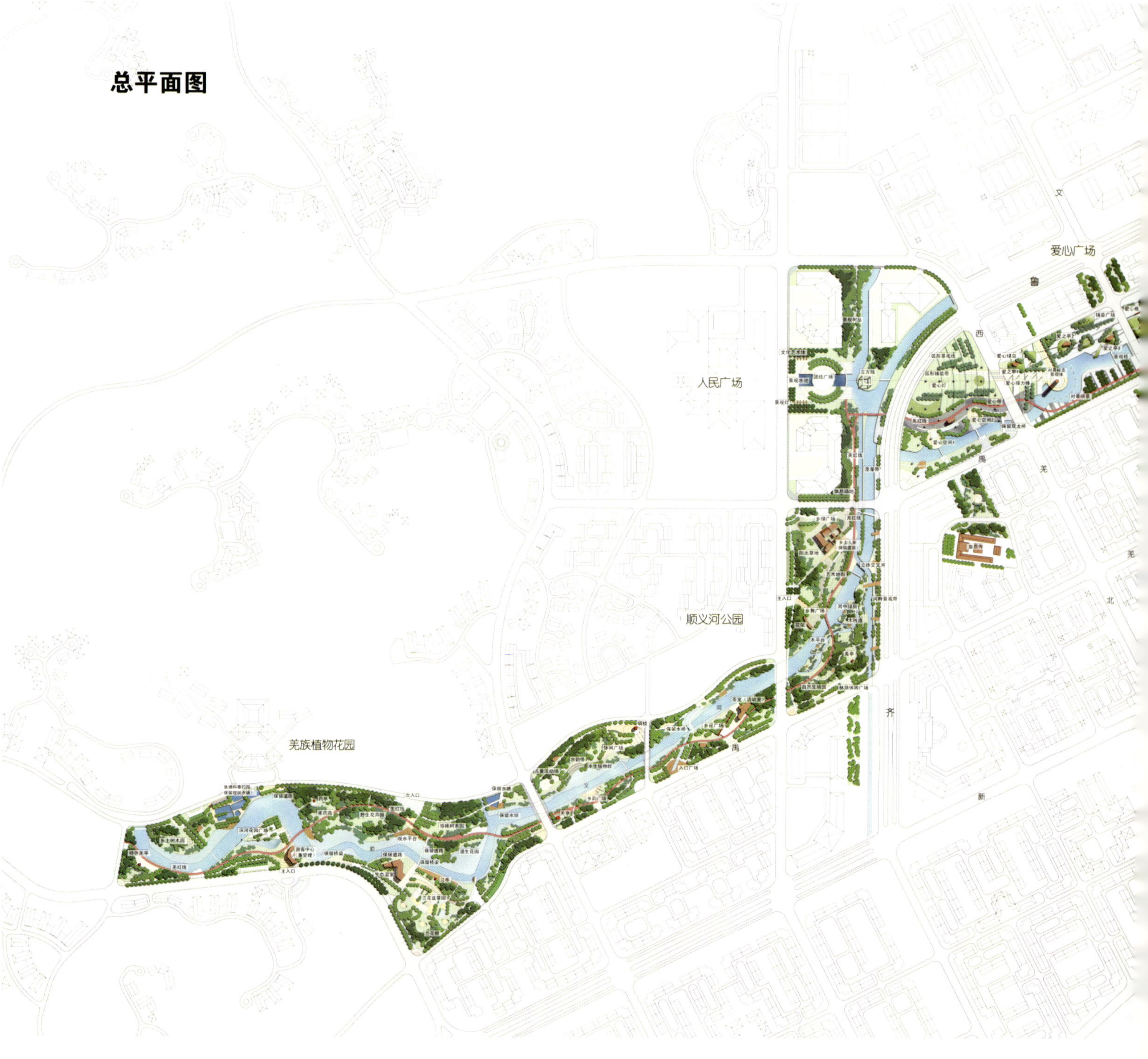

项目说明：

一、现状综述与分析

规划的新北川县城位于地域特征浓郁的丘陵缓地之中，贯穿新县城南北的永昌河景观带是城市的一条自然过渡性绿带。景观带现状以蜿蜒水系、地方民居、生产农田为主。水系自山中发源，上游段受两侧山体走向引导，自然弯曲，摆动较大，裸岩巨石夹峙，绿树丛竹相伴，水面或开或合，水流有缓有急，景观十分优美。下游段河道坡降稍缓，当地人引水灌田，由数条沟渠自河道引向田中，形成线性地域肌理，呈现出典型的地域特征。

永昌河河道两侧地形平坦，用地内植物长势较好，视野空间开阔，可远望山坡梯田，乡土魅力独特。河道中有多座桥梁，大多外观简洁、用材节省，尤以杨家桥、杨家大桥、双龙桥、水桥等桥为佳，板凳桥造型是其地域特色。

因势利导的引水工程、川西风格民居、开阔的锅庄场地、多类型的跨河桥梁将民族文化的特色融于地域特征之中，在景观设计中有序利导、因地制宜进行利用，则构成景观带之特色。

二、塑造融合多元内涵的景观

作为北川新县城园林绿地系统重要组成部分的永昌河景观带，其不仅是新县城市民及游客活动的主要场所，更承担着展示新县城城市形象、体现抗震和团结精神、继承和弘扬羌族文化、丰富市民文化生活、改善城市生态环境等综合功能，是一条融合多元内涵的综合性城市生态景观带。

永昌河景观带分别选取了五种民族特质元素：羌红线、云彩谣、乡土林、原生物、锅庄场，分别形成慢跑路系统、水系统、原生乡土生态系统、乡土文脉系统、活动场所系统五个主导系统，有机贯穿于景观带。

景观带中另有以“羌绣”为主题的铺装系统，体现了羌族服饰特色；还有系列主题雕塑及景墙的形式展现，深化了羌族文化，表达了羌族人民对真、善、美及爱心的宣扬。规划设计的羌族植物花园展现了久负盛名的羌族医药植物和特色羌族植物，羌药花园、神树林等表达了羌族与自然之间的美好关系。

规划设计的碉楼展现了羌族传统村寨的标志性建筑。“水桥乡谣”“乡绿人家”等景点结合保留的地域乡土物置景，强化地域景观特征。

通过五个主导系统和多类型的景点，以多角度、多层次、多元素的景观表现手法将羌族文化在景观带中进行表现和传承，融入到绿色之中。

永昌河景观带规划设计在保护现状地域特色、充分挖掘羌族民族文化特色的前提下，坚持保护资源、生态优先、因地制宜、满足功能、有机布局、远近结合的原则，利用各种生态可持续设计手法，形成富有地域特色的综合性城市生态景观带。

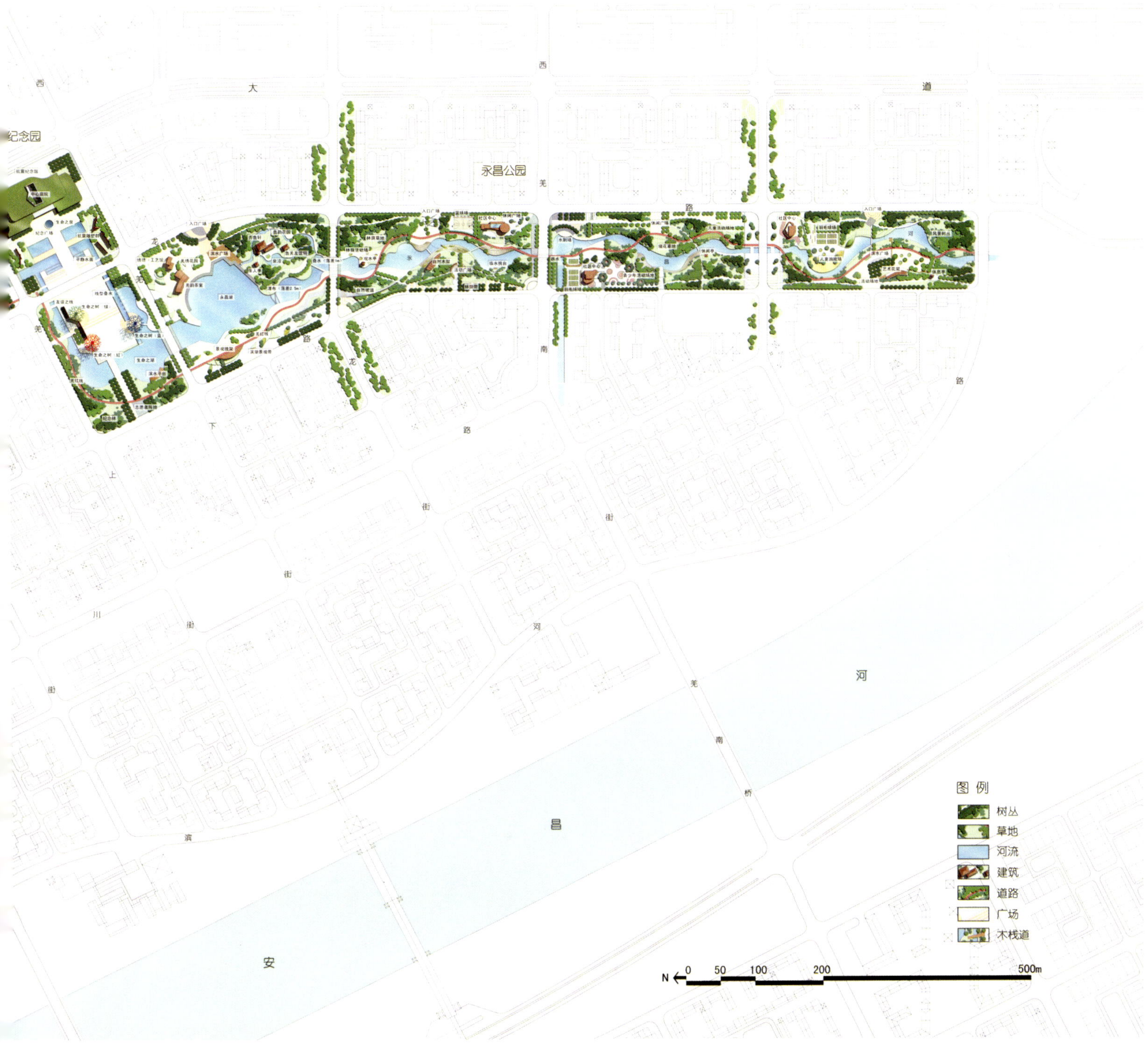

乡土文脉系统——原生物

公园慢跑路系统——羌红线

公园水系统——云彩谣

自然乡土生态系统——乡土林

活动场所系统——锅庄场

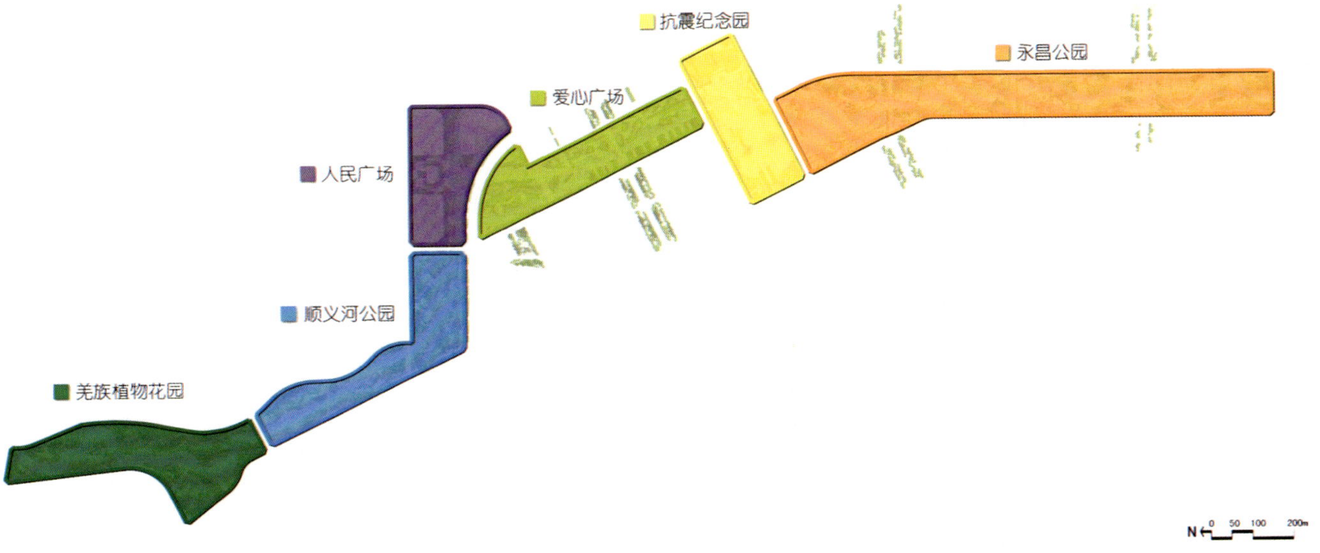

总体规划布局图

图 例

- 羌族植物花园
- 顺义河公园
- 人民广场
- 爱心广场
- 抗震纪念园
- 永昌公园

水系类型图

防洪与景观设计图

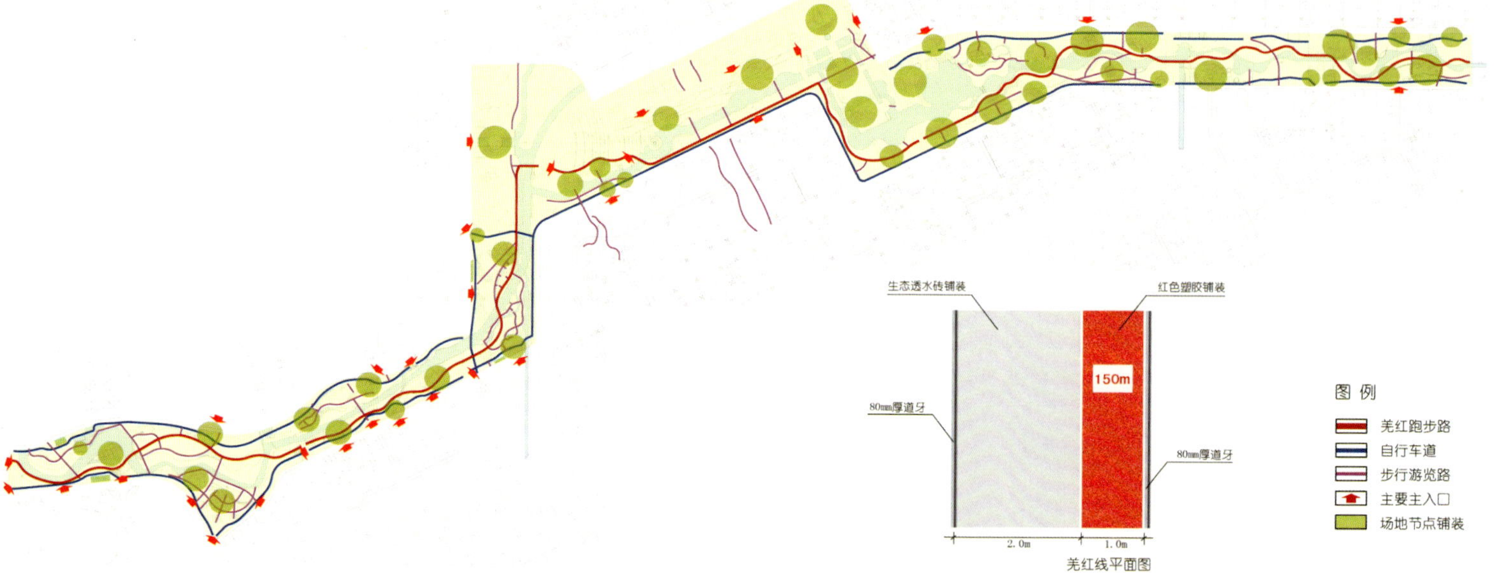

内部交通分析图

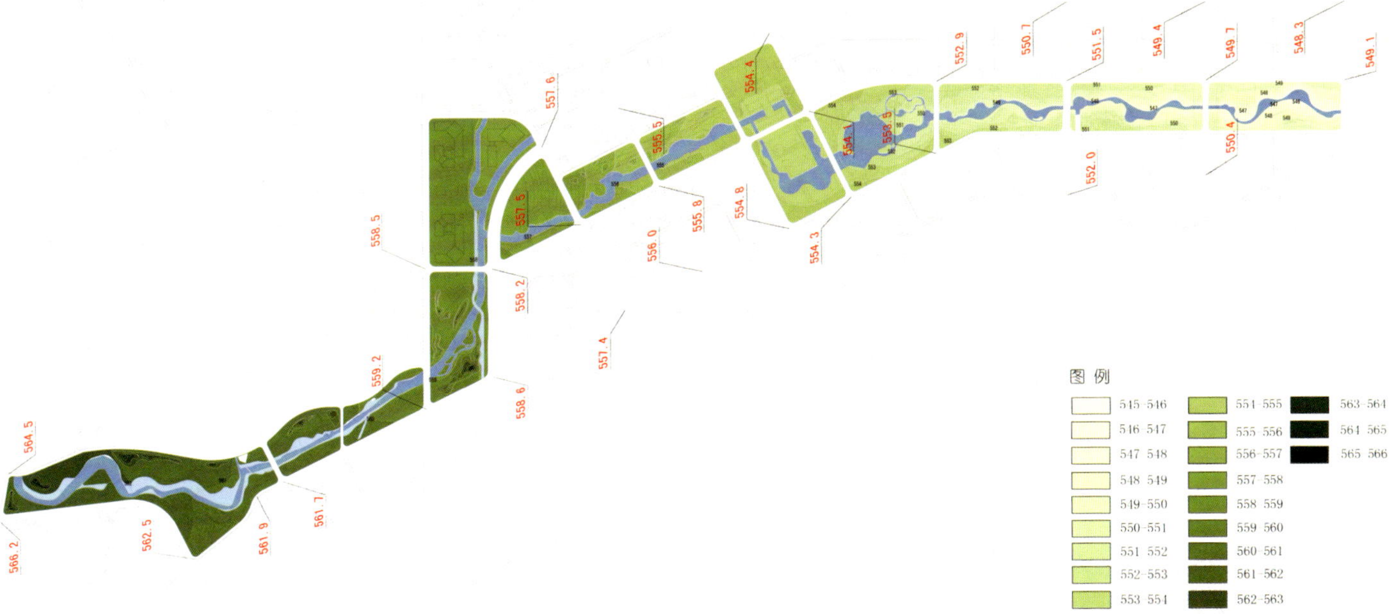

竖向规划设计图

羌族植物花园平面图

羌族植物花园

兰花盆景园效果图

顺义河公园平面图

顺义河公园之水桥乡谣

爱心广场平面图

爱心广场

永昌公园湖林

爱心灯、爱心空间效果图

乡土永昌河

永昌公园平面图

营造近自然水岸景观

河道充分汇集雨水

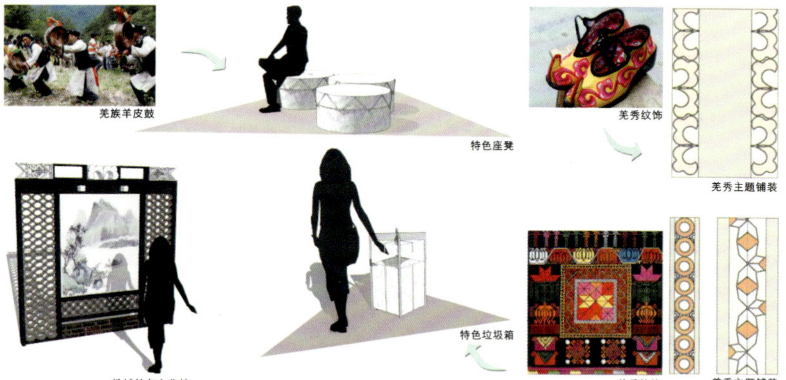

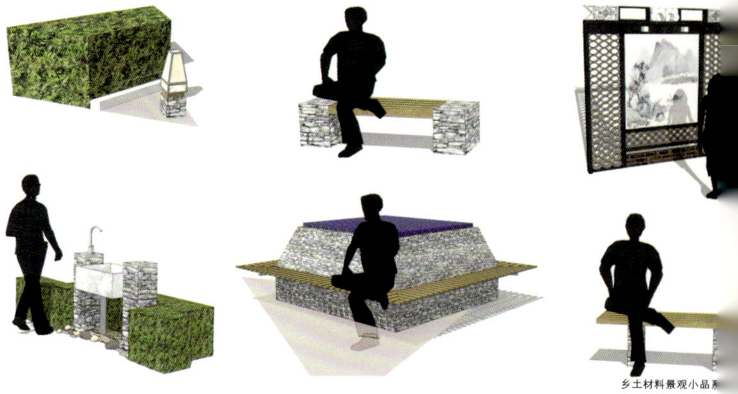

乡土材料景观小品系

乡土材料景观小品系列二

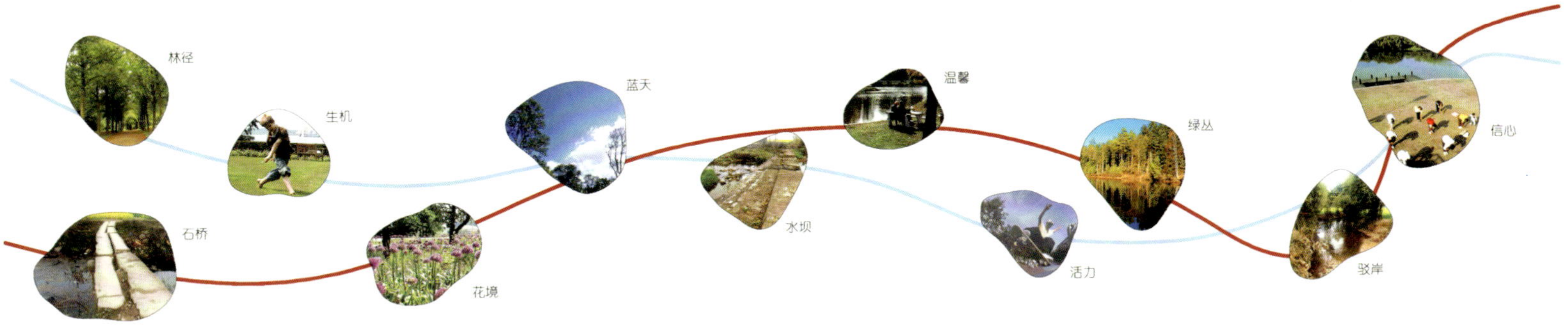

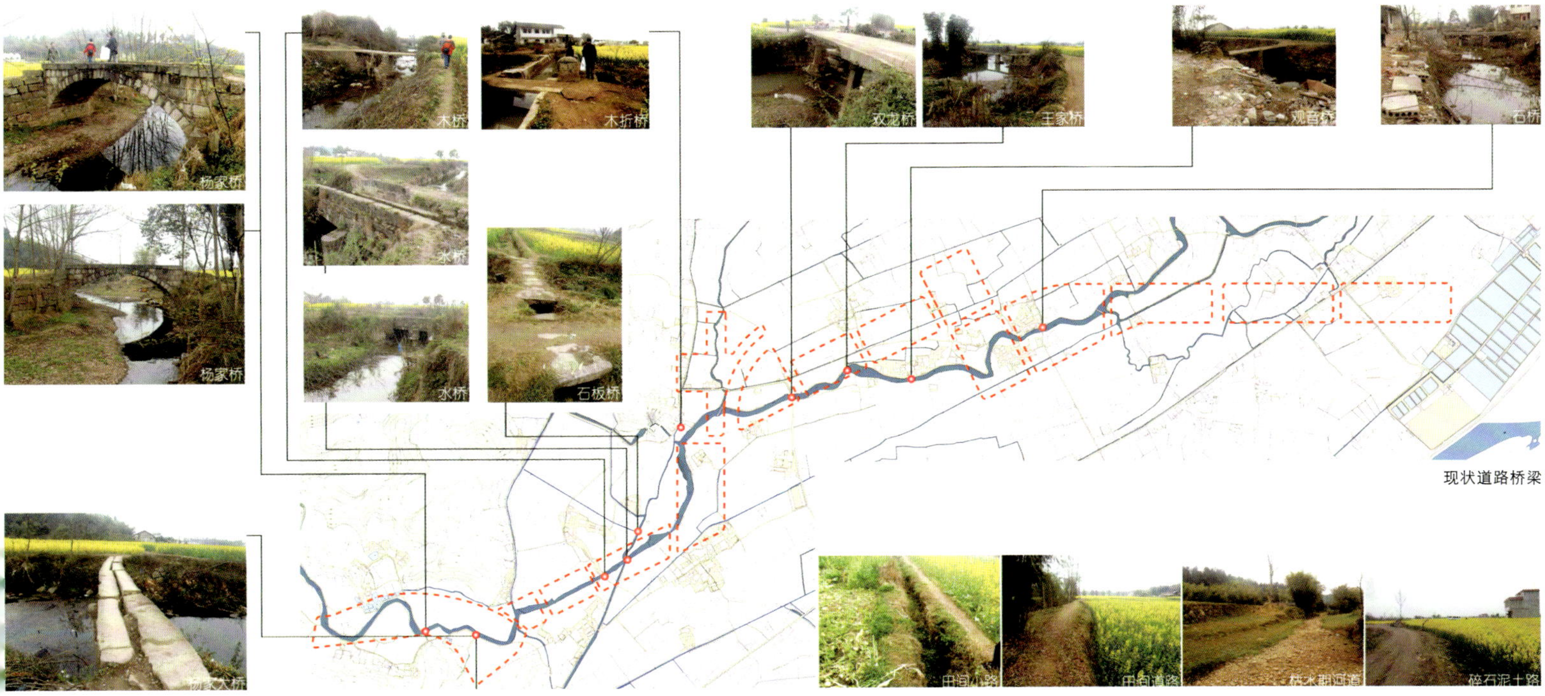

现状道路桥梁

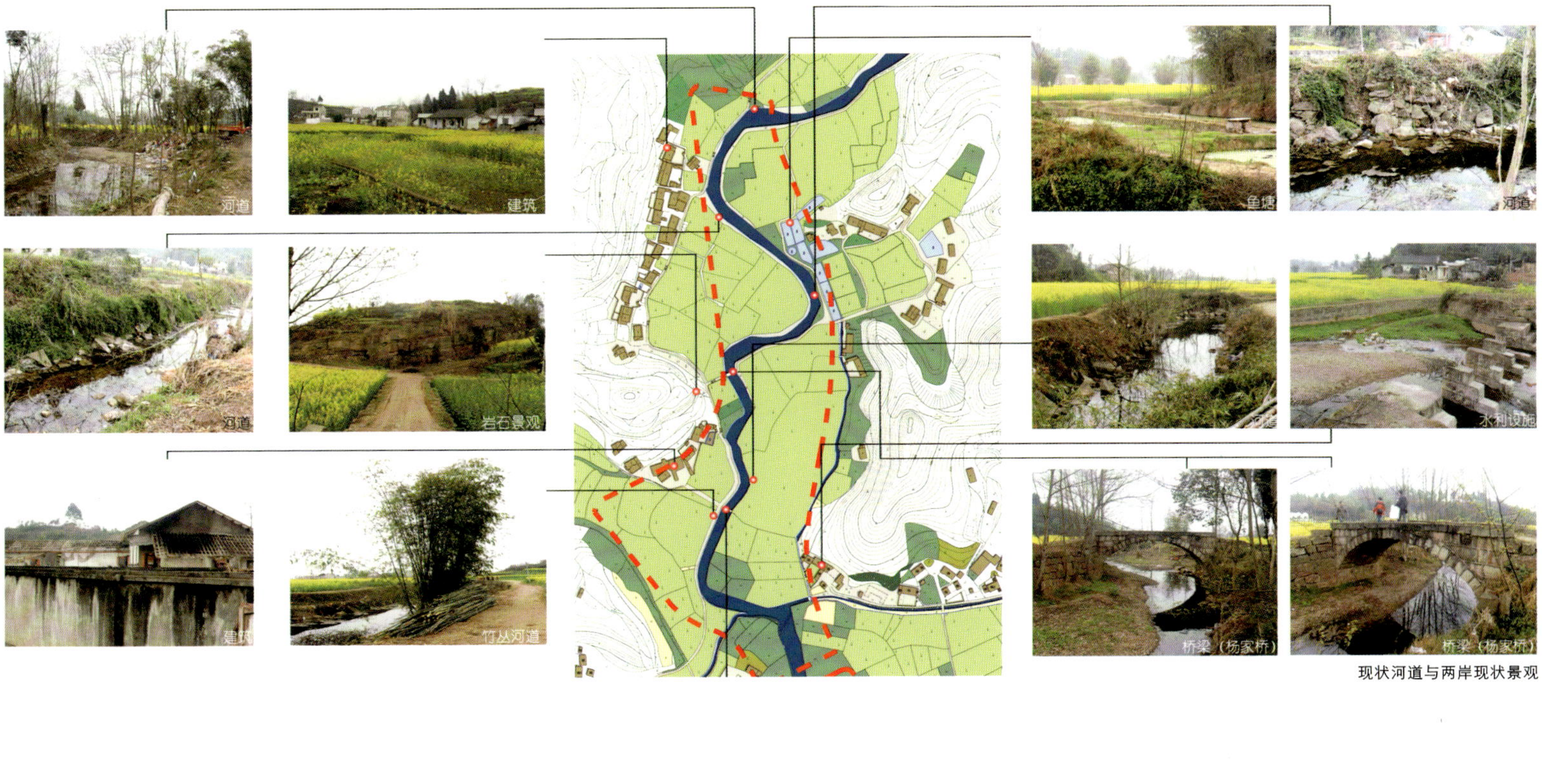

现状河道与两岸现状景观

长葛市清潩河景观带

项目资料：

项目地址：河南省长葛市
设计面积：240万平方米
设计单位：尚旅麟德景观设计顾问（深圳）有限公司
主要设计人员：张立志 朱晶莹

项目说明：

清潩河是长葛市范围内的主要河道，穿过长葛市市区，见证了长葛的发展历程，与长葛的历史文化息息相关。为了能更好地利用城市的自然景观，将长葛人文、社会环境与自然环境有机结合，根据《长葛市城市总体规划（2009～2020年）》和国家相关法律法规的要求，在充分注重设计方案的合理性、实用性和经济性的前提下，对清潩河6公里流域（建设路至许昌县界，宽400米，覆盖面积约240公顷）的景观进行改造，以提升长葛市景观的形象。

规划策略

融合与渗透：以水为依托，实现滨水开放空间与城市公共空间的融合与渗透，历史文化与现代文明的有机交融。

整合与优化：整合滨河沿线用地功能和沿岸建筑空间，扩展滨水开放空间，优化滨水功能与沿岸景观。

可达与显现：疏通滨河道路系统，并与城市交通有机结合，同时扩大各城市道路与滨河交汇处的开放空间，增强滨水空间的可达性和显现度。

亲水与宜人：将水与人的心理需求紧密结合，营造丰富的亲水空间，并结合休闲绿地的建设，创造宜人的滨水活动空间。

多样与完备：按时代的要求，构建多样化、完善的公共服务设施和旅游设施，增强滨水空间的积聚力。

愿景定位

营建河道生态风景，

拓展市民游憩空间，

传承城市文化精神，

提升长葛文明形象。

基本概念点

清潩河——姬水改潩水是黄帝对蚩尤开战胜利的宣扬，是民族融合之水。

葛天氏——与神农氏、伏羲氏齐名，后人尊称为乐神，创造歌舞乐器。

长葛——远古帝王葛天氏的故址，后人永思其泽，故名长葛。

一河融入

一条永泽后代的潩水

一曲民族融合的赞歌

一首永不断流的颂唱

三大主题

一条天籁之音的河——以古音乐为旋律

一条圣贤名人的河——以名人文化为内涵

一条生态发展的河——以自然生态为原则

五个篇章

结合项目的先天资源条件及周边现状环境，我们以古代五音“宫、商、角、徵、羽”作为五个篇章展开，分别打造不同主题、不同功能、不同特色、不同形态的滨水环境。同时，我们将黄帝、葛天氏、蚩尤、周文王、白居易等历史人物融入到景观设计当中，形成完整的人文体系，如一幅美丽的画卷在长葛大地展开。

潩河的五个篇章依次为：

宫（葛风雅韵），以民俗祭祀为主题

“宫”音为五音之主、五音之君，统帅众音。宋张炎《词源·五音相生》亦曰：“宫属土，君之象……宫，中也，居中央，畅四方，唱施始生，为四声之纲。”

1、生态植物岛
2、生态停车场
3、栈桥
4、栈桥酒吧
5、网球场
6、篮球场
7、门球场
8、戏水涧
9、遮阴构架
10、条形钢构架
11、坐阶
12、风筝草坪
13、棋牌交流中心
14、儿童游乐中心
15、足球场
16、入口广场
17、服务中心
18、亲水平台
19、微地形
20、水杉树阵
N
0 50 100 200M

周边用地分析

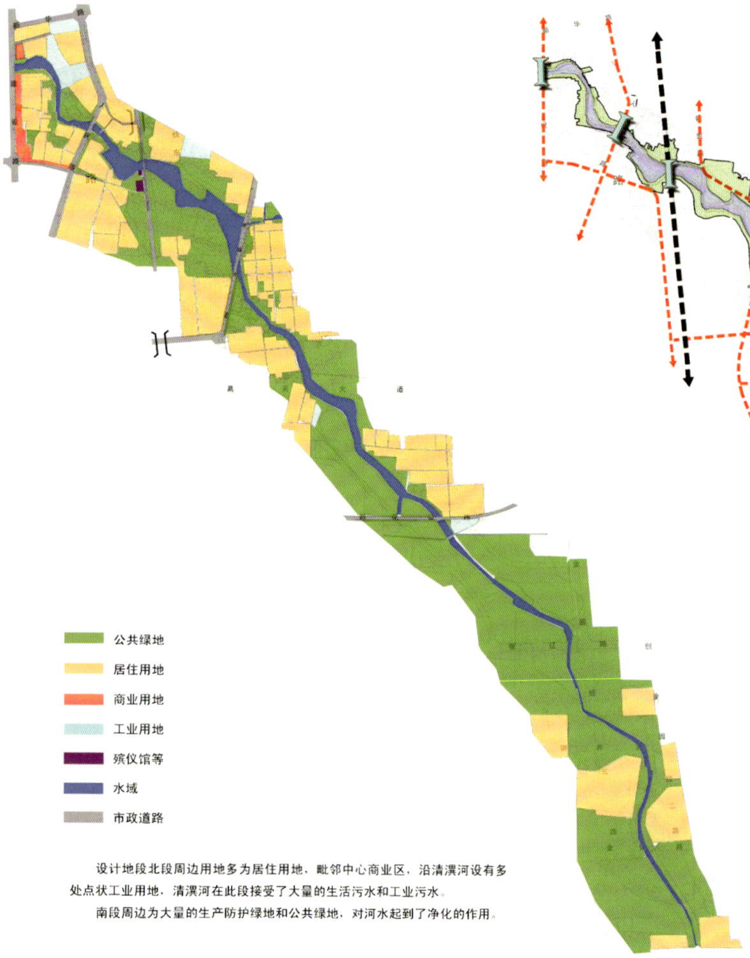

设计地段北段周边用地多为居住用地，毗邻中心商业区，沿清潩河设有多处点状工业用地，清潩河在此段接受了大量的生活污水和工业污水。

南段周边为大量的生产防护绿地和公共绿地，对河水起到了净化的作用。

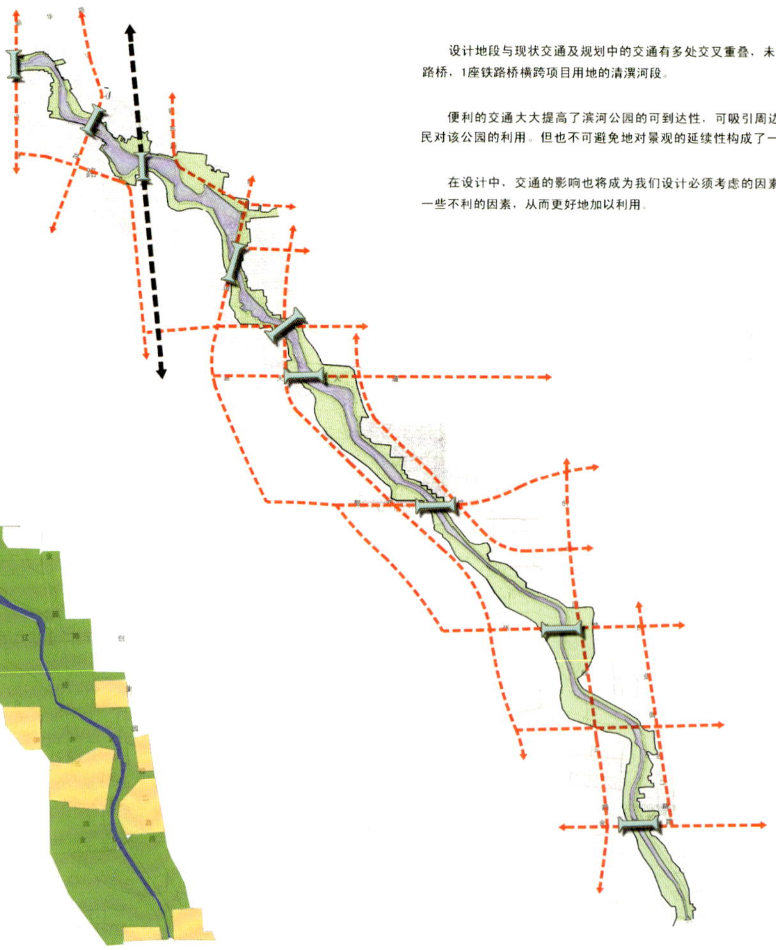

设计地段与现状交通及规划中的交通有多处交叉重叠，未来有9座公路桥，1座铁路桥横跨项目用地的清潩河段。

便利的交通大大提高了滨河公园的可到达性，可吸引周边大量的居民对该公园的利用。但也不可避免地对景观的延续性构成了一定的挑战。

在设计中，交通的影响也将成为我们设计必须考虑的因素，以规避一些不利的因素，从而更好地加以利用。

总平面图

空间结构分析

“一河，五区，十点”

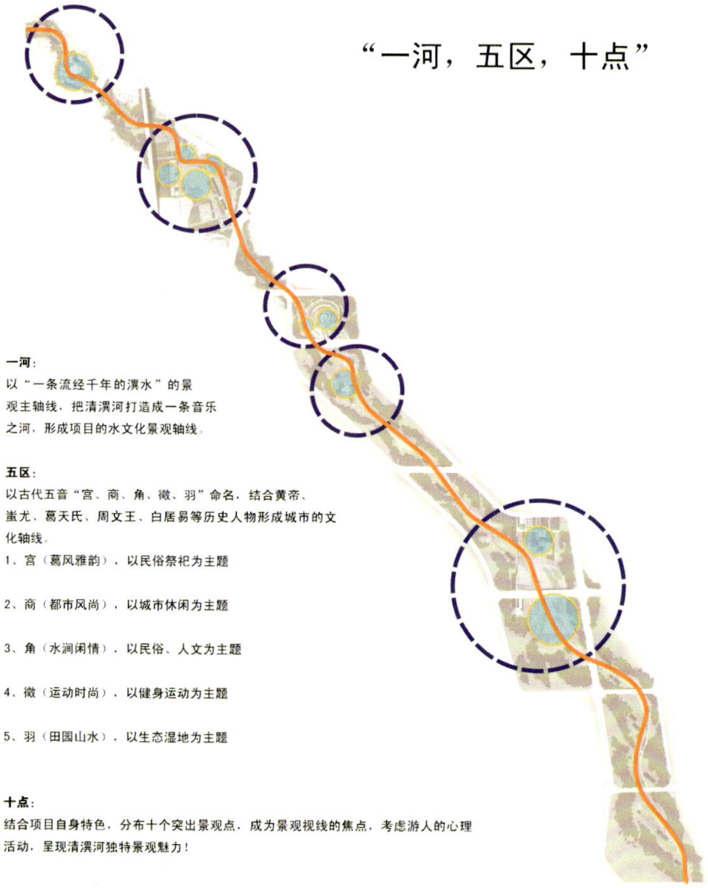

一河：

以“一条流经千年的潩水”的景观主轴线，把清潩河打造成一条音乐之河，形成项目的水文化景观轴线。

五区：

以古代五音“宫、商、角、徵、羽”命名，结合黄帝、蚩尤、葛天氏、周文王、白居易等历史人物形成城市的文化轴线。

1、宫（葛风雅韵），以民俗祭祀为主题

2、商（都市风尚），以城市休闲为主题

3、角（水润闲情），以民俗、人文为主题

4、徵（运动时尚），以健身运动为主题

5、羽（田园山水），以生态湿地为主题

十点：

结合项目自身特色，分布十个突出景观点，成为景观视线的焦点，考虑游人的心理活动，呈现清潩河独特景观魅力！

交通系统分析

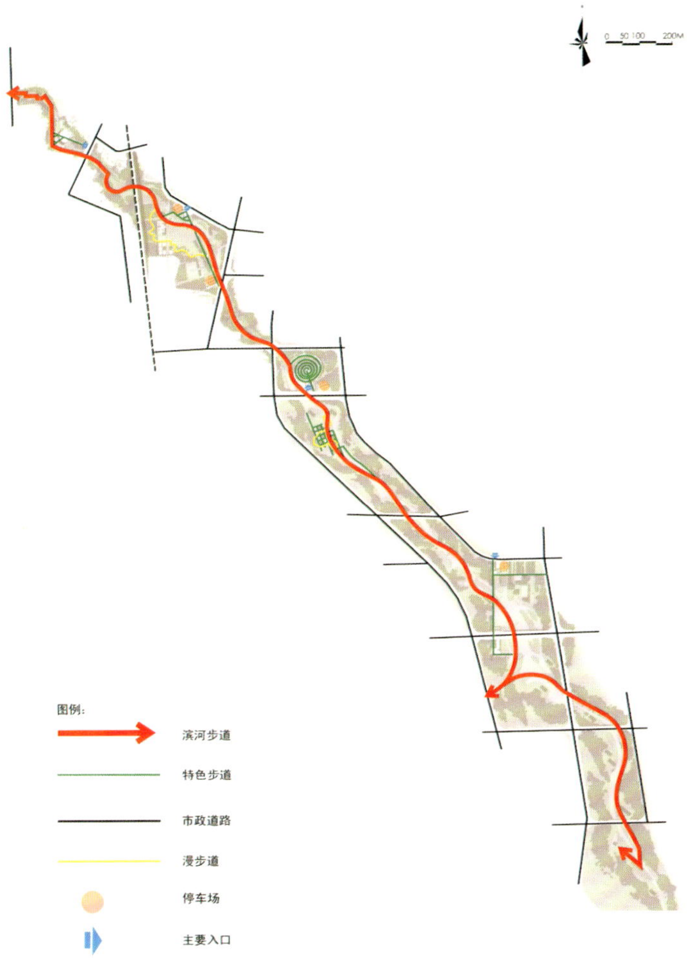

景观视线分析

景观设计以清渠河为主线展开，采用收放聚散的设计手法，以渠水为视线廊道，五个分区为视线焦点，同时考虑游人的行为习惯，设置适宜的景观，达到“移步异景”的效果。

水系统分析

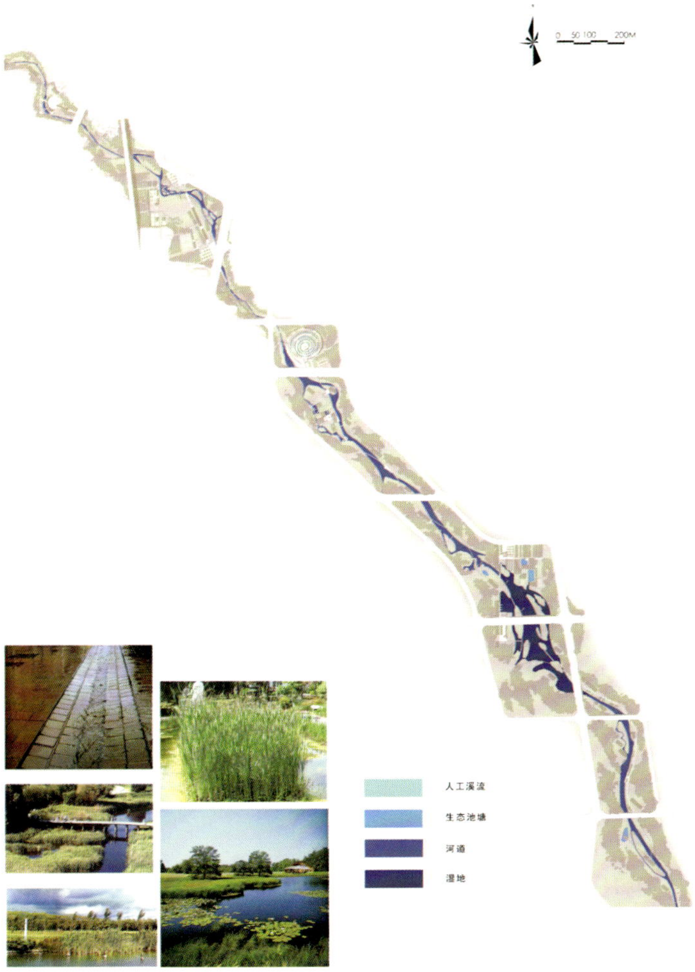

功能分区图

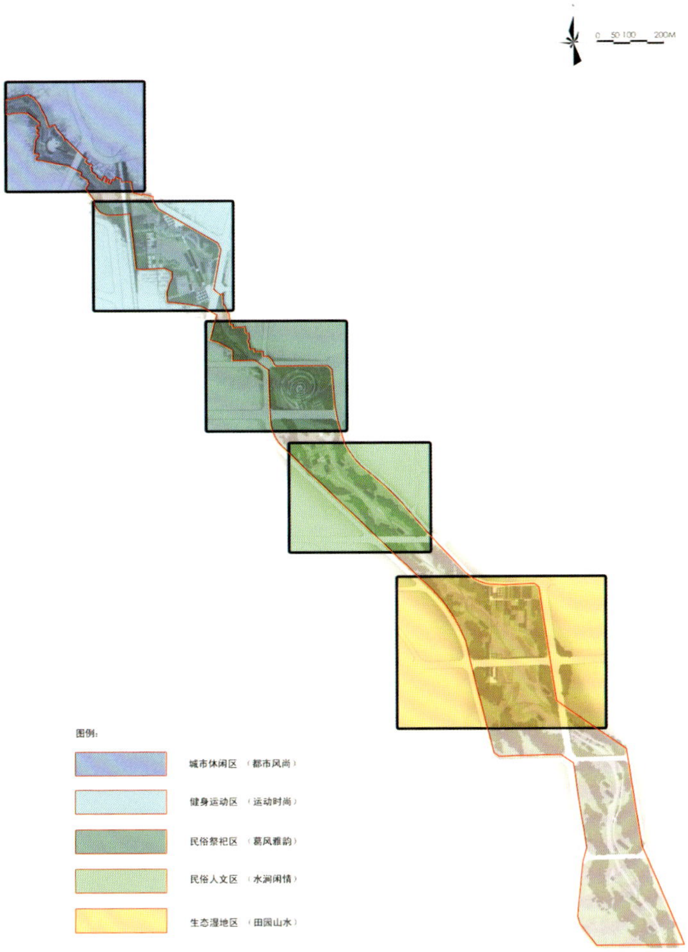

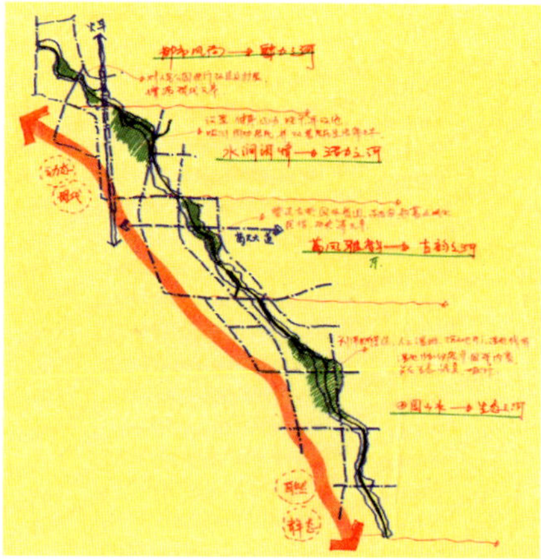

1. 商—都市风尚
2. 徵—运动时尚
3. 宫—葛风雅韵
4. 角—水涧闲情
5. 羽—田园山水

种植季相分析

丰富多彩的植物是唯一美好和绿化环境的活材料，植物在不同季节、生长周期的不同阶段都呈现出不同的景观特点，营造生长型的生态景观

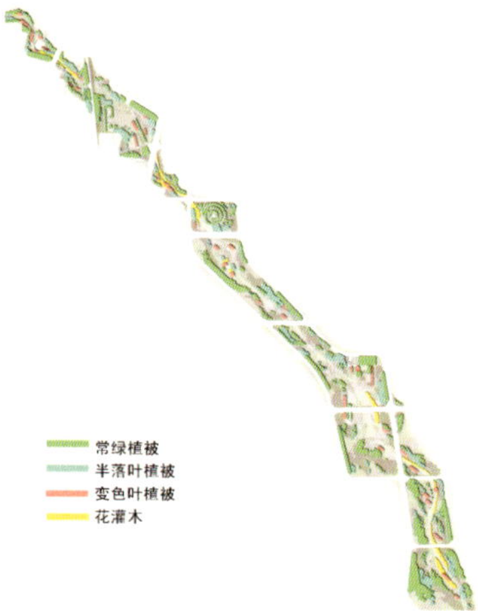

春季：万物复苏，欣赏植物新生叶（花）的特殊景观。
主要特色植物：泡桐、元宝枫、丁香、毛白杨、侧柏、日本晚樱、核桃、杏树、紫叶李、刺槐

夏季：以观花植被为主要景观特色，具有丰富色彩变化景象。
主要特色植物：广玉兰、女贞、石楠、桂花、合欢、楝树、夹竹桃、千屈菜、菖蒲、水葱

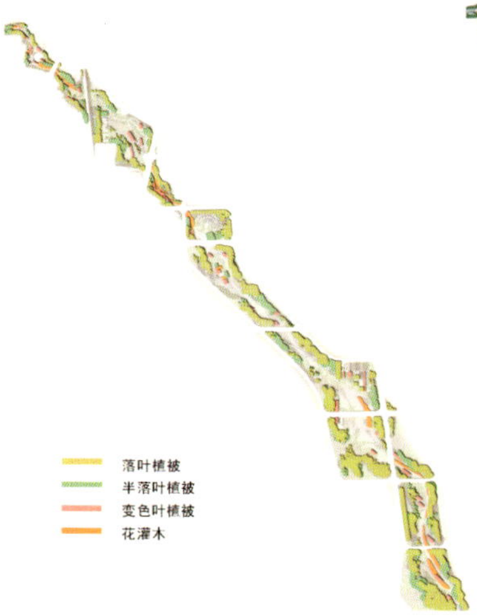

秋季：收获果实，观赏落叶，体会季节的变化美
主要特色植被：黄连木、银杏、元宝枫、白蜡、槐树、乌桕、杏树、柿子树、枇杷

冬季：以体态优美、叶的质感、色泽及脉纹而引人入胜的植物为主要观赏亮点，并以变色叶的树种点缀其间。
主要特色植被：黑松、油松、白皮松、雪松、侧柏、桧柏、枇杷、女贞、桂花、蚊母

商（都市风尚），以城市休闲为主题

“商”音为五音第二级，居“宫”之次。古人认为，“商，属金，臣之象”，“臣而和之”。

角（水涧闲情），以民俗、人文为主题

“角”为五音之第三级，居“商”之次。古人以为，“角属木，民之象”。

徵（运动时尚），以健身运动为主题

“徵”为五音之第四级，居“角”之次。古人以为，“徵属火，事之象”。

羽（田园山水），以生态湿地为主题

“羽”为五音之第五级，居“徵”之次。古人以为，“羽属水，物之象”。

护坡设计(四)、(五)

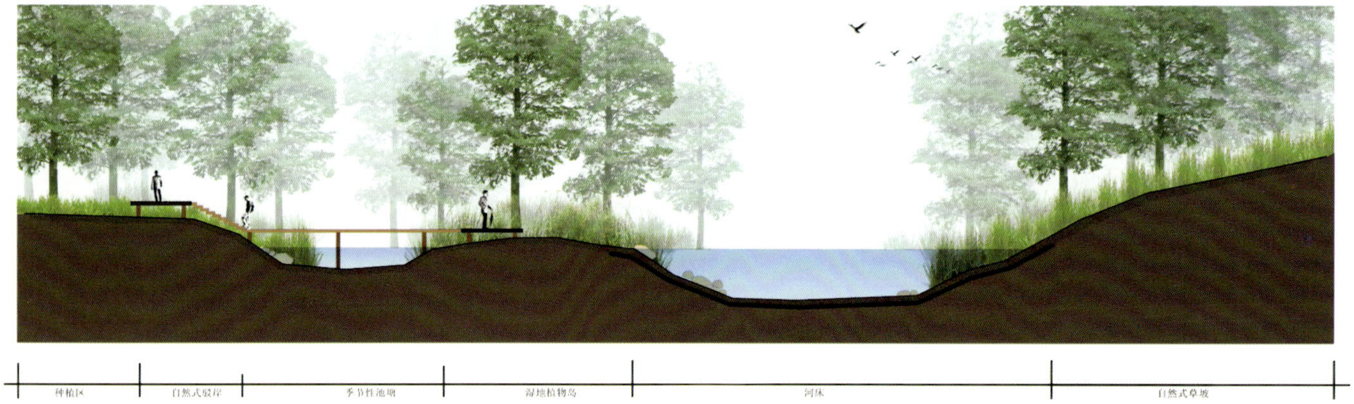

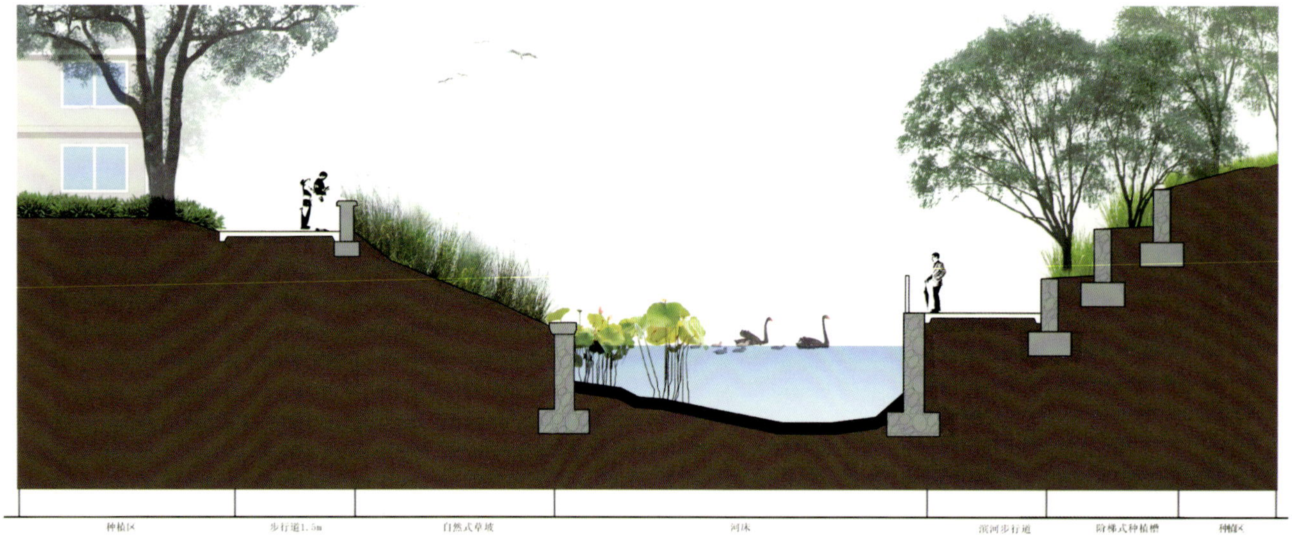

护坡设计(二)、(三)

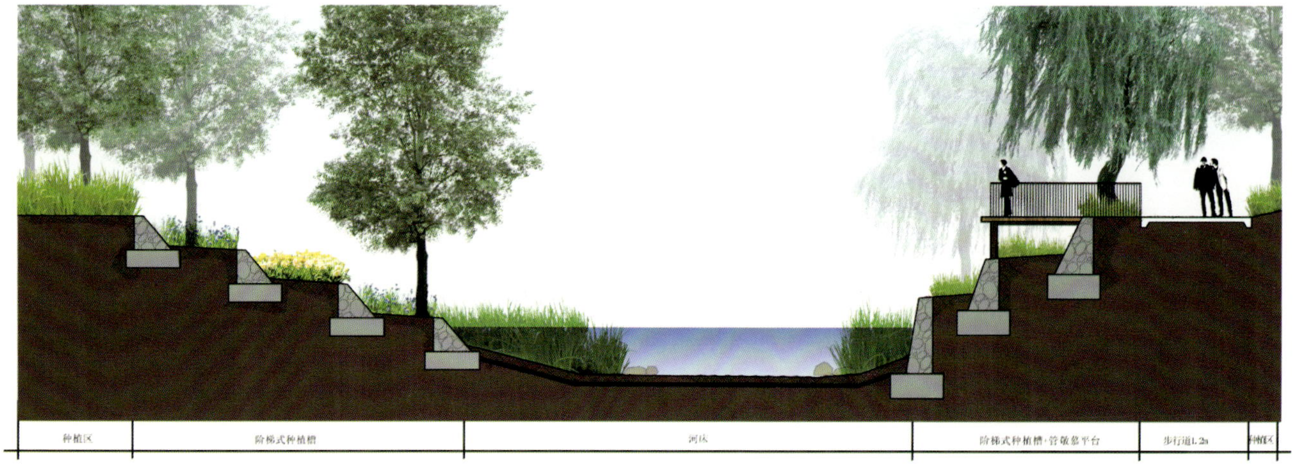

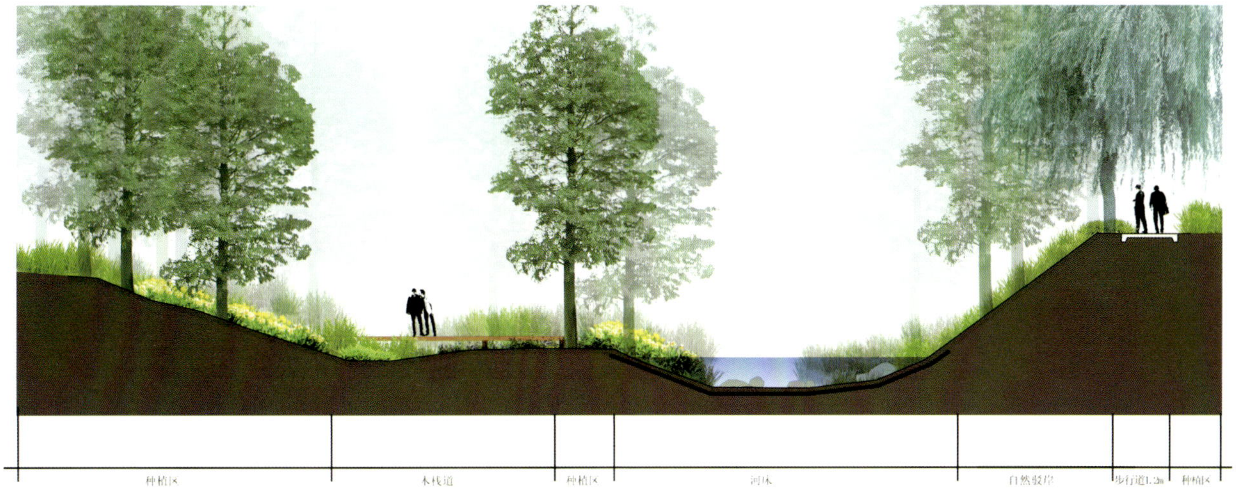

角——水涧闲情篇 效果图

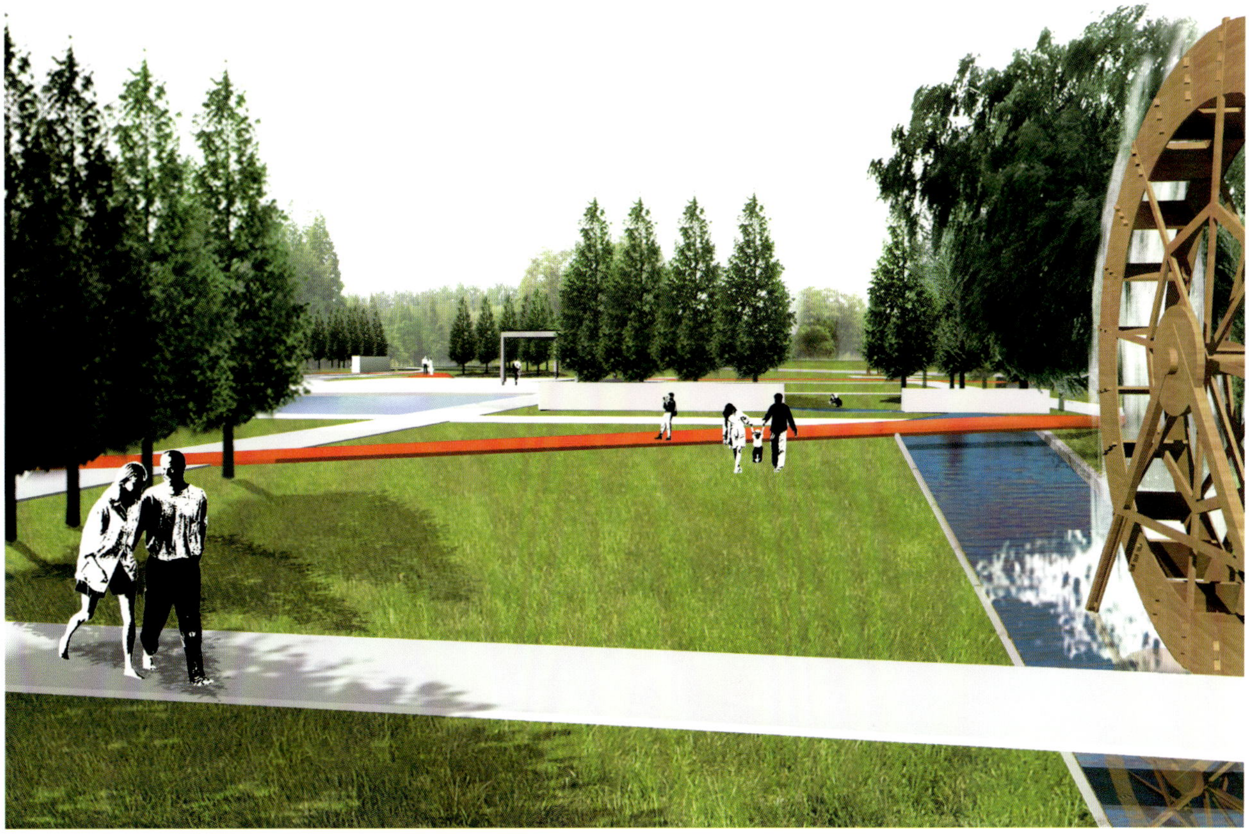

鹤壁市淇水诗苑

项目资料:
项目地址：河南省鹤壁市
设计面积：20.8万平方米
设计单位：尚旅麟德景观设计顾问（深圳）有限公司
主要设计人员：张立志 曾建军

项目说明：

鹤壁因相传“仙鹤栖于南山峭壁”而得名，山川秀美，人杰地灵，人文景观和自然风光独具特色。有“北国漓江”之称的淇河水质清洌，风景秀丽，两岸文化源远流长。淇河是鹤壁的母亲河，早在七千多年前新石器时代早期，就有人类在这里居住，形成了独领风骚的淇河文化。

中国第一部诗歌总集《诗经》中有39篇源于淇水卫地，且有首18次直接咏及“淇”河。历代名人咏及淇河的诗词曲赋遍及古文献典籍中。一条在地图上长不盈拃的河流，得到的赞誉却如此之多，这在中国文学史上是绝无仅有的，成为淇河骄人的资本。

按照鹤壁市委、市政府关于淇河建设“保护第一、恢复生态、合理利用、促进发展、适度开发、造福群众”的指导思想进行开发。

愿景：

本案通过挖掘淇河资源及相关历史文化，将中国诗文化充分融入到规划设计中。在设计“淇水诗苑”时，不但要确保现有生态系统在时间上的连续性，更要从历史和未来性的共生概念出发，将其“场所的固定性”“历史的文脉”以及人们的记忆作为传承景观的视点。

1. 利用《诗经》在中华文化传承上的影响力，使“淇水诗苑”立足于厚重的淇河文化底蕴上，通过对“诗人”“诗史”“诗景”的着力塑造，竭力展现一个充满诗情、诗意的滨河旅游环境；

2. 充分发挥绿色走廊的净化功能，在保持生态多样性的同时结合生态休闲娱乐功能，营造一个生态和谐、舒适宜人的绿色休闲空间；

3. 提供研究、教育场所，传承并加强游客对中国诗文化的认识。

总体定位：营造淇水生态，创建诗意风情，承载城市历史，歌颂诗歌文化，提升城市精神。

分区阐释：

本案依照淇河总体规划原则和现有地形特征，将整个园区分南北两大板块，依次为：淇诗园、淇奥园。

淇诗园：

该园是整个园区的高潮部分，主要采用“三点一线”的景观构方式。三点为“诗经广场”“史诗广场”和“游人诗庭”；线即“诗廊”，自南向北由湘江路至天赉渠，直线距离长约500米，其又分为三个展示路段：诗经展示路段、各朝代代表诗展示路段、新诗展示路段。通过为游客营造不同的行走体验和景观氛围，使其感受到中国诗文化的博大精深。

此外，还营造了“白鹤洲”“淇上听涛”“诗画斋”、诗歌文化博览馆、“诗韵舞台”、诗人雕刻、“竹篁抚琴”（古轩）“野渡横舟”（渔人码头）等特色景观，着力体现自然生态与人休闲相结合的古朴、苍茫的“诗境画意”。

淇奥园：

该园主题取自2500年前《诗经》中“瞻彼淇奥，绿竹猗猗”名句。独占整个园区的北半部，地块狭长，高差较大。通过岸调整，强化不同区域的景观氛围，设计创造一系列不同特征的水、观景空间。该区静谧幽雅、自然天成，以植物构景为主，要设置了“漪翠轩”“柳荫花堤”“淇上人家”“新诗长廊”“栖霞台”“瞻竹庭”“柳浪亭”等特色景点，竭力营造“香”“幽”“雅”的诗意氛围。

“诗廊”的内容展示由南至北，按历史顺序，依次划分为三路段：

诗经展示路段：主要展示与鹤壁淇河源远流长的《诗经》内容。

各朝代代表诗展示路段：主要展示先秦、汉、魏晋、南北朝、隋、唐、五代、宋、辽、金、元、明、清各朝代的代表诗，其路段穿插著名诗人的雕像，如李白、白居易等。

新诗展示路段：主要展示自“五四运动”以来，近代、现代、当代的著名诗篇，如革命诗篇、爱情诗篇等。

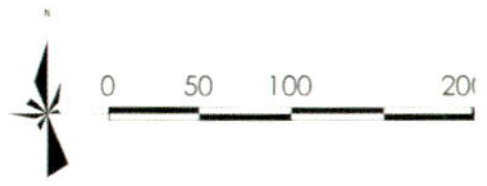

图例说明：

01 现状广场、柳浪亭、著名诗人雕像
02 “柳荫花堤”
03 现状民国建筑
04 改造后的栖霞台
05 停车场
06 石景小瀑布
07 “许穆思乡”大型雕像
08 现状建筑
09 亲水节点
10 “滨河诗堤”（诗经图像、壁画、雕刻）
11 钓鱼码头
12 现状龙王庙
13 “淇上人家”（茶室、咖啡厅）
14 现状道路
15 “鬼谷子”石刻雕像
16 诗人“王梵志”雕像节点
17 瞭望塔
18 “淇上听涛”观景亭
19 “游人诗庭”
20 诗人雕像
21 史诗走廊（空中栈桥）
22 特色茶室
23 诗歌文化博览馆
24 诗人石像群雕
25 诗经廊道特色花槽棚顶
26 渔人码头+“诗韵舞台”
27 “诗经廊道”
28 简洁特色牌坊
29 “诗经广场”（诗人雕像+诗经卷轴雕刻）
30 “诗画斋”（服务中心+茶室+拓片等纪念品售卖）
31 “野渡横舟”（渔人码头+观景平台）
32 “幽篁抚琴”、瞻竹庭
33 “九曲竹蹊”，密竹曲径
34 亲水码头
35 “新风雅韵”千杆方阵
36 现状水坝

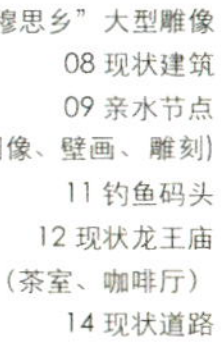

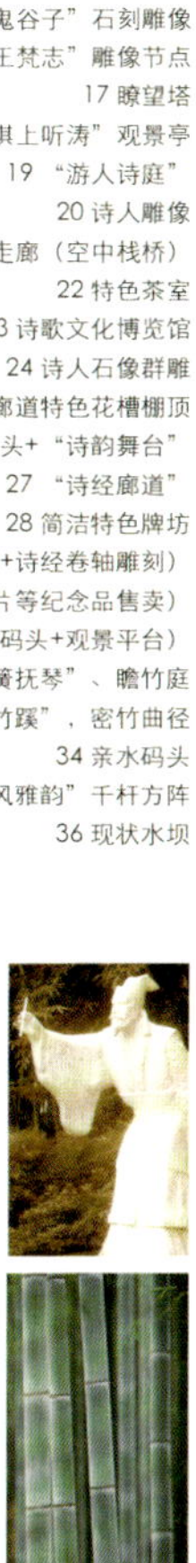

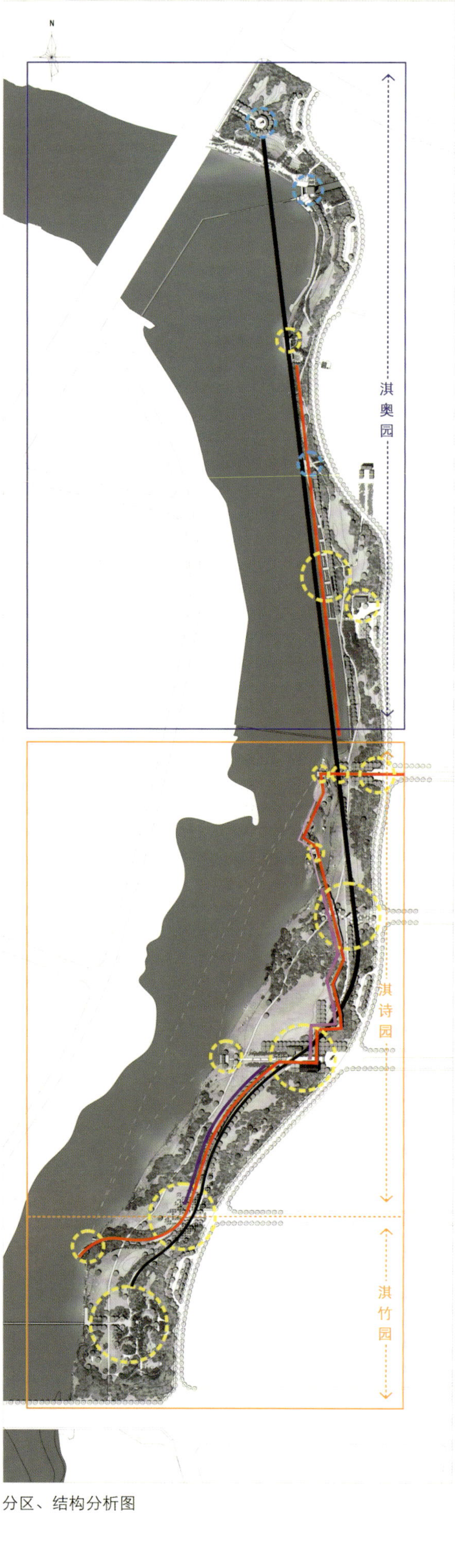

分区、结构分析图

交通流线分析图

分区、结构分析图
图例：

- 静态空间
- 静态主题区域划分
- 动态空间
- 动态主题区域划分
- 主要景观节点
- 景观结构控制轴
- 主题特色景观轴（史诗大道）
- “史诗大道”之诗经展示路段
- “史诗大道”之各朝代代表诗展示路段
- “史诗大道”之新诗小径

交通流线分析图
图例：

- 外围城市道路
- 停车场
- 主要入口广场节点
- 现状道路
- 特色参观道路（史诗大道）
- 空中栈桥
- 半地下参观道路
- 湿地栈桥
- 1.2～2.5米 宽园路
- “诗堤”特色参观步道
- 水上游览路线

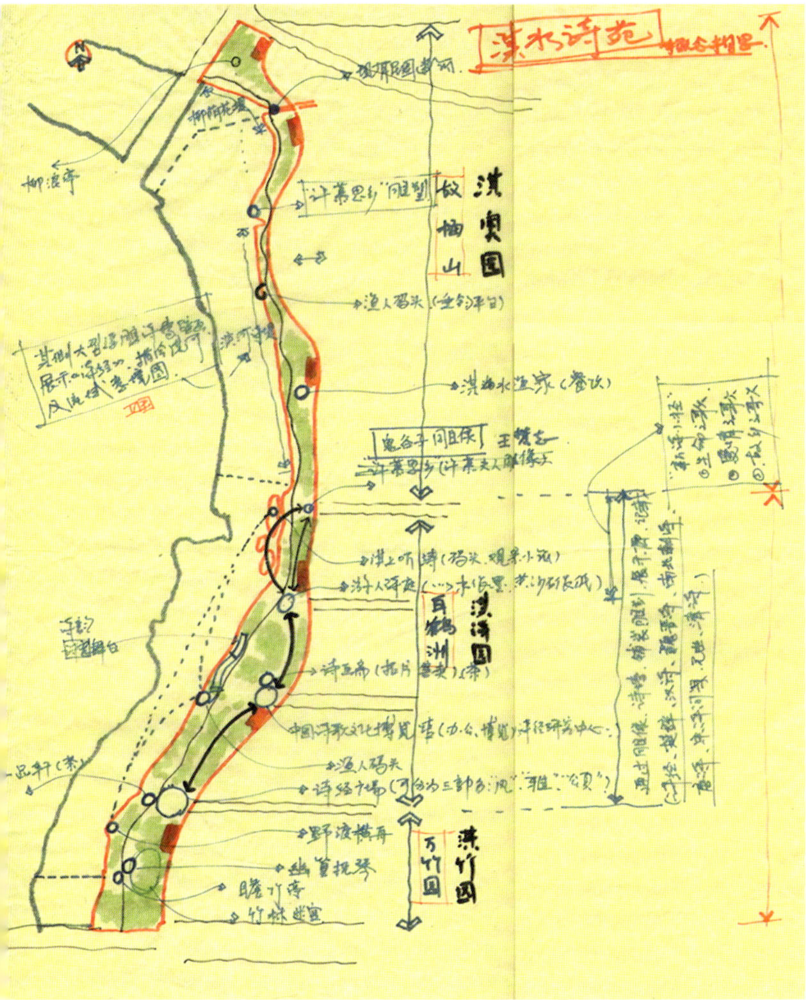

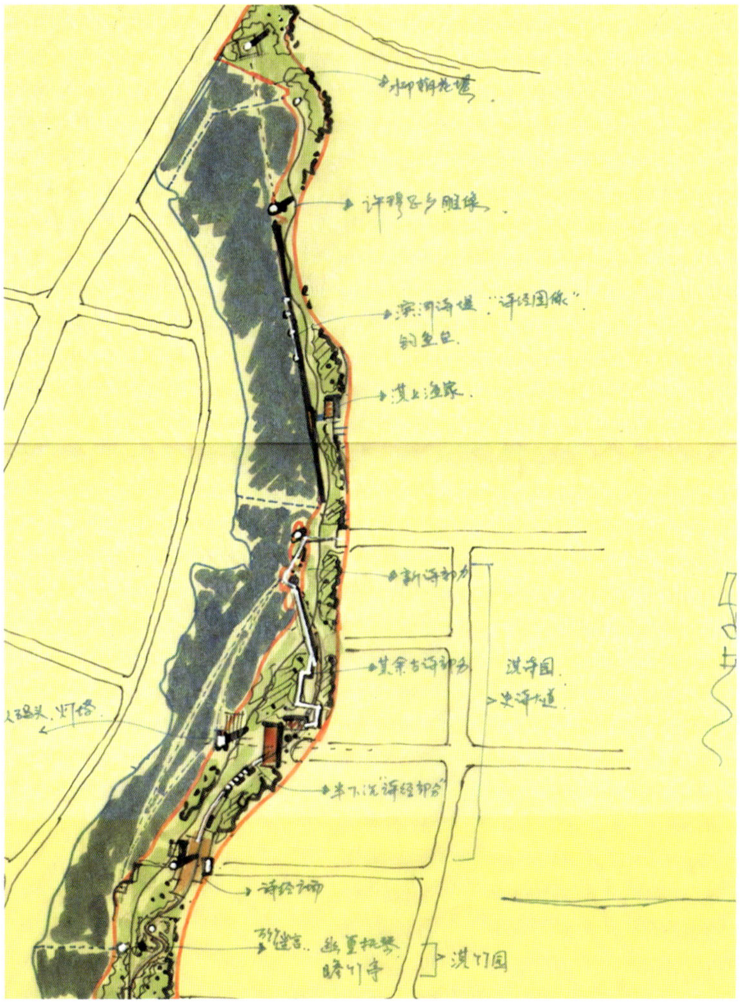

史诗广场

游人诗庭

竹篁抚琴

野渡横舟

“诗经展示路段”立面示意图

“各朝代代表诗展示路段”立面示意图

“新诗展示路段”立面示意图

沈阳市浑河两岸

项目资料：

项目地址：辽宁省沈阳市
设计单位：沈阳市规划设计研究院
主要设计人员：赵辉 吕正华 潘天阳 胡红 曲彦霖 杨涛 赫菲 丁舒 朱伟 程正奎 洪菊华

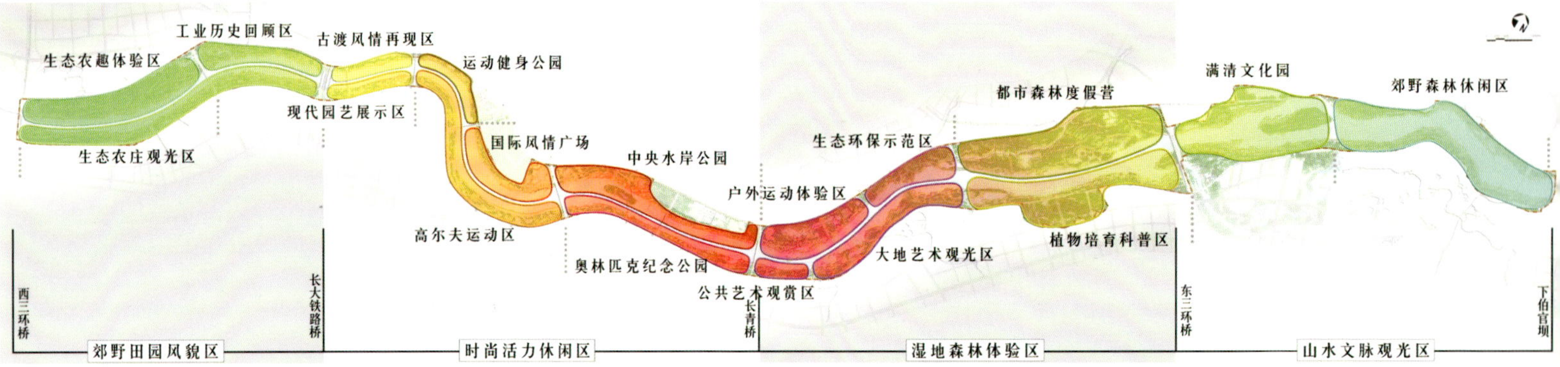

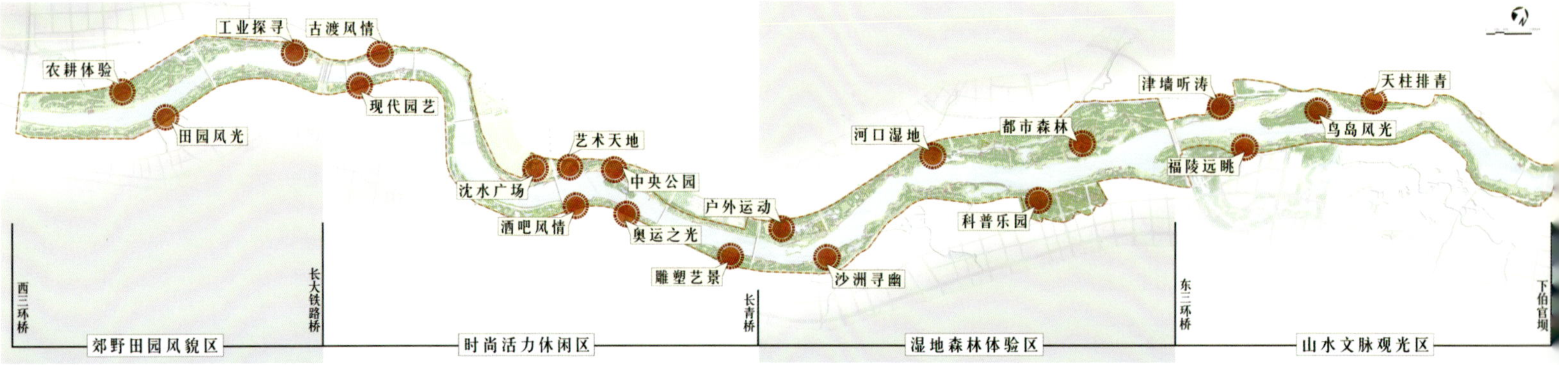

项目说明：

一、现状概况

浑河全长415公里，沈阳市域段全长172.6公里，市区防洪控制段全长57公里(沈抚界——大埃金)，三环内全长29.6公里。

本次规划区段全长38.4公里（下伯官坝——西三环），总用地面积39.17平方公里，其中水面面积17.83平方公里，滩地面积21.34平方公里，已实施绿化面积17.1平方公里。

浑河现状水面面积约占建成区内现状总水面的70%（浑河现状水面面积为17.83平方公里，建成区内现状总水面面积为25.46平方公里）。规划水面面积约占建成区内规划总水面的58%（浑河规划水面面积为27.43平方公里，建成区内规划总水面面积为47.09平方公里）。

浑河现状绿化面积约占建成区内绿化总面积的13%，规划后约占16.4%（浑河现状绿化面积为17.1平方公里。2008年建成区总面积为370平方公里，绿地率37%，绿化覆盖率41.65%，总绿化面积130平方公里）。

浑河南滩地平均宽度200米，北滩地平均宽度700米，现状河道平均宽度400米。水面上建成拦水构筑物共六处，形成五段梯级连续水面。砂山橡胶坝至八三隧道之间已实现了通航，全长15公里。

沈水湾半岛

浑河全景

中央公园夜景

浑河各段长度：西三环——长大铁路：7.2公里；长大铁路——青年桥：7.6公里；青年桥——长青桥：4.7公里；长青桥——东三环：10.1公里；东三环——下伯官坝：8.8公里。

二、规划目标

通过水质改善、全线通航、功能完善、景观提升，挖掘并突出浑河独特的景观特征。提出规划目标：创建沈阳独有的、雄浑大气的、功能完善的、生态自然的北方名河；创造“山、水、林、城” 于一体的特色旅游风景线；恢复浑河的生物多样性，打造生态、生活、生机的城市水岸公共空间；将封闭的浑河景观向城市敞开，与城市相互渗透、相互融合。

三、功能定位

浑河是集防洪排涝、滨水景观、文化旅游、休闲娱乐、城市形象于一体的生态之河、活力之河、文化之河、形象之河、经济之河，是沈阳市的绿化生态带、滨水景观带、文化旅游带、经济活力带。

四、规划原则

规划遵循自然景观与人文景观相结合、郊野景观与都市景观相结合、地域文化与现代生活相结合、城市休闲活动与文化旅游相结合、远期规划与分期实施相结合等原则，使浑河成为沈阳的活力之源、景观之源。

五、规划结构与景观分区

浑河的规划结构为“一水、两岸、四区、六湾”。在此基础上两岸共划分为18个功能区与20个特色景观节点。

浑河是全线通航与营造水景观、水上活动的基础：南北两岸是市民活动的重要场所和生态景观带；四区分别为山水文脉观光区、湿地森林体验区、时尚活力休闲区和郊野田园风貌区，是浑河独具特色的景观体现；六湾分别为白沙湾、王家湾、长青湾、沈水湾、长白湾和下河湾。河湾是河流中景观最丰富、动植物生长最活跃的地方，利用河湾岸线曲折、丰富的特点，重点打造浑河“六大湾区”，形成六大景点与富有韵律的城市天际线，丰富滨水景观层次，形成市民和游人观赏、活动的重要滨水开放空间。

东西两侧以自然生态为主，中段在自然生态的基础之上凸显滨水景观特色，满足市民休闲活动的需求。

景观节点

景观节点

景观节点

古渡风情

工业探寻

清史探源

长白森林公园

宝鸡市“一河两岸”亮化工程

项目资料：
项目地址：陕西省宝鸡市
设计单位：深圳市九地景观设计工程有限公司
主要设计人员：蔡军保 吴本发

项目说明：

宝鸡“一河两岸”项目规划位于宝鸡市渭水中心区，于金陵河与渭河的交汇处。周边有渭河公园和人民公园等开放空间。

现状分析

项目地处宝鸡市中心位置，交通便捷。金渭河是由建造拦河坝蓄水而成，水面宽达600多米，是宝鸡市难得的水体景观。人民公园、渭河公园等城市公共空间组成城市休闲中心带。

现状景观可观性差，渭河堤岸均为硬质堤，景观生态性差；周边缺少系统的城市规划，土地利用不统一；桥梁道路等公建设施均呈老化局面，视觉可观性差。

规划设计方针

对一个城市而言，滨水空间是它的门户，是活动聚集的焦点，对整个城市形象的塑造有着不可忽视的重要性。

1. 对区域总体做出准确的概念形象定位；

2. 深入挖掘宝鸡历史文化，打造具有宝鸡市地域性特征的滨水空间；

3. 对项目周边土地利用重新做出规划定位；

4. 增添多种项目相关设施；

5. 注重对渭河的自然生态保护。

规划构思

1. 以生态为基调，结合宝鸡市现有城市生态框架与秦岭山脉的自然外延，打造西北城市生态环境之河；

2. 以西北大山水环境特征为设计表现手法，突出大手笔的景观造景手法，体现一种视觉、空间上立体的大景观概念；

3. 合理规划动静、活动空间，突出新城市滨水生活特征，建设以休闲游乐为主的功能空间；

4. 以新颖、创新的造景手法，结合宝鸡特有的历史文化特征，打造独一无二的生态景观。

规划主题

大型水上主题表演“演义”三部曲：牧野之战、青铜古韵、礼乐飘飘。

大型水上主题表演节目“演义”是通过湖心音乐喷泉与自然山水的一次交响碰撞和系统的调控，结合光、电、声等科技，表现出震撼的视觉、听觉、空间感觉等效果。“演义”内容分三个主题来表达，分别是周王伐纣时的牧野之战、西周文明的青铜文化和西周的礼乐文化。通过这三个主题来体现西周繁荣的景象，表现西周在中华民族历史中的辉煌。

在表现手法上可通过大型音乐喷泉和舞台实景演出这两种方式来体现，在平日里就以音乐喷泉和激光投影来表现，在节日或大型活动时就通过与实景演出相结合的方式。

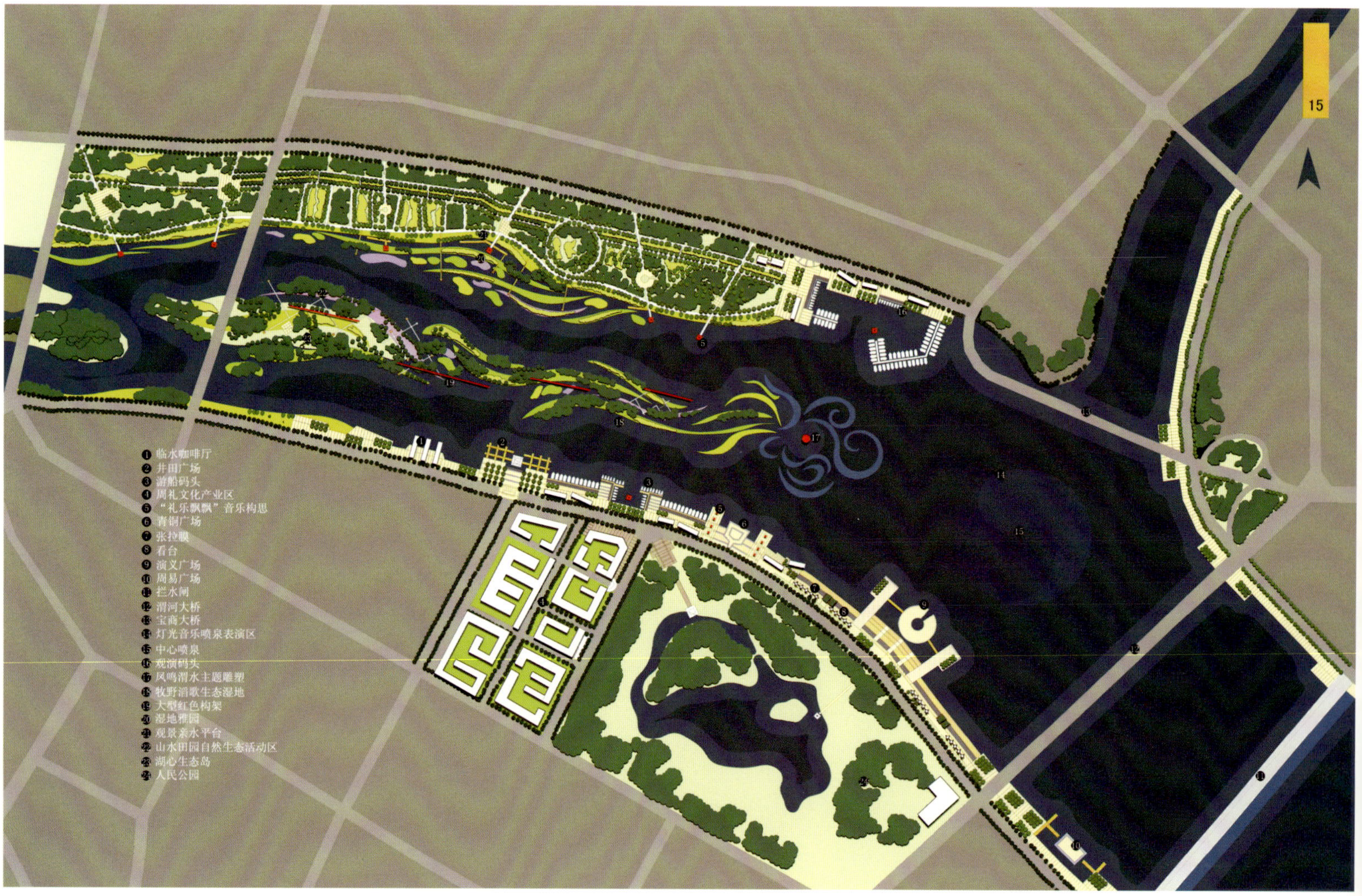
1 临水咖啡厅
2 井田广场
3 游船码头
4 周礼文化产业区
5 “礼乐飘飘”音乐构思
6 青铜广场
7 张拉膜
8 看台
9 演义广场
10 周易广场
11 拦水闸
12 渭河大桥
13 宝商大桥
14 灯光音乐喷泉表演区
15 中心喷泉
16 观演码头
17 凤鸣渭水主题雕塑
18 牧野滔歌生态湿地
19 大型红色构架
20 湿地雅园
21 观景亲水平台
22 山水田园自然生态活动区
23 湖心生态岛
24 人民公园

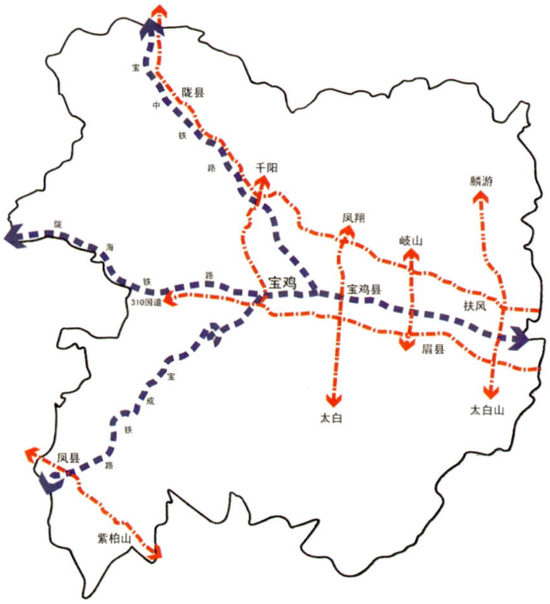
陇县
千阳
凤翔
岐山
麟游
宝鸡
宝鸡县
扶风
眉县
太白
太白山
凤县
紫柏山
310国道

已建渭河公园
金陵河
宝商大桥
中心绿岛
规划周礼文化产业区
金渭湖
渭河大桥
已建人民公园
拦水坝

现状水环境分析图

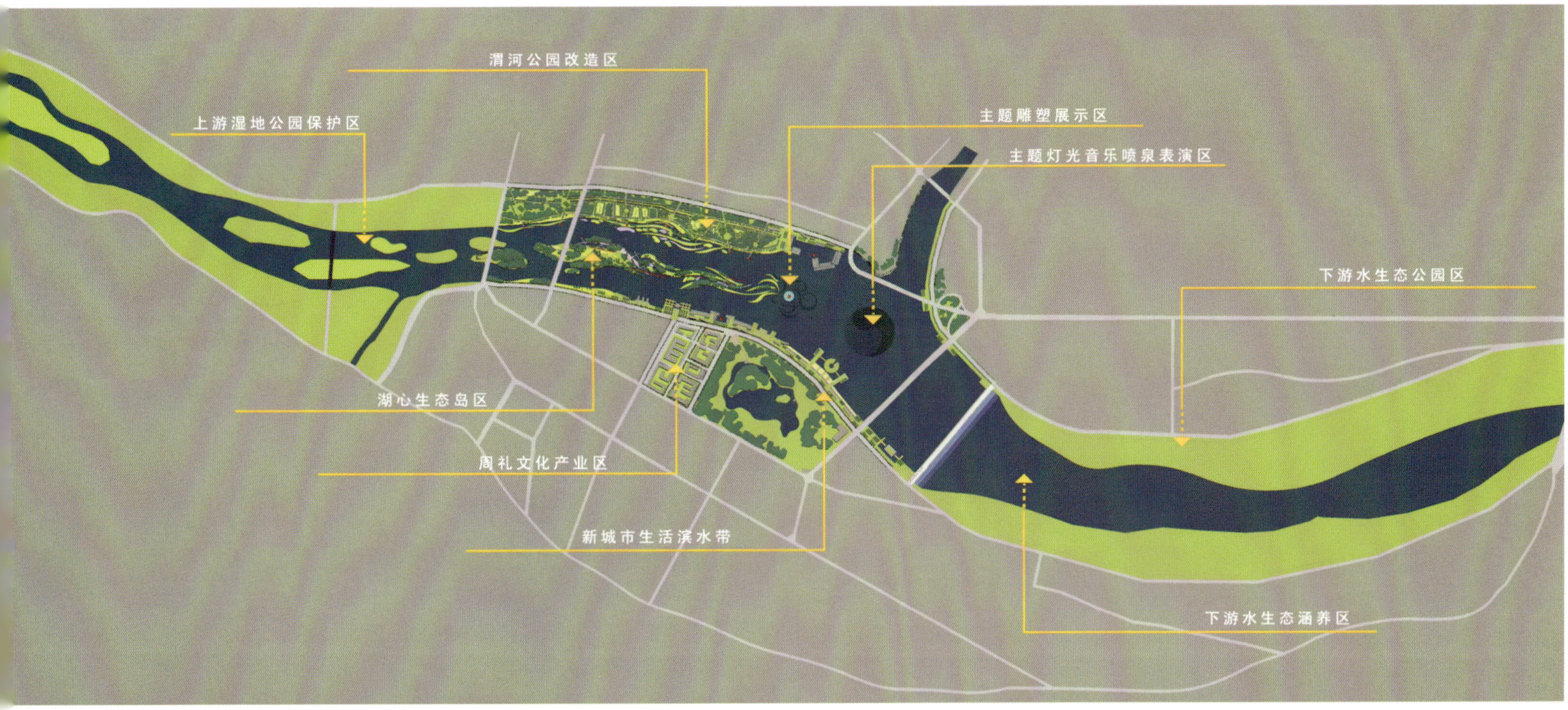

结构主题：时间轴的概念
总体规划结构：一轴两岸三园

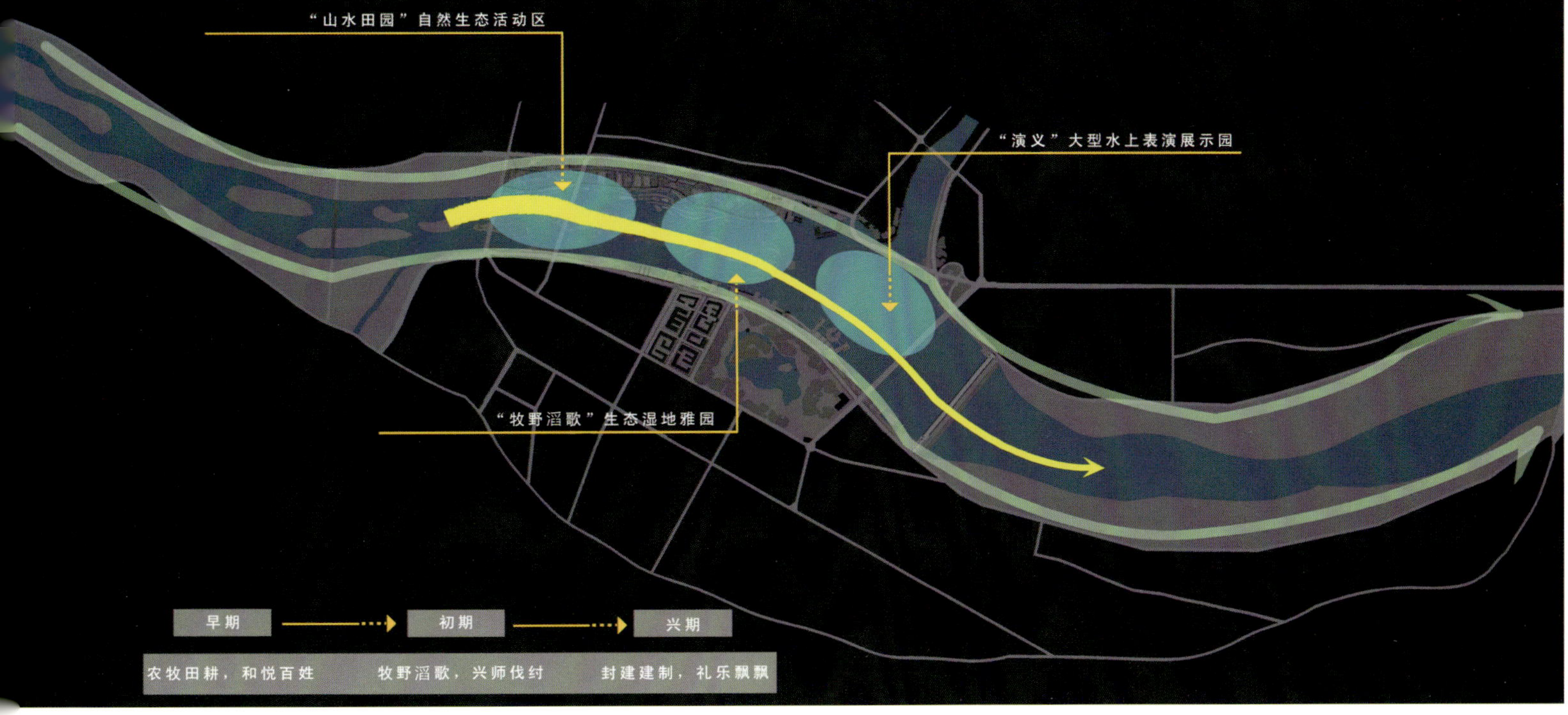

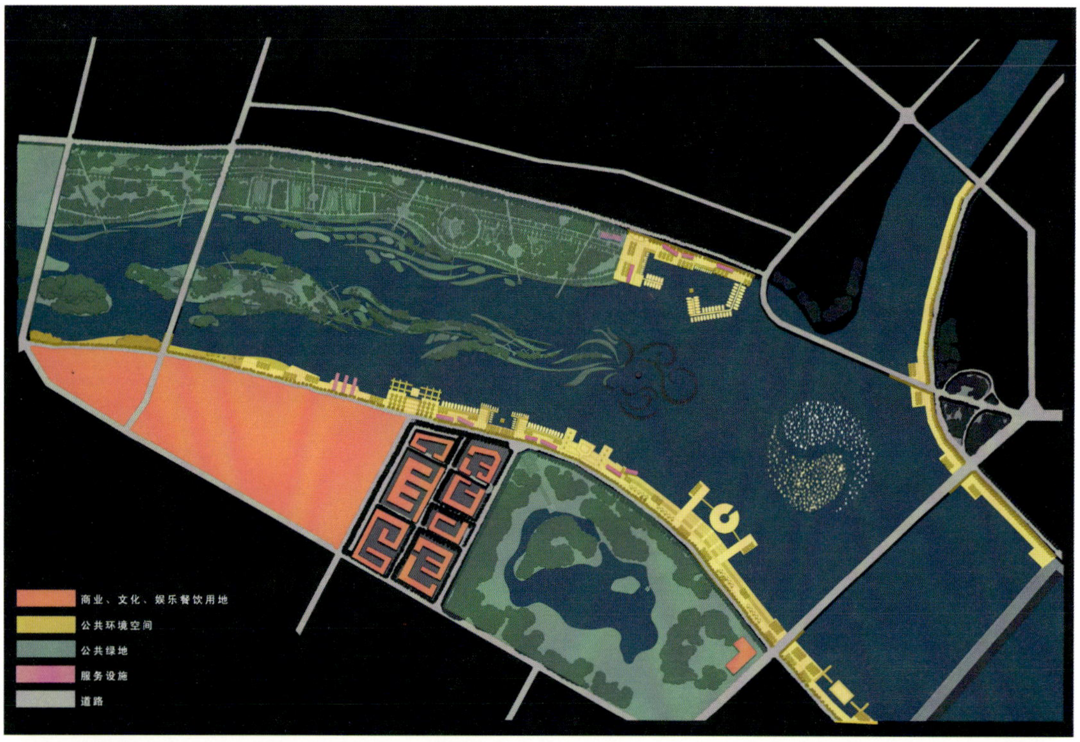
商业、文化、娱乐餐饮用地
公共环境空间
公共绿地
服务设施
道路

主要交通干道
水上行船路线
驳岸码头
休闲服务设施

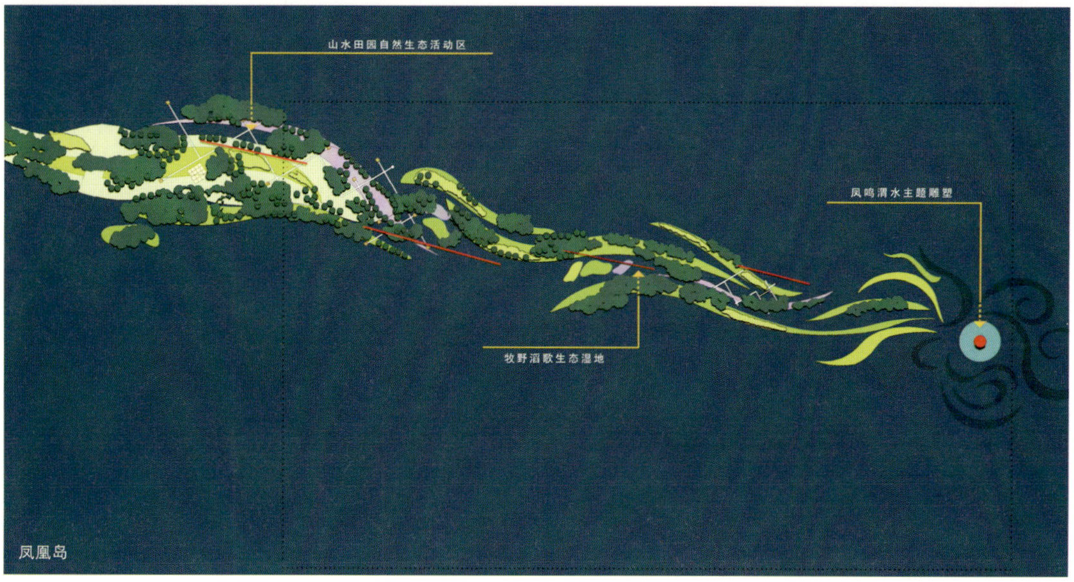
山水田园自然生态活动区
凤鸣渭水主题雕塑
牧野滔歌生态湿地
凤凰岛

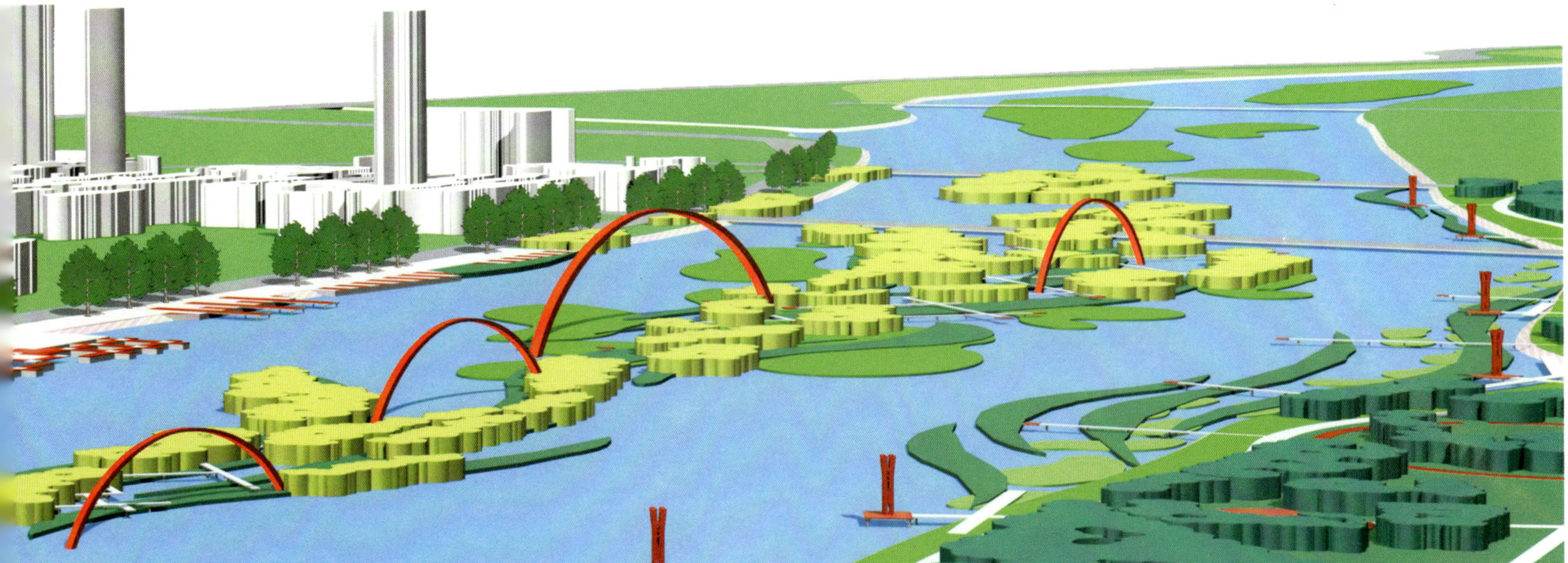

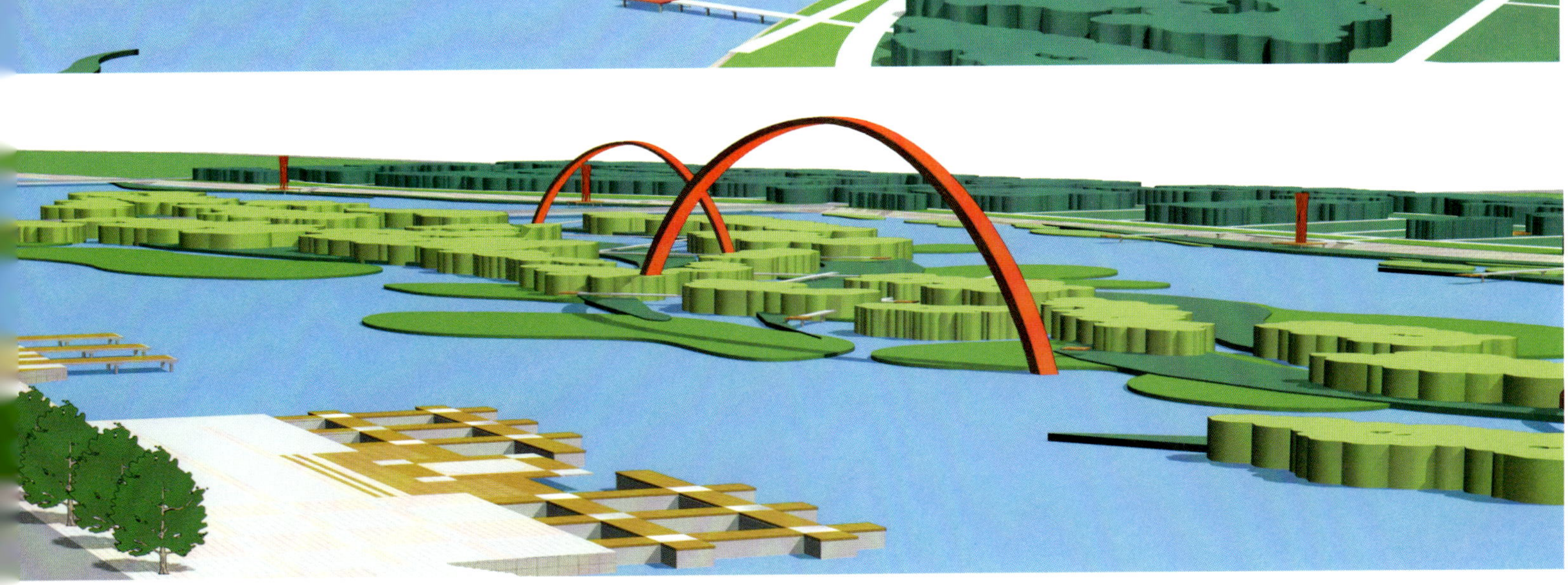

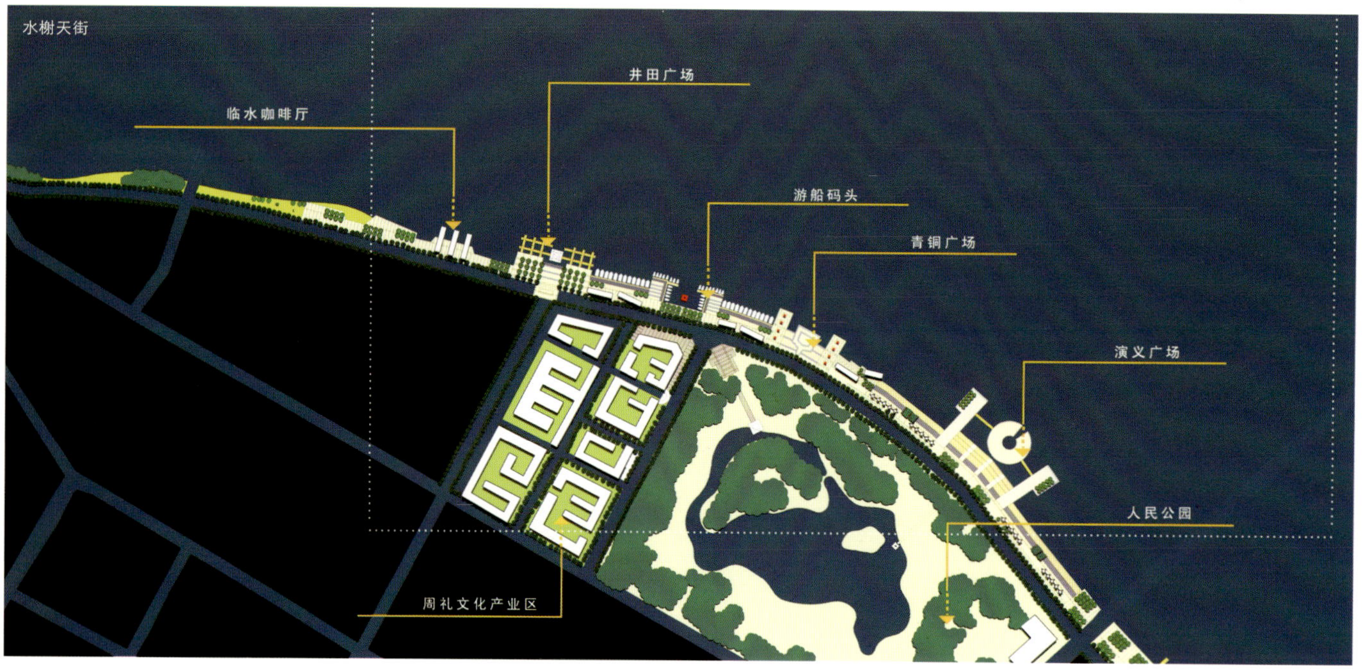

水榭天街

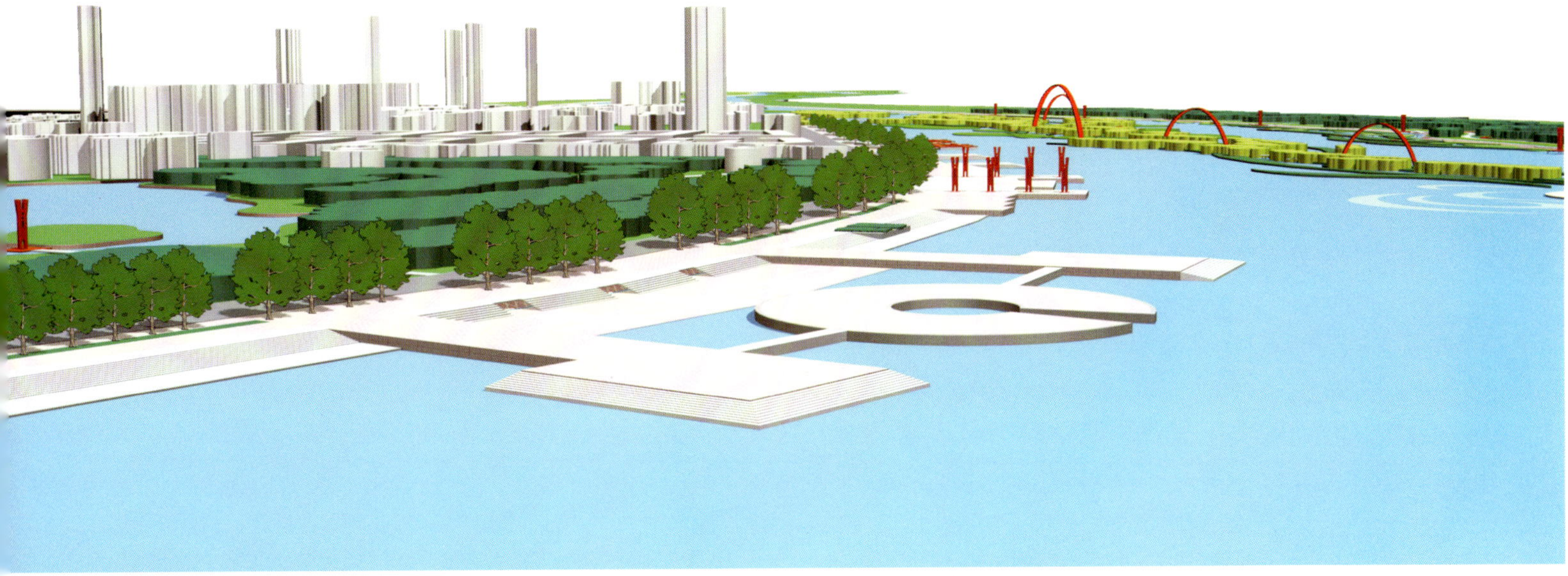

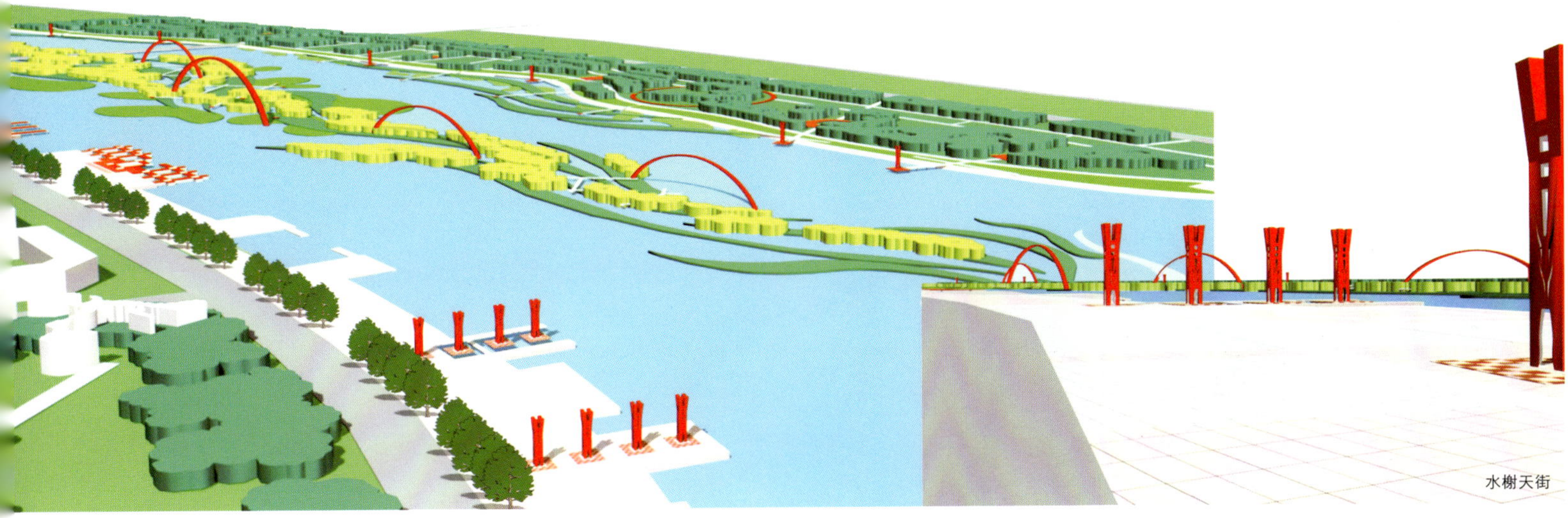

水榭天街

水榭天街

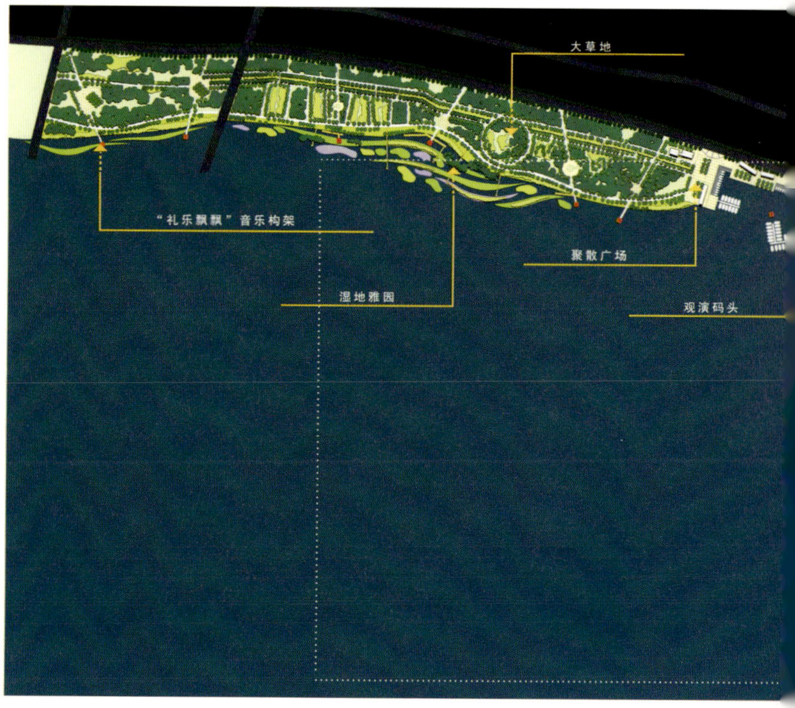
大草地
“礼乐飘飘”音乐构架
聚散广场
湿地雅园
观演码头

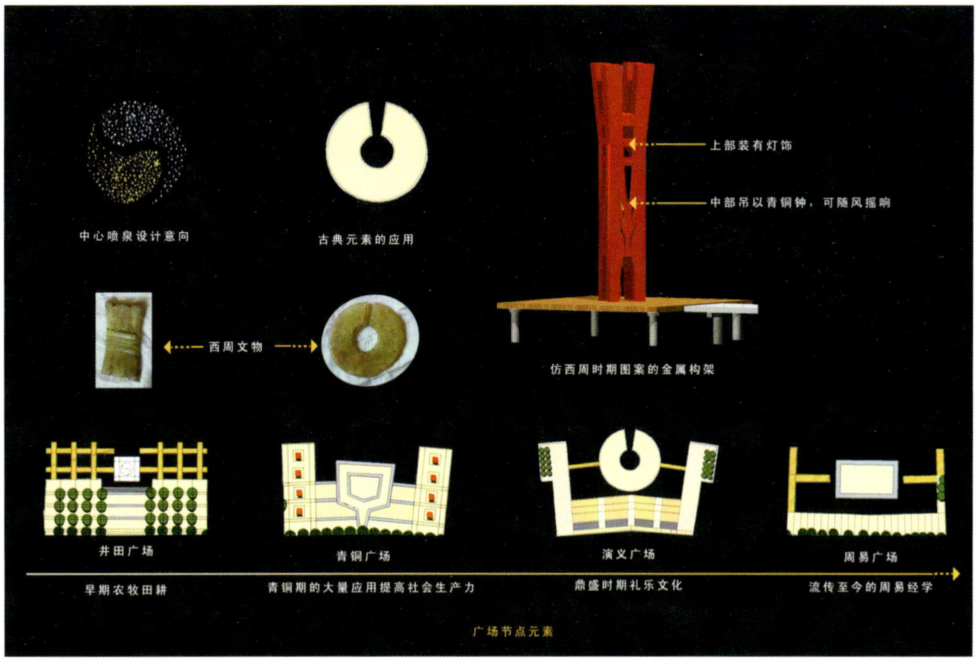

中心喷泉设计意向
古典元素的应用
上部装有灯饰
中部吊以青铜钟，可随风摇响
西周文物
仿西周时期图案的金属构架
井田广场
青铜广场
演文广场
周易广场
早期农牧田耕
青铜期的大量应用提高社会生产力
鼎盛时期礼乐文化
流传至今的周易经学
广场节点元素

渭河公园

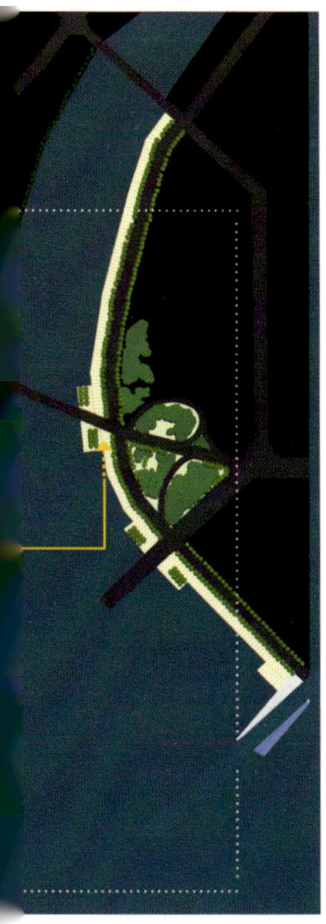

上海市青浦区新湿地体验

项目资料：
项目地址：上海市青浦区
设计面积：68.6 公顷
委托方：上海市青浦区人民政府
设计单位：罗昂建筑设计咨询有限公司
主要设计人员：柯复南　王芳　霍雪松　陈一萍　汤锦燕　Borja Trujillo

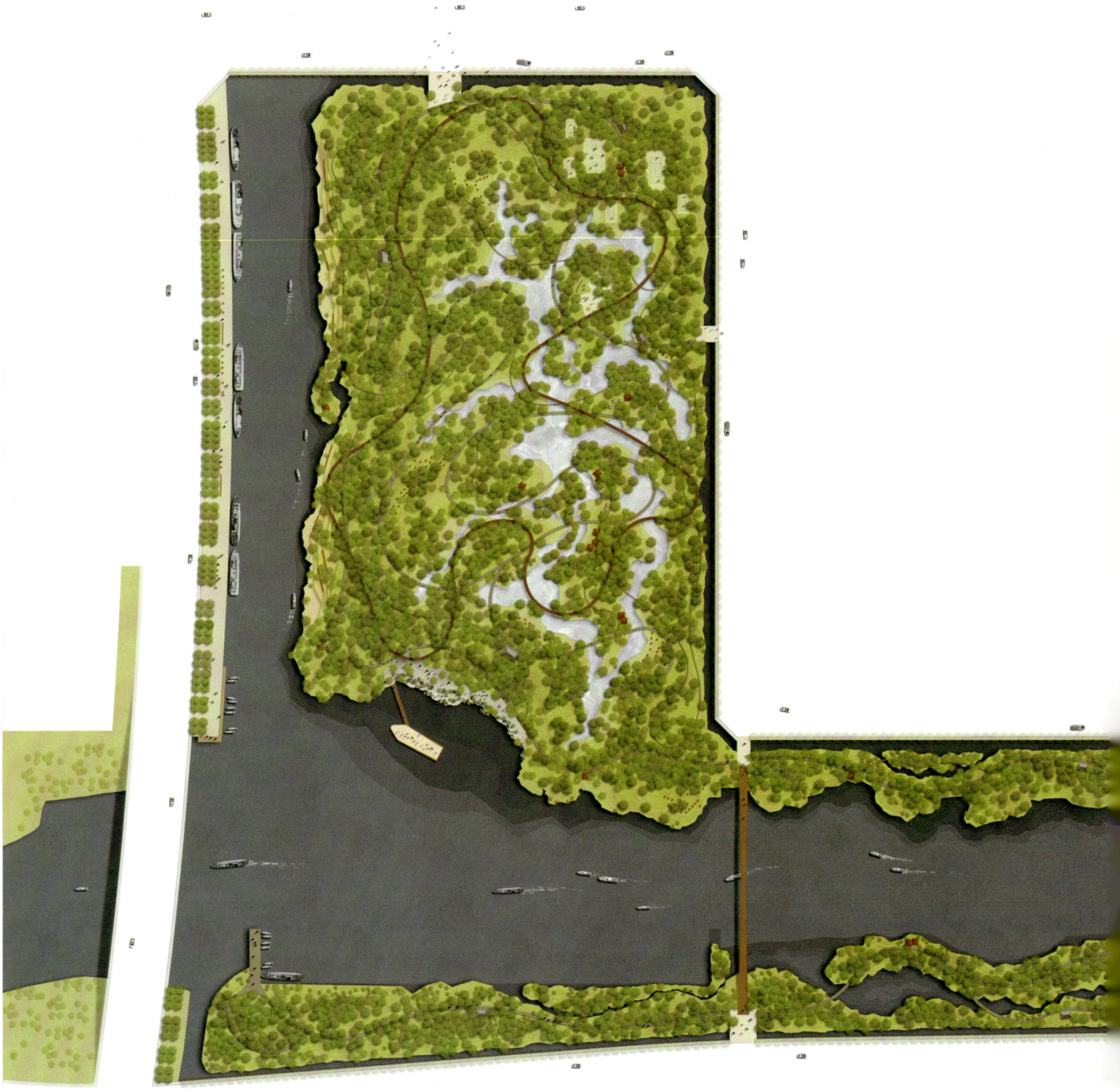

项目说明：

在中国城市化的进程中，越来越多的地方，特别是大城市周边的新兴地区，正经历着巨大的变化。农业生产正由于化学制品、化肥及温度可调节暖房的介入而逐步产业化。越来越多的工业、商业、住宅用地的建设破坏了传统的历史文化遗产，而四通八达的交通则减少了自然的景观资源。越来越多的河流、湖泊、空气受到污染，交通和施工噪音的加剧降低了人们生活的质量。

青浦，距离上海市区30公里，是上海周边的几个工业地区之一。青浦过去是典型的江南水乡，到处都是农田，由河流和湖泊连接。青浦历史悠久，以运河文化和传统闻名。

现代，青浦与其他地区竞争，希望能吸引更多的产业和居民。这样的结果就是将形成另一个工业、住宅、商业地产和产业化农业设施的聚集地。按照这样的扩张趋势，城市迫切地需要全新的设计理念，创造宜居的未来城市的成功模式。

设计理念

设计方案提供了一个新的模式，将提升城市发展，在现在来说是一个可行的方案，也提供了可持续的未来。

本方案颠覆了传统的人与自然之间的支配与被支配的关系。方案中的每个元素都是经过慎重考虑的，致力于创造出一个生态可持续的系统，经济投入低，外部也能实施干预。湿地公园由植物、水和陆地组成，在给予这些元素充分的空间之后，一条架高4米的体验之路蜿蜒其中，带给游客和当地居民不一般的体验。在设计中，充分考虑到为动物的定居、繁衍提供自然栖息地。与传统的公园不同，设计充分利用了场地本身的潜质，归还自然原有之美。可以搭乘公车和船只经由一条不会打扰其内部的道路进入湿地公园。

设计的目的是要创造一个交通便利，融合了可持续、水、生态、城市的独一无二的宁静的城市中心。

带给青浦的利益

湿地公园将给当地居民带来简单而有效的影响。公园的自然风景和河流能够帮助居民远离日常生活的尘嚣。残疾人和老年人也能尽情

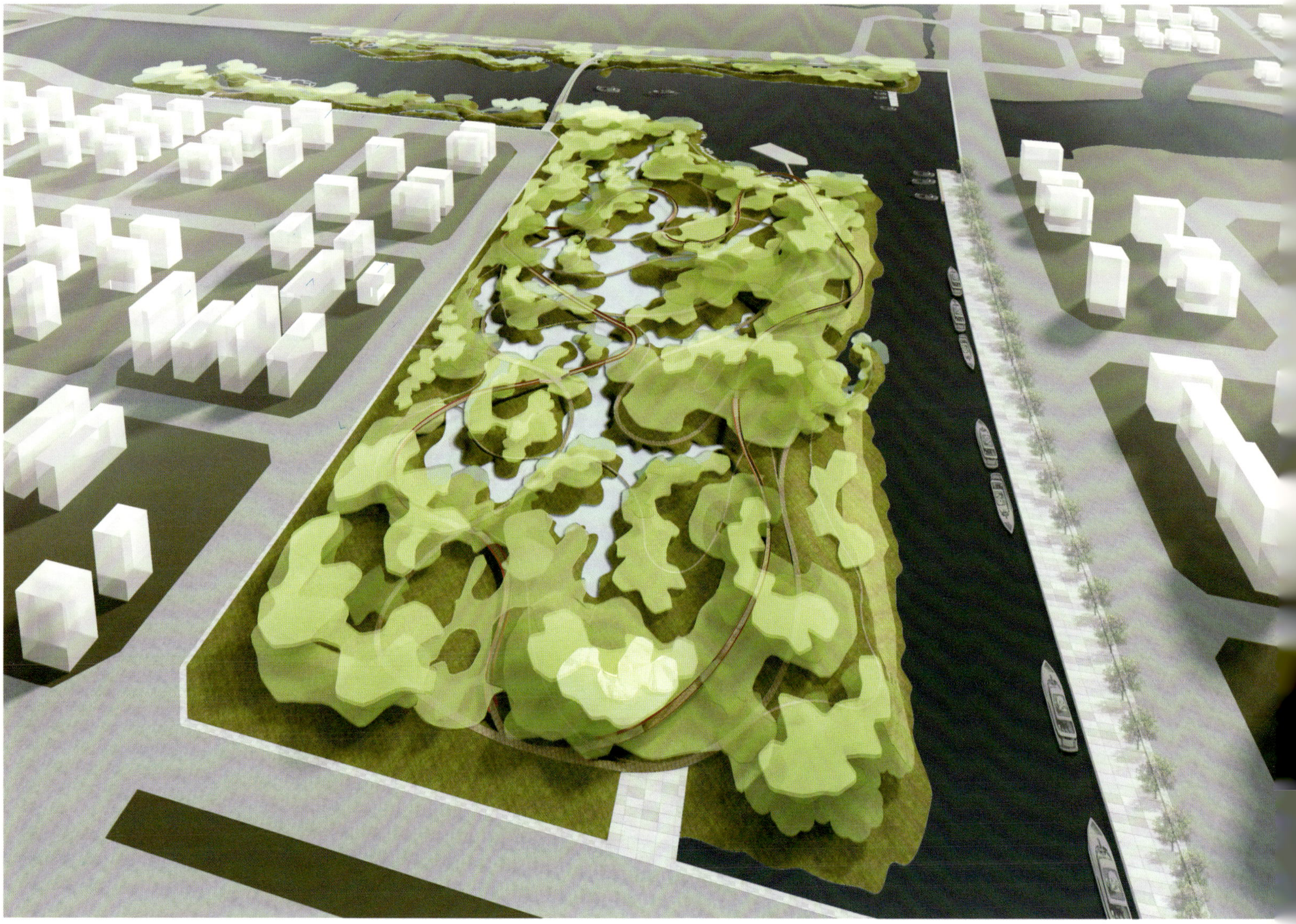

享受其间的植物和野趣，这里的自然更能激发起人们对于污染和可持续性的关注。湿地公园以非常简单的方式保持了当地的自然生态，并与人们形成互动，同时吸引人们。相比传统公园模式，湿地公园的最大优势就在于其简单而经济的建造和维护。

湿地公园保留了淀浦河的历史生命线，人们能够徜徉于这个安静的环境中，观看过往的船只。浮动的露天剧场提供了水上演出的舞台，老旧的船只已演变为餐厅和酒吧，为淀浦河岸注入了新的生命力，这一切都与青浦这个著名的水乡息息相关。

青浦湿地为当地居民和游客提供了一个独一无二的、安静的场所，设计强调青浦的竞争优势，使该地区成为吸引居民和用户的理想场所。特别是其经济的可持续城市景观设计，将给城市发展带来的利益，项目将成为青浦，乃至上海城市发展的一个成功典范。

设计细部

交通：自然优先、立体交通

公交线路把地块与外部城市相连，并有水运及游船停靠港口。设计沿用水渠环绕地块周围，限制出入口数量，以保护自然生态系统。立体交通路线贯穿园内，仅行人可进入场地，并且行人也只能逗留于体验之路、活动空间和平台。在不同的高度都能感受到湿地公园的原始美。尊重自然是我们的目标，保证植物优先的原则，使人与自然保持一定的距离。园内的道路由本地的木材和竹子做成。

竖向设计

设计将平坦的地块砌高以在中部形成低洼，汇集湿地和周围山丘以保护中心地带免受洪水侵害。新的起伏地形使自然生物及植物种类更多元化，也避免了外来土地的使用。

水系统

雨季时雨水由四周汇聚于低洼处，蓄水成渠；暴雨后汇聚的雨水经过净化沿地势流入淀浦河；旱季时引入城市中水，通过湿地净化后可自然地涵养植被。湿地能够保证水质洁净，是确保水系统生态性和可持续性的重要条件。城市的污染导致洁净水现在越来越有限，这一点尤为重要。

生态原则

植物：乡土植物，抗逆性强，有一定净化能力、综合利用价值和景观效益，维护成本低。

动物：能吸引稀有或当地的动物迁徙到此。

微生物：能分解有机质，为植物生长提供营养，有助于净化水质及过滤环境污染物。

Traffic

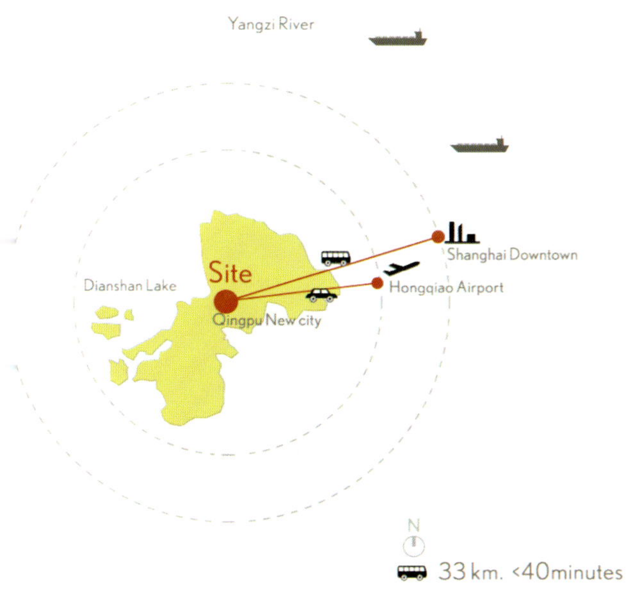

Site area: 686,187m²

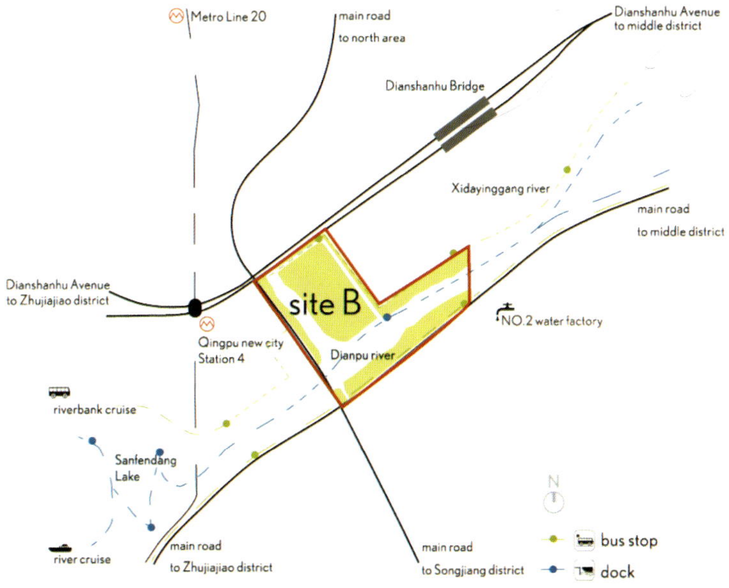

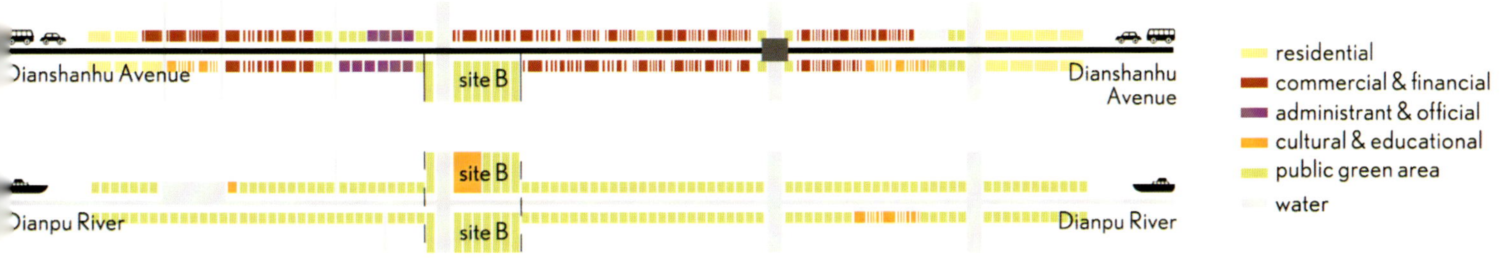

the structure

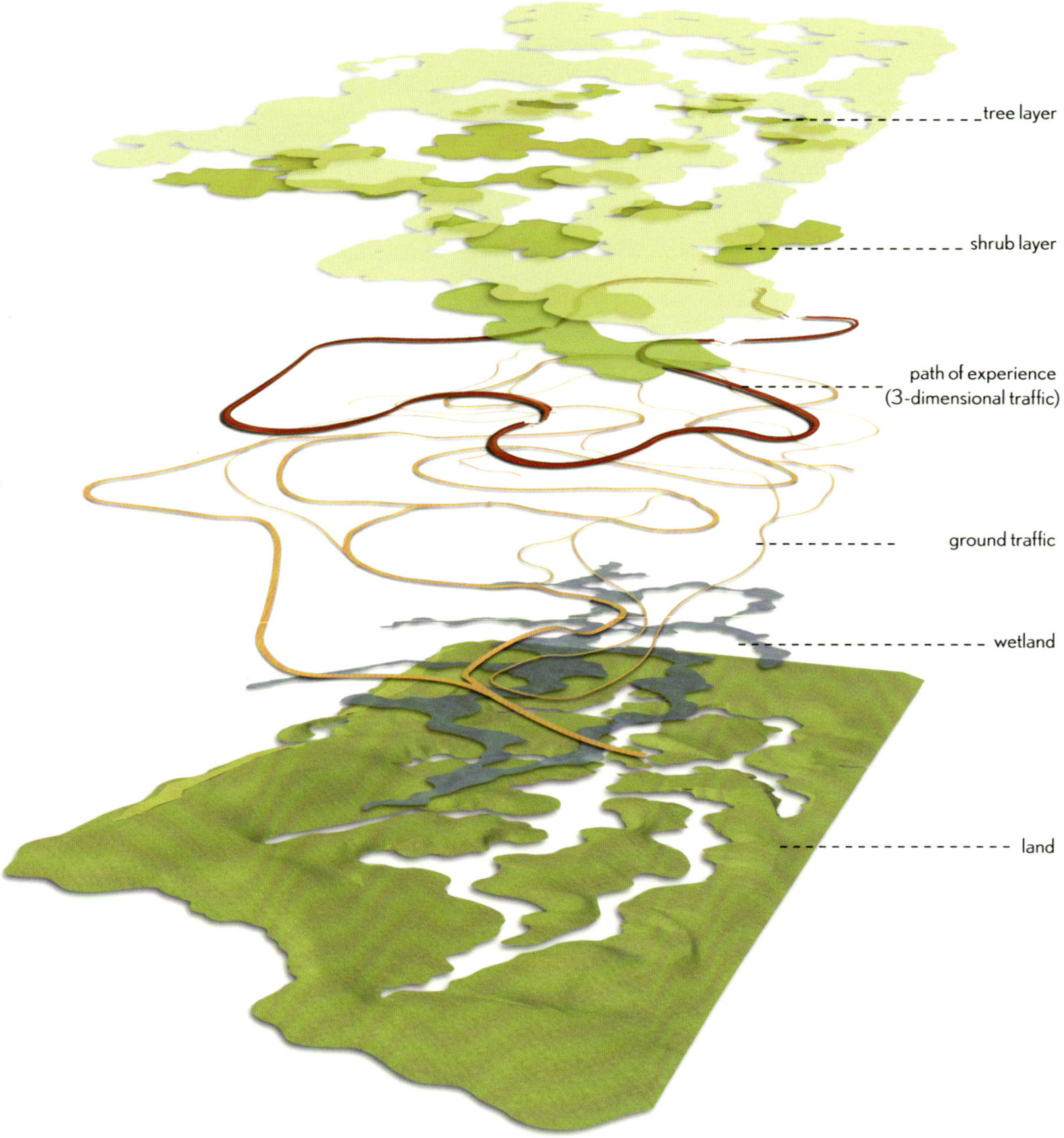

the ecological principles

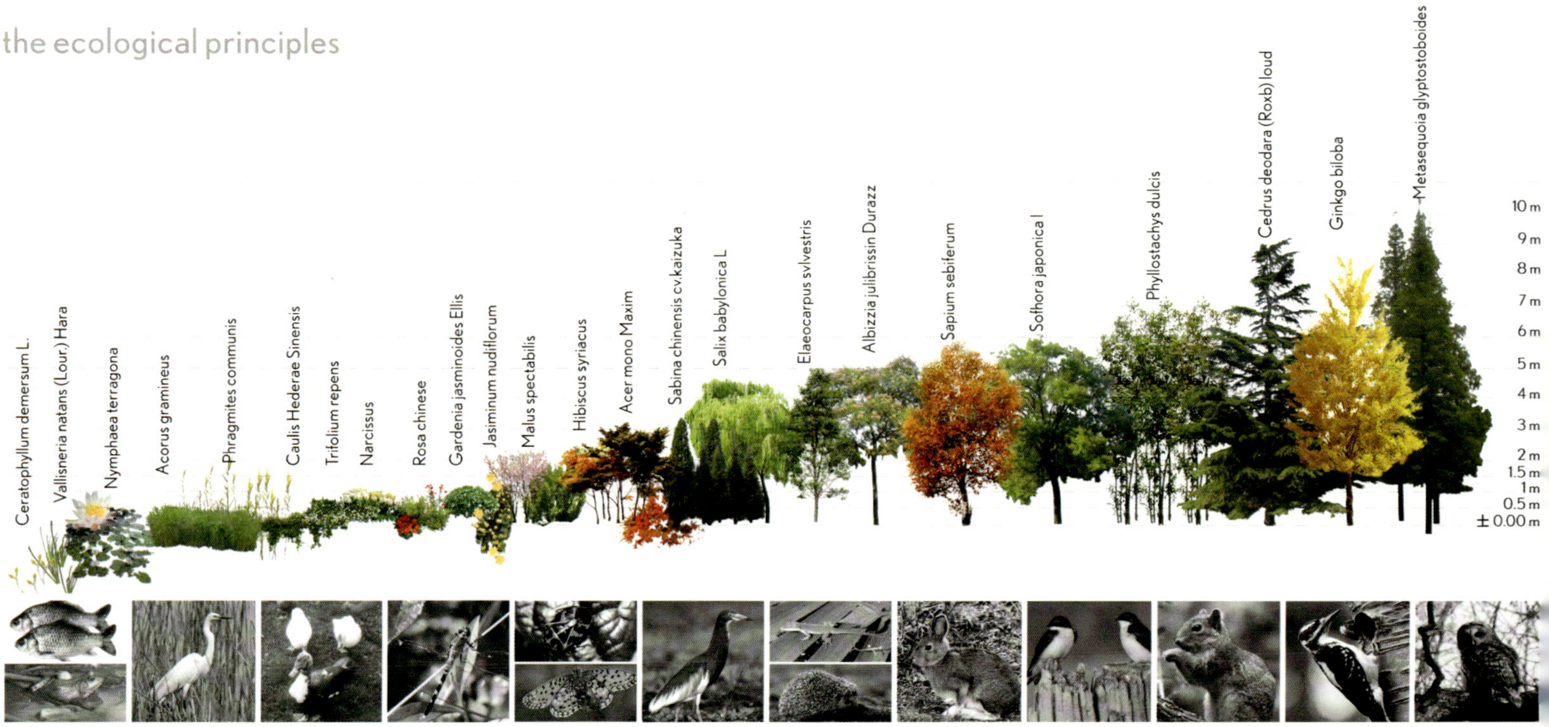

etlands

iew of unknown nature

activities in the park

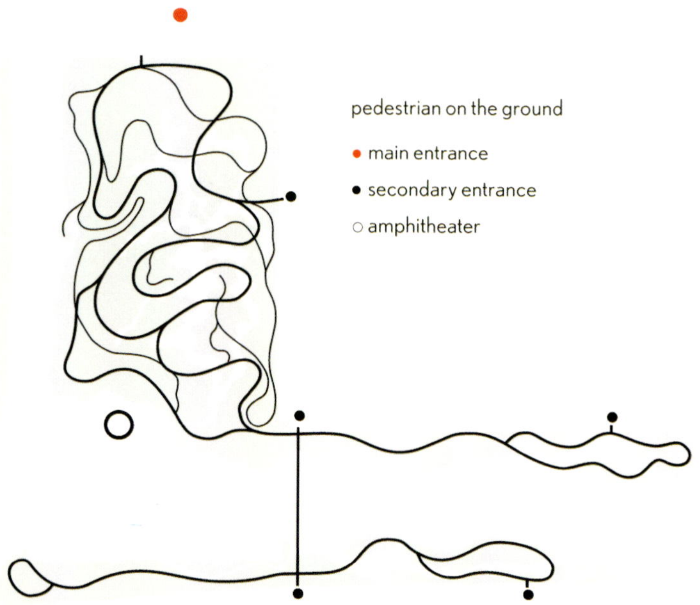

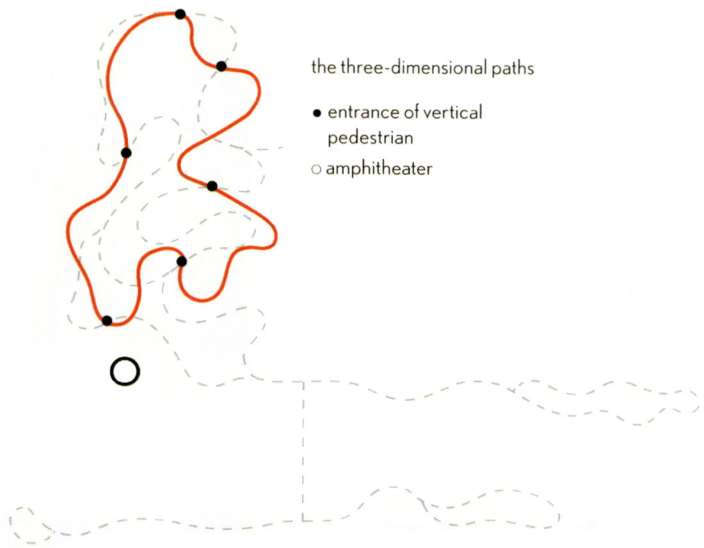

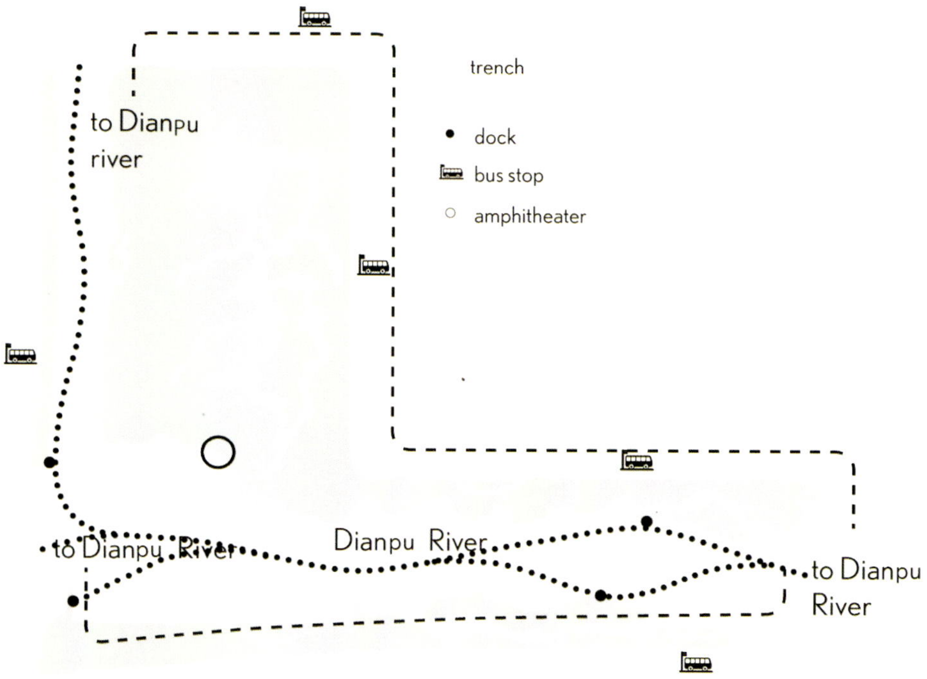

the traffic concept

the three-dimensional paths

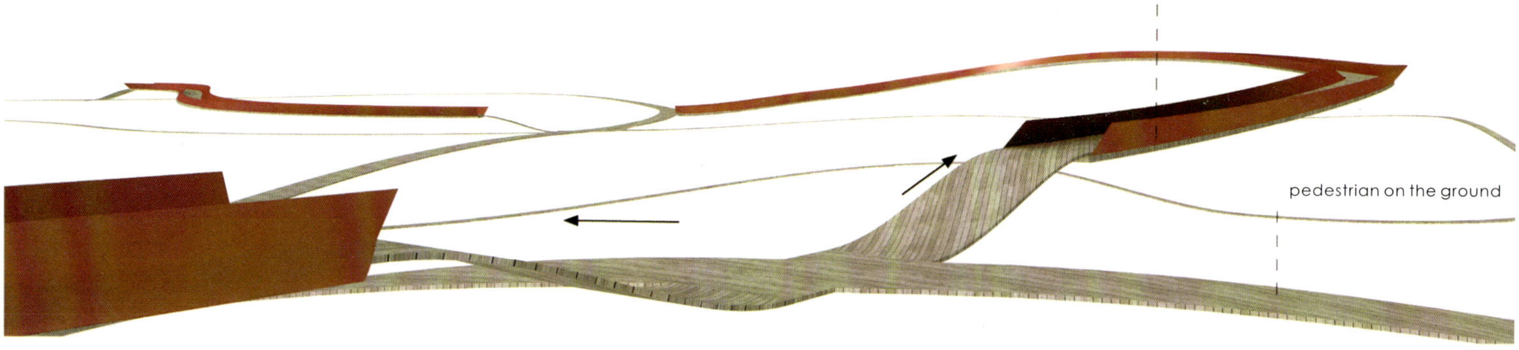

cross

上海市嘉定区北水湾

项目资料：
项目地址：上海市嘉定区
占地面积：10公顷
设计单位：洲联集团·五合国际（5+1 WERKHART）

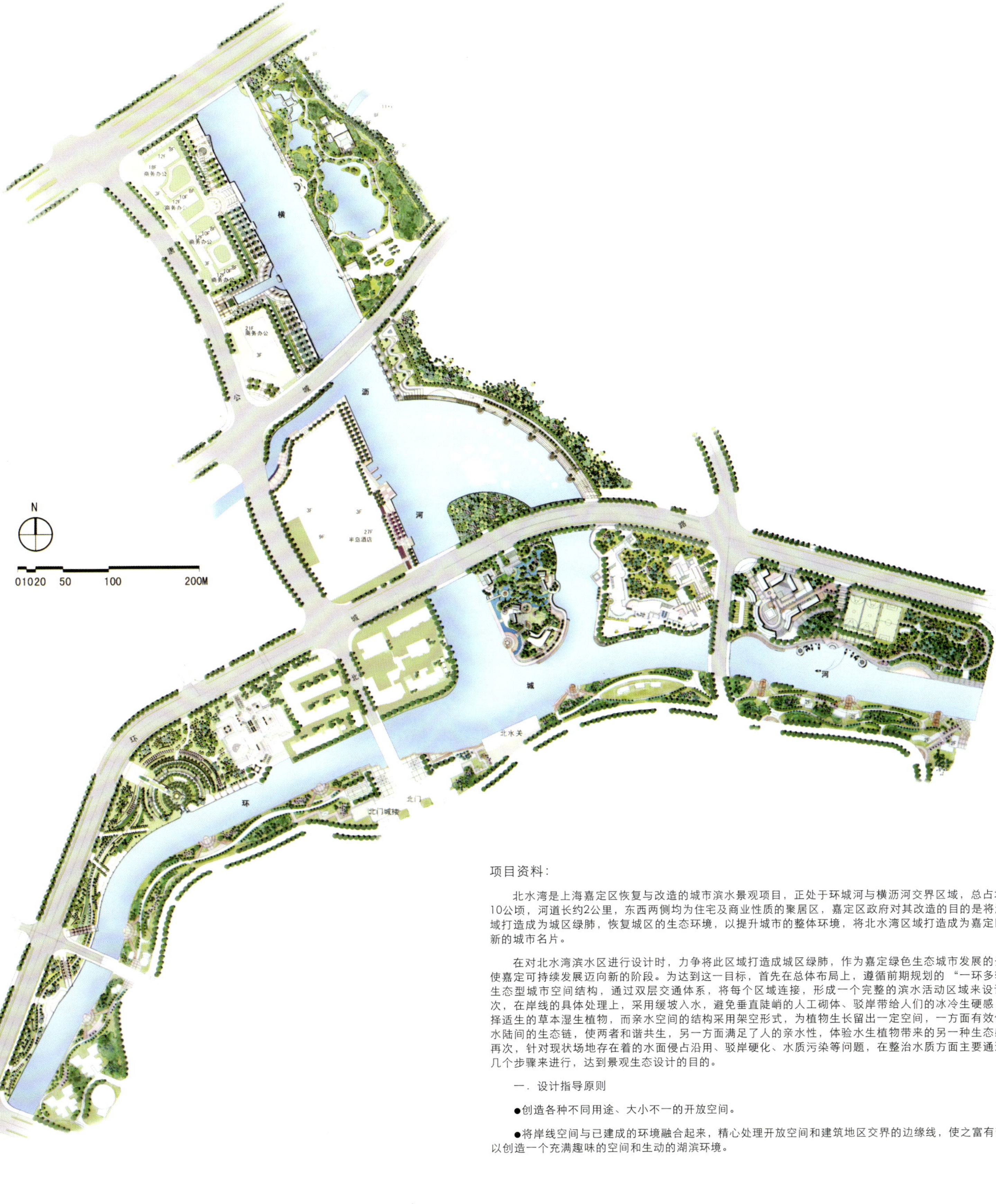

项目资料：

北水湾是上海嘉定区恢复与改造的城市滨水景观项目，正处于环城河与横沥河交界区域，总占地面积10公顷，河道长约2公里，东西两侧均为住宅及商业性质的聚居区，嘉定区政府对其改造的目的是将滨水区域打造成为城区绿肺，恢复城区的生态环境，以提升城市的整体环境，将北水湾区域打造成为嘉定区一张新的城市名片。

在对北水湾滨水区进行设计时，力争将此区域打造成城区绿肺，作为嘉定绿色生态城市发展的开端，使嘉定可持续发展迈向新的阶段。为达到这一目标，首先在总体布局上，遵循前期规划的“一环多轴”的生态型城市空间结构，通过双层交通体系，将每个区域连接，形成一个完整的滨水活动区域来设计；其次，在岸线的具体处理上，采用缓坡入水，避免垂直陡峭的人工砌体、驳岸带给人们的冰冷生硬感，并选择适生的草本湿生植物，而亲水空间的结构采用架空形式，为植物生长留出一定空间，一方面有效保护了水陆间的生态链，使两者和谐共生，另一方面满足了人的亲水性，体验水生植物带来的另一种生态感受；再次，针对现状场地存在着的水面侵占沿用、驳岸硬化、水质污染等问题，在整治水质方面主要通过以下几个步骤来进行，达到景观生态设计的目的。

一、设计指导原则

●创造各种不同用途、大小不一的开放空间。

●将岸线空间与已建成的环境融合起来，精心处理开放空间和建筑地区交界的边缘线，使之富有变化，以创造一个充满趣味的空间和生动的湖滨环境。

●将商业和公共建筑融入重要的开放区域，以带动空间的流动性和开放性。

●在开放空间系统中提供各种娱乐性和教育性的场所。

●针对每个不同的小区塑造特色，同时在视觉及建筑语汇上保持一定程度的连贯性。

●限制开放空间中的车流量至最低程度，提倡利用公交车到公共公园和水边，尽量减少自用车流量。

●打开朝向环城河和横沥河的视线通道，使人在每个停留地点都有良好的视野。

●留心水质改善的最新科技，从生态的角度改善环城河和横沥河水质。

●结合本地历史文化，用现代设计手法重新诠释嘉定文化。

二. 设计原理

北水湾的设计原理通过采用最少的景观设计元素，来提升人们对于天然景观元素的感受，而不是像中国传统的古典园林一样，用各类丰富的景观元素在狭小的空间中表达主旨。设计当中鼓励使用本地出产的材料，如花岗岩和木材，并通过传统的技术进行加工。对本土材料的选择主要是为了与嘉定旧城相呼应，对嘉定旧城所具有的风格、材质以及色彩用一种国际化的现代手法进行诠释。北水湾设计中所采用的技术设立了一个全新的标准，目前国内很多地区的公共空间设计也以此来做衡量与评估。在北水湾的景观设计中，细部设计都非常简洁，而且易于维护、保养与建设。植栽设计也尽可能采用乡土品种，并结合色彩和季相的变化进行植栽设计。通过对天空、水体以及开放空间的巧妙构图，使开放空间的重要性与总体的开阔感都得到了加强。从节庆广场到亲水步道，从滨水大型步道到地形起伏的景观公园和繁茂的樟树林，包罗万象、变化繁多。这些公园与开放空间将会以全年度昼夜开放的形式面向公众，并根据季节的变化设计不同的特色与主题，在设计当中同时考虑了景观的安全性与易维护性的因素。互动性的喷泉设计为人们提供了更多的亲水机会。在中国的传统文化中，人们向来很注重公共开放空间元素，北水湾的大量公共场所再次激发起人们对于土地的热爱。

三. 分区设计

1. 横沥河西岸

基地位于横沥河西侧（胜竹路至环城路之间）的滨水地带，处于北水湾规划范围内B1、B2滨江生态商务办公地块和B3五星半岛酒店地块，公共休闲功能要求明确。与东侧的滨江生态主题公园和城市备用地块的滨江带共同构成了横沥河完善的滨水景观体系。

本次景观设计结合周边地块的功能特性，采用现代滨水景观设计手法，以简练的设计语言表达现代景观的功能与美学要求，为公众提供一个愉悦、轻松和浪漫的公共滨水环境，体现了嘉定新城的城市魅力。

从北至南，本次设计重点突出三大区域：梦幻新城景区、天使湾畔景区和蓝色创想景区。各景区分区具有下列功能与特色：

1.1 梦幻新城景观区。作为本次设计的最北段入口，在设计上结合周边地块的商务休闲功能，首先提供给公众一个驻足停留的休憩空间，并设置台地景观，增加趣味性。其次，充分利用横沥河的水景，同时借对岸的滨江生态主题公园景观，在高层台地上设置具有视觉冲击力的特色序列景观廊架，这将成为胜竹路过往车辆、乘客的视觉景观点，具有重要的标志特性，有利于形成该区域的场所特性。

1.2 天使湾畔景区。作为横沥河滨水景观带的最重要的入口，在满足功能的前提下，用简练的现代设计语言诠释了入口形象的大气。利用规划的内向水渠，结合休闲台阶，设计一个具有形象功能导向的现代景观大门——天使之门，反映了嘉定新城的开放与发展，同时作为大众一个核心的公共休闲景区，体现了嘉定新城的建设成果，共享和谐与繁荣。

1.3 蓝色创想景区。作为五星半岛地块的周边区域，考虑未来酒店功能的需求，同时为新城居民提供一个具有标志性的户外休闲场所，规划设计了滨水码头、咖啡廊、“红色记忆”和“蓝色创想”等，成为公众日常户外休闲活动的一个重要集散区域，分享新城创新体制所带来的实践成果。其中位于半岛端头的“蓝色创想”景观体，在夜色当中更是区域中独特的景观形象，成为区域当中的小地标。

2. 横沥河东岸

星荷湾位于横沥河东岸平城路至环城路段，是充分开放的沿河地带，为周边地块提供了活动场所。加强横沥河东岸整体性，通过现代设计手法及设计理念塑造开放的滨江步道，以人的行为方式为基础，打开朝向横沥河的景观视线通道，步行道环绕中心水湾，并考虑环城路上的景观效果，在水湾中心设计大型音乐喷泉，形成宏大壮丽的景观效果。把滨江步道局部空间放大，种植大的林阴树，便于人们停留休憩观景。

3. 湖心岛

位于横沥河与环城河交界处，北端濒临水湾，设计滨水广场和标志性的景观塔，与水湾中心的音乐喷泉一起成为北水湾标志性景观，湖心岛环城路南侧地块结合功能性建筑设计休闲场地，通过滨水步道和自由的小路连接几个休闲功能建筑及其相应的场地。

4. 菊园新天地

位于环城河北岸，环城路与柳湖路交叉口，景观和建筑统一协调，塑造高档次、高品位的文化消费场所，借鉴上海新天地的做法，设计清新典雅而有历史感的景观，并结合环城河景观资源，提升建筑的景观环境，沿滨水步道，设计室外的餐饮等休闲场所，提升整个地块的人气，并注重夜景效果的塑造，以吸引周边的消费人群。

5. 城市体育公园

位于环城河以北，环城路以南，柳湖路以东。以体育运动为主题，设计足球场和篮球场及其他活动场地，期望建成整个北水湾绿带的运动健身的集中场所，并为周边地块提供运动场地，提升周边地块的配套设施水平，沿环城河设计滨水步道，保持沿河步行系统的连贯性，游船码头和室外泳池提供了更丰富的娱乐活动，西侧设计景观商业街，以提供休闲场所，并结合运动需求，适量增加休息场地。

6. 城市休闲会所

位于环城路和环城河之间，嘉唐公路到城北路段，此地块紧邻商业中心，离地铁站400 600米，步行5分钟左右，处于环城路30°转弯处，属于被商业围合并具有天然资源的景观绿带，周围有电影院、书城、商城、图书馆、展览馆、购物中心、休闲会所等。为充分挖掘土地价值，塑造商业中心旁边的休闲场所，此地块内设计具有新兴城市特点的现代艺术景观，其中以绿化为主，布置适量的休闲场地，运用植物造景塑造坡地、草坪、密林等景观。规划两路轴线向地块内延伸，形成圆心向外扩展，围合成下沉广场，最低点略高于环城河平时水位，与周围的高差形成草坡台地，道路、灯柱、行道树、地被灌木呈环形设计，与周围形成几个涟漪状形态，沿规划两路方向的架空走廊到达内圆，通过现代艺术手法和工业化材料的运用以及夜景灯光等营造出自然生态的休闲场所，成为整个商业中心旁边唯一集中的滨水绿地景观。再向南侧，沿河以绿化为主，在有限的场地内设计适量的休闲场地和滨河步道，并通过景墙、绿篱、灌木等多种处理手法，减少环城路交通对绿地内活动的影响。

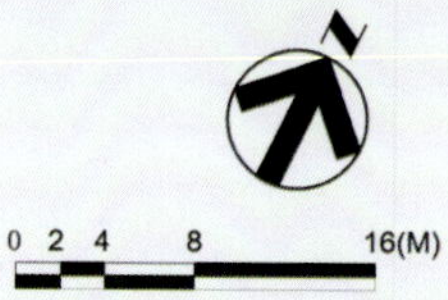

区域节点 —— 梦幻新城
Region Node - Dream of the New City

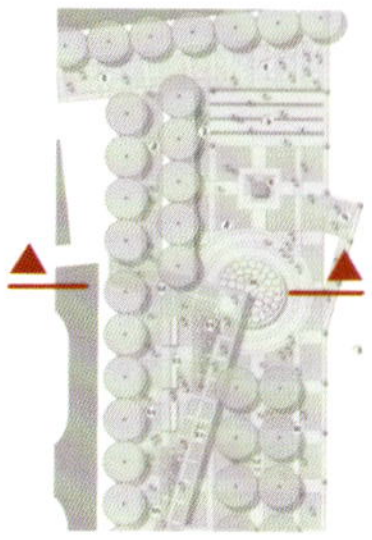

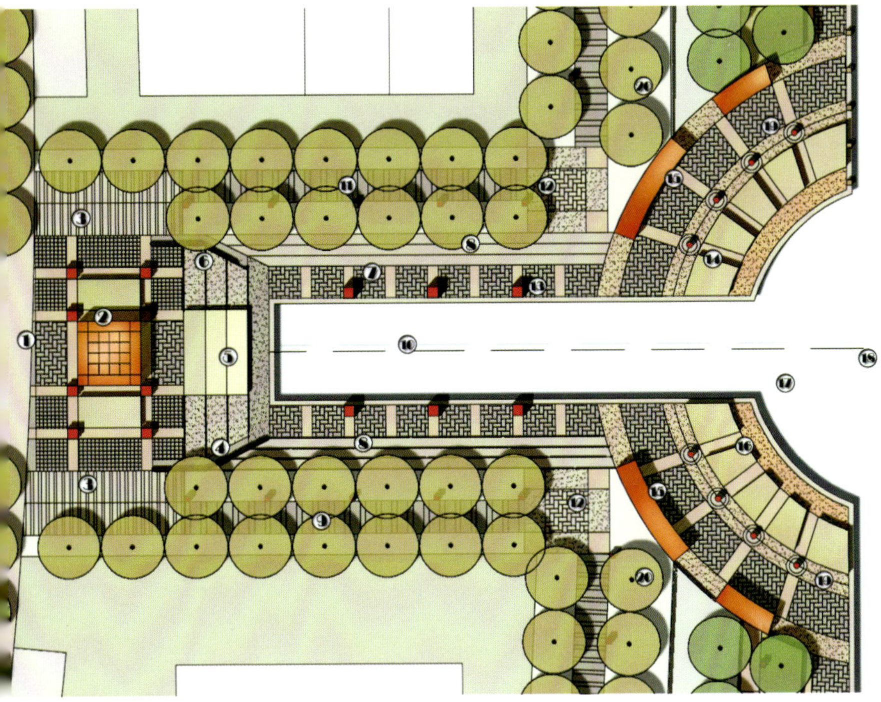

ain Entrance
avilion Feature
Entry Feature
道 Ramp for handicapped
Seasonal Flowers
ir
Relax Footpath

8. 阶梯坐台 Terracing Seatwall
9. 条状种植 Plants in a Row
10. 平静水池 Quiet Water
11. 林阴路 Tree Road
12. 连接广场 Joint Plaza
13. 景观灯 Lamp
14. 亲水平台 Waterside Platform

15. 景观廊架 Scenic Pergola
16. 中心广场 Central Plaza
17. 特色喷泉 Fountain Feature
18. 水面 Water Lever
19. 景观灯柱 Lamp Feature
20. 草坡 Slope Lawn

0 2 4 8 16(M)

区域节点 —— 天使湾畔
Region Node - Angel Bay

0 4 8 16 32 64(M)

节点 —— 湖心岛公园
Node - Center of the Lake Island Park

1 雕塑喷泉广场 Sculpture fountain square
2 楼梯（连接桥梁） Staircase (connection bridge)
3 激光喷泉 Laser eruptive fountain
4 人行通道 Pedestrian path
5 餐饮木平台 Dining wooden platform
6 自然溪流 Natural brook
7 观景亭 Pavilion
8 咖啡屋木平台 Coffee room wooden platform
9 亲水木栈道 Water affinity wooden trestle
10 茶社木平台 Teahouse wooden platform
11 交流广场 Exchange square
12 漫步道 Promenade path
13 特色桥 Characteristic bridge
14 观景空间 Landscape space
15 开放式草坪 Open lawn

B8区总面积：11845m²
铺装面积：5296m²
绿化面积：6549m²
绿化率：55%

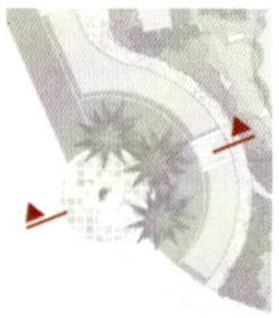

最高水位 4.00
常水位 2.80
3.80
4.20
4.50

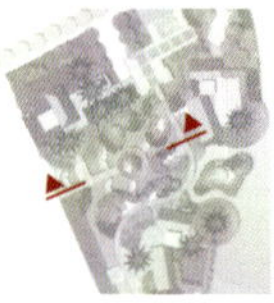

最高水位 4.00
常水位 2.80
4.20
3.00
3.50
4.40
4.50

青岛市胶州少海新城南湖公共景观带

项目资料：
项目位置：山东省青岛市
占地面积：35.57公顷
设计单位：EADG泛亚国际景观设计有限公司
主要设计人员：陈奕仁　顾为光　高斌　钟贞

项目说明：

胶州少海新城南湖景观带项目位于胶州工业园区东部，大沽河以西，是胶州生态化发展和城市化形象的标志性区域，是胶州打造城市环境、体现城市个性的重要支撑。本次设计范围为少海南路及正阳路以内的湖滨区域，占地面积为35.57公顷。

一期景观以“湖畔文化主题公园”为主，二期景观则强调其自然生态主题，且与毗邻高尔夫球场的自然特征相一致，一、二期不同主题的差异性既满足了市民对公园公共空间的不同要求，又丰富了景观游赏线路，从而提升了整个湖区的景观品质。该项目环境随着景观施工进度的推进，环境景观效果逐步呈现，大大加快了环胶州湾周边用地建设的发展，改善了少海新城的生态环境。

山东省德州市城市水系及水体

项目资料：
项目地址：山东省德州市
设计单位：深圳市九地景观设计工程有限公司
主要设计人员：蔡军保　吴本发　刘山山

项目说明：

规划区内水系丰富，现状自西向东有古运河、岔河、减河和马颊河四条河流穿过，且有仙人湖、得月湖、新湖、长河公园等重要水系，南水北调设计中的恩县洼水库也是德州城市水系的重要组成部分。为进一步突出城市特色，整合水资源的开发利用，德州市提出编制城市水系及水体景观专项规划，使其充分发挥城市独特的自然生态优势，促进城市健康有序、可持续发展。

本次规划将突出以人为本、人水和谐的基本理念，立足于实现整合资源、改造环境、完善功能、提升形象、发展经济的总体目标，形成德州新的经济发展带、亮丽的景观旅游带和宜人的生活休闲带。

水系历史演变

南运河是汉代黄河故道，隋永济渠，其兴盛之时为京杭大运河漕运要冲。

德州历史悠久的水系是定位德州城市形象的重要因素。城市标签的挖掘也应从水系的历史价值着手。可暂将城市标签定位为“上古黄河故道，明道漕运要冲”。减河、岔河、运河本身作为古代黄河故道和运河遗址，都具备极高的历史保护价值，若能充分宣传其历史价值，沟通现存的黄河故道遗迹，如黄河涯、四女寺大洼、李船头、孙家河涯，建立绿色遗产廊道公园，则不仅可减轻水资源短缺压力，也真正弘扬了德州的历史文化遗产，为德州插上独具特色的城市标签。

明代前的黄河流域：

1. 公元1149年黄河第四次改道入淮河之前，德州地区属黄河水系，是黄河的入海口流经地。

2. 有古河道鬲津河、漯川河、笃马河、沟盘河、马颊河等。

3. 现有部分黄河故道遗迹。

明代后的淮河流域：

1. 公元1149年黄河第四次改道入淮河之后成为海河流域的组成部分。此后逐步形成为现代水系。

2. 南有黄河，北有漳卫运河与徒骇、德惠、马颊三河贯穿其中。

3. 德州段古运河属漳卫南运河水系。

4. 德州古运河仓栈码头的变迁：明清漕运，天下粮仓；清末民国，仓栈枢纽。

5. 德州文化多样性的形成与发展：齐鲁燕赵，交相辉映；文化码头，百艺荟萃；中外交融，厚德载物。

城市水系定位：阳光德州、七彩水都

太阳是大地的母亲，滋润着大地上的万千事物。

德州的阳光分外充沛，年日照量达到2300~2900小时，充足的太阳能资源使这里的土地肥沃丰足，五谷杂粮应有尽有。丰富的日照资源不仅滋润了大地，也带动了德州工业经济、城市发展水平的提高。德州已正式经国家有关部门注册命名为“中国太阳城”“中国太阳能城”“东方太阳都”，2010年世界太阳能大会也将在德州举办，加快了德州太阳能产业与城市经济的发展。

阳光德州、七彩水都的定义不仅因阳光而生，德州优美的自然地理环境与丰富的水系脉络也使德州这座北方城市成为名副其实的水都。古运河、岔河、减河、马颊河等水系贯穿城区，就像是一条条飘逸的彩丝带随风挥洒在布满阳光的德州大地上，它是那么的流畅，那么的色彩斑斓，仿佛一幅完美无瑕的浪漫画卷，展现出德州的绿、德州的美、德州的阳光，还有德州纵横交错的水系网络。

水系规划理念：地平线上的彩丝带

在地平线上漂浮着几条彩色的丝带，自由流畅的曲线尽显大自然和谐之美……

一条条彩丝带串联着德州城市的每个空间，有良田美竹、菜园、果林环绕，绿色与静谧中讲述人与自然、人与人和谐的故事。

城市水系景观规划总体布局

图例：

1. 烽火连营
2. 运河人家
3. 古城掠影
4. 回龙观
5. 大观楼
6. 运河生态旅游区
7. 灵谷胜境
8. 水乡泛舟
9. 凤舞长河
10. 玉带风情廊
11. 嫦娥奔月
12. 阳光绿洲
13. 红墙香暖望神京
14. 新湖公园区
15. 千年观演话博弈
16. 古船耕衢忆运河
17. 七里闸影
18. 朴园秋色
19. 锦绣德川
20. 七里庄湿地公园
21. 长庄沟民俗风情园
22. 运河古韵
23. 花海泛舟
24. 梦萦岔河
25. 科技公园
26. 艾家沟滨水绿廊
27. 月牙河畔俏柳扬
28. 董子读书台
29. 水上商城
30. 长河公园
31. 沙王沟中心公园
32. 东方寓乐园
33. 陈段沟玉溪果林
34. 体育文化公园
35. 袁桥田园风光
36. 沟盘回龙风景区
37. 绿意运动长廊
38. 阳光生态廊
39. 大德平川
40. 魅力田园
41. 减河绿舸
42. 太阳湖湿地公园
43. 太阳湖大坝
44. 沙王之源
45. 减河欢乐水岸
46. 古韵塔影
47. 新城水影
48. 花样年华主题观光区
49. 蓝月湾畔森林景观
50. 月牙湾湿地公园
51. 德城春晓
52. 雾里杨柳别样春
53. 森林氧吧主题游道
54. 心海扬帆 水天一色
55. 东湖公园
56. 七彩水田
57. 减马横河艺林漫步景观带
58. 龙舟竞渡 大德之光
59. 马颊河畔
60. 仙人桥闸
61. 古城河畔
62. 马颊湿地中心
63. 未来之城主题郊野公园
64. 马颊河湿地走廊
65. 双子湖国家湿地公园
66. 大自然风情园
67. 四季生态文化中心
68. 水梦秋月
69. 环秀烟柳河畔
70. 马颊河
71. 仙人湖生态保护区
72. 得月湖生态保护区
73. 文化水街

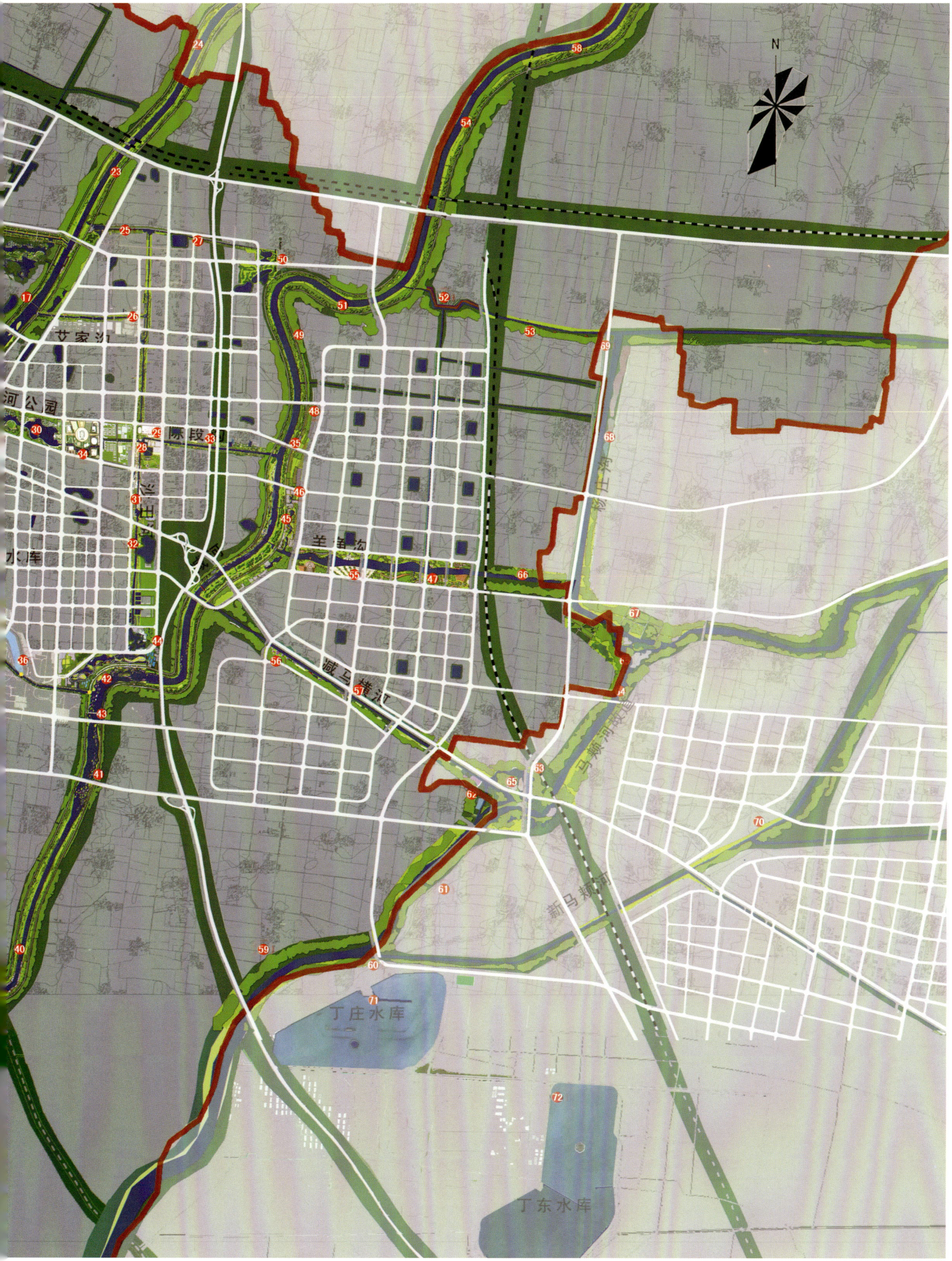
N
艾家沟
河公园
陈段沟
水库
马颊河
新马颊河
丁庄水库
丁东水库

用地平线来描绘人们心中的美好家园德州。德州有美丽的水系、蓝色的水带、绿色的堤岸、金黄色的土地、白色的路网、灰色的建筑以及多彩的森林景观，这些一起融入德州城，有如丝带缠绕。

以地平线上的彩丝带理念为指导，维护、保障及恢复水系生态健康，满足市民利用滨水空间进行文化与游憩体验的需求，使德州城市水系建设成为符合生态文明时代特征的人水和谐的典范。

水系规划结构：一轴、四带、三环、五湖、七十二海子

“景观时间轴”的概念及丝带主题理念。充分考虑德州城市发展及内外的生态、资源、产业、行政区划、河流联动等因素，采用中心轴模式，分别构建游憩带、文化带、休闲带、生态带，将各带连接，综合全面发展。

一轴：景观时间轴

四带：黄带古运河文化古道、蓝带岔河和谐绿道、红带减河观光游道、绿带马颊河生态廊道

三环：德水人文观光环、锦绣德城魅力环、风情生态休闲环

五湖：新湖公园、长河公园、太阳湖湿地公园、东湖公园、双子湖国家湿地公园

七十二海子：所谓海子，就是大水洼。海子有大有小，大海子有上万平方米，小海子也不亚于足球场。海子有深有浅，深的足有三四米。

海子在德州有着很深的历史，但是随着城市建设，一些海子被填平和废弃。在德州市城市水文化建设规划中将重新定位和保护现有海子，恢复其本身的涵养水源、气候调节、城市排涝、景观娱乐等功能，打造名副其实的北方水城。

德州老城区规划海子33个；河东新城区规划海子24个；东部新城区规划海子15个。

规划布局原则

按照德州市城市格局与发展规划，依据人口密度等因素合理规划布置。

水系总体布局

整个规划设计与城市总体规划、绿化系统、道路系统以及防洪等规划有机结合，充分利用城市空间形态和路网布局，使水体、绿地隔而不断，有机地融入整个城市之中，形成“碧水绿草”为背景的城市景观，打造园林式、现代化、生态型全新的城市景观。

水景观与水文化现状分析

德州主城区功能分区

德州市丰富的历史文化资源和具有特色的自然生态资源为德州市文化产业的发展提供了丰厚的土壤，而主城区自身的文化资源则是德州城市文化产业赖以生存和发展的基础条件。以六大文化产业园区为支撑，形成一区六园的文化产业发展模式，是德州市主城区文化产业聚集发展的主要空间载体。

德州主城区文化旅游景点分布

德州市主城区由旅游景点、旅游风情街、旅游景区三者构成点、线、面一体的文化旅游系统。在河东新城中依托东方红东路和长河大道，形成“十字形”的旅游景观大道。旅游景区主要包括运河文化旅游带、苏禄城文化旅游区、新湖风景旅游区、长河公园风景旅游区、太阳能工业旅游区以及扒鸡集团特色饮食旅游区，重点发展以运河观光旅游、都市休闲旅游、特色美食旅游、工业旅游为主体的文化旅游产业。

德州主城区文化产业空间布局结构

“一轴三带”现状结构。东西向的东风路和东方红路是新老城区联系的纽带，从西到东串联了运河公园、新湖风景区、锦绣川风景区、长河公园、行政中心以及皇明太阳能高科技园等城市众多重要的文化资源，向东则与未来东部的城市新区联系。

规划以东风路和东方红路为东西向横轴，连接主要文化产业园区，形成德州市主要区的文化产业廊道。以古运河为纵轴，南北向连接运河沿线重要的历史文化遗存和古运河生态景区，形成德州主城区最重要的古运河文化产业带。以岔河自然生态廊道和锦绣川公园为主体，形成南北向延伸的德州城市中心生态景观风貌带。以富康大道为主线，依托德州经济开发区和皇明太阳能高科技园区，发展文化科技产业和文化创意产业，形成新型文化产业带。

1. 德州市现状水系图

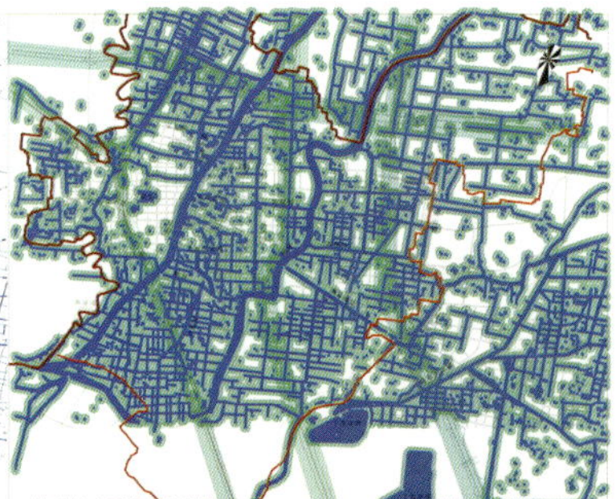
2. 德州市水系分布扩散图

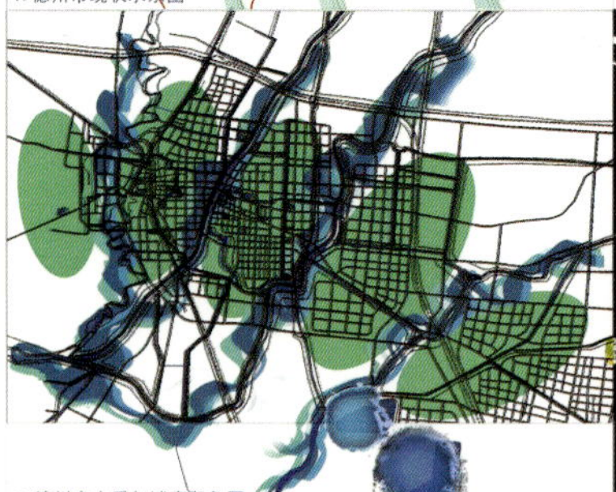
3. 德州市水系与城廓印象图

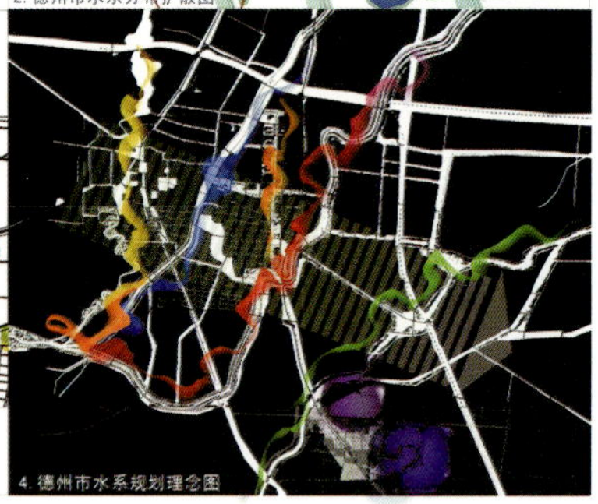
4. 德州市水系规划理念图

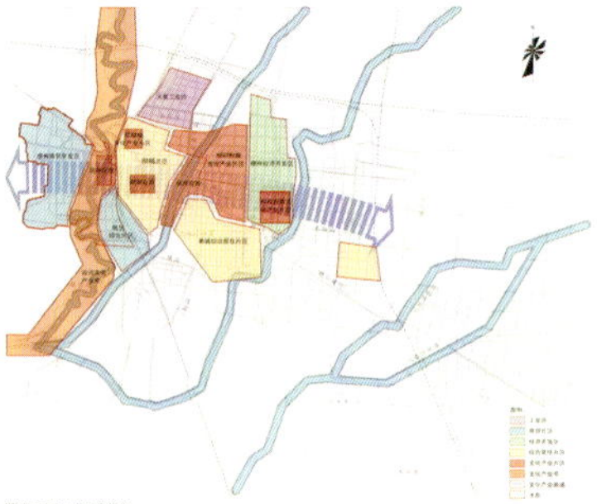
德州主城区功能分区

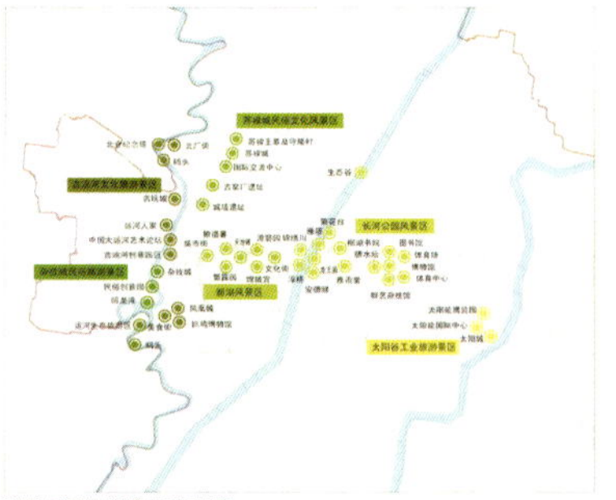
德州主城区文化旅游景点分布示意图

德州主城区文化产业空间结构示意图

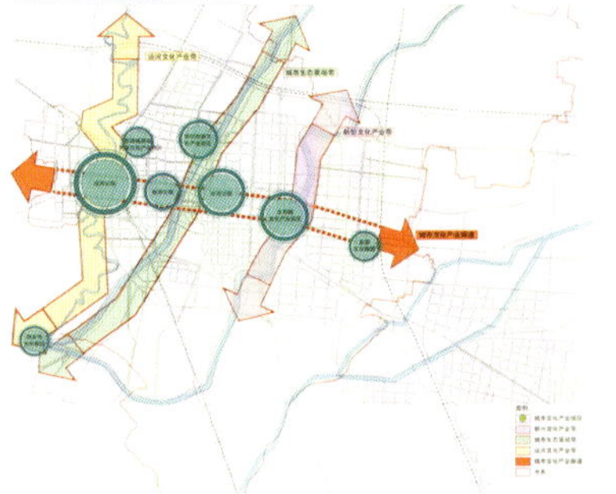
德州主城区文化产业空间布局结构

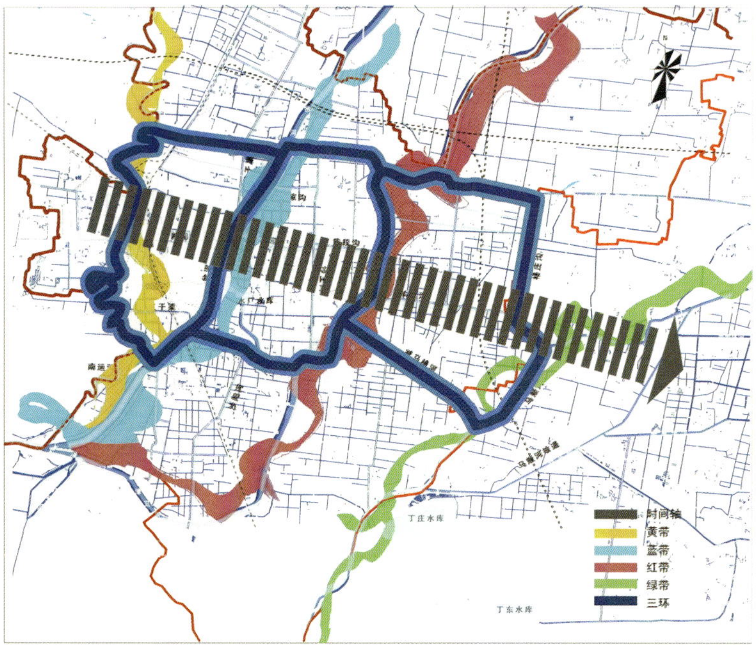

水系规划结构

城市水系绿地综合规划图

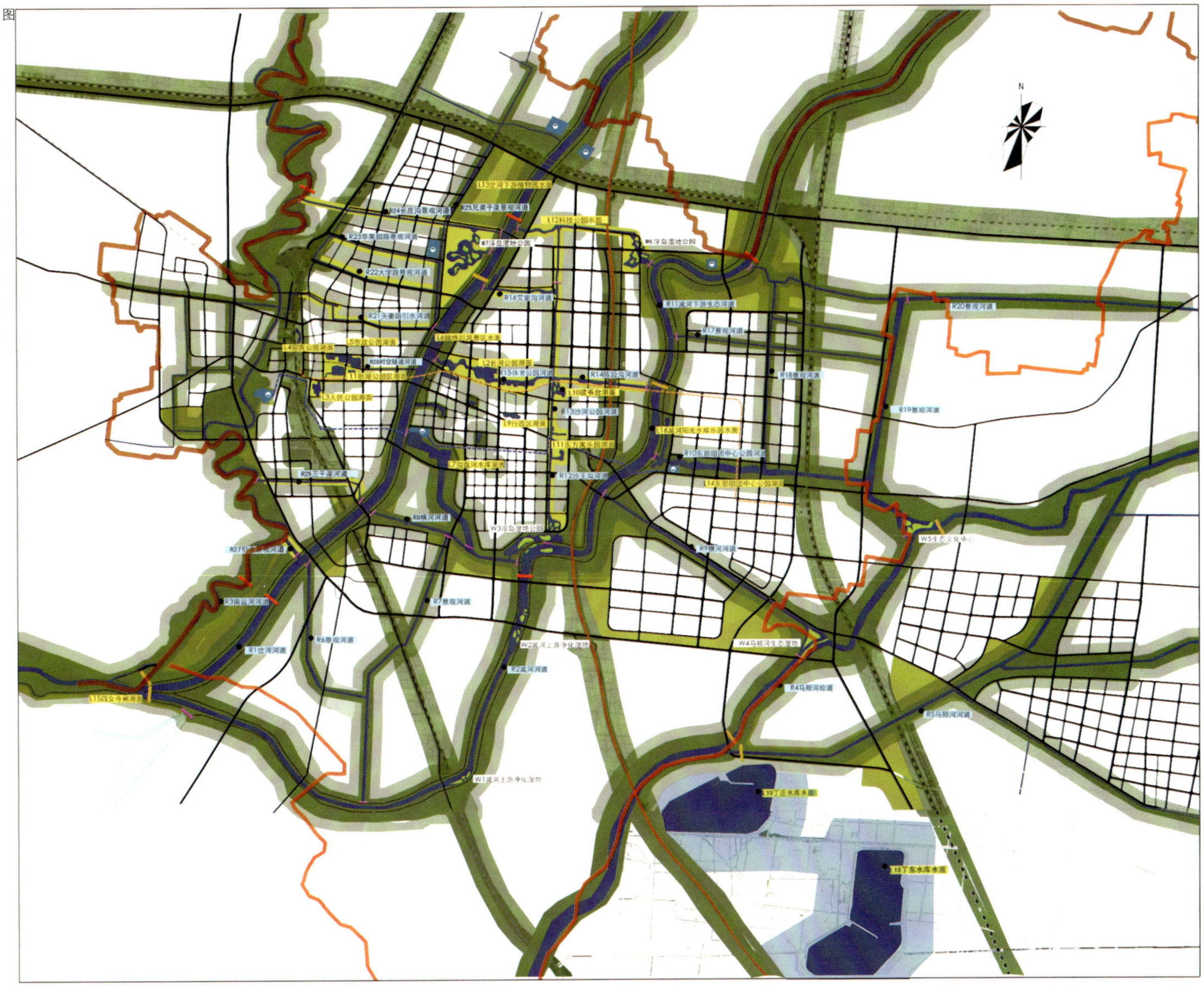

图 例

景观湖面
自然河道
公共绿地
防护绿地
防护林地
苗圃
生态绿地
供水厂
污水处理
拦水闸
引排水闸
市域界限
供水管线
城市轻轨

水系通航方案

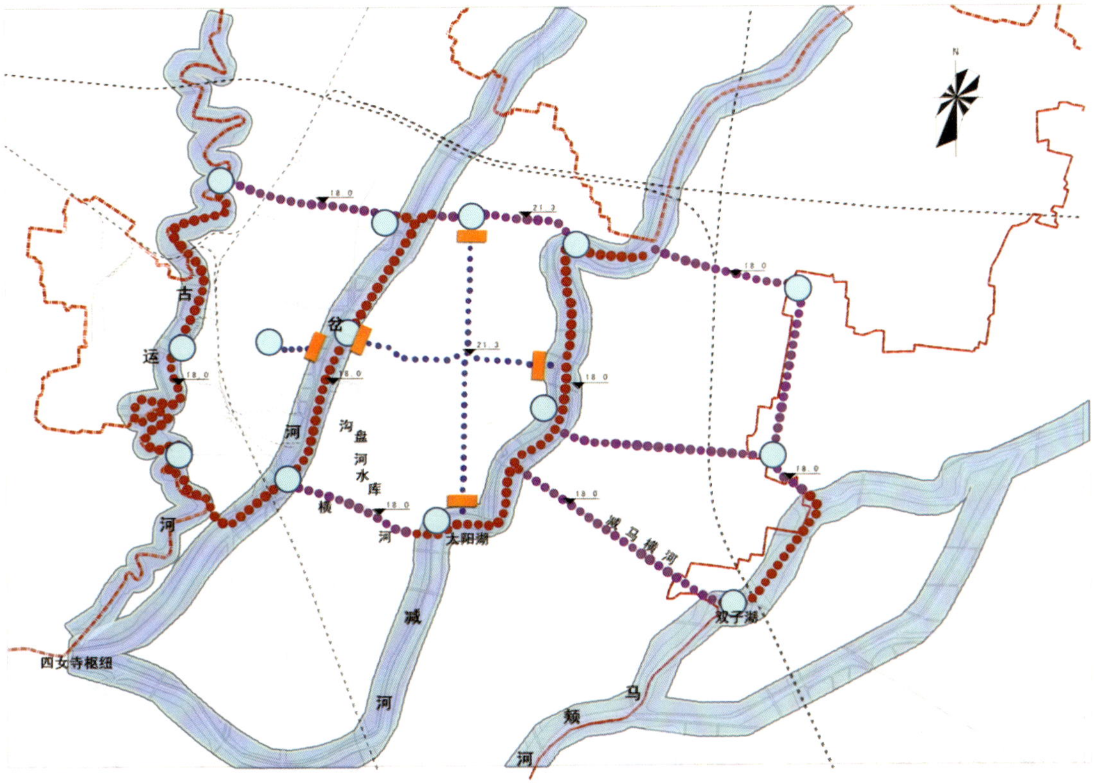

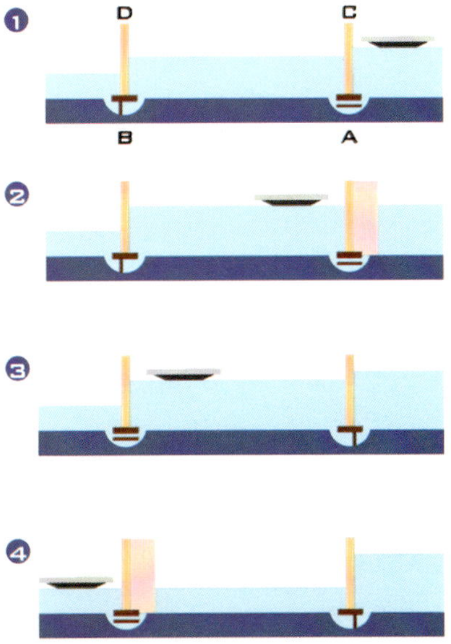

如图表示船闸的工作原理，C、D表示闸门，A、B表示阀门。
红色方框表示开启闸门。
船闸通过阀门、闸门的开启控制水位。

图例：
主要水体
城市一类航道（总长度48km）
城市二类航道（总长度38km）
城市三类航道（总长度19km）
主要客运码头
船闸

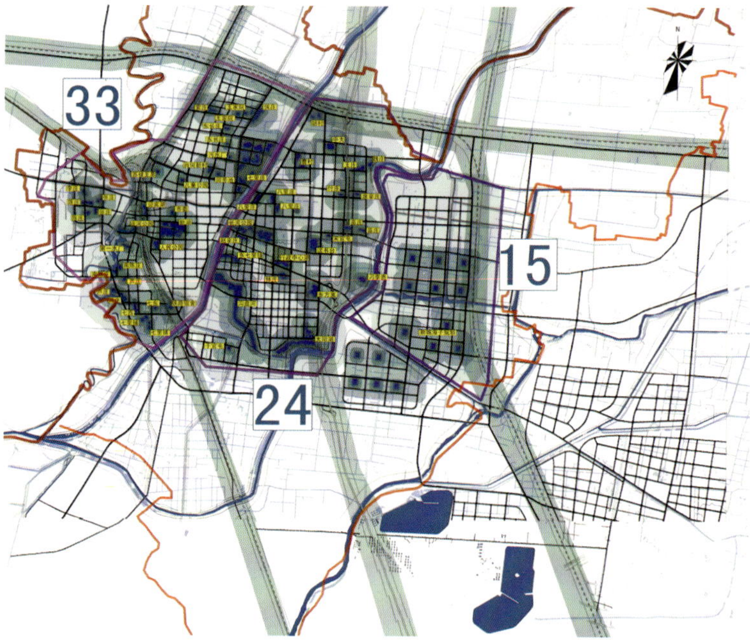

水系规划结构

□ 城市景观分区图

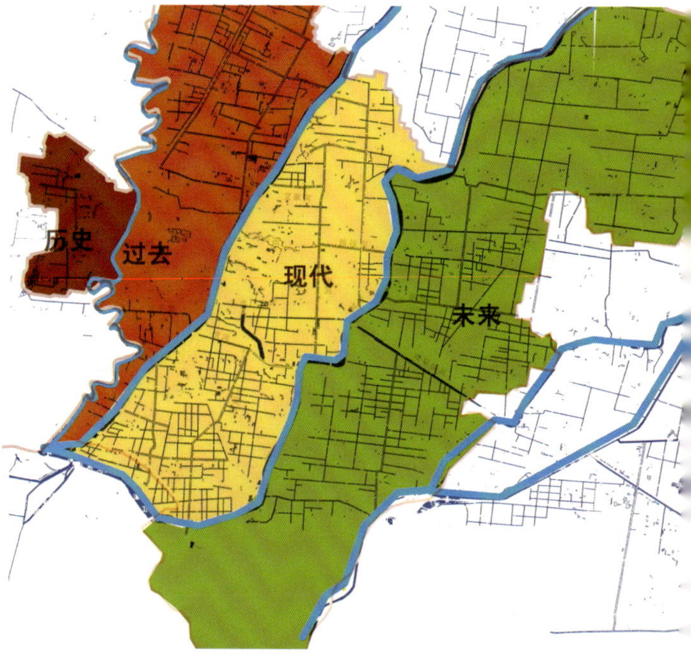

城市水文化

□ 城市水系鸟瞰

阳光德州、七彩水都

水系规划结构

总体平面图

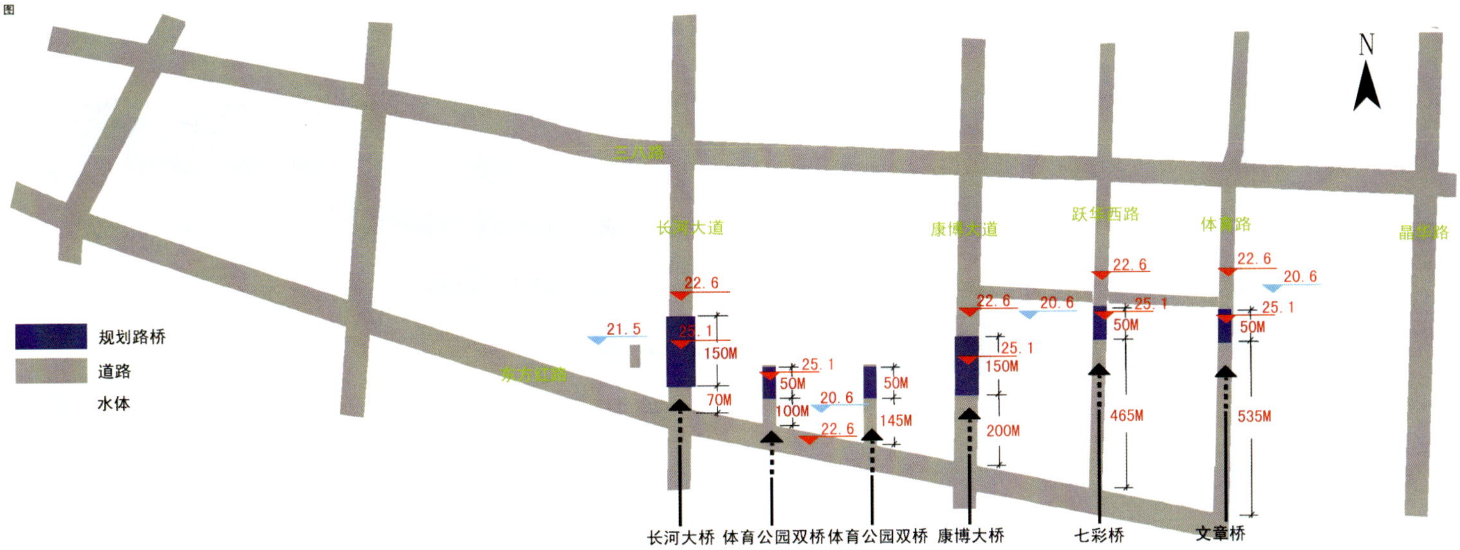

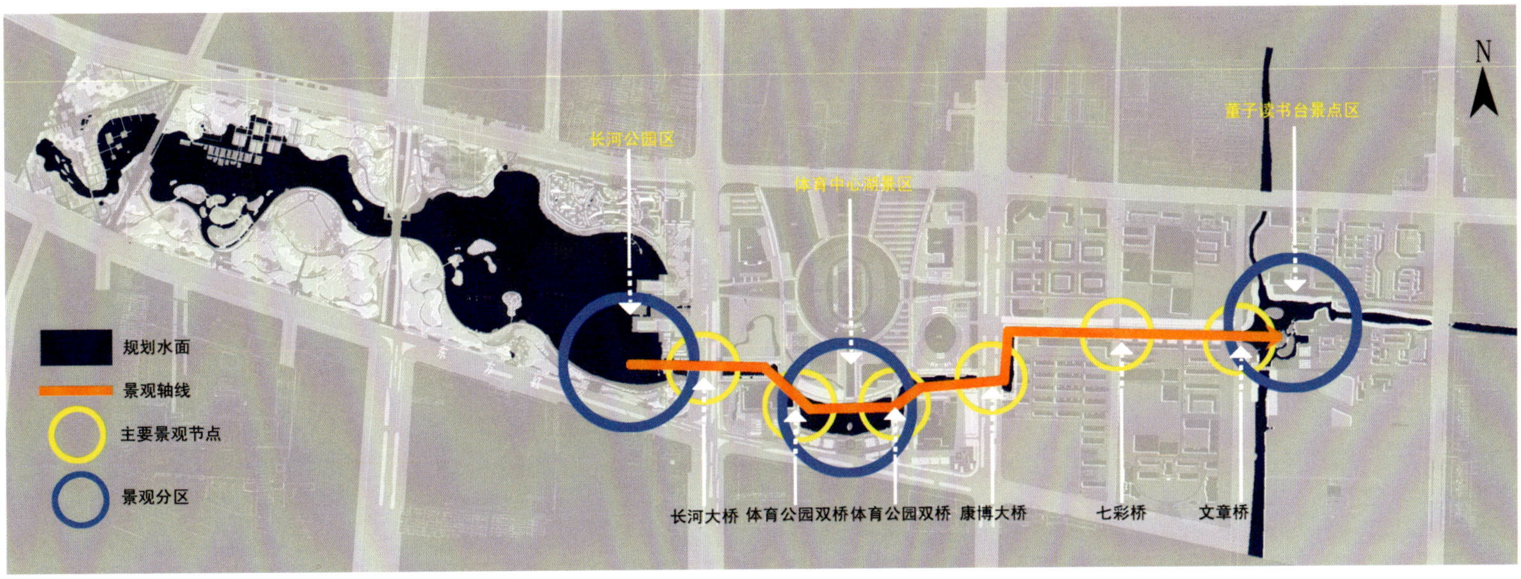

七十二海子建设

御龙池

规划中的御龙池位于河东新区岔河东侧的东七里铺，由几个小型海子组合而成。规划水域面积为65 672m^2，水位18m。由于水面较为狭长，故以“龙”为主题命名。设计思想围绕德城魅力环的景观特色，建设具有现代先锋意识的生态观光景点，打造城市形态风光湖。

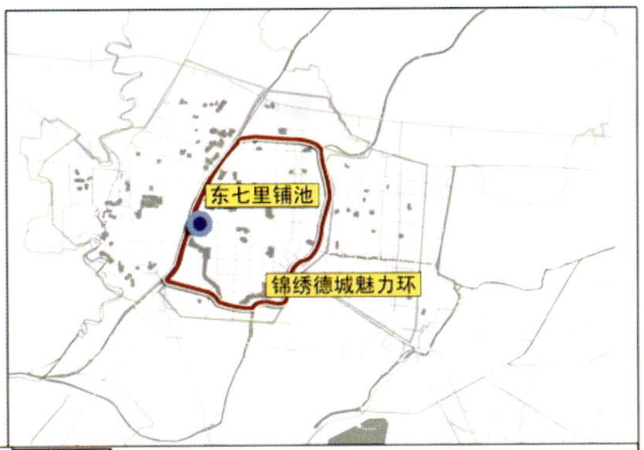

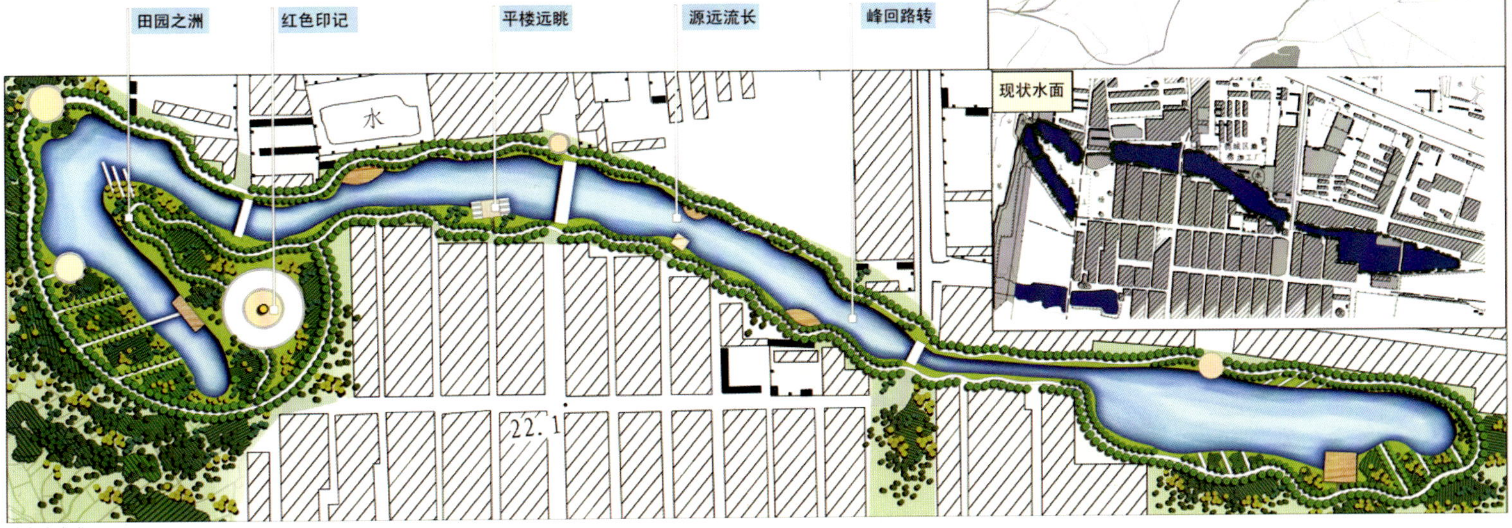

规划总体预览

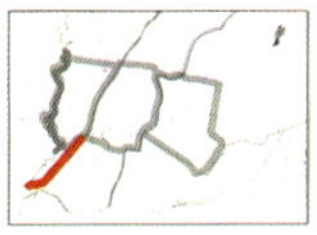

城市景观建设方案

四带—— 和谐绿道/岔河景观

三干渠改造效果示意

城市景观建设方案

三环——岔河与运河连通段景观

三干渠污水改排

将三干渠全线污水改排，三干渠两侧设置管径为1000毫米的排水涵管，改排路线自外环路西侧沿外环铺设一条管径为1400毫米的排污涵管至运河，与现有运河排水涵管对接，将污水排至运河下游。同时，三干渠两侧砌筑硬质护岸，两侧各控制绿线10米，河口宽10米，设计水位18米，与岔运河水位齐平，自陈公堤口泵站引入岔河水，或直接自运河引入，使三干渠成为市区南部景观河道。

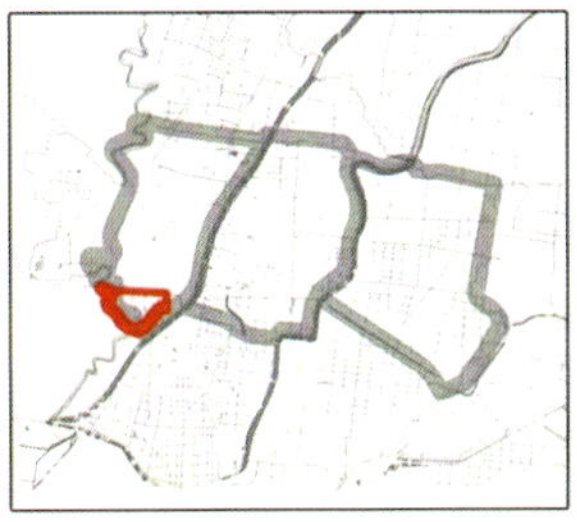

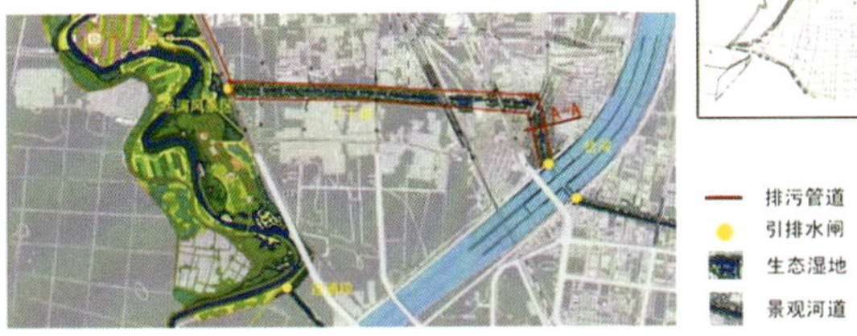

范围	西起商贸南路芦庄泵站，东至陈公提泵站。
规模	河道全长5.2km
蓝线控制范围	两岸蓝线外扩河堤线20m
生态环境等级	D级 河流自然改变很大，已处于人工状态
景观娱乐等级	三级
水位	18
需水量/蓄水量	1.89/10.42万平方米
河道等级	城市二级河道

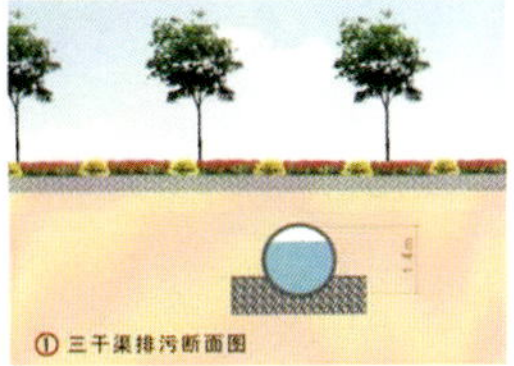

① 三干渠排污断面图

A-A

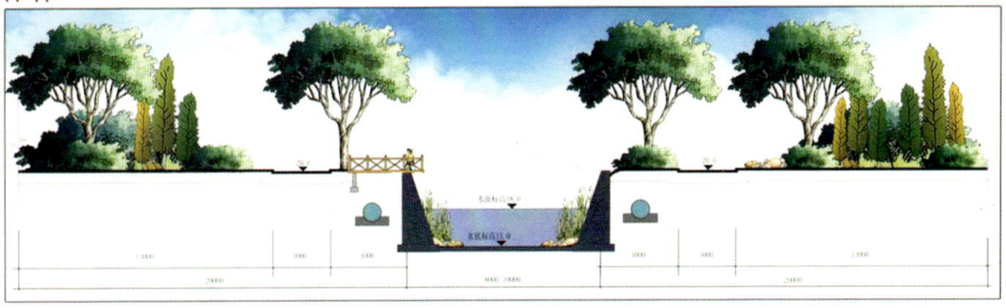

□ 三干渠

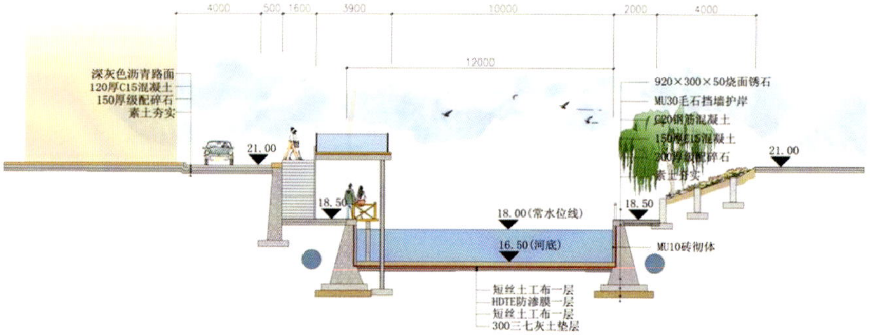

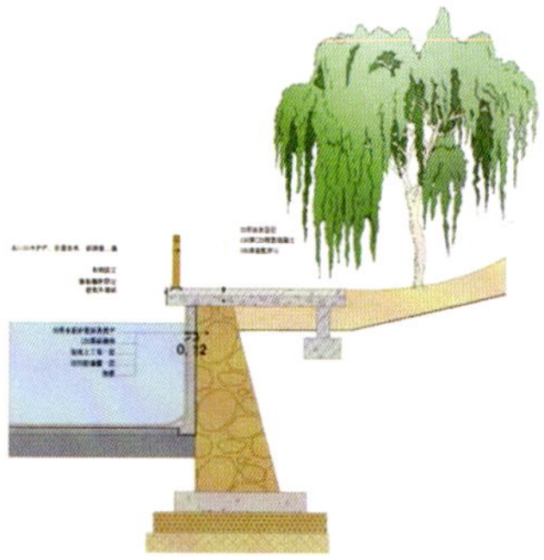

规划工程分析

名称	位置	形式	功能	工程等别	规模	设计流量（m³/s）	闸孔净宽/尺度（m）	闸顶挡水高程（m）	门槛水深
三干渠西闸	南运河右堤	直升闸	防洪、引水	III	中型	23.7	16	28.77	/
三干渠东闸	岔河左堤	直升闸	防洪、引水	II	大（2）型	23.7	16	26.41	/

城市水文化

□ 三干渠市场地段效果

1. 太阳岛
2. 拦水堤坝
3. 太阳湖观光区
4. 生态浮岛
5. 鱼塘
6. 入口广场
7. 湿地博物馆
8. 亲水平台
9. 红色长廊
10生态林地

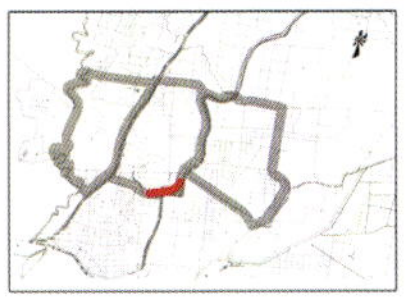

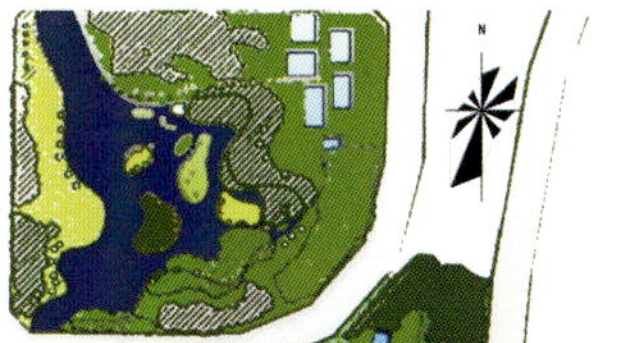

城市水文化

□ 城市景观建设方案

三环—— 岔河与运河连通段长庄沟景观

A-A

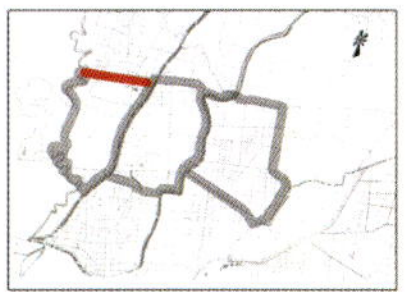

B-B

图例：

休闲平台

景观桥

河道

□ 长庄沟改造平面图

城市水文化

□ "太阳湖" 生态湿地公园

总结

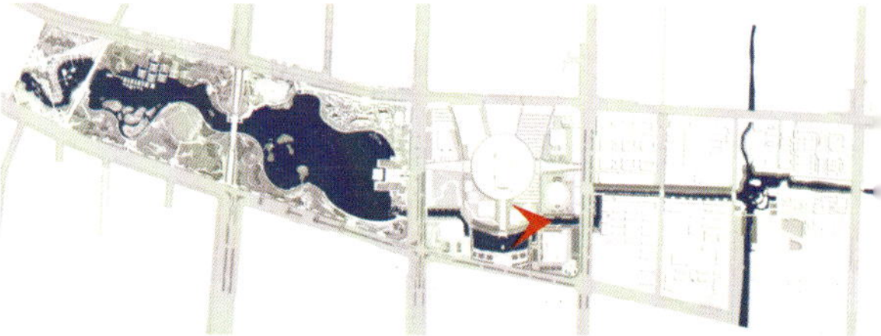

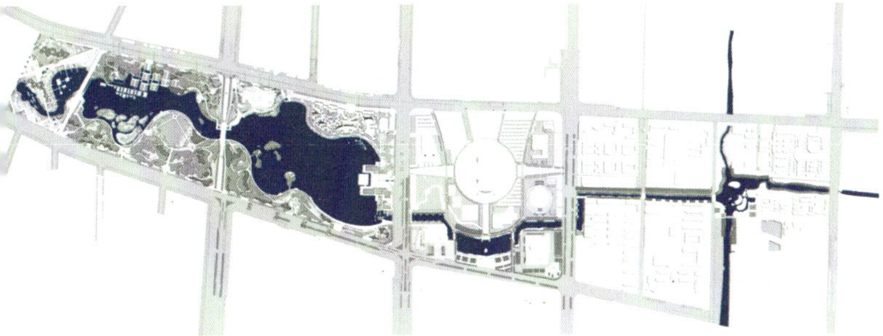

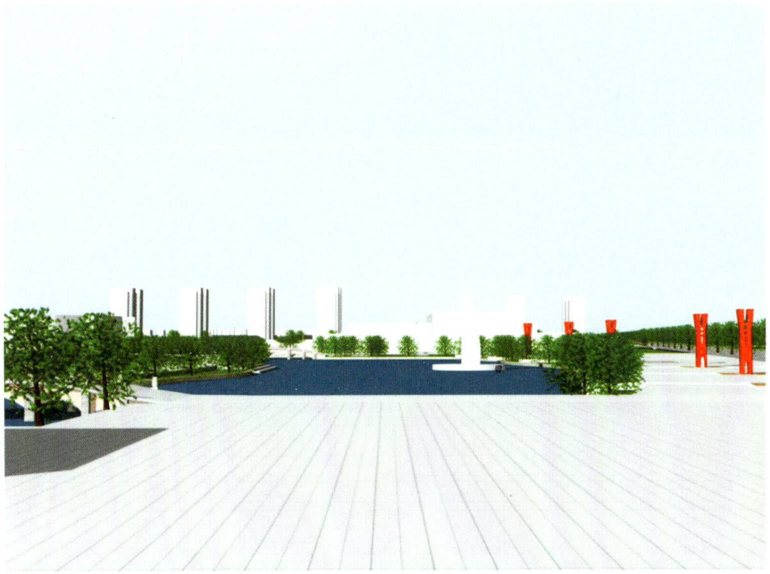

鹤壁市“鹤寿湾”国际康复养老中心

项目资料：
项目地址：河南省鹤壁市
景观规划设计面积：160万平方米
设计单位：尚旅麟德景观设计顾问（深圳）有限公司
主要设计人员：张立志 朱黎

项目说明：

一、项目区域背景

1．区位：项目位于鹤壁市淇滨新区，属于城市未来发展的重点区域，颐老经济依托中心城市功能，优势非常明显，并且有多条道路与城市主干道连接，交通也十分便利。

2．环境：著名的淇河河畔、悠久的历史文化、高品位的生态环境、优质的温泉资源……为项目的开发奠定了丰厚的基础。

3．客源：随着高铁的通车，进一步缩短了北京、石家庄、西安等大城市与鹤壁的距离；与日韩的通航及高速公路的延伸为高端养老市场带来更宽广的商机。

结论：项目以老人养老为基本定位，有着庞大的市场需求、便利的交通条件和最为养生的综合环境，其

展前景非常值得期待。

二、项目名称解读

项目以“鹤寿湾”命名，主要从以下因素考虑：

鹤：鹤者，长寿也。

鹤具有仙风道骨，在传统文化中被誉为活力、健康、理想之，是长寿的象征。一个“鹤”字也表明了项目与整个城市的文渊源。

“鹤”——吉祥长寿的象征，鹤壁文明的窗口

寿：寿者，期之远耳。——《庄子天道》

《诗经尔雅》说“寿星，角亢也”，表达了人们对生命可贵的好寄托。健康是福，一个“寿”字体现了项目的定位与主题。

“寿”——五寿齐集的凝聚，康泰百年的主题

湾：湾，水曲也。——《广韵》

湾是水流弯曲的地方，安静甜美、自然生态之意，一个“湾”字点明了项目的愿景是为老人提供安逸、舒适的服务和环境。

“湾”——生态栖居的福地，绿色寿康的港湾

三、规划思路与理念

1. 文化主题

中国寿文化（太极和谐，山水养生）

2. 核心思路

演绎寿主题，彰显寿文化，做好寿景观，打造寿经济。

3. 规划理念以传统文化为根、中医养生为魂、生态绿色为、颐老经济为本。

4. 宣传口号

鹤舞天地，康寿家园。

5. 愿景定位

最具中国文化特色的养老康复中心；河南省“银发经济”试验地；中国最大的综合性康复养老中心。

四、整体开发构想——五寿同辉

一条主线、五大板块、九大亮点

（一）一条主线

以中国寿文化为核心、太极阴阳互动为结构、动态养生为理，并以此衍生出所有景观，犹如仙鹤飞舞于夕阳之下，活力四。

（二）五大板块

即延寿、康寿、福寿、颐寿、万寿

1. 延寿——医疗康复板块（占地面积约32万平方米）

文化理念：“君子安而不忘危”——《周易》

“曲则全，枉则直，洼则盈”——《老子》

其中道理：常查体，不忘危，保健康。

着重体现：“保健者寿”。

主要功能：中医保健、体检康复。

核心项目：中医特色门诊、综合康复中心、糖尿病医疗中心、科医疗中心。

配套项目：VIP体检中心、精神心理障碍康复中心、养老中、牙科门诊、附属办公楼、员工宿舍、VIP疗养中心、古代中医名人雕像、百草园（中医草药植物展示园）、配套地下停车场。

2. 康寿——高尚社区板块（占地面积约42万平方米）

主题概念：“道大、天大、地大、人亦大”——《老子》

着重体现：“常动则生”。

主要功能：生态运动、高尚社区

核心项目：联排、双拼别墅，老年演艺中心。

配套项目：老年娱乐中心、健身中心、全国老年书画大赛（同夕阳红节目联办）、全国老年演唱大赛（提高项目影响力）、体育馆、网球中心、门球场、多功能球场、地掷球中心、保龄球中、湿地生态散步走廊。

3. 福寿——养生居住板块（占地面积约47万平方米）

文化理念：“仁者寿”——孔子。全社会关爱老人、年轻人孝敬老人是“大爱之仁”的体现。

主要功能：养老服务、社区居住。

核心项目：大众化住宅社区、老年大学、鹤寿湾主题雕塑广场。

配套项目：老年艺术中心（书法、绘画展览和艺术培训等）、棋牌交流中心、陪护职业技术学院、泳池、温泉休闲会、环湖生态景观走廊、野渡横舟（垂钓中心）。

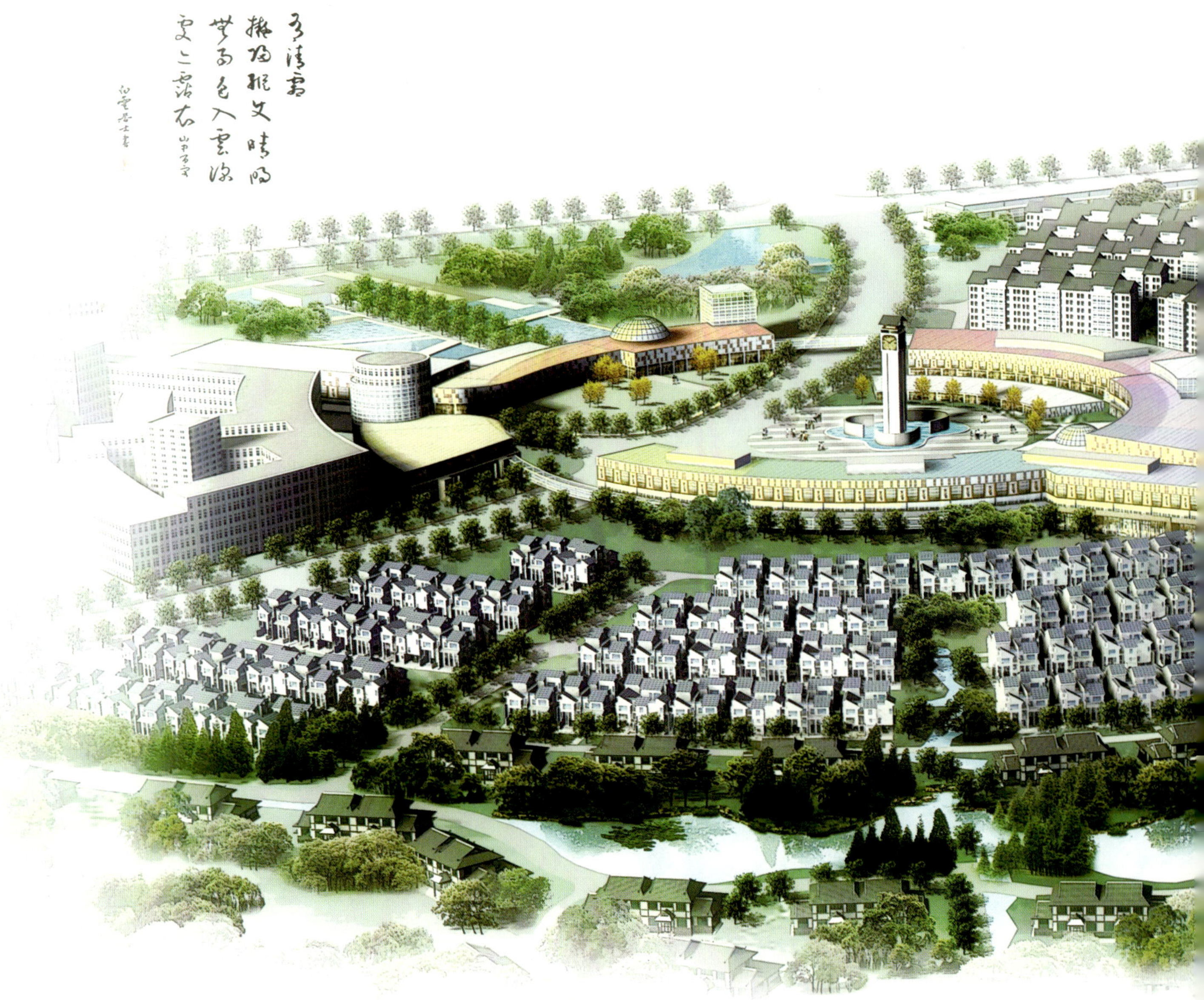

文化主题

整体开发构想

一条主线
五大板块
九大亮点

五大板块

延寿—医疗康复板块
康寿—高尚社区板块
福寿—养生居住板块
颐寿—养老公寓板块
万寿—生态休闲板块

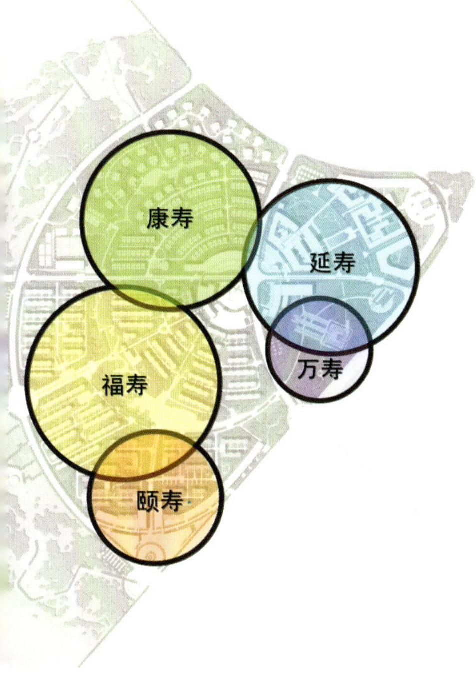

九大亮点

1. 中医特色门诊中心
2. 鹤寿湾主题雕塑广场
3. 糖尿病医疗中心
4. 综合康复中心
5. 省亲会所
6. 老年演艺中心
7. 老年大学
8. 陪护职业技术学院
9. 二十四孝文化墙

交通分析

4. 颐寿——养老公寓板块（占地面积约29万平方米）

文化理念：道家认为“法于阴阳，饮食有节”。

这个“节”是有节制、有科学，这个“法”是尊重自然规律。

着重体现：“颐养天年”“幸福晚年”，重点打造适宜老人的、有特色的品牌餐饮连锁店。

主要功能：饮食养生、公寓会所。

核心项目：省亲会所（即高端探视中心、配套宾馆、儿童天地等）。

配套项目：配套酒店、洗浴中心、社区服务中心、商业办公楼、会议中心、特色食街、国际养老中心、大型超市、社区门诊、棋牌活动室、阅读室、食堂、大型地下停车场等。

5. 万寿——生态休闲板块（占地面积约10万平方米）

文化理念：“人法地，地法天，天法道，道法自然”——《道德经》

主要功能：生态游憩、文化观赏、康复养老中心预留用地。

核心项目：各民族“寿”文化展示馆、二十四孝文化墙。

配套项目：传统保健歌廊、“人比寿高”景观石、百寿景观墙、许愿万年青、功德林、珍稀植物园、晨练广场、戏迷乐园、观演舞台、荷花金鱼池、配套生态停车场。

（三）九大亮点

九大亮点即：中医特色门诊中心、鹤寿湾主题雕塑广场、糖尿病医疗中心、综合康复中心、省亲会所、老年演艺中心、老年大学、陪护职业技术学院、二十四孝文化墙。

配套设施分布

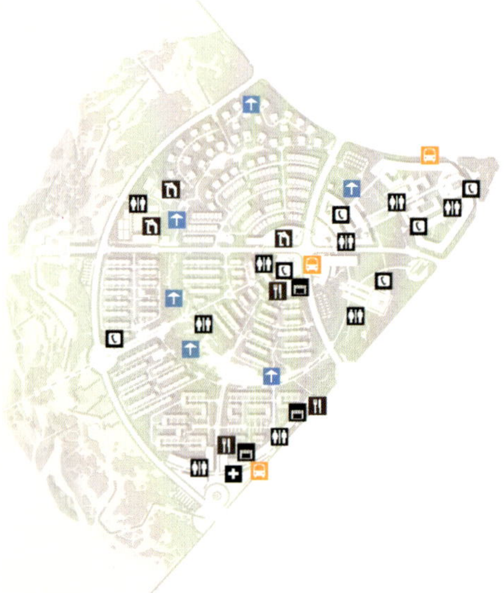

照明分析

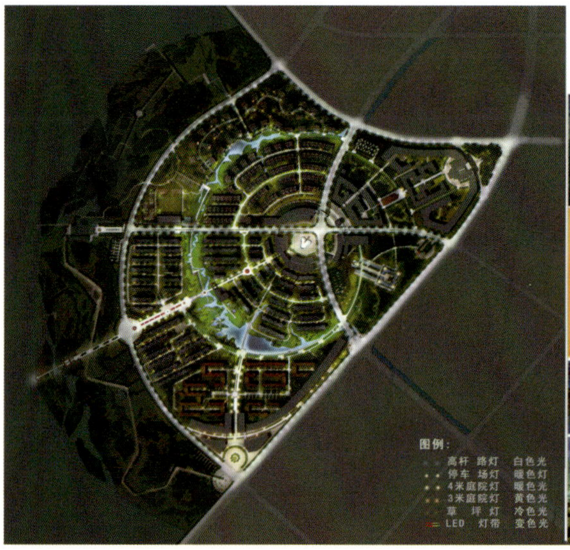

商业街
COMMERCIAL STREET

北京市朝阳区SOLANA蓝色港湾国际商区

项目资料：
项目地址：北京市朝阳区
总占地面积：12万平方米
总建筑面积：6万平方米
容积率：0.5
景观规划设计面积：3.6万平方米
设计单位：美国JERDE国际建筑师事务所
EADG泛亚国际景观设计有限公司
主要设计人员：陈奕仁 Michael Erickson 彭宏 方宝

项目说明：

项目位于北京市朝阳区朝阳公园路6号。"Solar"英语意为"太阳的，阳光的"……蓝色港湾给人以水、浪漫、优雅的遐想……这就是SOLANA蓝色港湾，一个充满了灿烂阳光、幽静湖水、优雅建筑、浪漫小径的购物公园，一个位于亚洲最大的城市公园朝阳公园西北湖岸的欧式商业小镇。

SOLANA蓝色港湾国际商区访遍全球购物中心，引入风靡全球的"Lifestyle Shopping Center"商业，并将其与北京消费趋势相结合，倾心打造中国首家Lifestyle Shopping Park。这里不仅是与国际潮流对接的时尚风向标，更是享受阳光湖水的购物天堂和欢聚空间。

SOLANA蓝色港湾国际商区将丰富业态与优美环境融合，在朝阳公园的广阔湖面和亮马河碧澈河水围绕之中，绽放出美丽风姿。精雕细琢的水景、花团锦簇的空中花园以及由300多棵树木构成的SOLANA品牌森林，是都市水泥森林中的一处稀有风景。

SOLANA蓝色港湾国际商区19栋2～3层的欧式建筑洋溢着浓郁的异域风情，按不同的功能划分为美瑞时尚百货、SOLANA MALL、活力城主题店、品牌街、亮马食街、亮码头酒吧街、中央广场等区域，涵盖了1000余个知名品牌、600多家零售名店、30多家餐饮美食、20多家临水酒吧以及传奇时代影城、全明星滑冰俱乐部、BHG精品超市等丰富的选择。

SOLANA蓝色港湾国际商区时尚、新鲜且充满乐趣，不同的人群都可以在这里找到属于自己的生活方式，非常适合一家人前来消费，共享欢乐时光。SOLANA蓝色港湾国际商区是享受新北京的好地方。

SOLANA蓝色港湾园林景观设计中大量运用乔木、灌木、开花落叶树及常青树等形成了绿意漫布的效果，平台、水景、底层庭院、广场、落叶树、花池勾勒出自然的公园感受，多姿多彩的卵石花岗岩铺装街道结合小树和矮花池打造出欧洲街道美妙休闲的体验。

SOLANA蓝色港湾中央广场周边是高大的常青树，与内侧的开花落叶树形成对比，为广场带来不同的空间尺度和颜色变化，使广场四季郁郁葱葱。SOLANA的屋顶花园是花的海洋，在不同的建筑物屋顶，SOLANA蓝色港湾以丰富的主题手法营造出风格各异的花园景观。这里一年四季花团锦簇，形成了让人赏心悦目的景观。

SOLANA蓝色港湾以唯美的园林景观空间作为背景迎接顾客，为城市开创了一个融入自然景观的全新开放式商业空间，使得SOLANA蓝色港湾的商业价值得到进一步提升。

KRIZ

north canal wheat park

The Canal Wheat Park's materials are a combination of Local material and artfully made new material used in a sculptural way. The materials are a range of very informal material with modular stone materials.

Material list:

- Chinese Granite: 55%
  - Colors: Dark Yellow, Tiger Yellow, Black and
  - White
  - Items: Banding, Paving Fields and Stepping Water Feature
- Exposed Aggregate integral colored concrete: 30%
  - Custom aggregate
  - Colors: Multi-colored stone aggregate - Yellow, Grey, Burgundy, Black and Burnt Orange
  - Item: Paving Fields
- Relief - Patterned concrete: 5%
  - Wheat stocks imprinted to the curing natural colored concrete
  - Art Impressions: Children's Painted Tiles
  - Item: Maintenance Walk
- Art Impressions/ Children's Painted Tiles: 5%
  - Colors: Multi-colored
  - Items: Paving Fields
- Pre-Cast Decorative Tiles: 5%
  - Colors: Orange, Burgundy, Grey and Black

Items: Maintenance Road/ Walk

north canal dining terrace

The North Canal Dining Terrace's materials are a combination of Local Rustic Brick material and new Pre-Cast Tiles. The materials are a range of modular stone materials with different Brick Patterns.

Material list:

- Chinese Granite: 60%
  - Colors: Dark Yellow, Tiger Yellow, Black and
  - White
  - Items: Banding, Paving Fields and Parking Court/ Driveway
- Chinese Brick: 30%
  - Aged Brick
  - Colors: Yellow, Grey, Terra Cotta/Burnt Orange, and Black
  - Item: Outdoor Dining Patios
- Pre-Cast Decorative Tiles: 10%
  - Colors: Orange, Burgundy, Grey and Black
  - Items: Maintenance Road/ Walk

sunken garden

The Sunken Garden has a wide variety of paving material emphasing a very informal, eclectic character. Like in Nature, a sense of random order encompasses the entire garden, where stone material combine with composite man made material to produce a wonderful balance and harmony for the garden.

Material list:

- Chinese Granite: 20%
  - Colors: Dark Yellow, Tiger Yellow, Black and
  - White
  - Items: Banding, Paving Fields and Parking Court/Driveway
- Random Stone: 70%
  - Colors: Orange, Burgundy, Grey and Black
  - Various Slate, and Porphyry Granite
  - Items: Retail Walks/ Outdoor Patios and Ramp Areas
- Custom Exposed Aggregate: 10%
  - Colors: Orange, Burgundy, Grey and Black
  - Items: Maintenance Road/ Walk

market court

The materials for the Market Court, like the North Canal Dining Terrace, are a combination of Local Rustic Brick material and new Pre-Cast Tiles. The materials are a range of modular stone materials with different Brick Patterns.

Material list:

- Chinese Granite: 60%
  - Colors: Dark Yellow, Tiger Yellow, Black and
  - White
  - Items: Banding, Paving Fields and Parking Court/Driveway
- Chinese Brick: 20%
  - Aged Brick
  - Colors: Yellow, Grey, Terra Cotta/Burnt Orange, and Black
  - Item: Outdoor Dining Patios
- Random Stone: 15%
  - Colors: Orange, Burgundy, Grey and Black
  - Various Slate, and Porphyry Granite
  - Items: Retail Walks/ Outdoor Patios and Ramp Areas
- Custom Exposed Aggregate with Terra Cotta Tiles: 5%
  - Colors: Orange, Burgundy, Grey and Black
  - Items: Retail Walks/Outdoor Patios

trellis gateway

The Trellis Gateway is a blending of Urban style meeting Romantic style producing a very culturally but unique image that feel grounded in Beijing while dancing with the spirit of Italy. The project also has a very iconographic image of Fire - Solana combined with water and landscape material.

Material list:

- Chinese Granite: 70%
  - Colors: Dark Yellow, Tiger Yellow, Black and White
  - Items: Banding, Paving Fields and Stepping Water Feature
- Exposed Aggregate integral colored concrete: 20%
  - Custom aggregate
  - Colors: Multi-colored stone aggregate - Yellow, Grey, Burgundy, Black and Burnt Orange
- India Slate/Quartzic Sandstones: 10%
  - Colors: Dark Orange, Multi-colored Rosa, and yellow

Items: Banding and Paving Fields

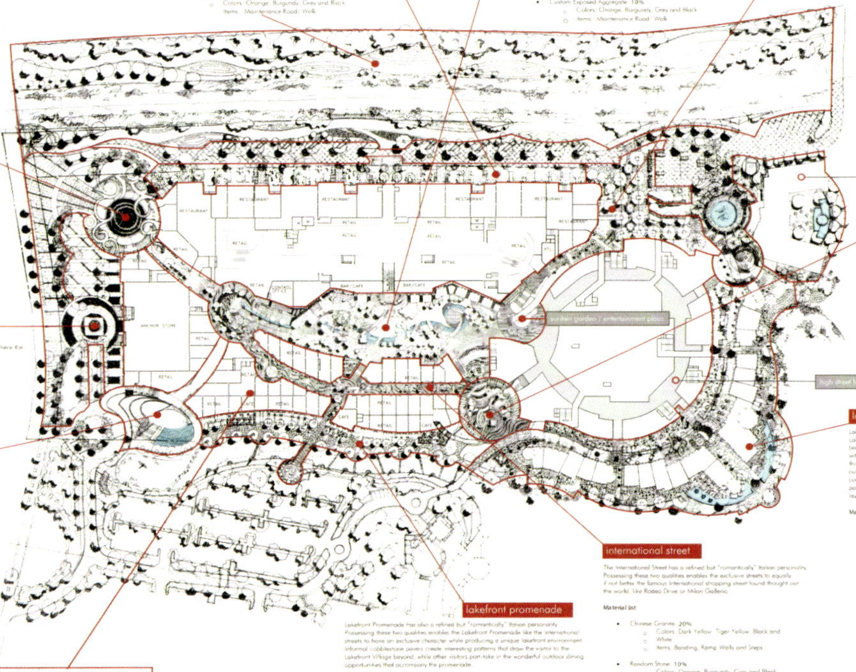

west side plaza:

The paving concept for this area focus on an urban, very formal character where the patterns for the paving have a geometric and architectural style.

Material list:

- Chinese Granite: 100%
  - Colors: Dark Yellow, Tiger Yellow, Black and White
  - Items: Banding and Paving Fields
- Paving Medallion – Project Logo

  Custom manufactured - see Graphic documentation

fire plaza

The Fire Plaza has a very warm quality, like a Fireplace or "Hearth" in a home. The various hues of red combine with accent oranges and grey create a wonderful paving carpet. Serpentine paving stripes focuses the visitor eyes into the space from the level above.

Material list:

- Chinese Granite: 20%
  - Colors: Dark Yellow, Tiger Yellow, Black and
  - White
  - Items: Banding, Ramp Walls and Steps
- Random Stone: 30%
  - Colors: Orange, Burgundy, Grey and Black
  - Various Slate, and Porphyry Granite
  - Items: Retail Walks/ Outdoor Patios and Ramp Areas
- Porphyry Cobble Paving: 50%
  - Colors: Orange, Burgundy, Grey and Black

Items: Serpentine Strips, Paving Field and Outdoor Dining Patios

lakefront village

Lakefront Village is the most "Rustic" and Romantic location in Solana. Reminiscent of Lake Como or the more recently built Bellagio Hotel/Casino, the paving conjures back the special memories from their Italian past. Cobblestone paving quilted together with Chinese Granite modules and random field cut paving contribute to enhancing this blend of Chinese and Italian partnership. As on the Lakefront Promenade, many outdoor opportunities occur as they dining along the reflecting Water Feature at the corner of the project. Here smaller modules of granite paving work together with random paving, planted landscape, graphic elements and lighting, producing a wonderful layering of rich scale.

Material list:

- Chinese Granite: 10%
  - Colors: Dark Yellow, Tiger Yellow, Black and
  - White
  - Items: Banding, Ramp Walls and Steps
- Random Stone: 20%
  - Colors: Orange, Burgundy, Grey and Black
  - Various Slate, and Porphyry Granite
  - Items: Water Feature Walls/Outdoor Patios and Ramp Areas
- Porphyry Cobble Paving: 70%
  - Colors: Orange, Burgundy, Grey and Black
  - Items: Serpentine Strips, Paving Field and Outdoor Dining Patios
- Wood: 70%
  - Color: Light Brown
  - Items: Waterfront Landings

the terrace:

The Terrace terminates the Westside Plaza. The paving materials palette is a similar one to the Plaza but introduces an informal paving language to transition the project to the Canal or Lakefront Promenade. The main Entry Plaza incorporates the use of integral colored exposed aggregate paving.

Material list:

- Chinese Granite: 50%
  - Colors: Dark Yellow, Tiger Yellow, Black and White
  - Items: Banding, Paving Fields and Stepping Water Feature
- Exposed Aggregate integral Colored Concrete: 50%
  - Custom aggregate
  - Colors: Multi colored Stone Aggregate - Yellow, Gray, Burgundy, Black and Orange

international street

The International Street has a refined but "romantically" Italian personality. Possessing these two qualities enables the exclusive streets to equally if not better the famous international shopping street found thought out the world, like Rodeo Drive or Milan Galleria.

Material list:

- Chinese Granite: 20%
  - Colors: Dark Yellow, Tiger Yellow, Black and
  - White
  - Items: Banding, Ramp Walls and Steps
- Random Stone: 10%
  - Colors: Orange, Burgundy, Grey and Black
  - Various Slate, and Porphyry Granite,
  - Items: Retail Walks/ Outdoor Patios and Ramp Areas
- Porphyry Cobble Paving: 70%
  - Colors: Orange, Burgundy, Grey and Black
  - Items: Serpentine Strips, Paving Field and Outdoor Dining Patios

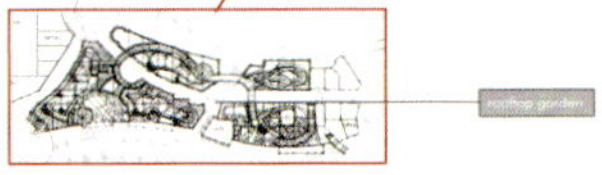

lakefront promenade

Lakefront Promenade has also a refined but "romantically" Italian personality. Possessing these two qualities enables the Lakefront Promenade like the international streets to have an exclusive character while producing a unique lakefront environment. Informal cobblestone pavers create interesting patterns that draw the visitor to the Lakefront Village beyond, while other visitors part-take in the wonderful outdoor dining opportunities that accompany the promenade.

Material list:

- Chinese Granite: 10%
  - Colors: Dark Yellow, Tiger Yellow, Black and
  - White
  - Items: Banding, Ramp Walls and Steps
- Random Stone: 20%
  - Colors: Orange, Burgundy, Grey and Black
  - Various Slate, and Porphyry Granite,
  - Items: Water Feature Walls/Outdoor Patios and Ramp Areas
- Porphyry Cobble Paving: 70%
  - Colors: Orange, Burgundy, Grey and Black
  - Items: Serpentine Strips, Paving Field and Outdoor Dining Patios
- Wood: 70%
  - Color: Light Brown
  - Items: Waterfront Landings

water feature

STARBUCKS COFFEE
COLD STONE
antler
RUANS

ZARA

上海市嘉定区江桥万达广场

项目资料：
项目地址：上海市嘉定区
占地面积：119793平方米
景观规划设计面积：72253平方米，其中地面景观面积56902平方米，屋顶面积15351平方米
设计单位：上海新外建工程设计与顾问有限公司
主要设计人员：夏莹　陈宇　谢燕　应佳　王玮　盛燕华

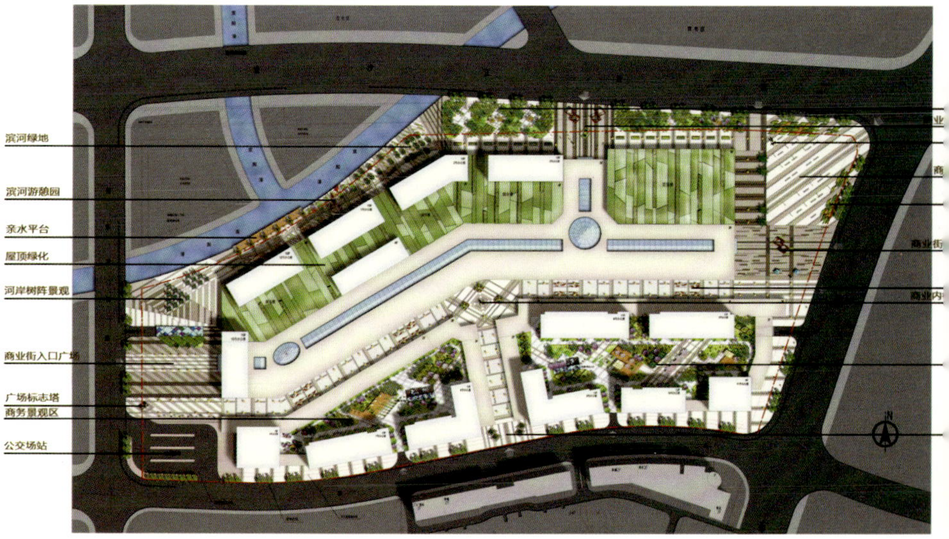

项目说明：

设计理念：北辰星拱，菱花净月

提取“万达广场引领上海北门户新城市中心”的深远寓意，采用现代、意向的设计手法，将北极星耀然天际、众星闪烁、唯美而充满希望的景观抽象成为以菱形为元素的变化组合，创造出“菱花净月”的现代城市商业空间。

设计原则：统一化、风格化的整体景观肌理，充分理解空间的环境氛围营造手法，引导空间视觉的竖向景观界面设置。标志化的商业重点空间打造，功能优先、疏密有致的滨河景观带塑造，具有标识性的防护绿带沿街界面设计，清晰明了的商务景观空间控制，延续人群兴奋周期的景观节点布置，将不可避因素转化为有利元素的景观设计。

江桥万达广场区位

江桥镇位于嘉定区南部，素有"沪宁第一镇"的美誉
是连接上海市中心和上海国际汽车城的重要枢纽
作为上海的北门户，江桥镇正以优先发展现代服务业和先进制造业为引领
打造"江桥新市镇"，建设"以总部办公和商贸物流有机融合的西郊商务第一镇"

万达广场位于金沙江西路以南，新苗路以北，金运路（黄家花园路）以东和华江路以西
商业部分包括大型购物区（国际连锁百货、国际影城、综合超市、娱乐休闲广场、步行商业街）、室外商业步行街和办公楼群
无疑将成为引领江桥新市镇的新城市中心

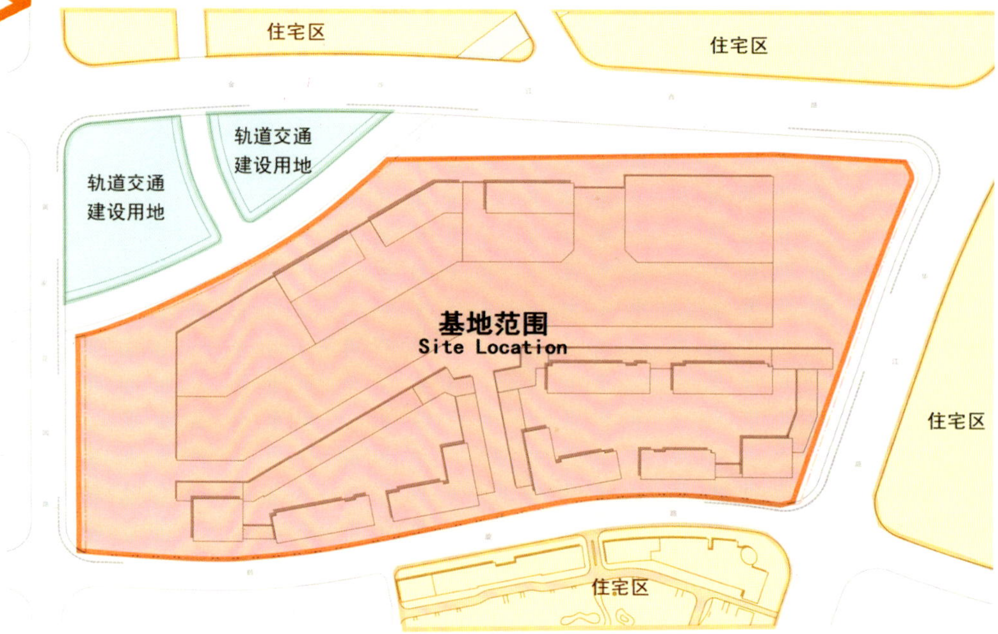

空间功能需求差异与广场一体化空间之间的矛盾

广场整体为开敞的一体化空间
但各个地块根据不同的活动可能性，所承载的功能需求也有所不同
没有界限的场地与需要界限的空间之间必然产生矛盾

具体问题为

01 商业展演广场展演空间要求与广场空旷感之间的矛盾
02 商业入口广场的交通便捷性与外部交通情况复杂性之间的矛盾
03 商业街区的开放热闹需求与滨河带休闲恬静需求之间的矛盾
04 城市防护绿地的遮蔽要求与商业空间辨识度之间的矛盾
05 商务景观区视景效果与交通流线组织之间的矛盾
06 商业内街狭长的通过性空间与人群感受之间的矛盾
07 地下空间便捷性与地上空间的环境美观之间的矛盾

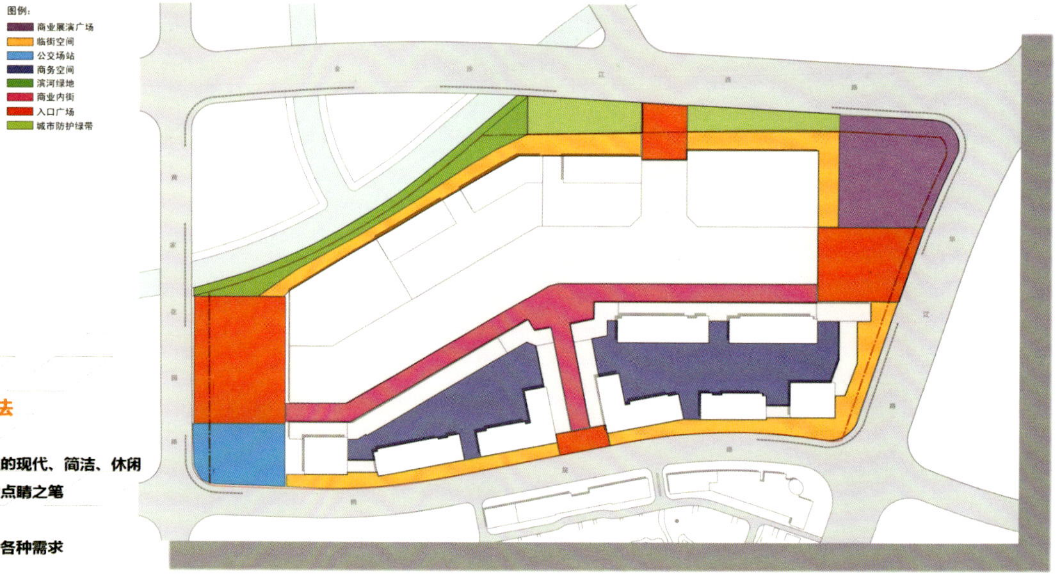

应对措施：充分理解空间的环境氛围营造手法

用统一的元素不同的设计手法，划分出商业区的动，商务区的现代、简洁、休闲
商业界面尽可能开放，交通功能优先，景观空间作为整体的点睛之笔
商务区现代、大方，景观空间功能相对全面，围合性较强
休闲区优美、恬静，景观空间以绿化为主，充分满足游憩的各种需求

基地功能多样性与景观风格整体性间的矛盾

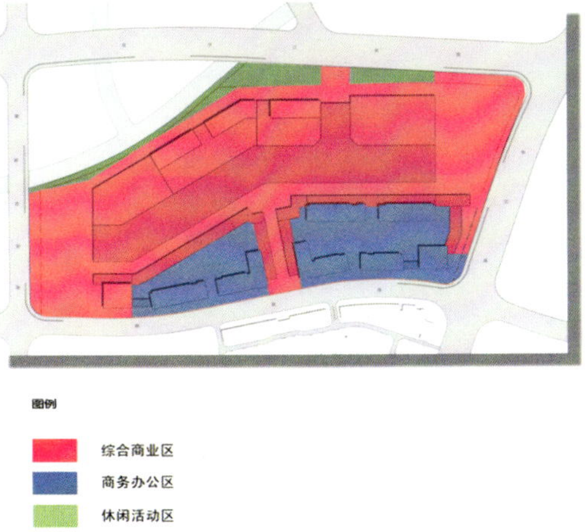

江桥万达广场商业部分基地虽然以商业功能为主体
但也包含了南侧以办公功能为主的商务区
以及西北侧以绿化为主的城市防护绿带和滨水绿地功能区
两个类型的区域需求都与广场中心综合商业区有着本质的区别
却与商业空间共处一体空间，使得空间定位相对模糊

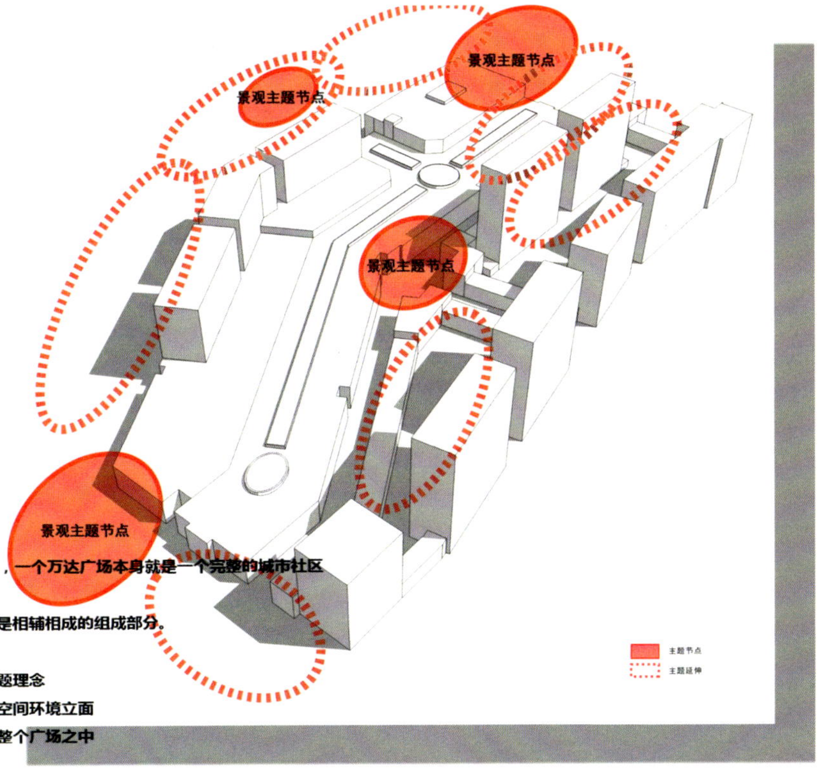

应对措施：统一化风格化的整体景观肌理

景观环境设计充分理解万达广场的开发优势理念——万达广场开发定位为城市综合体项目，一个万达广场本身就是一个完整的城市社区
一个综合性社区的优势在于其本身就包含了一个相对稳定的消费群体
人的物质需求与精神需求是与人的生活密不可分的，广场的几个组成部分虽然性质不同却是相辅相成的组成部分。

景观设计将用同一主题构思贯穿整个广场氛围，选取几个重要节点向广场各个角落延伸主题理念
使周边居民在无论有无商业的空间环境中都能够从二维平面，三维空间，高空俯视的第五空间环境立面
以及情感思维承载的第六感官层面对广场环境有一个整体熟悉与认知，把生活范围扩展到整个广场之中

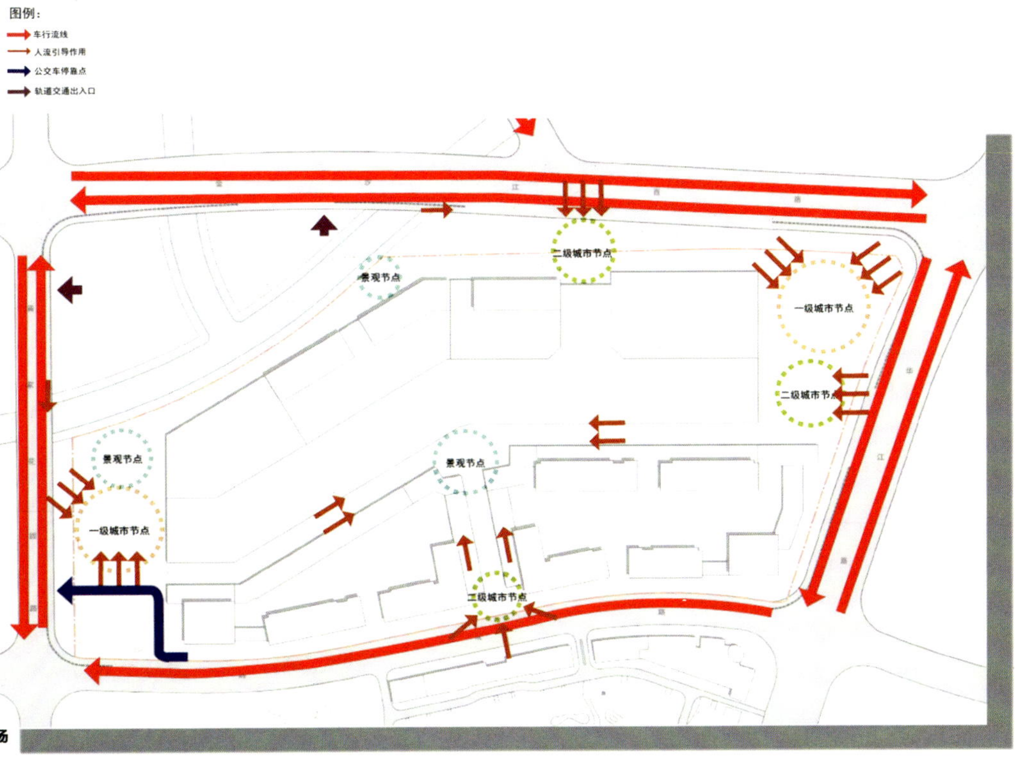

应对措施：标志化的商业重点空间打造

设计根据周边交通环境的重要程度以及周围人流车流的主要视觉
在广场整体环境中选取一级、二级城市节点进行重点标志化设计
使得人群在远距离即可对广场有清晰的辨识
同时在几个环境情况相对复杂的视角设置景观节点，将人群导向广场

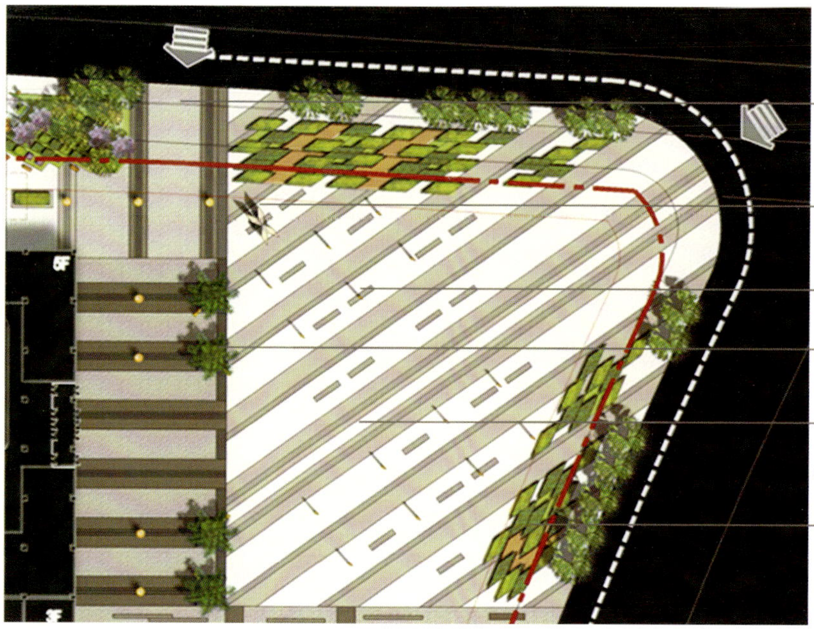

中断绿化
为主要商业建筑入口留出直接
通道方便消费人

广场标志
广场城市地
使消费人群从远距离就对广场有清晰的辨

阵列式景观灯
限定广场空间序列，引导人流方
同时为日夜间的商业展演活动提供标志性的背

景观花
限定综合性商场主要入口位
提升主入口现代、大气的景观形
为行人提供休憩等候区

充足的展演场地预
广场中心以开阔的硬质场地为
为各种商业展演活动预留足够的空
面向街角的朝向，有利于扩大商业活动的影响
吸引商业广场的人

层叠式绿化灌木
围合广场空间，限定主要入口位

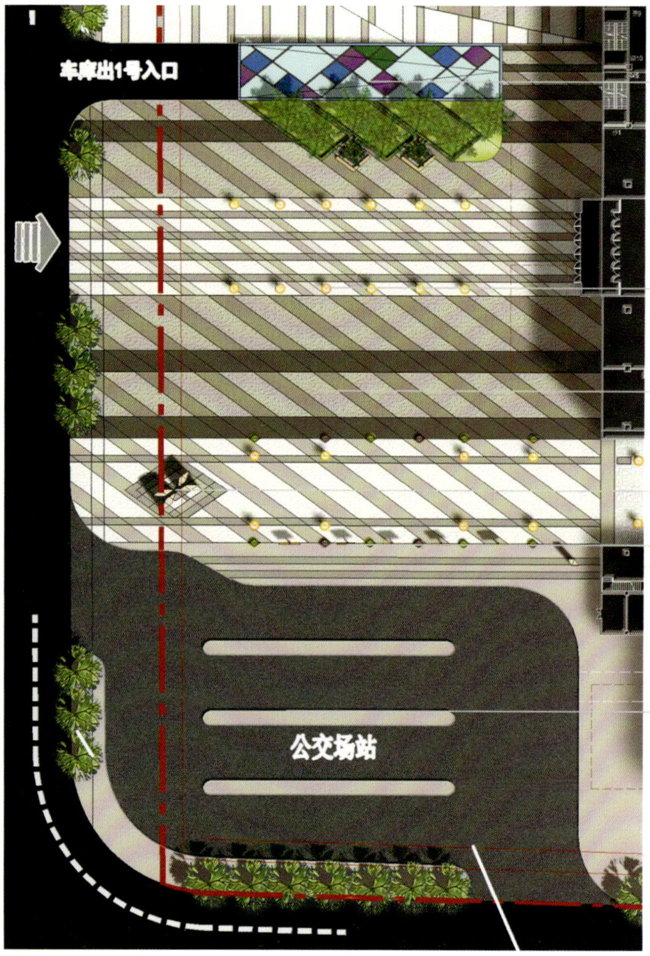

西侧商业街主要入口广场

车库入口美化

地下停车库入口是这个入口广场不可避免的功能性因素
用彩色玻璃构架装饰加上与构架相呼应的绿化带过渡，使得车库入口成为这个区域的艺术装饰品

景观广告灯柱

阵列式的布置可以附着商业宣传广告的景观灯柱，限定空间导向的同时增加商业氛围

铺装限定空间

用不同色彩的铺装限定各个空间区域和通道空间

铺装限定空间

用不同色彩的铺装限定各个空间区域和通道空间

公交场站广告遮阳伞

公交场站与商业区的分隔带上设置一组有趣的可以翻转的遮阳设施，满足功能需求的同时，又可以附着商业活动广告，增加商业环境氛围，将人流引向商业区

公交场站

公交场站以功能为最大前提组织成南进西出的合理的单向流线场站，中间的隔离带中设置简洁的候车篷，提供人群候车的遮蔽空间

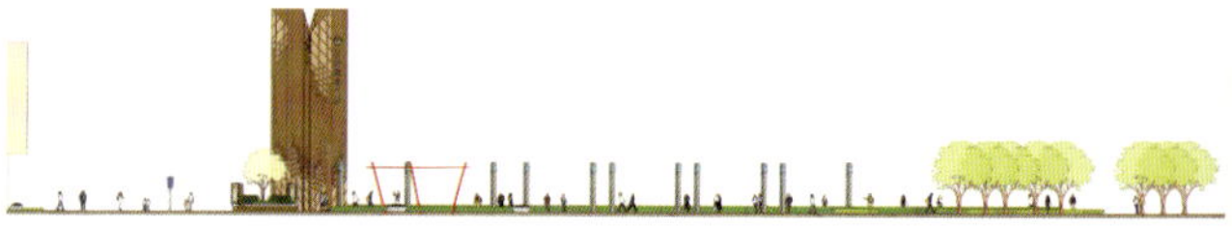

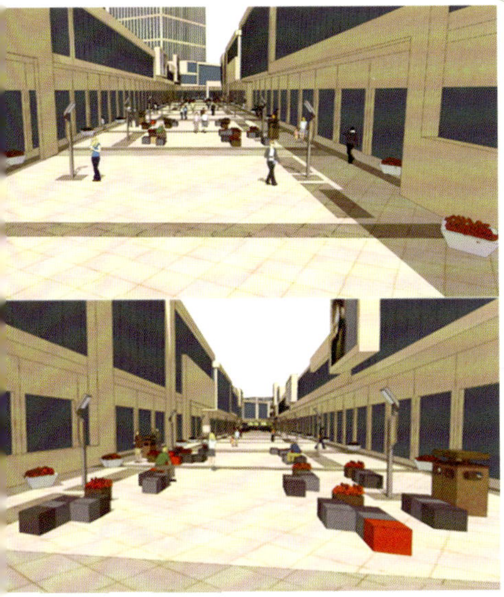

商业内街入口南广场

此处入口功能以及面向的人群都相对单一，主要为南侧居民区 以及广场内商务服务这两组人群，都是对广场环境最为熟悉的群体，因此广场简洁的景观花池标志出入口的位置并用铺装限定入口的导向性

商业内街中心广场灯光雕塑

商业内街广场设置中心雕塑，吸引三个方向的消费群体进入商业街内部

商业内街休憩区

商业内街中依照人的行为习惯以每隔100米为区段布置一处休憩点，休憩点用同一个菱形元素变化出座椅、花池、垃圾桶等

商业内街中心广场

商业内街中心广场以硬质景观为主，用与景观主题相呼应的雕塑、广告灯柱、移动树箱及休憩设施组合出能够提供人群休憩、聚集、等候及小型居民活动的场所

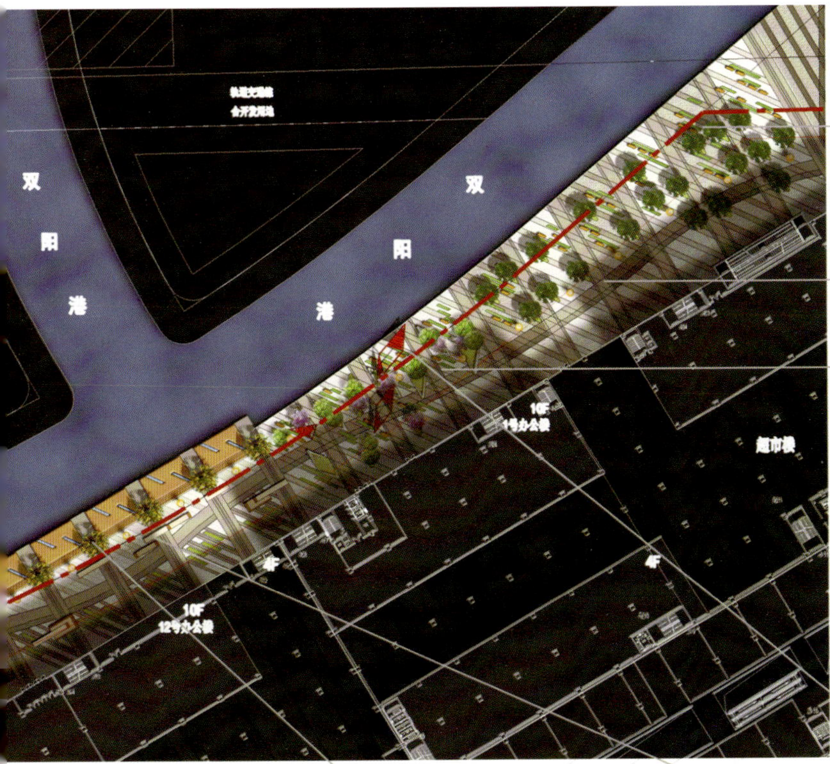

特色花池树阵

特色花池与大乔木序列组合形成面向河道路桥的景观面

硬质场地预留

为超市商场留足活动场地

有序的景观功能安排

与树阵方向一致的灌木、座椅，铺装设计使区域形成形象统一的整体

滨河休闲区

滨河区中段商业活动相对较弱，由景观廊架、特色花池错落组合植物造景形成一个以绿化为主的景观休闲区，为周围居民生活提供一处游憩场所

水平台

双阳港河道三叉口设计一处亲水平台，加上景观墙的组合，在河道转角形成对景，同时也扩大了娱乐楼前的区域，丰富了滨河景观区的空间

景观树池

平台与硬质场地之间有序布置树池空间限定的同时提升景观形象

景观细节

景观小品、硬质铺装以及木平台都沿用菱形的设计主题

与整体景观肌理相统一的防护绿带

防护绿带继续将菱形设计理念从商业区延伸出来,从肌理上与商业环境形成有序的整体

防护绿带中的游憩空间

顺着菱形的景观肌理在防护绿带中有序的组织五处游憩空间减弱了防护绿带对商业广场的阻隔增加了商业空间的通透性城市道路与商业界面之间更加便捷同时也为周围居民的日常生活提供了活动空间

商业界面序列

商业界面与防护绿带间用灌木的组合对空间方向进行过渡保证了商业界面的清晰

特色小品

人形奔跑雕塑由防护绿带一直延伸向商业街主入口，增加趣味性的同时也延续了商业氛围

沿街广告牌

防护绿带外侧向着街面等距放置灯箱广告，将商业空间的影响面透过防护绿带向外部环境延伸

车库出入口

此庭院车库出入口由于覆盖到消防登高面因此设置为斜向下的构架

商务区出入口

出入口处由立式标识牌标示区域性质名称以及主要承载内容，方便出入人群

休憩木平台

庭院中的休憩木平台为商务区办公人群提供小憩放松的空间

景观林阴散步道

矮墙与植物的穿插形成一个宜人的散步空间，高度较低景观矮墙也可供人依靠或就坐

景观菱形花径
景观廊架（地下车库出入口）
休憩小品
车库出入口车行道
景观花钵（车挡）
庭院木平台
商务区入口
楼间景观小庭院
2F
12F
8号办公楼
7号办公楼

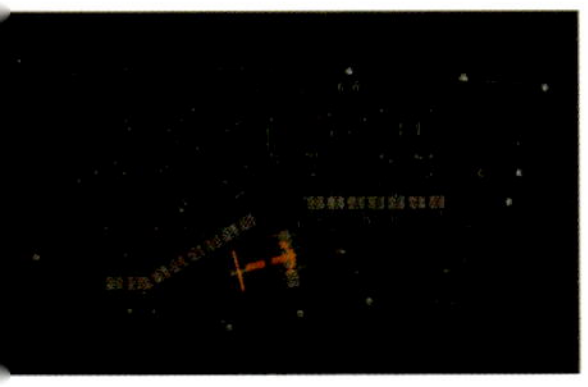

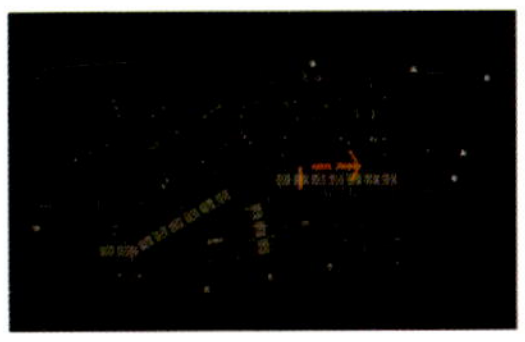

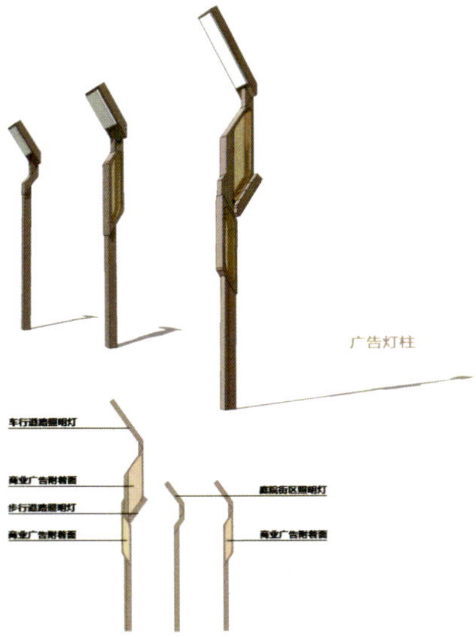
广告灯柱
车行道路照明灯
商业广告附着面
步行道路照明灯
商业广告附着面
庭院街区照明灯
商业广告附着面

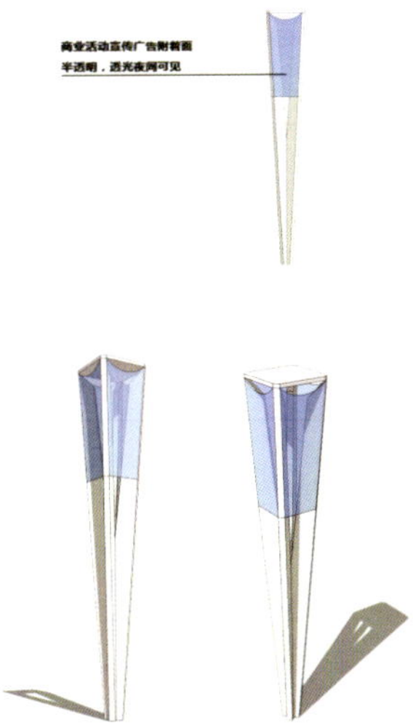
商业活动宣传广告附着面
半透明，透光夜间可见

万达商业广场
三级广告标识
与广告灯箱组结合的标识牌
用于标识商业广场各种活动

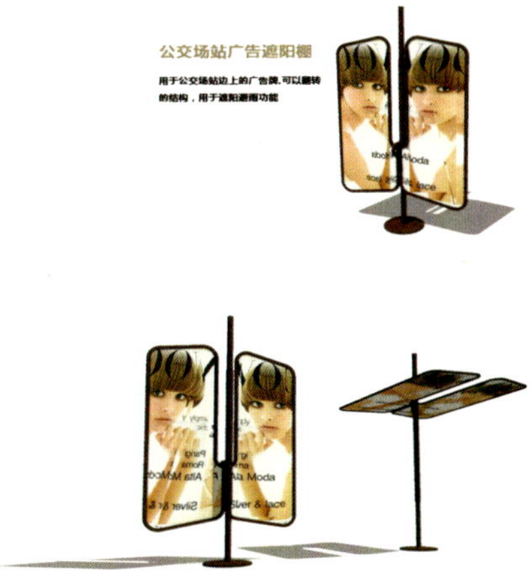
公交场站广告遮阳棚
用于公交场站边上的广告牌，可以翻转的结构，用于遮阳避雨功能

公共服务设施设计

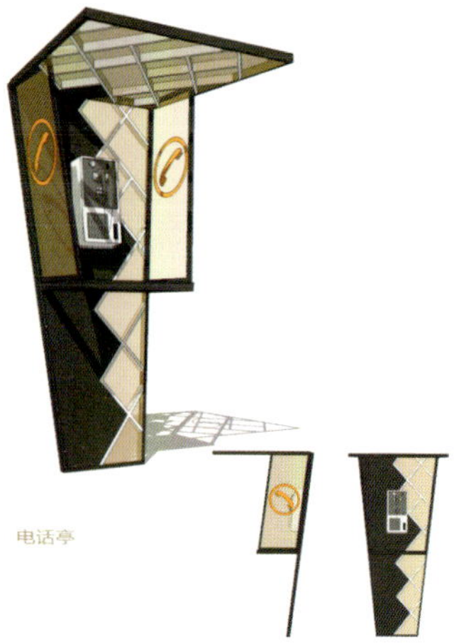

电话亭

售卖亭

公共服务设施设计

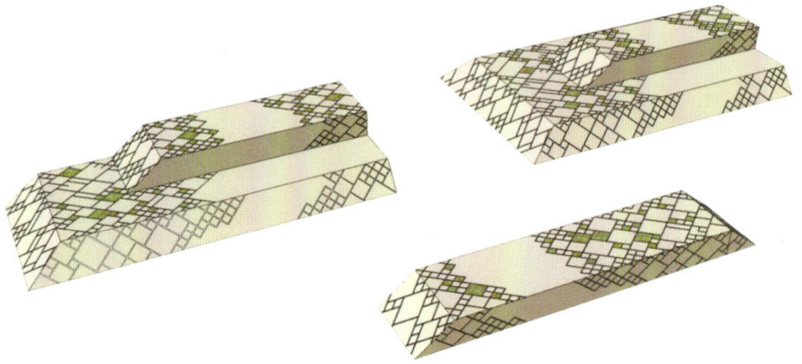

景观座椅

用于景观带中的装饰性座椅，沿用菱形的设计主题，座面较宽，可供双面就坐，高低层叠的设计增加了休息的趣味性，座面上留有一些小孔，以生长地被植物，使座椅更好地融入景观环境

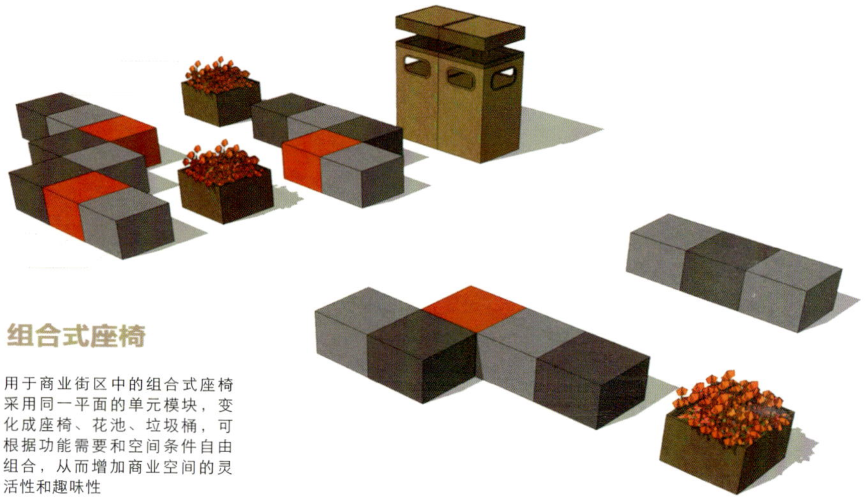

组合式座椅

用于商业街区中的组合式座椅采用同一平面的单元模块，变化成座椅、花池、垃圾桶，可根据功能需要和空间条件自由组合，从而增加商业空间的灵活性和趣味性

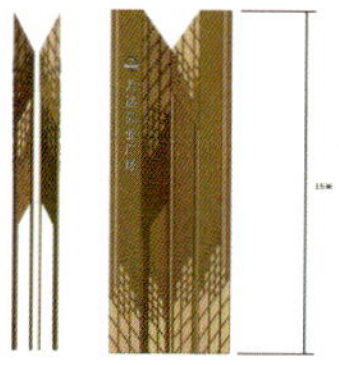

一级标识塔

广场一级标识，无论从立面还是造型都采用菱形设计，主题标志性强烈而明确

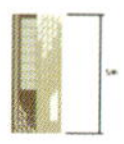

二级标识牌

用于商业街区各个主要出入口广场，标明商业街区内容，方位导向

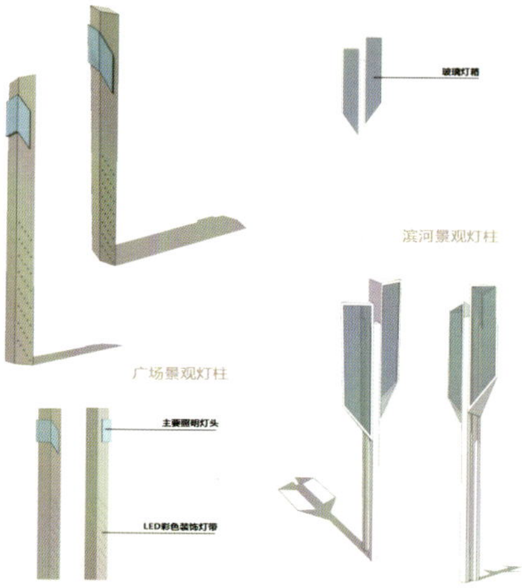

广场景观灯柱

滨河景观灯柱

灯光雕塑柱

商业内街中心广场灯光雕塑柱

中国景观规划设计年鉴 2011 ②

CHINA LANDSCAPE & PLANNING DESIGN YEARBOOK 2011

城市广场
会展、会议中心
办公区
科技园
酒店

CITY SQUARE
EXHIBITION
CONFERENCE CENTER
OFFICE AREA
TECHNOLOGICAL REGION
HOTEL

张先慧 主编

大连理工大学出版社

图书在版编目（CIP）数据

中国景观规划设计年鉴.2011.2：汉英对照/张先慧主编.—大连：大连理工大学出版社，2010.10
ISBN 978-7-5611-5848-7

Ⅰ.①中… Ⅱ.①张… Ⅲ.①景观—园林设计—中国—2011—年鉴—汉、英 Ⅳ.①TU986.2-54

中国版本图书馆CIP数据核字（2010）第199885号

统　　筹　房　磊
责任编辑　张昕焱
封面设计　王志峰
责任校对　伍　嘉
美术指导　李小芬
设　　计　苏雪莹　莫绿菲　梁　晓

出版发行：大连理工大学出版社
（地址：大连市软件园路80号　邮编：116023）
印　　刷：广州汉鼎印务有限公司
幅面尺寸：230mm×305mm
印　　张：78
出版时间：2010年10月第1版
印刷时间：2010年10月第1次印刷

书　　号：ISBN 978-7-5611-5848-7
定　　价：1280.00元（共4册）

CONTENTS 目录

1

2

3

4

张先慧

中国麦迪逊文化传播机构董事长
中国（广州、上海、北京）广告书店董事长
广州先慧策划工作室主持人
《麦迪逊丛书》主编

INTRO-DUCTION

/导言

记录精英 传播经典

中国景观规划设计起步较晚，但是随着中国经济的飞速发展，近年来景观规划设计领域空前繁荣，项目数量之多、规模之大、建设速度之快，令人瞠目。而与此同时，众多设计师却缺少一套全、新、好的设计参考借鉴书籍以及交流前沿思想的平台，为此，《中国景观规划设计年鉴2011》应运而生。

鉴于景观设计与规划设计在很多时候都是密不可分的，本年鉴秉持以景观设计与规划设计并重的原则，主张以创新与发展作为景观规划设计创作的主旋律，以科学与艺术相结合的审美眼光审视景观规划设计作品，力求打造中国最具影响力的景观规划设计行业年鉴。

本年鉴征稿消息发出后，在中国有设计项目的世界各地的设计机构与设计师都踊跃参与，大量投稿，投稿数量之多完全出乎我们的意料，最终本年鉴以一套四册的形式面世。

《中国景观规划设计年鉴2011》精选目前中国最新的设计项目作品汇编而成，共分十二类，汇集百余家中外知名设计公司、近200个最新设计案例，如此大的规模前所未有。我们用年鉴的形式把当代最具价值的景观规划设计作品记录下来，传播开去，意在对景观规划设计文化予以保存的同时，也为读者提供了解当代设计状况及交流思想的平台。

“记录精英，传播经典”，这是《麦迪逊丛书》的宗旨。

希望业界朋友继续关注与支持我们。

城市广场
CITY SQUARE

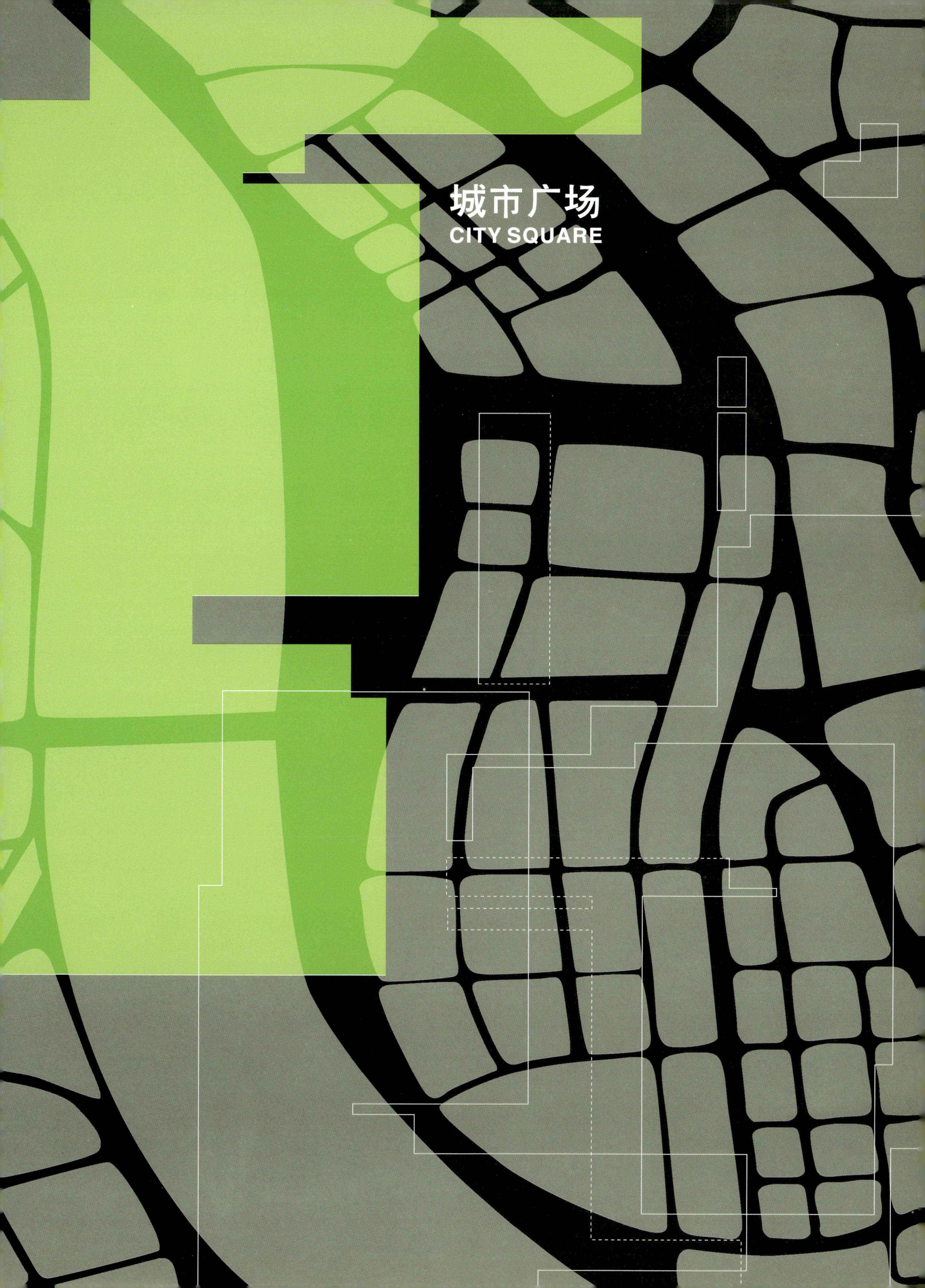

深圳市宝安区海滨广场与海滨休闲公园

项目资料：
项目地址：广东省深圳市
占地面积：79.44万平方米
委托方：深圳市宝安中心区规划建设管理办公室
深圳市规划局宝安分局
设计单位：加拿大奥雅景观规划设计事务所

项目说明：

宝安中心区面临珠江出海口，有约4公里长的海岸线，是深圳唯一的滨海中心区。

在方案创意中，以“绿色海浪”为理念，以人与大海的对话为主题，意在为现代都市中的人们打造一个亲近大海、近距离深度体验大海的空间。

设计以大胆的创新唤起人们对大海的记忆与回归，同时将古人运用环境的方法及最淳朴的生活依托与现代城市进行融合，进行挖掘提升，实现人类参与大海的片段，为这块土地提供一个回归原始生态而又富有现代质感的表达，打造一个可以无限亲近海洋的大地舞台。

项目将土地价值最大化发挥，将生态环境和节能型体系最佳融合，创造出城市到自然、自然到城市的有机过渡，最终形成一个可持续发展的城市与环境体系。

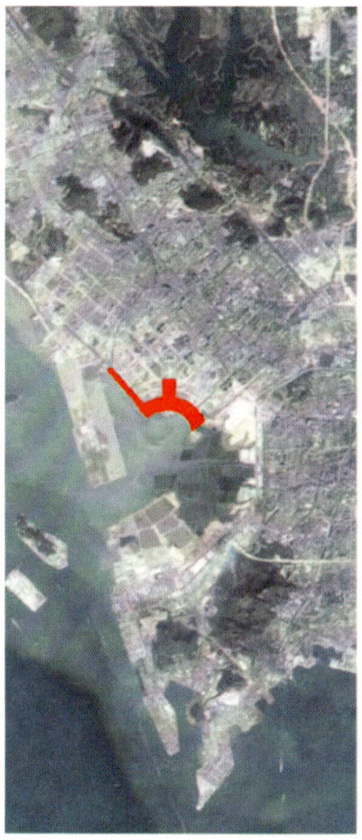
卫星图

自然地形与公园绿地

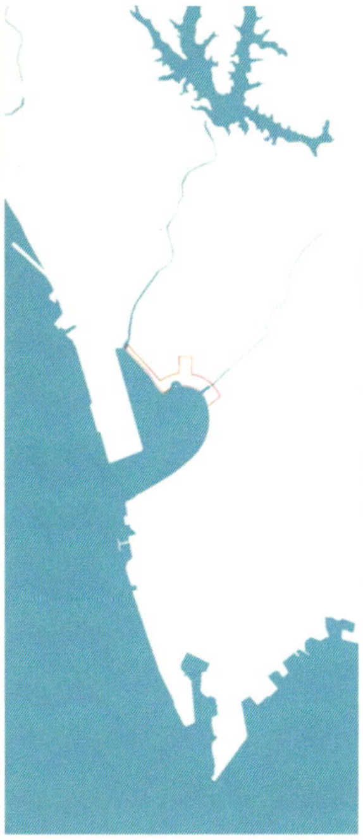
水体

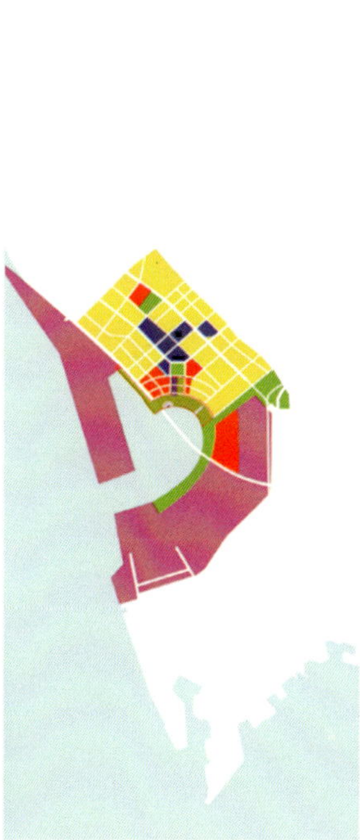
海岸线的土地使用

交通网络

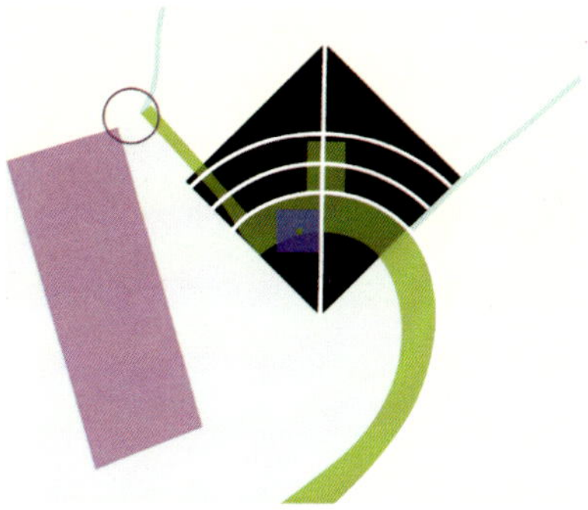

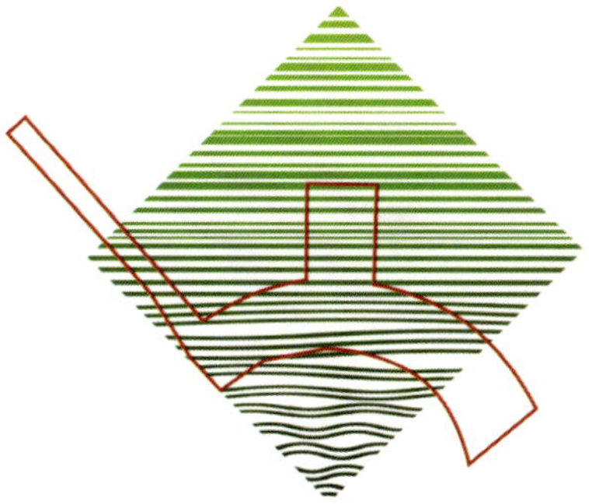

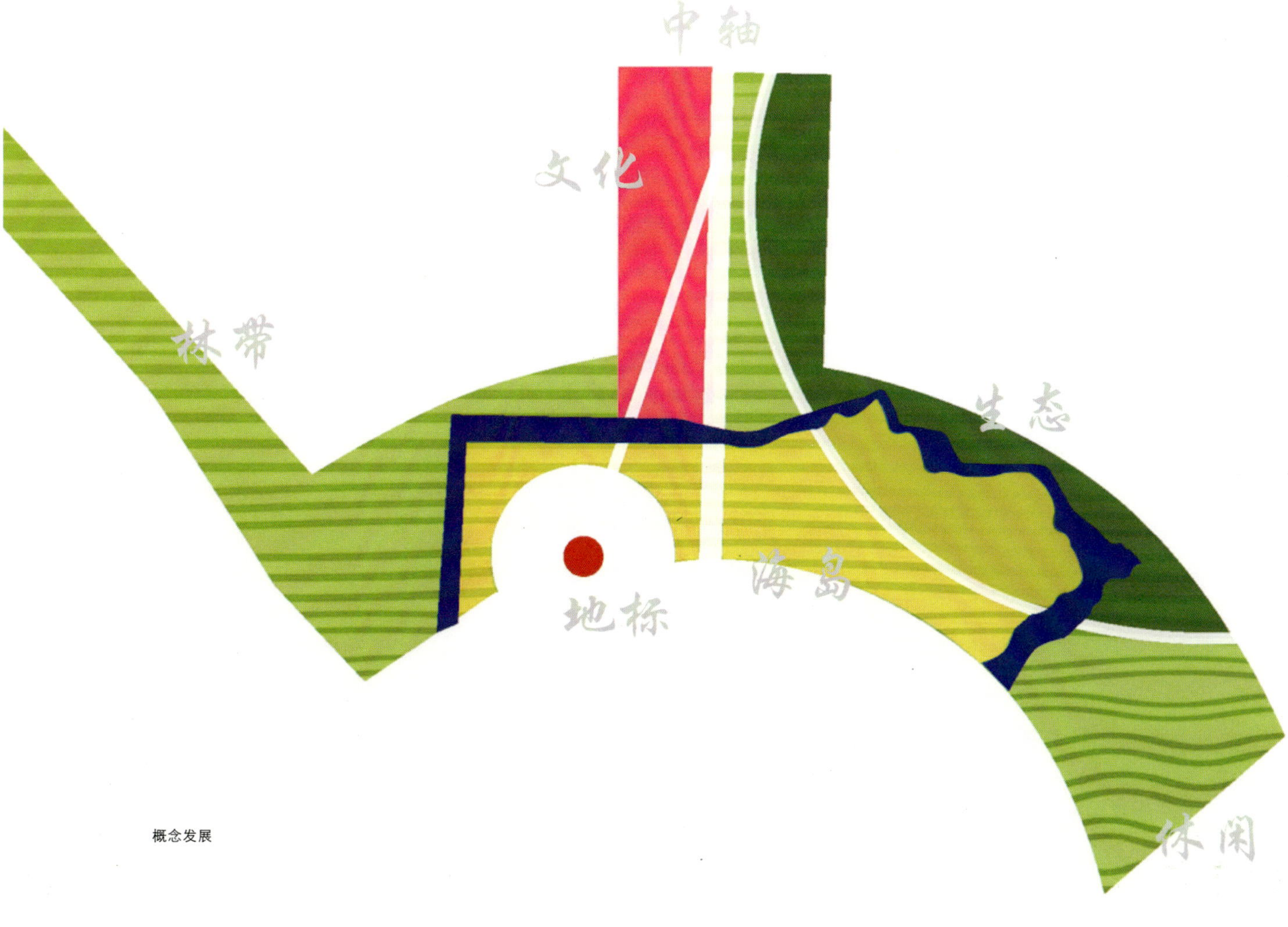

概念发展

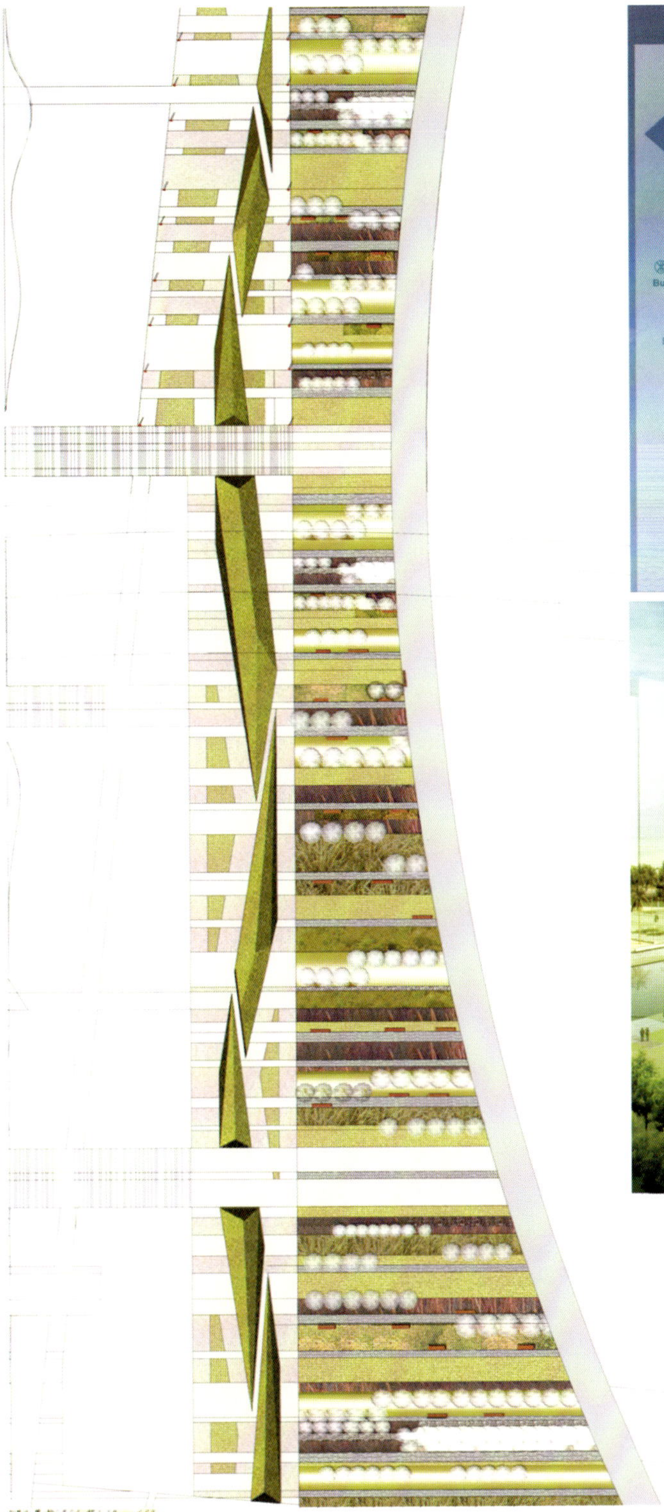

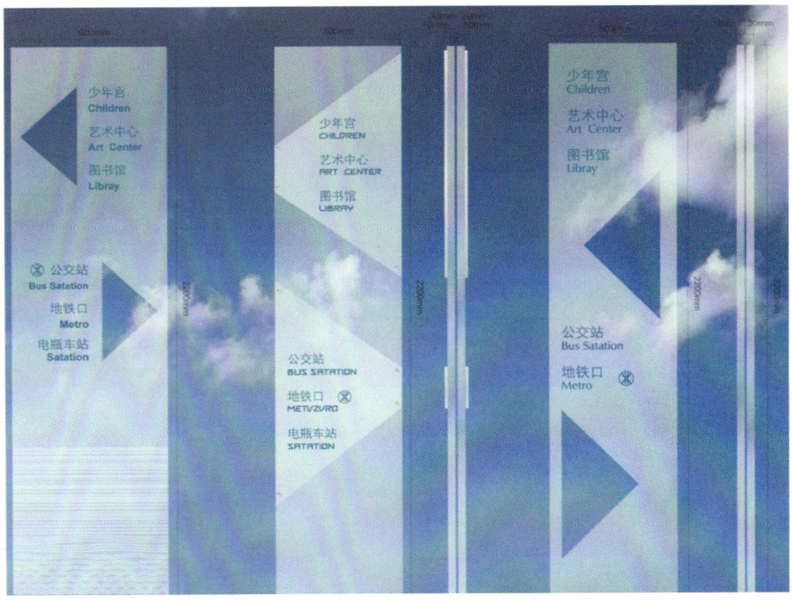
少年宫
Children
艺术中心
Art Center
图书馆
Libray
公交站
Bus Satation
地铁口
Metro
电瓶车站
Satation
少年宫
CHILDREN
艺术中心
ART CENTER
图书馆
LIBRAY
公交站
BUS SATATION
地铁口
METVZVRO
电瓶车站
SATATION
少年宫
Children
艺术中心
Art Center
图书馆
Libray
公交站
Bus Satation
地铁口
Metro

中轴 · 时间轴线

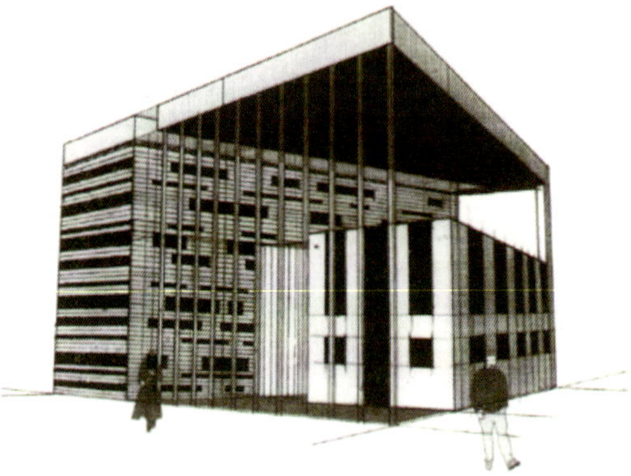

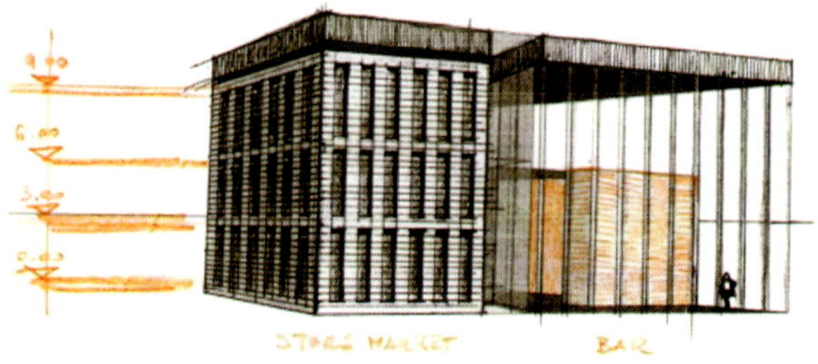

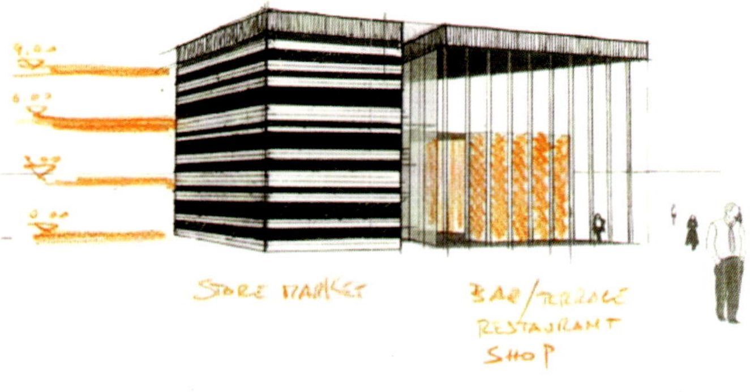

都市密林平面图

花园 · 网格 · 壳

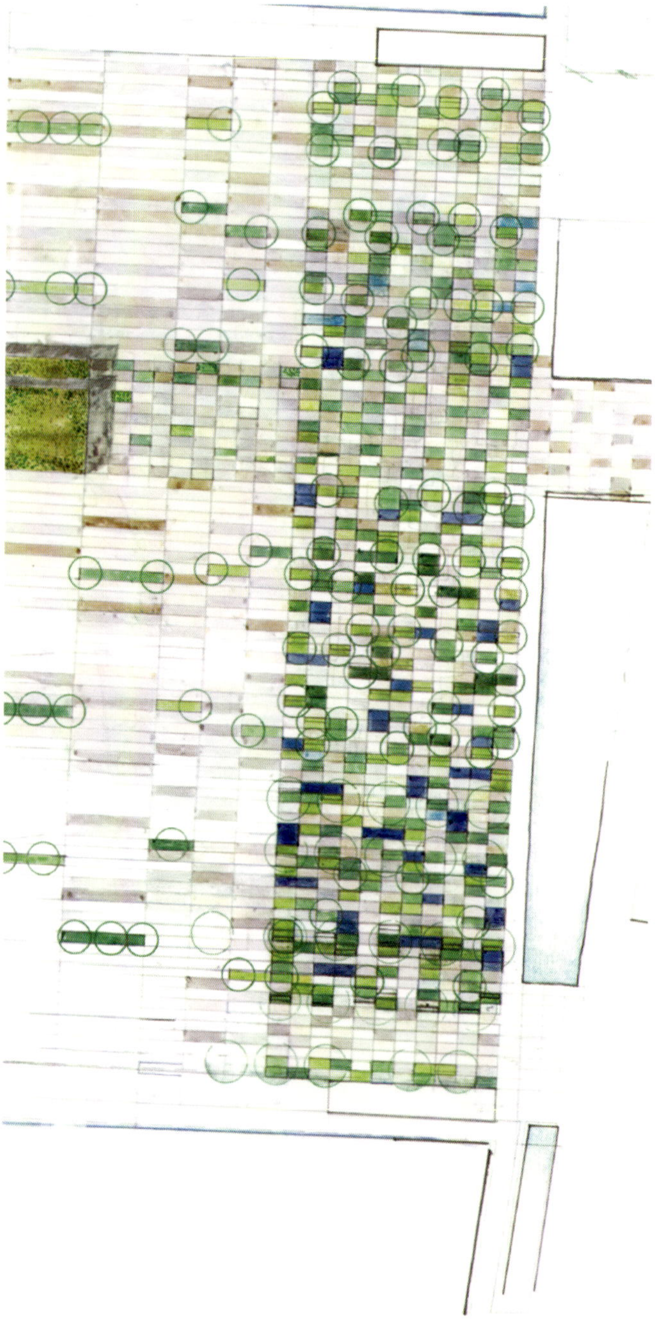

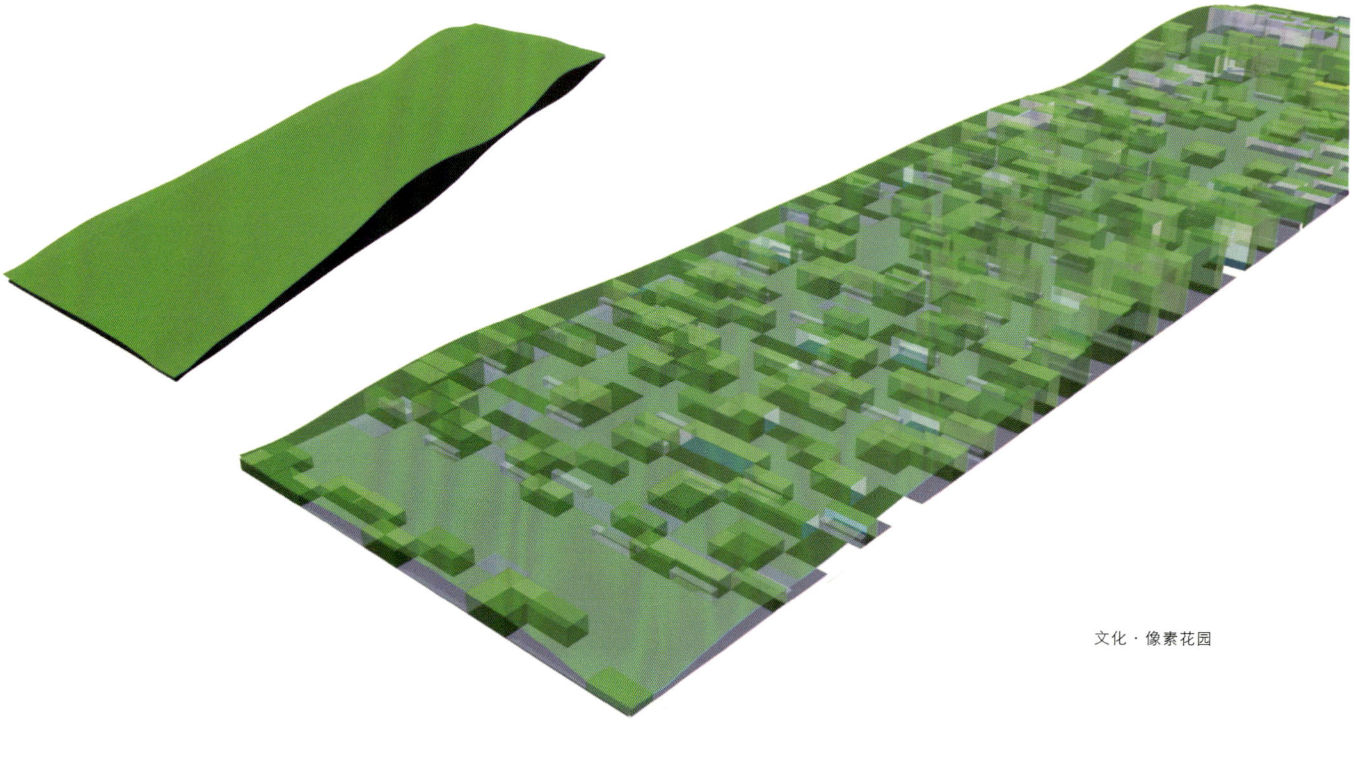

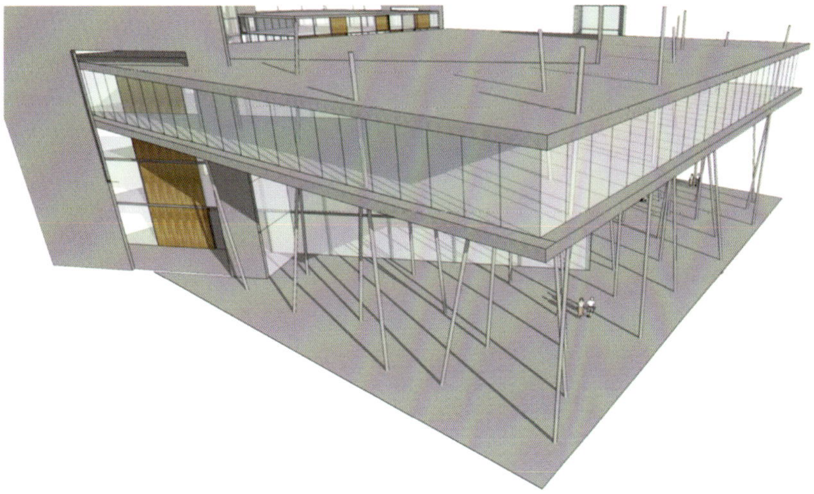

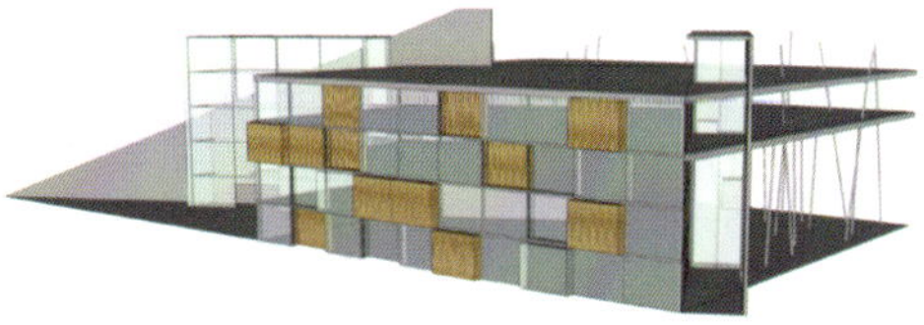

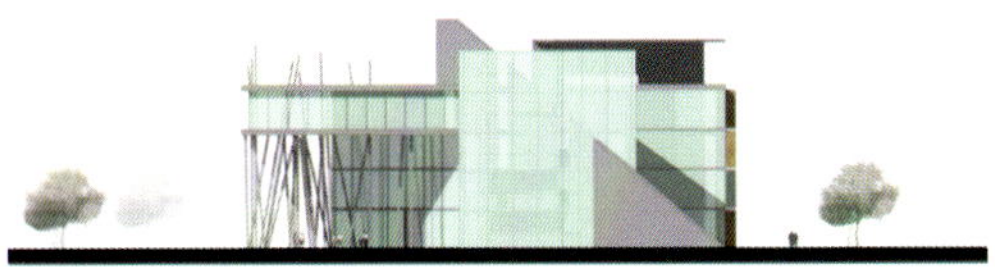

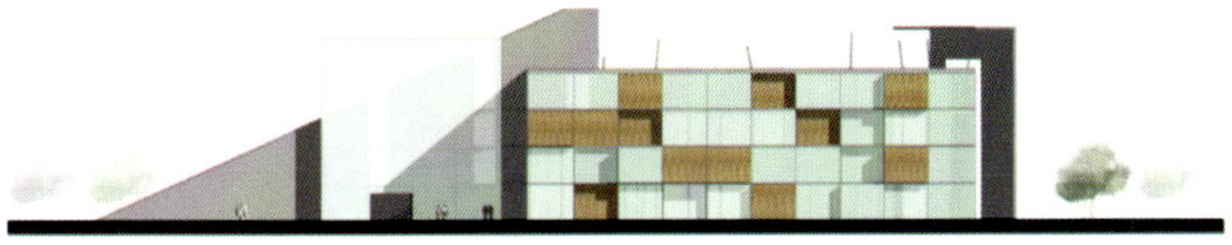

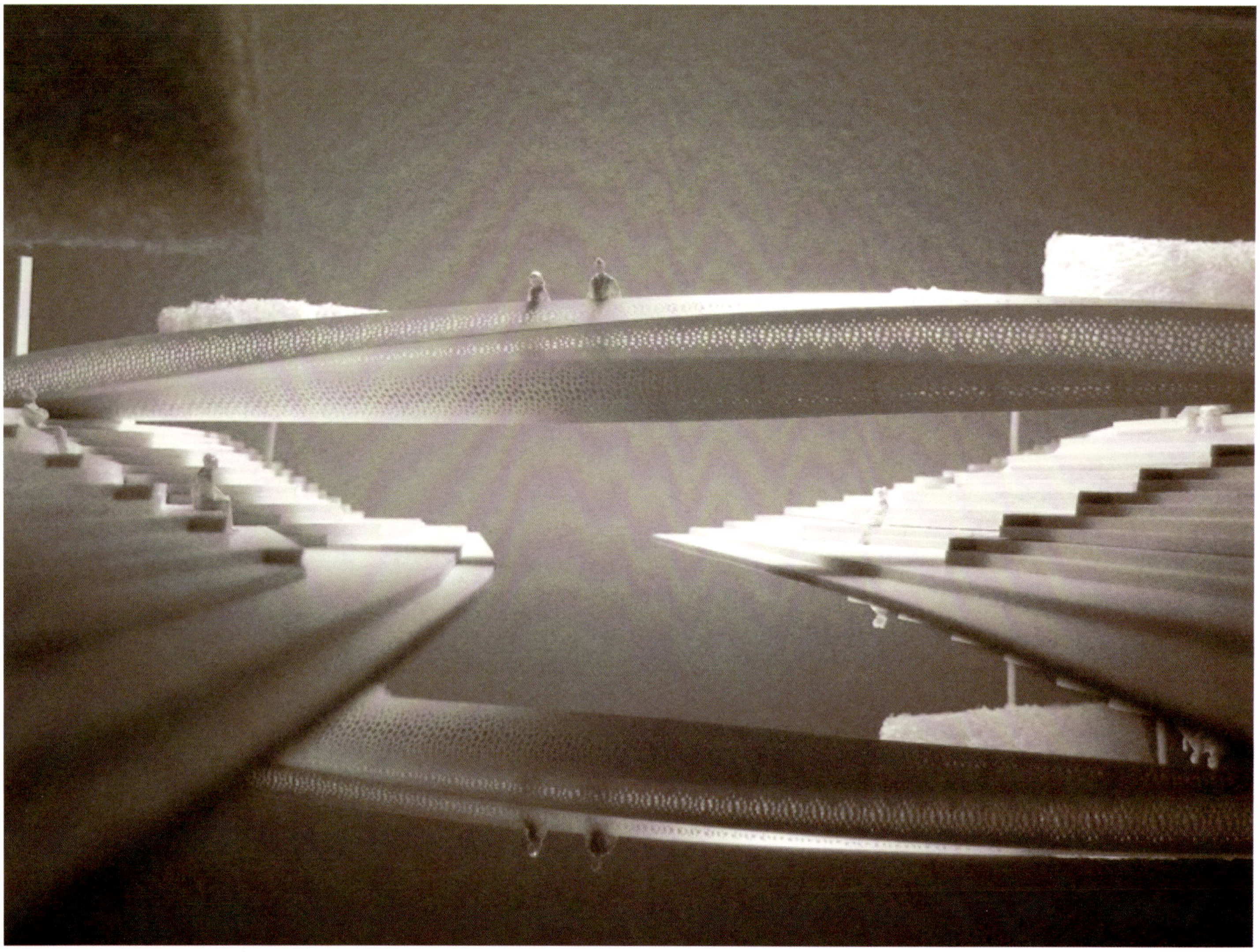

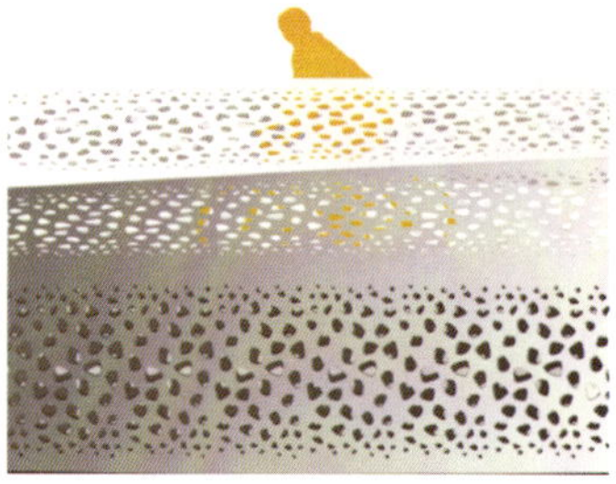

海岛 · 网络 · 桥

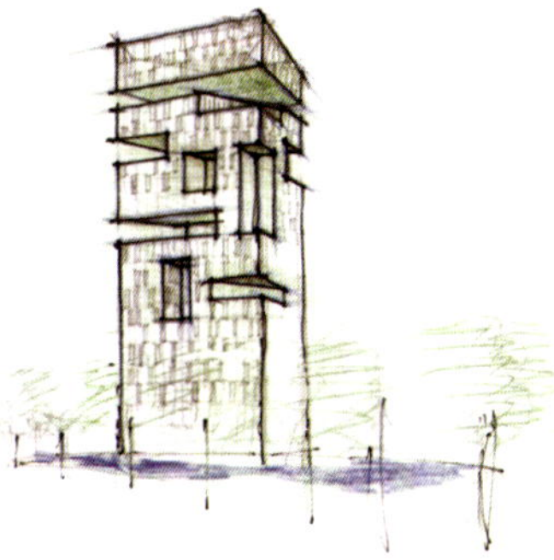

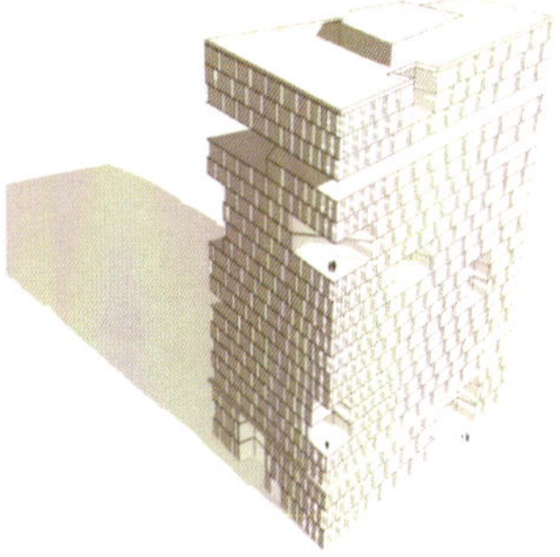

+79.50

深圳市市民中心广场及水晶岛

项目资料:
项目地址：广东省深圳市
占地面积：45公顷
设计单位：德国sic建筑设计责任有限公司
主要设计人员：史迪文

项目说明:

总平面图布局出发点：让该区域成为南北整条轴线的核心区域和市民停留区。通观整条轴线，从文化板块到会展板块，缺乏让人停留的活动空间。单纯的人行轴线并不能满足人的活动需求，所以，我们有必要在该区域营造一个真正以人为本的空间。在这里，轴线不再仅仅是线性的，而是放射性的，将不同的功能空间向四周放射，让人进行自由沟通和活动。

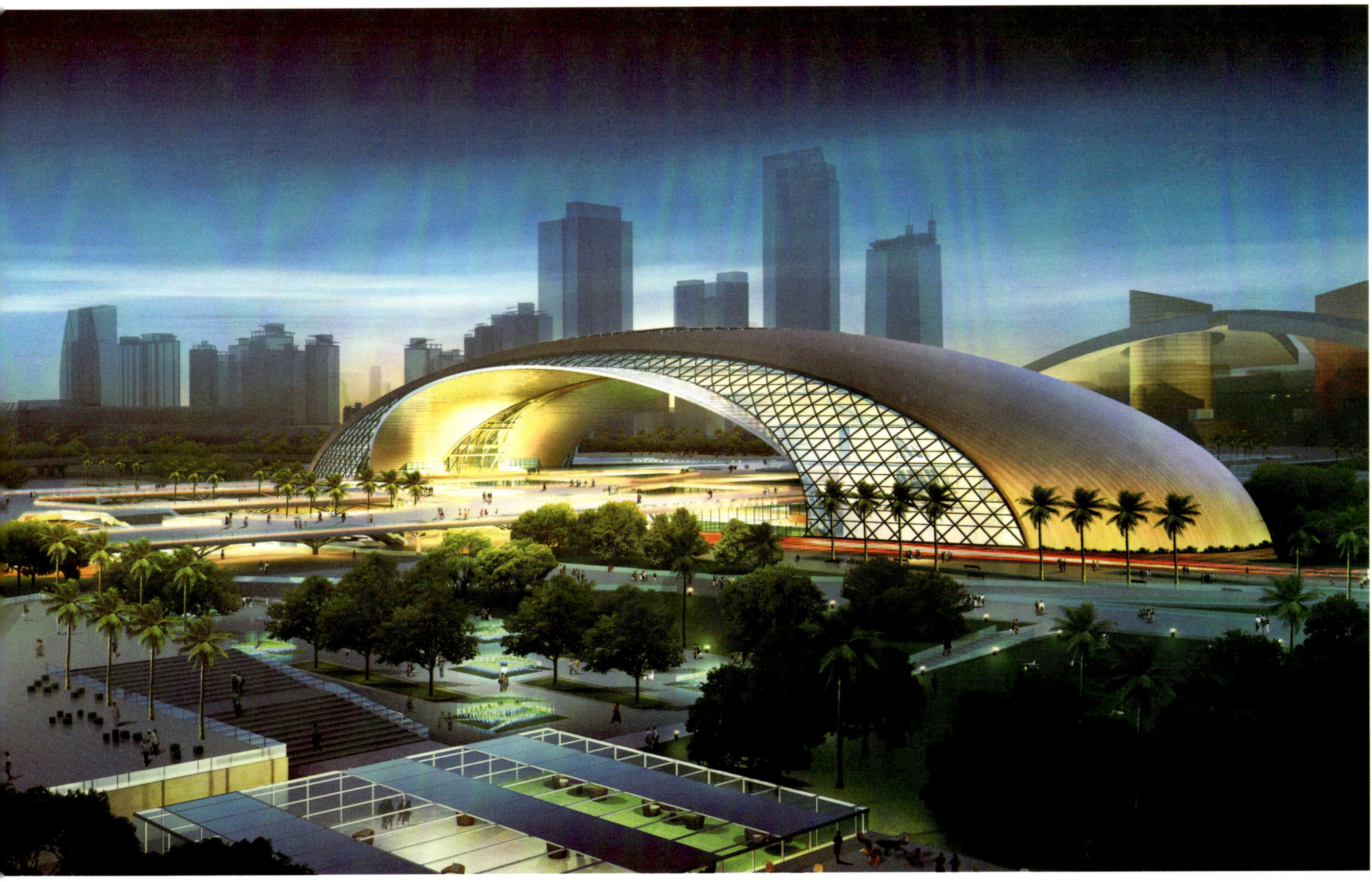

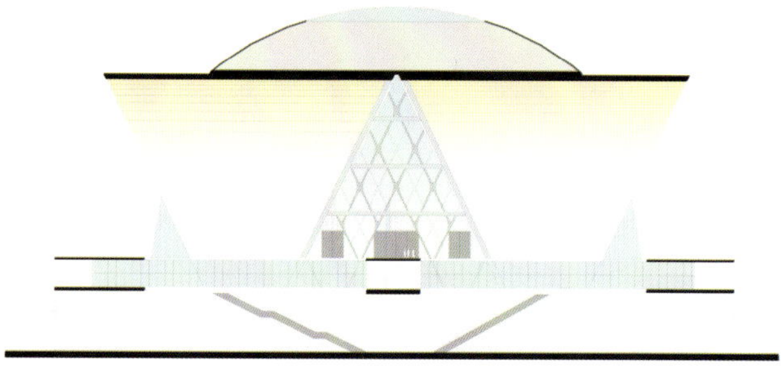

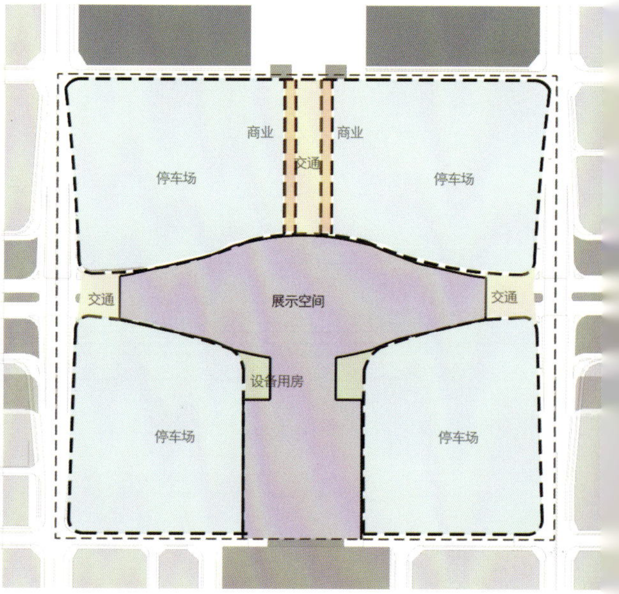
商业
商业
交通
停车场
停车场
交通
展示空间
交通
设备用房
停车场
停车场

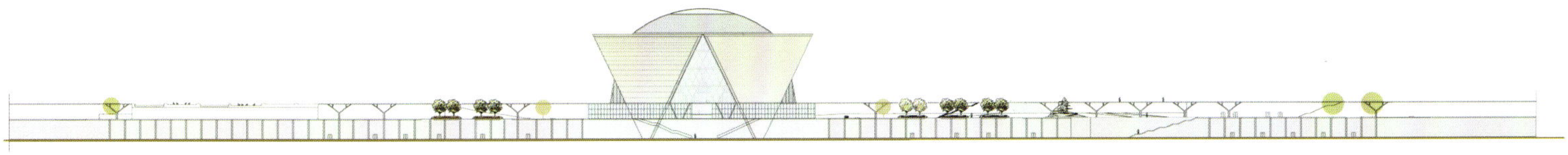

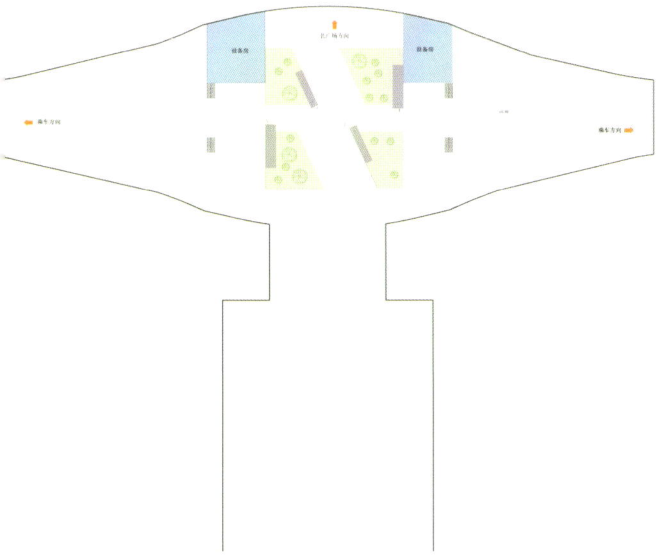

-1F

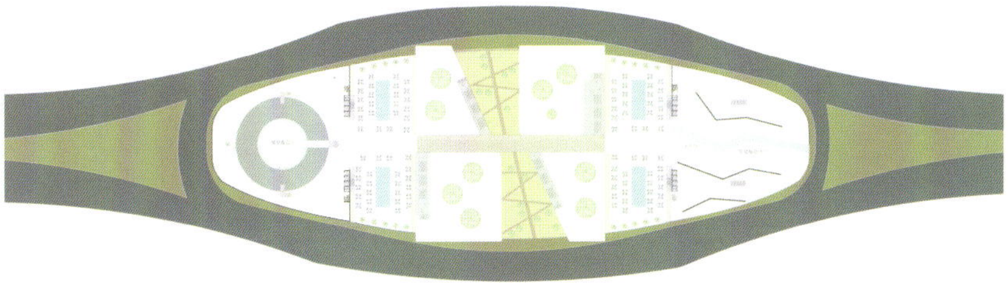

1F

2F

3F

4F

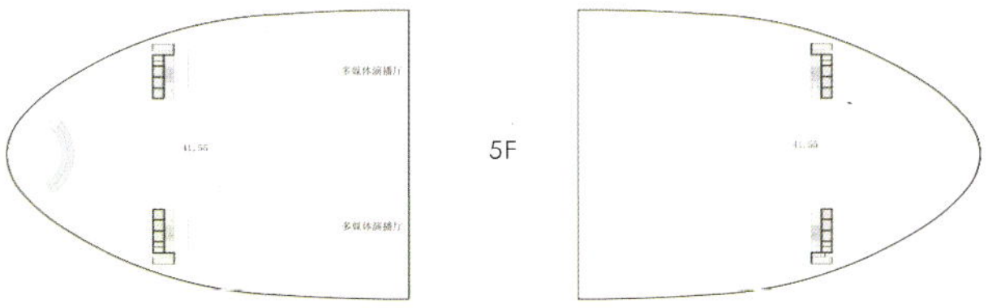

5F

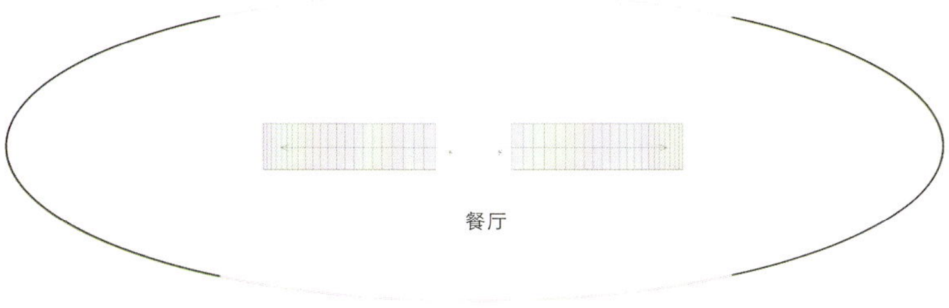

6F

顶部

广州市陈家祠岭南文化广场

项目资料：
项目地址：广东省广州市
设计单位：南沙原创建筑设计工作室

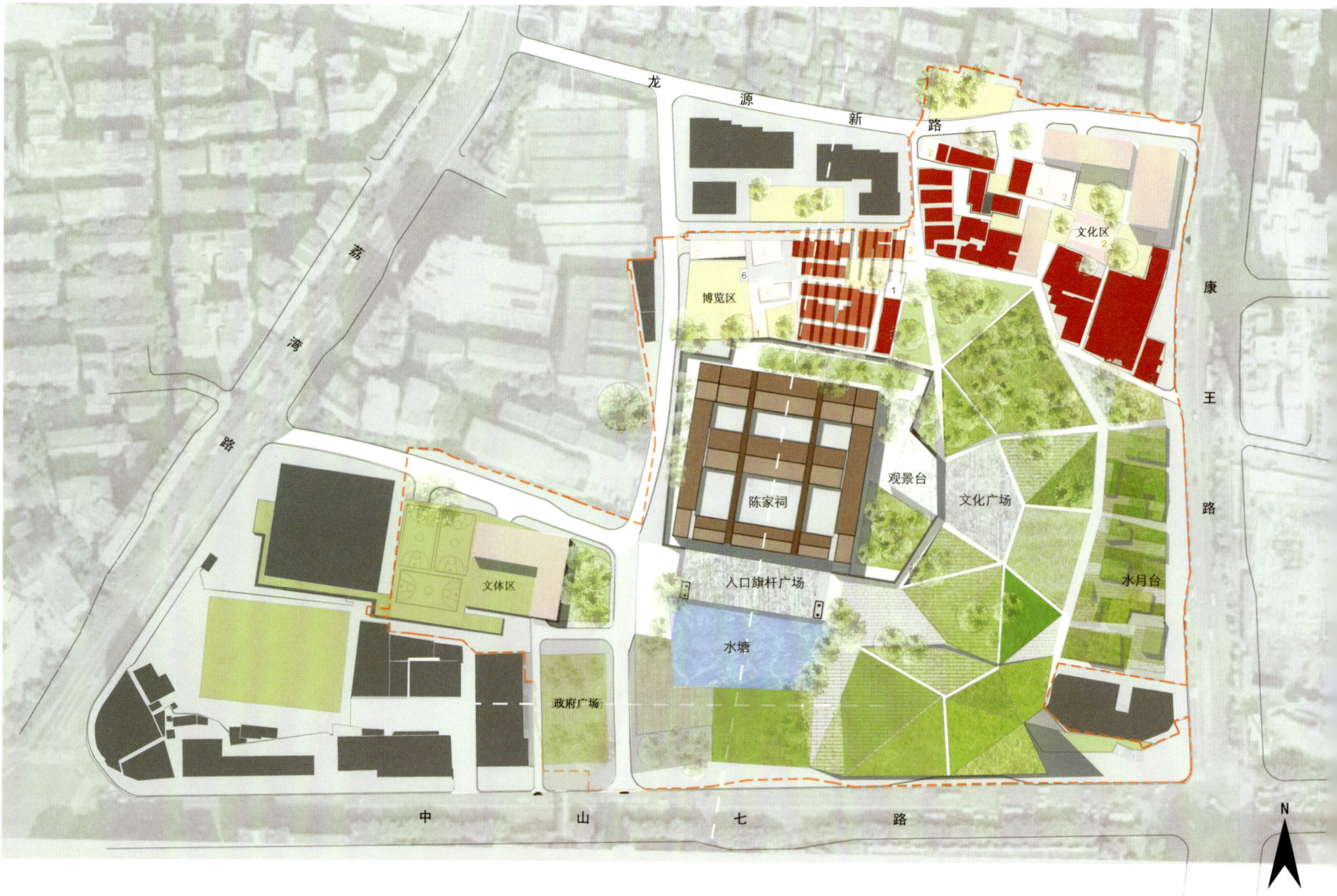

总平面

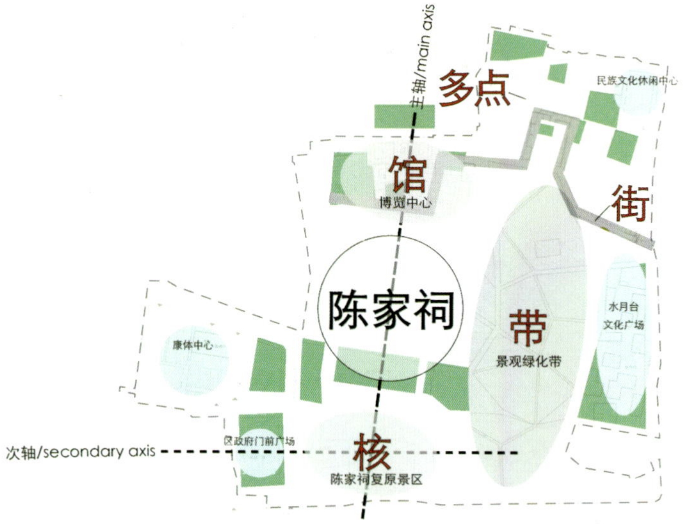

空间结构

项目说明：

陈家祠岭南文化广场是一个兼具历史建筑和城市文化的多功能休闲旅游区。

以著名的岭南建筑精品陈氏书院为核心，我们把该区域划分为历史、博览、文化、运动和市民活动这5个空间，通过“复原”“激活”和“转化”的手法，形成一核一馆一带一街多点的空间秩序。

其中，通过重构祠、山、塘的传统空间格局，最大限度地复原陈家祠历史空间的原生形态；然后，将古典建筑的历史价值转化到北端的博览区，形成新的民间工艺体验馆；在东北角的文化区内，保留原来的街巷尺度形成新的文化街，吸纳创意产业和时尚商业的活力，这条文化街将与新的文化大楼一起激活城市生活的新潮流。

在陈家祠的东边，我们将原来的下沉广场改造成一条起伏的景观带，它像一条绿色项链一样环绕着陈家祠的青砖黑瓦，同时，这里也是为市民提供日常活动的场所，分布在周边的古榕和绿带中的主题景观共同构成了整个广场的节点，也强化了这一空间的视觉认知。

在广场的西边，我们将原有体育场馆和新的文体大楼合并改造为一个新的社区型康体中心，并利用这一空间的架空层安排停车和疏导旅游人群。原来的荔湾区政府前广场也被重新规划，与陈家祠前方的月池水塘形成视线上的交汇。

新的空间秩序使陈家祠重获新生，也使时尚生活重回西关老区，市民活动更加精彩活跃……

陈家祠岭南文化广场将是一个岭南新生活的舞台、一个岭南文化的新地标。

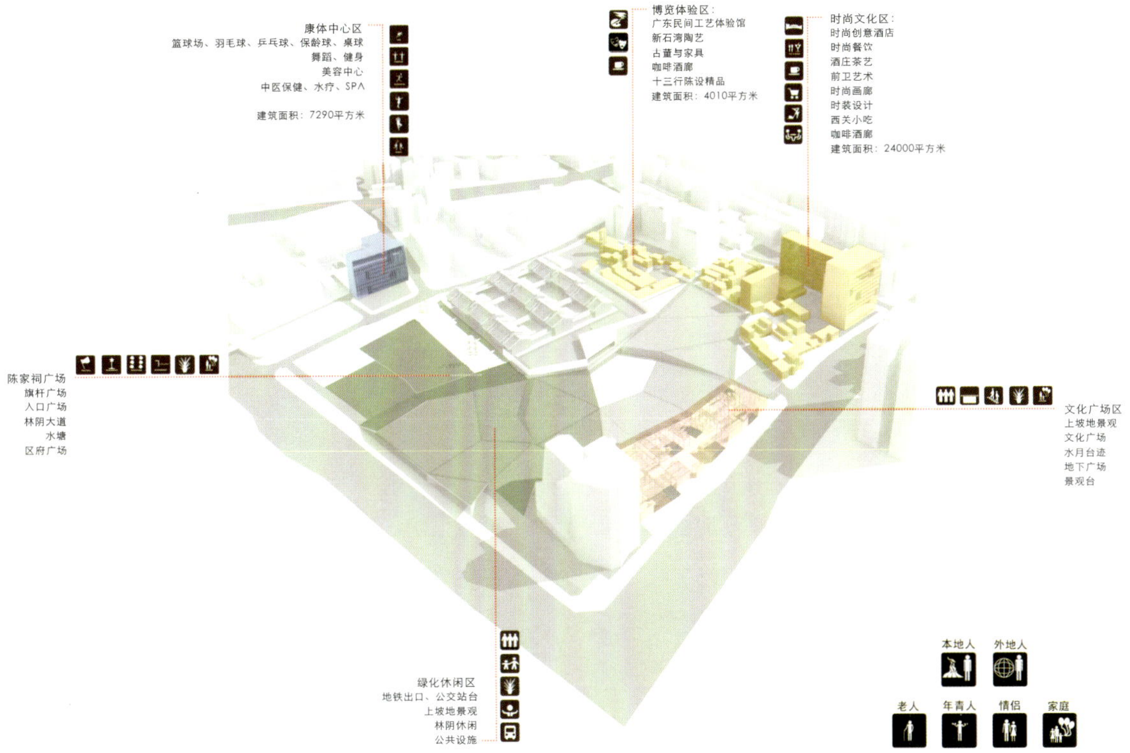
康体中心区
篮球场、羽毛球、乒乓球、保龄球、桌球
舞蹈、健身
美容中心
中医保健、水疗、SPA
建筑面积：7290平方米
博览体验区：
广东民间工艺体验馆
新石湾陶艺
古董与家具
咖啡酒廊
十三行陈设精品
建筑面积：4010平方米
时尚文化区：
时尚创意酒店
时尚餐饮
酒庄茶艺
前卫艺术
时尚画廊
时装设计
西关小吃
咖啡酒廊
建筑面积：24000平方米
陈家祠广场
旗杆广场
入口广场
林阴大道
水塘
区府广场
文化广场区
上坡地景观
文化广场
水月台迹
地下广场
景观台
绿化休闲区
地铁出口、公交站台
上坡地景观
林阴休闲
公共设施
本地人
外地人
老人
年青人
情侣
家庭

策划内容

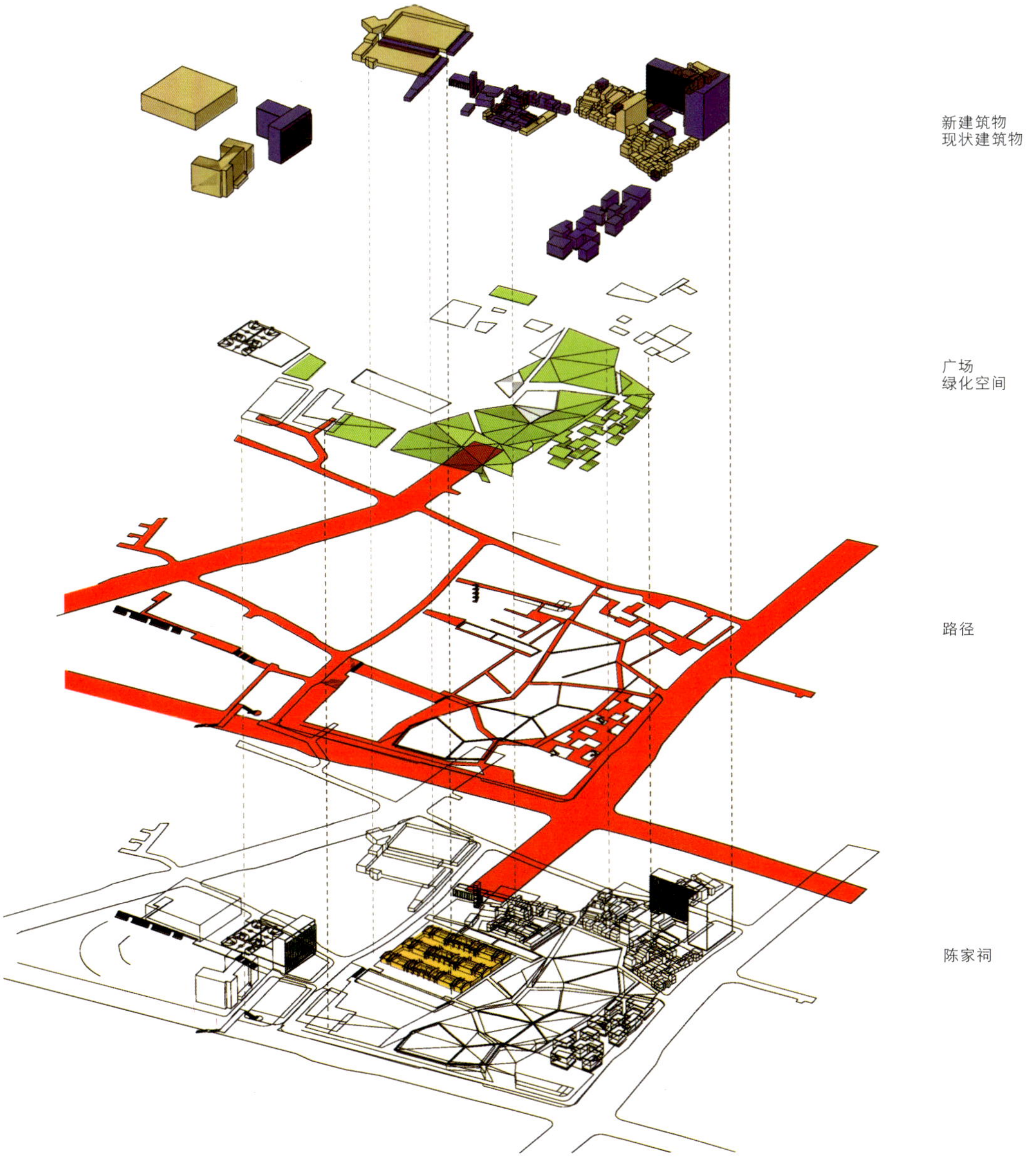
新建筑物
现状建筑物
广场
绿化空间
路径
陈家祠

空间生成

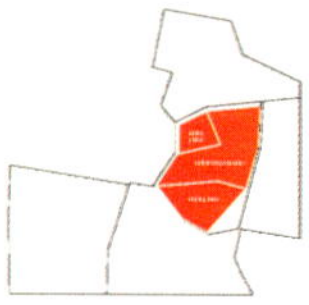

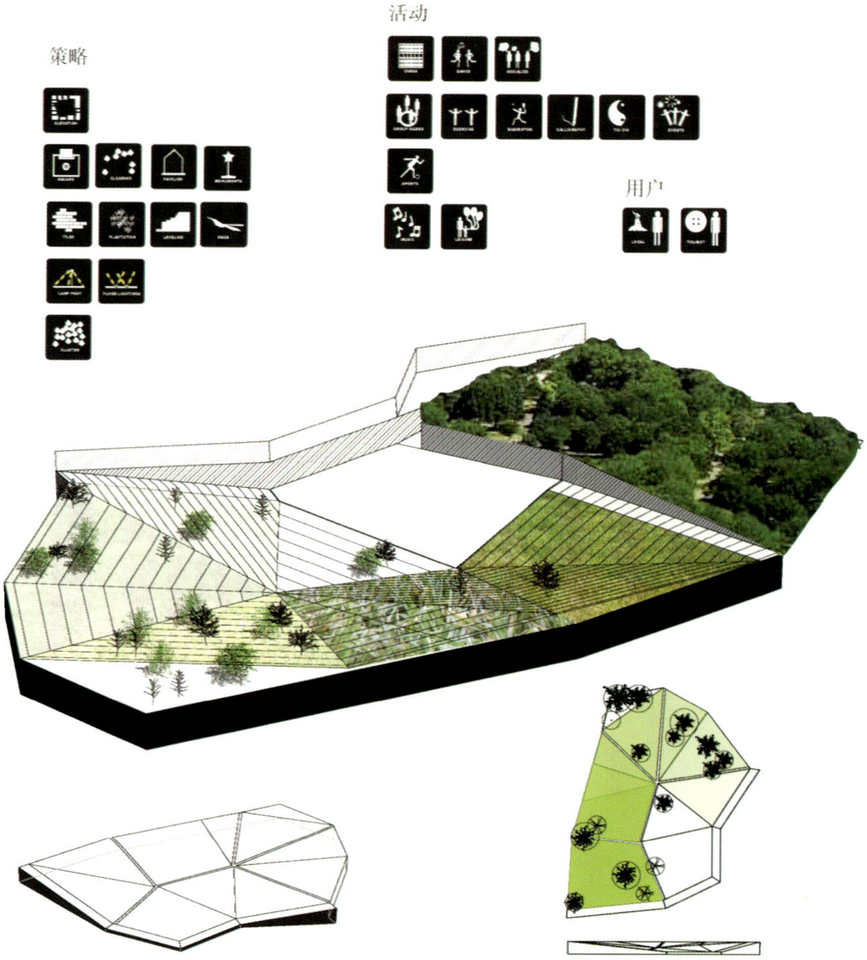

露天剧场

坡地自然景观形成了一个以陈家祠为中心的大型广场，广场可以举办大型活动、集体运动和游戏，是一个理想的社交场所。
围墙借用园林中的框景手法，不仅可让祠外行人窥视陈家祠的内部，也可让祠中游人观看广场的情景。

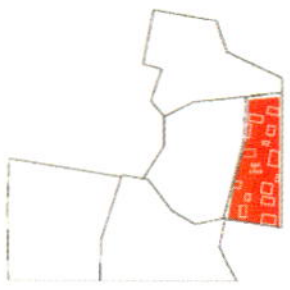

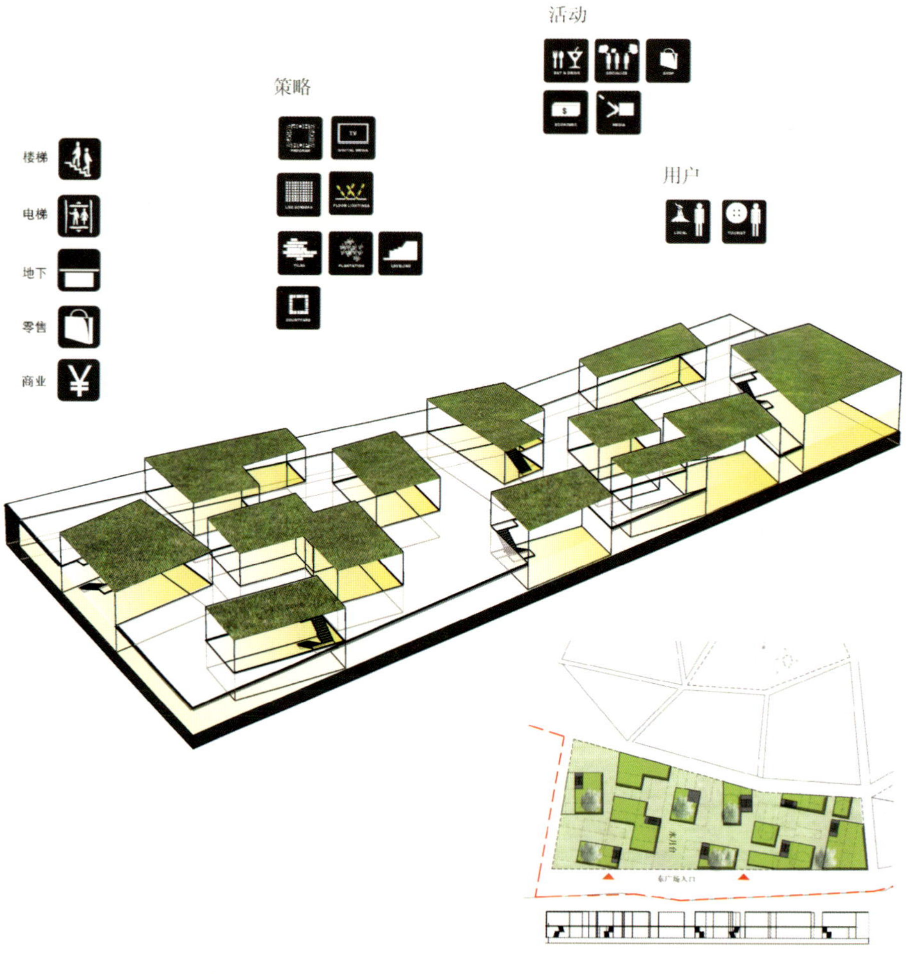

市民活动广场

通透的结构穿过地块形成地面与地下的连接。
晚上，地底下的照明使这结构变成一个景观中的发光体。日间，自然光可投进临时的地下购物中心。街道上，结构阻挡了路人的视线，惹起路人的好奇心。
绿化屋顶把结构融入景观中。历史的痕迹使这些结构与邻近的文化区内的建筑物形成关系。

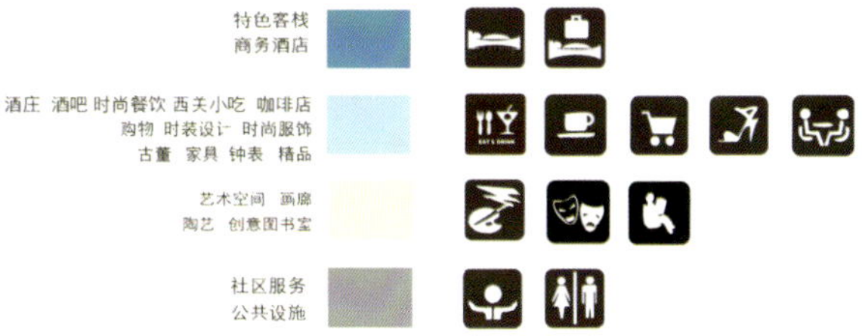

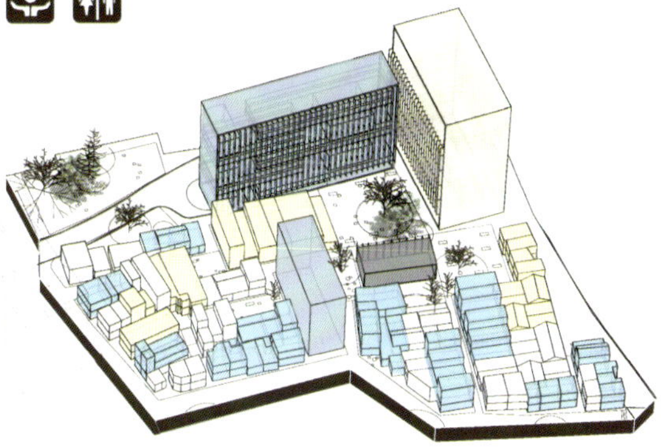

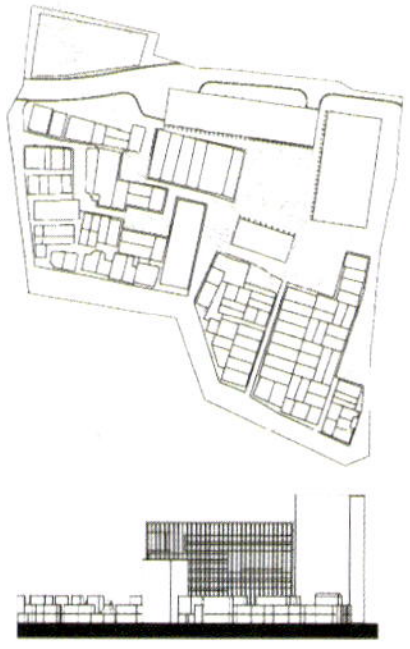

文化区

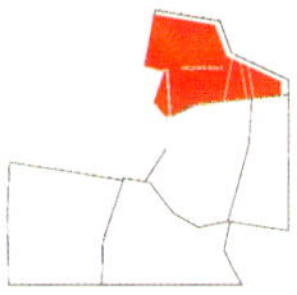

现状园林

树冠提供最佳的遮阴处。

这里是退休人员聚集、交际、运动和下棋的好地方。

弯曲的小路穿过丛林形成自然步行路径并穿插于各个休闲空间中。

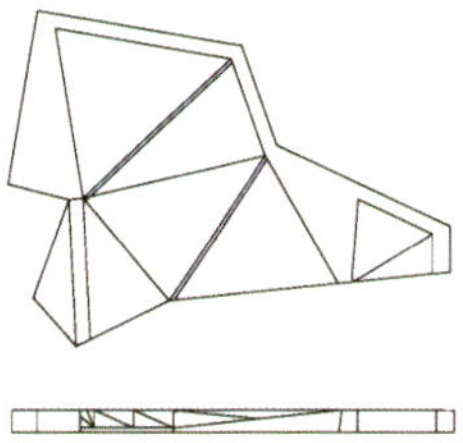

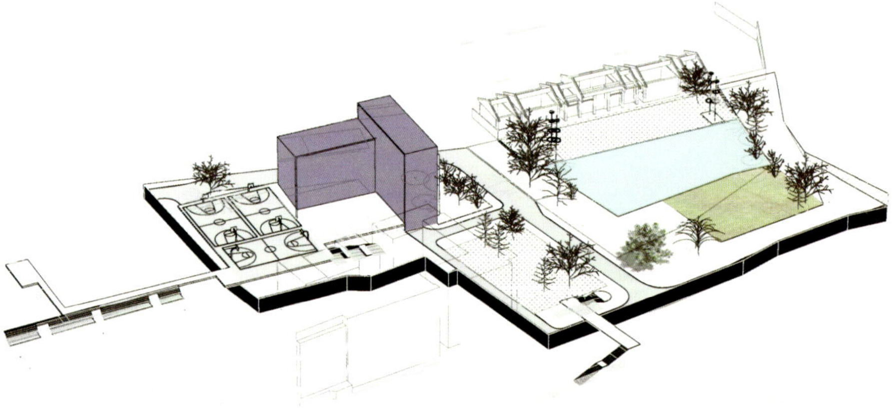

入口广场和水池
文体区

以陈家祠主题建筑为核心和中轴线，复原门前广场和水塘，降低地坪标高，打开陈家祠和中山七路之间的视线通廊：通过区政府东边广场，使得两个仪式性的空间在此聚焦。

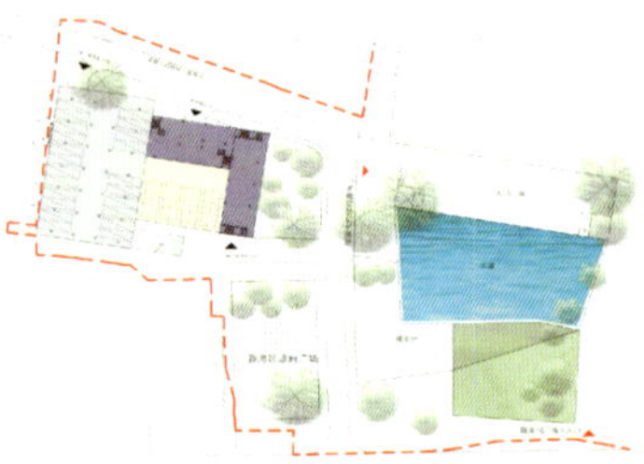

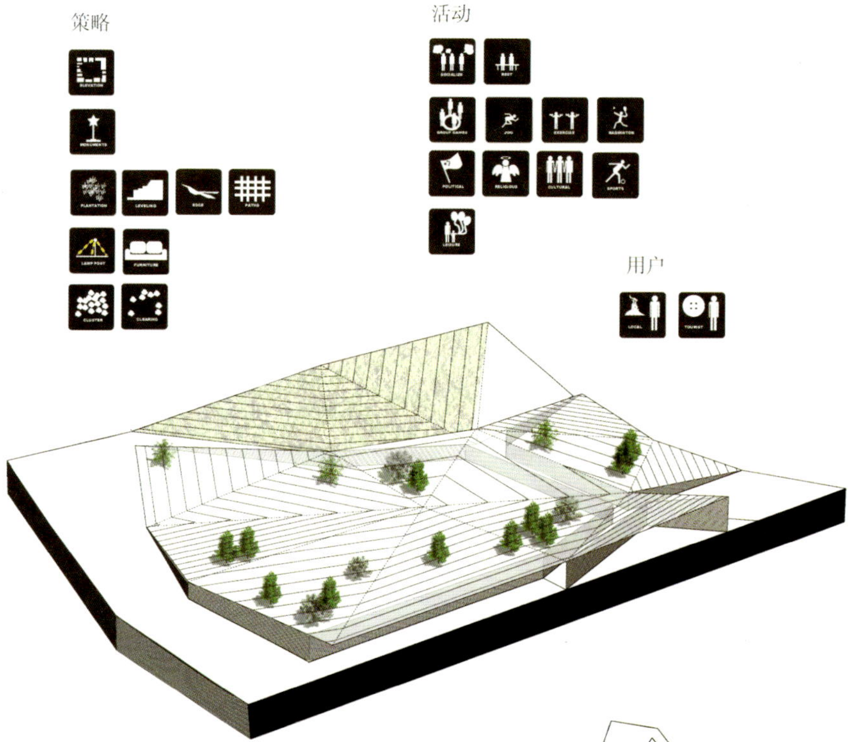

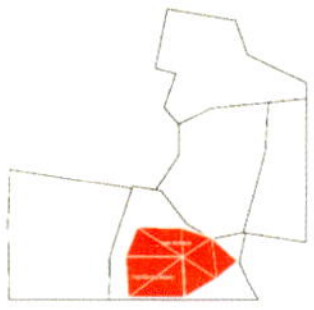

绿化高地

地形的变化创造了观看陈家祠的不同视线角度，如同“露”和“藏”的传统园林手法。

分期开发

天益慎
鋪墊
藤蓆
店

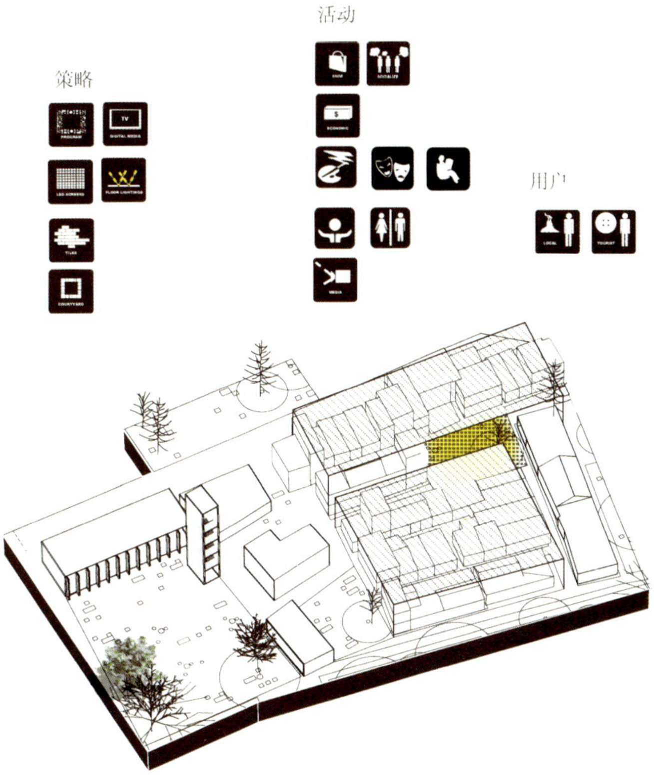
策略
TV
DIGITAL MEDIA
FLOOR LIGHTINGS
COURTYARD
活动
$
ECONOMIC
MEDIA
用户
LOCAL
TOURIST

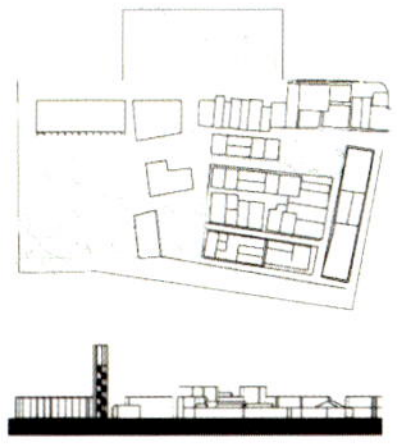

南入口 | 康王路向陈家祠
景观广场 | 东南向穿越竖向景观

空间结构

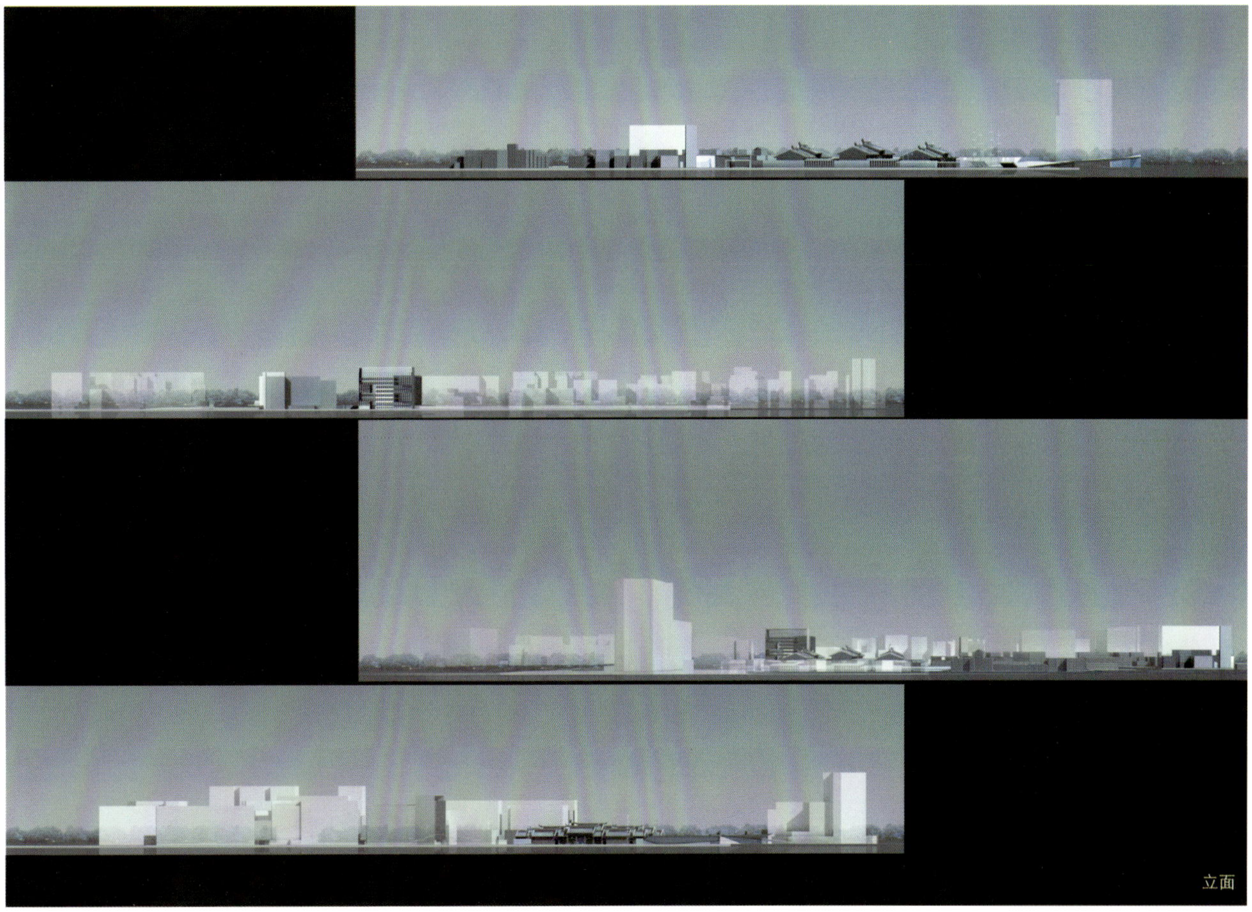

立面

南昌市江中置业利玛窦广场

项目资料：
项目地址：江西省南昌市
设计面积：27 000平方米
委托方：江西中江地产股份有限公司
设计单位：广州土人景观顾问有限公司
主要设计人员：庞伟 张健 黄征征

项目说明：

设计源起南昌江中集团的委托，以意大利传教士利玛窦在南昌传教三年（1595～1598年）的历史为背景，为市民创造一个具有思想历史张力和休憩活动兼容的城市公共空间。

项目场地位于南昌市赣江东南岸，紧邻江中紫金城商业中心。广场正中是一座向上斜指赣江的断桥，隐喻历史的愿望和憧憬。垂直于断桥的是一条由锈钢“巨岩”与黑色砾石路面组成的“荆棘之路”，隐喻着利玛窦所经历的心灵煎熬与跋涉。两种材质的对比正如东方与西方、愿景与现实、跋涉与收获的并生及互斥。

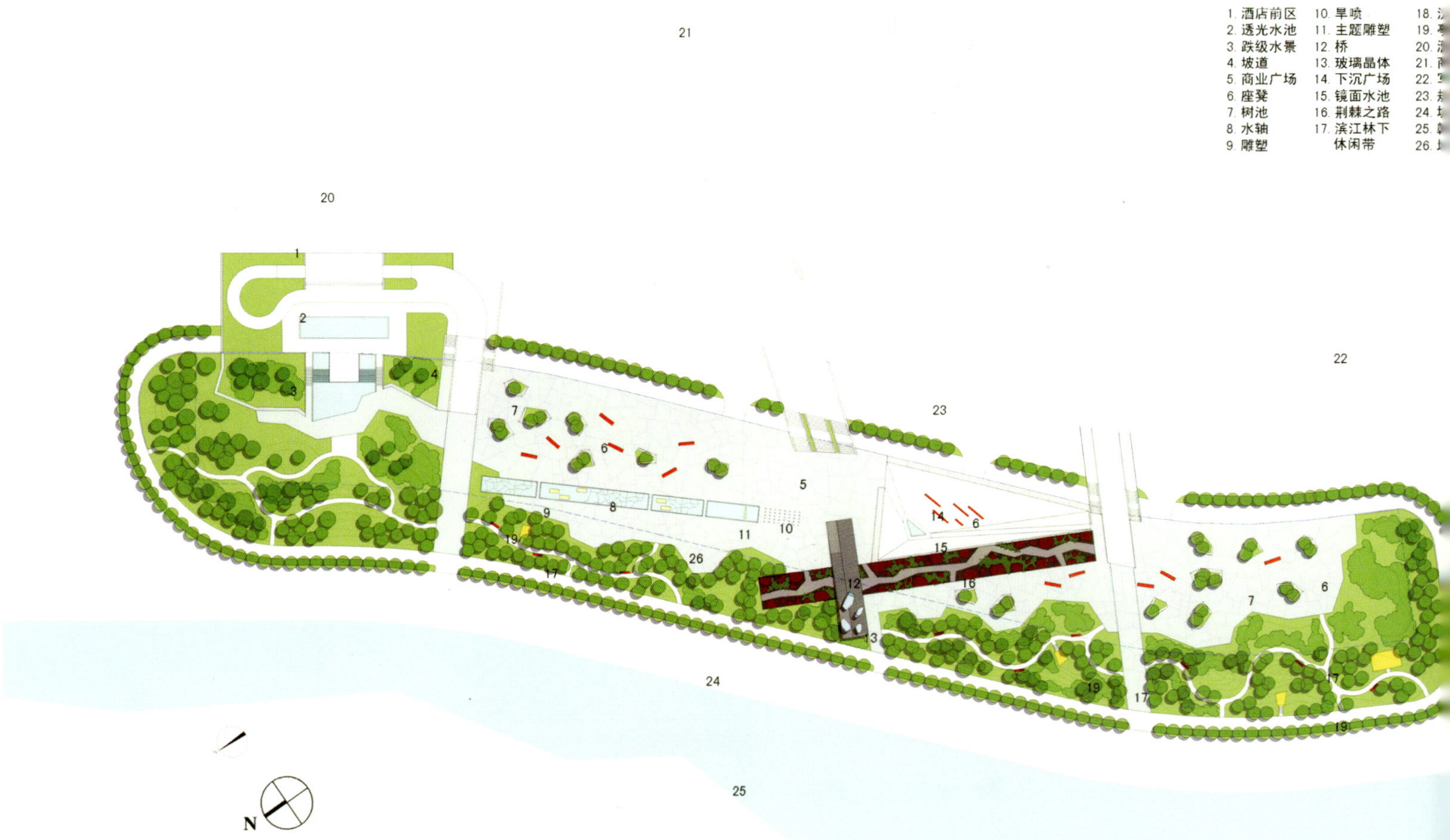

重庆市万州江南新区市民广场

项目资料：
项目地址：重庆市万州江南新区
设计面积：约8万平方米
委托方：重庆市万州江南新区开发建设有限公司
设计单位：深圳市吉相合景观设计有限公司

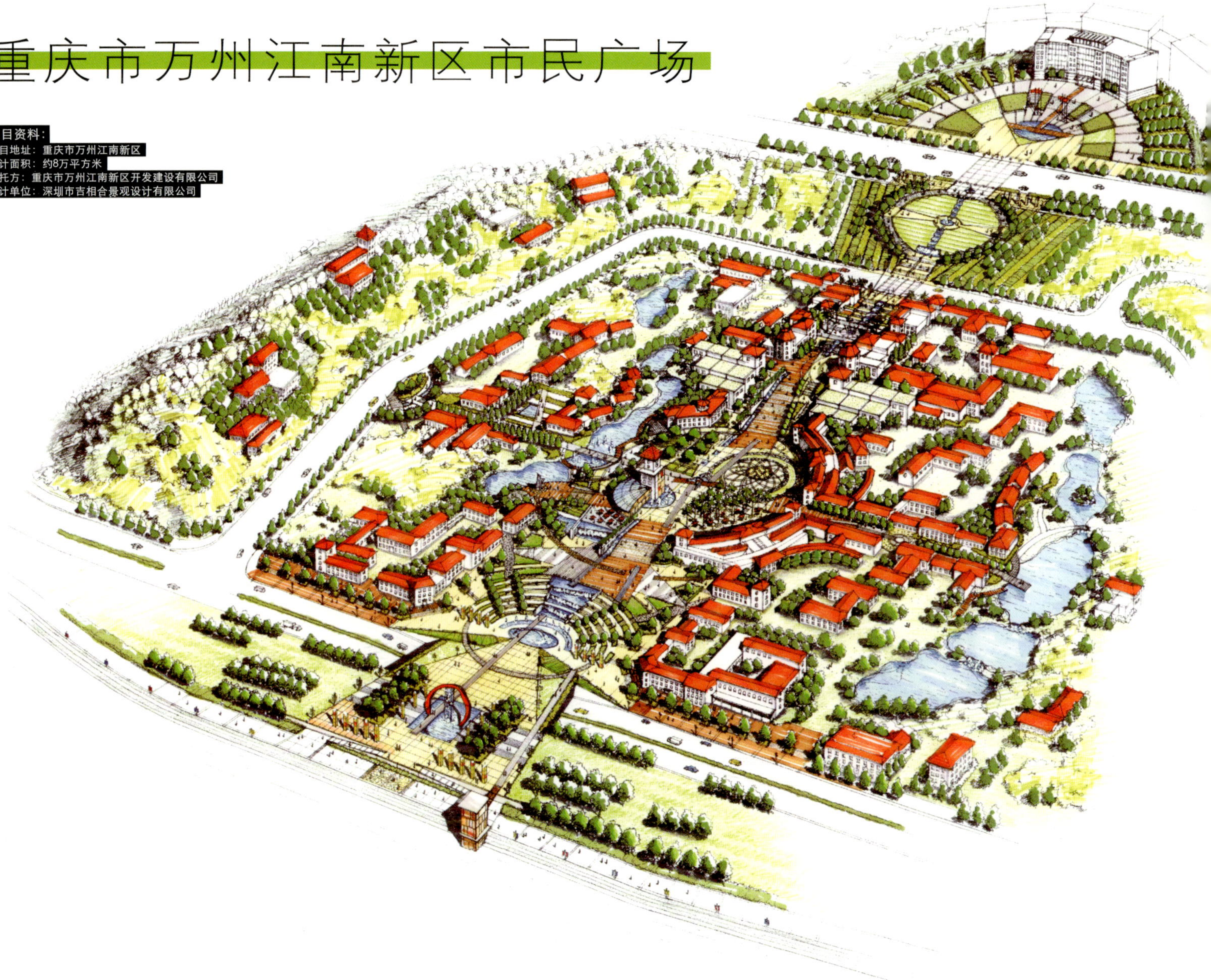

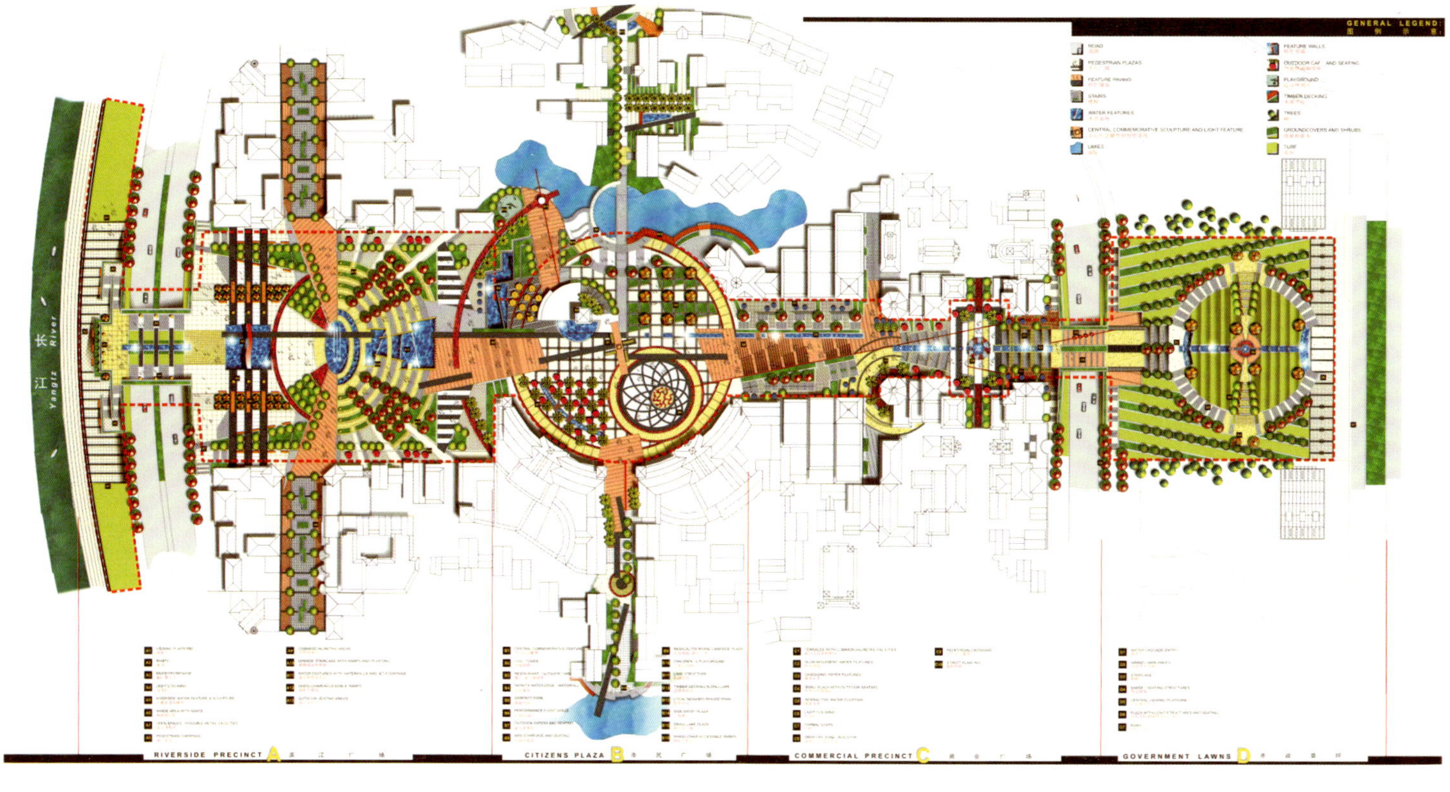

项目说明：

江南新区市民广场是现代、文化和历史的反映。市民广场的设计充分表现了公共空间的优先利用和城市持续化发展所必需的功能、大小及活动性的探索。所以在此广场内，既有午餐时间的休闲之处、人行道旁的咖啡座、展示台，又有展览和表演场所，多功能的使用满足了不同群体的需要。广场的设计风格趋向于现代色彩，但又反映出1920年到1930年的建筑风格，这种反映主要依靠铺装材料的运用和景墙的巧妙处理。市民广场由四个部分组成，皆有相关之人行道、水景轴和绿地空间，每个部分都有其独有的特征。

沈阳市文化艺术中心

项目资料：
项目地址：辽宁省沈阳市
设计单位：沈阳市规划设计研究院
主要设计人员：吕正华　潘天阳　胡 红　曲彦霖　赫菲　丁舒　朱伟　杨学文

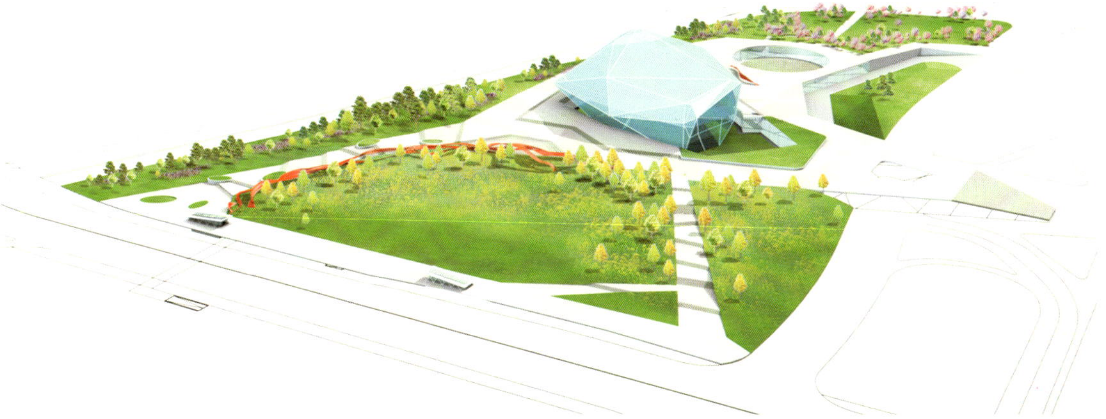

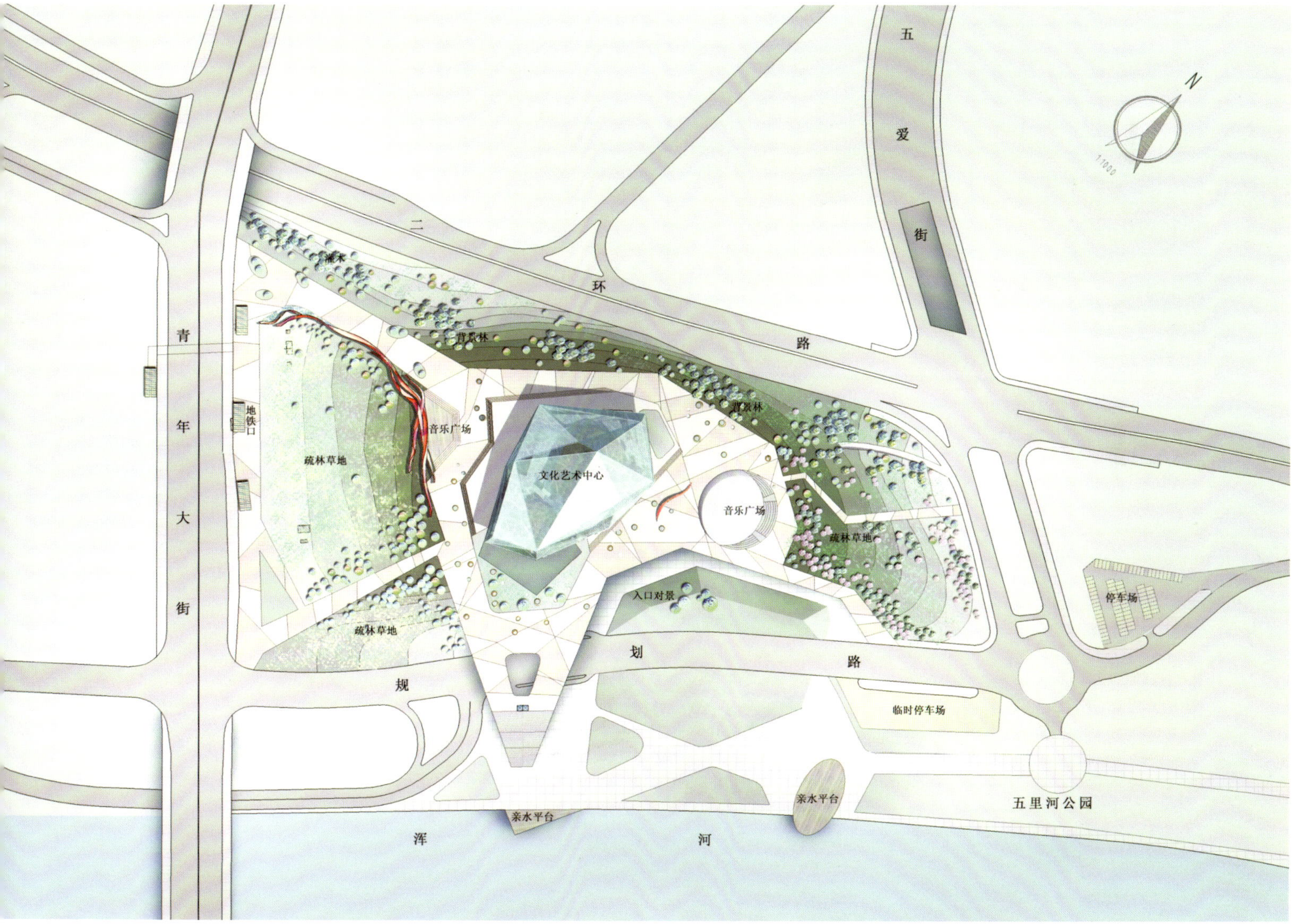

项目说明：

项目概况

沈阳文化艺术中心位于浑河滩地内，金廊东侧，地块北侧为二环路，南临浑河，西侧为青年大街，东邻五里河公园。地块内现状为五里河污水处理中心、加油站及五里河公园的一部分。规划占地总面积为13公顷。该地块周边交通组织四通八达，并有一现状路在基地中部穿过。

规划充分体现北方地区的景观特色，简洁、大气，并具有一定的文化艺术气息。在满足使用功能的基础上，最大限度地衬托主体建筑，使景观与建筑及周围的环境融为一体，从而展现城市特殊地段的标志性景观。

设计要点

使艺术、景观及环境资源最大化融合，创造一个标志性景观场所：

寻求自然景观与人文景观的完美结合；

尊重城市历史，延续并发展人文景观；

引入自然绿色，进行城市与自然转化。

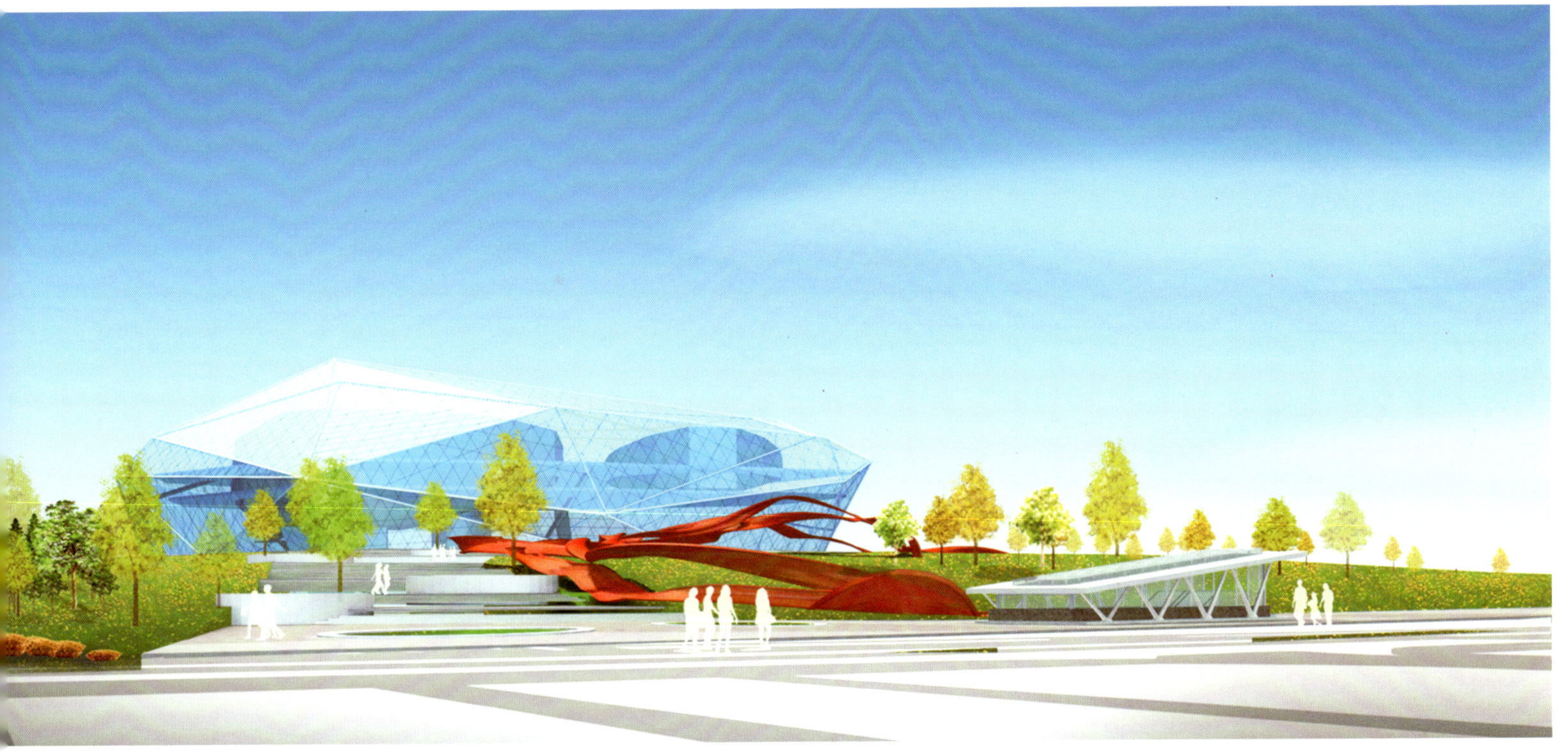

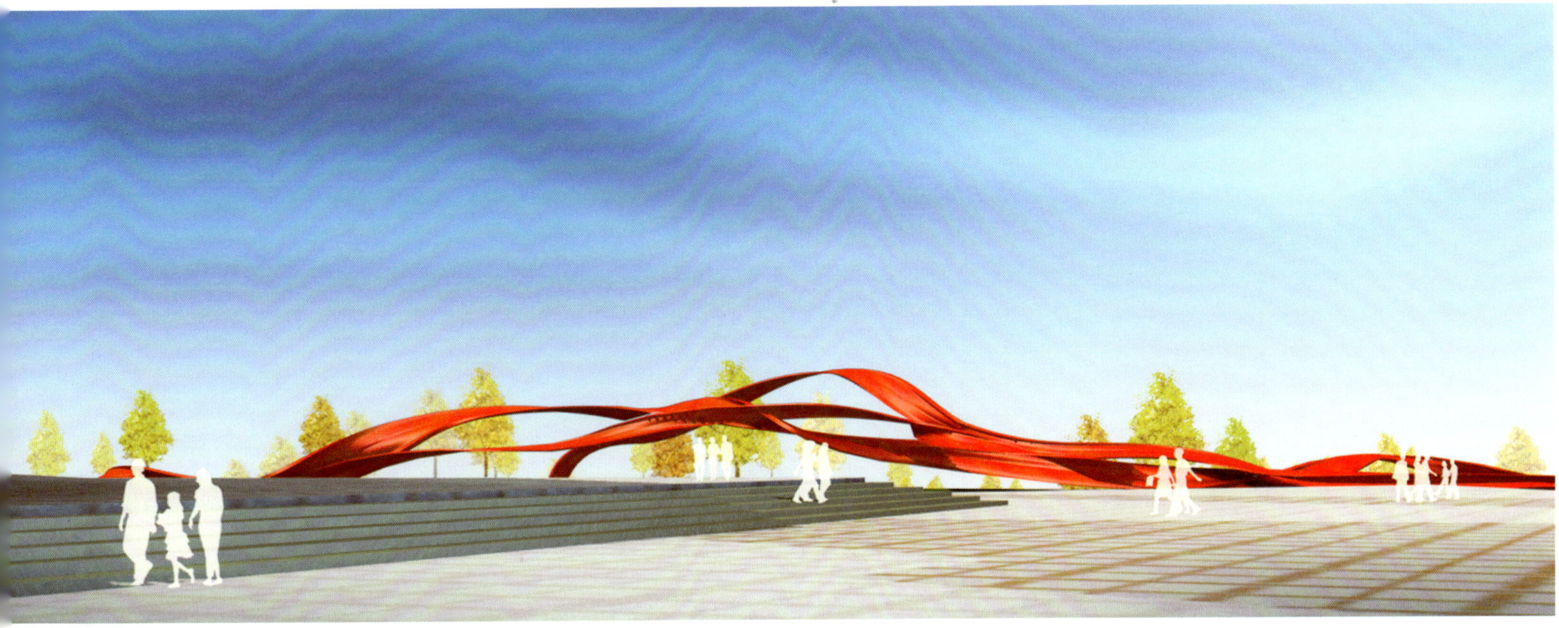

无锡市隐秀路

项目资料：
项目地址：江苏省无锡市
设计单位：上海飞扬环境艺术设计有限公司

项目说明：

本次设计范围南起梁溪路隐秀路交叉口，北至大池路隐秀路交叉口，其中隐秀路（梁溪路-大池路段）长约480米，规划控制总宽度100米。

项目设计以打造一流景观、精品景观环境为出发点，提出了隐秀路作为从城市空间过渡到惠山森林公园的重要景观通道，进一步处理好城市与公园之间的过渡关系；重点处理好隐秀路与梁溪路、隐秀路与大池路交叉口的空间；景观通道两侧布置以休闲和文化娱乐为主，建筑风格兼顾与周边环境的协调；通过景色设计，营造出景色优美、使用舒适便捷、特色鲜明的城市标志性开放空间，使隐秀路成为进入惠山森林公园的一个亮点。

② 局部放大剖面 1: 50

放大见②

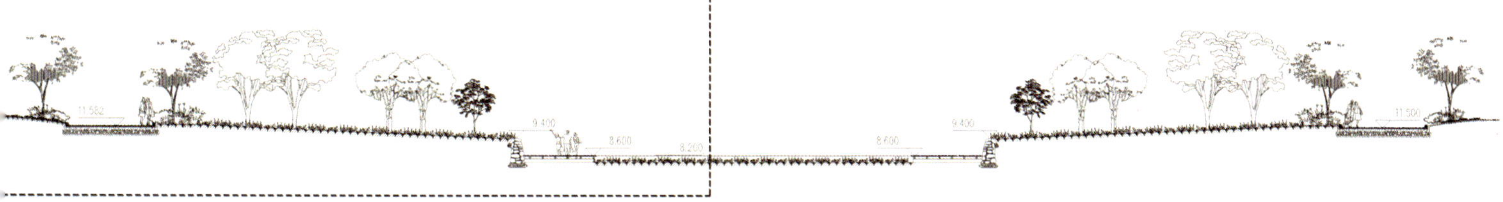

① C-C 1: 150

惠山

惠山森林公園

唐山市南湖生态城市民广场

项目资料：
项目地址：河北省唐山市
设计面积：26.7万平方米
委托方：唐山市规划局
设计单位：北京澳斯派克景观规划设计顾问有限公司
主要设计人员：李伦 Johan Sarvan 袁伟峰 高飞

唐山市南湖生态城市民广场
Tang shan citizen's plaza of Nan hu Eco-city

项目说明：

设计简介：

市民广场位于唐山市南湖生态城的主轴线上，设计面积26.7万平方米，是市民生活、公共活动的重要场所。

设计结合周边城市功能区的空间布局，延续了一些重要的路径与公共活动的轴线，一方面引导周边的人群来到广场，另一方面在广场空间创造了丰富的运动体验区。结合东侧的自然坡地，创造性地安排了地下停车场地，同时结合人行出入口设计，打造了有趣独特的大地景观。场地内需要的展示、儿童活动等空间、建筑都采用现代的设计风格，以体现新城建设的时代感。

设计取名“绿色丝带”，暗示绿色连接了生态与建设、老城与新城、地方与世界。

儿童娱乐区平面

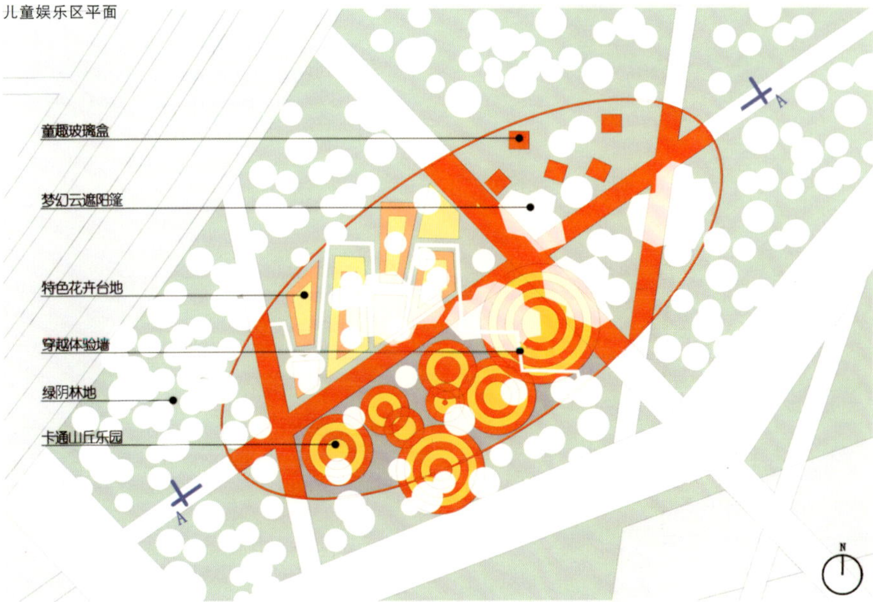

00平方米

00平方米

7000平方米

平方米

200M

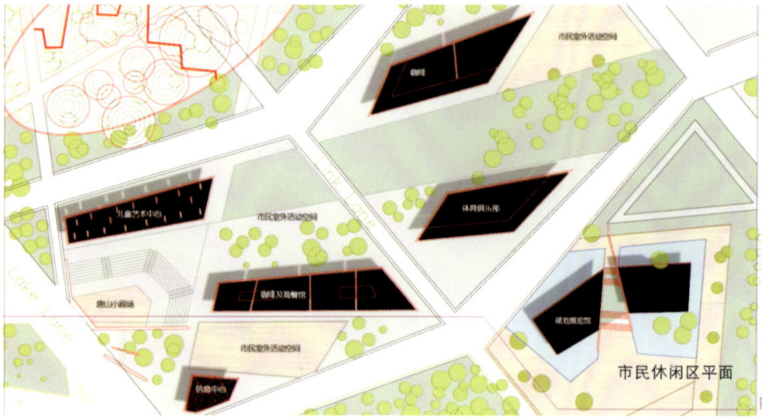

市民休闲区平面

咖啡吧

滨水生态休闲区

济南市西客站中央绿轴

项目资料：
项目地址：山东省济南市
设计单位：山东省城乡规划设计研究院

本案区位

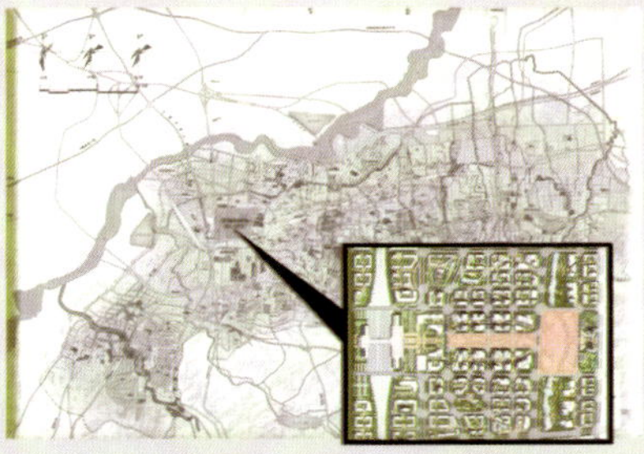

2.1.2 设计理念

设计构思

01 泉韵广场
02 水之门
03 树阵广场
04 垂荫驳岸
05 汲泉汀步
06 荷露亭
07 荷叶岛
08 驳岭绿阴
09 景观步行桥
10 微地形
11 雨荷饮
12 润荷湖
13 步行桥出入口
14 莲亭
15 入口广场
16 浮萍岛
17 树阴休闲广场
18 木铺驳岸
19 休闲荫岭
20 疏林草地景观
21 木质铺装
22 入口广场
23 梯形驳岸
24 次入口
25 荷韵道
26 驳岸上下口
27 休闲会所
28 坡面驳岸
29 疏林草地
30 梯形嬉戏驳岸
31 踏莲广场
32 采莲码头
33 童趣沙地
34 休闲健身广场
35 入口主广场
36 林阴广场
37 老年健身场地
38 网球场

项目说明：

地域文化

济南作为著名泉城和国家历史文化名城，其独特的自然景观与悠久的历史文化相互融合，构成了独特的泉城特色风貌——这座城市的宝贵财富和珍贵遗产。济南也是重要的交通枢纽，作为南北干线上的一颗明珠，随着城际铁路的公交化发展、人流密集程度的增大，交通枢纽的自然人文景观变得尤其重要，也成为展现城市自身独特魅力的重要途径之一。泉水是济南的灵魂，荷花和柳树成为最能代表济南人文气息的象征。

作为西客站核心区的景观轴线，与站前广场紧密相连，这使其成为济南向外界展示自身人文气息的窗口（展示性）；同时轴线两处拥有商务区的中心绿地（区域服务性），并与腊山河景观带连接延伸（景观延续性）。

轴线定位

城市绿地性质的生态式广场，以服务周边建筑为主，与站前广场连接展现地域特色为辅。

概念构思

水的灵动包容，荷花的一尘不染、脱俗，柳的古苍柔和。

设计手法

景观的人性化、个性化设计。结合济南气候特点，通过利用济南泉水、荷花和柳树等元素，营造宜人的景观环境，结合生态设计手法，达到人与自然的和谐共处。

平面布局

轴线两处绿地平面布局表现为一朵盛开的荷花，滴滴露珠落于花蕊之上。展开的荷叶投下摇曳的姿影。一条汲水步道形成优美弧线并贯穿整个轴线，轴线两侧设置休闲广场和情趣水面。以花瓣为造型的喷泉水池随处可见，烘托泉水氛围。腊山河两处设计滨河休闲公园，西岸以休闲漫步为主，并设计一处休闲会所；东岸以休闲健身为主，增加部分健身场地和戏水驳岸。设计加强了参与性理念。

设计理念

突出济南地域特色，运用“泉”“荷”“柳”“如意”元素。

平面构思

平面布局借鉴中国画的工笔手法构图，一枝盛开的荷花在优美的茎干的支撑下显得一尘不染；一片新叶同时潜水而出，寓意持续不断的生机和活力。

车站广场的主入口广场对应步行街设计入口活动广场，景观小品以水和荷花花瓣为构成素材，一动一静，融合步行街的繁华与绿轴的惬意。

一个风中翩翩起舞的荷叶造型作为构成的平面元素。

休闲广场的设计多采用乔木覆盖方式，使之真正达到生态与人的和谐。

采用如意造型，与河岸的原始形状相结合，既尊重了现状的自然地貌特点，又赋予其一定的人文气息。

设计构思

在连接站前广场处设置轴线入口广场，广场自由散落花瓣形喷池，汩汩泉水涌出溢于喷池之上。广场主要景观构筑物水之门位于入口广场正中，面向西客站正门，水帘垂直而下形成水幕，这一构思寓意为来济客人接风“洗尘”。水元素的使用着重强调济南的地理特点，昭示“好客山东，泉水济南”。

“水在石上流，人在水上走”，整个场地以一条汲水汀步贯穿，随水位的变化产生不同的景观感受，再现老济南掀开石板就是泉水的景象。步道一侧点植垂柳，柳条轻抚游人，影垂于溪；炎炎夏季，汩汩溪流刚好没于踏步之上，给人以丝丝清新凉意；峭寒冬季，泉水没于溪床卵石之下，成为嬉戏健身空间，在寒冷的冬天里给人以活力。

结合周边的城市性质，设置仿自然式丘陵微地形，诠释一种充满活力的多样化城市休闲空间，营造一种自由的空间景观感受。

设计规则式微地形，体现济南现代景观气息，表现都市的现代活力。微地形造型如一片探水的荷叶，展开的叶片一侧轻探入水，泛起阵阵涟漪（景观条石顺地形的弧形变化弧线式分布）。地形东部的休憩广场被树冠较宽大的乔木覆盖，下设涌泉水池，呼应泉城特色。

集中的公共戏水空间雨荷饮，平面构图采用一片即将展开的荷叶侧面形状。平行的木栈道构成叶脉，游人坐于木铺之上，两脚涉于水中，或踏于浅水之中，泛水清波，形成人景融合的和谐之美。

景观步行桥连接轴线两块场地，保证了两块场地的景观连续性，避免了交通对景观上的孤立分隔。步行桥的支柱运用柳树树干造型，柱顶设置拉索，整个柱体形成垂柳轻抚的意境。步行桥的折线造型与汲水汀步道的弧线造型形成对比，使整个场地充满丰富的变化。

探出的河岸平台与丰富河岸的空间景观增加了人们的景观欣赏角度。

采莲码头是应对将来的河面贯通游览需要的，为河面带来生机。

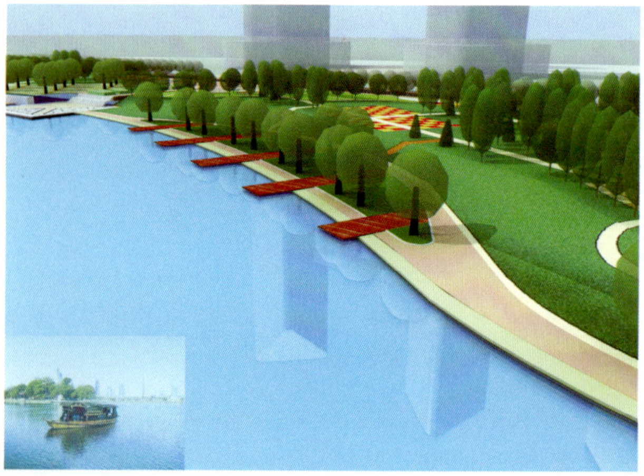

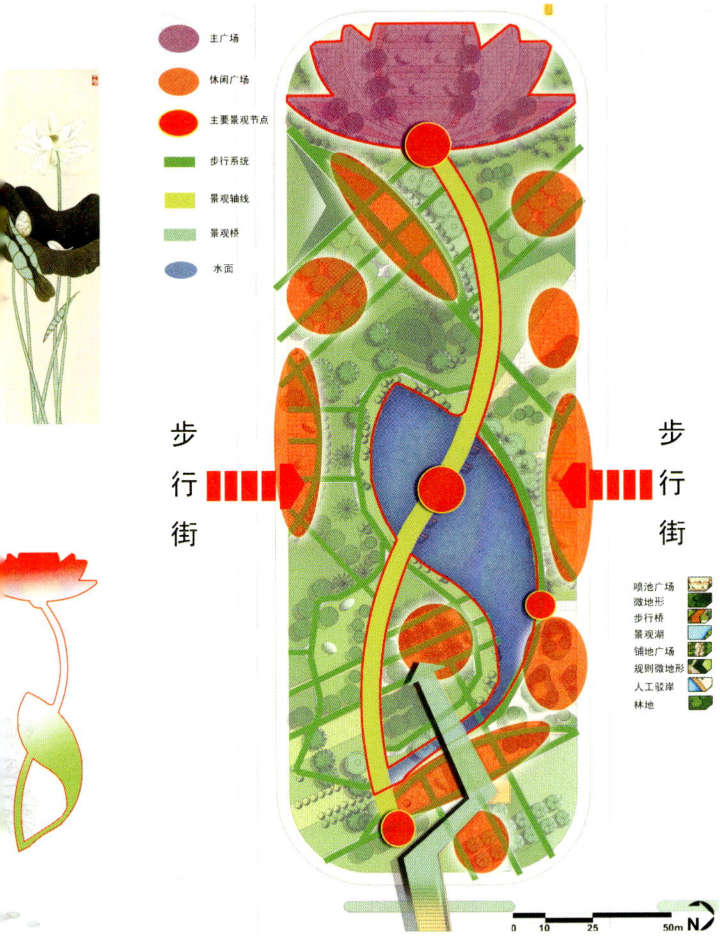
主广场
休闲广场
主要景观节点
步行系统
景观轴线
景观桥
水面
步行街
步行街
喷池广场
微地形
步行桥
景观湖
铺地广场
规则微地形
人工驳岸
林地
0 10 25 50m N

叶

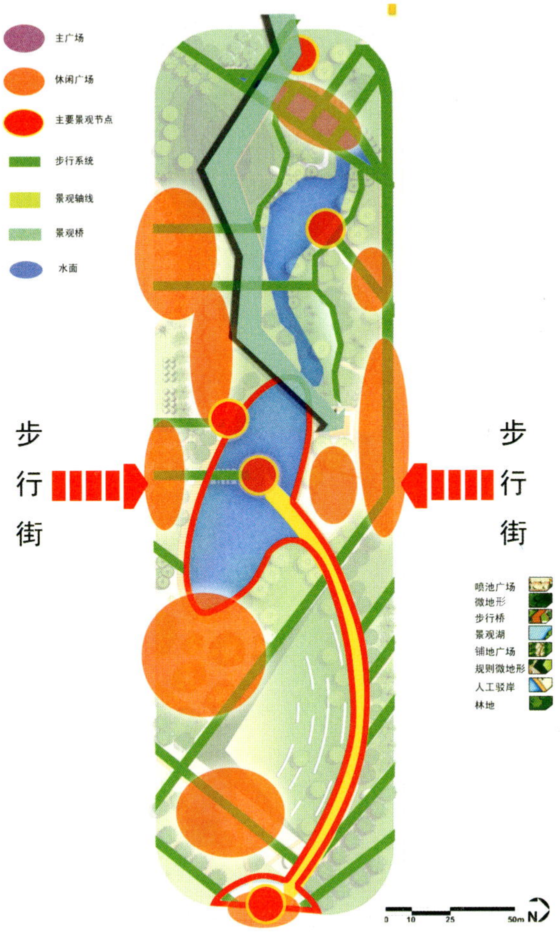
主广场
休闲广场
主要景观节点
步行系统
景观轴线
景观桥
水面
步行街
步行街
喷池广场
微地形
步行桥
景观湖
铺地广场
规则微地形
人工驳岸
林地
0 10 25 50m N

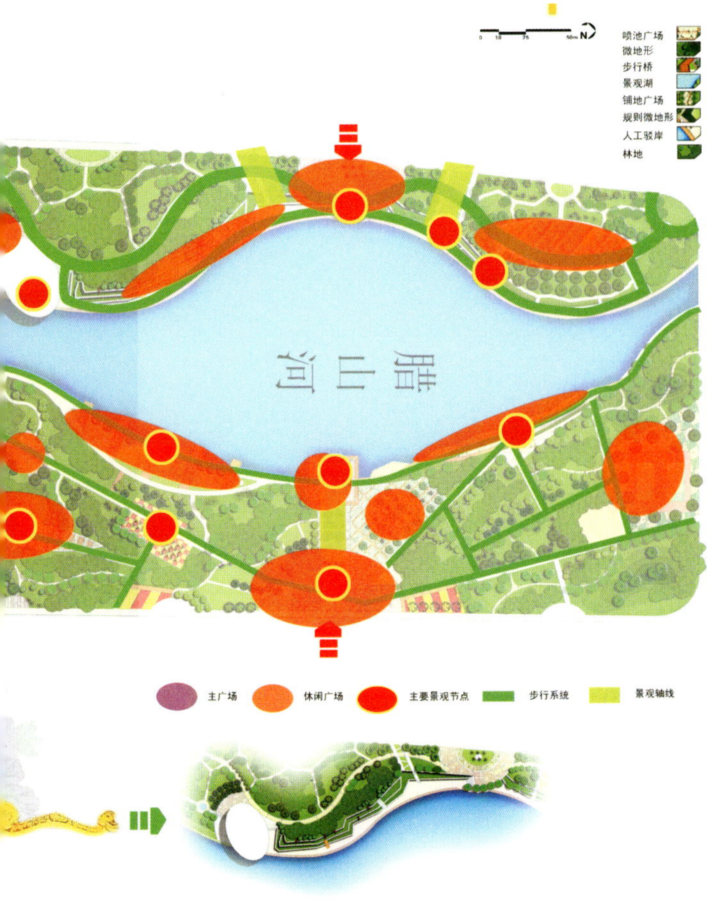
喷池广场
微地形
步行桥
景观湖
铺地广场
规则微地形
人工驳岸
林地
腊山河
主广场
休闲广场
主要景观节点
步行系统
景观轴线

驳岸断面
微地形

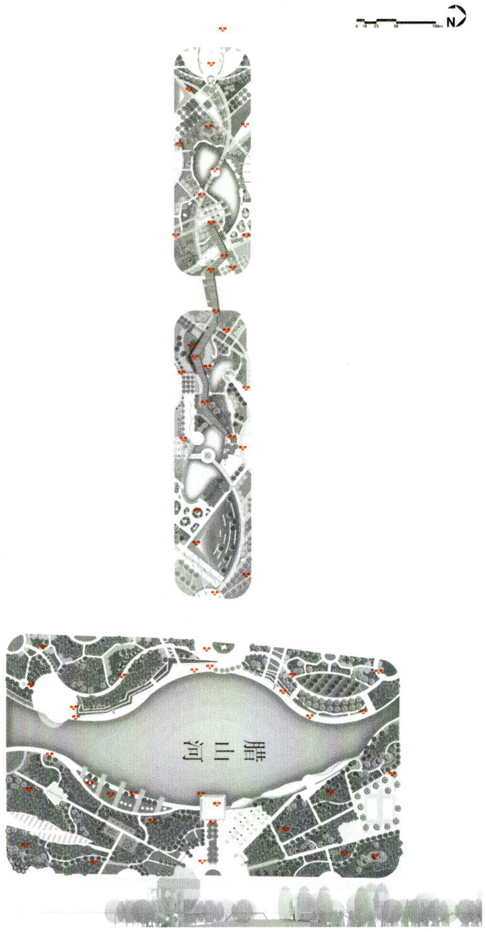
腊山河

苏州市狮山广场

项目资料：
项目地址：江苏省苏州市
基地面积：23 公顷
建筑面积：1 160 000 平方米
容积率：5
委托方：苏州新港建设集团
设计单位：AAI国际建筑师事务所
主要设计人员：蔡楚曦　孙青　金文倩

项目说明：

苏州市中心城区建构“一心两区两片、T形结构”的城市空间结构，其中两区即苏州主城区和苏州东部新城城区，苏州主城城区由老城区和高新区整合而成。新的主城中心沿运河、狮山路周边发展，高新区的功能面临进一步提升的需要；同时苏州市轨道交通的建设对沿线土地使用也将产生新的影响。

苏州高新区发展日新月异，城市面貌焕然一新。苏州的市级中心在未来也将逐渐向高新区转移。高新区经过15年的发展已步入都市化初级阶段，初步形成以狮山路为核心的城市核心区。

规划提出打造T到E新区公共体系，即以长江路和狮山路两条公共设施T形主轴呼应古城功能，通过狮山路与长江路相交位置围绕狮山形成城市商业休闲区，和山路、何竹园路实现各个片区功能的延伸和补充，形成T到E的苏州高新区公共中心体系。

因此，中心城区形成以E形中心体系为支撑，一区、一带、双核、六片的结构格局。

狮山片区作为未来主城中心的主要发展区域，规划采取用地策划的方式进行功能整合，提出“一圈、两区”的中心区构想。一圈指狮山第一商业游憩圈，包括商业零售中心区，以传统商业服务功能为主；都市文化休闲区，以文化、休闲、商业功能为主；康体休闲区，以体育、娱乐、酒店功能为主的三个街区；两区指金融商办混合区，以金融、保险、证券、商办、酒店功能为主；商办商住混合区，以商办、商住功能为主。各功能区通过开发潜力评价、最大开发强度测算和最优实施时序确定，促使中心区综合效益达到最优。

本着尊重狮山城市轴线、开放城市空间、复合城市功能、综合城市形态、整合城市交通、创建都市综合体的规划导则，对规划方案进行了有针对性的设计，归为六点：

1. 两个主要城市节点

2. 核心城市公园带

3. “第二城市界面”

4. 景观渗透轴线

5. 开放空间节点

6. 地下空间系统

狮山广场土地用地强度：

依据不同的用地性质及土地价值，合理设定不同地块的土地开发强度。

狮山广场体量分析：

为了尊重狮山景观及呼应地块周围现有的高层建筑体量布局，规划中遵循东高西低的原则，使高层建筑限高由塔园路东侧的200米逐步过渡到长江路东侧的100米。整个规划布局围绕中央的开放空间带展开，形成既围合又通透的格局。

狮山广场景观结构分析：

总规划方案中，西起经9路，东至塔园路，以纬2路和纬4路为南北边界，延展开一片中央公园绿化带。在高差上，分别表现为城市开放公园和商业下沉广场两种形式，并与大轮滨河道水岸景观交融，创造出独特的多元素景观空间艺术效果和江南独有的水巷文化，闹中取静，动静相宜。同时，商业下沉广场还将位于经11路西侧和塔园路东侧的两片开放广场区域连通，并有机结合在一起，而纬2路则作为林阴大道将其北部的办公区域和南侧的中央公园绿化带通过高差变化和视觉穿透的方式互相融合渗透，将各种景观元素一一展开。此外，在金山路南侧半红区域地带建议设置城市绿带，以便与规划区域内其他的城市绿带组成一个整体，有效隔离城市内部区域噪音和其他交通要道的污染。

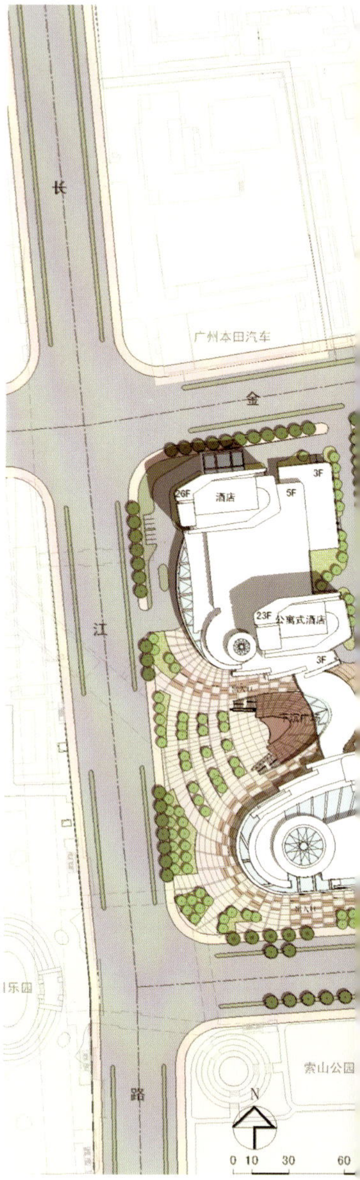

土地利用强度

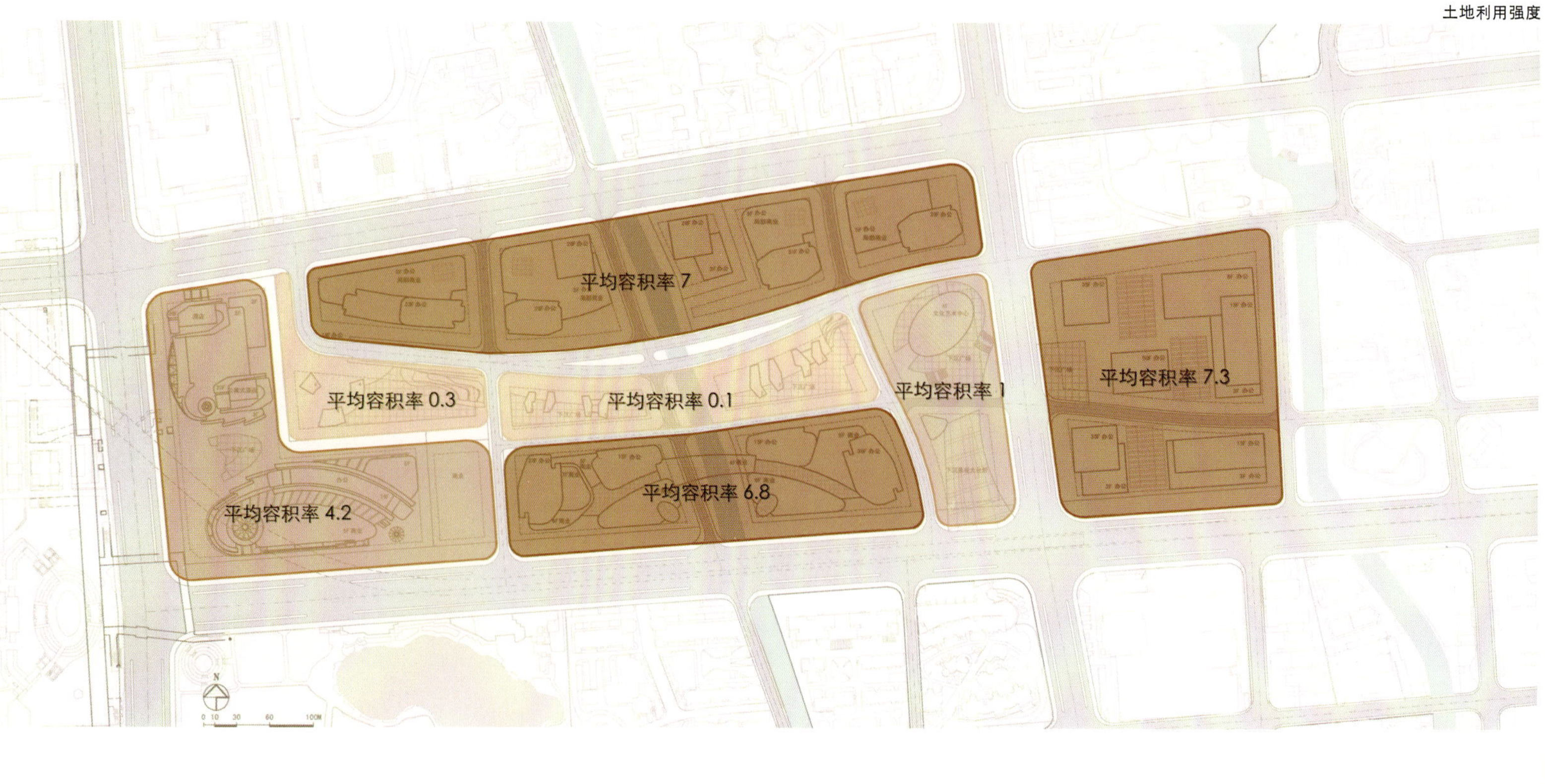

体量分析

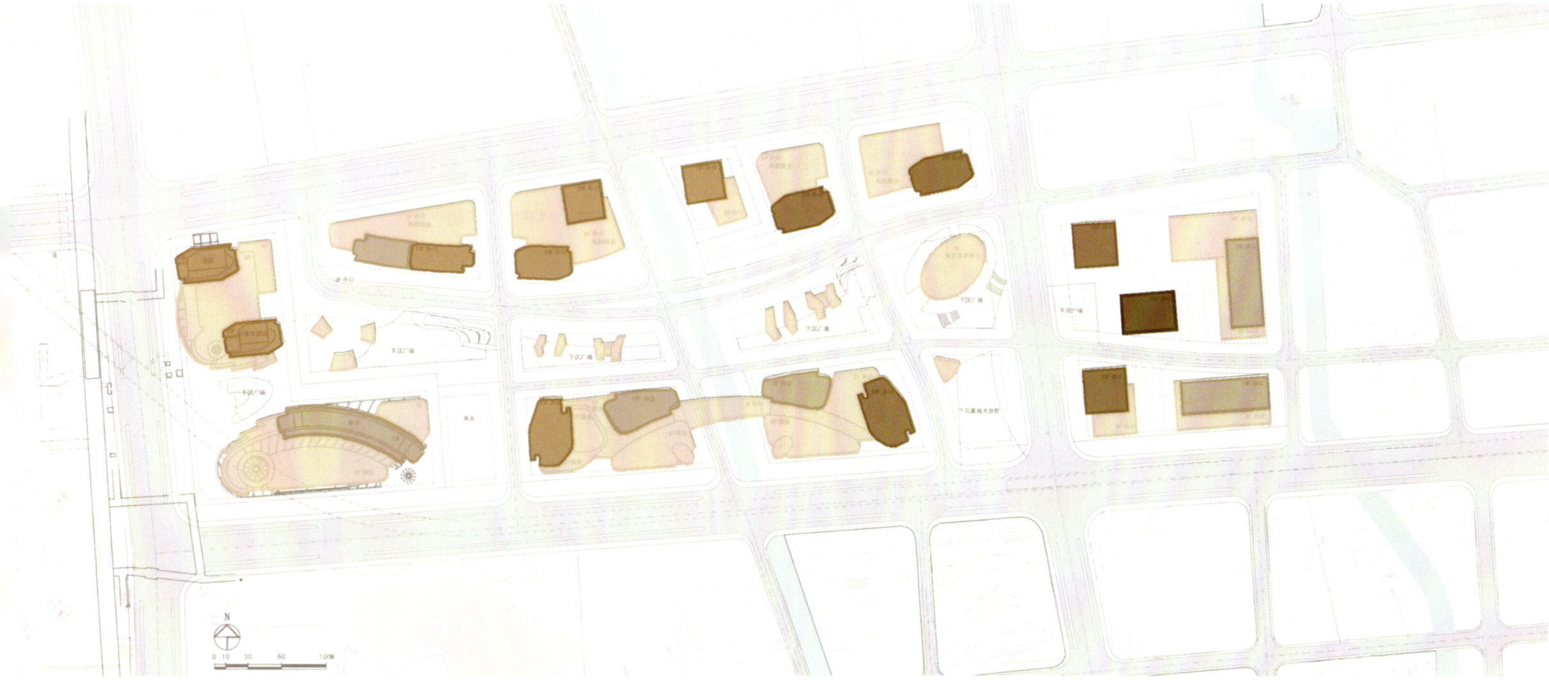

200米　150米　100米　70米　35米以下

景观结构分析

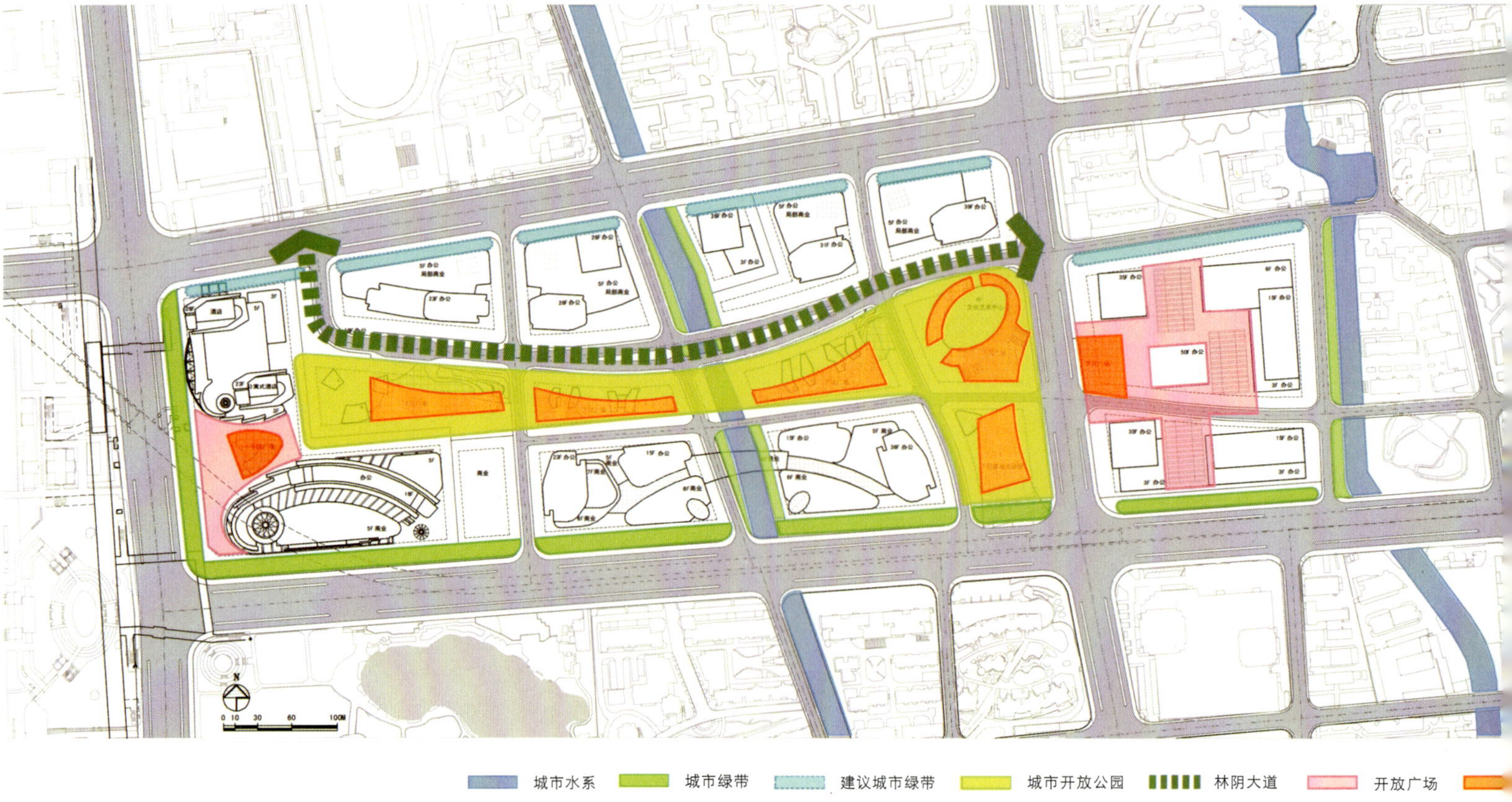

总体规划结构图

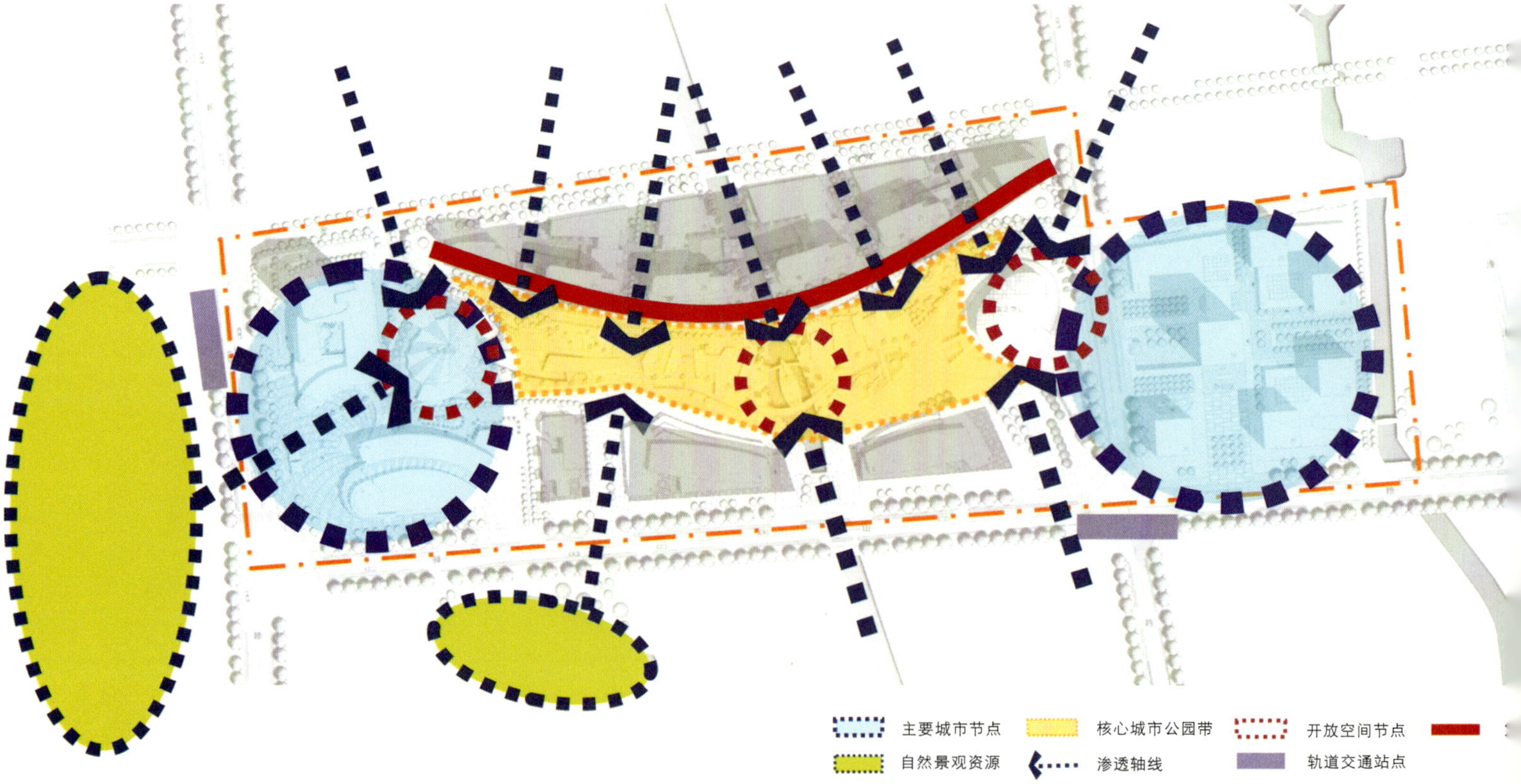

济宁市杨桥绿地

项目资料：
项目地址：山东省济宁市
占地面积：24 公顷
容积率：0.74
景观与规划设计面积：17.3 公顷
委托方：济宁高新区规划局
设计单位：罗昂建筑设计咨询有限公司
主要设计人员：柯复南 王芳 霍雪松 陈一萍

项目说明：

项目位于济宁新城与旧城交界处，是城区之间联系的重要节点，也是城市发展规划中的一个关键项目。基地呈三角形，将入城道路分流成两条主道路。一条运河由南至北流经基地西侧，基地北侧是一个正在建设中的住宅小区，南侧则为旧工业区和居住区。项目目标是营建一个具有现代气息的城市标志性绿地，为周边居民提供放松身心、接触自然的公共空间。

设计理念

设计师计划在中部地块建设办公中心，在东侧地块建设一个向公众开放的公园。公共服务设施带成为了连接周边地块的天然纽带，极具吸引力。办公中心是整个项目的核心功能区。设计结合地势，在三角绿地外围形成半环绕状种植平台，自东向西延伸至西侧的河岸，像两条强有力的臂膀将办公中心区环抱其中。地块内的功能区域被简洁、开阔的景观环绕。湿地、水渠与人行步道形成的三条简洁的主线交错穿梭于绿地之间，从地块西部的运河向东部汇聚，形成大的湖面与广场空间。南北向人行步道贯穿其间，不规则的道路界定了不同的广场空间，引导人们从不同角度观赏并进入到绿地空间中，为人们提供了交流、观演、休憩的场所。

1. 土方平衡理念

由于某种原因，中部地块的办公中心采用临时景观的设计方案。临时景观区处于项目地块中部地势较低处，规划中该区域设有大型的地下停车场。为便于后期开发，规划中将该区域整体标高设计为比周边道路低2.8米，形成下沉式的开放空间，并将挖出的土壤运至地块周边，既利于地形的营造，又达到了土方平衡的作用。

2. 可持续生态水系统理念

植物净化水系统是景观设计的一部分，来访的游人可以看到生态公园的可持续景观。利用植物净化水系统来确保水的循环。

设计通过两种形式收集雨水：来自街道和路面上的雨水通过雨水收集管道集中到蓄水池中，利用植物生态水系统处理后的这部分水体作为补给的一部分继续加入循环系统，以确保循环中水量的平衡；公园内的水渠和湖体是外部的蓄水池，这部分水经过收集后循环回到植物净化水系统中。

3. 植物配置理念

设计不能盲目追求植物品种的多样性，要注重生态性、协调性以及良好的生长状况，充分考虑整体效果，从而体现当地植物的景观特色。高大挺拔的乔木和多层次的灌木丛围合成基地外围的绿色种植平台。白皮松、红瑞木等冬季观赏植物以及树形优美的落叶树展现出了植物景观的四季变化。在内部空间结构上，利用多种行道树划分区域和指引方向，各类观花、观叶植物成片栽植，不同层次的乔木群落与开阔的草地形成了疏密有致的观赏空间。白梨、丁香、樱花使人流密集的广场成为花的海洋，草地早熟禾一直延伸到水边，湿生植物点缀着水岸，水生植物装点着水面，植物群落之间过渡自然，整体风格协调统一。

功能分区

1. 树阵广场

步行空间中的水体营造出优雅的环境，引导市民来到运河边。这里适合晨练或举办一些大型观演活动。广场上的树阵为休憩的人们提供了阴凉，波浪形的石凳将人们的视线从广场上引至开阔的湖面上。

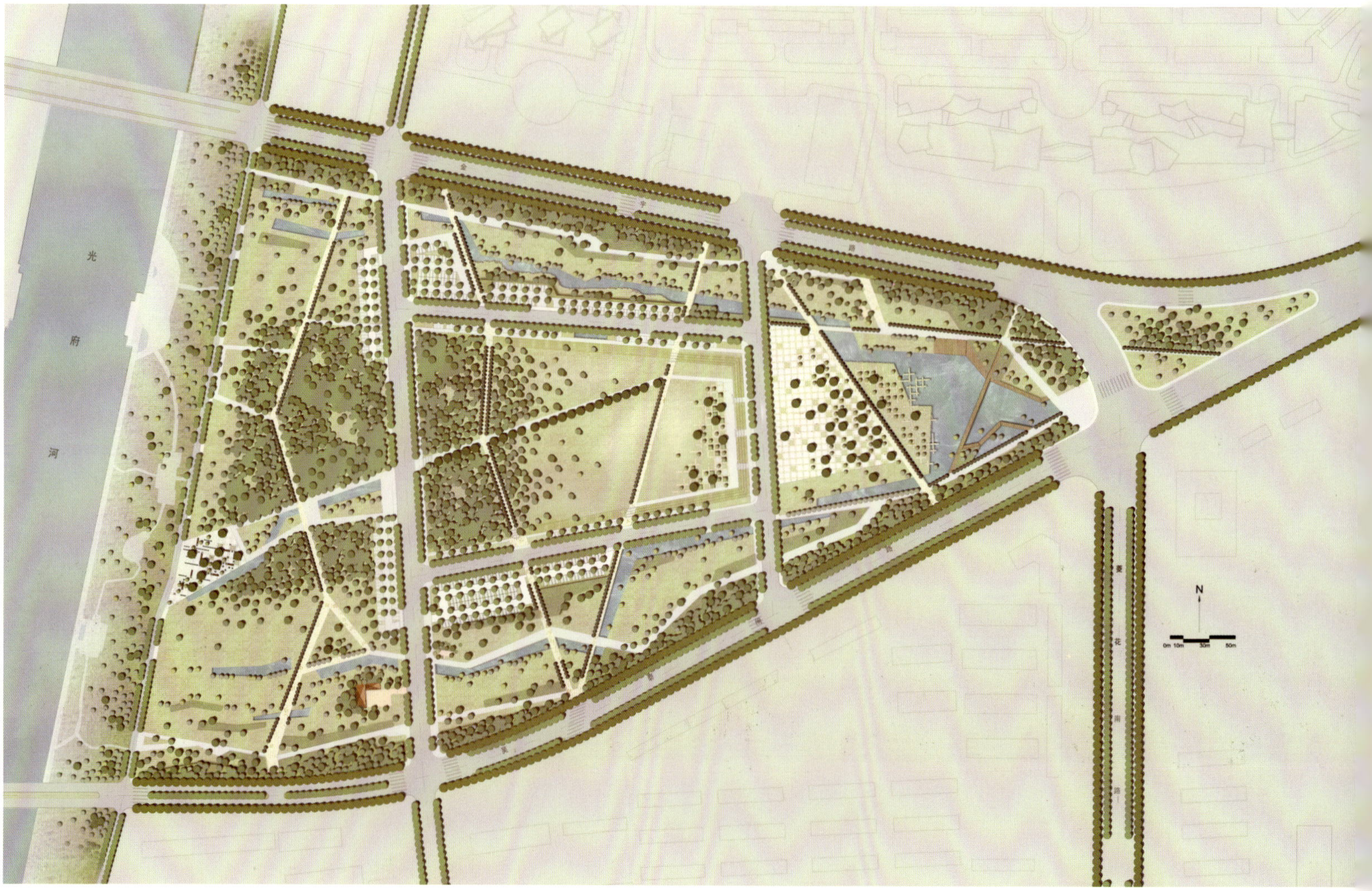

生态概念

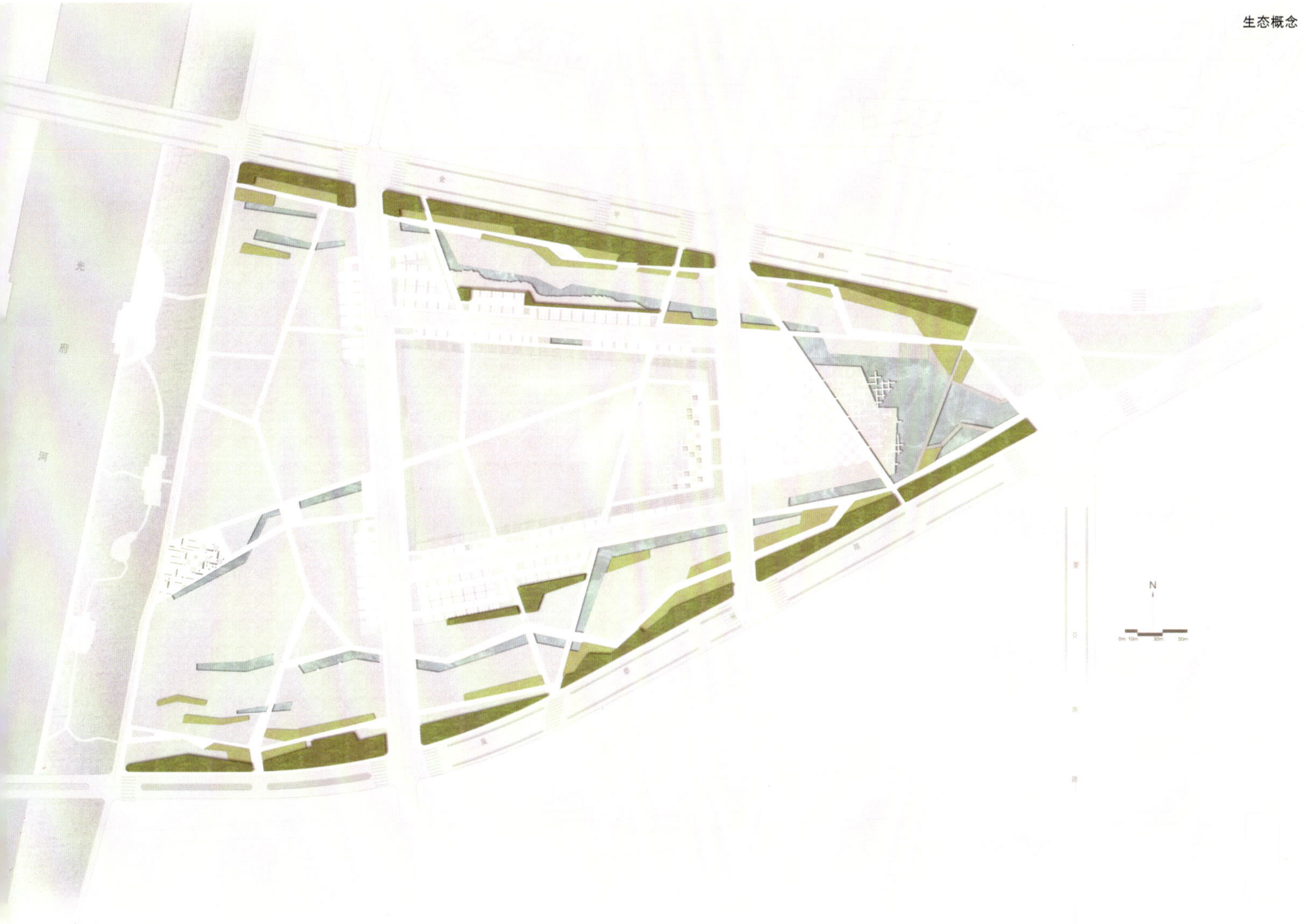

景观概念

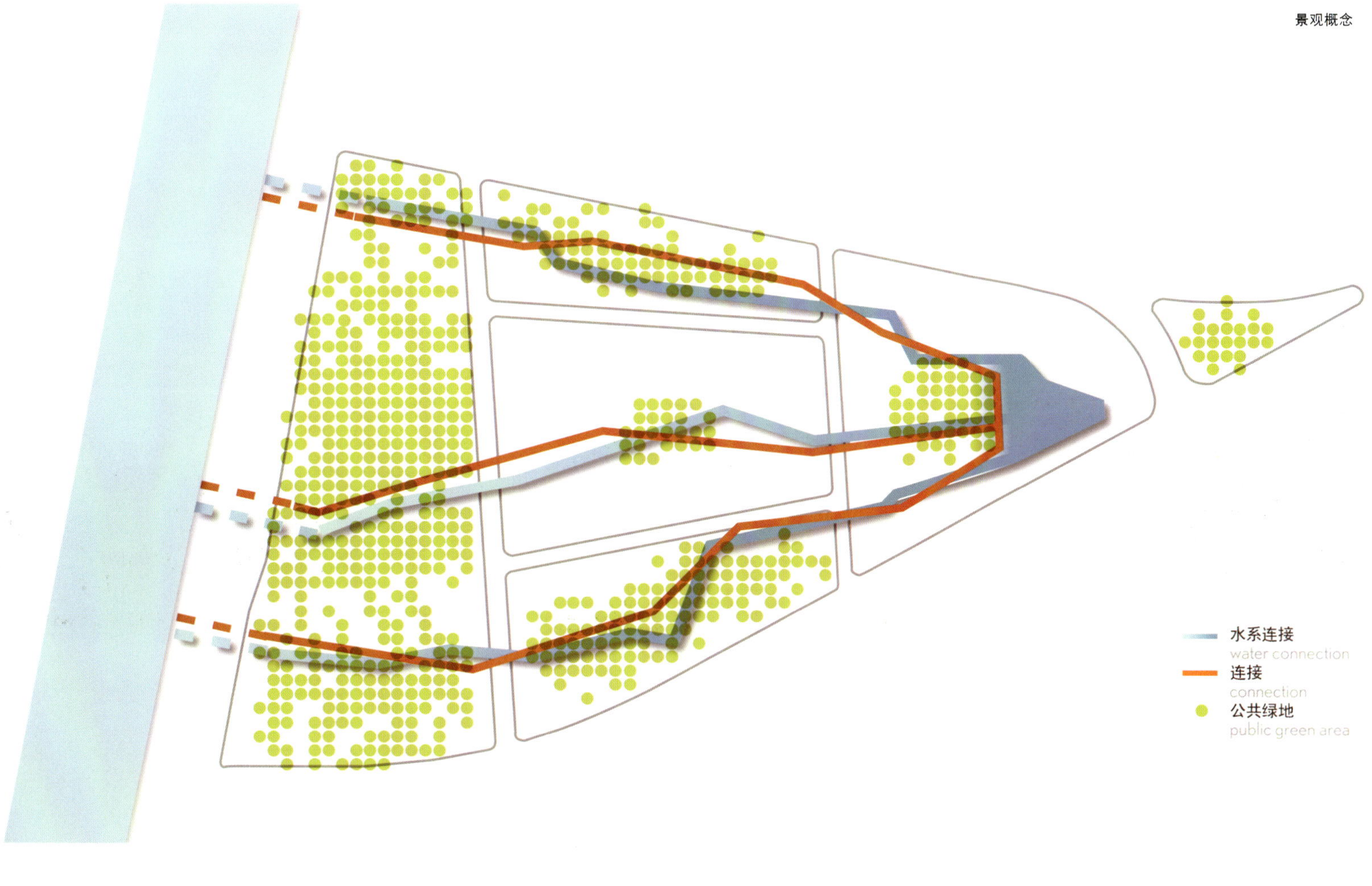
水系连接
water connection
连接
connection
公共绿地
public green area

现状分析

场地
site
水系连接
water connection
连接
connection
公共绿地
public green area

整体鸟瞰

湖面小鸟瞰

湖面小鸟瞰

溪流广场

喷泉广场

树阵广场

树阵广场·波浪座凳

绿地景色

绿地全景

绿地景色

靠近树阵广场的湖面是水体与三角绿地的“源头”，同时也是公园南北两侧人行步道的起点。设计利用原始高差进行局部挖掘形成大的湖面，由木平台与桥体交错对湖面进行分割，形成了一系列的景观平台，为商务中心提供了开阔的视野。

2. 喷泉广场

该项目西部的另一块广场被赋予了与东部广场同样的功能，能够观赏自然河景是该空间的优势所在。直线形的旱喷泉和铺装图案将人们的视线从休闲区域引向环绕项目的自然河流。

3. 溪流广场

在地块北侧的区域内，水体的形式演变成自然式的溪流，自然式驳岸与植物生态系统结合，既保证了水体的清洁，又形成良好的自然景观效果。周边的步道局部放宽，加以条形石凳，为观赏水景提供了场所。

4. 下沉广场

临时景观的设计概念延续了项目整体的设计风格，考虑到后期维护和拆除方便，选用植物作为主要的造景元素。临时景观区处于项目中部地势较低处，整体标高比其周边道路低 2.8米，形成下沉式的开放空间。开放式下沉草坪、坡道、阶梯为人们提供了一系列趣味性的观赏休闲场所。设计融合了周边景观，东部是太极广场的延续；西部是集中的密林区域；中部景观以开放式草坪为主，是主要的休闲观赏区。植物造景疏密结合，南北纵横的道路将临时地块与项目整体设计紧密联系在一起。

设计采用了三种不同的方式来解决临时地块与周边地区的高差：

· 台阶式种植：在临时地块东南侧采用台阶式种植，结合高差将坡度划分成均等植草平台，丰富了竖向景观空间。

· 踏步：周边道路连接处利用踏步的形式来解决高差问题，为人们提供了步行通道。

· 斜坡绿化：在临时地块西北侧采用斜坡绿化方式，在高差处做斜坡，形成简洁的 17° 角，草皮沿坡种植，为人们提供了休息的平台。

沿水渠

林栈道

木栈道

木栈道

木栈道

湿地种植区

湖面景观

湖面透视

湖面景色

湖岸景色

条形座椅剖面

水循环系统分析

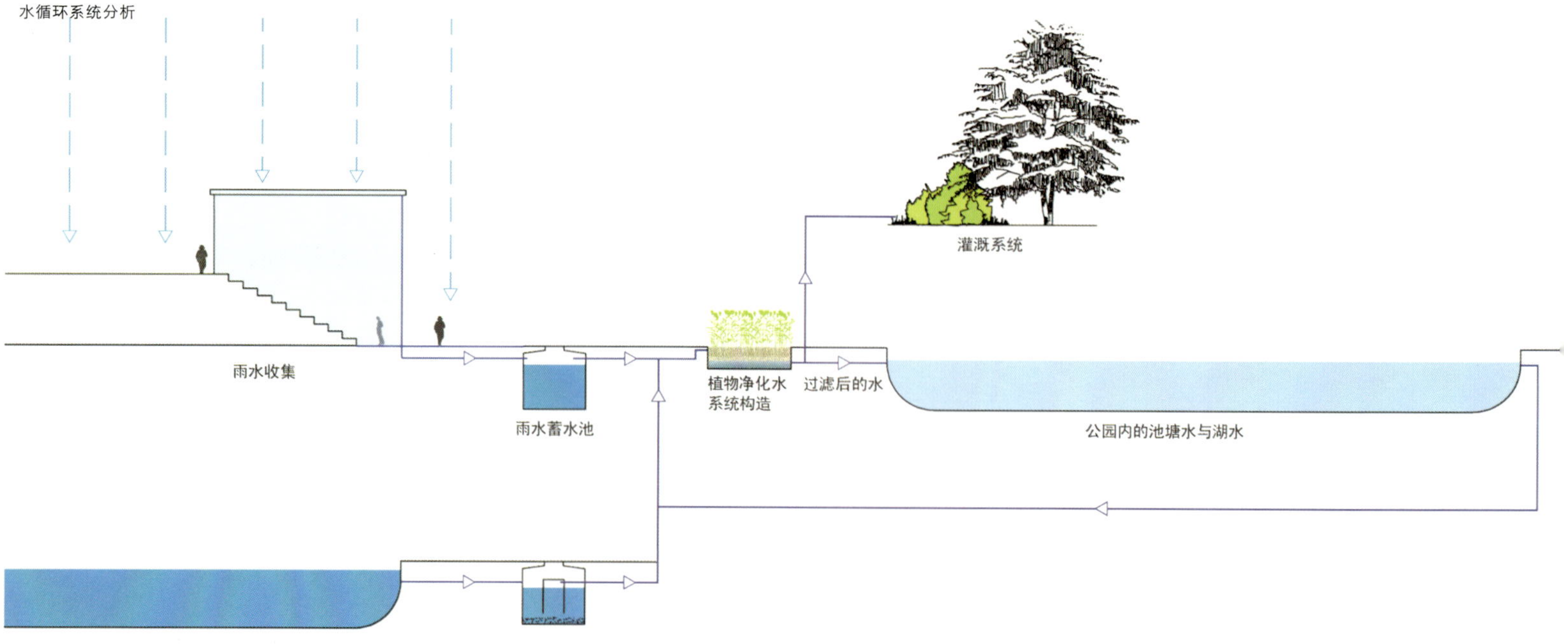

条形座椅立面

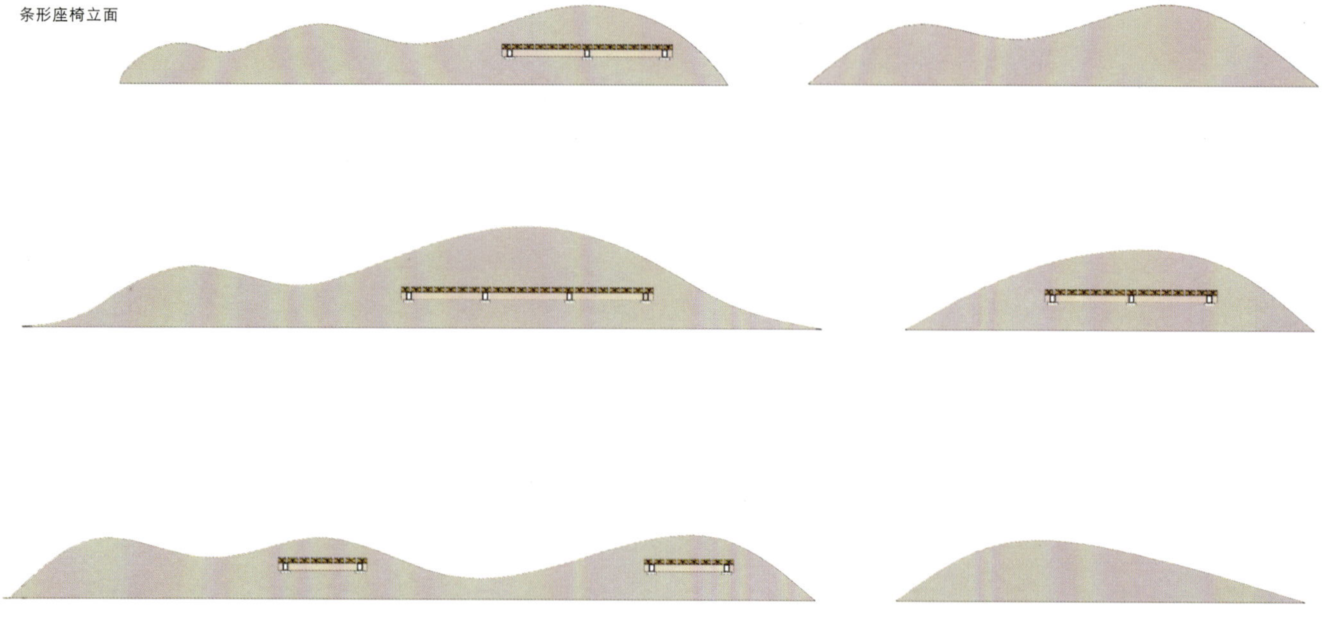

岸边剖面

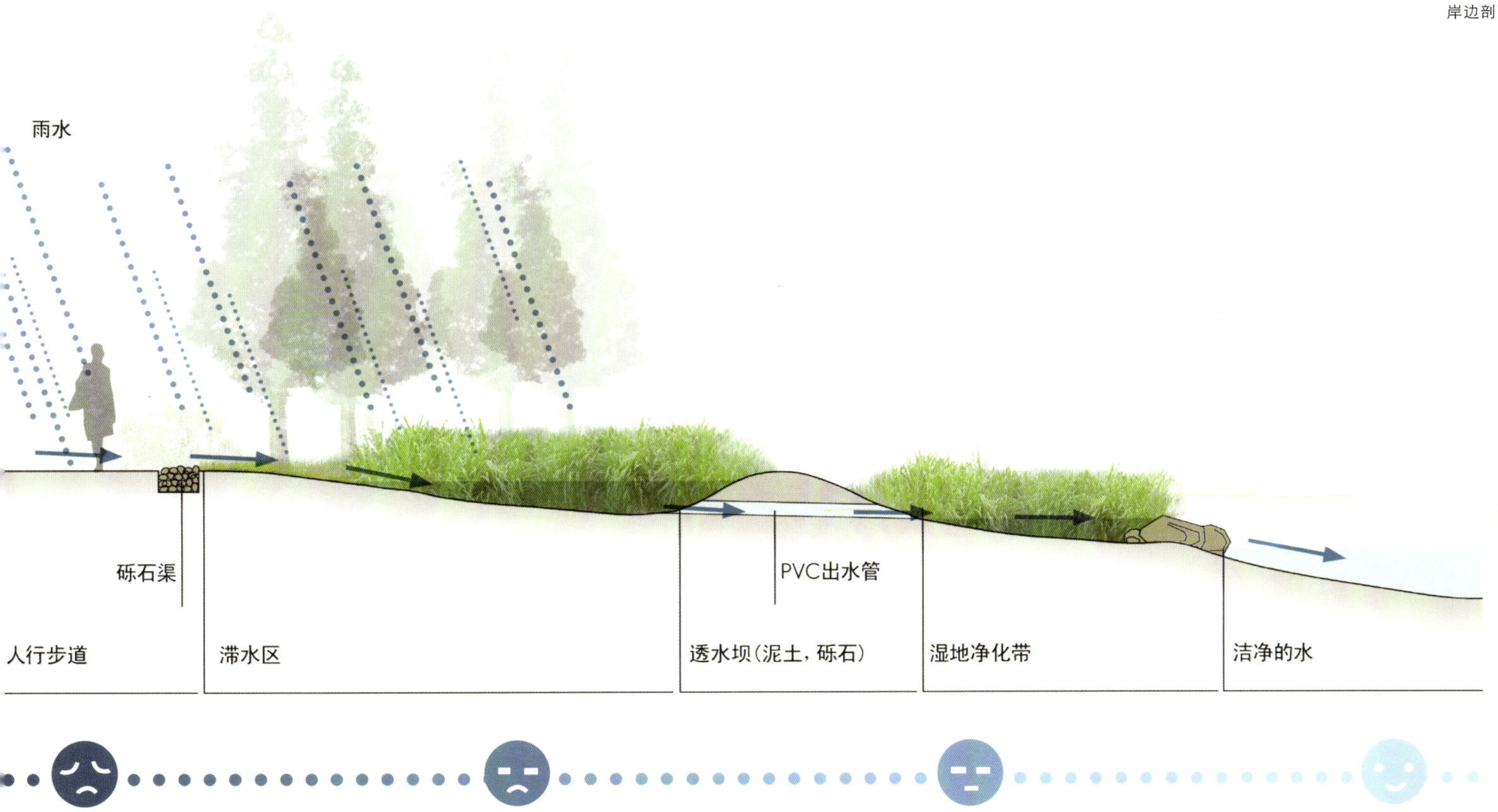

喷泉广场座凳细剖

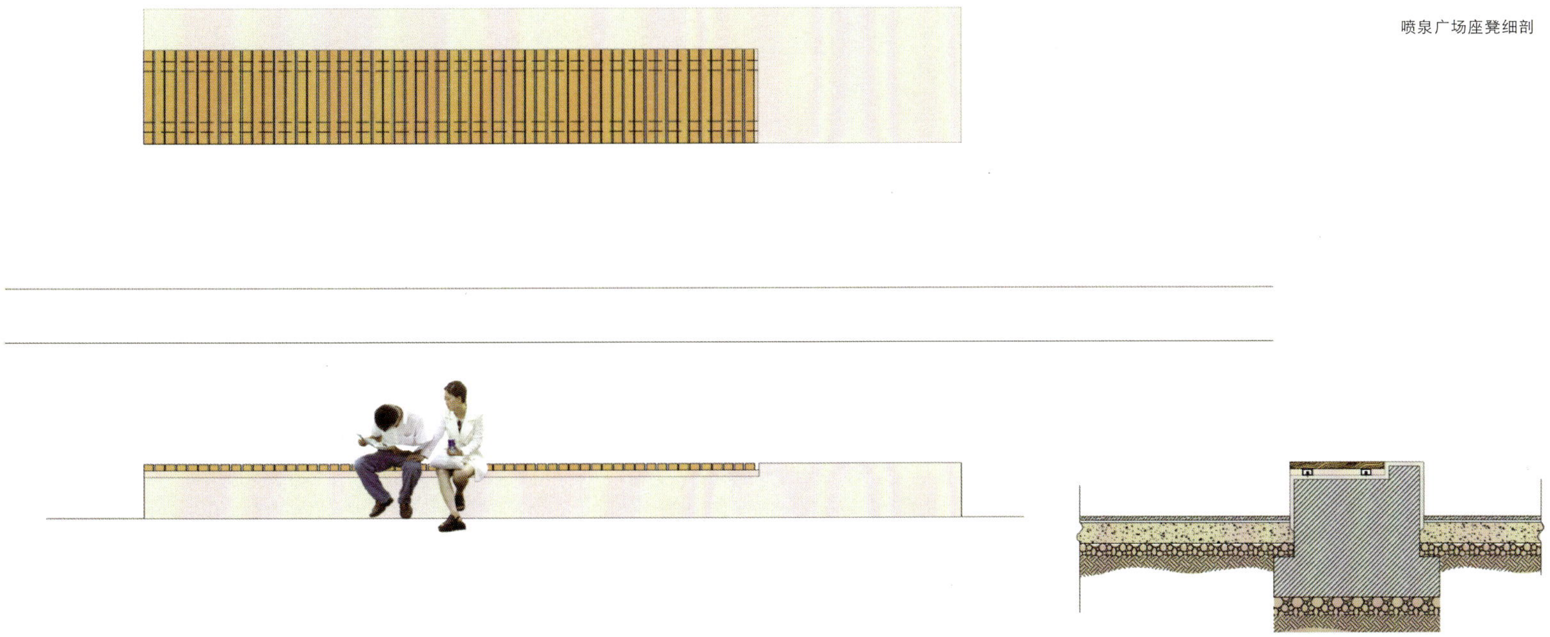

斜坡绿地

台阶式种植

招远市温泉广场

项目资料：
项目地址：山东省招远市
设计面积：38156平米
设计单位：烟台新纪元景观设计有限公司
主要设计人员：李桂霞　贾珊珊　高华峦

招远温泉广场景观规划设计总平面图

周边用地分析

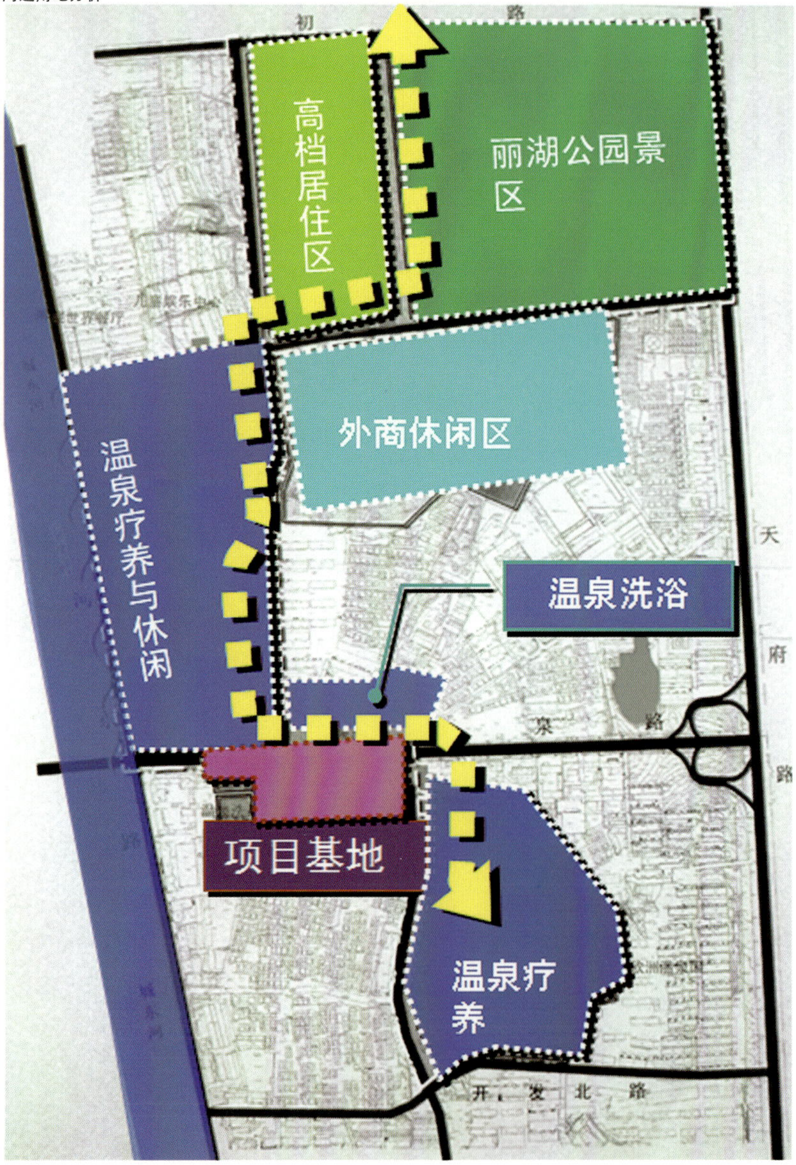

项目说明：

一、项目概况

温泉广场位于山东省招远市温泉路南侧，临近河东路路口，处于温泉洗浴城周边地块，是整个“招远城东温泉金都度假休闲区”景观的高潮地段，景观设计用地面积38156平方米。

招远位于胶东半岛西北部，以温泉、黄金而闻名。招远温泉历史悠久，水温高、水量大、水质好，民间相传“西有东岳泰山傲苍穹，东有招邑汤泉甲天下”。温泉广场的建设将成为“招远城东温泉金都度假休闲区”规划设计的点睛之笔，作为城市公共活动空间，全面展现温泉的历史与文化。

二、景观设计定位

1. 展示招远温泉文化，打造城市特色名片

有效利用“汤府、金都”的地域景观资源特色，以城市广场空间为载体，弘扬招远温泉文化，本着可持续的景观设计原则，彰显地方特色，营造市民活动中心与文化展示中心，打造城市特色名片。

2. 服务市民公共游憩，满足人们休闲体验

为当地百姓提供一个公共的休憩空间，注重广场的开放性和市民的参与性，展现了现代招远的朝气蓬勃、欣欣向荣。

三、景观设计理念

在本方案中，以“金府汤城”所独有的“温泉文化”为主线展开设计，以“水”为主要设计元素，“解泉溯源”，让人们在参与中了解温泉之功用疗效，在游览中追溯温泉之文化渊源。把整个广场划分为不同主题区，并注重对文脉的传承、生态的尊重、人性的关怀以及可持续的设计策略。

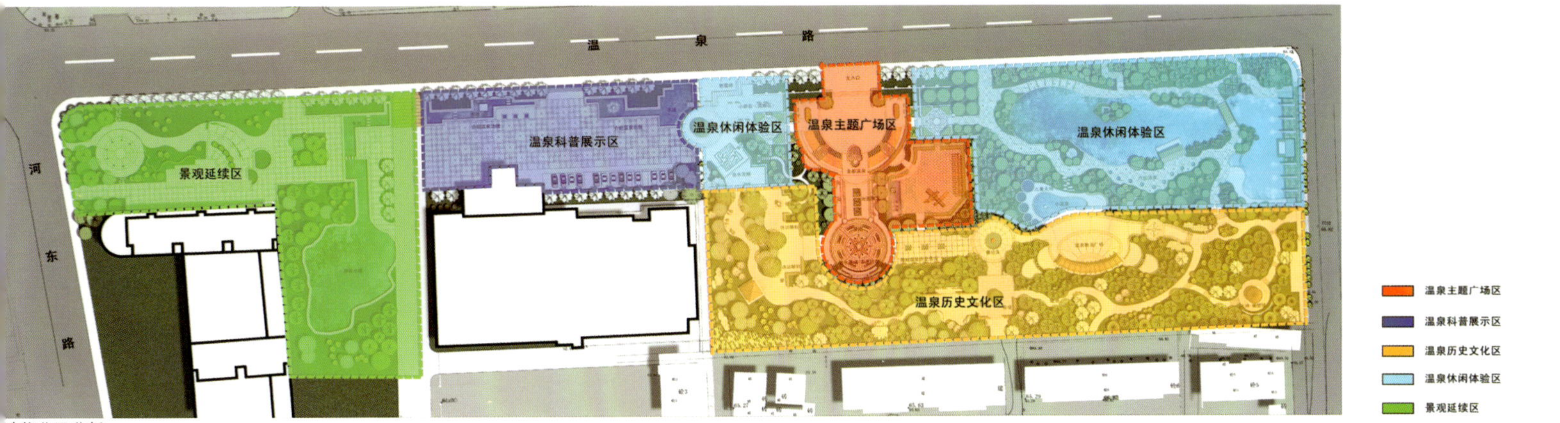

功能分区分析

尺度分析

景观结构分析

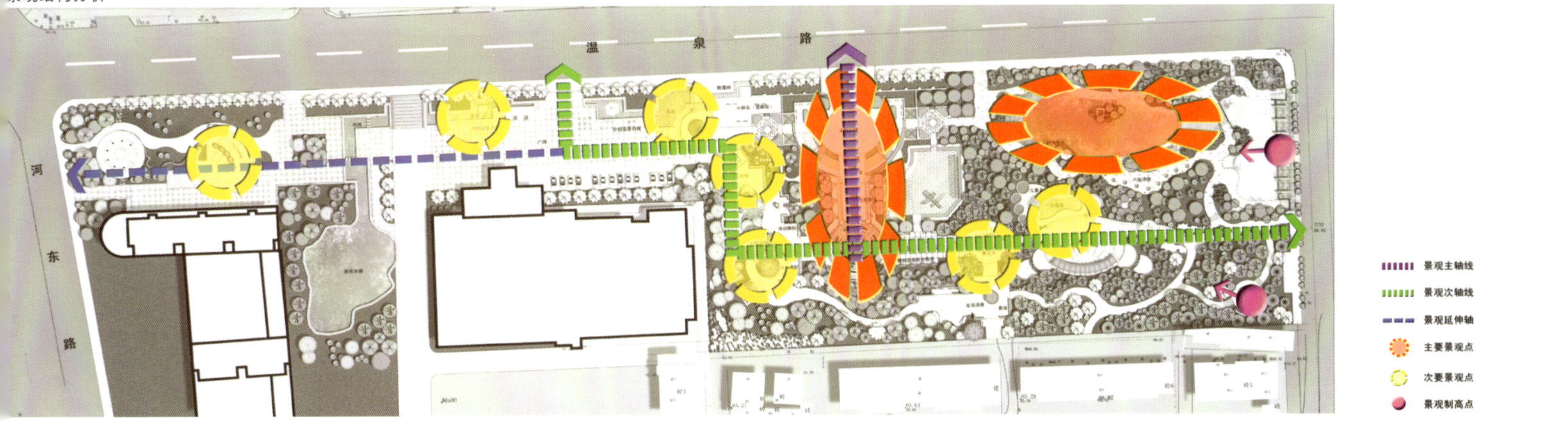

交通流线分析

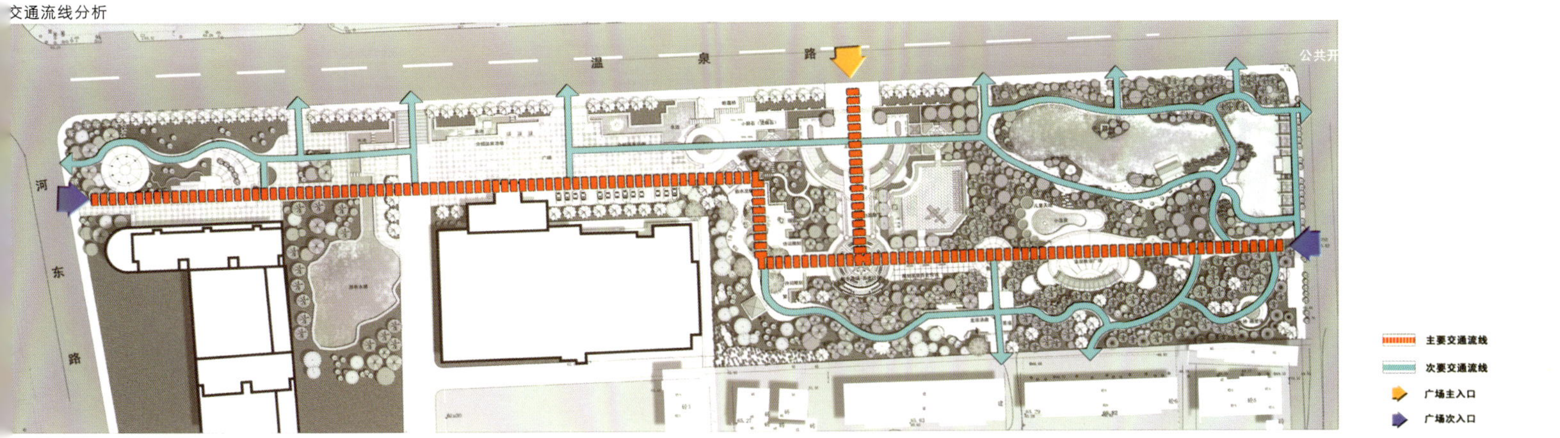

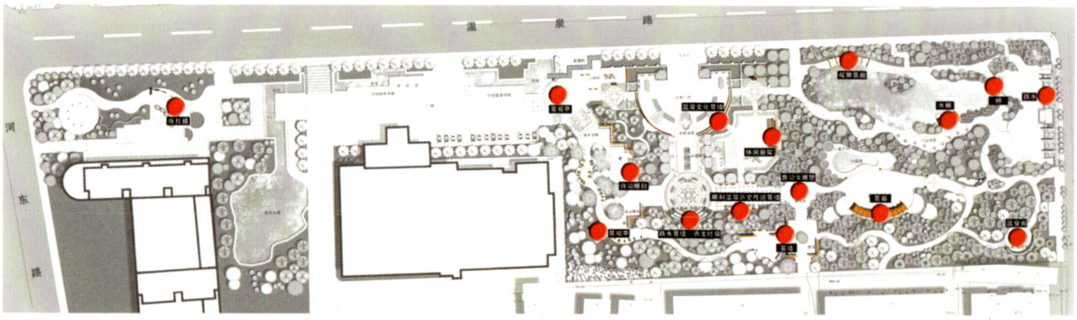

景观小品及构筑物分布

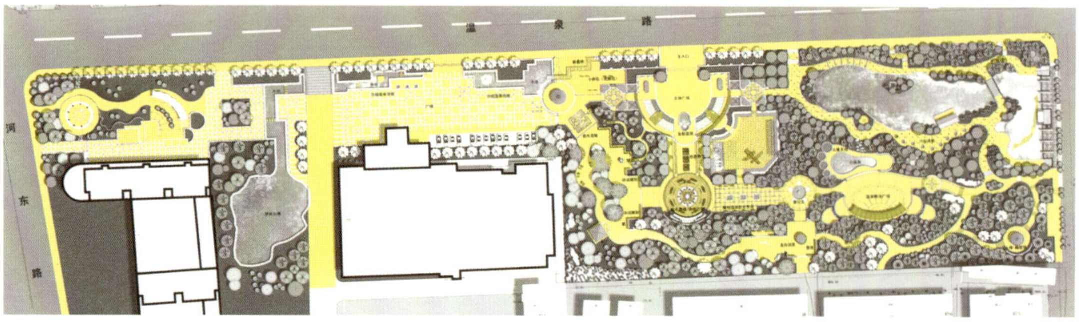

广场硬地系统

广场硬地面积约为13 800平方米，硬化率为43%

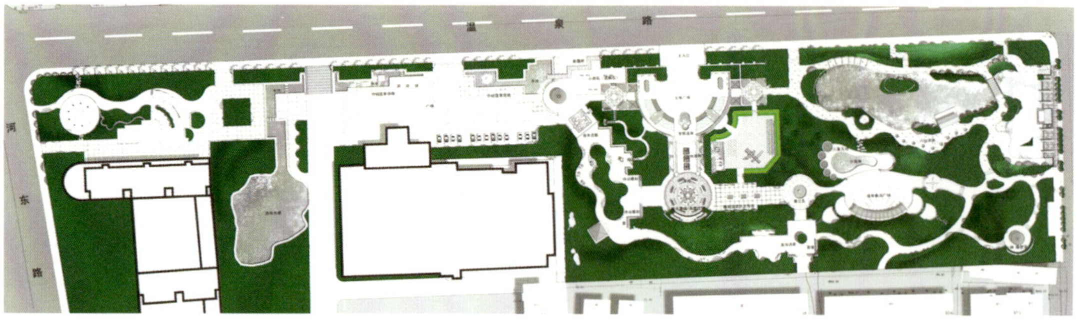

广场绿地系统

广场绿地面积约为14000平方米，绿化率为44%

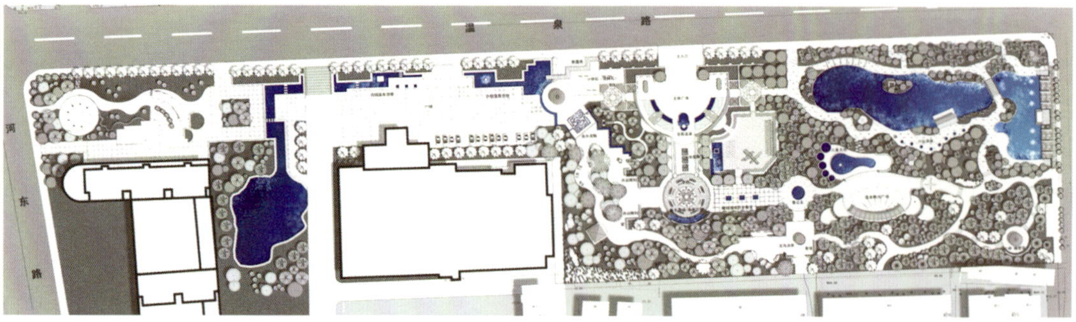

广场水系分布

广场水体面积约为4200平方米，占广场总面积的13%

招远以温泉、金都而闻名，
招远温泉历史悠久，水温高、
水量大、水质好，早在民间
就相传"西有东岳泰山傲苍穹，
东有招邑汤泉甲天下"。
论其济物功
隆冬止寒，盛夏解暑。
种种利益，不胜其举，
而总以沐浴去垢，
当于贤哲自新之意，尤足焉。

会展 会议中心

EXHIBITION & CONFERENCE CENTRE

上海市世博会（浦东园区）

项目资料：
项目地址：上海市世博会浦东园区
设计面积：围栏区面积239公顷
设计单位：日本ATLAS规划设计公司
主要设计人员：小林英夫　伊藤敏和　盛叶夏树　龚世昭

出入口广场设计

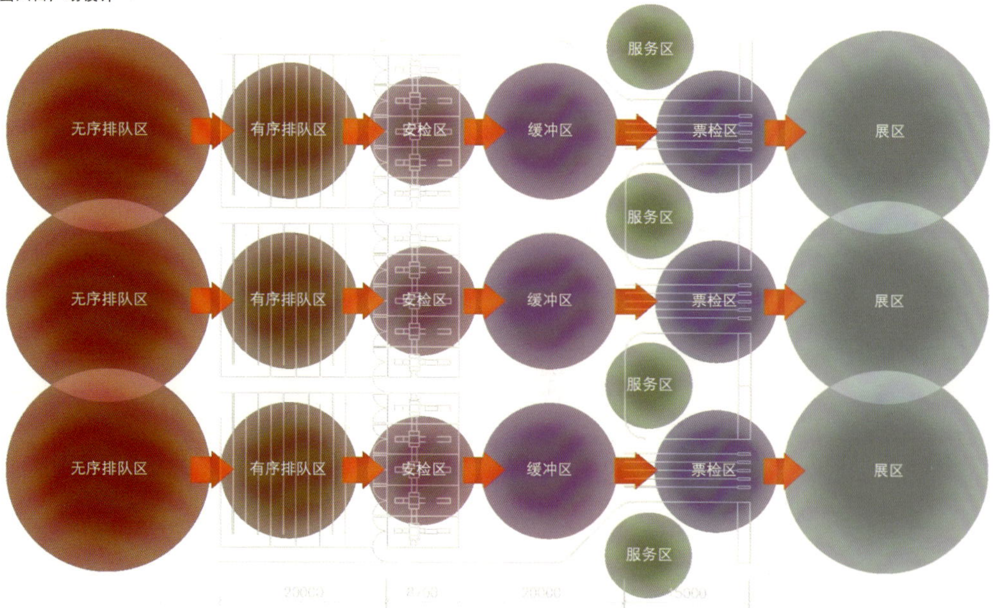

高架步道平面图

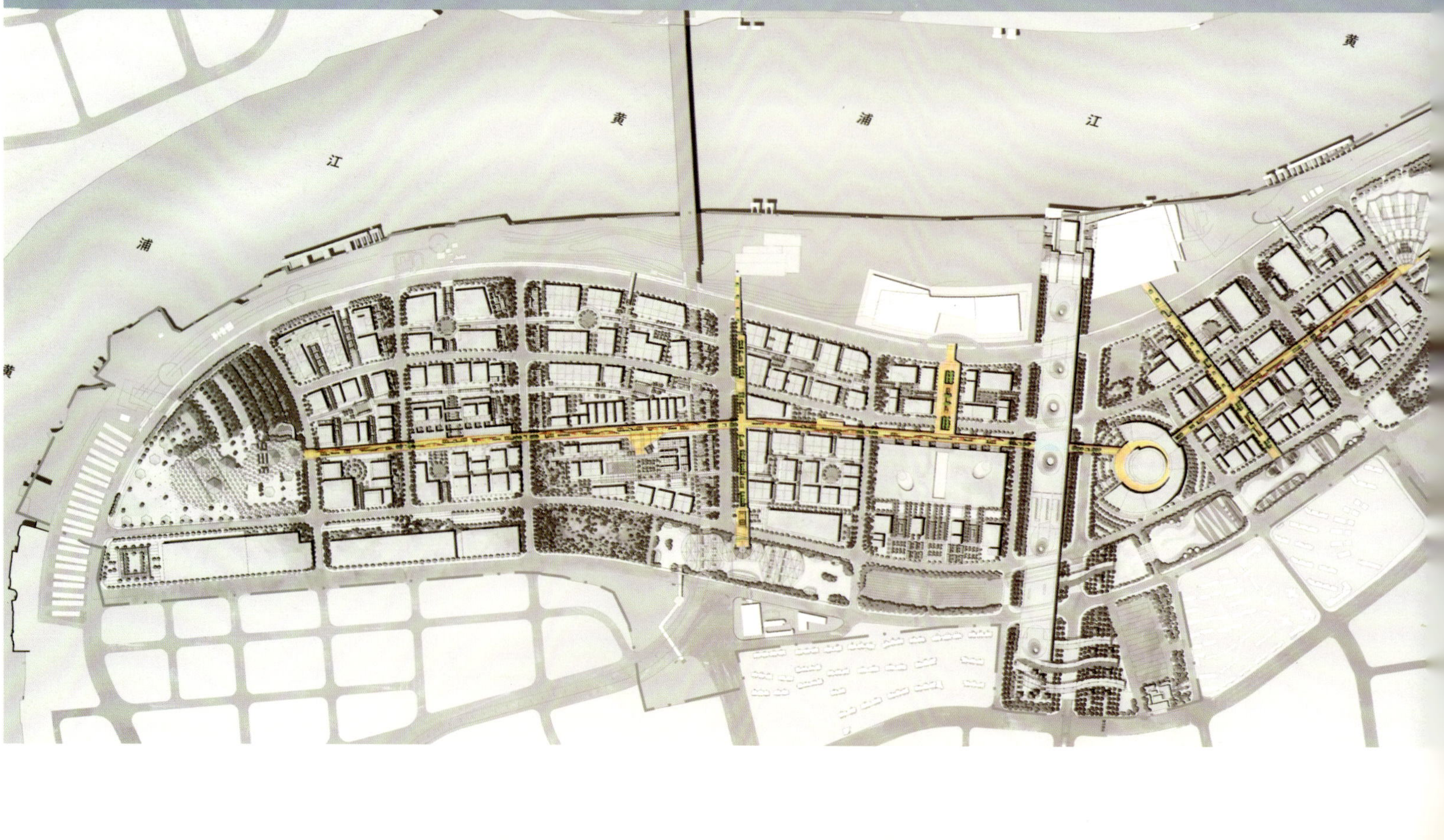

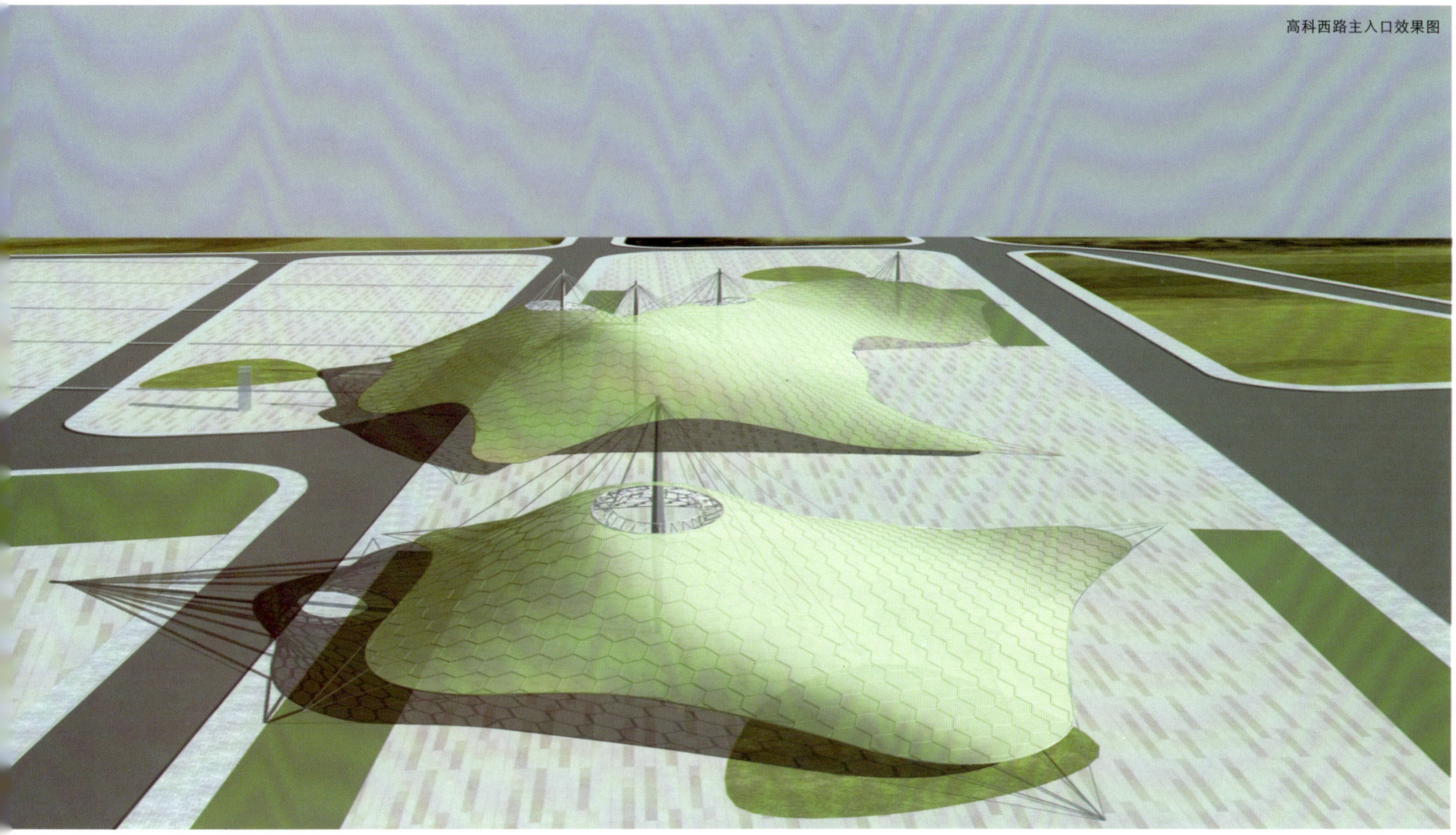
高科西路主入口效果图

服务设施效果图

遮阴篷（布匹、化纤）

遮阴架（植物）效果图

广场设计

演艺广场-1 C-C' 立面图 S=1：100

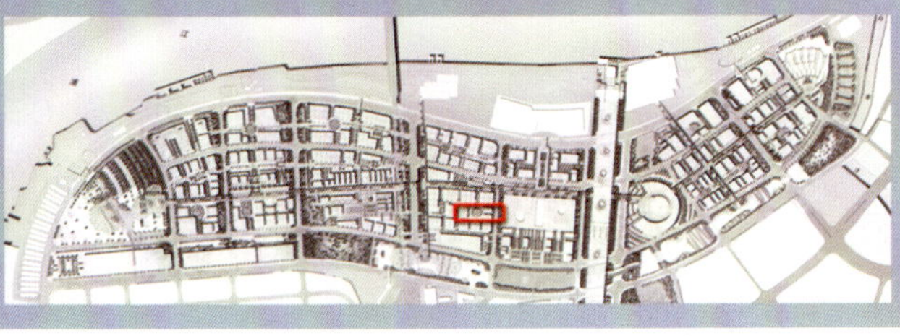

平面图
S=1:1000

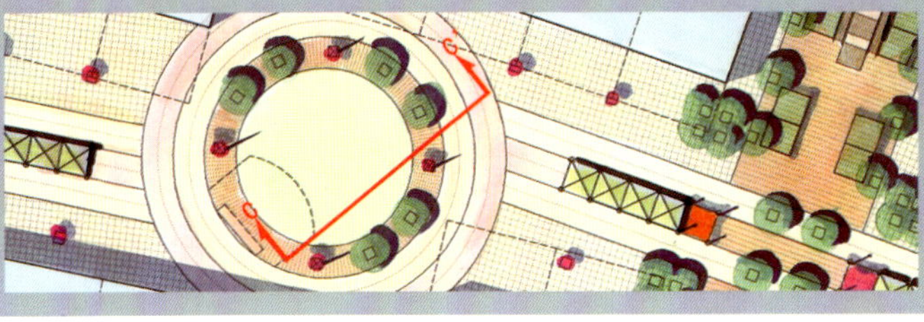

广场设计

演艺广场-2 D-D’ 立面图 S=1: 100

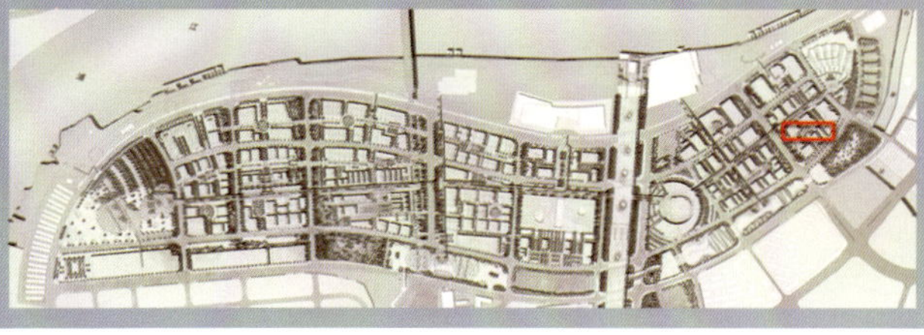

平面图
S=1:1000

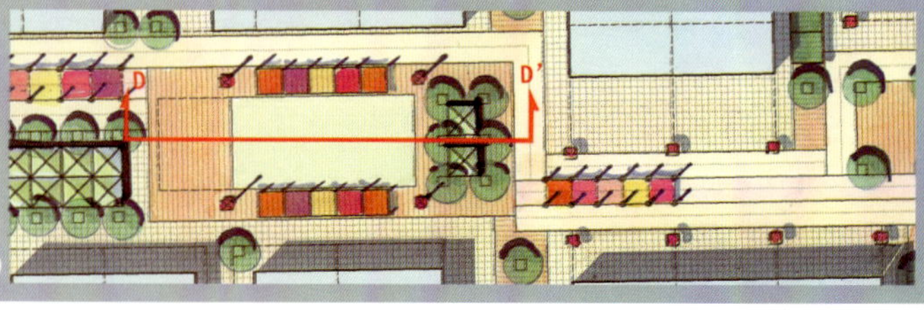

广场设计

美食广场 B-B’ 剖面图 S=1: 100

平面图
S=1:1000

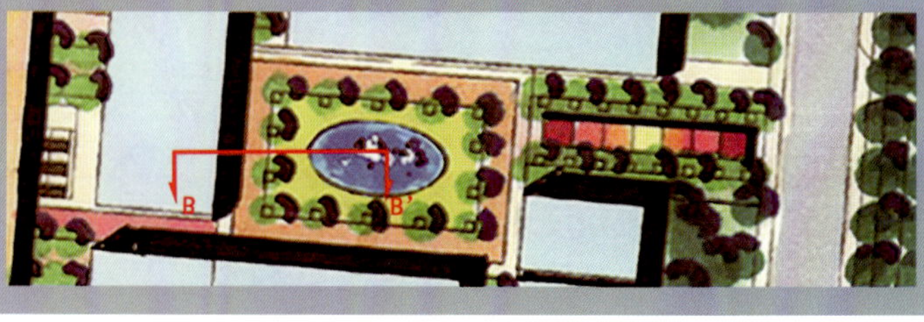

项目说明：

世博会在建设之前首先要解决的是场地的设计，日本丰富的博览会场地设计经验给2010年上海市世博会提供了很好的参考。

“城市让生活更美好”是上海2010世博会的主题，设计师希望场地设计能达到以下六个目标：

1. 发挥场地环境特性；

2. 在游乐中增长见识；

4. 男女老幼各得其所；

5. 世界多民族欢聚一堂；

6. 21世纪环境宣言。

高架步道设计

B-B’ 剖面图 S=1：100

高架步道设计

A-A’ 剖面图 S=1：100

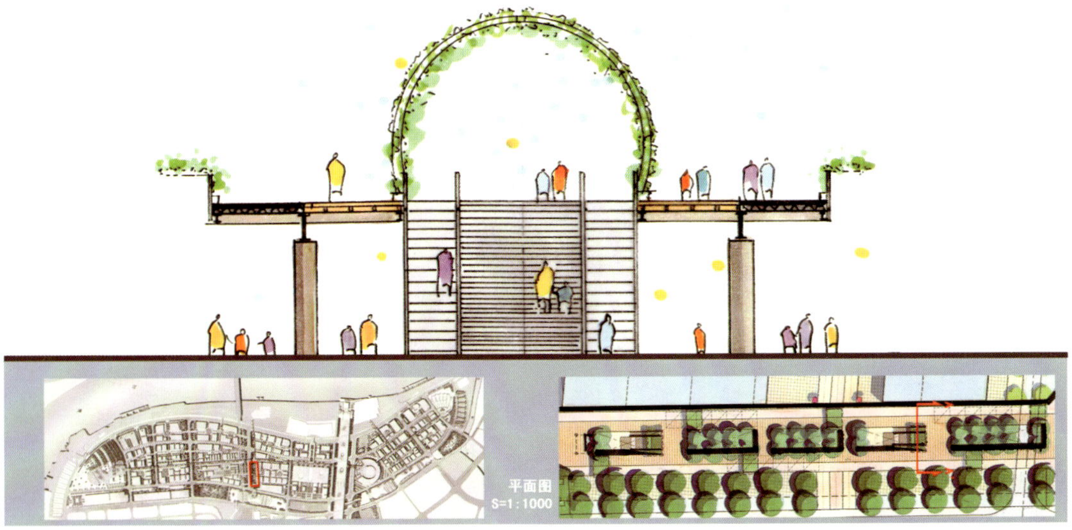

高架步道设计

C-C’ 剖面图 S=1：100

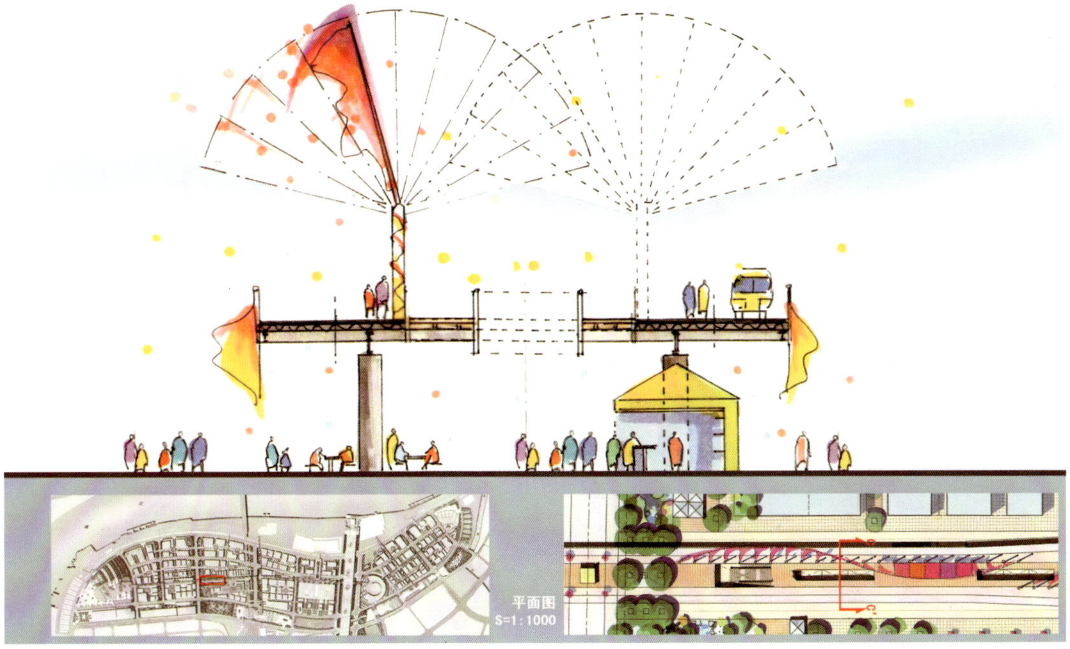

济南市第七届中国（济南）国际园林花卉博览会中心广场与主展馆

项目资料：
项目地址：山东省济南市
总用地面积：23.45公顷
总景观面积（含屋顶景观部分）：20.1公顷
总建筑面积：47 625平方米
总容积率：0.20
中心广场总用地面积：17.9公顷
主展馆总用地面积：5.55公顷
设计单位：北京清水爱派建筑设计有限公司
主要设计人员：王淑俭 杨铮 李薇 李廷湛 诸立昌 郑宇

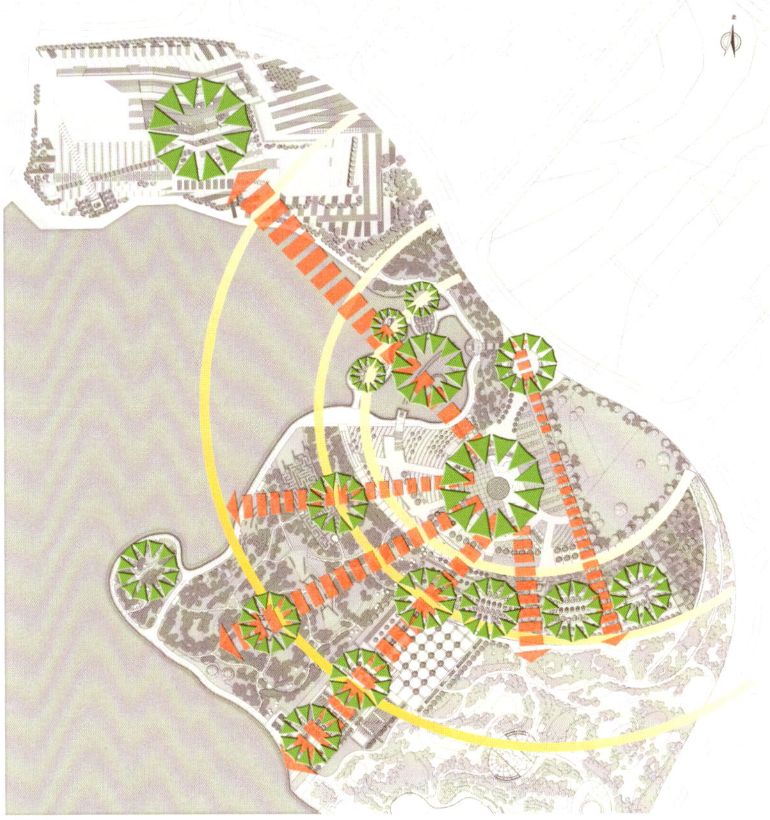

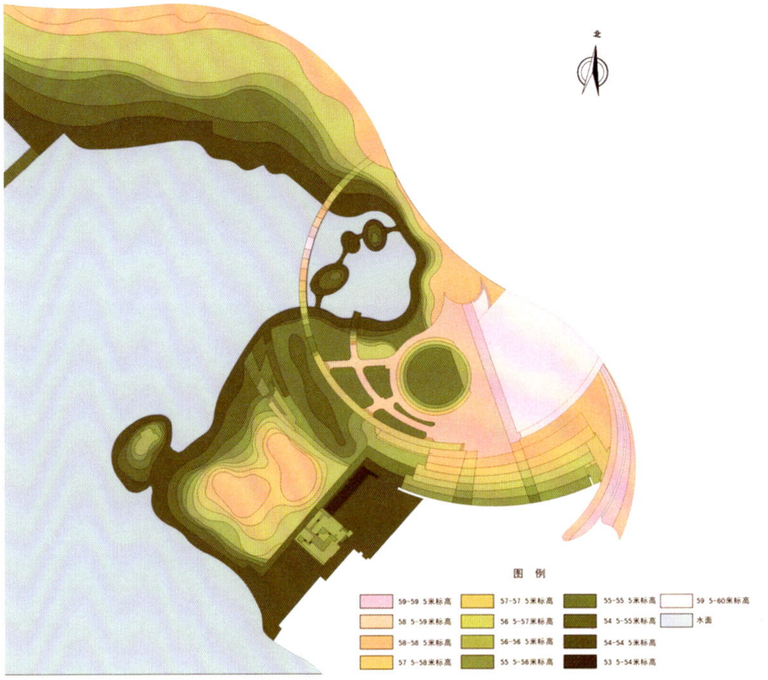

广场高程示意图

项目说明：

一、项目总体设计

2009年9月底，第七届中国（济南）国际园林花卉博览会（以下简称“园博会”）在中国山东省济南市长清区大学科技园区召开。本项目所涉及的“中心广场及主展馆”是本届园博会展览园区（以下简称“园博园”）中的重要组成部分。

项目位于园博园核心区域，整个地块处于园博园主入口轴线的南侧尽端，是主入口轴线空间节奏的高潮部分。用地北边与滨湖大道相接；西面与园博园“劝学书院”用地毗邻；西南及南面为景观湖面；东面为地方园艺展示区域。项目场地邻山傍水、地势起伏、风景优美。

本项目设计理念秉承了本届园博会“文化传承、科学发展”的主题。以此为基础的设计主导思想主要关注如下要点：

（1）地域、历史、文化的展示和传播：提取济南乃至山东的代表性地理、历史和文化要素——“水”“山”“名人”，运用建筑和造景的设计语汇（喷泉、泰山石、雕塑、铺装）加以表达。

（2）休闲、娱乐的参与：重视对游人动态的行为和心理变化的引导，加强人与环境的互动性和景观的趣味性。

（3）使用功能的便利：在交通组织、设施设置、材料选择等方面充分满足人们（特别是特殊人群）的需求。

（4）科技、环境的有机结合：将符合当地条件的绿色环保科技（太阳能发电、地源热泵、LED照明）应用到中心广场的建造和运营中。

中心广场位于园博园主入口轴线空间序列——“天圆”“地方”“人和”——中的“人和”之区位。中心广场的设计力求与之前的“天圆”“地方”的空间节点取得和谐统一，并形成空间序列的高潮部分。

整个中心广场的空间布局和功能组织以引入园博园主入口轴线作为控制空间的外部基本控制要素，该轴线由北至南依次将中心广场主入口、观演广场、光廊、曲水平台、漫步树林、观湖平台等景区串联起来；同时利用现有地形和场地标高，进一步导出以圆形下沉广场的圆心为基本控制点，呈发散状展开的几条弧形轴线作为控制空间的内部基本控制要素，由西向东将岛链、内湖（声光喷泉）、休闲广场、石涧、跌水平台、碧波水渠、景观构筑物（合院）等主要景区组合排列，与主入口轴线上的景点相互作用，形成多个空间层次。由此，便形成了中心广场的基本空间及功能组织结构。

中心广场鸟瞰图

入口台阶

跌水平台

曲水平台

光廊

休闲广场

主入口

主入口

漫步雨林

主展馆屋顶景观示意图

二、主要景点设计

1. 观演休闲广场区

观演休闲广场区是景区的中心，兼具观演和休闲功能。整个广场以下沉表演广场为中心，整个平面呈累旋发散状伸向周边区域。

由主入口直达观演平台，平台向西可观内湖的声光喷泉表演；平台向东可达下沉表演广场区。下沉表演广场结合周边台阶式座椅提供了能够举办大型综合文艺表演的场所。观演平台下部设置了大量的公共休闲设施：茶室、商业用房、卫生间等，能够满足游人休息、娱乐的需求。

观演平台上遮阳篷的设计运用对称的、和谐的民族布局风格：以中间下沉广场为中心，结合台式阶梯、以中国京剧行头护背旗为元素的主题雕塑，共同形成一个完整的中心主题，在广场周边呈放射状分割功能空间，与滨水相邻，形成景观延伸。

下沉广场周围的休闲广场中，圆形树池光洁浑圆，宛若荷叶上的露珠，点缀在广场上。

2. 内湖（声光喷泉表演区）

内湖（声光喷泉表演区）是水景中一个重要的组成部分：伴随音乐而律动的喷泉在七彩灯光的烘托下，时而变化莫测，时而气势磅礴，并且根据需要，声光喷泉表演可根据平时、节假日、重大节日等级别进行设置。而岛链是围绕内湖的重要景观区域。根据各个岛屿大小和位置的不同，在娱乐、观演、休闲方面各有侧重进行设计。内湖（声光喷泉表演区）必将是中心广场乃至整个园博园景区的重要景观亮点。

3. 光廊

作为漫步广场旁边不可缺少的游历休息空间，光廊成为人们纳凉、交流的极佳场所。在阳光的照射下，顶部横梁的阴影投射在沿地势重复展开的拱券上，并且随时间的改变，演示着斑驳变化的光影节奏。光廊色彩以中国传统民居建筑颜色黑、白、灰为主，配以有着现代中式风格的地面铺装，人在其中能够体会到富有时代感的“传统”文化气息。光廊结合藤本植物和灌木也会为人营造出闲适、自然的氛围。

4. 跌水平台

三组跌水平台由西南向东北水平放射状展开，依托地势由西北向东南层层跌落。通过序列组织和规模控制带来的冲击给人强烈的印象。每层设置的圆形树池及种植在流水场景中的植物，增添了变化的色彩和多姿的光影，使原本平缓的跌水区域在竖向上丰富了活跃元素。隔层设计的水中汀步，使人们可以零距离接触水景、观赏喷泉。

5. 曲水平台

取自中国传统园林中的“曲水流觞”：在高起的平台上开凿出蜿蜒曲折的水渠，游人穿行其间。潺潺流水，结合水中的树池和地面上可提供休息的树池座椅，给前来的人们营造出一个安静、充满绿意的环境。平台中的水在西南角和东北角分别落向“水渠树篱”，以流水为脉络将不同的景区连为一体。

6. C区构筑物

设计以中国传统民居建筑“四合院”为原型，以强调人的穿越感为出发点，在此基础上对传统的建筑空间及构件加以抽象、分解、扭转、抬升，进而创造出一个充满流动感的空间。游人或穿行其间，能够体会到丰富的空间趣味及变化，或暂作小憩，获得各个方向的良好的观景视野。

7. 水渠树篱

在漫步树林边的两组水渠树篱形成了既具有序列感又具有参与性的水体景观：通过塑造波浪形的树篱来营造“凝固”的水的韵律和美感。其中间隔水渠，利用自然落差形成舒缓的流水。游人通过架空的石桥穿行其间，仿若在碧波之上闲庭信步。

三、主展馆设计

主展馆位于中心广场用地西面，是园博会进行花卉园艺展示、园艺商品采购、园艺资材采购、温室性园艺工程展示、举办大中型会议等活动的主要场所。

在建筑形体构成手法的选择上，尽量回避单一规则的几何关系。通过对建筑周边环境及内部使用要求进行深入分析，归纳出潜在的控制要素：周边山体天际线、基地形态、主入口轴线、观湖面等，并将之作为建筑形体组织的依据。分而不散、变而不乱的建筑形体有效削弱了建筑体量对周边环境的影响，贯彻了“蔓延生长”的设计理念。

主展馆建筑主要由4部分组成：中部（公共活动区）、北部（展览区）、南部（会议区）、屋顶绿化广场。

通过对“简牍”的构成方式加以抽象、变形、组合，得出不同的基本立面构图单元，从而应用在不同的立面位置以表现不同的含义：或是游离于建筑幕墙外侧，以本身的肌理和单元组合变化控制着外立面的节奏及韵律，或是依附在建筑体形突变的部位，暗示着建筑重点空间和出入口，增强建筑空间的可识别性。

建筑内部营造出简洁的空间背景，辅助色彩、形体和标识有效引导人流，形成了更加有效率的空间。

屋顶绿化广场不但可由建筑内部空间方便进入，而且，在其南侧西向还通过室外大踏步与展览广场相接。屋顶绿化广场的设置一方面为人们提供了一处极佳的休闲观景的场所，同时屋顶景观效果丰富了通常不被人重视的建筑的第五立面，另外，通过屋顶种植技术及相关建筑材料的选用，有效地减少了建筑使用中的能源消耗。

本项目中采用了大量切实可行的生态节能技术措施：光导照明系统、太阳能光伏发电系统、中水系统、地源水源热泵空调系统、建筑外遮阳系统、轻型无机基质屋顶绿化系统、新排风热回收系统等。项目投入使用后，各系统运转情况良好。现已成为济南当地节能示范建筑。

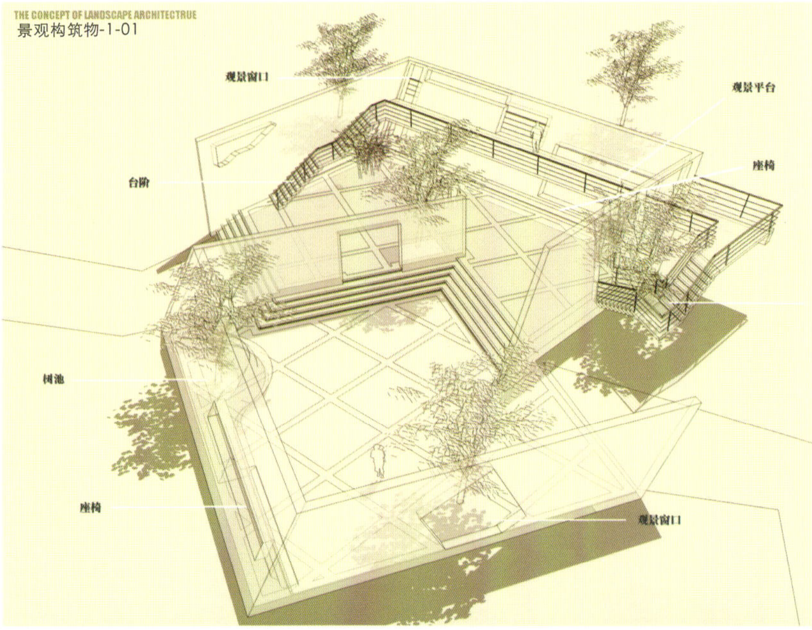
THE CONCEPT OF LANDSCAPE ARCHITECTRUE
景观构筑物-1-01
观景窗口
观景平台
台阶
座椅
树池
座椅
观景窗口

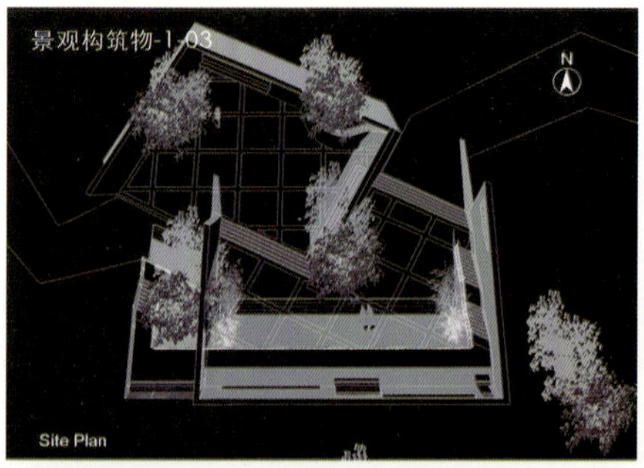
景观构筑物-1-03
N
Site Plan

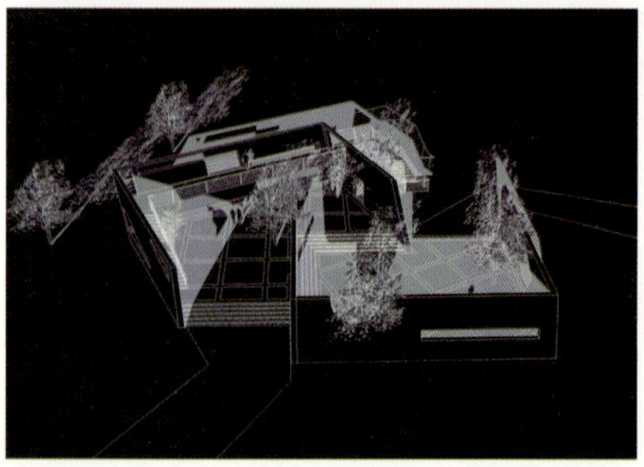

THE CONCEPT OF LANDSCAPE ARCHITECTRUE

景观构筑物-1-02

景观构筑物-2-02

景观构筑物-1-04

景观构筑物-1-05

景观构筑物-2-01

景观构筑物-2-03

景观构筑物-2-04

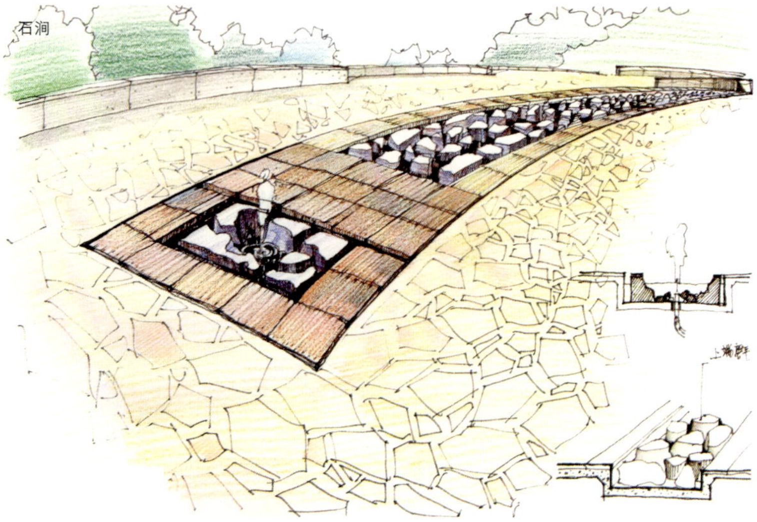

石涧

跌水平台

水波绿篱

曲水平台

内湖鸟链

跌水平台

观演广场

观演广场

观演广场

观演广场

主展馆鸟瞰

主展馆

主展馆

会议区

会议区

会议区

展览区

会议区

展览区

展览区

展览区

展览区

公共卫生间

光廊

光廊

宁波市国际贸易展览中心

项目资料：
项目地址：浙江省宁波市
用地面积：1.1平方公里
建筑面积：2 500 000平方米
委托方：宁波市国际贸易投资发展有限公司
设计单位：广州市天作建筑规划设计有限公司

项目说明：

宁波国际贸易展览中心位于宁波市东部新城西北部，地势平坦、交通便利、景观优越。它所处的位置是东部新城中央商务区北端的一个集临时会展、常年展贸、商务办公、零售购物、休闲娱乐等综合功能于一体的重要节点。

在经济全球化的时代，传统的临时会展业向专业化、网络化发展的趋势日益明显；美国达拉斯DMC、台北世贸大厦、上海世贸商城、义乌小商品城、绍兴柯桥等常年展贸市场已经展开如火如荼的发展历程；网络商务开始向传统贸易模式发起挑战……在这样的背景下，宁波国际贸易展览中心应该采用怎样的开发模式？她如何能够利用好内外部资源而谋求合理的发展？她如何能够以自身的魅力吸引多方面的关注？这些，都是我们关注的问题。

在东部新城规划实施的过程中，规划设计者及管理部门的意图，是通过东部新城的开发，在空间上拉动宁波城市向东部拓展；在产业上，提升宁波现代服务业的发展；在形态和尺度上，则体现更多的人文关怀。虽然对东部新城整体格局进行了以上的功能分区，不同的功能有不同的主题和特色，但规划仍然鼓励和强调在每个功能分区里土地使用的多样化。从这个层面上考虑，宁波国际贸易展览中心的开发建设也应当符合这种规划理念，在保持与城市整体结构协调的前提下，提供以常年展贸为主导、休闲体验为补充、商务办公及居住为配套的多种功能，而不仅仅是一个单一的贸易展销区。我们的规划设计试图提供一种"Mart+Mall"的展贸模式，赋予展馆建筑多种功能，并以一条"综合服务廊"将分散于多个地块的建筑物连接成为一个整体。

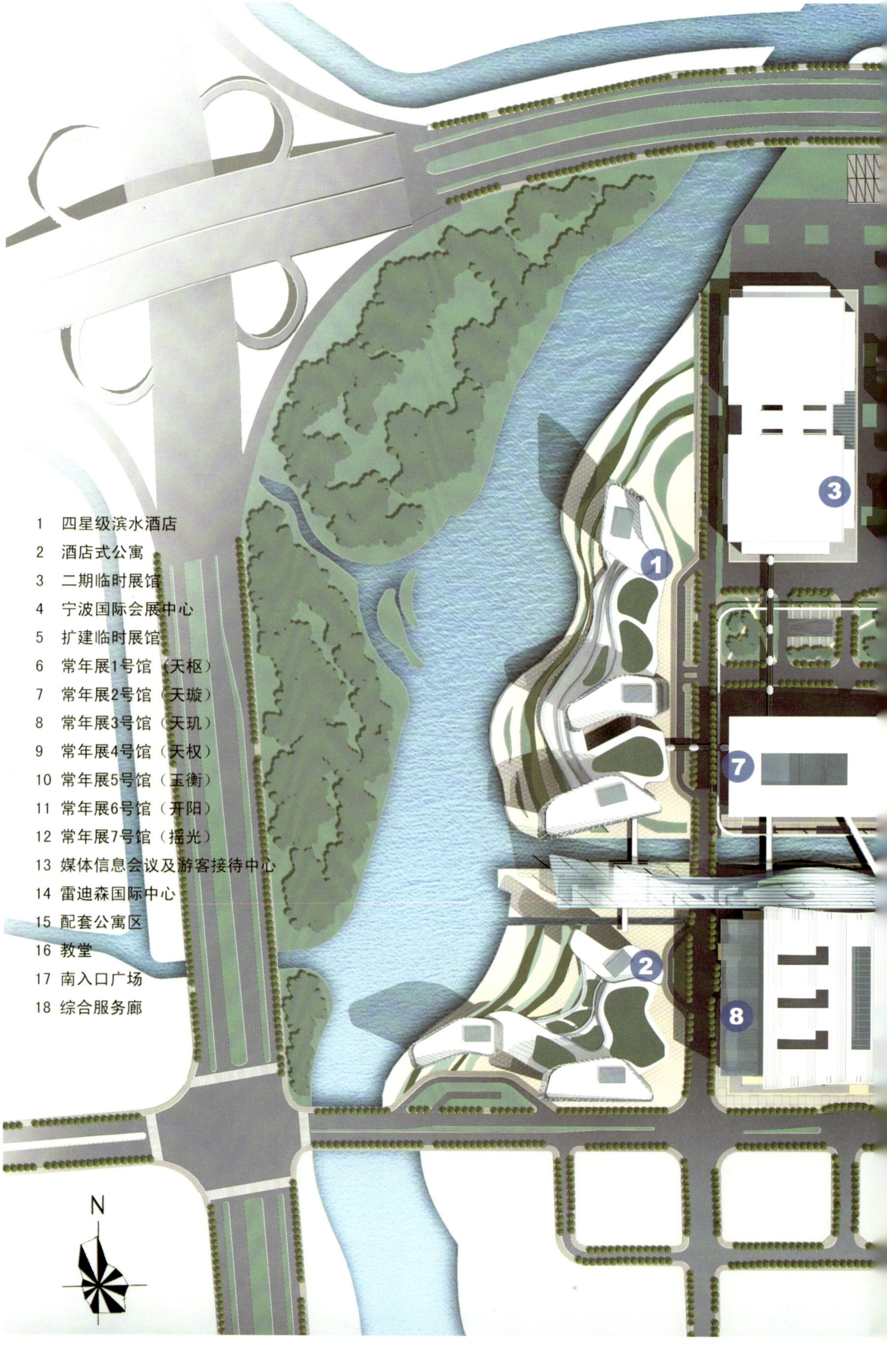

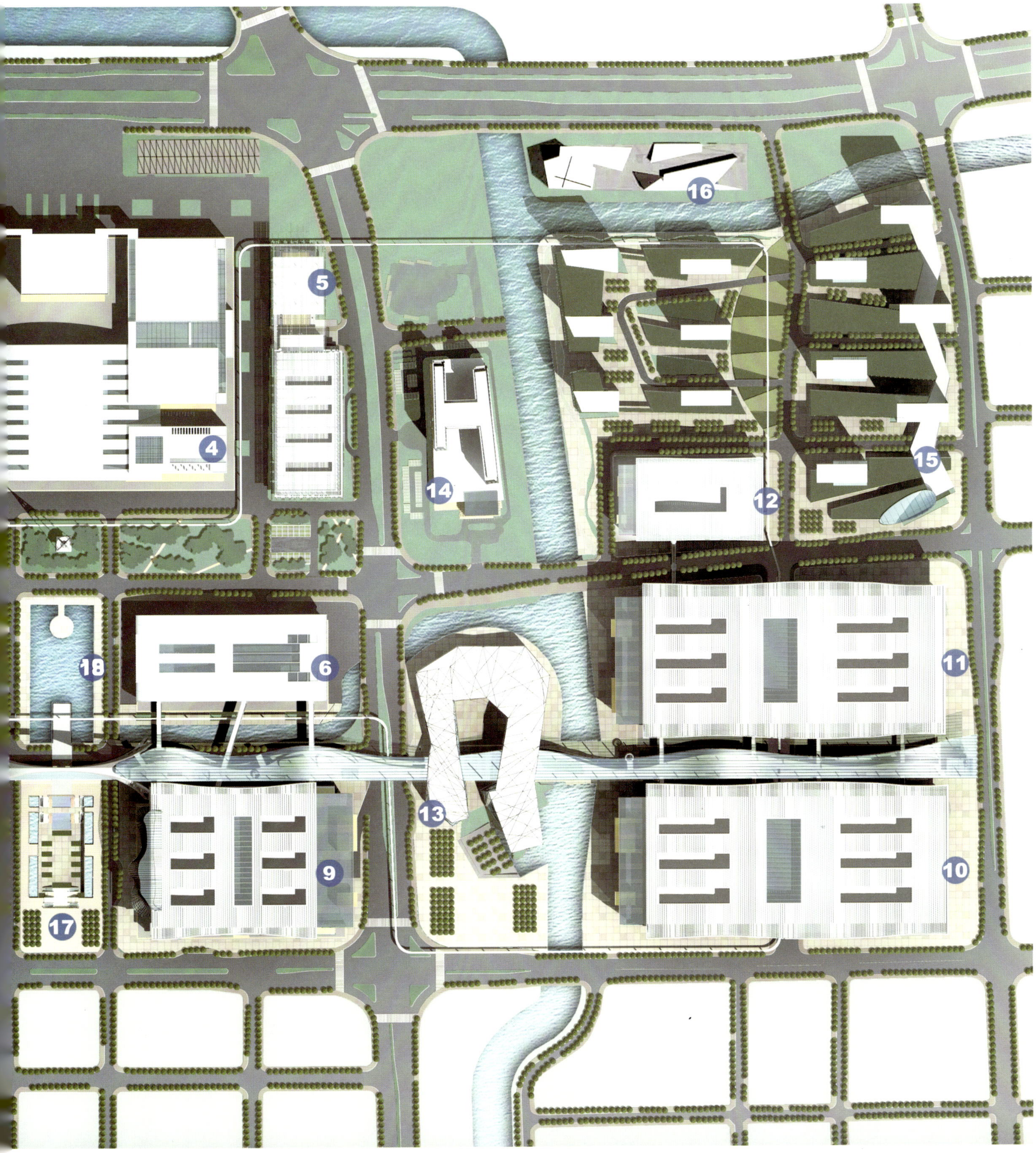
16
5
4
14
12
15
18
6
11
13
9
10
17

PEACOCK
SIEMENS

媒体中心夜景图

Häagen-Dazs

常年展3、4 # 馆

常年展5、6 # 馆

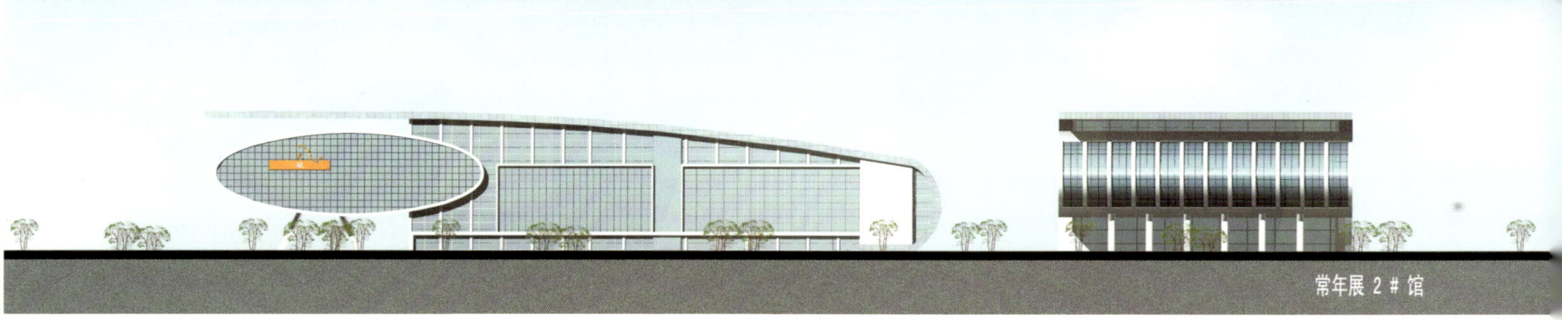

常年展 2 # 馆

宁波市国际贸易展览中心

项目资料：
项目地址：浙江省宁波市
设计面积：1.1平方公里
委托方：宁波国际贸易投资发展有限公司
设计单位：加拿大赛瑞（CSC）设计顾问公司

总体鸟瞰图

项目说明：

区域分析

宁波市国际贸易展览中心是展示宁波经济、文化、历史及其发展水平的窗口。所以其形象不仅代表了宁波的文化底蕴，也代表了宁波的经济实力。其建设曾经一度带动了周边环境的发展与更新，引起了很多产业和市场的更新换代。而近些年宁波经济实力的发展与壮大对整个大环境的影响是显而易见的，与此同时，宁波市国际贸易展览中心承载的社会功能与责任也随之提高，因此，景观的改造也是势在必行，以提高整个会展的形象.体现并提升区域内的临时及常年展览、休闲、餐饮、商务办公、居住、酒店式公寓等综合功能的整体环境质量，并与整个东部新城景观环境相协调。因此，景观改造主要为展览中心南广场的东西和南北景观轴，考虑到展览中心的整体效果，沿河配套区景观在本次设计中应秉着立足整体，分区实施的思想，体现设计构思的概念效果。

项目现场

项目西临甬新河，北为城市干道通途路，南为民安路，东为海晏北路等城市次干道，总占地面积约1.1平方公里。地处宁波东部新城中央商务区，与在建的宁波航运服务中心、国际金融中心融为一体，构成宁波临港型服务业的重要平台。建成后的展览中心总建筑面积达250万平方米，其中常年展贸市场100万平方米，临时展贸市场20万平方米，将成为设施完备、服务优质、客商云集、功能齐全，集临时展、常年展、商务、生活于一体的现代化国际贸易展览中心，进出口商品的重要展示交易平台。

设计构思：

一个体现地标价值的旅游、休闲、集会、城市展示特点的高品质空间；

一个符合宁波城市特色的联系CBD中央公园、甬新河，区域建筑环境的景观体系；

一个具有自身拓展、可持续、生态功能的城市有机体；

一个服务于展馆的停车、搬运、管理、商业、零售、公共等设施的复合空间；

一个满足不同功能展馆升级扩张后大量人流车流集散组织顺畅的场地。

设计策略

首先按归类需求，分基本功能、拓展服务、景观体系三类，在同一场地中整合，以船体结构的形式，将基础功能安排于“复合船舱”，拓展服务形成“魅力甲板”，景观体系构成“绿色的海”，融合建筑与环境，形成独特的“旗舰”构想。

景观概念

绿色的海

景观系统上，从宁波独特的城市肌理中提炼水网和绿线的特征，贯穿整个会展公园，东西向引水入园孕育生态，南北向流入绿色廊道带来中央公园的绿意，展馆周边海浪铺地，广场树阵方便人车组织，配套区置于半岛之上，水生植物生态浮岛形成生态培育区，生态、自然、和谐、大气成为对海文化的景观诠释。

魅力甲板

为了满足会展业的新需求，提供更加弹性多样的拓展服务，景观中分散设置了风雨展廊、水晶广场、旗舰街、创意集市等与户外展示相关的弹性多变功能场地设施，与绿和水构成魅力个性的“魅力甲板”景观。

复合船舱

为实现这一构想，拓展地下空间，通过汽车、轨道交通，地下通道的访客在下沉广场汇集，通过垂直交通、坡道分流到目的展馆，地面车流组织布展，运货车、的士、公交在外围车道通行，广义上外行车、内走人的布局，使会展中心被绿色的海浪包围，形成会展公园的大景观格局。

南北轴景观带

引入CBD中央公园的绿脉，呈流线形式引导人流，经坡道引入水晶广场，无阻隔直达会展中心。核心空间下沉留白处理，在视线上让自公园而来的人流穿过流水树林后豁然开朗，直面“定海神针”。会展中心大气凌然，下沉演艺广场周边设旗舰店、餐饮、购物街、各展馆地下通道等，“定海神针”立于蓝海瀑布之上，俯瞰“绿海之心”。

东西轴景观带

为公园提供生态绿色的体验，水道设计成用于处理雨水、景观用水的生物床，实现水资源循环再利用，水岸设树林广场，可提供公益性文化创意展览集市的场地，绿、水、人构成独特的宁波人文景观特色，与“定海神针”相映成趣，融为“水弦”。

西侧配套区

挖掘甬新河资源，化整为零，建筑于半岛。人行水上，设有生态小岛链、水生植物区、保育生态，人行小道穿越其中，飞桥连接两岸，自然灵动。

灯光设计以“具有表情的夜晚”为亮点，首先对面向东西轴、南北轴的建筑立面设置光幕墙，不同季节与氛围照射不同色彩光源，形成光背景，景观中对入口、水景、构筑物等实施重点亮化，其他部分以满足基本功能性照明为主，节日及展会期间全照明烘托氛围，感染访客心情，平日则以功能性照明突出宁静安全的照明效果。

绿化景观设计思路

1. 绿化布局与总体景观呼应，以香樟、红花木莲为基调，绿化突出绿海的设计主题；

2. 各区域景物搭配体现区域特色和四季变化；

3. 展馆周边绿化布置形式简洁、现代。水岸植物自然、生态，层次丰富。

节能设计

太阳能

(1)太阳能供电系统一般由太阳能光电接收板和智能控制及蓄电池两大部分组成。太阳能光电接收板是太阳能发电板。

(2)每块太阳能发电板就是一个发电的单元。假设一块一平方米大小的光电玻璃组件单元的功率为120瓦，在10个小时的EI照下一天可以产生1200瓦的发电量，若每组水景配3平方米太阳能组件，可供500瓦水泵每天使用78小时，即水景可维持每78小时运作。选取太阳能灯具，及结合会展构架进行可能的太阳能利用设计。

水处理

雨水收集以地表径流及树池种植带过滤后雨水及地下管道收集雨水为主，收集后进入生态过滤区进行初步生态净化，再到二级、三级处理，分别供给灌溉及景观水景用水。

材料与节能环保

透水材料的选择原则：具有很高的保水特性，下雨时它大量吸收并保存水分，在太阳的照耀下可以慢慢蒸发，以达到降低地表温度的功能。减少地面热能吸收和热岛效应。

行走安全性：具有超强防滑性，符合国家绿色建材标准，降燥音、高耐磨、高强度、耐风化。

水幕景观

作为会展前广场与地下商业的衔接段，也是人流聚散的节点，磅礴的水景不仅体现出会展的魄力，还营造出商业聚集的热闹氛围。同时，配合主景雕塑，表达凌然天下的“旗舰”的设计理念。

无水景观

无水景观下的设计，以“甲板”的理念为蓝本，孕育着旗舰在翻滚的大浪下扬风启航。其中，灵动飘逸的水泡又是很具现代风格的镜面设计，将折射沸腾的商业和不断穿行的人流；不规则的船舱“窗户”的设计，具有很强的功能性，将用LED的方式展示流行的信息。

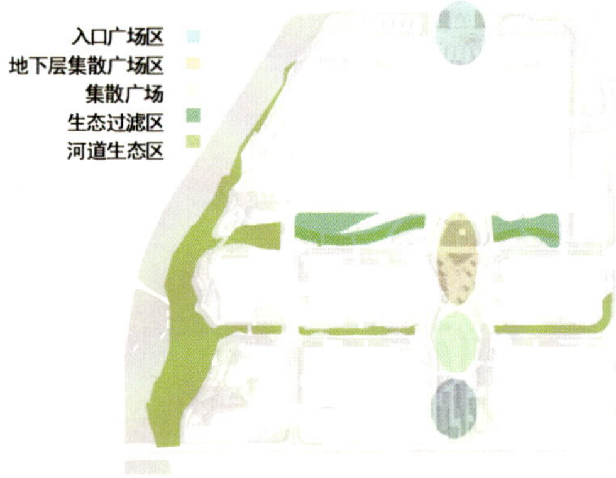

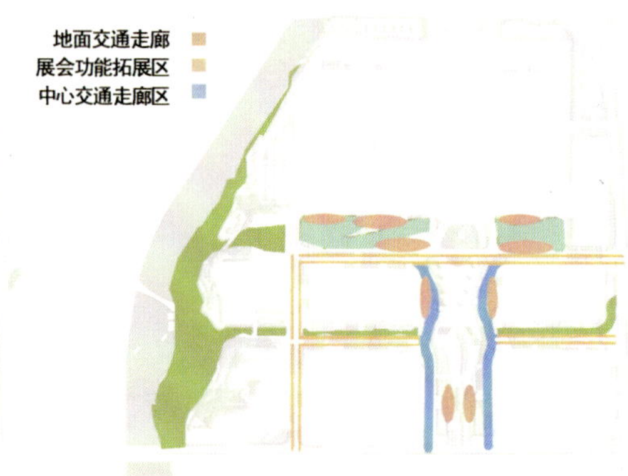

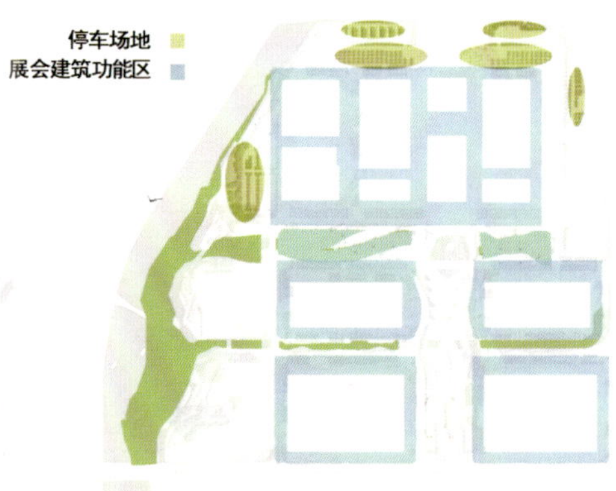

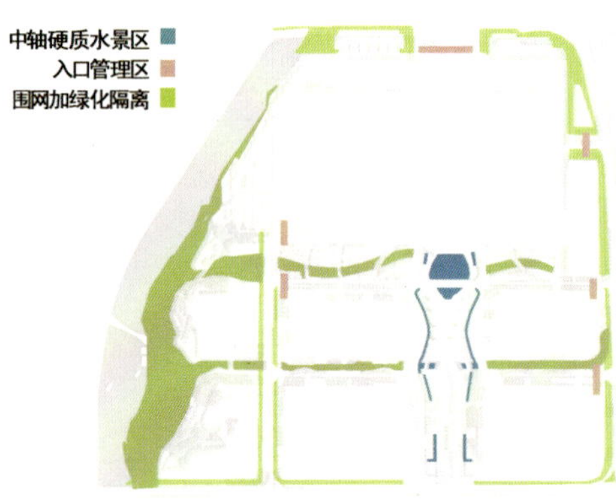

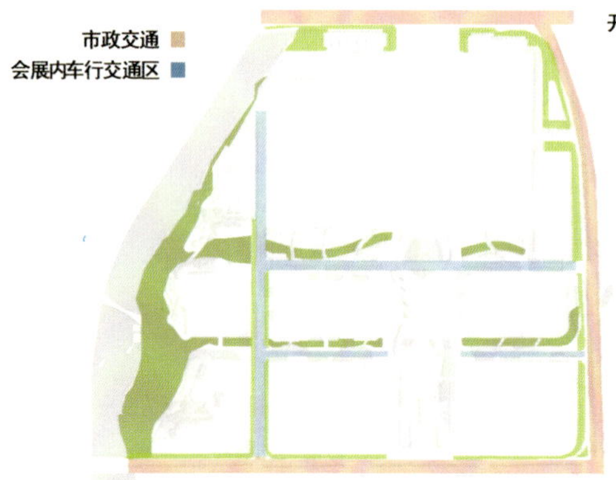

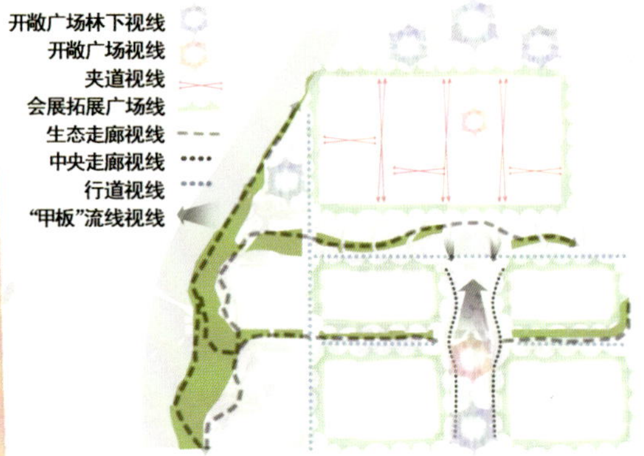

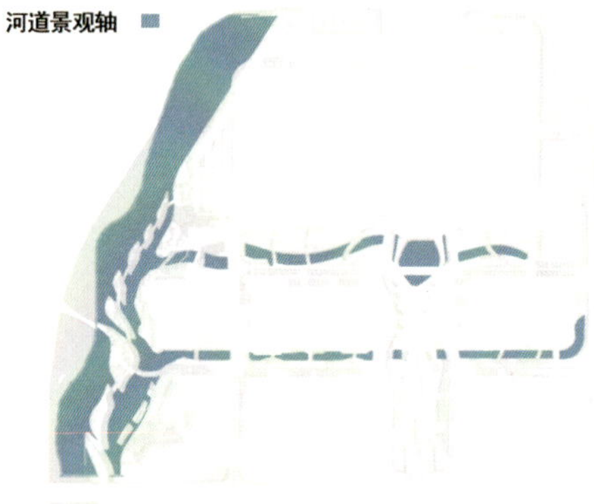

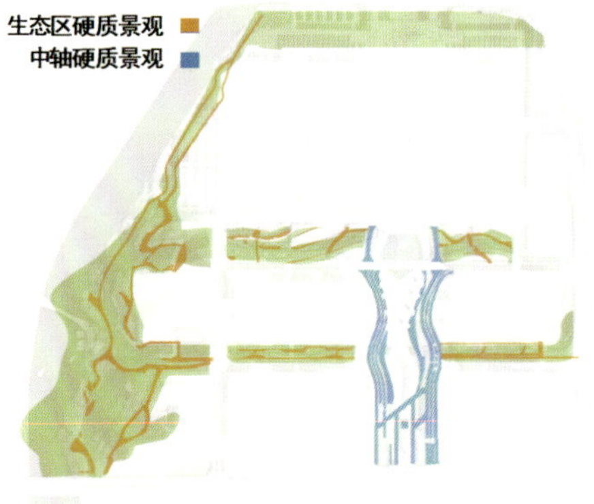

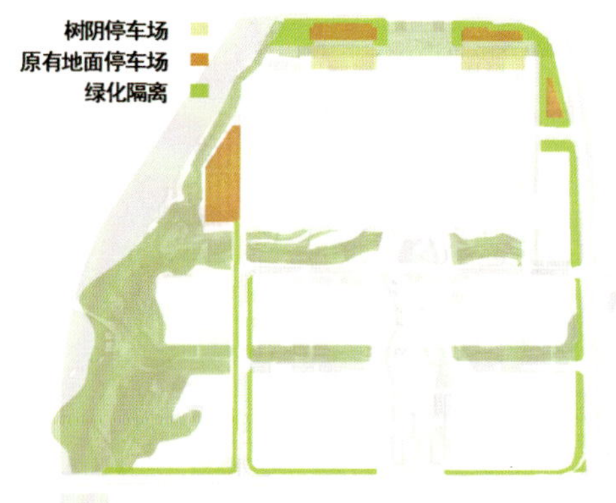

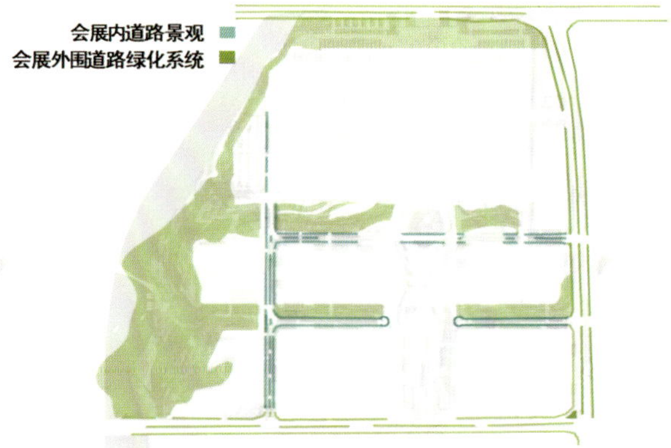

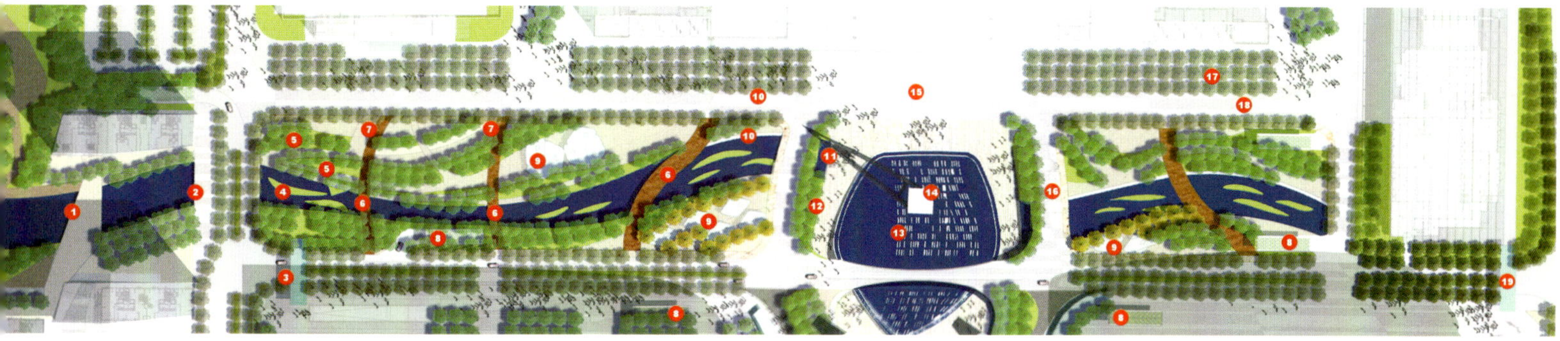

东西轴景观带
为公园提供生态绿色的体验，水道设计成用于处理雨水、景观用水的生物床，实现水资源循环再利用，水岸设树林广场，可提供公益性文化创意展览集市的场地，绿、水、人构成独特的宁波人文景观特色。与“定海神针”相映成趣，融为“水弦”！

1. 水上长廊 2. 特色铺地 3. 水晶岗亭 4. 水中种植 5. 流林步道 6. 水晶桥 7. 林下漫步 8. 地下车库 9. 花形构筑 10. 跌级亲水 11. 迷你瀑布 12. 跌级花带 13. 蓝海瀑布 14. 定海神针 15. 主展厅入口 16. 观景长廊 17. 列植树阵 18. 车行空间

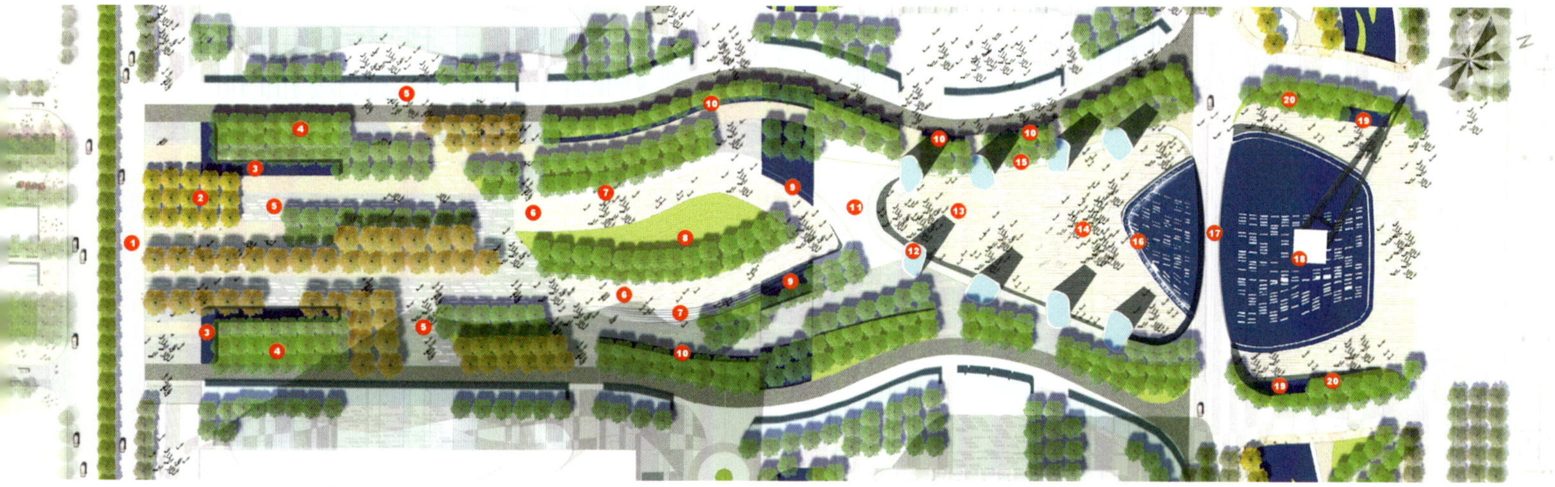

南北轴景观带
引入CBD中央公园的绿脉，呈流线式引导人流，经坡道引入水晶广场，无阻隔直达会展中心，核心空间下沉留白处理，在视线上让自公园而来的人流穿过流水树林后豁然开朗，直面“定海神针”，会展中心大气盎然，下沉演艺广场周边设旗舰店、餐饮、购物街头、各展馆地下通道等，“定海神针”立于蓝海瀑布之上，俯瞰“绿海之心”！

1. 会展中心 2. 彩色树阵 3. 镜水面 4. 列植树阵 5. 序列地灯 6. 木质船舱 7. 休息观景 8. 坡地林阴 9. 跌级瀑布 10. 流水树林 11. 眺望台 12. 水晶电梯 13. 水晶广场 14. 广场 15. 观景挑台 16. 蓝海瀑布 17. 海之桥 18. 定海神针 19. 迷你瀑布 20. 跌级花带

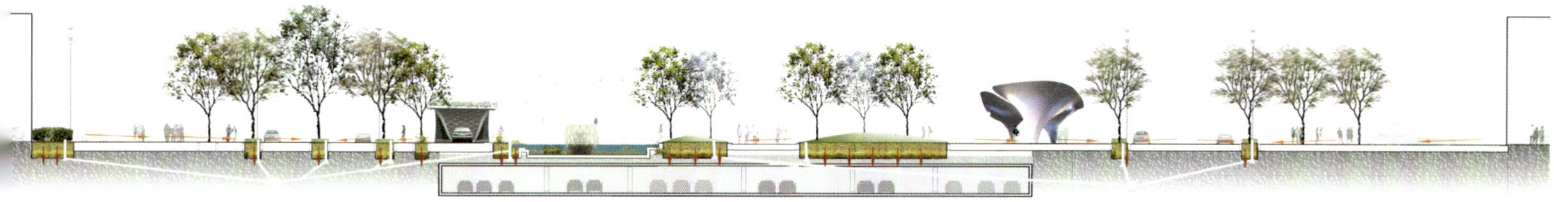

东西轴景观带纵剖面（一）

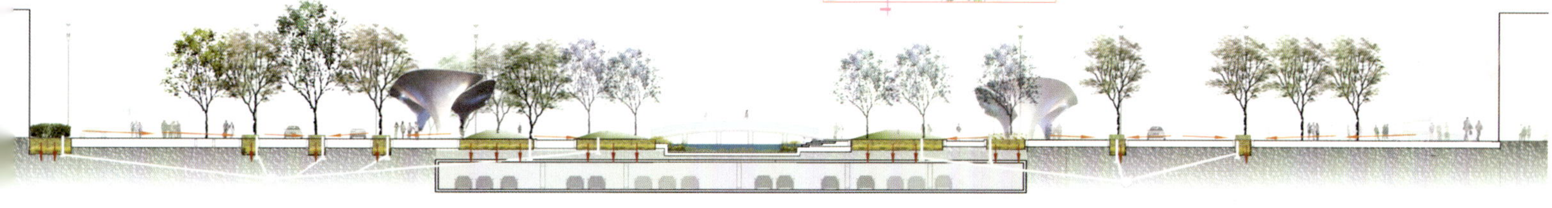

东西轴景观带纵剖面（二）

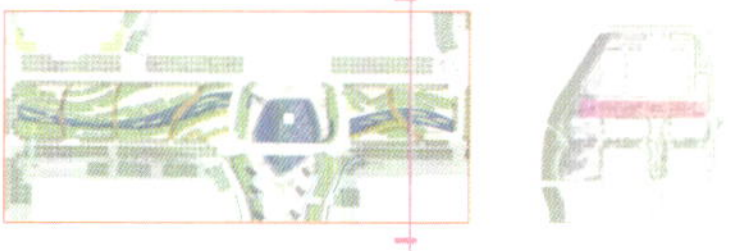

市政路
会展入口区
会展区
会展前广场
中心商业区
“甲板”空间
林下广场
市政路

5.5
5.5
10.1
3.0
±0.0
会展区
会展前广场
迎宾大道
水幕

市政路
会展入口区
会展区
会展前广场
中心商业区
“甲板”空间
林下广场
市政路

10.1
6.7
±0.0
电梯（LED宣传）
咖啡茶座
电梯（LED宣传）
彩蝶霓裳
电梯（LED宣传）
休闲小聚
电梯（LED宣传）
影音时尚
翡翠墙
水幕墙

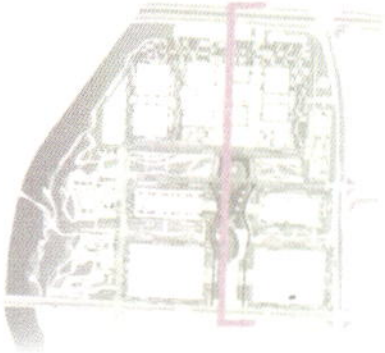

市政路
会展入口区
会展区
会展前广场
中心商业区
“甲板”空间
林下广场
市政路

5.5
±0.0
3.0
5.5
坡地木甲板
坡地流香
绿影清荫
碧水映月

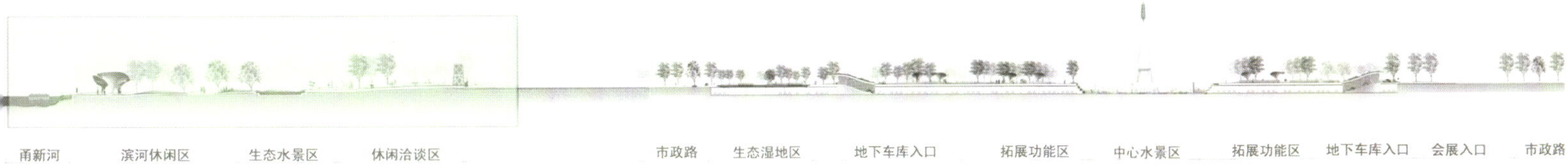
甬新河
滨河休闲区
生态水景区
休闲洽谈区
市政路
生态湿地区
地下车库入口
拓展功能区
中心水景区
拓展功能区
地下车库入口
会展入口
市政路

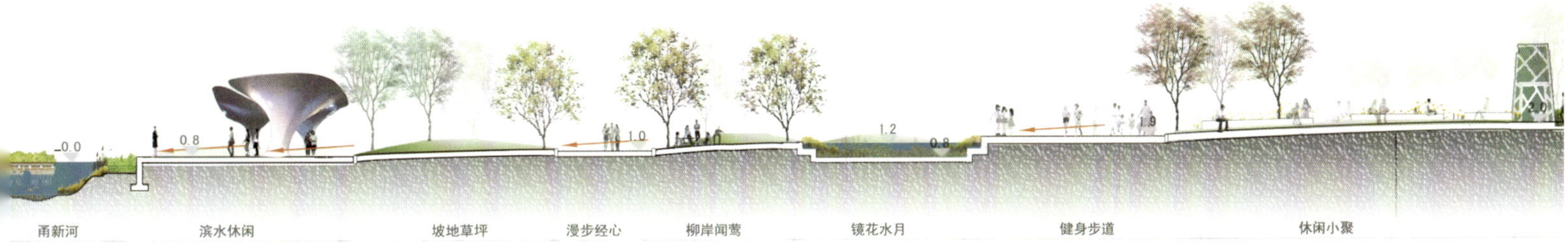
0.0
0.8
1.0
1.2
0.8
1.9
3.0
甬新河
滨水休闲
坡地草坪
漫步经心
柳岸闻莺
镜花水月
健身步道
休闲小聚

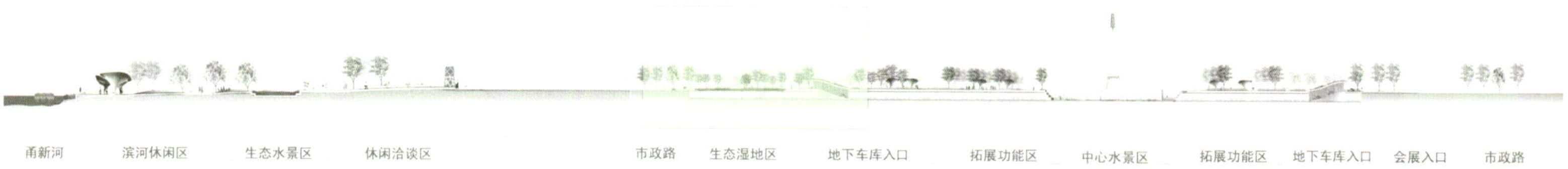
甬新河
滨河休闲区
生态水景区
休闲洽谈区
市政路
生态湿地区
地下车库入口
拓展功能区
中心水景区
拓展功能区
地下车库入口
会展入口
市政路

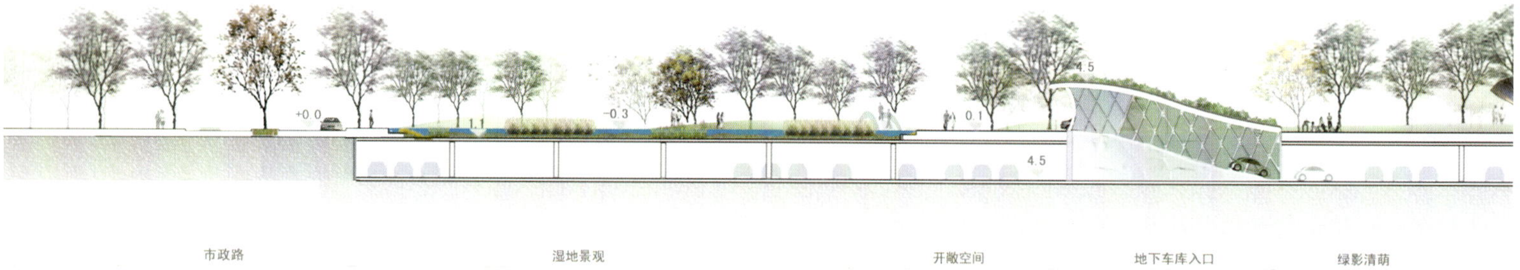
市政路
湿地景观
开敞空间
地下车库入口
绿影清荫

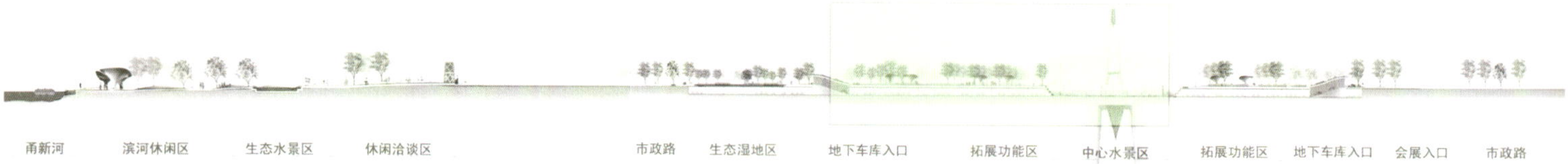
甬新河
滨河休闲区
生态水景区
休闲洽谈区
市政路
生态湿地区
地下车库入口
拓展功能区
中心水景区
拓展功能区
地下车库入口
会展入口
市政路

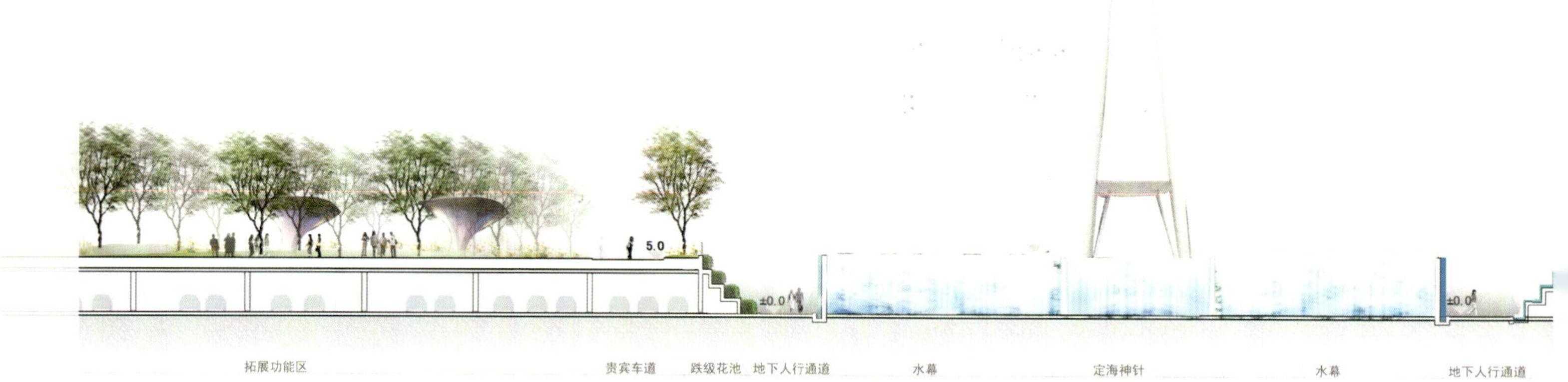
拓展功能区
贵宾车道
跌级花池
地下人行通道
水幕
定海神针
水幕
地下人行通道

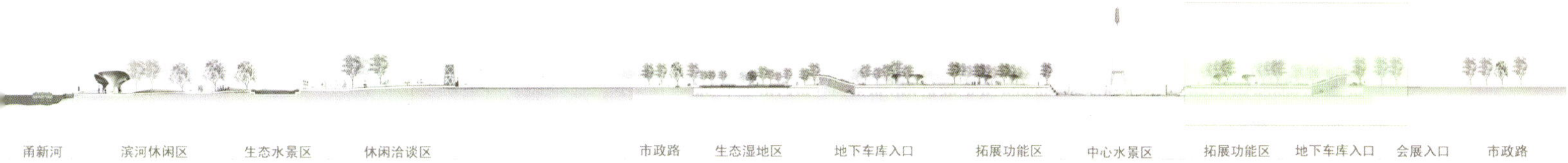
甬新河
滨河休闲区
生态水景区
休闲洽谈区
市政路
生态湿地区
地下车库入口
拓展功能区
中心水景区
拓展功能区
地下车库入口
会展入口
市政路

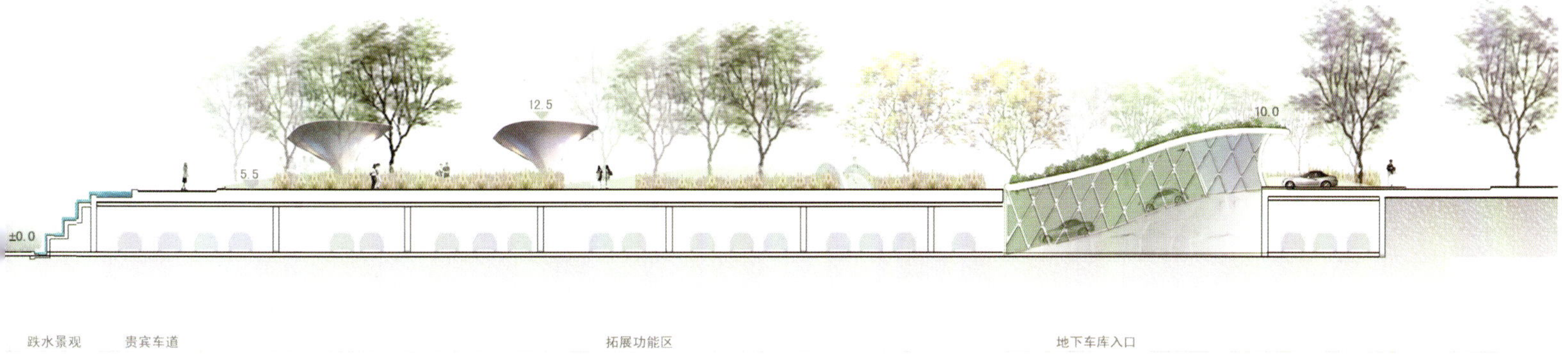
12.5
5.5
10.0
±0.0
跌水景观
贵宾车道
拓展功能区
地下车库入口

PLAY
DIORIFIC

UNDERGROUND
PARKING
Coffee

eTrust

天津市武清区中欧论坛国际会议中心暨国际交流示范区

项目名称：
项目地址：天津市武清区
占地面积：76平方公里
委托方：中房集团
设计单位：伍兹贝格建筑设计咨询（北京）有限公司

项目说明：

该项目注定会成为国际知名的会展场地及游天津必去的中国旅游目的地。

令人惊叹的会议中心将成为这个国际性生活区的核心区域，拥有艺术和教育场馆、水上运动、高尔夫、健康和娱乐设施。度假村和主题公园形成独特的景观和大型岛屿组成的总面积七十六平方公里（四十七英里）的水体。

办公区
OFFICE AREA

长春市吉林广播电视中心

项目资料：
项目地址：吉林省长春市
委托方：吉林广播电视管理局
设计单位：北京澳斯派克景观规划设计顾问有限公司
主要设计人员：李伦 John P 胡旭红 杨颖坤

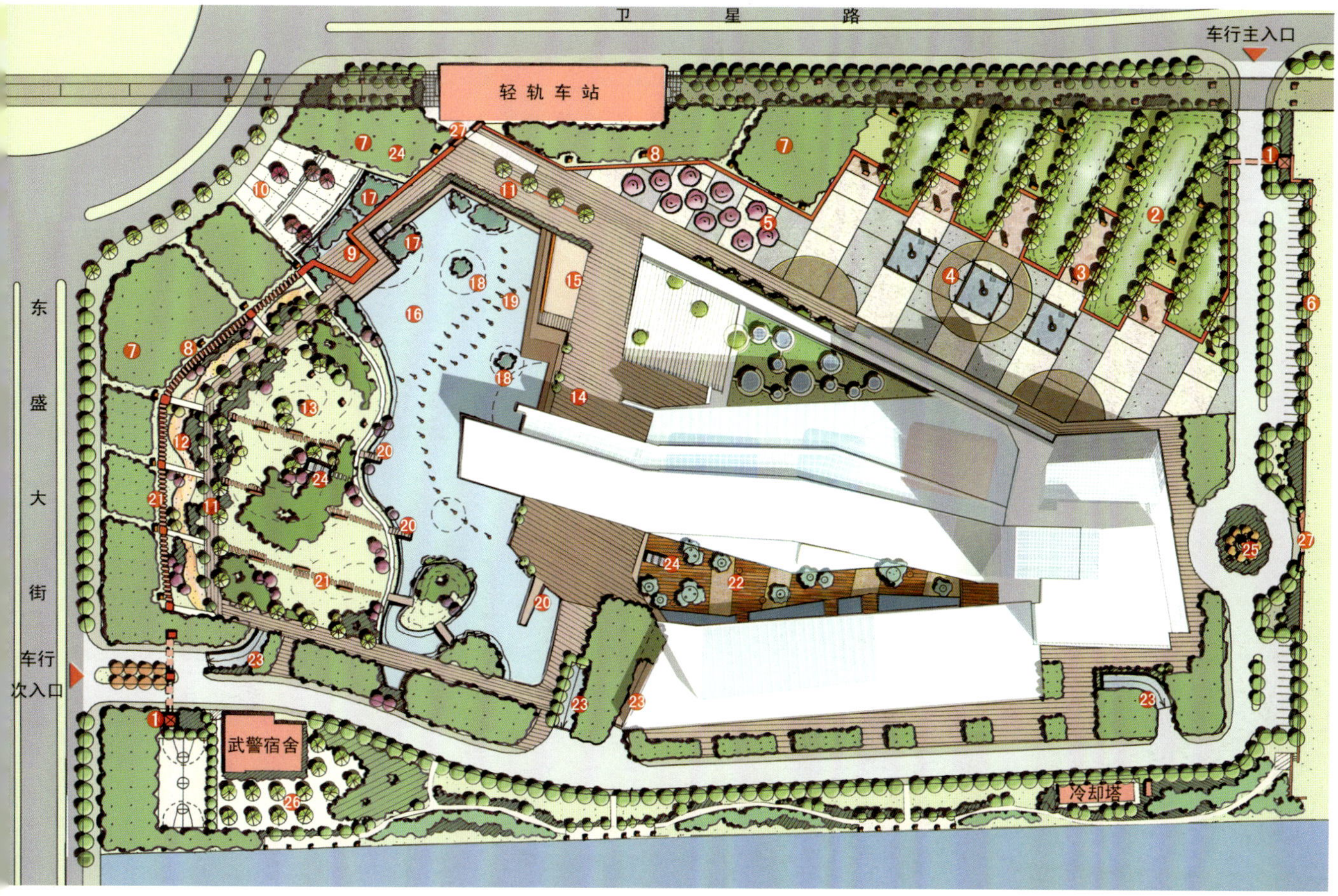

项目说明：

吉林广电中心项目位于长春市净月旅游经济开发区内，高架轻轨沿北侧用地边界横跨而过，区位条件优越，交通便利。项目总占地面积约8万平方米。中心项目是一个集对外形象展示、节庆日集会表演与内部外景拍摄、日间休闲等功能于一身的综合性景观规划项目。

设计主要特点：

1. 与主体建筑整体协调、交相呼应的景观

建筑被想象为一组冰雕植根于大地，形象特点突出、体量大，在区域中极具标志性。玻璃与钢的结构使建筑棱角分明、晶莹剔透，极具现代感。

在场地内景观与建筑的对话中，建筑为主体，景观设计结合功能，布局出三个公共广场空间，成为观赏此“冰雕地景”的最佳场所，达到建筑与环境的完美结合。

2. 尊重与强化地域、自然、人文特征的景观设计

吉林省长春市具有典型的北方气候特征，冬长夏短。夏季气候凉爽、绿树成阴，冬季白雪皑皑、玉树琼枝。地形特点以低山丘陵、台地平原为主，呈现“林海雪原”的地域景观特征。场内景观设计旨在对上述场所精神的表达，设计出“辽东冷杉树阵”广场、“五指丘陵”草坡区，配合水景自然区形成了丰富、独特的景观环境。

3. 体现广播电视行业特点的媒体公园设计构思

引入媒体公园的设计概念，结合软硬景观设计，强化场地中的外景拍摄与露天表演功能，在景观元素的设计中融入媒体文化符号与表达，在视觉上强调城市与场地的互通交流，设置多条视觉通廊。

神木县神华神东煤炭集团神东矿区

项目资料：
项目地址：陕西省神木县
设计单位：深圳市九地景观设计工程有限公司
主要设计人员：蔡军保　吴本发

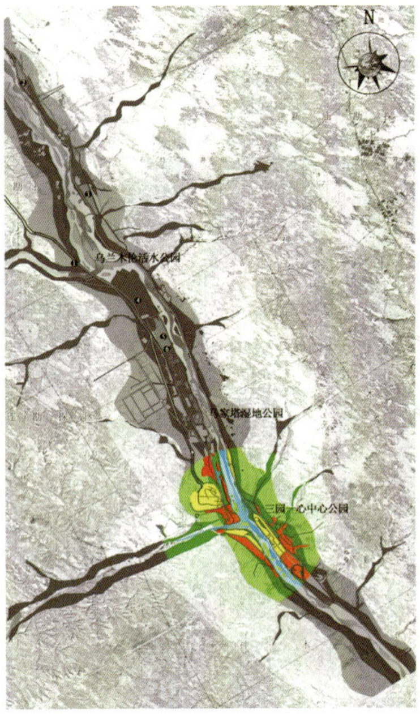

三园一心中心公园区

1. 锦绣大地
2. 休闲广场
3. 李家畔生活小区
4. 日光之塔
5. 滨水大道
6. 环水观景平台
7. 滩涂景观带
8. 大柳塔生活小区
9. 公共绿地景观
10. 防护林景观
11. 丛林景观
12. 滨水公园
13. 上湾生活小区
14. 办公楼区

图例：

1. 呼和乌素桥
2. 乌兰木伦矿生活及工业区
3. 石圪台矿生活及工业区
4. 马家塔露天矿（后补连）复垦区
5. 补连塔矿办公生活区
6. 马家塔露天矿复垦区
7. 补连塔矿工业区
8. 阿大线
9. 哈拉沟矿办公生活区
10. 哈拉沟矿工业区
11. 马家塔矿办公生活区
12. 大石公路
13. 上湾西山常绿森区
14. 上湾矿工业区
15. 上湾生活小区
16. 大柳塔东山常绿林区
17. 大柳塔生活小区
18. 李家畔生活小区
19. 大柳塔西山常绿林区
20. 大柳塔矿工业区
21. 大柳塔南界

外围防护圈
周边绿化圈
中心美化圈
道路绿化带
滨水绿化带
水体
矿区厂房
生活区

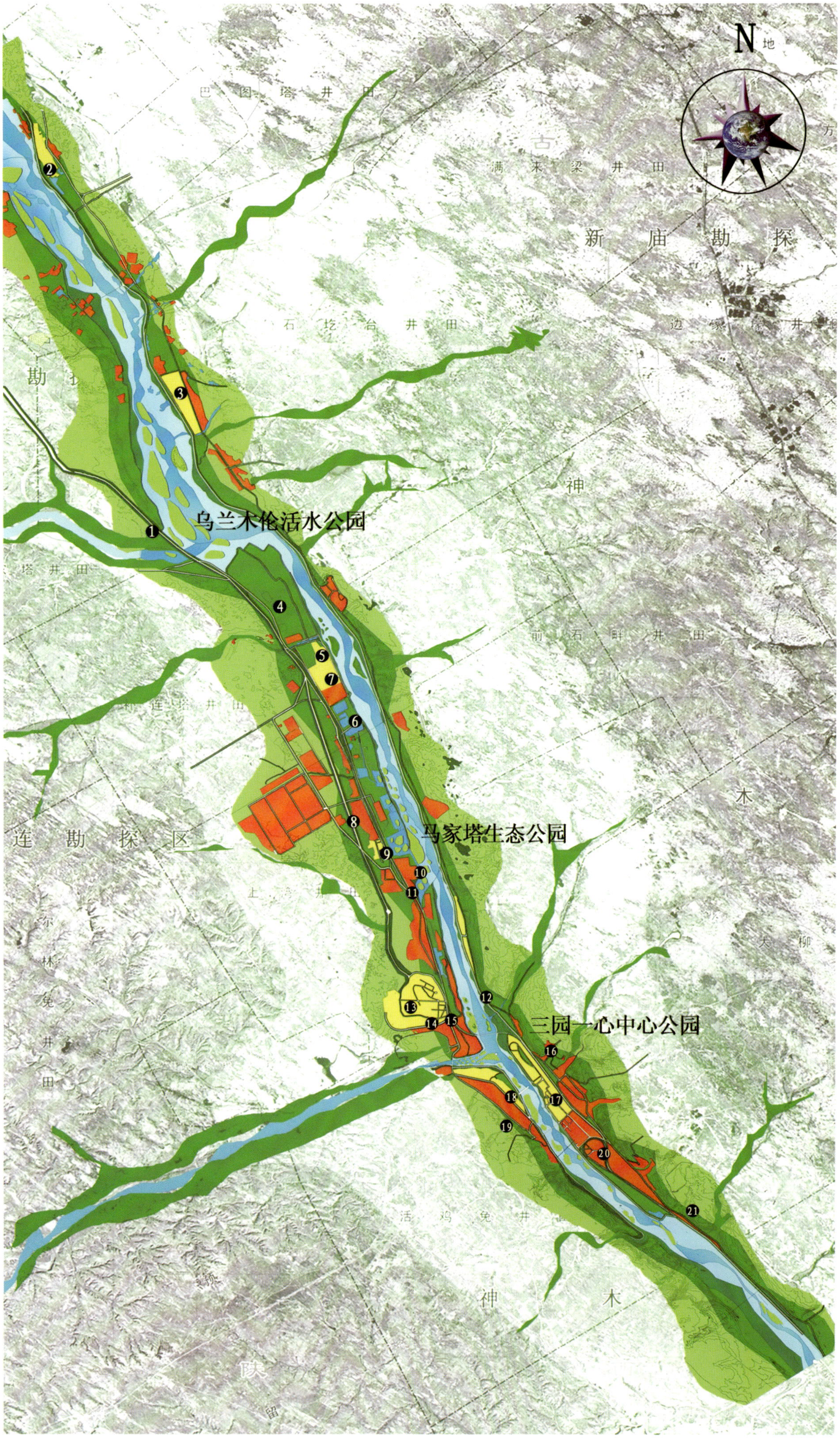

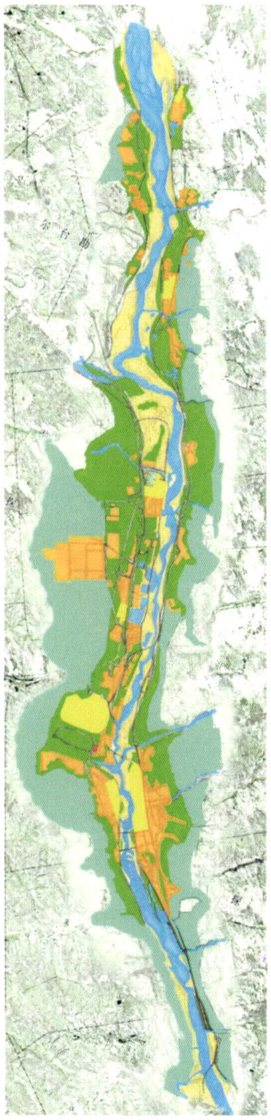

土地利用综合分析

存在较多未开发用地。

工业用地特征明显，工业化程度高。

用地功能驳杂，主要为工业用地和居住用地。

土地利用价值不高，具开发潜力。

图例

工业用地　居住用地

公共绿地　防护绿地

水域　滩涂

道路交通现状分析

交通方式主要为道路交通，规划区域有铁路线穿越，无水上交通。

现有道路结构较紊乱，等级与路况参差不齐，需要进行一步梳理。

道路绿化情况混乱，地表泥土裸露现象较严重。

生活区道路、市政道路规划比较完整，工业区路网布置混乱、绿化面积小。

图例

铁路　一级干道

二级干道

绿地资源现状分析

居住区绿地面积相对较大，植物资源丰富，植被生长状态良好，但从总体而言，居住区植物被覆盖面积仍然较小。且居住区之间缺少景观形态上的统一。

工业区具有典型的工业特征，景观风貌杂乱，植被稀疏，更加剧了工业区扬尘污染。

滩涂地区因冬季水流小，致使河床裸露，植被为矮生小灌木，景观风貌较弱。

防护林区植被茂盛，水土保持较好，绿地资源丰富。

外围山地矮小，灌木分布范围大，但植被稀疏。

图例

生产绿地　居住绿地

公共绿地　防护绿地

山地　滩涂

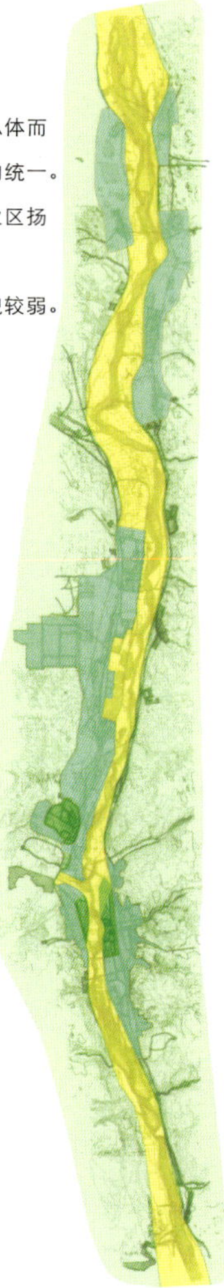

景观风貌现状分析

生活区景观规划较完整，具备一定的景观元素，但硬质铺装面积较大，绿化面积小。

工业区景观带粉尘污严重，缺乏相应的绿化及景观，无互动。

滩涂基本闲置，相对封闭，恢复滨水空间景观活力意义重大。

山地防护林景观带植被覆盖率大，防护林带具有较强的人文特色，且具有自然的山地景观。

图例

生活区景观带　工业区景观带

滩涂景观带　山地景观带

现状生态布局

整体生态格局较完整，呈现出较明显的生态基质。

绿量分布密度不均衡，生态格局不够匀质，导致不同地段生态差异较大，生态环境有待进一步提升。缺乏系统的统一绿地规划，该成片的地方不成片，该成林的地方没成林，结构散乱，缺乏统一的视觉景观线。

图例

现状山体

现状水体

现状绿化

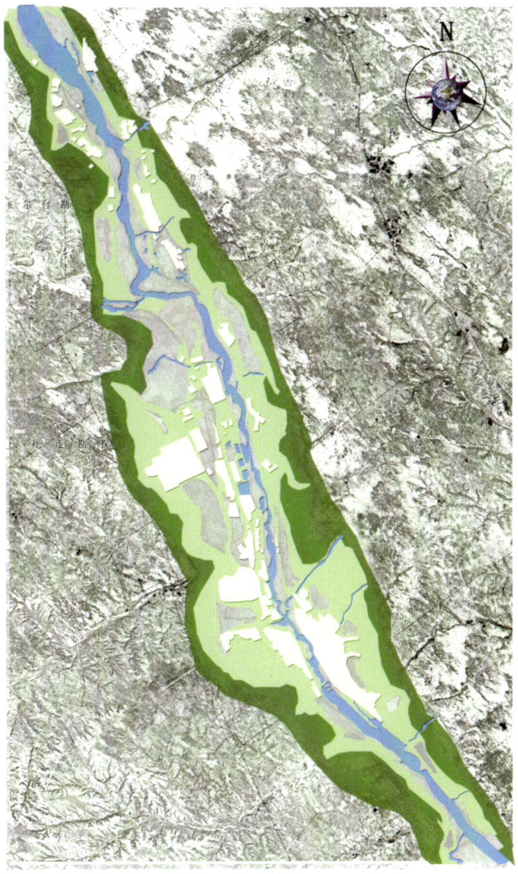

生态要素现状

现状水体主要以乌兰木伦河为主，属于季节性河流，景观绿化少。

绿地规模较大，分布较散，植被较单一，季节性变化强。

山体主要有上湾西山，大柳塔西山、大柳塔东山等，绿化面积大，难度高。

图例

现状山体

现状水体

现状绿化

项目说明：

概念规划

1. 区域形象定位：锦绣神东，大漠印象

2. 规划理念：天边的绿飘带、线、艺术、飘渺

神东矿区地处毛乌素沙漠边缘地带，周边呈沙漠化地貌特征，自然条件恶劣。经过二十多年来投入大量人力物力的生态建设，神东矿区的绿化规模已初现端倪。神东矿区整体呈线状狭长地形，美丽飘逸的乌兰木伦河在这里流淌，特殊的地理自然环境造就了这里特殊的景观风貌特征。三面云山一面城，水随山转、山因水活。美丽的乌兰木伦河带着艺术的流线穿越而过，像一条丝带缠绕在这片由人与自然共同打造的风景里，那河岸的绿化线、建筑、道路也随之飘动，伴随着乌兰木伦河的余沫，消失在那遥远的天边。

3. 景观表现手法

打造沿河绿化景观带

加强南北主要交通干线的绿化纵深

建设沿山周边绿化带

丰富绿化景观层次

4. 规划主题与思想“绣”

绣锦绣神

绣万绿神东

绣水墨神东

绣印象神东

绣

江南的刺绣闻名天下，一针一线里透着艺术的斜影。

江南的园林闻名天下，一砖一瓦里透着岁月的痕迹。

绣，讲究手法的细致、排列的顺序、色彩的搭配。

绣，讲究意境的渲染、构图的完整、思维的表达。

绣，是一项烦琐、艰辛的手艺，需要持之以恒的精神和思路清晰的方法。而神东矿区的绿化生态建设就如同这样一个“绣”字的工程，如何在神州大地上绣出一幅完美的生态画卷，如何在绿化的种植、层次、色彩上达到一个系统的整体，这些都需要在总体规划结构里有一个完善的思路和统一的风格定位，需要那一双双勤劳能干的巧手，一针一线地去绣神东的大地，绣出精彩的锦绣神东。

.家园锦绣巧手造，绣出春园神东里。

绣得碧草连天去，引得白云入梦来。

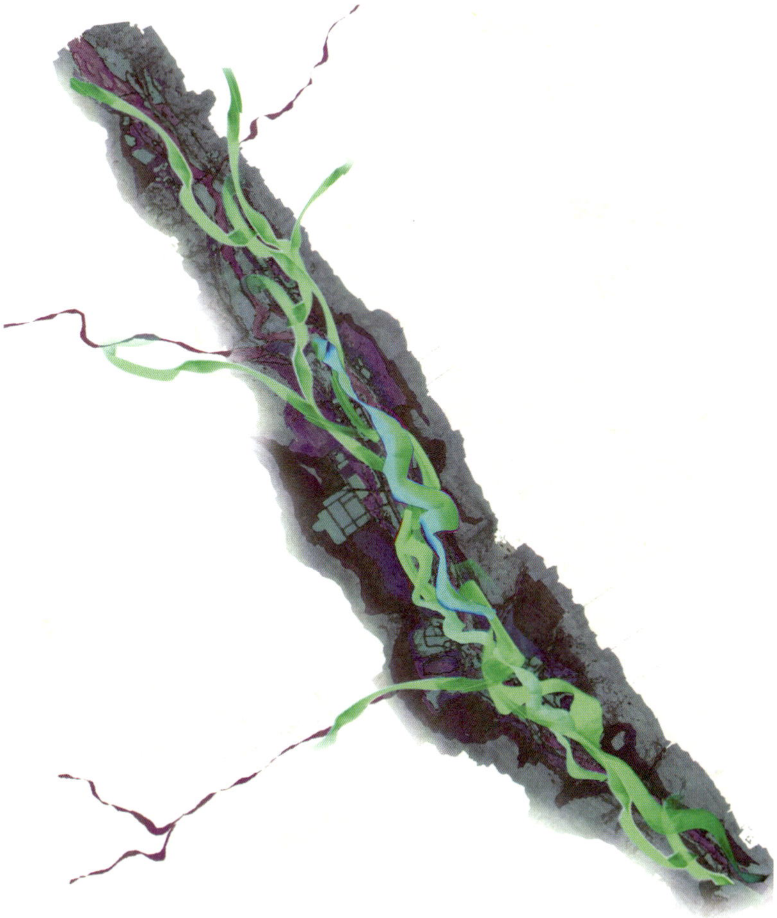

规划概念—— 天边的绿飘带

规划主题与思想

三环一带 两纵三园

规划结构

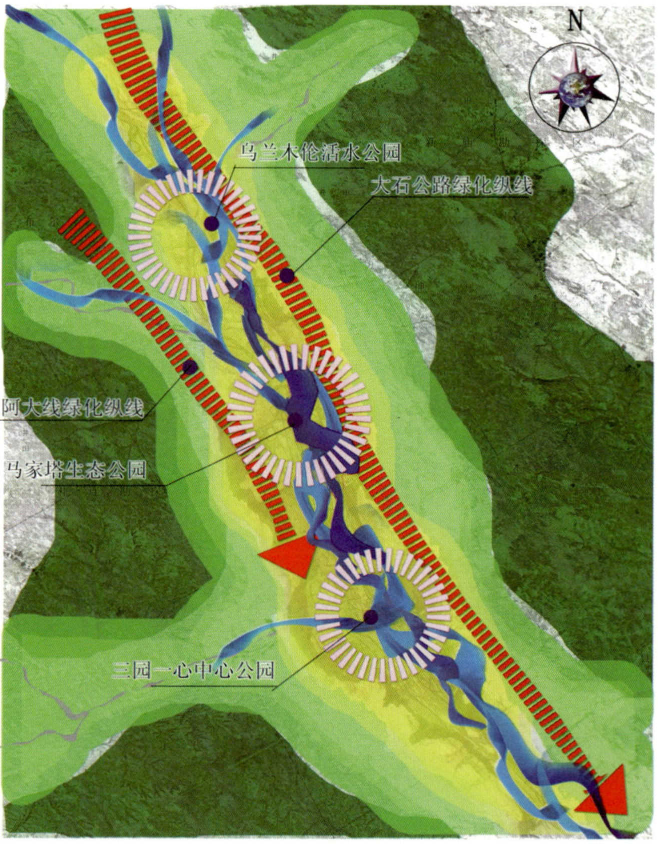

图例：

- 外环防护环
- 周边绿化环
- 中心美化环
- 沿河绿化带

规划结构分析

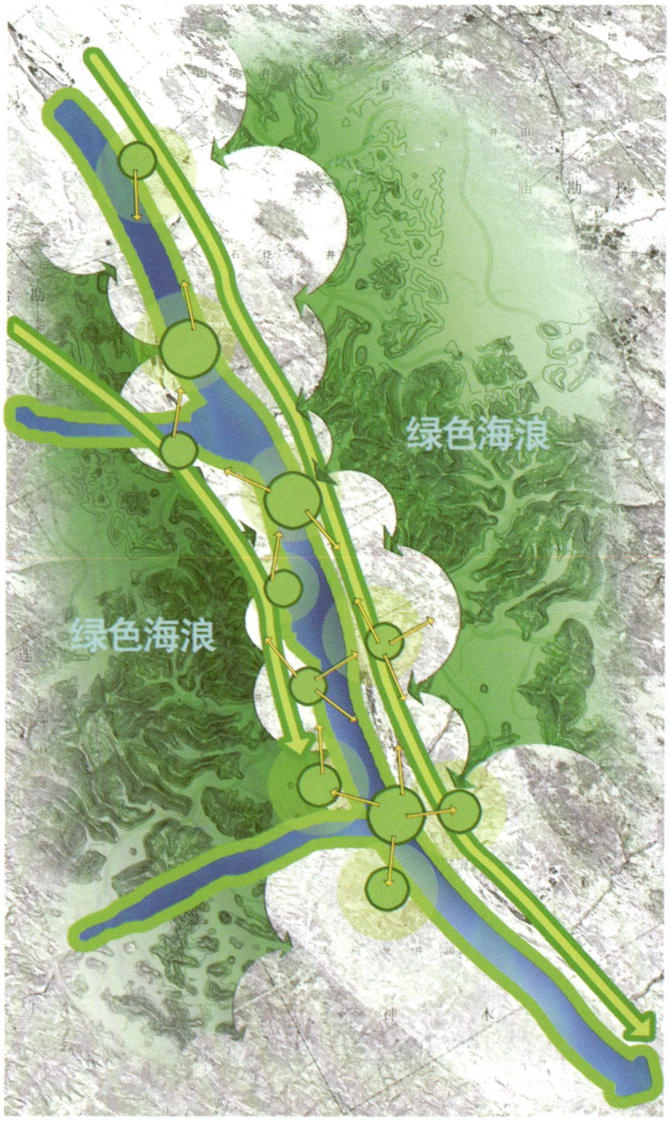

规划重点分析

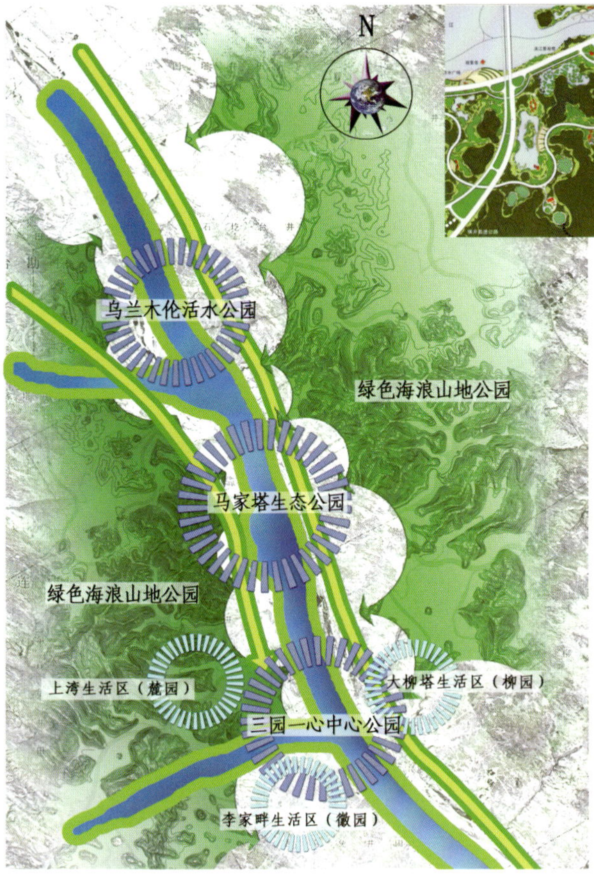

规划功能分析

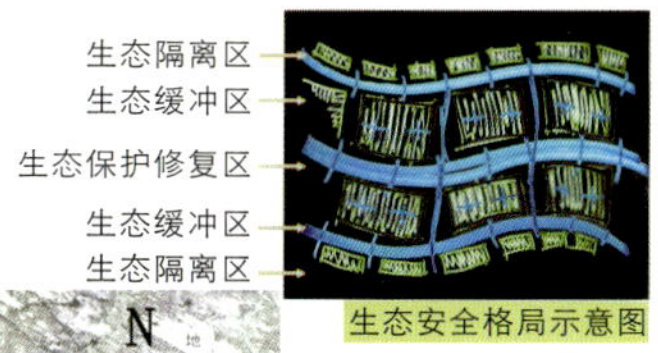

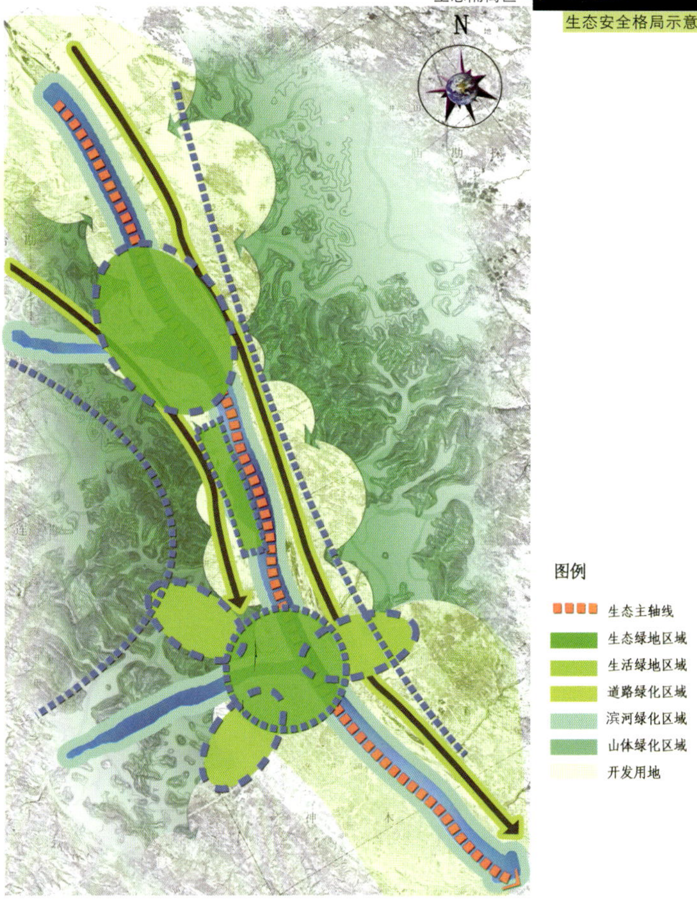

5. 规划结构

“三环一带，两纵三园”

“三环一带”：外环防护环、周边绿化环、中心美化环、沿河绿化带

“两纵”：阿大线绿化纵线、大石公路绿化纵线

“三园”：乌兰木伦活水公园、马家塔生态湿地公园、三园一心中心公园

6. 绿楔计划

以水为轴、以绿为体、以人为本，打造绿色海浪。

(1)以山造绿，打造山地公园

加强完善周边防护绿地的系统功能，打造成片、成带的大绿化体系，形成规模庞大的绿色海浪渗透体系，完善矿区与自然山体的景观联系，形成大山地绿化公园。

(2)以水带绿，完善绿化网络

以乌兰木伦河水系为主导，建设湿地公园，通过水系绿化廊道连接各处公共绿地，形成网络化的绿化和水系体系结构。

(3)加强道路绿化的纵深，建设主要交通干线的绿化层次，形成统一的带状绿化体系。

(4)均匀分布公共绿地，合理配置生产绿地和防护绿地，加强生活小区与办公、商业、厂区绿化建设的风格统一。

开放空间规划图

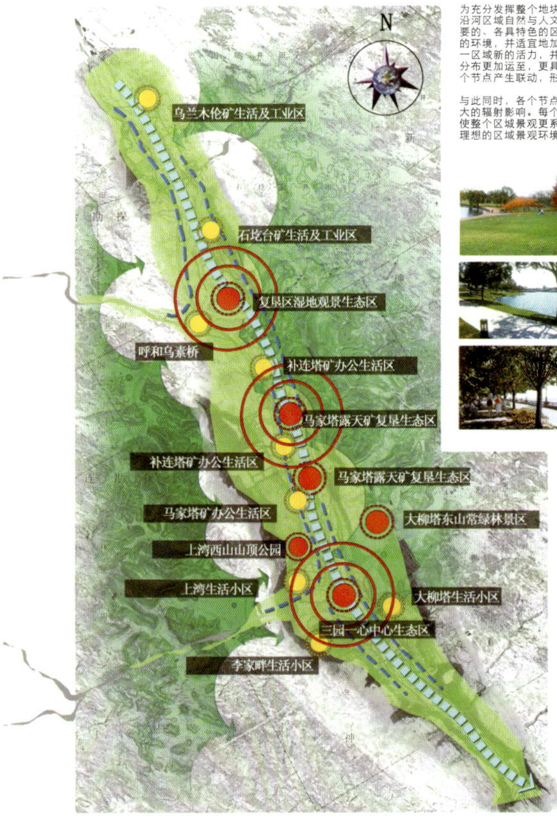

为充分发挥整个地块各处风貌迥异的特点，我们按照沿河区域自然与人文交融产生的不同情况，划分出重要的、各具特色的区域开放空间节点。通过改造原有的环境，并适宜地加入新的城市设计元素，以注入这一区域新的活力，并使整体上规划区域内的开放空间分布更加运至，更具特色，并且通过各种联系使得各个节点产生联动，形成风景区的有机部分。

与此同时，各个节点将向更大范围的城市空间产生巨大的辐射影响。每个节点空间通过乌兰木伦河的串联，使整个区城景观更系统、功能更全面，从而达到一个理想的区域景观环境空间。

宁波市东部新城行政综合区

项目资料：
项目地址：浙江省宁波市
总用地面积：16.4公顷
设计单位：项秉仁建筑设计咨询（上海）有限公司
主要设计人员：项秉仁　吴欣　秦戈今　张峻

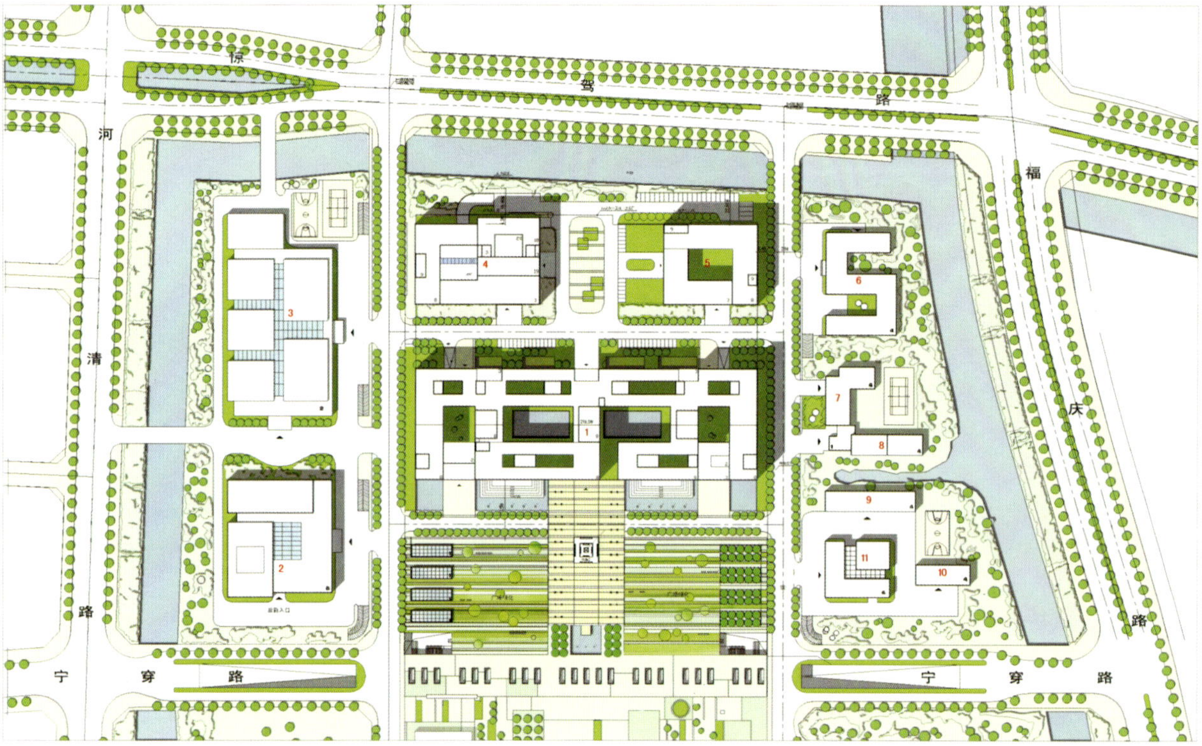

经济技术指标

基地面积（ha）	16.4
基地性质	C11
总建筑面积（M²）	316707
地上建筑面积	185507
地下建筑面积	131200
一号楼　（M²）	69819
二号楼　（M²）	26000
三号楼　（M²）	18000
四号楼　（M²）	39228
五号楼　（M²）	11900
六号楼　（M²）	7600
七号楼　（M²）	2000
八号楼　（M²）	2160
九号楼　（M²）	2500
十号楼　（M²）	1300
十一号楼　（M²）	5000
容积率	1.13
绿地率	40.2%

1. 一号楼
2. 二号楼
3. 三号楼
4. 四号楼
5. 五号楼
6. 六号楼
7. 七号楼
8. 八号楼
9. 九号楼
10. 十号楼
11. 十一号楼

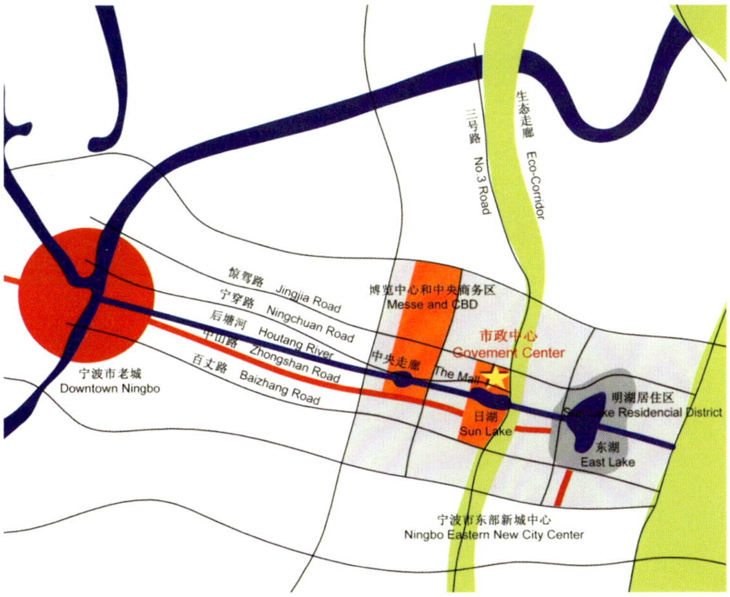

生态走廊
Eco-Corridor
三号路
No.3 Road
惊驾路 Jingjia Road
宁穿路 Ningchuan Road
后塘河 Houtang River
中山路 Zhongshan Road
百丈路 Baizhang Road
宁波市老城
Downtown Ningbo
博览中心和中央商务区
Messe and CBD
市政中心
Govement Center
中央走廊
The Mall
日湖
Sun Lake
明湖居住区
Residencial District
东湖
East Lake
宁波市东部新城中心
Ningbo Eastern New City Center

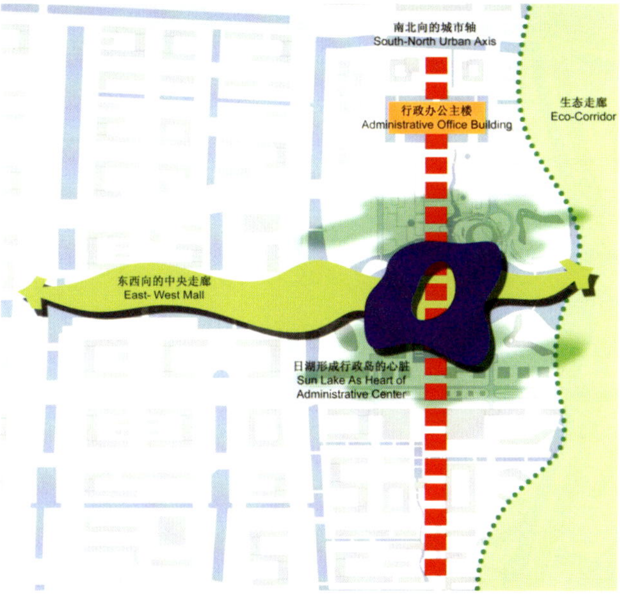

南北向的城市轴
South-North Urban Axis
行政办公主楼
Administrative Office Building
生态走廊
Eco-Corridor
东西向的中央走廊
East- West Mall
日湖形成行政岛的心脏
Sun Lake As Heart of
Administrative Center

建筑制高点
严整连续的城市界面
Rigid And Continuous
Urban Interface
自由灵活的渗透界面
建筑制高点 Flexible And Osmotic Interface
建筑制高点

南北城市轴上的三座地标性高层建筑
Three High Landmark Buildings
On The South-North Axis
生态走廊
Eco-Corridor
东西向中央走廊
East-West Mall

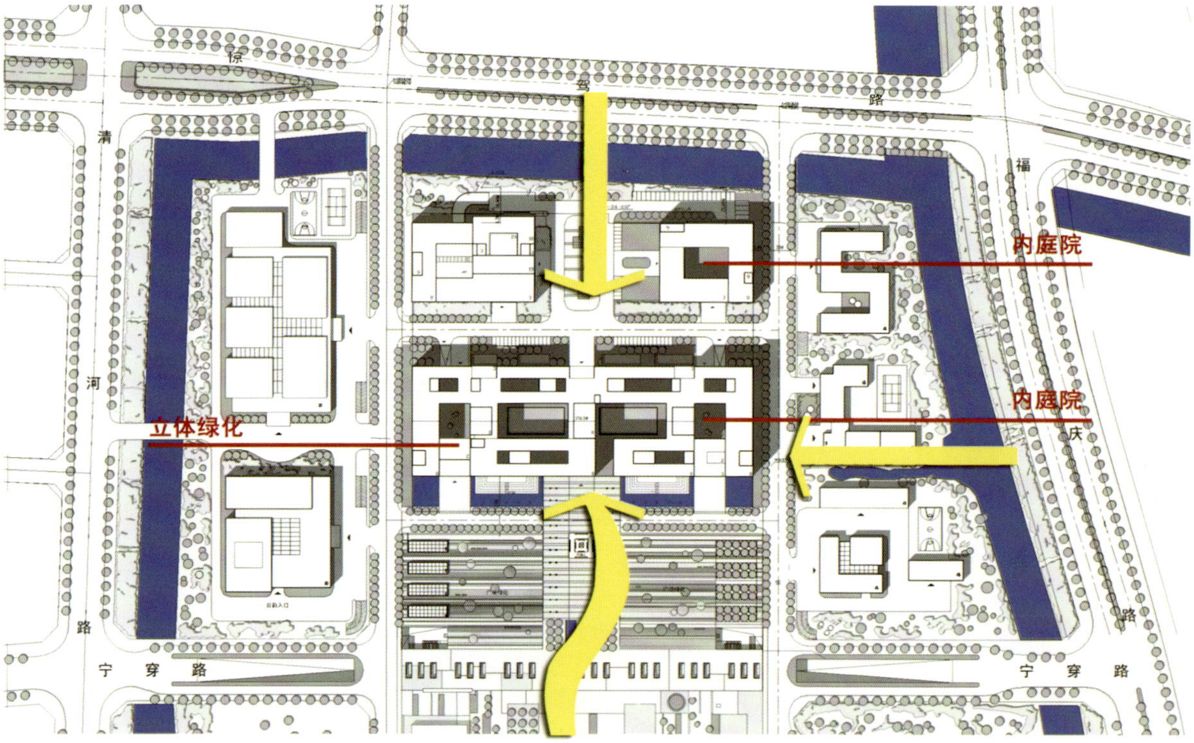

项目说明：

宁穿路福庆路修建性详细规划是东部新城的核心开发项目，位于新城核心开发区东西走廊和南北生态走廊的交汇处，北起惊驾路，南迄宁穿路，东至福庆路，西临河清路，总用地面积为16.4公顷。

区域总体规划是以“民本”“效能”为配置原则的开放式行政办公建筑群，主要包括：综合办公楼、商务办公楼、信息管理中心、经济服务中心、会议（接待）中心、接访复议听证中心、安保中心、后期建设办公用房、地下空间等。

规划设计中贯彻“一心、双轴”的空间构思理念。新规划将尊重原有规划以“行政湖”为中心的空间构思原则，延续南北向城市轴以及东西向生态走廊的发展方向，合理控制建筑布局，以保持“一心、双轴”的连贯与完整。

城市轴线上布置的行政办公主楼将成为城市轴区域景观序列的标志起点。

中央生态走廊上布置结合景观环境的行政广场，与中区的“自然文化公园”相融合。

规划空间形态体现“东柔西硬”“东低西高”的城市空间界面特征，从而与所处基地环境相协调。

地块西侧的建筑形体通过塑造严整的体块创造沿城市河道和规划道路的连续性城市界面。

地块东侧建筑形体通过条状与半围合的建筑形态与内外庭院有机结合，营造沿城市生态长廊的渗透界面。

延续“感受自然，融于自然，回归自然”的城市设计主题。根据“北紧南松”的布局策略，使中心区的南面空间自然地融入中区的景观空间之中，并且东侧建筑组群与生态走廊延伸的绿化景观紧密结合。

规划设计遵循可持续发展原则，综合考虑景观生态等因素，以创造一个生态化、人性化、高品质的绿色示范行政中心城市空间形象。

构建“水+绿”的生态环境。通过地块外的水网体系与生态绿廊的切入与渗透，地块内建筑实体与庭院、立体绿化、屋顶花园的合理组织与交融，形成广场、建筑、院落自然的有序空间，从而使区内的办公人员在“水+绿”的办公环境中全方位感受自然，融于自然，回归自然。

典型主楼平面房间朝向示意

- 南北向房间
- 东西向景观房
- 通过中庭采光的房间
- 暗房间(会议室/卫生间/储藏)
- 核心筒
- 中庭上空

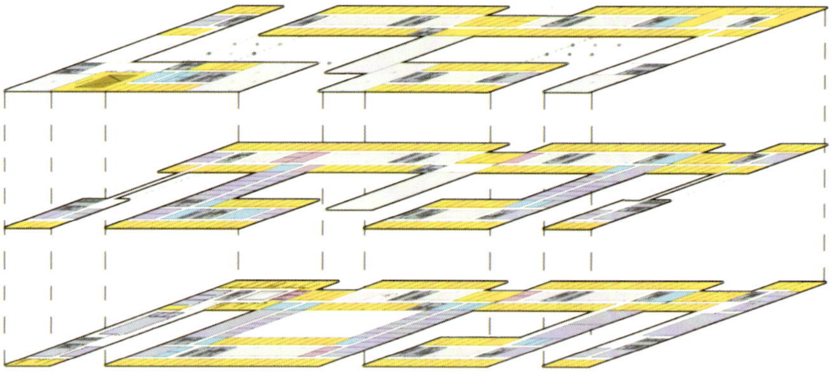

建筑遮阳

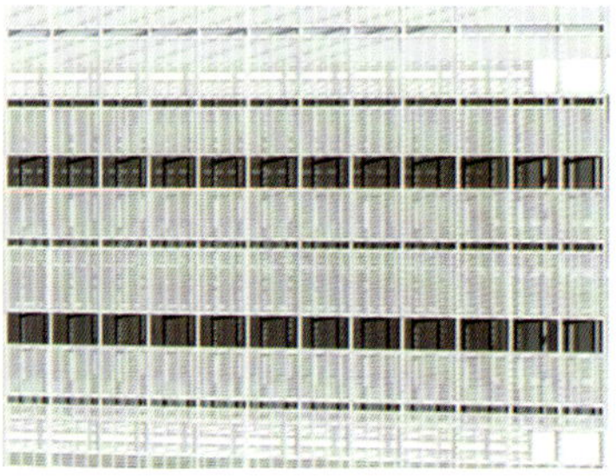

太阳能采集装置

太阳能发电面板

通过发电面板吸收阳光，进行光电转换后使用于大楼内的部分照明。

本项目拟采用发电效率高、目前产量最多的太阳能电池——多结晶硅太阳能电池模块

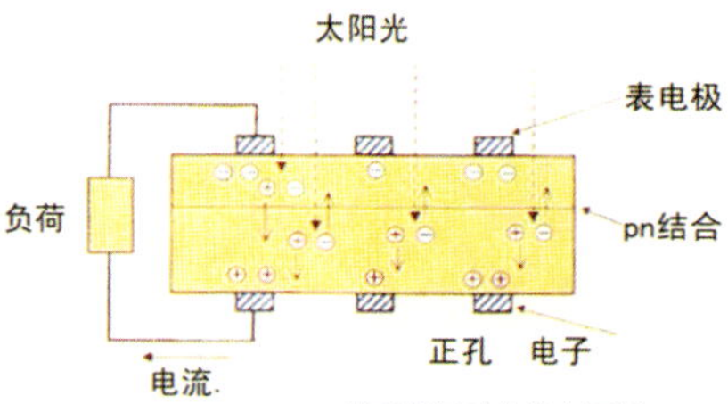

基于多晶硅的发电原理

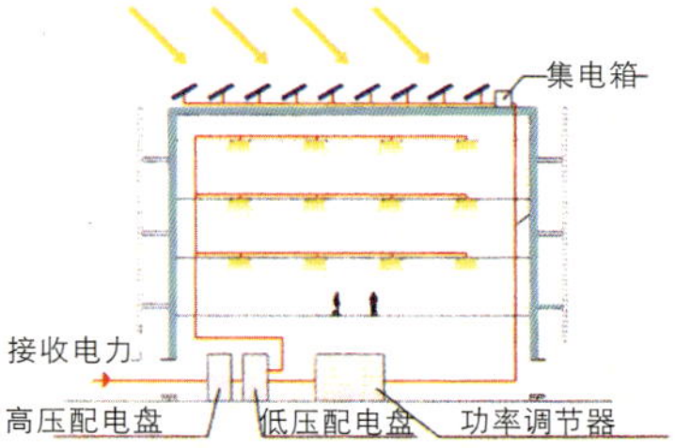

太阳能光电发电原理

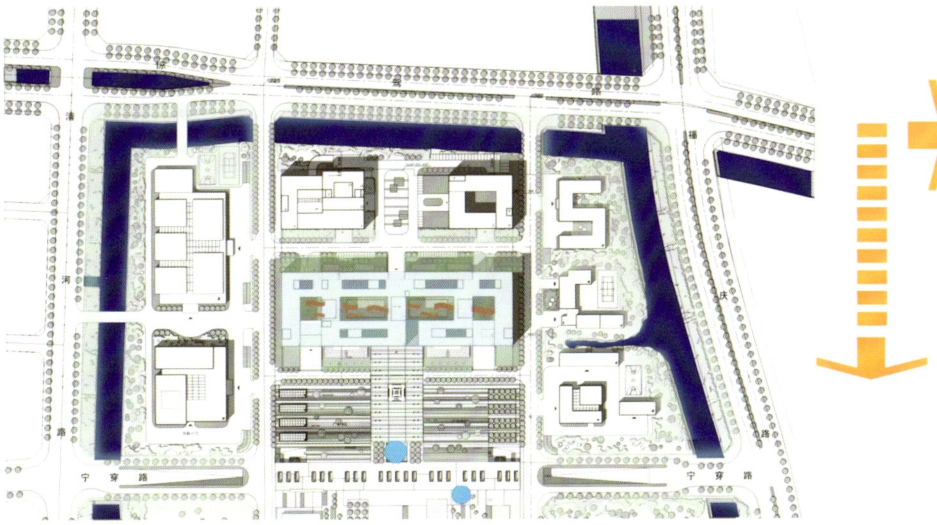

基地水环境

三角洲水域肌理

四大班子集于一体

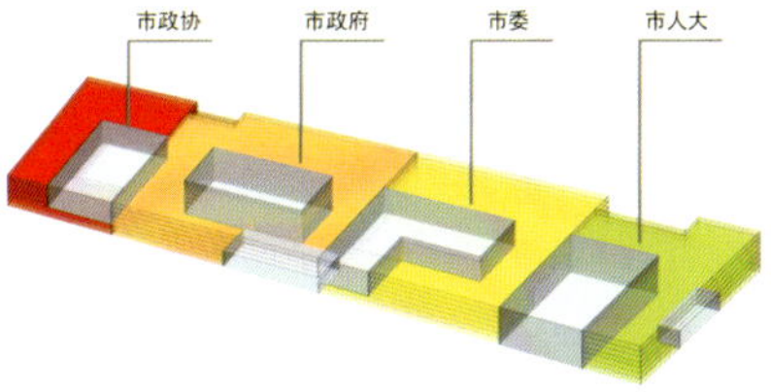

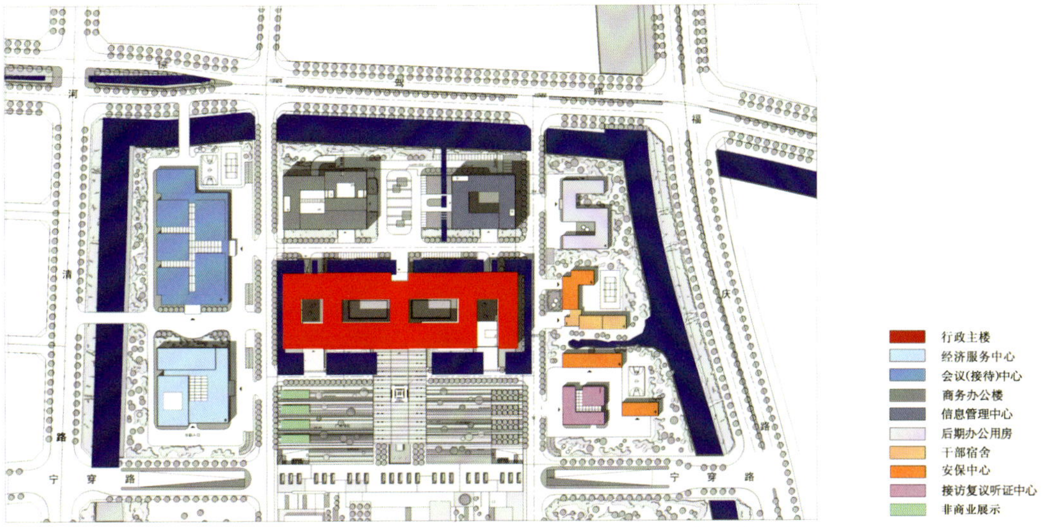

建筑功能布局图

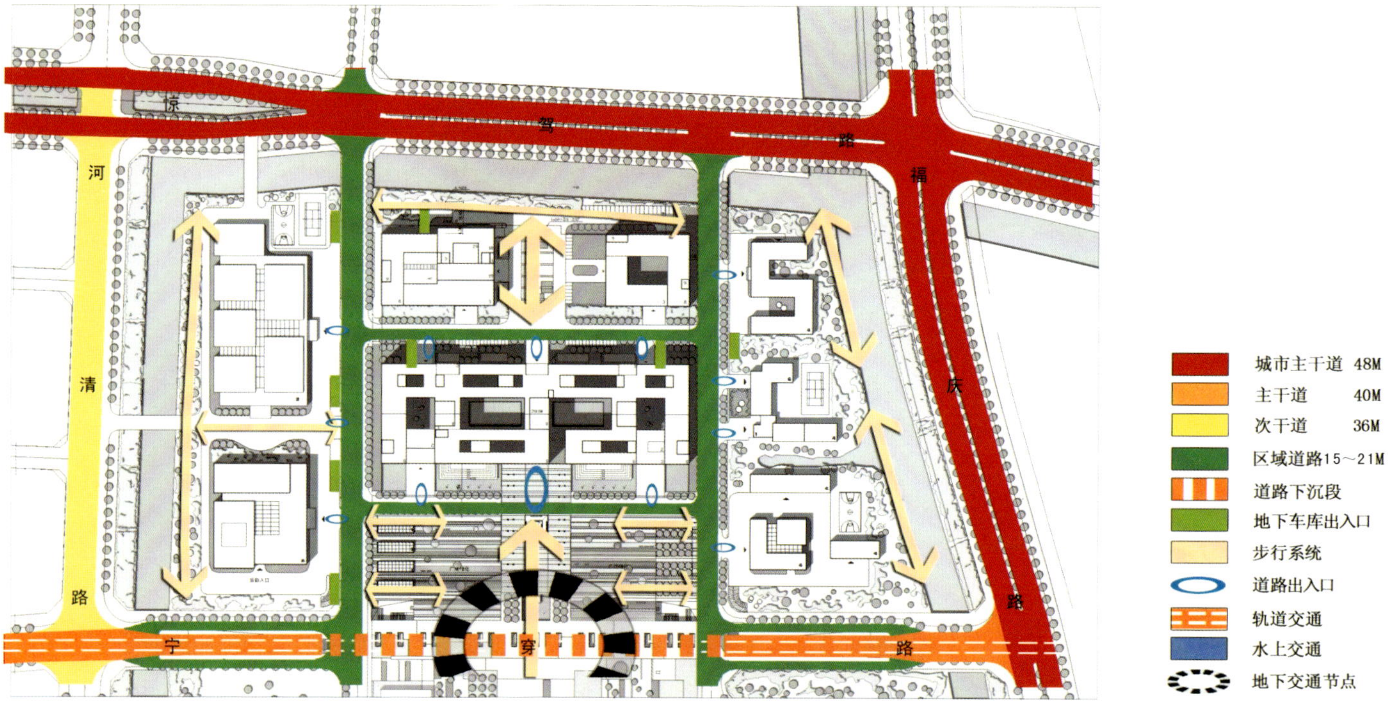

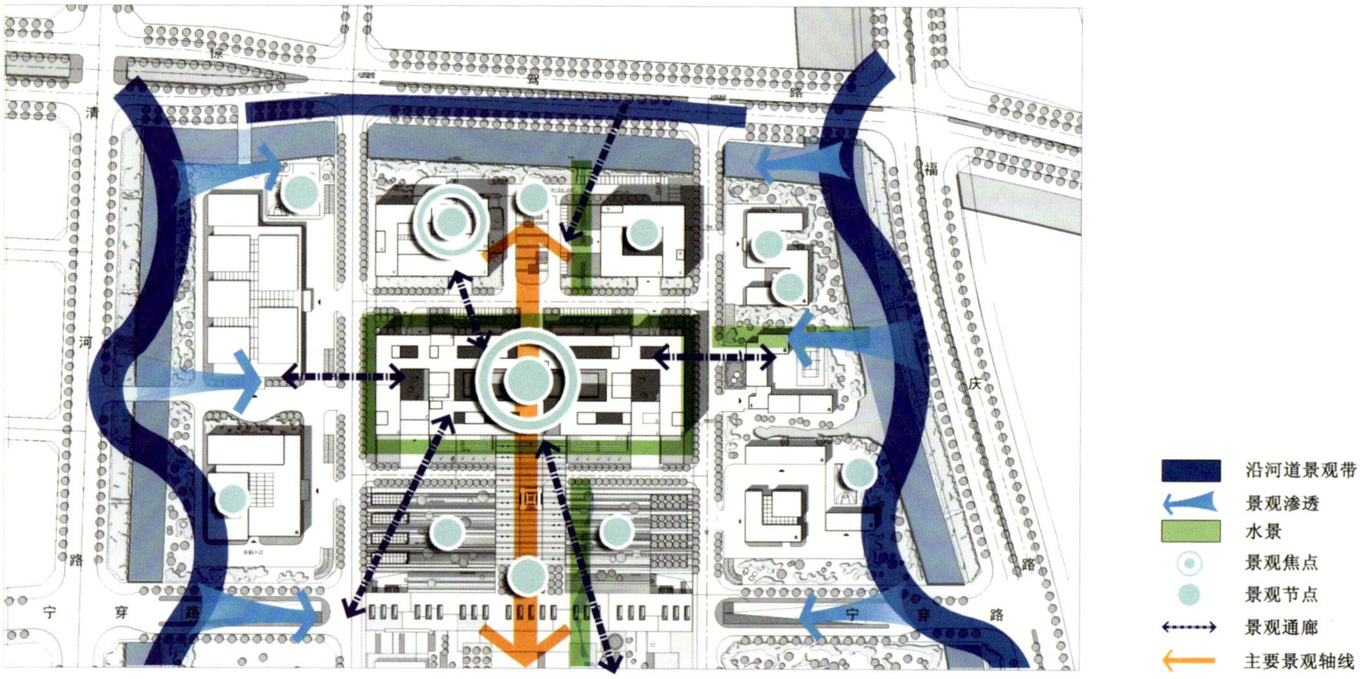

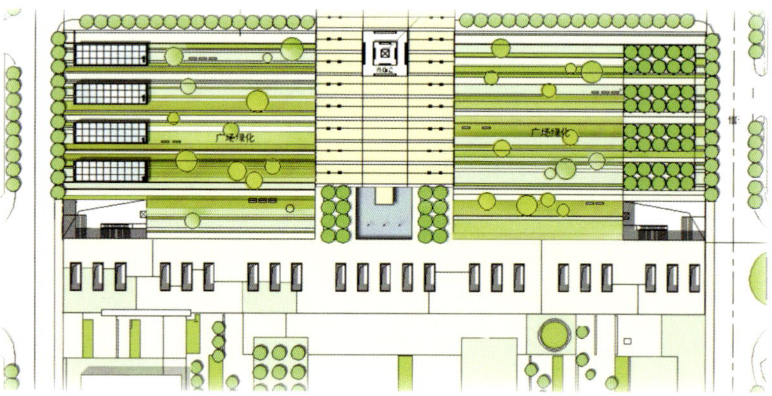

宁穿路交通枢纽2.00标高广场平面图

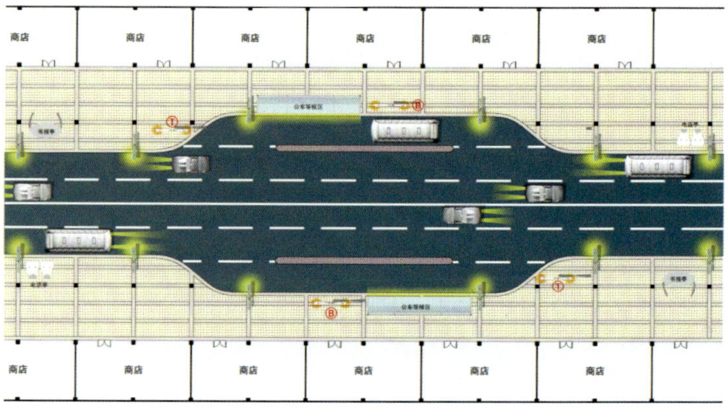

公共交通站点平面布置

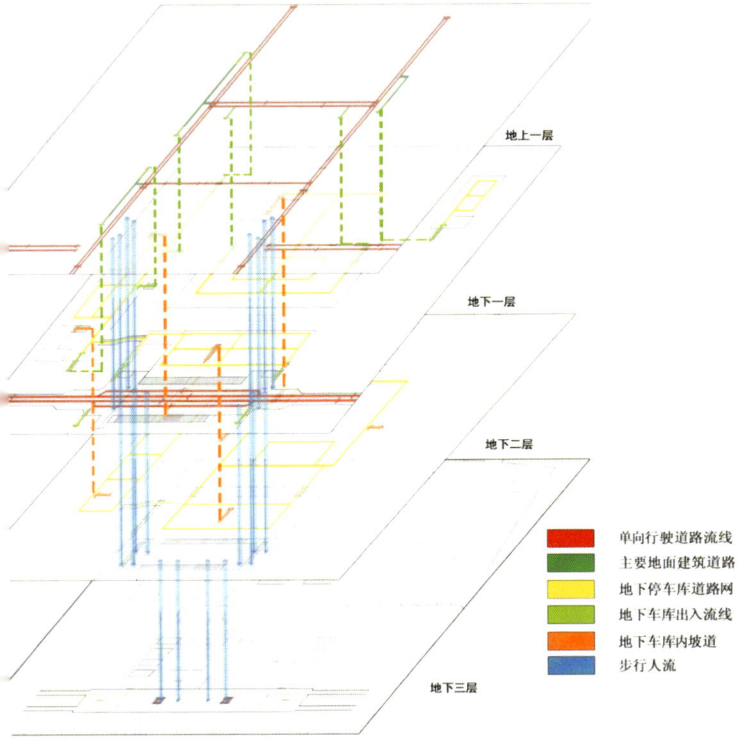

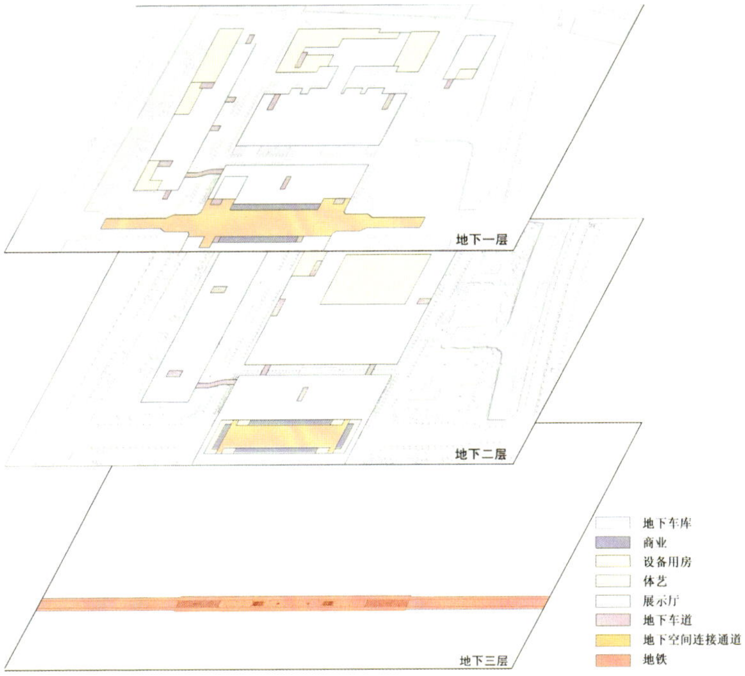

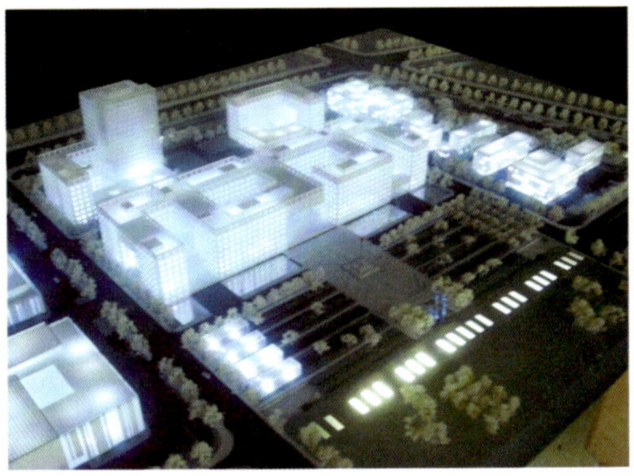

广场景观空间

公园景观空间

庭院景观空间

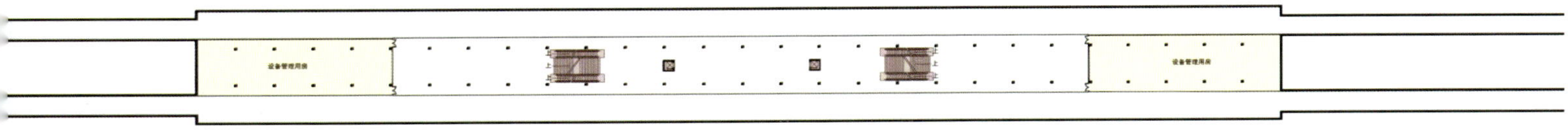

宁穿路交通枢纽16.50标高地下轨道站点平面图

园林式建筑环境中的人、自然、建筑

D-1剖面

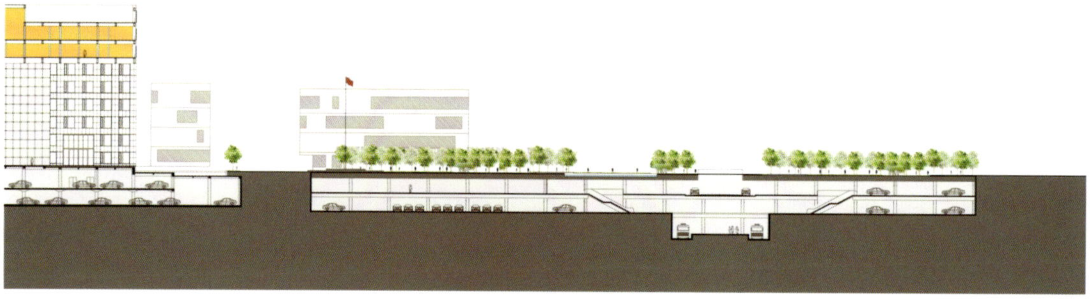

D-2剖面

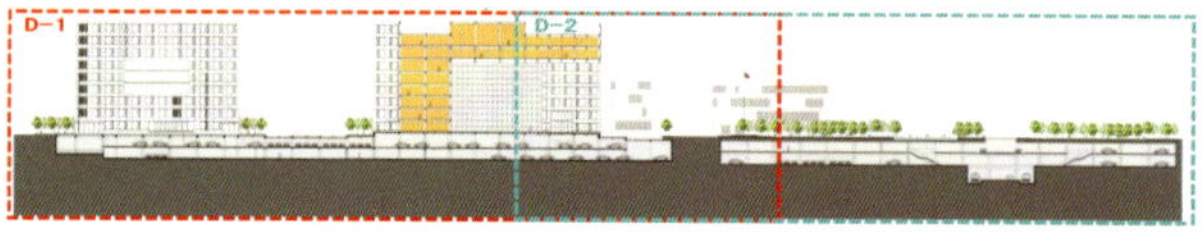

剖面D

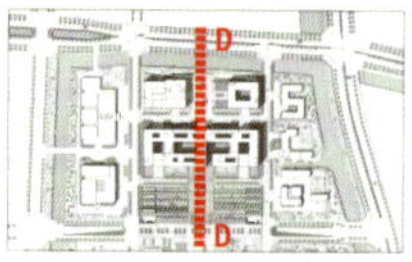

基地内D-D空间剖面

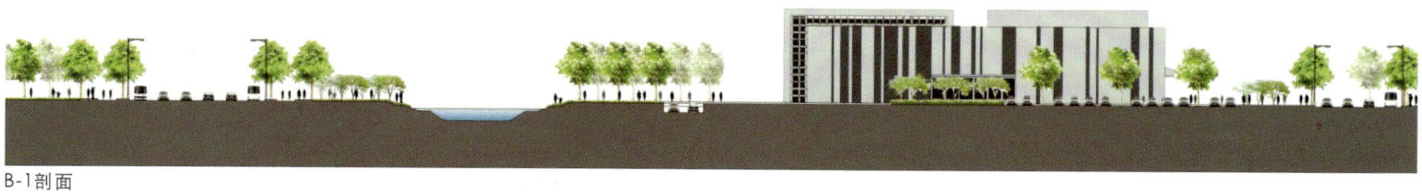

B-1剖面

B-2剖面

B-3剖面

基地内B-B空间剖面

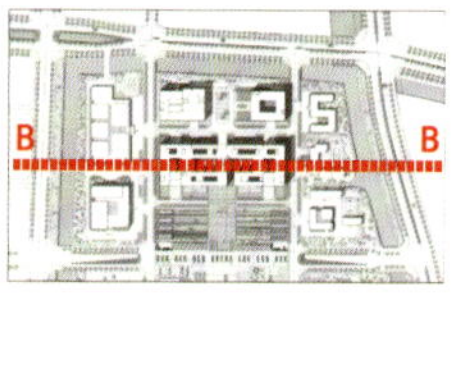

剖面B

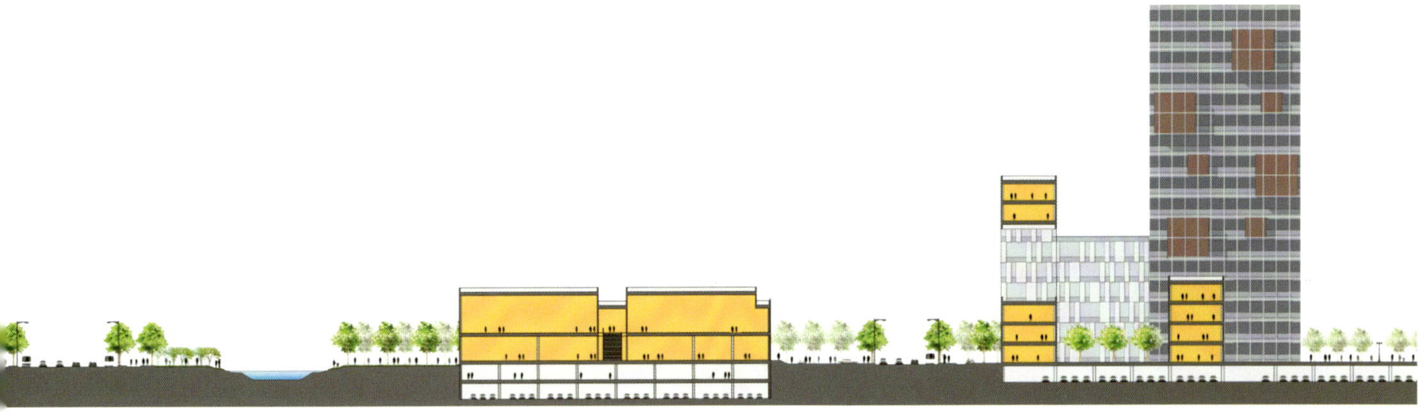

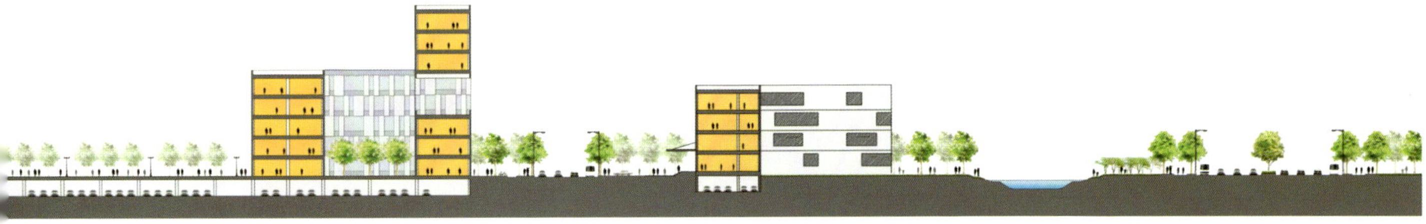

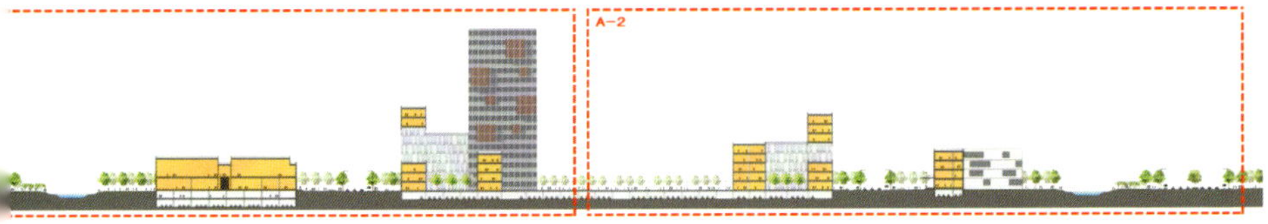

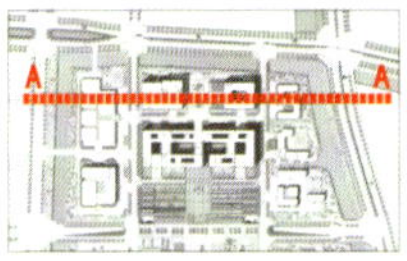

基地内A-A空间剖面

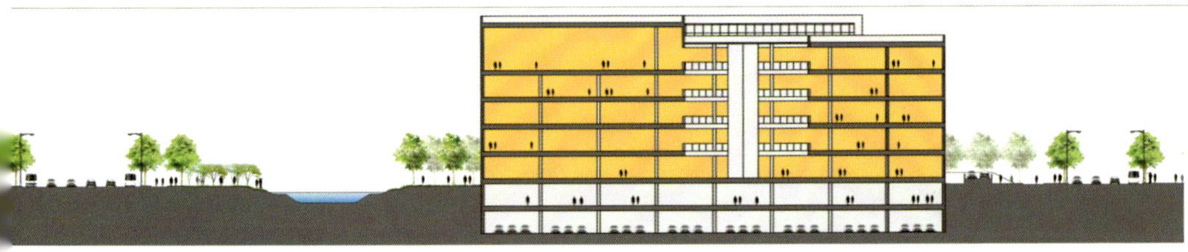

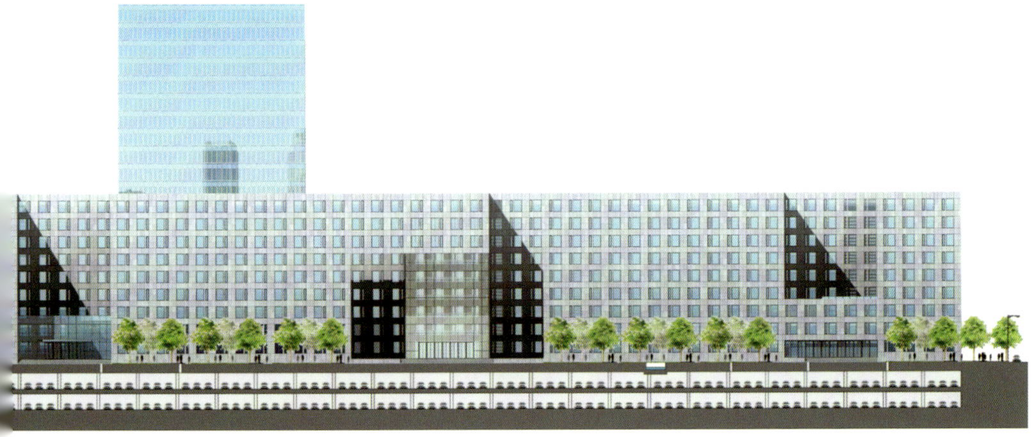

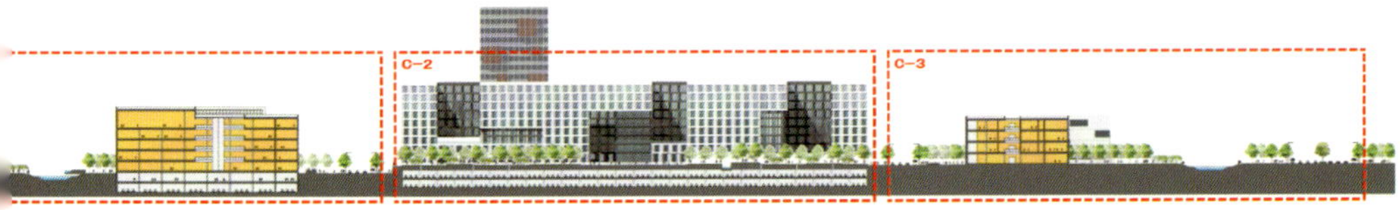

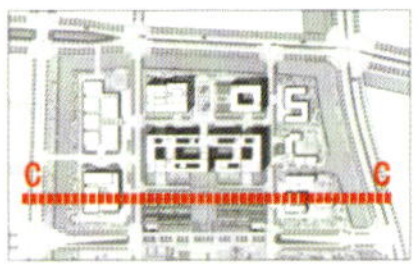

基地内C-C空间剖面

沿福庆路建筑组群立面

沿清河路建筑组群立面

沿宁穿路建筑组群立面

沿惊驾路建筑组群立面

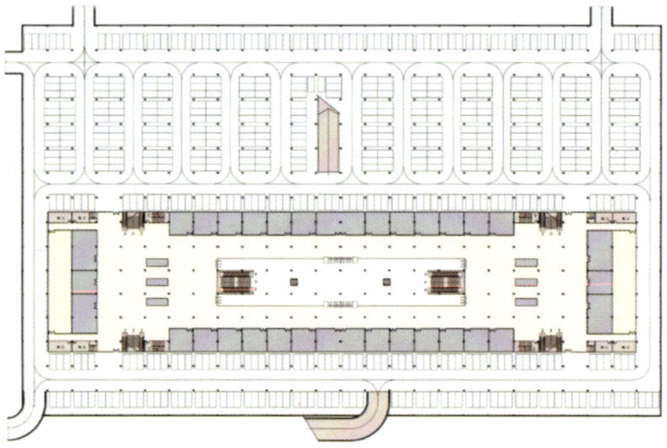

宁穿路交通枢纽-12.00标高地铁出入口、地下商业及停车库平面图

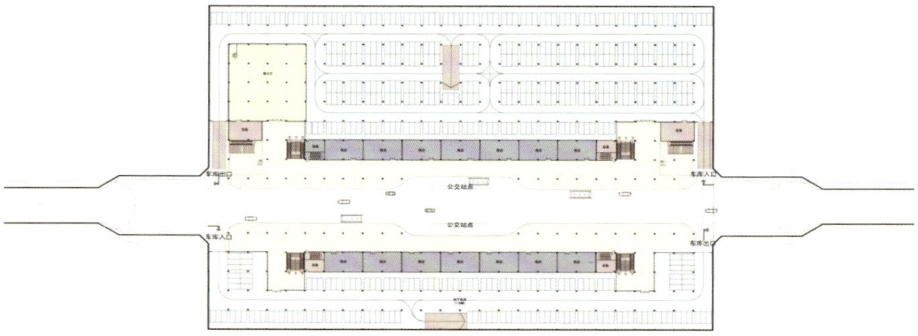

宁穿路交通枢纽-7.50标高地下通道及地下停车库平面图

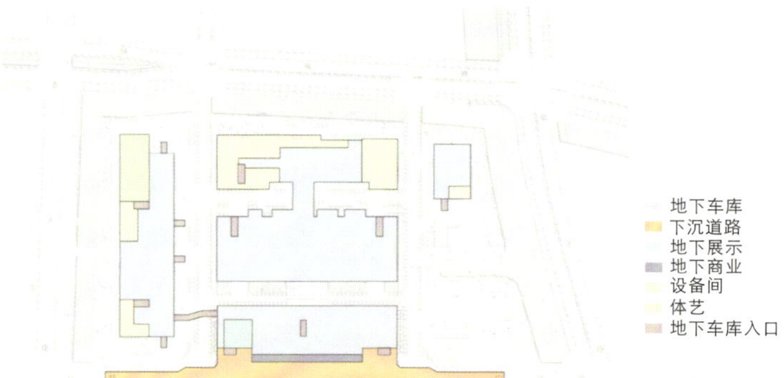

总体地下一层平面图

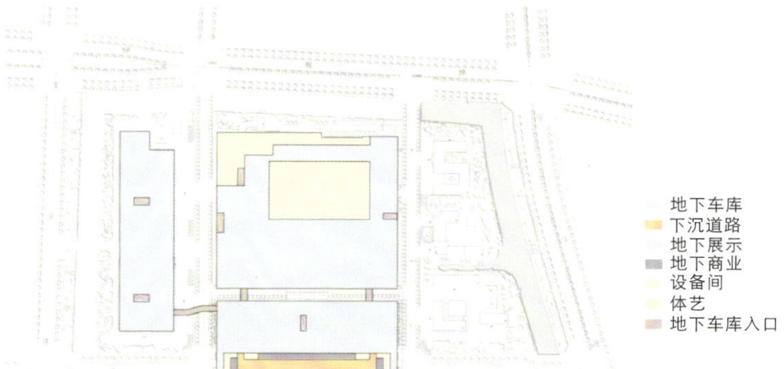

总体地下二层平面图

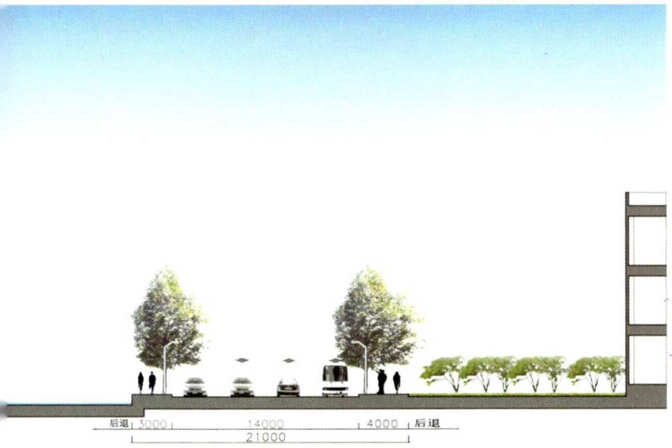

基地南北主干道——21米

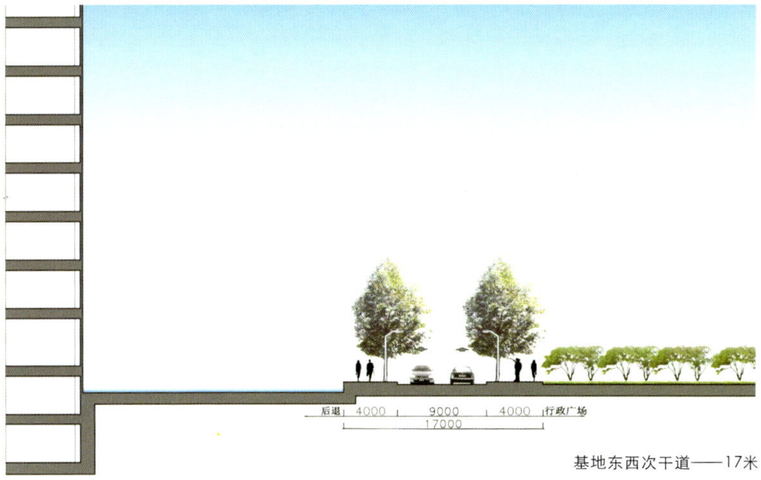

基地东西次干道——17米

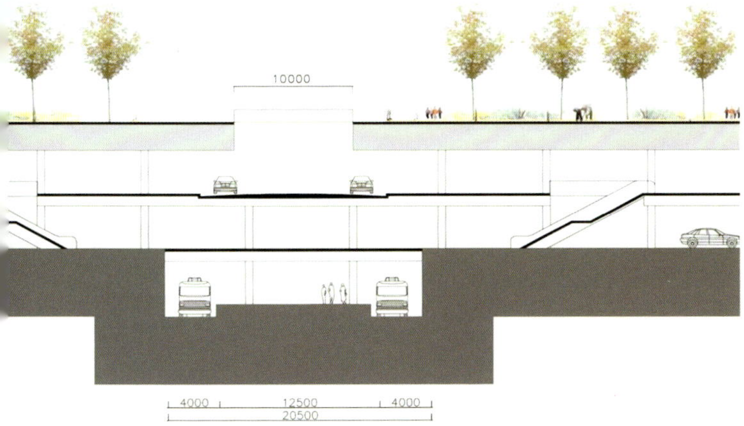

宁穿路立体交通道路——26米

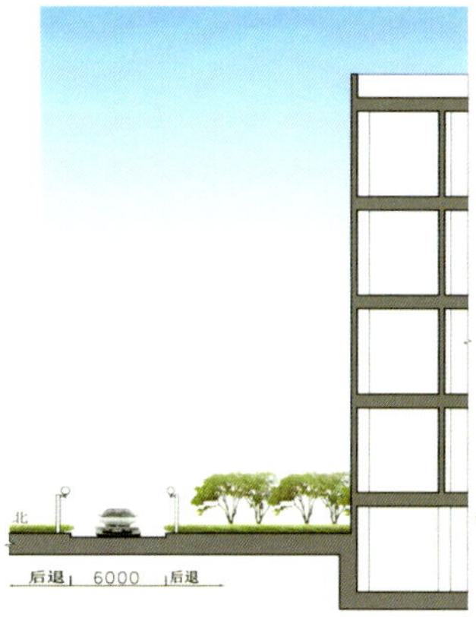

建筑道路——6米

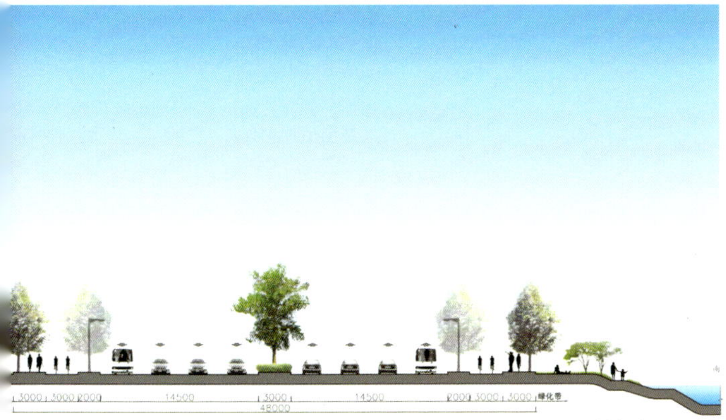

惊驾路——48米

福庆路——48米

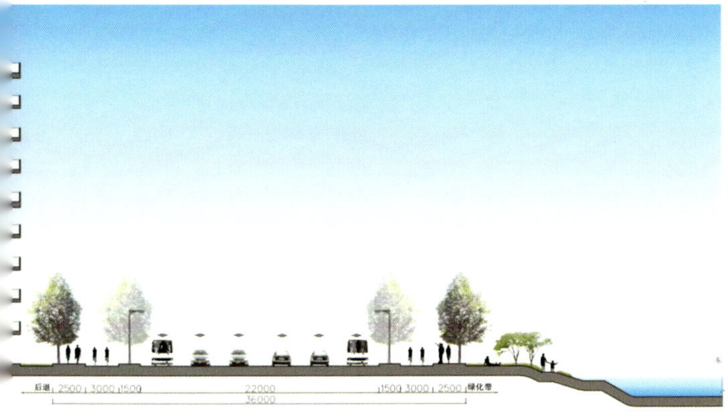

清河路——36米

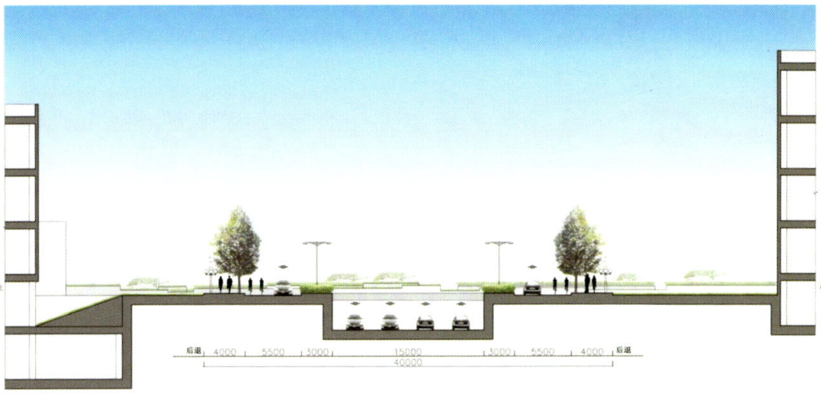

宁穿路——40米

上海市浦东新区张江集电港二期

项目资料：
项目地址：上海市浦东新区
占地面积：47.5 公顷
建筑面积：215 200 平方米
容积率：60%
景观与规划设计面积：22.8公顷
设计单位：美国MG2建筑设计公司
主要设计人员：张铭 Kant Chutikul 连志维

项目说明：

上海张江集电港二期是张江高科技园区的一个重要组成部分，位于上海的张江高科技园，这里吸引着最顶尖的高科技和研究机构。

设计构思

该项目的设计理念源于美国纽约的“SOHO”邻里街区。这个477 530平方米的科技园设计为五个典型的组团：西雅图、佛罗伦萨、慕尼黑、纽约中心公园以及上海。

总体规划

上海张江集电港二期的总体规划特别考虑到基地分期开发的可能性。其目的是在尊重原有规划的基础上为现存的科技园增加一份光彩，从而创造一个世界上最大的，无疑也是最独特的高科技园区。

本方案将张东路两侧地段分别进一步划分为两个开发组团，其中一个组团又包含了另外两个组团。位于基地中段与张东路交叉的道路，如同一个连接体将五个组团有机地连成一体。

在基地的入口处以水为主体设计了一个庞大的公共活动区。开阔的绿地、雄伟的标志塔以及壮丽的水景形成了一个非凡的迎宾气势。随后，沿着弧形的道路进入五个按不同尺度、密度及环境气氛创造的组团，其建筑的组合、小品的布置、水体的运用以及不同色彩和材料的使用为每个组团进一步创造了认同感。来自每个组团的建筑物丰富的纹理和不同的材料为人们增加了视觉兴趣。

在建筑群体的设计上采用了复合型模式建筑，分成大、中、小三个基本模式。这些基本模式既可灵活多变地组合又不失整体感。在建筑风格上，充分利用不同材质的组合变化，加以精心的细部设计，以求达到建筑、自然环境与人体尺度的完美结合。

景观绿化系统

本方案的景观规划围绕着两个中心进行：一是以自然风貌为特色的吕家浜绿化带，连接着五个不同的规划组团，以自然的肌理创造了随意、安宁和曲折对比的绿化环境；二是以几何形集中绿地为园区内的观赏性景观，配以人工湖水体及标志性构筑物共同构成五个组团的聚焦中心，象征着强烈的凝聚力和方位感。而穿插其间的是各组团内部的局部景观，其中有流水、庭院、竹林、奇石以及树木、草地等，突出个性，强调氛围，并满足不同客户对环境的要求。

由于建筑自然化是本方案设的计宗旨之一，我们也将景观引入到建筑物设计之中，如绿化庭院、屋顶花园等。这些设计要点不仅增加了建筑空间的可渗透性，而且使室内环境与户外环境更加接近和贴切，从而为室内工作人员进一步提供了理想的工作环境，实现SOHO的精神价值。

O-1：花园式办公，在规划中把握道路、建筑与景观的尺度关系，突出各规划元素间的有机融合。设计强调充分利用该区的优秀环境资源，创建一个开放舒适的花园式办公和科研环境，使其成为“浦东后花园”，与城市中心区形成“复合生态系统”。从中央公共大花园到组团公共花园，再到每个办公建筑的小花园，处处有景，美景可触。

A-1：在五个组团中，四个SOHO楼区均沿吕家浜南岸布置，以保证最大程度利用吕家浜的绿化资源，为各园区创造平静美丽的环境，同时也方便地将园区内的水景与吕家浜生态河流交接流通，保证水质。

A-2：为了创造一个良好的空间前奏，在张东路进入基地的入口处以水为主题设计了一个庞大的公共活动区，同时以其开阔的绿地、雄伟的标志塔以及壮丽的水景形成了一个非凡的迎宾气势。

成都市龙潭总部基地

项目资料：
项目地址：四川省成都市
委托方：成都龙潭裕都实业有限公司
设计单位：北京翰时国际建筑设计咨询有限公司
主要设计人员：余立　张兵　任凌

成都龙潭总部基地规划指标

项目		单位面积	数量		面积		合计	单位	百分比
			1#	3#	1#	3#			
用地面积					377542.38	1644000	2021542.38	m^2	
建筑面积					696964.21	2741199.35			
地上建筑面积					566640.00	2354578.00	2921218.00	m^2	100.00%
地下室面积					130324.21	386621.35		m^2	
建筑基底面积					112465.17	386621.35	499086.52	m^2	
容积率					1.50	1.43	1.45		
建筑密度					29.79%	23.52%	24.69%	%	
绿化率					35	35	35	%	
酒店式公寓					51200.00	126540.00	177740.00	m^2	6.08%
公寓式办公					33980.00	252360.00	286340.00	m^2	9.80%
总部办公区	商务办公				171900.00	978700.00		m^2	
	组合式办公	300~4000	196	100	135275.00	350000.00		m^2	
	围合式办公	600~2400	44	206	28160.00	185400.00		m^2	
	独栋办公	3500	10		36500.00	285000.00		m^2	
		2500	4		10000.00			m^2	
		4500	8		34400.00			m^2	
	庭院式办公				36175.00			m^2	
	合计				452410.00	1799100.00	2251510.00	m^2	77.07%
综合配套设施					29050.00	176578	205628.00	m^2	7.04%
停车位					2900.00	11775.00	14675.00	辆	

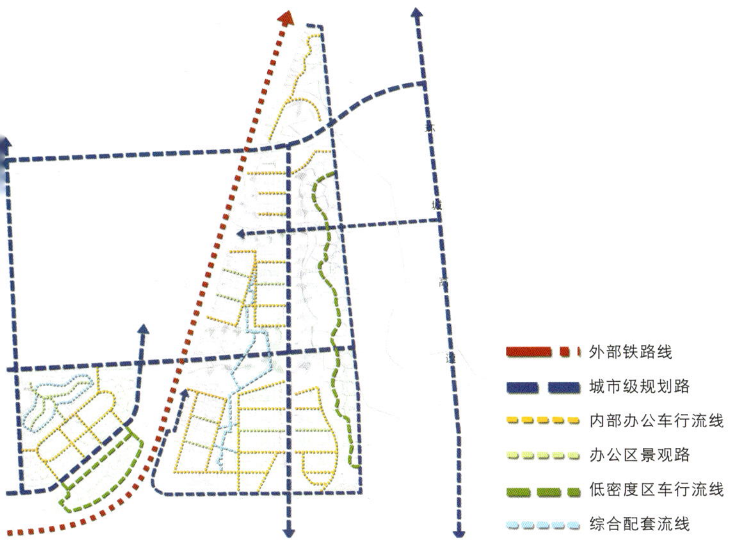

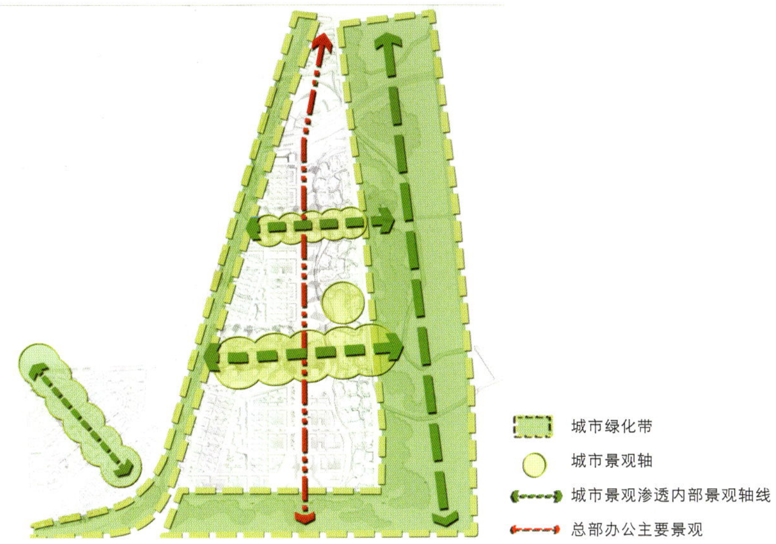

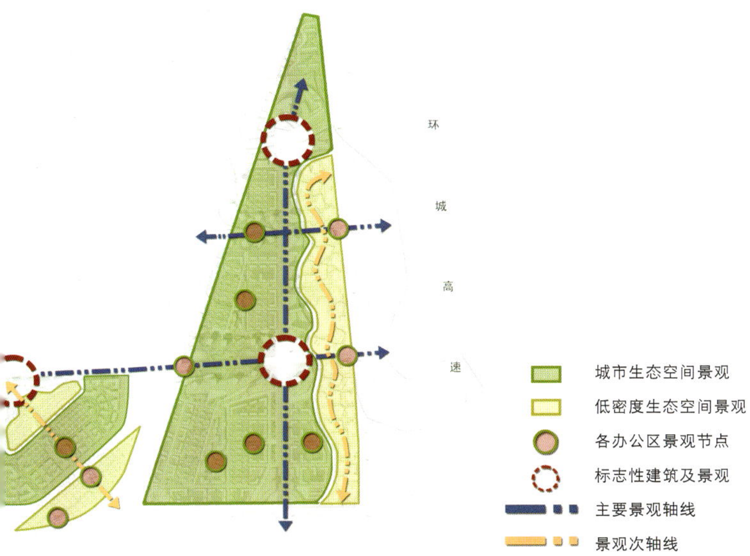

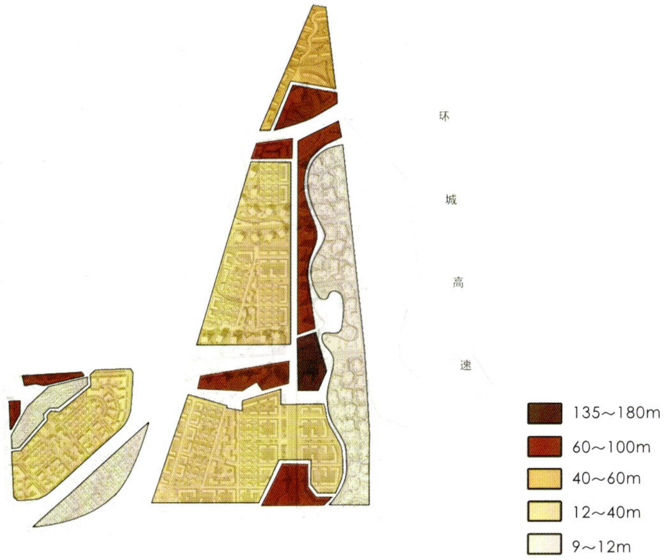

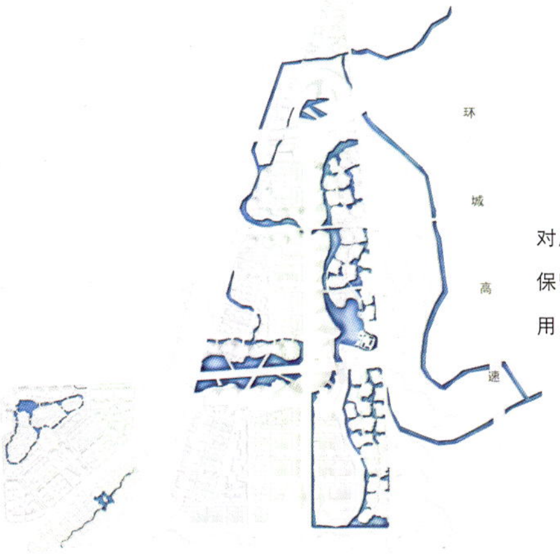

对原生态的水面和规划的水渠进行合理的保留和开发利用。对局部水域进行改造利用，形成总部基地的生态景观轴。

规划水系

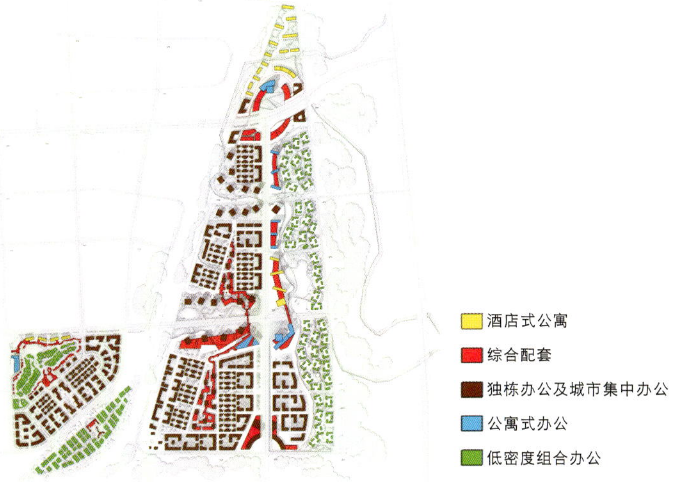

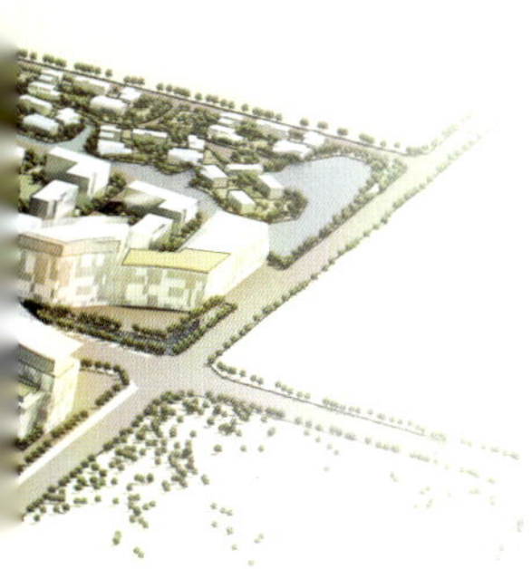

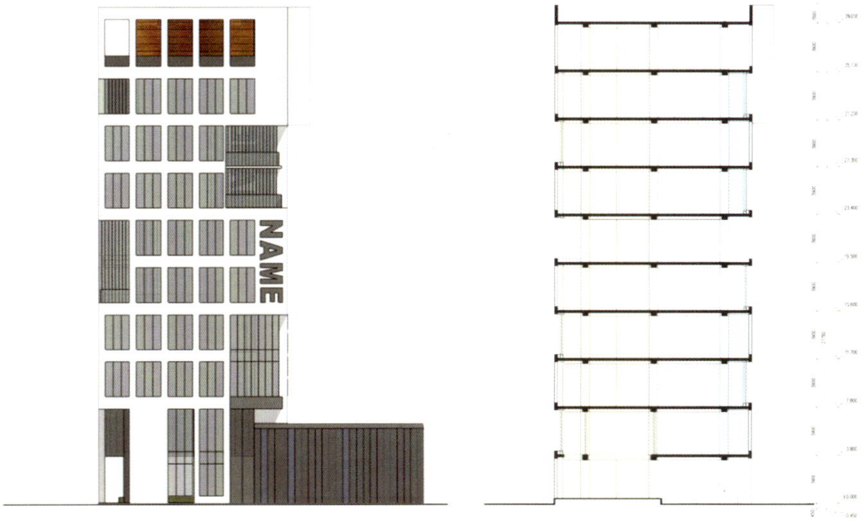

独栋式办公楼立、剖面示意

索引图

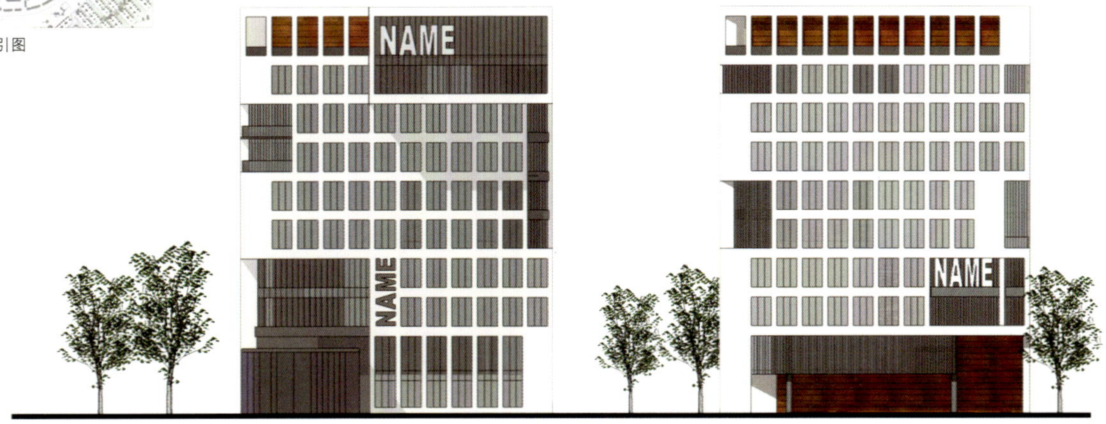

独栋式办公楼立面示意

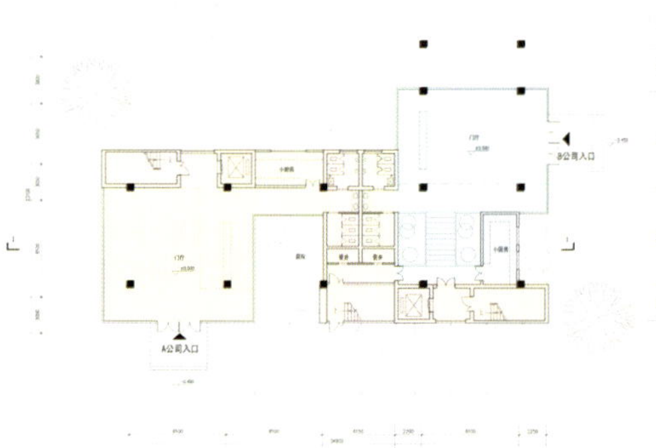

首层平面图

组合式办公楼A平面图

总建筑面积：1710m² & 1830m²

组合式办公楼A 立面图 剖面图

总建筑面积：1710m² & 1830m²

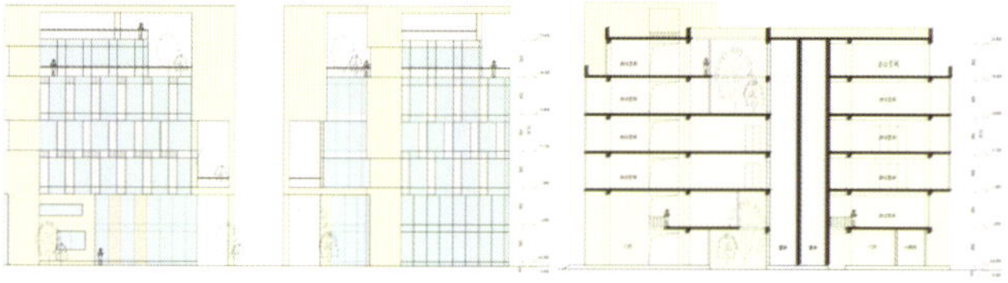

项目说明：

成都龙潭总部基地位于成华区东侧，占地2700余亩，其中一号地约3774542平方米，三号地730000平方米。功能以总部办公为主，涵盖酒店、商业、公寓式办公、酒店式公寓以及其他配套功能。

通过对用地及周边现状的分析，并结合现今总部经济的发展特点，确定了其生态性、多中心、多元化、综合性、以总部经济为主导的城市新综合体的规划方向。

用地内形成三条主要的景观带，将景观资源自然地引入到总部基地内部，同时利用并开发现状的水资源，沿水系形成自然的原生态规划形势，将独栋专家楼与自然景观结合，将总部基地内的生态性最大化。

其次通过对城市交通和功能的分析，自然地形成三个主要城市中心区，一号地自然地成为了总部基地的示范区，三号地沿三条主要规划路的交叉点形成两个中心区，北侧由于地铁线的存在，更注重交通性和功能性。南侧由于景观轴线的存在和规划公园的因素，形成一个生态型的城市中心。

成都市蓝光IBP空港总部基地

项目资料：
项目地址：四川省成都市
设计面积：约30万平方米
委托方：四川蓝光和骏实业股份有限公司
设计单位：深圳市吉相合景观设计有限公司

项目说明：

总体定位为国际化现代花园的办公区域，从自然环境、人文环境、实用性、舒适性、独创性以及艺术性等角度出发，通过简洁的线条、现代感的材料以及抽象的景观小品营造出现代感极强的办公空间，同时借助景观与建筑的联系，让环境更加轻松，从而为环境添上舒适的一笔。

07.11.29

北京市朝阳区非中心商务办公区

项目说明：
项目地址：北京市朝阳区
占地面积：约39.8公顷
委托方：北京中弘投资有限公司
设计单位：北京匡形国际规划设计咨询有限公司

项目说明：

本案位于北京市朝阳区定福庄，规划用地面积约为39.8公顷，建筑面积约为51.3万平方米。整体设计出类拔萃，呈现出未来建筑与自然环境的优美结合。

项目地块周围为绿林环绕，北部为3000亩城市绿化林带，南部为国际三八友谊林，空气新鲜，没有污染。区域内交通条件完善，距CBD中心区8公里，是公认的泛CBD区域，距朝阳路1.5公里、京通快速路2公里、机场高速5公里、温榆河走廊2公里，是集商务展览、办公、酒店、休闲于一体的大型建筑综合体。

景观设计特色是圆形的建筑对应肾形的山丘，而矩形建筑对应的是林阴树阵。肾形山丘能够使空间充满戏剧性的变化，并能围合或界定不同的空间，同时也为人提供了斜躺在草坡上休息的场所。

科技园
TECHNOLOGICAL REGION

杭州市UT斯达康杭州总部研发中心

项目资料：
项目地址：浙江省杭州市
用地面积：22公顷
景观面积：14公顷
设计单位：日本ATLAS规划设计公司
主要设计人员：小林治人 掘越千里 松熊修吾 中里龙也

项目说明：

基地与隔江相望的著名风景名胜六和塔之间相互呼应。基地哺育着从历史遗产和自然环境中诞生的生命（高新科技），并将其贡献于社会。景观设计充分考虑了人与自然的调和融汇、共生共存、天人合一的人文理念。

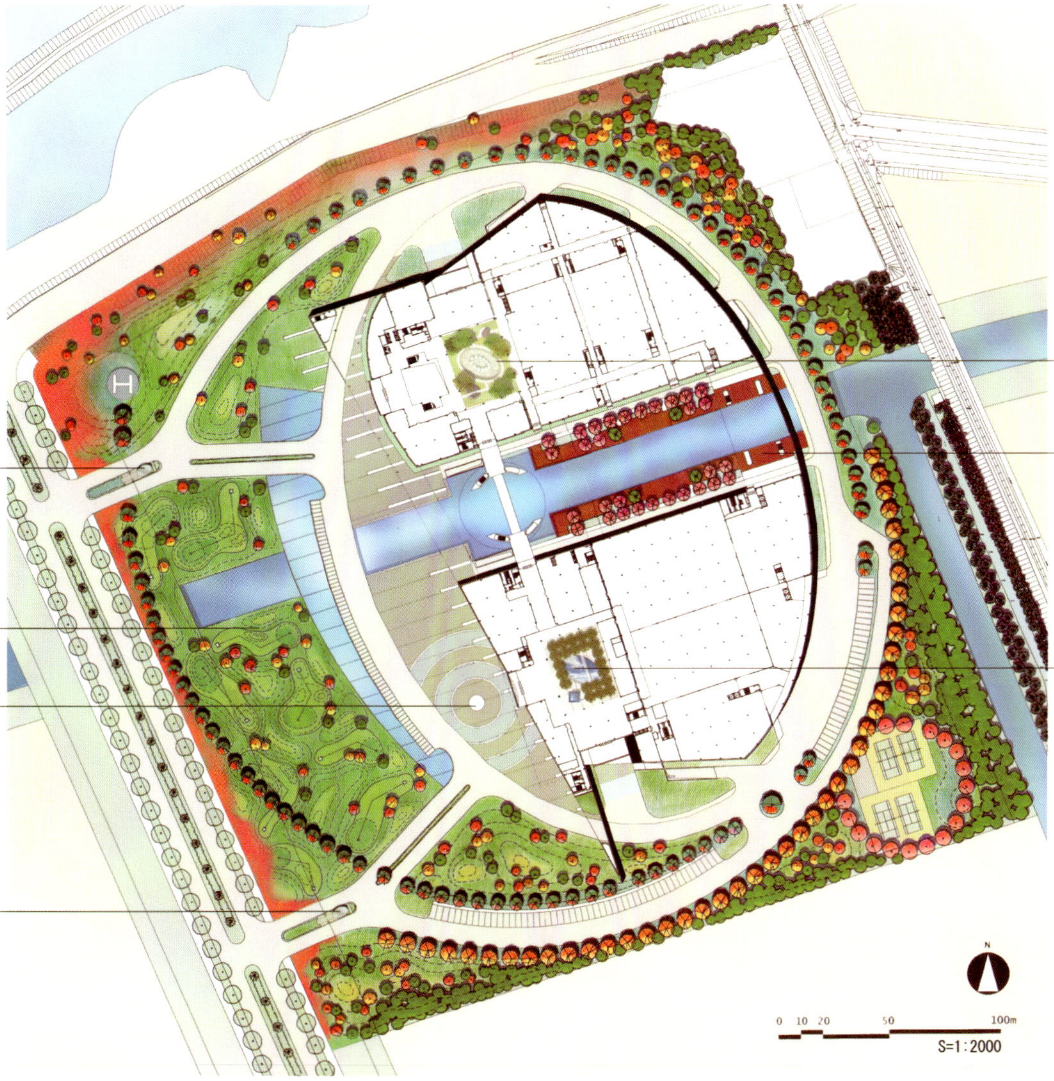

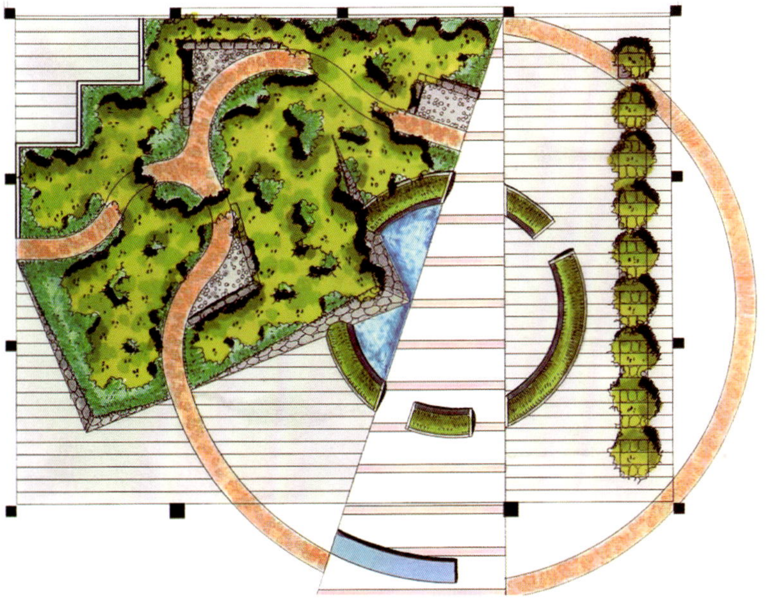

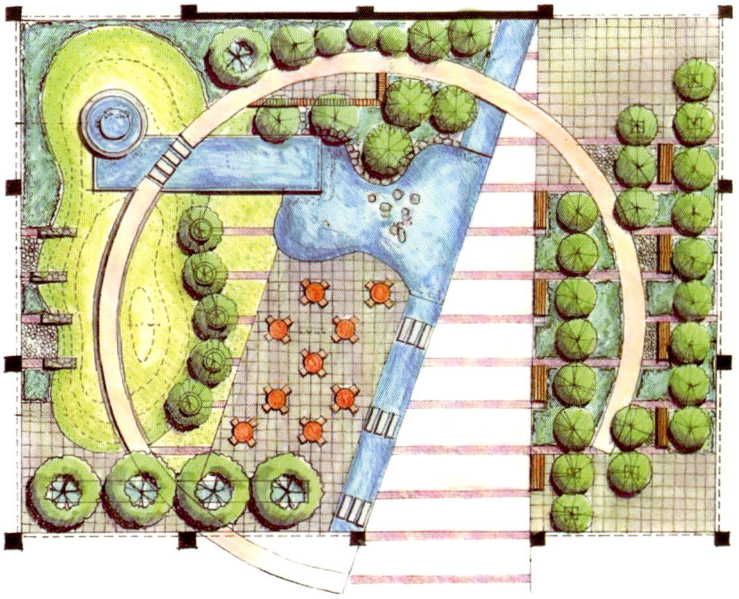

丽江市
“丽江之心”
生态观光产业园

项目资料：
项目地址：云南省丽江市
设计单位：北京TJR唐健人景观设计事务所

项目说明：

本设计大胆采用大地艺术表现手法，在场地中心用薰衣草田拼合成两个巨大的心形，把尺度提高到大地的层面，即使在高空5000米的飞行员也能看到爱心标志，塑造浪漫的气氛。

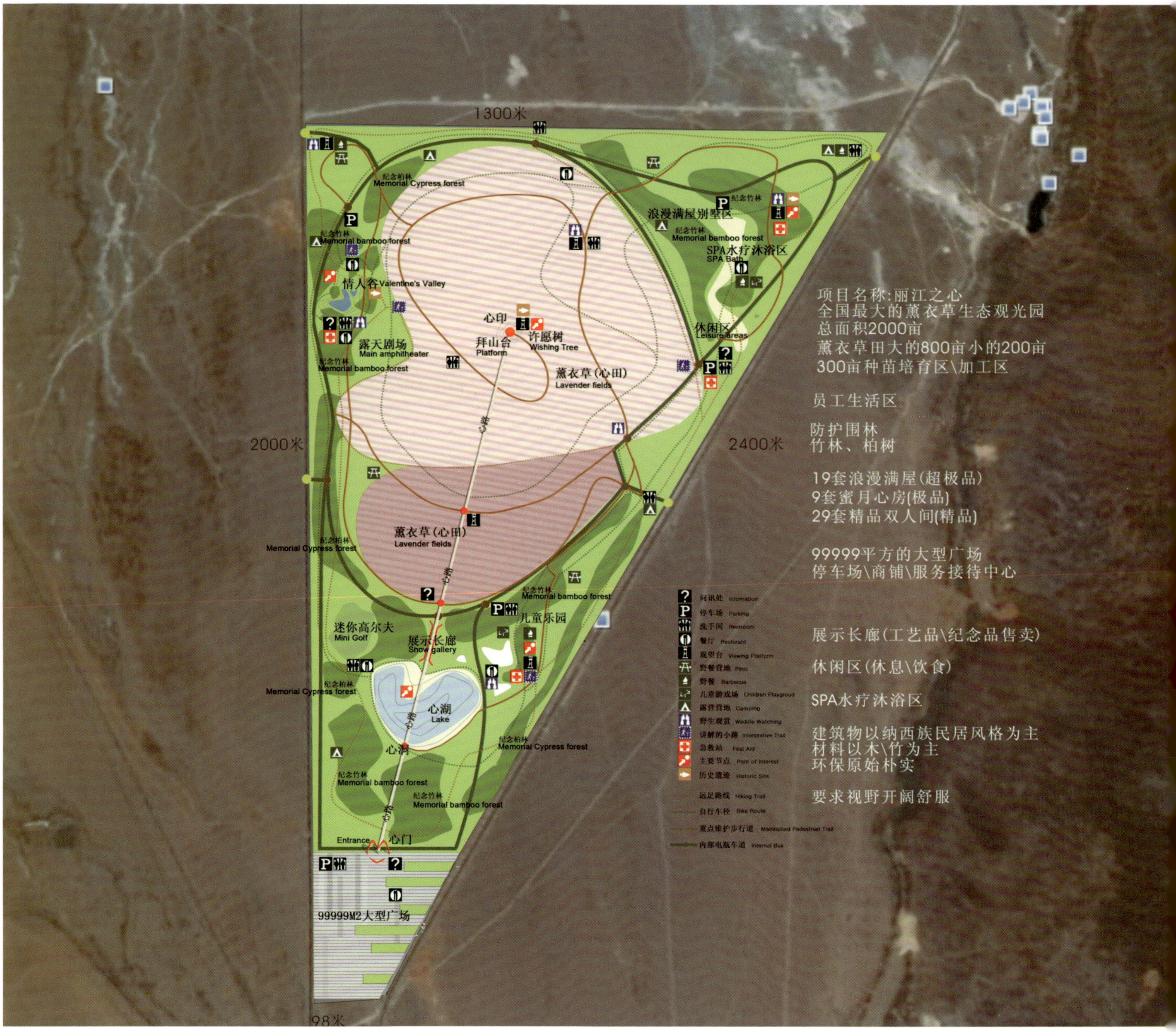

成都市中国女鞋之都工业园

项目资料：
项目地址：四川省成都市
设计单位：重庆市规划设计研究院四川分院

项目说明：

中国女鞋之都工业园总面积8.68平方公里，规划从整体性原则、科学性原则和可操作性原则出发，既重点考虑现状入驻企业、已形成的道路以及政策的支持等现实条件，又考虑到园区壮大发展、地铁站点附近土地价值进一步提升等潜在机遇，远近结合，统筹规划；从交通、空间、功能的角度分析园区发展形态，得出最理想的园区空间结构布局和用地布局方案。结合用地布局，遵循集约用地的原则，形成规整而又有变化的空间形态。

武侯工业园总体鸟瞰图

研发中心透视图

研发中心鸟瞰图

培训中心鸟瞰图

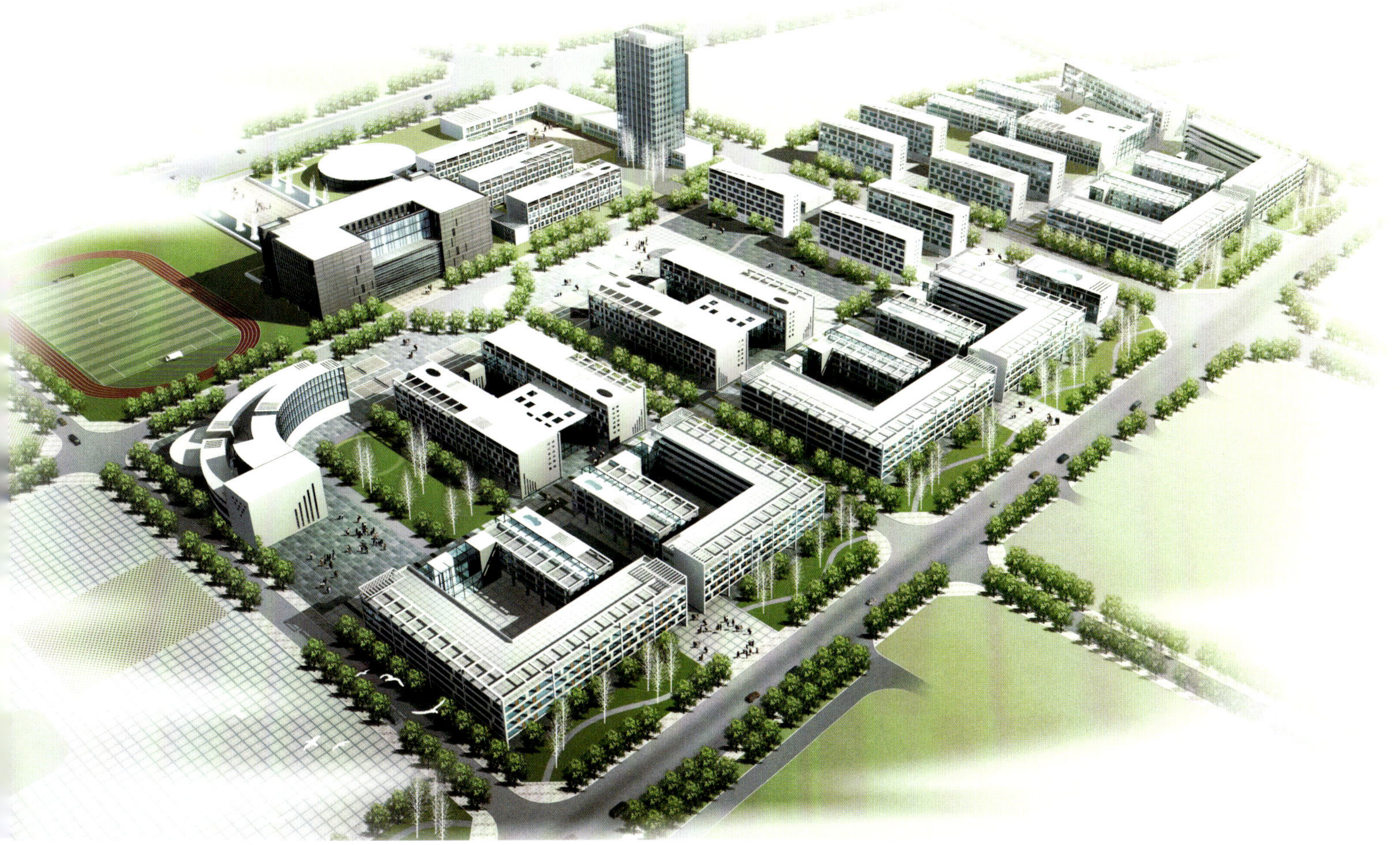

北部商业配套区鸟瞰图

贸易、展示、信息中心鸟瞰图

中心区透视图

展示中心透视图

用地单位工业鸟瞰图

成都市现代农业科技城

项目资料：
项目地址：四川省成都市
总用地面积：225.22公顷
设计单位：广州市天作建筑规划设计有限公司

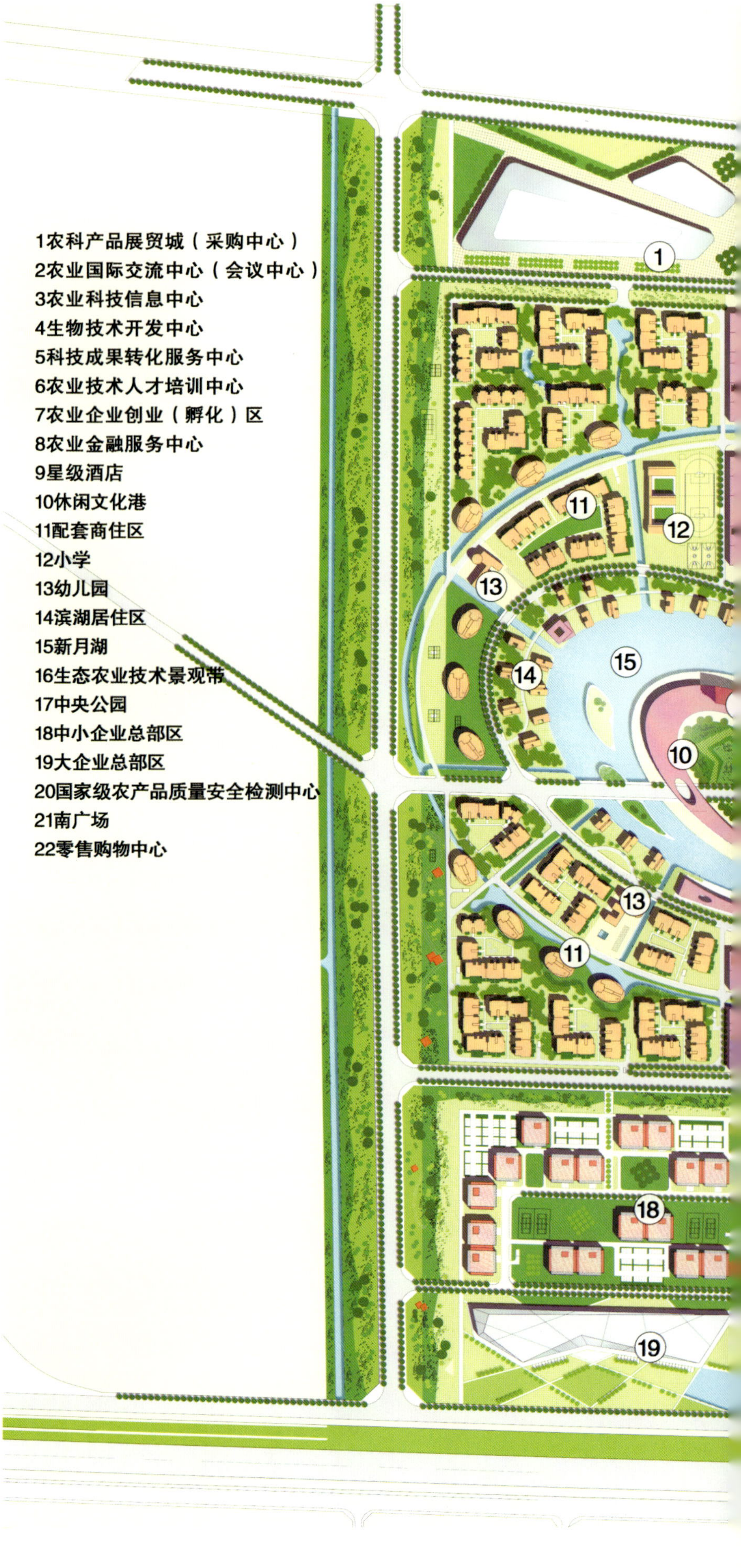

项目说明：

成都市现代农业科技城（又称成都现代农业科技示范园区）位于温江区公平街办惠民社区，紧邻温江城区，距成都市区13公里，素有“温江东大门”之称。

温江农业现代产业园项目包括“一城两基地”，其中“一城”即“温江农科城”，发展目标是结合温江区的城市发展战略步骤，积极打造为成都市现代农业科技研发和成果转化的重要基地，进而实现传统农业向现代农业转变、开拓现代农业新局面。

在温江区政府的大力支持和打造下，规划区内现已聚集科研单位和农业院校，具备了建立农业产业园区良好的软件基础。

项目意义

建设成都市农业科技示范园区，有利于整合农业资源，实现资源向资本的转变；有利于创新农业产业化经营模式，加速传统农业改造步伐；有利于突破城乡二元经济结构，加速城乡一体化进程，实现新型的产业发展方向，大力推动农业产业的转型升级。

规划园区地处成都市温郫都国家级生态示范区内，具有建设成都市农业科技示范园区的生态优势、区位优势、产业优势和科技优势。大力推动农业经济和高新生物技术产业，能够在区域经济内发挥带动作用，提升农业经济发展水平，为探索成都农业发展的新模式提供实践基础。

本次规划区用地位于公平西北部。用地西北部有部分用地在万春镇镜内，规划区范围南以成温邛高速公路为界，北至花卉大道，东至惠民路道路，西至团结渠，规划总用地面积为225.22公顷。温江农科城位于温江老城区、温江新城区、公平镇、万春镇的几何中心，并且依托成温邛高速公路，区位条件十分优越。

虽然命名为“农科城”，但本研究认为其功能应不仅仅是农业科学技术的研究（Research）、开发（Development）与推广（Diffusion），而是包括了上述功能在内的农业服务业（Agricultural-based Service Industry）的发展。所以本研究报告首先需要对国内农业服务业的发展现状、问题与趋势做一分析，以为温江农科城的功能定位作依据。

基于以上分析，确定温江农科城的功能定位为服务四川、辐射西南、影响全国的现代农业服务集聚区。

进一步细化，温江 ABD 包括如下八大农业服务功能即核心功能，以及配套的居住服务、零售商业服务、酒店服务、文化娱乐服务四大辅助功能。

“八大农业服务”功能分别是：

（1）农业教育科研服务

（2）农产品质量安全检测服务

（3）农业企业商务办公服务

（4）农业信息服务

（5）农业金融服务

（6）农业人力资源服务

（7）农业展贸服务

（8）农产品物流服务

规划结构分析

“一核、两轴、三节点、多地标”的空间结构。“一核”：中央休闲文化娱乐核心区；“两轴”：生态农业景观轴、公共生活轴；“三节点”：南门户景观节点（办公）、东部门户节点（商业）、北部门户景观节点（展贸及会议）；“多地标”：南部的农科企业总部及国家农产品质量安全检测中心、核心区的文化休闲港及星级酒店、北部的国际会议会展及农业科技信息中心、东部的购物中心。

N
0
50
100
200m
2
4
5
6
7
7
22
7
7
18
19

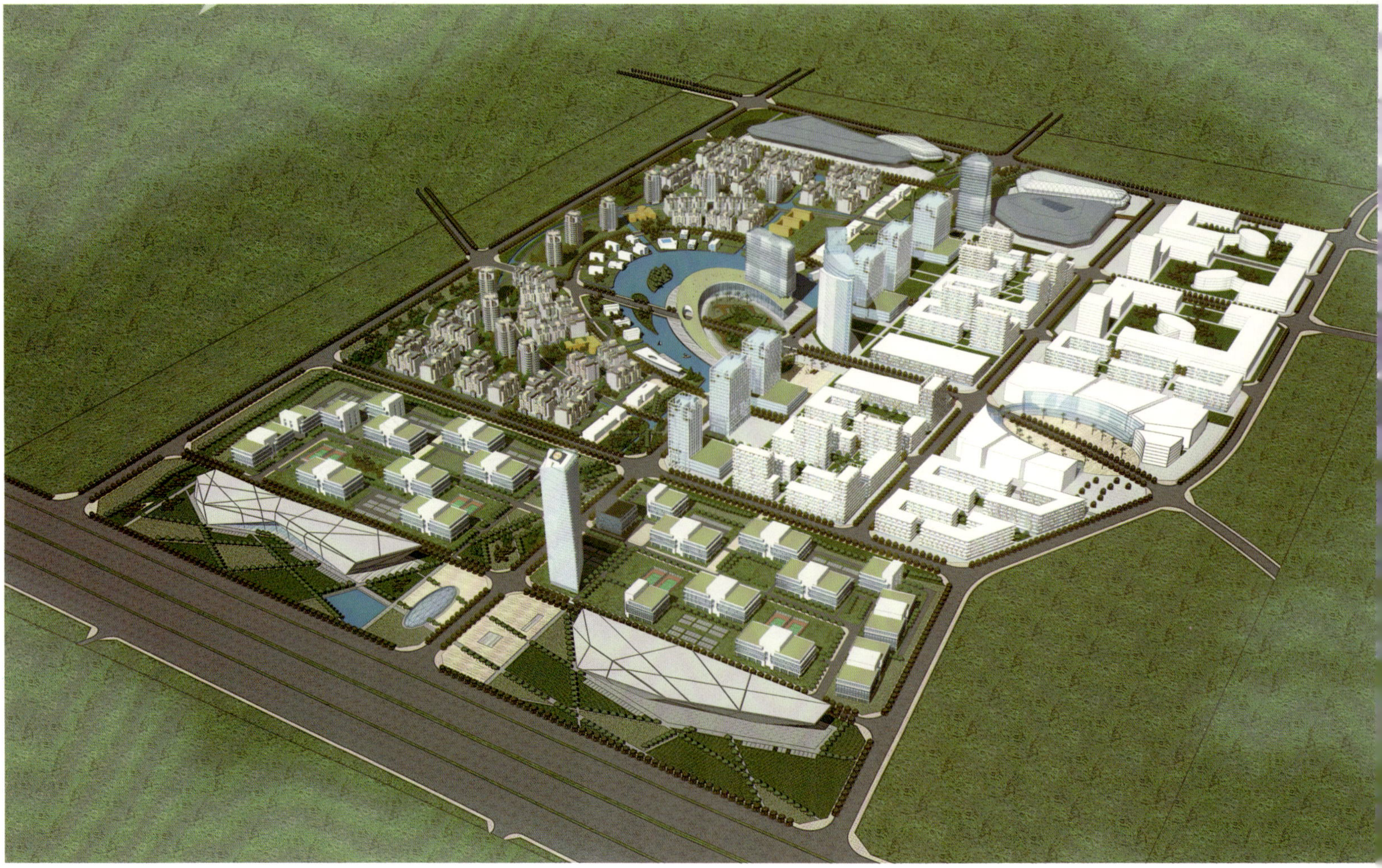

成都市高新西区大学科技园

项目资料：
项目地址：四川省成都市
总用地面积：73.42公顷
委托方：成都高新区规划管理局
设计单位：广州市天作建筑规划设计有限公司

项目说明：

项目背景

在经济发展方面，城市经济往往需要高新技术产业的支撑来带动整个区域的经济发展。科技园及高新技术园的出现可以说是继工业革命之后的又一次伟大的革新，将成为世界经济向前发展的趋势。

本次规划设计希望全面发掘科技园区潜在的内涵、新颖的城市空间类型，以指导高新西区电子科大片区内地块的开发，形成集研究、办公、孵化、娱乐等功能于一体的城市功能区域。

功能定位

根据我们对项目的认知和解读，我们认为本项目的发展定位应该是：立足成都，面向全国，凭借出口加工区的产业优势和电子科技大学人才、科研实力，以高新科技的研发与应用、企业高新技术人才的培养以及高水平的服务配套等多功能产业为主，以突出的生态环境、现代信息技术和高尚生活配套为特色，打造生态型、开放型、高效型、高尚生活体验的科学研发办公园区。

它将是成都西部的：

· 紧凑发展、功能混合的城市功能中心

· 高效、集约、活力的高尚办公区域

· 生态环保型的高新科技创新孵化基地

设计目标

· 针对项目的整体背景条件，确立科技园区规划设计的目标

· 注入智力引擎，带动高新西区乃至西部新城经济建设

· 承接企业功能分化，建立完善配套的商务园区

· 打造生态与科技相融合的新型科学园区

· 完善高效的交通体系

· 高品位、高素质的生活定位

规划结构

“两轴一心”

“两轴”分别指沿电子路新城的商务服务轴和南北向联系各片区的活力共享轴。

“一心”是指沿电子路南北两侧的商务核心。

交通体系

1. 交通系统

规划范围内有电子路、广场路两条主干道呈T字形穿越，多条城市支路连接形成方格网道路系统，最大限度满足交通需要。

2. 道路交通调整

本次设计提高支路密度以增加地块可达性。增加两条南北向内部道路，作为连接南北向交通的城市支路级通道，满足地块高密度开发后的交通需求，提高可达性。设计取消了一条东西向穿越地块的城市支路，避免多余的穿越性交通。

3. 静态交通

停车设施的布置分为三类：社会停车场、建筑附建停车场/库和道路附设停车带。在内部道路两侧、建筑退缩带之间设置限时社会停车场；在组团、庭院内部设置阳光地下车库。

景观系统

在景观营造方面，通过沿南北向的活力共享轴和沿电子路商务服务轴作为景观主轴，构筑网络化的点轴景观系统。

由活力共享轴作为公共景观主轴，通过二层平台以及连廊向研发组团内部庭院、地下空间庭院以及建筑内部多层次立体的渗透，形成多节点、多轴线的网络化点轴系统。

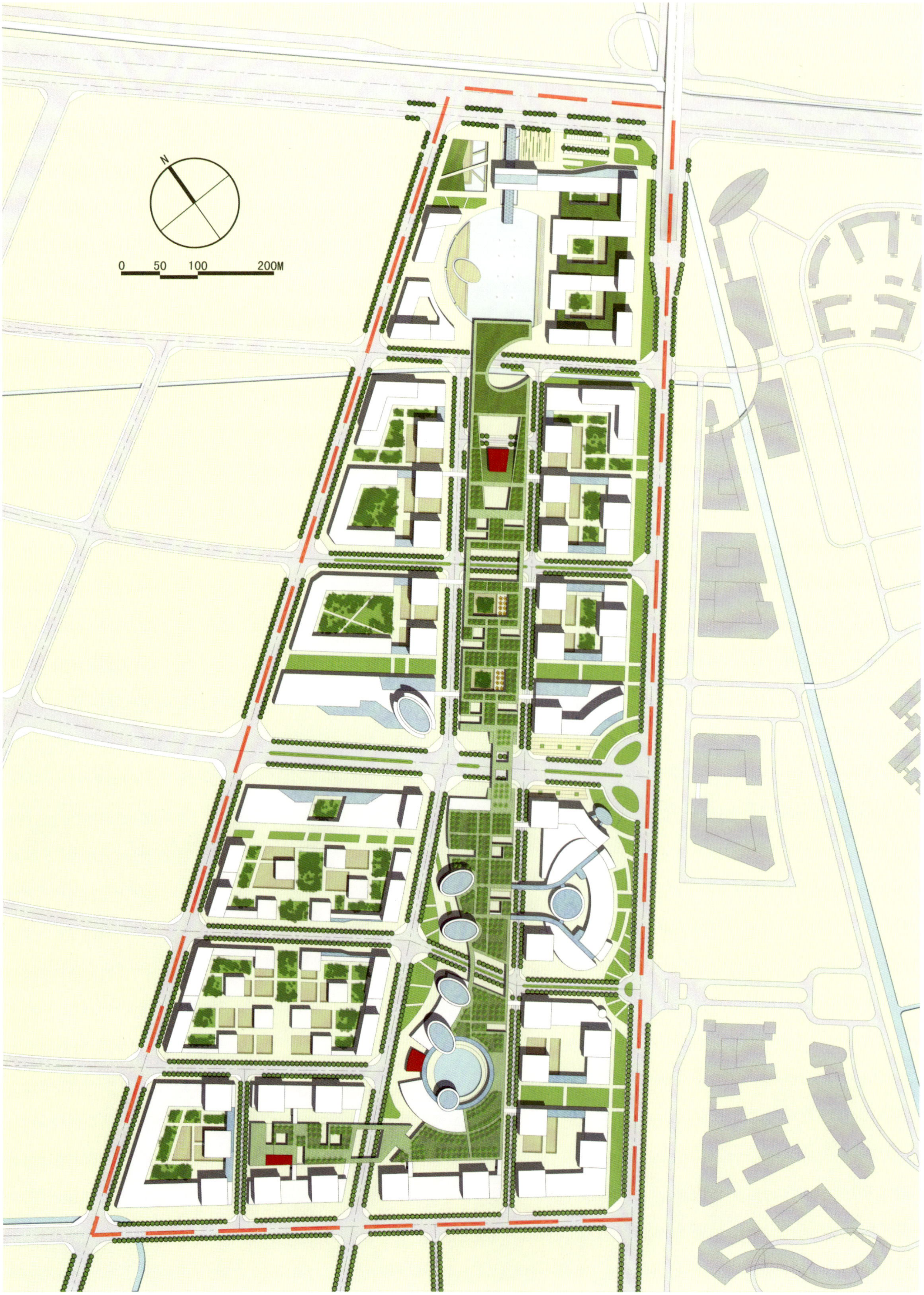

N
0
50
100
200M

交通系统

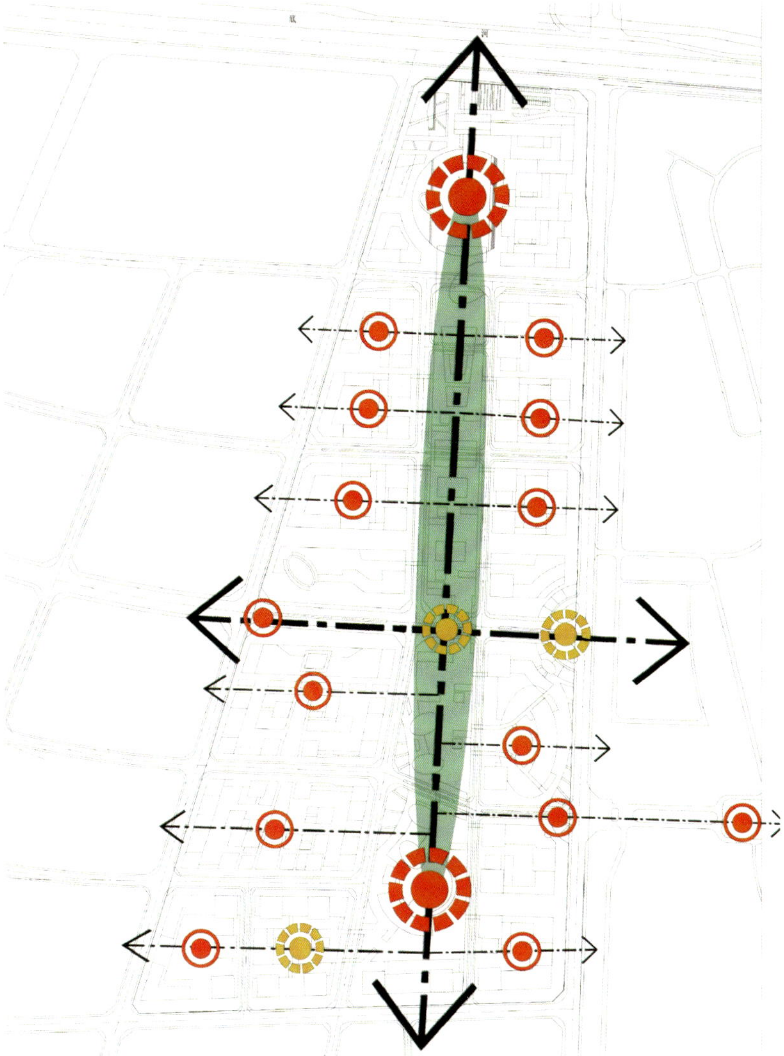
景观系统

Noodle Bar

上海市静安区静安创意空间

项目资料：
项目地址：上海市静安区
设计面积：7700平方米
委托方：上海尚安投资管理有限公司
设计单位：3GATTI.COM建筑工作室
主要设计人员：Francesco Gatti 叶晓东 Paola Riceci 胡斯月 俞闻候 陈涵溢 冯磊
摄影：申强

项目说明：

静安创意空间是对位于上海市中心的一个废弃旧工业园区的改造再开发项目。项目旨在创建一个中心场所，它不仅能吸引在上海的一部分不断扩大的社群（大部分为外国人）的注意，同时更欢迎一些具有想象力和创造力的中国人，因为他们厌倦与城市中林立拥挤的高楼为伍，由于这些现代建筑常常显得单调、呆板甚至荒谬，当然毫无吸引力和视觉冲击力。

这个园区内的六幢现有建筑已经被清理并安装相应配套设施，其中有办公写字间、咖啡馆、餐厅、迪厅、商店以及画廊。

项目基于极其低廉的预算，而着重于重新组织室外空间，其中有两个相互联结的简单概念贯穿着始终：

（1）虚拟的天花，即品质良好的线状杆件组织而成的三维网状物。

（2）地面部分，由不同长度和材质的条带纵向分布构成视觉印象。

三维分布的网状物从不同路径扫描环境空间，这个概念可以容易地从三维软件中的虚拟空间里得到展现。把这个概念进一步深化，从而得到从不同的层面划分水平和垂直方向、对空间进行扫描的概念。冬天可以在网层上放置广告宣传海报，夏天可以覆盖茂盛的绿色植物，如俄罗斯藤。

在夏天和秋天，这个虚拟空间会渐渐实体化，而变成一些真正的天花和墙体，夏天是绿色的，到了秋天就变成红色，向下面的步道投下一片阴凉。

这些藤蔓被种植在一些条状的容器中，有的被悬挂在半空，分布在建筑外墙不同的高度上，有的则分布在地面，它们顺着网架爬上各个垂直网架，进而爬满每个水平的表面。

垂直的网架同时也扮演着另一个意外的角色“乐器”，实际上只要不经意间轻轻触碰它们，当振动被传向整个水平的系统，就会发出鸣响，而下面的广场和道路都被笼罩在这金属鸣响声中。

另一个颇具特点的方面是那些悬挂在金属网上，分布于不同高度的灯筒。它们可以随风摆动，让人们在其下迷失、流连。

这层金属的网络上也装有一些镜面反射板，可以反射下面往来的人影，同时也将来自下面的光反方向漫射开来。

地面以同一方向排列的深灰色青砖铺地为主，把整个园区统一起来。所有的车行都被限制在一定速度，而给人行让出通道，以到达区域内任何位置。实际上没有任何一处是专用的预留车道。

布满整个区域的青砖铺地上又有与基本纹样一致的带状图案，它们由五种不同的元素构成：

- 种着竹子的红色花坛
- 侧面为镜面金属、顶面为清漆锈钢板的长凳
- 绿色草皮
- 下面藏有光源的镜面玻璃（白天反射天空，晚上变成白色光源）
- 水池（内壁为黑色，内置光源），内养金鱼和水草

地面的带状镜面元素和院落上空的反射板，在地面和天空之间形成了互动。

天空和地面的两套镜面，无限次地反射过往于院落中的人影，到了晚上，则反射单向镜面玻璃背后的灯光，使其反方向漫射下来。

视觉效果最强烈的区域是主园区，如图所示，观察者将体验到具有足够的必要概念元素的空间。

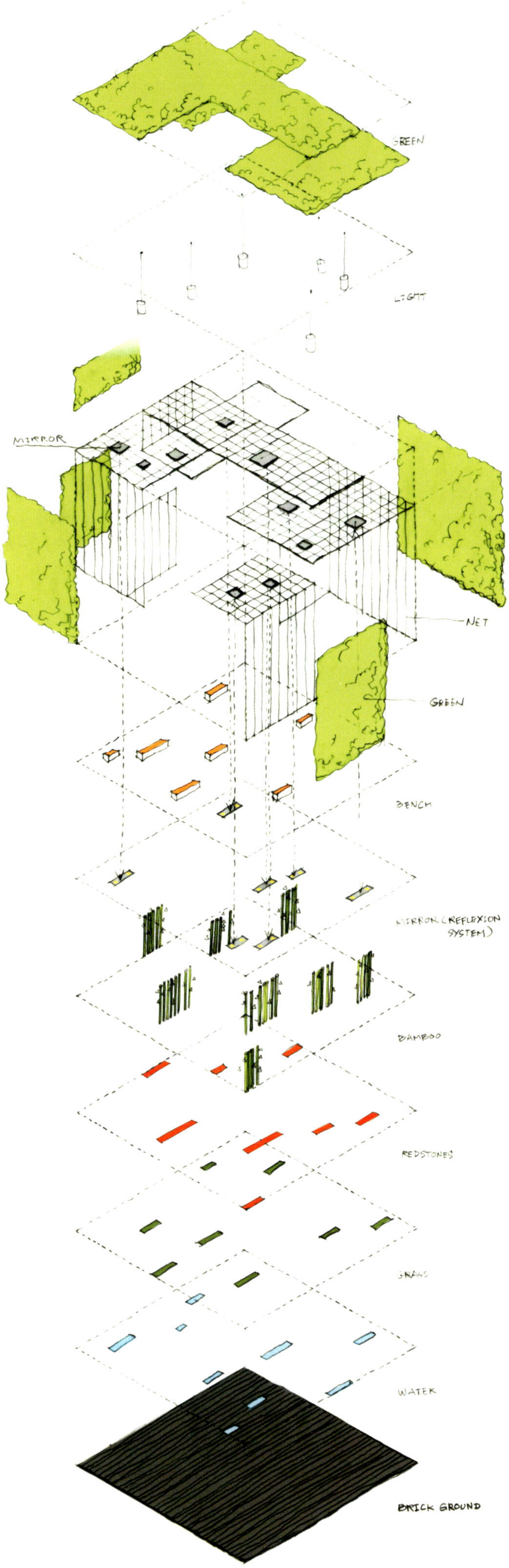
GREEN
LIGHT
MIRROR
NET
GREEN
BENCH
MIRROR (REFLEXION SYSTEM)
BAMBOO
REDSTONES
GRASS
WATER
BRICK GROUND

STEEL WIRE LAYER 钢索层 (SUMMER 夏天)

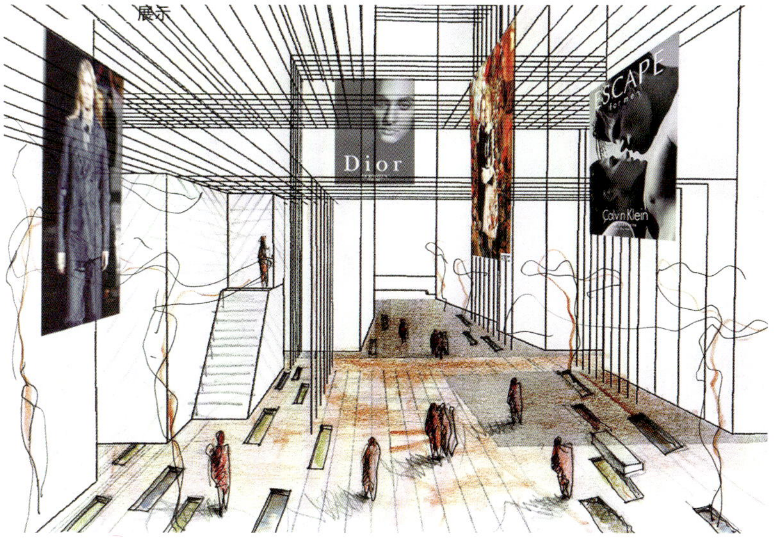
展示
Dior
ESCAPE
Calvin Klein

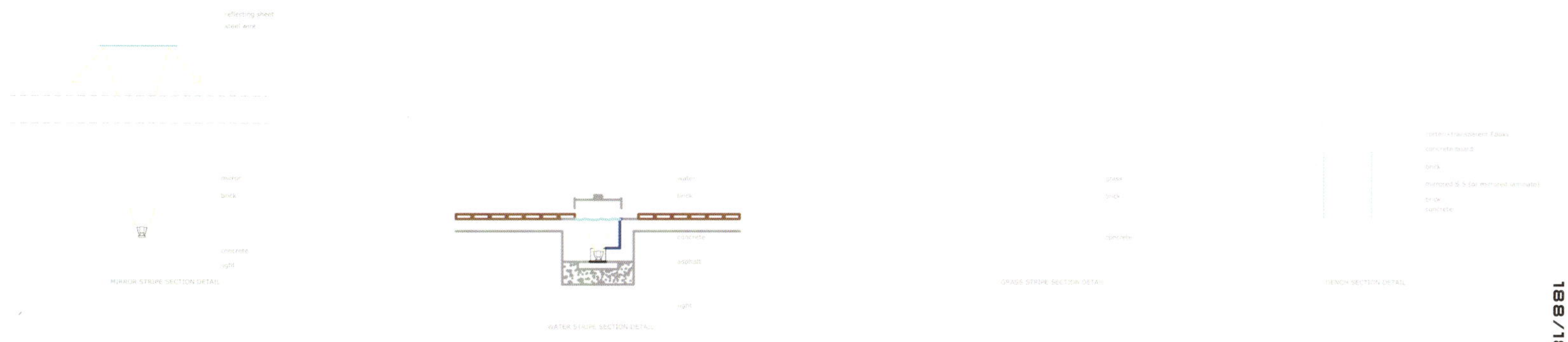

深圳市观澜大水田村版画原创产业基地

项目资料：
项目地点：广东省深圳市
设计面积：3806平方米
委托方：深圳市宝安区观澜街道办事处
设计单位：广州土人景观顾问有限公司
主要设计人员：庞伟 张健

项目说明：

观澜大水田村版画原创产业基地选址于深圳市西部宝安区观澜大水田村。坐拥自然风光与经济市场的观澜湖畔，与世界面积最大的观澜高尔夫球场毗邻，周边有机荷高速公路、龙大高速公路、宝石路等，交通便利。这个客家区域曾经出过中国第一代木刻版画家——陈烟桥。如今已有百年历史的大水田村被鳞次栉比的工业厂房环绕，古旧的大水田村、村前的半月水池以及村中的金字廊屋仍然保持着世外桃源般的古朴与宁静。

以地面铺装的地景肌理和散落在入口广场上的雕塑作为入口广场的导入空间。让当代版画艺术元素介入客家文化区域，吐故纳新，并设法对其进行重新诠释。通过艺术设施的介入，将原有村落的肌理进行调整，使日常活动、艺术活动、展示活动以及商业活动混合成新型的版画原创产业基地。

在使原有古村落演变为版画原创产业基地的过程中，将大量的室外公共空间引入，不仅提供一个满足日常生活必需的通行空间、绿化空间，而且还提供给这片区域一个能够容纳各种区域活动、区域交流的入口广场以及开放空间（庭院）。入口广场和开放空间（庭院）的介入，不仅丰富了大水田村版画原创产业基地的活动区域，而且在这种路网纵横节点上出现的庭院更多地激发了人交流、沟通的潜在意识。在这些活动空间内用古朴的片岩、毛石作为地面铺设，通透的竹篱则进行空间分隔，并加入了与客家生活有着深厚渊源的农具和植物。这种有机整改使原有客家村落封闭、杂乱的空间形态得到整理，同时又延续了已有的村落历史文化、空间特征，使村落的脉络能连续和可持续地发展。

上海市国际汽车城核心区

项目资料：
项目地址：上海市嘉定区
用地面积：7769000平方米
委托方：上海国际汽车城新安亭联合发展有限公司
设计单位：WSP维思平建筑设计咨询有限公司
主要设计人员：吴钢 陈凌 张瑛

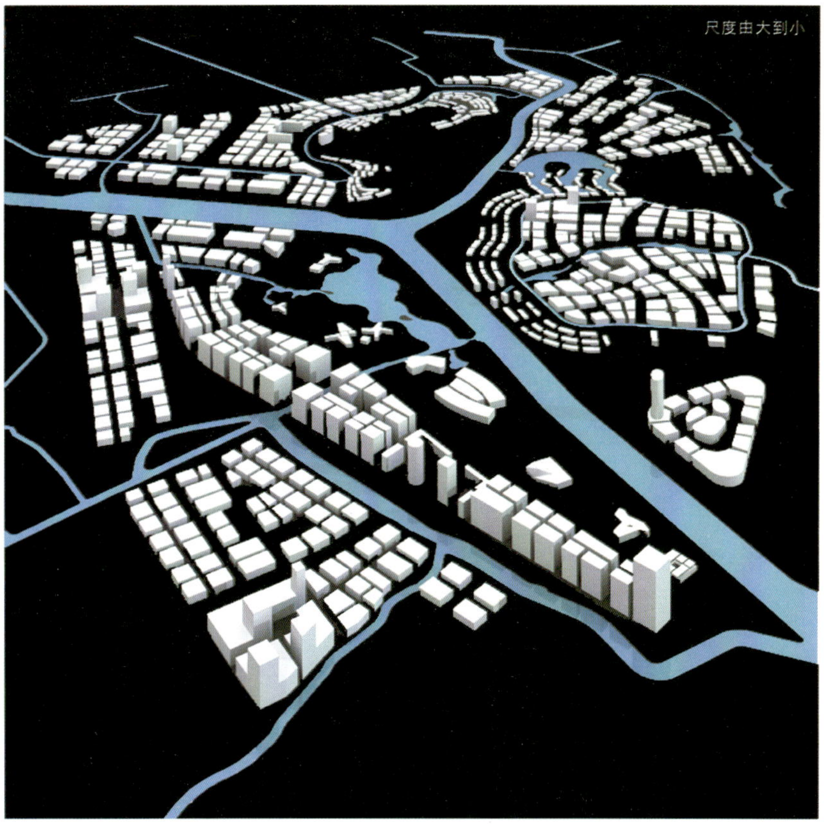

页目说明：

国际汽车城位于上海嘉定区，作为上海六大产业基地之一的综合性汽车产业基地，在汽车制造、研发以及贸易和配套领域发展空间广阔，是嘉定新城的三大城市组团之一、城市的副中心。

核心区位于国际汽车城西南区域，毗邻安亭老镇、安亭新镇、昆山花桥、黄渡等，包含若干子功能区：汽车城公共活动中心、都市商务贸易区、汽车展示区、汽车贸易区、研发管理培训区、中心公园和高尔夫球场、居住生活配套区。汽车城核心区既是专业中心，又是地区级公共活动中心。总体定位为具有传统小镇精神内涵的、承载丰富城市生活的、现代化的、宜居的新型城镇和以汽车产业为主题的、最具活力与魅力的汽车专业服务中心，设计从汽车城全局出发，以核心区城市设计为着眼点，从城市结构方面探索了项目的可持续性、具有亲和力的空间体系和城市职能。

在规划结构上，结合轨道及地块特点，核心区形成线形城市格局，并将城市布局与生态绿地相互交融。注重产业与城市功能融合，以整合与功能混合为组织手段，建设多核区域网络城市的地区服务中心，创造高效、公平、开放的服务平台；采用组团开发的模式，通过增加路网密度、缩小地块、加强开放性，提高地块利用效率，形成以中层中密度为主的混合功能地块；平衡城市公共空间与私有空间，增进公共空间的建设，构建邻里式开放社区。整个核心区以轻轨车站为基础，增强边界的开放性，结合其他区域地块的路网和城市功能结构，做好城市接口，面向核心区内部需求和外部形象形成多种功能的有机结合和互动。

将沿河绿地引入核心区，并自西向东贯穿区域中心，形成生态景观公园。整个区域分成南北两翼，被城市水体和公园所环绕，提升了土地价值。一系列不同层次的滨水景观建构了多样化城市滨水空间，并结合沿河的游乐和小商业设施，作为供游人娱乐休闲的场所。控制滨河区域的建筑高度以确保城市天际线的韵律。

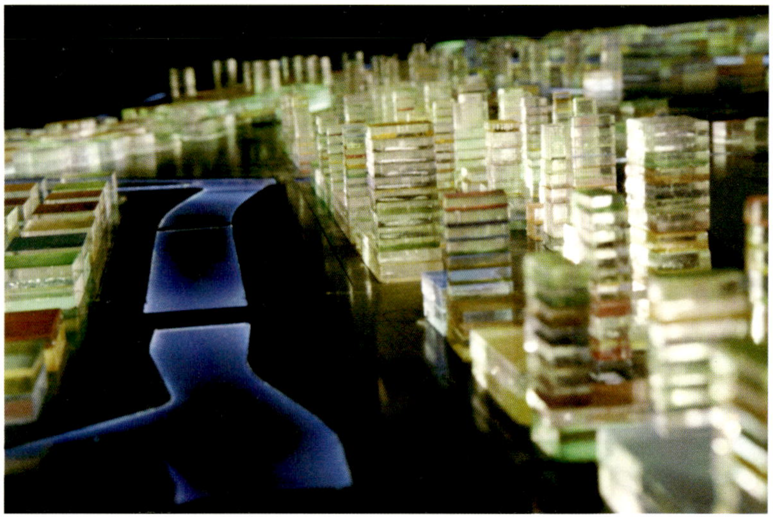

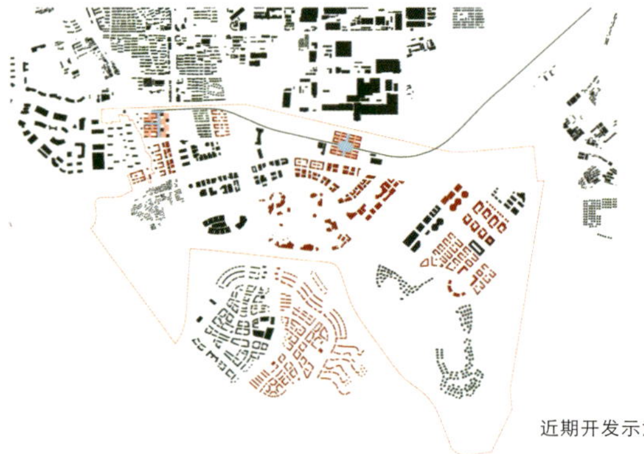

近期开发示意

现状建筑

中期开发示意

远期开发示意

中层中密度的汽车小城

城市肌理

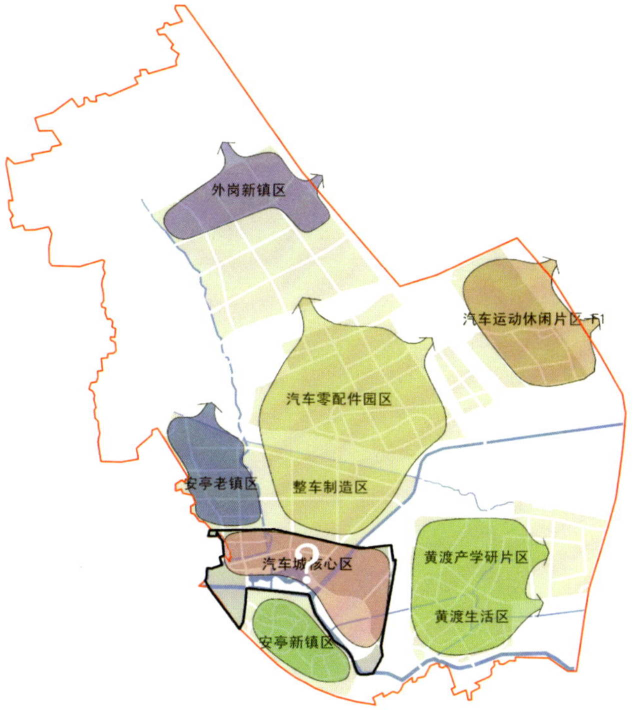

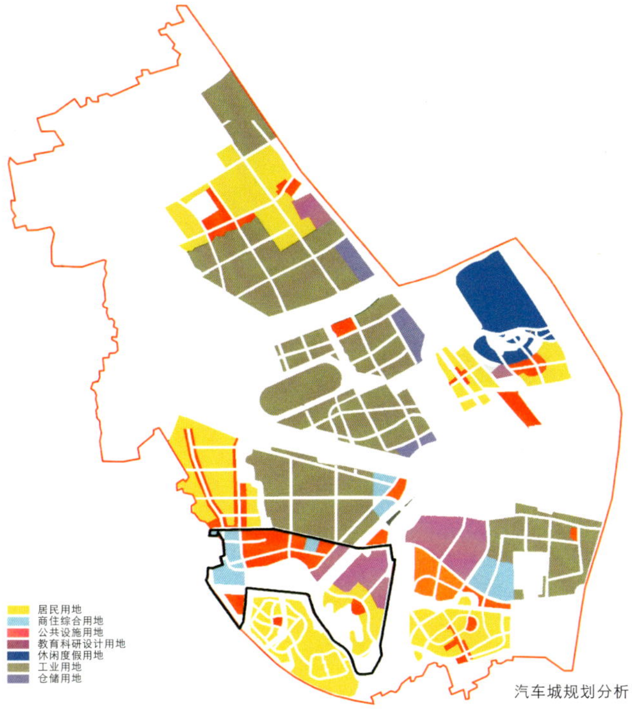

汽车城规划分析

功能结构

汽车城形成包括整车生产、零配件制造、安亭老镇、汽车城核心区、德国风貌居住区、教育园区和黄渡镇区等的产业功能布局和现代城镇框架，核心区的综合配套仍需要提高以支撑城市和产业进一步发展。

土地使用

工业用地和公共设施地人均指标较高。该地区的汽车综合服务功能辐射范围远远超出了本地区，因此，与汽车城产业功能对应的用地应纳入全市用地平衡，核心区要增加住宅和绿化用地。

汽车城规划分析

交通系统

重视穿梭沪宁铁路走廊的南北通道的规划和建设，这对完善本区域内的道路网络至关重要。加强嘉定新城主城区、安亭组团之间的交通联系。注意与周边地铁（各产业区、花桥、青浦等）的交通连接。

公共空间系统

汽车城的景观体系缺乏联系，要以核心区内的中心公园及高尔夫公园为地区核心，利用水系道路作为绿色景观走廊，将各片区内部公园串连在一个绿化网络中，并将结构绿地引入到各空间片区内。

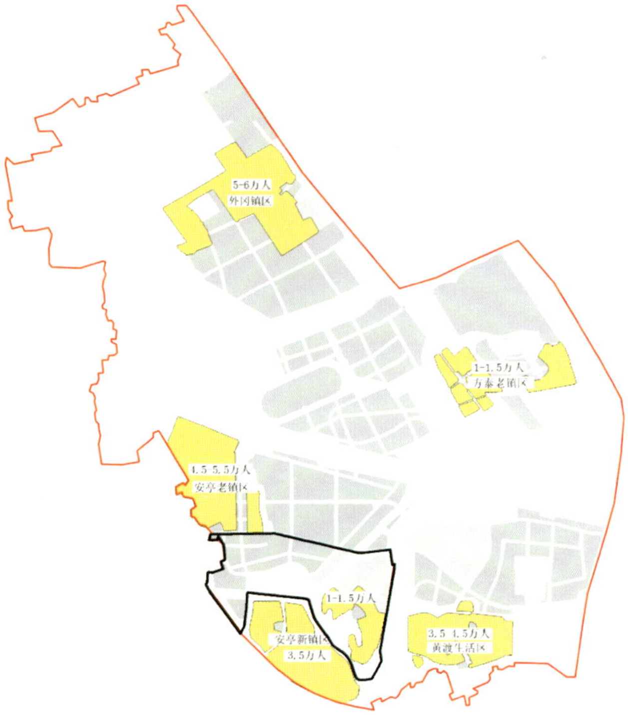

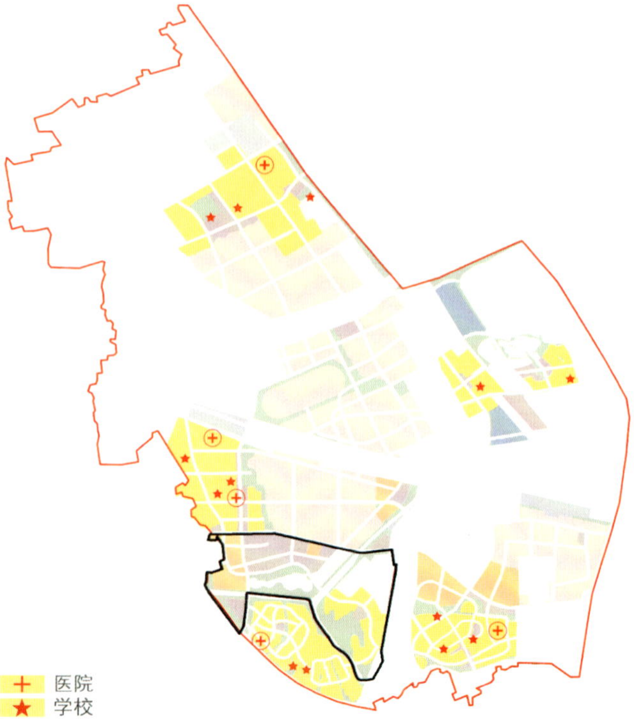

交通优势

产业地区

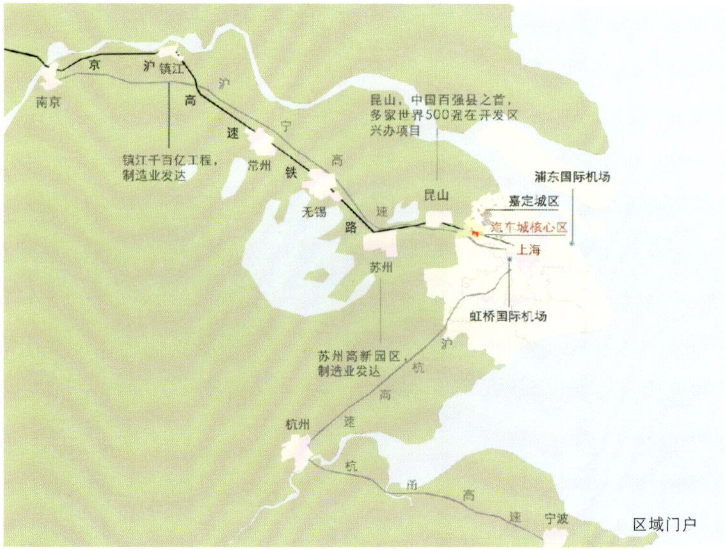

区域门户

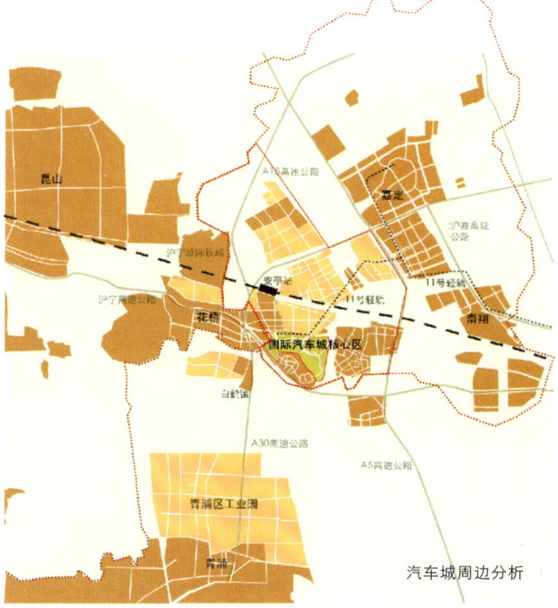

汽车城周边分析

上海市浦东新区三林世博智库园（原丰华工业园地块）

项目资料：
项目地址：上海市浦东新区
占地面积：20 402平方米
建筑面积：31186.5平方米
容积率：1.53
景观规划设计面积：1.4公顷，其中地面景观面积1.3公顷，屋顶面积0.1公顷
设计单位：上海新外建工程设计与顾问有限公司
主要设计人员：夏莹 谢燕 王玮 徐迪力 张旭刚

1 集中停车场
2 集合广场
3 入口水景
4 Logo墙
5 阳光草坪
6 景观跌水
7 特色花灌木
8 景观片墙
9 景观草坡
10 竹林
11 树地座椅
12 滨水平台
13 二层入口平台
14 景观座椅
15 主景树
16 木平台
17 特色花坛
18 停车场

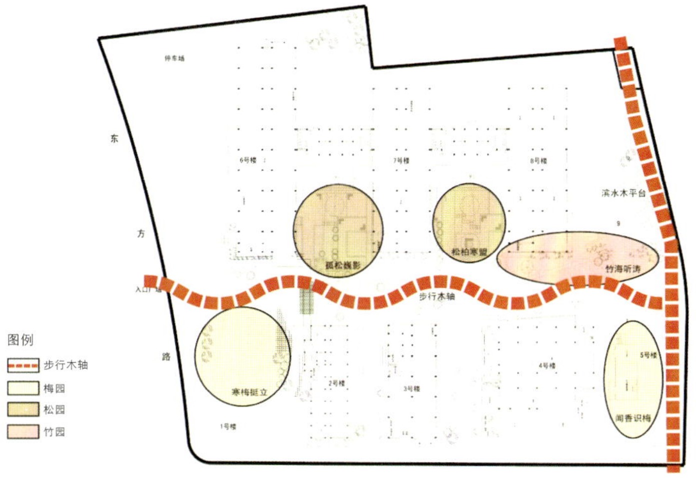

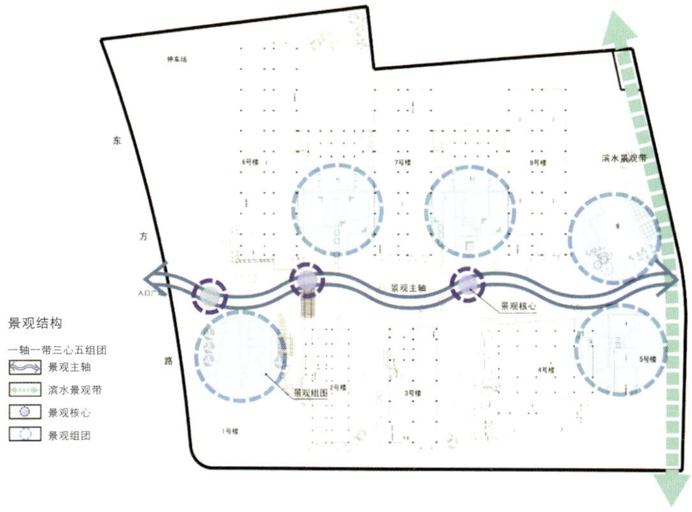

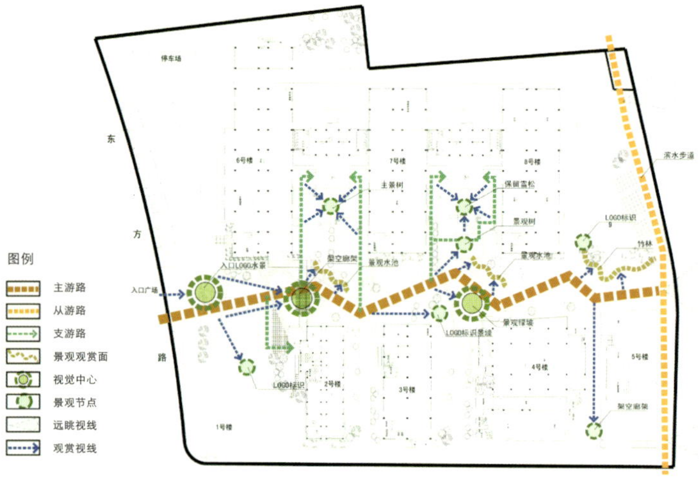

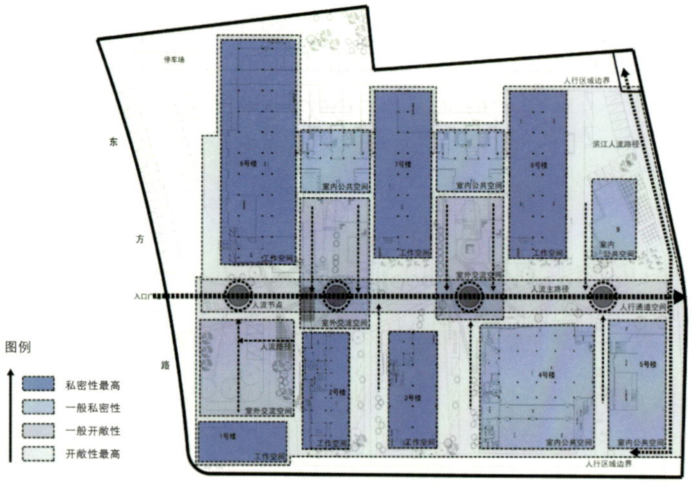

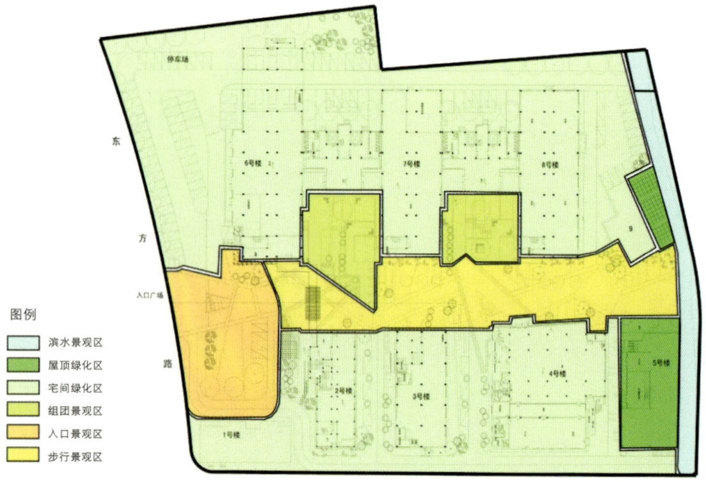

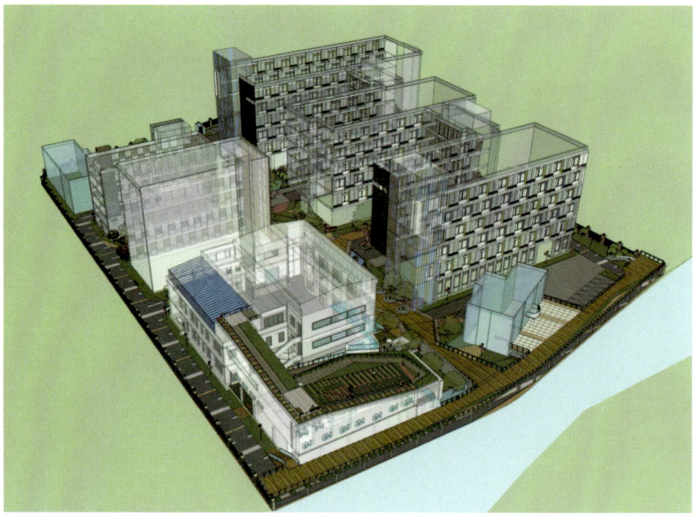

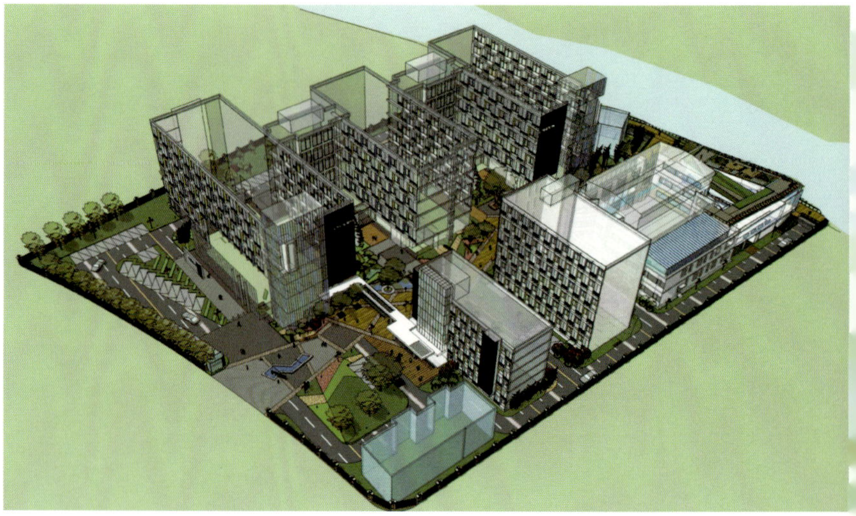

项目说明：

项目位于上海市浦东新区东方路3601号原丰华工业园内，依托原丰华工业园区已经形成的总平面空间结构，重点打造中央人行步道及沿河高架步道。对原有建筑空间进行整理，突出环境及景观特色。

设计主题

· 以尊重基底环境为核心；

· 以现代成功文化为内涵；

· 以创意艺术设计为重点；

· 打造独一无二的园林景观。

旨在打造一个以中央景观步行道为景观主轴，以水景为主线，以文化为灵魂，以创意为亮点，有内涵、有品位、有特色的园林景观，为企业开发更新、更美、更多的文化型房地产做好强力的铺垫。

景观主轴分区二放大平面图

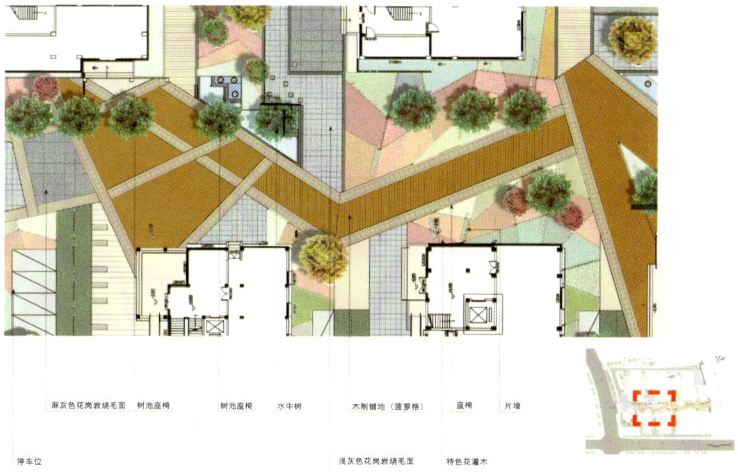

景观主轴分区一放大平面图

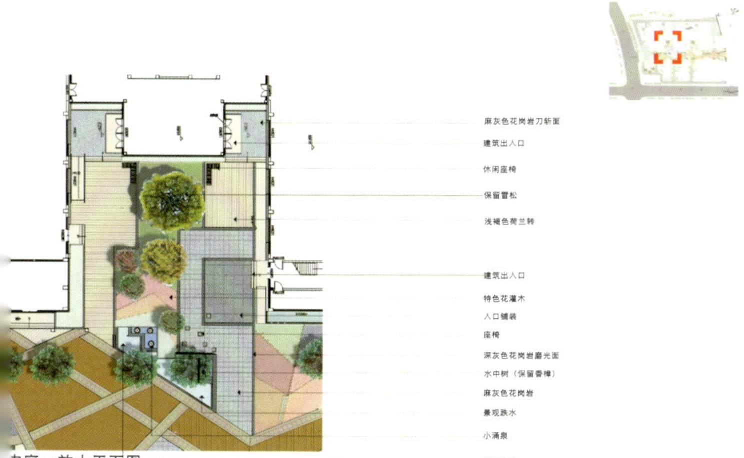

内庭一放大平面图

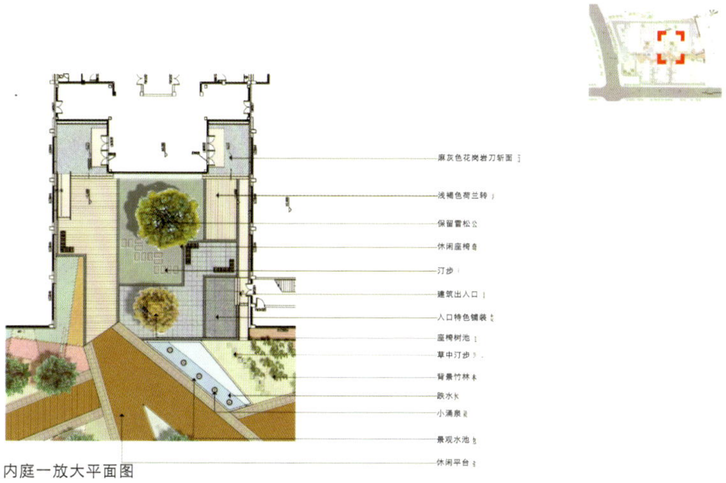

内庭一放大平面图

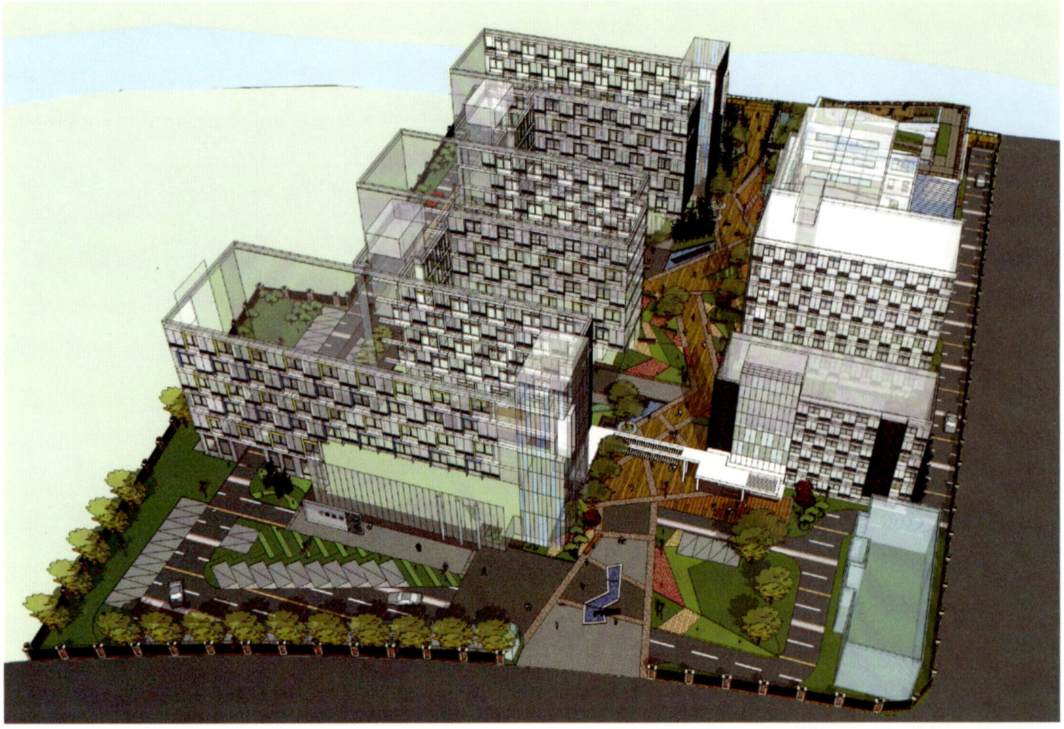
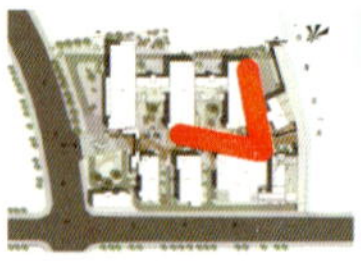

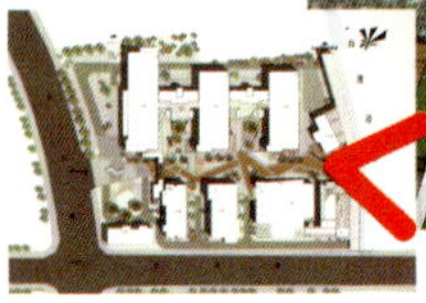

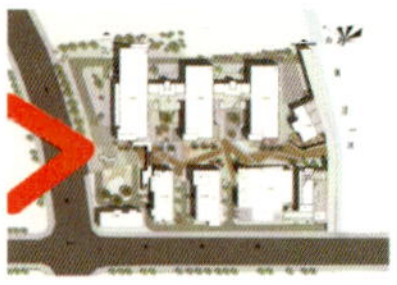

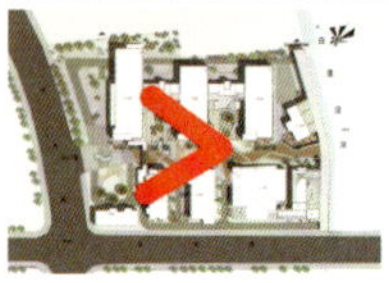

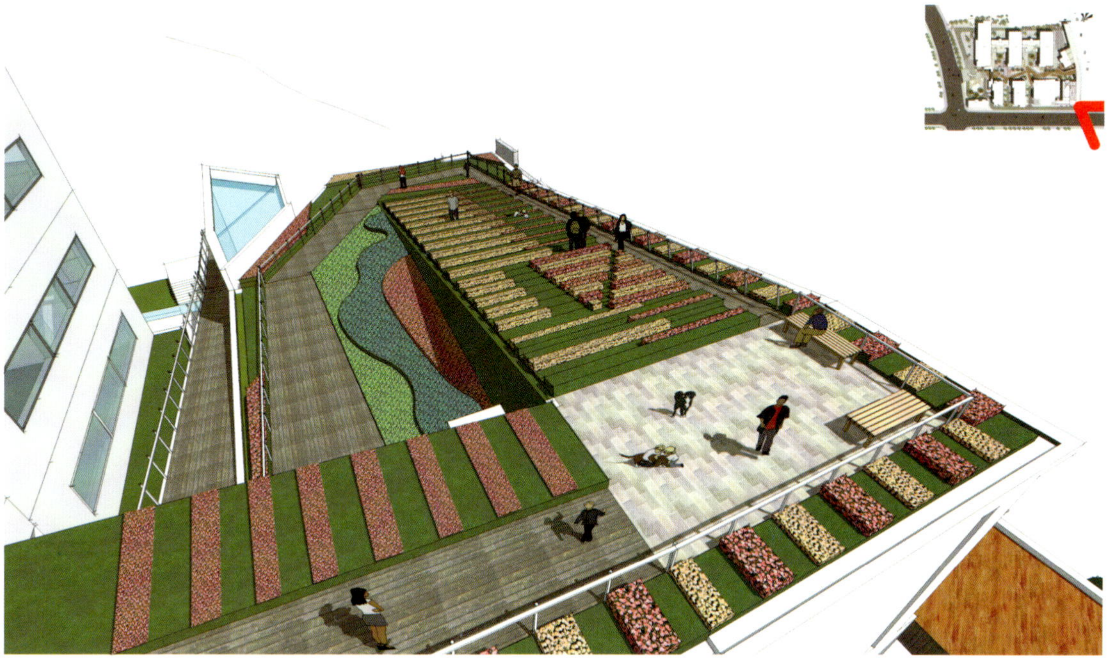

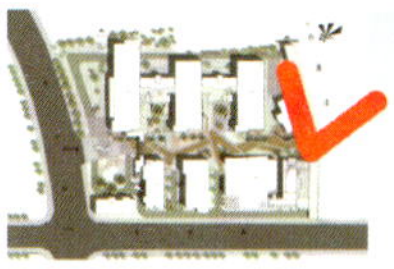

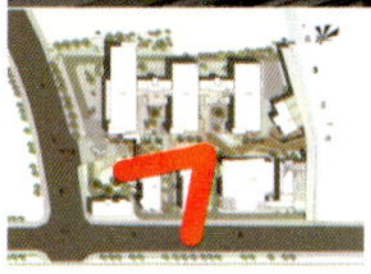

深圳市大学城产业园区

项目资料:
项目地址：广东省深圳市
用地面积：15.2公顷
总建筑面积：约52.8万平方米
设计单位：EPSTEIN爱普斯顿国际投资项目顾问（深圳）有限公司

项目说明：

区位分析

基地位于深圳市南山区大学城片区的东南部，由学苑路、留仙大道和规划路围合形成的三角形地区。用地面积15.2公顷（除去保留的军事用地，实际用地面积14.2公顷），规划总建筑面积约52.8万平方米。

南山区定位为深港创新圈的先锋城区，而基地所处的大学城地区更是高校资源优势聚集区，基地利用优越的城市定位与区位优势，适宜发展产学研一体化的高新技术产业园区。

基地现状分析

现状用地

基地占地15.2公顷，现状建筑原来大部分为工业厂房，已基本拆迁。中部有占地1.05公顷的武警七支队用地，需保留西部圆台形山体。

现状竖向

基地地势西高东低，南高北低，大部分用地坡度在10%以下，可作为建设用地，西部山体高度在30米左右，可适当改造建坡地或台地建筑。

地块价值分析

A地块

位于基地北侧，北靠大学城地区和大沙河绿带，适宜布置医疗仪器仪表产业园，便于与大学城医学院专业相互合作。

B地块

位于基地南侧，南靠城市主干道和轻轨，适宜布置对环境要求相对不高的服务外包基地，同时轨道交通便于疏散服务外包所需的大量人流。

C地块

位于基地中部，有自然山体，环境安静，适宜布置孵化中心，创造激发灵感的生态化办公环境。

D地块

位于基地东角，接近轨道站点长岭陂站，适宜布置商业配套、创业服务中心和产业园服务中心，因为基地西侧已规划了部分城市配套设施，故配套设施拉开一定距离，也可减少同业竞争，同时满足内部和外部服务半径要求。

设计主题

科技之舟、创新之谷

基地由三角形地块沿大沙河东西向展开，规划顺应地形，打造“科技之舟”的整体意象。东部独立三角地块运用层层退台的商业裙房和基地制高生态塔楼，塑造船头桅杆和风帆意象，两翼的弧形塔楼与裙房一起形成船舷，内部低层科研建筑形成船舱，尾部的山体形成船尾的观景平台。设计通过科技之舟的意象，将功能和空间合理布局于船的各个部位，意形融合，既满足功能的需求，又有利于塑造大学城地区独特的标志形象，寓意科技引领时代，乘风破浪，扬帆远航。

创新之谷

产业园的高科技性质决定了基地需要营造激发灵感的创新环境，基地外围规划高层板楼，有利于屏蔽外围的噪音和废气，内部多层和低层建筑为主，形成外高内低、外密内疏的谷地空间，内部形成安静、优美的生态院落环境。屋顶花园、空中平台和架空层的立体共享空间，有利于满足交流与休闲的需求。波浪起伏的科研生态建筑、由山体流出的覆土建筑、从山中生长出来的生态塔楼等建筑形象与技术的创新，有利于营造创新的氛围与形象。

设计构思

因势利导的路网骨架

原有山体占地过大，规划保留部分山体，并进行景观化处理。调整原规划路网，使路网结构更好地与外界衔接，并满足内部功能要求，同时较清晰地界定并且保留军事用地与规划产业用地的范围，使两者互不干扰。

丰富多变的空间肌理

方案考虑建筑体块空间肌理的丰富多变，包括条状肌理、点状肌理、块状肌理和面状肌理，界定丰富多变的空间，同时满足不同功能的使用要求。

01 城市设计总平面

经济技术指标表

用地面积（平方米）		152535
其中	军事用地面积	10500
	可建设用地面积	142035
地下建筑面积（平方米）		120000
地上建筑面积（平方米）		528360
其中	孵化中心	80800
	仪器仪表产业园	169700
	服务外包产业园	184500
	创业服务中心	72150
	产业园服务中心	6110
	商业建筑	15100
容积率（不含军事用地）		3.72
绿地率		＞30%
停车位		2500

02 总体鸟瞰1

04 总体鸟瞰3

立体起伏的空中庭院

基地规划要求的容积率较高，要留出大面积的地面空间做园区庭院，有一定的难度。本案打破传统做法，打造空中庭园，孵化中心的波浪屋顶一直延伸至地面，这样由地面入口广场到波浪屋顶再到科技广场可自然过渡，成为立体起伏的大庭院。另外保留的山体与裙楼相互连接，同样成为休闲交流的空中后花园。

建筑与自然的亲切对话

覆土建筑与山体自然融合，仿佛建筑是山体的一部分；波浪形屋顶延伸至地面，与广场、游园无缝衔接；建筑室内空间与室外环境融合渗透。

穿插有机的建筑群体

建筑群体并非孤立建筑的堆砌，外围双弧建筑的对话、连接建筑的空间连廊、头尾标志建筑的呼应，一起构成了有机的建筑群体形象。

功能布局

单元模块，耦合成舟

功能结构清晰，紧扣“科技之舟”的设计主题，将各模块与船的部位类比，寓意各单元既是相对独立的部件，又是有机耦合的整体，相互配合，缺一不可，塑造出了整体有机结构。

导航之首服务中心

包括产业园服务中心、创业服务中心和商业服务中心，服务中心为基地提供优质服务，引领产业园的发展方向。

护航之弦服务外包和仪器仪表产业园

包括服务外包基地和仪器仪表园区，分别沿留仙大道和学苑路设置，位于基地南北两侧，是基地的基础产业，为基地的发展保驾护航。

创新之舱孵化中心

位于基地内部，创造安静的内部环境，有利于小型科技企业的创新和快速发展。

瞭望之台山体公园

改造和利用现有山体，打造成为山体公园，成为欣赏美景的后花园。

交通系统规划

道路设计以满足地块交通需求和更好地与外围交通衔接为原则。

南北方向规划两条城市支路，东西方向规划两条支路。

道路线型设计，一方面明确了各功能分区，同时也清晰地界定了保留用地和规划用地的范围。

车行入口与人行入口分行。人行入口与主要人行流线相通，串联各景观节点，形成特色景观步行系统。同时空中连廊连接各建筑，形成空中步行系统，减少与地面车行的相互干扰。

停车以地下车库为主，少量地面临时停车，车库与办公联系便捷。

景观系统规划

规划原则

规划打破传统产业园的刻板形象，通过景观和休憩设施的丰富配置，提升园区的品质和创新氛围。一条景观主轴分别串联起入口广场、山体公园、空中庭院、科技广场、商业中心等景观节点，让人们在工作中休闲，在休闲中创新！

规划理念

科技化：本案定位为智慧型高科技产业园区，服务对象是以先进科技企业为主，在整体空间上，呈现一定程度的现代科技风格，表达高科技产业不断创新、勇往直前的前卫精神，同时借现代科技风格的塑造，体现科技产业追求速度、重视效率、实事求是的精神。

公园化：本案强调没有围墙的开放型园区概念，户外开放空间为园区使用者所共享，而公园化的园区概念已经成为世界趋势，除了让园区内的工作人员有一个更优美的工作环境外，还借此落实所谓“园”区的意念，贯彻科技产业对环境的关怀与相互依存，从而建立科技产业领航未来的公共形象。

人性化：“科技始终来自于人性”，现代化科技园区需要更进一步关切人的需求，包括人性对于舒适、安全、生活、工作、社交、美学等各个层面的要求，只有满足使用者心理与身体感知的需要，才能改变过去人们对于生产环境单调无趣的普遍认知，为现代科技园区注入新的活力。

规划愿景

科技走廊、服务走廊、绿色走廊

孵化中心

建筑构思

考虑到与大学城研发型高校的功能衔接，符合产学研一体化需求，为科技创新企业提供创业平台，孵化中心的建筑设计充分运用生态建筑的设计理念，塑造了灵活多样的新型办公空间。依据规划整体布局，孵化中心由高层办公区和低层办公区两部分组成。

一、高层办公区

1. 与山体有机结合

部分保留了现在山体，在保证容积率的情况下减小了开挖土方量，同时又为整个园区提供了一个亲近自然的景观环境。

建筑裙房采用流线型平面，一侧顺应山坡走势形成退台，达到建筑形态与山体有机结合；露台直接与山坡上人行步道相连，办公人员走上露台即可方便地到达山体公园；塑造大面积的屋顶花园成为山体绿色植被的延续，同时为办公人员提供了视野开阔的休闲活动平台。

2. 共享中庭

建筑裙房围合成“回”字形，底部设层高6米的架空层。中庭通过局部透空的屋顶和架空柱廊可达到自然采光通风。在这个共享空间之内，建筑柔和的曲线与丰富多样的绿化融为一体，阳光透过屋顶带来绚丽的光影，人们走进建筑会即刻感受到自然生态的建筑体验。

3. 生态表皮

建筑塔楼及裙房立面均为落地玻璃窗，窗顶和窗台均设有绿化种植槽，随着植物的生长，建筑表皮将逐步呈现出丰富的绿化效果，使建筑体量充分融入到周围自然环境之中。建筑塔楼的屋顶平台设置太阳能光电板，为建筑提供绿色环保的能源。

二、低层办公区

1. 山峦造型

在园区的中心位置，孵化中心低层办公区采用波浪形屋顶曲线，尽端斜插入地面，类似起伏的山峦从广场升起，蜿蜒匍匐在两侧高层的环抱之中。建筑造型与两侧挺拔硬朗的高层建筑形成鲜明对比，使得建筑各自的独立性得以彰显，同时又为园区中心创造了开阔的视野和优美的景观。

2. 种植屋顶

曲面屋顶上覆土种植草皮和藤蔓植物，对室内办公空间一起到良好的保温隔热作用，人们亦可从广场和顶部办公室直达屋顶，在繁忙的工作之余享受大自然的沐浴，充分体现了园区规划自然生态环境的内涵。

3. 丰富的办公空间

波浪起伏的屋顶造型塑造了丰富多样的办公空间。坡顶下层高不足2.2米处与本层隔开，纳入下层办公空间，通过屋顶圆形天窗为下层办公室引入更多自然光线。层高在2.2米至3.9米之间的区域，作为

20 景观总平面图

1. 乘风破浪池
2. 金属桥
3. 甲板式铺装
4. 观景木平台
5. 多功能中庭
6. 浪花式铺装
7. 几何草坡
8. 带状绿化景观带
9. 同心广场
10. 科技之眼（旋涡水池）
11. 碟状绿景
12. 建筑倒映池
13. 金属拱桥
14. 波浪状玻璃雨篷
15. 绿色休闲中庭
16. 景观雕塑
17. 林中空中漫步桥
18. 自然生态水池
19. 特色曲线不锈钢花池
20. 地下车库入口

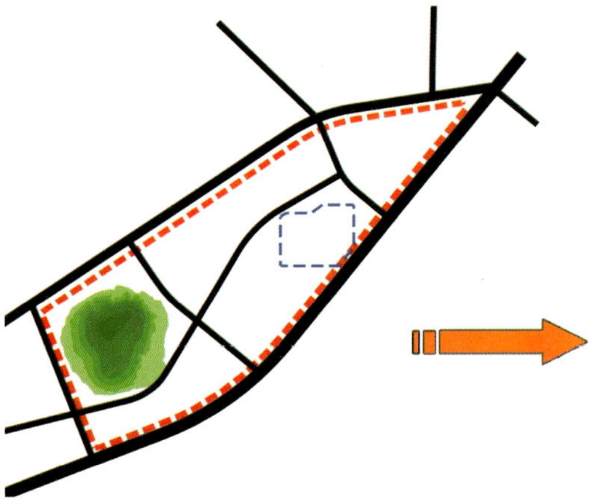

原规划路网

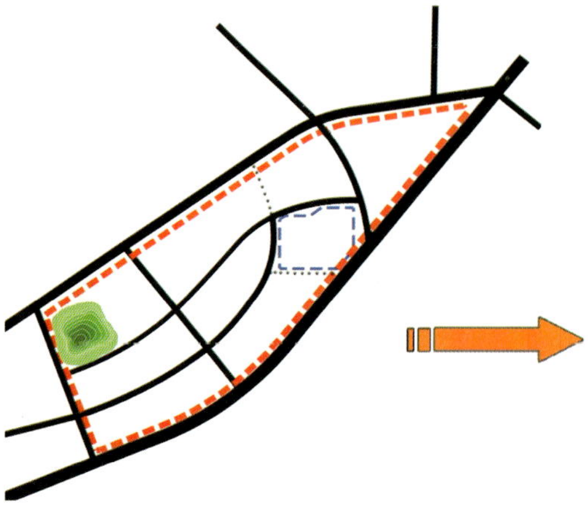

因势利导的路网骨架

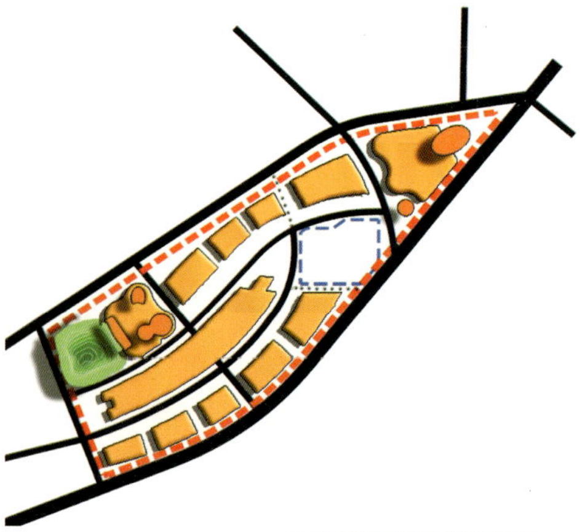

丰富多变的建筑肌理

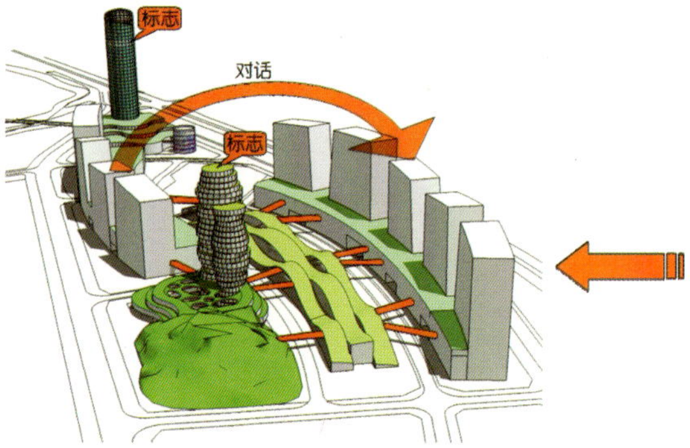

穿插有机的建筑群体

建筑与自然的亲切对话

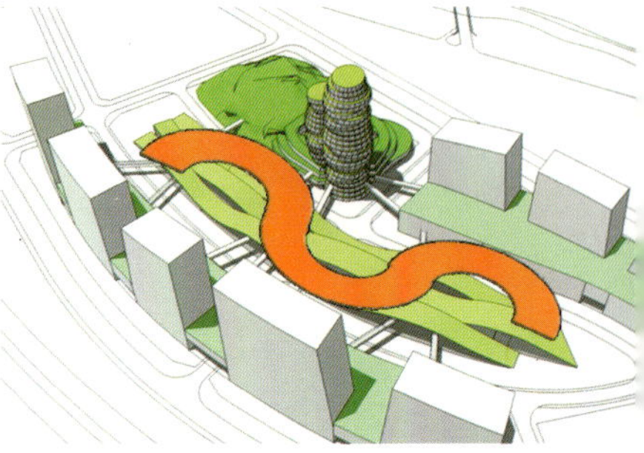

立体起伏的空中庭院

本层办公室的露台，设空中花园，通过屋顶圆洞采光通风，人们亦可从露台由室外楼梯直接上到屋顶休闲区域。空中花园、屋顶花园不但给紧张的工作以适度调剂，还提供了与客户洽谈的另一种方式。

服务中心

建筑构思

构思取材于海洋，紧扣规划主题，以漩涡、风帆、浪花中抽象立意，结合生态、科技、节能、环保的理念加以刻画。

漩涡商业广场

裙房以商业服务中心为主，在中心设计圆形商业广场，辐射出四条商业内街，并各自形成商业入口广场，在商业内街上空设置全通透玻璃休闲空间，享受全时购物乐趣。漩涡上空巧妙设计空中会议室，成为广场焦点。

风帆高层办公

服务中心设计为一栋高层建筑，为本项目制高点。设置若干空中花园，在建筑屋顶层层退台，形成丰富的半开敞空间。立面造型从风帆中抽象而成“科技之舟”的舰首标杆成为区域性标志建筑。

浪花特色景观

塔楼底层架空设计，使得办公入口大堂通透，舒展，富有张力，同时也为裙房商业的趣味性提供条件。平面结合景观巧妙处理，在最东端布置大型景观水池，整座建筑跃然水上，与曲线纹理铺地、漩涡形商业广场、风帆造型塔楼相互呼应，寓意以服务中心为首的“科技之舟”乘风破浪，扬帆远航。

仪表仪器、服务外包产业园

建筑构思

直线的穿插

底层设置若干架空二层高空间穿插，形成舒适的交流活动、休闲为一体的趣味灰空间的同时，也可以作为紧急消防通道并在建筑四周形成环路。在裙房顶层设计景观屋顶平台，通过屋顶折板局部透空处理，营造巧妙光影效果，为园区从业人员提供空中交流空间。

曲线的动感

结合标准化平面，以弧形的连接方式，利用裙房把仪表仪器、服务外包产业园各自连成一个整体，分别在基地南北两翼形成“科技之舟”的船舷。在园区各区域之间通过架空、连廊等人性化设计，促进各功能区的衔接、交流，保证公共系统的连贯性。

折线的韵律

通过一条连续折板，把仪表仪器、服务外包两个区域分别串联成一个整体，从共性中寻求个性，体现现代科技建筑美感，并反映出产业园区的简洁高效特质，共同体现科技建筑特有的形象气质，彰显舒展流畅的天际线。

虚实对比，高低错落

建筑平面结合景观环境立体考虑，充分体现“园中舒适景，景中产业园”的意境。利用入口广场、内部庭院、空中花园、屋顶平台，利用实体的连续折板与折线玻璃幕墙的强烈虚实对比、高低变化的建筑体量，突出流畅动感的建筑造型。

节能设计

充分考虑建筑节能及可再生资源循环利用，尽量减少不可再生物的使用。最大限度利用自然资源，紧密契合“科技、生态、节能”的建筑设计理念。

通过在建筑屋顶做覆土处理，建筑内部设置内部庭院，空中花园等体现绿色建筑理念，建立丰富的立体建筑绿化系统。

在大面积玻璃幕墙采用太阳能技术，并把玻璃面设计成连续的折面，避免太阳直射，降低能耗。

建筑单体设计标准化、模数化，以减少建筑拆卸废料及施工复杂程度。

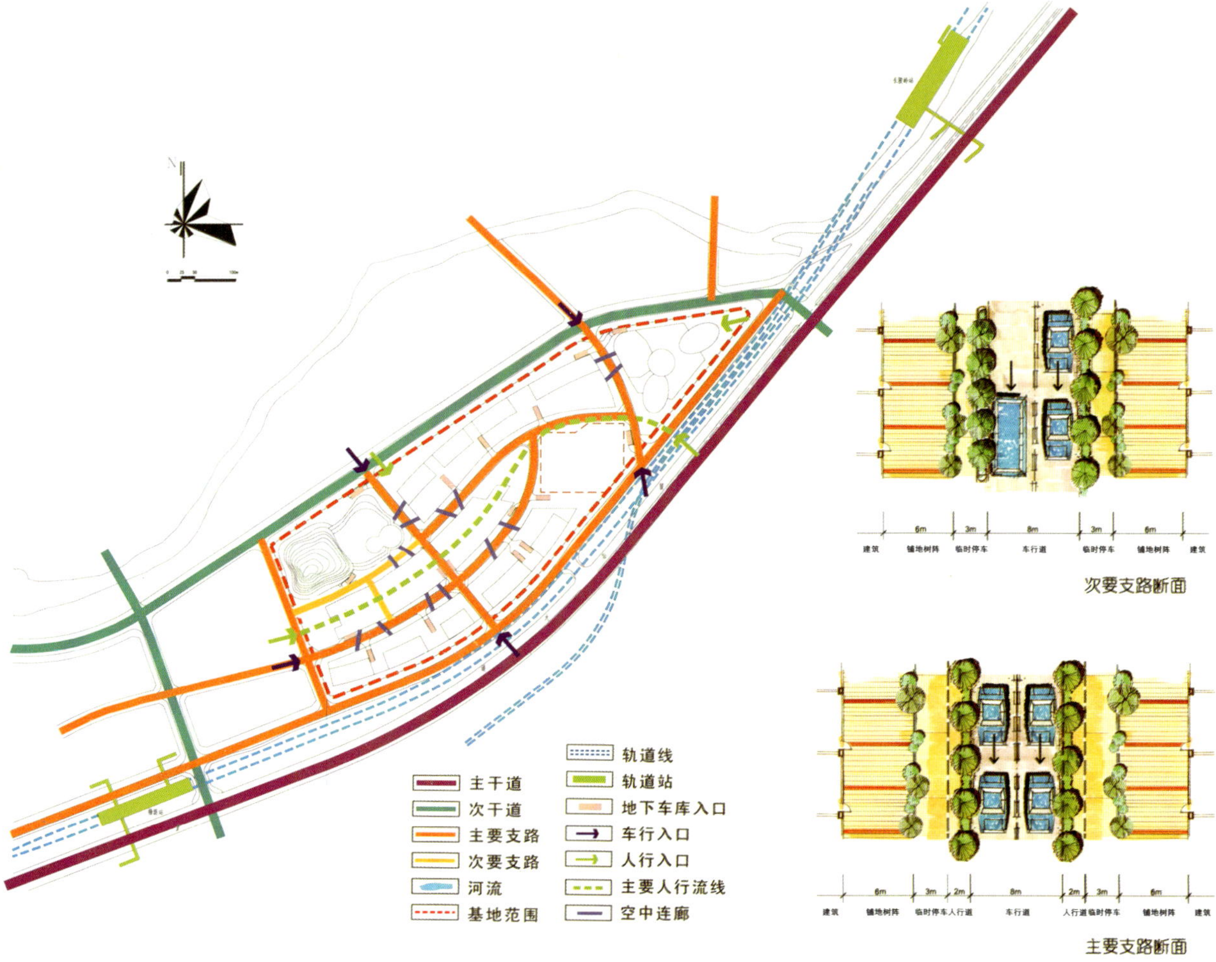

次要支路断面

主要支路断面

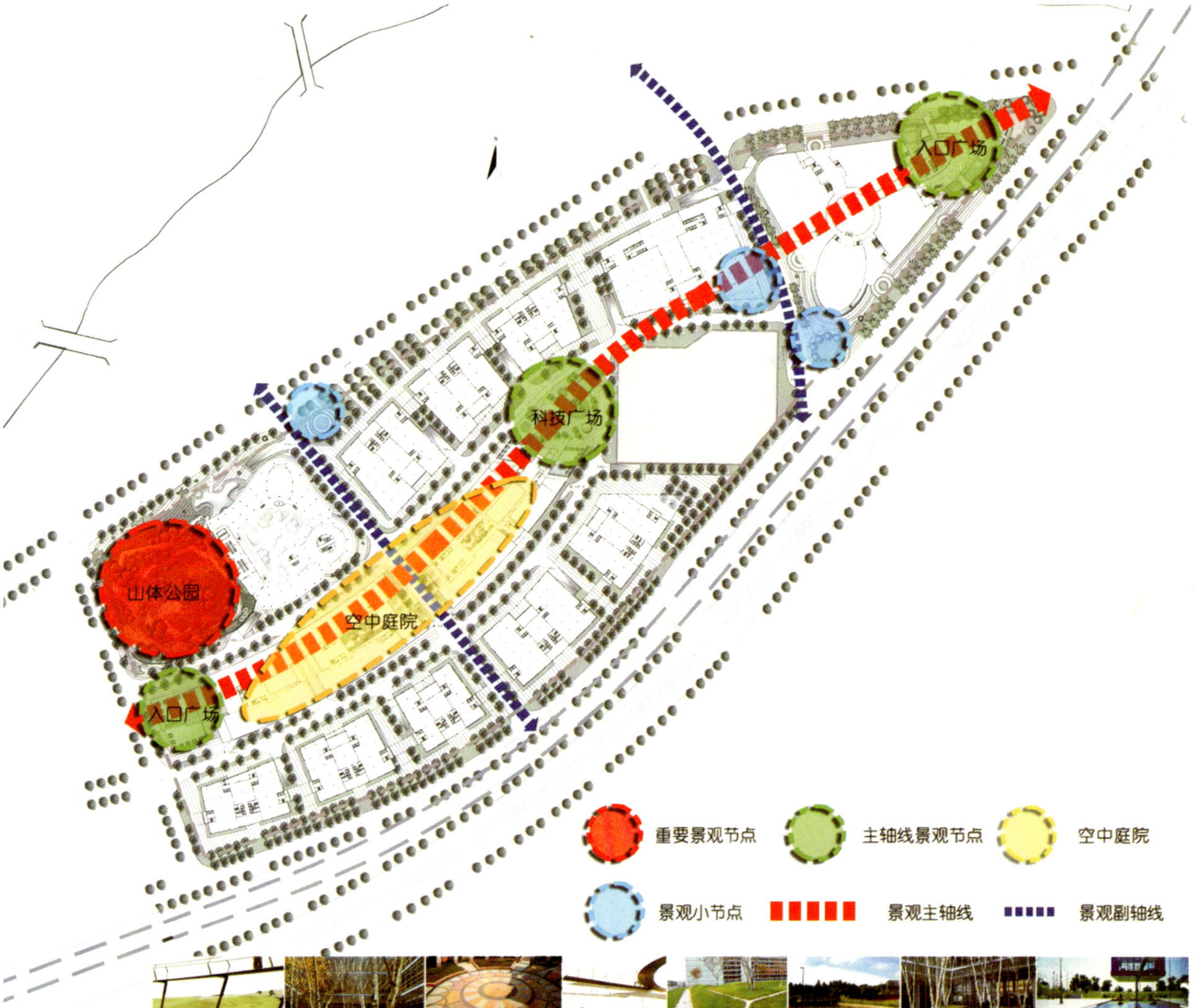

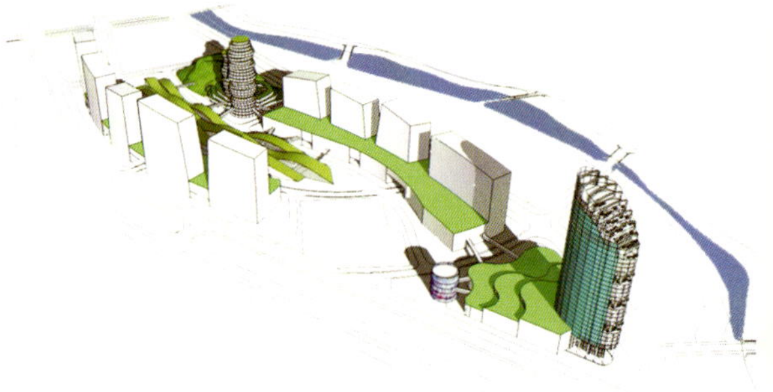

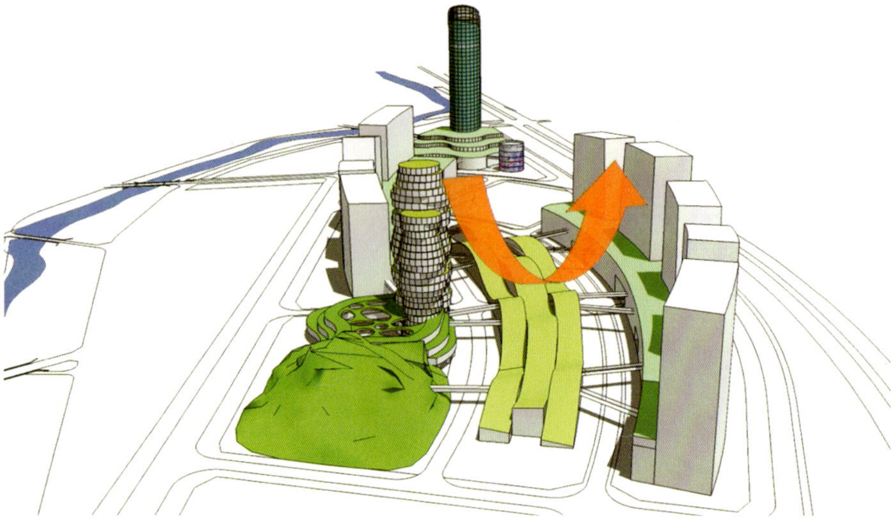

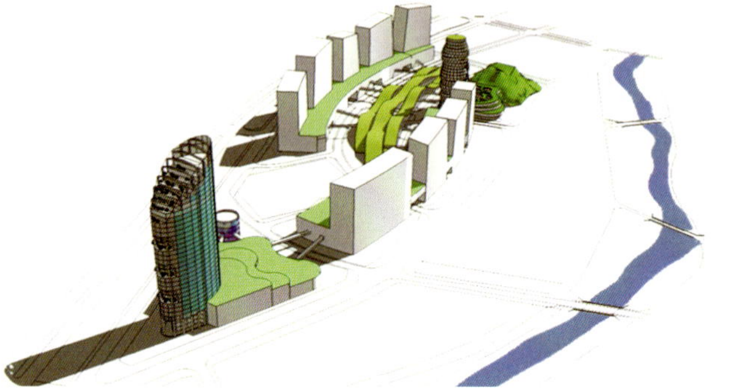

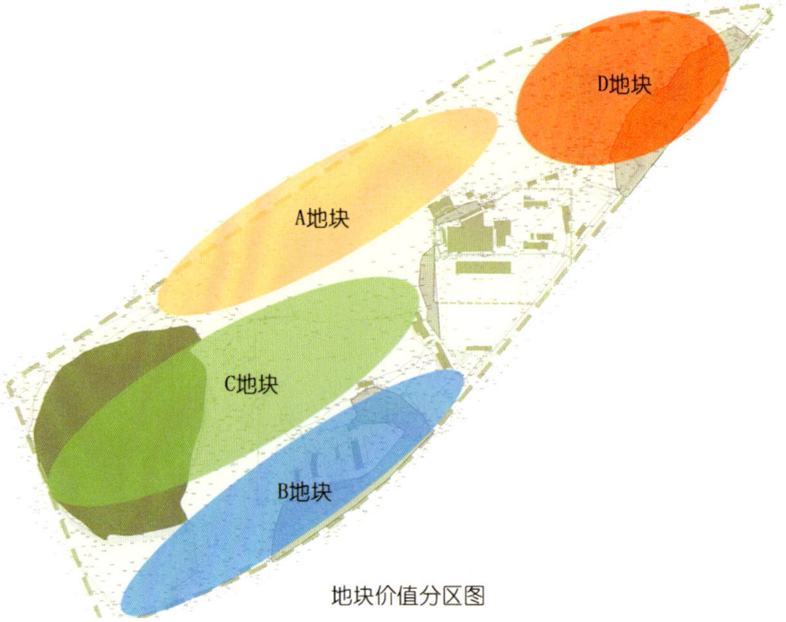
D地块
A地块
C地块
B地块

地块价值分区图

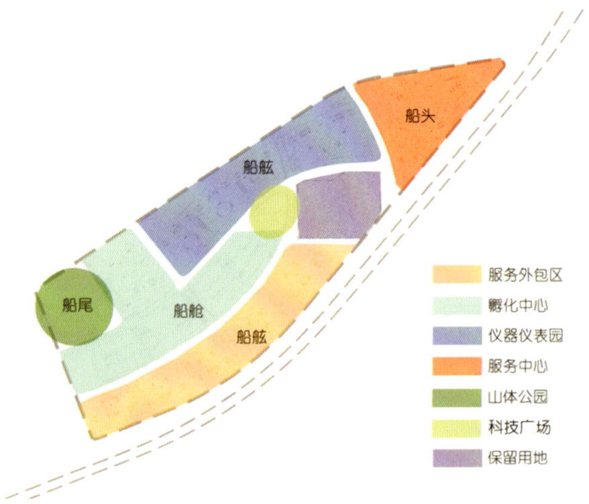
船头
船舷
船尾
船舱
船舷
服务外包区
孵化中心
仪器仪表园
服务中心
山体公园
科技广场
保留用地

孵化中心入口广场

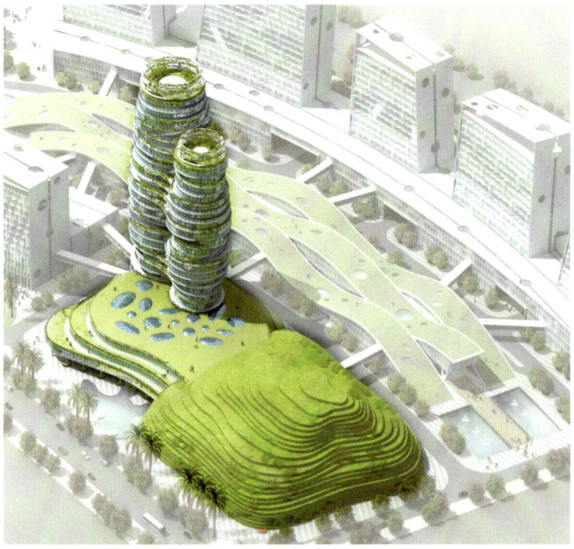
建筑采用流线型平面，运用立体绿化与山体相呼应

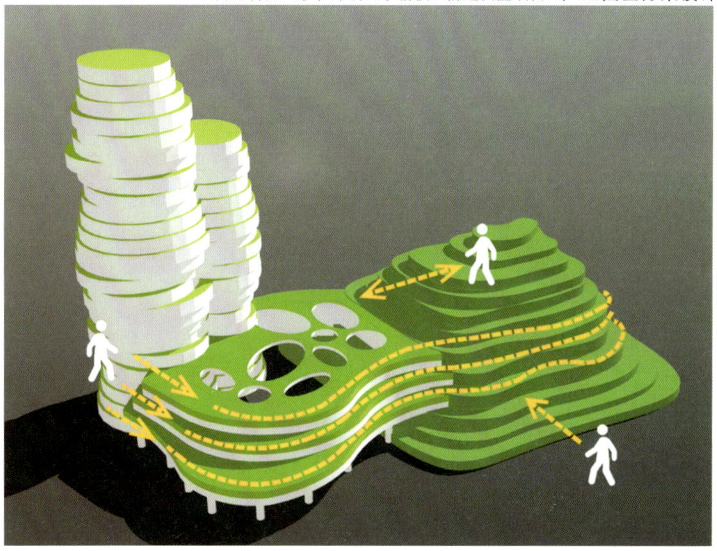
裙房一侧顶应山坡走势形成退台

部分保留山体使之与建筑有机结合

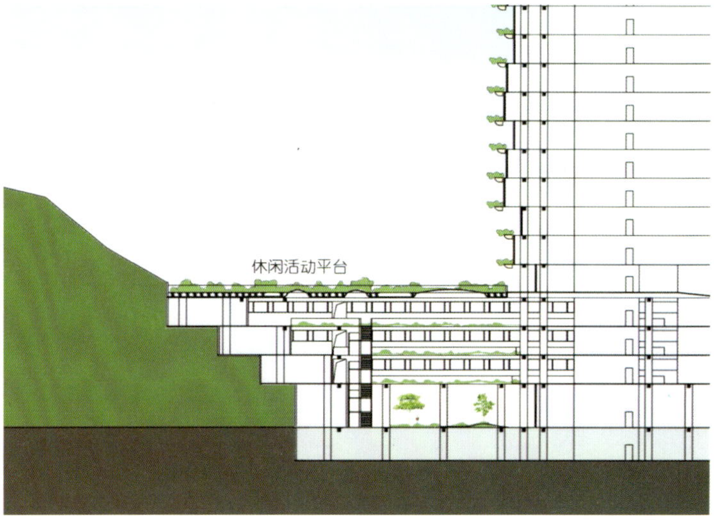

裙房屋顶花园和露台与山坡上人行步道自然相连

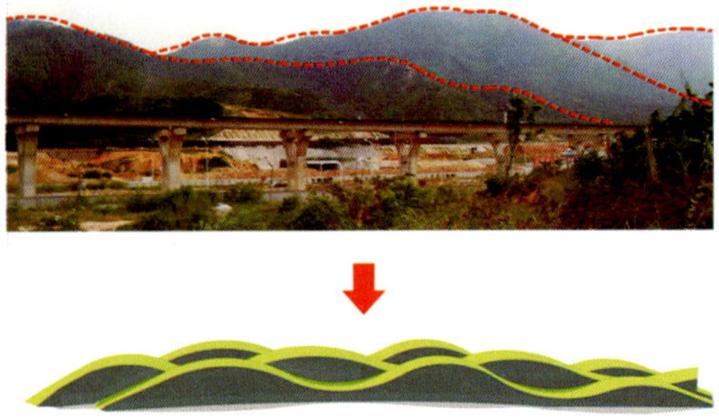

建筑造型意向来源于基地周边塘朗山山脉的曲线

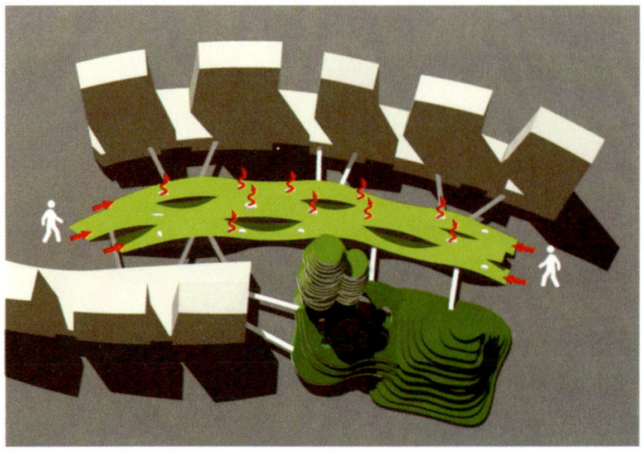

办公人员可以从广场和办公室直达屋顶花园

低屋办公西侧入口透视

低屋办公东侧入口透视

南方科技大学和深圳大学新校区拆迁安置项目　产业园区方案设计

共享空间之内，建筑柔和的曲线与丰富多样的绿化融为一体，阳光透过屋顶带来绚丽的光影

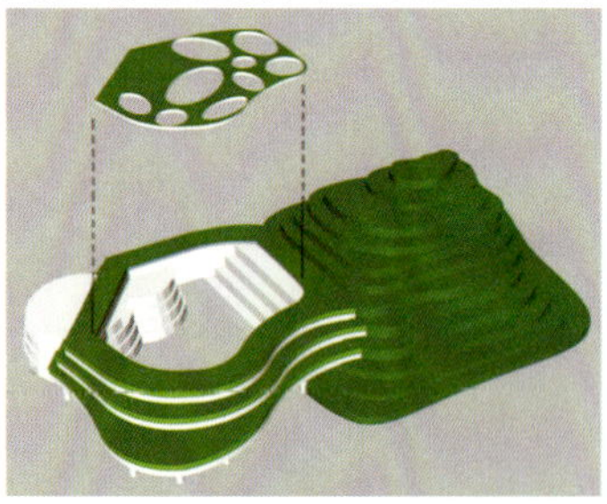

建筑裙房围合成“回”字形底层架空、中庭屋顶局部透空

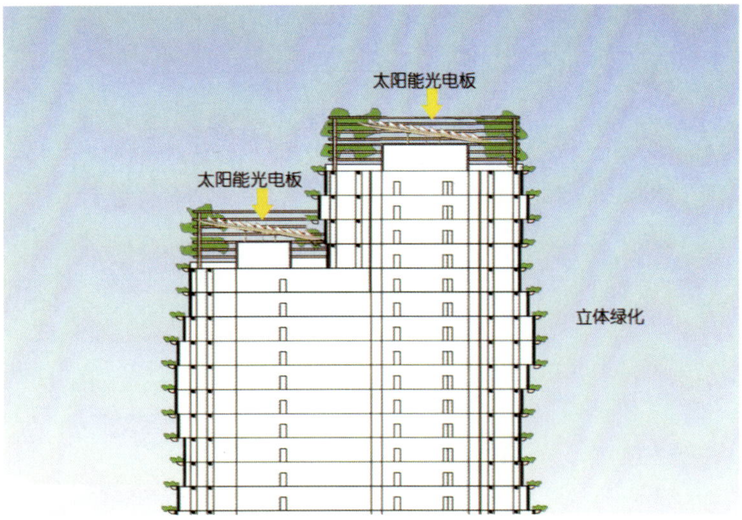

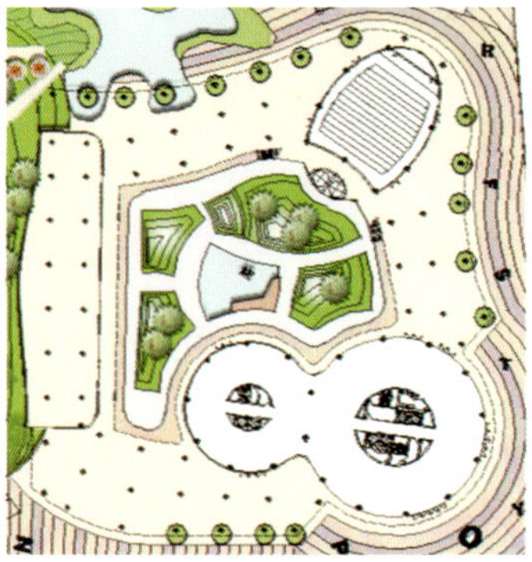

共享中庭首层平面图

共享中庭办公空间意向

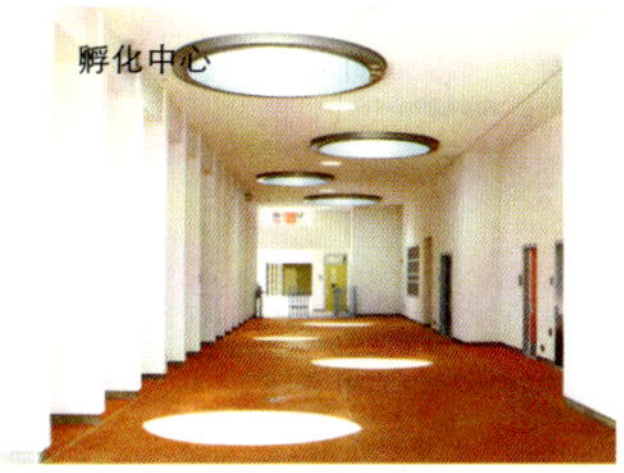

圆形天窗的运用增添了办公空间的趣味性

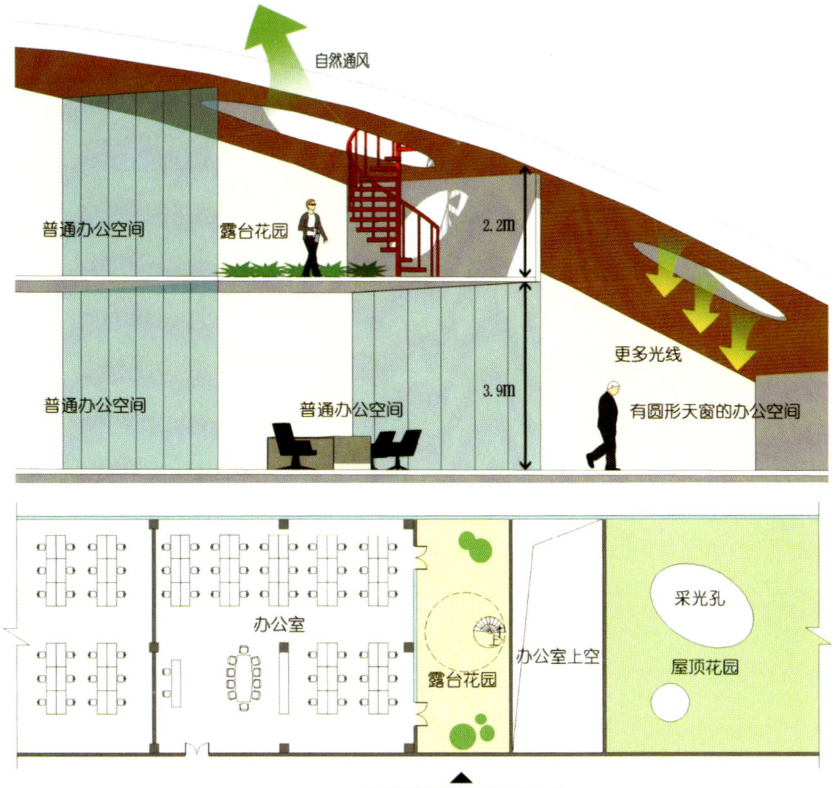

曲面屋顶下的办公空间分析

波浪起伏的屋顶造型塑造了丰富多样的办公空间

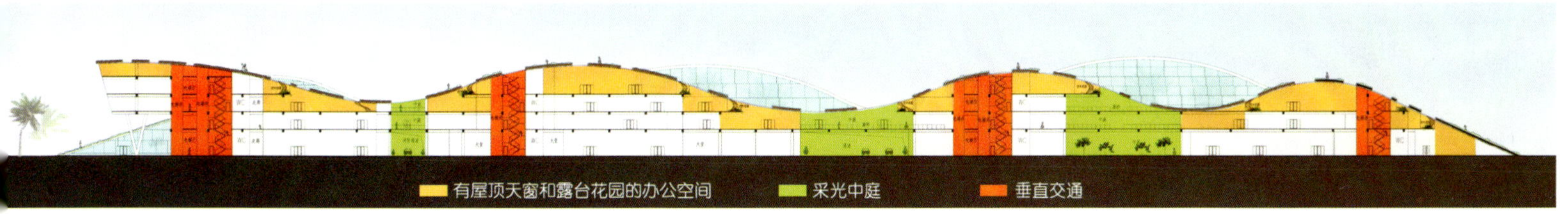

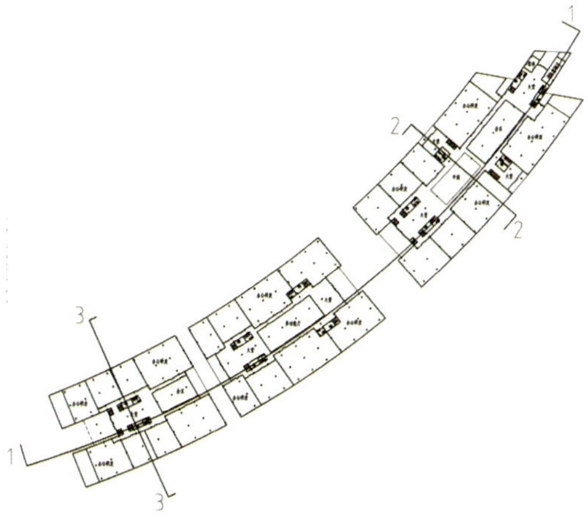

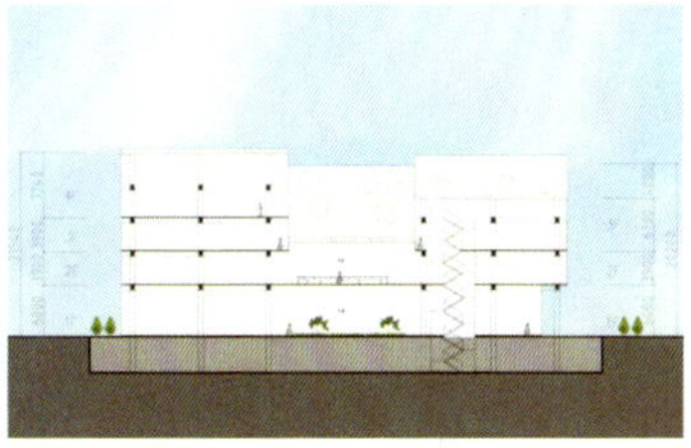

孵化中心2-2剖面

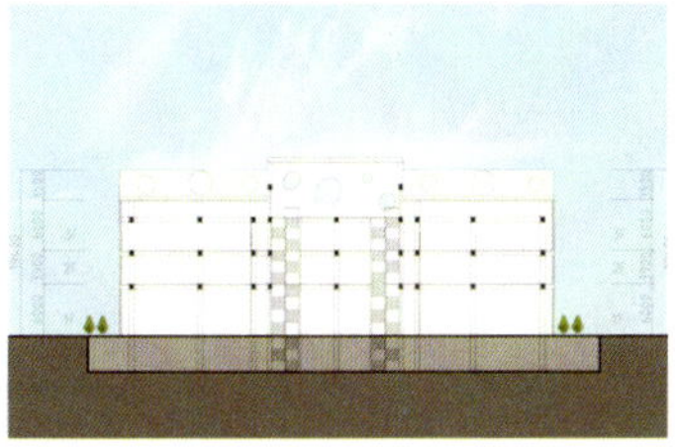

孵化中心3-3剖面

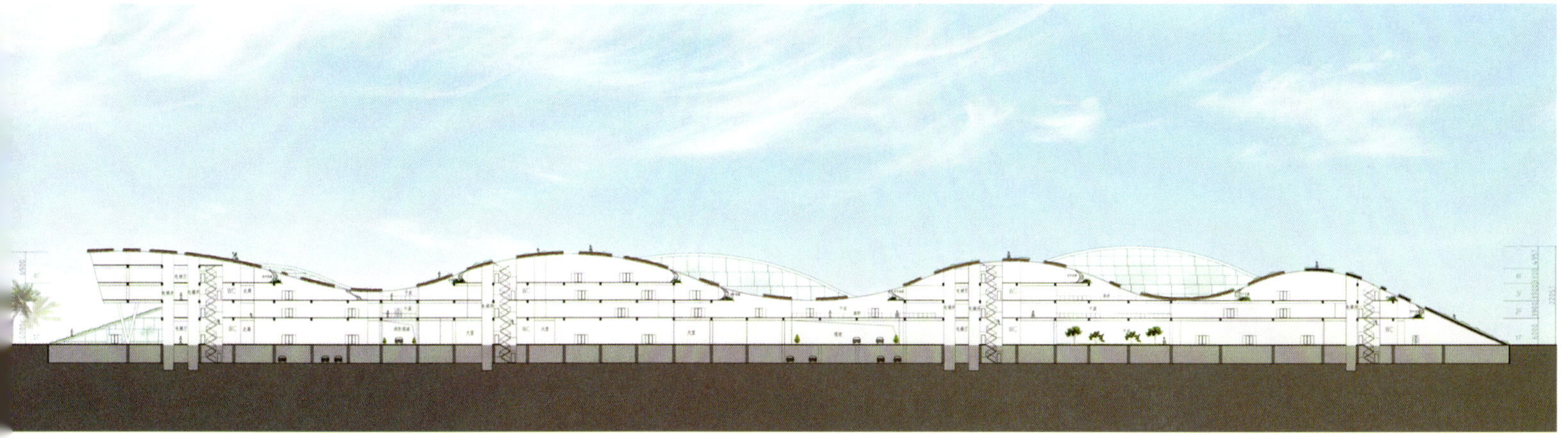

孵化中心1-1剖面

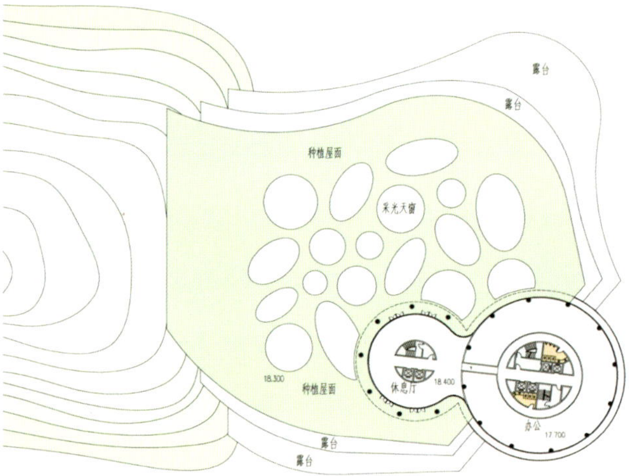

孵化中心B区屋顶平面
建筑面积：1700平方米

孵化中心B区剖面

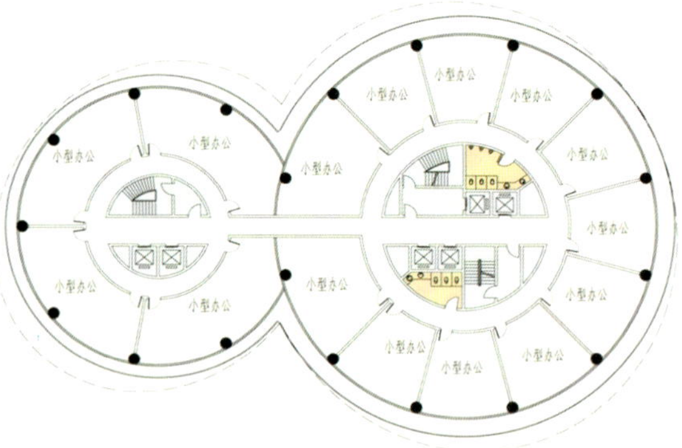

孵化中心B区标准层平面
建筑面积：1700平方米

孵化中心

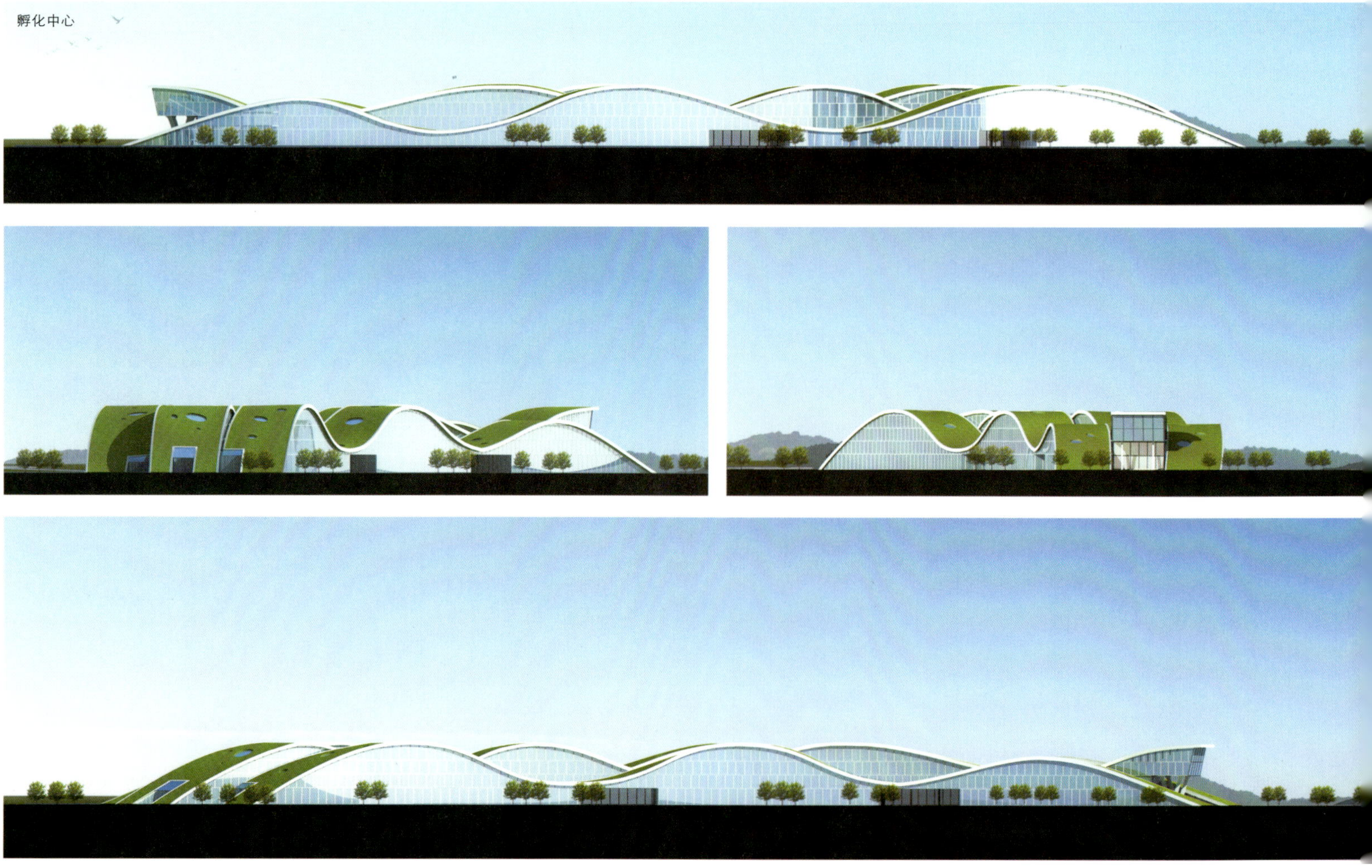

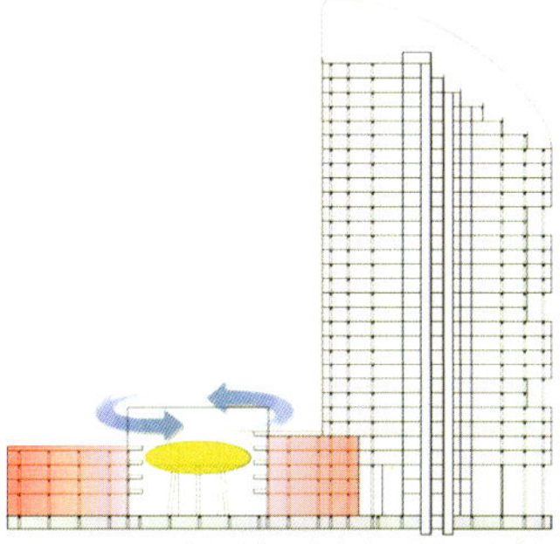

以商业广场为中心，辐射商业内街

风帆造型塔楼引领产业园扬帆起航

大型景观水池，建筑跃然水上

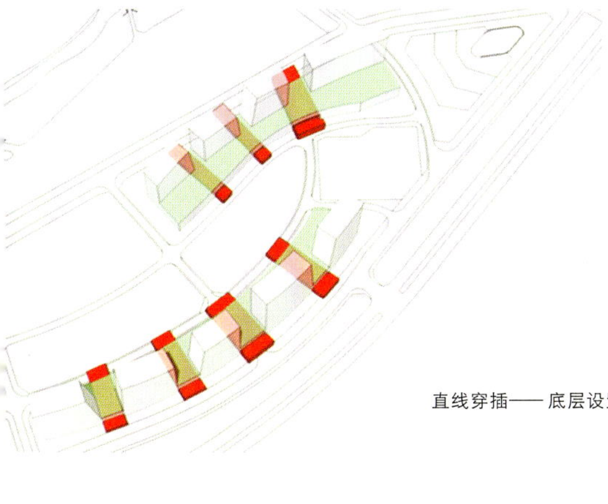

直线穿插——底层设置若干架空二层高空间穿过

仪表仪器服务外包区

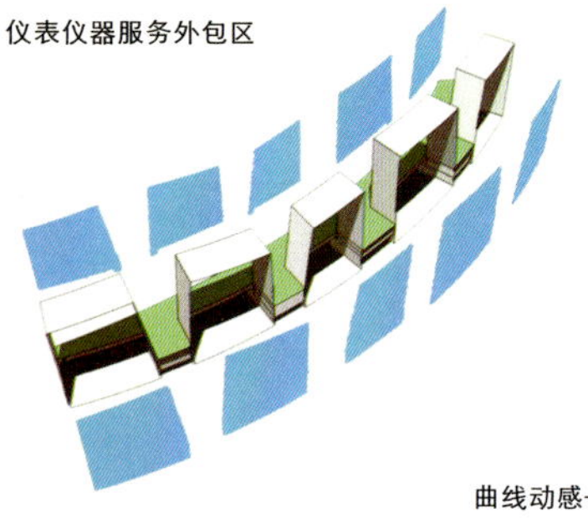

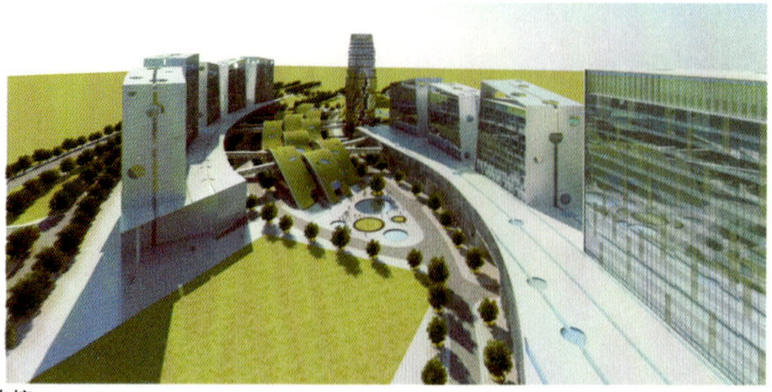

曲线动感——结合标准化平面，以弧形的方式连接

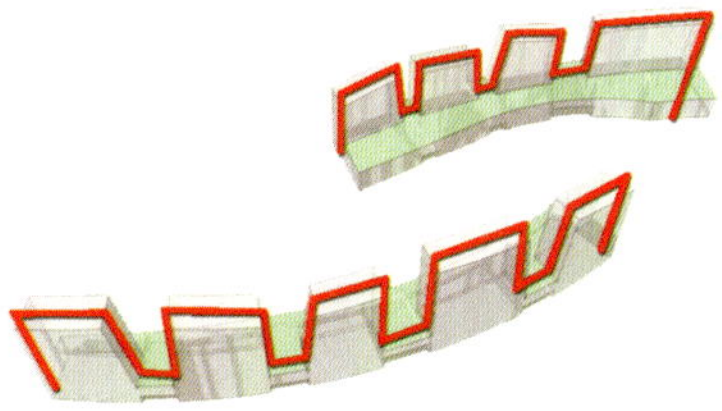

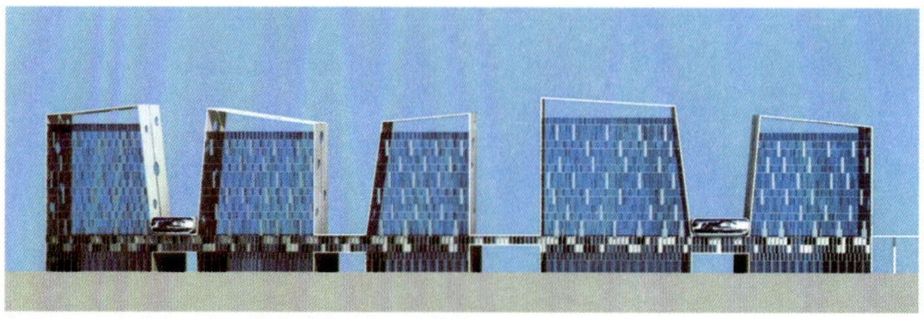

折线韵律——连续折线，把仪表仪器、服务外包两个区域分别串联成一个整体

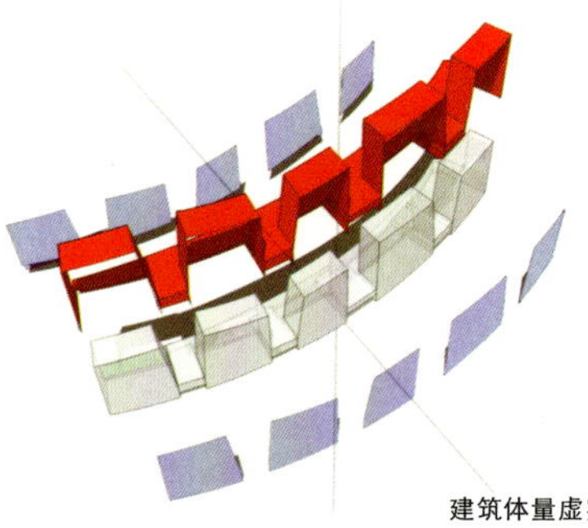

建筑体量虚实对比，高低错落

仪表仪器服务外包区

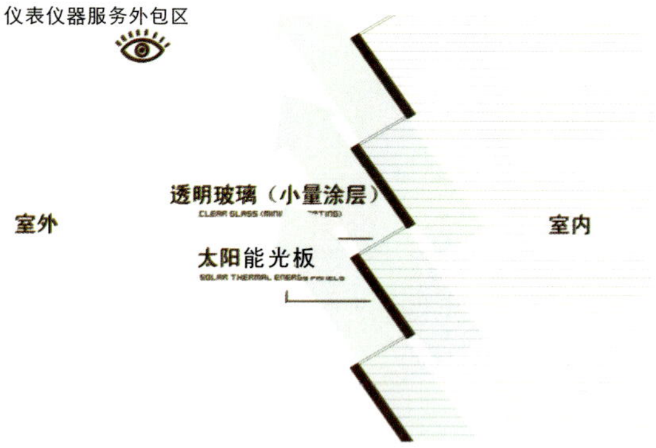

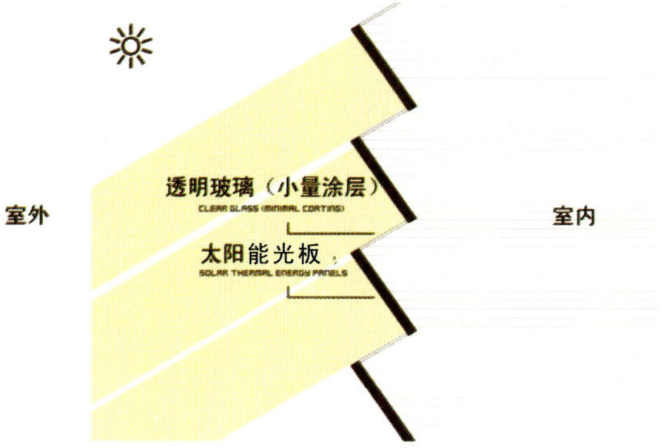

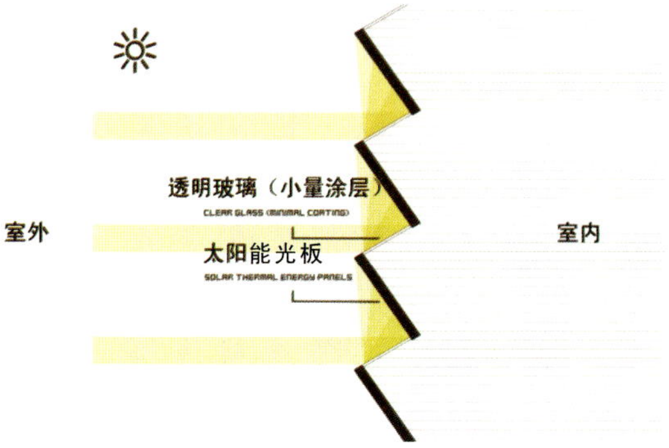

仪表仪器服务外包区

仪表仪器服务外包区

仪表仪器服务外包区

仪表仪器服务外包区

上海市静安区800秀创意园

项目资料：
项目地址：上海市静安区
占地面积：1.5 公顷
建筑面积：22 000平方米
容积率：1.47
委托方：上海静工（集团）有限公司
上海八佰秀企业管理有限公司
设计单位：罗昂建筑设计咨询有限公司
主要设计人员：柯复南　王芳　霍雪松　陈一萍　汤锦燕

总平面图

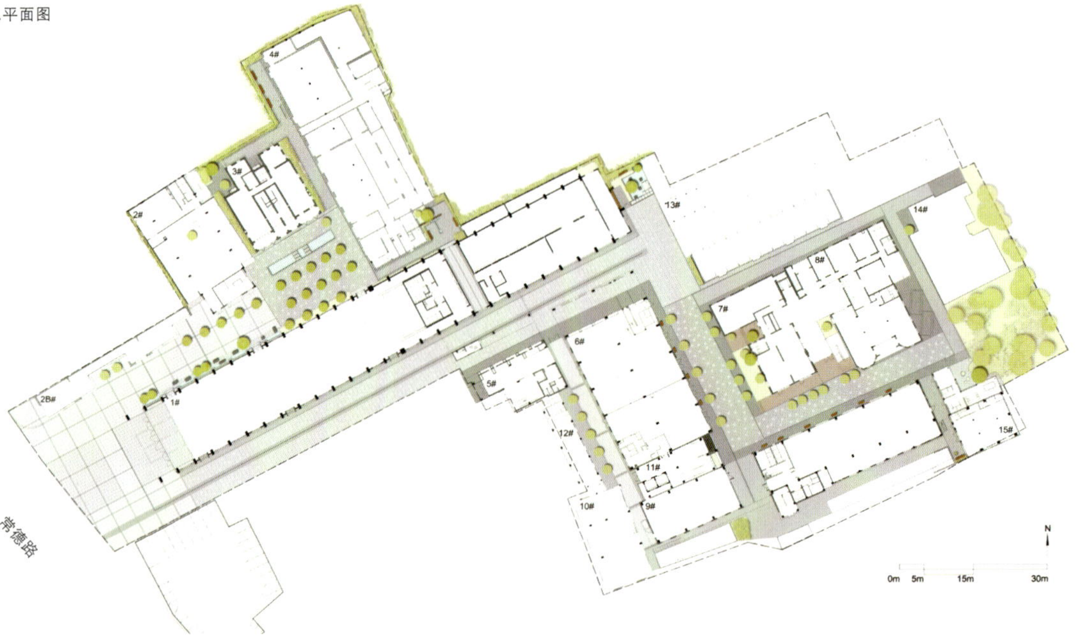

公共区域景观

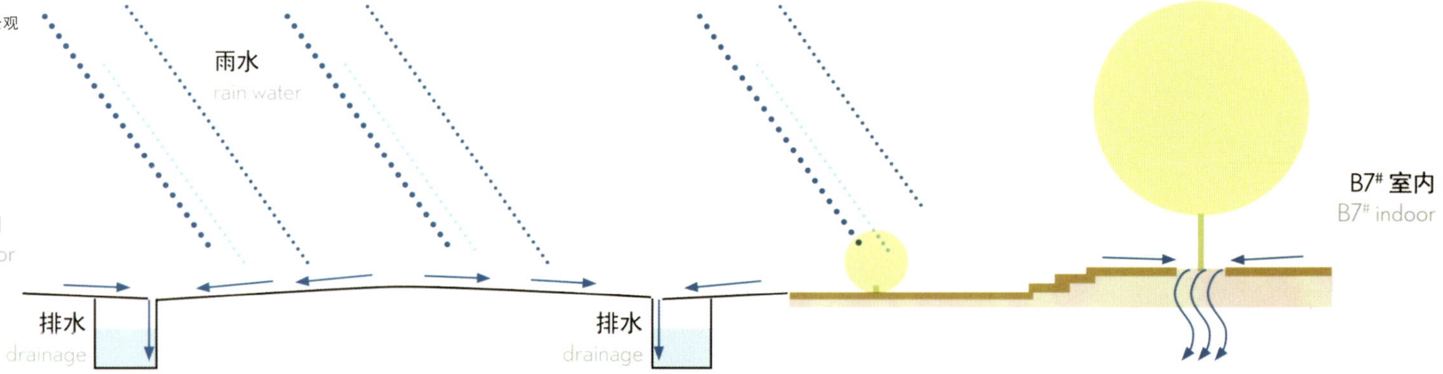

8＃建筑屋顶花园
保留原有屋顶水池，在周围外扩40厘米形成睡莲池，利用新的饰面材料进行铺贴，中间设置喷泉，水体通过水池四边出水口流入睡莲池，通过水池底部设置的水泵将水体进行循环，为扩大活动空间，结合女儿墙重新设置种植池，并将部分原有植物保留和重新搭配。入口处设置两段特色矮墙，沿着矮墙与种植墙体可根据需要自由布置桌椅，形成布局多变的休闲空间。

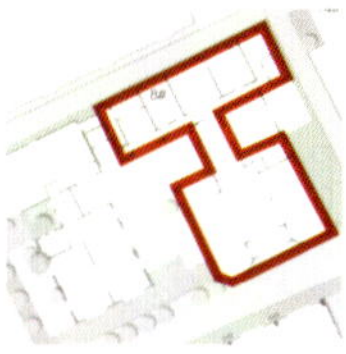

屋顶花园

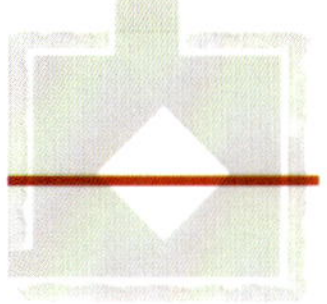

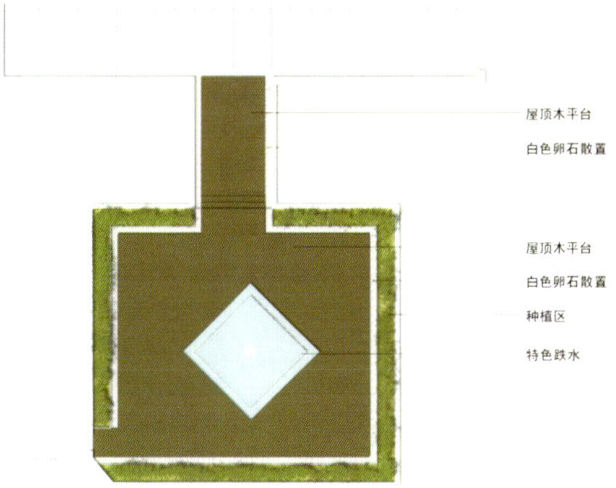

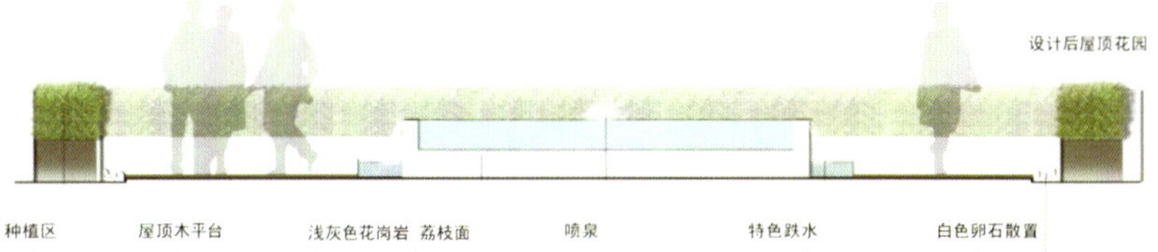

庭院景观

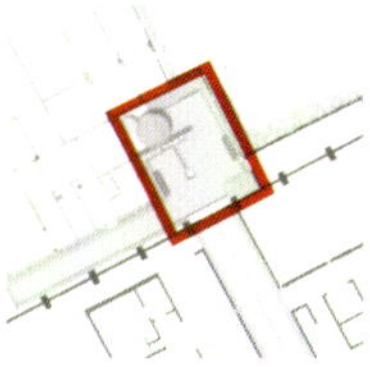

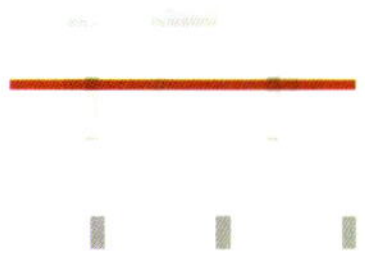

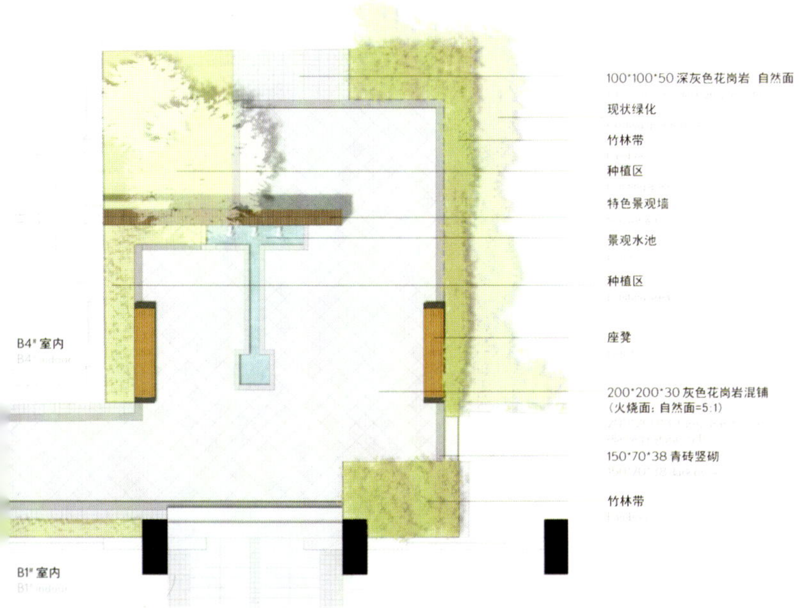

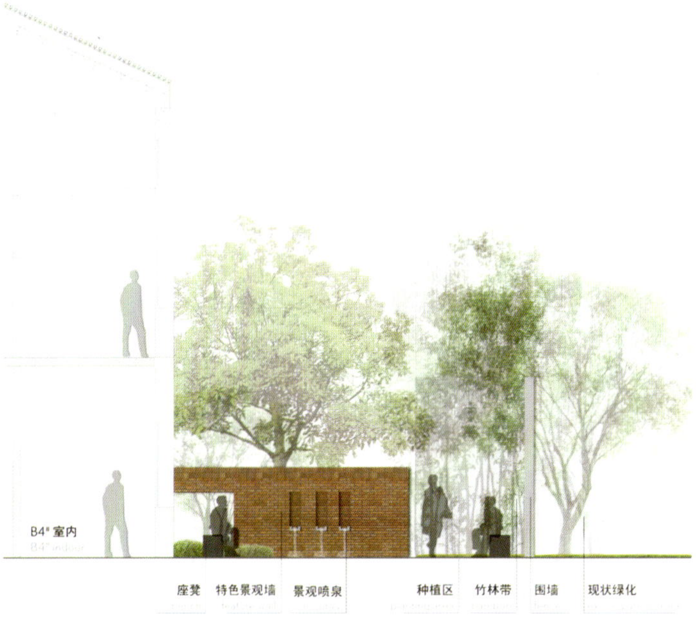

项目说明：

800秀位于上海市静安区核心地带，是一座总建筑面积22 000平方米的创意园区，前身为上海电机厂。园区划分为文化、办公、休闲三个区域，集合了50年间先后建成的15栋风格各异的建筑，根据不同年代的建筑，分别采取了“修旧如旧”和“谨慎地改造”等设计方案，最终创造出具有可持续商业模式的理想创意空间。长120米的活动长廊是800秀的点睛之笔，设计大胆拆除了建筑第一个柱距的外墙，玻璃立面的设计沿常德路创造出一个开放式广场，纵深的建筑形象面向城市展开，成为静安文化建筑的代表。秀场北面的休闲广场集合了展览、画廊及餐饮场所。南面是创意办公区，建筑群具有超高的梁柱结构，创造出惊人的大空间尺度。

800秀处于上海的中心地带，寸土寸金，为了提升整个园区的质量，景观所起的作用非常突出，我们采用了各种景观设计手段，针对整个园区的不同区域和地形，将景观发挥到极致，同时与建筑完美地融合。由于缺乏大面积的绿化种植区域，我们充分利用建筑侧面、建筑顶部、公共区域设置带状，点状绿化，以及屋顶花园，以点带面，增加800秀创意园的绿化覆盖面积，水景和地面铺装也是800秀主要的景观要素之一，涌动的泉水，在广场、台阶与水渠中高低错落的方石，穿插其间或高或矮的植物搭配，沟通了整个园区，同时，在800秀中心长廊前的广场地面，埋地射灯增加了800秀的可识别性。

作为上海中心城区最大的改建工程之一，800秀成功承办了“2009上海国际创意产业活动周”，成为2010年“上海世博会”的分会场之一。

庭院景观

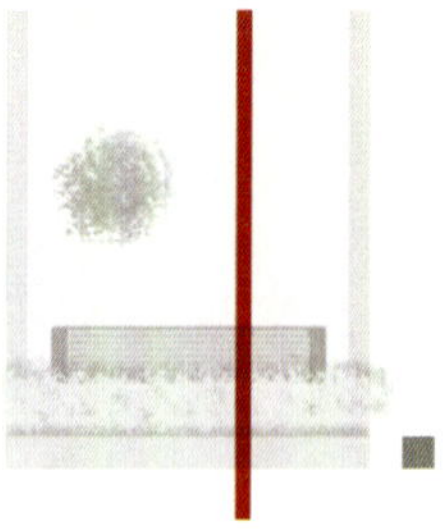

建筑侧面水景

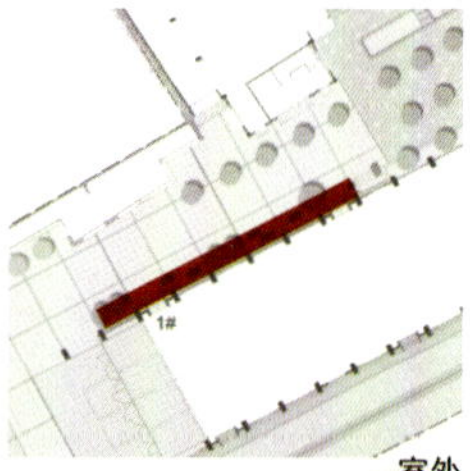

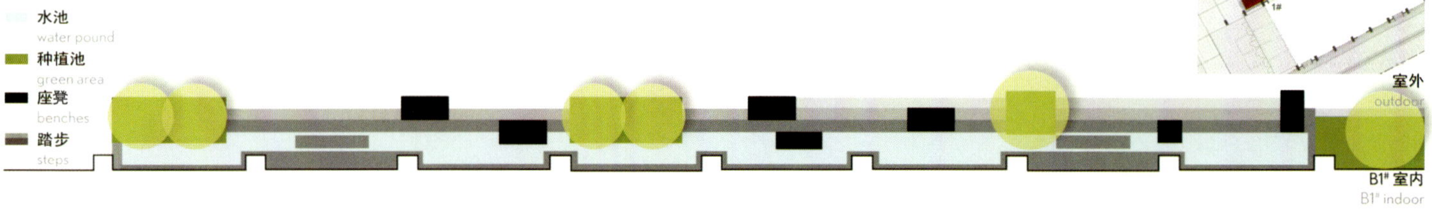

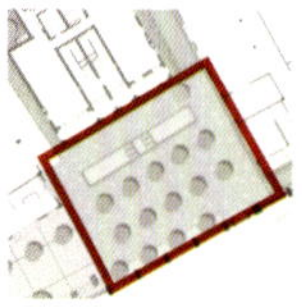

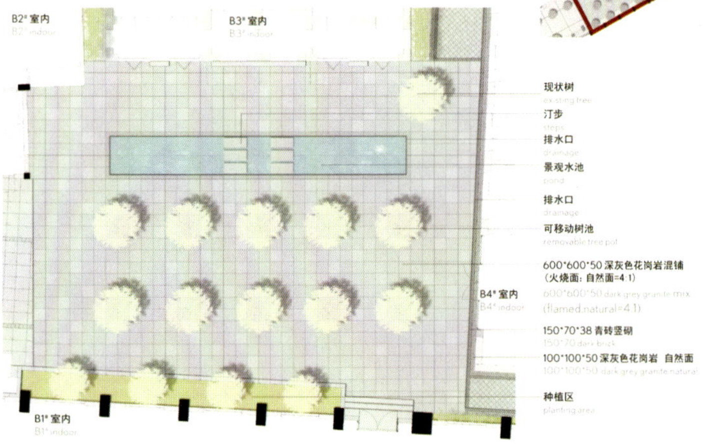

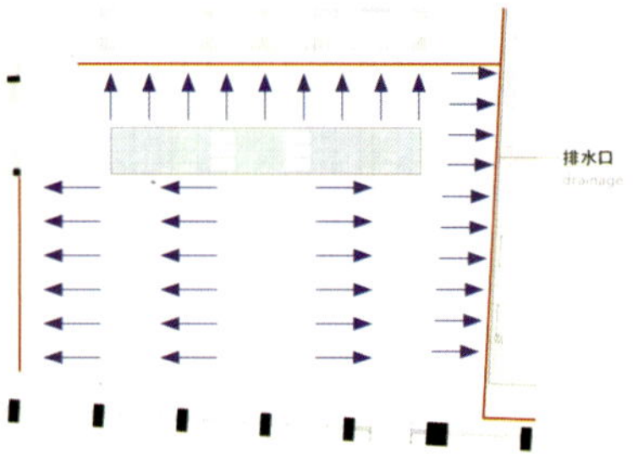

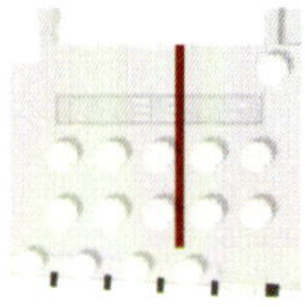

庭院景观

实景鸟瞰图

北京市通州区宋庄南部文化创意产业集聚区

项目资料：
项目地址：北京市通州区
占地面积：15平方公里
设计面积：15平方公里
设计单位：美国龙安建筑规划设计顾问有限公司
主要设计人员：曹雷 黄立敏

项目说明：

宋庄镇位于北京东部，通州新城北部，北京东部发展带和百里长街东线上，距天安门24公里，距天津新港120公里，是北京的东大门，是东北及环渤海地区进京的交通要塞。东西有潮白河与温榆河相邻，北接首都国际机场，镇南部接通州新城。

宋庄文化创意产业集聚区总规划面积约15平方公里。规划地区的定位为：区域服务中心、文化产业基地、生态宜居新城。主要发展科技创新及文化产业，特别是以当代艺术为核心的文化创意产业。

规划从研究现状场地肌理出发，结合生态规划的理念，同时考虑当地经济发展的实际情况，提出了“两心、两轴、三区”的城市总体布局。

两心：行政商务核心和文娱会展核心

两轴：东西向的京榆旧路城市发展轴和南北向的徐宋路文化发展轴

三区：现代艺术创意区、动漫创意产业区以及生活居住区

规划以京榆旧路与宋徐路、宋梁路交会的地段为核心，布置行政办公、商业金融、文化场馆等综合功能，形成最具集聚效应、最具现代化形象的区域性公共核心区。

现状宋徐路两侧已自发形成文化廊、工作室等文化设施，规划以此为依托，将其打造为以文化艺术为主题的区域文化街，布置画廊、展馆、工作室、交流平台等文化设施，形成有机、有趣、有序的城市线性空间，展示宋庄当代艺术文化特色风貌。

位于宋庄创意文化园核心区北部的宋庄博物馆，毗邻京榆旧路，被期待成为宋庄的艺术标志建筑物。与其他建筑群体不同之处在于，宋庄博物馆是位于一片场地上的孤立建筑物，正如雕塑中的阳文一样，它是一个突出的前景物，而其他远近建筑都成为它的背景。

相对于宋庄博物馆，宋庄艺术服务平台位于宋庄创意文化园的核心区南部，该建筑含有多种使用功能，因而对建筑空间的大小要求也不相同。建筑体由一些大小不同的不规则体块并联而成，这些不规则的体块围合组成一个与基地环境丝丝入扣的不规则四边形，中间围合成曲线形庭院，无论是作为艺术家们畅所欲言的论坛，还是作为艺术品的露天展厅，都是一个必然的选择。

城市的天际线是城市视觉形象中非常重要的组成部分，是城市的“视觉名片”。本次设计通过对建筑布局、人文景观的科学组织、安排和处理，使城市轮廓线起伏有致，打造美丽而独特的城市天际线，充分展现园区形象，传递文化艺术底蕴，给人以深刻的视觉印象和美感。

规划沿京榆旧路、宋梁路、潞苑北大街两侧为小高层建筑区，以核心区标志性建筑为控制点，构建连续有韵律的线性空间界面；其余区域结合建筑使用功能为多层建筑区，以双尺度空间营造怡人环境的多功能文化创意产业集聚区。

住宅小区

中心区

京榆旧路（行政街）

京榆旧路（行政街）

京榆旧路（行政街）

宋徐路（文化街）

宋徐路（文化街）

商业步行街

商业步行街

假日酒店

博物馆

会展中心

艺术服务平台

上饶市鄱阳湖湿地科学园

项目资料：
项目地址：江西省上饶市
规划面积：424099平方米
设计单位：宁波星荷园林景观发展有限公司
主要设计人员：钱俊 容跃辉 孙君 陈安居 殷军军 孙轶斌

项目说明：

一、项目定位

鄱阳湖湿地科学园由鄱阳湖湿地博物馆、鄱阳湖湿地科学馆及湿地共同组成。

鄱阳湖湿地博物馆按自然、科学博物馆以分类、发展或生态的方法展示自然界，以立体的方法从宏观或微观方面展示科学成果；鄱阳湖湿地科学馆以湿地研究、湿地的技术，以双向互动的方式，让观众触摸及操作互动，增加参观者对科学的兴趣；湿地是发育于陆地生态系统（如森林和草地）与水体生态系统（如深湖、海洋）之间的一种水陆过渡性质的生态系统。

鄱阳湖湿地科学园依托于鄱阳湖得天独厚的优势而建设，已经站在极高的起点之上，它将展示中国最大湿地资源的独特魅力。

鄱阳湖湿地科学园是鄱阳湖国家湿地公园的窗口，通过征集、保藏、陈列、研究代表湿地生态系统和湿地文化遗产的实物，并以较强的参与性对具有科学、文化艺术价值的物品和湿地生态系统进行展示，为公众提供学习湿地知识、欣赏和弘扬现代湿地和湿地文化的机构和场所，搭建起一座人与自然交流和沟通的桥梁。

二、设计构思

（一）设计思路

个性化：鄱阳湖的特征性、技术的新颖、展示方式的新颖

科学性：室内室外普遍性、特殊性、理论实践

“园”参与性：吸引力、趣味性、亲子性

鄱阳湖所具有的特色要求设计要个性化地展示出它的独特和魅力，因此技术以及方式上都需要采用新颖的手法；科学园在其旅游功能的深层次上还有教育功能，所以无论在室内或室外还是从理论或实践的角度都要求展现其普遍及特殊的科学性；“园”本义便是一个开放的场景，要求人们的参与性，可以设计一些趣味性的、有吸引力的项目，例如亲子乐园等，把娱乐和教育融合到一起。

（二）构思特色

1.中国最具特色的以场景为主、室内外展示相结合的湿地科学园

鄱阳湖科学园的规划根据鄱阳湖的总规划而制订，在可开发的区域充分展示湿地之美，规划中所涉及的景观和建筑使科学园的展示包含了室内和室外的绝大部分区域。

2.中国最丰富的鸟类及湿地植物展示基地

规划地的设计分为展示区和休憩区，以展示区为主，倚仗原有的自然形态，最大限度地把鄱阳湖的鸟类及湿地充分展示出来。

3.如群鹤起飞般的科学馆建筑

科学馆的建筑设计要融入鄱阳湖湿地的特色，群起而飞的鸟群与天际线相交勾勒出高高低低的层次，获此感将科学馆设计得如同飞起鸟群的形态，也充满了寓意。

4.指状的堆岛

科学园的水上游线是很重要的创新点，利用田埂肌理设计“指状岸线”将原来单一的笔直的游线变得丰富。

5.深入水中的人鱼道

人鱼道是一个深入的鱼类展示区，人们混入到鱼儿的世界中，给人以身入其中的真实感觉。

6.适当淹没景点

在竖向设计中，根据现状地形的利用与整合，设置高低错落的景观节点，从而达到整个空间的层次感，控制天际线的丰富变化，同时考虑到鄱阳湖水位季节性的变化，适当设置可淹没景点和不可淹没景点，达到“显为一景，隐为一色”的丰富景观效果。

Natural zone 天之区

1.Bird Ringing Station 鸟类环志站
2.Biological Stations 生物监测站
3.Terminal 游艇码头
4.Floating Road 水上浮道
5.Bird-watching promenade 观鸟长廊
6.Bird-watching house 观鸟屋
7.floating bridge 浮桥踏青
8.Wetland meadow 湿地草甸
9.Wild fishing platform 野钓平台
10.Flower belt 花带
11.Aerial Ladder Platform 梯台
12.Green Terrace 绿色梯田

Field zone 地之区

1.Fish farming culture exhibition 渔耕文化展示居
2.Wetlands Cultural Trail 湿地文化小径
3.Children's play area 儿童游乐区
4.Pedestrian Bridge 人行天桥

Water zone 水之区

1.Aquarium 水族馆
2.Water Garden 水花园
3.Water maze 水迷宫
4.Avenue 人鱼道
5.Leisure House Wetlands 湿地休闲书屋
6.Animal House 动物之家
7. Waterfall 一泻瀑布
8.Display area of Jiangxi Rare Plants 江西珍稀植物展示区
9.Landscape Lighthouse 景观灯塔
10.Marshes wetland forest 湿地森林沼泽区
11.Aquatic plant di splay area 水生植物展示区
12.Picking garden 采摘园

Service area 服务区

1.Poyang Lake Wetland Information Center 鄱阳湖湿地信息中心
2.Visitor center of Baishazhou 白沙洲游客服务中心
3.R & D Building 科研楼
4.Management building 管理用房
5.Poyang Home 鄱阳居
6.Park 停车场
7.Terminal 游船码头
8.Entrance Plaza 入口广场
9.Flower Habitat 迎宾花境
10.Tree of Entrance signs 入口标志大树
11.Lotus pond 荷花池
12.Pedestrian Bridge 人行天桥

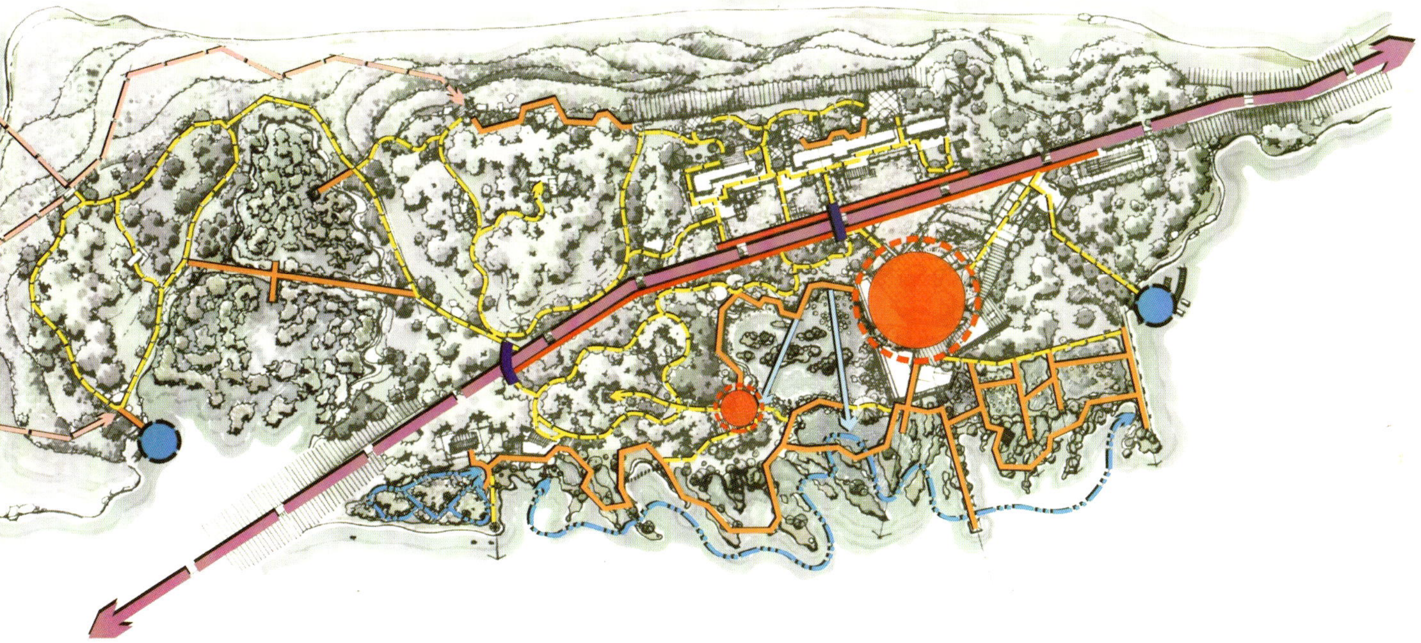

旅游线路分析图

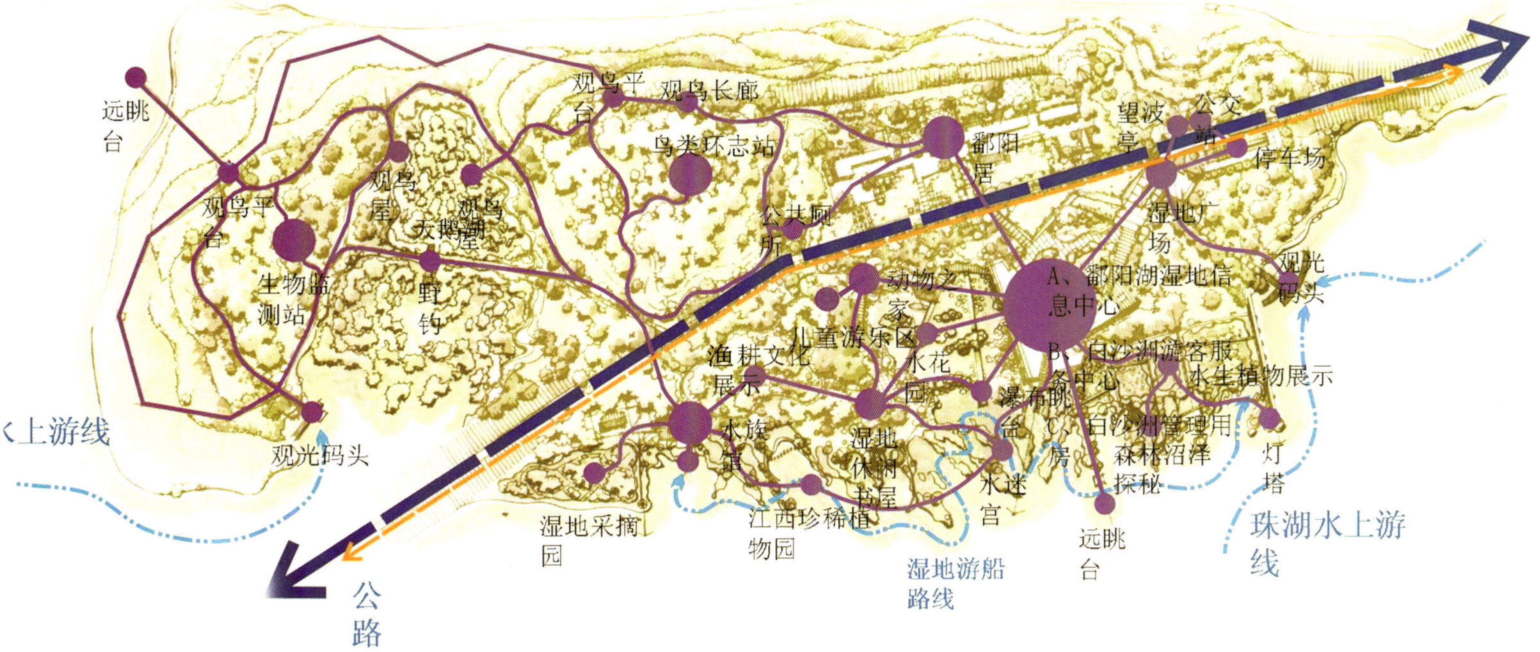

（三）交通规划

科学园范围广，面积大，设计中对交通提出了很高的要求，不仅要充分考虑到其实用的通道功能，还要与景区充分融合，成为景区中的一景。

水上交通：科学园独到的水上游线是个与众不同的创新点，利用田埂肌理设计将原来单一的笔直的游线改造成“指状岸线”，上游线变得丰富。

陆地交通：以木栈道与园路为主，其设计都充分结合了湿地的地形、水文并符合整体的植物感觉。

停车场：考虑到游客的安全，所以将停车场设置在道路南侧，以减少人车的对流可能产生的危险。

公交车站：因为现状的道路平均宽度只有5米，所以将车站设计成港湾式，以减少对正常车流的影响。

观光电瓶车：虽然电瓶车是游览必不可少的交通工具，但考虑到科学园的地形复杂和湿地参与野趣和自然的感觉不符合，不建议内部使用电瓶车道，只是在入口处设置景区间的电瓶车游览停靠站。

（四）旅游规划

1.主要景点

鄱阳湖湿地信息中心、鄱阳居、野钓、水族馆、湿地休闲书屋、采摘园、浮桥踩青、儿童游乐区、水宫拾慧、湿地文化之旅、生物监测站、鸟类环志站、水生植物展示、森林沼泽探秘、水迷宫、人鱼道、天鹅湖观鸟屋、动物之家、观鸟长廊、观鸟眺望台、灯塔留影、一泻瀑布等。

总游览时间3小时24分钟，主要是教育性比较强的景点，在开设中可以与学校合作，成立湿地室外课堂，为学生提供野外实物教育研究的场所。

假日游：以随机性的一日游为主，景点、路线都很随意。

2.其他特色旅游

湿地观鸟游、渔耕文化体验游、水岛探秘游等，具有一定的特色和目的性。

三、功能分区

（一）按功能分区为天之区、地之区、水之区、科学院信息中心

（二）分区说明

科学园的展示就是在展示鄱阳湖湿地之中的天鸟之天堂、水水之泽国、地文化之宝库，通过室外三区来让人们了解鄱阳湖湿地天、地、水与人之间的和谐关系，从而实现以开发促保护的目的。

总占地面积：424099平方米

（三）天之区

天之区以鸟为主，这里的岸边湿地和小型洼地低成本地营造了一系列的生态环境，创造了具有教育意义的景观。天之区的环境需要营造和改善，现在的状况只能吸引少数人，计划在水面湿地环境中搭建人工鸟巢，种植浓密植物减轻噪音污染和视觉污染，同时吸引较为稳定的涉禽与游禽，从而吸引更多的游客。

（四）地之区

地之区以湿地为主体，通过对原有现状场地的整理与再设计将湿地文化场景再现，以室内与室外雕塑的展示与林下休闲娱乐结合的休憩场所为主，以不同的形式充分展现出规划地所独有的渔文化、酒文化和农耕文化。

地之区作为天之区与水之区的过渡带，植物上联系天与水两区的风格的同时体现地之区特有的

人鱼道剖面设计

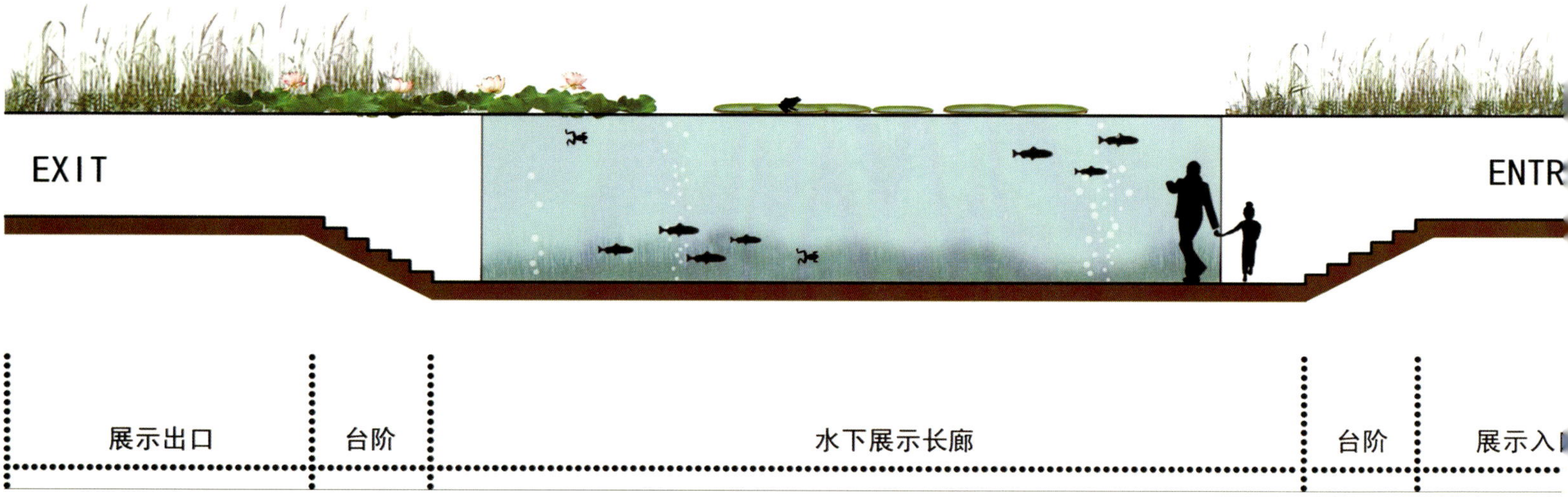

科学园信息中心平面

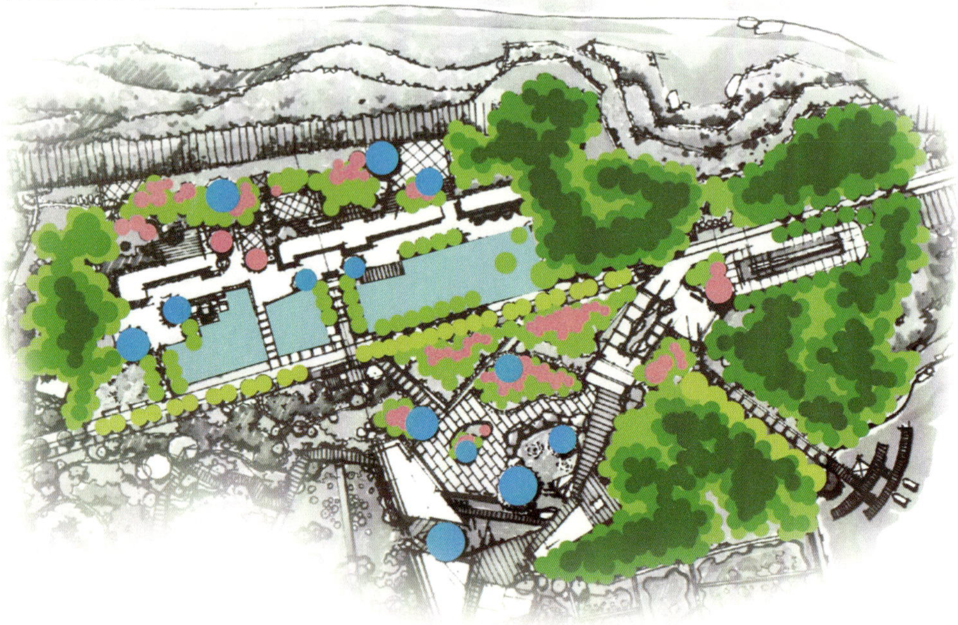

动物之家

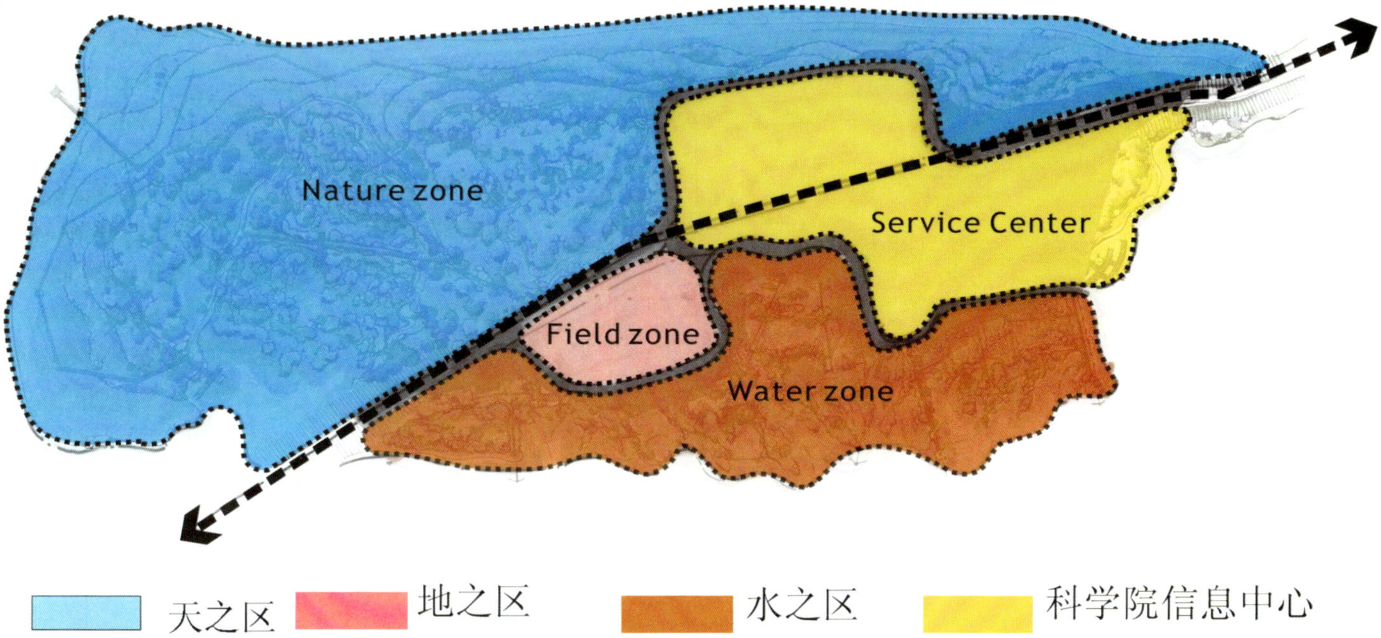
Nature zone
Service Center
Field zone
Water zone
天之区
地之区
水之区
科学院信息中心

江西珍稀植物展示区

水生植物展示水上平台

森林沼泽区

水迷宫

眺望台

观鸟长廊

农耕文化特色。植物以庭院树为主。主要植物品种有樱花、枇杷、李、杏、海棠、木槿等。

（五）水之区

水之区即以水为主体。设计岸线遵循着水陆空间过渡有序、人流与视线引导性强、延续原有田耕路的肌理、易于形成州岛效应、易于施工建设、降低造价等原则。

（六）科学院信息中心

四、专项设计

（一）湿地恢复

湿地恢复是一项复杂的工程，需要综合不同专业的知识，包括生物学、生态学、水文学、水力学、地理学、经济学以及规划等领域。

湿地恢复通常有多种原则，在栖息地价值、防洪与侵蚀控制、水质、休闲价值和经济性等各个方面都有所不同。从恢复途径来看，也可以分为两种：被动的湿地恢复与主动的湿地恢复。

被动的湿地恢复是一种偏重于借助自然系统本身的自我维持和自我恢复能力，比如，在湿地恢复初期，尽可能清除系统内的人为干扰并恢复湿地的水文状况，然后通过植被的更替来逐步恢复湿地。这个恢复途径与目前大多数自然保护区采用的方式相同，优点是直接用于生态恢复的费用低廉，充分利用当地和邻近湿地的种子库，经过一段时间后，自然植被得以恢复，不足之处在于这种方法不适于人类活动频繁的地区，置换土地和迁移人口都需要高昂的经济代价，并且恢复需要的时间很长，在恢复初期，其生物多样性功能和休闲价值是无法体现的。这种方法通常用于尚存有湿地特征或可用简单低科技手段重建的场地，其目的在于用最小代价重新建立湿地自然生态，所借助的是自然循环系统。

相比之下，主动的湿地恢复较为积极主动，除了恢复湿地水文状况外，还要恢复湿地的基底和植被，甚至进行关键物种的再引入。严重退化或湿地类型难以识别的待重建湿地就需要这种方法。这种恢复途径包括改变地形轮廓，通过水流控制设施来管理水位和水量，种植各种水生、湿地和中生植物，清除侵入性和非本土物种，以及根据具体物种生存需要来添加合适的土壤。因为对规划、工程、园艺、建筑、人力、物力等方面的要求较高，所以主动方法通常成本较高。

植被是主要的湿地生物恢复技术之一。主要包括物种选育、培植技术、群落结构优化配置与组建技术、群落演替控制与恢复技术等。对于湖泊湿地而言，通常需要开展的工作包括适当控制大型沉水植物的生长。采用的方法包括收割、引入特定的食草昆虫或鱼类、下调水位、沉积物覆盖等。滨岸植被的恢复方法与河流湿地相似，自陆地向开阔水域建造湿生植被带、挺水植被带、扎根浮叶植被带、漂浮植被带、浮游植被带、沉水植被带以及开阔水域的浮游植被带等7个湿地植被带。常用的栽培技术包括：播种、移植、扦插等等。在植被恢复之前，应采用机械或人工办法去除杂草，尤其是葎草等蔓生杂草。对于土壤有机质含量低的滨岸，可通过覆土、施加有机肥的方式进行现补，但是应该避免在雨季和汛期进行。为保证扦插和移植的存活率，木本植物应该设计在平均最高水位以上，并且应设计林下带。根据所采用的草木植物的不同耐淹性来决定它们在最高水位和最低水位之间的位置。不具有浮叶的沉水植物应设计在最低水位以下的浅水区，以利于吸收光能。

湿地恢复的目的除了保护湿地这样的生态形式，更需要营造湿地景观，供人类游览和赏析，以求使湿地发挥更大的作用。但是人类的活动与湿地的保护是一个相对的活动，因此要合理处理好人为活动对湿地的影响。可以通过交通设计、污水收集和处理设计、旅游设施设计等来控制，并且可以通过移植植株、清除外来物种、动物群落恢复等方式来缩短湿地恢复到理想形态所需要的时间。此外，渔业等人类活动可以根据生态系统内各种群落的动态进行适度的开展。比如在退渔还湿的地方，除了湿地恢复外可以开展垂钓等生态旅游，通过对资源生物的中度干扰来维持该种群持续增长。

（二）吸引鸟类

因为鸟活动性比较强，并且多为迁徙物种，因此必须首先确定需要吸引和恢复的目标物种，然后再仔细研究目标物种的生境需求，并进行针对性的栖息地恢复。

主要方法途径：

· 提供充足的鸟类饵料。对于植食性的水鸟，应恢复那些能够提供其食用的种子、块根、块茎的植物群落。对肉食的水鸟，则应恢复上一个营养级的种群或群落，一旦确定，可采用上述的相应技术。由于水鸟可能以较高的经济价值的大型低栖动物为食，因此需要谨慎评估那些资源生物的生物量，以及适宜人为捕捞强度。对于迁徙物种，当它们停留在湿地觅食时严格控制湿地的人为活动，除了防止捕捞导致饵料缺乏外，应避免直接干扰鸟类。

水迷宫

鄱阳居后庭

水花园、信息中心

科学馆

水鸟觅食所需要的水动力条件：

·提供隐蔽的繁殖或栖息场所。天然洞穴、植物都可能是水鸟的繁殖或栖息场所。但是在植被恢复的同时，必须注意生境的复杂性，具有斑块状的水面芦苇群落比人工湿地的芦苇床具有更高的栖息地价值。

（三）科学馆绿色屋顶

科学馆的屋顶设计计划采用绿色屋顶，绿色屋顶是建筑的第五立面，是位于建筑和景观之间的传统地带。绿色屋顶扩展了屋顶的意义，扩展出一个具有很大特征的生态表面，防水、隔热、吸收悬浮灰尘和净化空气中有害颗粒，阻挡了空气和紫外线对屋顶的影响，相当于安装了一个巨大的空气过滤器，并且它的外形美观，很适合用在公共空间上。

（四）浮岛

在池塘的改造过程中，添加一些浮岛可以增加其美观和生物多样性。所谓的浮岛是由植物连接组成的浮垫，虽然不是可供人居住的岛屿，但是可以为鸟类和两栖类动物提供新的栖息地，“小岛”漂浮在水里的根，通过吸收水里的营养物质来达到清洁和保持水质的作用，从而促进水草的生长，也为水里的鱼提供栖息地和食物。浮岛上不同种类的植物也为水面增添了随季节而变化的特色。

天津市宝坻区京津新城高新产业园区

项目资料：
项目地址：天津市宝坻区
设计面积：约32平方公里
设计单位：广州市天作建筑规划设计有限公司

项目说明：

京津新城高新产业园区位于天津宝坻区，设计面积约32平方公里，包括植物园，大学园，国际、国内总部后台系统服务中心，国内外中小企业CSD和居住区等五个功能片区。设计以“方格网＋田园城市”的构思，构建一个智能、生态、高效、环保的城市新区。

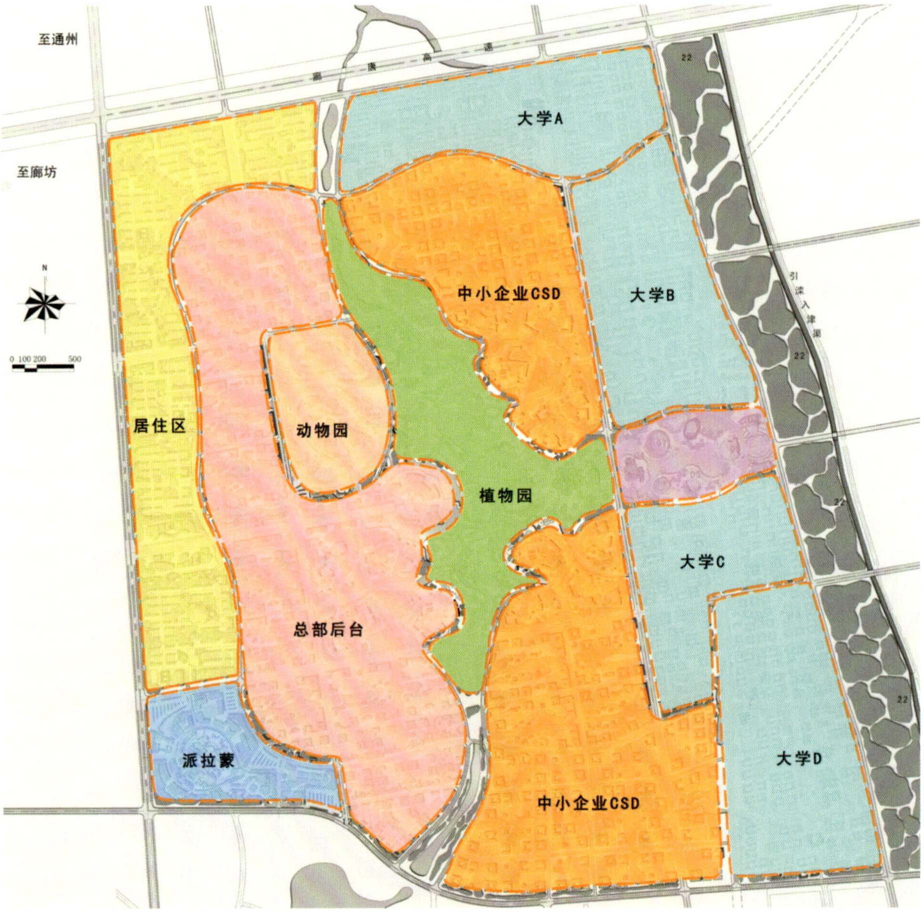

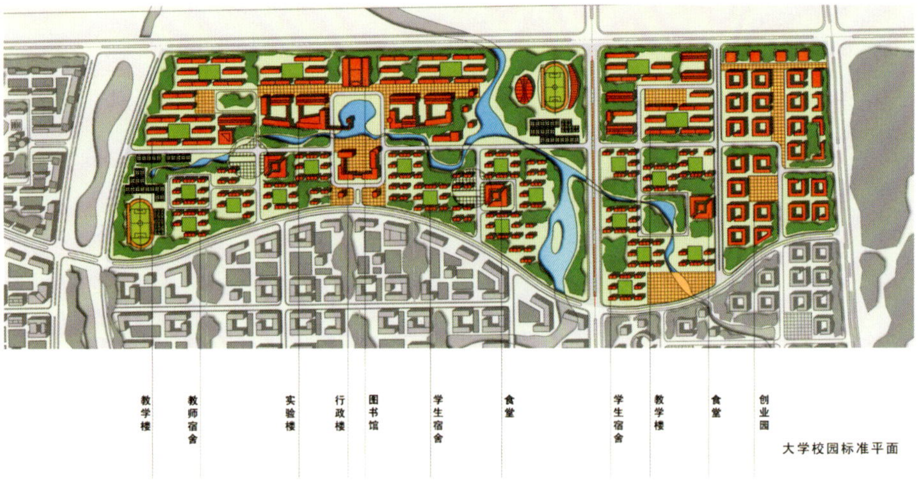

大学校园标准平面

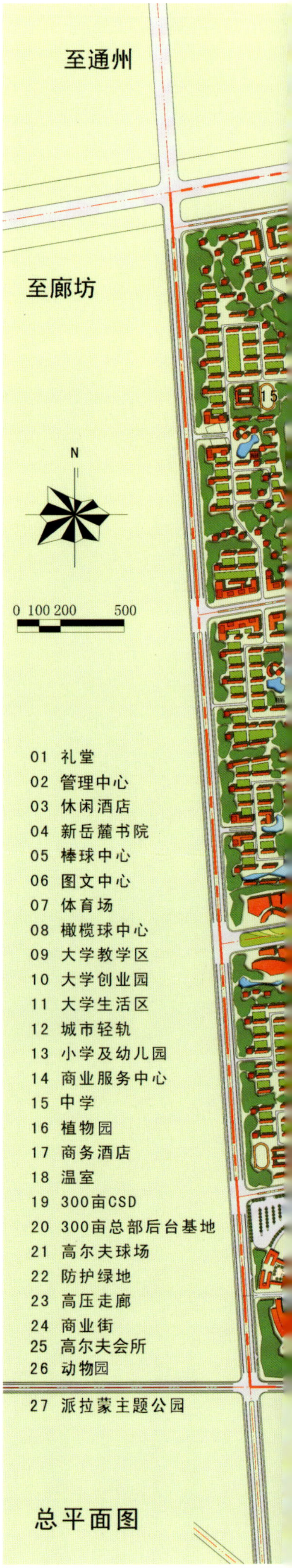

总平面图

廊唐高速
引滦入津渠
01
02
03
04
05
07
08
09
10
11
12
16
17
18
19
20
21
22
23
24
25
26

五柳先生傳

大学B-图书馆剖面

大学B-图书馆东南向透视

深圳市华为培训中心

项目资料：
项目地址：广东省深圳市
地块面积：15公顷
总建筑面积：92 500平方米
设计单位：刘荣广伍振民建筑师事务所(香港)有限公司

项目说明:

踏进深圳市龙岗区布吉坂田镇的华为培训中心范围，暖和的阳光微微照射在淡黄色墙壁上，感觉温暖舒适，原来科技不一定是冷冰冰的。

华为技术有限公司是国内高科技行业龙头，也是全球首屈一指的网络通讯设备供货商，本中心是该公司专门培训员工以及会见国内和世界各地客户的基地。整个项目围绕“以人为本”的设计理念，以简单线条，建构开放互动的交流空间。

建筑师返璞归真，以大量天然建材，辅以剔透的玻璃，搭建既富现代感，又具农舍风味的斜顶土房子组群，在绿叶成阴的园林映衬下，予人偌大舒适的空间感。有别于外面的简朴，房子里非常注重细部设计，明亮的空间设施齐备，小组式布局由走廊相互串连，错落有序，辅以多个舒适休闲角落及咖啡室，方便学员随意聚集、学习交流，柔和的阳光透过玻璃射进来，感觉温馨，仿佛又回到了大学校园，而这正是建筑师所希望营造的气氛及效果。

唐山市曹妃甸工业园区综合服务区四号河沿岸

项目名称：
项目地址：河北省唐山市
总占地面积：5.9公顷
总建筑面积：1.4万平方米
设计单位：洲联集团·五合国际（5+1 WERKHART）
主要设计人员：胡之平　陈彦钧　林跃勤

项目说明：

项目位于唐山市曹妃甸工业园区综合服务区的核心金融商业圈中心，作为曹妃甸主要人工引海水工程，它将建设成为整个服务区最具活力与人气的休闲娱乐滨水空间。规划从完成城市配套功能出发，设计娱乐、休闲、文化功能板块。各功能板块内单体建筑体量较小，风格以体现工业、现代、科技文化为主题，结合滨水景观营造丰富的室内和室外活动场所。滨水东岸用地分为游艇俱乐部区、滨水酒吧区、展览区、滨水公园区。西岸是以公共岸线为主，结合节点广场设计驻足空间。

景观设计以工业文化、海文化和唐山文化为切入点设计文化底蕴醇厚的公共空间。游艇码头区是由游艇俱乐部与特色餐厅构成，融合景观环境，展现时尚现代的滨水码头岸线。滨水酒吧区以餐饮零售为主要形式，硬质岸线与户外平台相结合，通过高差不同的平台展现亲水界面。滨水公园以文化为主题，强调室内与室外空间的融合，营造聚会、休闲和娱乐环境氛围。

01 游艇主题餐厅
02 游艇码头
03 滨水休闲广场
04 灯火景观塔
05 水上廊桥
06 亲水平台
07 滨水散布道
08 花树迎宾
09 入口灯带
10 户外休闲吧
11 亲水餐饮港湾
12 旱喷下沉广场
13 火焰灯带
14 音乐喷泉
15 亲水观景平台
16 张拉膜休闲广场
17 带状台地公园
18 船头文化展厅
19 彩虹拱桥
20 生态停车场
21 涌泉戏水
22 太阳能景观柱
23 台地雕塑广场
24 风琴音乐雕塑
25 水帘绿植
26 艺术主题吧
27 工业文化景墙
28 文化长廊
29 银杏树阵广场
30 “帆”主题广场
31 码头管理用房
32 开阔草坪
33 锈板植草带
34 观景平台
35 陶瓷文化园
36 树林草坪
37 休闲廊架
38 青花瓷艺术坊
39 生态停车场
40 跌水喷泉

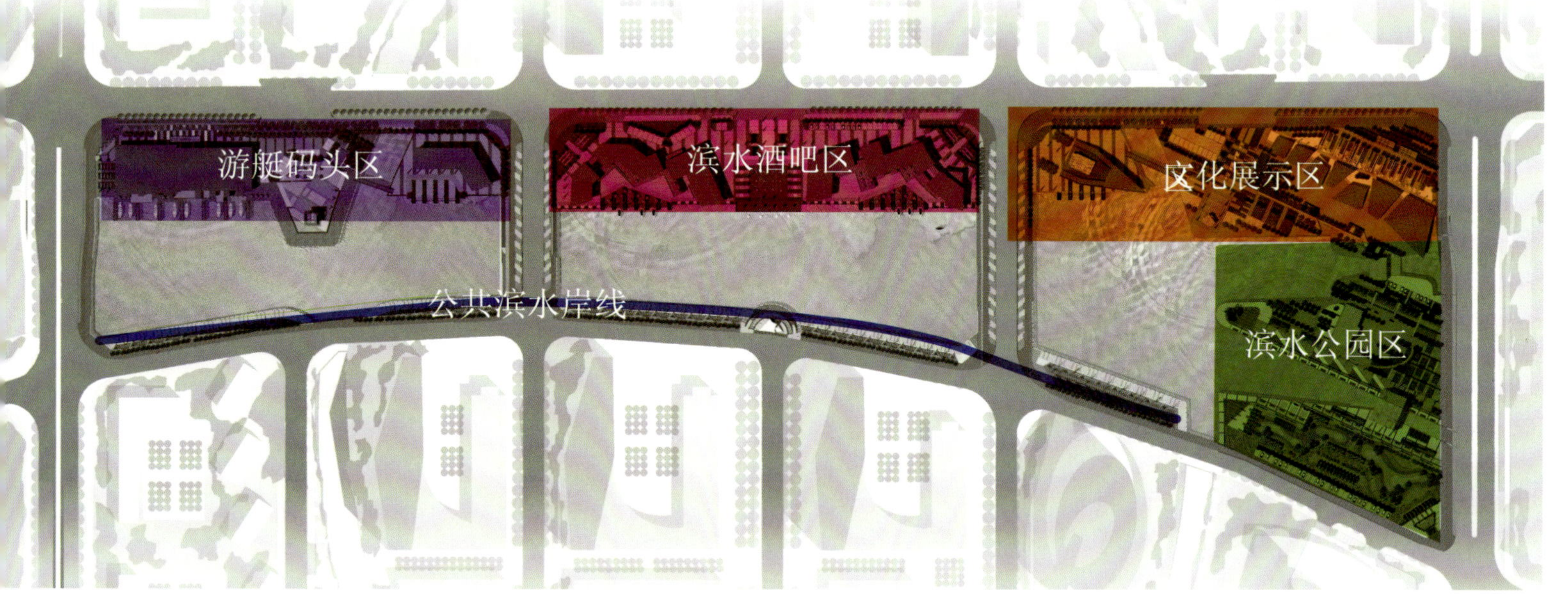

滨水酒吧

滨水酒吧区

酒吧街剖面

西岸广场节点

西岸岸线

西岸景观剖面

滨水岸线

游艇码头

游艇码头—景观塔

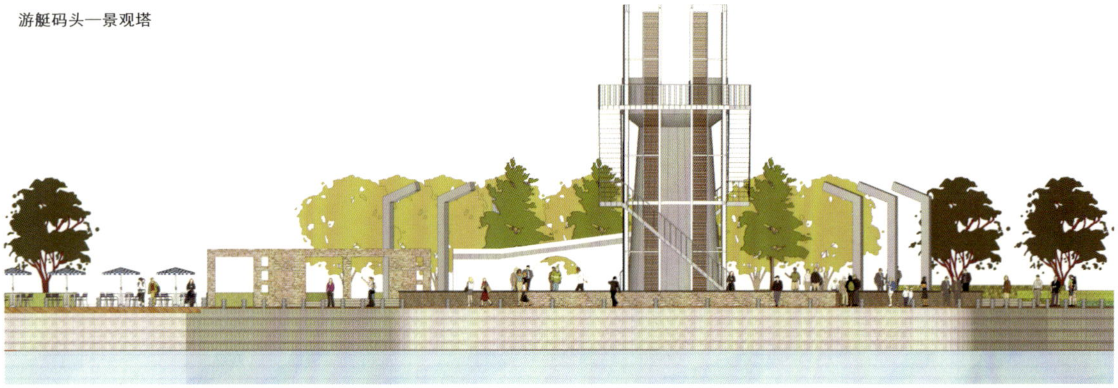

游艇俱乐部入口

公园公共休息区

公园一角

酒店
HOTEL

北京市朝阳区盈科中心商务会所
1949-THE HIDDEN CITY

项目资料：
项目地址：北京市朝阳区
占地面积：3910平方米
建筑面积：1804平方米
设计单位：ECOLAND易兰（亚洲）规划设计公司

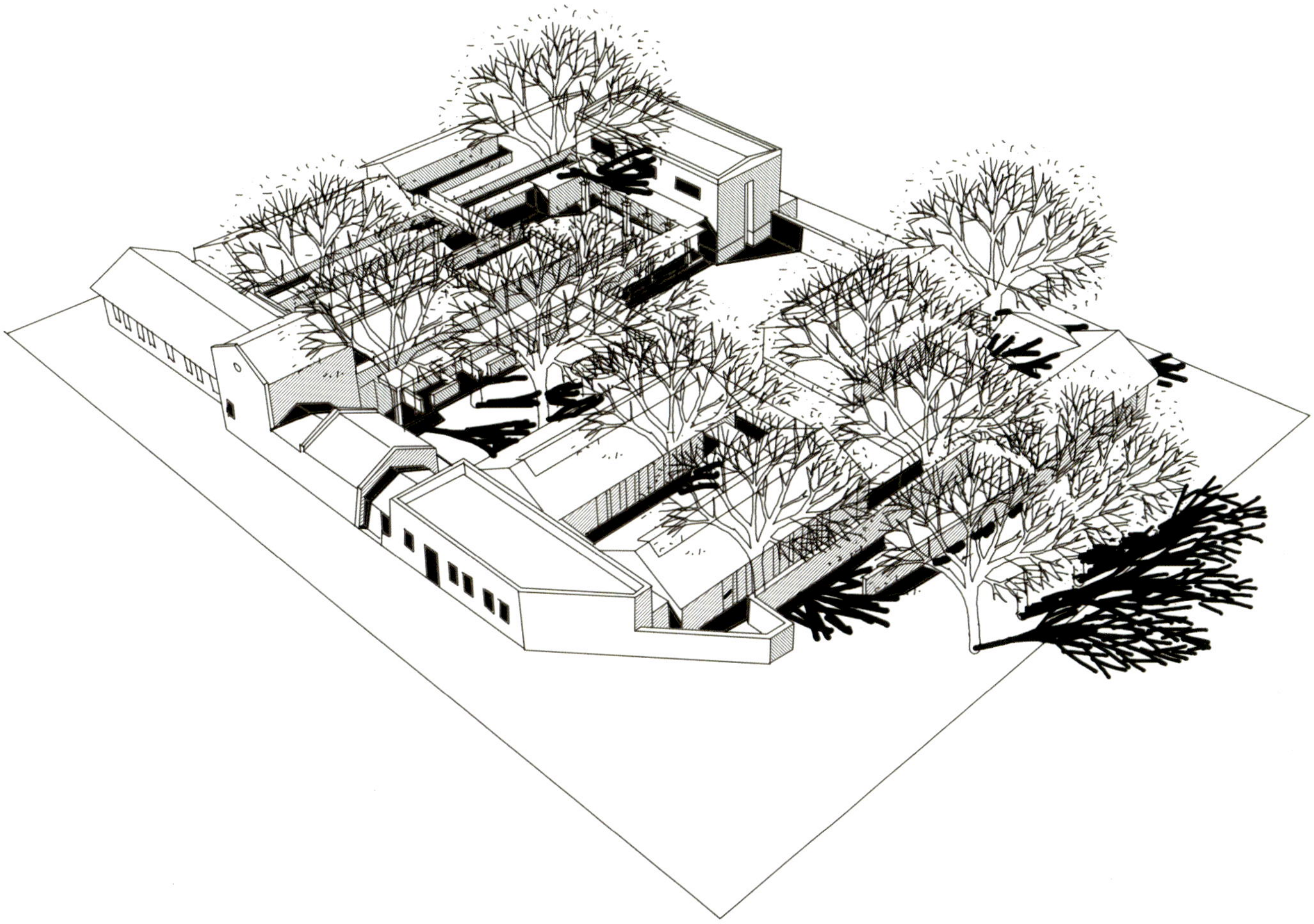

项目资料：

盈科中心商务会所为旧厂房改造项目，尽量保留可以改造并加以利用的现状建筑。

原有建筑多为砖木结构，由砖墙承重。改造后的保留建筑结构体系基本为内框架结构，加筑混凝土的梁和柱，砖墙主要起围护的作用。遵循“整新如旧”的原则，从材料及主体做法上与保留的建筑风格统一，同时增加富于现代工业时尚感的细节，充分利用拆除建筑物的老砖砌筑墙体作为铺地材料。

在保留原厂房建筑特色的基础上，增加现代的材料和技术处理，满足现代高层次的使用要求，并体现发展演变的现代时尚感受。

盈科中心商务会所地处东三环西侧，毗邻三里屯，为典型的20世纪50年代的工业厂房，砖木结构、低矮、红砖青瓦，已废弃多年，建筑质量较差，景观用地较为局促。设计充分考虑本案要做到商业环境与文化氛围的交融，既体现东三环作为北京高档办公区和商业区的优势，又呈现前卫文化的源头价值；保存原有的东西成为项目改建过程中必须关注的因素，因而确定了“生态与重生”的主题。

项目地处商务区，消费层级较高，客观上需要时尚与前卫元素的嵌入。在保存树木与新景观设计、保留屋顶风格与优化空间格局、旧样式与新材料等问题上做到传统与现代巧妙结合。力争在工业厂房的基调上，尊重传统的脉络格局与发挥新主题、新理念相结合，充分体现对现有建筑的尊重，同时顾及房屋建筑质量与承受力。由于老建筑代表了一种特定的风格和文化，必须充分尊重基本轮廓，凸显历史久远的质感和文化氛围。通过保留树木的方式，间接传达生态设计的理念，营造出干净、整洁、低调与功能齐全优化的商务会所氛围。

通过主次布局，形成有重心的空间构成。内院糖果吧采用玻璃幕墙与钢结构相结合的方式，不仅让玻璃屋子具备了空间实体的形态，良好的通透性也扩大了其内部空间，并把内外空间通过“张望”的方式相联系，给使用者一种“空间变大”的错觉。廊道连接院内各房屋，走廊的高度与建筑体形成呼应，构成和谐的比例，高低落差。单挑的廊道样式使得空间更加开阔。院内交通路线与室外楼梯的布局形成了动静相宜的空间布局，静态上有玻璃屋子，动态上则通过视点的移动与蔓延形成空间效果，从每个角度观看都具有不同的风景，强化了古典园林步移景异的感受，休闲与放松的基本诉求得到满足，提升了现有环境品质。

北京市承恩寺体验式酒店

项目资料：
项目地址：北京市石景山区
设计面积：7328平方米
设计单位：北京翰时国际建筑设计咨询有限公司

项目说明：

项目位于北京石景山区模式口大街东部，市级文物保护单位承恩寺内。新建部分总设计面积7328平方米，功能为体验式酒店，并为承恩寺餐饮区提供配套服务。北区为客房，南区为酒店大堂及spa会所。

在对承恩寺现状进行充分的研究和分析后，该方案从对历史肌理与空间的承袭和体验入手，将客房区及会所沉入地下，使新建筑以景观的形态融入到现状环境中，建筑与景观互为载体，最大限度地保留和烘托原有寺庙的空间形态。酒店区的动线经过了一个从地上到地下、从室外到室内的过程，由于将庭院形态引入地下建筑，因此可以在这一过程中体验到丰富的光影和空间的变化，客房区入口又暗合了密道传说，增添了整个酒店的戏剧性效果。

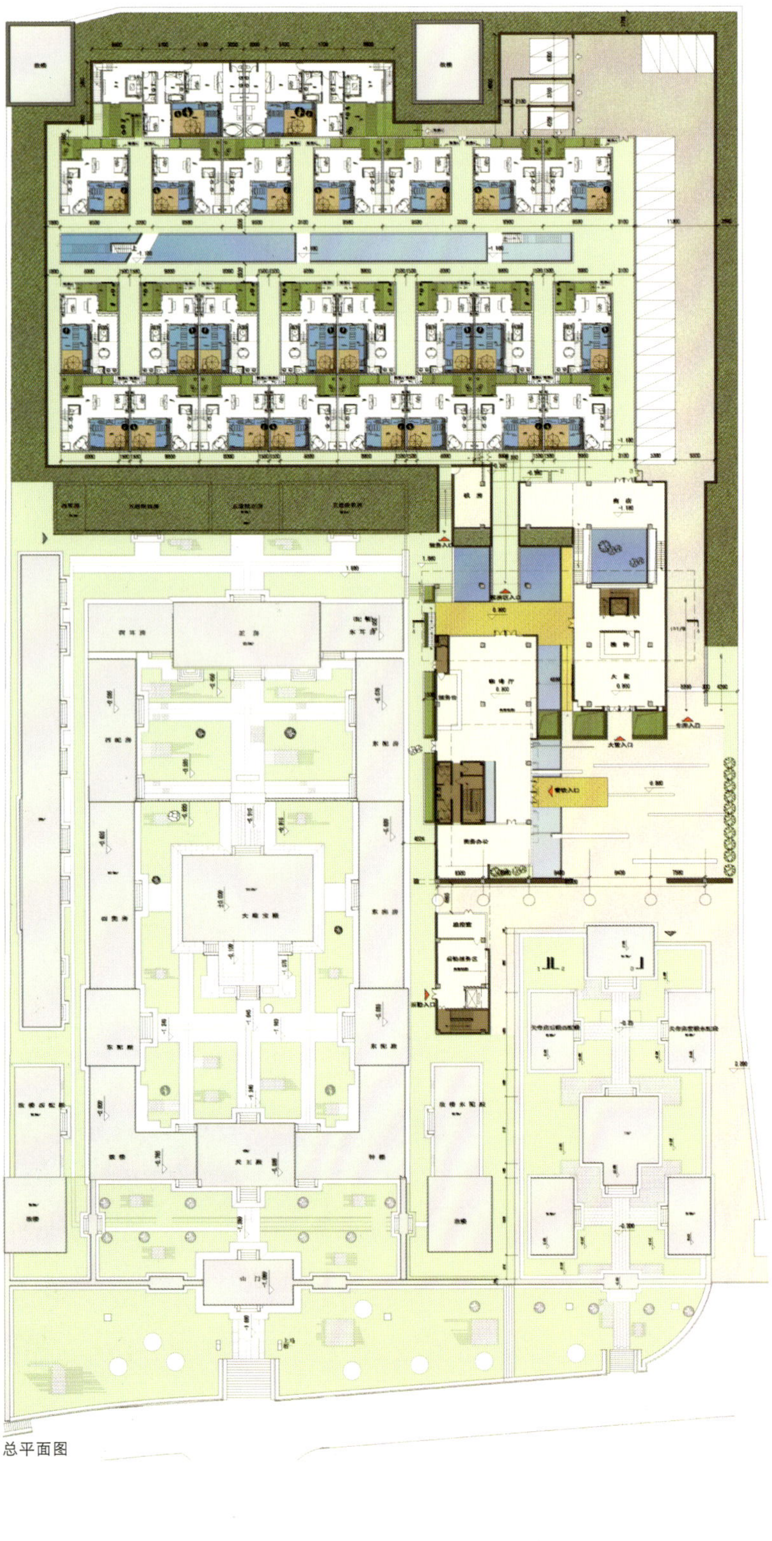

总平面图

交通分析

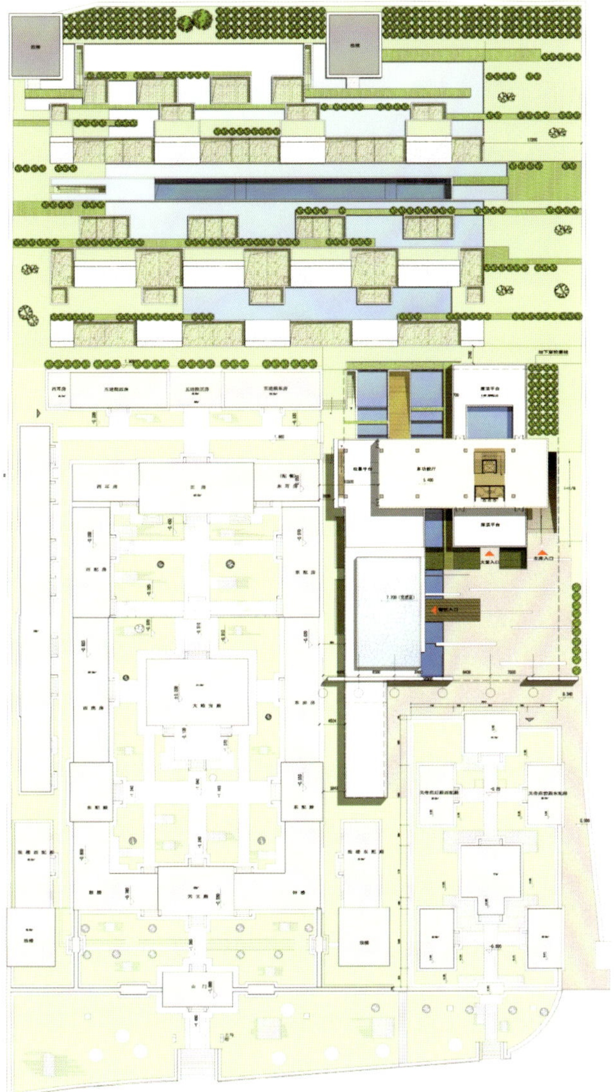

景观平面图

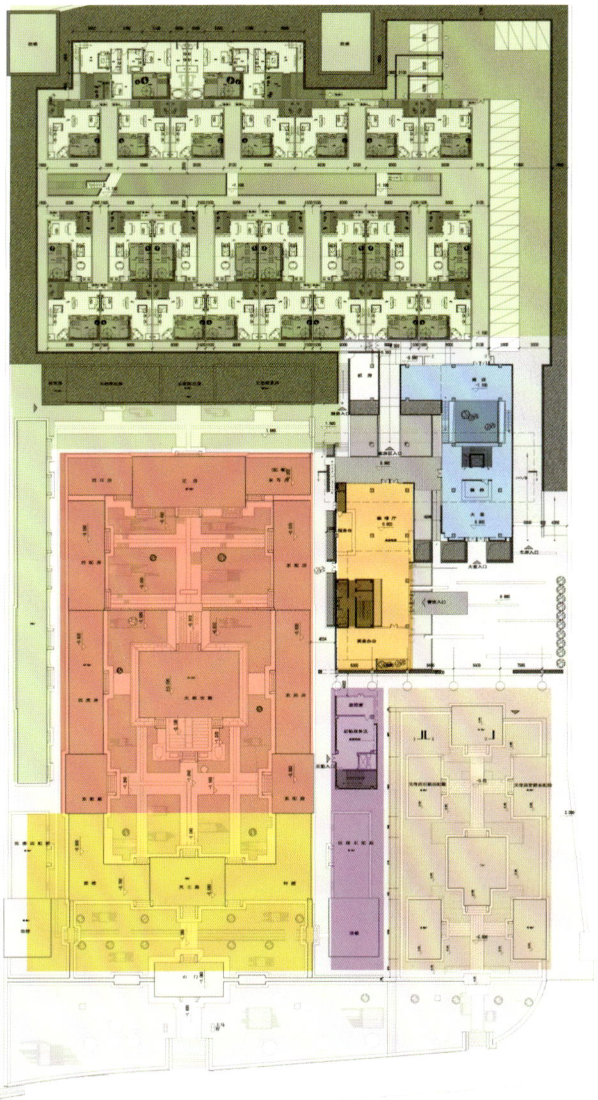

功能分析

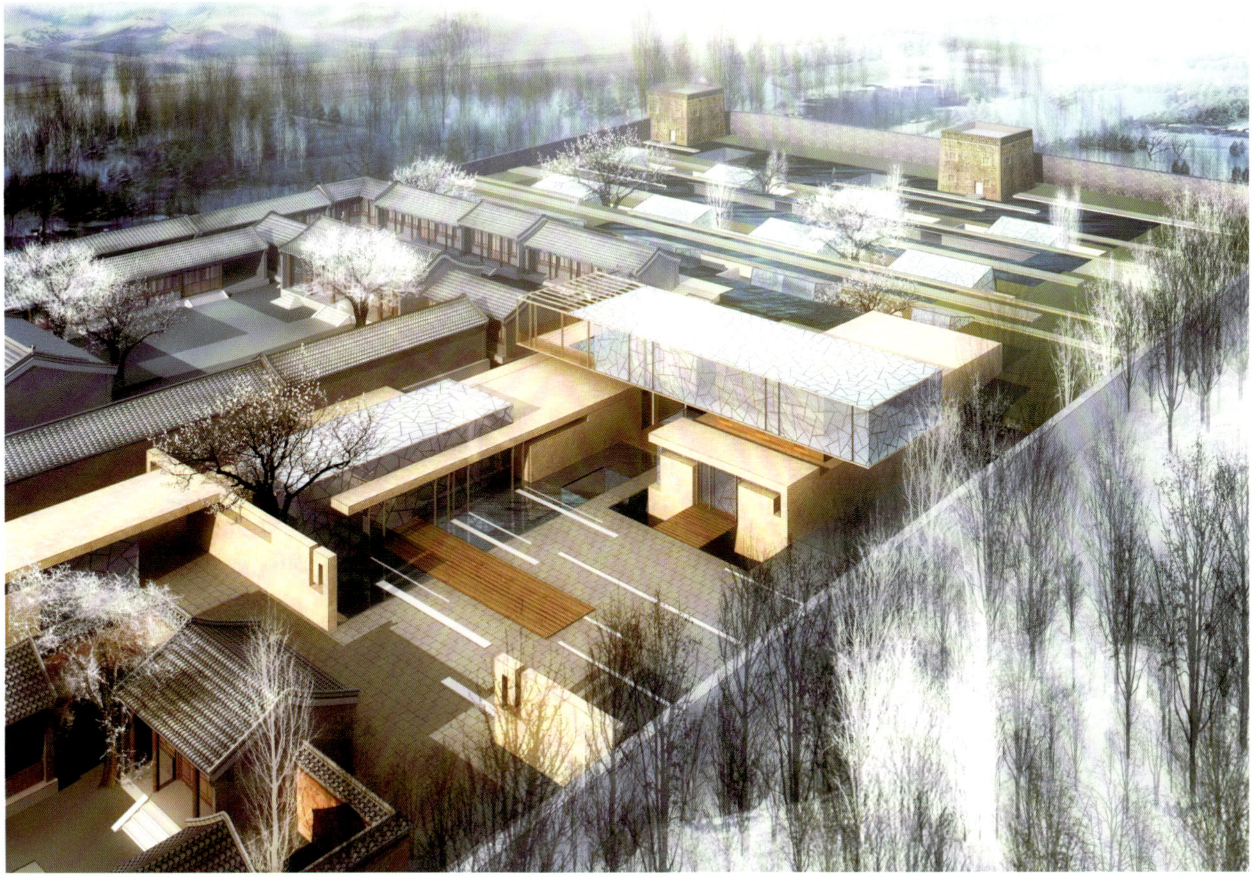

肌理 . 空间 . 文化

用现代的语汇来表达一种对传统的领悟和尊重

用传统的肌理来表达现代的场域与性格

用空间来体味文化的承袭与多元

将建筑融入到承恩寺暮鼓晨钟的古老氛围中，以景观的形态出现

契合石景山“现代、绿色、文明”的发展目标

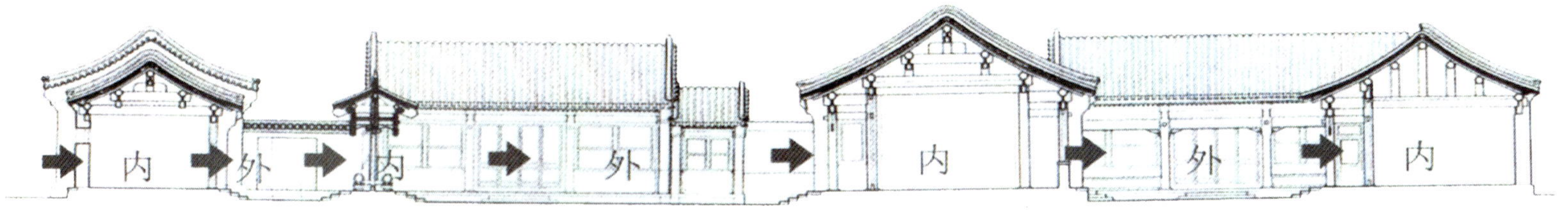

肌理．院落

空间承袭——现代建筑对传统空间的承袭与体验

将肌理沉入地下，最大限度地保留

原有寺庙的空间形态

建筑以景观形态融入到现状环境中

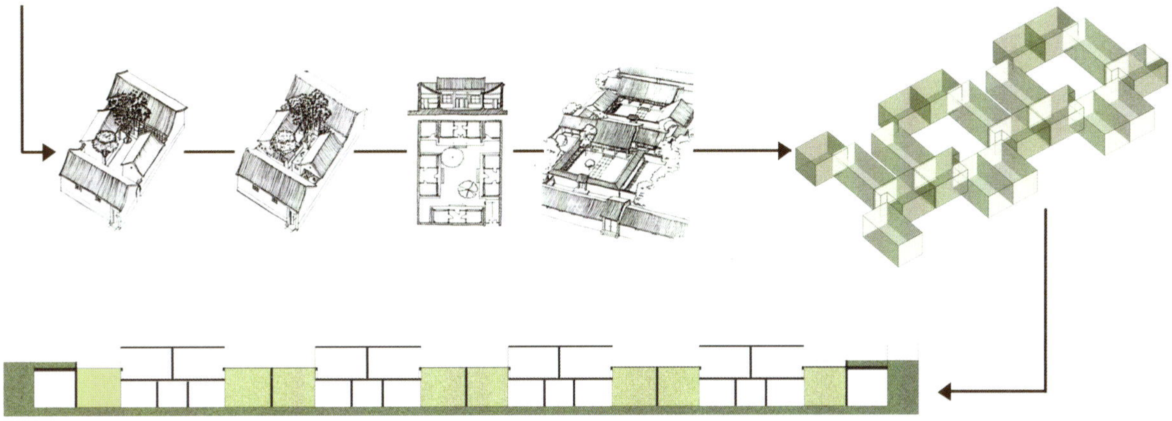

保护就是不去破坏

规划形态及配套景观最大限度地尊重古刹的静谧氛围

充分利用现有条件来实现酒店内的功能及人车分流

在禅意中感受心灵的净化

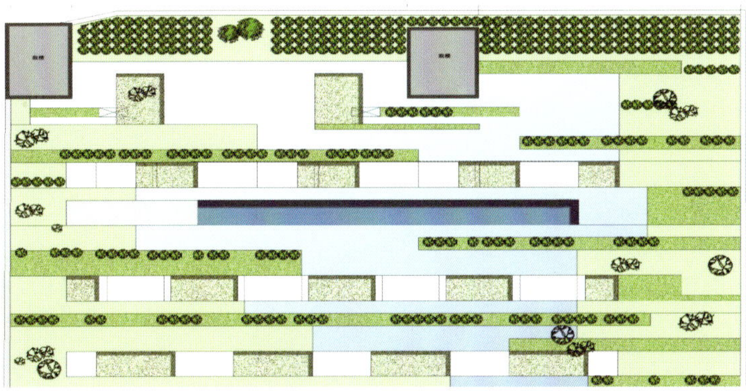

静．水

文化承袭——静止与流动中感受到时间与空间的永恒和流逝，作为文化的载体，水成为体味佛学禅境的最好景观因素，也始终被贯穿在方案的主题之中

三亚市亚龙湾华宇皇冠假日酒店

项目资料：
项目地址：海南省三亚市
占地面积：106亩
设计单位：ECOLAND易兰（亚洲）规划设计公司

规划总平面图

项目说明：

本项目地处三亚市滨海地区，规划占地面积为106亩，是亚龙湾休闲度假带上的重要节点，具有独特的区位特点。本项目的开发意图为：提供更加高端的滨海度假休闲酒店服务，为海内外客户群提供多选择的个性化私密度假休闲空间。

设计依据项目地块特色，充分挖掘当地地域文化以及黎、苗民族特色，延续历史文脉，汇聚多元文化元素。以生态规划为原则，实现人与自然的和谐共生，力求将该项目打造成中国乃至世界一流的海滨休闲度假酒店。

中国景观规划设计年鉴 2011 ③

CHINA LANDSCAPE & PLANNING DESIGN YEARBOOK 2011

公园
旅游区
PARK
TOURIST DISTRICT

张先慧 主编

大连理工大学出版社

图书在版编目（CIP）数据

中国景观规划设计年鉴.2011.3：汉英对照/张先慧主编. —大连：大连理工大学出版社，2010.10
ISBN 978-7-5611-5848-7

Ⅰ.①中… Ⅱ.①张… Ⅲ.①景观—园林设计—中国—2011—年鉴—汉、英 Ⅳ.①TU986.2-54

中国版本图书馆CIP数据核字（2010）第199886号

统　　筹　房　磊
责任编辑　张昕焱
封面设计　王志峰
责任校对　伍　嘉
美术指导　李小芬
设　　计　苏雪莹　莫绿菲　梁　晓

出版发行：大连理工大学出版社
（地址：大连市软件园路80号　邮编：116023）
印　　刷：广州汉鼎印务有限公司
幅面尺寸：230mm×305mm
印　　张：78
出版时间：2010年10月第1版
印刷时间：2010年10月第1次印刷

书　　号：ISBN 978-7-5611-5848-7
定　　价：1280.00元（共4册）

CONTENTS

目录

1

2

3

4

张先慧

中国麦迪逊文化传播机构董事长
中国（广州、上海、北京）广告书店董事长
广州先慧策划工作室主持人
《麦迪逊丛书》主编

INTRO-DUCTION

/导言

记录精英　传播经典

中国景观规划设计起步较晚，但是随着中国经济的飞速发展，近年来景观规划设计领域空前繁荣，项目数量之多、规模之大、建设速度之快，令人瞠目。而与此同时，众多设计师却缺少一套全、新、好的设计参考借鉴书籍以及交流前沿思想的平台，为此，《中国景观规划设计年鉴2011》应运而生。

鉴于景观设计与规划设计在很多时候都是密不可分的，本年鉴秉持以景观设计与规划设计并重的原则，主张以创新与发展作为景观规划设计创作的主旋律，以科学与艺术相结合的审美眼光审视景观规划设计作品，力求打造中国最具影响力的景观规划设计行业年鉴。

本年鉴征稿消息发出后，在中国有设计项目的世界各地的设计机构与设计师都踊跃参与，大量投稿，投稿数量之多完全出乎我们的意料，最终本年鉴以一套四册的形式面世。

《中国景观规划设计年鉴2011》精选目前中国最新的设计项目作品汇编而成，共分十二类，汇集百余家中外知名设计公司、近200个最新设计案例，如此大的规模前所未有。我们用年鉴的形式把当代最具价值的景观规划设计作品记录下来，传播开去，意在对景观规划设计文化予以保存的同时，也为读者提供了解当代设计状况及交流思想的平台。

“记录精英，传播经典”，这是《麦迪逊丛书》的宗旨。

希望业界朋友继续关注与支持我们。

公园
PARK

北京市顺义区奥林匹克水上公园

项目资料：

项目地址：北京市顺义区
总占地面积：162.59公顷
总建筑面积：32 344.73平方米
景观规划设计面积：162.59公顷
设计单位：北京天鸿圆方建筑设计有限责任公司
　　　　　EADG泛亚国际景观设计有限公司
主要设计人员：李丹、唐少文、陈奕仁、Michael Erickson、孙丽丽、谭小枫等

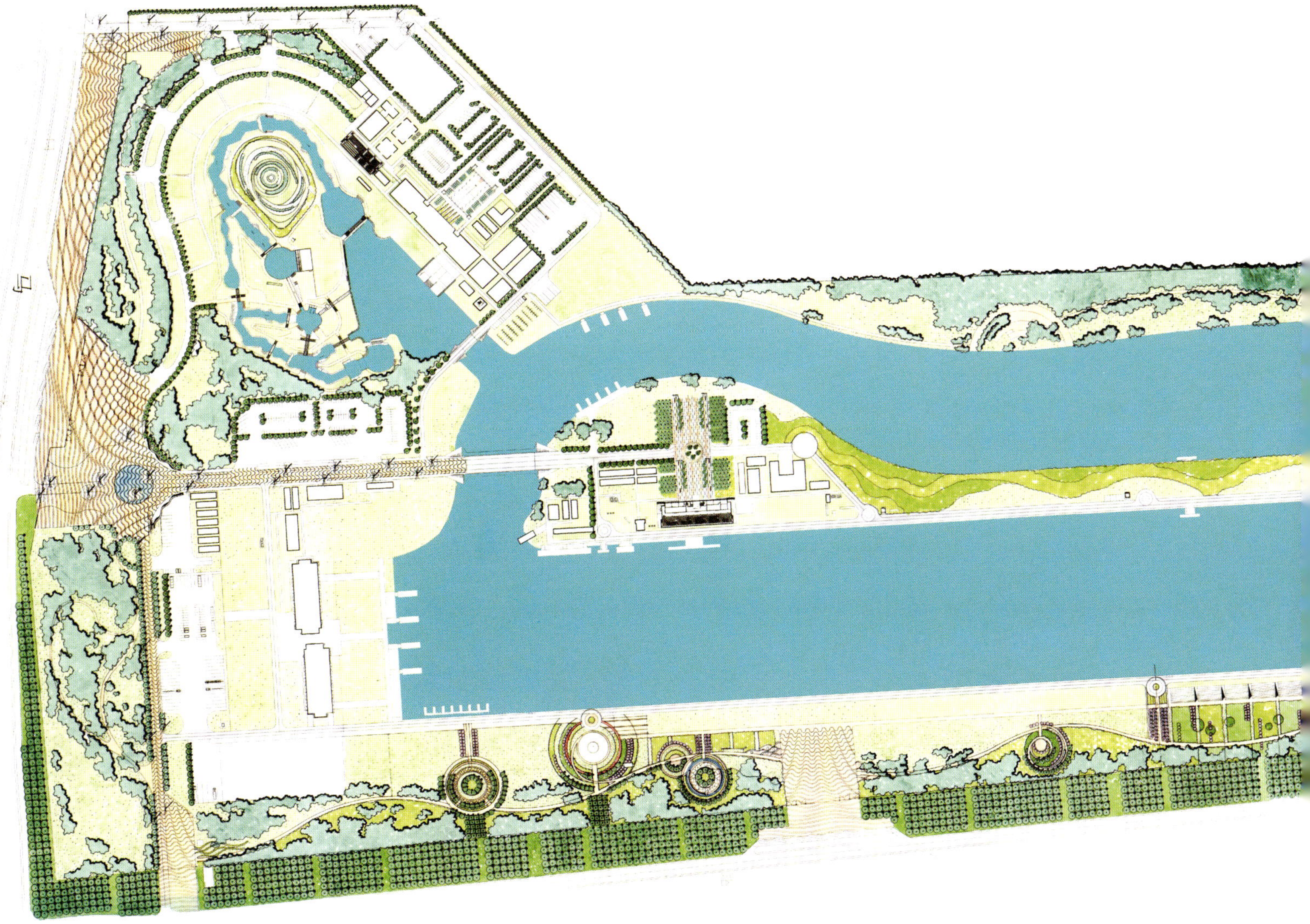

项目说明：

根据国际赛艇联合会和皮划艇联合会对奥运水上项目比赛场地的各种技术要求，顺义区潮白河向阳闸东侧被确定为2008年奥运会水上项目比赛场地，并定名为顺义区奥林匹克水上公园。该处距离市中心48公里，距离奥运村36公里，从市内和奥运村到赛场最长车程25分钟。

按照规划设计，水上公园场馆规划占地面积162.59公顷，总建筑面积32 344.73平方米。水上公园赛艇的静水航道宽162米，长2 200米，水深3.5米~5米，有8条赛道，采用防浪设计。激流回旋比赛场地为人工场地，总长约500米，场地高差至少6米。赛场的配套建筑全部采用自然通风和采光，并利用太阳能加热盥洗用水，最大限度地实现节能。水上公园内计划设立3.7万个观众坐席和1万个站席，其中永久座位1 200个，其余为临时席位。

设计上由西段公园开始沿东段北端直至南端入口，顺时针发展。

两端的公园以自然绿化为主，以森林形态出现。它代表着浩瀚宇宙形成的漫长时光，与东岸人们的活动形成鲜明对比，时刻提醒着我们在时间的长河中人类的活动只是沧海一粟，希望人们珍惜自然、保护环境。

东面从北开始由8个由小变大的梭形地形组成，它寓意着皮划艇的演变、形成。格陵兰岛上的爱斯基摩人用鲸鱼皮、水獭皮包在骨架上，做成打猎用的独木舟。经过几千年生产发展和社会的不断进步，独木舟不断演变，最终形成今天的独木舟运动皮划艇。

东面中段分为四段景观段落。中心由中央景观区及广场组成，这里向人们展示着皮划艇的历史，以景墙及纪念雕塑的形式向人们传达国际皮划艇的成长历史和里程碑。

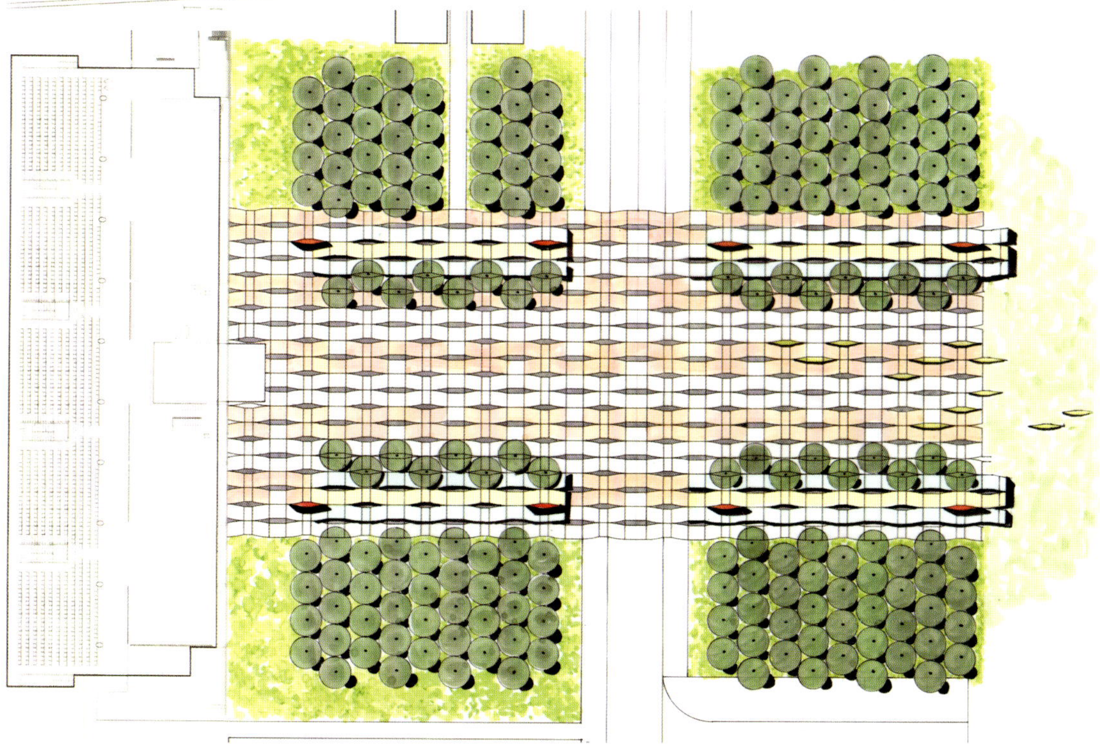
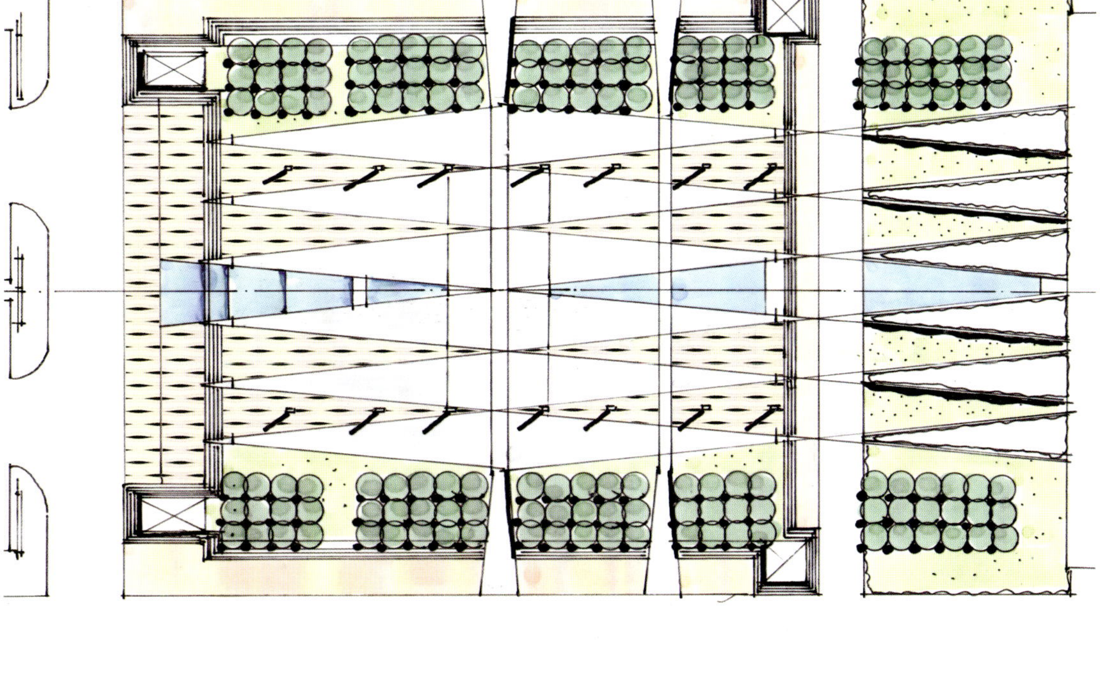

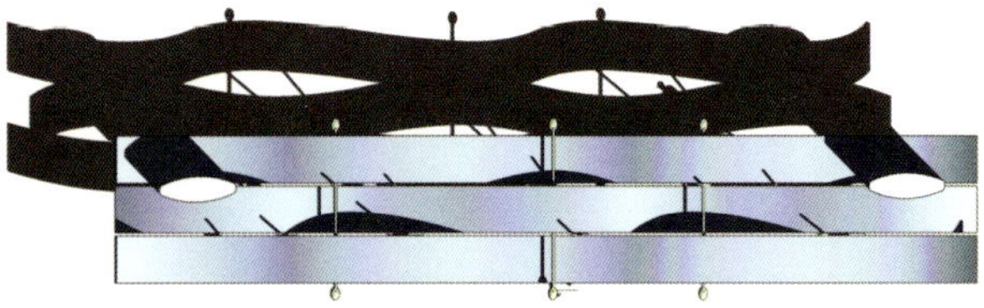

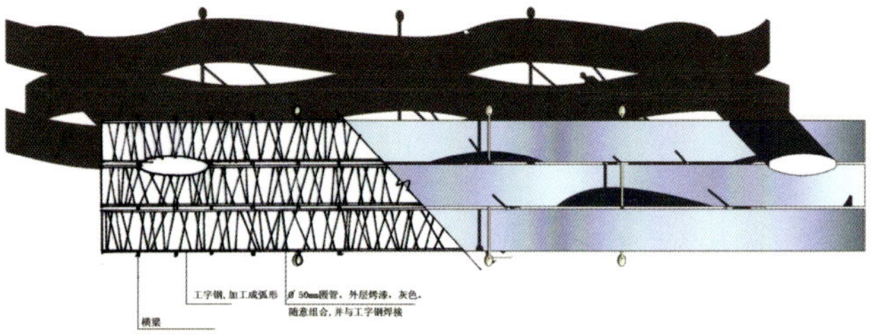
工字钢，加工成弧形
ø 50mm圆管，外层烤漆，灰色。
随意组合，并与工字钢焊接
横梁

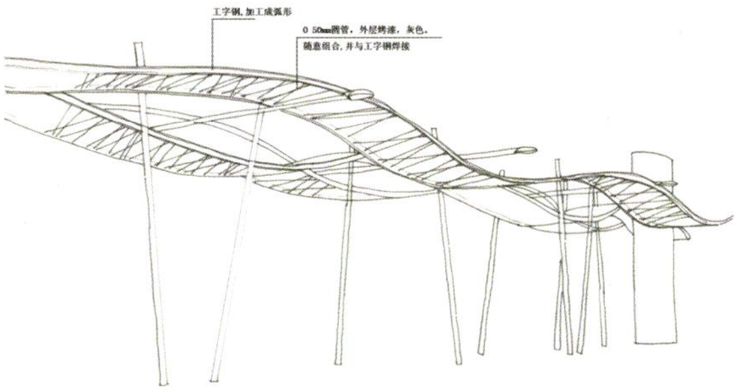
工字钢，加工成弧形
0 50mm圆管，外层烤漆，灰色。
随意组合，并与工字钢焊接

上海市浦东新区世博会园区后滩公园

项目资料：
项目地址：上海市浦东新区
设计面积：18公顷
委托方：上海世博局
设计单位：北京土人景观与建筑规划设计研究院
　　　　　北京大学景观设计学研究院
主要设计人员：俞孔坚

项目说明：

上海世博会园区后滩公园为上海2010世博园的核心绿地景观之一，它既是上海2010年世博期间绿地，也是未来上海市的公共绿地。场地位于“2010上海世博园”区西端，黄浦江之东岸与浦明路之间，西至倪家浜，北望卢浦大桥，为狭长的滨江地带，总用地14公顷。场地原为钢铁厂（浦东钢铁集团）和后滩船舶修理厂所在地，2007年初开始设计，2009年10月建成并于2010年5月正式开放。

1. 场地挑战

作为黄浦江边的公共空间设计，场地给设计提出了诸多挑战。

（1）严重的水土污染：场地原为工业棕地，工业固体垃圾和建筑垃圾遍地，且埋藏很深，土壤污染严重。特别是黄浦江水污染严重，为劣V类水。场地原有废弃地被外来物种（一枝黄花）入侵，一派荒芜景象。如何改造环境，营造安全、健康的公共空间是设计面临的第一大挑战。

（2）滨江防洪：场地地势相对平坦，大部分场地标高在4米至7米。现状的防洪墙为水泥硬化工程，防汛墙的设计标高为千年一遇的防洪标准6.7米。而黄浦江的平均潮位为2.24米，平均高潮位3.29米，平均低潮位1.19米。也就是说，江水与防洪堤的高差达3.4~5.5米，其中有高差达2.1米的潮间带。如果放坡处理，必然污泥不堪，且需要有足够的空间；如果是硬化的陡墙处理，则水在江岸，却难以亲水。如何满足防洪要求，设计亲水且生态的滨江公共空间，是设计面临的第二大挑战。

（3）会时与会后场地的双重需求：场地南部邻接世博园区西入口，场地中部的水门码头是世博园南区唯一的水上门户，场地东部则联系世博园区中心绿地，所以，后滩公园在世博会期间人流量大且集中。如何合理组织会时人流交通，协调好分流、等候与疏散的关系，成为设计面临的重要问题。

世博会期间和会后场地的功能定位有所不同：会时的功能定位偏向于生态城市理念的展示、安全疏散、游憩、等候等功能，会后则突出城市滨江公共绿地的功能。如何在设计时考虑相关弹性措施使其既能满足会时世博绿地的要求，又能方便、经济地转化为会后的城市湿地公园，成为设计面临的另一大挑战。

（4）个性、审美与体验：场地在纷繁的世博展区和纷杂的黄浦江岸之间，如何在大都市的光怪陆离和世博展区的眼花缭乱中找到与众不同的个性，以及在满足生态功能与人流疏散、教育和展示功能的同时，具有独特的审美体验，是本设计面临的又一巨大挑战。

（5）狭长的空间：场地夹于黄埔江和交通性干道（浦明路）之间，呈狭长地形，沿江岸有1.7公里长，宽度在50米~80米，最窄处只有30米。如何在这样狭窄的空间内设计满足多种功能的公共空间，是设计所面临的又一大挑战。

2. 设计理念与对策

针对场地的诸多挑战，后滩公园的核心设计理念是将景观作为一个生命的肌体，设计一个活的系统，为城市提供全面的生态服务，包括生产和吸收碳排放、调节自然过程和净化被污染的土地和水、提供乡土物种栖息地、传承文化、审美启智等，为世博会提供一个展示生态文明的独特场所。

围绕着上述核心设计理念，提出以下设计对策：

2.1 湿地净化系统与生态景观基底

公园保留了场地内原有的一块面积4公顷的江滩湿地、茂盛的柳树和芦苇群落，供多种鸟类栖息并发挥河水净化和防止洪水侵蚀等功能；改造原有水泥硬化防洪堤成为生态型的江滨潮间带湿地，供乡土水岸植被繁衍生长；同时，根据狭长的场地条件，设计了一个人工内河湿地系统，绵延1.7公里，宽窄不一。该内河湿地具有多种功能。包括：

（1）形成了一个富有生命的水质净化系统：使黄浦江劣V类水经过沉淀、曝气加氧，土壤和植物及微生物的净化，在缓慢流经湿地的过程中，得以净化至III类净水，供世博会场的景观浇灌和冲洗用水。初步试运行证明，后滩公园的水净化能力是每天2400吨。这既是一个实际的水净化系统，也是一个展示和科普教育场所。

（2）构建生态化防洪体系：内河湿地在20年一遇的防洪堤与千年一遇的防洪堤之间，成为黄浦江陆地之间的过渡带和缓冲区。通过内河湿地，水陆高差得以分级处理，大大降低防洪堤的相对高度和强度要求。设计砸掉了原有水泥防洪墙，而改为生态化的护堤，使滨江生态系统的完整性和连续性得以改善。

（3）创造丰富的溪谷景观：在狭窄的场地上，营造丰富的空间。内河谷地的地形与两岸的乡土乔木相结合，创造了一个相对幽静的溪谷景观，在喧闹的环境中，营造了一片僻静的场所。溪谷纵向由上游而下，蜿蜒曲折，空间开合多变；横向自陆而江，一波三折，在狭窄的断面上，创造了丰富的空间层次。

（4）乡土植被：为营造自然，本地大量的禾本科湿生植物和野花组合，构成绿色基底，成为丰产的生物固碳基础性植被。

2.2 三种文明揭示场地个性

设计采用立体分层方式，层层剖析和演绎场地的历史与未来，刻画公园的独特个性，并为解决场地面临的挑战寻找出路。以后滩场地景观演绎的时间脉络、空间背景和场地禀赋作为线索，在上述湿地生态景观基底之上，叠加田园的回味、工业的记忆和后工业文明三个层次的景观信息，形成场地的总体特征，传达三种文明意象：

（1）田的回味

后滩地区自唐代到1843年开埠历经了近千年的农业社会时期，目睹着黄浦江畔农耕经济的兴衰起落。农耕文明景观层是本规划中体现场地农耕文明遗迹的重要景观层次。

梯地禾田带是公园的内河湿地与浦明路之间的过渡地带。设计从千百年来中国的梯田中获得智慧的启迪，一方面用梯田来解决3米~5米的高差，同时，利用梯田灌溉的过程，使污水得以曝气、逐级沉淀、净化。田块中种植五谷、经济作物和各类具有水净化功能的水生植物，随季节而变换，营造都市田园。春天菜花流金，夏时葵花照耀，秋季稻菽飘香，冬日翘摇铺地，无不唤起大都市对乡土农业文明的回味，使土地的生产功能得以展示，并重建都市人与土地的联系，为大上海市民特别是青少年提供一处农业和农作的科普教育场所。

梯田结构增加了这一区域的景观与植被的多样性，丰富了江岸过渡带的界面景观，同时创造了丰富的体验空间。以田埂为径，人们可以进入湿地净化区域，体验独特的田园景观和人工湿地，作为可进入的“毛细管”路径，大大提高公园的人流容量，像海绵一样田埂网络使公园的人流容量极富于弹性。

（2）工业的记忆

上海是中国近代工业的发源地，见证了近代民族工业由无到有、由小到大的发展历程，场地范围内的工业遗址主要为工业厂房和货运码头，有型钢厂三车间、厚板酸洗厂房和码头等。设计通过改造原有厂房及码头，运用剥离、填充、穿插等手法，保留、再用和再生场地内的工业遗产，来纪念上海后滩的工业文明。其中包括：

型钢厂三车间及厚板酸洗厂房的改造：厂房所处位置为后滩湿地公园的南部，临时旅游停车场的北端。在本设计中改建为后滩湿地公园的综合服务中心“空中花园”，布置各类酒吧和茶座等休闲设施。

货运码头改造：货运码头位于后滩湿地公园的中部，靠近原生湿地保护区。因已失去货运码头功能，在本设计中改建为一处码头遗址花园芦荻台，可供游人眺望黄浦江原生湿地景观和对岸上海城市天际线。

秀色长卷：这是一条由原场地内的钢板加工制作而成的绵延绸带，它由钢板在三维空间中折叠而成，平行游走于溪谷湿地之中，或平铺于栈道之上，成为一种铺装；或昂首于空中，兼有装置艺术景框和庇护功能，成为自然朴野的湿地基底上的一个现代而灵动的活跃因素。在这里，工业的记忆体现为一种超越形式与功能的材料及其艺术。

（3）后工业文明

作为后工业时代生态文明的展望和实验，公园倡导低碳景观理念，强调公园在建设和维护过程中的低成本和可持续理念。集中体现在：建立内河湿地净化系统，利用自然做功，展示生物净化的生态文明理念与实例；黄浦江护岸的生态友好型设计与洪水为友，改变常规防洪工程的理念和做法；溪谷底部以黏土作为防渗材料，使水体和湿地具有良好的生境；大量乡土物种和农作物用于水体净化和生物生产，并实现低成本维护；充分利用旧材料包括旧砖瓦的再用，节约造价；建筑物设计上强调节能技术的使用和创新；用可降解竹材作为会时大面积铺地等。

2.3 体验网络

经过设计的后滩公园是一个有生命的生态系统，提供各种生态服务，它是场地自然景观的再现与再生，使场地经历了农业文明、工业文明，最后回归完整的生态系统，同时留下了历史的符号与记忆，而成为一种后工业文明的载体。使人体验和享用这个生态系统的生态服务、并获得教育和审美，进而使受益者将其对自然和土地的理解和关爱延伸到广大的中国乃至世界的每一寸土地，便是这个公园最核心的内容。本公园通过一个步道网络和多个场与容器相结合，构成一个完整的“线网+节点”的体验网络，使游客获得丰富的景观体验。

（1）步道网络

依据安全、便捷和弹性容量的原则，公园建构了一环、六纵、多路径的步道路网，既确保了湿地公园与外界的便捷联系，又保证了场地内部便利的可进入性；既满足了世博会期间大量的游客使用和封闭管理的要求，又满足了会后作为城市公园的宜人性和可进入性。在内河湿地的两侧分别设计有主要步道以构成环路，通过栈桥连接两岸主路，利用田埂形成一个“毛细管状”的步道网络，成为弹性的可进入空间，使大量游客可以渗入公园的各个部位，体验丰富的景观。

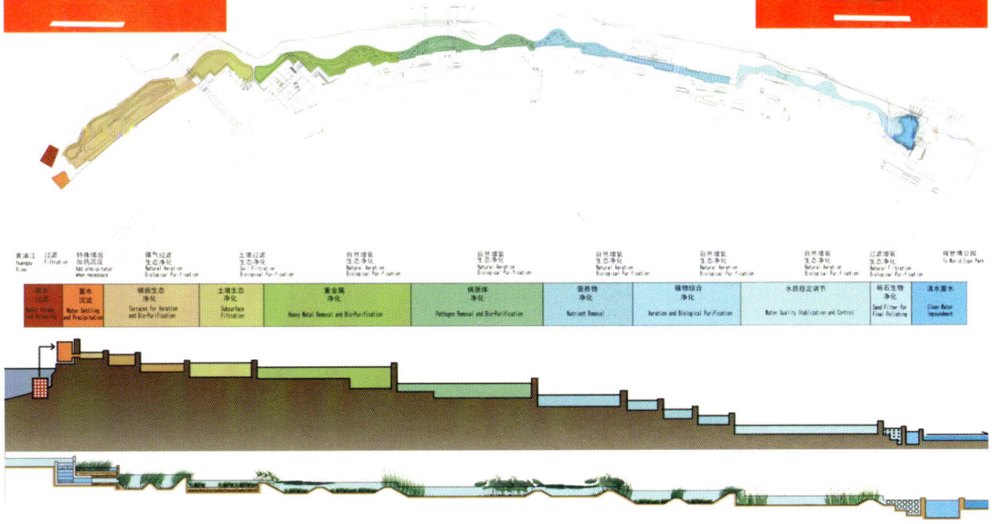

（2）场与容器

场与容器是后滩湿地公园中的一些节点，它们有三种类型：

场与平台：包括公园西部的“空中花园”广场（综合服务中心）、中部的水门码头广场以及东部的“漂浮花园”广场，供人聚合之用。

体块：由树阵或竹丛构成的块状实体成为步道线路上的“障碍”或“肿块”，分隔着空间。

容器：由树丛围合成可供展示或休息的围合容器。它们用于当代艺术展示和来源于场地的旧机器等展示。

这些场与容器和步道网络相结合，常有步道从中穿过，创造出独特的空间体验。

3. 结语

后滩公园在自然江滩及内河湿地的自然基底上，在田的肌理上，保留、再用和再生了原场地作为钢铁厂的遗存和记忆；在狭窄的空间里，布置了一个狭长的幽谷空间，它在巧妙地解决了防洪问题的同时，形成了一个具有自然净化功能的湿地系统，让自然做功，利用自然的自我调节和净化能力来治愈工业时代留下的污染；内河湿地启承开合、委婉流动，一系列亲水栈桥、平台穿梭于田埂之间与“容器”之中，形成一个具有弹性容量的步道网络及丰富的体验和审美空间。后滩公园深情地回望人类文明的过去，并憧憬于生态文明的未来，放声讴歌生态之美、丰产与健康之美、蓬勃而烂漫的野草之美。

上海市世博会“亩中山水”园

项目资料：
项目地址：上海市
用地面积：2.7公顷
设计单位：ECOLAND易兰（亚洲）规划设计公司

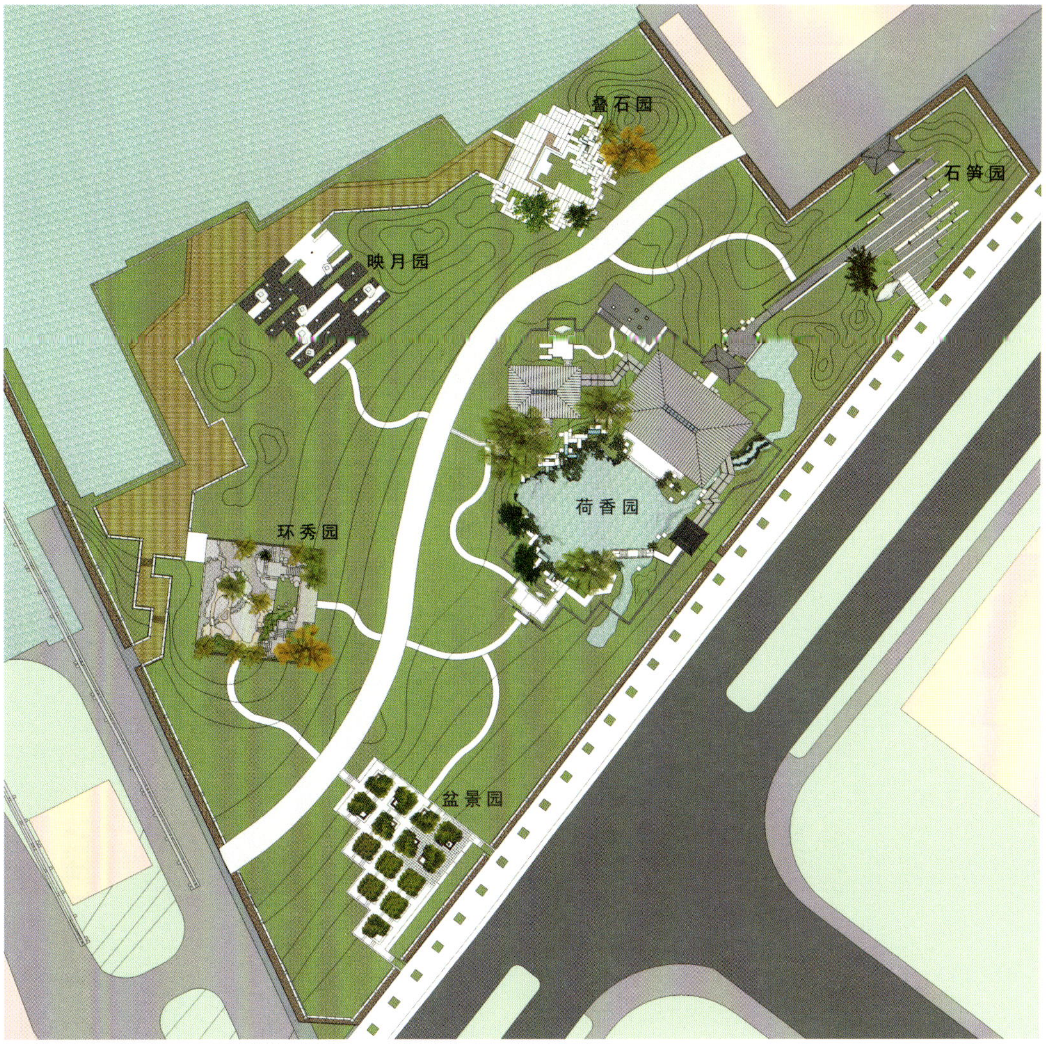

项目说明：

“亩中山水”园是为2010年世博会设计建造的服务配套园林，用地面积2.7公顷。设计方案中提出了当代中式山水园的构想，意图在世博的平台上展示中国造园艺术的博大精深，在造园手法上进行了富于创意的探索。设计将整个场地规划为两个部分：静谧幽雅的竹林和深藏其中的体现中国传统韵味的九亩园林，并使两者相互包容，形成有机整体，造成幽深的意境。设计打破了传统园林的封闭布局方式，与滨江步道连为一体，并向城市开放。园内的景观建筑以“钢骨木肌”的构造方式追求当代性和中国意味，同时体现出汉唐风尚。

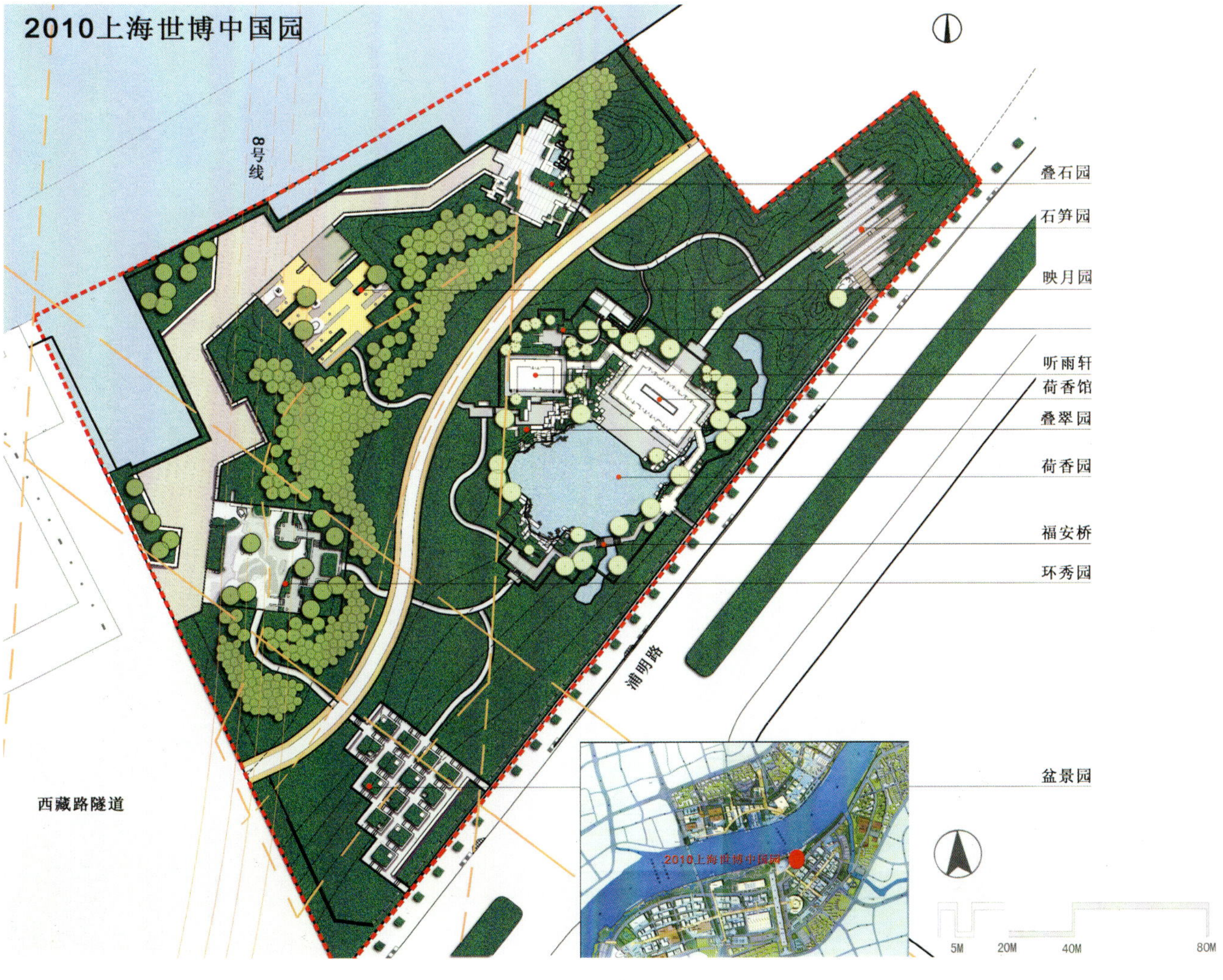

荷香园

叠石园

荷香园

碧池浮香

北京市通惠河文化景观带庆丰公园

项目资料：
项目地址：北京市朝阳区
设计单位：北京创新景观园林设计公司
项目负责人：李战修 辛奕
主要设计人员：张迟 付超 黄通 郝勇翔 梁毅 李林梅 陈佳 李春 吴晓舟 赵英磊 齐建勋等

项目说明：

通惠河庆丰公园以闻名于此的庆丰闸而得名，位于通惠河的西段，东三环国贸桥的两侧，与北京商务区CBD隔河相望。全长约1700米，宽70米~260米，分为东、西两园，面积26.7公顷。朝阳区政府下决心利用通惠河水系，沿线打造滨水文化景观带，庆丰公园作为率先启动的部分，进行城市综合整治，将这片“寸土寸金”之地建成CBD的后花园，同时满足周边数万居民的休闲活动需求，并成为城市生活的一部分。

设计理念：

作为周围城市密集区内唯一的生态绿岛和CBD的绿色屏障，公园正好处在一个传统与现代的交汇点，中间是八百年历史的漕运河道和众多的文化遗迹，而对面是代表着首都国际化大都市形象的摩天大厦，如建外SOHO、中央电视台、北京电视台等，地理位置极为特殊与重要。因此，它是承担着传承历史文脉、彰显现代都市景观、突出绿色生态、满足大众休闲等各种功能的现代城市滨水开放空间，同时体现出人与自然相互协调、传统与现代交相辉映的特点，设计既真实保留并延续了场地内的历史文化信息，又融入了城市现代风格和现代生活的需求，表达了可持续发展的设计理念。

景观分区：

公园分为两个区：北部临河的滨水景观区和南部的生态休闲区。

滨水景观区

为临河的40米区域，首先将原来的第二道混凝土挡墙拆除，形成了三层错台式滨水活动空间，视线开阔，使人们可在不同高度的平台上亲水、望水和远眺，突出看与被看的互动体验。所有的景点及广场设计处处体现出对对岸CBD景观轴线的延续与呼应，特别是大通帆涌广场和观景台两处主要节点，所对应的分别是对岸航空集团花园轴线及未来的CBD中央公园轴线。沿滨水步道每隔45米，设一个船形眺望台，可近观漕运河道，感受昔日繁华；远望都市新景，如一幅海市蜃楼的长卷图画，体会古今交汇、感受时代变迁。

生态休闲区

公园南侧以体现绿色生态为主，为CBD提供天然的绿谷氧吧。恢复昔日“无限幽栖意，啼鸟自含春”的宁静朴野的环境气氛，营建山谷水溪，环绕丰富的自然景致。一条跌水花溪串联三个花谷，它们分别为樱花谷、海棠谷和丁香谷，“清流萦碧，杂树连青”。沿溪设京畿秦淮、二闸诗廊等多个文化景点，使人们在放松身心的同时，体会当年“川晴烟雨似江南”般如画的景致。

设计特点：

改变断面结构，强调联系与互动

从20世纪60年代起，通惠河作为城区唯一的排污、排洪的通道，水利部门将河道整体硬化成了排洪沟，设了20年和50年一遇的两道5米高的重力式混凝土挡墙，完全阻断了河道与城市和人的交流与联系，这种铜墙铁壁式的水利工程毫无景观可言，除了日常维护用的巡河路外，没有任何活动空间。因此，设计中最重要的就是改变生硬的竖向结构，以修复被断裂的联系。我们将第二道挡墙整体拆除后，整体向外延伸，形成了三层景观台地，每层平台都拓宽至10米，增加了滨水活动和停留的区域，最大限度地发挥滨水空间的优势。并沿线设计了九个船形眺望台和多个三角形台阶广场，可坐可望，聚会健身皆可；通过恢复古河道可通船和游憩的功能，使城市生活与河流形成交融互动的整体联系。

以船和帆为主题的特色小品

“舳舻蔽水，帆樯林立”是当年通惠河留给人的印象，在《漕运图》和《京师胜景图》中也都有所体现，因此，提炼船和帆为设计母题，古意新诗，以现代的材料和新颖的艺术造型，形成本公园独具魅力的景观小品，如波浪形的大通帆涌广场、群帆雕塑、帆形灯等，形成视觉的亮点，使公园不仅成为一个生态的场所，同时也是精神和艺术的场所。

点缀文化景点

结合公园的总体布局，点缀和展示体现通惠文化的景点，如京畿秦淮、大通帆涌、庆丰古闸、文槐忆故、二闸诗廊等。首先提升庆丰古闸的遗址展示功能，通过《二闸修契图》和修建史，图文并茂地展示这段已经逝去的历史。另外，相传曹雪芹往来于香山与通州之间，时常在现状一株数百年的文槐树下，品茶吟诗，以此为据，形成“文槐忆故”景点，二闸诗廊内设有历代描写二闸景色的诗篇，在西园的清代岳家花园本次也一并进行了恢复。

提倡景观多样

公园的两大景区体现了两种不同的风格，呈现出了多样化的景观形式。滨水景观区与现代城市肌理和风格相协调，是开放的、热闹的气氛，硬质景观是几何形的规则构图形式，追求简洁、明快，植物则以色块和带状树阵为主。而南部的生态休闲区则是相对封闭，体现自然、宁静、轻松的氛围，硬质材料是朴野风格的青石板、卵石和大量荒料石的组合，植物也是组团式的自然种植，芦苇掩映，垂柳疏杨，体现出了丰富多彩的季相变化。

植物特色

在清代完颜麟庆的著名考古游记《鸿雪因缘图记“二闸修契”》中对这一地区有详细的描述：

“其二闸一带，清流萦碧，杂树连青，春秋佳日，都人士每往游焉，或泛小舟，或循曲岸，或踏青而入山林。”依此描述，公园植物突出春、秋两季的植物景观，共种植了两万余株的各种花灌木；沿河岸一线，以“柳色绿如烟”的桃柳映岸的春景为主，种植垂柳、立柳、山桃、碧桃、连翘等春花植物，形成1.7公里长的桃红柳绿的景观长廊；南部则以秋景为主，形成银枫幽谷的特色，种植银杏、白蜡、元宝枫、紫叶李等，形成绚丽的彩叶观赏区。另外，拆迁后的原有树种都被精心保留下来，特别是以前湮没在平房区中的几株百年以上的古树，都被外显和尊重，并设计到景点之中。

结语

通过景观设计，赋予了城市新内涵和新的功能，同时又唤起了人们对数百年来奔流不息的古河道悠久历史的记忆，使这一地区重获新生，又成了一个充满活力、引人关注的地方。公园的建成实现了现代商务与历史文化、自然生态的完美配合，重塑了城市形象，是对北京核心经济圈投资环境的有力补充和推进。新一轮CBD东扩方案的确定，必将加快实现规划中的“一河十园”的景观建设，在不久的将来，为北京增加一条横贯东西的靓丽的文化景观带。

从清代描述漕运盛世的《潞河督运图》中提炼船帆和船头两个符号元素，强调运河文化，点明场地特有的历史意义。

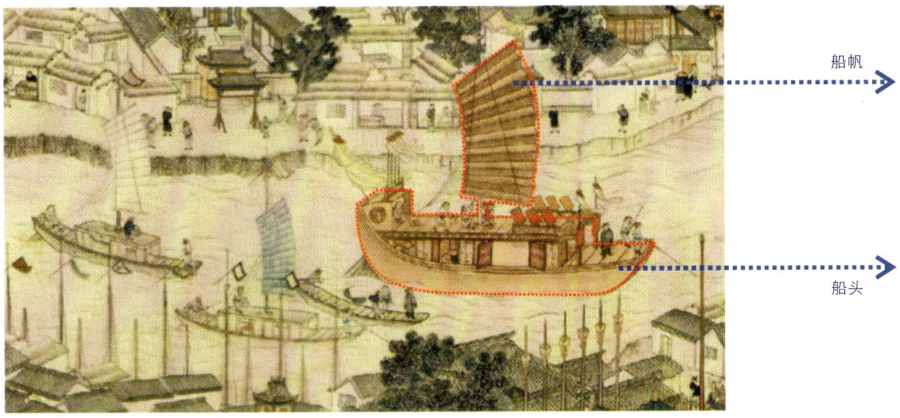

《潞河督运图》局部

帆形雕塑

船形广场

艾维克酒店
AVIC HOTEL

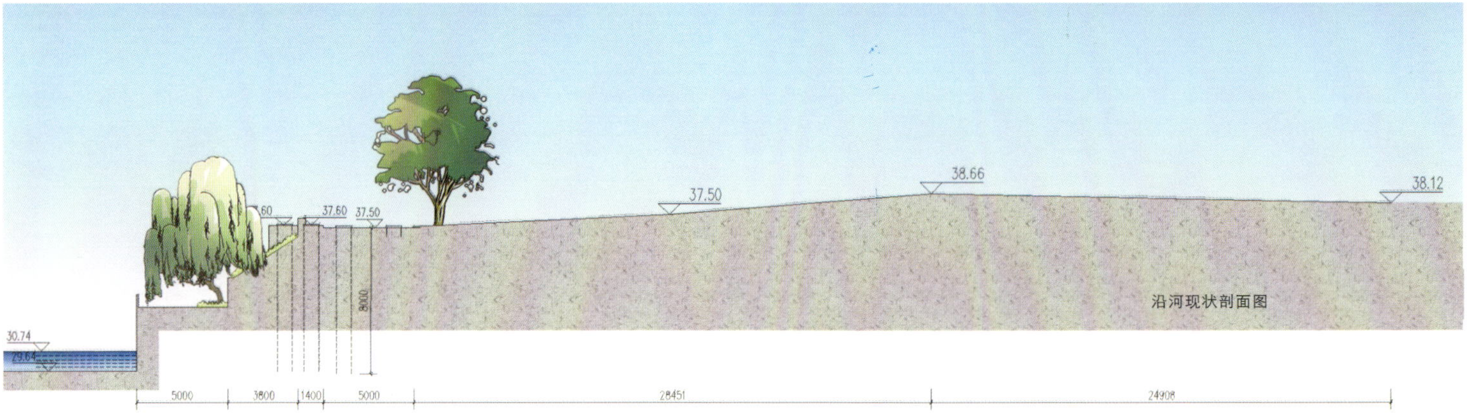
37.60
37.50
37.50
38.66
38.12
30.74
8000
5000
3800
1400
5000
28451
24908
沿河现状剖面图

36.75
33.200
33.00
30.70
4800
4000
1500
4500
沿河设计剖面图

嘉兴市穆湖长岛森林公园

项目资料：
项目地址：浙江省嘉兴市
设计面积：约55公顷
设计单位：浙江鸿地建筑设计有限公司

项目说明：

穆湖长岛森林公园位于嘉兴经济开发区，西靠穆湖溪，东临京杭古运河，穆湖溪西侧为城市居住区用地，东侧为经济开发区工业用地。

本次设计面积约55公顷，北临320国道，南靠二环北路，昌盛北路横贯其中。运河与穆湖溪分布东西两侧，形成四面环水的内岛，其风景秀美、地理独特、交通便利，是一块风水宝地。

设计在保护、修复、营造生态的基础上，结合穆湖长岛本身的地理环境，通过产业策划、景观塑造、生态恢复、功能提升等策略，对嘉兴的乡土文化进行提炼与升华，将嘉兴穆湖长岛建设成为市民户外休闲娱乐生活以及周边乃至全国品味的嘉兴地方文化精神场所；同时又采用生态性对策，建设符合现代生活方式的新天地，并赋予地块新的活力，以生态环境为依托，衍生、发展出观光、休闲、度假、文化、科教、商业、社交等多重功能，使穆湖长岛真正实现嘉兴从传统水乡到现代水都的演变，成长为生态与活力双赢的生态之岛、活力水都。

未来，穆湖长岛这片新天地，将成为一个融传统与现代、生态与活力于一体的生态之岛，成为展示嘉兴地方文化、提升嘉兴休闲文化品位、展现嘉兴绿色城市风采、凝聚嘉兴人们精神的文化之都、休闲之都、生命之都与灵魂之都。

规划平面图

1、入口广场
2、亲水台阶
3、观景桥
4、音乐喷泉
5、艺术长廊（名人诗词廊）
6、湿地浮岛
7、星光步道（嘉兴文化纪年）
8、特色灯柱
9、人行坡道
10、车行道
11、景观灯塔
12、民俗商店
13、民俗广场
14、生态停车场
15、民俗情景雕塑
16、子城广场
17、烟雨桥
18、特色小吃街
19、水乡印象
20、游船码头
21、玉虹桥
22、游船体验线路
23、穆湖
24、公园管理用房
25、观景平台
26、自行车租赁点
27、桃花岛
28、水中栈道
29、人行坡道
30、表演舞台
31、古运河文化广场
32、特色植物园
33、空中观景走廊
34、温室花房
35、休闲步道
36、木栈道
37、马家浜文化雕塑（农业题材）
38、餐饮、咖啡吧
39、游艇俱乐部
40、休闲文化广场
41、文化艺术馆
42、生态停车场
43、阳光沙滩
44、文化活动广场
45、网球场
46、健身馆
47、阳光草坪
48、银杏树阵
49、文化大道
50、风车台
51、公厕
52、公园管理用房
53、入口栈桥
54、“饮水思源”
55、入口广场
56、红船印象
57、“四面荷风”
58、河埠头印象
59、钟楼广场
60、玉带桥
61、观景台
62、休闲文化广场
63、商业主题广场
64、商业内街
65、滨水景观堤
66、景观灯柱
67、生态停车场
68、入口景观大道
69、娱乐会所
70、会议酒店
71、游泳池
72、企业会所入口景观道
73、景观广场
74、游船码头
75、休闲平台
76、企业会所/度假别墅
77、休闲小木屋
78、温泉中心
79、休闲亭
80、铺地景观广场
81、休息-景观台阶
82、喷泉水湾
83、渡水栈道
84、电瓶车行道
85、高尔夫主题广场
86、高尔夫俱乐部
87、垂钓台
88、亲水平台
89、湿地栈道
90、水池
91、高尔夫场地
92、古运河文化广场
93、码头
94、植物林带
95、环岛滨水景观走廊
96、特色植物林
97、水利科普基地
98、水务集团建筑
99、科普主题交流广场
100、码头
101、生态浮岛
102、休息场地
103、水面
104、电瓶车道
105、高尔夫场地
106、接待中心
107、入口主题广场
108、入口通道

Muhu Island Master Plan, Jiaxing

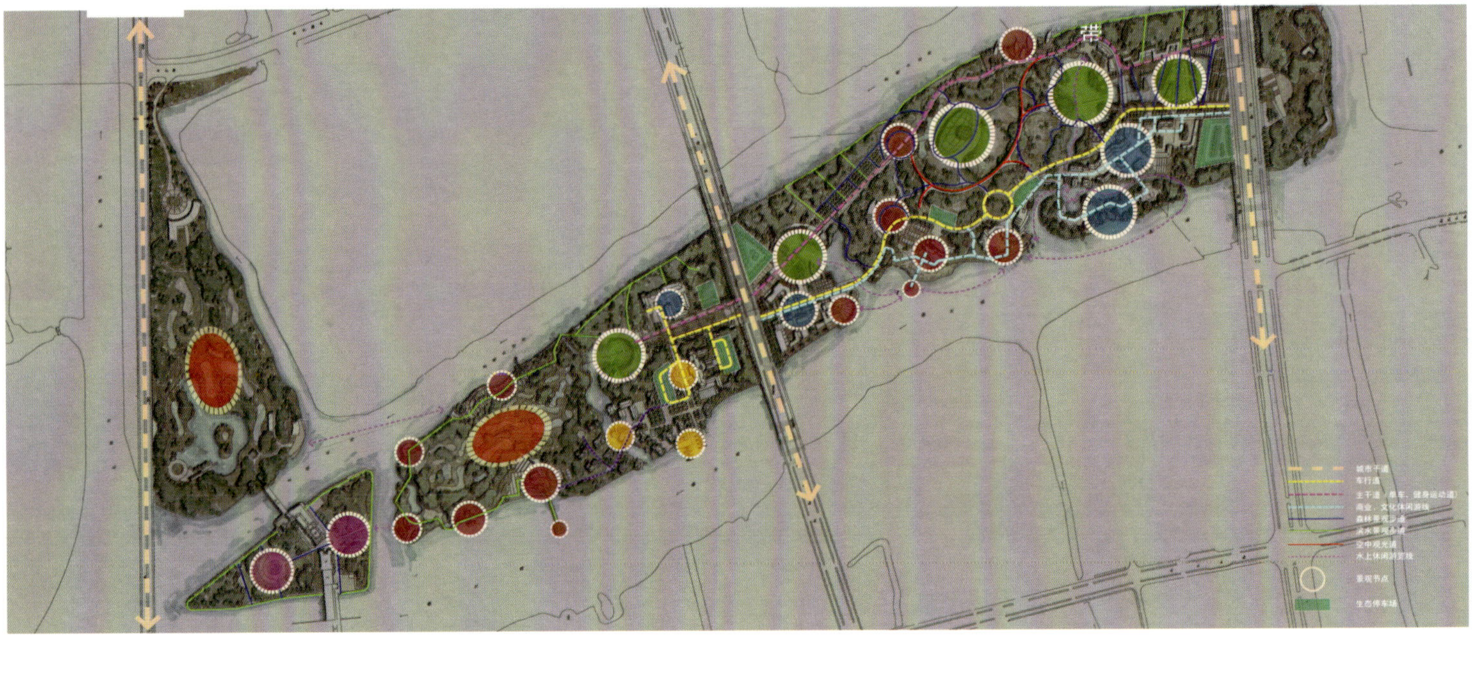
城市干道
车行道
主干道（单车、健身运动道）
商业、文化休闲游线
森林景观步道
滨水景观步道
空中观光道
水上休闲游览线
景观节点
生态停车场

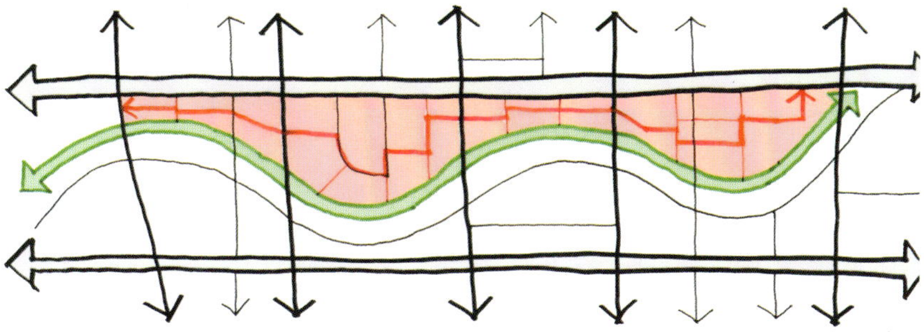

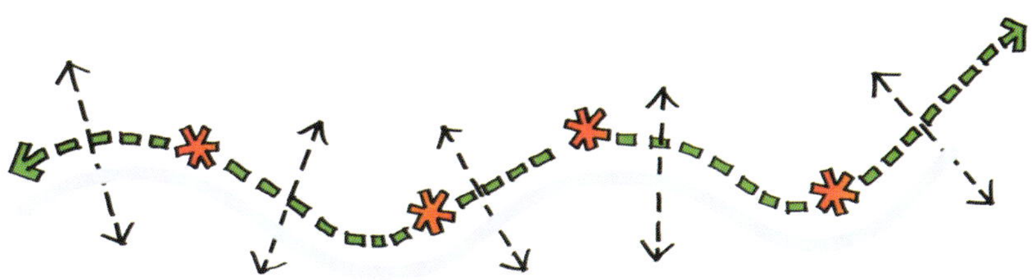

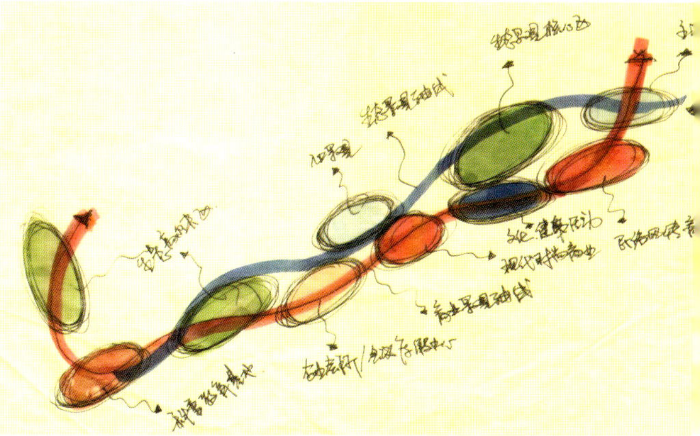

区域功能定位图

District Identity Key Plan

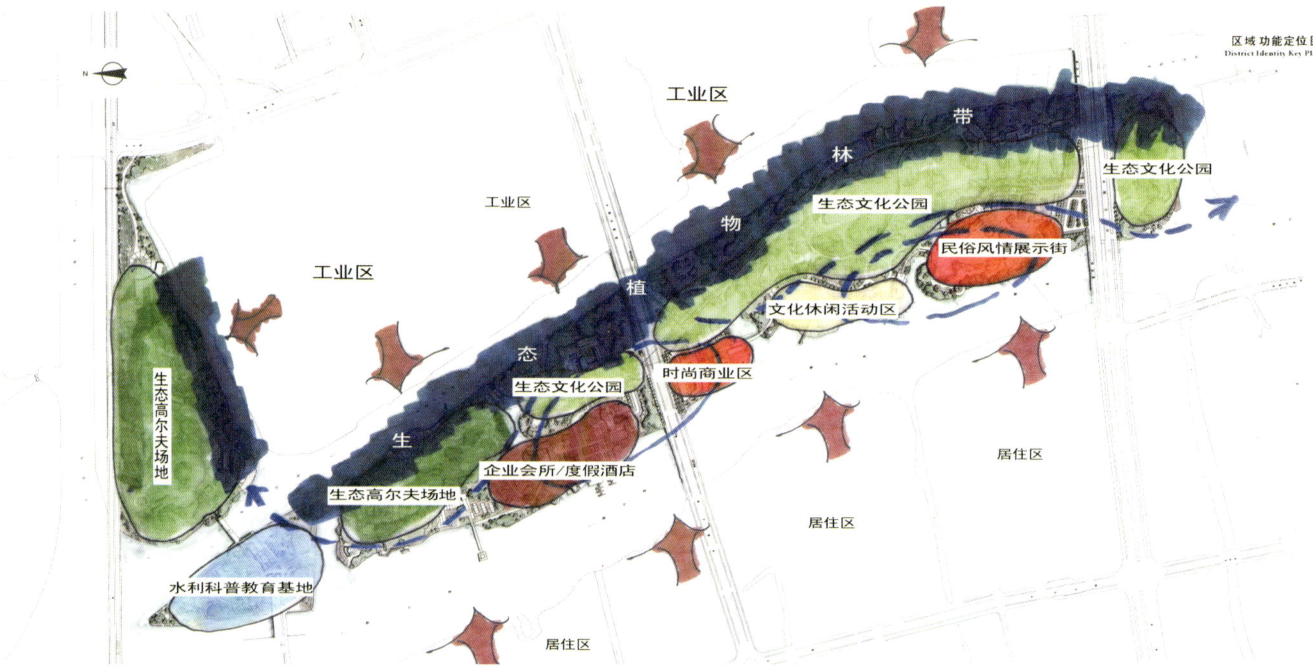

功能示意图

Functional Diagram

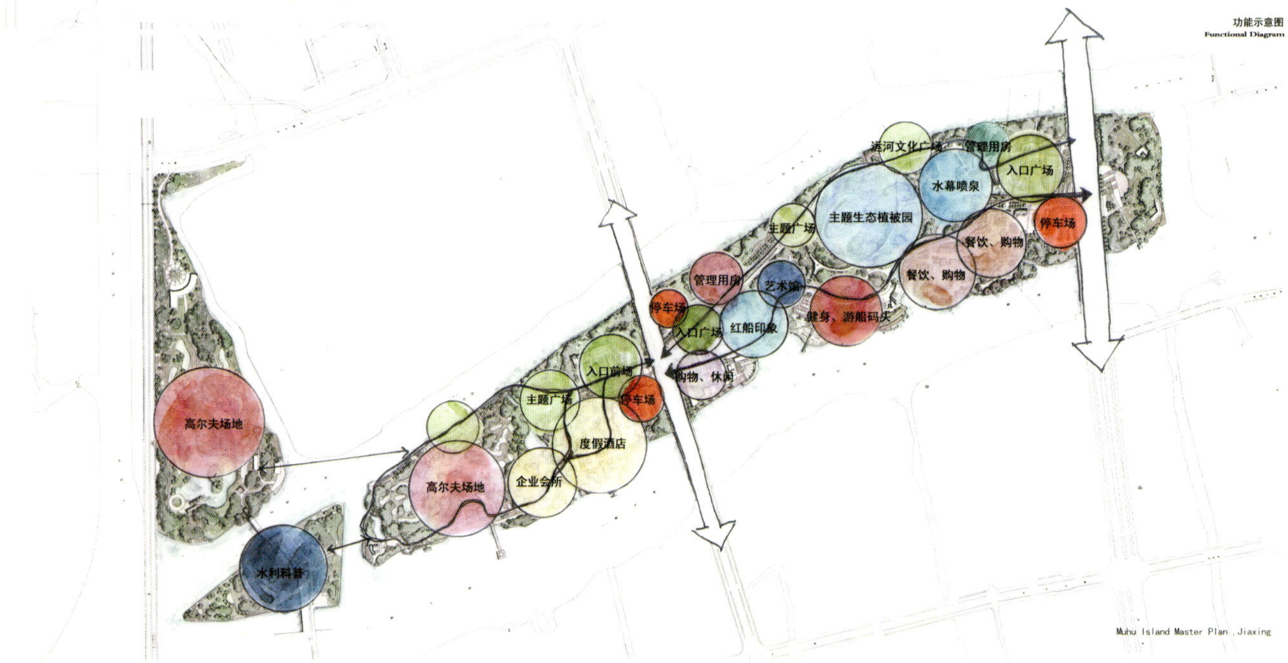

在整个地块方案的规划设计前期，针对嘉兴地区的地域人文特征，进行了多次的研究整理，获得了较为具体的信息内容。本案希望把嘉兴历史文化名城的文化元素浓缩于此，并结合现代城市公共绿化与商业的新高度把历史沉淀的文化，让有着极强生命力的文化，贯穿于规划设计的始终。整个地块分区分段增加文化性内涵，经过不同文化元素的提取浓缩，通过场景营造与游线的串联，形成有机整体文化体系，使整个区块达到文化和商业相辅相承。

晴朗高地
（高尔夫运动区）
放舟循桔浦，入路是桃源。
晴朗高地
（高尔夫运动区）
放舟循桔浦，入路是桃源。
松竹间雨
（平台垂钓）
竹下晴垂钓，
松间雨试茶。
鹤鸣九皋
（高尔夫俱乐部）
天地皆碧水，
秋风现鹤飞。
穆湖闲居
（穆湖休闲度假区）
舍南舍北皆春水，
但见群鸥日日来。
十里花田
（入口杜鹃迎宾道）
十里花田间，
适者闲闲兮。
霞飞帆归
（入口广场）
乘风破浪会有时，
直挂云帆济水都。
穆湖天地
（时尚商业区）
月挂柳梢，
舟船轻泊，
水清如碧，
游人如织。
菱香四面
四面菱风三面桥，
红林尽处有人家。
众乐乐园
（水上娱乐区）
独乐乐乎？众乐乐！
艺韵留痕
（艺术者之家）
水岸聚鸿儒，
青宅遗风情。
长河夕照
（游船码头）
绕墩荷花三十里，
拂村香树一千株。
垟田花海
（园艺花卉展示区）
一池苍水碧，十里花海红。
穆湖烟雨
烟柳画桥，
风帘翠幕
“印象水都”
（水花园）
柳丝贴水荇浮花，
吹浪乘流上浅沙。
袅袅村烟
（民俗风情街）
多少六朝兴废事，
尽入渔樵闲话来。

生态色叶景观林区
常绿防护林区
生态色叶景观林区
观赏农作物区
生态色叶景观林区
原生态湿生乔灌区
常绿防护林区
庇荫植物分布区
常绿防护林区
庇荫植物分布区
观赏农作物区
常绿防护林区
生态色叶景观林区
庇荫植物分布区
观赏农作物区
园林花卉特色区
果林采摘区
原生态湿生草灌区
常绿防护林区
庇荫植物分布区
庇荫植物分布区
常绿防护林区

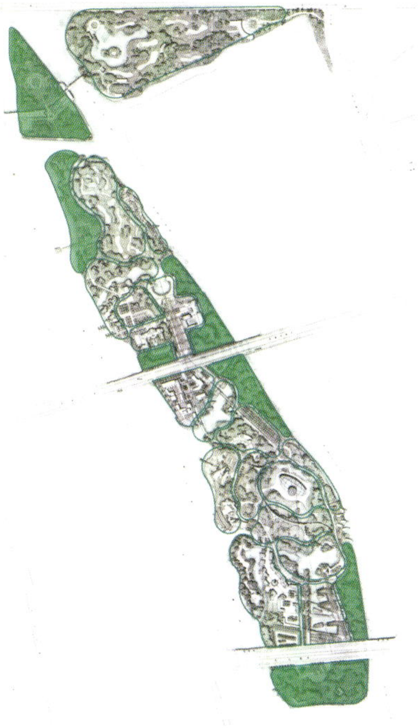

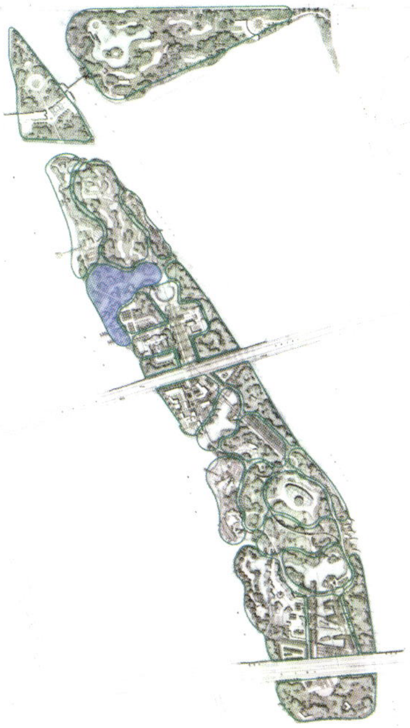

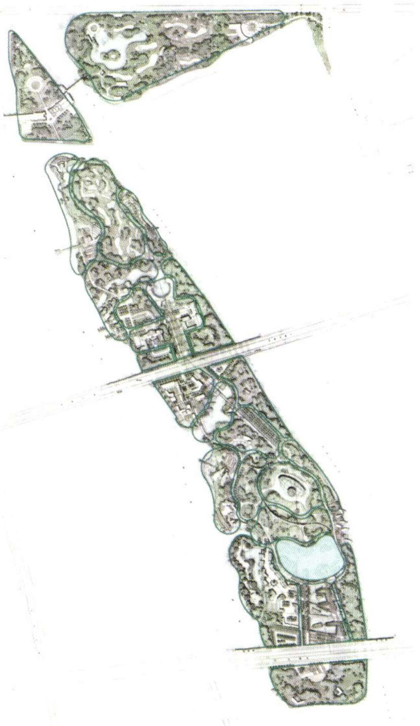

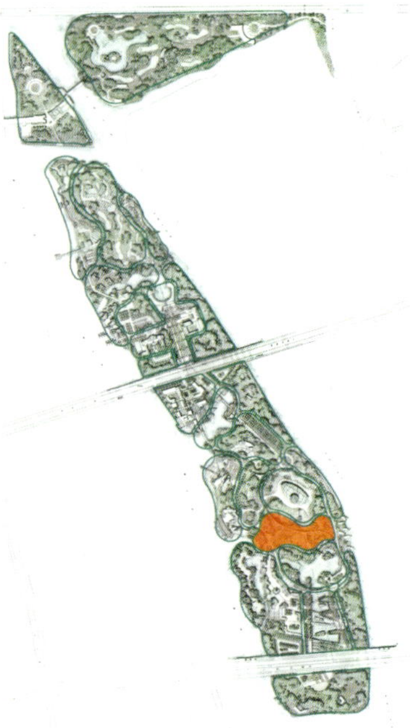

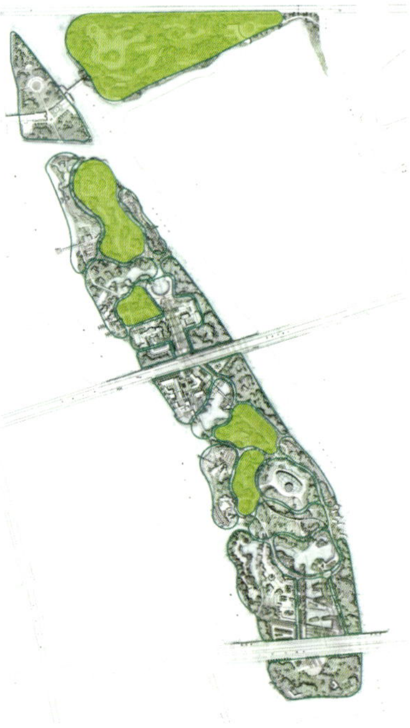

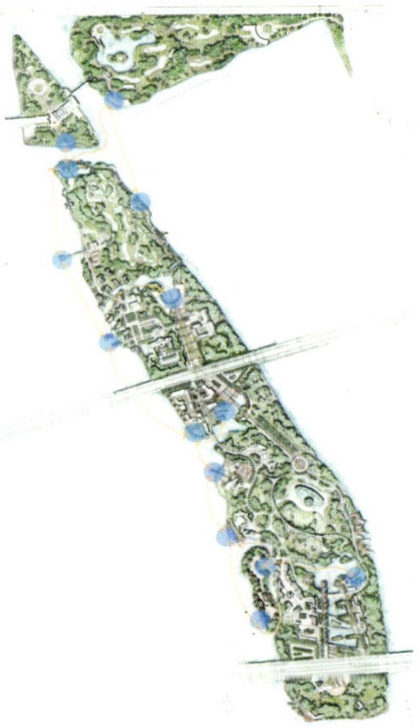

区位及游线

渡船儿。四方形，用绳系在两岸，上客后拉绳过河，专门用于摆渡。

“河满溜”，或称小船儿。可前后划桨，可载客运货，速度快捷。

航船，又称客轮。安装机器动力，往返于较长距离两地的客货运输。

家家户户皆有船，屋前、树下、埠畔泊位处。

“盘汤”。船首方形，如古代履式，中三舱宽敞，可带篷，供游人玩乐之用。

年年月月船伴行，农耕、渔猎、劳作落日归。

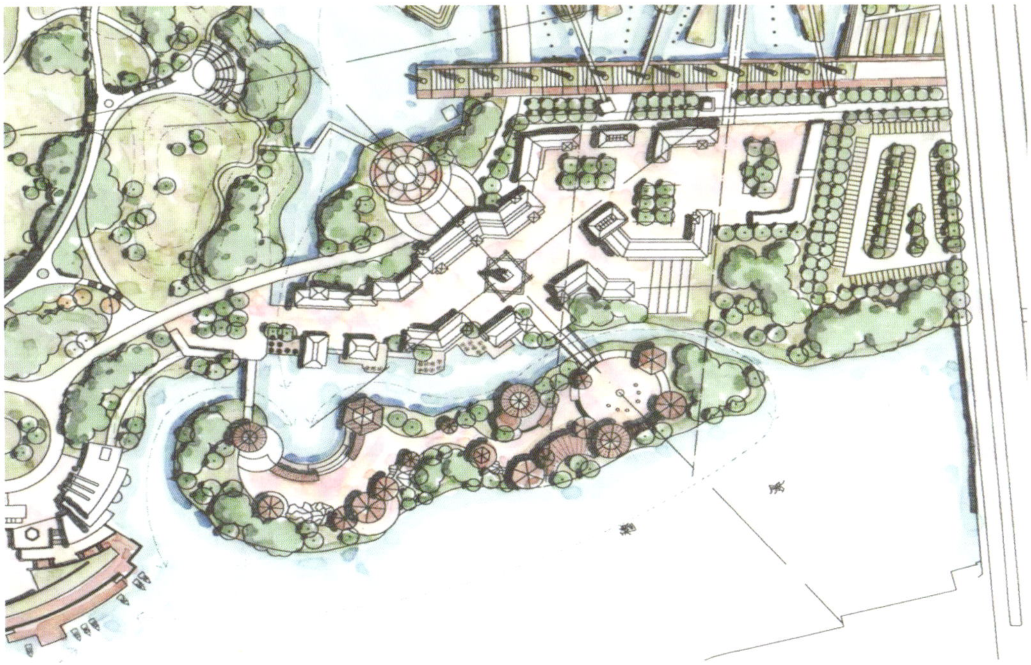

春：樱花烂漫、桃花盛开、海棠闹春、紫荆丛立，渲染出一派春意盎然、艳花怒放的绚丽景象。

夏：纤纤的垂柳、浓密的荷花、金黄的稻田、繁茂的花坛，营造出一片绿树成阴，繁华似锦的夏日景象。

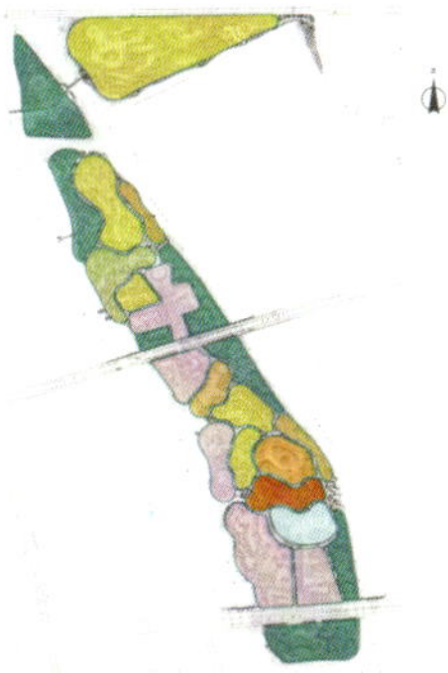

秋：火红的枫叶，沉甸甸的果实，体现了红叶迎秋，硕果累累的秋季景观。

冬：考虑冬季开花（如梅花、腊梅）、观果（如火棘、南天竹）等植物品种——葱郁的松柏、红艳艳的梅花，展现了郁郁葱葱，红梅挂枝的冬季景观。

西安市牛背梁国家森林公园综合服务区

项目资料：
项目地址：陕西省西安市
设计面积：16.9万平方米
设计单位：尚旅麟德景观设计顾问（深圳）有限公司
主要设计人员：张立志

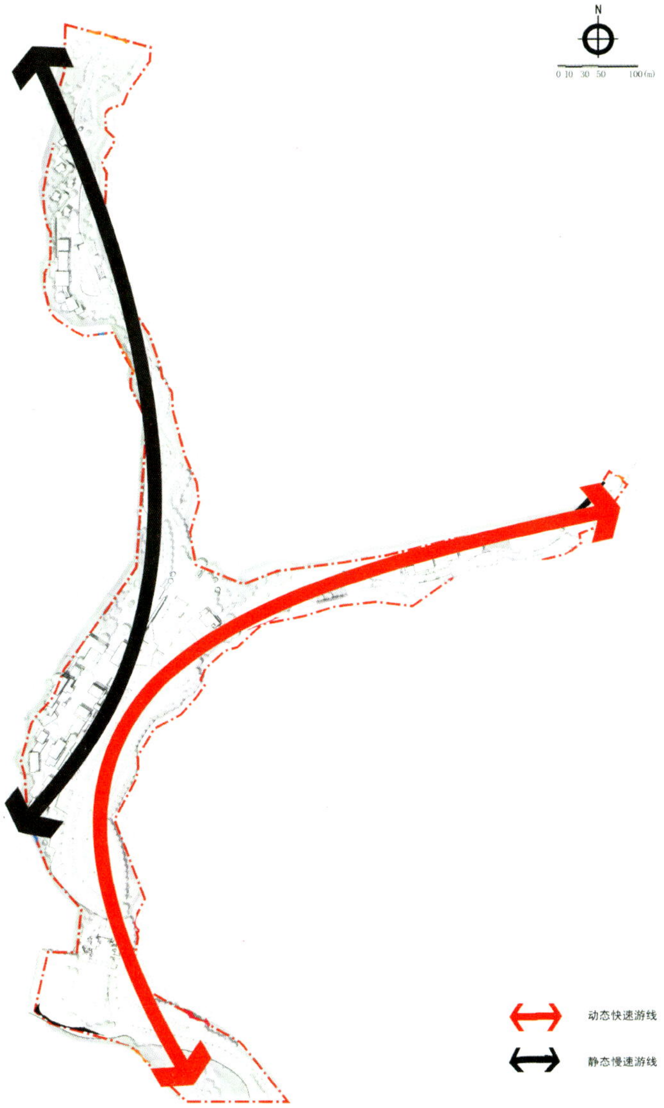

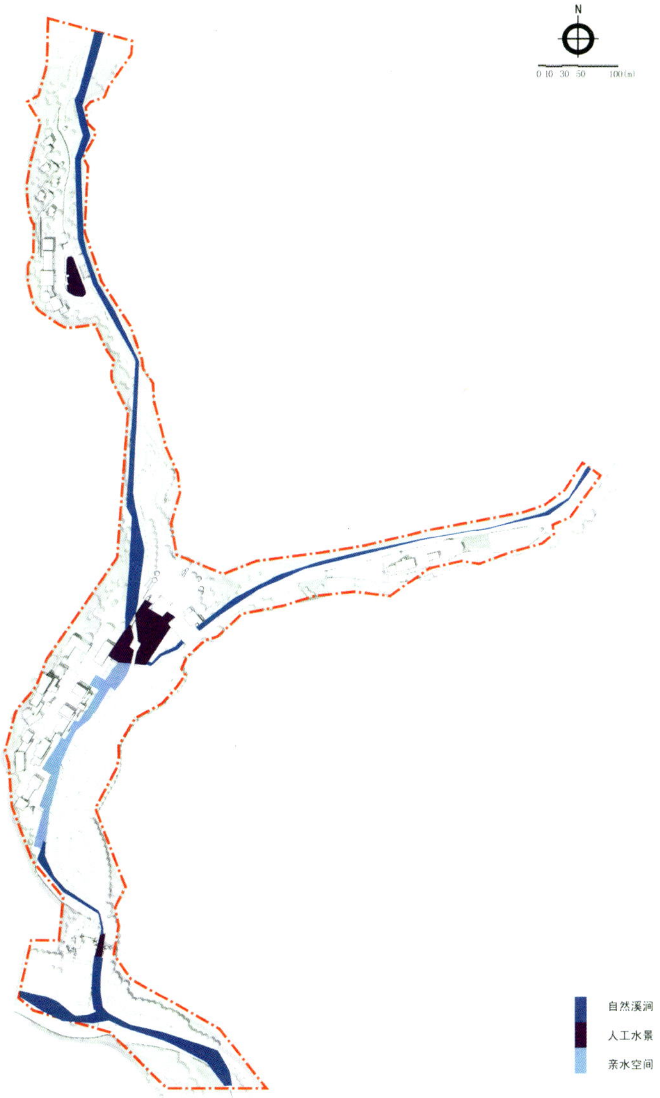

一、绿地景观规划目标

牛背梁森林公园入口景观区种植坚持以自然生态为原则，以春、秋季景观为主，兼顾四季景观，打造富有特色的入口景观，全面提升牛背梁森林公园入口区域景观的观赏性，吸引游人前来参观。

二、绿地景观规划原则

生态原则：不再只是以人为本，而是以自然为本，力求将入口景观融入到牛背梁森林景观的大环境中去。

经济性原则：在重要的景观区域可适当的配置名优大树，起到点景作用。隔离防护林、背景林区域则选择当地长势较好、经济合理的乡土树种，以最经济的种植造价同样营造出生态优美的植物景观。

可持续性原则：按照土地性质和区域功能特征，合理规划景观布局和相应的隔离功能，取得结构上的完整性和功能上的高效性，营造具有可持续发展的种植景观。

适地适树原则：充分利用当地长势较好、形态优美的绿化树种，因地制宜创造多样化的立体植物群落。

三、种植配置手法

我们在充分利用原有地形的基础上，根据方案设计的宗旨，地势的变化以及植物的运用营造出不同性质的空间。将地势平坦的区域设计成树林草地；地势多变的区域设计成富有野趣的密林；地势陡峭的地区开辟成花台或是加以改造设计成风景林。

将区域种植分为防护隔离带，密林，疏林草坪，水系绿化，花田、花台，停车场种植进行种植分析。

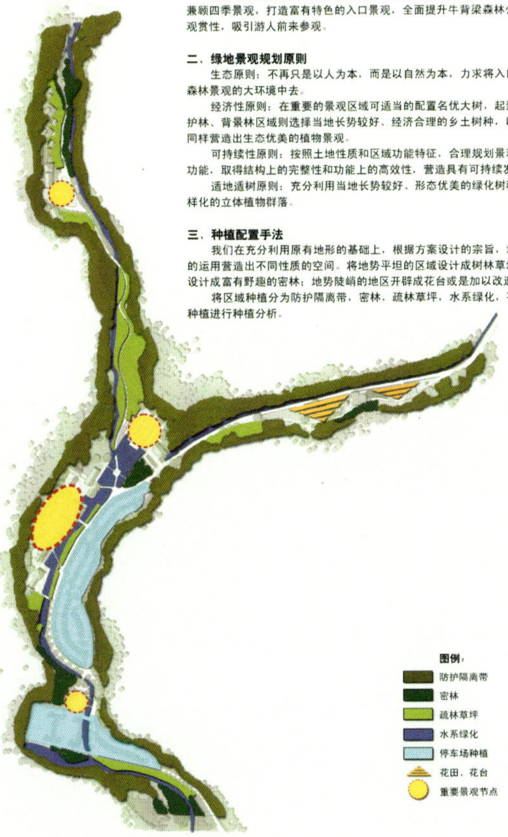

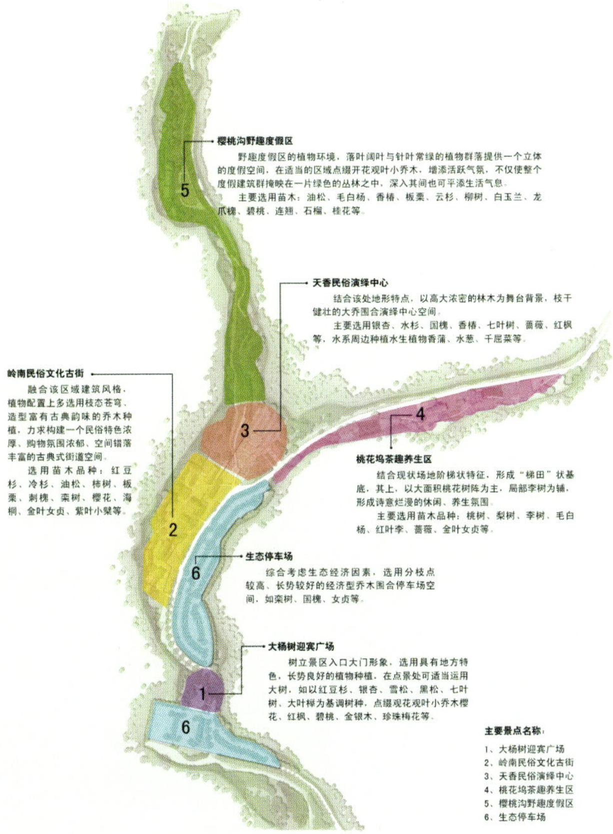

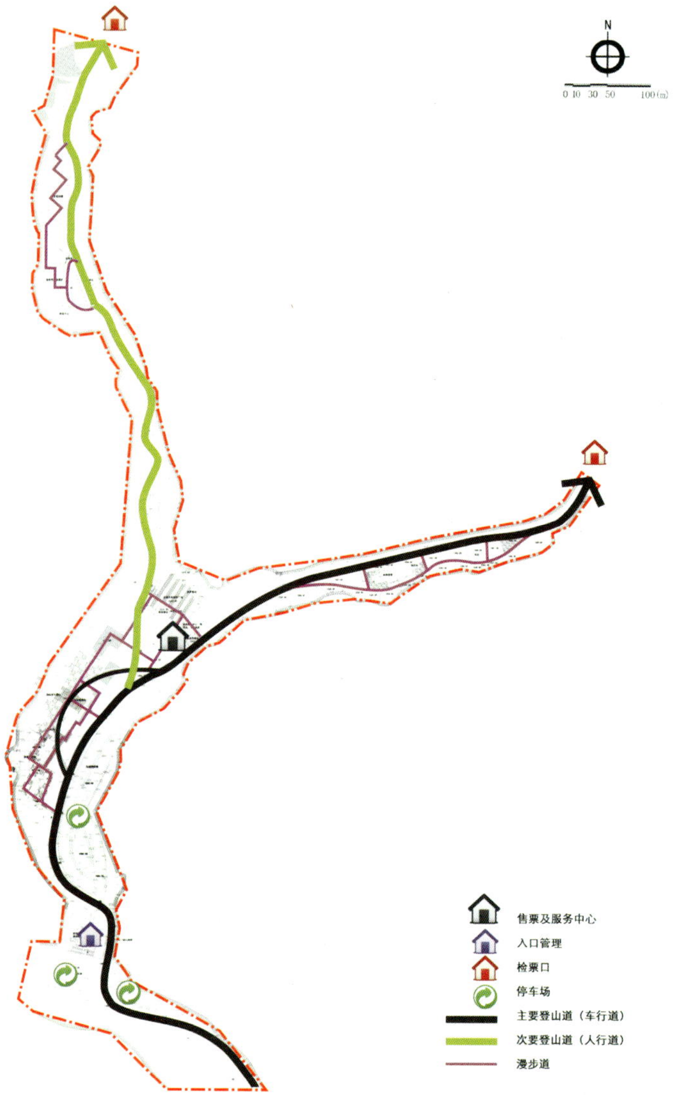

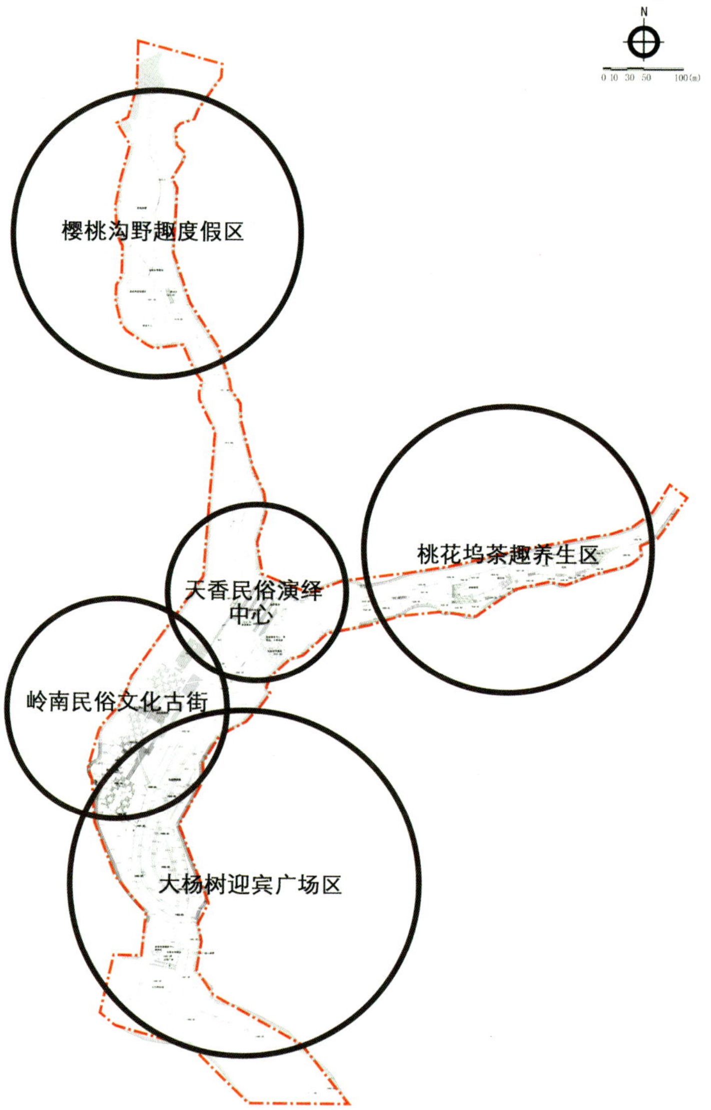

项目说明：

牛背梁国家森林公园综合服务区是一个对景区游客进行综合服务为基础功能，融观光游览、度假休闲、养生避暑、会议培训等功能于一体的综合性资源融合型入口服务区域。

主要概念点

天然氧吧——生态、自然、野趣的山谷氛围

世外桃源——“登梯游心，骑牛得福”的游憩体验

古老传说——李世民降牛造庙，为民祈福的民俗故事

景观结构

一谷——山谷状基地造型

两线——登山游线、山溪流线

五区——大杨树迎宾广场区 （迎宾区）

岭南民俗文化古街 （古街区）

天香民俗演绎中心 （演绎区）

樱桃沟野趣度假区 （度假区）

桃花坞茶趣养生区 （养生区）

分区设计

大杨树迎宾广场区

该区域位于大杨树综合服务区的南入口处，其内容主要包含迎宾广场和大面积的生态停车场。我们设置了融接待室、电瓶车停靠站和洗手间为一体的咨询处，以及假山塑石的大门入口、瀑布水帘、溪流跌水等内容。一系列设计既起到了咨询服务、游客集散、游览方式转换的作用，也为整个景区树立了醒目、壮观、野趣的入口形象。

岭南民俗文化古街

该古街位于车行道和山溪的东侧开阔地，建筑群落以岭南徽派为主要特征，同时糅合“西安大唐”的建筑特点。在功能划分上，主要包含特产、纪念品购物街，民间特色小吃街，酒吧街，国际青年旅行社和青年活动中心。整个设计力图构建一个民俗特色浓厚、购物氛围浓郁、空间错落丰富的古典式街道空间。

天香民俗演绎中心

该中心位于Y字形的交叉中心地带，我们利用现状高差，以民俗演绎广场为中心，南侧边缘设置音乐喷泉，烘托演出氛围，并形成大型跌水景观，于水景上方我们设置旋转舞台形成整个区域的视觉焦点。游客自入口北上，约6米高的跌水瀑布给人大气、豁然、野趣的视觉感受。其主要的景观内容有：民俗演绎广场、旋转舞台、大型羚牛雕塑、乐鼓雕塑造型、音乐喷泉、大型跌水瀑布、特色人行廊桥、游客服务中心等。

樱桃沟野趣度假区

该区域深藏于整个设计区域的北端一隅，利用原有地形走势，以水为湾、以山为湾，形成一个山环水绕的天然私密度假氛围。度假区功能主要由度假酒店主体、度假别墅、会议中心、培训中心四部分构成，结合酒店入口特色景观和大型乔木的运用，整个古典建筑群掩映在一片绿色的丛林之中。

桃花坞茶趣养生区

该区域位于整个设计区域的东侧一角，登山道南侧的开阔地。我们结合现状场地阶梯状特征，以当地毛石为主要材质形成“梯田”状基底，其上以大面积桃花树阵为主，局部李树为辅，形成诗意烂漫的休闲、养生氛围。以此为依托，我们设置了桃花坞和无忧茶社，满足了游客聊天品茶、静心养生、观花赏园的深层次精神需求。

上海市宝山区顾村公园二期

项目资料：
项目地址：上海市宝山区
设计面积：245.6公顷
委托方：上海市宝山区生态专项工程建设指挥部
设计单位：澳派（澳大利亚）景观规划设计公司
合作单位：上海市园林设计院

项目说明：

上海市宝山区顾村公园二期设计面积245.6公顷，是亚洲最大的郊野森林公园之一。

设计的目标是打造一个郊野森林公园，为上海市民带来一个与自然亲近的绿地空间，为野生动物营造一个更好的栖息地，恢复公园生态系统，收集并利用公园现场的雨水，提高公园水系的水质。

通过大手笔的设计，在公园内设置一座高低起伏的景观桥，为游客打造一个更好的绿色行走空间，让游客在景观桥漫步的途中得到不同的郊野森林体验与景观。

景观桥是设计的一个重点，设置便捷的公园人行交通组织能让人们更好地进入公园和主要休闲地区。在设计中综合考虑市政高架桥的设计，通过地形的设计营造一个绿色的轴线，将大型的基础设施融入到公园的绿波之中。

艺术小径与景观桥相连，是串联起公园各主要区域的轴线。

艺术小径始于休闲区内的一个庆典/展览中心，邻接公园的道路网，穿过各种景观区，一直通向河边的森林园艺中心。沿着这条小径，人们可以步入各条小路，进入森林区、集水池、丛林区域以及由自然景观形成的开放空间。

通过设立一系列的湿地与水体区域，并且通过竖向设计对公园的地面径流进行有效管理，进行雨水的收集与回收利用。

在整个项目中融入可持续发展的设计理念，营建一系列自然与人造的河道、溢洪区以及水体。这些措施将进一步改善水质，缓解洪峰带来的压力，并且能起到教育和休闲功能。

在公园的北面设立一系列的植物沉淀湖，对于流入公园的雨水进行处理；在高架桥下方同时设立植物沉淀湖，对于从高架桥流下的雨水也进行过滤处理。因为这些水体水质较差，在这些区域外围种满密集的植被，有效防止游客进入这些区域。植物的过滤使高品质的水体流入公园中心，用于公园娱乐设置和休闲布景。场地所有的水体将流经一系列的区域，汇合形成大型的水体，然后缓缓流入运河系统。根据场地及周边景观特色，这些水将呈现不同形态或者扮演不同角色。

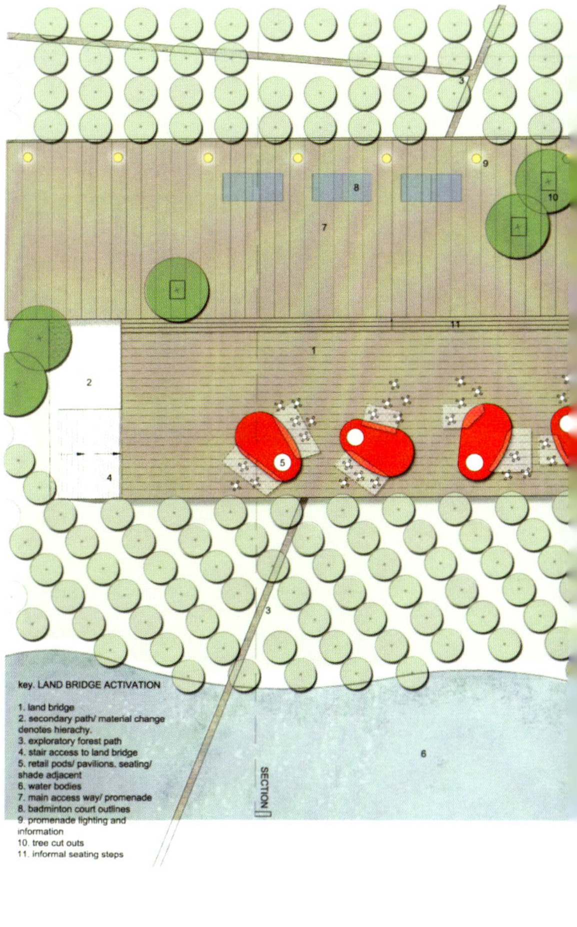

1
2
3
4
5
6
7
8
9
10
11
SECTION
key. LAND BRIDGE ACTIVATION
1. land bridge
2. secondary path/ material change denotes hierachy.
3. exploratory forest path
4. stair access to land bridge
5. retail pods/ pavilions. seating/ shade adjacent
6. water bodies
7. main access way/ promenade
8. badminton court outlines
9. promenade lighting and information
10. tree cut outs
11. informal seating steps

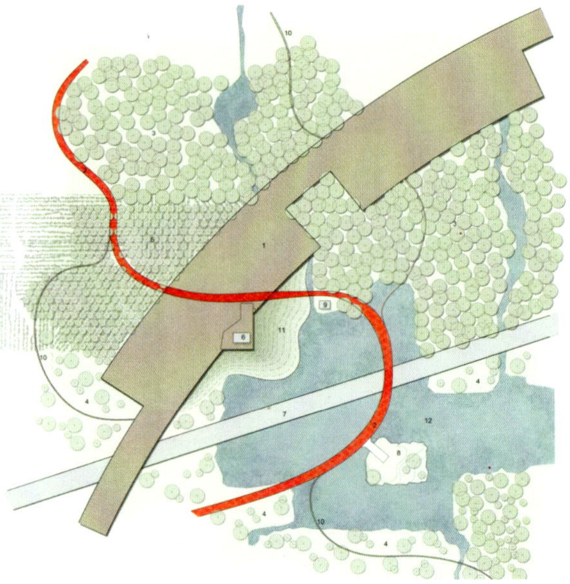

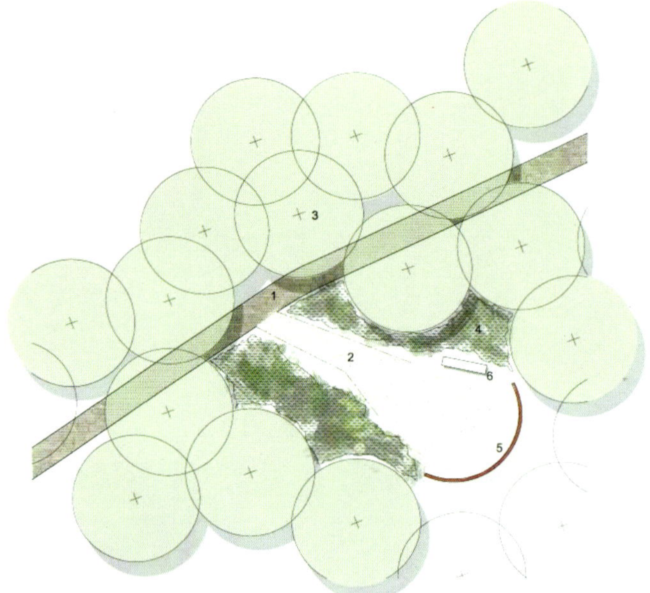

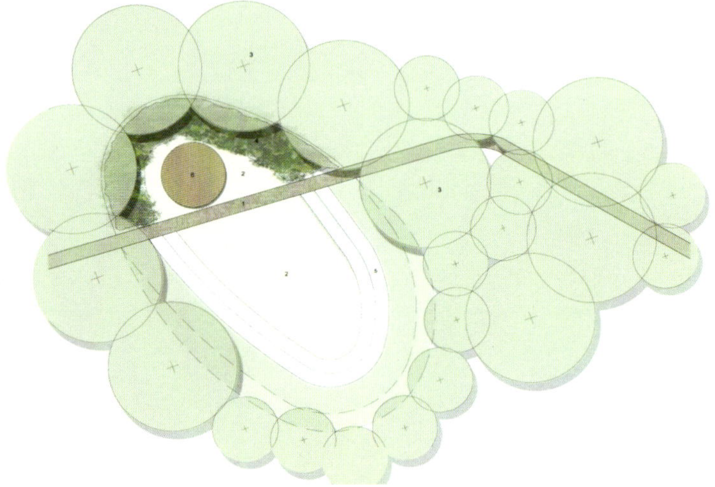

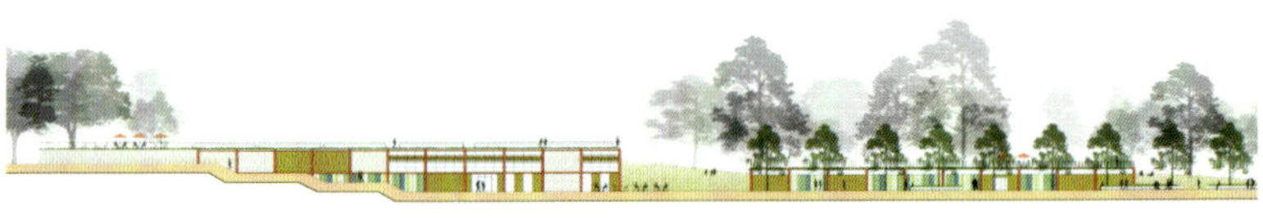

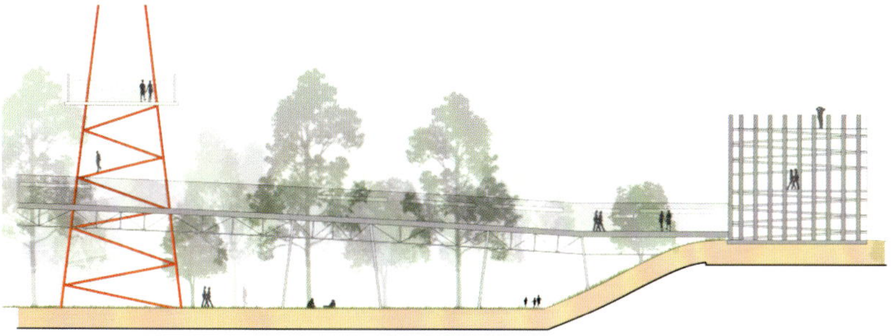

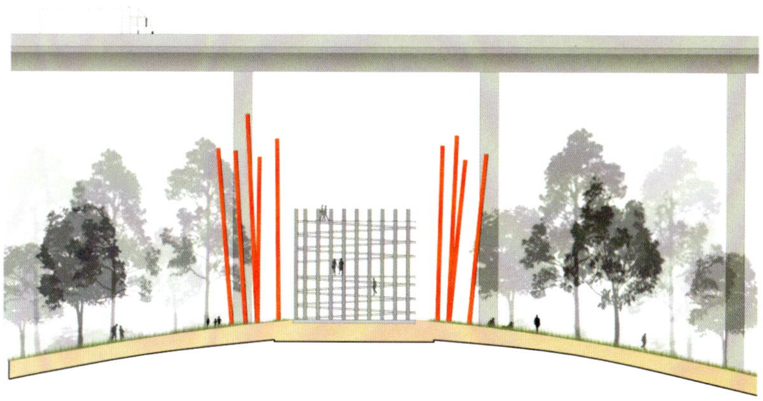

-规整，硬质收边的主轴运河，在休闲区域内体现出城市氛围。

-大型城市水体。

-蜿蜒，植被收边运河和小溪穿越森林和林地。

-在森林里的自然湖泊、沼泽地及洪泛平原。

-岸边的散步大道让人们在重点区域观鸟。

-灌渠邻近生产型的花园。

-硬质铺装与自然河岸的过渡引领人们通往水边。

-穿越陆地景观桥与其他地形的渠道。

广泛采用本地特有的植被，将鸟类吸引到公园的水景区，创造一种独特的自然体验，使人们充分感受户外花园展示区和不同花园的风格。

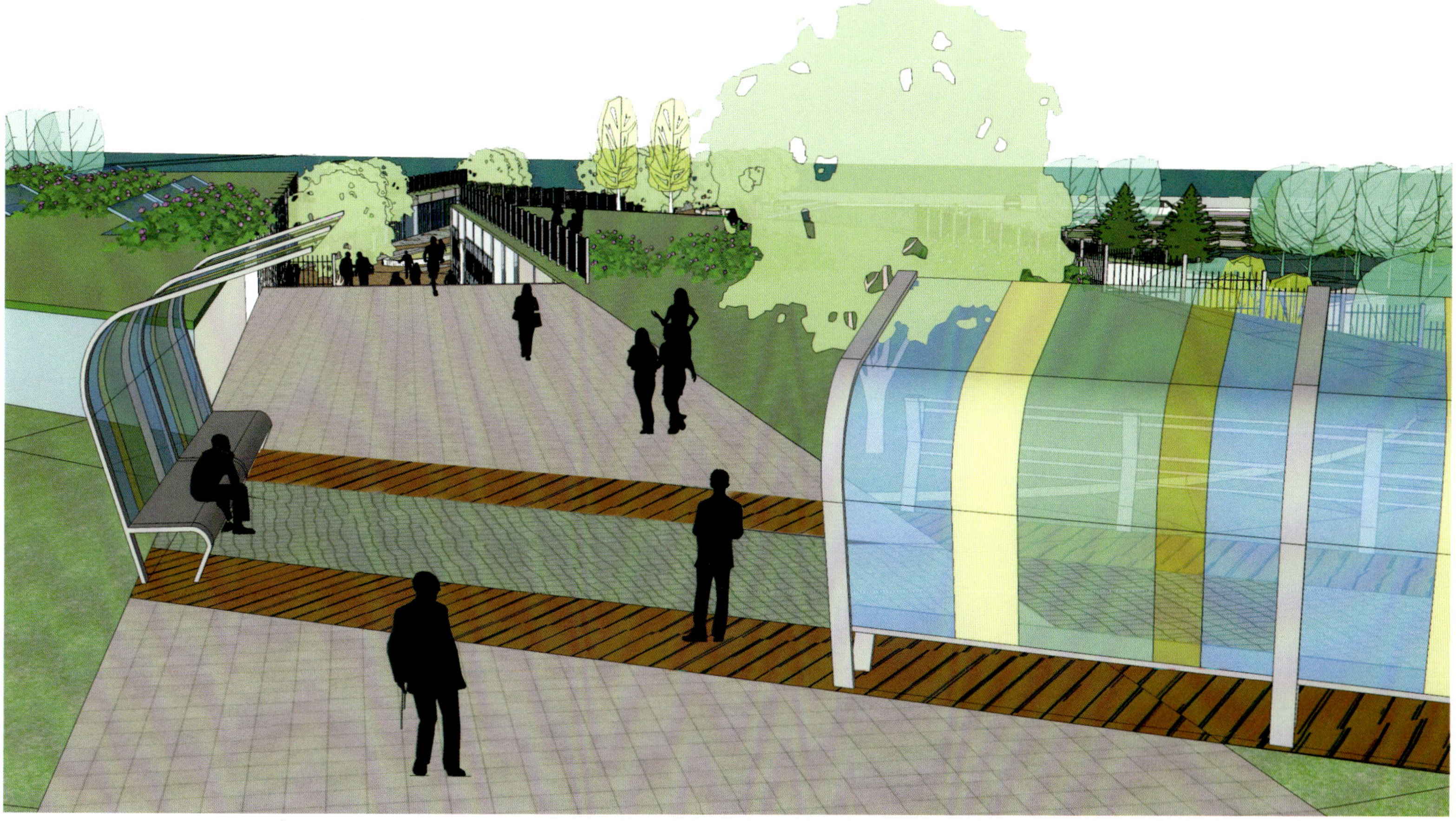

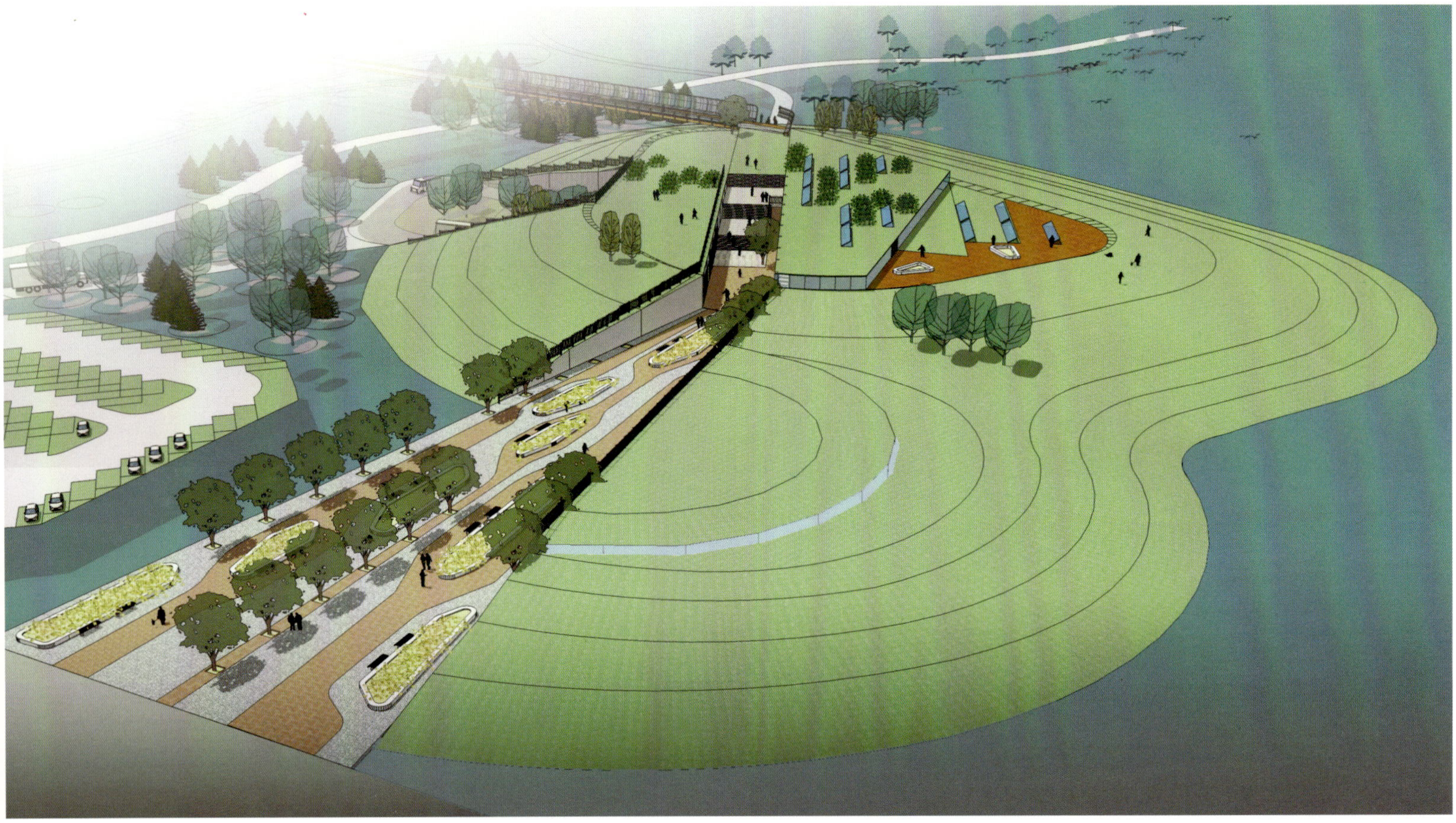

北京市朝阳区立水桥公园

项目资料：
项目地址：北京市朝阳区
设计单位：北京创新景观园林设计公司

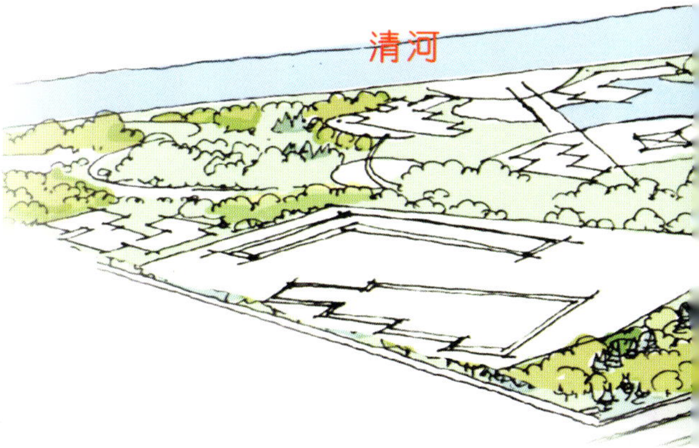

项目说明：

1. 项目位置

"明天第一城"代征城市绿地约24万平方米，代征道路用地约3.5万平方米。项目北临立水桥东路以及轻轨立水桥站和地铁5号线立水桥站，南侧为奥林匹克公园，东南侧为清河水域。项目距北五环路约3公里，紧邻安立路、北苑路、立汤路三条城市主干道，与轻轨13号线、地铁5号线构成了纵横交错的"棋盘"网状交通格局，可以非常方便快捷地到达京城各大区域。

2. 场地特点

公园因邻近立水桥而得名。明代时在清河修了一座木桥，但因车辆多，没多久就被压坏了，于是在原址上重修了一座石桥，用的都是十分坚硬的花岗岩，牢固的桥墩立于水中，支撑宽阔的桥面，故得名"立水桥"。随后离桥不远的无名小村也被称为立水桥村。

以此为依据，将东园大门设计成几根高低不同的巨型石柱，既醒目又使人联想起这段历史。

3. 公园定位

作为本区域标志性的生态休闲公园，将体验自然与健康休闲理念相结合，以提高本地区的生态效益，以满足周边居民的日常休闲游憩活动为目的，同时也承担着陶冶情操、传播大众文化、给人以美的享受等各种功能。

4. 设计理念："将传统的空间形式与现代景观元素相结合"

运用传统造园注重空间变化的内涵本质，注重"步移景异""峰回路转"等空间围合与渗透结合的设计手法，将现状平坦的地势形成开合有序、高低起伏、延伸融合的园林空间，同时在外表赋予现代的景观元素，强调现代材料的色彩及质感的搭配，使公园形成"外在现代，内涵传统"的现代园林风格。

5. 设计内容

公园被安立路自然分成东、西两个园，依地段特点，我们又将它分为静态休憩、动态健身两个类型及一条滨水带状花园。

5.1 东园——静态休憩型：分为湖区、中心休闲区、林下休息区及入口区

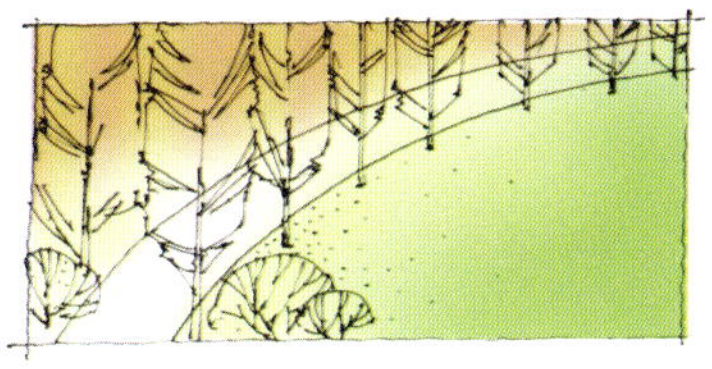

由于位置紧邻清河，设计师将水景延伸入园，一池碧水给公园带来了活力与灵气，并形成了公园的景观中心，因水设景。周边木桥、挑台、桃柳相映成趣，呈现自然野趣；一条水溪将人引入中心休憩广场，五彩斑斓的层台跌水是公园的视线焦点，也是儿童嬉戏和活动的场所；水池边设置了多个安静休息的观景广场，丰富的水生植物及周边葱郁的观赏型植物群落共同形成人与自然和谐互动的园林空间。

5.2 西园——动态健身型：分为中心健身区、儿童活动区、草坪观赏区、山林运动区及入口区

由于本地段南侧就是"明天第一城"大型居住区，因此充分体现"以人为本"的设计，侧重设置以人的各类活动为核心的多功能、多用途的广场，如中心健身广场，鲜花慢跑径，儿童活动场、戏水池、下沉广场、林下活动广场等，使公园成为居民日常起居生活的一个部分。园内绿阴如盖，高低起伏，地势变化丰富，北部4米高的坡地及毛白杨林既为公园提供了绿色的背景，同时又遮挡了京包铁路给园内带来的干扰。硬质景观的设计融入了现代元素，使人们在健身锻炼的同时体会高质量的环境带来的美的享受。

5.3 滨水带状艺术花园：体现亲水特点的、变化的花园，点缀艺术小品。它由长椅、景墙、花坛、铺地等不同形式的硬质景观构成，时隐时现、时断时续，形成一条飘舞的亮线，充满浪漫色彩，串联各种体验空间，既实用又具现代感，营造和挖掘了宜居特色。

6. 设计特点：注重体现"亲和性"和"丰富性"

设计为塑造"和谐、优雅、均衡、含蓄"的园林空间，以吸引更多的人到优美的环境之中参与和体验，体现出了两大特点：

6.1 亲和性：

6.1.1 生态型、观赏型自然植物群落的应用：

种植设计采用多绿量的复层种植方式，且有四季鲜明植物大景观，配植丰富的水生植物，形成柳林荷塘、层林尽染、鸟语花香的怡人环境。

6.1.2 亲切的水景设计：

因景观需要设计了与荷花池、水溪、跌水台、戏水池等多种形式的水景观，布置合理、分布均匀、可赏可玩、愉悦身心。

6.1.3 富有生活气息的场地设计：

所有的景观设计都与功能相结合，各种空间形成的活动场地及小尺度的设施令老人、儿童及年轻人各得其所，相互不受干扰地在林间活动、放松身心。

6.2 丰富性：

6.2.1 空间的丰富变化：

继承了传统造园理念的精华，总体布局紧凑，小中观大，主次分明，具有丰富的序列变化并相互渗透，既有整体性，每个空间又有独特的个性。

6.2.2 高低起伏的变化：

场地原为一块平地，场地设计时强调了竖向的起伏变化，既有水池和下沉广场，又有高台和起伏的地形，使人们在高低错落间体会不同的乐趣和感受。

6.2.3 现代的景观小品：

在传统的空间尺度及绿色生态环境之中，点缀追求视觉美的景观小品，以明快色彩及各种质感材料的精心组合构成硬质景观，体现出现代的风格，与周边现代形式的建筑相协调，同时又带给人以活力与轻松。

7. 道路系统

东西两园各设了两个大门及独立的停车场，主路宽3米，呈环形，并结合了公园的慢跑路径。散步路宽2米，方便舒适，穿行于林间、花丛、水畔及山丘，串联着各个活动场地。

动态活动区鸟瞰图

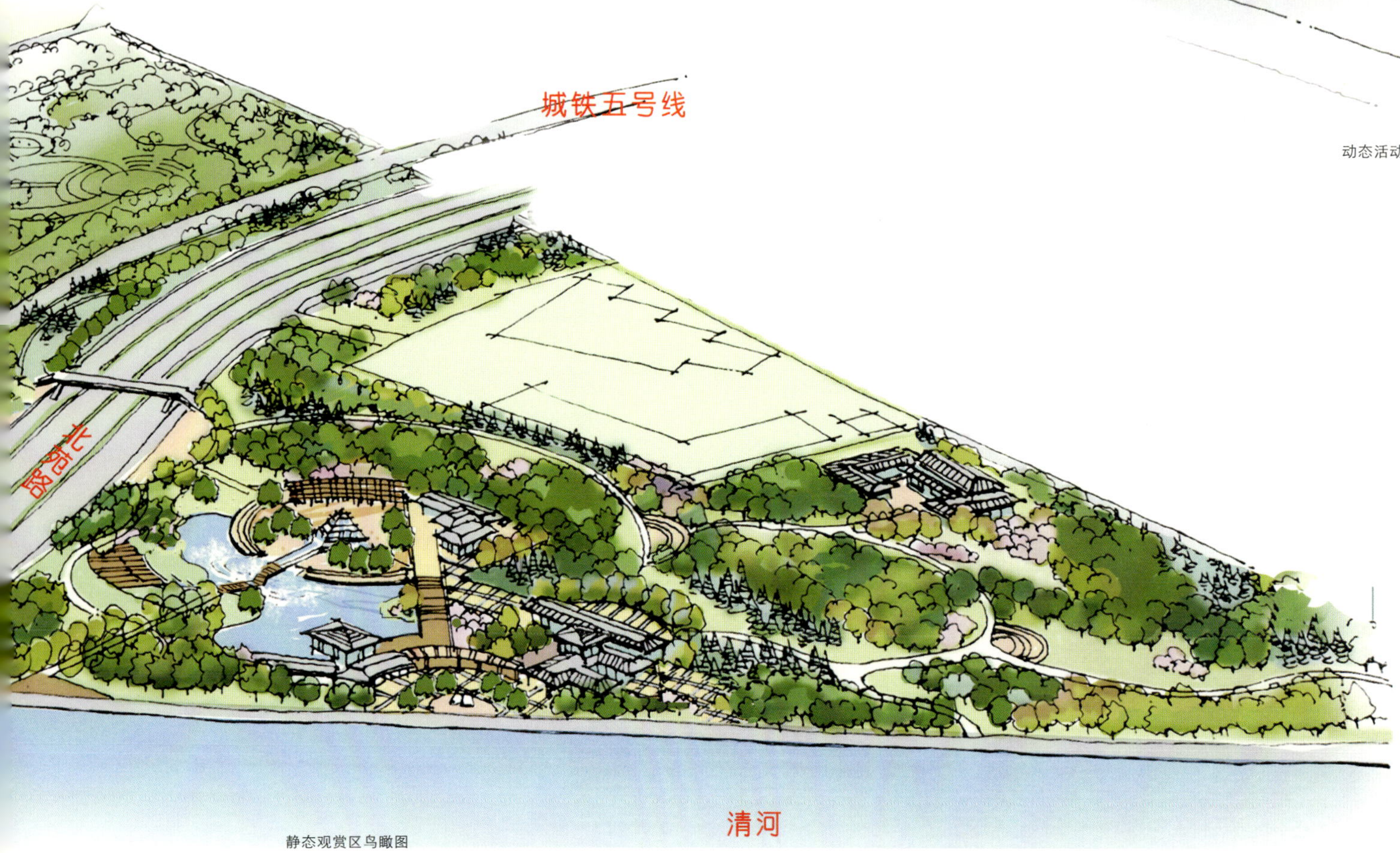

静态观赏区鸟瞰图

东园中心广场方案阶段模型效果

西园主门区实景

方案阶段效果图

中心广场入口区

林下空间

西园中心广场局部全景

自由空间休息区

湖区边青石板和水杉草坪的搭配

绿篱隔离出来的小休息区

中心广场花树搭配的入口

观水平台

椭圆广场——竹岛

湖区水景

西园中心广场喷泉

东园中心广场水景

广场和湖区自然的过渡

中心水景叠泉入水

绿色掩映中的中心广场

景色丰富生动的湖区

富有野趣的湖边植物景观

植物掩映的主景喷泉

亲切生态的柳阴荷塘

通往湖心岛的木栈桥

上海市宝山区顾村生态公园二期

项目资料：

项目地址：上海市宝山区

设计面积：2 397 900平方米

设计单位：深圳市吉相合景观设计有限公司

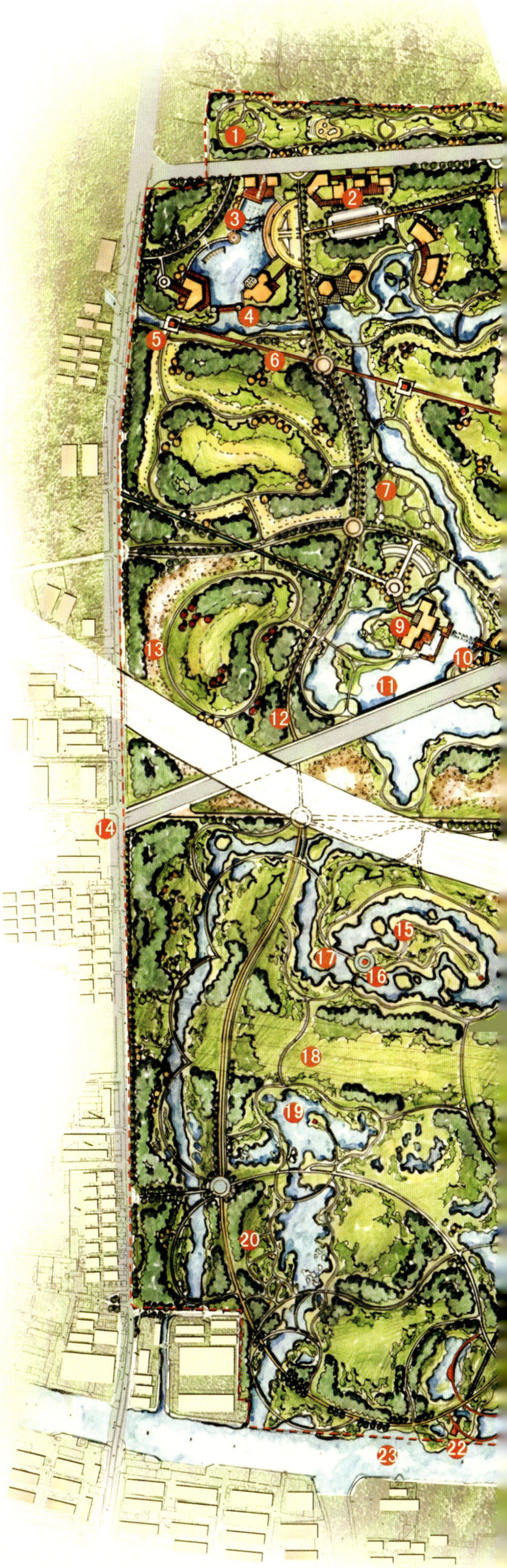

项目说明：

规划理念

1. 上海市政府拥有一个长期的目标，将中央公园引入城市，将上海打造成全球旅游者向往的目的地；

2. 该生态公园的设计愿景是构建一个中央集会场所，同时成为全球著名公园之一，这是我们设计理念的驱动力；

3. 公园的总平面设计具有21世纪风格特点。可持续性、文化性、经济性和环保性是我们的设计框架。我们憧憬未来，回顾过去，期待21世纪的精彩；

4. 作为基本设计元素，水的运用决定了该公园设计的成败。我们充分考虑了水系统、水净化、生态环保、能源消耗及长期持续发展等诸多方面；

5. 公园中设计了许多供人们观赏和参与互动的水场景。可以观看野生动植物、参观教育研究基地、感官体验或者在公园漫步等；

6. 公园的持续发展部分将栽种当地草类植物和灌木绿篱，来满足对河岸长廊设计的要求。

规划构思

1. 倡导可持续发展的动态公园发展模式

以自然的生态形式为蓝本，创造人性化的郊野环境。顾村公园定位为城市郊野森林公园，旨在体现郊野生态性与人文人居性的并重。作为高速发展的现代城市中的自然绿岛，公园宛若镶嵌于钢筋水泥基座上的一块天然美玉，为喧嚣的城市生活带来宁静的自然体验。

2. 从城市规划的高度入手规划公园

公园以开放式的形式规划，允许游客驾车进入园区。这样既减少大规模公园对城市交通的阻碍，又可把游客直接引入公园的各个功能区块，便于加强公园与城市的人流、车流、物流及生活方式的联系，使公园真正融入市民生活。

3. 融入城市绿色网络，不断生长和扩展

基地与已建成的外环线林地及北侧规划居住区的中心绿地、道路带状绿地等将连成一个巨大的绿色体系，减弱城市热岛效应，丰富绿地内的生物通道。

4. 完善服务功能，与城市综合防灾体系结合

以前瞻性的高度在绿地规划的同时就留足为城市服务的空间，满足城市防灾减灾的要求；同时多样完善的服务功能也可为绿地的后续发展储备足够的活力。

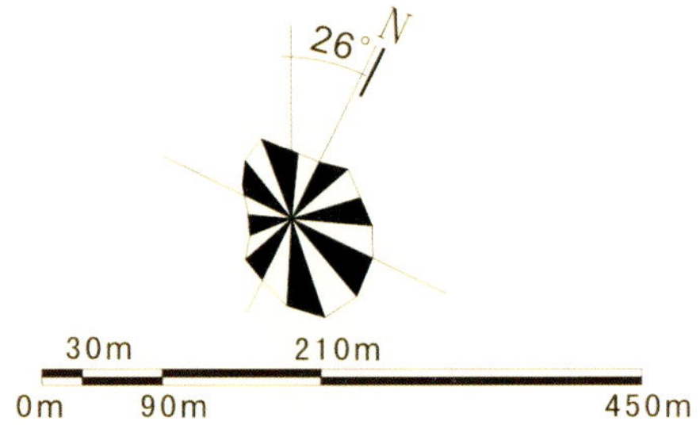

图例：

1. 竹林/凉亭 BAMBOO FOREST PAVILION
2. 商业 COMMERCIAL
3. 跌水 CASCADING LAKE
4. 天桥 BRIDGE
5. 景观柱 LANDSCAPE MONUMENTS
6. 文化轴线 CULTURAL AXIS
7. 爱情·生命园 GARDEN OF LOVE AND LONG LIFE
8. 和谐广场 PLAZA OF HARMONY
9. 酒店婚庆礼堂 HOTEL WEDDING CHAPEL
10. 蜜月码头 HONEYMOON BOAT DOCK
11. 倒映湖 REFLECTION LAKE
12. 公园环路 ROADWAY OF PARK
13. 人行道 PEDESTRIAN PATH
14. 公园入口 PARK ENTRY
15. 神话园 GARDEN OF MYTHOLOGY
16. 沉思亭 PAVILLION OF CONTEMPLATION
17. 双月桥 TWIN MOON BRIDGES
18. 开放空间（管道区） OPEN SPACE/GRASS LAND
19. 湖心亭园 HUXIN PAVILLION GARDEN
20. 盲人园 GARDEN FOR THE BLINDMAM
21. 生态栈道 PEDESTRIAN BRIDGE
22. 公共艺术 PUBLIC ART
23. 河流 RIVER
24. 城市森林 URBAN FOREST
25. 公园东西轴线 EAST-WEST PARK AXIS
26. 规划道路 PAOPOSED ROAD
27. 现状保留道路 EXISTING ROADS TO REMAIN
28. 公园南北轴线 NORTH-SOUTH PARK AXIS
29. 景观肌理 TEXTURE OF LANDSCAPE
30. 太阳能采集场 PLAZA OF SOLAR ENERGY
31. 配电站 ELECTRICAL VAULT
32. 规划城市道路 PROPOSED CITY ROADS
33. 迷宫湖 LABYRINTH LAKE
34. 水上栈道 PEDESTRIAN BRIDGE
35. 文化广场 CULTURAL PLAZA
36. 商业 COMMERCIAL
37. 船码头 BOATING DOCK
38. 渔人码头 FISHERMAN' S WHARF
39. 地面停车场 PAKING
40. 桥梁 BRIDGE

主要经济技术指标

项目		单位	数值	所占百分比	要求比例	备注
用地总面积		m^2	2397900	100	—	
1	建筑用地	m^2	23410.2	0.98%	1%	建筑高度不大于8米
2	道路广场用地	m^2	94908.8	3.96%	4%	
3	水域	m^2	268085.2	11.20%	<12%	
绿地率（包括水域）		—	95.60%	—	>95%	
室外停车位		辆	656	—		

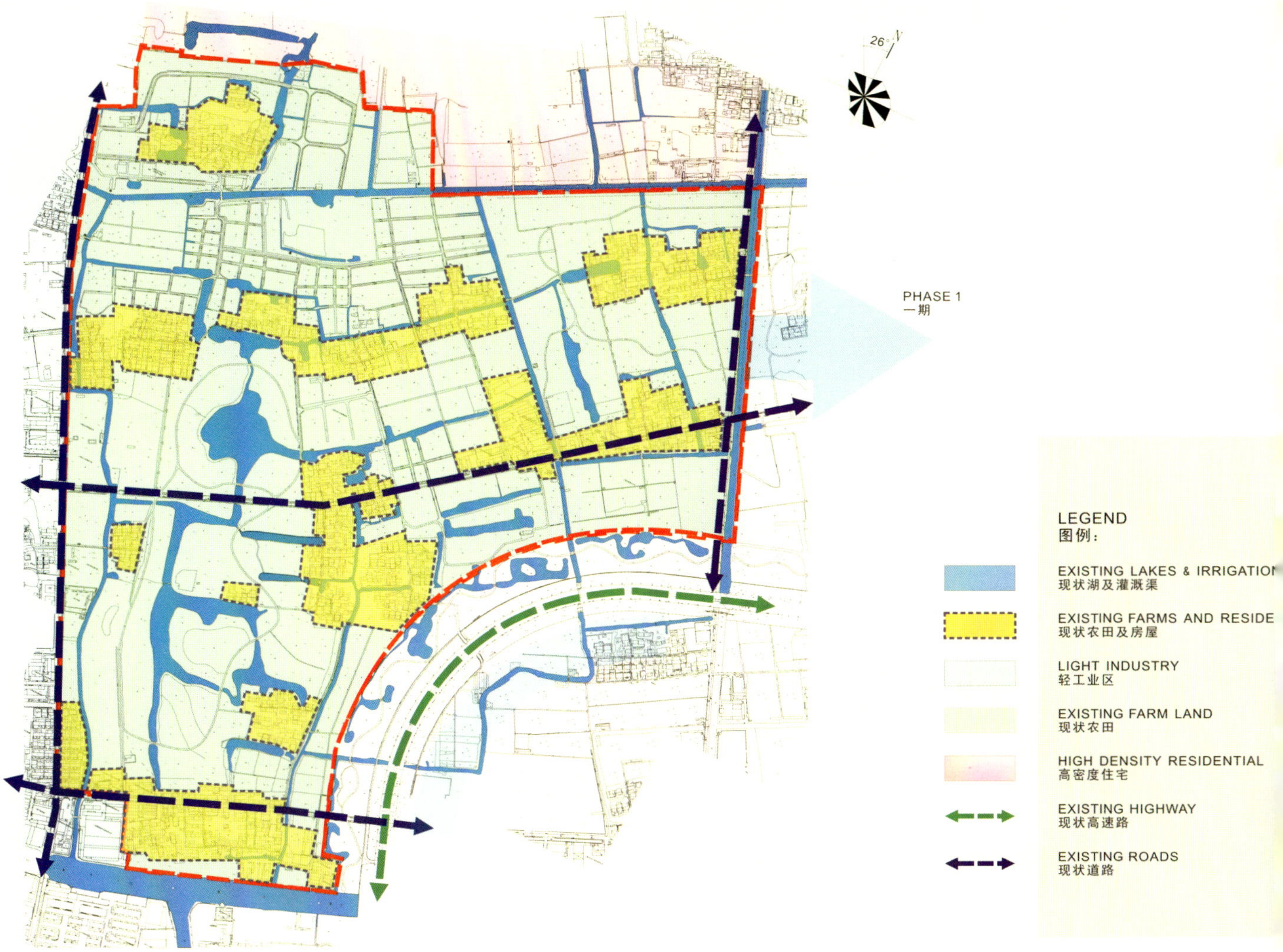
PHASE 1
一期
LEGEND
图例：
EXISTING LAKES & IRRIGATIO
现状湖及灌溉渠
EXISTING FARMS AND RESIDE
现状农田及房屋
LIGHT INDUSTRY
轻工业区
EXISTING FARM LAND
现状农田
HIGH DENSITY RESIDENTIAL
高密度住宅
EXISTING HIGHWAY
现状高速路
EXISTING ROADS
现状道路

现状用地

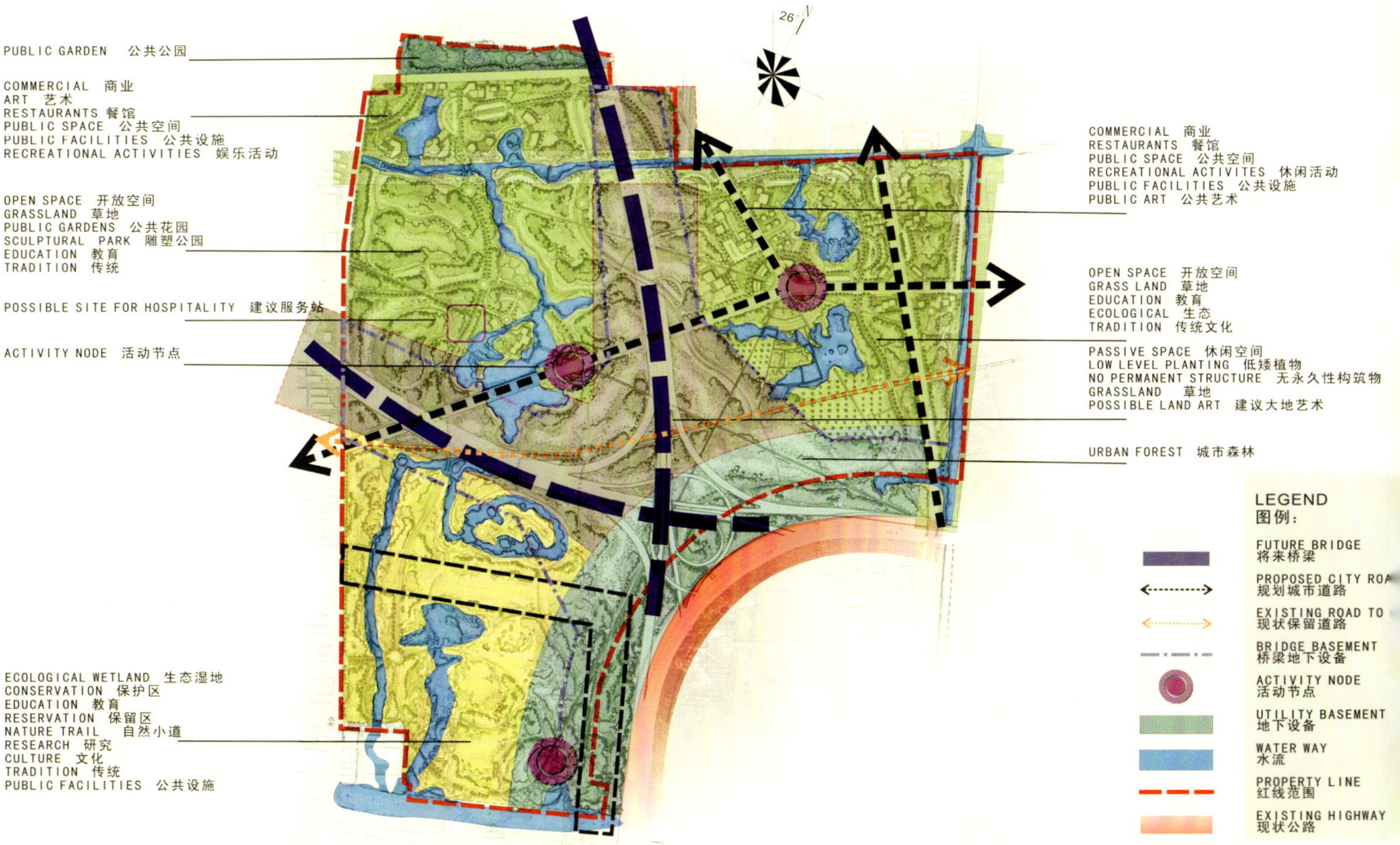
PUBLIC GARDEN 公共公园
COMMERCIAL 商业
ART 艺术
RESTAURANTS 餐馆
PUBLIC SPACE 公共空间
PUBLIC FACILITIES 公共设施
RECREATIONAL ACTIVITIES 娱乐活动
OPEN SPACE 开放空间
GRASSLAND 草地
PUBLIC GARDENS 公共花园
SCULPTURAL PARK 雕塑公园
EDUCATION 教育
TRADITION 传统
POSSIBLE SITE FOR HOSPITALITY 建议服务站
ACTIVITY NODE 活动节点
ECOLOGICAL WETLAND 生态湿地
CONSERVATION 保护区
EDUCATION 教育
RESERVATION 保留区
NATURE TRAIL 自然小道
RESEARCH 研究
CULTURE 文化
TRADITION 传统
PUBLIC FACILITIES 公共设施
COMMERCIAL 商业
RESTAURANTS 餐馆
PUBLIC SPACE 公共空间
RECREATIONAL ACTIVITES 休闲活动
PUBLIC FACILITIES 公共设施
PUBLIC ART 公共艺术
OPEN SPACE 开放空间
GRASS LAND 草地
EDUCATION 教育
ECOLOGICAL 生态
TRADITION 传统文化
PASSIVE SPACE 休闲空间
LOW LEVEL PLANTING 低矮植物
NO PERMANENT STRUCTURE 无永久性构筑物
GRASSLAND 草地
POSSIBLE LAND ART 建议大地艺术
URBAN FOREST 城市森林
LEGEND
图例：
FUTURE BRIDGE
将来桥梁
PROPOSED CITY ROA
规划城市道路
EXISTING ROAD TO
现状保留道路
BRIDGE BASEMENT
桥梁地下设备
ACTIVITY NODE
活动节点
UTILITY BASEMENT
地下设备
WATER WAY
水流
PROPERTY LINE
红线范围
EXISTING HIGHWAY
现状公路

设计概念

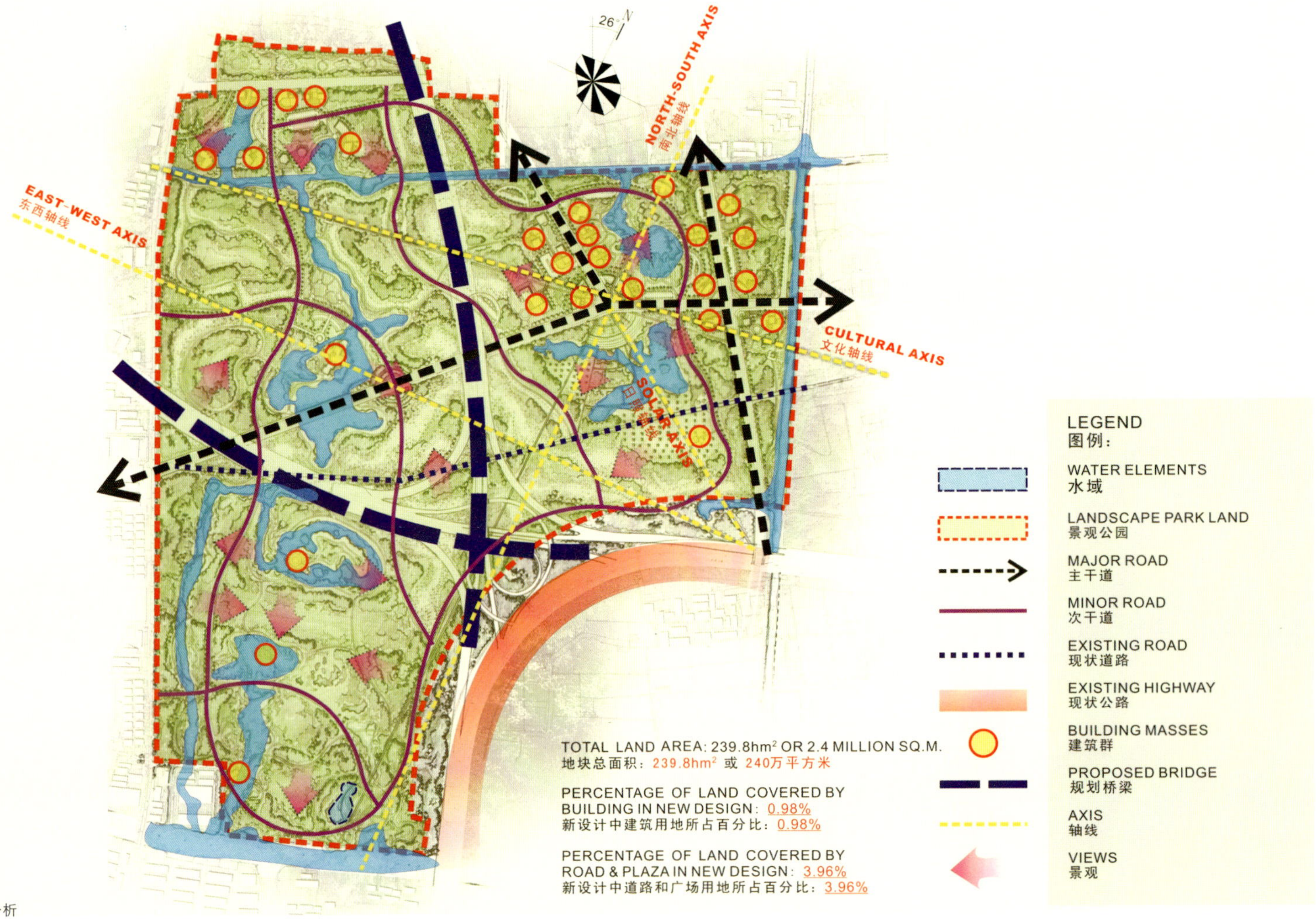
26°N
EAST-WEST AXIS
东西轴线
NORTH-SOUTH AXIS
南北轴线
CULTURAL AXIS
文化轴线
SOLAR AXIS
TOTAL LAND AREA: 239.8hm² OR 2.4 MILLION SQ.M.
地块总面积：239.8hm² 或 240万平方米
PERCENTAGE OF LAND COVERED BY BUILDING IN NEW DESIGN: 0.98%
新设计中建筑用地所占百分比：0.98%
PERCENTAGE OF LAND COVERED BY ROAD & PLAZA IN NEW DESIGN: 3.96%
新设计中道路和广场用地所占百分比：3.96%
LEGEND
图例：
WATER ELEMENTS
水域
LANDSCAPE PARK LAND
景观公园
MAJOR ROAD
主干道
MINOR ROAD
次干道
EXISTING ROAD
现状道路
EXISTING HIGHWAY
现状公路
BUILDING MASSES
建筑群
PROPOSED BRIDGE
规划桥梁
AXIS
轴线
VIEWS
景观

空间分析

26°N
LEGEND
图例：
URBAN FOREST PARK
城市森林公园
GRASSLAND PARK
草地公园
ECOLOGICAL PARK
生态公园
PUBLIC PARK
公共公园
BAMBOO FOREST PARK
竹林公园

景观绿地分析

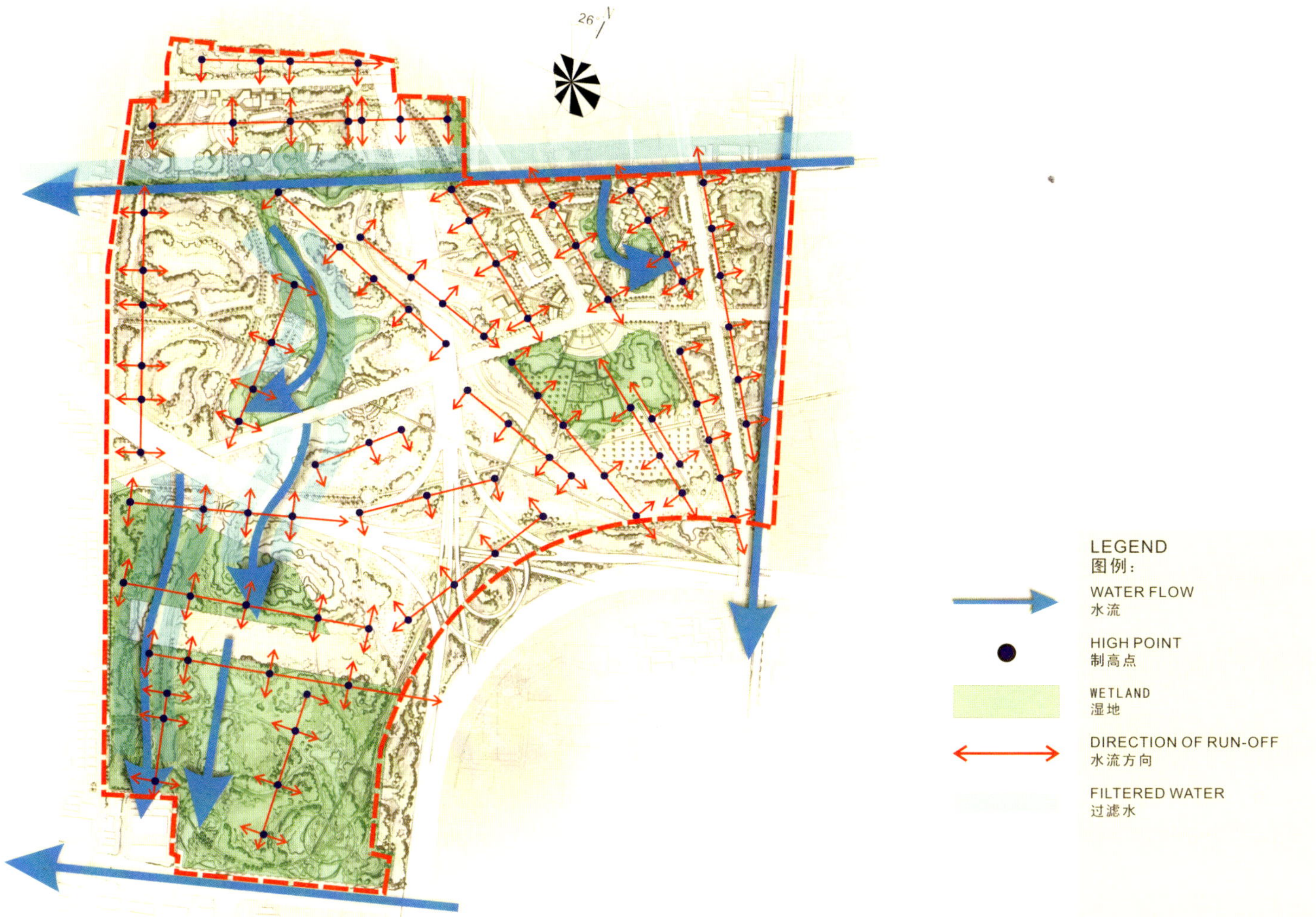

水文分析

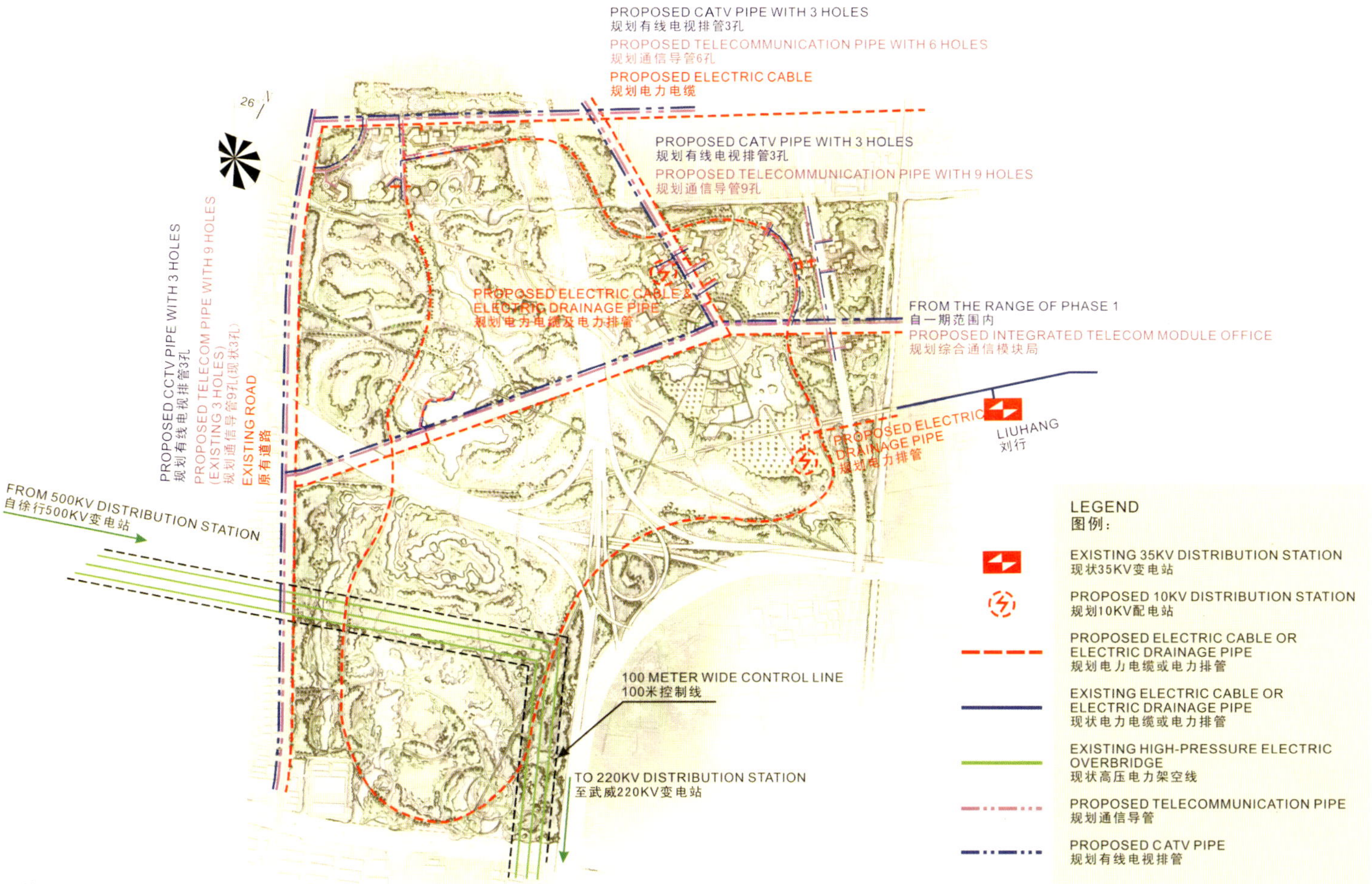

电力及通讯管网

总体鸟瞰图

爱人酒店区

中心广场

商业区

长沙市长沙县松雅湖生态公园及周边控制区域

项目资料：
项目地址：湖南省长沙市
设计面积：约17平方公里
设计单位：EPSTEIN爱普斯顿国际投资项目顾问（深圳）有限公司

项目说明：

一、项目概况

基地位于长沙市大东城的北部，即长沙县城北部。规划区距长沙市中心20分钟车程，交通十分便捷，大型水上公园的建成，将成为大东城开发新的增长亮点。

基地北部为山体，南部为长沙县城，大型水上公园建成后，将形成山、水、城的空间结构，打造山水生态城市。

二、现状研究

设计总面积约为17平方公里，其中规划公园5平方公里，公园包括3平方公里以上的水面，腾飞岛用地1.87平方公里，周边控制区用地约10平方公里。

水厂、腾飞岛和其他五块用地为已建和在建用地，需保留。其他用地为农田、水域、山地、林地和农村建设用地，可规划建设。

规划范围内有天然气管道，其两厢15米范围内不能布局建筑物，且大型水面不宜漫过天然气管道。

规划范围内还有一条排洪渠，需保留。

三、规划主题：e时代的生态城市——松雅湖

功能结构布局：“一心、两带、三轴、多组团、向心复合”

一心：以松雅湖生态公园为核心；

两带：捞刀河滨风光带和城市环状景观绿化带；

三轴：以松雅湖生态公园为对景的三条景观轴线；

多组团：环绕生态公园形成的高尚居住组团、花园居住组团、休闲居住组团、商务综合组团以及现状居住组团；

向心复合：向心性的功能布局与松雅湖生态公园“负阴抱阳”的态势产生良好的对话，环形路网加放射状的道路串联起各组团，并与湖面渗透融合，为市民提供更多的观景面；各功能组团实行复合型的、多种功能组合的土地利用布局，呈现出多样的、丰富的建筑群体形态和城市空间形态。

四、交通系统规划

环形加放射形道路结构既能构成各组团之间的联系，同时又使组团与公园之间交通方便快捷、城市对外交通快速疏散。

周边控制区的道路几何规则，保证大部分地块方正适用，同时与外围城市肌理相协调。

公园外围道路呈半围合状态，既能实现环湖车行观光，又能保证公园至少有一面不被外围车行交通穿越。公园内部道路自然有机，保持公园的自然生态性。

公园还规划特色观光车道，只通行电瓶车、自行车、小马车等特色旅游交通工具，提供多种交通选择。

湖面结合码头规划特色水上交通，使人欣赏湖光山色、听水声鸟鸣。

总平面图

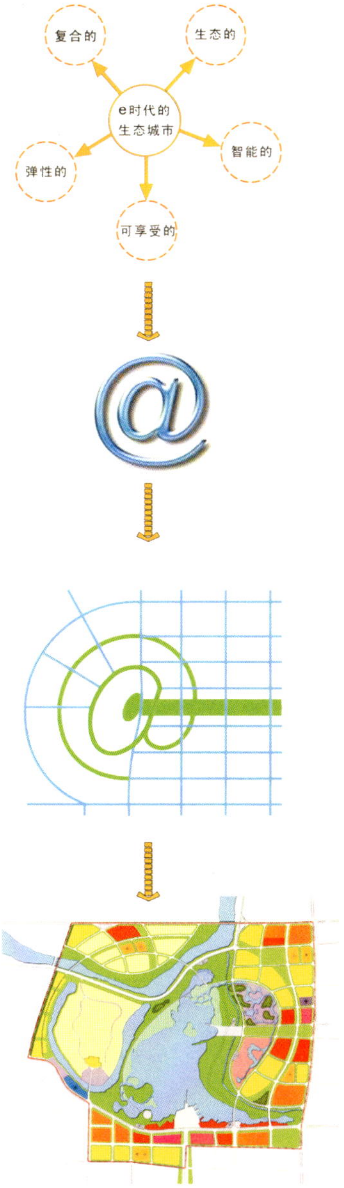

规划主题

五、景观系统规划

（一）构建景观安全系统

应用景观生态学原理，引入基质、斑块、廊道的概念，构建整体景观骨架，以湖面为基质，公园和城市绿地为生态斑块，打通若干条生态廊道，沟通基质与斑块之间的联系，改善小气候与景观环境。

（二）打造山水生态城市

规划范围内需挖3平方公里的大型湖面，挖出的土方可依地形堆成山体景观，营造竖向景观，打造依山面水的绝佳生态居住环境，提升地块景观价值。

六、城市天际线

为了使更多的建筑能看到中心湖面景观，建筑高度由外围到中心湖面逐渐降低。

外围沿街立面中心公共建筑为高层建筑，两侧居住建筑为小高层和多层。建筑轮廓线考虑韵律和变化，避免单调的一刀切。整个轮廓线分为起（高潮）、落（低落）、缓（平缓）、放（断开）四个构成（示意要素）。

为创造丰富的竖向景观，同时平衡土方量，结合原有地形，营造了若干山体景观，与错落有致的建筑、景观塔一起形成优美的城市天际线。

七、生态环境保护

（一）设计理念："4E"

Energy：不浪费、可回收利用的节能理念；

Ecology：人与自然和谐共生的生态理念；

Ecomagination：绿色创新的可持续发展理念；

Environment：净水、净气、净声的环保理念。

（二）环境保护总目标："露水、显山、融合、渗透"

露水：在保护城市湿地的前提下，合理利用自然水资源，形成磅礴、大气却又婉转多情的水乡特色，使水体成为城市最富个性的亮点；

显山：通过生态通廊、防护隔离和建筑高度控制等，利用湖泊开挖所产生的土方对原有地形进行设计改造，打造出城市最美的自然背景；

融合：以生态廊道为骨架合理架构城市生态绿地网络，让绿色点缀城市，使城市透显绿色；

渗透：结合水面、山体、公园、街头绿地以及小区绿化等资源，使生态环境向城市生活空间渗透，形成水生态城市框架。

（三）生态城市的框架结构

1.湿地生态空间：水体、生态岛、滨水湿地

（1）划定城市滨湖生态基本控制线

既可以连接滨湖界面，又能作为湿地生态空间和休闲生态空间的界面分隔控制线；在景观设计时，湿地生态空间和休闲生态空间既可以明确分离，又可以组织在一起互通有无。

（2）严格功能分区

完全保护区：只允许开展各项湿地科学研究、保护与观察工作，以确保原有生态系统的完整性和最小的干扰为前提。

湿地展示区：展示湿地生态系统、生物多样性和湿地自然景观及当地人文景观，加强湿地系统的保育和恢复工作。

游览活动区：开展以湿地为主体的、适宜的游览活动，安排适度的不造成湿地破坏的游憩设施。

2.休闲生态空间

以自然生态保护为主，有选择地建设

路网形态是邻近地段路网形态的有效延伸；开放空间和城区内部的开放空间密切衔接，凸显"亲水"特征；对于滨水地区的建筑，从高度上给予引导和限制，以形成丰富的滨水天际线风貌。

3.城区生态空间

沿城市动态交通形成主要生态发展轴，为城市可持续发展提供弹性空间。结合公园、街头绿地以及小区绿化等资源形成城市生态斑块，生态廊道加强各生态斑块之间的有机联系，使生态系统向生活空间渗透，完善生态绿地系统网络。

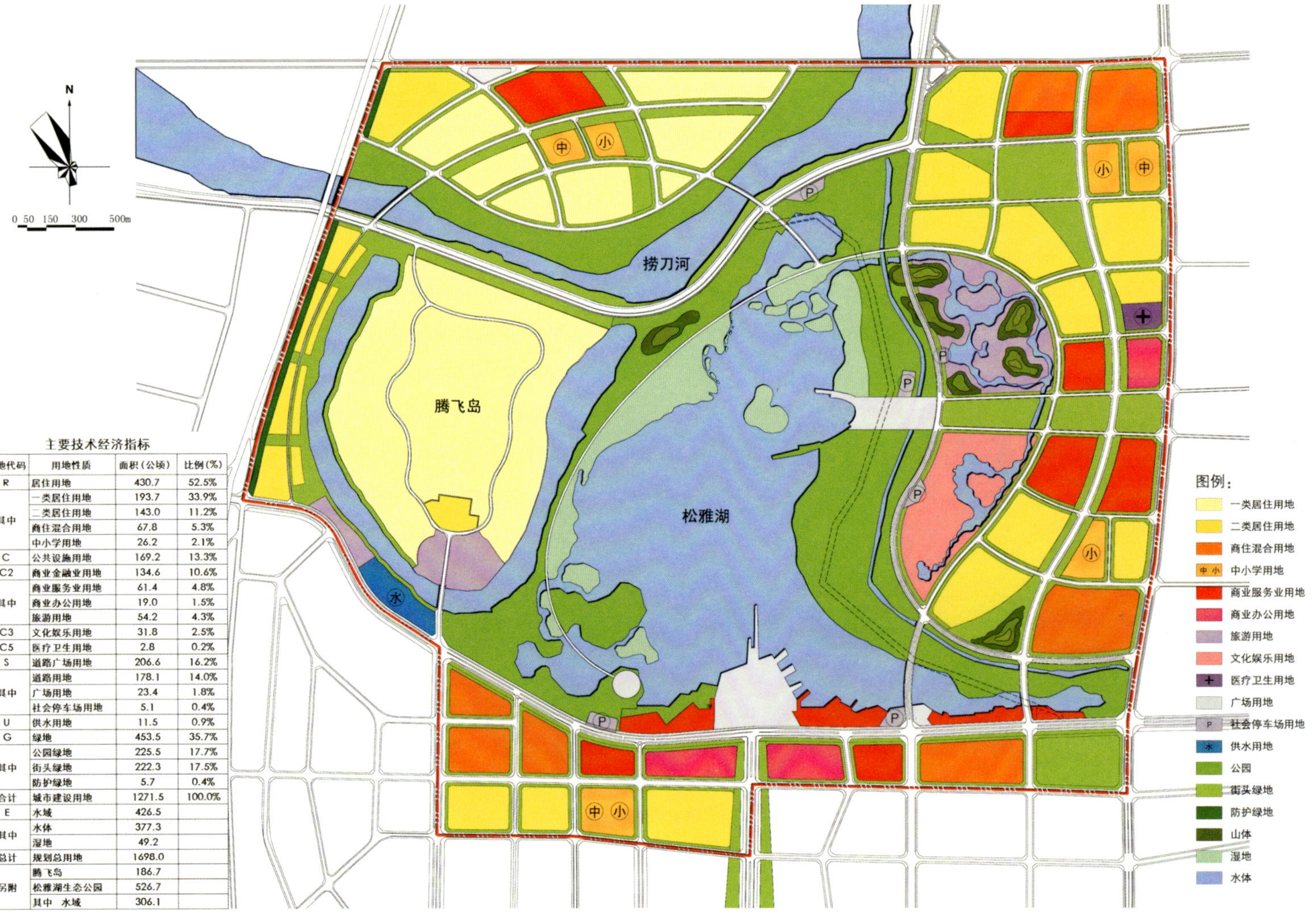

主要技术经济指标

序号	用地代码	用地性质	面积（公顷）	比例(%)
1	R	居住用地	430.7	52.5%
	其中	一类居住用地	193.7	33.9%
		二类居住用地	143.0	11.2%
		商住混合用地	67.8	5.3%
		中小学用地	26.2	2.1%
2	C	公共设施用地	169.2	13.3%
	C2	商业金融业用地	134.6	10.6%
	其中	商业服务业用地	61.4	4.8%
		商业办公用地	19.0	1.5%
		旅游用地	54.2	4.3%
	C3	文化娱乐用地	31.8	2.5%
	C5	医疗卫生用地	2.8	0.2%
3	S	道路广场用地	206.6	16.2%
	其中	道路用地	178.1	14.0%
		广场用地	23.4	1.8%
		社会停车场用地	5.1	0.4%
4	U	供水用地	11.5	0.9%
5	G	绿地	453.5	35.7%
	其中	公园绿地	225.5	17.7%
		街头绿地	222.3	17.5%
		防护绿地	5.7	0.4%
6	合计	城市建设用地	1271.5	100.0%
7	E	水域	426.5	
	其中	水体	377.3	
		湿地	49.2	
8	总计	规划总用地	1698.0	
9	另附	腾飞岛	186.7	
		松雅湖生态公园	526.7	
		其中　水域	306.1	

土地规划利用

——“一心、两带、三轴、多组团、向心复合”

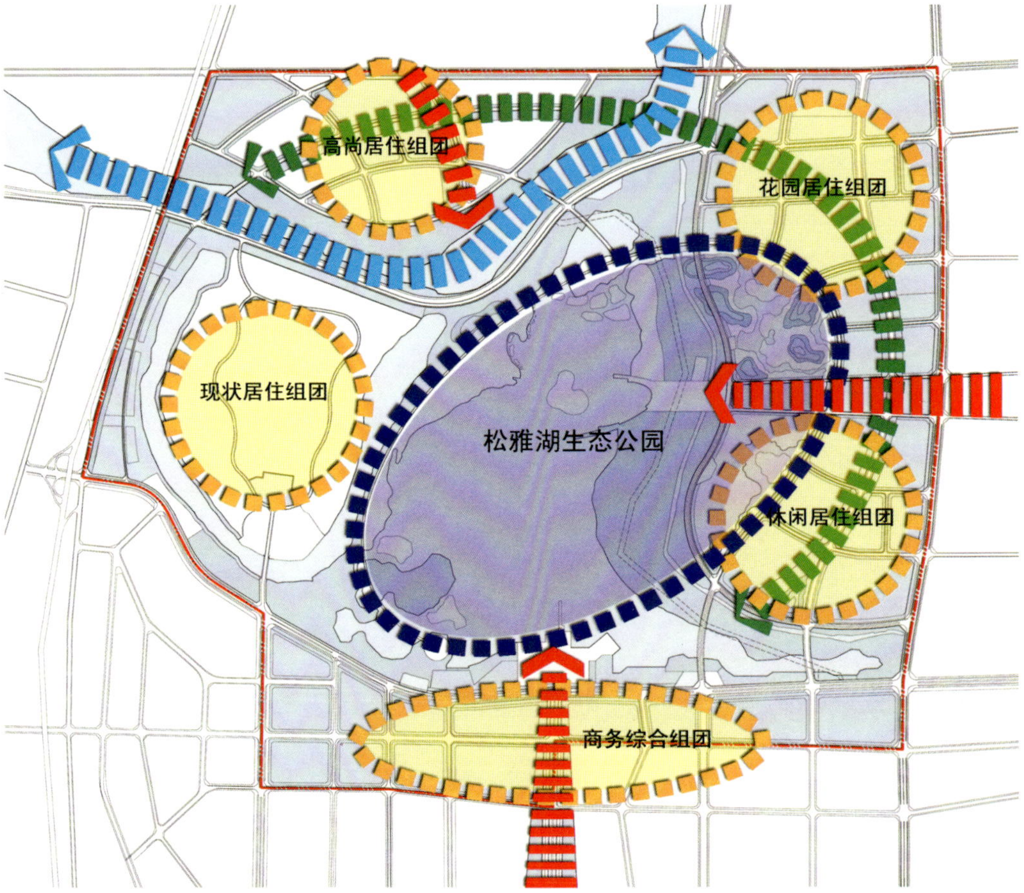

功能结构布局

多种功能的空间组合模式

模式1：单一的土地开发　　模式2：复合型土地开发

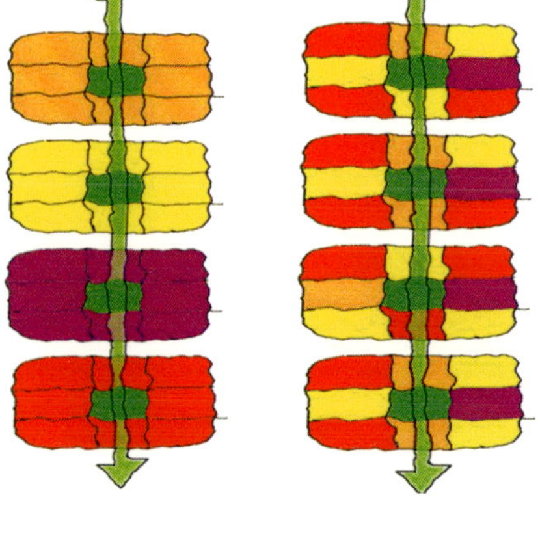

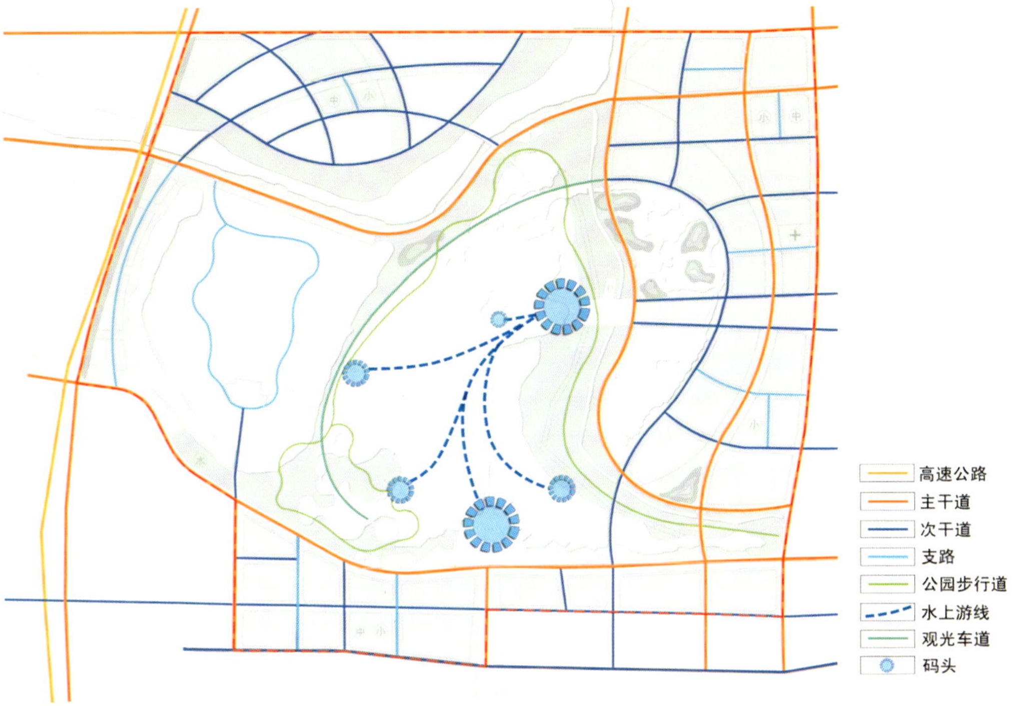
高速公路
主干道
次干道
支路
公园步行道
水上游线
观光车道
码头

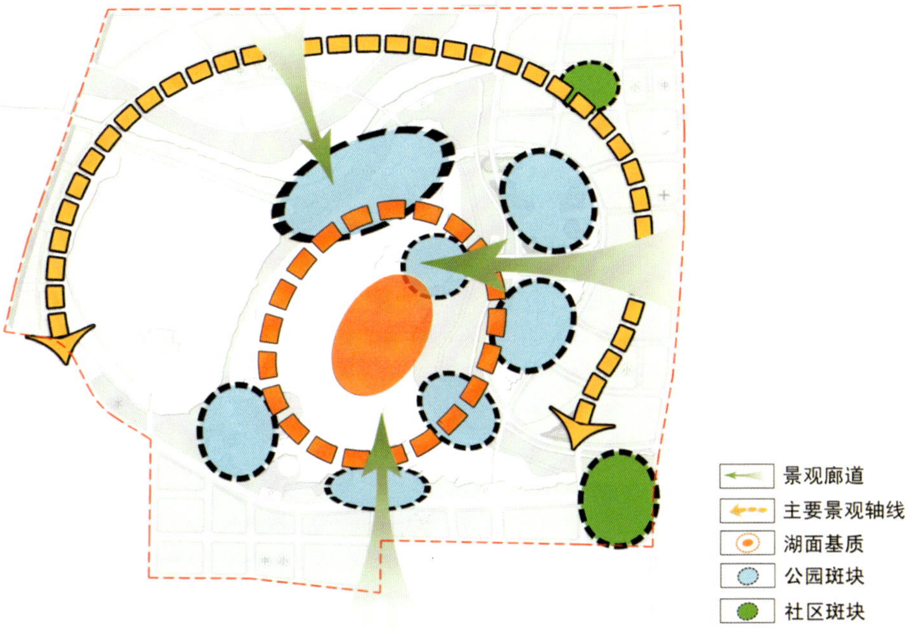
景观廊道
主要景观轴线
湖面基质
公园斑块
社区斑块

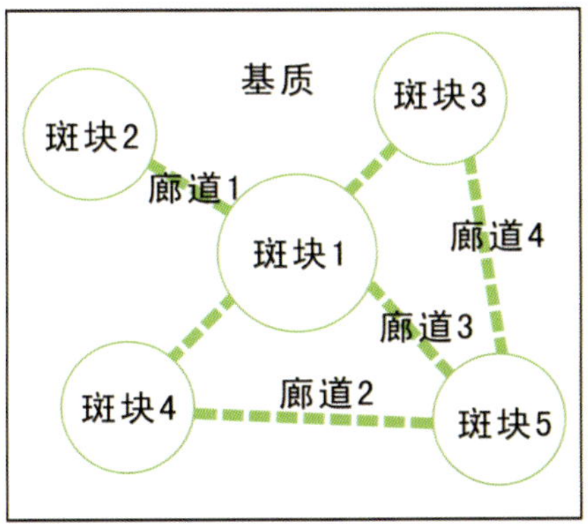
基质
斑块2
斑块3
廊道1
斑块1
廊道4
廊道3
斑块4
廊道2
斑块5

基质-斑块-廊道模式

生态城市的空间构成

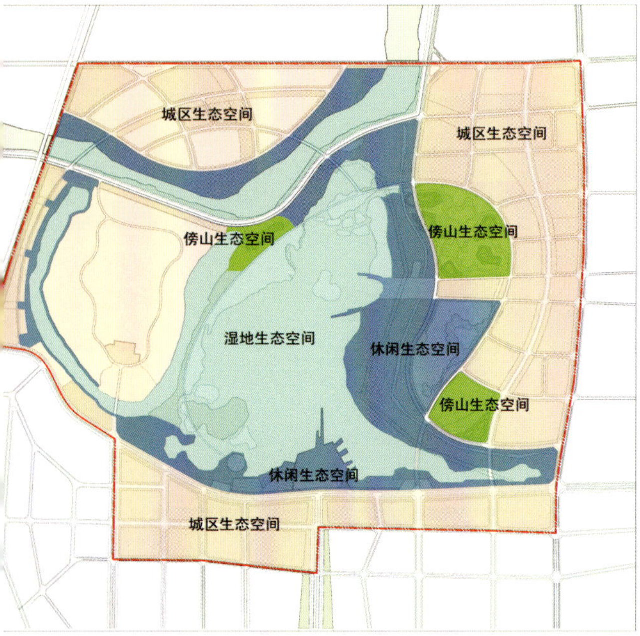

地广场
地科普教育园
何林带
生植物净化演示园
尔夫球场
月岛
地迷宫
观山林
地木栈道
鸟屋
苑
园
溪岛内湖
泉广场
车场
情街
入口广场
人码头
闲滨水区
虹飞度
叶花卉区
花花卉区
林区
月码头
筝广场
洪渠
安寨
水园
业街
入口景观轴
闲沙滩
刀河
雅河
雅湖

公园总平面图

利用挖湖所产生的土方，克服区域内地势平坦，空间感不强的不利因素，堆坡造山。通过对现状车道及地形的改造，竖向的地形规划，相应的种植规划以及制高点的设置，使远山，近水，陆地有机地融为一体，形成空间层次丰富的景观格局。也满足了区域内的土方平衡。

驳岸处理的总体目标在于创造不同程度的自然水岸效果，参照地形及景观特点采用硬岸、软岸和软化硬岸等三种驳岸，本着实用、经济和美观相统一的原则，统筹考虑，相互兼顾，达到效果表现良好的设计目的。

含湿地植被
软质水岸

木料铺地水岸

碎石水岸/沙滩

0.5米高矮墙硬质水岸

1.5米高硬质水岸

轻植被软质水岸

4.傍山生态空间

结合现状地形，利用湖泊开挖所产生的土方对原有地形进行设计改造，形成的山体既可以实现对道路噪音和视线的隔离，又能提升地块的景观价值，丰富城市的天际线、轮廓线和人的公共活动空间。

将山体景观与水体景观有机联系起来，“山为城用，城因水兴”；划山体为新城后花园，结合松雅湖的特色城市文化，以湖为庭、山为障，引导视觉通道，提供休闲、娱乐、健身、文化、景观等城市功能。

八、公园设计篇

（一）景观规划主题——七星伴月

这可以理解为一种公园的垂直结构，即生态景观、游憩空间、文化节点，叠加了三个功能：生态、游憩和人文文化。

另一种结构和功能分布格局体现在水平关系上：西开敞、东围合的“负阴抱阳”的态势；内低外高，外密内疏的向心格局，形成了中部的“漾”区、西部的湿地栈桥、中北部疏林草地和北部的外围山林郊野区。绿油油的草地、皎洁的月光与清澈的湖水交相辉映构成一片宁静、优美的景色。这不只是一个景观设计，而是集旅游度假、休闲娱乐、体育运动、居住商务于一体，并把四种功能融入一个完善的体系之中，不只是简单意义上的规划设计，而要贯穿一种全新的旅游、娱乐、运动、居住模式，引领生活新时尚。

原则：生态性、合理性、兼容性、可持续性；

空间：独一无二、异彩纷呈；

画面：亲水、乐水、爱水的家园。

作为地域自然景观的恢复和再现，“漾”和“岛”成为松雅湖最大的特色，两者构成了松雅湖项目的山水基底，“七星伴月”则构成方案的底图。

（二）规划特色

造山：松雅湖的土石挖方为造山提供了有利的条件，山是介乎文化和自然的一种景观表达。山的刚性与水的柔和形成了强烈的对比，表达了一种现代城市山水的意境。

理水：公园的水引自捞刀河，在保护公园湿地的前提下，合理利用自然水资源，考究岸线走势，形成磅礴大气而又婉转多情的水体景观，使水体成为公园最富个性的亮点。

筑岛：岛一直是人们向往的地方，本案规划了全岛、半岛、群岛、孤岛等岛屿形态，并分为生态岛和休闲岛。生态岛不能上人，为鸟类和动植物提供栖息的地方。休闲岛以亲水休闲活动为主。

生态湿地：通过湿地这一多样性的生态结构，连接陆地与水体两个截然不同的生态系统，达成水陆景观的和谐共生。

植被季相：配置多样丰富的植被景观，强调植被的季相变化，保证一年四季皆有美景，力求反映其地域特征。

都市会所：为完善公园功能，针对不同的人群需要，引入旅游度假、运动娱乐、休闲商业等建筑形态，成为人们放松身心的好去处。

（三）景观分区

七星伴月景堪奇

本案围绕着3平方公里的大型湖面，分别以“山、水、花、港、岛、漾、湾”为主题，规划了“平安寨”“乐水园”“镜花园”“枫月港”“茶溪岛”“湿地漾”“月伴湾”七个景区。以一个生态基底、一个体验网络、七个故事盒为规划主线，在生态基底和游憩网络上点缀多个“故事盒”，讲述星沙的故事。

枫月港：

最充满欢乐气息的地方。在这里，你可以大啖各色美食；遨游具有历史气息的史料馆；欣赏精彩的街头艺人表演，或是在特色而有格调的工艺品店铺流连，当累得双脚发软时，再去喝一杯香浓的爱尔兰咖啡提神。

任何人到枫月港走走，精神都会不自觉地振奋起来，这里不再是张继笔下姑苏城外那个小渔港，而是城市另一个休闲放松的好地方。

月伴湾：

东西向的景观轴线是联系城市和松雅湖的生态走廊。几何性强烈的绿化带、广场空间、富有动感的渔人码头、湖中的星月岛形成强有力的视觉轴线，将人们引入风光旖旎的松雅湖边。

将水上活动项目（如乘船观光、参观船艇、潜水观光等）有意识地组织在渔人码头设计中，可以更多地吸引陆上游客，丰富水上活动内容。特定的水上游览线路使游人在泛舟过程中充分享受水给人们带来的快乐。充分利用本案的基础条件，在现有排洪渠的基础上拓展景观性和生态性，利用松雅湖的土方，造微地形，配以不用的植被，形成高低起伏的山林景观，在平坦的风筝广场、梦幻草坪区域，运用林地、花灌木、草坪等有生命的片状肌理，步行景观道穿梭其中，体现自然生态之美。

乐水园：

描写未知世界和具有异国风味的传奇故事一直激发着人们的想象力，这些让人着魔的故事在每种文化和每个文明史上都不乏其例，正是这些故事赋予了设计师创造水上乐园这个神奇领域的灵感。公园由六个主题故事区组成，一个个引人入胜的神秘故事串联其中，使人们宛如置身离奇仙境。

平安寨：

位于松雅湖的东北部，整个区域地势起伏、沟谷交错，贯彻“自然、生态、保护、发展”的设计理念，山庄建筑借以自然为背景，依据地势成组团式布局，充分利用山势地形，借鉴自然式园林的造景优点，通过绿化屏蔽城市的喧嚣，把华美的别墅、自然的环境、浪漫的生活和恬静的生态风光联系起来，形成新的多层次的自然景观与度假休闲文化体验，使人与环境相适应，从而彻底打破了景观的均质化，使整个平安寨自然地融于山水之中。

湿地漾：

北侧湿地充分利用原有地形地势形成阶梯式湿地景观序列。水流从宽阔的水面层层溢出，蜿蜒于湿地植物群和自然石缝之中。精心设计的木栈道、亭、榭等构筑物点缀其间，实现人与自然的和谐共处。

茶溪岛：

以茶为主题，由多个小型岛屿组成，整个布局上以回归自然为主旨，在植物配置设计上以湖南当地茶种为主，形成茶园，周边采取了常绿与落叶、阔叶与针叶、乔木与灌木、地被与花草相结合的植栽方法，形成丰富的植物层次和疏密有致的配置方式，使人有一种身处大自然的快感，其间点缀传统的茶室建筑，通过种茶、采茶、炒茶与品茶等形式，让人们对中国古老的茶文化有更深一步的了解。

生态开放区域

生态开放区域包括四时花景区和月伴湾。月伴湾区营造开阔大气的公共开放空间，通过高大的乔木的列植、群植造势。有疏林草坪、密林、开阔草坪。在草坪的设计中考虑人的使用，应选择耐践踏、杂草少、易管理、亲和性强的草种。主要采用的本土高大乔木有：香樟、乐昌含笑、桂花等。四时花镜区利用植物的花期、果期强调季节的变迁。从乔木灌木、地被等层次上进行配置，达成层次丰富的植物景观。多采用开花期长、花色艳丽、季相不用的乔灌木，特别是开花的大乔木，达到四季不同景观的效果，还可以利用植物叶片的色彩，调节人们的视线焦点。

城市生态景观轴

生态景观轴是一条联系公园园区和城市之间的横向通廊，也是一个过渡的绿色边界。运用简洁、明快、大方、自然的植物配置方法，根据植物的特性，如阔叶、针叶、落叶、常绿等，通过列植、花镜、花丛等手法营造生态的道路景观。行道树采用树形较好的本土树种，如广玉兰、杜英、乐昌含笑等。

生态度假区

本区植物配置确保视线通过和人们的活动空间，处理好上层建筑群树种与下层灌木、观花乔灌木与攀援、藤本植物、绿化种植与硬质铺装的搭配，重点体现植物的地带特色的景观价值。形成景观立体、层次丰富、人地相亲、回归自然的绿化环境，让人们在自由、轻松、方便的度假环境中休闲生活。

休闲娱乐区

本区植物配置注意构筑娱乐性、商业性的公共性特色，营造热闹、舒适的氛围。植栽具有多种形态、结构，常绿落叶树种及观花观叶灌木营造边界，定义开放空间并提供遮阴。部分采用开花树种，在特定的季节创造浓烈的娱乐气氛。

湿地景观区

湿地景观区水生植物配植中根据植物自身的生长特性及环境生态因子适地适树，在水体边缘种植水湿的草树，如桃柳、芭蕉、海棠、水草、竹等，创造了环水植物风景带。结合驳岸及安全水域区，在不同水域区种植沉水及浮叶植物。如睡莲、荷花、凤眼莲、慈菇、水蜡烛、水生鸢尾、菖蒲、芦苇等，不但起到划分水面的作用，也使水面多了绿色，多了活泼及生趣，点活了水面，进一步丰富水边景观，并起到净化水体的作用。合理的植物配植不但取得应有的植物造景作用，还为水生动物等提供养料和栖息之地，同时引来了一些水禽、候鸟和其他鸟类来此觅食和繁衍生息，达到了良好的生态效果。

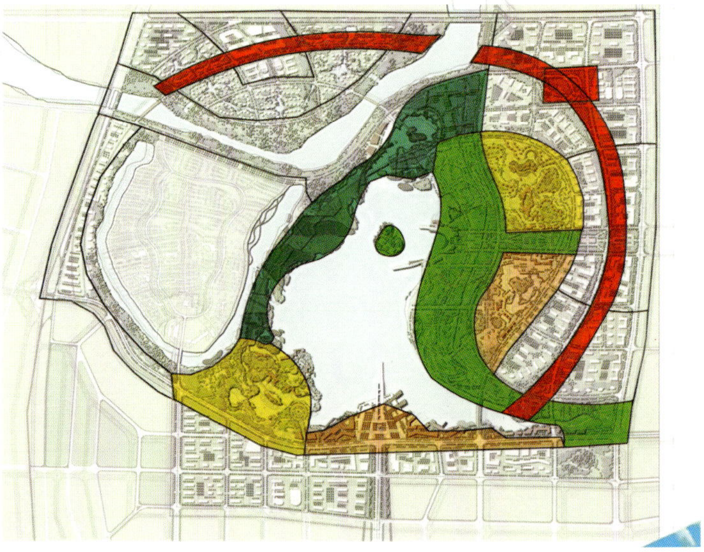

景观规划主题——七星伴月

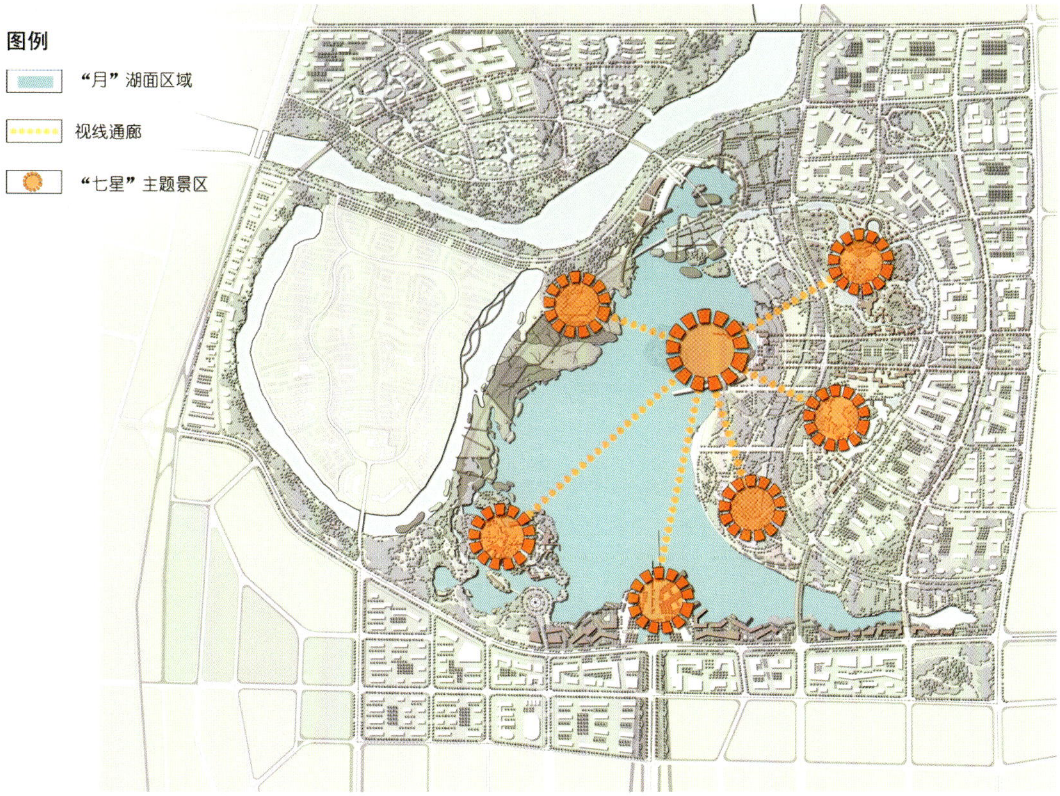

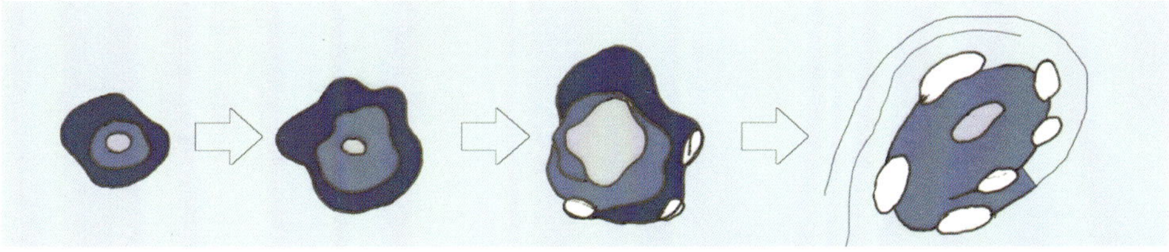

——七星伴月景堪奇

湿地漾景区

月伴湾景区

平安寨景区

乐水园景区

茶溪岛景区

枫月港景区

镜花园景区

景观分区

平面图

1. 入口标识
2. 渔人广场
3. 游艇码头
4. 景观挑台
5. 树阵广场
6. 休闲酒吧街
7. 湖滨休闲栈道
8. 彩虹飞度桥
9. 茶园主题雕塑
10. 停车场

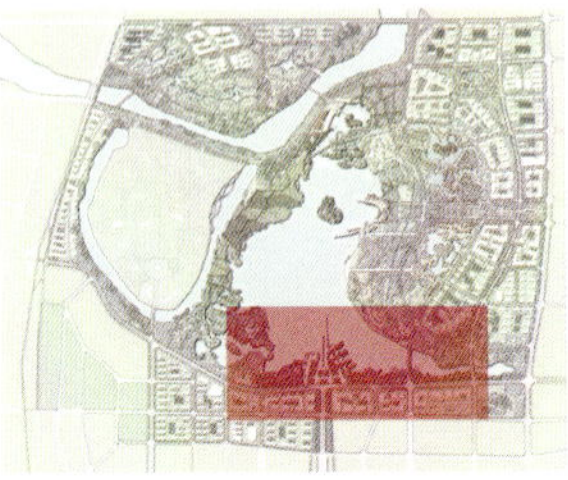

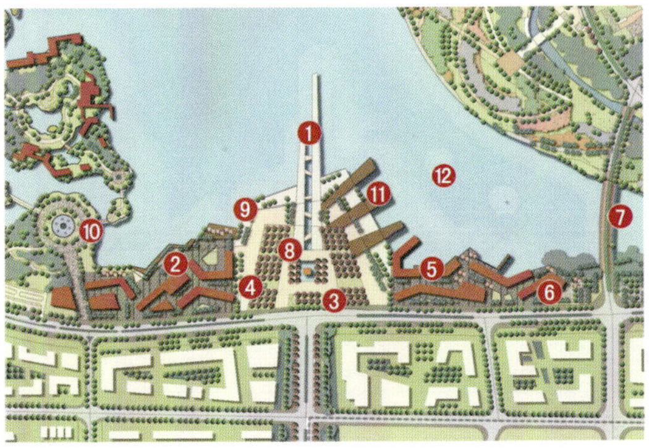

平面图

1. 中轴绿荫广场
2. 排洪渠
3. 雕塑广场
4. 渔人俱乐部
5. 滨水景观步道
6. 风筝广场
7. 缤纷花海
8. 地景绿带
9. 树阵广场
10. 水上观景台
11. 灯塔
12. 星月岛
13. 表演剧场
14. 渔人码头
15. 水景广场
16. 水中木栈道
17. 月牙步道
18. 生态停车廊
19. 休闲广场
20. 坡地森林
21. 亲水平台
22. 竹林广场
23. 松雅湖
24. 梦幻草坪花廊

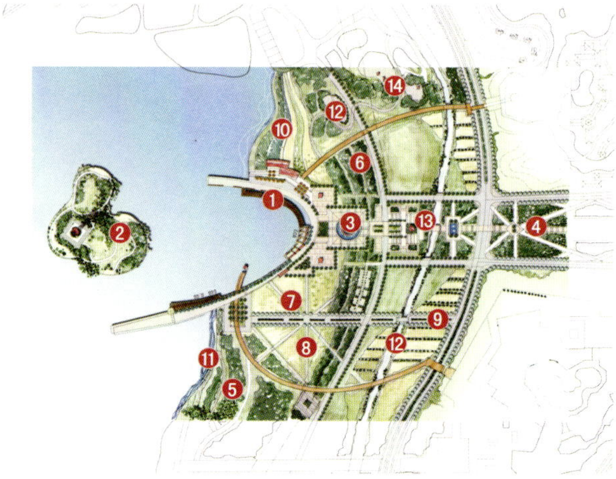

平面图

1 主入口广场
2 停车场
3 图腾广场
4 雪山飞龙
5 玛雅餐厅
6 漂流河
7 渔人码头
8 丛林探险
9 神奇古堡
10 太阳神车
11 童话漫游
12 海盗船
13 疯狂树屋
14 大峡谷
15 莱顿商业街

意向图

平面图

1. 主入口广场
2. 星级度假酒店
3. 度假别墅
4. 游船码头
5. 会议中心
6. 东入口
7. 商务别墅
8. 停车场
9. 商务广场
10. 旅游服务中心
11. 西入口
12. 商业步行街

平面图

1 湿地广场
2 停车场
3 几何树阵
4 景观盒
5 排洪渠
6 水生植物净化演示园
7 生态岛
8 垂钓区
9 观景台
10 湿地科普教育园

平面图

1 茶园主题雕塑
2 停车场
3 水榭
4 观景茶室
5 休闲木栈道
6 牌楼
7 茶亭
8 茶园
9 密林幽径
10 生态浮岛

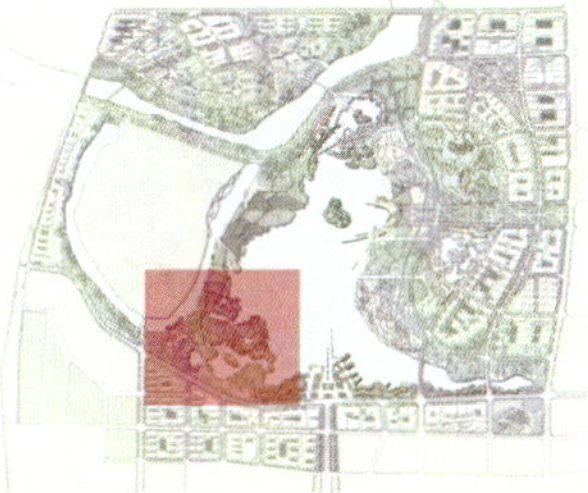

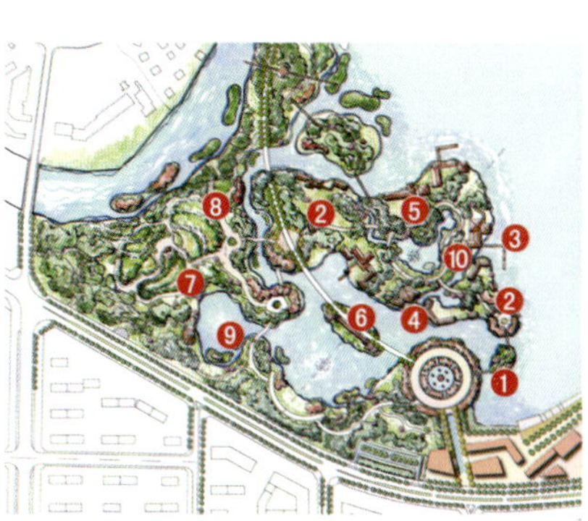

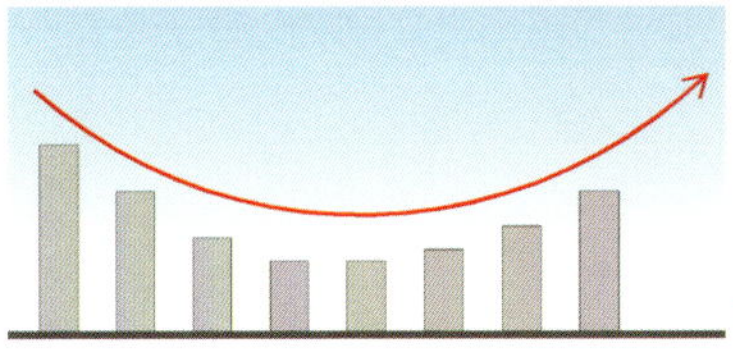

落（低落）

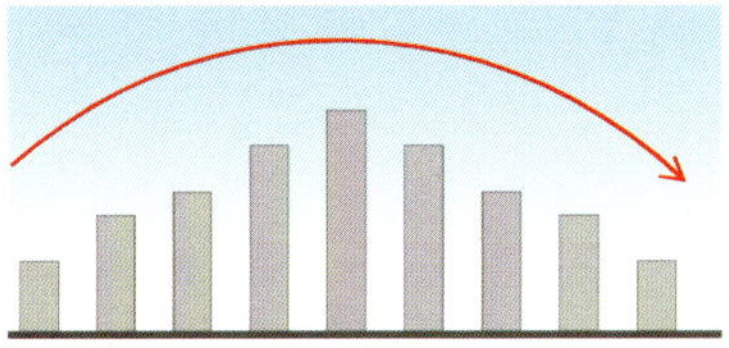

起（高潮）

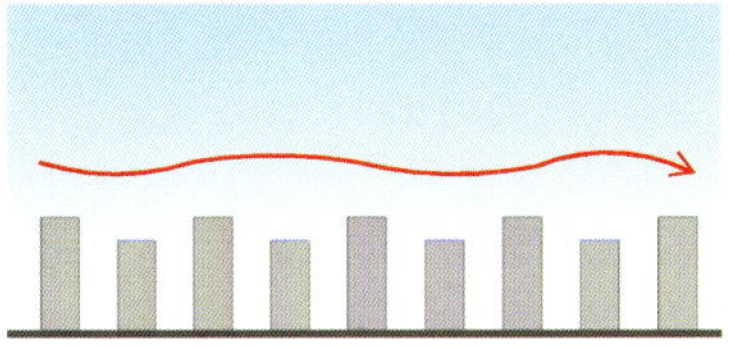

缓（平缓）

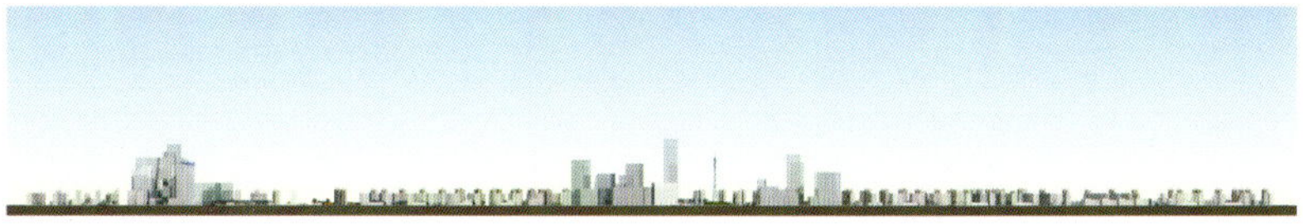

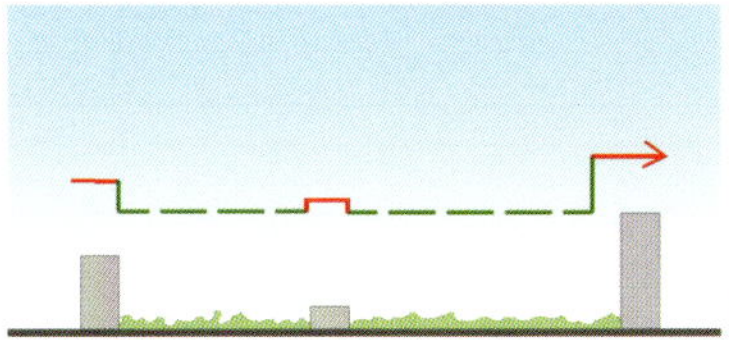

放（断开）

石家庄市毗卢寺生态公园

项目资料：
项目地址：河北省石家庄市新华区
项目面积：1平方公里
设计单位：北京澳斯派克景观规划设计顾问有限公司
主持设计师：李伦 周耀曦
参与设计师：徐鹏 赵丹丹 严磊 蒋明艳等

图例

1、公园观光主入口
2、入口广场
3、毗卢寺
4、居士禅院
5、停车场
6、九龙湖
7、引静桥
8、唐风山水文园（餐饮休闲）
9、碑林广场
10、宗教文化体验馆
11、无量台
12、古墓保护区
13、日月潭
14、休闲公园
15、三山岛（高端会议）
16、居士体验度假村
17、特色景观雕塑
18、森林公园
19、三圣塔（观景塔）
20、公园休闲主入口

项目说明：

毗卢寺位于河北省石家庄市新华区杜北乡上京村东。规划设计范围总面积1平方公里，其中古寺院占地约80亩，释迦殿和毗卢殿均绘有美妙绝伦的壁画。1996年毗卢寺被列为全国重点文物保护单位。

设计理念

设计融合当地特色、历史文化遗存与现代规划设计理念，打造环境可持续发展的，集古迹保护、文化展示、休闲娱乐为一体的城市主题公园。

山水格局“恢复毗卢古寺格局，创造现代山水文园”。

壁画研究依托“四大家”优势，形成京、晋、冀的壁画研究中心和科研基地。

宗教体验现代人与宗教思想和现代文明的结合，建立北方最大的宗教文化体验公园。

居士生活“知世界、悟人生、道万象”。

景观体系规划为：

一山一水三岛，一轴一台一塔，红寺绿地大背景。

以一寺一台一山为主轴线，一水三岛为辅轴，两轴相交汇于一台，向四面八方发散视觉通廊，形成丰富有致的景观结构。色彩上以红寺、蓝水、素色现代建筑（小品）为点彩，融入整体的山体绿化背景中。

一条青龙卧禅林，千年古刹展朱颜。

三山云海出明月，平明观日无量台。

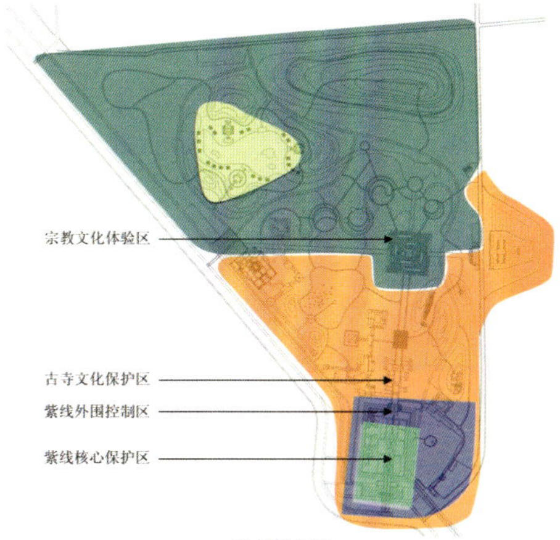

规划结构图

功能分区图

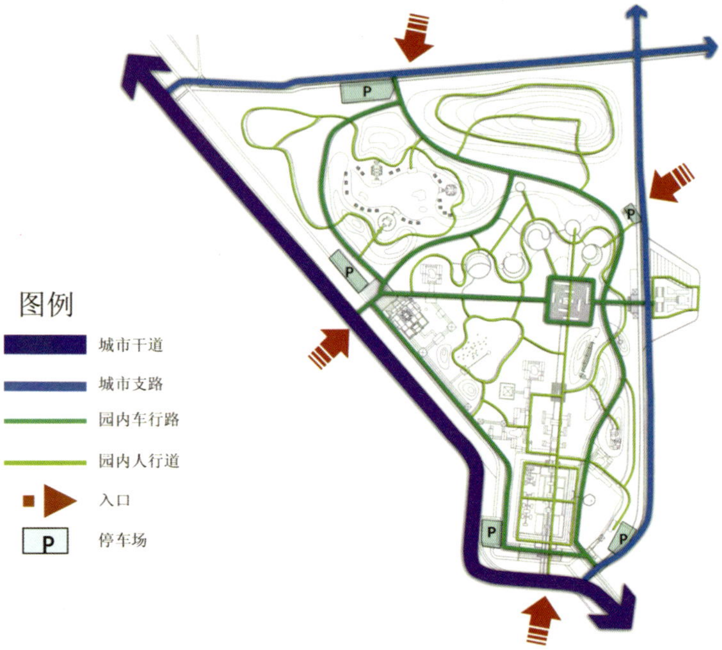

道路交通分析图

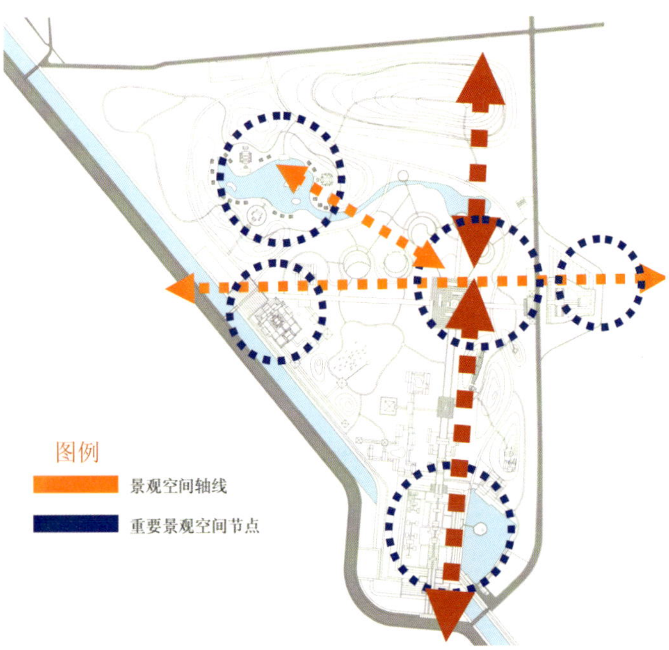

景观节点分布图

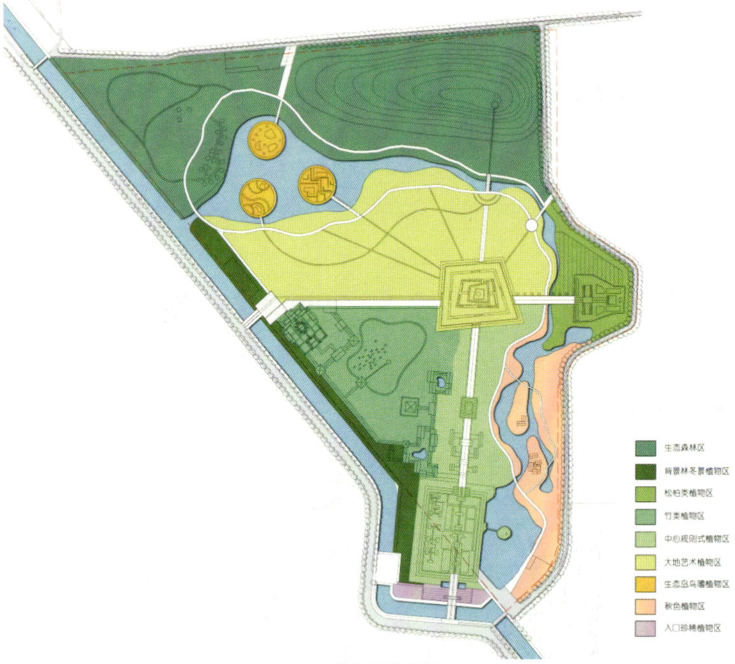

植物规划分析

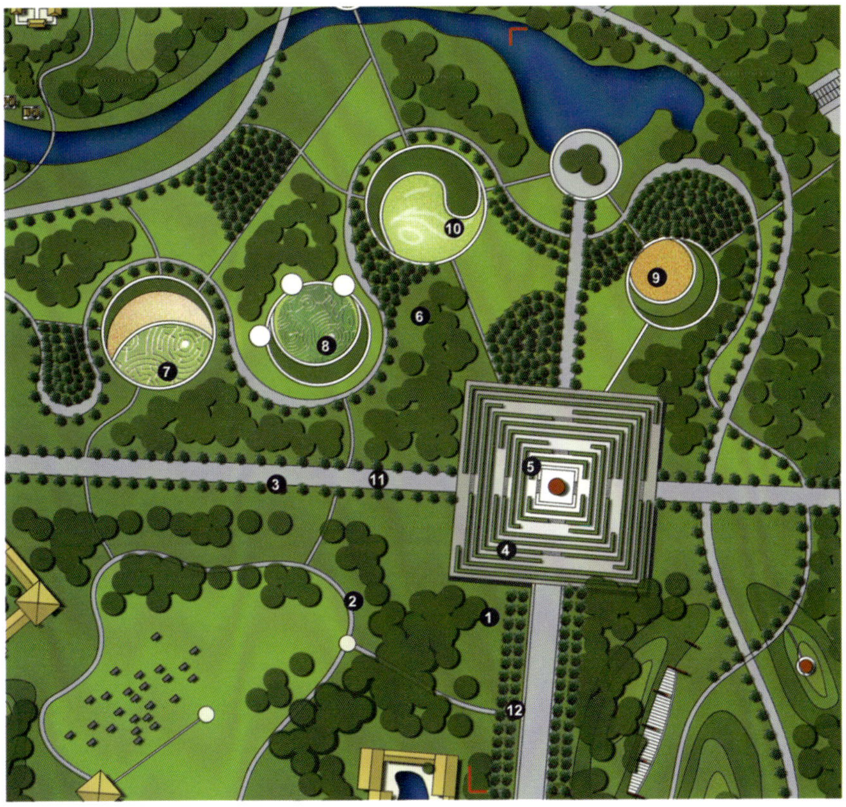

公园中心区

Park Center Area

无量台——共七层，使用“植物、绿篱、挡墙”造景形成层级式“迷宫”，通过登台望远的过程体验“迷失、 回归与升华”。

图例

01、龙轴
02、环龙道
03、云音轴
04、特色绿篱台（迷失园）
05、升华台
06、公园休闲路
07、迷思园
08、儿童迷宫
09、滑板公园
10、日月广场
11、神道
12、特色主轴树

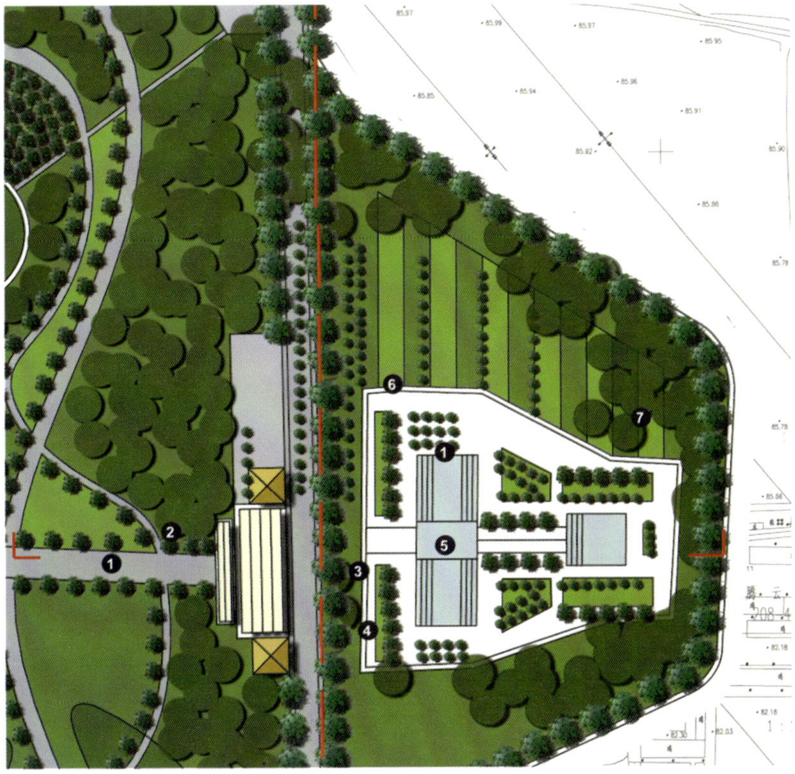

古墓保护区

Tomb of Protected Areas

古墓保护区——以“尊重历史、保护遗产、延续文化、保护生态”为设计理念，规划采用大遗址的保护形式，建设遗址公园来实现“物址合一”，遗址进行科学合理的保护，划定保护范围，提出保护原则和措施；延续历史文化，区内树种多样，主要树种以常绿林为主，有樟树、银杏、桂花、雪松、杜英、玉兰、马尾松、罗汉松等，主要采用松柏类植物，营造的“肃穆” “古朴” “清幽”和“神秘”感.设计采用工整、对称、严谨的设计风格，体现中国数千年来“礼制为先”的思想和传统文化中堆墓葬“哀生庄侍”的处理方法，并对传统的陵寝风水布局进行了探索性的研究。

图例

1、神道
2、石像
3、拜台
4、围墙
5、墓塚
6、松柏林
7、清幽林

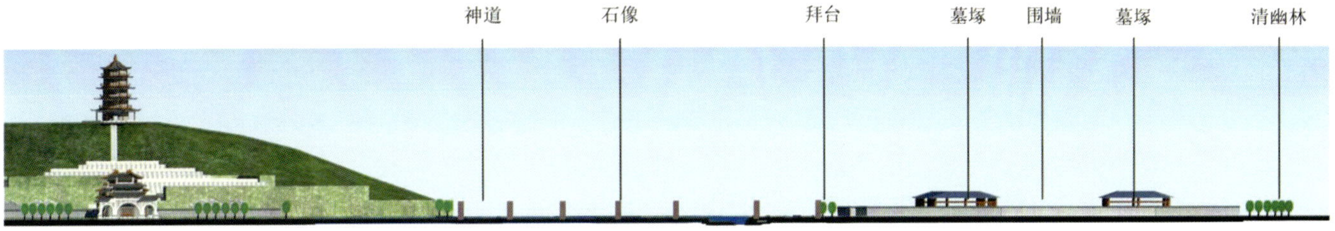

古寺保护区

Temple Of Protected Areas

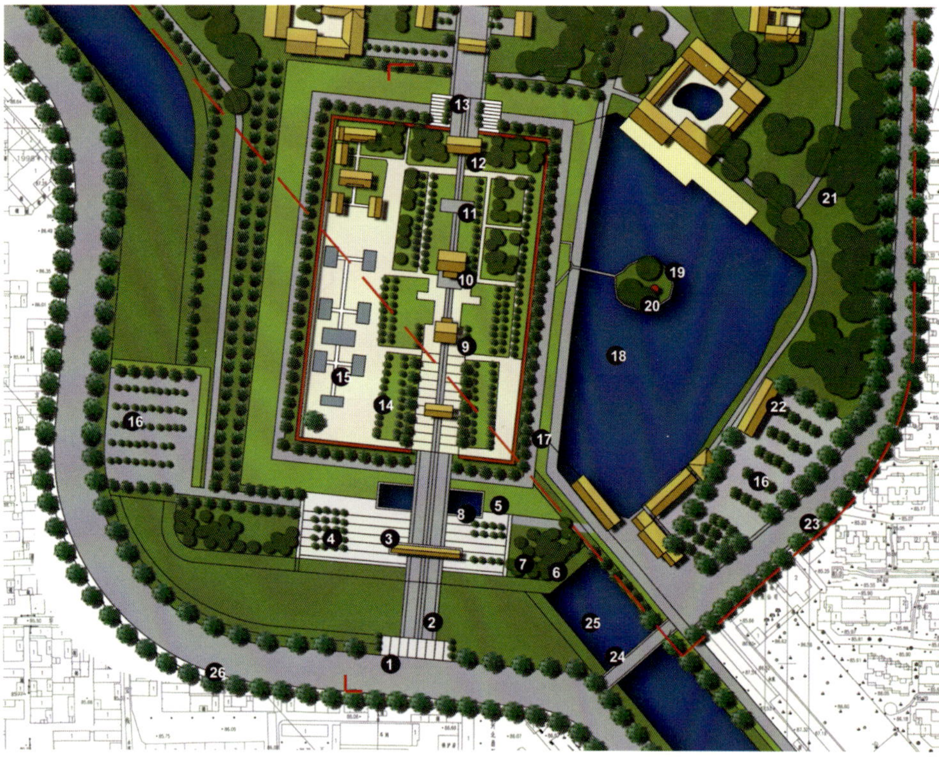

毗卢苑——以毗卢寺和毗卢寺壁画为主要旅游节点，使用“界桩石墩”标志出毗卢古寺的原貌，利用现代的景观手法对古寺的“殿阁楼”进行恢复。

图例

01、公园观光主入口
02、主入口迎宾桥
03、入口牌楼
04、毗卢寺前广场
05、放生池
06、入口特色植物
07、毗卢寺围墙
08、山门
09、释迦殿
10、毗卢殿
11、中心平台
12、禅堂
13、毗卢寺后广场
14、规则树阵
15、复原遗址
16、生态停车场
17、滨水休闲台
18、九龙湖
19、九龙岛
20、九龙亭
21、电瓶车道路
22、电瓶车站
23、规划路
24、现有桥梁
25、石津渠
26、石闫路

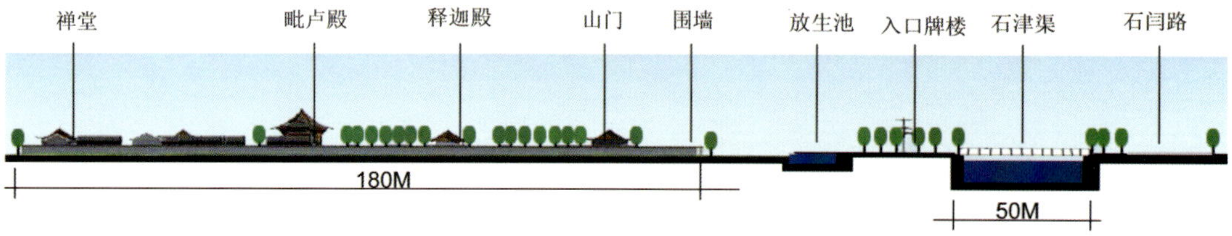

三教文化体验公园

Religious Experience Park

三山池——明月出三山，苍茫云海间。众鸟高飞尽，孤云独去闲。融合传统“一池三山”的造园手法与“儒释道”三教合一的宗教理念。人们可以在此体验到人生的出世与入世。三座仙岛从空间上体现“儒释道”三教合一的境界，实为三座高端商务会议场所，传统文化与现代生活结合，体验居士生活。

图例

01、佛影岛
02、腊梅林
03、浮屠桥
04、道影岛
05、沉竹林
06、云游桥
07、儒影岛
08、柳风林
09、仁礼桥
10、缘湖
11、居士体验度假村
12、疏林草坡
13、特色景观雕塑
14、森林公园
15、环湖休闲路

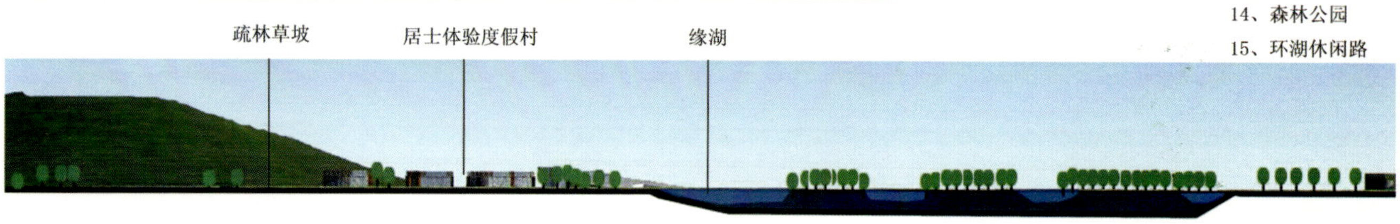

文化体验区

Cultural Experience Area

宗寺文化研究院——依托毗卢寺和壁画建立北方最大的宗教及壁画传统文化研究体验基地。

图例

01、居士禅院

02、缘溪园

03、梧竹楼

04、逸韵院

05、壁画长廊

06、影林阁

07、碑林广场

08、禅思道

09、碑林

10、宗教文化体验馆

11、沉思林

12、云音墙

13、云音广场

14、云音柱

15、云音桥

吉安市庐陵文化生态公园

项目资料：
项目地址：江西省吉安市
景观规划设计面积：322.5公顷
设计单位：华汇工程设计集团有限公司

项目说明：

庐陵文化园定位为庐陵传统文化与现代文化相结合的娱乐休闲型城市生态公园，并纳入大井冈旅游经济圈，既为吉安市人民提供一个良好的娱乐、休闲、文化熏陶的场所，同时也将作为大井冈旅游圈的重要景区，提供展现与弘扬庐陵文化的平台。随着时间的推移，进行角色互换，由近期的城市公园为主、旅游景点为辅过渡到远期的旅游景点为主、城市公园为辅。概括起来主要为以下基本功能：

1.生态调节功能

2.城市记忆功能（文化展现）

3.休闲娱乐功能

4.旅游度假功能

一、总体景观结构

总体景观结构可概括为：“一线、三色、六区、十二景”

◆“一线”：是指贯穿全园的精神主线“庐陵文化”

◆“三色”：分别为“古色、绿色、蓝色”，古色体现庐陵的文化精髓和底蕴，是时间的载体，而绿色、蓝色是文化园的主体，是景观空间的载体，三色有机地结合起来，旨在打造承前启后、面向未来的新型旅游产业

◆“六区”：根据地理特性及功能需求将庐陵文化园分为六个功能区：

一期：庐陵文化展示区、商务度假区、滨湖景观区

二期：生态景观区、综合休闲娱乐区、滨江景观区

◆“十二景”：充分利用、挖掘景区现有的自然资源和吉安市丰富的人文资源，规划出园区十二景（暂名）：

一期（七景）：

清晖毓秀庐陵文化广场景区

庐陵古韵古庐陵文化景区

西园留踪庐陵科技文化展示区

螺峰霞照山林游览景区

北门烟树庐陵度假村景区

磨盘晴澜磨盘湖景区

东洲晓日儿童游乐区

二期（五景）：

幽篁夕照地方特色文化景区

青浦渔樵生态湿地景区

文山曙色文化娱乐区

螺湖听涛运动休闲区

赣江霁月滨江景观区

二、功能分区

（一）庐陵文化展示区

位于文化园中部西侧，属一期开发用地，为整个园区的核心区域。用地包含自然山体螺子山，山体植被较好，环境优美。规划设计通过一系列景点设置，集中展现庐陵文化的精髓与特色，体现其博大精深的内涵、优美典雅的形式和文章节义的品格。

该展示区为门票制景区管理模式，展示区内设置有以下景区：清晖毓秀庐陵文化广场景区、庐陵古韵古庐陵文化景区、西园留踪庐陵科技文化展示区及螺峰霞照山林游览景区。

（二）商务度假区

位于园区南端，原吉安师范地块，属一期开发用地。规划结合陵南湖、庐北湖及周边旅游景点、设施开发商务度假中心。主入口位于景区东南部，由北门河跨桥进入。西部可由分隔南、北湖的湖堤上的石拱桥进入。另外，由南侧门往东北，结合防洪堤设计游步道，途经陵南湖东侧各旅游景点，可通往该区中心鹧鸪山庄。区内主要景点为北门烟树庐陵度假村景区。

至朱山
至北京
0 0.5km 1km 2.0km
至新余
城市中心组团
青原区
后河组团
万石湖组团
至安福
至赣粤高速公路
吉安县
至珠海

庐陵文化主线
古 色
蓝 色
绿 色
主景观轴
次景观轴

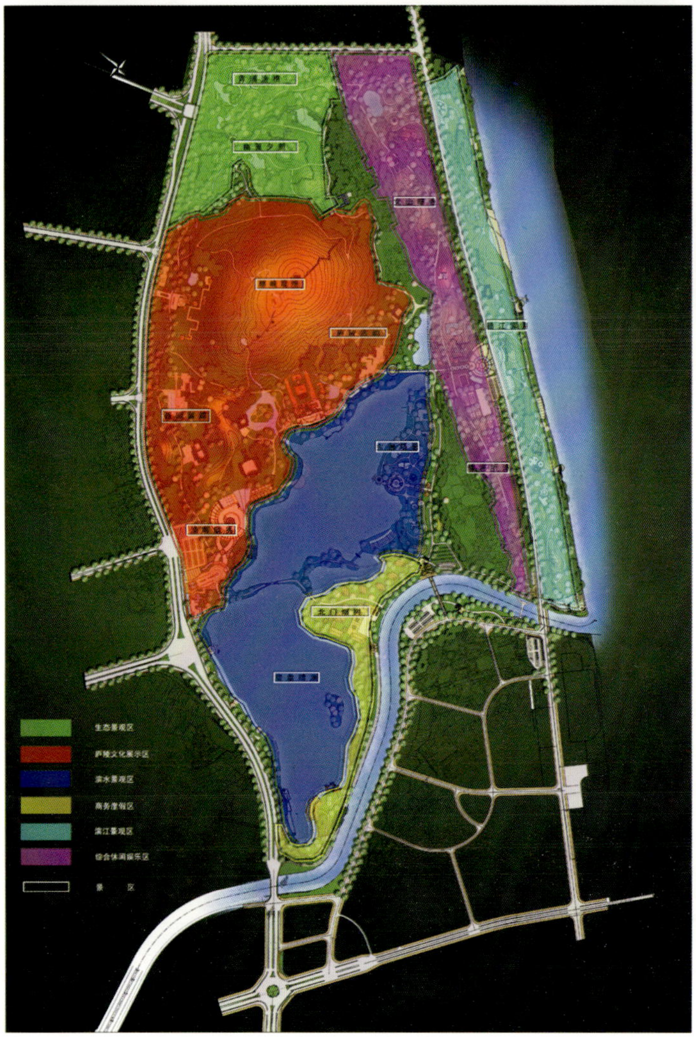
生态景观区
庐陵文化展示区
滨水景观区
商务度假区
滨江景观区
综合休闲娱乐区
景 区

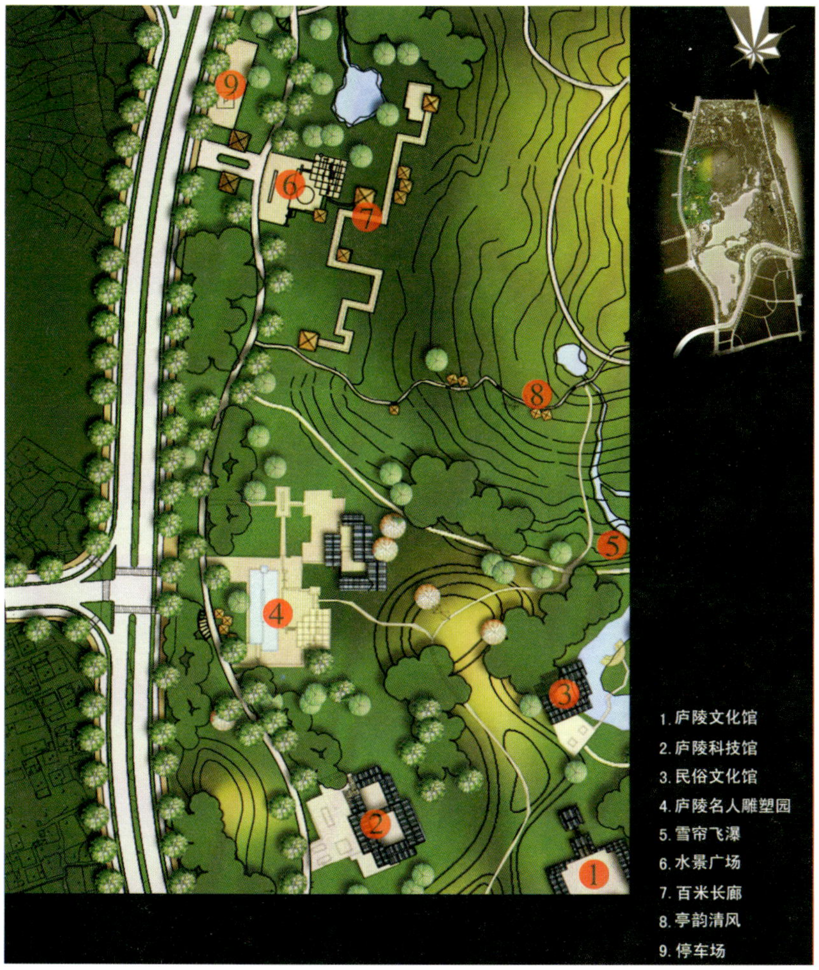
1. 庐陵文化馆
2. 庐陵科技馆
3. 民俗文化馆
4. 庐陵名人雕塑园
5. 雪帘飞瀑
6. 水景广场
7. 百米长廊
8. 亭韵清风
9. 停车场

1. 临湖
2. 垂钓
3. 环湖
4. 湖畔
5. 游船
6. 生态
7. 陵南
8. 南侧
9. 泄洪

1. 陵南湖
2. 庐北湖
3. 鹧鸪山庄
4. 枕河人家
5. 九曲桥
6. 水乐亭
7. 大型水轮车
8. 停车场
9. 泄洪道

1. 水
2. 游
3. 中
4. 旋
5. 嬉
6. 过
7. 摩
8. 碰
9. 海
10. 竞

1. 电瓶车停靠点
2. 运通集
3. 灵泉寺
4. 雪帘飞瀑
5. 宋塔
6. 亭韵清风
7. 明院
8. 文信国公祠
9. 放生池

1. 庐陵文化馆
2. 雪帘飞瀑
3. 民俗文化馆
4. 灵泉寺
5. 放生池
6. 运通集
7. 荷风月影
8. 宋塔
9. 亭韵清风
10. 码头

1. 宿营区
2. 烧烤区
3. 竹林幽径
4. 老年活动中心

5. 临江广场
6. 运动天地
7. 自由运动区
13. 东城眺锦

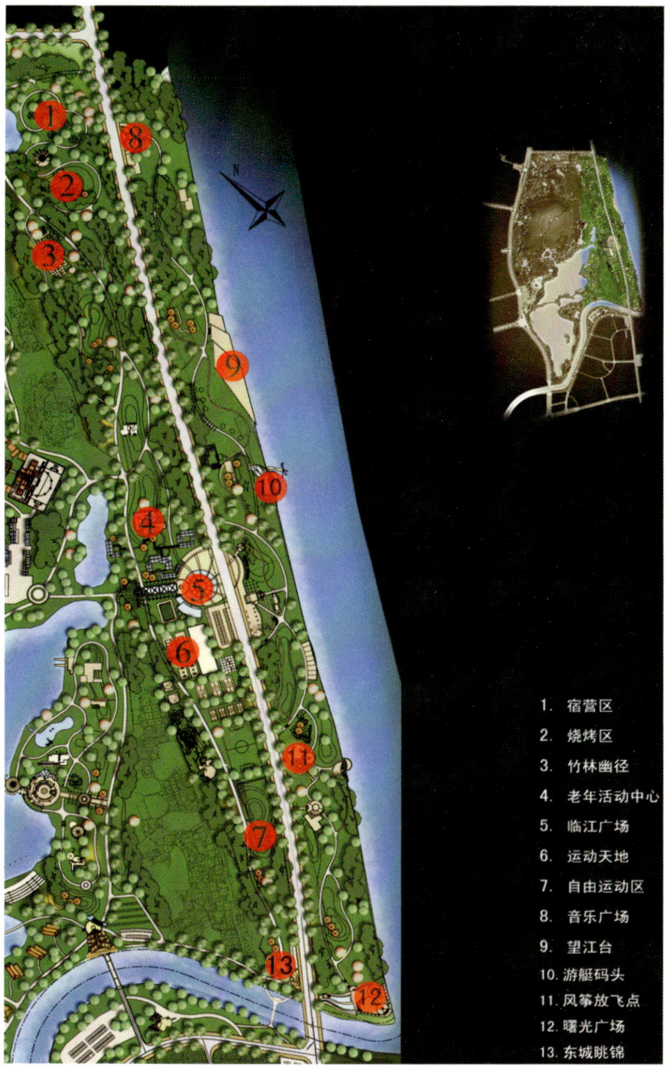

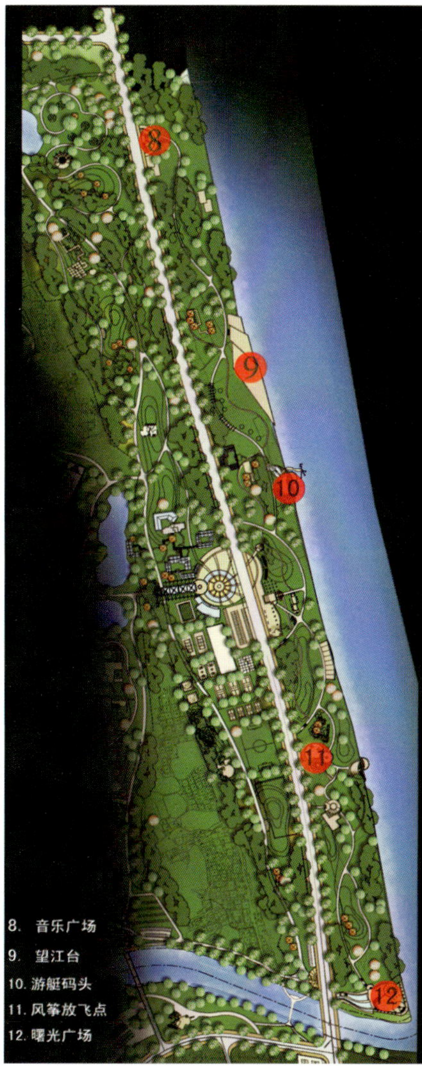

音乐广场

望江台

风筝放飞点

曙光广场

（三）滨湖景观区

由园区内占主导地位的两大景观水域及其滨湖景观构成，属一期开发用地。规划充分利用低洼地块，结合原有磨盘湖，通过人工开挖增加湖面面积，并回填出少量陆地面积，形成南北呼应的两大水域：庐北湖、陵南湖（暂名）；同时结合周边区块，沿湖岸设置一系列旅游项目，构建丰富的滨水景观，营造庐陵文化园的“水文化”氛围。区内主要有磨盘晴澜磨盘湖娱乐景区和东洲晓日儿童游乐区。

（四）生态景观区

位于螺子山东北，其北面、西面分别为螺子山北路和吉朱公路，属二期开发用地。规划设计结合现有地形、地貌，将整个区块划分为两大景区：幽篁夕照地方特色文化景区和青浦渔樵生态湿地景区。考虑到对城市及过境交通的压力，以及营建内向、生态型景观的需要，该景观区不单设入口，而与“西园留踪”景区共用西山门入口。由西山门入口往东北，经过一段生态林道，到达该区域。区域入口处设置景观广场及配套商业建筑。

（五）综合休闲娱乐区

位于沿江北路以西，西接庐陵文化展示区和商务度假区，面积约27.9公顷，属二期开发用地。景观规划以“现代、动态、活力”为设计主线，在空间划分上亦动亦静、动静结合、相互穿插，形成一组有机的空间序列。考虑到不同的消费群体的需要，在层次和形式上采取了多样性，为老、中、青提供了不同的休闲运动场所，使之出行更有目的性。同时，将当地文化名人、历史典故等内容融入到景观小品设计中，营造一个集休闲、娱乐、运动、观光为一体的综合休闲娱乐场所，以提高周边居民的生活品质。区内设置有以下内容：文山曙色文化娱乐区、螺湖听涛运动休闲区。

（六）滨江景观区

该区地块狭长，西接沿江北路，东临赣江，面积约20.5公顷，属二期开发用地。规划综合考虑赣江防洪工程的需要以及市民对良好滨江景观的需求，以“临水望江”“简洁自然”为主题的设计思路，使之既与西侧庐陵文化展示区的人文气息相融合，又能体现赣江两岸城市的新面貌。区内以赣江霁月滨江景观区为主体。

水生植物入水

木挑台入水

自然坡入水

木栈道入水

湖湾戏鹭效果图一

湖湾戏鹭效果图二

湖湾戏鹭效果图三

湖湾戏鹭效果图四

湖湾戏鹭效果图五

临风邀月效果图一

跨湖春涨效果图一

跨湖春涨效果图二

磨盘晴澜效果图一

鹧鸪山庄

三、规划布局结构

庐陵文化园的观光休闲和各旅游项目围绕着螺子山和磨盘湖水体展开，以曲代直，布局自然，形成以螺子山和磨盘湖水为核心、各功能区相对独立的组团式布局规划结构。

组团式布局的优点：

1. 使各功能区能根据总体规划要求及各自自然条件，考虑土地利用，使区块建设与自然环境融为一体；

2. 使各功能区功能明确，便于游线组织；

3. 便于分期、分区开发。

青岛市浮山城市生态公园

项目资料：
项目地址：山东省青岛市
占地面积：6 810 000平方米
绿化面积：6 337 307平方米
建筑用地面积：94 258平方米
道路铺装面积：205 619平方米
水体面积：105 543平方米
设计单位：中国城市规划设计研究院风景园林所
主要设计人员：韩炳越 唐进群 马浩然 陈萍 吴雯 陈曦 邓武功

项目说明：

浮山城市生态公园位于青岛市东部，东西长5公里，南北宽2公里，占地面积6 810 000平方米。周边用地主要以居住用地、科研教育用地为主，零星分布有体育用地、工业用地、市政设施用地等。浮山是青岛市区内重要的自然生态资源，是城市绿地系统的重要组成部分，有着丰富的历史人文资源。

一、项目定位

综合浮山公园资源特色、地理区位、交通条件以及在城市绿地系统中的作用，从浮山资源保护、文化传承、市民活动、生态抚育、科普宣传等多方面出发，对浮山公园进行规划定位：

浮山生态公园是青岛城市园林绿地系统的重要组成部分，是青岛市的生态绿色核心，具有提升青岛城市形象、传承浮山历史文化、改善城市生态环境、普及生态科学知识、丰富市民文化生活等功能，是具有地域特色的市级城市山地生态公园。

二、规划构思

综合浮山资源，根据对浮山的总体定位，公园规划设计从以下几方面进行构思刻画：

1. 显浮山主峰：浮山九峰为浮山代表景观，需凸显其景观特色。

2. 露浮山之岩：浮山巨石裸岩众多，形态各异，可因石成景。

3. 荟浮山之水：浮山水塘众多，有泉眼数处，理水可成别致水景。

4. 览浮山气象：浮山气象景观丰富，设观景点可戏雾、理云、沐风、观日、赏月。

5. 沐浮山生境：在良好的生态条件基础上，建构更为完善的生态景观环境。

6. 品浮山人文：悠久的浮山历史文化，挖掘深入的、动人的、具有活力的浮山。

7. 纳山地运动：浮山秀而美、韧而阔，多变的山势地貌可容纳多类型的山地运动。

8. 享休闲时光：浮山是沉稳的、欢快的，假日的休闲时光可在浮山欢娱度过。

9. 览海韵城景：浮山坐城中临海滨，登山便可饱览大海之神韵，尽阅青岛城市风景。

10. 集多姿风采：浮山公园将集多项内容于一体，生态、社会、经济效益并重。

三、规划布局

（一）规划结构

规划公园结构从景观组织上可概括为一带九区一园，从功能组织上可分为八线十组团。

一带九区一园：

一带：以浮山九峰为主导景观的山岳览胜景观带。

九区：环山脊线的九个景观分区，分别为：主入口景观区、生态艺术区、生态休闲区、山地运动区、生态水源涵养区、人文景观区、生态科普区、徐家东山景区、生态抚育区。

一园：保留现已形成规模的福宁园。

八线十组团：

功能结构取自于景观生态模式“斑块廊道基质”的组合结构。

浮山公园总体结构以浮山大的生态环境为基质风景，以八条特色专题线路为廊道，以十个景观功能组团为斑块，形成相互关联、有机衔接的景观功能体系。

八线：登山路线、山地自行车路线、攀岩路线、浮山人文线、浮山诗文线、浮山生态线、浮山休闲线、浮山艺术线。

十组团：入口景观组团、生态艺术组团、休闲活动组团、山地运动组团、生态教育组团、名人纪念组团、浮山人文组团、生态湿地组团、科研会议组团、徐家东山组团。

（二）规划分区

1. 主入口景观区

主入口景观区是浮山公园的第一景观区，满足入口的集散、管理、游人服务等功能，规划设计了入口前广场、大门、入口内广场、浮山博物馆、浮山游客中心、水花园、浮山阁等，突出开朗、大气、热情的风格特色。

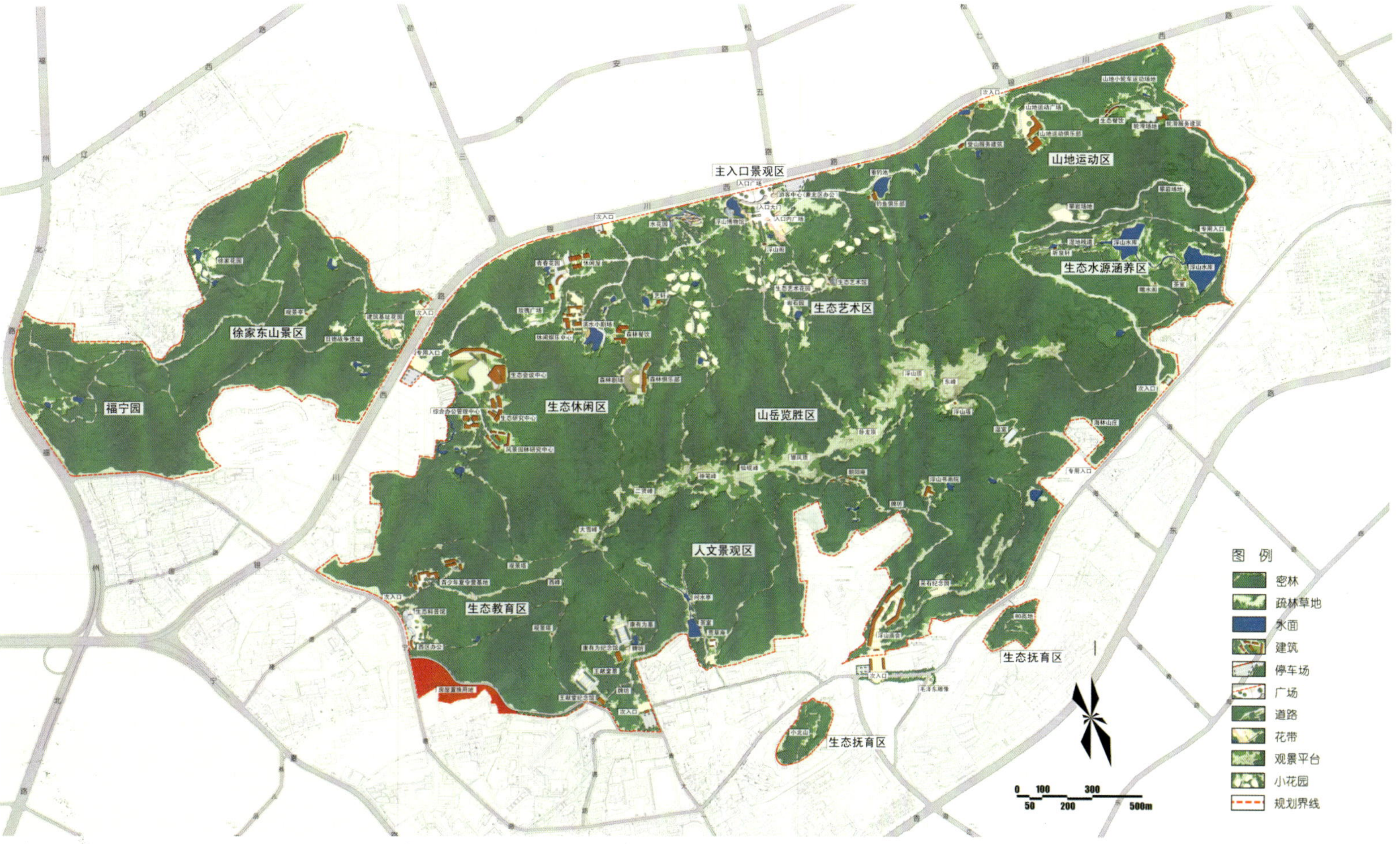

交通总体规划图

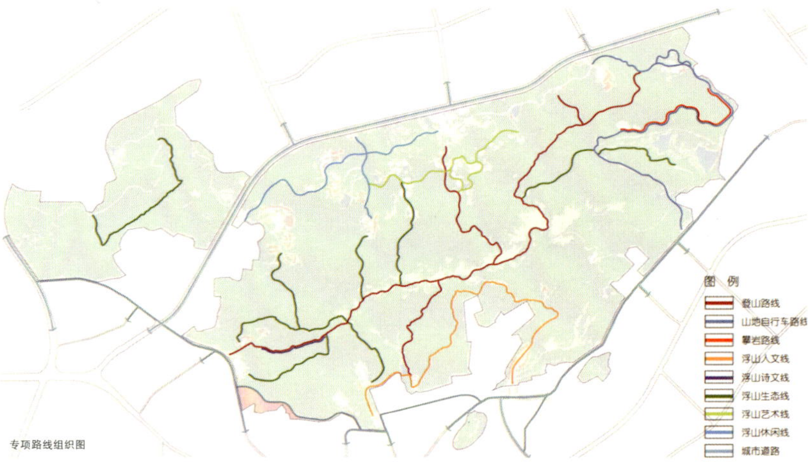

专项路线组织图

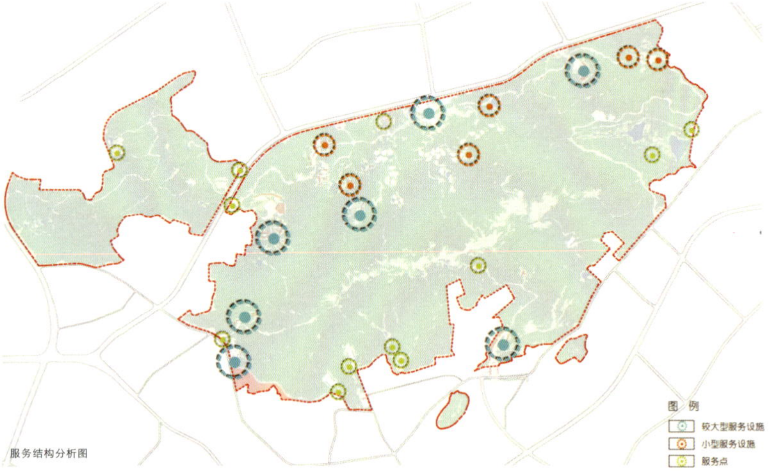

服务结构分析图

视线分析图

2. 生态艺术区

生态艺术区以创造展示浮山生态艺术为主线，用艺术的语言创造出多类型、变化的生态小花园、生态花谷，展示生态新思想、新形式、新技术，烘托主入口的气氛。

3. 生态休闲区

生态休闲区以生态休闲为主题，景区旨在为市民提供生态的、自然的、轻松的户外休闲空间。西侧规划有生态、园林研究、会议中心和公园管理中心建设用地，可举行生态专业会议和论坛。

4. 山地运动区

山地运动区结合用地内有多处采石后留下的壁立岩石面规划，作为以特色山地体育运动为主的景区。景区规划有垂钓俱乐部、山地自行车路线、轮滑场地、攀岩场地等。

5. 生态水源涵养区

生态水源涵养区以保护浮山水库为主体，以生态湿地景观、生态水源涵养景观为特色，限制游人数量，仅开展小规模游览。在现状山坡茶园处临湖置茶室，在此可饮浮山泉、品浮山茶。

6. 人文景观区

是以浮山历史人文为特色的景区，规划重修朝阳庵、荒草庵、康有为墓和王献堂墓，并挖掘浮山历史文化，恢复浮山庙会，建浮山书画院、采石纪念园，将公园南侧毛泽东雕像纳入公园范围，突出历史人文特色。

7. 生态科普区

生态科普区结合西侧较好的生态环境条件规划了生态科普馆、青少年夏令营基地、浮山诗文路等，形成一处以普及、宣传生态知识为主的景区。

8. 山岳览胜景观带

浮山九峰是浮山的标志性景观，山岳览胜区作为浮山的核心景区，规划以保护其特质的自然资源为原则，以攀山运动、登山览胜为主要活动内容。山上设浮山塔、浮山亭和多处观景平台，游人可登临望远。

9. 徐家东山景区

徐家东山景区规划以保护、抚育林木和营造植物景观为主，山上主要开展登山、散步、健身运动等，靠近居住地处设居民游览绿地，形成环徐家东山城市区域的公园绿肺。

10. 福宁园

规划保留福宁园作为青岛市公墓的功能，增加植被覆盖率，形成文明、静逸、安详的绿色公墓，引导市民现代文明殡葬。

规划将浮山范围内除康有为墓、王献常墓外的所有墓地全部迁到福宁园，使各景区相对纯净。

11. 生态抚育区

位于南部的小东山和80高地规划为生态抚育区。两山注重生态植被的抚育和更新，仅设部分游览道和观景区，限量游人步行游览观景。

四、视线分析

登浮山峰顶视线可远及大海和城市中心区、石老人风景区等处，视线可达的海面、山体、城市均是公园之借景。在城市中、公园中多处可仰望欣赏浮山九峰，游人可从不同方向欣赏浮山之美。规划循山势设多处动态视线节点和眺望节点，形成步移景异的风景欣赏带。建议浮山周边城市留出公园的透景线，使公园绿色和城市互相渗透。

五、规划层面分析

（一）生态层面分析

浮山公园由于地理条件特殊，形成了多种类型的小气候条件。公园植物资源丰富，植物品种达200种左右。植被因海拔、地质条件的影响，分布各不相同。建设后的浮山植被将逐渐形成乔、灌、草相结合的结构，突出垂直分布，既与已有资源相结合，又为生物的栖息地提供了多样的环境，保持物种多样性。

公园对现有采石场及破损山体边坡植被进行生态恢复，采取工程技术措施尽快恢复边坡原来的自然植物，使恢复后的植被与周围环境融为一体。根据当地的生态植物结构，将乔、灌、草有机结合，合理配置，恢复其生态平衡，实现人工强制绿化向自然植被的自我繁衍转变。

保护和恢复湿地、坑塘系统。保护现有坑塘，同时恢复部分已填埋坑塘，并在公园的沟谷、山脚结合低洼地、废石坑，建立新的蓄水坑塘、湿地系统，并控制和保护水生植被，使之发挥净化水质、水土保持等功能，成为分布于园中的绿色水体斑块。山谷冲沟和水塘形成的系统为乡土物种提供了一个栖息地，创造丰富的生物景观，为休闲活动提供场所。同时，水系还可与公园内的服务设施、广场、绿化场地等相结合，增加了景观空间的层次感。

（二）场地文脉延续与再生分析

规划从场地文脉的延续与再生出发，保留地域的信息，使之得以重生。规划注重“历时性”与“共时性”的内在统一，即空间与时间的贯通性，融入特有的地域情节。

所保留及改造利用的有：现状水塘、良好的原生植物、历史建筑、当地乡土材料及特有的场地肌理。这些地域历史景观构成了浮山公园独特的场地气质，是重要的人文资源。

从景观特质和风景资源的视角出发，选择性地利用这些资源以延续场地文脉精神并赋予新的景观和功能属性。

1. 水系

保护和恢复湿地、坑塘系统。保护现有的坑塘，同时恢复部分已填埋的坑塘，并结合地形地势建立新的蓄水坑塘、湿地系统。

2. 植物

公园内现状植被主要有山林、灌木丛、草地、果林、耕地和苗圃几种类型，植被覆盖率较高，但植被群落单一。公园在保护现有主要林种的基础上，对园区内植被景观进行合理而丰富的规划，营造富有特色的植物空间景观层次。

3. 建筑

公园内有荒草庵、朝阳庵等建筑遗址，富有历史特色。公园将对这几处建筑遗址进行整修、扩建，并通过游线相联系，使其共同形成较浓郁的历史人文风情。拆迁建筑的一些木料、砖瓦、构件等组织到新的景观中，增强地域的记忆。

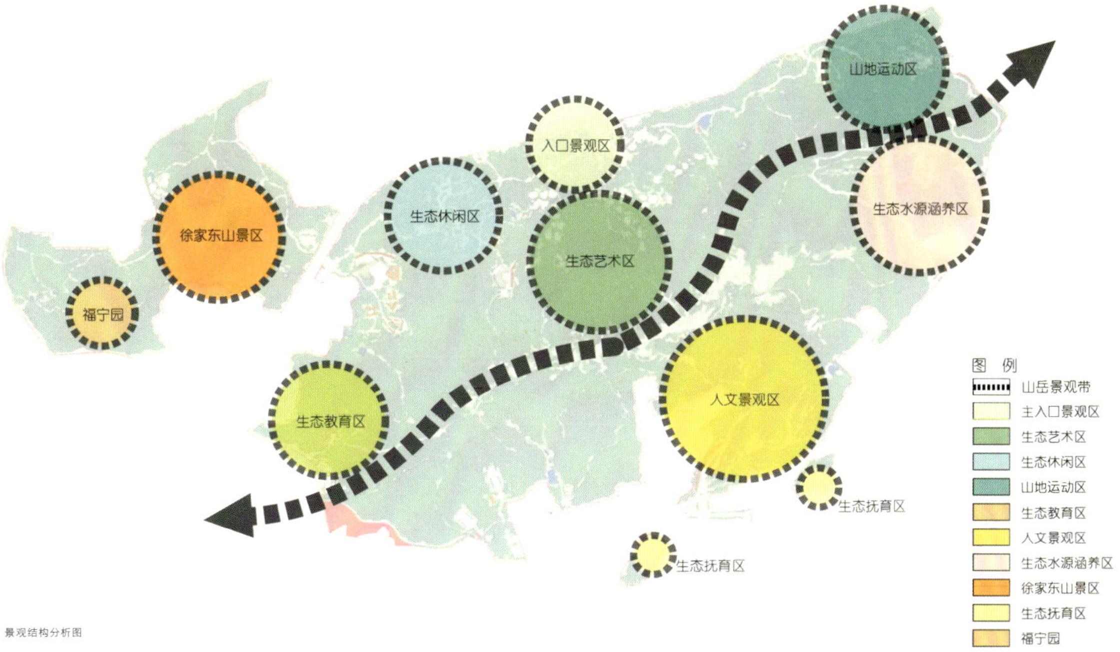

景观结构分析图

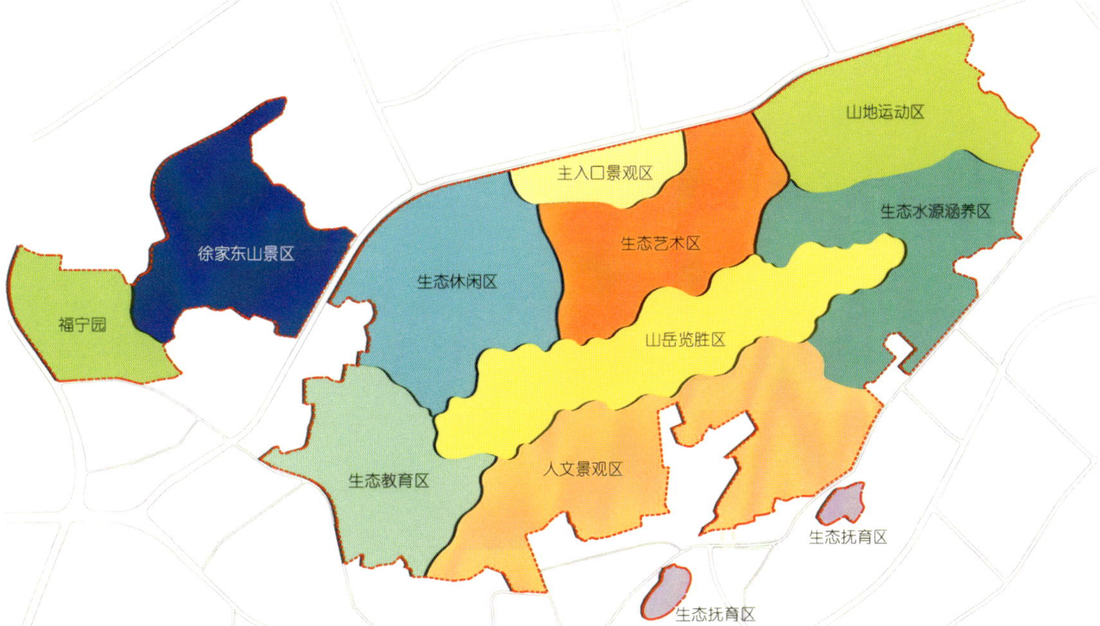

规划分区图

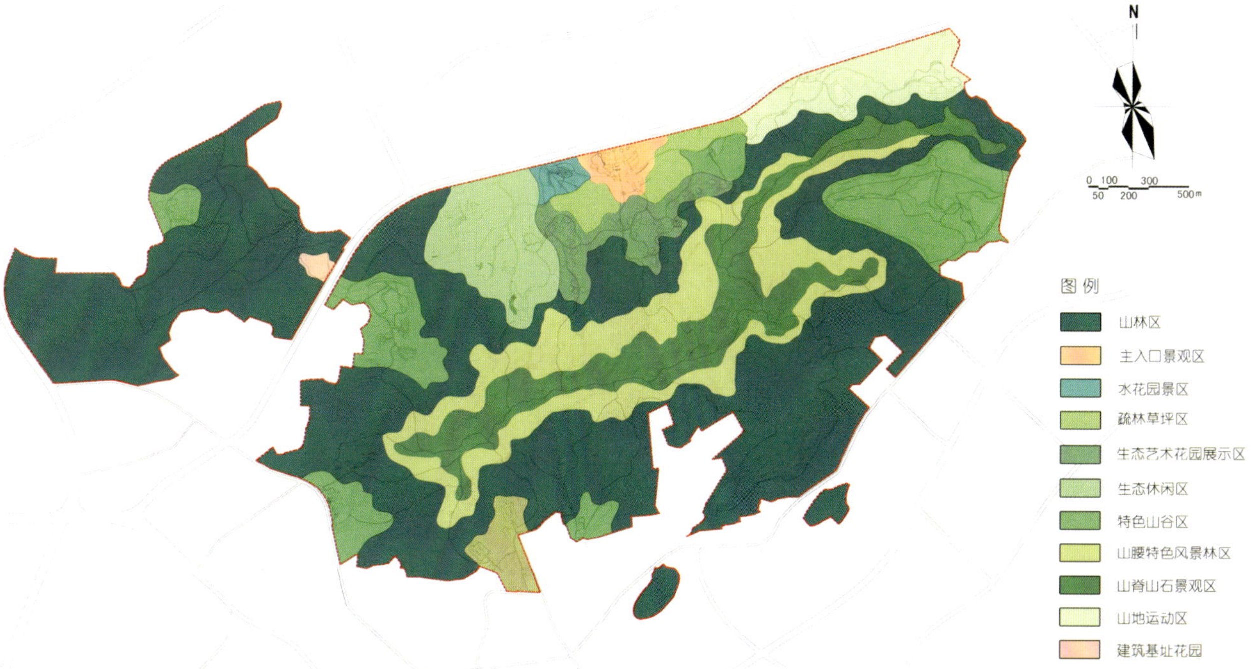

植物景观分布规划图

沟谷植被

陡崖植被景观

大花金鸡菊地被

现状植被分布图

刺槐林阴道

山脊植被景观

山脊植被景观

水塘边植被景观

溪流冲沟植被

水库周边植被

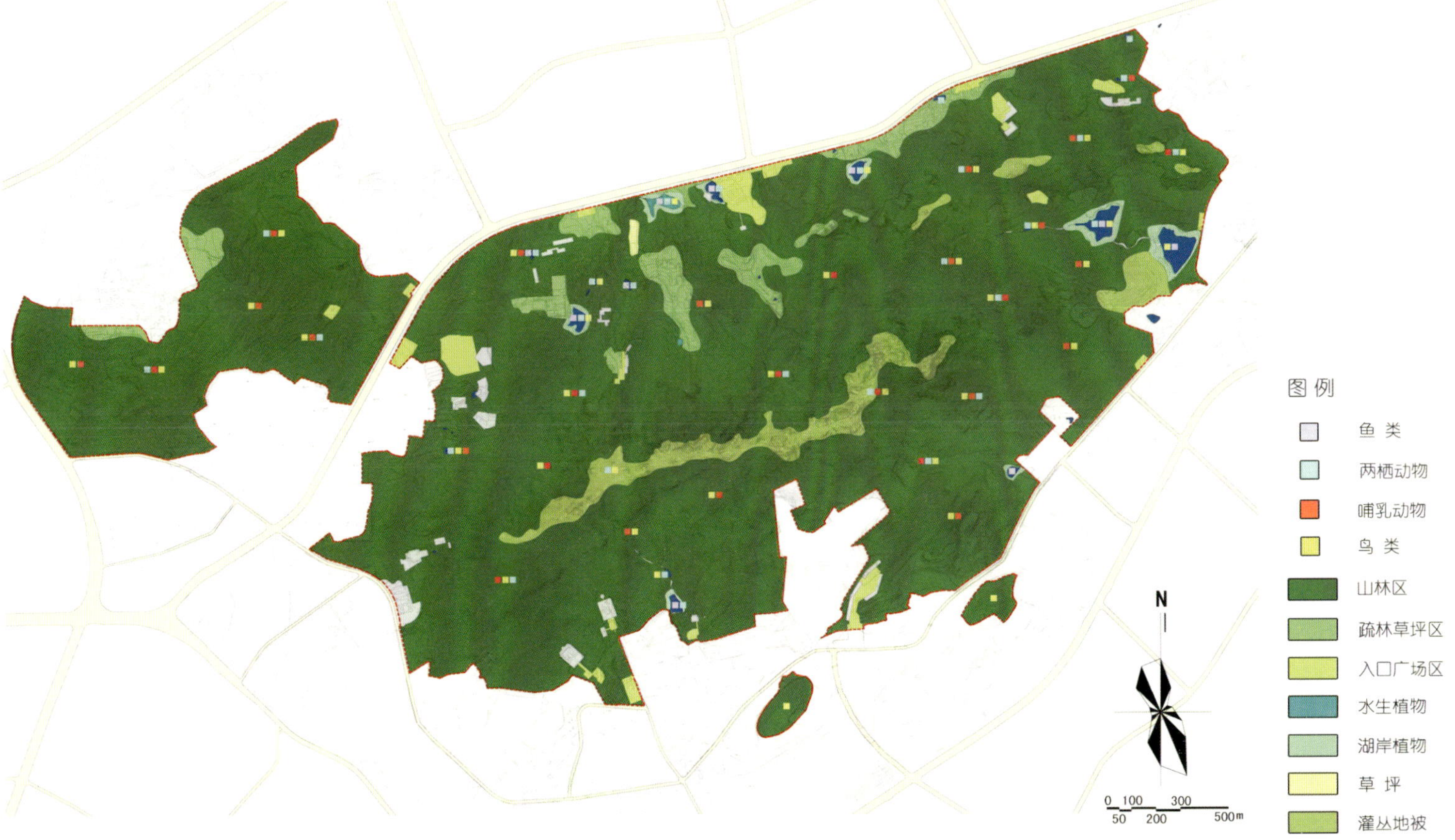

4. 材料

尽量选用当地材料，形成自己的景观特色。园内常见的岩石及拆迁过程中拆出的木料、砖块、石基等均可作为景观设计的材料。

六、植被景观规划

以公园规划分区为基础，结合各分区的景观特色和具体植被现状，形成以山林区为本底的多个植物景观特色分区，公园植被景观规划在注重整体效果统一的同时尽可能保持各分区的植被景观特色，形成不同类型、四季变化的植物景观。

1. 山林区

山林区为园区主要的组成部分。植被规划在保护现有植被的基础上，参照青岛山林地区地带性植被群落模式，在原有刺槐林和黑松林的基础上，混植赤松麻栎、栓皮栎等针阔叶树，增加黄连木、银杏、槲栎、锦带等色叶树种和林下花灌木，营造四时各异、色彩斑斓的观赏背景林区。

2. 主入口区

入口外广场植被以富有青岛特色的市花市树雪松、耐冬和月季为主，入口广场植物以丰富多彩、色彩绚丽的各种草本花卉及观赏草为主，并结合现有地势、当地石料和水系，形成台地式花园，用花的海洋营造出欢乐的场景气氛。

3. 生态艺术花园展示区

生态艺术花园展示区可根据不同季节进行更替变换，各个展示花园之间以密林和绿篱分隔，以保持各自的独立性，各个小花园的背景植物在形式和树种选择上各具特色。

4. 水花园区

水花园中不同高差的水生种植池中有不同的水生植物，分为高草挺水水生植物、低草挺水水生植物、浮水植物和沼生植物，高低错落，层次分明。周边配合以湿林植物，如湿地松、枫杨、水杉等，体现水生植物景观特色。

5. 山脊山石区

山脊特有的山石景观给植物营造良好的背景，在原有植被的基础上增加赤松、杜松、盐肤木、荆条、杜鹃、丁香、胡枝子、石竹、山丹、沙参、爬山虎、络石等耐瘠薄、固土效果好的植被，形成层次多样、类型多样、与山石融为一体的特有的植被景观。

6. 山腰特色风景林区

在山脊线的两侧即山腰处补植五角枫、白蜡、银杏、黄栌、火炬树、元宝枫、红瑞木等色叶植物，每逢秋季，形成红、橘红、黄、黄绿等多种色彩相互交错的色叶林带。

7. 建筑基址花园

保留现状建筑原有的基址边界，结合当地废旧石料进行围合与修整，形成大小各异的种植槽，种植各种主体的特色植物，如水生植物花池、菜园、玫瑰花池、芍药花池等，保留原有的基址环境的历史印迹，使原有场地得以再生。

8. 特色山谷区

依据山谷的不同特色功能，利用山谷良好的现状植被条件和小气候环境，规划生态科普山谷、生态水源涵养山谷、花园山谷、泉水文化山谷、原生生态山谷、乡土植物山谷六个不同特色山谷。

9. 山地运动区

结合现有高的地形种植黑松、法桐、马褂木、合欢、女贞等高大乔木，形成天然的噪声隔离带，为内部的体育运动提供一个安静、安全的活动场所，同时种植迎春花、锦带、珍珠梅、棣棠、杜鹃花、茶花等花灌木，形成具有青春活力的运动氛围。

10. 生态休闲区

在森林木屋周边补植高大乔木，如枫杨、小叶朴、大叶朴、玉兰、紫玉兰等植物，林下种植季节性花卉地被和草坪，如蓝雪花、滨旋花、石竹、青岛老鹳草等野生花卉地被，为野餐、露营、散步提供良好的宁静氛围。

水花园效果图

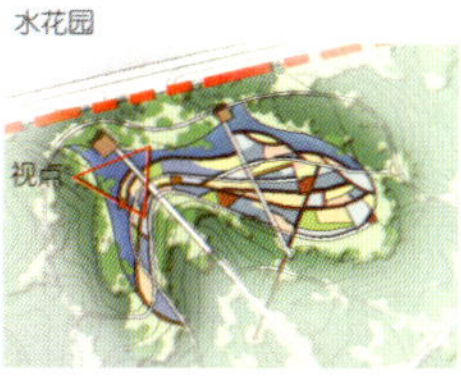

艺轩效果图

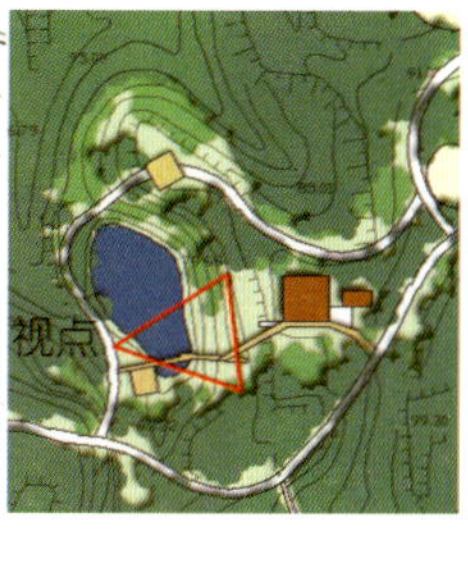

墓地改造效果图

康有为墓 王献堂墓

攀岩场地效果图

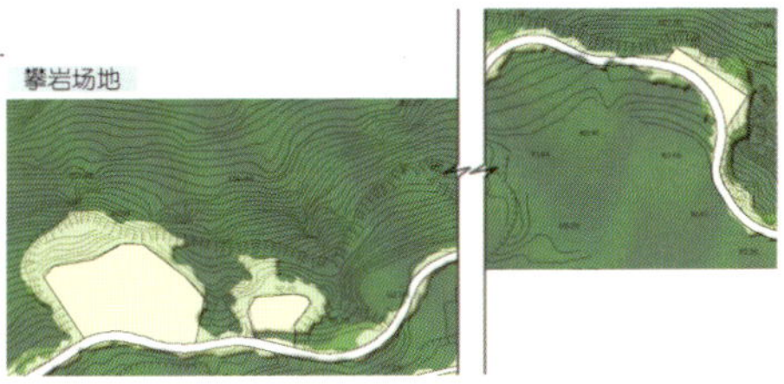

山地自行车效果图

登山台阶步道效果图

浮山亭效果图

浮山亭

隧道入口改造效果图

山石石刻效果图

隧道入口现状图

山石现状图

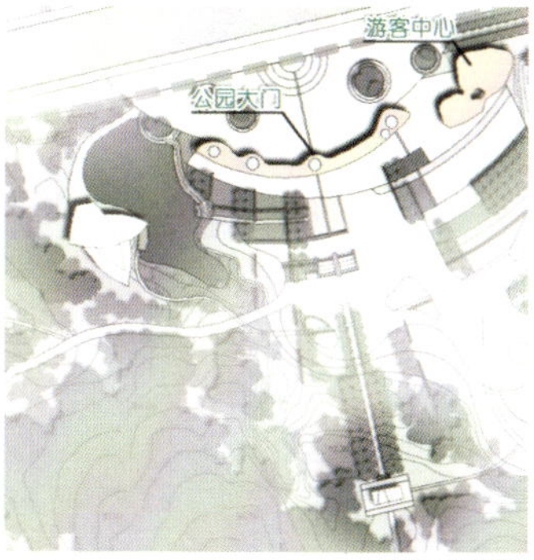

主入口建筑平面图

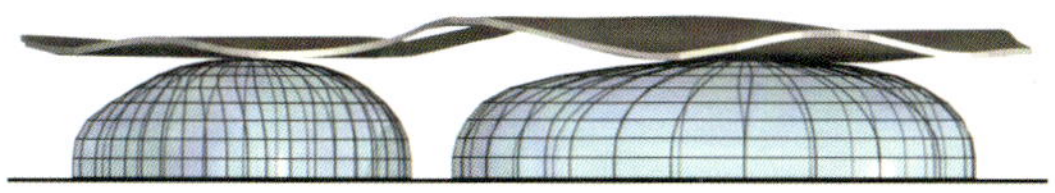

游客中心立面示意

游客中心建筑意向

公园大门建筑意向

公园大门立面示意

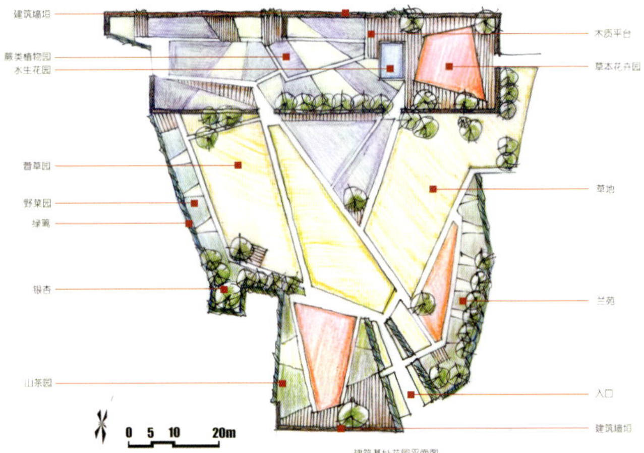

建筑基址花园平面图

崂山：道教的发源地

朝阳庵

荒草庵

青岛文化名人——闻一多故居

康有为新墓

日德战争遗址石刻

兰山路

日本学校，今青岛大学医学院

中山路

德国侵占时期青岛全景

从浮山上俯瞰青岛全景

11. 历史名人文化区

以康有为墓和王献唐墓为主题景观的景观分区，为突显对历史名人的景仰之情，植物以松柏类常绿乔木为主，辅以常绿阔叶植物。植物配置采用规则式布局，营造出肃穆、庄重的气氛。

七、道路交通规划

全园规划主出入口一处，次出入口八处，专用出入口五处，在各出入口处均设生态林阴停车场。

公园内道路交通规划，尽量利用现状道路，以减少工程量与对生态环境的影响。园内交通结合景区布局统一规划，构成网状交通，形成统一的交通体系。

八、游览组织规划

根据浮山公园资源特色，规划内容，全园组织八条专项路线，每条路线可组织主题游览和活动。

（1）登山路线：以浮山九峰为主体，自西至东为主要登山游览线路，并与南北数条登山路相连。

（2）山地自行车路线：开展山地自行车运动的专用线路。

（3）攀岩路线：利用陡崖壁开展主题攀岩活动，各攀岩区大小不一、难易不同，满足不同级别、不同爱好者的需要。

（4）浮山人文路线：以浮山庙会为起点，贯穿采石纪念园、朝阳庵、荒草庵、康有为墓、王献堂墓，外延毛泽东雕像，是浮山人文资源最为集中的线路。

（5）浮山诗文路线：借助西侧山脊良好的岩石条件，在石头上雕刻上描绘风景和描写浮山的诗文词句，寓情于游。

（6）浮山生态路线：选择浮山北侧生态条件最好的两条山谷作为感受浮山生态环境为专题的游览线路。

（7）浮山生态艺术路线：以生态花园、山谷花园为特色，游人徜徉于生态艺术的天地。

（8）浮山休闲路线：以休闲活动为主线，集多类型户外娱乐、休闲活动于一体。

主入口鸟瞰

浮山庙会效果图

秦皇岛市秦皇岛植物园

项目资料：
项目地址：河北省秦皇岛市
占地面积：约26.5公顷
设计单位：北京土人景观与建筑规划设计研究院

项目说明：

秦皇岛植物园位于秦皇岛市海港区，占地近26.5公顷。东临汤河，与世界著名新景观“红飘带”隔河相望，界临西、北两环路，为汤河生态廊道的有机组成部分和重要节点，连接山海关。昔为苗圃，更有多家残破工场盘踞，垃圾遍地，人皆病之。2006年夏，秦皇岛市人民政府责令海港区园林局组织植物园的规划和建设，并委托北京土人景观与建筑规划设计研究院进行设计。整体分两期实施完成，一期工程为南部园区，2007年10月开始建设，翌年7月即向市民和游客开放。二期工程为北部园区，2008年10月开始建设，2009年7月建成开放。

设计尊重场地原有地形和植被。游客所见之滨河林带、池塘及园中的老枣树、刺槐、杨树，乃至成片的幼林，皆为场地苗圃遗物，在设计施工时巧妙护留。场地原有部分道路也得以保留，包括园中的南北直线主干道路，使建园工程投资少，见效快，且留下了场地的记忆，然后在此基础上叠加新的设计。整体设计从材料、色彩、植物种类和透景设计手法诸方面，彰显当代而中国的特色。

本植物园以展示本土植物为特色，融科普教育、审美启智与景观体验为一体。为体现这一理念，植物园设计打破常规，将植物展示与生态知识、环境伦理、可持续理念及当代景观设计手法相结合，形成多个各具特色的区域，主要包括：

园外园：在西南角，将植物园的部分空间置于围墙之外，形成“园外园”在古今园林中堪称绝无仅有。四个半围合的院落错落交叠，环环相套，构成丰富的院落空间，作为药用植物园区。园外园形成植物园与城市之间的缓冲区，作为入口人流集散和休息之所，并在植物园不开放的时候，仍然能给城市居民一个游憩之地。院落由高低不同的灰砖墙围合，红色钢格为漏窗，分别以碎石和毛石铺地，布置各类传统中国药用植物。

西入口：以中国古老的特色树种银杏构成林阴轴线，中以白沙铺地，条状置石沿轴线分布，两侧为青砖步道，构成具有强力引导性的入口景观轴。沿中轴行不到百米，便到达植物园的大门，灰砖为墙，红格为窗，园内之景流露而出。入口处有一组灰砖建筑，保留原场地的枣树若干，围合两处院落，以供接待和展览，素雅别致，淳朴悠然。

土壤轴：自门口延续向东，为土壤轴，它延续入口中轴，直指汤河岸上的遗留水塔，构成园区之东西主轴。土壤轴由西向东，石砾由巨而细，土壤由瘠而沃，生境渐变，相应的植物滋生其间。

滨水带：沿土壤轴至汤河，再顺汤河而北，为滨水生态廊道，游道串联林带、滨河生境以及原有鱼塘，展示滨水丰富的植物群落，高亢处有榆槐梓桑之属，低湿处有菖蒲蒹葭，为典型的华北滨河植被。有白鹭亭，三五成群，亭亭玉立于滨水步道之侧，取意于汤河之上栖息的群群白鹭，供藤本植物攀援，也为游客驻足休憩。鹭亭投下阴影，或疏或密，适宜有不同光照需求的植物种类在其下生长。

北山地：在植物园的最北侧堆土为丘，构成屏障，以蔽朔风。刚阳之骨，以为北山之苍苍，坦露人工之作，并无刻意模仿自然。山地上配置华北之宿根植被，其山北坡多为耐寒之禾草，山之南坡为宿根花卉。其巅有白杨临风，鹭亭翘然。待游者登临俯瞰，而又置身于林阴之中。北山之阳，设植物园之北入口，有林阴广场。广场之东为宿根园区，阡陌井然，百卉竞放，万紫千红。山之西南有几条绝壁悬崖，岩层褶皱，仿佛燕山之断崖剖面，交错围合，森森然如入深壑。

专类园：五千年的中国文化在许多植物身上都有深深的烙印，使植物被赋予诸多含义和象征：松之不屈、竹之高洁、杏之窈窕、桃之妖冶、牡丹之华丽、木兰之雍容、海棠之旖旎。故在园之西部，依平原田地之肌理，置花田树畦，置多个文化植物苑，普及中国植物之人文知识。

万花镜：本园的又一大景观特色是蜿蜒于植物园中部的木道花镜，绵延千余米，迤逦南北，勾连各个景区，与汤河东岸的“红飘带”遥相呼应。两侧是高低不同的小丘和深浅不同的洼地，植物群落相适应生长；几处阴廊，藤蔓交织，阴凉可栖。

绵阳市安县市政湿地公园

项目资料：
项目名称：绵阳市安县市政湿地公园
项目地址：四川省绵阳市安县
总用地面积：100 000平方米
建筑占地面积：810平方米
绿化率：86%
设计单位：WWILA泛亚国际景观设计中国机构

项目说明：

一、设计指导思想

1. 整体规划设计的指导思想。结合安县新县城的整体规划和场地周边环境，延续城市景观和本地历史文化文脉。

2. 可持续发展原则。强调生态，注重景观区域原始的生态功能。设计中体现河流景观、地质地貌生态群落的多样性，做到保护与开发、整治与利用的有机结合。

3. 突显安县当地特有的文化氛围，以独特的人文景观、民俗风情和自然风光相结合，营造出具有深厚人文内涵的城市公园。

4. 以保护自然景观、生态旅游为核心，兼有文化旅游等多功能，创造一个富有个性、生态系统完整、旅游功能完善的城市公园。

二、设计理念

1. 项目定位于营造出“生命之岛，一个自然、自由的原生态栖息场所”。总体布局拓展了传统天然合一的理念，挖掘地方特色，展现“岛、水、树林”的主题，将整个环境融入到大背景中，设计中充分体现人与自然的和谐、岛与水的融合，创造出富于趣味的空间；利用移步换景的手法，以不同高差的观赏点和多条景观线轴的设置，依据疏密的、有致的原则布置景观，使整个游览流线更富趣味。

2. 打造安县文化生态景观廊，借以传达丰厚的文化底蕴，展示地区特色，为人们提供可游、可观的休闲娱乐公共空间，结合湿地原有状态及其植被，恢复其活力，为人们创造出多层次、舒适怡人的滨水空间。

3. 景观和空间格局

本规划的景观格局和空间格局可以概括以直线形和弧线形景观轴贯穿起来的空间系列。

4. 景观视觉分析

（1）视觉体验的多样性

景观轴同时也是视线廊道。空间的闭合与开放、场景的不同、动静的不同等都给人以丰富的视觉享受。

（2）寻找视线的延伸线，最大限度地扩展内部空间渗透力。

设计中通过一条贯穿整个园区的景观轴线形成视觉廊道，连续3个入口景观同时把散置于园区内部的各个景点整合在一起，试图给游人强烈的空间序列感。

5. 道路系统规划

曲线形和直线形相结合：为了保护园内自然树木和植被，道路的设计力求形成自由型的道路系统。一级园路宽4米，自由舒展，连接和贯穿各功能区和多个景观（功能）节点。在部分地段做成堤、桥。方便游人快速抵达各个景区和景点。二级园路宽为2米左右，从主要园路里分出来，绕至各景点，可以从一景点走至另一景点。在连接中有水便以栈桥的形式来完成。三级园路宽1.2米到2米，主要是汀步和一些林间小径。

6. 水系格局

分为自然式水体和人工水体。采用自然式堤岸，沿岸水草丛生，形成生态型的湿地景观。此外，在某些广场等分别设计了小型的人工水景。

7. 竖向规划

尽可能减少土方工程量并保持场地内的土方填挖平衡。在地形处理上注意用地形变化来围合空间。

三、可行性、安全性、节能性及环保性

环保性与节能性

充分进行可行性评估和场地分析，保留原有的坡地和重要地势条件，尽量减少土方工程量。水景建设应遵循经济性原则，即对能源的高效利用、对资源的充分利用和循环利用、减少各种资源的消耗，提倡4R原则：REDUCE减少使用，RECOVER回收，REUSE重复使用，RECYCLE循环使用。

利用湿地生态系统收集、储存和净化处理污水，创造新的、遵循自然的污水处理方式，并由此创造出具有自然、观光、旅游、娱乐等多种功能，蕴含着丰富秀丽的自然风光，可以成为人们观光旅游、生态教育的开放城市公园。

可能性与安全性

设计充分依据城市开放空间的设计标准，在满足景观性的同时要保证安全性、实用性等多方面因素。水是园林艺术中不可缺少的、富有魅力的园林要素。古今中外的园林对于水体的运用非常重视，本项目公园景观设计借水造景，也有赖于水体的良好生态环境。在园林规划建设中，重视对水体的造景作用，处理好园林植物与水体的景观关系，创造出引人入胜的景观和良好的生态环境。

四、设计内容

（1）入口景观区 展现安县文化，提供人流集散的多功能广场空间。

（2）台地景观区 结合原有的地理地貌，设计通过台地式的景观形成丰富的景观层次，穿插其中的小径提供了良好的观景点，给人特有的空间体验。

（3）森林景观区 以保护为主的森林景观，有效地屏蔽了园区外的车流和噪音，也成为园内的生态之肺。

（4）花田景观区 以方格式的草本种植形成花田的景观，也可以作为禾本科和农作物的种植基地，满足景观、商业以及科普的多种需求。

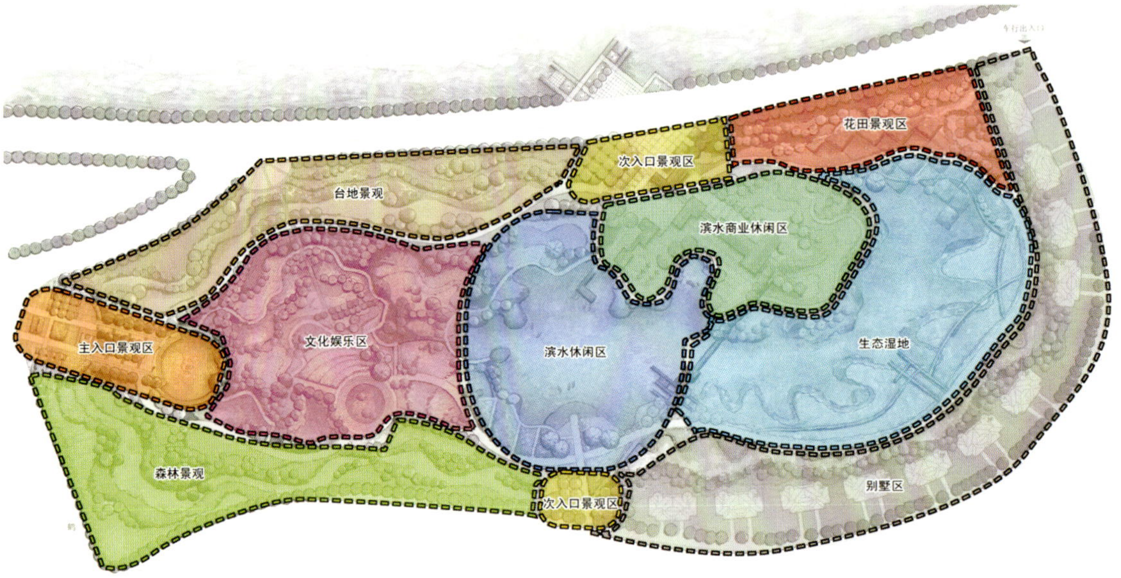

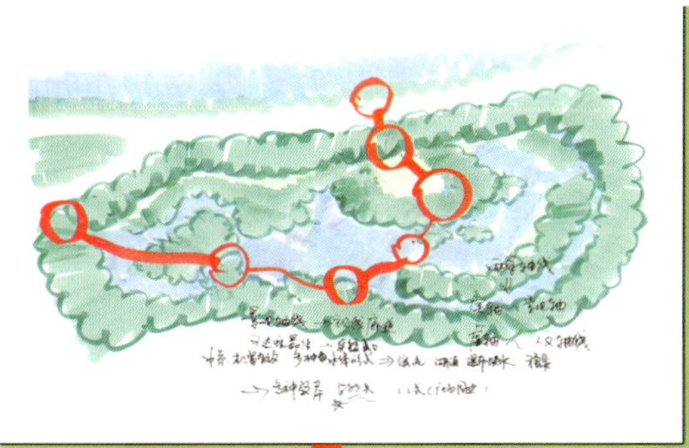

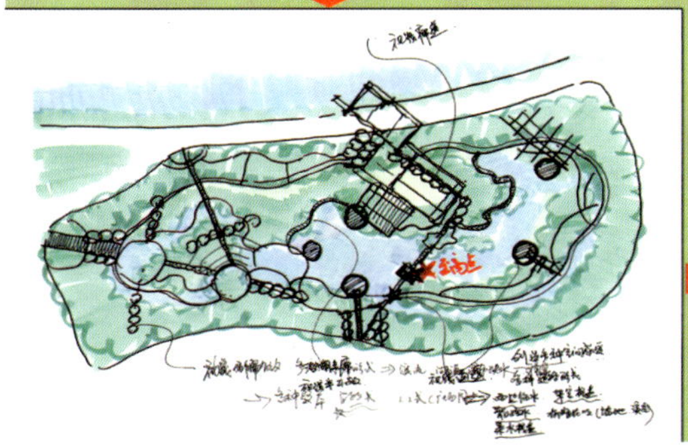

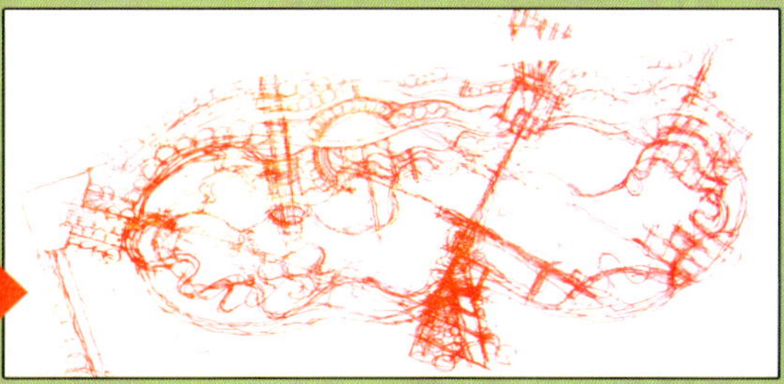

总体框架

景观总体规划包含以下三个主要的元素和阶段：

- 自然维护和景观节点

  包括自然的湿地森林环境基地、人工湖、小溪和现有的沟渠。

- 中央轴线

  建立一个连续的自然连接，把各个分开的部分连接起来，把整个公园形成一个典型的分割。

- 多功能开放空间

  多功能的公共空间为各类活动和主体提供相应的场所 。

安县市政湿地公园
台地景观
文化景墙
主入口LOGO
跌水景观
下沉梯步
树阵
特色灯柱
喷泉
森林景观

疏林草坡
生态跌水
景观树
露天剧场
2007 11 22

复合式商业建筑
露天茶座
码头
架空木栈道
岛
瞭望塔
亲水平台

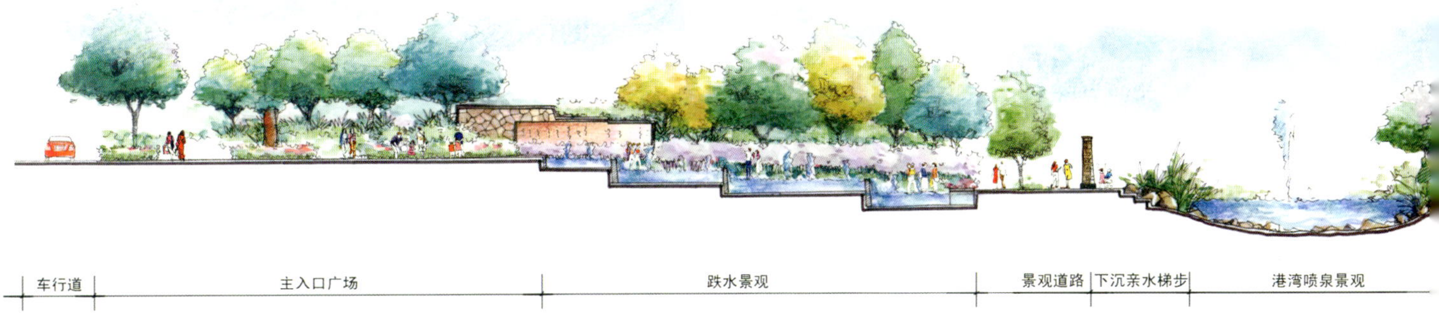
车行道
主入口广场
跌水景观
景观道路
下沉亲水梯步
港湾喷泉景观

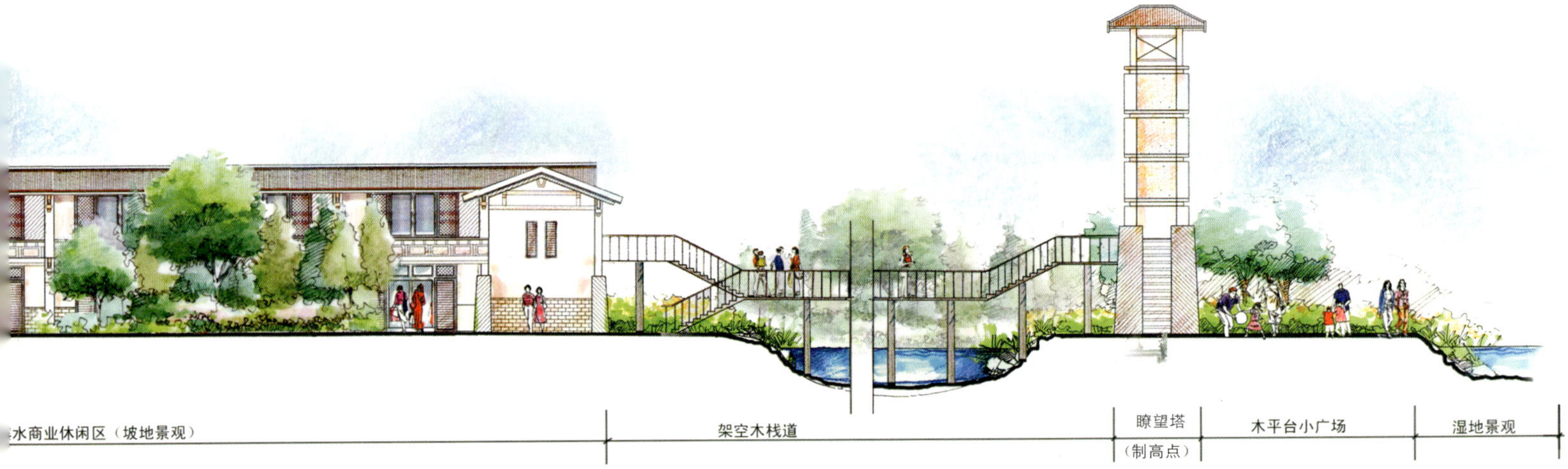
水商业休闲区（坡地景观）
架空木栈道
瞭望塔
（制高点）
木平台小广场
湿地景观

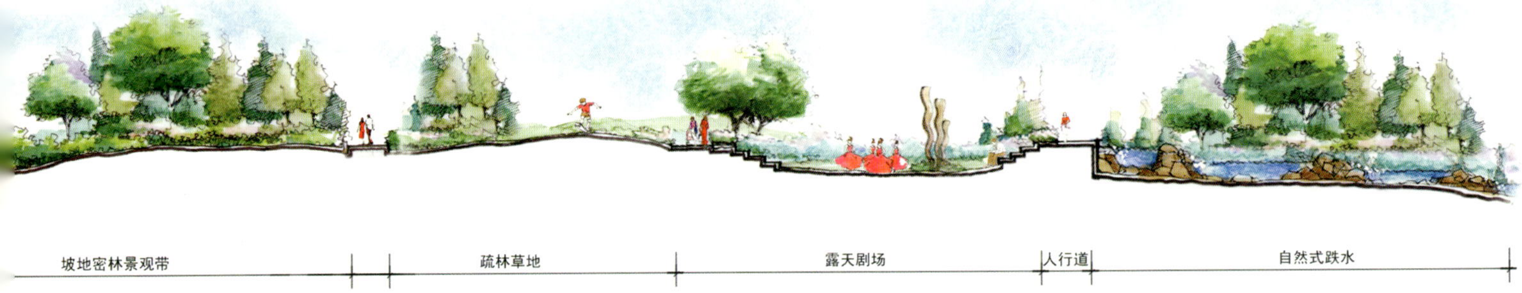
坡地密林景观带
疏林草地
露天剧场
人行道
自然式跌水

安县市政湿地公园

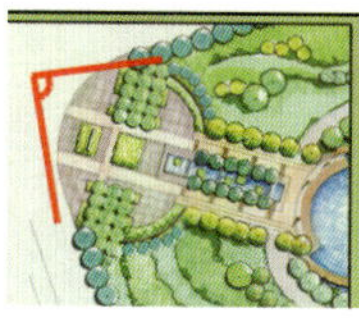

合肥市陶冲湖公园

项目资料：
项目地址：安徽省合肥市
设计单位：加拿大奥雅景观规划设计事务所

项目说明：

区位环境

陶冲湖公园位于铁路编组站与新蚌埠路交口东北侧，是中国合肥平板显示产业基地公共生活、生产综合服务南部中心。依靠新站南部先期开发的平板显示21平方公里产业核心区，陶冲湖公园将建设成为高科技人才接待服务中心、旅游娱乐中心、商业服务中心及现代化工业新城的生态示范区。

总体概念

愿景：“境筑”未来新城

（“境筑”，更强调特色、意境、环境和品质，而不仅仅是城市的一般功能）建设宜居、宜业、宜境的多元化、高品质、低能耗新型城市框架和优质社区场所。

概念：

R.G.B平板显示三原色，代表城市生活的三个主要组成：R人居、G环境、B经济，R+G+B=WHITE，寓意和谐共生。

圆，为几何学中一个代表完美的图形，也包含了永恒、无限的意义。圆是距离圆心等距的点的集合，因此圆心就成了绝对的中心。在中国以及许多其他国家人类文化系统的城市规划设计历史里，都经常采用圆与天文学所界定的南北、东西的轴线方向作为城市结构的框架，以象征对宇宙的一种理解。

这次设计中以平板显示的基本原理，技术三原色概念为出发点，引申到概括视觉光谱的颜色轮。光谱由三原色组成，而三原色的平衡亦构成了圆的完整性。

城市室外公共设施分布分析图
Outdoor Facilities

1 to 10000
0 50 100 200 400M

图例 Legend

- 商业区（CBD）：简洁、现代、大气 Commercial Area
- 滨水休闲商业区（CRD）：艺术、现代 Waterfront Recreational Commercial Area
- 社区街区：舒适、简约 Local street
- 公园区：自然、舒适、质朴 Natural Park
- 亭廊 Pavilion
- 服务点 Service
- 公厕 Toilet

1 to 10000
0 50 100 200 400M

图例 Legend

- 机动车道+自行车道+人行步道 Rideway+Bikeway+Pedestrian
- 自行车道+人行步道 Bikeway+Pedestrian
- 人行步道 Pedestrian
- 饮水点 Watering Place
- 休息点 Break
- 小卖点 Buffet
- 停车场 Parking
- 问讯处 Inquiry
- 卫生间 Rest Room

1 to 10000
0 50 100 200 400M

图例 Legend

- 广播总控制室 Main Control Center
- 中继分控室 Secondary Control Center
- 中继光纤 Sounder Route System
- 广播音响线路 Sounder Route System
- 背景音乐区 Background Music Zoning

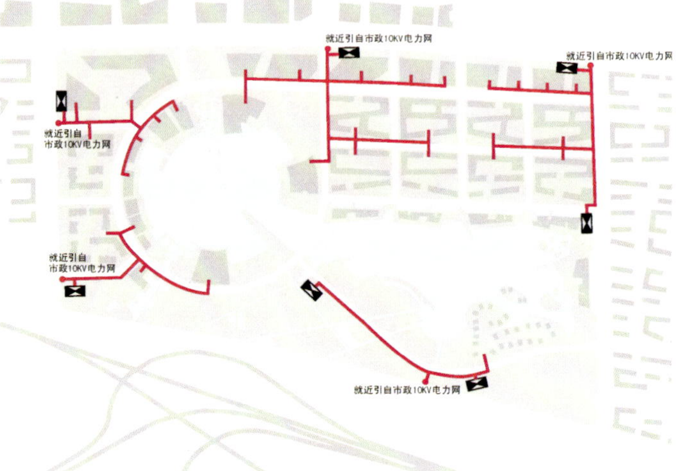

图例 Legend

- 市政箱变 Distribution Box
- 10KV高压电缆 10KV Electrical Cable

0 50 100 200 400M

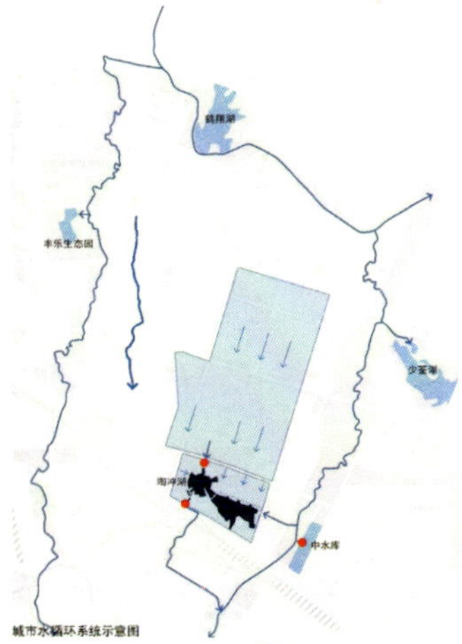

城市水循环系统示意图

图例 Legend

- 外围水体 External Water Bodies
- 城市雨水补给区 Urban Drainage Area
- 陶冲湖 Taochong Lake
- 水系沟通流向 Rainwater Drainage Direction
- 雨水流向 Rainwater Drainage Direction
- 节制闸/泵站 Control Gate/Pumping Station

陶冲湖生态补水示意图

图例 Legend

- 道路湿地雨水收集净化系统 Roadside Stormwater Collection + Filteration System
- 雨水收集净化区域 Rainwater Collection + Treatment Facility
- 规划城市中水库区域 Gray Water Collecion Area
- 地表雨水流向 Surface Flow Direction
- 中水补水流向 Recycled Water Direction
- 生态补水入口及流向 Water Recharge inlet and Direction

雨水径流示意图

图例 Legend

- 道路湿地雨水明沟 Swale
- 雨水花园 Rain Garden
- 湿地 Wetland
- 水体 Waterbody
- 湿地雨水收集流向 Rainwater Drainage Direction

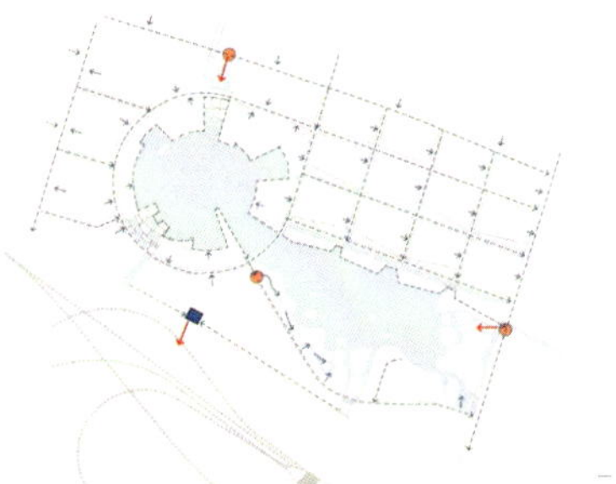

规划范围内地表雨水流向示意图

图例 Legend

- 雨水流向 Storm Water Flow Direction
- 雨水管网 Storm Water Pipe Network
- 湖水进出流向 Lake Input + Outlets
- 雨水补水入口 Rainwater Recharge Inlet
- 水体 Waterbody
- 湖区溢水口 Overflow

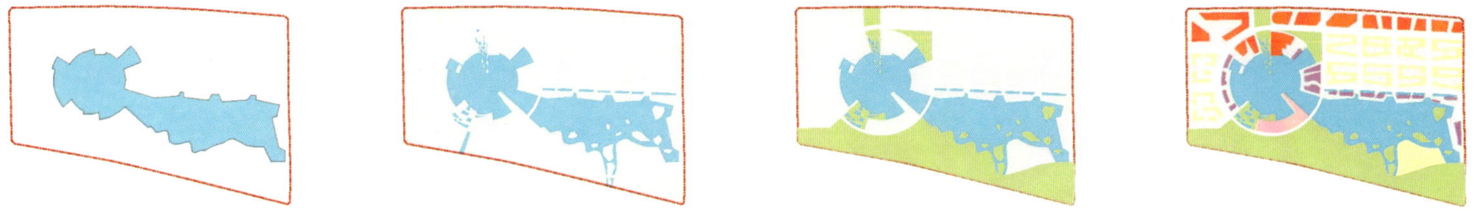

一期 Phase 1　二期 Phase 2　三期 Phase 3　四期 Phase 4

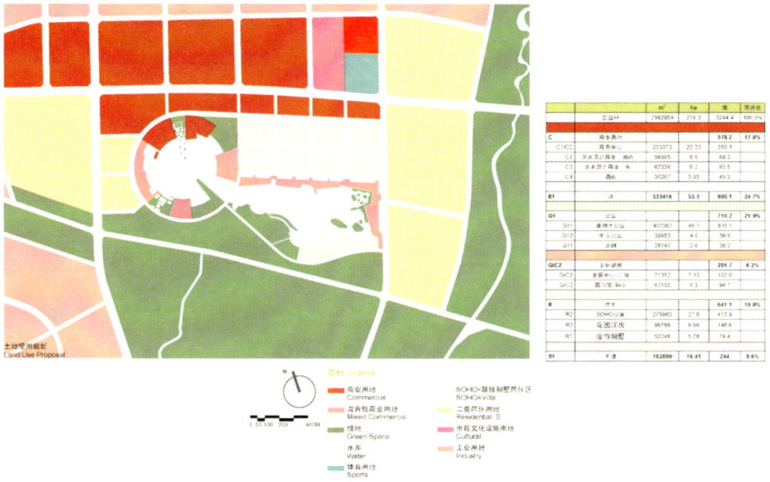

土地使用规划 Land Use Proposal

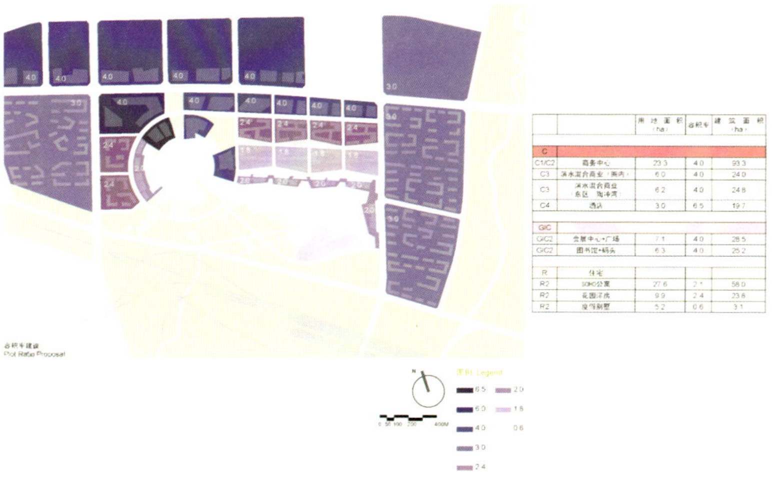

容积率建议 Plot Ratio Proposal

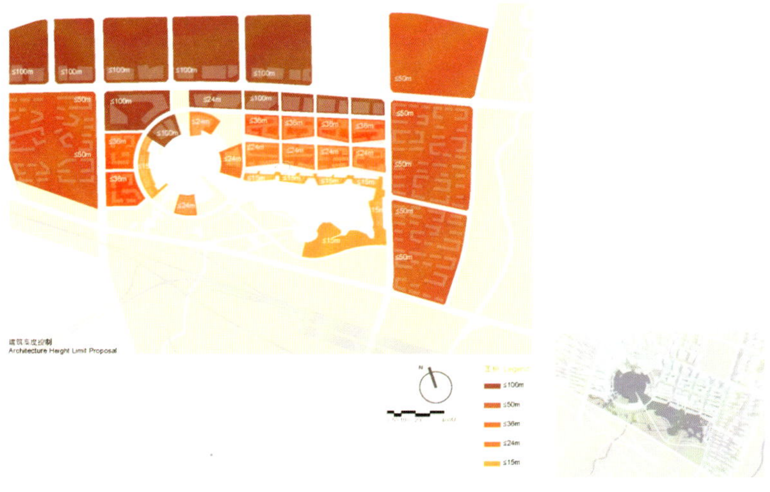

建筑高度控制 Architecture Height Limit Proposal

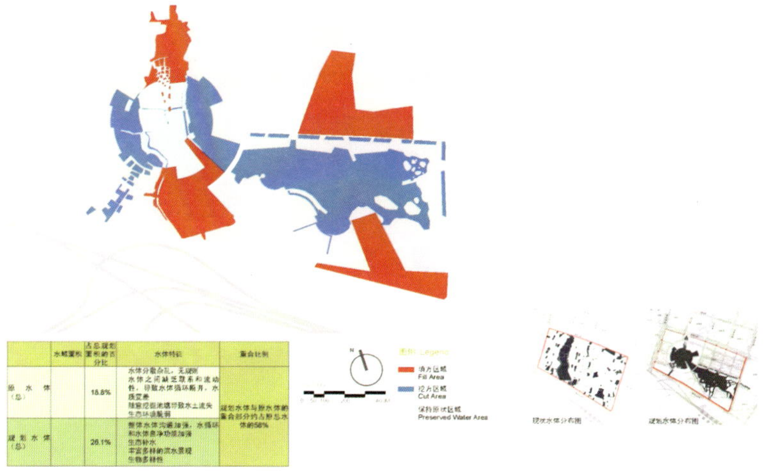

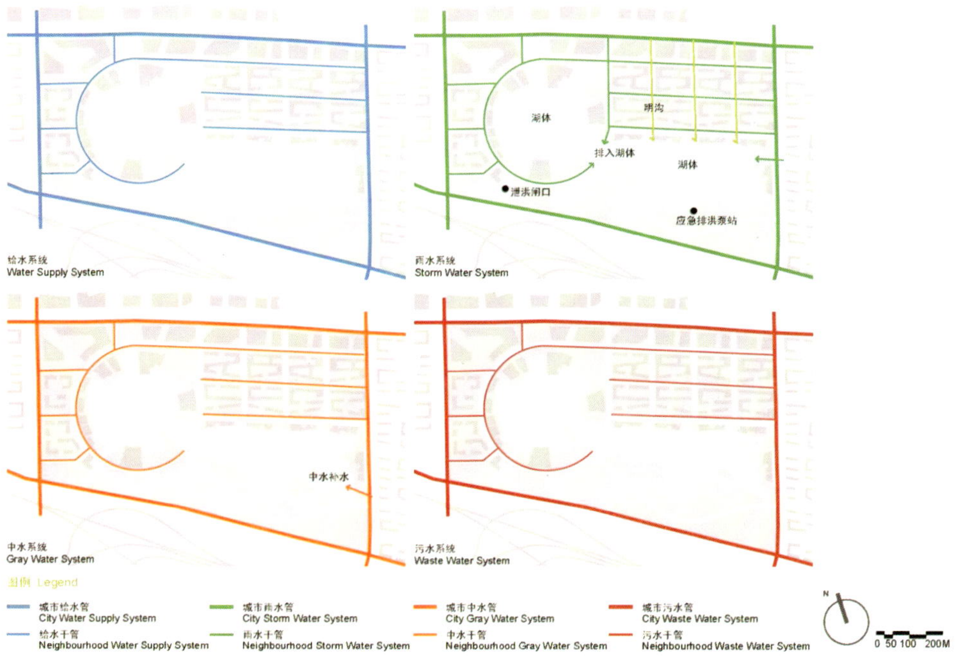

给水系统 Water Supply System　雨水系统 Storm Water System　中水系统 Gray Water System　污水系统 Waste Water System

平板显示的三原平衡在城市设计中代表了人居、环境和经济发展的和谐共生。点与圆的设计概念在本设计的总平面与细节上，均以独特的创造性体现出来。

陶冲湖公园设计目标

自然环境与城市繁荣的和谐，绿色高科技文化的庆典；

未来城区示范：艺术与技术的展示区，城市繁荣与生态环境的共存体；

当代艺术与高新技术的结合：IT（信息科技）与ET（环境科技）的结合、经济发展与生态平衡的结合；

通过前瞻性的城市设计理念，有效提升整体片区的土地价值以及生活品质；

绿色生活中心：通过绿色城市设计目标的实现，倡导绿色生活方式。

基于上述城市设计目标，陶冲湖社区将被建设成为：

1. 综合的生活区域：

引进先进的商务居住综合社区的设计理念，将居住布置在商业、休闲娱乐和生态公园的中间，并以人性化的活动尺度为设计原则。

景观设计注重提供多元化、人性化、生态性的活动、交往场所，创造社区活力和吸引力。

2. 交通便利的区域：

由城市节点强化的紧凑型混合使用的城市结构，成为人们畅通出行的基础。通过优先行人、自行车和公交，提供可持续发展的交通模式。

轻轨和快速公交系统（BRT）是64.5平方公里区域的交通动脉和发展轴，连接合肥城区和新区产业基地，增加了交通的灵活性。

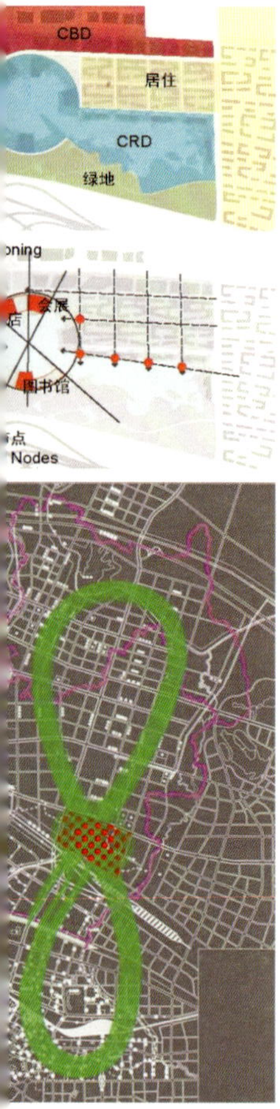

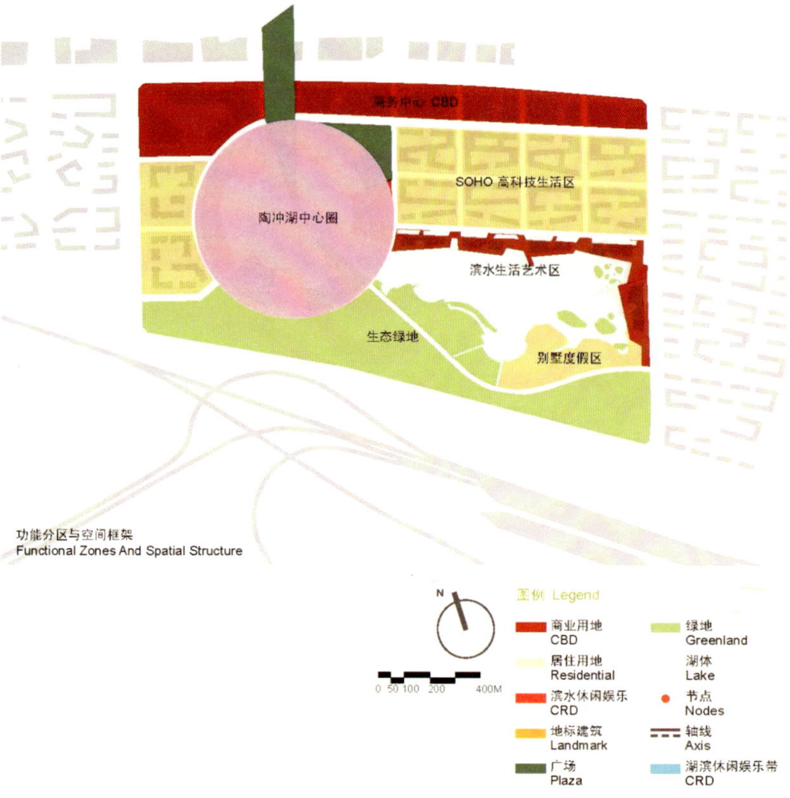

功能分区与空间框架
Functional Zones And Spatial Structure

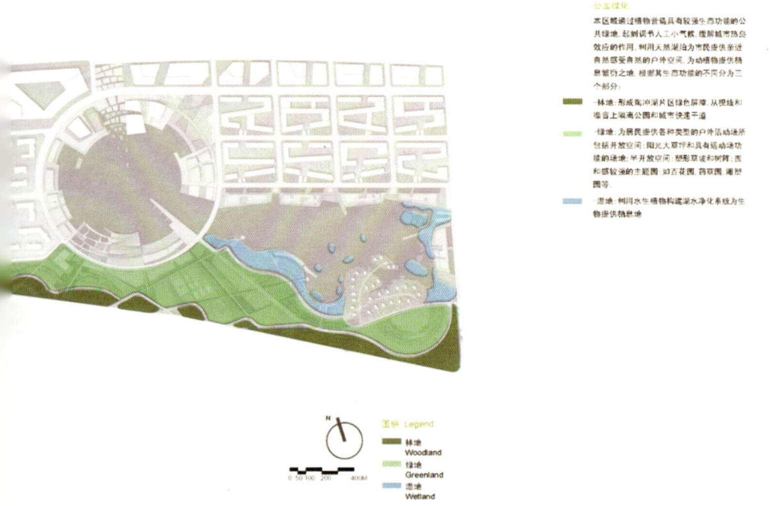

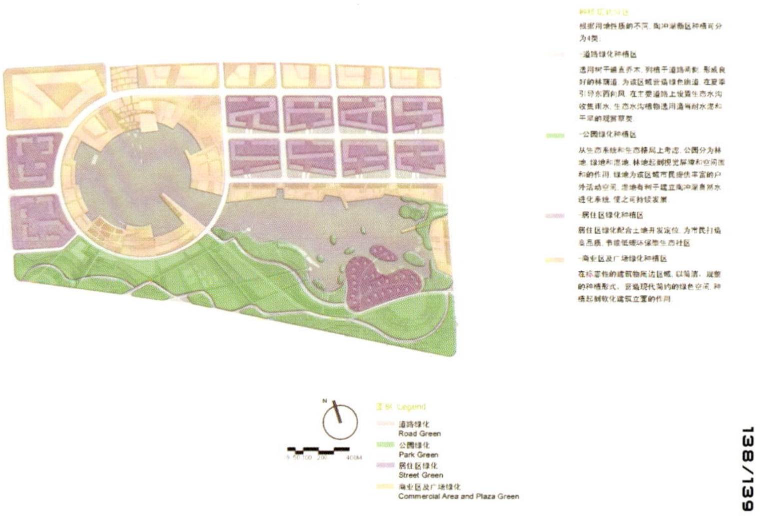

3. 绿色生态的区域：

公共空间由城市广场绿地、社区绿地、生态公园绿地组成。基于行人优先的设计原则，社区街道也将成为公共空间的重要组成部分，成为新城区的绿色网络。公共空间与周边的建筑环境紧密结合，便于从各个街区方便到达。这些空间由水体与绿色通廊形成的网络相互连接。

4. 节能低碳的区域：

采用250m×250m的步行街区尺度，合理、均匀布置生活、娱乐服务设施，构建方便行人、减少机动车出行的低碳社区；采用生态循环模式提出了一系列关于水、能源、垃圾和材料的综合管理方案，有效地循环利用可再生资源，保护生态，达到节能的效果。

5. 新时代艺术的区域：

公共空间与建筑设计以简约、个性的特征去发展，配合节能减排的环境技术、声光影视的视讯技术，提供高科技与时代艺术相结合的未来城市形象。

6. 生态健康的区域：

生态循环模型与能源和交通系统相结合，促进了城市环境的可持续健康发展，利于环境，也为居民和游客创造了优质、健康和幸福的生活环境。

总体规划分析

1. 整体规划层次

从下到上依次为：水体、绿地、路网、建筑群体。

四个最基本的元素构成整个城市设计的框架和主体。每一个元素承担着不同的功能，为区域服务，各个元素密不可分，共同形成一个整体。

根据土地使用分区，北面以高层商业建筑为区域的城市形象立面，中间为小高层、多层的商住混合SOHO的特色生活区，围绕湖体的是从会展大楼、星级酒店、图书馆等服务性建筑到生态公园以及度假酒店，同时连接多功能的旅游特色湖边商业区。

2. 功能分区与空间框架

陶冲湖片区是合肥城区与产业新区的纽带和结合点，依托新区，面向城区，辐射周边。

陶冲湖的开发建设将成为产业基地发展的启动节点、新的经济发展和增长节点。

城市设计结构由CBD带、CRD环结合居住商务综合社区开发，形成经济繁荣、尺度宜人、保育生态式的宜居、宜业、宜境的核心生活区；由规划干道、淮海大道两侧的CBD带、环湖旅游接待、会议会展地标建筑形成具有“后台支持、前台展示”功能的综合性产业服务核心区。

沿北部布置商务办公街区，在淮海大道形成规模效应的CBD带，通过城市绿地广场向南延伸CBD，在西部湖区形成地标建筑群。

利用陶冲湖湖岸开发滨水中央休闲带（CRC-Central Recreation Center）、滨水会议会展接待中心，形成地区城市特征；结合滨水公共开放空间的景观绿地规划，为社区创造吸引力。

针对平板产业基地技术型居住人群特征，提供先进的居住办公综合社区及有特色的生活配套服务设施。

3. 土地使用规划

具体土地利用以现有周边土地规划的土地性质为参考，尽量使相同性质的土地布置在一起，以利于形成规模效应。此外，考虑将商业和绿地交错渗透入地块中。利用湖体和绿地提升居住和商业用地的土地价值。

4. 开发强度控制

从北面最繁忙的商务中心出发往南走进半办公居住区，再到别墅区，建筑密度逐渐下降；直到走到滨水的商业娱乐区，气氛又热闹起来。亦考虑到面向湖面的景观以及与周边用地的联系，开发强度靠外围最高，然后依次向滨水区过渡递减。东南侧的别墅区置身于绿地之中，成为价值最高的高档次豪宅。

木平台+自然湿地式驳岸

垂直+自然湿地式驳岸

台阶入水式驳岸设计

自然式湿地驳岸

5. 建筑高度控制

建筑层高靠外围最高，然后依次向滨水区过渡递减。这样可以保证所有的建筑都有很好的望湖视线。其次，空间布局亦考虑到保持风向和景观廊道畅通的问题。

6. 纵横空间序列

南北向轴线

利用基地北高南低地形优势，区域整体建筑格局从北向南逐渐从高耸的商业建筑逐级降低到滨水的近人尺度的休闲商业建筑，天际线呈现渐变的形式，体现从城市向自然的过渡。

东西向轴线

东西方向的天际线呈现中央湖区为最高点，然后向两边逐渐降低的趋势，同时连接周边地块。

7. 高程控制策略

公园长水位为32米，根据此场所，结合周边现状确定出广场的基本高度意向，再在此概念上具体发展出标高，根据场地现状条件，场地设计标高大致为南低北高。

8. 填挖方策略

场地整体的填挖方策略分为两部分：

水域的填挖方：保留现状水体的中部，在其东西两侧进行挖方，填掉南北两端，形成圆形的湖面；从整个基地的中部到东边挖出长方形的湖面。

场地的填方：在长方形湖面的南北两侧，有一部分是现在比较低洼的地区，把这些地方填起来，平整场地同时塑造一些地形。

总体来看，水域挖方与场地的填方基本平衡。

水体的形成与填挖方策略

尽可能地保留和维护现有水资源和绿地资源，在原有地形和水体基础上设计新的景观水体，维持填方与挖方的平衡，通过人造地形和堆岛等设计，最大限度地利用挖掘造成的土方，减少对自然资源的浪费，降低对原生环境的破坏。同时，也减少因填挖方不均造成的建筑垃圾，降低不必要的费用。

景观系统设计

1. 开放空间系统规划

南区：生态公园

公园位于地块南边，与对面的防护绿地形成呼应。公园与湖体相交的界面比较长，形成丰富的水岸。丰富公园景观的同时，利用水岸形成自然生态的湿地岸线，有效地起到净化水体的作用。

环湖：滨水步道

区域内最重要也最吸引人的商业休闲步行空间，漫步其中，可以体验丰富的空间感受和享受愉悦的景观气氛及多彩的视觉效果。

北区：城市绿地广场

为了形成轴线对景关系，环区设计有三个广场，并且每一个都对着一个地标性的建筑，使得地标建筑的视野更加好。

SOHO社区：街边绿地公园

街边公园位于居住区之间，带状地渗透区域中，辐射面更加广泛，使用频率也增高。

社区街道

基于行人优先的设计原则，社区街道也将成为公共空间的重要组成部分，成为新城区的绿色网络。

2. 滨水空间设计

将滨水开放活动空间和滨水商业建筑结合，形成该区域最大的一个特色景观。商业街廊道、亲水大平台和商业建筑楼顶花园形成滨水多层空间。建筑和开放空间结合形成一个有节奏感的序列，从东边逐渐向西面展开，到达西面时，形成高潮如同一首乐曲奏出最强音。

景观与商业服务的结合相得益彰，各自发挥优势，带动整个区域的发展，提升区域的品质。

车行道系统规划
Vehicular System Proposal

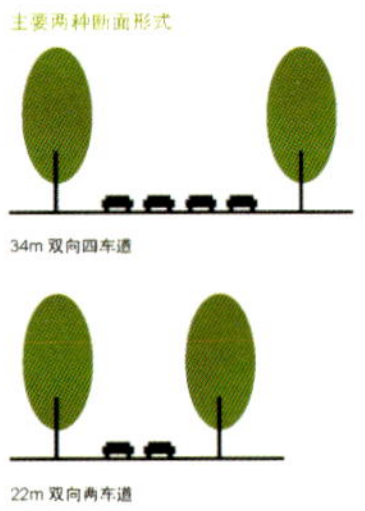

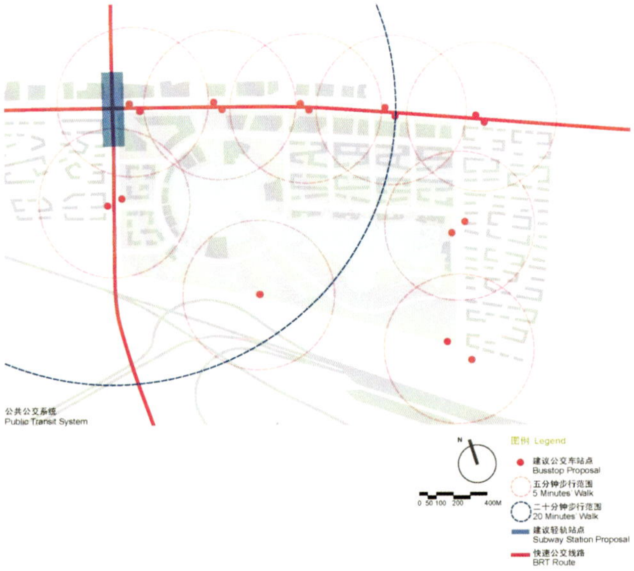

公共公交系统
Public Transit System

开放空间规划
Open Space System Proposal

自行车线路规划
Bicycle Route Proposal

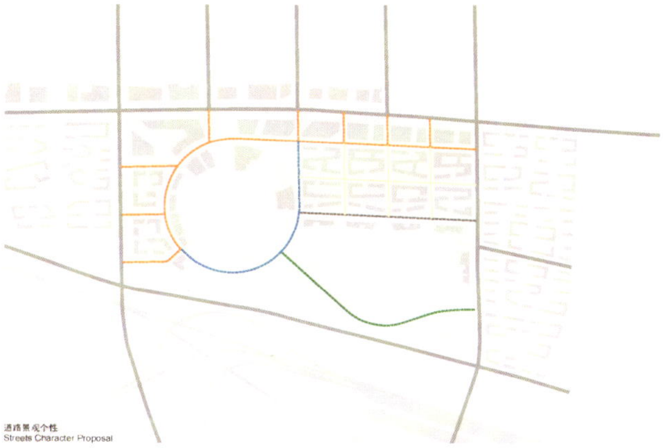

道路景观个性
Streets Character Proposal

道路名称	街道界面	氛围	街道色彩
门户道路	商业 居住	热闹繁华的、活泼的	活力橙
生活道路	居住	闲适的、恬静的	素雅白
休闲娱乐道路	商业	空间丰富、多变的、精彩的	多变灰
公园林荫道路	绿地	安静的、自由的	静谧绿
滨湖健身道路	文化娱乐	动感的、活力的	跳跃蓝

种植策略分析图
Planting Strategy

生态基础设施分析图
Analysis of Landscape Infrastructure

步行系统分析图
Pedestrian System

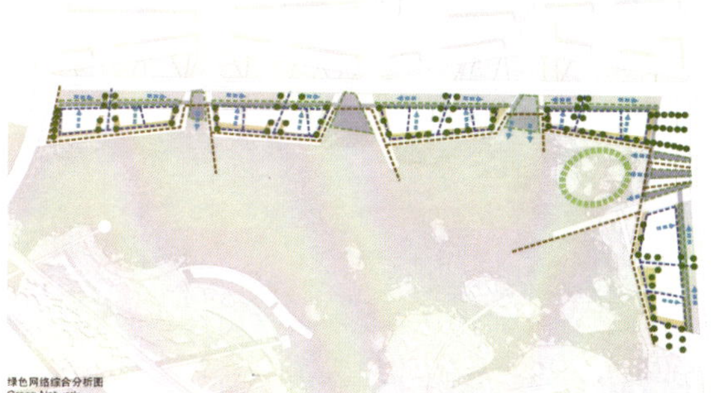

绿色网络综合分析图
Green Network

种植策略

具有地域特征的乔木依据景观布局，为整个城市从中心区到近自然区的延伸提供引导，同时也创造了具有导向性和不同空间类型的滨水休闲商业气氛。

步行系统

滨水公共空间的步行区域具有较强的连续性，为市民提供视野开阔的，集休闲娱乐、事件集会、亲近自然、展览学习为一体的城市街道和广场。商业不行区域可达性强，成为运河、建筑室内、滨水区域的连接性通道，成为本地块内部具有活力的步行系统。

景观基础设施

景观不仅是一种视觉和空间的体验，更是联系各个部分的系统性组织。景观基础设施巧妙运用水，使得场地内部具有自我洁净的能力，为可持续城市空间提供基础。

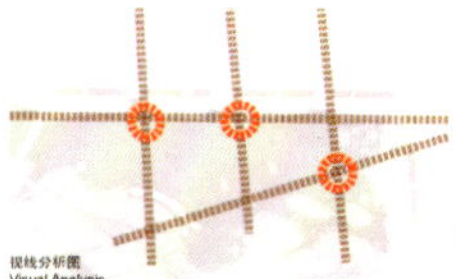

视线分析图
Visual Analysis

平面活动功能分析图
Programming Analysis

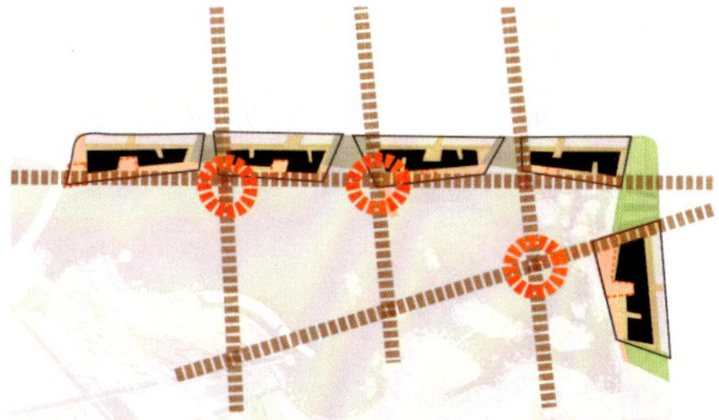

视线与功能分析图
Visual and Funtion

视线分析

滨水休闲商业街作为城市客厅的一个部分，本身就是公共空间的一个节点，各个方向的视觉通廊汇聚交叉使成为了区域乃至城市的视觉焦点。

平面功能活动分析

作为能包含各种事件发生的场所，本区域的内部功能具有灵活性，但总体来说，可分为局部小广场、滨水公共空间和商业空间等。

图底关系分析

从图底关系特点可以看出，整个区域内的尺度既具有步行可达性，又具有滨水空间的开放性特点。

图底关系分析图
Foreground and Background

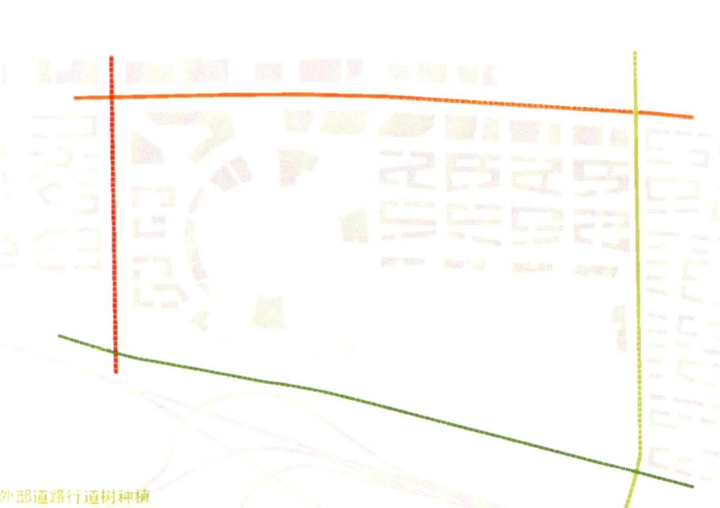

外部道路行道树种植

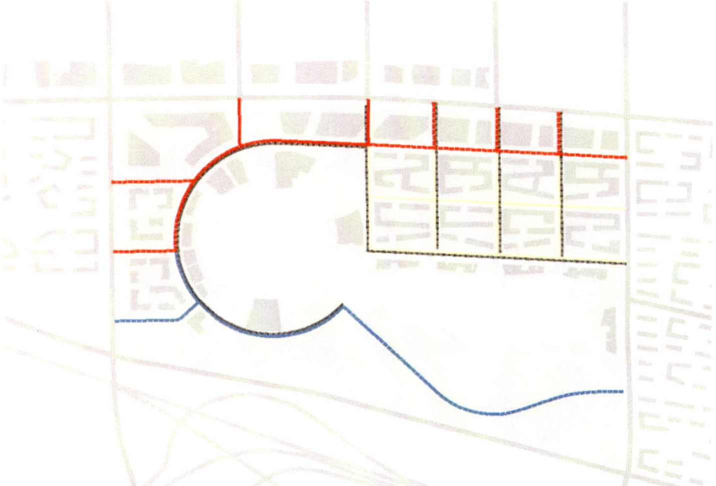

内部道路行道树种植

-新蚌埠路（一级主干红线60米）

城市一级主干道，含BRT大运量公共交通通道，车流人流均较大，是平板显示产业基地规划中“三纵六横”道路系统中的纵向道路之一，植物选择常绿高大乔木，如香樟。

-淮海大道（二级主干红线60米）

城市二级主干道，含BRT大运量公共交通通道，车流人流均较大，是平板显示产业基地规划中“三纵六横”道路系统中的纵向道路之一，植物选择常绿高大乔木，如乐昌含笑。

-铜陵北路（二级主干红线45米）

该道路穿过居住区和公园，人流量较大，属于城市次要道路，种植设计只要考虑人的使用需求，具有较强的观赏性，选择枝叶开阔高大具有季相变化的落叶乔木，夏天为市民提供良好的林阴道，冬天提供阳光，如国槐。

-城市快速干道

该道路以车行为主，毗邻公园，种植设计主要考虑其遮蔽视线、降低噪音的功能，种植设计具有节奏，变化简单，选择高大挺拔、圆柱形或尖塔形枝叶、整齐、具有较强导向性速生树种，如意杨。

-商业道路

区域性的主要入口性道路，周边多为小铺，其氛围较为热烈、愉悦。乔木选择冠幅干净整齐的树种，如榉树。人行道种植颜色鲜艳的观叶植物和宿根花卉，采用花盆花钵等形式摆设时花，营造热烈喜庆的购物环境。

-居住区道路

居住区道路氛围比较安静、温馨，色彩较为淡雅，以白色、粉红色为主，植物多选择具有芳香性的开花树种，地被选择质地柔软、细腻的灌木及草木，生态水沟选用既具有一定的耐水性，又具有一定的抗旱性植物。

-公园林阴道

公园林阴道氛围轻松、自然，色彩丰富，展现大自然的多姿多彩。树种选用适合于长成古树的大乔，如国槐。中层和地被做成花镜。

-生态雨水沟

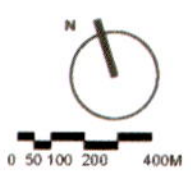

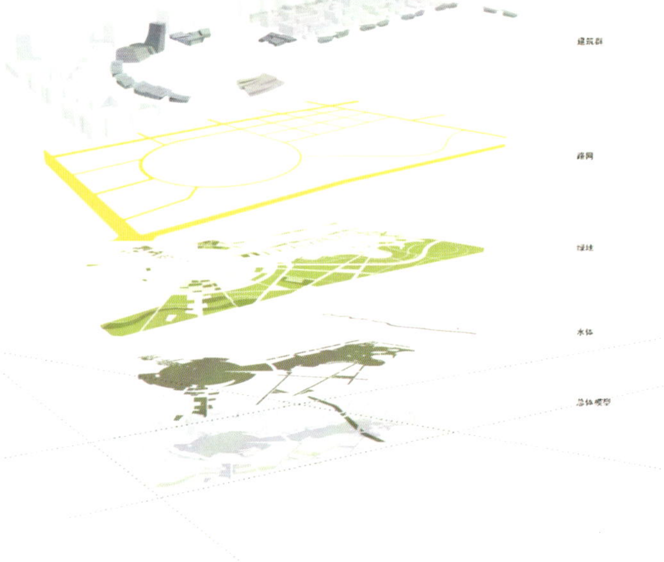

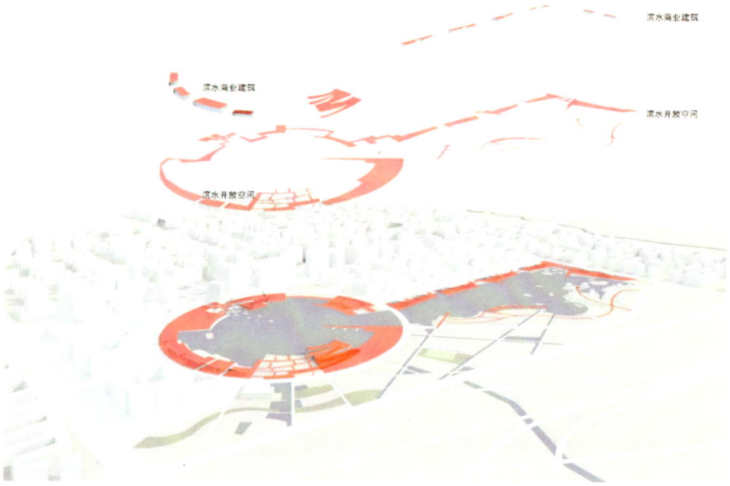

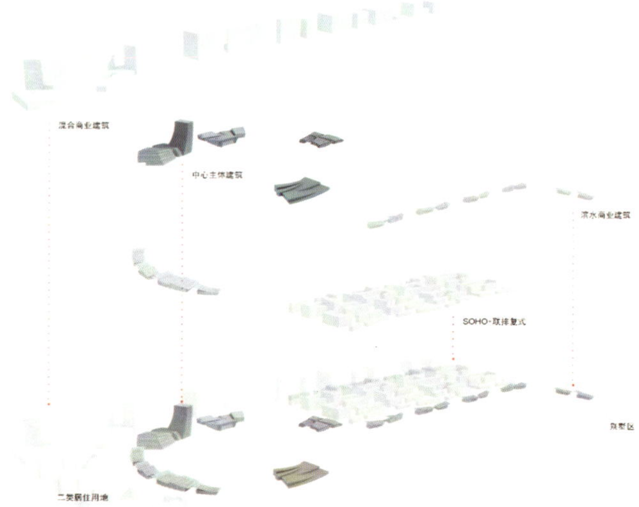

规划范围内生态绿地功能示意图

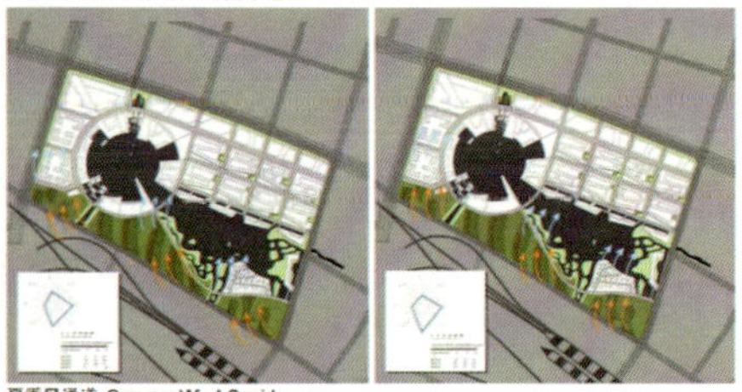

夏季风廊道 Summer Wind Corridor

夏季风廊道示意图 Summer Wind Corridor Illustration

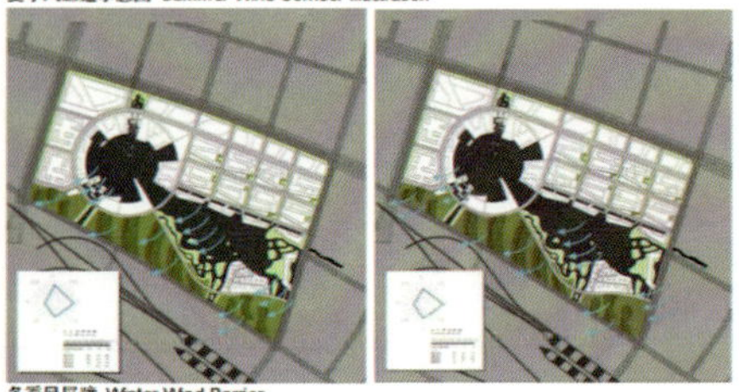

冬季风屏障 Winter Wind Barrier

冬季风屏障示意图 Winter Wind Barrier Illustration

生态绿色廊道网络

图例 Legend

- 原规划绿色廊道 Planned Green Corridor
- 交通防护绿地 Traffic Barrier
- 建议增加绿色廊道 Suggested Green Corridor
- 景观水体 Water Body

灯光效果分区分析图
Lighting Effect Zoning Analysis

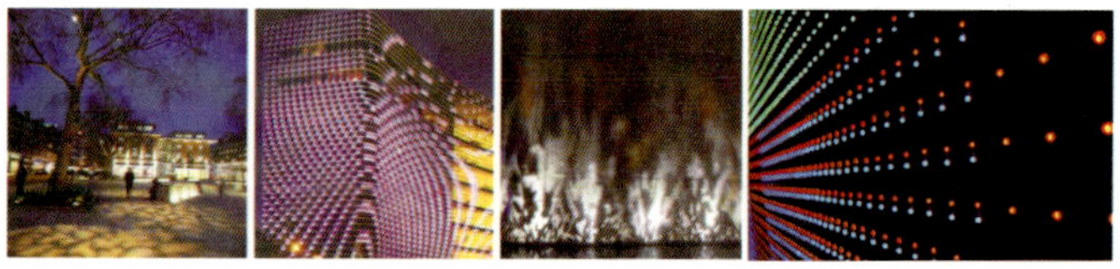

灯光效果

- 主要车行道路：环保 舒适，统一
- 城市商业区：热闹，明亮，活力
- 漂浮休闲文化商业区： 个性，艺术，活力
- 住宅区：简约，艺术，愉悦
- 滨海商用区：大气，统一，简约
- 海岸休闲步道：浪漫，舒展，梦幻
- 别墅区：高雅，温馨，柔和
- 生态公园：安静，舒适

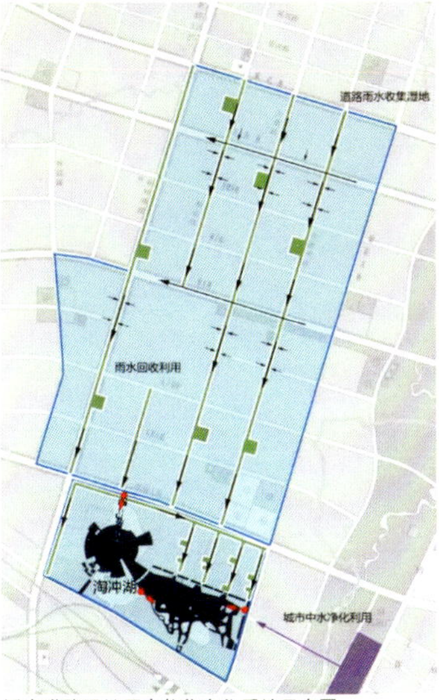

城市道路湿地雨水收集净化系统示意图

图例 Legend

- 道路湿地雨水收集净化系统 Roadside Stormwater Collection + Filteration System
- 雨水收集净化区域 Rainwater Collection + Treatment Facility
- 规划城市中水库区域 Gray Water Collection Area
- 地表雨水流向 Surface Flow Direction
- 中水补水流向 Gray Water Direction
- 生态补水入口及流向 Water Recharge Inlet and Direction

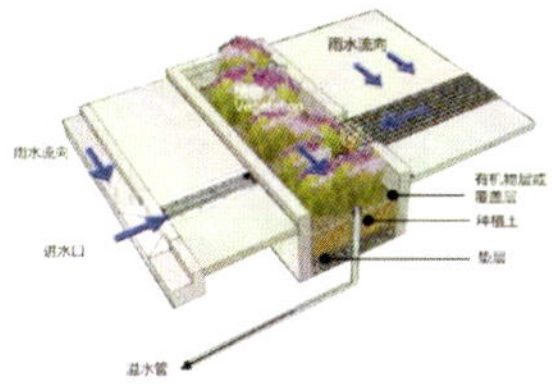

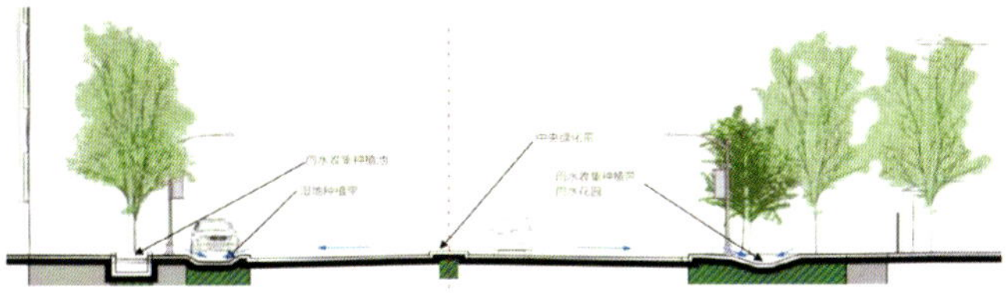

道路湿地雨水收集净化系统设计示意图

雨水花园

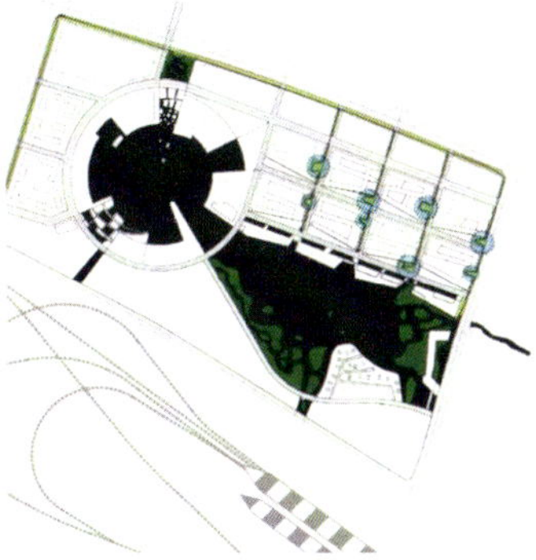

规划范围内湿地雨水收集净化系统示意图

图例 Legend

- 道路湿地雨水明沟 Swale
- 雨水花园 Rain Garden
- 湿地 Wetland
- 水体 Waterbody
- 湿地雨水收集流向 Rainwater Drainage Direction

道路生态边沟

林地区
Forest

灌木区
Shrub

地被植物区
Ground Cover

湿地区
Wetland

绿地系统分布图
Green Space System

绿地系统分布图
Green Space Distribution

生物多样性环境示意图
Biodiversity Illustration

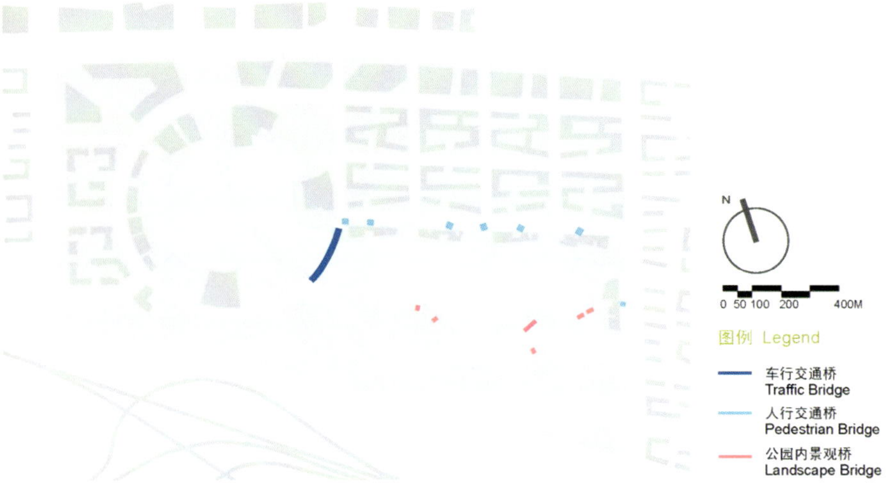

3.水岸边界设计策略

垂直+自然湿地式驳岸

由于需要建设大型建筑，需要考虑到驳岸承载的问题，所以在Harbour区域采用垂直式驳岸设计，又为了丰富水岸的边界，再多设计一层自然湿地式驳岸。

木平台+自然湿地式驳岸

滨水休闲带考虑到空间的亲水感和自然感，将驳岸设计成木平台和自然湿地式的驳岸设计。朴实的材质能够和自然实践更好地融合。

台阶入水式驳岸设计

位于重要的开放空间节点处，为人们提供不一样的亲水方式，同时能够满足水岸建筑荷载的要求。

自然式驳岸

主要采用在滨水公园里的驳岸设计，自然式驳岸让水体和植物产生更多丰富复杂的界面，丰富了水岸动植物的生态系统，同时起到净化水体的作用。

车行交通桥意向

景观桥意向

人行交通桥意向

夜景灯光效果意向

4.区内道路景观设计

门户道路

区域性的主要入口性道路。界面主要为服务大众的商业。街道设计要严格控制街道的第二轮廓，即店铺招牌，尤其要严格控制侧招牌。商业街道的设计要考虑充足的步行空间以及步行空间旁的休息停留空间。休息停留空间可以结合植栽和时令花卉进行布置，带给人们更愉悦的通行感受，增加停留时间。

生活道路

界面为居民楼的底层商铺和绿化，商业主要服务对象是小区居民，相对比较安静。街边小商铺的定位应该更加别具匠心。街道的颜色可以在建筑主色调的基础上统一添加少量色，凸显高雅、朴素的氛围和品位。

休闲娱乐道路

道路南侧为滨水休闲娱乐景观带，一系列空间丰富的商业小建筑，如咖啡馆、水吧等，提供给人们精致的休闲场所。水体、建筑和植栽一起营造了丰富的空间，丰富了人经过的视觉体验。

公园林阴道路

公园中的主要道路，绿色是自然的色调。道路断面设计打破传统街道的设计形式，将左右两侧自行车道合并，凸显公园林阴道路的个性。

滨湖健身道路

道路南边的公园为体育运动场，各式球场提供给人们不同的户外休闲运动的选择性。道路中有一段为跨越湖体的车行桥。道路空间丰富，景观性强，动感性强。

5.滨水休闲商业街

滨水商业区以多功能混合型商业为主，如小餐厅、咖啡馆、小型画廊、首饰店等。

场地以不同方向的木平台和木栈道形成视觉导向，室内外公共空间和商业空间交错排列，结合生态基础设施布置，形成错落有致的、活泼的空间布局，为形成有人气的商业氛围提供场地基础。

有雨水净化功能的湿地花园与城市滨水广场结合设计，为市民带来更加贴近自然的城市景观广场，全区架构了流畅的步行体验，带有叙事性和戏剧性的滨水岸线将成为市民生活的焦点。

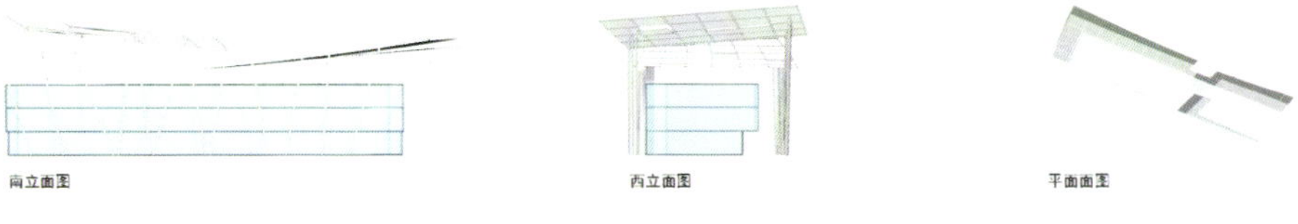

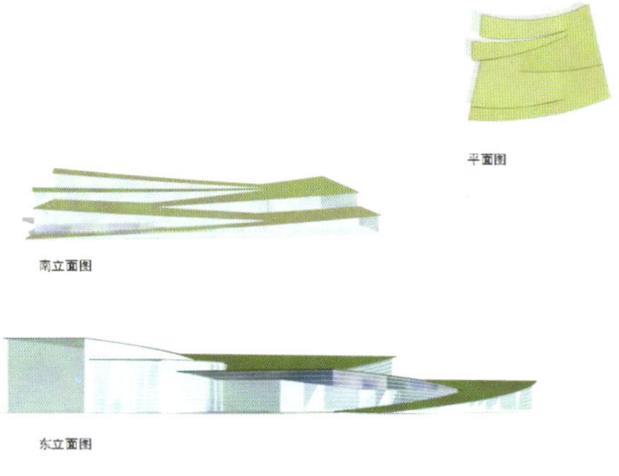

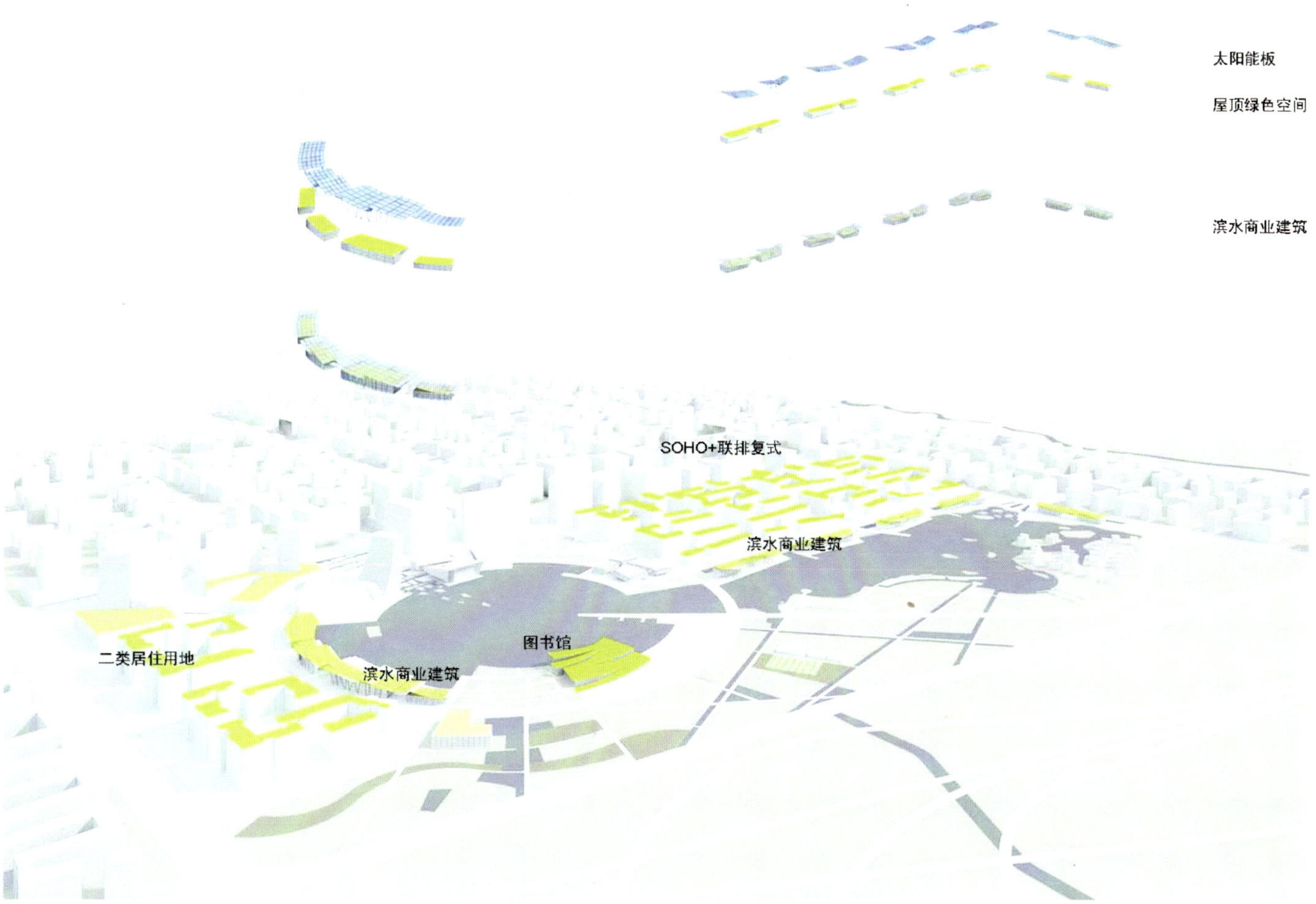
太阳能板
屋顶绿色空间
滨水商业建筑
SOHO+联排复式
滨水商业建筑
二类居住用地
图书馆
滨水商业建筑

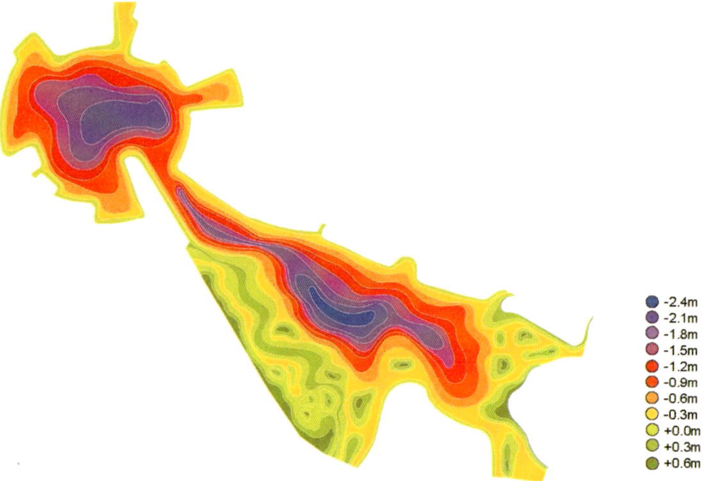

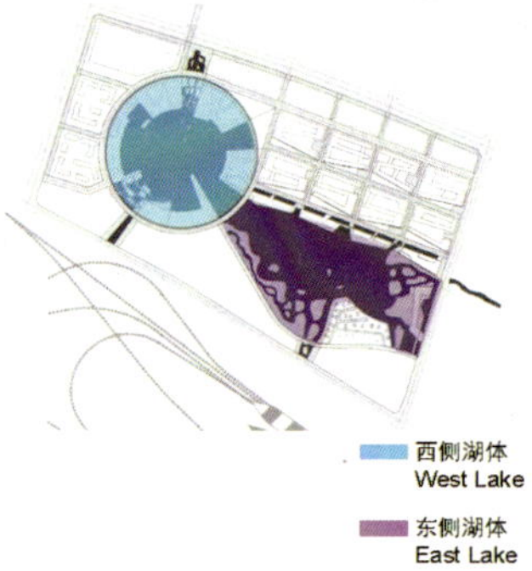

西侧湖体 A-A剖面图

东侧湖体 B-B剖面图

人工岛 C-C剖面图

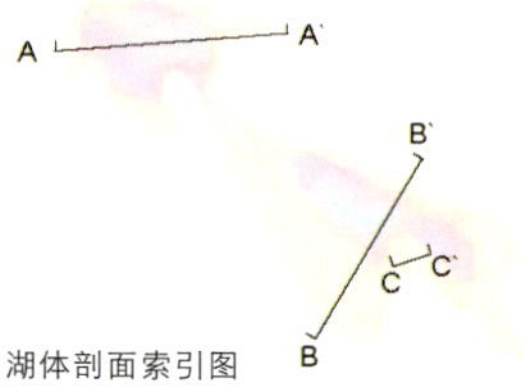

湖体剖面索引图

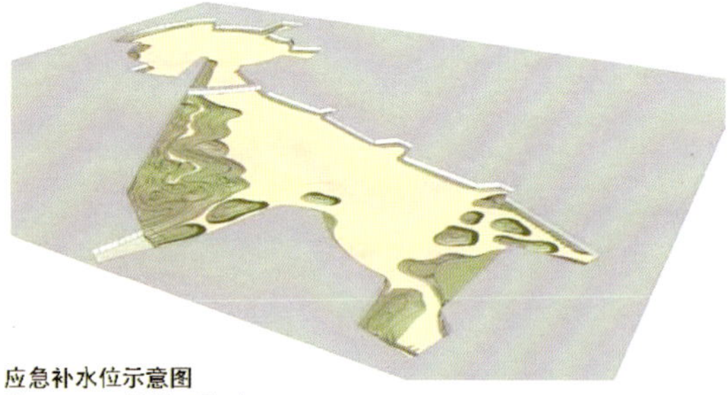
应急补水位示意图
Emergency Water Recharge

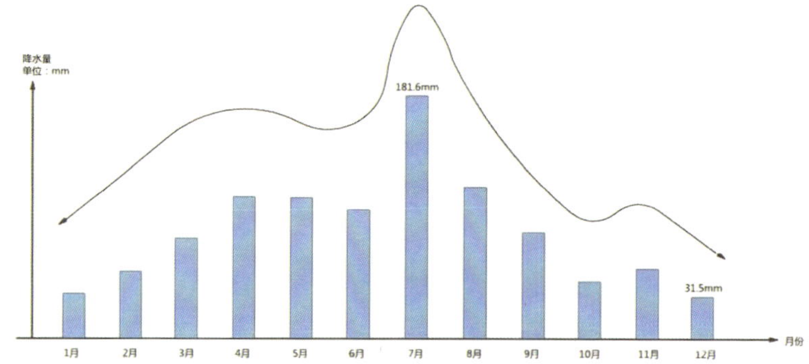

合肥市一年每月平均降雨示意图
Monthly Rainfall

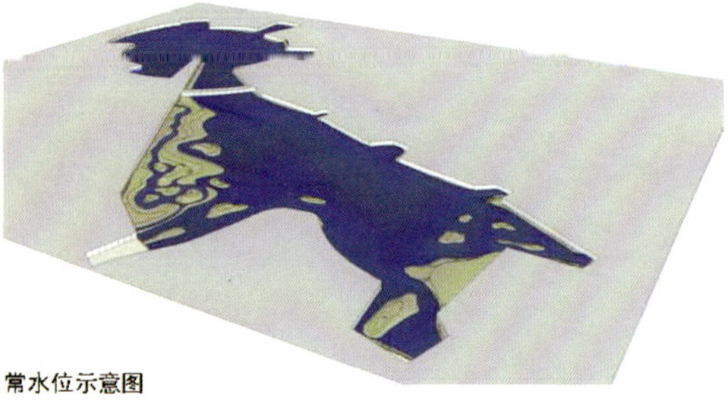
常水位示意图
Normal Water Level

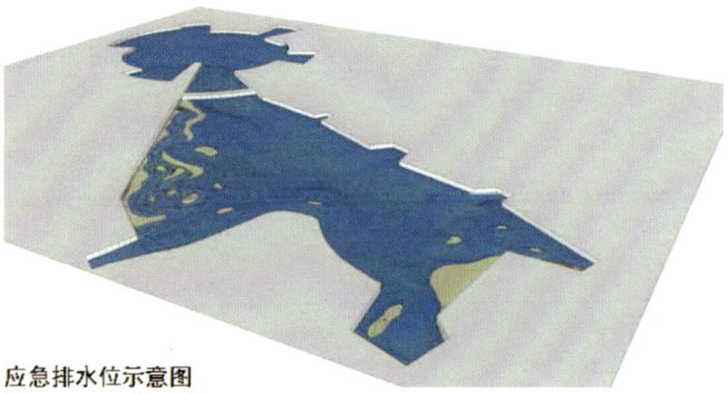
应急排水位示意图
Emergency Overflow

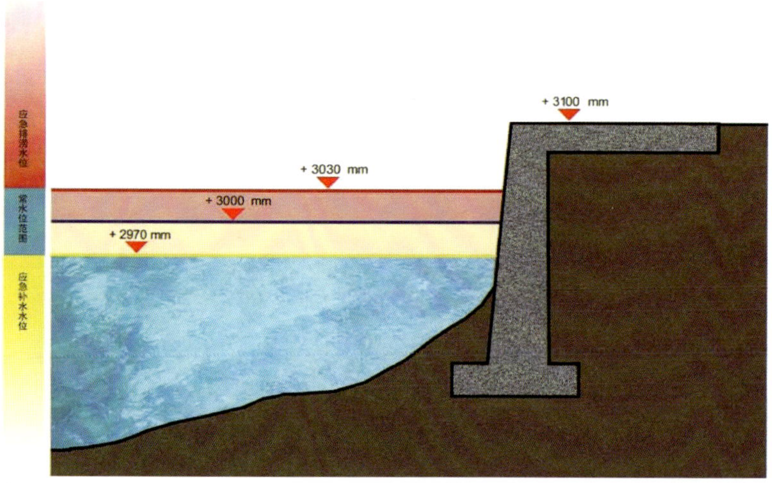

陶冲湖水位控制示意图
Water Level

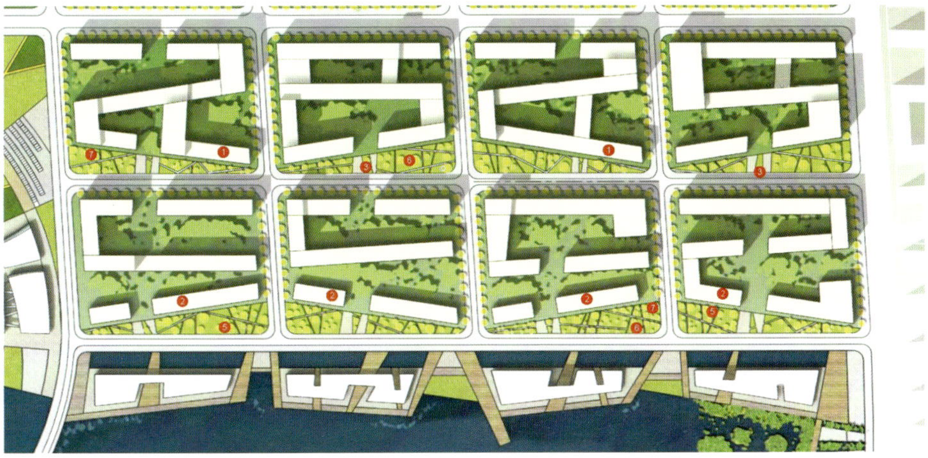

1 SOHO居住商务综合区
2 Townhouse
3 入口广场
4 绿阴小径
5 景观草种植块
6 乔木种植块
7 灌木种植块

0 50 100 200M

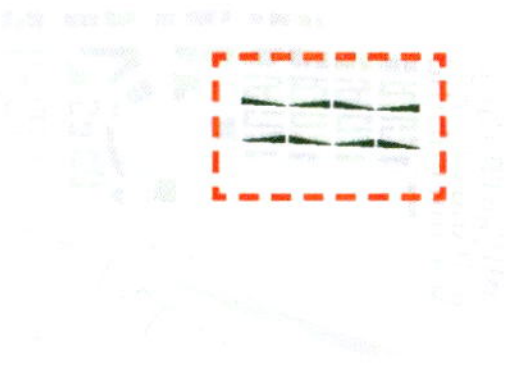

街景氛围意向图

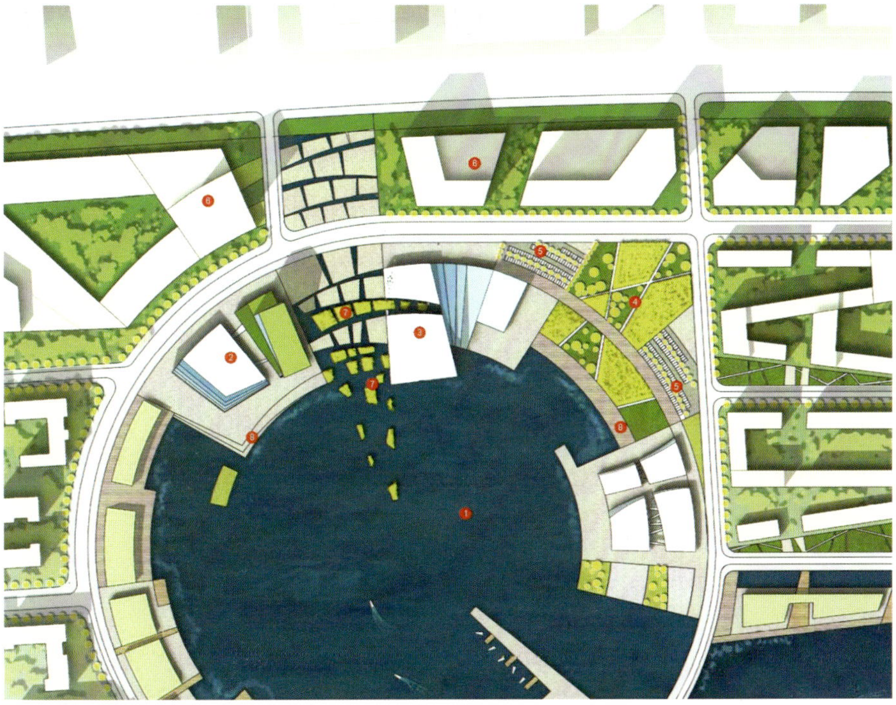

1 陶冲湖
2 五星级酒店
3 会展中心
4 城市广场
5 停车场
6 商业商务中心
7 漂浮沙洲
8 滨水开放空间

0 50 100 200M

0 50 100 200M

1 别墅区
2 开敞草坪
3 公园景观大道
4 生态沙洲
5 滨水休闲商业街
6 木平台
7 隔离带种植
8 湿地
9 游船码头

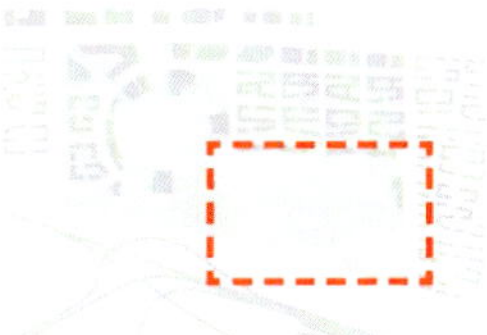

6.主要开放空间及公共活动

南部的公园是主要的公共活动空间，包括积极活动空间、休憩放松空间和自然观赏空间等；北部的开放空间是港口与城市连接的广场绿地部分，适合大型聚会、庆祝活动、展示活动等；SOHO街区中的社区绿地是周边居民的日常休闲场所。

公共休闲绿地：休憩放松活动为主，相对安静，强调观看、休息类的活动；

公共活动绿地：积极活动为主，相对活跃、参与性强的活动，包括体育活动等；

观赏绿地：以步行、观赏为主，也作为预留开发用地；

广场绿地：大型聚会、庆祝活动、展示活动等；

社区绿地：日常休憩、步行活动为主。

7.城市广场景观概念设计

服务于周边建筑的城市开放空间，同时将城市中的景观引入陶冲湖，也吸引人们来到陶冲湖。地标性的建筑是此区域的特色，无论是五星级酒店还是会展中心都运用了场地原始肌理和平板等概念，此处的开放空间也一样，使得二者更加协调统一。

8.文化广场及周边公园景观设计

提供给人们阅读和举办各种文化活动的场所，同时公园的开放绿地给人们提供各种活动的可能性。图书馆与旁边广场的设计完美结合，同时绿色屋顶将图书馆隐藏起来，使建筑完全融入到景观中去。方向性较强的生态水道具有空间导向感。

9.绿岛别墅区景观设计

湖体中的沙洲是该区的特色景观，漂浮的岛屿能够给鸟类提供栖息的场所。同时湿地复杂的水岸边界带来多样和稳定的生态系统，体现场所的生态性。绿岛别墅区与滨水商业街形成对景。

10.街边绿地概念设计

结合建筑的通廊以及配合公园的设计语言，通过小径将地块划分，将不同的植栽整块布置在地块中，如景观草、灌木、乔木等，形成简洁有力的设计。

11.灯光设计

设计以人为本，安全舒适为主，重点突出标志性建筑物——SOHO区的艺术特色街道、湖岸人行步道以及特色漂浮商业区，同时兼顾一般，营造现代简洁、艺术、大气的整体夜景效果。

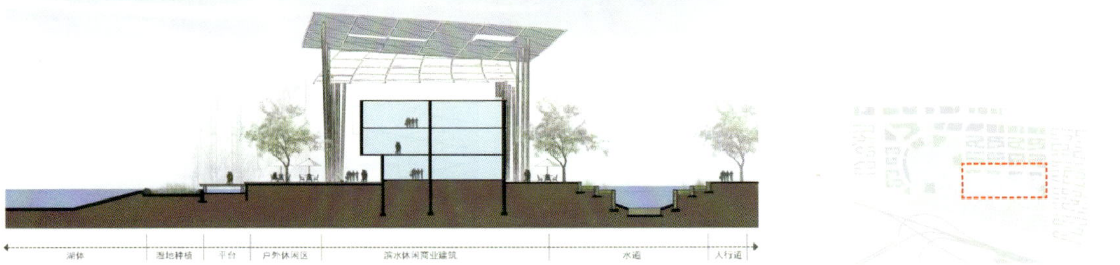

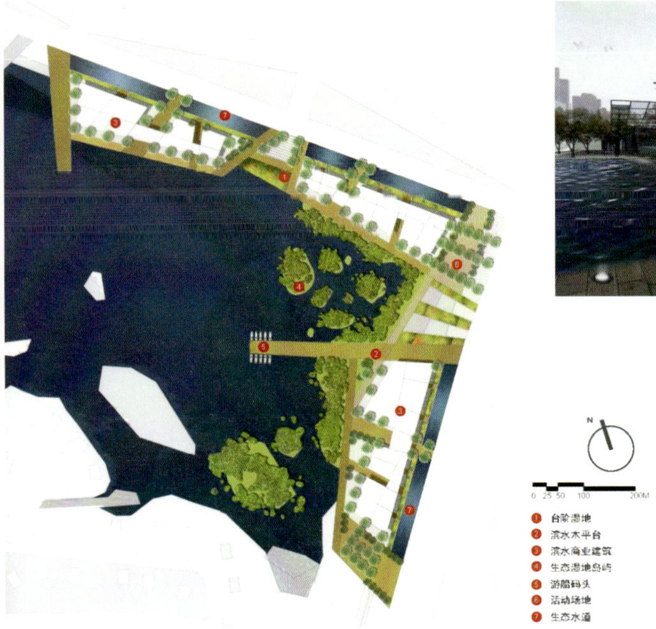

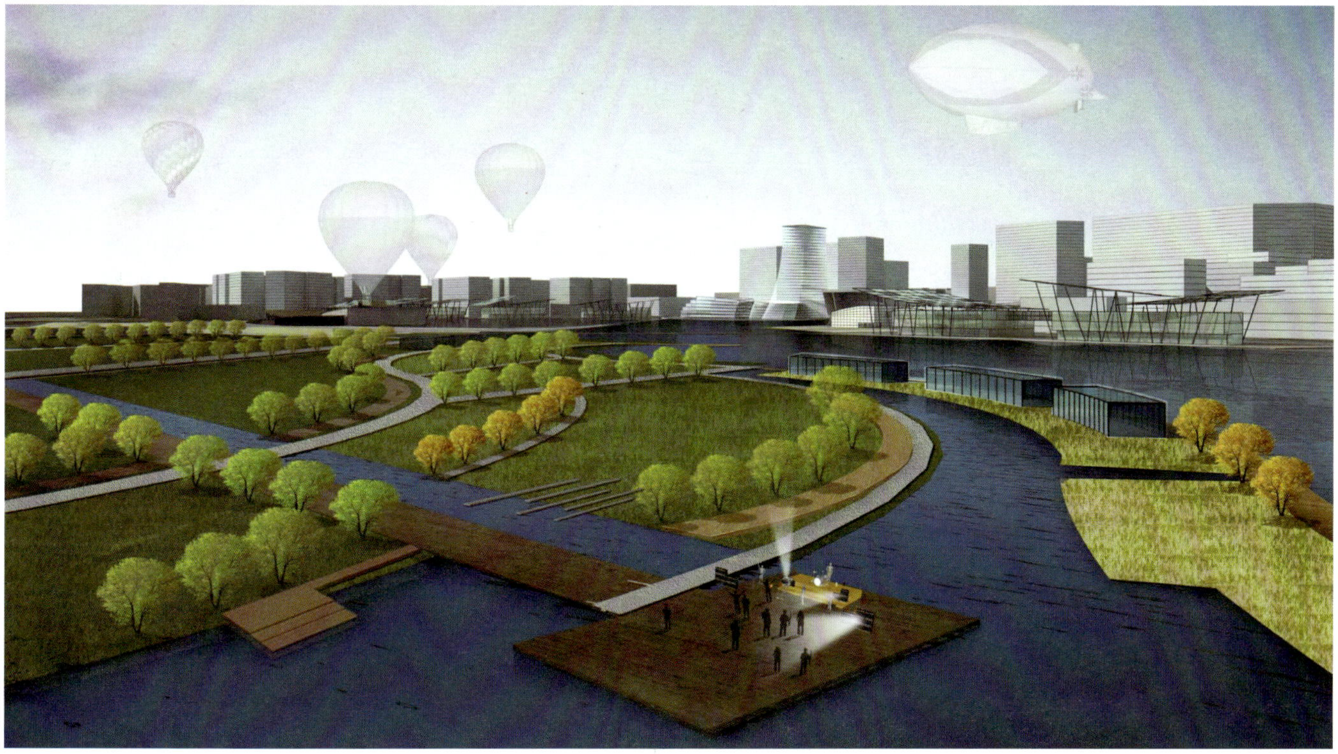

N
0 75 150 300 600M

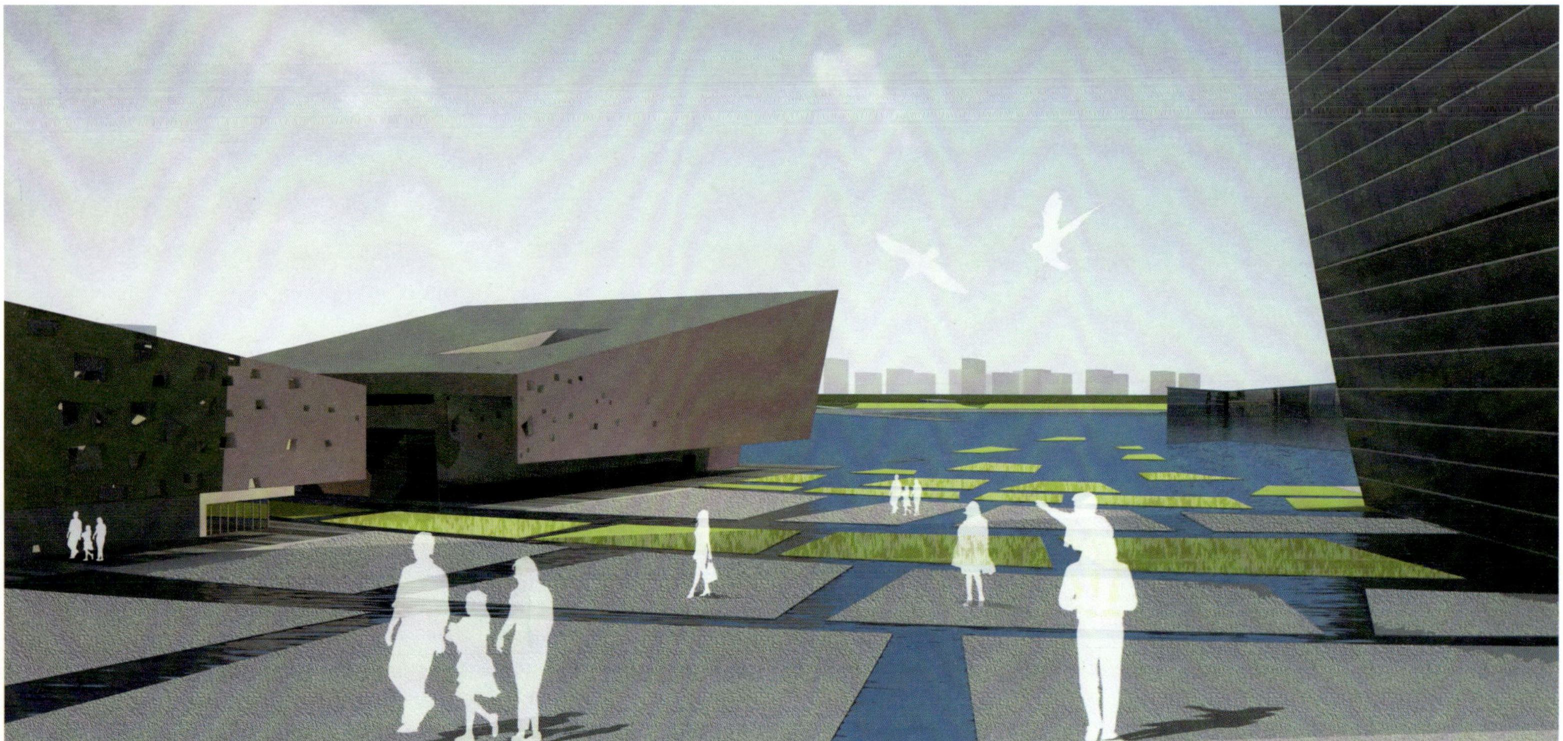

东立面图

会展长廊立面图

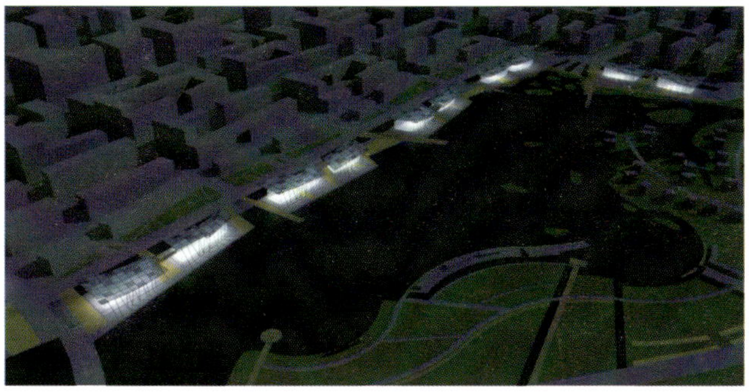

1-1 场地剖面图

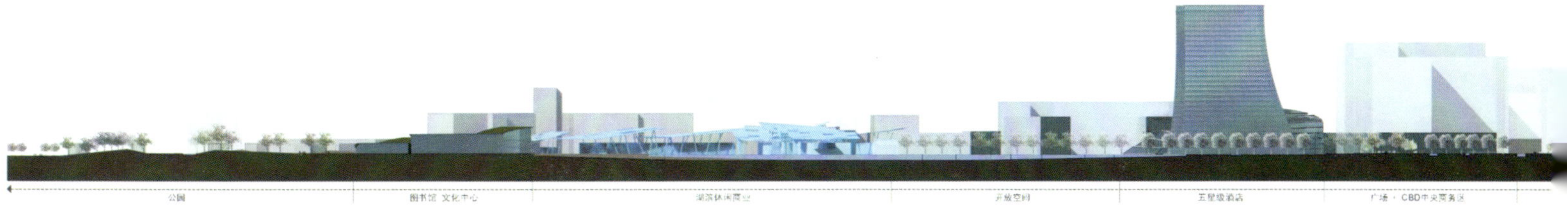

2-2 场地剖面图

矮庭院灯一　　矮庭院灯二　　壁灯　　太阳能地灯一　　太阳能地灯二

平面图

平面图

南立面图

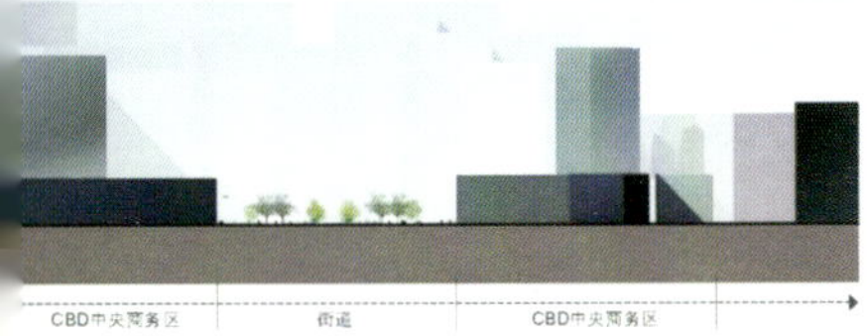

南北向轴线

利用基地北高南低地形优势，区域整体建筑格局从北向南逐渐从高耸的商业建筑逐级降低到滨水的近人尺度的休闲商业建筑，天际线呈现渐变的形式，体现从城市向自然过渡。

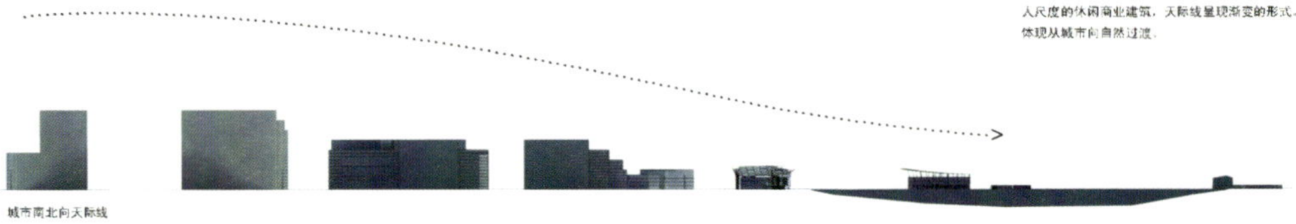

城市南北向天际线

东西向轴线

东西方向的天际线呈现中央湖区为最高点，然后向两边逐渐降低的趋势，同时连接周边地块。

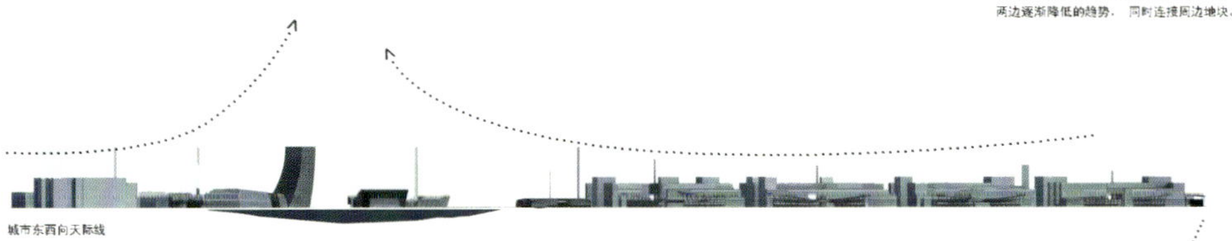

城市东西向天际线

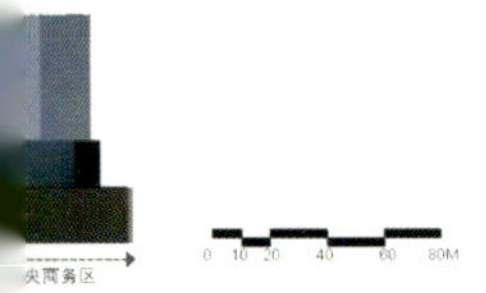

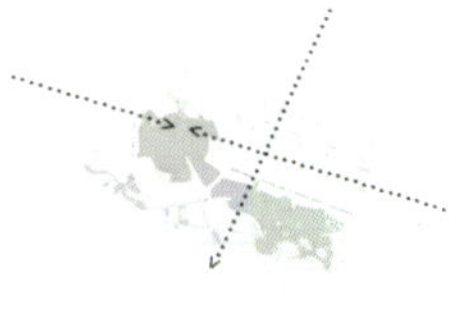

带太阳能板的建筑立面意向

与植物种植相结合的生态建筑意向

临水的服务建筑意向

带露水收集装置的服务建筑意向

地表径流湿地
Surface Wetland Drainage

人工湿地浮岛
Wetland Constructed Floating

人工湿地岛
Constructed Island

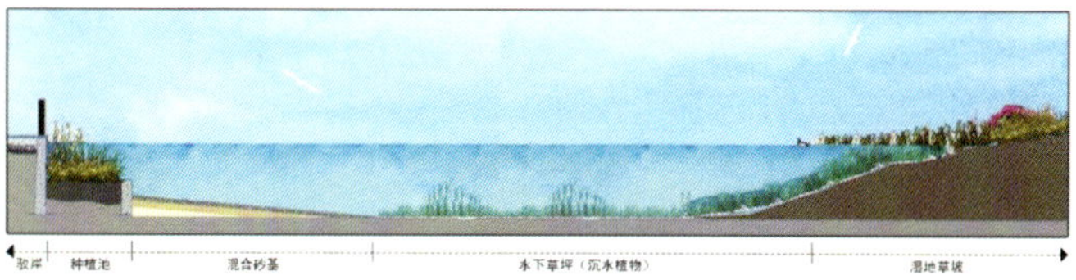

人工湖生态过滤基质系统净水示意
Water Filtration System

金鱼藻　黑藻　苦草

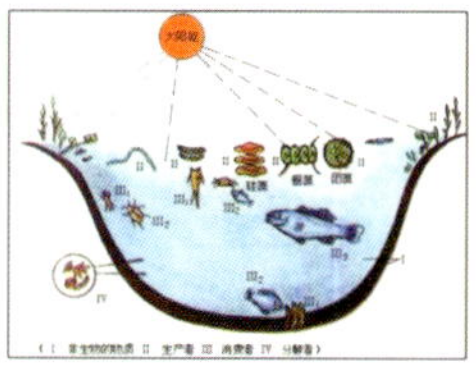
淡水生物生态食物链
Freshwater Ecosystem Food Chain

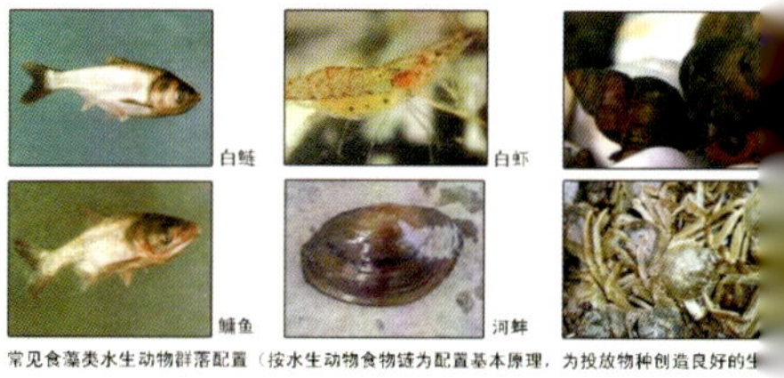
白鲢　白虾　鳙鱼　河蚌
常见食藻类水生动物群落配置（按水生动物食物链为配置基本原理，为投放物种创造良好的生

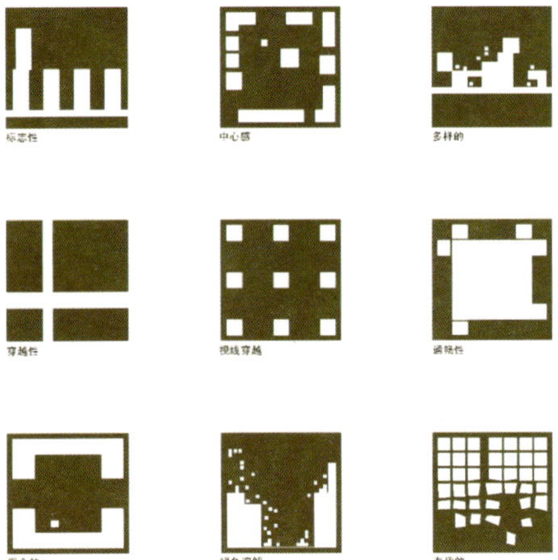

商业区设计概念

滨水商业休闲区设计概念

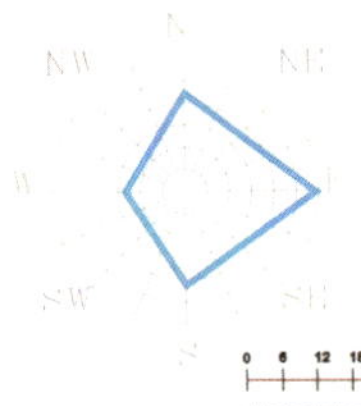

安徽合肥市常年第一季度风频图(Average)

月份(Month) (%)	1	2	3
偏北风	25	22	17
偏东风	25	29	38
偏南风	15	20	24
偏西风	14	11	6

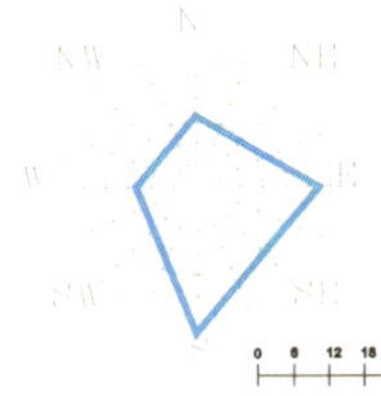

安徽合肥市常年第二季度风频图(Average)

月份(Month) (%)	4	5	6
偏北风	16	15	10
偏东风	30	30	25
偏南风	35	31	43

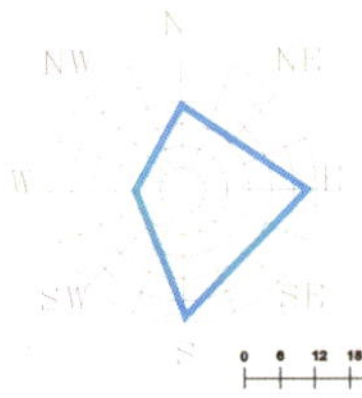

安徽合肥市常年第三季度风频图(Average)

月份(Month) (%)	7	8	9
偏北风	10	17	24
偏东风	18	31	38
偏南风	49	28	14
偏西风	9	7	6

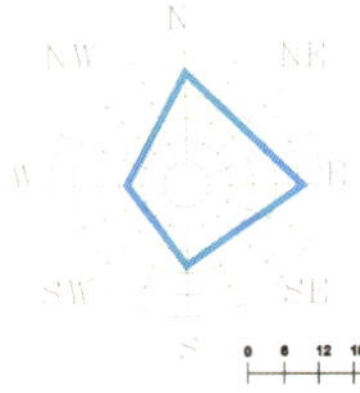

安徽合肥市常年第四季度风频图(Average)

月份(Month) (%)	10	11	12
偏北风	20	27	26
偏东风	35	24	21
偏南风	16	18	15
偏西风	7	12	13

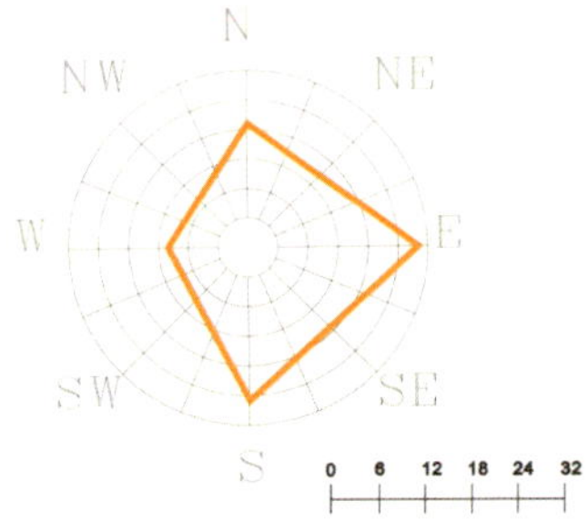

安徽合肥市常年平均风频图(Average)
The wind frequency of the year in HEFEI ANHUI

(%)	
偏北风	20
偏东风	29
偏南风	25

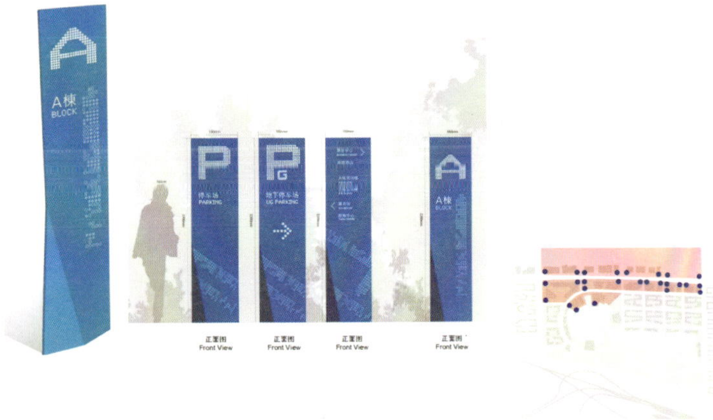

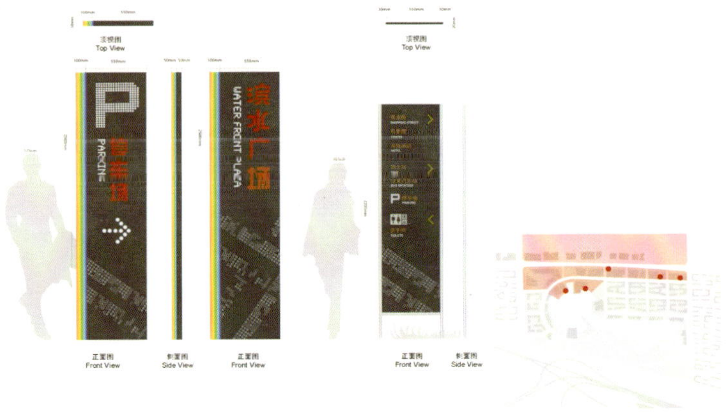

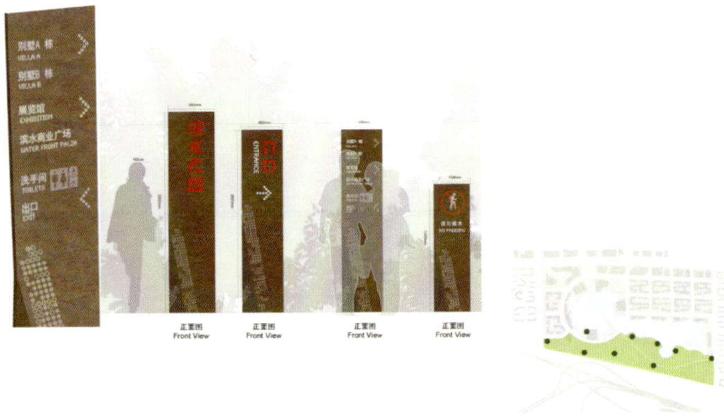

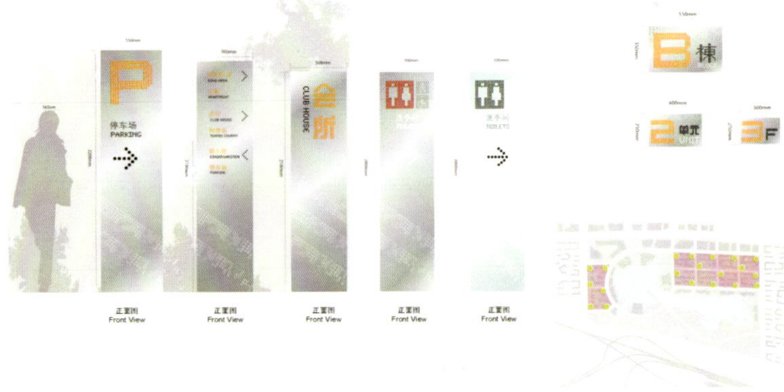

林地设计目标

绿色屏障 隔离噪音 阻隔视线

林地植物选择

树种特性	植物品种
速生树种	意杨、国槐、悬铃木
常绿树种	深山含笑、女贞、乐昌含笑、雪松、黑松、圆柏、石楠、竹子
落叶树种	黄连木、火炬树、悬铃木、银杏、乌桕、三角枫、檫木、重阳木
观花树种	白玉兰、栾树、夹竹桃
观果树种	红过冬青、栾树、丝棉木、十大功劳

绿地设计目标

通过种植提供满足不通活动需求的空间类型，包括：
开放空间：阳光大草坪
半开放空间：树阵 塑地形草坡
围和空间：主题园

绿地植物选择

树种特性	植物品种
落叶乔木	马褂木、榉树、枫香、无患子、三角枫、喜树、朴树、柳树、水杉
常绿乔木	香樟、桂花、女贞、广玉兰、杜英
观花小乔	紫薇、合欢、樱花、碧桃、二乔玉兰、海棠
灌木	红花继木、含笑、海桐花、洒金千头柏、龟甲冬青、雀舌黄杨、伞房决明
观赏花卉	大花醉鱼草、西洋杜鹃、丰花月季、石蒜、金娃娃萱草、美人蕉
草	细叶结缕草、百慕大、银羊茅、矮菖蒲、棕红苔草

湿地设计目标

提供生物自然栖息地 净化水质

湿地植物选择

植物生态习性	植物品种
挺水型植物	荷花、菖蒲类、香蒲、芦竹、旱伞草、水葱、千屈菜、慈姑、泽泻
浮叶型植物	睡莲、萍蓬草、芡实、荇菜、水禾、莼菜
漂浮型植物	菱、大漂、凤眼莲、槐叶蘋
沉水型植物	苦草 、水车前、黑藻、狐尾藻、水盾草
岸边湿地植物	垂柳、枫杨、落羽杉、水杉、池杉

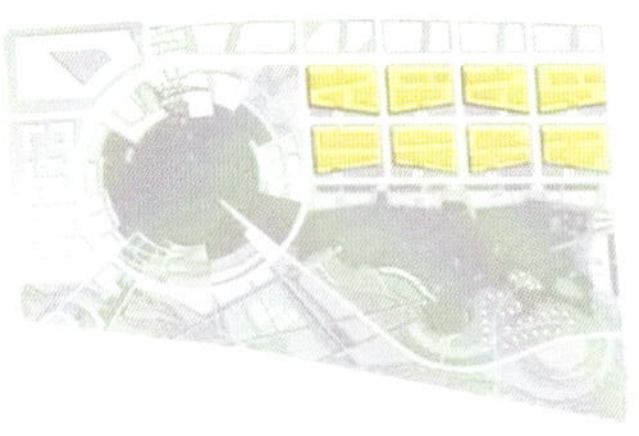

SOHO公寓

定位:公寓 蓝领阶层 商住两用

区域特色: 现代 简洁 生态

植物种植: 屋顶绿化 垂直绿化

高层住宅小区

定位:小区 中产阶级 纯住宅

区域特色: 精致 舒适 温馨

植物种植: 社区组团 独立绿地

独立别墅

定位:别墅 精英阶层 纯住宅

区域特色: 尊贵 典雅 自然

植物种植: 花园式小院 享受生态水景

基调树	对比树		场景意象

Ginkgo biloba 银杏

Magnolia grandiflora 广玉兰

Koelreuteria paniculata 栾树

商业区道路

特色定位:气氛热烈喜庆

道路功能:进入片区的门户道路
烘托商业氛围
引导视线

植物选择:简洁干净的树形
池被多选用色彩鲜艳花卉

Cinnamomum camphora 香樟

Magnolia soulangeana 二乔玉兰

Celtis sinesis 朴树

居住区道路

特色定位:温馨安静 色彩淡雅

道路功能:夏天提供林阴道
冬天提供阳光道

植物选择:落叶乔木
开花及芳香植物
灌木及池被质地柔软细腻

Sophora japonica 国槐

Aesculus chinensis 七叶树

Sapindus mukorossi 无患子

公园林荫道

特色定位:幽静自然

道路功能:提供宜人的林阴道

植物选择:适宜生长为古树的乔木
冠大阴浓 树形高大
灌木及池被多选用乡土
观赏植物

意向图片

锈铁

有机玻璃

亚光钢板

小型风车意向

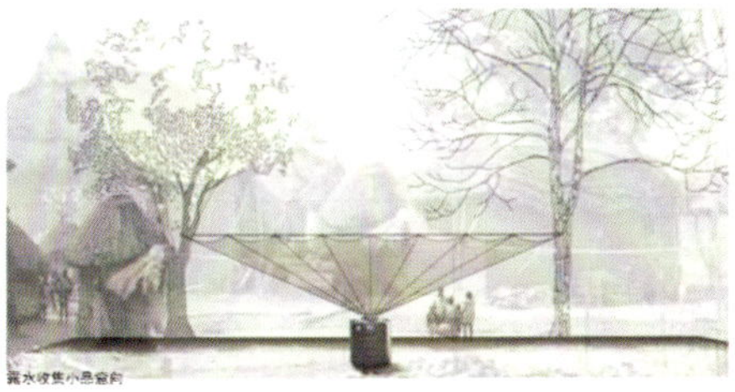

雨水收集小品意向

重庆市永川区观音山公园

项目资料：
项目地址：重庆市永川区
占地面积：286 800平方米
绿化率：77%
设计单位：WWILA泛亚国际景观设计中国机构

项目说明：

一、规划设计构思

该园区以展现地方历史文化、提升城市周边综合配套能力为目标，结合周围城市规划，营造一个现代化、生态化的综合性城市公园。

“森林城市”已成为世界城市发展新趋势，它为人们提供更多的亲近自然、体验自然的机会。公园在城市建设“森林城市”中起到重要的作用，不仅为人们提供一个休闲之地，同时也维护着城市生态平衡。

二、设计手法

1. 以自然生态作为全园的基调，结合地形维护现有的地形格局，在低凹地段收集自然雨水，形成汇水沟渠，营造一个生态自然的山水风景。

2. 通过小品、雕塑、模拟场景来反映当地的茶文化、竹文化、石文化，同时根据当地职业教育的特点，把教育文化和地域文化结合起来，形成特色鲜明、文化独特的城市公园。

三、景观规划设计

（一）场地塑造

本案利用现场场地条件适当加以改造，形成“山水相依、绿带起伏、瀑布与溪谷相伴”的自然景观。为人们游玩、休闲提供一个环境优美、起伏多变的空间场所，创造一个都市中的“森林住所”，让人们能够经常接触大自然并领略大自然的美妙。

（二）空间布局及功能分区

全园采用组团式布局，由道路和山体自然分为七个大的组团，组团之间以楔形溪流分隔，有利于形成优美的园林景观效果，同时也使各区相互独立。

（三）景观分区设计

1. 城市文化展示区

公园作为一个城市的绿地系统，它不光要满足绿地的基本功能，还要起到展示城市文化的作用，是城市形象的展示窗口。结合城市的总体规划把主入口设计在公园与城市的轴线相对处，利用浮雕、文化柱、牌坊、佛莲广场（结合公园名观音山而命名）等景观元素烘托出主入口的大气，给来到这个城市的人们留下深刻的印象。

次入口
红
河
南
路
次入口
主入口
一 环 路

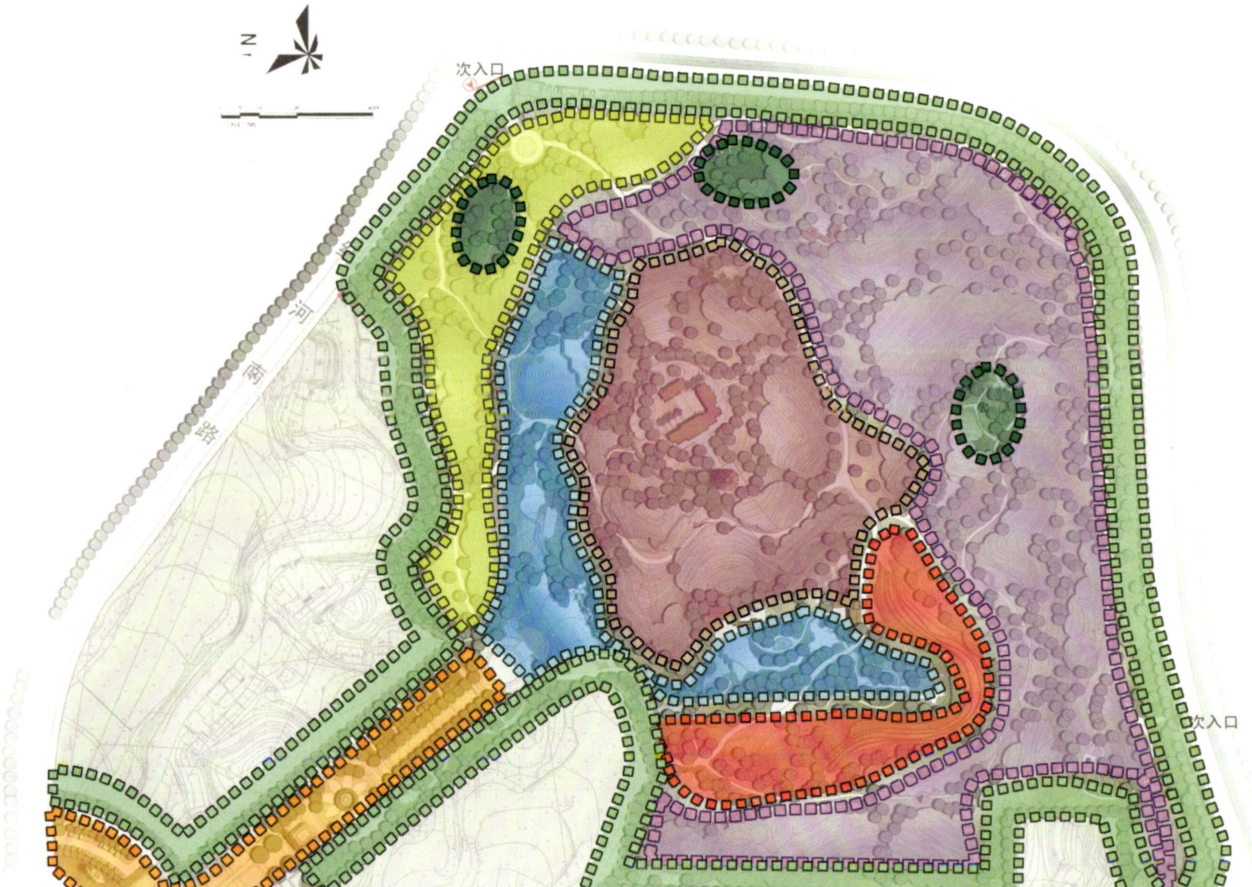
次入口
河
南
路
次入口
主入口
一 环 路

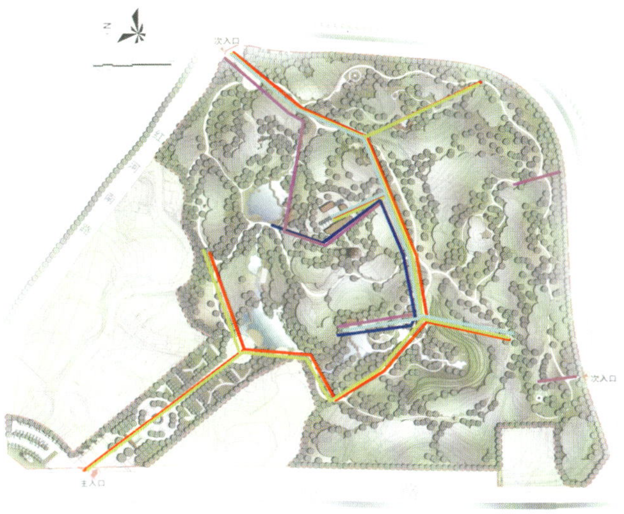

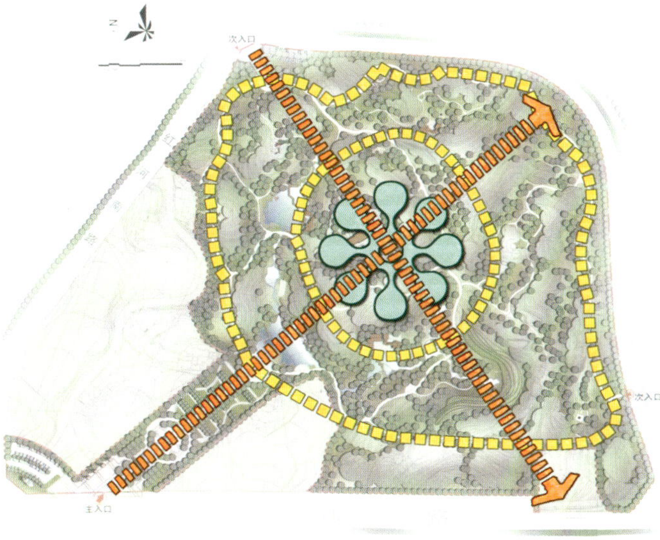

一级道路断面示意图（车行通首4~4.5m）

支路断面示意图（景观漫步道1.2~1.5m）

竹海漫

二级园路断面示意图（主要人行通道2~2.5m）

迎宾广场区

2. 滨水休闲景观区

利用原有鱼塘，结合地形收集雨水形成滨水景观，满足人们亲水需求，在水系设计上以溪流为主，局部形成大的湖面。结合水系景观空间，设置休闲设施和娱乐设施。

3. 科普文化景观区

结合永川职教城的特点，充分利用山地地形，设计一座些科普文化小品，反映科学的奥秘，为青少年提供一个生动的第二课堂。

4. 云顶观光区

结合主入口和城市的轴线相对的山顶上设计一座棠塔，通过棠塔能鸟瞰全园的景观，并使棠塔成为整个区域的标志性景观。特别是晚间灯光照耀塔身，更能引人注意。在塔的周围设置一些观光栈道穿插于树林之间，使人流连忘返，尽享眼前的美景。

5. 茶山体验园

结合地形形成具有地方特色的茶山，让城市里的人们更加近距离地感受茶制作的整个工艺，并亲自去体验茶文化的魅力，使人们更深地了解茶文化、品尝茶的美味、保护和发扬茶文化。

6. 有氧健身景观区

结合地形在较为平坦的地方设计一些生态健身器材，为人们提供一个自然的运动场所，提高人们的身体素质。

7. 竹海漫步休闲区

保留原有茂盛的植物，增加一些具有特色的竹林景观，把竹文化融入到园内，如岁寒园、君子林等。结合地形形成林阴小道，局部设计一些茅草亭，使人们在漫步中休息。

四、环境保护设计

在景观设计中因地制宜，注重环境保护、生态平衡、可持续性。

1. 根据高差变化布置建筑设施、景观道路，减少土方的挖填。

2. 园内所有水系都是根据雨水收集所形成的水面，为以后的经营管理提供可行性。

3. 保留原有植物，增加一些乡土树种维护生态平衡，再现完美的山脊线。

4. 园内路灯采用带太阳能装置的路灯，减少日后管理成本。

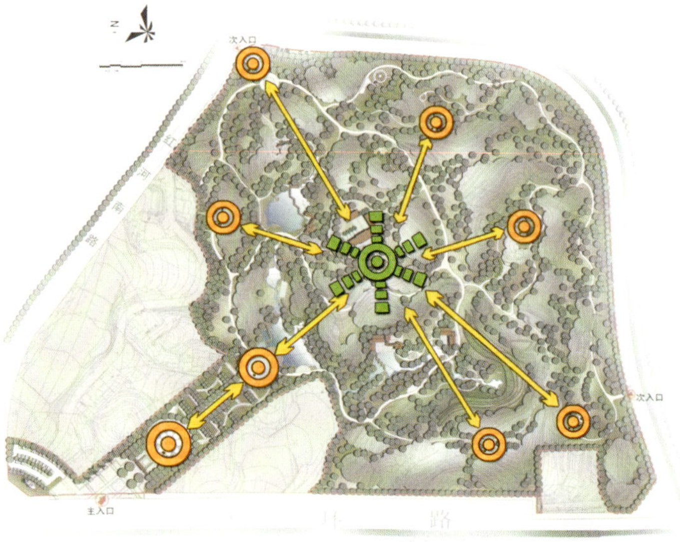

A-A剖面图

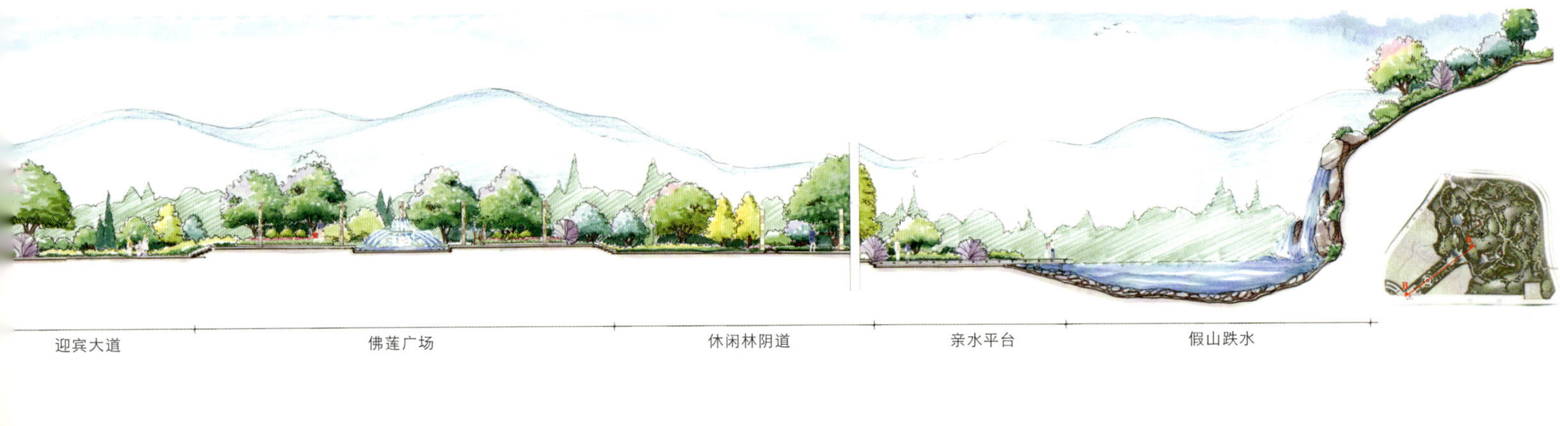

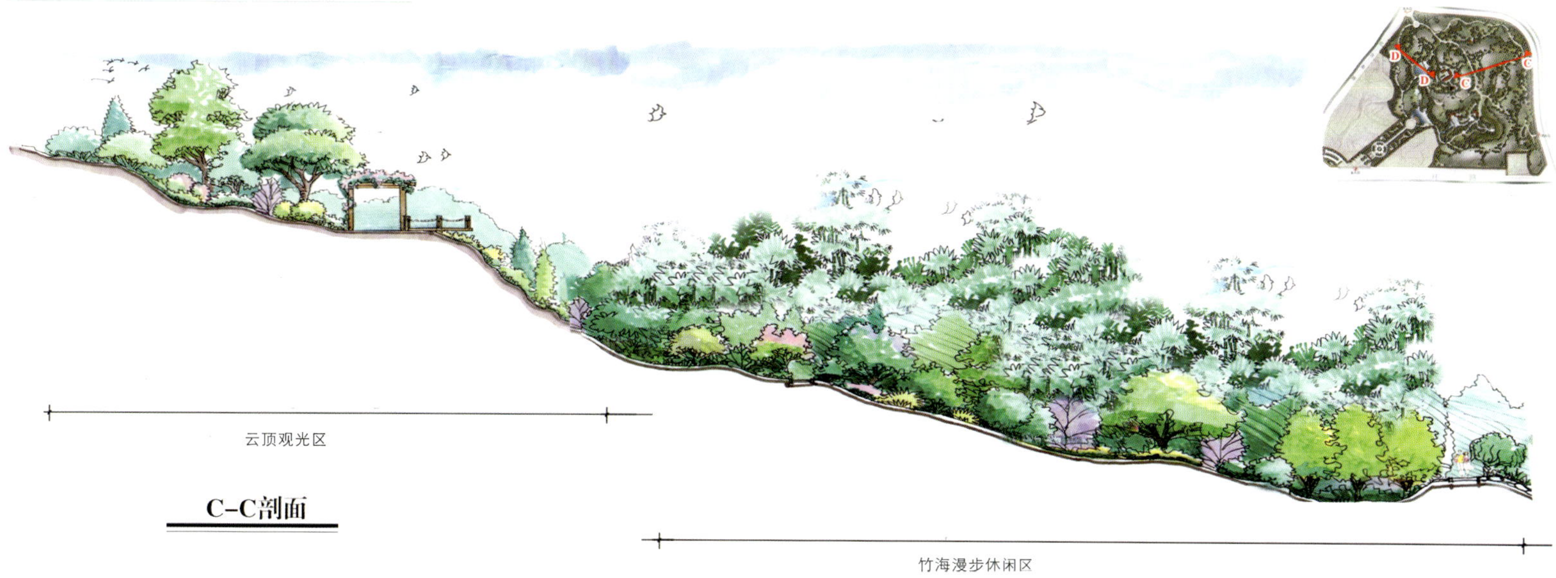

C–C剖面

D–D剖面

观音山

理念与目标

自然之参与
——与自然共存的都市环境的转换

自然之体验
——再生所有堆积的记意

自然之情感
——各种年龄层在自然里进行各种活动

自然之安全
——营造秀美山川的生态安全格局

景观结构演变

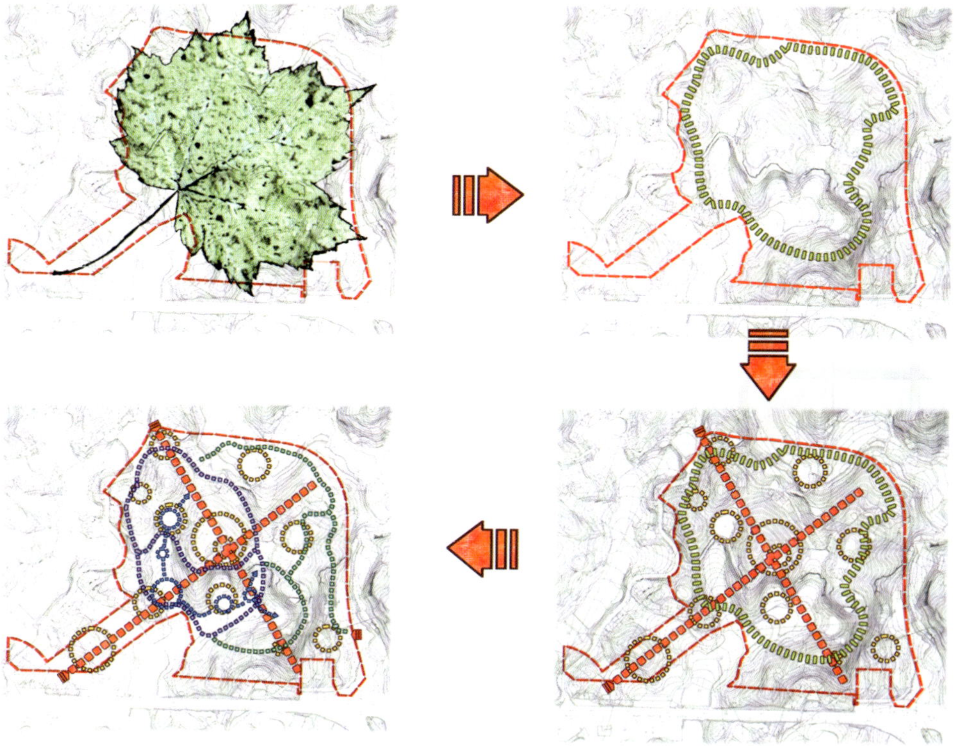

无锡市尚贤河湿地公园

项目资料:
项目地址：江苏省无锡市
景观设计面积：37.4公顷
设计单位：天成国际景观策略规划有限公司
　　　　　北京中国风景园林规划设计研究中心·深圳分院
主要设计人员：傅克勤　李小传　梅卫平　赖树翁　王锋　秦训刚

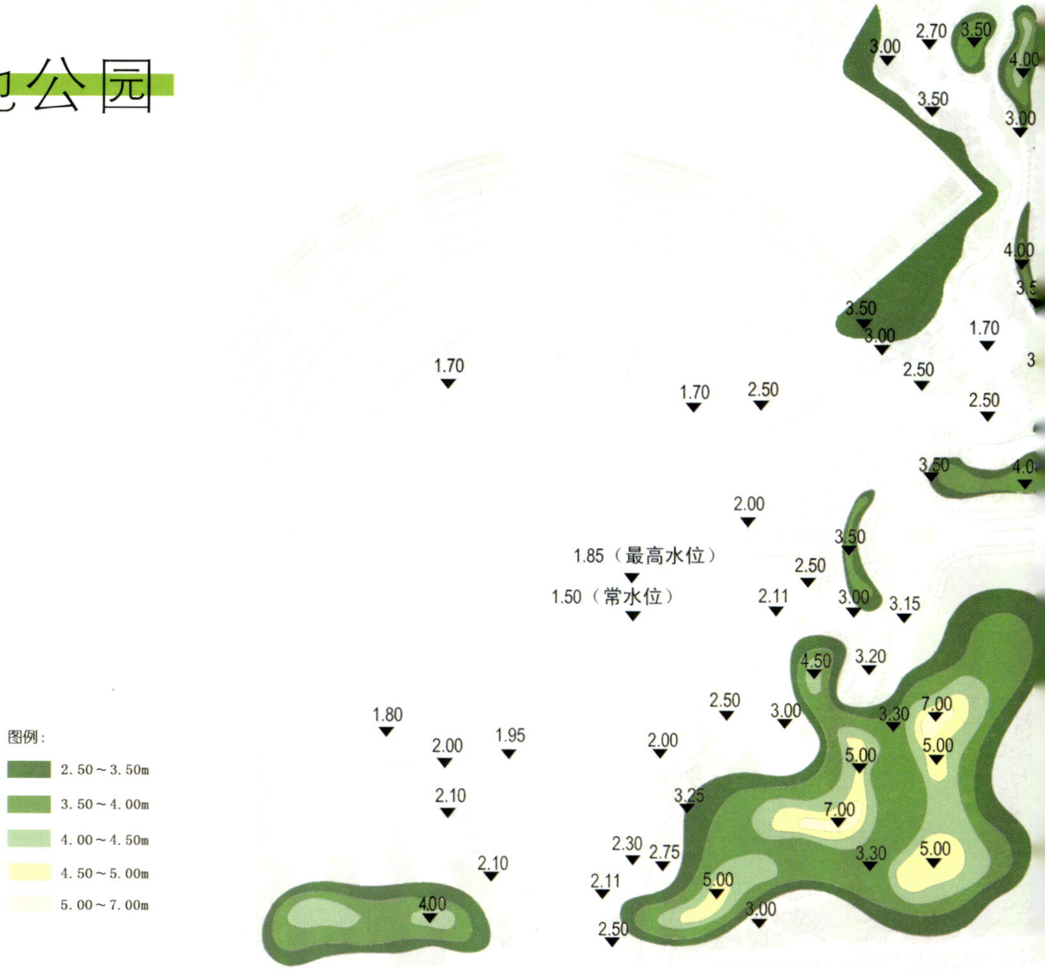

项目说明：

项目位于江苏无锡太湖新城中心区。微地形塑造连同建筑群体形成项目山水脉；江南特色同城市山林构建生态绿脉；和谐社会的主题思想、城市凝聚力的内涵体现作为项目文脉。

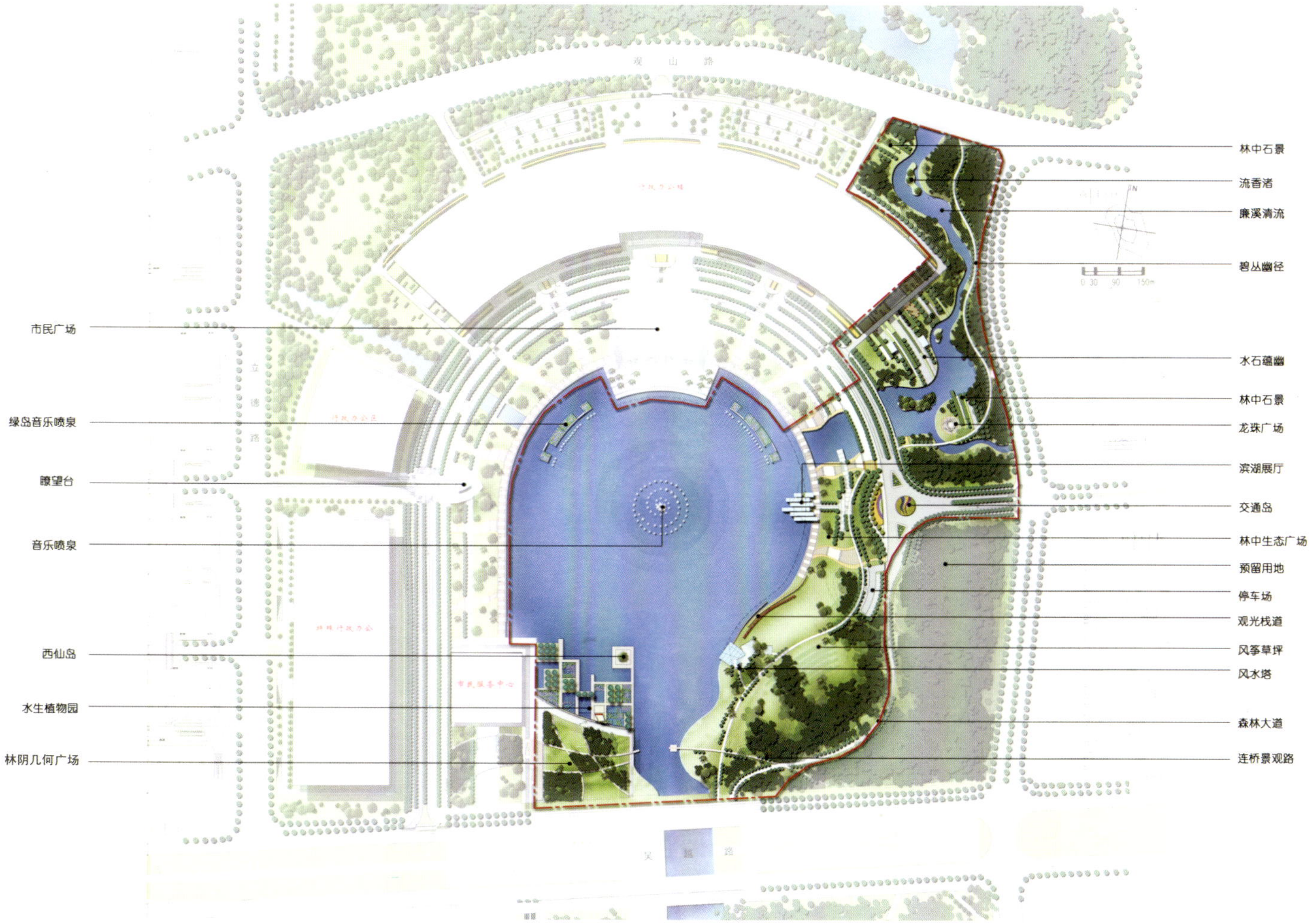

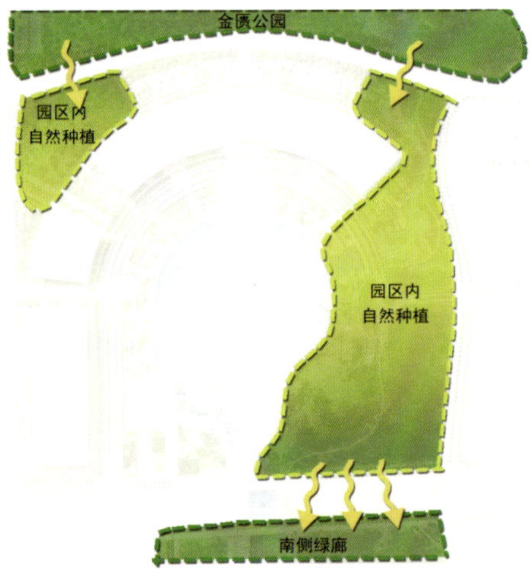

以自然的种植手法
呼应金匮公园
同南边绿廊形成对接

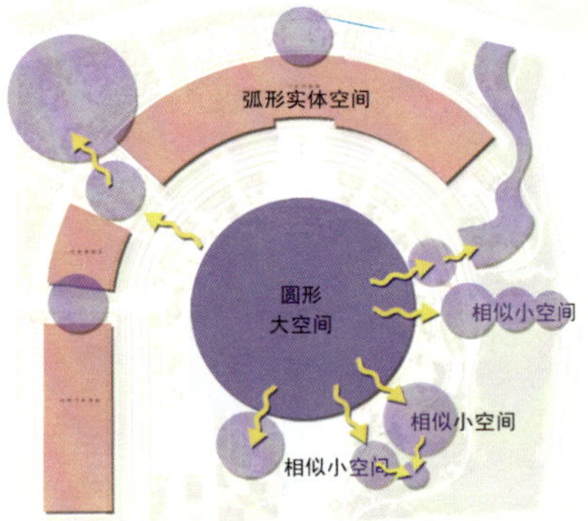

以相似的生态围合空间
呼应中心湖圆形大空间

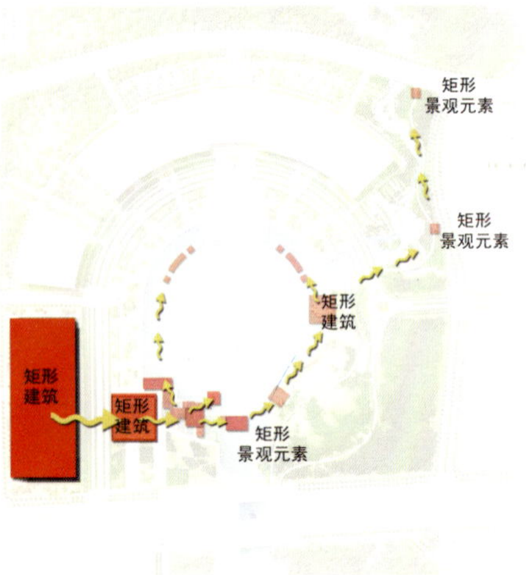

以矩形的景观元素构图
呼应西侧建筑的矩形布局

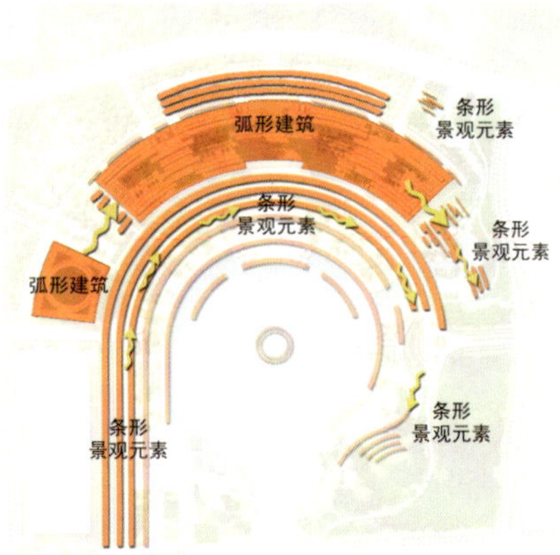

以狭长条形景观元素
呼应行政办公中心弧形景观构图

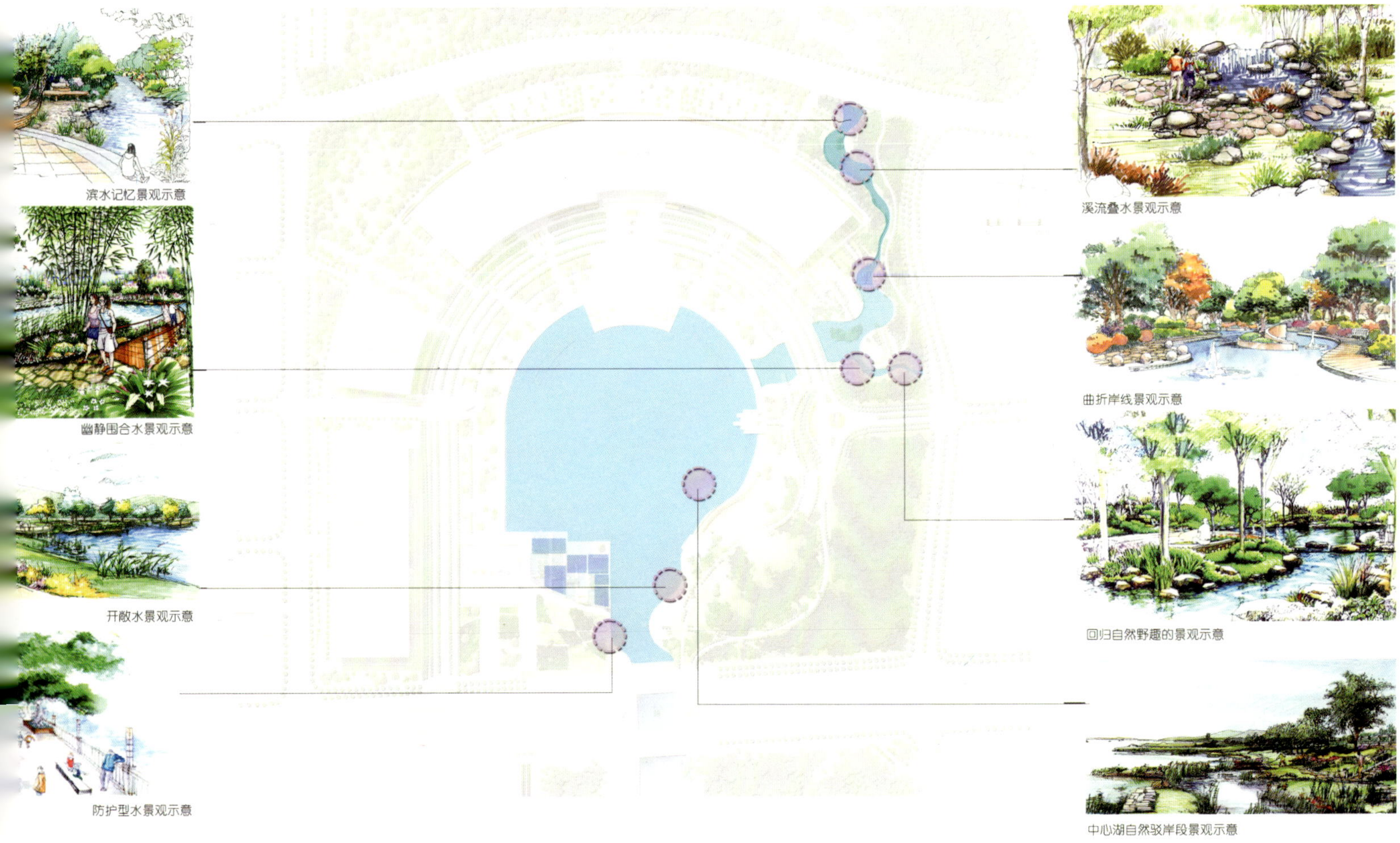

唐山市小南湖公园

项目资料：
项目地址：河北省唐山市
占地面积：约53.5公顷（水面面积约29.5公顷，景观面积约24公顷）
委托方：唐山市规划局
设计单位：北京澳斯派克景观规划设计顾问有限公司
主要设计人员：李伦 何娅娅 刘喆 徐鹏 吴家钦

项目说明：

设计旨在打造“唐山之星”的城市新形象，在尊重大自然山水格局的基础上，采用现代的景观设计手法创造节点、岸线、小品等景观亮点，满足广大市民的物质和精神需求。

设计要点：

1. 梳理山水格局，打开水面，营造丰富宜人的山水背景，贯通的水系也有利于水体自净。

2. 处理好城市尺度和人的尺度的关系，整合出视觉轴线、廊道。一方面创造了景观的丰富层次及相互贯通，同时也有微观尺度的节点点缀其中。

3. 融入主题、打造亮点、展示形象，在重要节点设计具有地域特色的、视觉冲击力强、现代的、能展示新唐山风貌的景观构筑物。

4. 结合功能适宜的使用功能加入人的活动，才能赋予景观鲜活的生命力。

5. 整理驳岸，用不同造景手法处理驳岸：人工硬质驳岸、亲水驳岸、自然驳岸等，以整合不同的空间氛围。

洛阳市龙门湿地生态保护公园

项目资料：
项目地址：河南省洛阳市
景观规划设计面积：310万平方米
设计单位：尚旅麟德景观设计顾问（深圳）有限公司
主要设计人员：张立志 朱晶莹 张芳

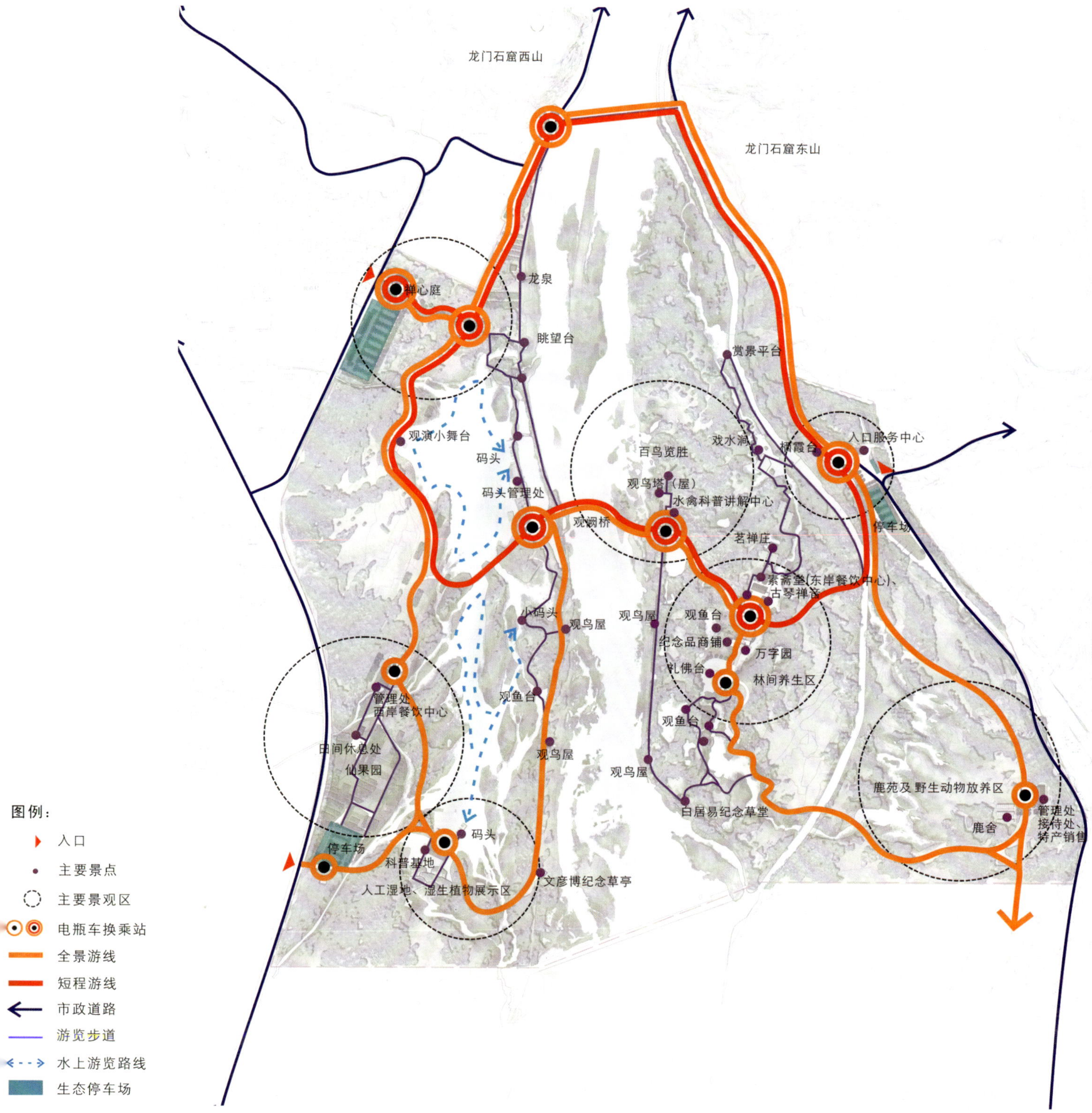

目说明：

概述：

洛阳市龙门湿地生态保护公园是政府为加大龙门石窟周边环境保护力度、进一步改善生态环境、拓展A级龙门石窟旅游景区而准备建设的生态旅游湿地公园。

该项目总占地面积310万平方米，包括入口服务区、人工湿地及湿地植物展示园区、采摘果园区、鸟类及水禽观察区、林间探索及游憩区、林间静心养生区、梅花鹿放养及观赏区、湿地生态核心保护区等各分区。

本设计在龙门文化旅游园区总体规划的指导下，坚持传统特色与现代理念相结合的设计原则，充分尊重和保护了现有人文及生态环境资源，进一步挖掘和发展了龙门特色文化，深层打造具有龙门文化内涵的旅游品牌，在追求最佳环境效益、社会效益和经济效益的同时，促进了整个园区的协调发展。

总体定位：

营建湿地生态风景；

拓展龙门游览空间；

传承城市文化精神；

提升国际文明形象。

愿景：

1. 扩大龙门石窟景区的游览空间，延长景区的游览路线，增加游客的驻留时间；2. 构建彰显禅意的主题湿地公园，营造一个质朴、简约、粗犷、充满禅意的旅游环境，重现龙门自然山水格局；3. 加强对遗产文物的保护，保护现有植被、野生动物栖息区域，有选择地移植花木；4. 我们尽力将区域恢复成一个生态平衡、多样性的栖息地，使其更好地发挥作为洛阳市主要水域和城市绿肺的作用；5. 提升龙门石窟周边景区旅游价值，提升洛阳城市形象，吸引本土及国际游客，提升国际知名度；6. 充分发挥绿色走廊的净化功能，并融合生态休闲娱乐功能，营造一个生态和谐、舒适宜人的绿色休闲空间；7. 提供研究、教育场所，加强对生态系统的认识；8. 构建具有国际吸引力的、国内外著名的旅游文化产业示范园区。

设计概念：一个主题、两个理念、五个感官意境。

一个主题“禅”：

禅，源于佛教文化东渐，是在中国文化土壤上形成的一个中国佛教宗派。它主张通过个体的直觉经验和沉思冥想的思维方式，在感性中通过悟境而达到精神上的超越与自由，即在顿悟中启迪智慧。龙门石窟是佛教文化和禅境的艺术表现，历经1500年的风雨，龙门本身就是神秘的“禅”…… 龙门湿地公园延伸龙门石窟文化的精髓，突出“禅意”主题，千年的文化积淀犹如一部厚重的历史巨著。解读它，需要回归自然，将自然还原为光、风、水和空气等基本要素，仅凭大自然中无形的风云雪月、鸟语虫鸣、水声松籁，以禅宗心身感悟的方法，把人们引入一种淡泊清幽的脱尘境界。

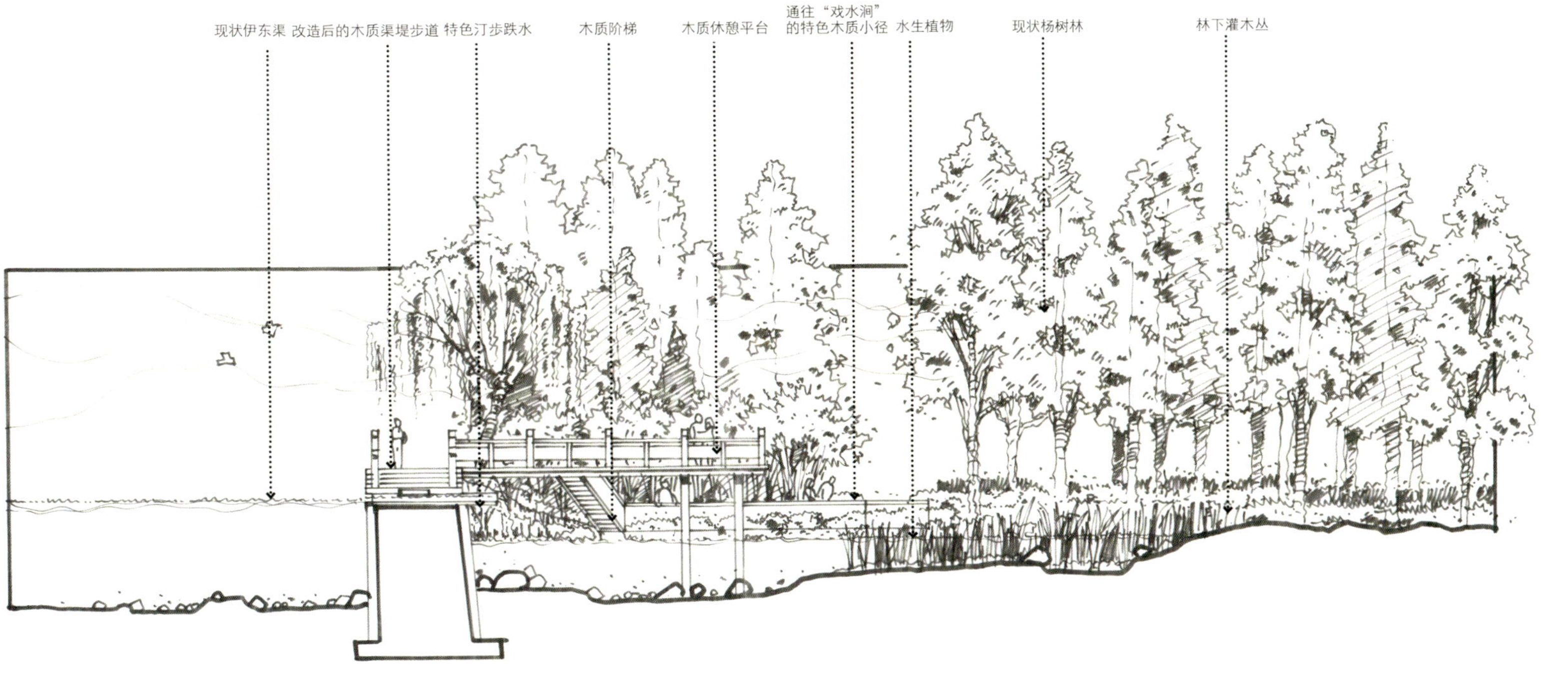

两个理念：

1. 生态理念：坚持以景观生态学、湿地公园设计的理论为指导，借鉴国内外的成功模式，结合自身特点，利用原生地貌的自然生态因素，建造充分适合现代人需求和生态理念的湿地环境。

2. 人文理念：设计以龙门石窟、寺院为背景，以"士人文化"的隐逸思想为原点，竭力构建一个以琴棋书画、谈玄斗禅和品茗为内容的人文氛围。

五个感官：

禅意气质渗透到感官的方方面面，无论是林间路侧的佛凳，或是毛石垒砌的景墙，还是从余韵缭绕的古音清乐到调理肌体的茶饮美食，皆以人的五感体验为旨，营造出听有禅音、品有禅境、思有禅修、悟有禅觉的冥空境界。将其主要归纳为："听"古琴禅音、溪流、鸟鸣、林涛，"观"观窟塔（观鸟塔）、观鸟屋、栖霞台、观鱼台、人工湿地展示园，"闻"香梅小径，"品"茗禅庄、素斋堂、"龙泉"，"触"采摘园、戏水涧。

设计手法：

佛曰："一花一世界，一草一天堂；一叶一菩提，一土一如来；一方一净土，一笑一尘缘；一念一清净……"崇尚禅宗的俭朴、单纯、自然的处世理念。在设计中，我们运用纯朴的材料、洗练的设计手法，营建朴实无华、粗犷豪放、富有自然野趣的湿地景观，促使人们在这样的环境中通过"观照"和"内省"，将自然世界与内心世界达成一致，最终达到"行看流水坐看云"的"禅境"感悟。

设计思路：

综合考虑景区资源、景区发展基础和功能合理等因素，将景区分为"一河、两岸、九区"。

一河：

伊河，疏通景区河道贯穿景区，净化伊河水质，在满足游客亲水需求的同时形成湿地生态核心区域。

两岸：

古风余韵（东岸），依据现状季节性池塘形成规律，自伊东渠引水，将其贯通，形成古典韵味的溪流，沿溪设置"香梅古径"，贯穿一系列质朴的禅意构筑，如古琴禅音、素斋堂、茗禅庄、礼佛台、诗词书画展示墙、白居易草亭等。

沿"香梅古径"北上，进入"戏水涧"，趟水而过，体验林下清溪的趣味。东岸北部现有林地基础较好，连同主河道各岛屿形成湿地生态核心保护区域。游客可通过观窟塔（观鸟塔）、观鸟屋、栖霞台对该区域进行限制性观赏。通过观窟塔不仅将龙门石窟尽收眼底，足下岛屿与林间水禽、鸟类也清晰可见。

南跨伊东渠进入"鹿苑"，该区域自伊东渠设闸引水形成浅溪，成为理想的梅花鹿放养区域。同时，该区域设置鹿棚和休憩节点，游客可以亲手喂养、留影。

泽渚新篇（西岸），相对伊河东岸，西岸更显得清新、明快。我们自上游引水，进行湿地培育，形成人工湿地，游人可乘小舟摇橹于芦苇荡中，亦可沿木栈道探索自然野趣。

在功能设置上，我们以满足游客需求为前提，主要设置了禅心庭（西入口广场）、人工湿地展示园、湿地生物知识讲解中心、“仙果园”采摘果园、“龙泉”、观演小舞台、“野舟横渡”游船码头、“临伊亭”等景观内容。

在“禅”主题的统领下，我们试图展现“禅意”湿地公园的时代新风尚，加强对游客湿地环境保护及湿地保育的公民教育，同时加强游客的参与性，提高公园的经济收益，尽力达到公园“以商养文”的盈利模式。

九区：

针对不同功能划分出九个特色区域，在不同程度上满足游人休闲、娱乐、研究、教育及养生、参禅的需求。

(1) “禅心庭”及西入口景观区

(2) 人工湿地及湿地植物展示园区

(3) “仙果园”采摘果园区

(4) “百鸟览胜”鸟类、水禽观察区

(5) “戏水涧”林间探索、游憩区

(6) “云水禅心”林间静心养生区

(7) “鹿苑”梅花鹿放养、观赏区

(8) “栖霞台”（东入口广场区）

(9) “八节滩”湿地生态核心保护区

纵向结构分析图

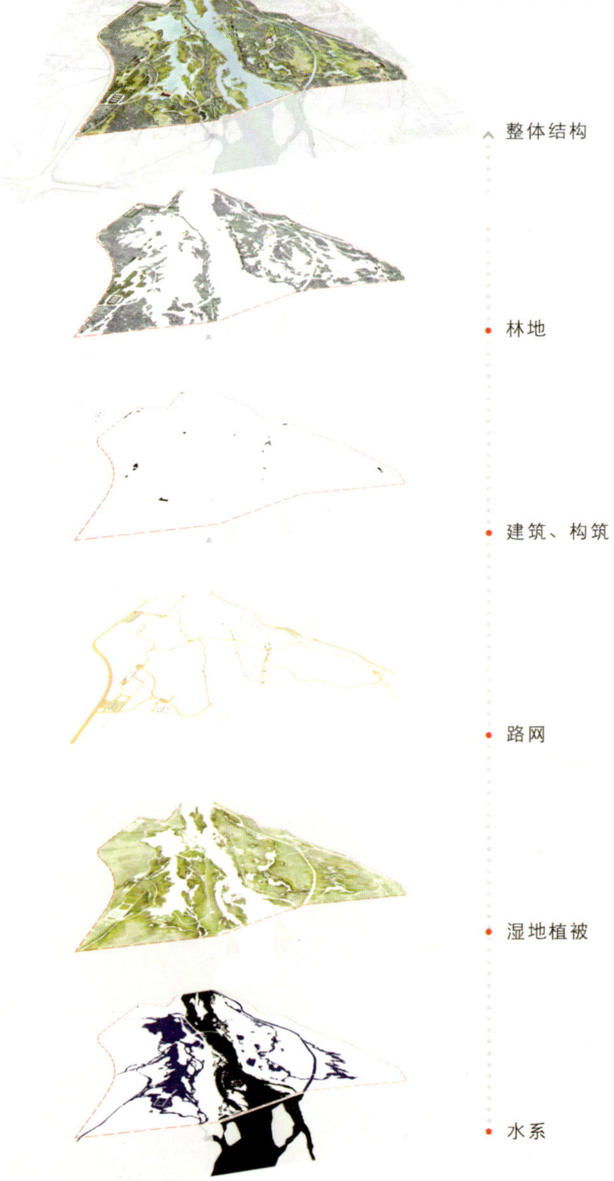

天津市河东区桥园

项目资料：
项目地点：天津市河东区
设计面积：22公顷
委托方：天津市环境建设投资有限公司
设计单位：北京土人景观与建筑规划设计研究院
　　　　　北京大学景观设计学研究院
首席设计师：俞孔坚
参与设计人员：石春　林里　贾军　王浩　王云峰　王俊　祁盛　胡含宇　张波　苏兴兰　封显俊　藏学年

项目说明：

项目通过城市公园的建设理念和方法，以全面改善生态系统服务为目的，进行城市绿地建设和城市废弃地的生态恢复。案例是一个22公顷的公园，原来是一个废弃的打靶场，垃圾遍地，污水横流，路人掩鼻，临建破败，不堪入目，土壤盐碱化。景观设计师应用生态恢复和再生的理论和方法，通过地形设计，创造出深浅不一的坑塘，有水有旱，开启自然植被的恢复与自我恢复过程，形成与不同水位和盐碱度条件相适应的植物群落。将地域景观特色和乡土植被引入城市，形成独具特色的、低维护投入的城市生态基础设施，为城市提供了多种生态服务，包括雨洪利用、乡土物种的保护、科普教育、审美和游憩。

桥园位于天津市河东区，河东区是天津的中心城区之一，也是天津的主要发祥地之一，占地40平方公里，人口63万。公园场地南临盘山道，东以天山路为界，西北朝向卫国道立交桥，呈扇形展开，占地22公顷。东南两侧为城市干道，是公园与城市的活跃交界面，周边社区人口近30万。原为打靶场，北侧尚有一土堤；场地低洼，有鱼塘若干；地面建筑物已被拆除，残留杨、柳树若干。因为是卫国道立交桥边的一个大型绿地，公园内设置桥博物馆，故名桥园。

1. 天津桥园生态恢复工程的目标与定位

项目被定为天津市城市环境改造的重点工程之一，希望通过改造原场地脏、乱、差的面貌及公园建设为城市提供多样化的生态系统服务，包括城市雨水收集、生物多样性保护和展示、地域景观特色的恢复和科普展示，为周边城市居民提供良好的游憩空间；同时，由于地处天津市的重要门户，公园应成为天津市的一大特色公园。公园的核心理念是开启自然过程，让自然做功，修复生态系统，使公园能为城市提供多样化的生态系统服务，而不是成为城市经济和环境的负担，形成高效能、低维护成本的生态型公园。

2. 地域景观、场地限制与机会

低洼地既是本场地给公园设计的限制，也是机会；东、南两侧是城市居民进入公园的方便界面，可以充分利用，满足日常人们的休憩需要；而西、北侧毗邻立交桥，人流较少，可以成为公园的背景，也是立交桥的背景。场地内的靶场高堤和鱼塘是难得的地貌变化，都可保留并利用。

3. 生态修复设计：创造多样化的适应性景观，开启自然过程

对于这样一个城市废弃地，为了开启自然过程，让自然系统做功，形成一个无需更多能源与资源投入、可以自我进化、满足使用者审美与游憩需求的地域性景观。本修复工程按以下几个步骤进行：

（1）生境设计：通过地形设计，形成深浅不一的洼地，将场地雨水全部收集进入洼地。每个洼地都有不同的标高，海拔高差变化以10厘米为单位，有深有浅。深水泡水深达1.5米，直接与地下水相连，还有浅水泡和季节性水泡——只有在雨季有积水，有的在山丘之上，形成旱生洼地。它们形成不同水分和盐碱条件的生境，适宜于不同植物群落的生长。

在营造地形的过程中，场地的生活垃圾就地利用，用于地形改造。

（2）群落设计：群落的形成从种子开始，在每个低洼地和水泡四周播撒混合的植物种子，种子的选择是设计师根据地域景观的调查取样配制的，应用适者生存的原理，形成适应性植物群落。这些群落是动态的，这种动态源于两个方面：一方面源于初始生境不能满足某些植物的生长，所以被播种的植物在生长中逐渐被淘汰；另一方面，一些没有人工播种的乡土植物通过各种传媒不断进入多样化的生境，从而成为群落的有机组成部分。

（3）游憩网络设计：在修复的自然生态基底上，引入步道系统和休息场所。团状林木种群在水泡之间配置，由当地最为强势的柳树作为基调树种，多个洼地和水泡内都有一个平台，伸入群落内部，使人有贴近群落体验的机会。洼地和水泡间的游步道连接成网，雨水流入水泡之中。

（4）环境解说设计：在每个类型的群落边设计解说牌，对每个类型的自然系统包括水、植被和物种进行科普解说，在体验乡土景观之美的同时，获得关于地域自然系统的知识。

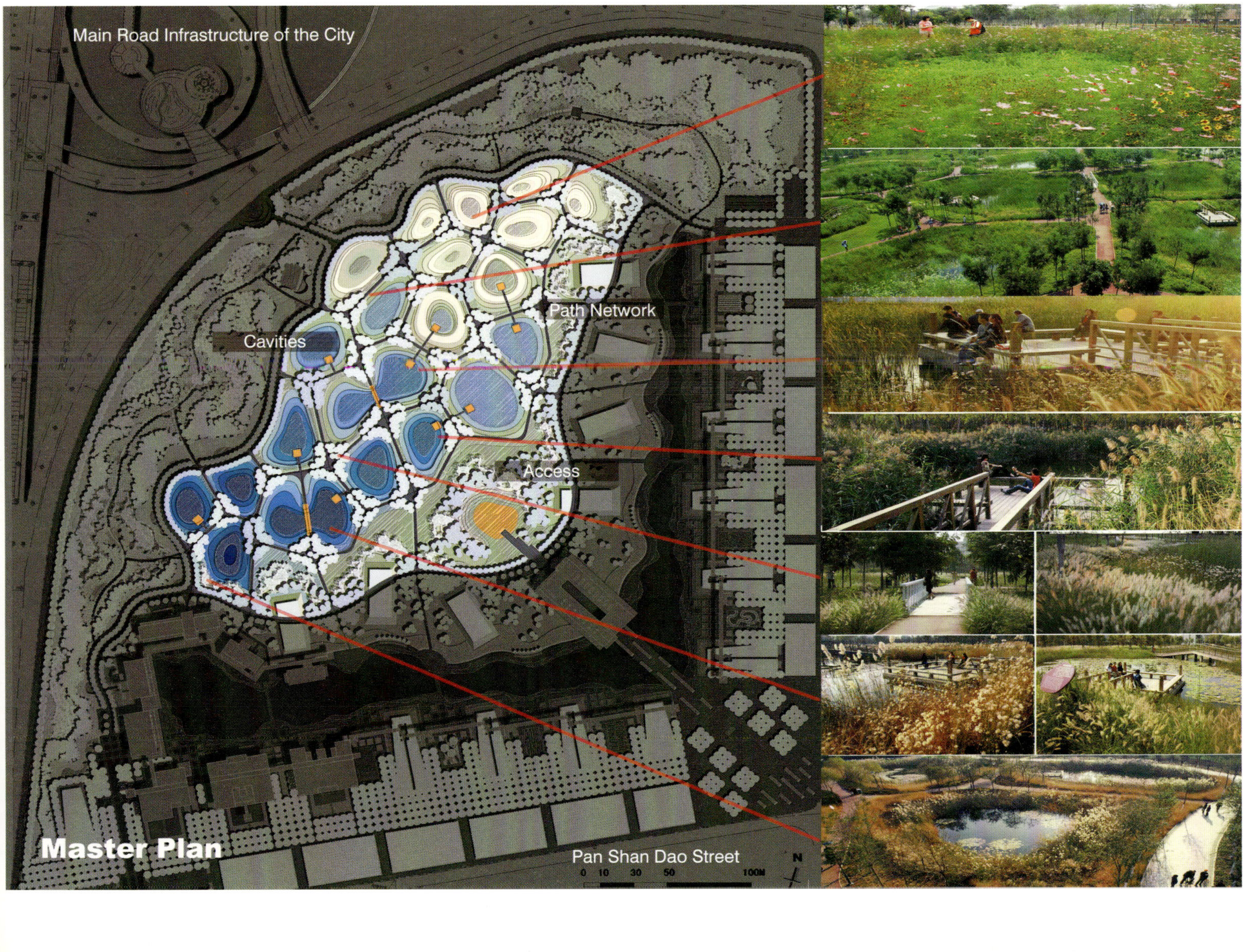

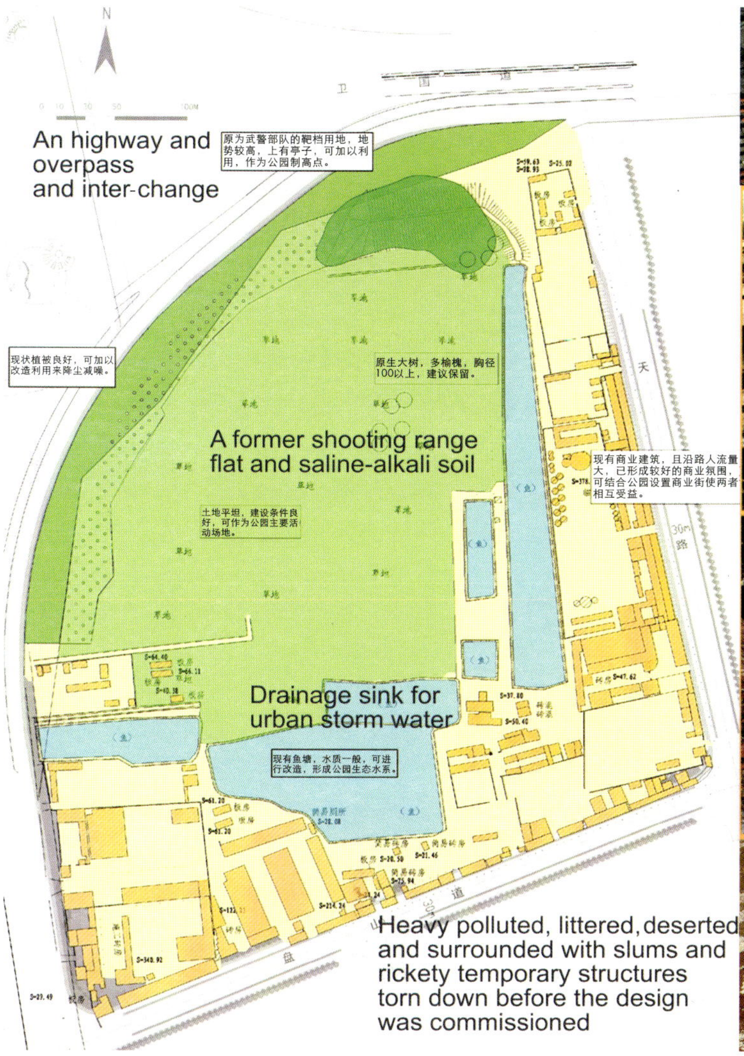

Inspirations: adaptive vegetation communities that dot the regional landscape in patches sensitive to water and soil PH values

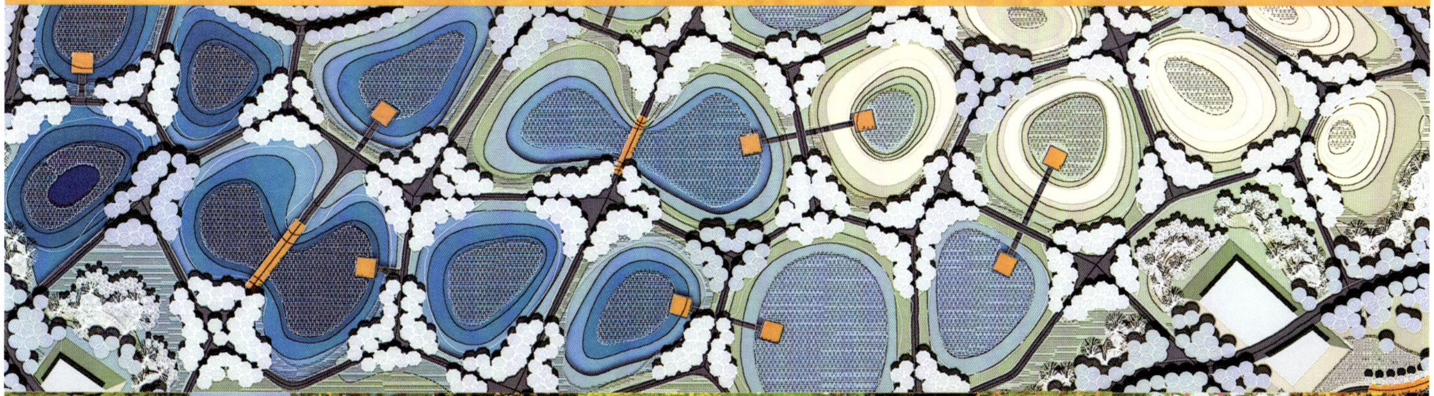

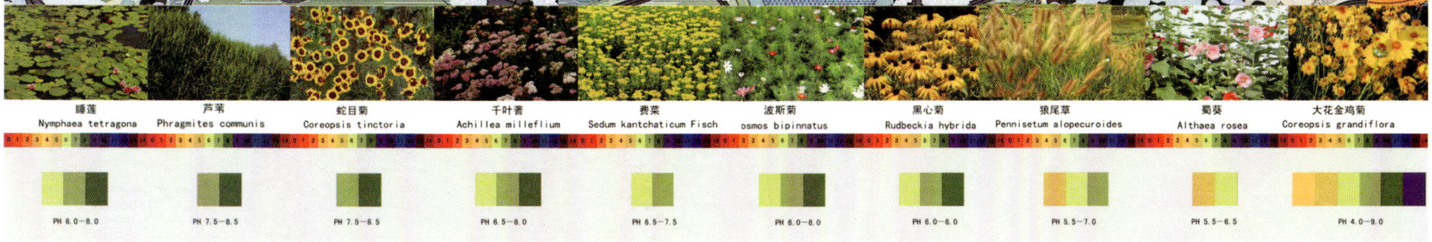

上海市佘山月圆园雕塑艺术园

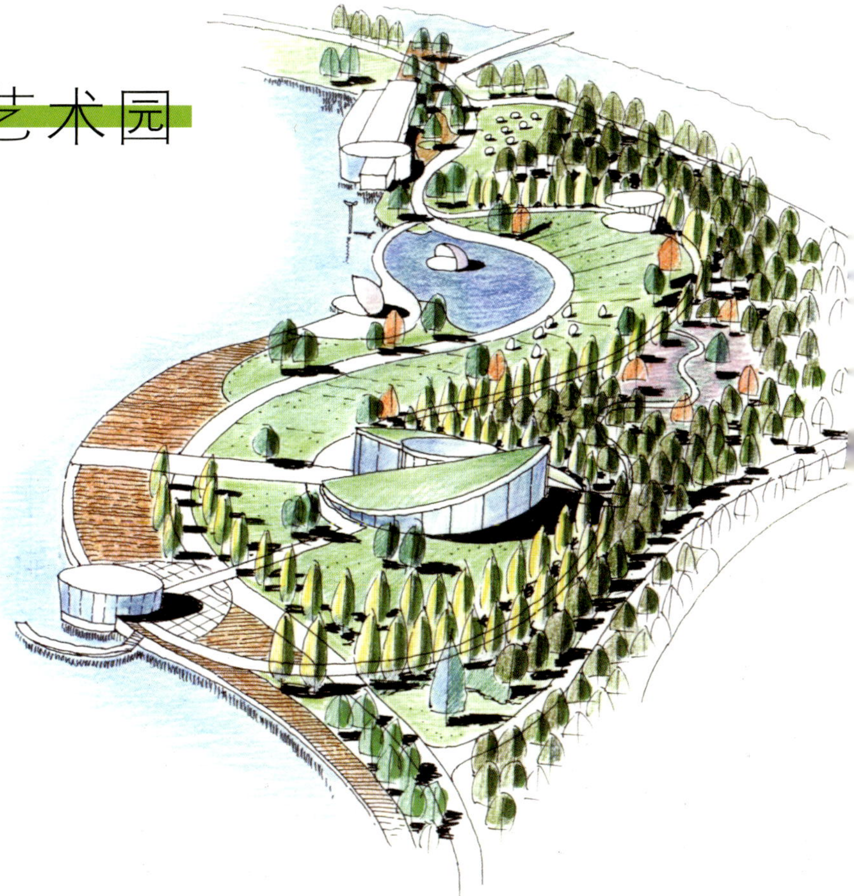

项目资料：
项目地址：上海市佘山旅游度假区
用地面积：57公顷
景观面积：10公顷
建筑面积：3万平方米
设计单位：日本ATLAS规划设计公司
主要设计人员：阿部畅夫　中曾根敏和　盛叶夏树　中里龙也

项目说明：

上海佘山月圆园雕塑艺术园是一个融合了创造、培育和鉴赏功能为一体的艺术主题公园，为大众提供了一个亲近艺术、感染艺术的新空间。艺术园区在整体景观设计中采用四季为主题，即以春、夏、秋、冬将园区分为四个相对独立的区域。每个区域以不同的植被和建筑表现各区不同的自然风光。

SECTION(S=1:200)

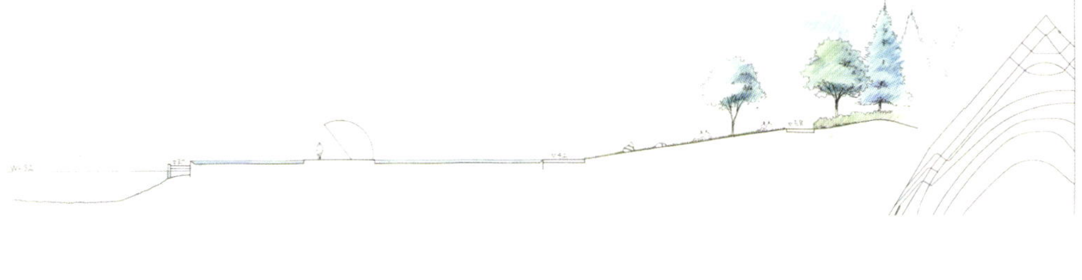

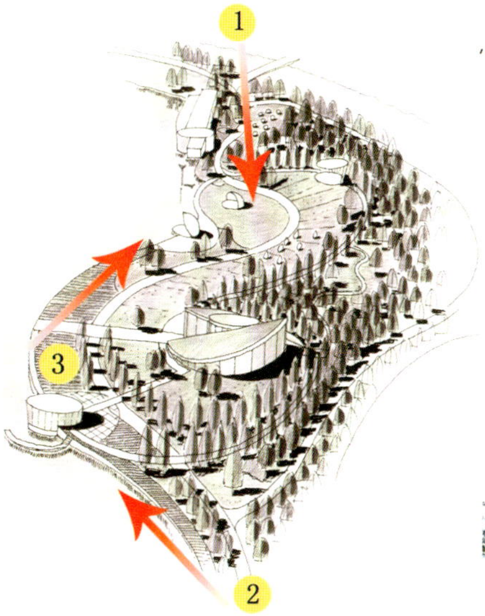

效果图具体方位示意图

1 从园车通道望婚纱摄影馆

2 从木栈道望咖啡厅

3 从婚纱摄影馆前通道望水上凉亭

view from summer zone

连接秋岸与夏岸的人行步道，与石拱桥保持适当的距离，使得双桥景观不至于重叠。

步行道边设置有座椅，以便休息、观赏湖景之用。

view of boat arrival place plaza

景观浅水效果图

水上舞台效果图

环境意向图

草坪坡地效果图

上海市佘山月圆园雕塑艺术园秋岸

浅水区效果图

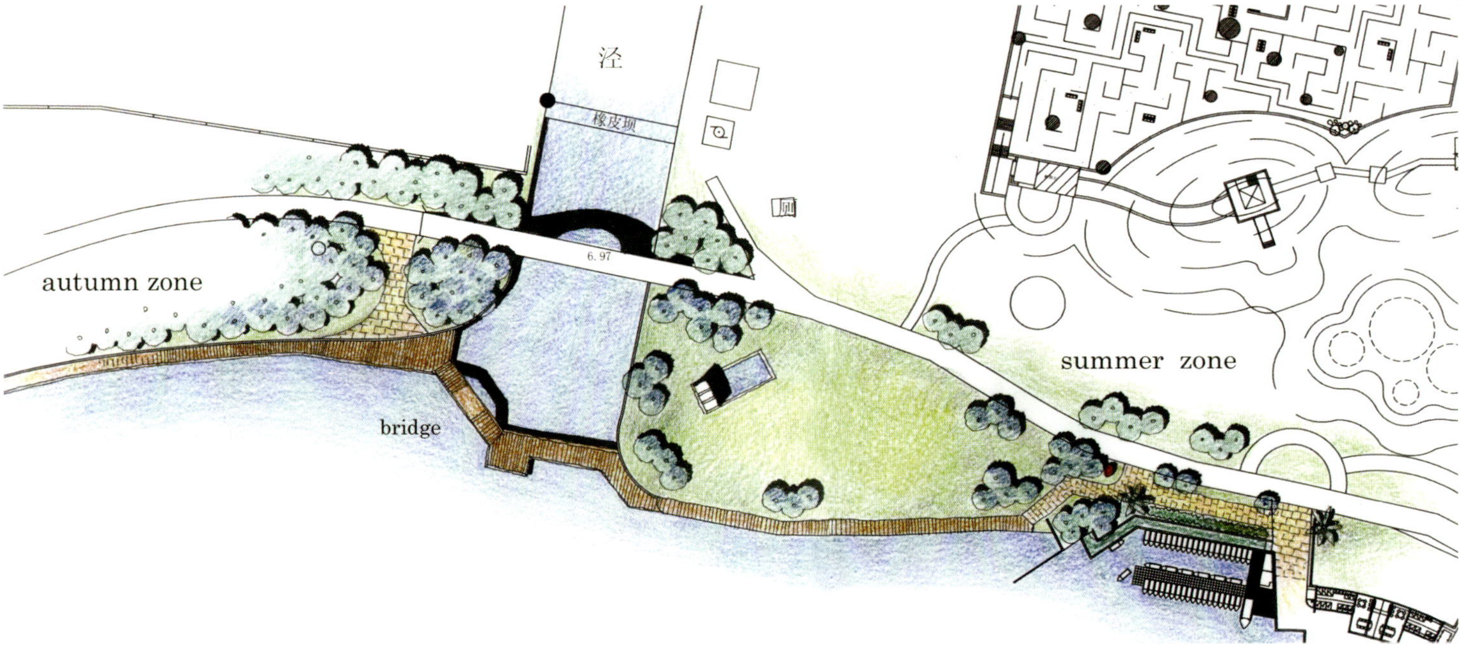

FRUIT
COFFEE

广州市汇景新城东区山地公园

项目资料：
项目地址：广东省广州市
设计面积：70 000平方米
委托方：广州侨鑫房地产开发有限公司
设计单位：广州市华誉景观工程设计有限公司
合作设计：广州侨鑫建筑设计有限公司

项目说明：

本项目定位欲构筑中国南部高端居住社区的室外环境，令居住者产生尊贵而亲切、温馨的感受。营造高贵又不失自然的品位空间，并成为连续景观轴高潮的收尾。

本景观设计表现绿色环保的主题，追求整体形象，引用了单纯、典型的形态语言，表达环境亲和性意向，并增加各个功能空间满足人们的实际需要。通过自来水和雨水的收集与利用，使生态设计理念贯穿整个设计，并且由于山地公园的生机盎然，使东区成为汇景新城最富自然生态气息的部分。

景点名称：

1. 主入口 MAIN ENTRY
2. 标识墙 SIGNAGE WALL
3. 自行车停车场 BICYCLE PARKING
4. 岗亭 GUARD HOUSE
5. 特色景墙 FEATURE WALL
6. 休憩广场 SEATING AREA
7. 百步梯 STEPS
8. 攀藤花架 FLORAL TRELLIS
9. 太极广场 THAICHI PLAZA
10. 多功能凉亭 MULTI-PURPOSE PAVILION
11. 露天茶座 SUN DECK
12. 景观亭 VIEW PAVILION
13. 棋牌广场 CHESS COURT
14. 特色铺装 FEATURE PAVING
15. 溪流景观 CASCADE
16. 特色景观桥 FEATURE BRIDGE
17. 次入口 SECONDARY ENTRY
18. 洗手间 WASH ROOM
19. 烧烤场 BARBECUE COURT
20. 儿童乐园 CHILDREN' S PLAYING AREA
21. 科普知识园地 SCIENCE & TECHNOLOGY AREA
22. 景观栈道 VIEW DECK
23. 休闲空间 AMUSEMENT PLAZA
24. 燃气房 GAS STATION
25. 慢跑道 JOGGING PATH
26. 森林氧吧 OXYGEN BAR

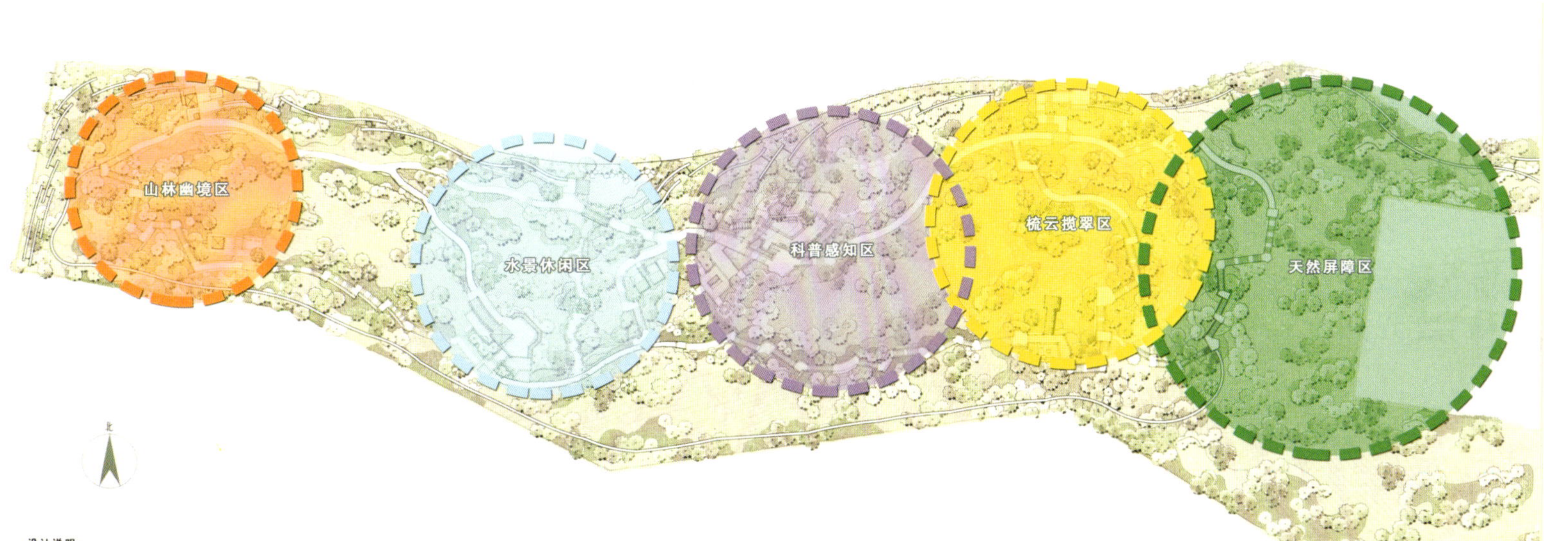

设计说明：

一. 功能定位

景观功能——作为楼盘的背景和衬托以及居民观赏的对象；
游憩功能——作为小区内居民登山、休闲、锻炼、认识植物、认识生态等重要场地；
生态功能——在一定程度上起着净化空气、滞尘、隔音、保持水土等作用；
社会功能——对楼盘质量和档次的提升有一定的作用。

二. 设计理念

东区山顶公园的环境设计力求在一定程度上还社区居民一个大自然的空间，一个能够和人们的心灵产生共鸣的空间，体现“久在樊笼里，复得返自然”的构思意境，体现“自然与人文”共生的主题。然而，接近自然，回归自然，不能仅仅理解为简单的视觉景观的营造，而是环境与人的知觉器官的全方位的互动，将自然界中的景观元素与人融为一体，让阳光、空气、水自然地流泻其间，让休闲不着痕迹地融入生活之中，让人在与环境的全方位互动中，认知自然的变化，感受四时之烂漫，塑造一个高品质的具有文化意蕴的“社区绿色客厅”。

三. 分区说明：

山林幽境区（登山健身）

该区的植被情况比较理想，成片的马占相思林提供了浓密的树荫，该区结合自然式主入口设计，设置一条游览登山步道及休憩小平台，道路可曲折蜿蜒，随地形而变化，通向太极广场，可供业主进行晨练，对弈、品茗等休闲活动。

水景休闲区

该区域位于小区的主要景观视线轴上，考虑到该区的地势较为平缓，尊重人们对场地的使用习惯，设计了跌水式水景，与小区内部水景衔接，将小区的良好景观引入山顶公园，使二者能更加自然地过渡，整个环境也更为协调。同时为了强调并延续小区主轴视线的开敞通透，在该区域设置了休憩服务设施，通过丰富的高差处理，将花架、亭廊、景观平台等有机结合在一起，组成一个有张有弛的空间，延续了小区水景等柔和景观元素，使之成为主轴视线的焦点，营造出灵动的休闲空间，是人们交流、练功活动、修身养性的好场所。

科普感知区

结合该区域山腰的陡坡地形、现状的植被情况，主要通过合理组合设计，设置了多功能活动平台、儿童活动场所及小型烧烤场，在这里可进行休闲、娱乐、科普知识教育、鸟类活动，将教育与娱乐融为一体，并适当选择芳香和观花树种进行植物营造，树影婆娑，花气袭人，丰富的高差设计，层叠的小平台，塑造了一个扑朔迷离、幽深馨远的环境，我们将“以人为本，人与自然和谐共存”的主题作了深入的尝试和体验，寓自然知识教育于环境之中。

梳云揽翠区（登高望远）

该区现场的植被破坏情况比较严重，因此合理选用观叶观色树种进行林分改造是我们在该区设计的重点，通过曲折的登山道连接休闲平台，提供多角度的观景视点，满足人们登山远眺的愿望，同时在最高点设置观景平台，成为小区景观视线轴的景观焦点。

天然屏障区（地带性植物群落）

该区处于东侧，相邻科韵路，地理位置相对较差、噪声等不利因素也相对明显，而且地形较陡，现状植被情况林分改造的利用价值不高，因此该区主要通过合理改造林分，形成小区与外界的天然绿色屏障，并且设置了一条缓跑道，供业主进行慢跑、足部按摩等运动，同时多样的树种和层次丰富的林相提供了大量的负离子及氧气，形成都市中的“森林氧吧”。

主题分区图

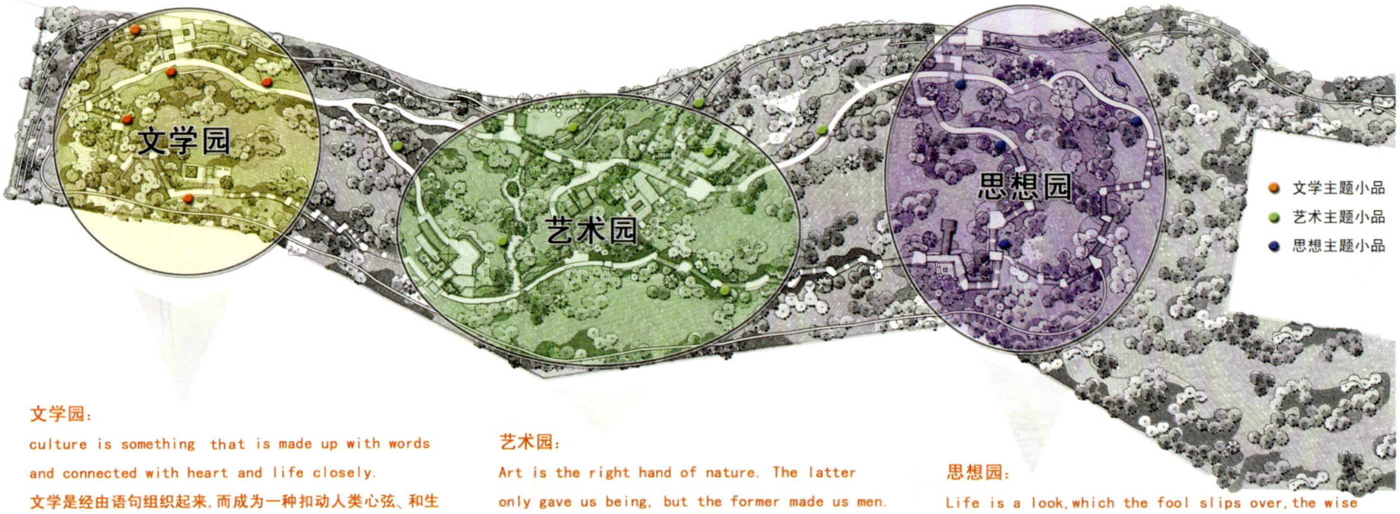

文学园：

culture is something that is made up with words and connected with heart and life closely.

文学是经由语句组织起来，而成为一种扣动人类心弦、和生命息息相关的东西。

■ 以石材等材料作为文学载体，与造型的有机结合，形成园林景观中最为清晰、永恒的景观语言。

艺术园：

Art is the right hand of nature. The latter only gave us being, but the former made us men.

艺术是自然的右手。自然只让我们存在，而艺术创造我们的人类。

■ 趣味性、艺术性的灵动造型构思，构成山地景观跌宕起伏的跳动音符，给人以美的享受和轻松感。

思想园：

Life is a look,which the fool slips over,the wise read carefully,for he knows he can only read it once.

生活犹如一册书，愚者草草翻阅，智者孜孜攻读，因为他知道，他只能读它一次。

■ 聆听、思考、感悟，几处精心设计的景观小品，依托山林的静谧、神秘、安详，给人心灵的慰藉。

主入口平面图

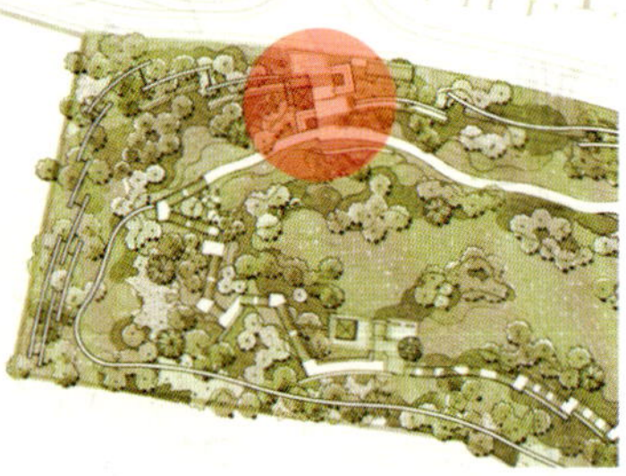

黄锈石（自然面）

黄锈石（烧面）

黄色洗石米

黄锈石（冰裂）

山林幽静区

景点名称

1. 主入口 MAIN ENTRY
2. 标识墙 SIGNAGE WALL
3. 自行车停车场 BICYCLE PARKING
4. 岗亭 GUARD HOUSE
5. 特色景墙 FEATURE WALL
6. 残疾人坡道 DISABLED
7. 休憩广场 SEATING AREA
8. 百步梯 STEPS
9. 木香亭 PAVILION
10. 座凳 SEATING BENCH

水景休闲区

景点名称

1. 亲水木平台 TIMBER DECK
2. 挡土墙 RETAINING WALL
3. 特色水景 WATER FEATURE
4. 特色景观桥 FEATURE BRIDGE
5. 旱溪 DRY STREAM
6. 绿岛 GREEN ISLAND
7. 露天茶座 SUN DECK
8. 风情亭廊 PAVILION&TRELLIS
9. 景墙 FEATURE WALL
10. 特色铺装 FEATURE PAVING
11. 洗手间 WASHROOM

SiGnAGE

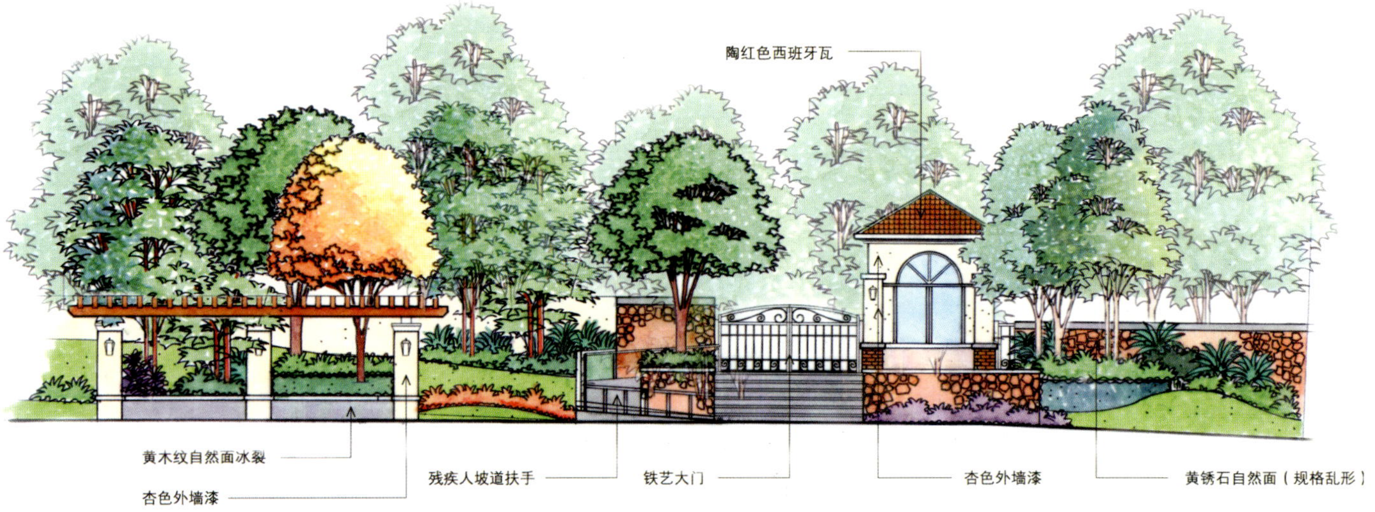
陶红色西班牙瓦
黄木纹自然面冰裂
杏色外墙漆
残疾人坡道扶手
铁艺大门
杏色外墙漆
黄锈石自然面（规格乱形）

主入口立面

次入口立面

科普感和区

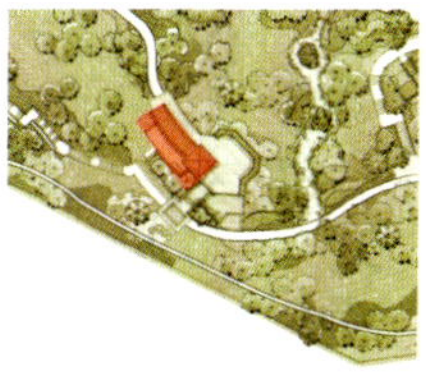

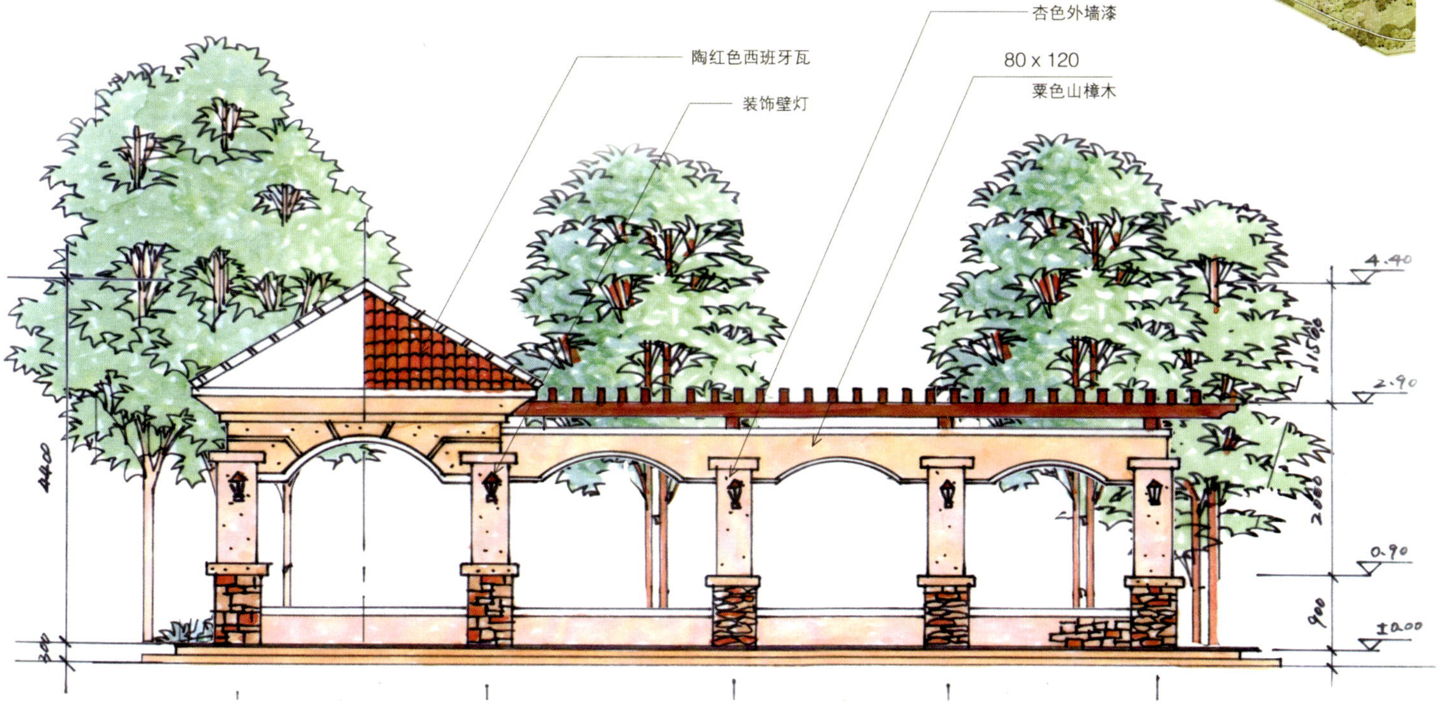
杏色外墙漆
陶红色西班牙瓦
80 x 120
粟色山樟木
装饰壁灯
4.40
2.90
0.90
±0.00

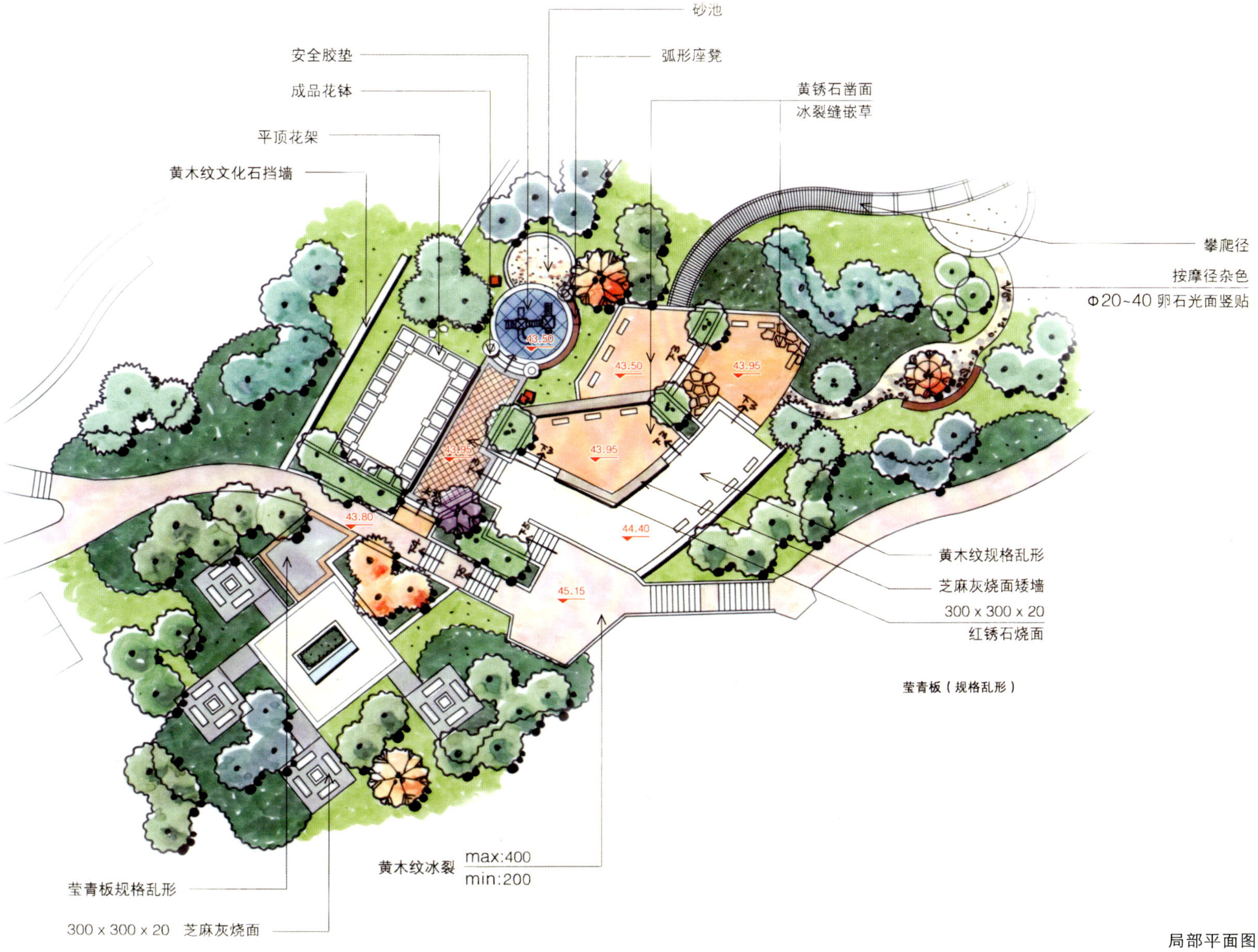
砂池
安全胶垫
弧形座凳
成品花钵
黄锈石凿面
冰裂缝嵌草
平顶花架
黄木纹文化石挡墙
攀爬径
按摩径杂色
Φ20~40 卵石光面竖贴
43.50
43.50
43.95
43.95
43.95
43.80
44.40
45.15
黄木纹规格乱形
芝麻灰烧面矮墙
300 x 300 x 20
红锈石烧面
莹青板（规格乱形）
黄木纹冰裂
max:400
min:200
莹青板规格乱形
300 x 300 x 20 芝麻灰烧面

局部平面图

长沙市潇湘风光带渔人码头

项目资料：
项目地址：湖南省长沙市
占地面积：4.3公顷
设计单位：加拿大赛瑞（CSC）设计顾问公司

项目说明：

"LOSCAR"概念的产生与解读

纵观国内外城市棕地开发、改造与建设模式，都具有地域特色、商务办公、购物消费、交往活动、艺术氛围和休闲娱乐六大主题功能。因此，我们创造性地提出这种模式是继CBD、CRD、RBD、HOPSCA以外的又一种全新的城市空间开发、改造与建设LOSCAR（Location地域特色，Office商务办公，Shopping购物消费，Convention交往活动，Art艺术创意，Recreation休闲娱乐）模式。

"第五元素"概念的产生与解读

根据城市印象构成要素，本项目区域是长沙道路、区域、节点、标志之外的第五印象构成元素——城市边沿空间。

长沙湘江两岸的风光带已经逐渐成为星城"山、水、洲、城"以外的第五城市空间结构特征元素，而本项目无疑是最有代表性的部分，也是第五元素中的第五元素。

概念产生后的设计符号选择

项目区域具有独特的空间形态：滨水带状的城市空间以及连续、整齐的矩形、双坡或锯齿形屋顶、大空间的建筑空间，这些成为我们的设计符号来源。

项目区域需要延续的形态内涵：特定的城市时空片段，旧工业文化和新区域功能的结合，这些成为我们的符号内涵的来源。

项目区域需要感知的内涵表达是：以独特的空间形态和延续的形态内涵来叙述一段可以阅读的城市故事、可以感受的生活模式、可以记忆的城市形象和可以自豪的城市品质。

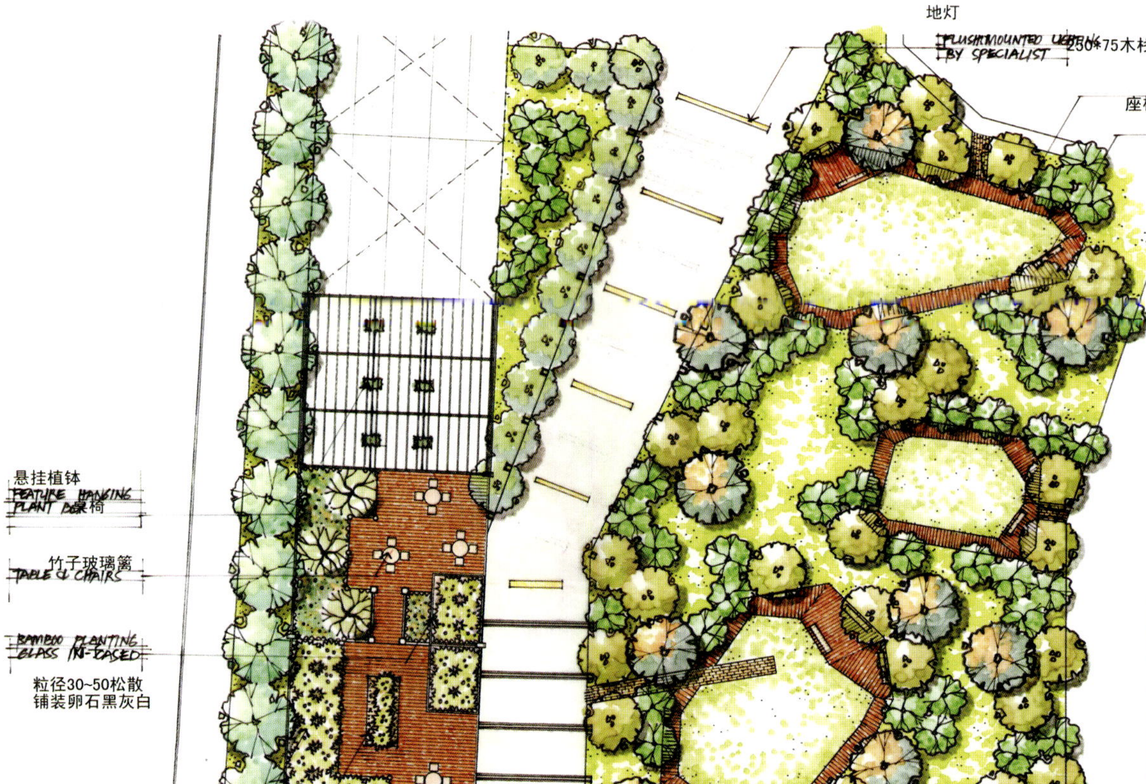

地灯
FLUSHMOUNTED LIGHT
BY SPECIALIST
250×75木栈道清漆面
250 X 75 TIMBER
WOOD DECK
NATURAL STAINED
座椅
FEATURE SITTING
悬挂植钵
FEATURE HANGING
PLANT BOX
椅
竹子玻璃篱
TABLE & CHAIRS
BAMBOO PLANTING
GLASS IN-CASED
粒径30~50松散
铺装卵石黑灰白
BAMBOO PLANTING
30-50 ø PEBBLES
LOOSELY LAID
AND WHITE
250×75木栈道清漆面
250X75 TIMBER
WOOD DECK
NATURAL STAINED
钢棚架意向图
FEATURE STEEL ARBOUR
BY SPECIALIST
SEE IMAGE

总平面布局：总平面中标准化实体空间形式和像细胞一样的开放空间共生的形式，象征着工业化与信息化时代的交叉与融合。

商业空间结构分析图：本设计方案将原有的裕湘纱厂和船舶厂区域统一规划成“第五元素”长沙的LOSCAR滨江城市景观区，它是长沙城市商业空间网络结构中独一无二的商业空间节点，是一个以城市普通市民为主要服务对象的现代生活模式社区。

新建建筑主要以基地原有的城市与建筑空间形态为类型设计依据和文脉延续手法

景观空间系统分为建筑空间、开放空间、第五大道和星光塔四个主要部分。建筑空间中包括实体建筑和围合空间；开放空间中包括室外休闲、演示、活动、观景空间要素和植物系统；贯穿整个基地、历史与时尚元素交织的步行空间的第五大道仿佛一条时空隧道，让人充满想象而使人流连忘返；星光塔则是整个景观空间制高点和视觉高潮，进一步诠释了空间形态和城市文脉的特色。

机动车分为通过和到达两种方式，互不干扰；步行系统分为平面和空间两个系统，使人与车彻底分流。利用基地的自然地形高差设置地下机动车与非机动车停车空间，优化城市景观的空间品质。

第五大道：贯穿整个基地空间的第五大道仿佛是一条时空隧道，徜徉其间，亦梦亦幻。

LOSCAR广场：LOSCAR广场是城市空间再生的产物，是遗迹文化与时尚信息的结合。

船屋空间：遗迹文脉与空间模式的延续形成了船屋空间群体。

滨江视觉走廊：滨江视觉走廊与第五大道一起形成了多层次的景观视觉走廊。

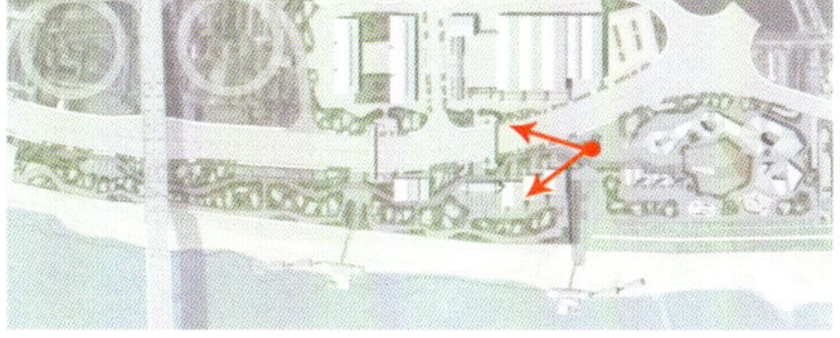

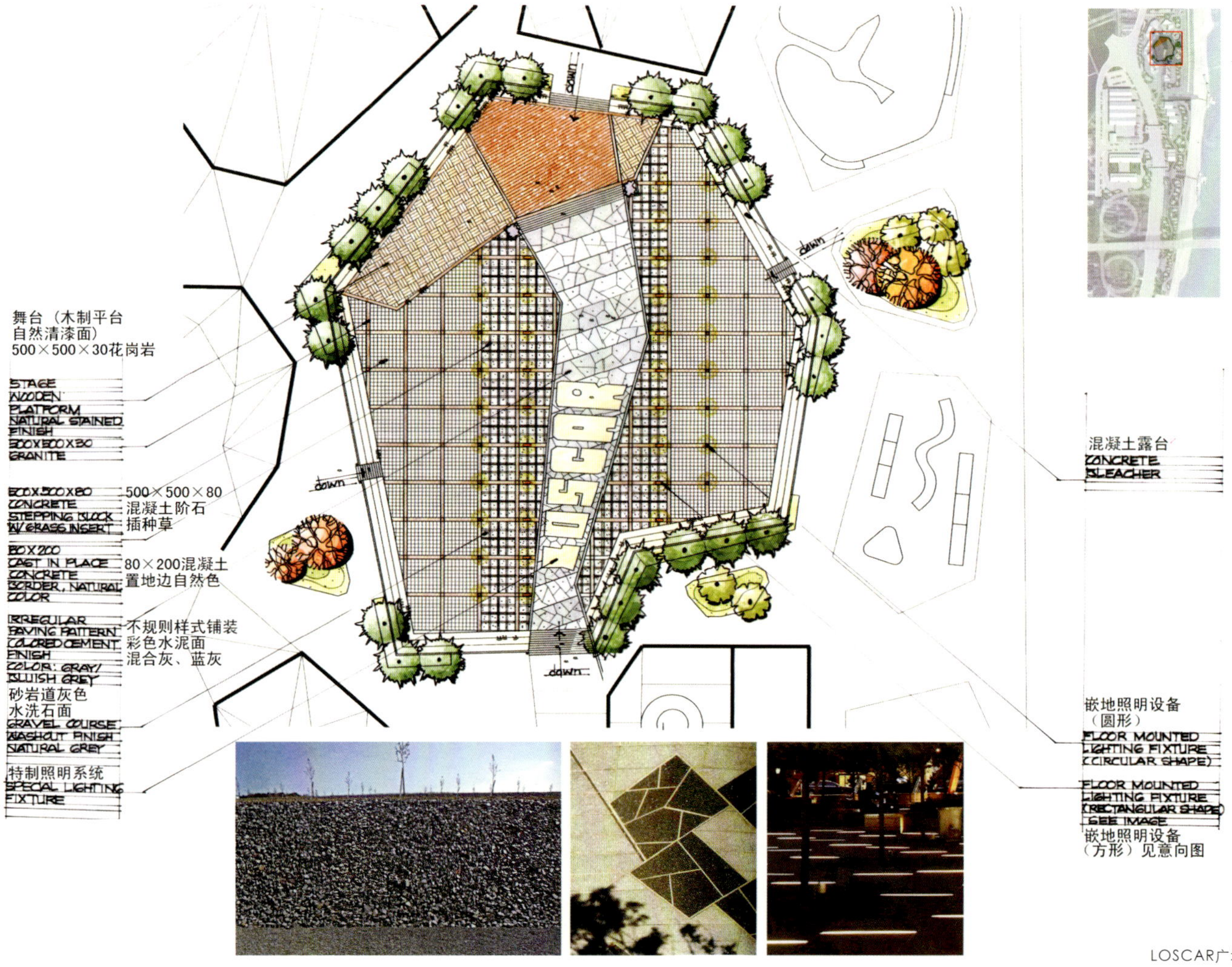

LOSCAR广场

LOSCAR广场

LOSCAR广场

LOSCAR广场

花岗岩铺装
火烧面
200×100×30
混合20%浅棕
20%中米黄
60%米黄
250×75
木栈道
灌木
花岗岩座椅
光面灰色
600×600×100
花岗岩阶石
插Φ30~50
松散卵石

船屋空间

船尾空间

滨江视觉走廊

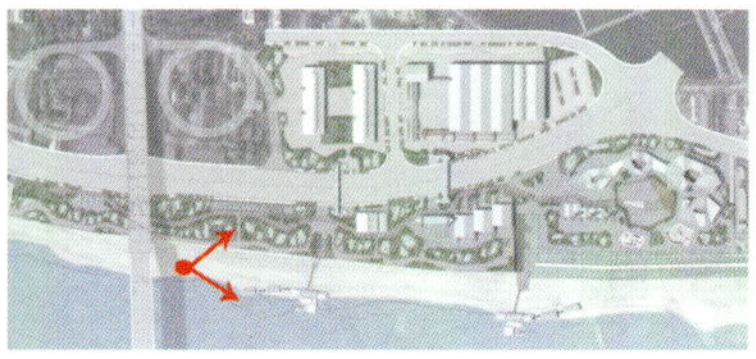

1-1剖面

2-2剖面

3-3剖面

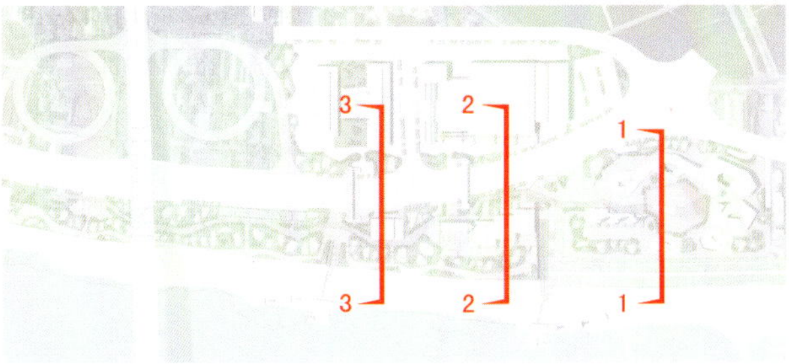
3
2
1
3
2
1

4.60
5.80
12.00
6.

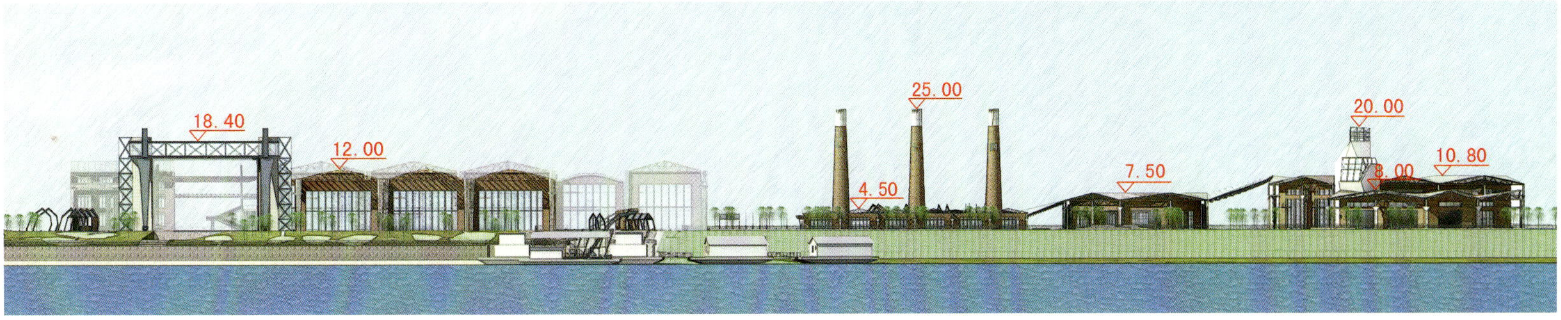
18.40
12.00
25.00
4.50
7.50
20.00
8.00
10.80

昆明市中美二战友谊公园

目资料：
目地点：云南省昆明市
十面积：333 333平方米
E方：中美二战公园（中国·昆明）建设管理委员会
十单位：广州土人景观顾问有限公司
受设计人员：庞伟　张健
乍单位：华南理工大学建筑设计院倪阳工作室

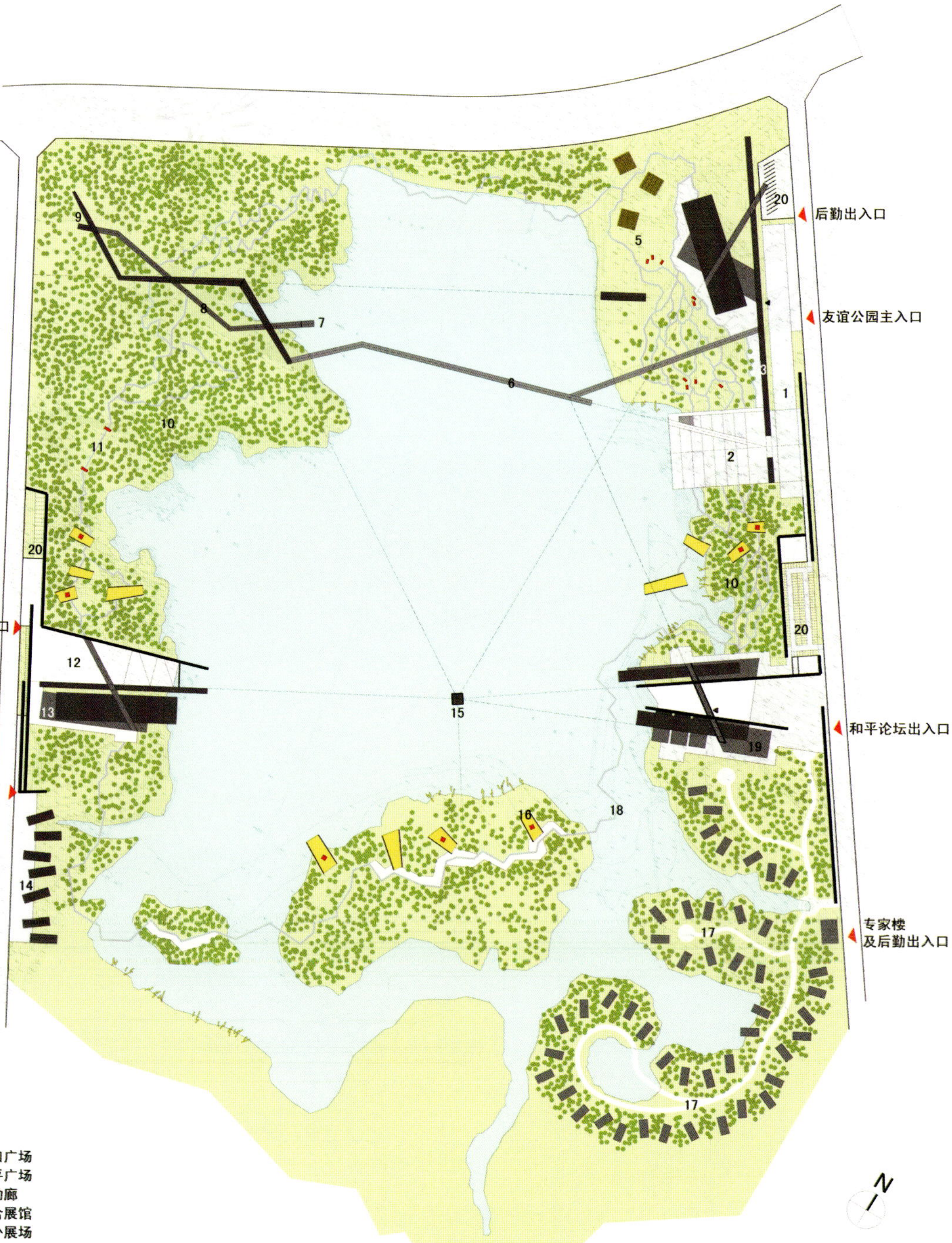

1. 入口广场
2. 和平广场
3. 功勋廊
4. 综合展馆
5. 室外展场
6. 生命之路
7. 码头
8. 时光通道展廊
9. 胜利之光
10. 友谊林
11. 悬索桥
12. 铭殇广场
13. 体验中心
14. 综合服务区
15. 和平塔
16. 平台
17. 专家楼
18. 栈桥
19. 和平论坛酒店
20. 停车场

总用地面积：333 333平方米
建筑占地面积：39 636平方米
（其中住宅建筑：8 766平方米
公共建筑面积：30 870平方米）
硬质广场面积：62 224平方米
道路面积：19 711平方米
绿化面积：211 762平方米
停车场车位数量：198个

项目说明：

中美二战友谊公园景观规划设计，这个项目位于云南昆明。设计方案借鉴了“生态”博物馆的思路。其中，历史的敏感和严峻成为设计需要面对并且解决的问题。

设计结合中美二战中的战争场面与场地的本土植物，共同构成了特殊场景并渲染了区域特有的历史遗存和地理景观。充分运用室外广袤的展示空间，将室内展示充分延续、贯穿至室外，用战斗机、汽油桶、战壕等一系列道具模拟当时的战场片段，塑造连续的纪念性空间，规划出生动的参观路线和系列情景化的室外展场，增强整个中美二战友谊公园的视觉主题。

1 ■ 飞虎队战斗机实物（P38）
2 ■ 运输机实物（C40）
3 ■ 修路工人雕塑
4 ■ 写实士兵雕塑
5 ■ 和平广场主题雕塑
6 飞虎队历史片段雕塑群
7 ■ 酒店雕塑群
8 ■ 滇缅公路历史片段雕塑群
9 驼峰航线历史片段雕塑群

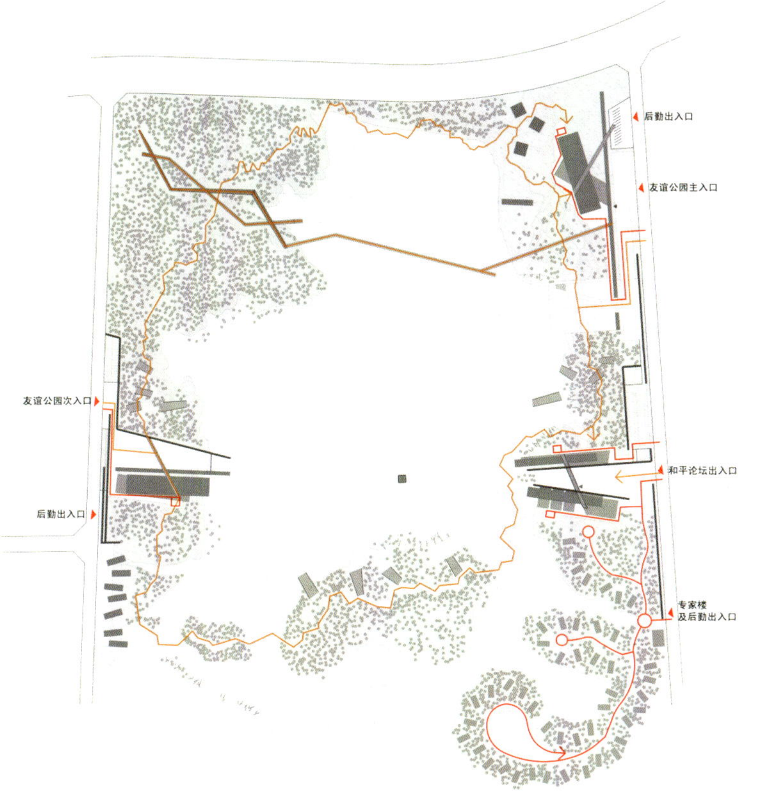

游览路线
消防路线

惠通桥

USA

北京市北二环德胜公园和城市公园

项目资料：
项目地址：北京市
设计单位：北京创新景观园林设计公司
主要设计人员：李战修　黄南　陈雷　张迟

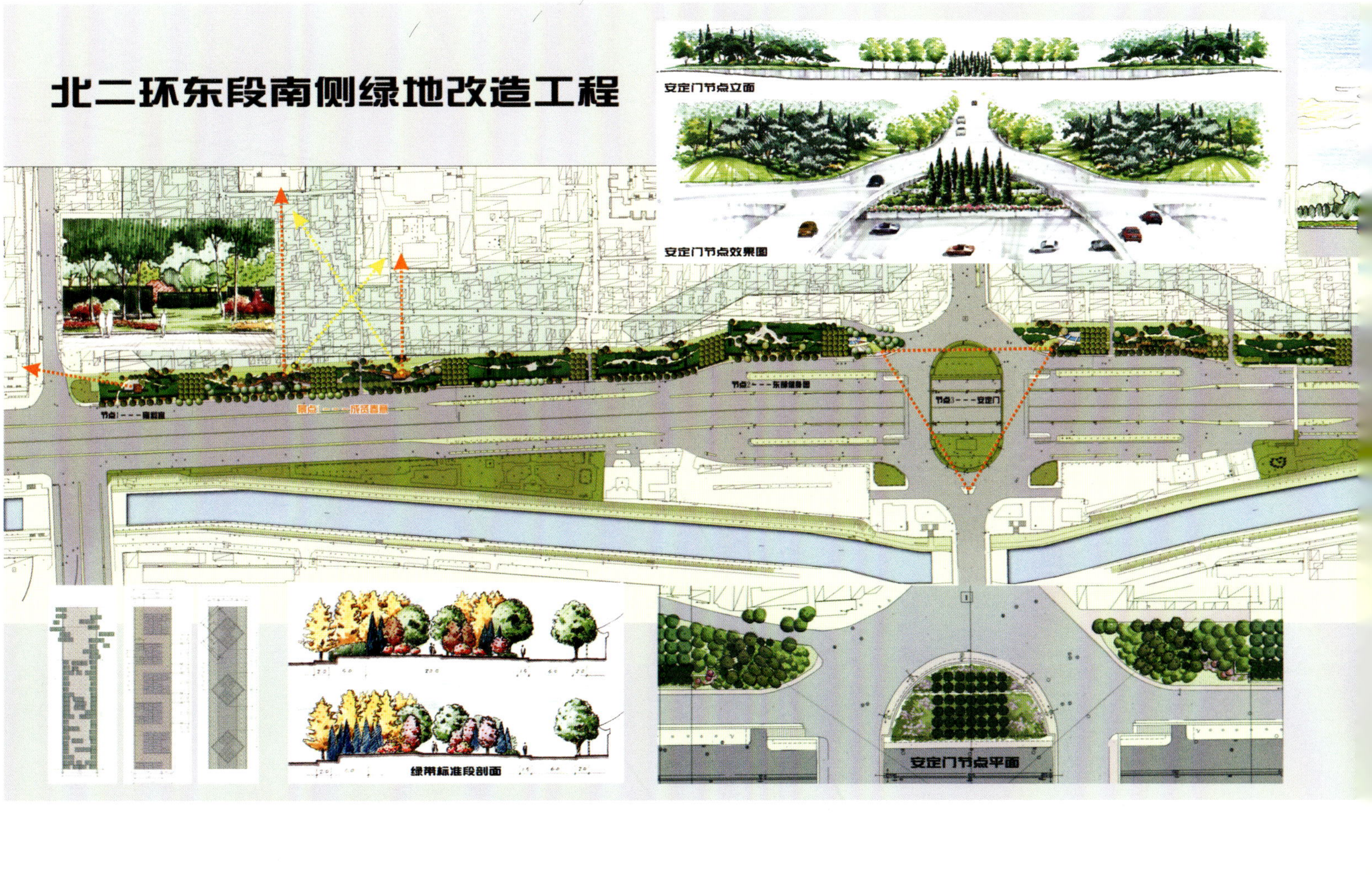

项目说明：

1. 项目概况：随着2008年奥运会申办成功，彻底整治交通干线周边的城市环境，再现古都风貌，创造宜居城市，成为市委、市政府实现“绿色奥运”“人文奥运”的一项重点工程。二环路沿线是城市环境整治的重点地区，区政府计划从2006年开始对北二环路南侧一带（西直门至雍和宫大街）进行“城中村”的环境整治，拆除破旧的平房和违章建筑，建设绿地约10.4公顷，全长约4.5公里。

2. 设计依据：景观设计应在结合周边历史文脉及现状分析的基础上，依据场地特点，以城市绿地系统结构中的二环路绿化带的整体定位为前提，同时与二环路已经形成的园林风格相协调。

2.1以北京市绿地系统中二环绿化带的整体定位“绿色城墙”为前提：

北京市绿地系统的结构为：“青山环抱、三环环绕、十字绿轴、七条楔形绿地”，其中二环路绿带是以“绿色城墙”为重点的道路及水系绿化工程，应体现绿量大、色彩浓、浑厚有气势的绿化效果，并唤起人们对失去的古城墙的记忆。

2.2 延续、呼应原有二环路绿带的“绿色项链”的园林设计理念：

二环以“绿色项链”为主题的设计理念，以“师法自然、写意山林”为设计手法；以立交桥及绿带较宽处为“珠”，窄的部分为“链”，形成了很好的绿化效果。我们这次的改造力争在北二环的绿带中形成多处景点，使这条二环的“绿色项链”更加完美。

2.3周边历史文脉分析：

体现场地特征，挖掘周边的历史文脉，适当点缀，以体现出地段所独具的特点。场地周边由西到东，分布有可挖掘的历史文化，如什刹海历史文化保护区、净业寺、德胜门、关岳庙、钟鼓楼、雍和宫等。

2.4现状情况调查：

由东至西绿带宽度不一，部分地区有高0.7~1.7米不等的高台，如果能处理好这一高差变化，可形成独特的景观效果。现状树种长势大部分良好，应加以适当地保留与利用。

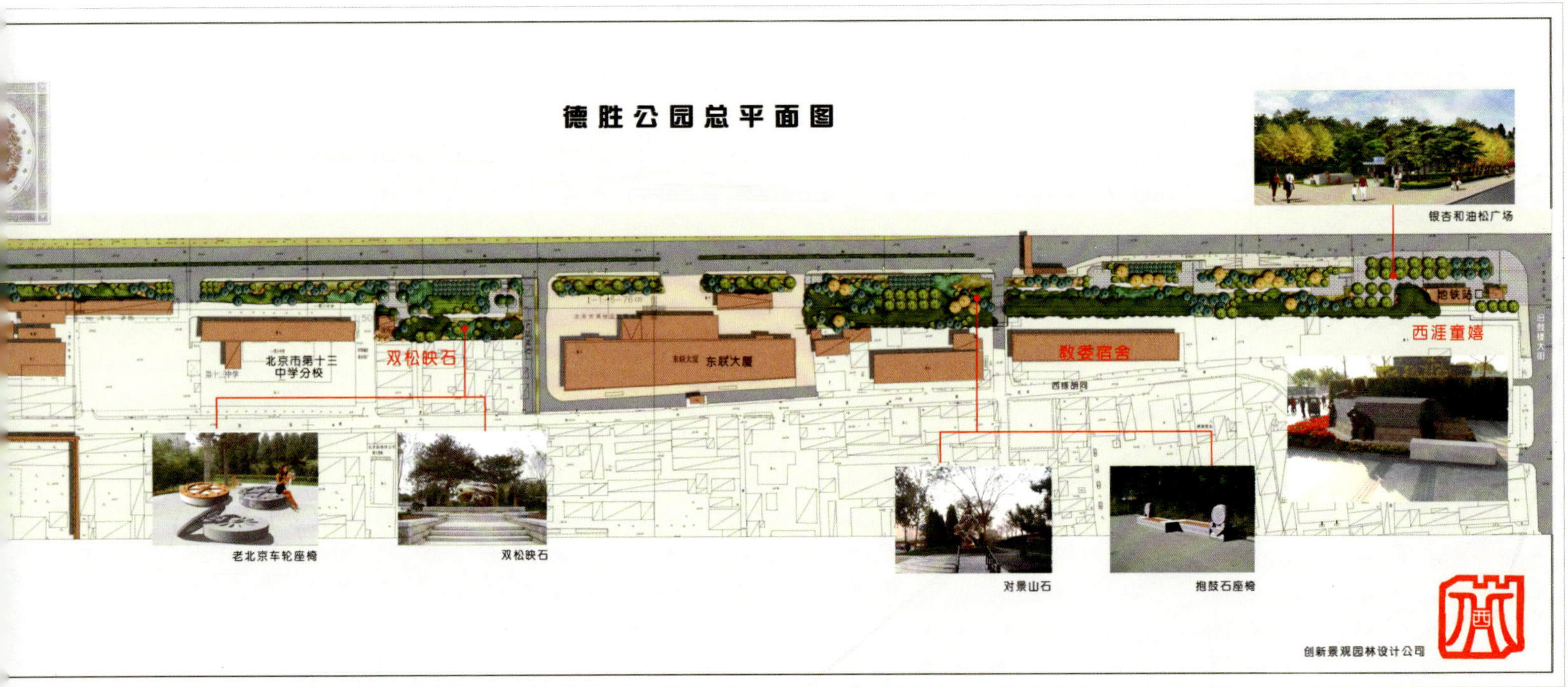

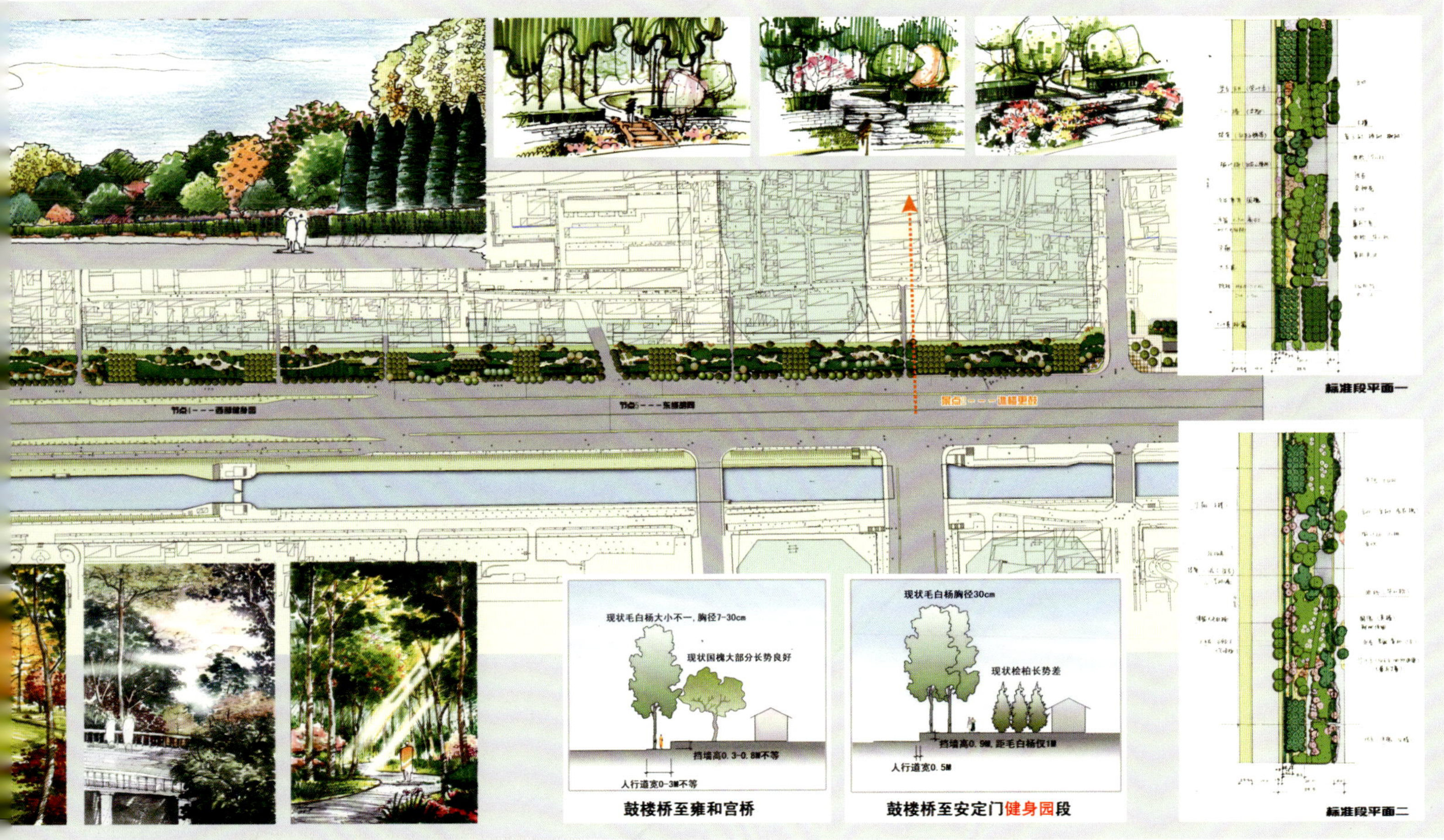

3. 方案特点：

3.1 对古城的文化性修复：

二环路带状公园清晰地勾画出了具有悠久历史的北京旧城轮廓，是北京城传统与现代融合的见证。本次设计的德胜公园和城市公园位于旧城保护区的北边界，为北京新、旧城之间的缓冲区。

3.2 延续老北京浓厚而独特的地域文化特点：

在二环路整体的环境概念定位中，将北二环定性为体现民俗和地方文化。我们根据公园形状为带状线性空间的特点，整体体现串珠式的空间布局，以一条游览路线有机地联系各个景点空间，形成变化丰富、虚实结合的景观序列。公园平面布局总体风格构想来源于对北京内城的记忆，形成独特的节奏韵律，形象地再现北京老城中城墙与城台的布局。

结合沿线的历史景点及文化内涵，城市公园设计营造了一系列的景点。以点带线来感受整个公园厚重的文化氛围。其中“箭楼绮望”的观景平台望德胜门箭楼、“槐荫尚武”追溯关岳庙的历史故事、“西涯童墙”再现老北京生活场景、“城市中轴线”强调中轴子午线成为北京“地标”、“望雍台”观雍和宫的红墙黄瓦……各个节点的设计都考虑到了古都风貌的保护与展示，烘托了传统和现代相结合的城市氛围。

3.3 以植物造景为主形成“绿色城墙”：

公园突出绿色生态，以植物造景为主，就地保留了200余株现状大树，并将其巧妙地组织到设计之中，有多处景点是因树成景，以树为题，使这些见证了这块场地历史变迁的古树得到尊重和突出。为了改善旧城区的生态环境，我们通过种植多层次、多季节的观赏植物，体现出了浓郁的景观效果，同时借助具有高大体量和厚重感及连续性的乔木林，形成绿色城墙的整体背景。

另外，通过分析老城墙非常有节奏的每隔100米有一个城台（俗称马面）这一形态特征，用高5.5米的整齐的桧柏树阵形成有节奏而连续的独特景观，夜晚统一用射灯照亮，形成非常醒目且有韵律感的视觉效果。这一景观元素的成功运用，使整个北二环由东到西全线形成整体的联系。

2007 5 9

上海市宝山区亚特兰蒂斯漂流主题公园

项目资料：
项目地址：上海市宝山区
设计面积：19.7公顷
设计单位：上海简筑国际建筑设计有限公司

项目说明：

项目位于上海市宝山区顾村镇顾村公园一期范围内，地处陈富路以南，外环线以北，与儿童活动区依河相邻，红线范围占地约19.7公顷。

总体布局与功能分区

（一）项目总体布局

亚特兰蒂斯漂流主题公园总占地19.7公顷，主要以“漂流探险”为载体，以“水上游乐”为主旨，突出“情境体验”“文明探寻”和“丛林历险”三个核心娱乐体验，将景区分为太阳神庙区、主题漂流区、月亮神艺区、水上竞技区和水国迷城区五部分。

（二）项目功能分区

1. 入口广场区：此区域由主入口广场、入口景观桥梁形成主入口轴线。

2. 太阳神庙区：位于景区内主入口，主要由太阳金字塔、太阳神广场、太阳之子雕塑和蟠蛇水池四大景观组成，让游客一进入景区就有一种异域文化的强烈视觉冲击和朝圣般的心灵震撼。太阳神庙区以太阳神广场为中心，以太阳金字塔为主体建筑景观，核心功能为游客中心集散地和情境体验之旅的序幕。

太阳神广场以印加帝国的传统欢迎仪式和图腾祭祀为主要景观载体和核心娱乐体验，在“太阳之子”的率领下在广场列队欢迎各方游客。广场中心设计为蟠蛇水池。

建筑造型上以古印加文化的重要标志性建筑太阳金字塔为原型，建筑与入口太阳广场的结合形成公园的标志形象，富有娱乐感和新奇的特征。

3. 主体漂流区：为景区核心体验区，通过长达1800米的漂流河道和周边纵横交错的路网将园区主要景点（包括情境漂流河道、印加文化景观和人工热带雨林景观等）串联起来，让游客充分体验到异域文化中的三种漂流体验形态，即重力落差式漂流、情境体验式漂流和水平机械动力式漂流。

4. 月亮神艺区：位于太阳金字塔后面，通过瀑布、表演舞台和石柱等造景，以月亮神为背景，以印第安文化为内涵，加上现代科技的水幕电影等形式，主要呈现印加文明的综合演艺功能。舞台背景布置塑石浮雕艺术。

5. 印地中心区：此区域位于中轴线下段，是印加古文明的集中展示区。印加文化的彩陶继承莫奇卡文化的传统而又有自己的特点，展品有双耳小口尖底瓶、敞口直筒杯、单柄浅碟、单柄小口壶等，设计布局的灵感来源于迷失的印加帝国古地图，由洪都拉斯、危地马拉、梅里达和优卡坦半岛四大景点组成，蜿蜒的残墙古道将几个古城市串联起来，道路尽端设计光影廊柱，围合中心为印地广场，是古代朝圣之地，广场铺装、图腾立柱穿梭其间，一闪回，已千年。

6. 欢乐竞技区：位于景区中上部，主要以水中攀登、穿越障碍、运动平衡等为主，让游客在漂流体验之外，感受水上竞技的乐趣。

7. 水国迷城区：位于景区的右下部，主要以丛林水屋、互动戏水和滑水等为主，让游客充分体验戏水、玩水的游乐体验。

8. 滨河景观区：此区域主要由入口滨河景观带和绿化防护林带组成。

PLANNING CONCEPTS AND DESIGN 2

总平面图 MASTERPLAN

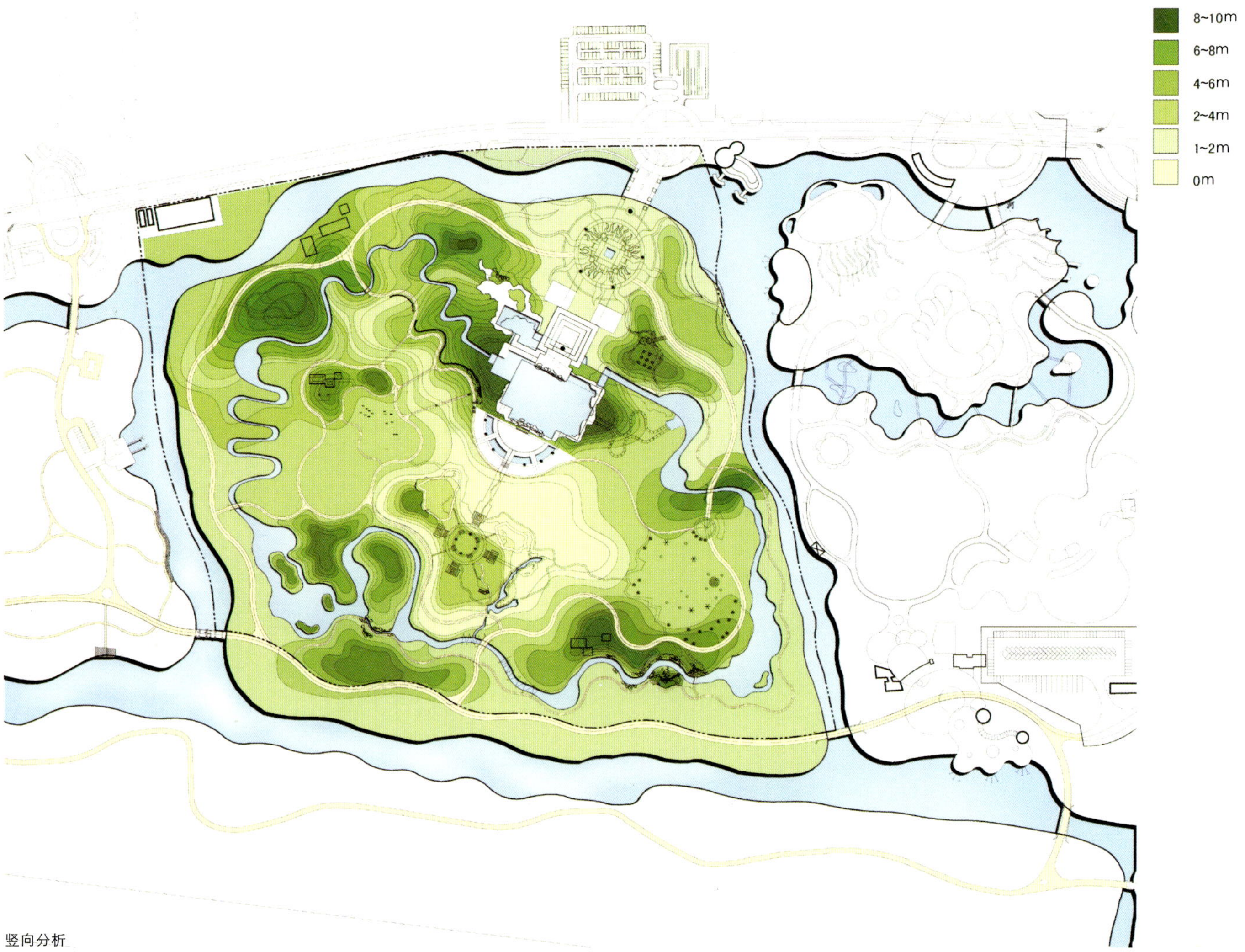
8~10m
6~8m
4~6m
2~4m
1~2m
0m

竖向分析

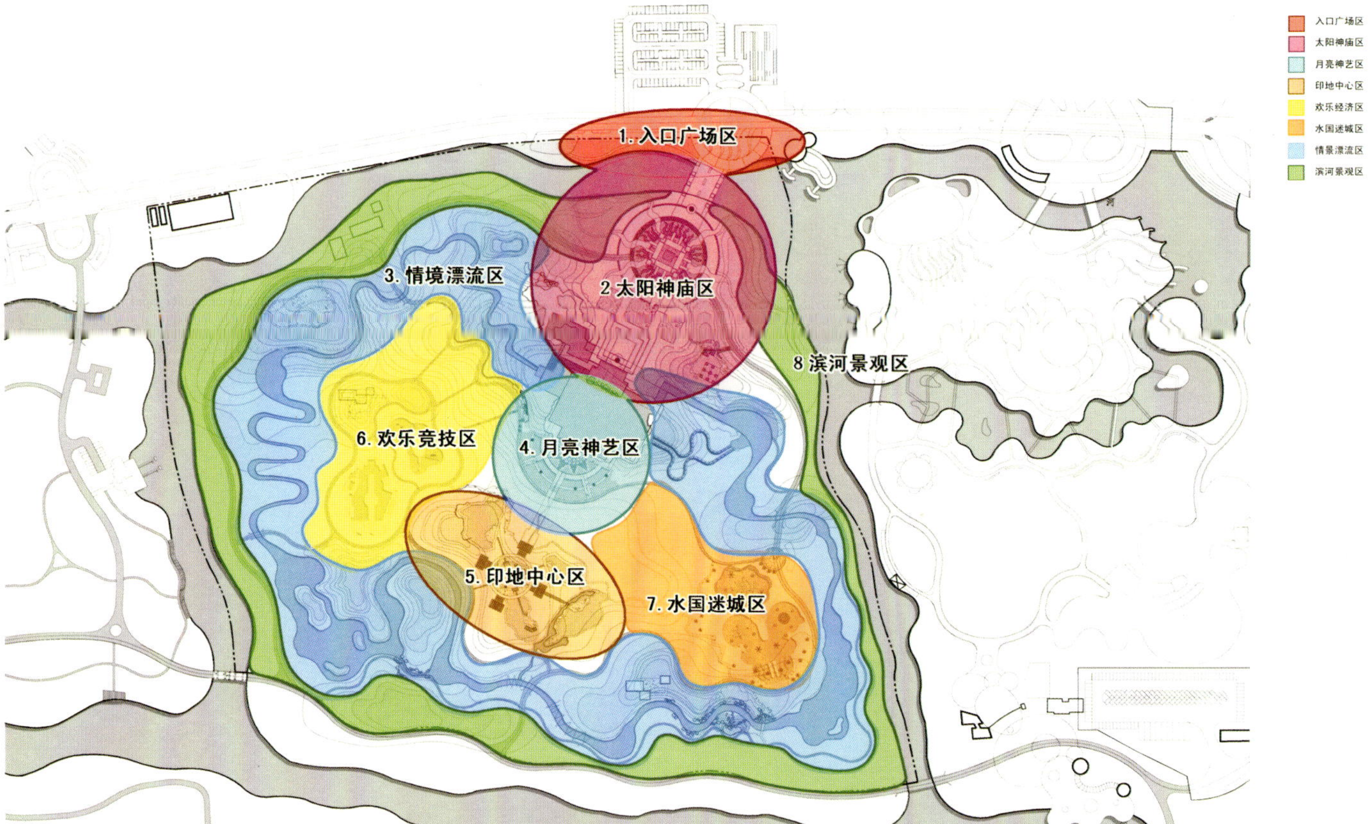
入口广场区
太阳神庙区
月亮神艺区
印地中心区
欢乐经济区
水国迷城区
情景漂流区
滨河景观区
1. 入口广场区
2 太阳神庙区
3. 情境漂流区
4. 月亮神艺区
5. 印地中心区
6. 欢乐竞技区
7. 水国迷城区
8 滨河景观区

功能分析

植物种类选择的要求：

■ 当地适生种类包括乡土树种以及经人工引进、已在本地长期“安家落户”能适应本地区的气候条件、生长发育良好并已得到广泛应用的绿化树种。表现主题氛围的特殊树种采用海藻、棕榈等易生长的亚热带品种，结合人工造景凸显环境。

■ 林下地被植物的根系生长不能与乔木的根系在同一土层内争夺养分。一般要选择浅根性的草种、灌木或选用根系有固氮作用的其他林下种类。

■ 垂直绿化用的园林植物其附着器官的性状各不相同，选择适应既定墙体或构筑物饰面的种类，如墙体饰面光滑，选用吸附力强的攀缘植物种类。

■ 建立防护林，选择相适应的抗性种类。

■ 对植物的管理，实质上也是植物生存的因素之一，管理的投入情况、管理所能提供的植物生长环境的质量都是选择植物的制约条件。

■ 对于某些非当地适生种类，在总体设计中经特殊选定并经采取一定技术措施即能够满足其其正常生长的，也属于可选的范围。

景观分析

总体鸟瞰图

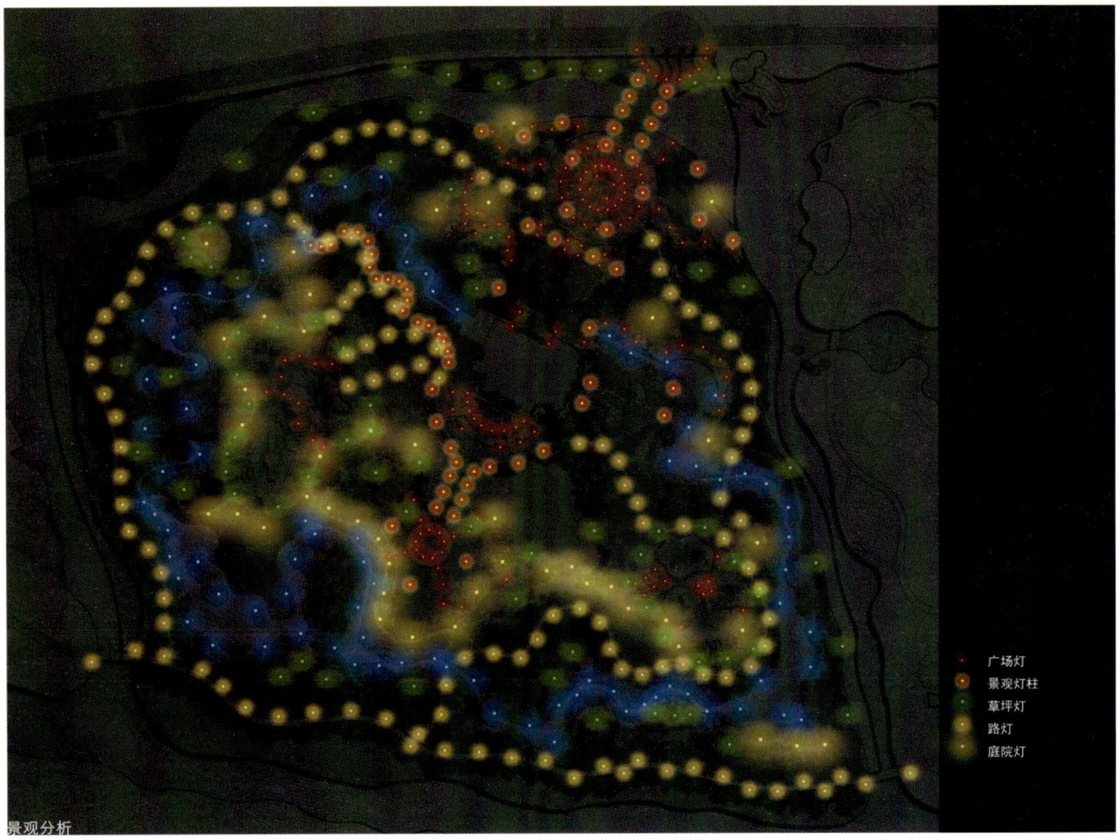

景观分析

淘金寻宝漂透视图

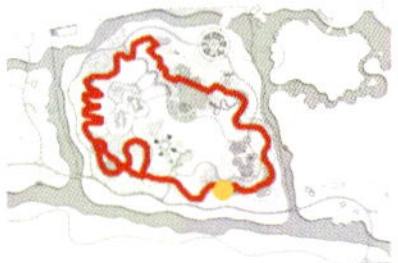

太阳神庙透视图

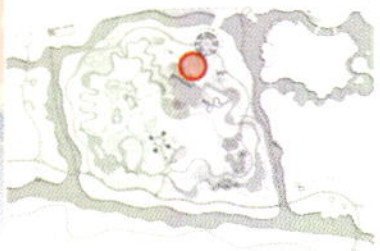

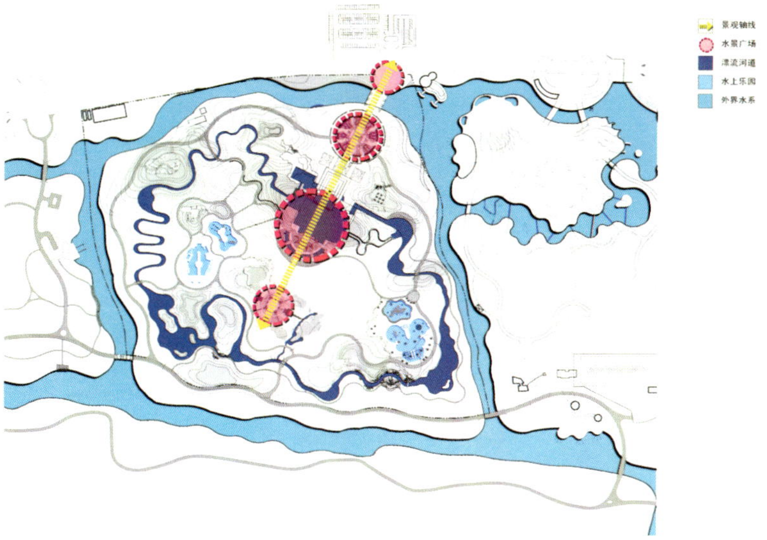

景观分析

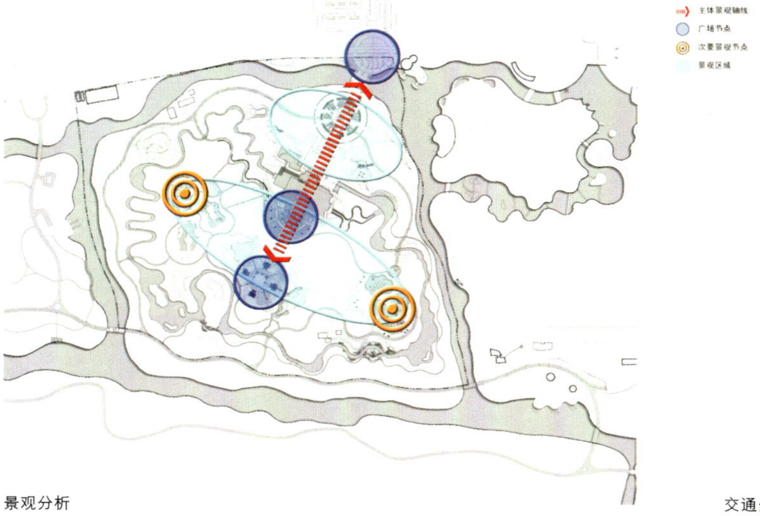

景观分析

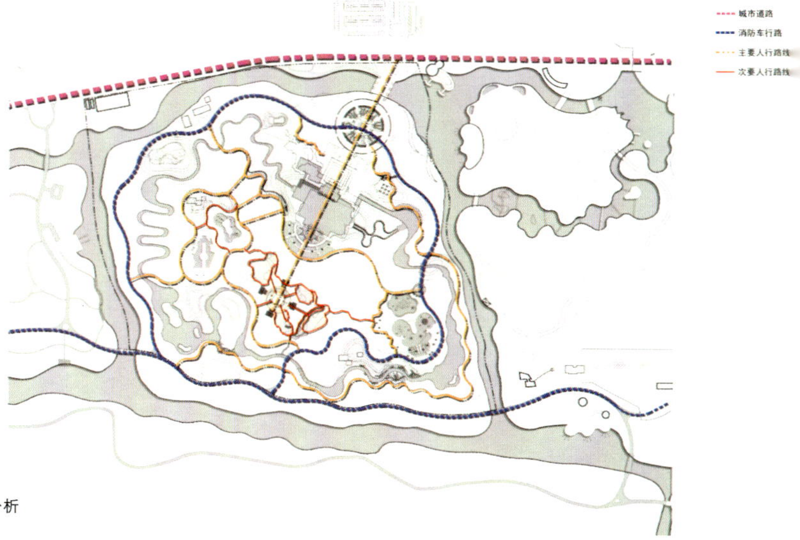

交通分析

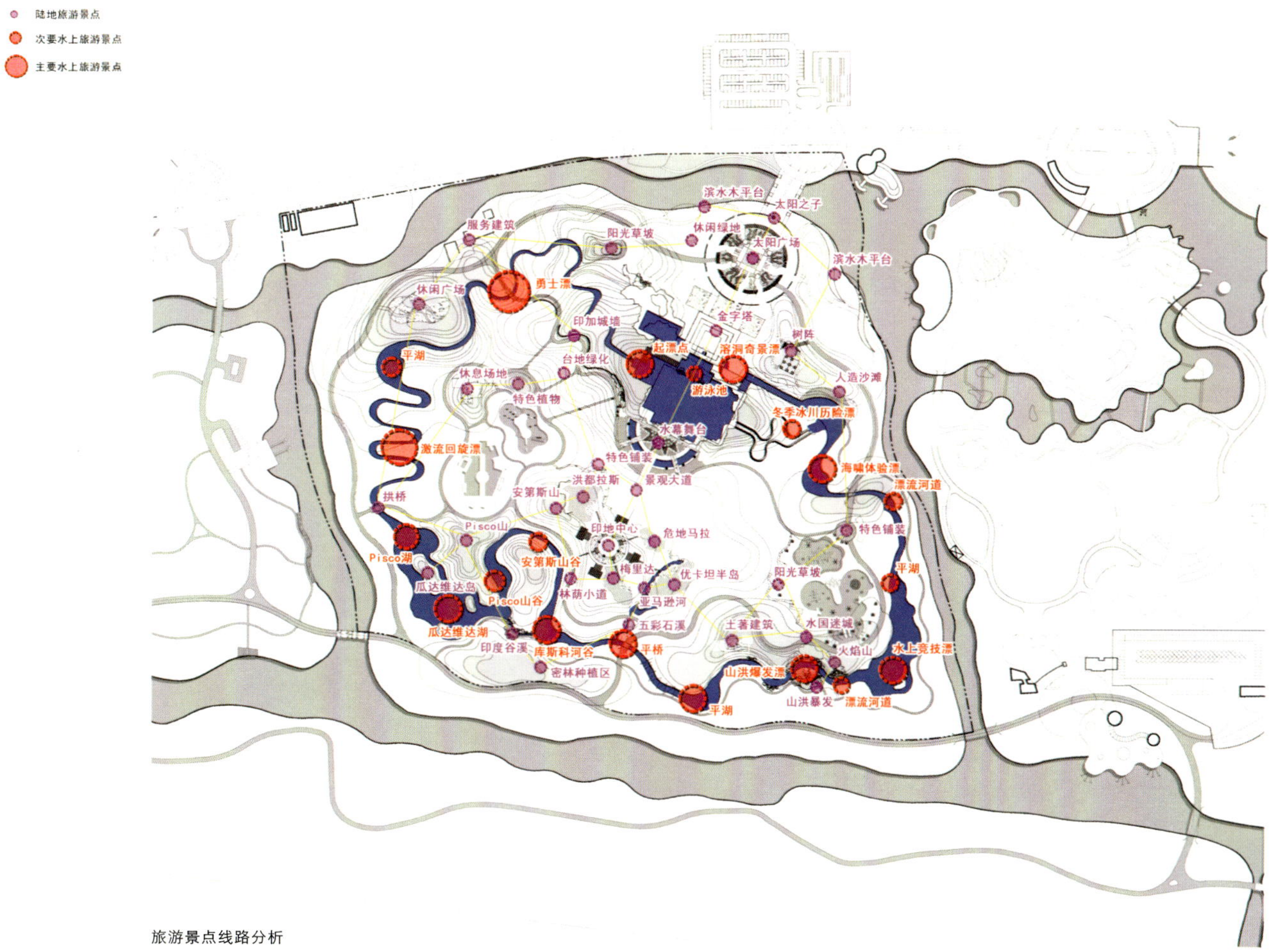

旅游景点线路分析

服务设施分布

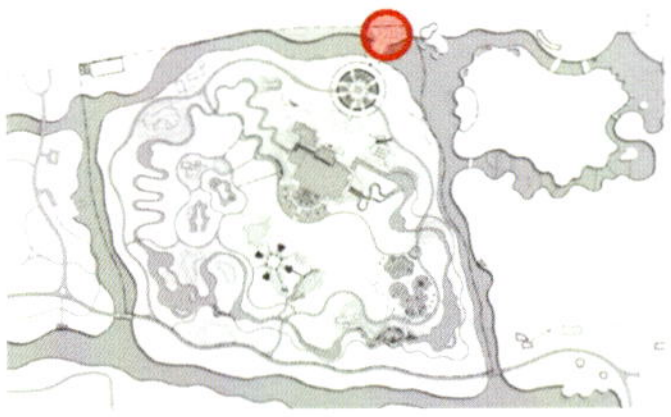

主入口广场剖面

太阳神庙区剖面

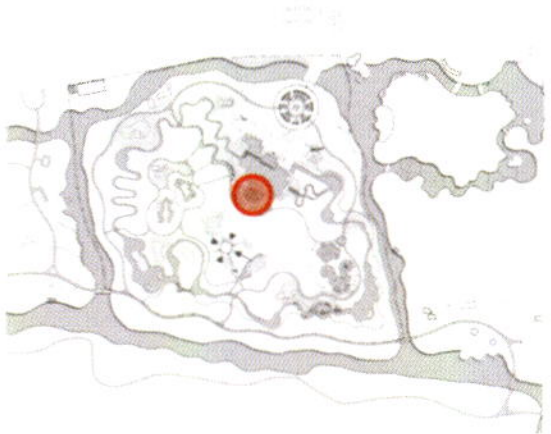

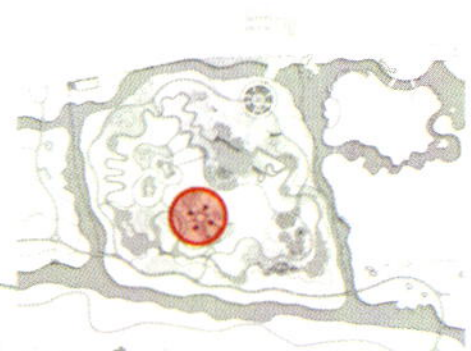

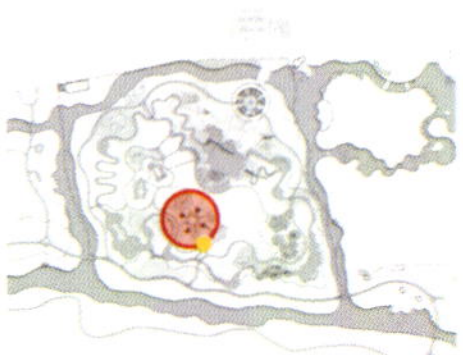

4000mm
1500mm
4200mm.

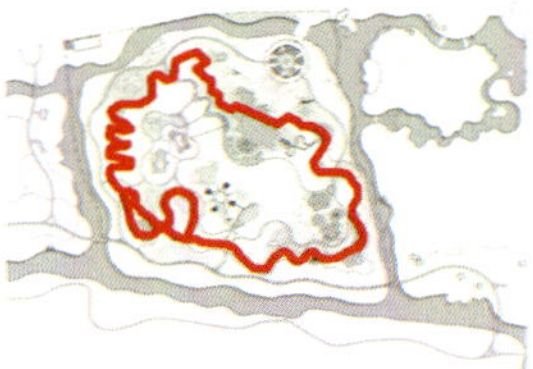

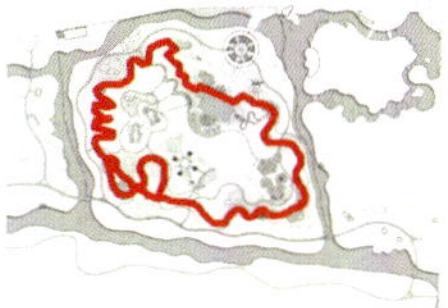

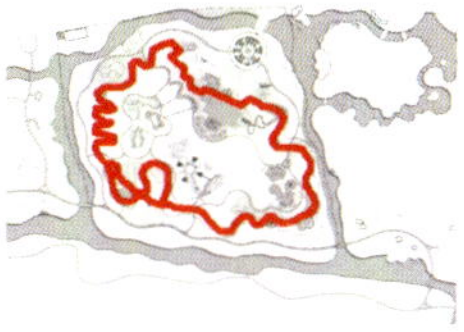

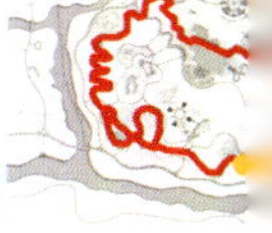

成都市双流县东升城市公园

项目资料：

项目地址：四川省成都市双流县
总用地面积：约500公顷
建筑面积：261 800平方米
容积率：0.05
景观与规划设计面积：485.9公顷
委托方：双流兴城建设投资有限公司
设计单位：四川省建筑设计院建筑景观设计所
主要设计人员：高静　白今　王继红　郑军　张涌　蔡一民　张一柔　赵华　李智　李伟　郁颂庆　熊唱　李宛倪　唐颐典　王国华　朱伟　刘源　刘红民　丁亮　廖阔

项目说明：

双流县位于成都市西南近郊，距成都市中心16公里，素有“都广之野”的美称。其境内的双流国际机场是西南地区最大的航空港。

规划公园位于双流县东升新城区中心区域，总用地面积约500公顷。园区东邻双流国际机场，西、北面新川藏公路环绕而过，东、南接老川藏公路，规划中的成都地铁3号线直达园区中部。

园区内有白河、三支渠纵横两条水系。现有植被情况较好。保存了独特的以慈竹群落为主体的川西林盘景观，河渠、道路两侧多列植杨树、水杉等。

1. 设计理念

1.1 尊重场地精神：历史、过程、格局

源于府河与江安河相汇于县内二江口而得名“二江双流”的古城“广都”，其新城区城市公园用地内仍保留了两河相汇（白河与三支渠）的历史格局。

紧扣航空港主题，遵从并发展“双流县新城区城市设计”所提出的景观结构布局，保留原有农田、林盘和水系肌理，形成以“五湖四海”统领园区的基本格局。

充分考虑场地周边的邻里关系和城市肌理，场地内的出入口及视线通道都与周边社区的主要出入口呼应，并形成景观绿带向相邻区域渗透。以活跃的边界处理引导人的活动参与到自然景观之中。

1.2 彩凤展翅意象：经济腾飞、新城市建设、体育文化与场地精神的和谐

彩凤展翅是经济腾飞的象征；彩凤展翅是新城市建设的体现；彩凤展翅是体育运动文化的内涵；彩凤展翅是航空港赋予城市的荣耀；彩凤展翅是场地结构与功能的自然流露。

1.3 生态文化基础设施建设：人文历史与自然生态轴线，文化遗产与康体休闲廊道。

双楠大道
白河西路
白河东路
一杆旗北路
双温路
绕城东路
内环路
新川藏路
洪江路
唐子桥路
白河路
西安路
迎春路
吴坝街
棠湖西路
棠湖北路
棠湖东路
棠湖南路
淳化路
一杆旗南路
凤鸣湖
芙蓉海
凤翔湖
凤舞湖
凤转湖
凤栖湖
翠竹海
红枫海
紫薇海
体育中心
N
1 主入口广场
2 标志塔
3 中心喷泉（106.7米）
4 停车场
5 双流文化艺术中心
6 空港新天地
7 特色餐厅
8 咖啡茶室
9 海棠会所
10 森林雕塑园
11 游人服务站
12 动漫创意城
13 极限运动场
14 青少年活动中心
15 湿地公园
16 蝴蝶生态博物馆
17 高尔夫会所
18 水岸度假别墅
19 五凤楼（游客接待中心）
20 陶艺吧
21 水文博物馆
22 乡土博物馆
23 水上活动中心
24 民俗文化街
25 田园雅舍
26 人防指挥所
27 爱心花园
28 老年活动中心
29 儿童乐园
30 航空俱乐部
31 会所花园
32 主题游乐园
33 航空博物馆

乡土公园透视图

森林公园鸟瞰图

1.3.1 人文历史轴线

它是彩凤的双翅，是承载地域传统融入美好未来的有力依托，是川西田园风光和历史文化与现代化航空港和谐共生的演绎舞台。在保留的棋盘状田园格局基底上，星罗棋布地点缀上城市历史长河中每一个闪光而美好的记忆，由古至今，生生不息！

文化遗产廊道：联系棋盘状的田园、阡陌交错的水系、地域特色的林盘、非物质文化遗产的展示以及航空俱乐部文化。

1.3.2 自然生态轴线

它是彩凤的主干，是自然和生命延续的基础，是以积极的、向上的运动健身主题贯穿始终，展现生命活力和拼搏意志的场所。在由北向南延伸至牧马山风景区的生态长廊中，注入生命脉动的气息和自然生态循环规律，揭示可持续发展的景观规划模式。

康体休闲廊道：一条彩链般贯穿南北的人行、自行车、旅游观光车通道将多类型的文体休闲场所、多元化的运动休闲选择、多样化的生态群落联系在一个共同的主题下，人与自然和谐共处。

1.4 以人为本，天人合一：设计人性场所，营造生态景观

景观基质：大面积森林、湖泊和疏林草地；

湿地重建：利用园区内现有的河道、沟渠、鱼塘，通过合理的整治和改造，形成湖泊、湿地，广植荷花芦苇之属，人行栈桥穿行其中，在规整的城市布局肌理中，充分展示自然之美。建立雨水收集水系和湿地，构成景观生态廊道，重建地表水系以及丰富多样的动植物栖息地；

休闲廊道：部分保留整治原有乡间小路，延续田园肌理和历史轨迹。建立自行车道和步道网络，构成线性休闲景观廊道，走进和体验自然意趣。

1.5 构建融入市民生活的城市绿地空间网络

依托重要的都市景观、自然水系、城市干道及既有的绿地开放空间（棠湖公园等），整合城市绿地空间网络，并与自然斑块连接，顺应家庭－邻里－社区－城市－郊野的人的活动维度方式，将花园城市引向自然。

2. 功能布局

2.1 区域功能定位：城市综合性公园

本方案双流县东升城市公园总体定位：基于生态设计原则、尊重场地特征、满足多重体验需求的融体育活动、休闲游憩、科普教育、艺术创意、旅游观光于一体的城市大型综合性公园。

公园的建成将完善城市功能、提升城市形象、改善人居环境，并加快双流新城向成都市的园林式卫星城市迈进的步伐。

2.2 邻里关系与两条功能轴：人文历史轴、自然生态轴

既定的东部的双流国际机场、东北和东南部的居住用地、棠湖公园、北部的蛟龙工业园、西南部的城市体育中心、南部的牧马山风景区、中西部的政务中心及市政商业用地、西南和东南部的学校以及西北和西南的预留居住用地划分，决定了公园的最佳布局。

文体设施自北向南渐次展开，形成饱含活力、激情四射的康体休闲长廊和河渠、湖泊、林地、草地、湿地相结合的自然生态轴。

展现地域风貌、历史文化、未来畅想的人文设施自西向东依次排开，形成传承历史文脉、发扬地方优势、展望城市未来的人文历史轴。

中心公园透视图

空港新天地鸟瞰图

艺术公园鸟瞰图

2.3 康体休闲廊道勾勒活跃的边界邻里走廊与开放的自然游憩空间

依据周边城市界面性质，强调公园与周边环境的边界效应，精心对待边缘空间，创造出方便到达又适宜人们停留交往的邻里走廊，让绿地空间更为贴近人们的日常生活和工作，以期获得良好的城市公共影响力。

中部核心的自然游憩空间既具备“城市绿肺”的生态功能，又满足人们回归到作为自然的一部分的人最简单、最自然状态的生活状态的体验。

2.4 内部功能分区

基于以上分区原则，结合城市道路骨架网络及场地特征，沿自然生态轴由北向南将场地划分为五个主题园：运动公园、中心公园、湿地公园、科技公园以及森林公园；沿人文历史轴由西向东依次为三个主题园：乡土文化公园、爱心公园以及航空主题乐园（其中中心公园与自然生态轴共有）。各主题园分区清晰、特征明确，有利于分区建设和分片管理。

3. 内部交通组织

其一，贯穿园区南北、东西的林阴漫步走廊将因城市道路网格系统打断的园区有机联系起来，既保证了园区内交通的整体性，又可成为园区内动物自由迁徙的通道。

其二，园区内便捷、发达的步行交通系统。在部分保留和整治原有路网系统的基础上，结合河流、湖泊的走向和山体地势的起伏形成园区内便捷的交通和丰富的体验路网。

4. 景观规划

4.1 以“五湖四海”的设计理念为主要景观线索

通过对流经园区的白河和三支渠的边界改造以及局部结合用地内原有池塘、洼地的整理，在园区内纵横轴线方向形成象征“五湖四海”理念的湖泊和较为自然的河流生态驳岸。因扩大湖泊而造成的挖土就近堆砌为山，使原本平坦的地貌得以重塑，形成地势的起伏变化，山水相依。

4.2 以自然山水、植物为主要景观基质

结合园区内的山水地形，尽量减少人工硬质铺装，以植被覆盖园区。利用植物所具有的降温、增湿、净化空气、降低噪音、涵养水源、保持水土等功能，减少水土流失，改善人类的生存环境。在进行植物景观配置时尽可能多地选用从乔木、灌木、藤本植物以及草类、花卉等地被植物和各种水生植物品种，以保证植物群落的生物多样性。而且在空间区域的分配上应充分进行覆盖，形成上木、中木、地被以及水生植物相互结合、相互补充的局面，达到能量物质的循环有序流动，形成一个可以一定程度抵御外来因素破坏并持续向外部进行能量输出的系统性生态群落。

鸟瞰图二

空港新天地透视二

空港新天地鸟瞰图

空港新天地透视图

北京市朝阳区海棠公园

项目资料：
项目地址：北京市朝阳区
设计面积：33.1公顷
设计单位：北京创新景观园林设计公司
主要设计人员：李战修 靳桂龙 黄通

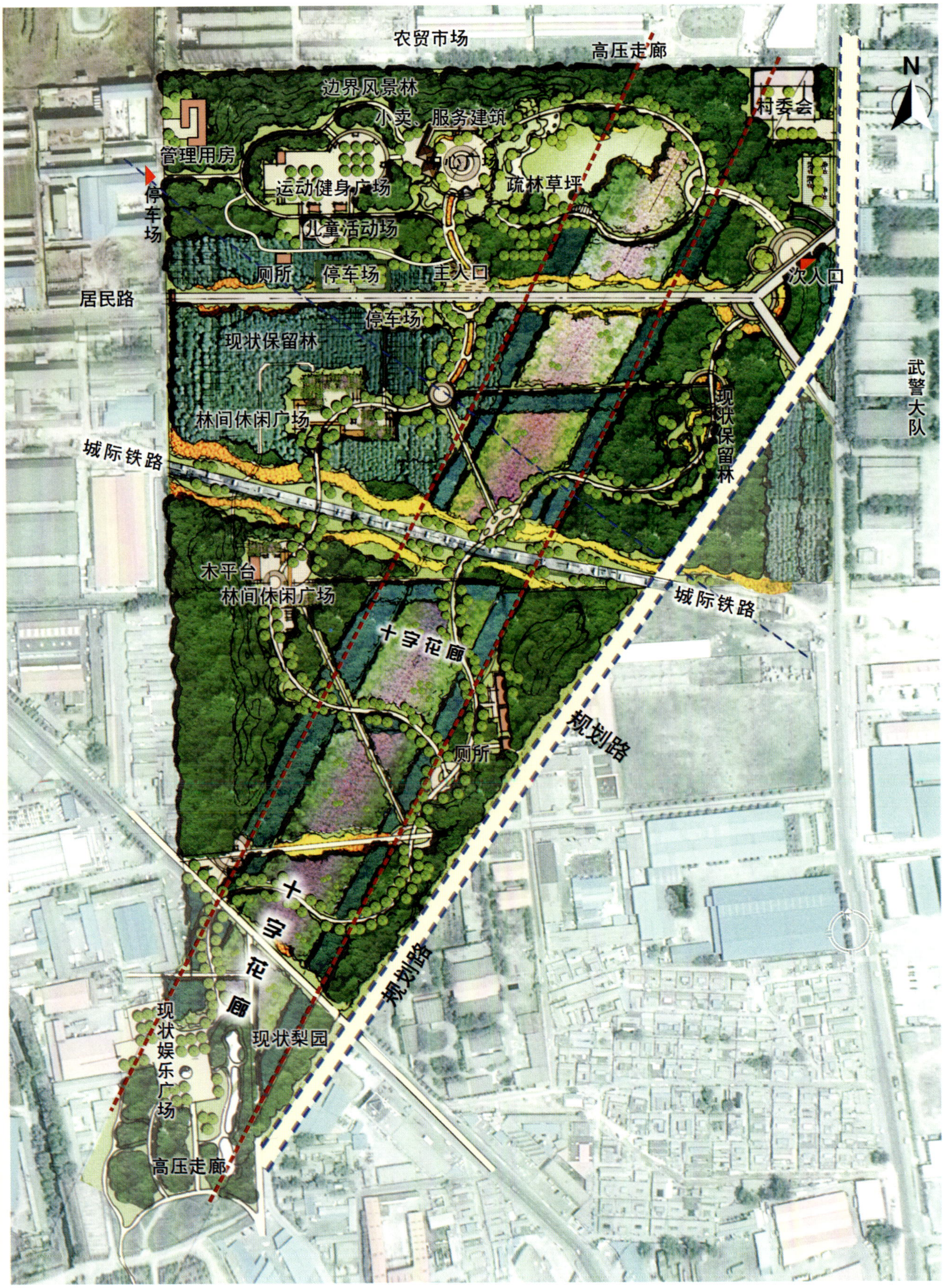

项目说明：

一提起郊野公园，给人固定的模式就是粗放的原木、自然的山石，少量的活动场地等。但在一些紧邻城区人员密集的场所，不可避免地要考虑一些城市现代人的需求和现代景观的延伸，海棠公园就是依据场地周边景观互补性的需求，在保持森林野趣的前提下，借公园的特色主题元素，实现了现代气息与郊野特色的结合，整个北京郊野公园环的建设也应避免出现千篇一律的审批和设计的定式，应因地制宜、因景制宜，形成多元统一的风格和特色，只有这样才能更大地发挥出它应有的价值。

1. 项目概况

海棠公园位于北京市东南部的朝阳区十八里店乡，地处四环路与五环路之间，交通方便，面积33.1公顷。周边有翠城大型经济适用房小区及多个村落，是普通老百姓密集的区域。随着乡办经济及现代产业的迅猛发展，大量的外来人口涌入，因此迫切需要优美的环境和放松身心的场所。

2. 公园名称

公园周边有三个知名的村落：海户屯村、老君堂村、花墙子村。公园也主要是为这三个村的村民服务，故在三个村名中，各取一个字（音），“海棠花”构成公园的主题特色，同时又符合郊野公园突出植物造景的要求。

3. 基地分析

现状场地地势平坦，被乡级的军民路分为南北两部分；北部植被稀少、空旷，而南部有大片的现状树，其中柳树约2000株、杨树约800株；整体植物品种单一，而且由于缺少看护管理，许多品种如梨树、苹果树等已严重退化，需要调整更替。另外，公园内有高压走廊和城际铁路交叉穿过，形成立体十字形空间结构，如何处理这一不利因素，成为设计的一个难点。

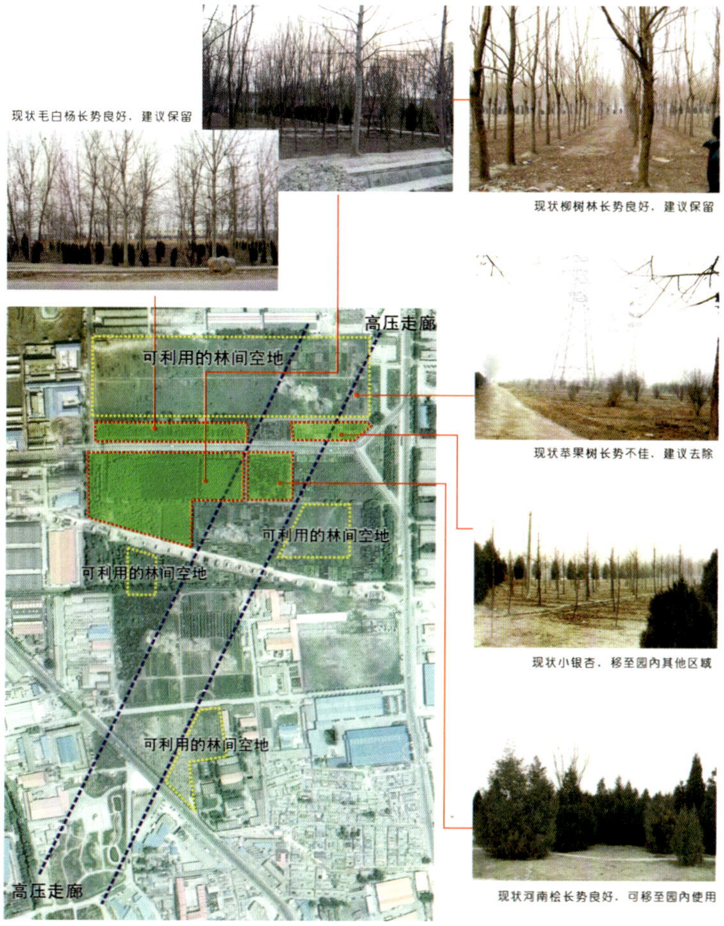

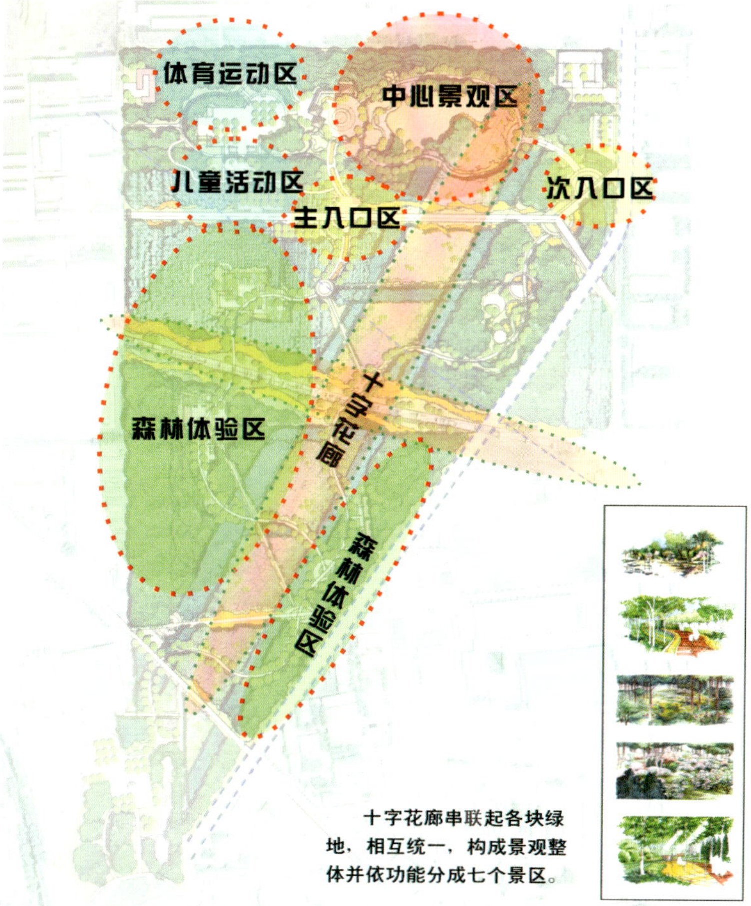

4. 功能分区

首先依据场地的特点进行整体设计，布局紧凑，形成公园的个性，在体现生态优先、协调现状的同时，为不同年龄层次的人提供了篮球、羽毛球、乒乓球、轮滑等多功能活动场地，吸引居民的参与。公园在竖向上被现状的高压走廊及城际铁路贯穿，构成了十字形的空间结构，功能分区充分利用这一特征，以十字花廊串联起中心景观区、体育运动区、儿童活动区、森林体验区、入口区五大景观区，相互协调。

5. 植物景观

十字花廊：南北向高压走廊以各色海棠为主，穿插其他花灌木，形成由春到夏的连续性动态景观。东西向城际铁路高架桥两侧以各色黄颜色的开花灌木组成植物景观带。

中心景观区：以疏林草坪为中心，结合海棠品种的展示，形成植物特色。

体育运动区：以色叶植物及野花组合体现郊野公园特色。

森林体验区：保留现状以柳树为主的纯林特色，南侧空地补种或者移植柳树，形成统一的森林景观。

儿童活动区：种植各种观赏果树，形成景观特色。

6. 设计特色

6.1 围绕现状林

公园保留了成片的现状林，利用这些已经成形的森林景观，设计多条白色现浇混凝土路，纵横交错，笔直地穿插于树林之中，直线型的路与原来规则的种植肌理相吻合，既避免了砍伐，又形成了视觉冲击，行走其间，体会柳林漫步的乐趣。各类健身场地也都是依林而设，舒适实用，乐在其中。

6.2 突出海棠花

公园种植了10余种，约5000余株各色海棠，同时在门区点缀了多株高大的海棠，形成公园明确的植物特色。另外，提取了海棠花缤纷的形态和色彩作为现代语汇。应用到小品之中，花瓣形大门、海棠花廊、座椅等都强调了动感的设计和丰富的色彩，使整个公园在绿树的映衬下，给人带来愉悦而明快的心情。

6.3 朴素的材料

由于投资有限，整个项目没有用一块花岗岩石板，没有一块山石，全部采用最普通的透水砖、青石片、防腐木、石子和素混凝土这些材料，经过精心的搭配，粗粮细作，体现出了郊野公园不事张扬、追求质朴的本质。

迁安市黄台山公园

项目资料：
项目地址：河北省迁安市
占地面积：33.75公顷
委托方：河北省迁安市建设局
设计单位：北京澳斯派克景观规划设计顾问有限公司
主要设计人员：李伦 Chris Razzell 王鑫

项目说明：

这个设计项目的挑战是需要保留已经建成的（一期）景观工程，并寻求这些聚集于公园北部的人造物和位于南部的山体之间的平衡。由此，设计目的就是重塑被现状建筑的开挖而破坏的山体，还其一个质朴、宜人的本来面目，同时给新建成的公园创造特色，成为迁安市新形象的一个重要组成部分。

公园的最终设计由以下几个重要元素有机而又生动地组成："风水格局"与龙脉主线、生态学的整体修复、几何学与轴线以及当地历史、文化和工业特色的体现。

IARD LANDSCAPE LEGEND:

- feature paving
- stone pavement
- forest trail
- ramps
- stone walkway
- stone upstand walls
- stone buttress walls
- steps
- facilities / buildings
- water
- undulating grassed mounds
- rock escarpment
- park seating
- dragon teeth sculpture poles

SOFT LANDSCAPE LEGEND:

- large canopy tree
- evergreen avenue tree
- large feature tree
- small feature tree
- small bosque tree
- evergreen open forest tree
- orchard and nut grove
- feature scultpural tree
- hill forest vegetation
- hedge with seat
- maze hedge
- ground cover planting
- hedge planting
- low feature planting
- water reed planting
- water lily planting
- grassed lawn

概念设计总图

黄台山公园
HUANG TAI SHAN PARK

旅游区
TOURIST DISTRICT

珠海市淇澳岛旅游度假区

项目资料：

项目地址：广东省珠海市
占地面积：221公顷
委托方：中新集团
设计单位：北京澳斯派克景观规划设计顾问有限公司
主要设计人员：李伦　常乐　何娅娅　周耀曦　黄姝
合作单位：清华建筑设计院

项目说明：

淇澳岛位于珠江三角洲经济圈内，紧邻珠江入海口，东望香港特别行政区和深圳经济特区，南依澳门特别行政区，具有良好的区位条件优势。

项目总体规划提出以保护性开发为原则，打造1~2处较有规模和吸引力的旅游项目。该项目是淇澳岛整体中最重要的区域（221公顷），规划以旅游为主脉，串联起各个功能组团，充分利用自然地貌，统筹安排各功能区，布局相对集中，建筑景观化，避免遮山挡海，将开发与环境紧密结合。

规划结构为“一环两心、四区四点”：

一环：片区环形布局空间；以环岛主干路为主轴，串联各个分区功能组团；

两心：以海洋之星为主的人文核心，以佛禅文化园为主的自然核心；

四区：东西南北四大生态旅游居住片区。

具体项目安排包括：旅馆+佛寺旅游（4+1）、特色风情小镇、生态景观高层居住、海洋之星的国际会展中心等。总体规划希望以高科技、生态化的设计理念，通过旅游与地产的互补优势，为区域建设增添一道风景线、一组发动机。

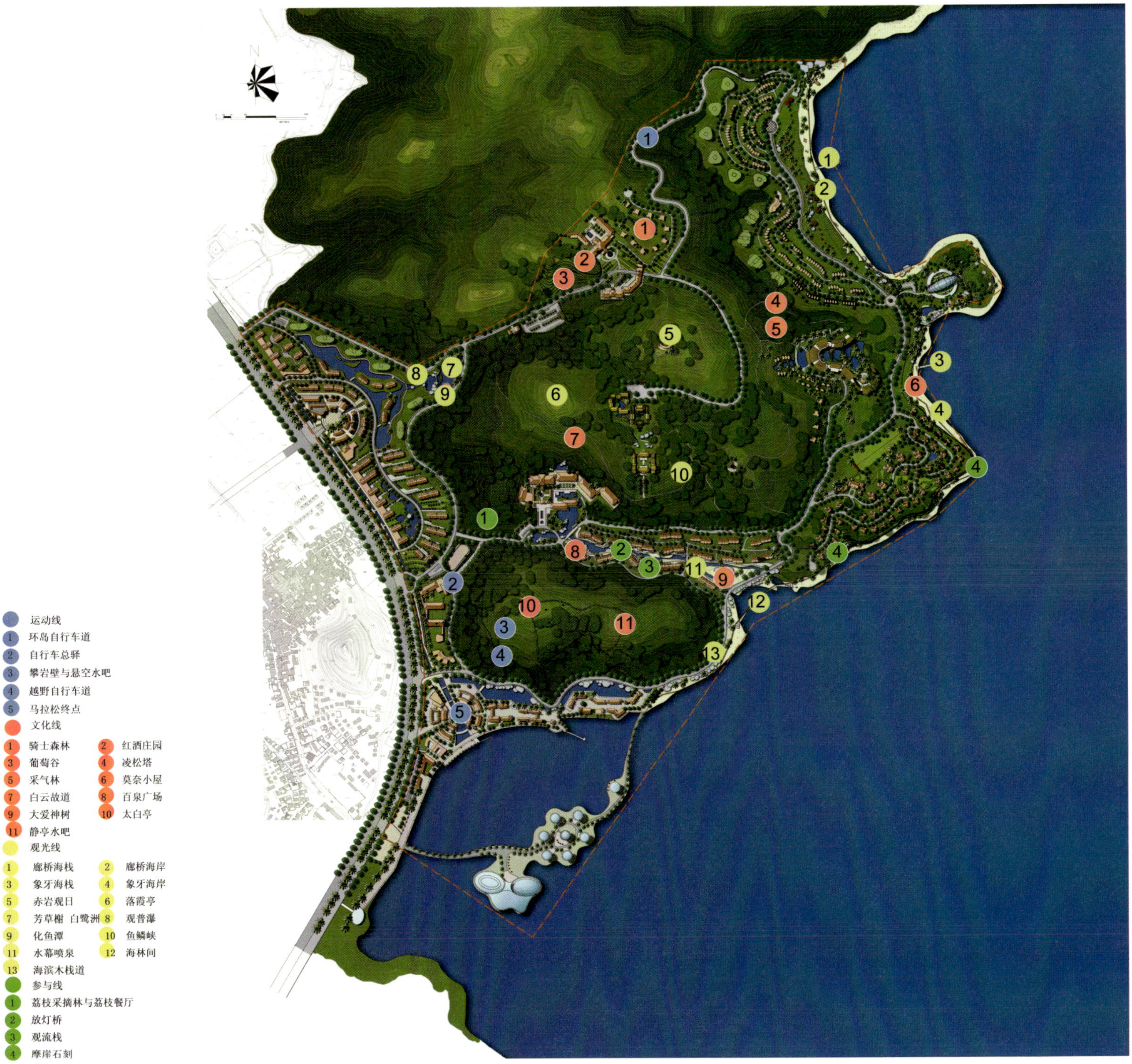

观光线分析图

参与线分析图

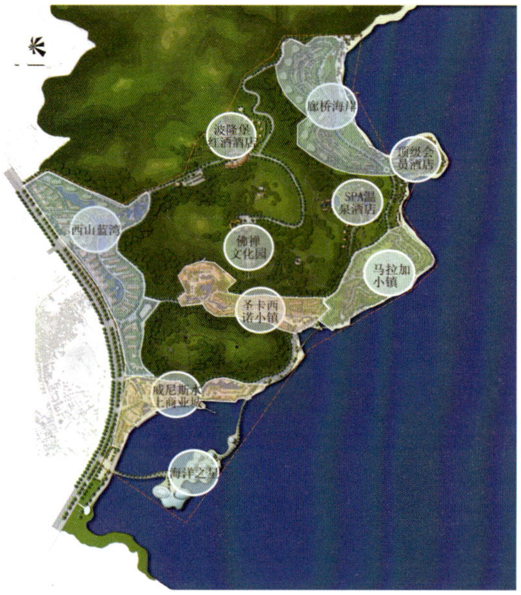

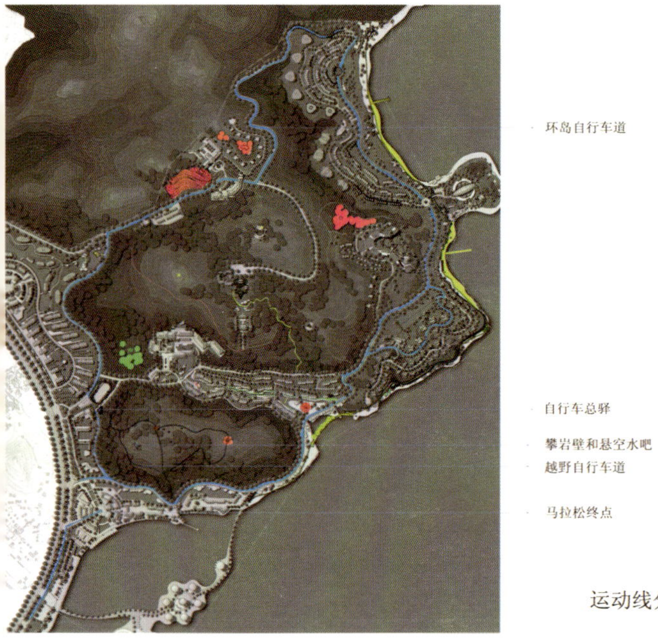

运动线分析图

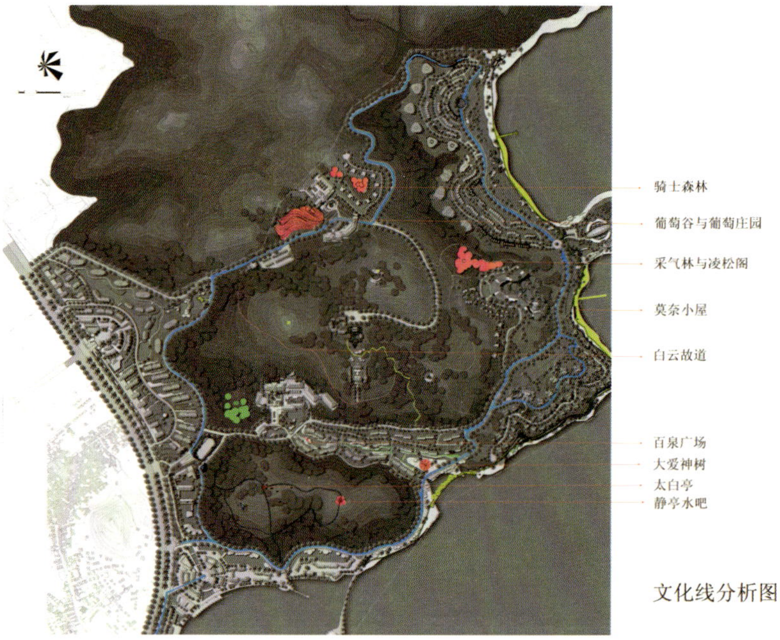

文化线分析图

SUAREZ
Lee

PRADA
VERSACE
SUAREZ
COACH

无锡市蠡湖景区

项目资料：
项目地址：江苏省无锡市
占地面积：37公顷
设计单位：EADG泛亚国际景观设计有限公司
主要设计人员：陈奕仁 顾为光 吕小强

项目说明：

鑫湖景区已是华东最大最美丽的开放式城市山水公园，此次鑫湖东扩是鑫湖36公里湖岸线上最后一个主要景点，也是收官之作。

鑫湖自古是鱼米之乡，有悠久的渔文化历史。基地本身的文化内涵给设计提供了灵感来源。将这种文化内涵结合现代人向往自然、追求自由的心愿，通过抽取当地传统特色，以此作为设计语言，贯穿在整个设计中。设计提出了自然、自游、自乐、与鱼共乐、忘情山水之间的设计概念。

通过设计，C地块能够成为鑫湖东大门的形象地标，城市面向鑫湖的窗口、市民聚集的湖畔欢庆场所以及鑫湖风景区的旅游名片。

肇庆市天海湖旅游度假区

项目资料：
项目地址：广东省肇庆市
设计面积：6平方公里
委托方：志高华美投资有限公司
设计单位：深圳市麟德旅游规划顾问有限公司
主要设计人员：张芳　孙千　王屹　韦铭

项目说明：

天海湖旅游度假区位于四会市，规划面积约6平方公里。区内山环水绕，岛屿林立，环境清幽，旅游资源得天独厚。

规划重点针对珠三角地区高端度假、商务和时尚人士市场，以高端商务、培训为服务空间，吸引珠三角地区乃至中国南部知名培训机构以超市的概念兴办主题丰富、个性突出的综合性培训超市，同时吸引珠三角地区拥有较大社会影响力的机构、知名企业、社会团体来此兴办自用为主的培训中心；利用天海湖的青山碧水营造舒缓、闲适、清爽的度假环境，配套商务酒店、演艺中心、会议中心和休闲娱乐设施，辅以低密度的商务会所、度假木屋，建设融休闲度假、商务会议、康疗健身、时尚运动、特色餐饮、购物于一体的四会市乃至肇庆地区知名旅游品牌，从而打造华南地区具有较强市场竞争力的国家顶级湖泊型高端休闲度假目的地。

在设计思路上采用国际设计手法与本土材料相结合，实现古典与现代、东方与西方的时尚混搭。在具体设计上，以天海湖为核心，形成“一核、一带、四区”的空间布局，重点打造桔色桔香、天海禅境、贝拉湾、索菲特大酒店群、哈尔斯塔特小镇等景观节点。

分区设计

1.“玉溪湾”门景服务区

湾者，水流弯曲、湖岸凹入陆地的地方，门景区的打造以沙糖桔、水塘、玉器为元素，形成独具特色的玉、桔景观群落——“玉溪湾”。

位于度假区南部入口，规划引入四会市特色文化品牌——玉器文化和沙糖桔文化，打造集游客集散、管理、购物、餐饮和服务等功能于一体的入口服务区。

2.沁水湾度假酒店区

沁者，以水洗心。沁水湾，即将禅意修身、养生、养心概念融入现代SPA理念当中，以此实现身体与心灵的双重净化。

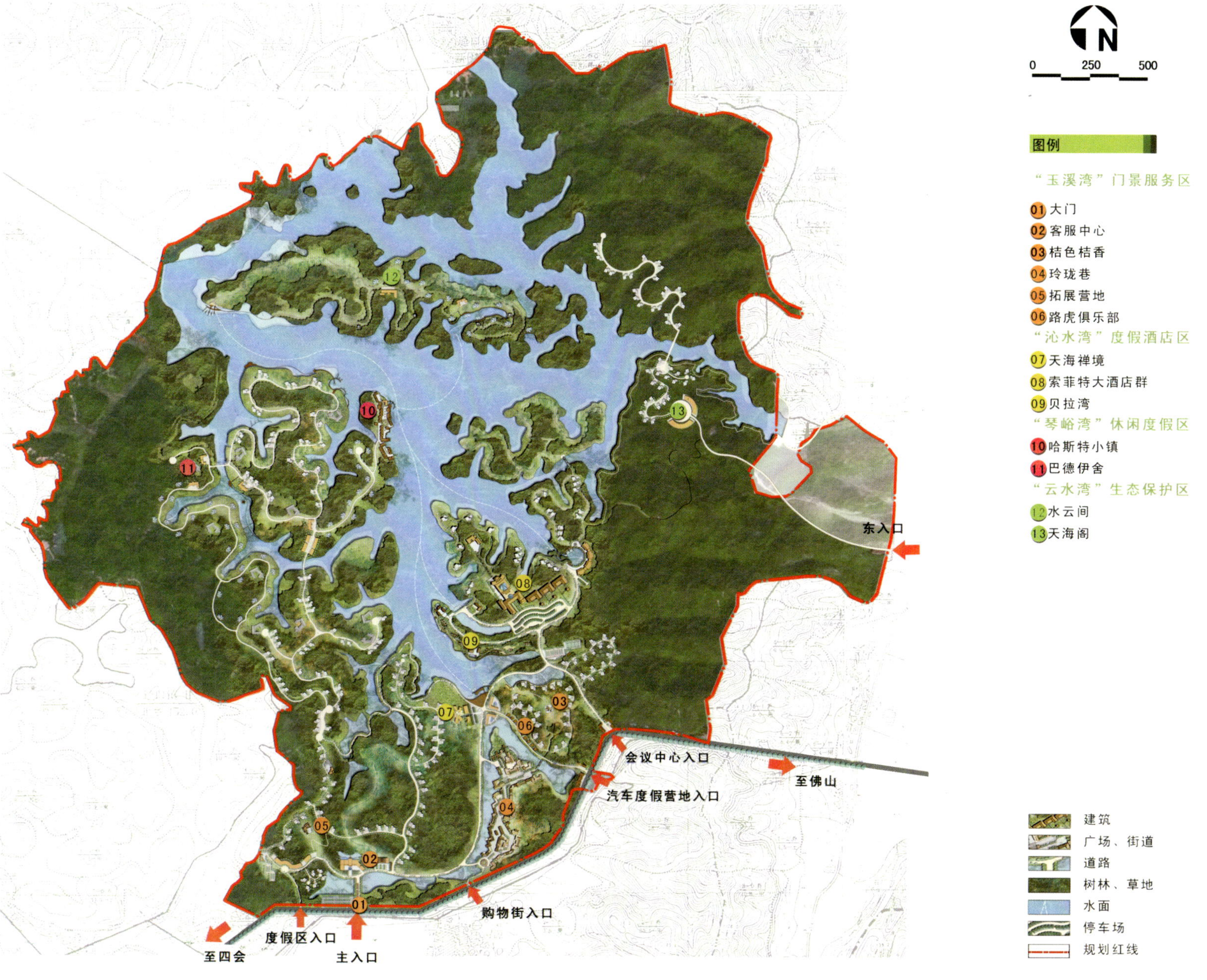

引进国际知名连锁酒店品牌索菲特大酒店、培育具有度假区个性的主题文化酒店天禅酒店以及特色SPA服务香榭丽舍SPA会所等项目，形成集生态体验、商务会议、高级培训、休闲度假等功能于一体的商务度假酒店群落。

3. "琴峪湾"休闲度假区

"峪"为小岛，湛蓝的湖水、静谧的山林、闪烁的星空，伴着湖水拍岸的声音以及小镇悠扬的琴声……组成了休闲度假区特有的意境——"琴峪湾"。

度假区异域文化体验和旅游地产项目主体区域。区内小型岛屿密布，湖湾岸线曲折迷人，引进世界著名奥地利小镇——哈尔斯塔特小镇，将美丽、富有文化底蕴的湖边小镇与度假区整体山林环境和谐交融，打造兼具异域风情与本土特色的滨湖小镇。同时依托天海湖天蓝、地绿、水清的资源环境，滨湖依山打造宜居型旅游地产项目，为珠三角顶级个性高端客源提供一个全情放松的场所。

4. "云水湾"生态保护区

湖泊和山林是生态保护区最主要的特色资源，山涧、湖面、蓝天、白云完美融合，故名"云水湾"。

该区主要以山林养护、植被恢复、水土保持为主，以维护度假区整体生态环境的和谐。

天海湖

珠海市
蛟州岛
（月亮岛）

项目资料：

项目地址：广东省珠海市

设计公司：北京TJR唐健人景观设计事务所

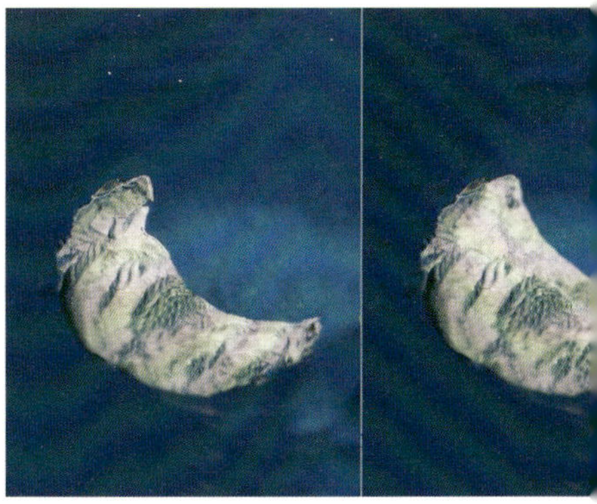

项目说明：

蛟州岛位于中国东南部广东省珠海市的珠江出海口，周围的海岛是旅游胜地和其他休闲区域。

现状问题

岛上的资源曾被开发者过度开发，施工导致岛上的植被严重破坏，并在岛上遗留下大量废弃的石头。

介入

1. 如何赋予景观新的意义？

2. 如何把设计和自然结合在一起？

设计理念

1. 启发介入：新月形海岛地形+潮汐变化

2. 岛屿遗留的大量的废弃石头

3. 场地艺术化

设计过程

如何找到与水相结合的创新设计方法呢？设计考虑到潮水的变动。当涨潮的时候，蛟州岛形成一个形状；退潮时，岛屿变成另外一个形状。这种月亮状的海岛形状是由潮汐作用造成的。

于是，设计利用岛屿上遗留下来的大量废弃的石头，在岛上的沙滩上堆成几层大坝。在海水的沉积作用下，岛内的沙滩逐渐形成阶梯状地貌。在潮水的作用下，水位在不同的线上，岛屿显示不同的形状。涨潮时，岛屿呈现新月形状；退潮时，岛屿呈现满月形状。海水在潮汐的作用下每天都有规律地涨退。因此，岛屿的形状每天从月牙形转变到满月形。

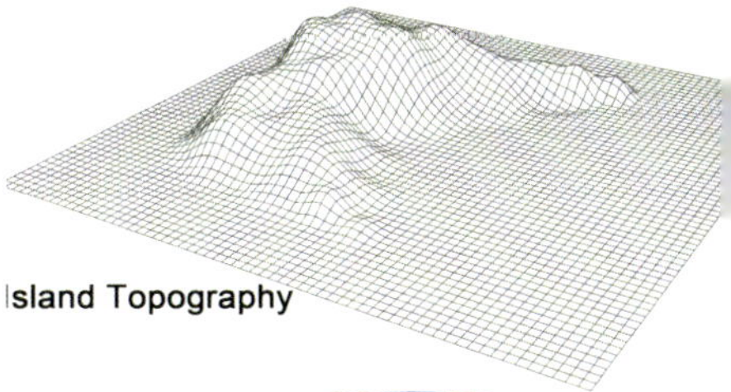

Island Topography

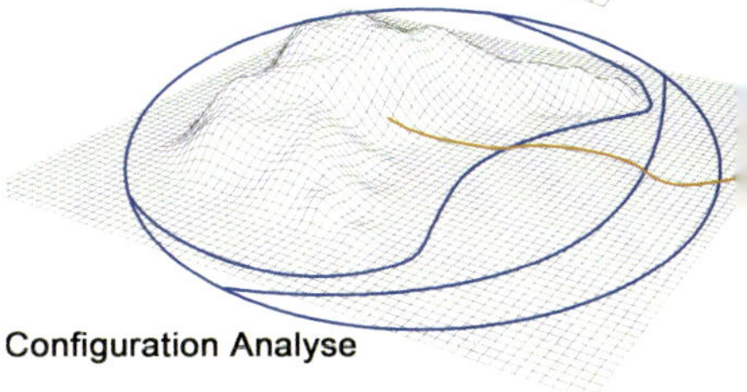

Configuration Analyse

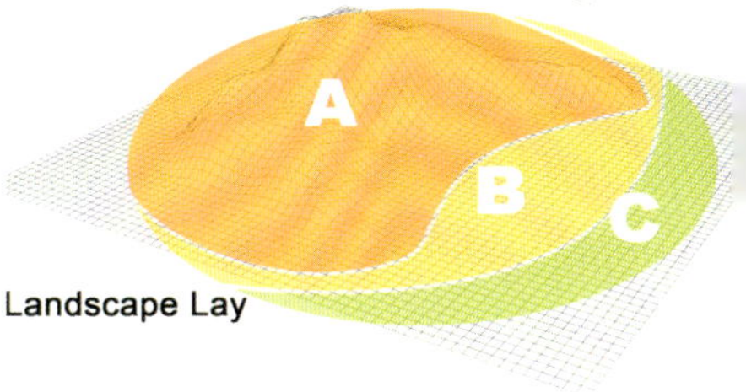

Landscape Lay

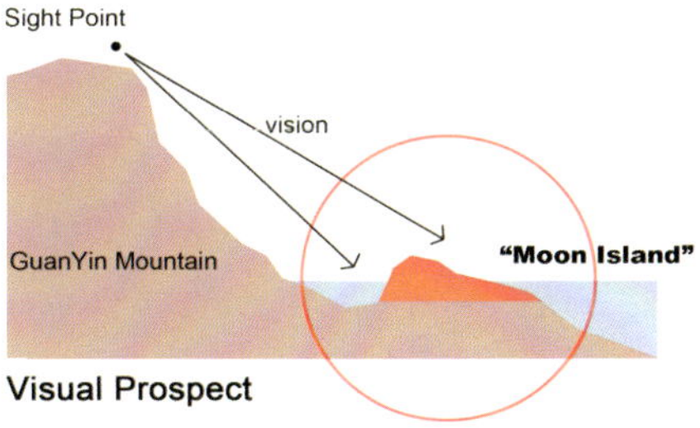

Visual Prospect

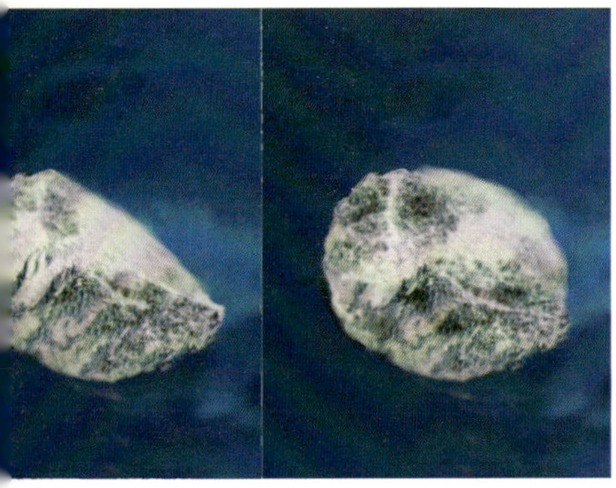

Underwater Glass Tunnel
Bam
Column Net

g Province
Zhuhai City
site
Wenzhou Island

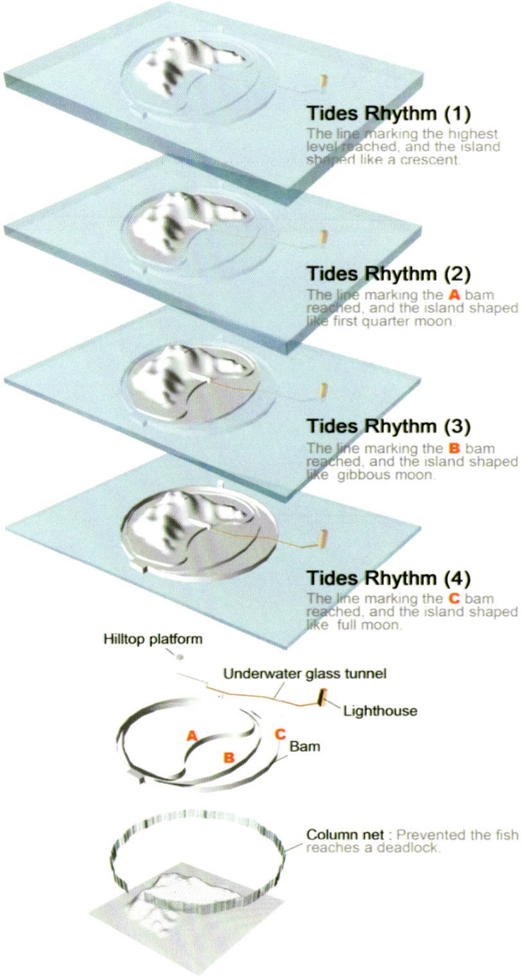

Tides Rhythm (1)
The line marking the highest level reached, and the island shaped like a crescent.
Tides Rhythm (2)
The line marking the A bam reached, and the island shaped like first quarter moon.
Tides Rhythm (3)
The line marking the B bam reached, and the island shaped like gibbous moon.
Tides Rhythm (4)
The line marking the C bam reached, and the island shaped like full moon.
Hilltop platform
Underwater glass tunnel
Lighthouse
A
B
C
Bam
Column net : Prevented the fish reaches a deadlock.

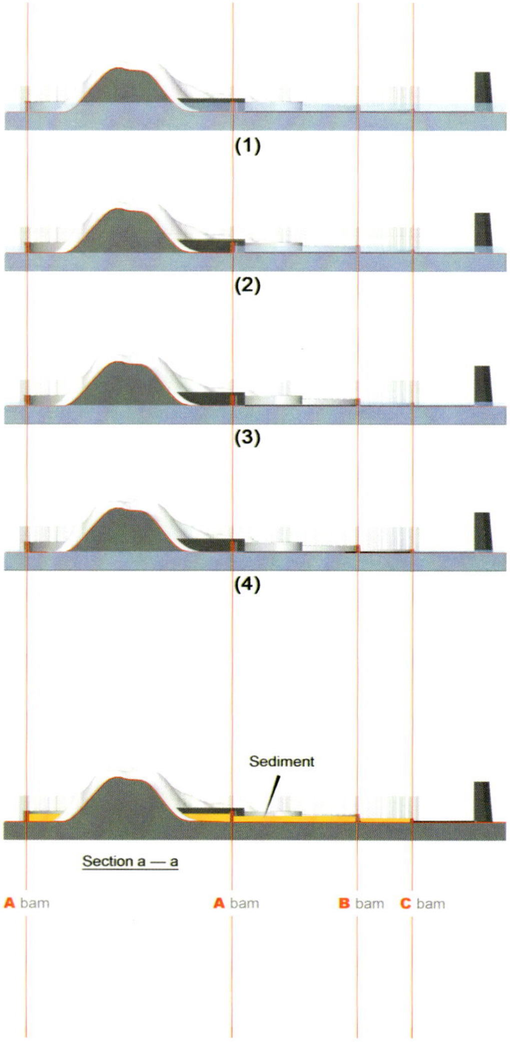

(1)
(2)
(3)
(4)
Sediment
Section a — a
A bam
A bam
B bam
C bam

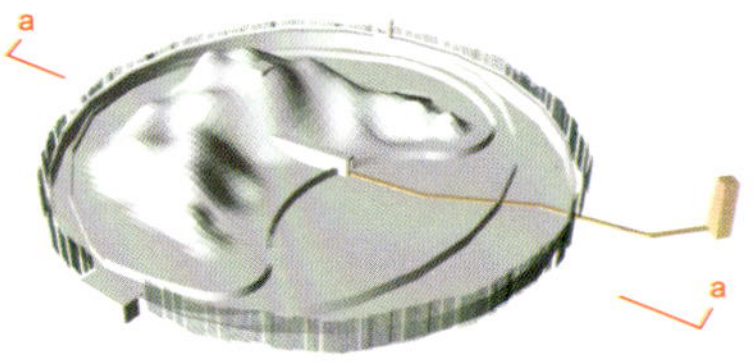

a
a

三门峡市温泉度假区

项目资料：
项目地址：河南省三门峡市
设计面积：9.5平方公里
委托方：河南省三门峡市陕县人民政府
设计单位：深圳市麟德旅游规划顾问有限公司
主要设计人员：张芳 孙千 王屹

规划总平面图
N
0 10 30 60 100 200(M)
高
路
阳
路
泉
神
陇
海
铁
路
三门峡水利疗养院
至陕县市区
省
道
至张汴
入口服务区
1 温汤小镇
温泉酒店区
2 天禅酒店
3 龙兴寺
4 天一谷
5 达摩石窟
6 老子纪念馆
7 窑洞养生苑
8 莲花寺
9 天梯
10 王莽寨
商务会议区
11 大河温泉酒店
温泉养生区
12 温泉度假中心
13 颐老苑
14 地坑院
15 四季餐厅
16 碧水湾
生态涵养区
17 农业生态园
深圳市麟德旅游规划顾问有限公司
SHENZHEN LUNTAK TOURISM PLANING &CONSULTANT CO LTD

项目说明：

陕县，古称陕州，历史悠久，文化繁盛。著名的老子骑青牛“紫气东来”典故即发源于此地，老子在陕县居住时间长达11年之久，构思和创造了中国历史上首部完整的哲学著作《道德经》；陕县也是佛门禅宗初祖达摩的圆寂之地，遗留有初祖葬地空相寺等珍惜文物古迹；高阳黄帝和武则天，历史上两大帝王，也都与陕县渊源深厚。

陕县温泉出井温63℃，日出水量6000吨，资源品位高，为偏硅酸盐钙钠型优质矿泉，可饮可浴，国内稀少。

总体设计

项目设计秉承健康养生主题，将道、佛文化概念注入温泉旅游开发，以文化生态与景观环境相辅相成的手法体现温泉养生题旨，使全社会在健康温泉养生的旅游环境中和谐发展。

从文化概念上讲：打造一条主线，即以佛道交融为特色的汉唐文化；

从空间布局上讲：形成“一核、一带、五区”东西南北呼应的空间格局；

从产业经济上讲：以温泉经济、会议经济、颐老经济、地产经济四大经济概念指导项目；

从产品体系上讲：围绕四大经济，形成温泉养生、温泉会议、颐老度假、宗教朝拜四大产品体系。

空间布局：一核、一带、五区

这一格局中，一核是支撑，一带是基点。一核是度假区核心旅游产品，将一带有机串联，激活陕县温泉旅游。

1. 一核：一个温泉度假核

2. 一带：一条特色文化景观带

3. 五区

（1）入口服务区

结合温塘村的搬迁，以温泉小镇的概念打造度假区集温泉洗浴、购物、餐饮、住宿等功能于一体的综合服务中心。

（2）商务会议区

引入星级酒店品牌，将国际会议中心、温泉、特色SPA与度假区整体山林环境和谐交融，打造具有唐风唐韵的商务会议度假场所。

（3）温泉酒店区

依托天龙湖，以道文化、佛文化、唐文化为文化轴线，将四星级禅意主题酒店、达摩石窟、特色温泉体验等景区（点）融入湖山胜景，打造度假区的核心景观群落。

（4）温泉养生区

以颐老和度假经济为支撑，打造养生、颐老、度假等产品体系，并配以当地特色居住文化地坑院。

（5）生态涵养区

以山林养护、植被涵养、水土保持为主，以维护度假区整体生态环境的平衡、和谐。山林培育工作取得较好成绩后，可作为度假区预留用地加以开发利用。

香港荃湾区竹篙湾基础建设工程
（迪斯尼乐园度假村）

项目资料：
项目地址：香港特别行政区荃湾区
占地面积：220公顷
设计单位：EADG泛亚国际景观设计有限公司
主要设计人员：刘兴达　陈奕仁　Jose Mejia　Hector Evangelista

项目说明：

香港荃湾区竹篙湾基础建设工程（香港迪斯尼乐园度假村）可以说是香港历史上最大的一个旅游发展项目。其中，泛亚国际所负责设计的范围涵盖整个度假村内所有的美观设计，包括建筑、景观、标识系统、桥梁、灯光、水景等，并统筹所有的设计达到协调统一的效果。设计过程中，要对材料、植物、泥土、环保生态等各方面的平衡做出研究及定义，以达到此项目对各个方面的最高要求。项目的完成亦成为景观设计及施工品质方面的一个重要参考标准。

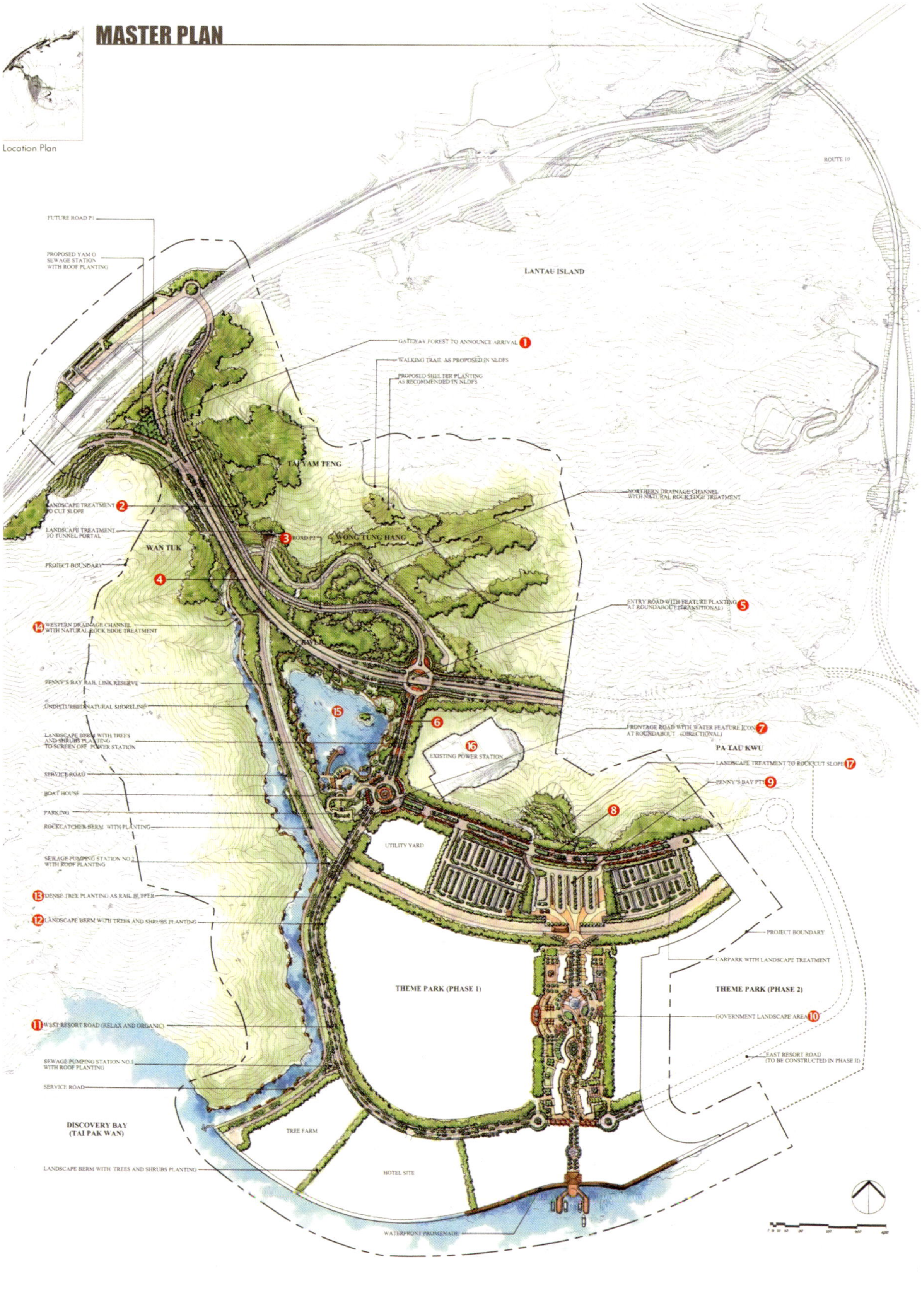

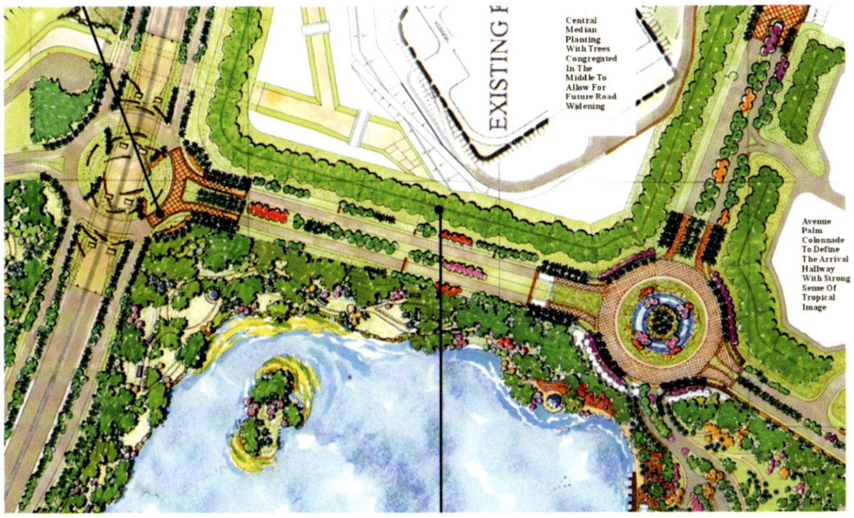
EXISTING
Central Median Planting With Trees Congregated In The Middle To Allow For Future Road Widening
Avenue Palm Colonnade To Define The Arrival Hallway With Strong Sense Of Tropical Image

Thank You For Visiting
謝謝光臨

West Concourse

HONG KONG
Disneyland Resort
香港迪士尼樂園度假區
指南
DIRECTORY

HONG KONG
DISNEYLAND
香港迪士尼樂園

BUS B 巴士
BUS C 巴士

无锡市蠡湖新城金城湾北岸

项目资料：
项目地址：江苏省无锡市
设计面积：约26公顷
设计单位：浙江大学建筑设计研究院风景园林分院
主要设计人员：郭宏峰　李辉　李瑛　查丽君　李文江　朱群建

项目说明：

一、概况

蠡湖，又名五里湖，为太湖伸入无锡的内湖。距离无锡市中心约6.5公里，形如葫芦，面积7.2平方公里，相当于杭州西湖的1.3倍。

本次设计地块位于东蠡湖之金城湾北岸，西侧为蠡湖桥头公园，北至金城西路，东临山水湖滨居住区，地块总占地面积约26公顷。包括太湖山庄居住区、规划中的水上运动学校和会所，它们将设计范围分隔成东西两块。设计红线范围约为15公顷，其中包括4公顷的30米已建成道路绿化带。东蠡湖水位为3.5米，最低水位为2.88米，洪水水位4.50米（以上水位均为沪松水位）。蠡湖水位可人工调控在3.2~3.3米范围内。

二、现状分析

整个北岸现状植被条件比较差，水上运动学校地块东侧留有较多厂房建筑和居民点，沿金城西路已建成30米绿化带，大部分地块废弃待建。除部分厂房建筑区域驳岸为硬质外，其余地段均为自然驳岸，未经加固，水生植物繁茂，整体水质情况较差。尤其是西侧靠近山水湖滨处河流水质恶劣。

地块一：该地块处于蠡湖大桥东侧，东边被太湖山庄和会所用地隔离，使得该地块较为封闭。又处在金城西路和蠡湖大道的转角处，受公路干扰较大。地块原有地形两侧高，中间低，形成了一个较好的盆地。地块北侧现为杂乱居民点，南侧狭长带为自留地，两道路留有30米绿化带，植被较为疏松。西北角留有一小段死水，留有涵洞。

地块二：太湖山庄南侧沿湖段是东西绿地地块连通的唯一道路。由于太湖山庄建筑密度高、立面呆板，在很大程度上影响了沿湖绿地的立面景观。沿湖留出的绿地有限，对游线景观也有很大的影响。

地块三：该地块为沿湖腹地较狭窄的地段，现为野草丛生的荒地，但是该地段还是聚集了很多垂钓爱好者。北侧以金城西路30米绿化带形成隔离带，景观纯净，充满野趣。

地块四：原水厂取水口残留于水中的水泥柱质感粗糙，不经意的构图和整个湖面形成了大地艺术作品。

地块五：现有两鱼塘和部分土堤，土堤上留有较为苍老的大树，有部分零散土墙建筑。

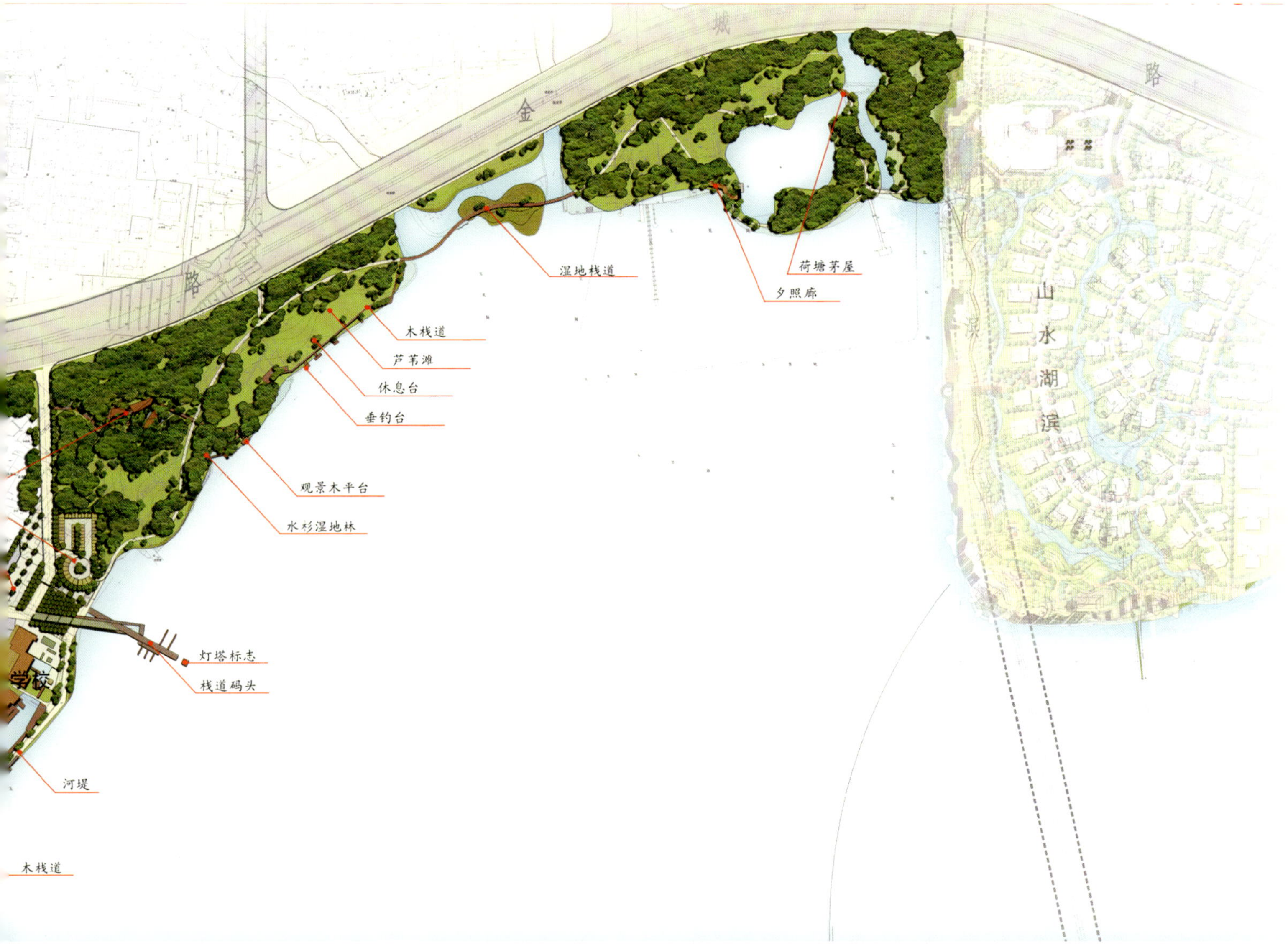

主园路贯通桥头公园、桥头绿地、太湖山庄、水上运动学校以及西面山水湖滨居住区，形成贯穿各个地块的主轴。桥东绿地以一条主园路和一条跑步道南北贯通，次园路与主园路交错贯穿。主要出入口设置非机动车停车点，中心广场处设置机动车停车场。

车行道　P 机动车停车位
主园路　P 非机动车停车位
次园路

沥青跑步道

嵌草园路

与坐凳结合的园路

湿地木栈道

石钉园路

石板园路

木栈道

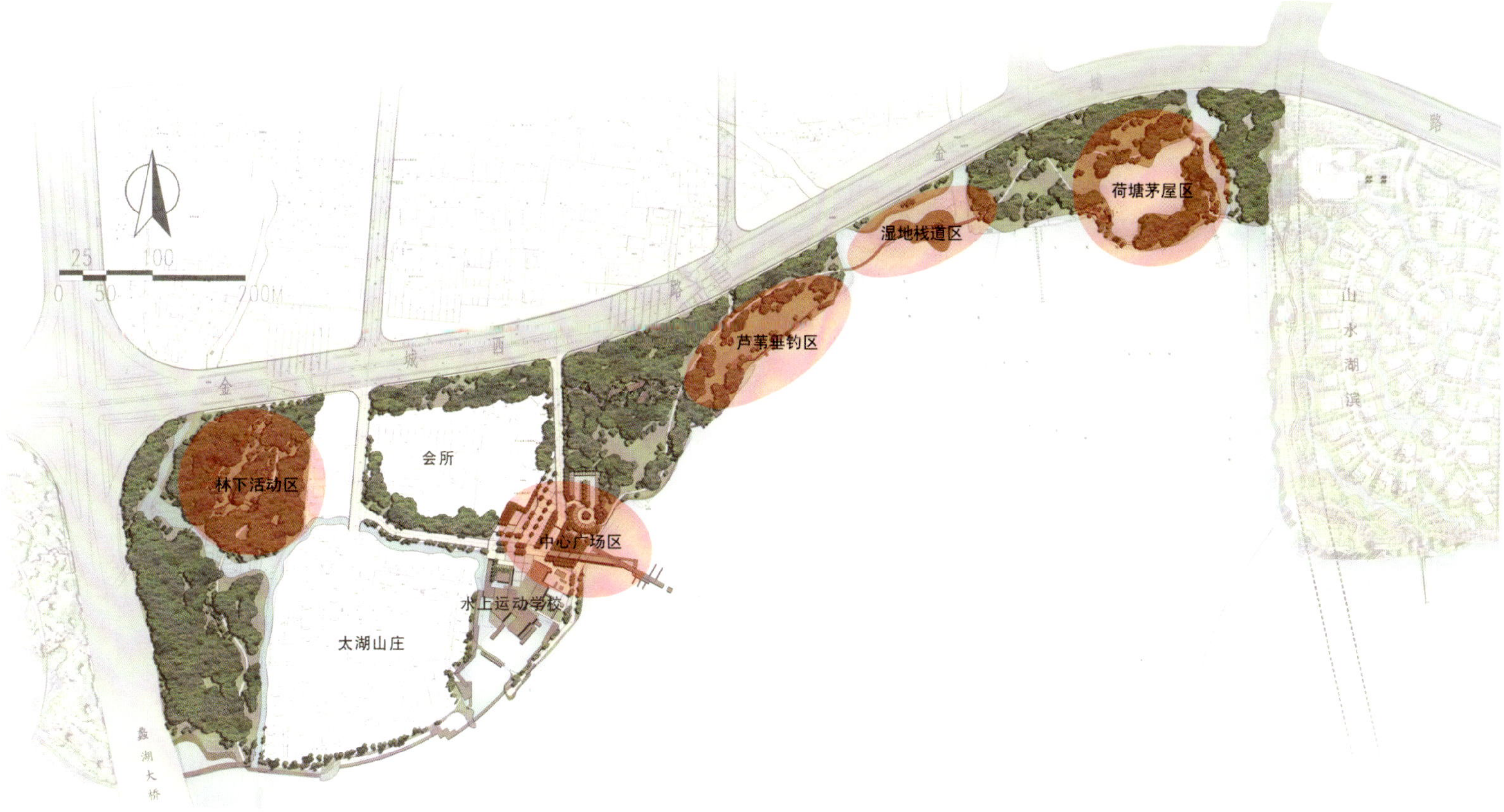

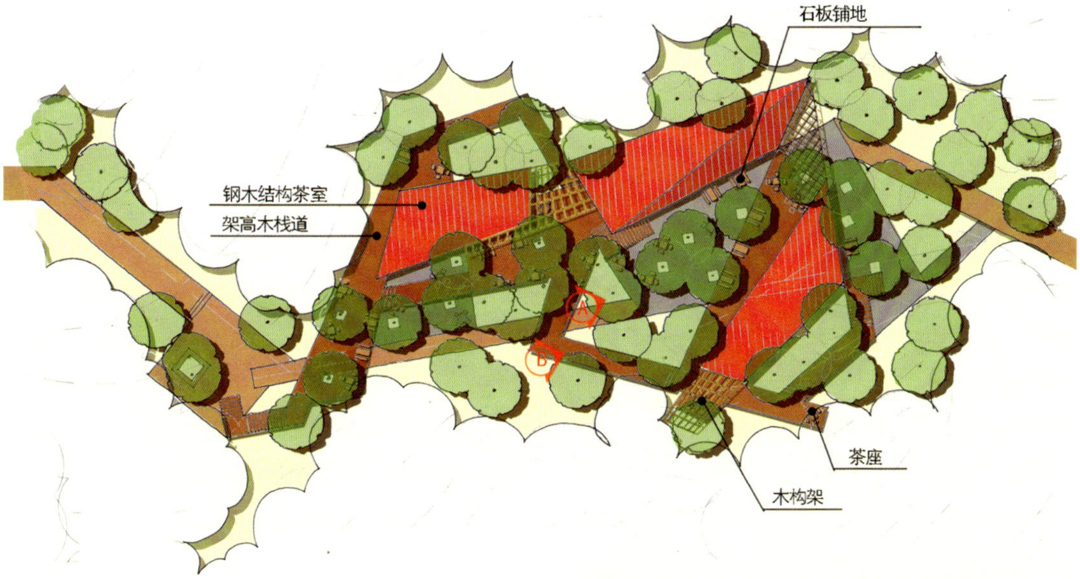

以钢木结构为主的一组建筑，放在一片水杉林中，高低交错的木平台穿梭于树干之间，古朴的座椅偶然出现于木平台上，整组建筑融入了这片树林，成了环境的一部分。

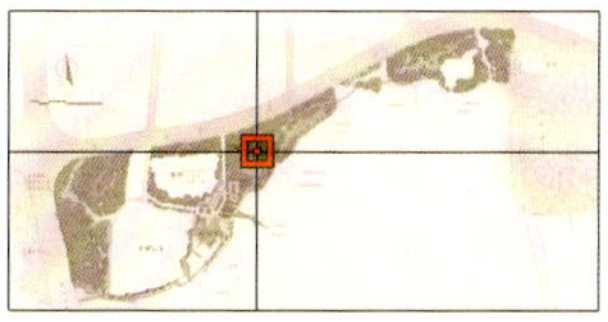

三、设计理念

以人为本，提倡生态、科技和文化的可持续发展，还蠡湖一片纯净的水湾，为无锡增添一道鲜亮的绿色。

站在总体规划的高度，以可持续发展的角度对该地块做出准确定位，让金城湾北岸以城市“绿肺”的角色出现，调和各个地块之间的关系，使其成为蠡湖生态化进程中的一员。尊重场地，留住痕迹。从功能上、文化上、生态上对原场地进行解读，让设计成为一种引导，而不是一味地新建。让植物扮演主角，为植物提供充分的发挥空间，引入群落的概念，植物不再是单一造景，群落里整个能量的运转成为一个永远解读不完的景观。将人作为景观的一个元素出现，人的活动成为整个景观的一部分，景为人造，人亦景，成为一个互动的整体。

四、分区与组景

林下活动区：该地块设计时以大片密林为主，使其成为桥头公园的绿色背景，利用现有盆地地形，形成了一块较为宁静的活动空间。部分林下以天然树皮做铺地，几组伸入树林的木平台作为休息空间，在林下结合石阶座凳较为随意地放置几组器械形成活动场地。以一条宽园路和一条碎石跑步道连接金城西路和沿湖木栈道。

主要组景有林中木平台、跑步道、石阶看台等。

中心广场区：位于太湖山庄、水上运动学校、会所用地的一个交接处，结合各地块的出入口，形成一个树阵广场。广场以结合座凳的树池和台阶向水而踞，沿轴线逐渐弱化的硬质铺装被木栈道和植物沿替，轴线终点以一座标志性灯塔控制了整个地块的天际线。

主要组景有灯塔标志、树阵广场、石阶草地、栈道码头等。

芦苇垂钓区：设计时利用现状条件，以带状密林作为背景，以芦苇为主的水生植物群落结合木栈道、垂钓平台、休息茅草亭等，形成一处周末休闲的户外运动场所。

主要组景有林中茶吧、湿地栈道、芦苇滩等。

湿地栈道区：该地块为两水口汇集点，设计时下沉整个地块，降低标高，形成一片湿地，为道路提供一个透视的观点。引入多种形态的水生、湿生植物与木栈道和乱石组合，野趣自然。

荷塘茅屋区：设计时利用原有鱼塘，对其岸线进行改造，形成了一湾宁静的荷塘。在荷塘西南侧安排一组古典建筑——高氏茶楼，纪念高攀龙为主，附带茶室的功能，形成该区域的主景。水榭、茅屋、廊以及石拱桥四个元素精巧安排，互为对景。

主要组景有高氏茶楼、水榭、荷塘茅屋、夕照廊、石拱桥等。

五、景观元素

植物：作为该地块景观的主要组成元素，扮演最为重要的角色。常绿乔木以香樟、杜英、金合欢为主要树种，形成隔离作用较好的林带；落叶乔木以水杉、银杏、青铜、杨树为主要树种。植物设计特色：较多秋色叶树种的搭配；水生植物群落的组建；野趣自然的草花选用；乔木树种为纯粹的种植方式。

园路：设计园路总面积约为1万平方米，其中木栈道占总面积的20%。铺装园路以嵌草石板、石钉等元素为主，以生态、野趣为设计原则，注重植物和铺装的融合，模糊园路边界。木栈道以内不收口为主，尺度不宜太大，以水生植物结合。

水系：场地内部主要水系包括一个荷塘和桥头一段新开挖的水系，荷塘驳岸以木桩护岸，结合以荷花为主的水生植物。桥头水系设计成浅溪，局部地区以若干块石头点景，主要以缓坡草地直接与水系结合。

环境设施：以生态、自然为主要原则，环境设施主要采用粗糙面毛石和原木材料，形式不向，整体协调统一。

主要建筑：

高氏茶楼：是整个公园中的核心景点，古典园林建筑的风格，院落式组景，建筑和景观融为一体。建筑长廊伸入荷塘，结合观景亭，成为休憩停留的景点。

林中茶吧：以钢木结构为主，结合不同标高的木栈道，形成一组建筑，是该地块的服务中心。建筑占地面积约280平方米。

夕照廊：木架茅草顶廊建筑，结合木平台，成为一个重要景观点，面积约120平方米。

荷塘茅屋：主要由水口一水榭和茅屋组成，木架茅草顶结构，占地约70平方米。

作为几个地块（太湖山庄、水上运动学校、会所）的一个交接点，结合各地块的出入口，形成一个树阵广场。广场以结合座凳的树池和台阶向水而踞，沿轴线逐渐弱化的硬质铺装被木栈道和植物沿替，轴线终点以标志性灯塔控制了整个地块的天际线。

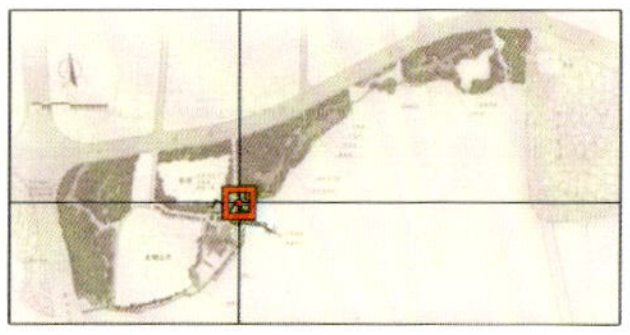

斑茅

芦苇

黄花水龙

慈菇

水生植物区

波斯菊

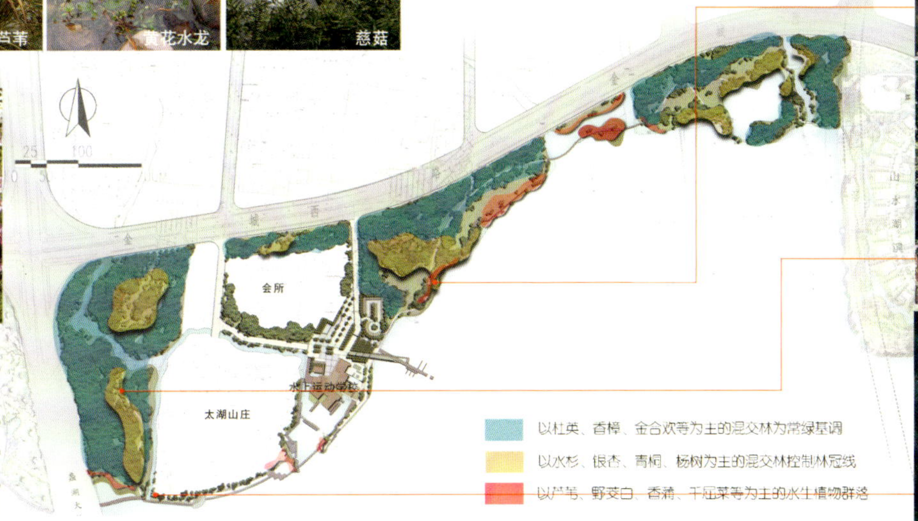

植物与道路

绣线菊

植物与建筑

野菊

金鸡菊

水杉林

无患子

悬铃木

银杏

榆树

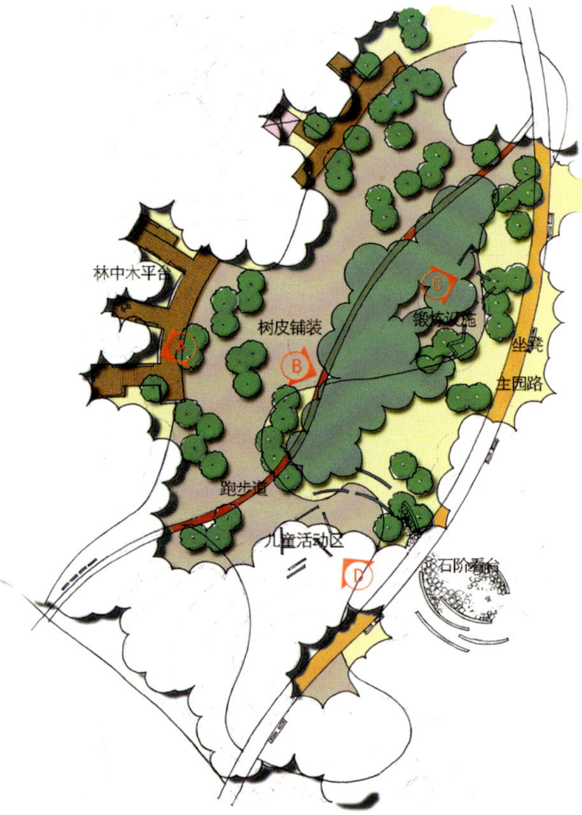
林中木平台
树皮铺装
锻炼设施
坐凳
主园路
跑步道
儿童活动区
石阶看台
A
B
C
D

A

C

B

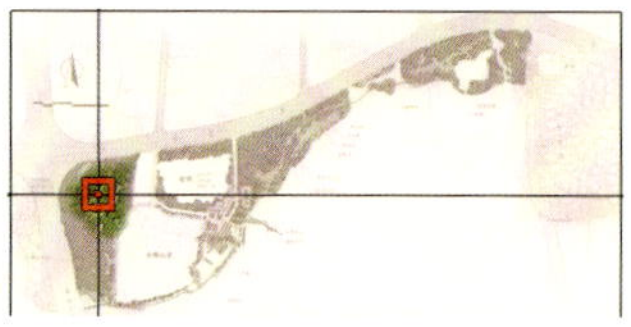

D

建设单位：无锡市蠡湖地区规划建设领导小组办公室

什邡市红豆村核心区

项目资料：
项目地址：四川省什邡市
设计面积：236 000平方米
委托方：四川省什邡市建设局
设计单位：深圳市麟德旅游规划顾问有限公司
主要设计人员：张芳 徐念 王屹 许文龙 曾建军

项目说明：

红豆村核心区距成都市北一个半小时车程，是什邡市震后重建的13个重点村落之一，规划面积236 000平方米。

规划认为灾后重建不仅要让村民“受益”，更要为他们创造“收益”。

规划巧妙地将乡村生活、生产和旅游融为一体，并通过对千年红豆树的精神提炼，打造出以“婚庆”为主题的原生态乡村旅游地。

规划在关注红豆村自身“中国婚庆第一村”的打造同时，更关注到将其扩大为整个什邡市的婚庆产业来进行考虑。

规划确定了红豆村核心区的规划愿景：全国乡村旅游的典范；四川震后重建的示范工程；成都城市群居民首选的婚庆主题乡村休闲旅游目的地；通过红豆村乡村旅游开发初步形成什邡市婚庆产业的雏形。

在设计思路上始终坚持乡村为本，文化为饰，走差异化精品道路。在具体设计上，以千年红豆树形成“一心、两翼、三个功能分区”的空间布局，重点打造廖家大院、鸿禧染坊、月老祠、鸳鸯井、云溪乡居、花语田园等景观节点。

分区设计

1. 婚庆文化体验区——相思红豆

千年古树见证爱情——千年红豆树是红豆村乡村旅游的形象核心所在，也是整个村落的景观中心，规划要强化这一核心景观，将其寓意为美好爱情的见证人。

灼灼红豆诠释爱情——红豆寄相思，用精心编制的红豆制品来存储爱情的甜蜜回忆。

川西大院典藏爱情——将川西大院作为婚庆仪式的承办地点，赋予恋人古老而浪漫的爱情回忆。

形成核心文化景观与活动空间——以红豆树为核心形成红豆村的核心景观，在红豆树下形成一定开敞空间作为举办各种活动的空间。

2. 川西乡村风貌区——云溪乡居

还原自然生态的乡村村落——化整齐为自然，还原村落原本生态自然的空间结构，让川西民居建筑的环境显得更具有乡村韵味。

营建温馨浪漫的居家环境——对新建的民居进行结构和功能的旅游化改造，烘托红豆村爱情、婚庆的主题，营造温馨浪漫的居家环境。

构筑特色各异的接待农户——定制一套以爱情和婚庆为主、内容各异、特色鲜明的接待主题，让原住民更多地参与到旅游活动中，并创造更多的经济效益。

打造互动式的游览方式——游览方式上，打破传统的游览观光，以互动式的游览方式打造红豆村独到的参与式旅游。

3. 田园风光游览区——良田美景

阡陌交错的田园风貌——通过还耕，对村落大片的田地进行景观上的保留，形成大面积的自然田园作为整个村落的天然背景。

五彩斑斓的田埂景观——加强对田埂景观的改造，从时间和色彩上丰富田埂景观效果。

四季变换的乡村韵味——有意识地引导农户丰富农田的作物，形成四季各不相同的田园景观：春天的烟叶、油菜；夏天的水田；秋天稻田丰收；冬天的菜地。

典藏于心的浪漫爱情——田园风光是红豆村婚纱摄影的重要一组，田园中还可以以红豆树和村落作为背景，因此要考虑在田埂上设置拍摄点，让爱情典藏于心。

重点项目

田园风光游览区
1 双喜临门
2 虎妞迎宾
3 田园迷宫
4 四季花梗
5 菜地魔方
6 稻草人农庄
7 田园停车场
8 创意餐厅

婚庆文化体验区
9 红豆树
10 月老祠
11 廖家大院（村委会
12 鸳鸯井
13 情人桥
14 相思雨榭
15 印心池
16 菖蒲藕田
17 爱情留言竹

川西乡村风貌区
18 云溪乡居
19 芙蓉溪
20 梨花溪
21 童乐园
22 廖家巷

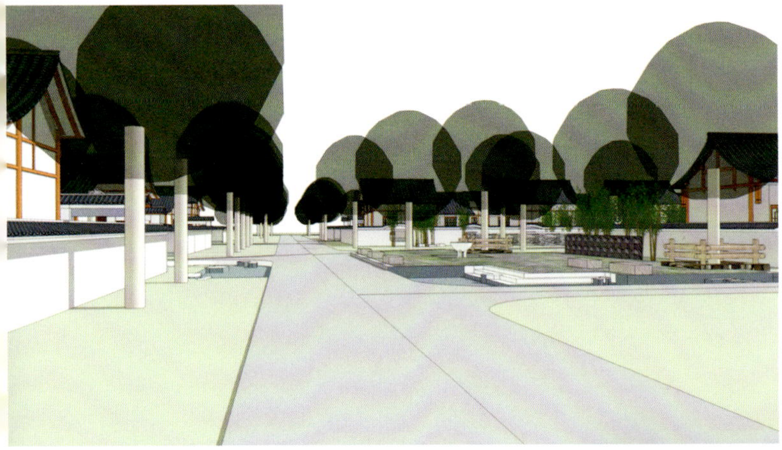

红豆村

鸟瞰图

透视图

透视图

红豆村三组局部平面图

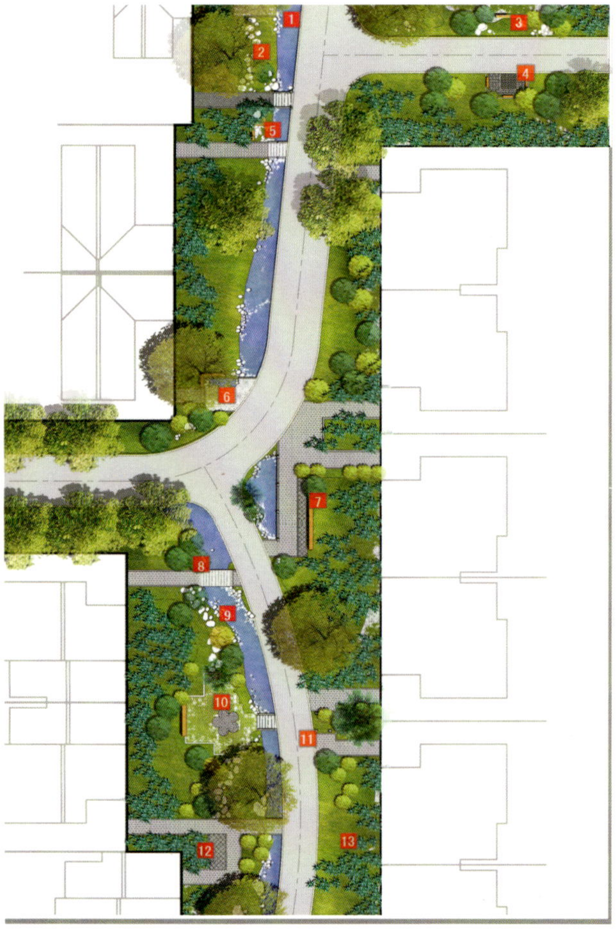

重点项目

1. 梨花溪
2. 汀步路
3. 矮墙
4. 休闲广场
5. 挡墙
6. 入口铺装
7. 景墙
8. 小拱桥
9. 驳岸景观
10. 砾石广场
11. 小品
12. 砾石铺装
13. 竹丛

红豆村二组局部平面图

重点项目

1. 瓦墙
2. 树池
3. 水景
4. 条石
5. 汀步
6. 铺装广场
7. 石桥
8. 驳岸石景
9. 景墙
10. 小品
11. 饮马槽
12. 水缸
13. 石拱桥
14. 入口铺装

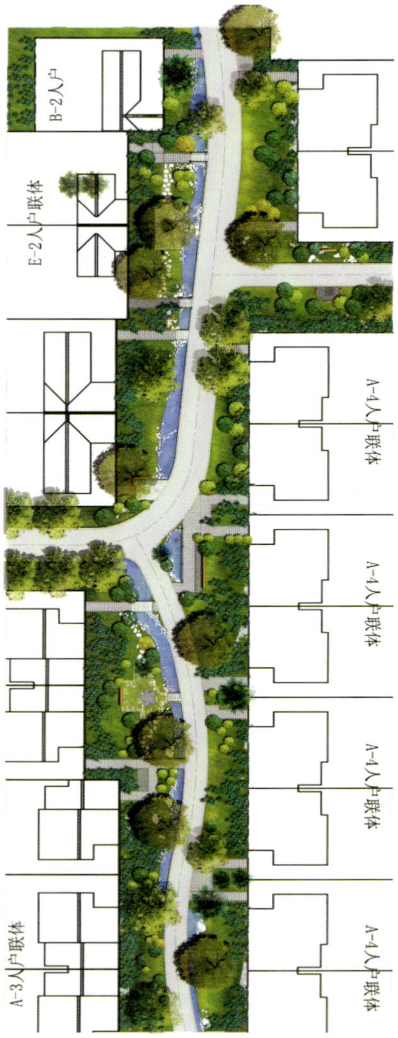

深圳市东部华侨城·因特拉肯二期

项目资料：
项目地址：广东省深圳市
委托方：深圳东部华侨城置业有限公司
设计单位：美国AAM集团公司

总图景点索引图

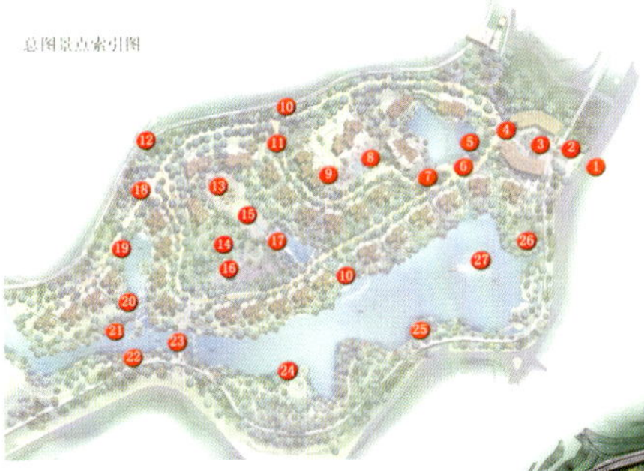

景点名称

1. 主入口
2. 小火车车站
3. 弗龙瓦格广场
4. 特色铺装
5. 入口湖体
6. 亲水平台
7. 景观桥
8. 特色游泳池
9. 花型铺装
10. 叠水景观
11. 溪流
12. 疏林草地
13. 花神Flora雕塑
14. 山体公园
15. 欧式水景
16. 特色观景塔
17. 雕塑字
18. 圆形小广场
19. 水上木栈道
20. 跌水景观
21. 生态岛
22. 亲水平台
23. 景观桥（水坝）
24. 滨水舞台
25. 跌水景观
26. 特色景观草坡
27. 景观亭

1．基地西边靠山体区域，基本通过挡墙对山体进行处理，存在挡土墙较长，容易呆板生硬。

处理手法：通过绿化穿插、壁画、浮雕装饰等手法，使挡土墙有变化，成为整体景观的亮点。

2．小区中心水体与山体交接处理

处理手法：打开视线通廊，充分利用周边有利景观资源，休闲广场空间配合水景，尽享自然之美。

3．入口处景观湖体

处理手法：对景观湖体用对景处理手法，解决好公共景观空间部分同私家花园区域的分界。

意向图片说明：建造山体栈道和山体休闲景观，改造植被体系，增加其层次感和色相变化。

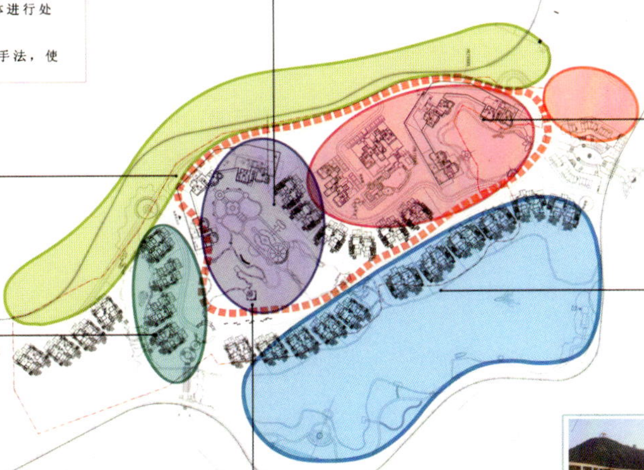

意向图片说明：建设湖体景观，增设亲水设施，利用高差建设台地式绿化景观。

4．生态溪谷的处理不能单薄

处理手法：结合必须的功能性排洪要求，塑造出有雨为溪，无雨花谷的效果，使之景观最佳化。

5．山体绿地的景观功能性应丰富

处理手法：增加适当的景观功能空间，使之主题鲜明、功能合理、空间丰富。

6．水岸线高差较大：现状滨水建筑群底层标高同水面高差很大，不利于人们的亲水性

处理手法：用分级式台地处理手法，通过挡土墙结合植物化解现状高差，达到景观效益最大化。

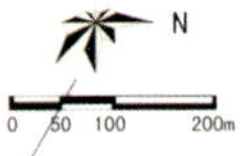

● 通过对观景火车路线的景观空间再设计，使我们把小区同东部华侨城大景区融合在一起，成为景区一大亮点。

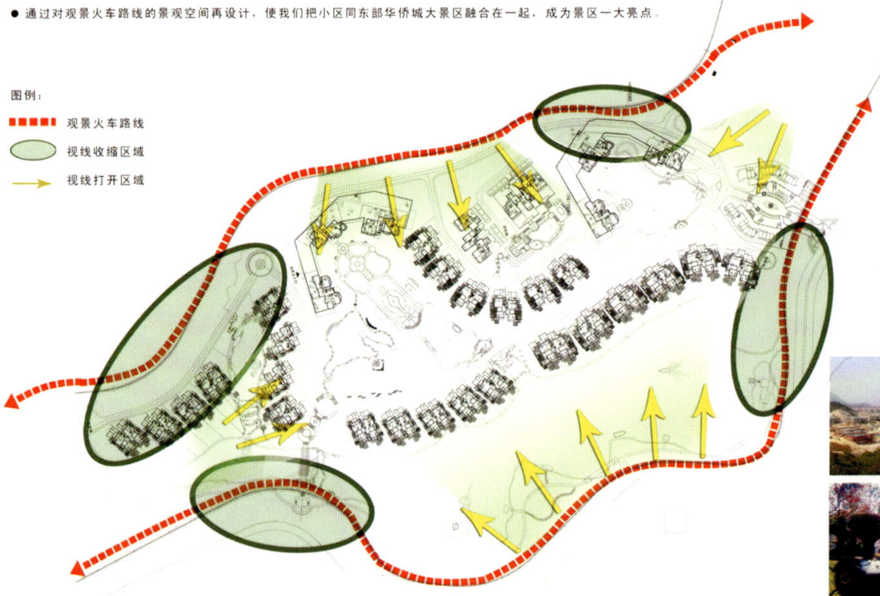

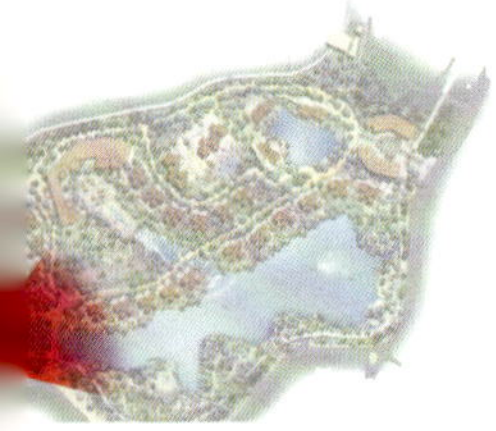

序奏——小镇客厅“弗龙瓦格广场”

弗龙瓦格广场作为整个地块的入口主广场，既是特色突出的视觉焦点，又是融汇了**交通、商业、集散、休憩**等综合功能的场所。通过一束鲜花的概念，表达了生活的绚丽多姿，并把花瓣赋予了各种功能呈现出来，共同打造出小区序奏的精彩美妙，**人们穿行其中的同时亦感受花的热情和奔放，整个广场用花的语言营造出热情浪漫的氛围。**

方案亮点：

1. 沿着中心广场，增加了水景，将上下两个层面有机地结合起来。
2. 人行道上增加小飘台，增加景观茶座等私密空间。
3. 中心回车广场增加了水景雕塑，丰富了景观视线。
4. 增加了许多特色花钵，景观灯柱等，营造五彩缤纷的商业街风情。

充满节日氛围的休闲聚会 **弗龙瓦格广场**

主题花卉：玫瑰、月季、蔷薇

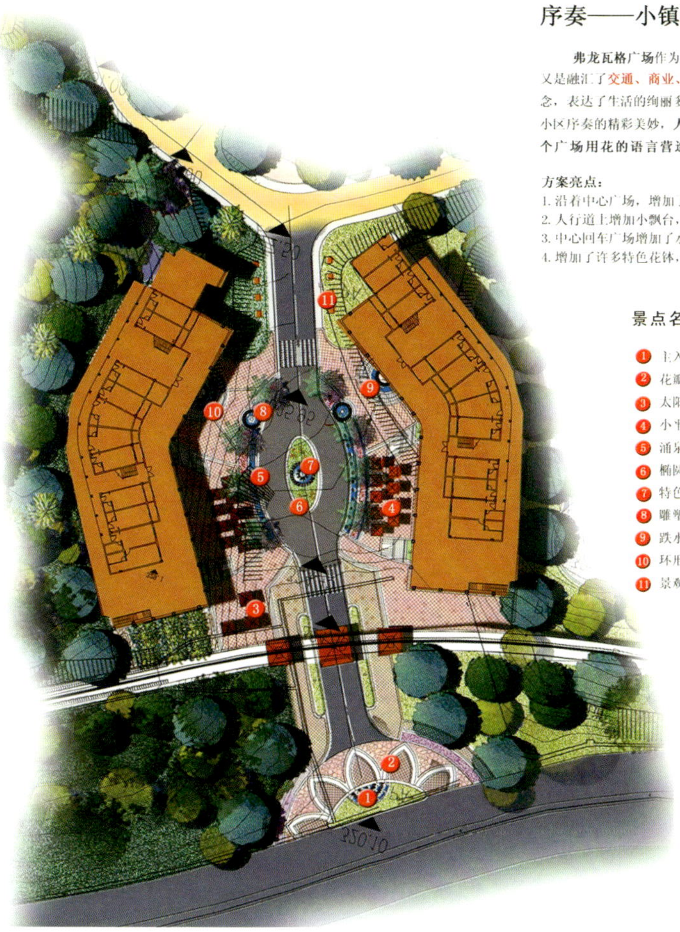

景点名称

1. 主入口水景
2. 花瓣形铺装
3. 太阳伞
4. 小平台（茶座）
5. 涌泉水景
6. 椭圆形种植槽
7. 特色雕塑
8. 雕塑+水景
9. 跌水
10. 环形梯级
11. 景观灯柱

主入口A-A剖面图

N
交通节点
车行路线
人行路线
管理处

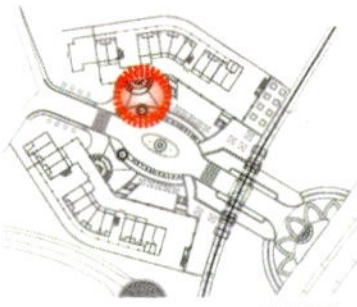
索引图

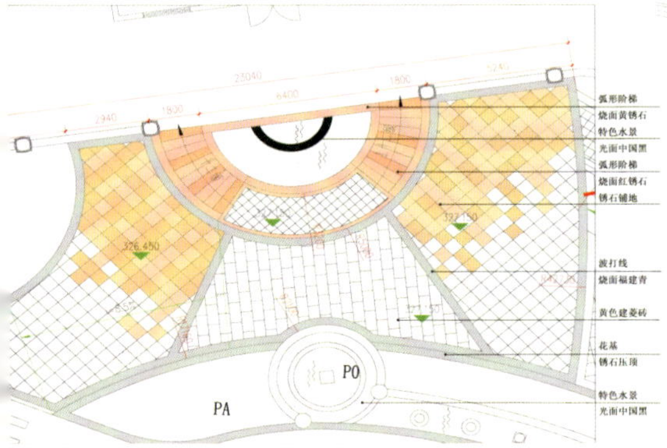
326.450
PO
PA
弧形阶梯
烧面黄锈石
特色水景
光面中国黑
弧形阶梯
烧面红锈石
锈石铺地
波打线
烧面福建青
黄色建菱砖
花基
锈石压顶
特色水景
光面中国黑

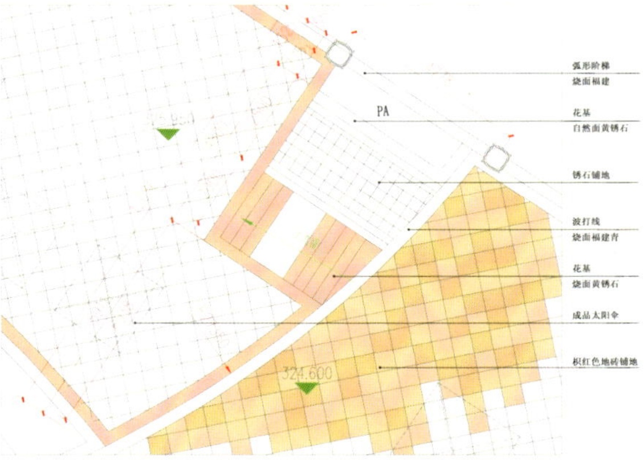
PA
324.600
弧形阶梯
烧面福建
花基
自然面黄锈石
锈石铺地
波打线
烧面福建青
花基
烧面黄锈石
成品太阳伞
枳红色地砖铺地

索引图

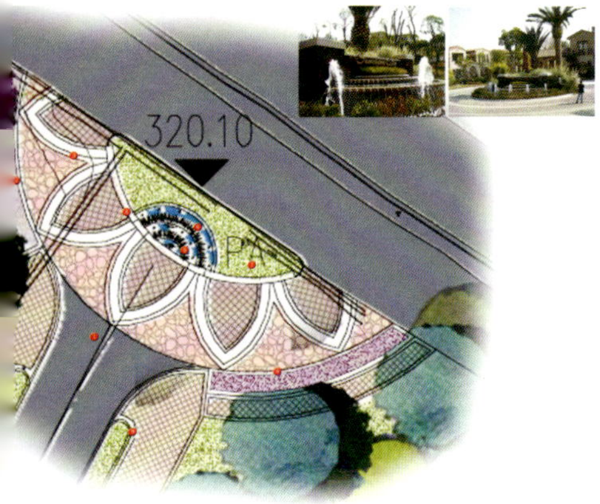
320.10
PA

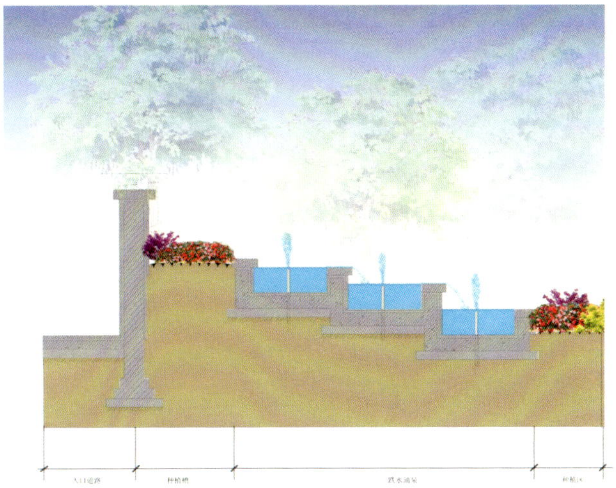

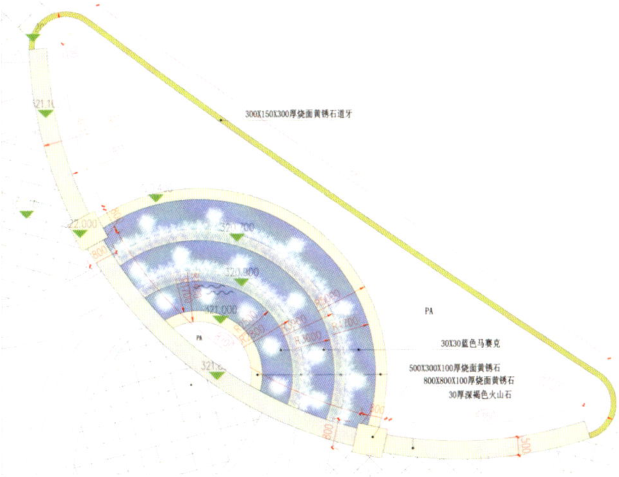

总图索引

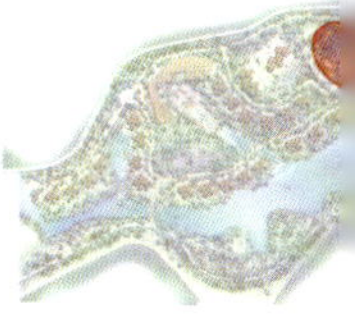

景点名称

1. 景观湖体
2. 亲水木平台
3. 花形亲水平台
4. 亲水园路
5. 花栖
6. 住户广场
7. 亲水舞台

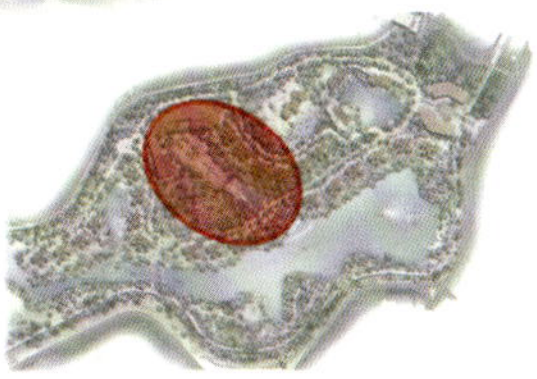

景点名称

1. 景观溪流
2. 花瓣形跌水
3. 希龙瓦格广场
4. 亲水平台
5. 亲水木平台
6. 玫瑰广场
7. 观景平台
8. 水体园路
9. 山体栈道
10. 阳光草坪
11. 玫瑰模纹花带
12. 中心广场水景
13. 玫瑰主题草坪

总图索引

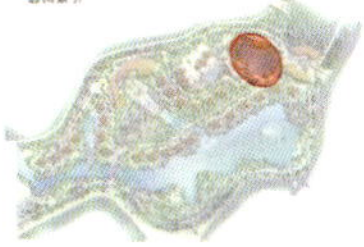

入口湖体索引

入口湖体剖面 1:50

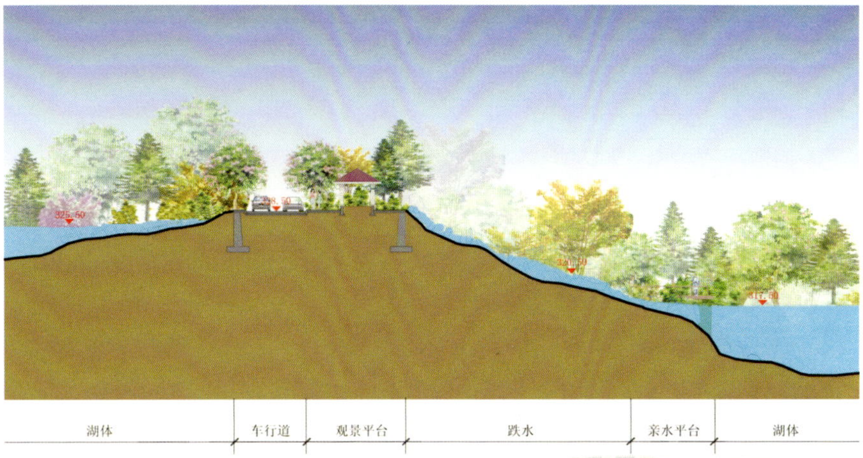

索引平面图

天鹅池立面图 1:25

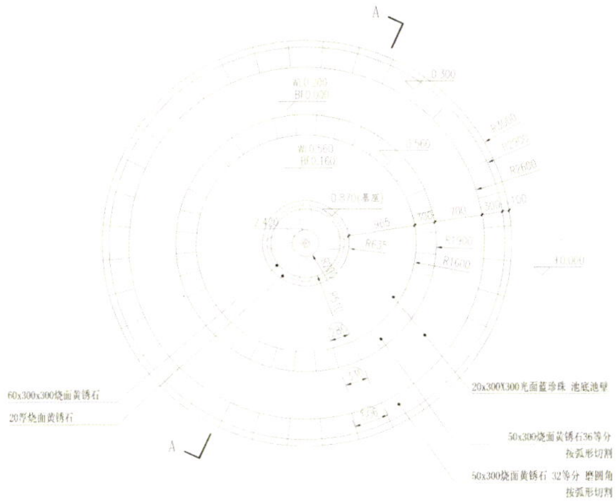

天鹅池平面图 1:40

天鹅水体意向图

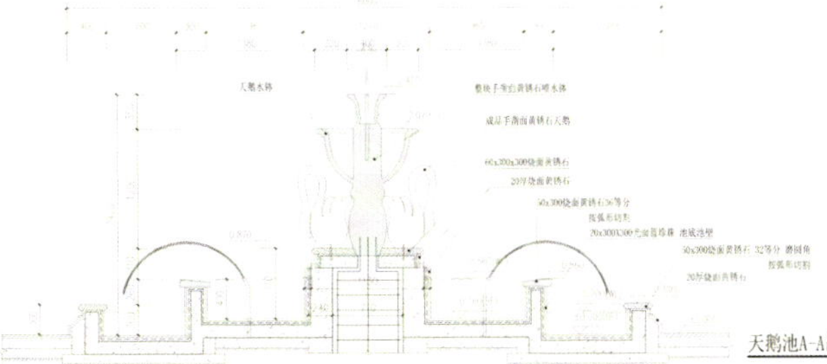

天鹅池A-A剖面图

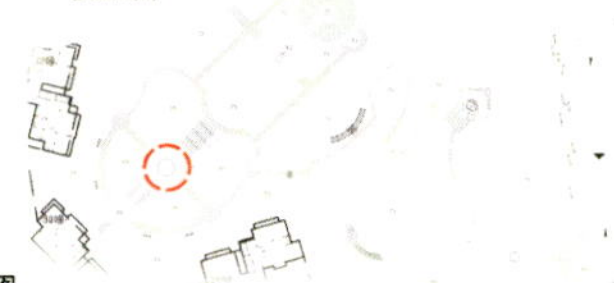

索引平面图

铁艺廊架立面图

索引平面图

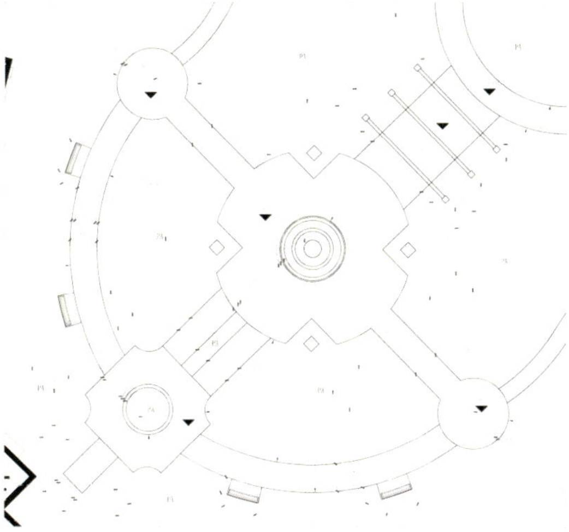

玫瑰平台尺寸、标高平面图 1:200

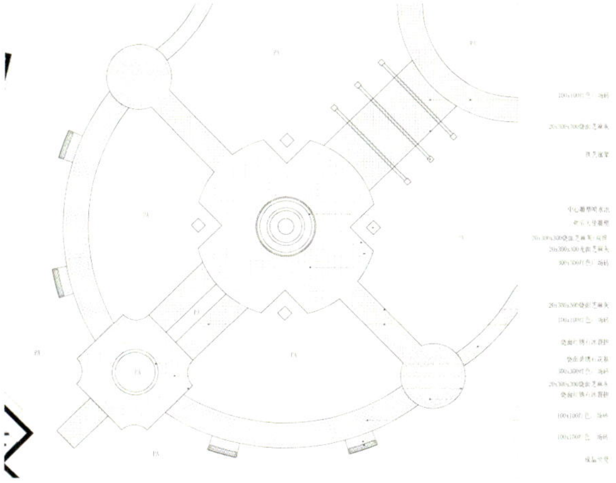

玫瑰平台铺装、索引平面图 1:200

花神雕塑位置示意图

花神雕像

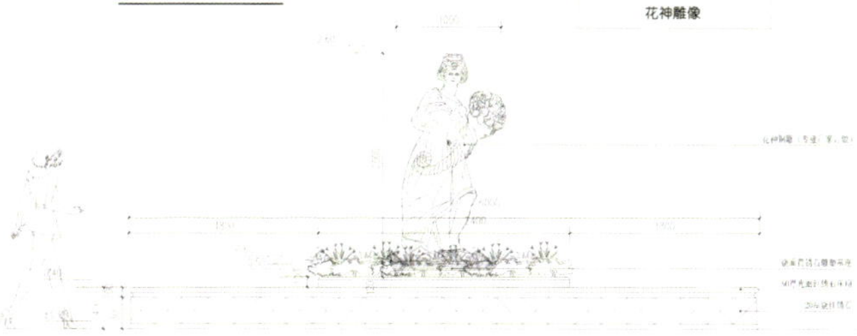

景点名称

1. 入口廊架
2. 景观廊亭
3. 表演广场
4. 梯级
5. 观景平台
6. 钻石塔
7. 登山步道
8. 鲜花
9. 铺装平台
10. 入口种植
11. 车行道
12. 休息平台
13. 玫瑰主题草坪

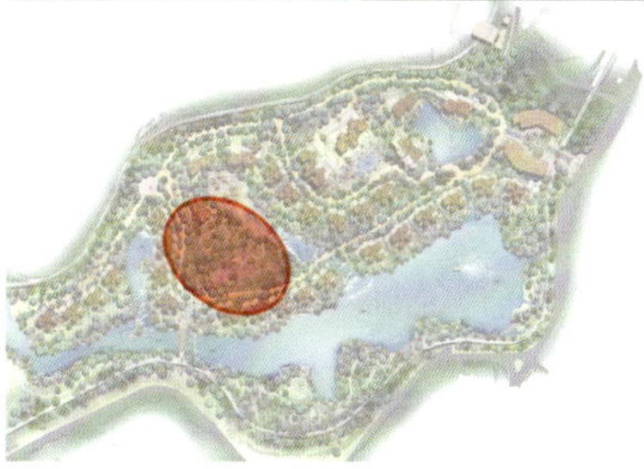

剖面图

钻石婚礼教堂方案一

钻石婚礼教堂方案二

纯净浪漫的蓝宝石塔散发出高贵的北欧气质，将成为园区新的景观亮点

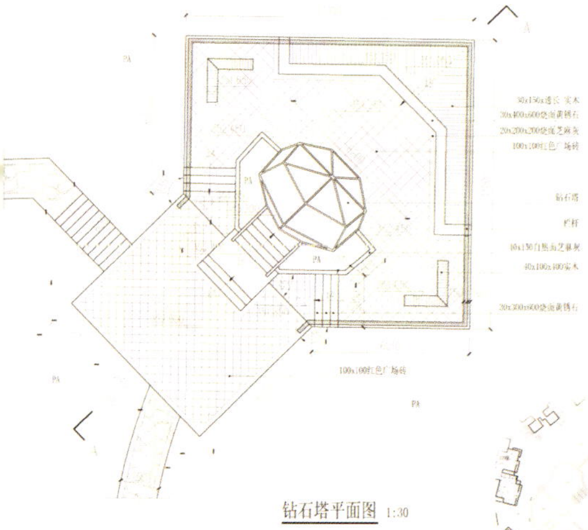

钻石塔平面图 1:30

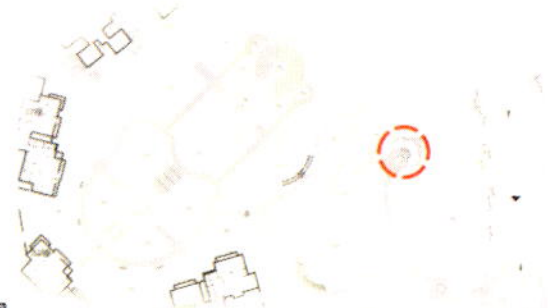

索引平面图

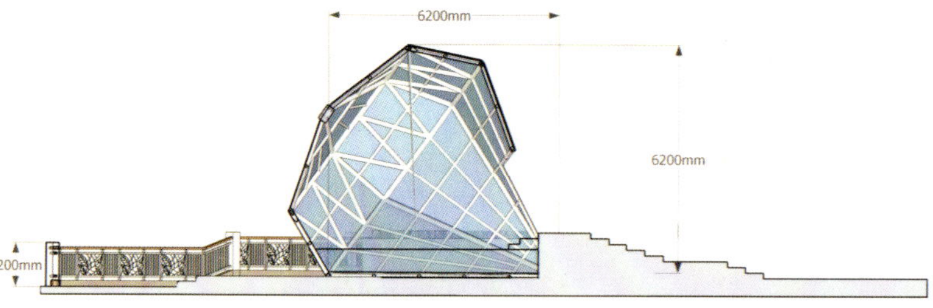

钻石塔A-A剖面图

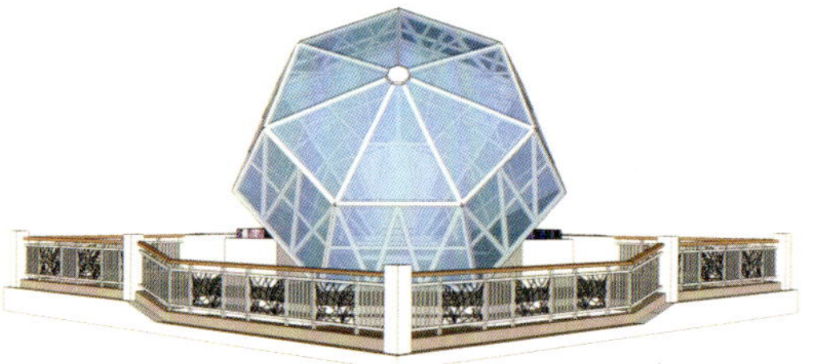

钻石塔正立面图

钻石塔意向图

山顶入口廊架意向图

索引平面图

景点名称

1. 按摩池
2. 树林围蔽
3. 休闲躺椅
4. 休闲平台
5. 七彩花卉
6. 儿童泳池
7. 跌水
8. 喷水雕塑
9. 景观亭
10. 树阵广场
11. 密林种植

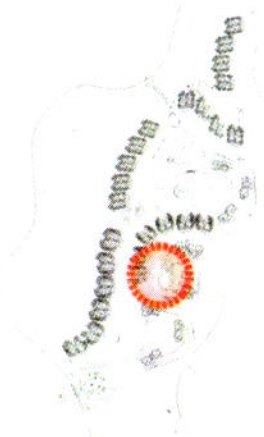

A点效果图

B点效果图

C点效果图

D点效果图

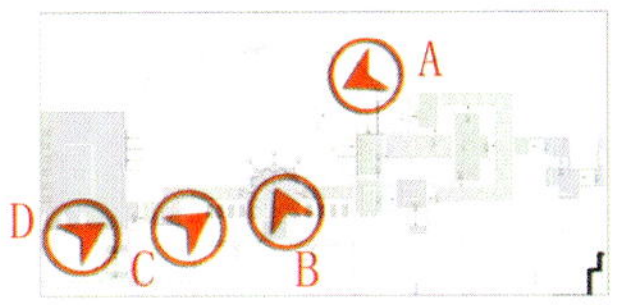

索引图

A点效果图

B点效果图

C点效果图

D点效果图

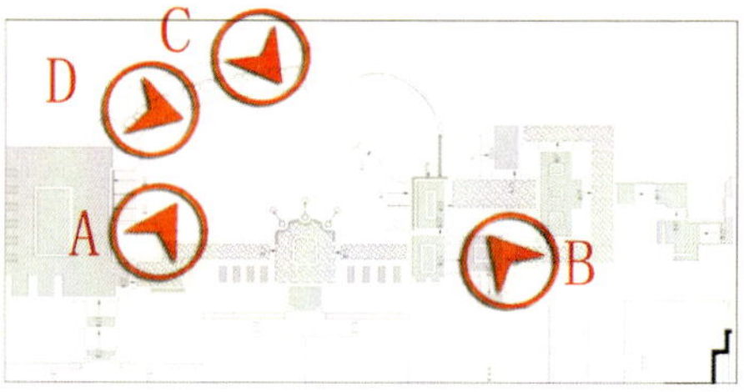

索引图

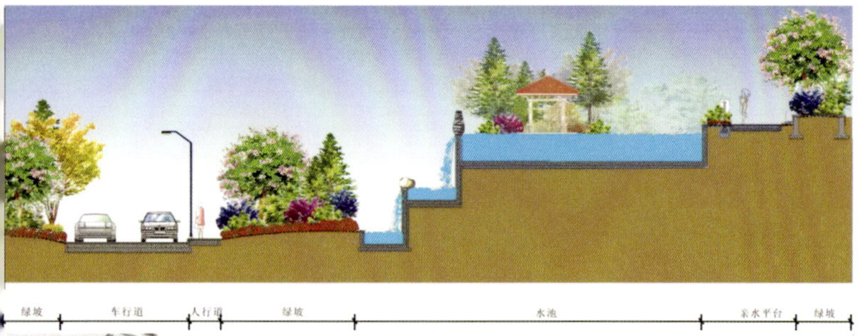

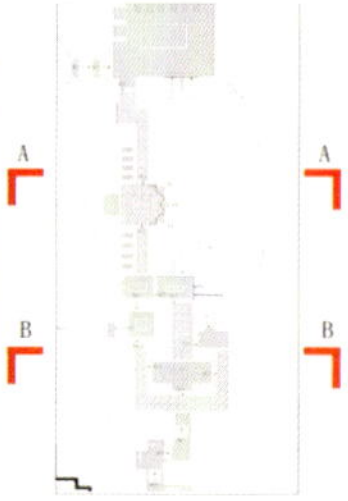

泳池A-A剖面图

陶罐意向图

景墙意向图

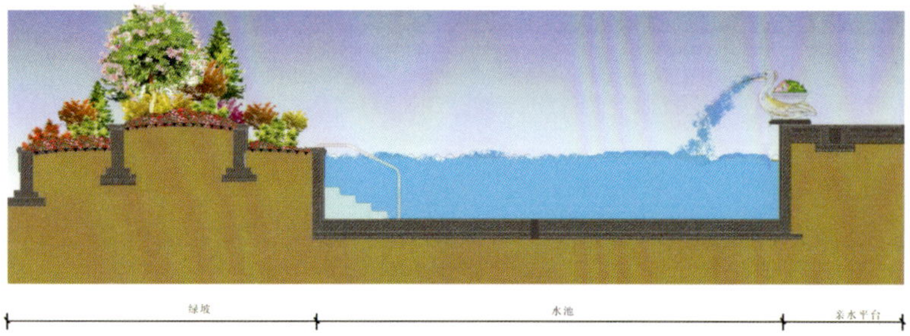

泳池B-B剖面图

① 喷水雕塑平面图 1:15

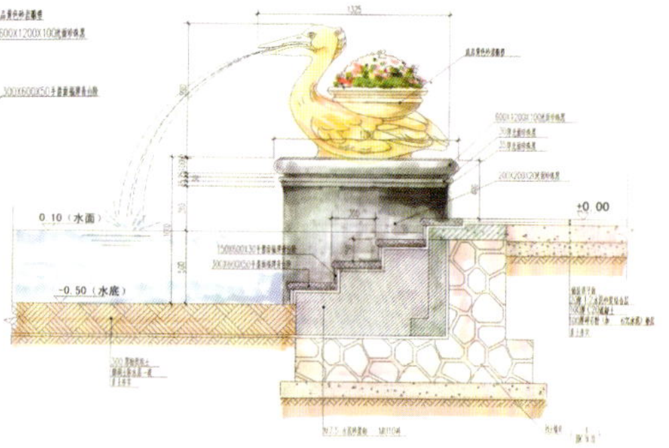

② 喷水雕塑立面图 1:15

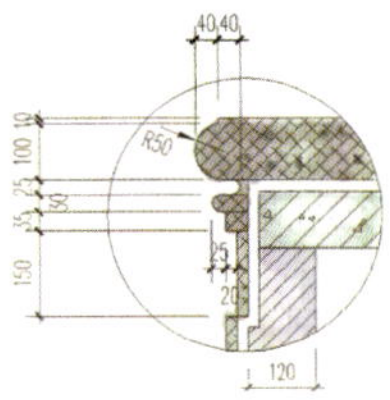

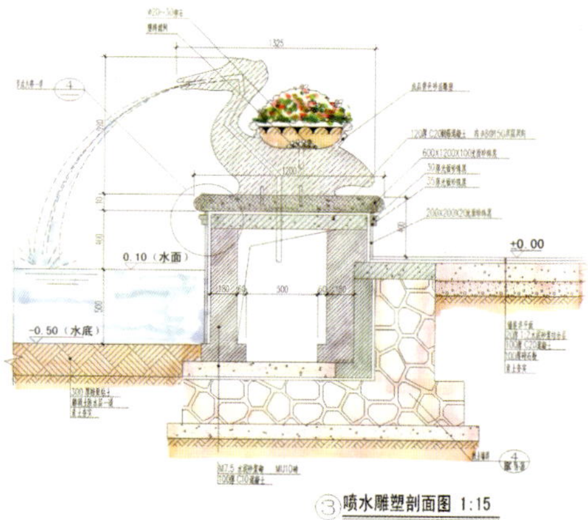

③ 喷水雕塑剖面图 1:15

回归自然的梦幻王国 **天使的镜子**

主题花卉：梭鱼草

第一圆舞曲——小镇镜湖“天使的镜子”

第一圆舞曲为F大调，描绘出了森林清晨的美景及人们轻歌曼舞的场面。

地块的主要湖泊“天使的镜子”，平静舒展，让人感受到清新宁静。沿湖的步道、亲水平台、吊桥、码头和特色欧式华桥作为动的元素，使整个空间形成一定的跳跃欢快感。

N

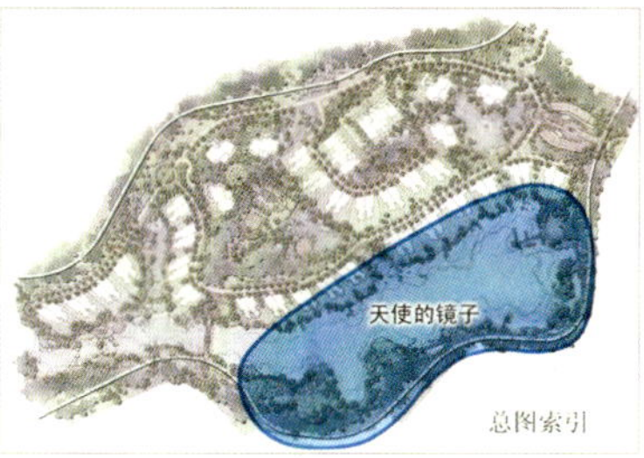

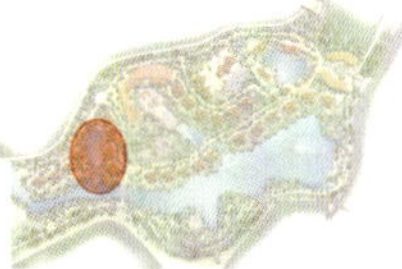

总图索引

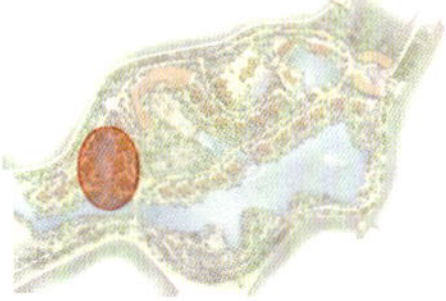

溪流索引图

② 道路环境示意图

① 道路A-A剖面做法

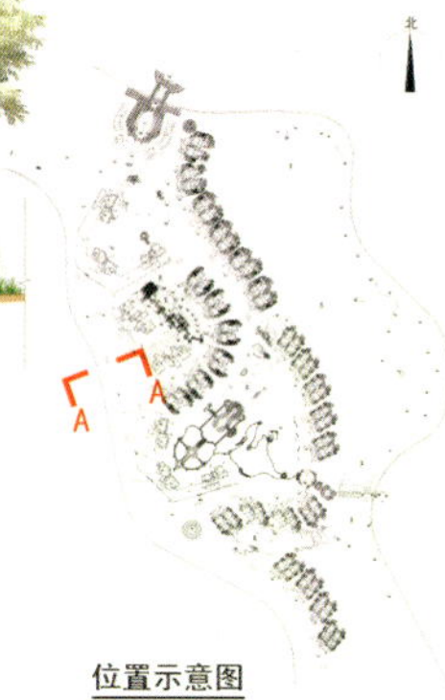

位置示意图

② 道路环境示意图

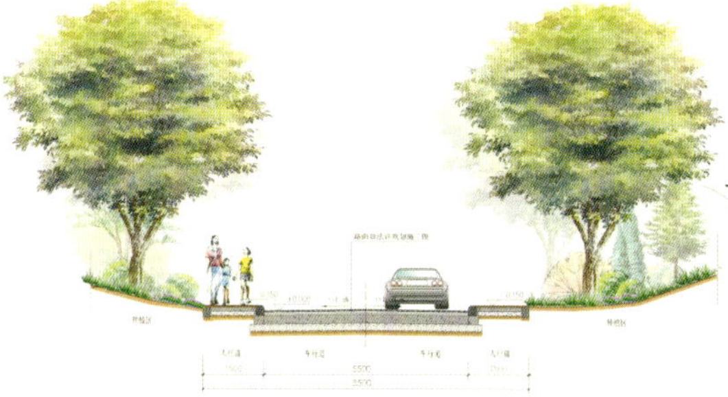

① 道路B-B剖面做法

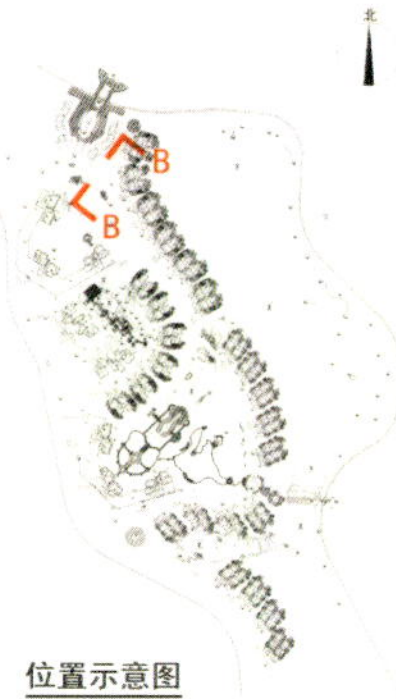

位置示意图

位置示意图

① 道路及广场剖面做法一

位置示意图

① 道路及广场剖面做法二

玫瑰广场——浪漫、芬芳的梦幻世界

玫瑰广场位于小镇的中心，植物配置结合此公园的婚庆用途以浪漫为主题，结合园建特色鲜明的小教堂的设置，栽植常绿开花乔木为基调树种，下层片植蔷薇科开花植物，营造浓郁欧洲风情的浪漫花海氛围。

山顶浓荫区域：在保留原有速生林的基础上增加色叶与开花乔木丰富山林季相景观。
主要品种：粉花山扁豆、红花紫荆、刺桐、黄花风铃木等。

中心广场区域：植物配置上在整体欧式风格的基础上，多先用浪漫观花植物，在呼应主题的同时也营造浪漫缤纷的景观。
主要品种：凤凰木、法国枇杷等。

背景区域：在水池及中心广场周边选用浓荫乔木结合开阔草坪在形成植物景观空间的同时也形成绿色前景。
主要品种：香樟、栾树、杜英、腊肠树、阴香等。

滨水区域：岸边主要选用色叶乔木，并搭配丰富水生植物，形成缤纷浪漫的水岸景观。
主要品种：落羽杉、红花紫荆、勒杜鹃、菖蒲、鸢尾等。

玫瑰园：山谷处以地花草坪为主要植栽形式，片植以玫瑰为主的花带花镜，结合上层乔木形成缤纷浪漫景观。
主要品种：木芙蓉、鸳鸯茉莉、巴西野牡丹、鼠尾草、钻石玫瑰等。

主要群落示意：

凤凰木+尖叶杜英+红花紫荆——海桐+紫花野牡丹——钻石玫瑰+朱樱花

香樟+粉花山扁豆——勒杜鹃+木芙蓉——鸢尾+菖蒲

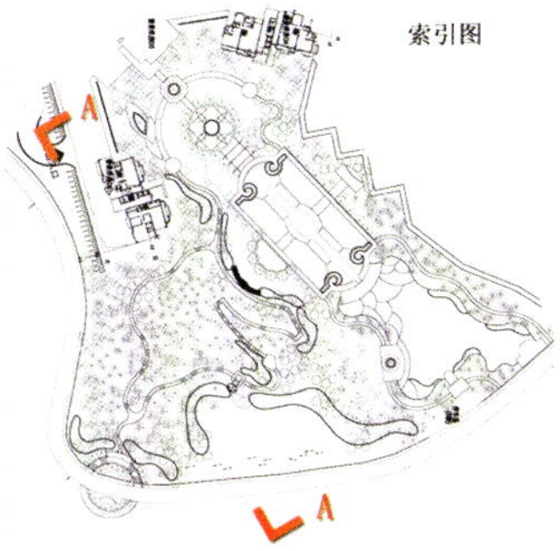

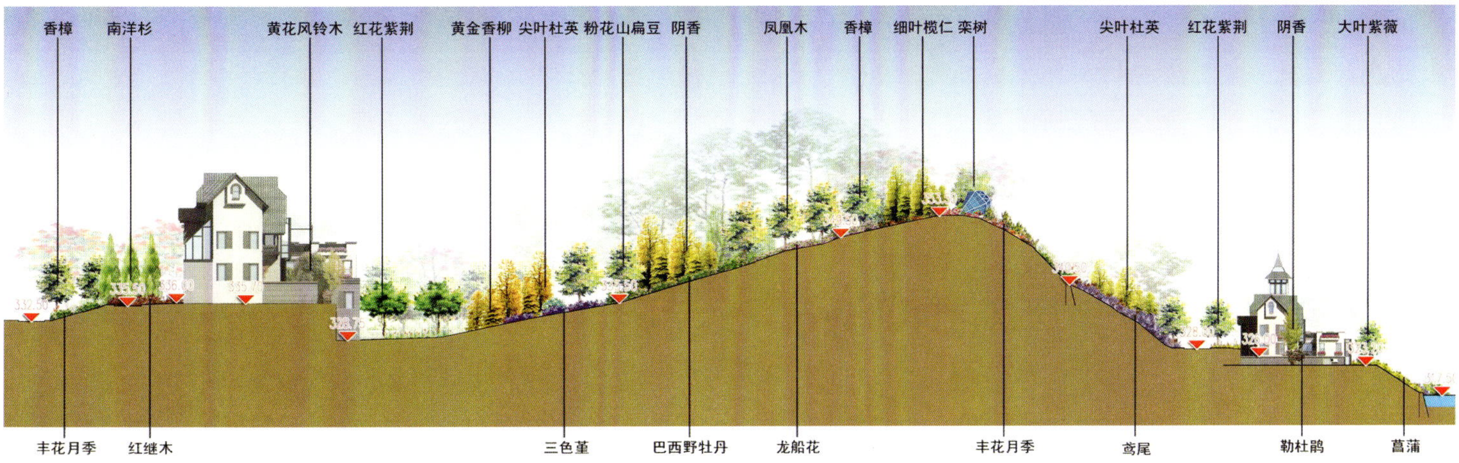

主入口——热烈、喧嚣的异域风情

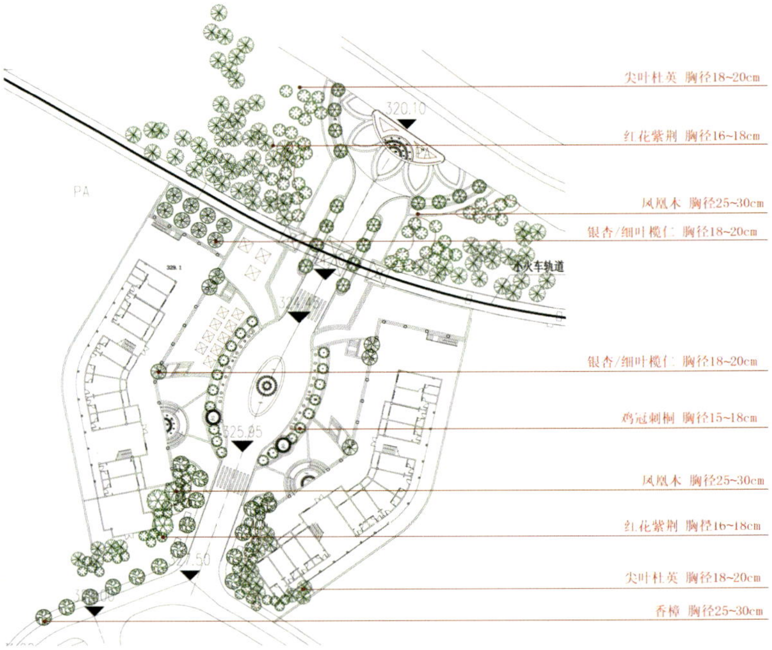

结合方案中的花瓣形状广场，在中央雕塑周围种植鲜艳的花卉，以形成热烈奔的景观。商业街前将多种花卉种植形式进行融合以呼应园建小品，烘托茵特拉根小镇商业街的热烈氛围，营造商业街热情浪漫的异域风情。

入口区域：入口区域种植银杏形成树阵，并结合花卉形状的铺装广场，种植观花乔木，选用玫瑰等艳丽的灌木、地被等，形成热烈绚烂的入口景观。
主要品种：银杏、凤凰木、红花紫荆、勒杜鹃、钻石玫瑰、丰花月季等。

商业街区：商业街区延续入口的植物风格，选用鲜艳花卉以花带、花镜、花坛、花钵形式种植，以形成热烈的商业街氛围。
主要品种：凤凰木、杜英、毛杜鹃、钻石玫瑰、香水月季等。

无边泳池——宁静、舒适的休闲世界

此泳池主要为休闲、聚会、交流的场所，结合无边泳池，在植栽设计上主要营造简洁清爽的景观效果。种植常绿观花乔木，并搭配蓝紫系花卉以等花径，营造宁静舒适的休闲空间。

密林区：此区域多选用常绿乔木，以形成浓荫密林景观，并在密林边缘适当点缀花灌木以呼应整体热烈缤纷的景观效果。
主要品种：香樟、阴香、南洋楹、南洋衫、洋蒲桃等。

回车区域：此区做选用，浓荫乔木，并搭配以灌木地被以达到遮挡视线，开成浓荫的景观效果。
主要品种：香樟、杜英等。

七彩花卉区域：结合方案中的无边泳池，植物配置上多选用观花植物，并以花带、花海形式种植观花地被，以形成缤纷绚烂的景观氛围。
主要品种：蓝花楹、凤凰木、勒杜鹃、丰花月季、钻石玫瑰、鸢尾等。

七彩花卉区域：结合方案中的广场，此区域多种植冠大荫浓乔木，并适量种植色叶乔灌木，以丰富景观色彩及层次，起到围闭作用的同时也形成浓荫树林景观。
主要品种：香樟、凤凰木、阴香等。

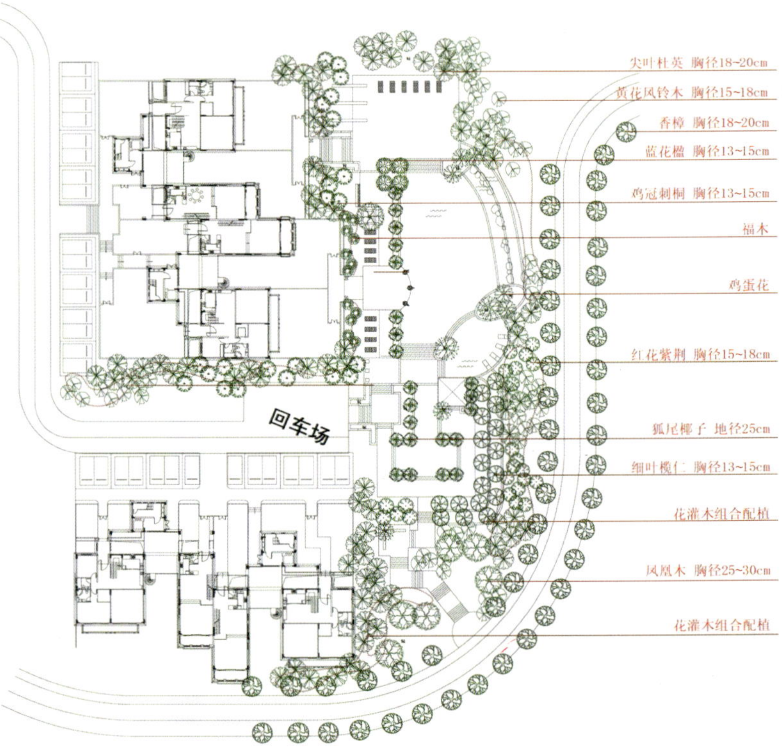

主要群落示意：

红花紫荆+栾树——双荚槐+紫花野牡丹——丰花月季

尖叶杜英+腊肠树——山茶+紫花野牡丹——龙船花+葱兰

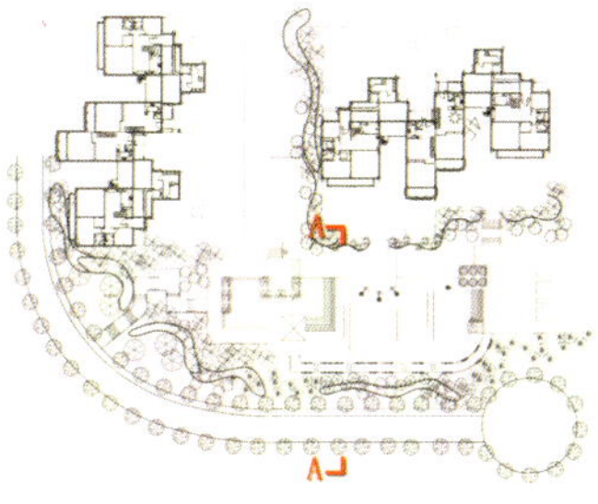

索引图

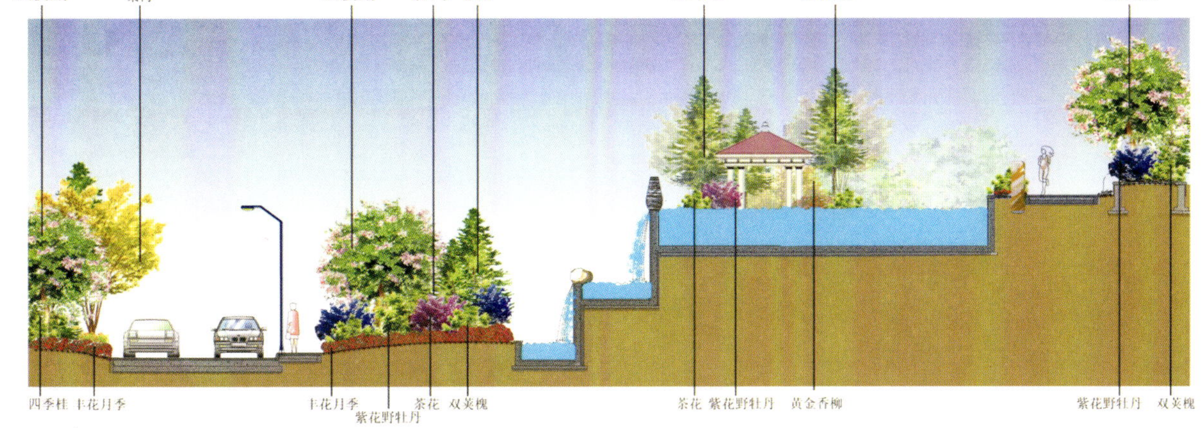

挡墙立面图

岩画处理

大型岩画演绎花神芙罗拉传说

塑料玫瑰花

应用德国波茨坦广场上巨大而又炫丽的塑料玫瑰，对挡墙立面做出精心的点缀。

梯台式玫瑰种植

种植绚丽夺目的玫瑰在掩盖挡墙较大高差的同时，塑造了另一个迷人的景点。

大绿篱LOGO

岩画处理

山坡方案:

跌级挡土墙护坡

跌级护坡整体呈折线退台，使栽植的小乔木及灌木互相错落穿插，丰富植被层次，更有效地修复其生态性。

现状照片

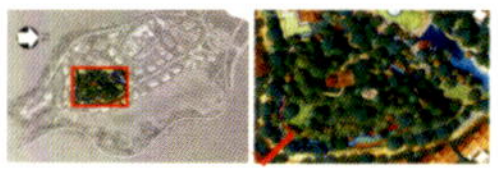

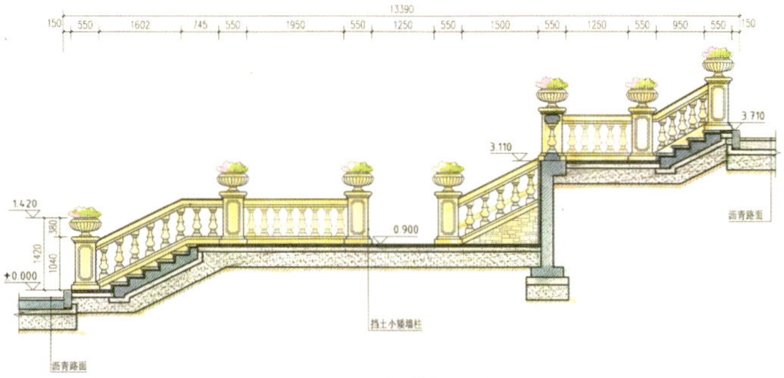

景观节点剖面图

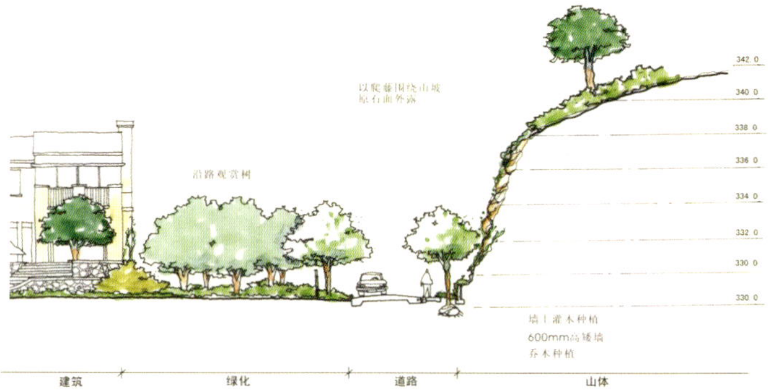

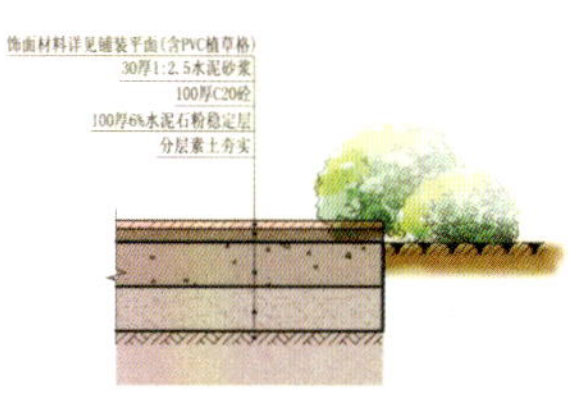

① 不行车园路、平台地剖面图 1:10

注:PVC植草格采用同样结构铺法.

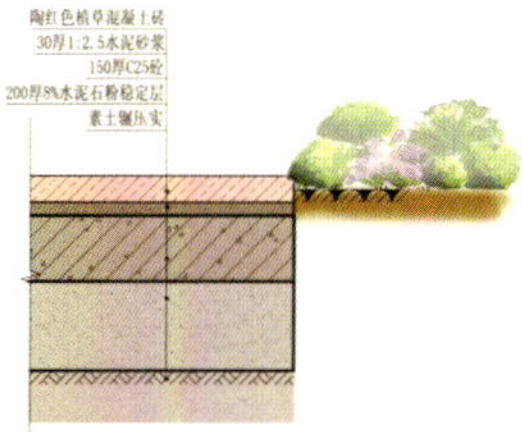

② 停车场剖面图 1:10

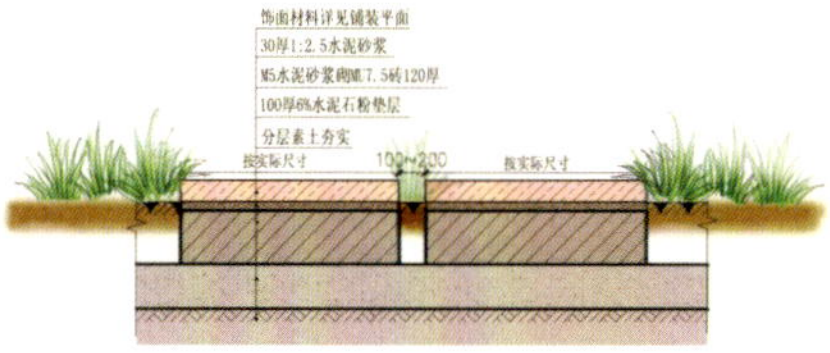

③ 汀步一剖面图 1:10

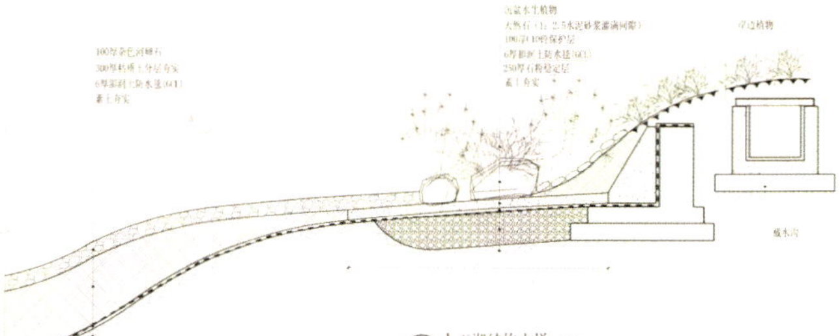

人工湖结构大样 1:15

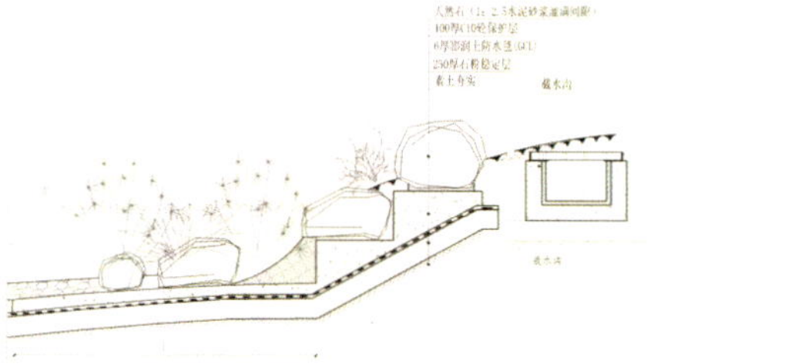

驳岸做法二：岸线置石 1:15

禄丰县侏罗纪世界一期

项目资料：
项目地址：云南省禄丰县
设计面积：25.3公顷
委托方：侏罗纪世界投资有限公司
设计单位：浙江大学建筑设计研究院风景园林分院
主要设计人员：李辉 李瑛 查丽君 林建海 汤珏

总平面图

项目说明：

本案位于"中国云南禄丰恐龙国家地质公园"内世界级的恐龙墓地——禄丰川街恐龙山谷地，是一处依托恐龙化石埋藏遗址和自然峡谷的台地景观，场地处于滇中与滇西、滇西北旅游圈连结点上的安楚高速公路旁，距云南最大的游客集散地昆明47公里，距州府楚雄70公里，交通极为便利，是通往滇西旅游的必经之地。

云南禄丰县又称"恐龙县"，恐龙化石以其数量众多、种类齐全、密集度高、保存完整、跨越地质年代长等特点，让世界为之震惊。本案位于禄丰县恐龙山山脚，场地内有多处恐龙化石挖掘现场，并已经出土多具禄丰龙化石。

现状

本案规划面积为25.3公顷，场地地形特殊，处于一个小盆地内，地块现已规划一座占地1公顷左右的恐龙遗址馆，作为景区内主体建筑。盆地高处有一水库，并因开发需要，政府引水入库，保证景区内用水。

现状难点、重点、疑点

地形：本项目为小盆地地形，现盆地内为耕作农田，呈梯田状布置，标高较为复杂。项目开发在土方工程上如何达到平衡？

大坝：现有大坝的工程结构决定了其存在形式，而此处又是一个重要的景观节点，如何处理好结构和景观效果两者的关系？怎么样的方案最具有可实施性？

现有村庄：场地内有一处村庄，是保留还是利用改造？场地入口与阿纳村的交接面又要如何处理？以后如何管理？

植被：场地植被条件较差，多为荒山和耕作农田，对其原因进行分析，是缺水还是缺肥？现有几处植被如何保留，如何与我们的景观相结合？

主题与定位

经过几轮规划与策划，并与投资方多次协商，对本项目有了明确的定位：

以恐龙为主题的科普性游乐公园

科普性：禄丰作为世界上迄今为止发现的最丰富、最完整的古动物群化石出土地之一，其价值和地位显而易见。

主题性：禄丰是禄丰龙的故乡，目前为止，禄丰已挖掘出土120多具恐龙化石。

游乐性：侏罗纪是历险的代名词，作为一个主题性公园，以恐龙为中心的游乐探险也是该项目必不可少的一部分。

总体布局

整个公园以恐龙为主题，展开各个场景布置，以水系为主线贯穿各个场景。从水库开始依次分为以下几个重点景区："重返侏罗纪"——大瀑布景区、"侏罗纪历险"——漂流探险区、击水鱼龙湖、阿纳山寨、侏罗纪嘉年华、侏罗纪城堡。在各个景区，游客能亲身感受到侏罗纪时期的场景，科普与娱乐同在。

景观节点

入口区块

景区入口以一个台地广场和四根擎天柱作为主要景观。台地广场作为一个公园的外广场，放弃了普通广场的硬质与完形，在尊重原地形地貌的基础上，以一个台地广场的形式，合理组织人流和交通。台地的设计以原有场地的梯田为原型，硬质铺装和草地镶嵌，形成自然的构图。四根擎天柱的大尺度是人们对侏罗纪公园的第一印象，着重渲染一种地质公园的氛围。人造恐龙骨架化石的浮雕、斑驳的石柱，给人一种沧桑感和神秘感。大尺度景观立柱、精致铸铁门墙，材质的对比给人强烈的冲击感。

侏罗纪城堡

侏罗纪城堡取了当地夯土墙的元素，游客从栈道到围墙顶部，可俯瞰到阿纳湖的画面，这个过程是激动的、冲击的，在空间、光线、色彩上都是一个剧烈的转变。夯土围墙把公园的壮丽拦在了里面，外面是现实的世界：夯土村庄、红土荒地、桉树林；里面是失落的世界：宁静的蓝色阿纳湖、大片的黑色密林、翠绿的草地、一大群恐龙。这个内外的对比冲击是我们的目的。围墙既是一个景观建筑，又是一个水利大坝，还是一个交通通道。游客从坝顶到内集散广场，然后乘坐电瓶车进园。

围墙前的侏罗纪栈道的设计也是一种特殊的安排，百米栈道给游客一个情绪酝酿的空间和时间过程。从内广场长长的斜坡栈道向上，尽头又是一堵夯土墙，加重了公园的神秘感。粗糙的原木栈道和黄色代表本土特色的夯土墙，保留了原始的特色，入口围墙的遮拦又营造了公园神秘的气息。栈道下是自然的水面和红土荒地，几丛桉树林也是自然保留的状态，也以此拉开了墙内墙外的视觉感。

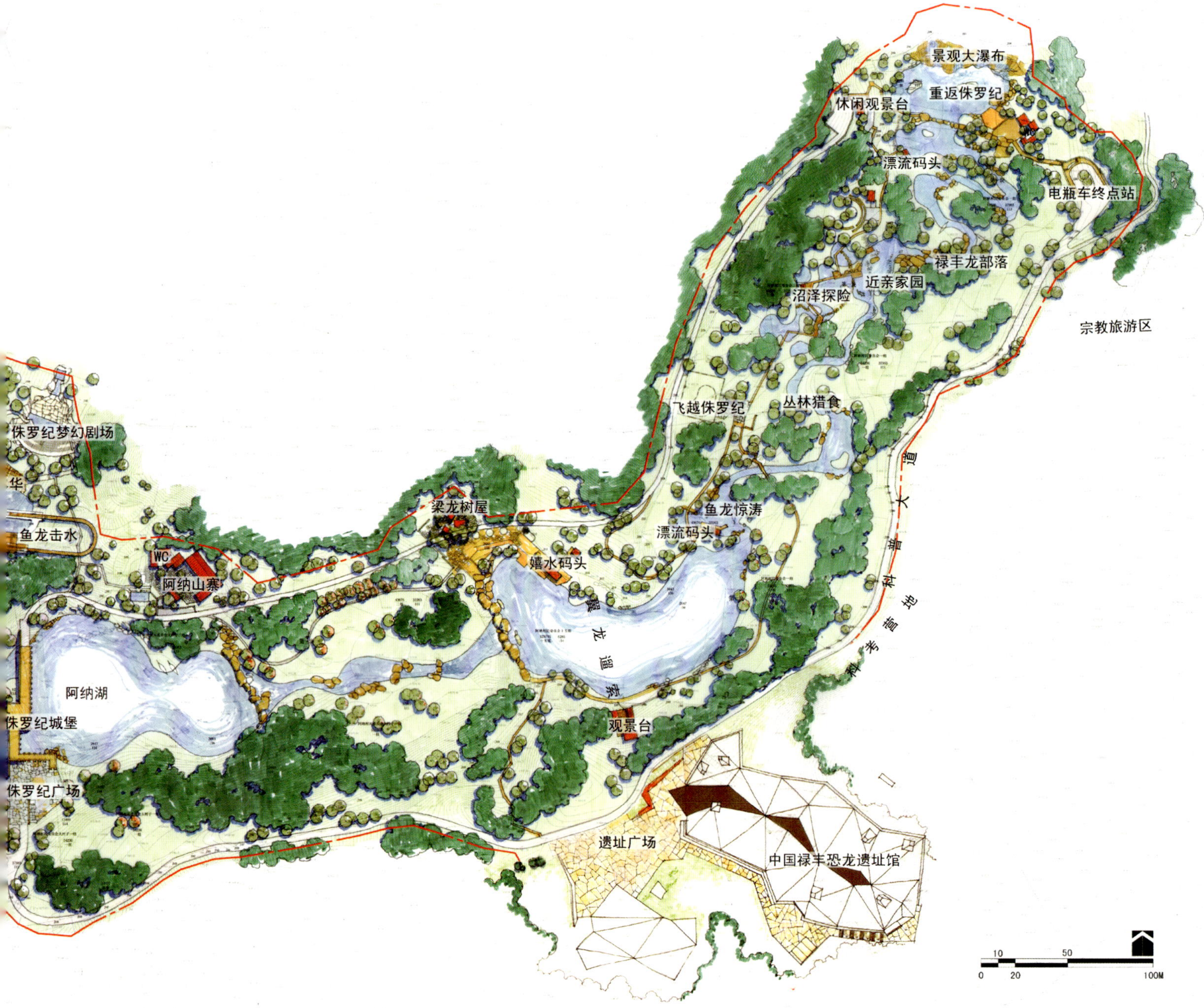

景观大瀑布
重返侏罗纪
休闲观景台
漂流码头
电瓶车终点站
禄丰龙部落
近亲家园
沼泽探险
宗教旅游区
飞越侏罗纪
丛林猎食
鱼龙惊涛
漂流码头
侏罗纪梦幻剧场
华
梁龙树屋
鱼龙击水
WC
嬉水码头
阿纳山寨
翼龙遛索
阿纳湖
侏罗纪城堡
观景台
侏罗纪广场
遗址广场
中国禄丰恐龙遗址馆
10
50
0
20
100M

水

基地原有两大水库：白蜡树水库和三匹桥水库，在场地中间还有个4000~5000平方米的水塘。公园水系的主要水源是由引水工程引入白蜡树水库的每秒0.47吨的水。在设计时，以这部分的动水在公园中形成水系中心通廊，贯穿整个侏罗纪公园。水在公园以各种形式表现，以一挂20多米的瀑布作为水的源头，也作为公园的开始。从瀑布开始是一条逐级跌落的500米长的漂流道，沿途水系或窄或宽，有大片的沼泽滩地。最后水流入阿纳湖中，经由侏罗纪城堡，最后排入市政雨水管道。

环线景点

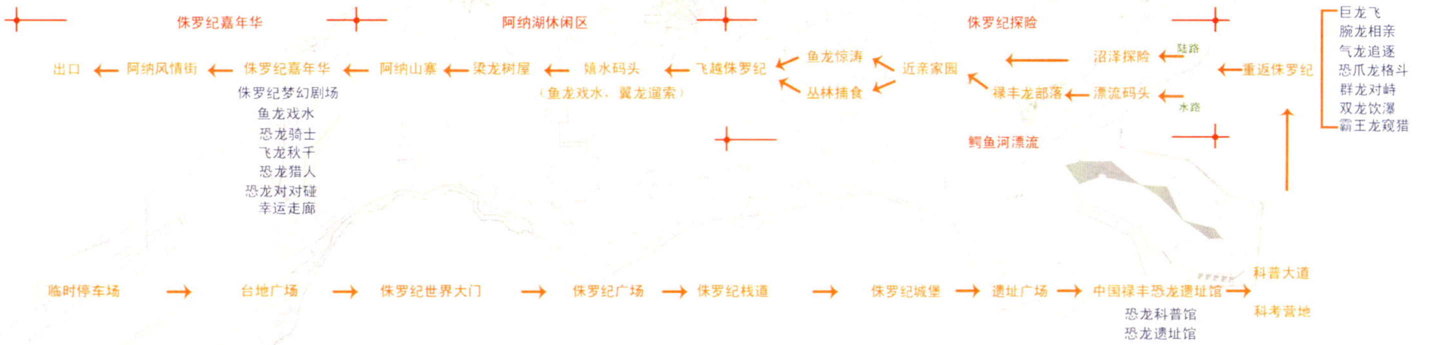

阿纳山寨模型渲染图

大瀑布区块

大瀑布是游客游览公园的第一站，也是电瓶车的终点，游客下车，经过一段曲折的台阶，闻瀑布声而去，豁然开朗是一派侏罗纪繁盛的景象。30米高的瀑布分成几组，瀑布间隙恐龙吼叫，巨石深入湖泊，可以近距离地接触仿真恐龙。瀑布北侧山腰，以现状台地为基础，设计了叠层的观景平台。步道上下高差的处理也引发游客对山谷的神秘感。

漂流道设计

利用现状峡谷冲沟的地形，开辟了一条鳄鱼河漂流道，作为侏罗纪历险的水上线路。漂流道两头地形高差10米，走线500米左右长，一路布置了几个历险点，有凶险近亲、禄丰龙部落、恐龙猎手、鱼龙惊涛等项目，增加历险道路的趣味性。漂流道以营造一种植被茂密的热带雨林景观为主，空间多样。有藤蔓遮天的密林，有枯树横倒的河滩，有两岸陡峭的峡谷、水草丛生的沼泽，有巨石纵横的跌水，也有开阔的疏林草地景观。

阿纳山寨

场地上较为难得的一组建筑，具有当地民居的代表性。规划时分析原有村子的布局和房屋结构，部分建筑落地重建，小部分建筑保留及进行改造和内装修，开发为一处休闲茶座。室外环境以嵌草块石地面为主，形成树林下的露天茶座。室内改造后，以视线通透的空间为茶座空间，部分院落建筑改建为厕所和备餐间。

侏罗纪梦幻剧场

利用阿纳山寨后侧山体地形，形成一个台地剧场，增加了剧场的围合感，也借助远处的水库山体作为剧场的大背景。舞台以假石藤蔓为伪装，形成一个较为封闭的空间，剧场看台以条石自然围合，粗犷的线条也符合侏罗纪公园的总体氛围。

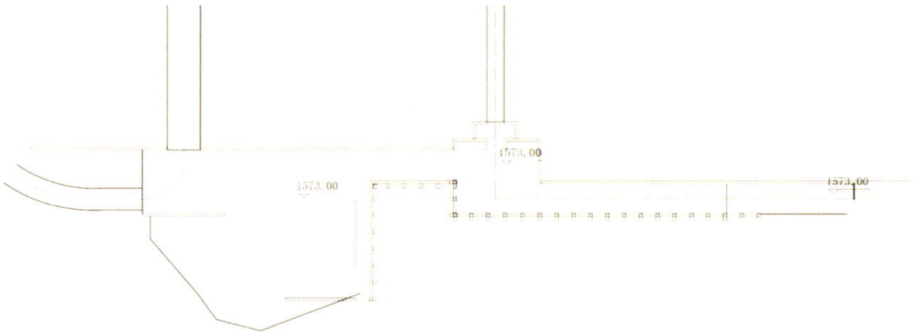

侏罗纪城堡平面

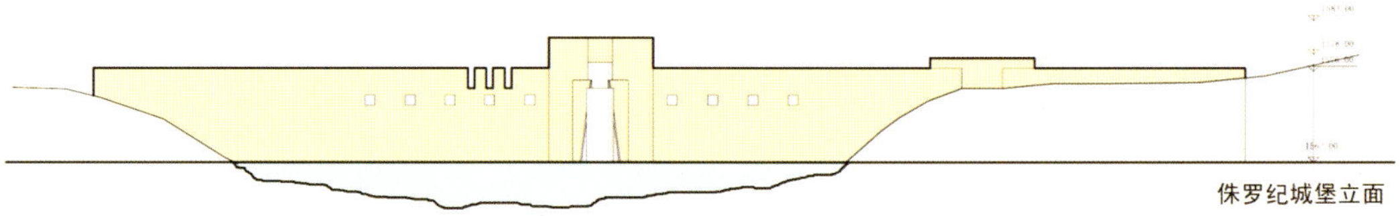

侏罗纪城堡立面

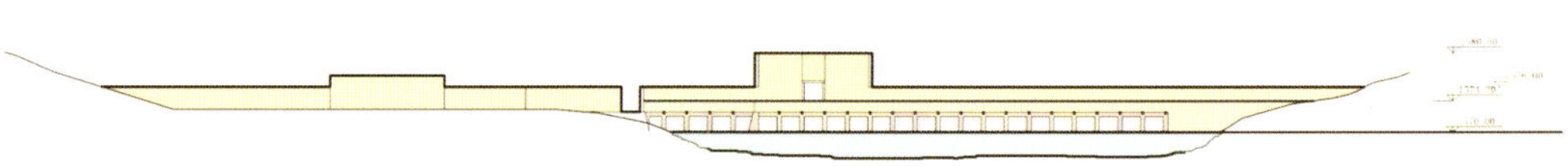

侏罗纪城堡背立面

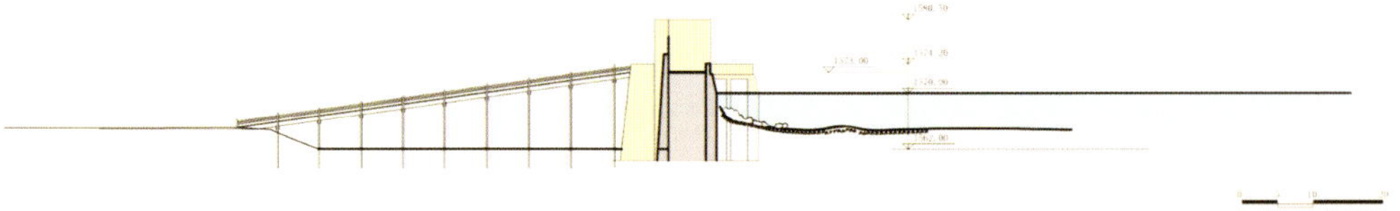

侏罗纪城堡剖面

入口区效果图

阿纳山寨效果图

沼泽滩效果图

侏罗纪城堡效果图

大瀑布区效果图

侏罗纪梦幻剧场效果图

三亚市南山文化旅游区

项目资料：
项目地址：海南省三亚市
用地面积：5000公顷
设计单位：ECOLAND易兰（亚洲）规划设计公司

项目说明：

位于海南三亚市的南山文化旅游区，依托南山独特的山海名胜，有着丰富的历史文化渊源。因此项目的开发与成功实施，不仅仅是为游客提供了完善的休闲娱乐设施，更是对当地历史与文化的深刻体验与传播，使之有别于中国其他休闲娱乐公园的泛西方设计元素烙印，着重体现本土文化与现代休闲娱乐活动的高度融合。因此佛教文化、休闲娱乐、生态保护成为ECOLAND易兰统领设计蓝图的三大理念。

依据南山美丽的海滨、绵延的山石景观和深厚的历史文化，在"大景观"的原则前提之下，设计师把整个区域组合成9个主题园区：佛教文化公园、南海风情区、大门景观区、天竺遗迹、福寿天地、幸福广场、黎苗文化区、大小洞天景区、休闲酒店区。项目规划目标之一是全面保护场地资源及现有价值，不仅合理保护性地利用当地资源，同时有效地带动周边经济的发展，从整体上拉升地域经济水平。设计师潜心挖掘当地自然景观，以世界普遍关注的传统佛教历史和亚洲文化为设计渊源，以GIS定位系统辅助设计，在规划蓝图上首先成就了此魅力独具的文化生态旅游景区。

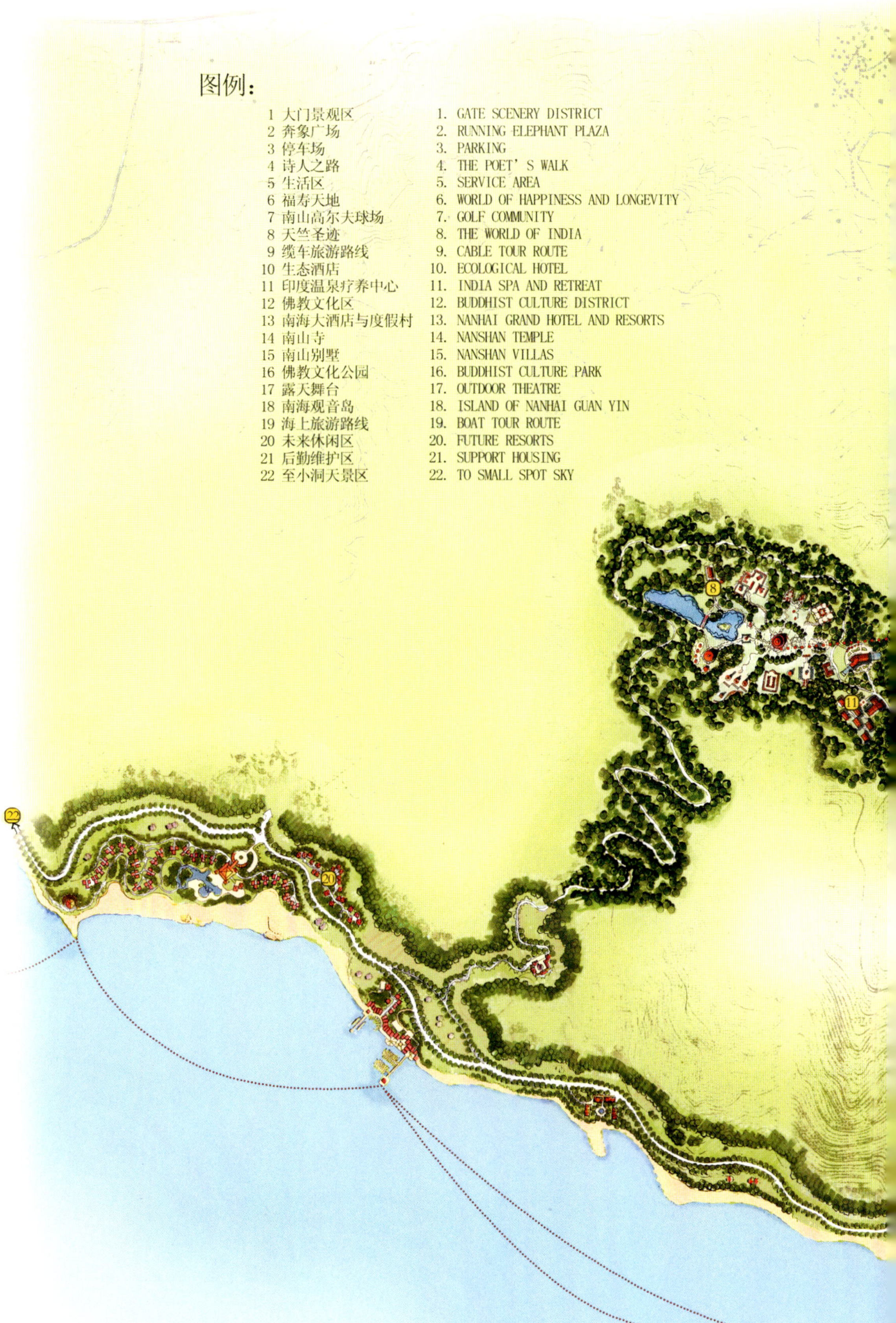

1
2
3
4
5
6
7
10
12
13
14
15
16
17
18
19
21

意吉祥

缘

337-13

三亚市鹿回头半岛

项目资料：
项目地址：海南省三亚市
设计面积：5.21平方公里
委托方：三亚万通房地产开发公司
设计单位：北京匡形国际规划设计咨询有限公司

项目说明:

本案位于海南省三亚市区正南端，距中心区约3公里，整体规划建设区面积为5.21平方公里。该项目被规划成为集度假、观光和高档居住功能为一体的综合性滨海旅游度假区。

规划目标是使其成为提高三亚整体旅游档次的亮点，成为中国旅游度假区中的品牌，提升其国际知名度，建设成为全中国乃至全世界最具风情的、最年轻化的、最时尚的亚热带旅游度假区。

规划理念在于塑造生态山水度假区环境，营造精彩空间与延续历史文化，多重复合综合片区，强化半岛布局空间形态的意向。

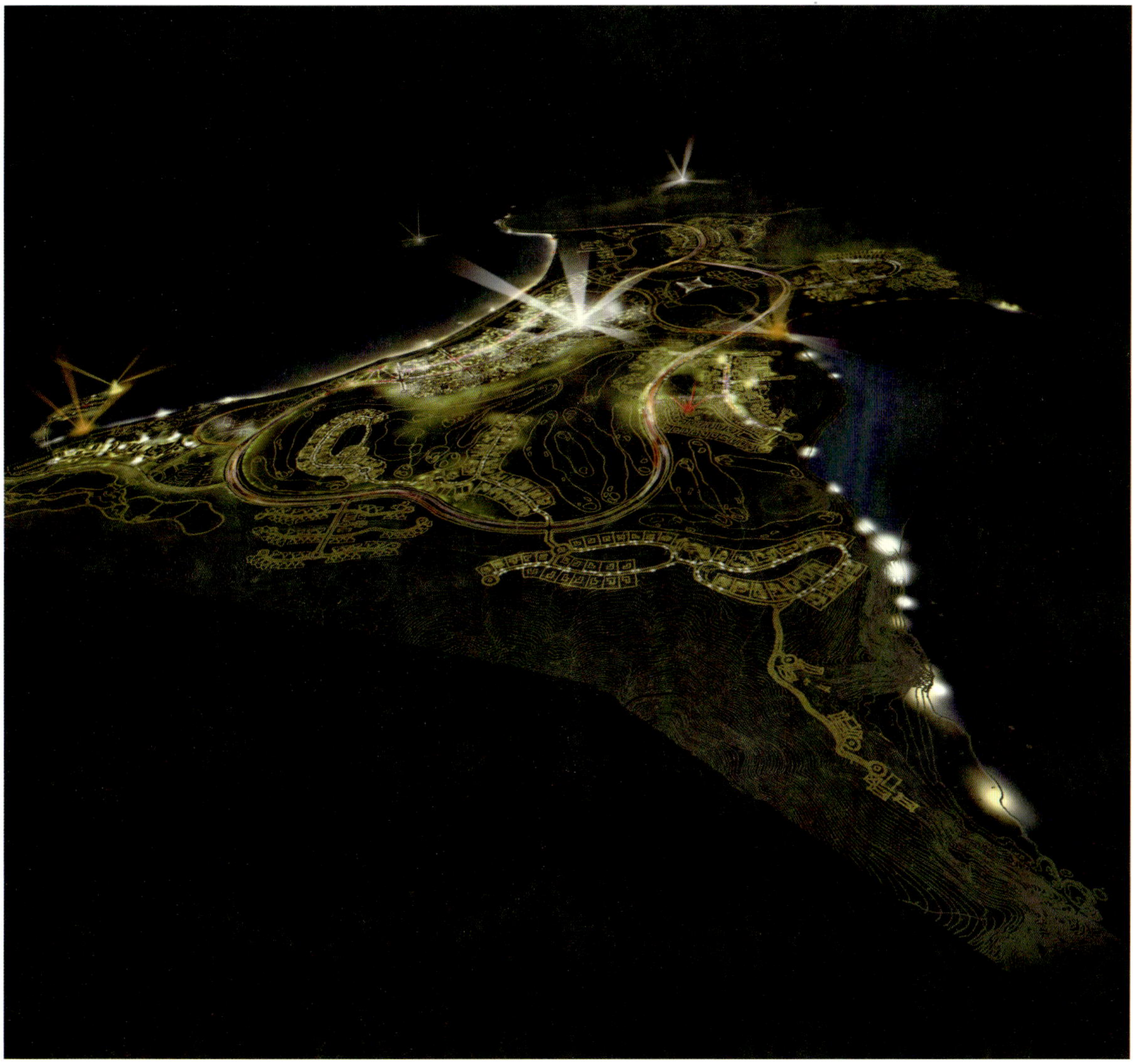

滨海广场

中心广场

商业街

保亭黎族苗族自治县呀诺达
三道湾热带香巴拉景区

项目资料:
项目地址：海南省保亭黎族苗族自治县
设计面积：20平方公里
设计单位：ECOLAND易兰（亚洲）规划设计公司

蓝月谷综合系统主要功能分区技术指标:

功能	建筑面积	备注
总用地面积	16 236 m²	
总建筑面积	2 590 m²	289m 标高平面：885 m² 285m 标高平面：1 190 m² 281m 标高平面：515 m²
公共服务区	440 m²	主入口大堂：208 m² 次入口接待厅：136 m² 卫生间及办公：100 m²
展览区	640 m²	展厅：640 m²
餐饮区	700 m²	咖啡厅：216 m² 中餐厅：140 m² 西餐厅：140 m² 风味餐厅：140 m² VIP 包间：130 m²
商业区	84 m²	小型超市：84 m²
后勤服务区	84 m²	
办公区	140 m²	管理办公，GPS 中心
医疗救助区	130 m²	
景观连廊	300 m²	

08 总平面图

项目说明:

呀诺达三道湾热带香巴拉景区位于海南省南部地区，坐落在76平方公里的三道湾生态多样性保护区和50平方公里的高效农业区内，面积约为20平方公里。

此景区实现了生物多样性保护、农业高科技和热带香巴拉风景旅游为一体。ECOLAND易兰规划设计师为这个项目提供整体规划及每个景区的详细景观设计。该旅游区是一个集度假与旅游观光于一体的综合性风光区。该区共设鸟语花香、琉璃宝光、三道书院、忠义千秋、吉祥如意、极限运动、观光农业、经石峡谷、神圣香巴拉、生态恢复、指挥管理、职工生活12个功能景区。在神圣香巴拉景区中，有别墅和酒店分布其中。

天津市津南区天嘉湖“星耀五洲”

项目资料：
项目地址：天津市津南区
设计面积：7.8平方公里
设计单位：美国·南京21世纪城市环境艺术公司
主要设计人员：刘德进 张飞

项目说明：

一、项目概述

天津“星耀五洲”项目位于天津市津南区八里台中心镇，属于环渤海及海河下游环形旅游经济带的中心，基地西邻京津塘高速公路和镇西路延长线，到北京车行仅需1小时，东靠双义路，北依津港公路和八里台中心镇镇区南界，南接葛万公路。天嘉湖原为津南水库，占地面积7.8平方公里（11735亩），其中水面面积7.05平方公里（10590亩），相当于杭州西湖。最高水位为大沽高程7.0米，最大蓄 水量约3000万立方米，水深4~8米。最低水位为大沽高程4.65米，湖水容量1315万立方米，水深1.7米。

按照世界地理的板块漂移说，在天嘉湖内人工堆岛，分别形成欧亚大陆板块、北美大陆板块、南美大陆板块、非洲大陆板块和大洋洲南极洲大陆板块，打造天津集商业、居住、运动、娱乐、养生度假、旅游观光等多功能于一体的航母旗舰型地产。

“星耀五洲”在湖面形成世界五大洲象形分布，同时，规划方案结合项目自身产品的丰富性、多样性和特色性，进而形成了一个国际性的、品质高端的集娱乐、购物、健身、休闲、度假等多功能为一体的综合地产发展项目。

“星耀五洲”项目的建筑形态包括大型商业、大型娱乐、五个五星级酒店、高档办公以及从高层公寓到独立别墅的各种居住形态，而且其建筑造型根据所在的区域不同而风格各异，囊括五大洲各种建筑风格，可谓是世界建筑的博览。总建筑面积达300多万平方米。贯穿五个岛还设计了18洞的高尔夫球场，其所有的洞都是仿世界名洞。

二、景观规划的理念目标与原则

根据“星耀五洲”的建筑规划创意，提出“多彩国际，梦幻五洲”的景观目标和主题形象定位，确定大手笔、高品位、世界级的设计目标，将“星耀五洲”打造成：

——全球性的园林博览观光公园

——国际性的生态景观居住社区

——世界级的健康运动休闲平台

总体主要景点标注

1 轻轨广场
2 室内滑雪场
3 蒙特利尔大桥
4 蒙特利尔商业购物中心
5 中央公园
6 游艇俱乐部
7 六星级酒店
8 西海岸风情群岛
9 多伦多大桥
10 星耀阳光园
11 巴拿马运河大桥
12 加勒比海
13 加勒比长堤
14 赤道广场
15 桑巴公园
16 巴西利亚大桥
17 印地安海
18 亚马逊湿地
19 麦哲伦路
20 南美洲风情酒店
21 悉尼大桥
22 大洋洲风情酒店
23 健身水岸
24 南极光广场
25 罗斯海
26 国际教育中心
27 极地大桥
28 南极水岸半岛群
29 比勒陀利亚大桥
30 威德尔海
31 非洲撒哈拉走廊
32 象牙花园
33 非洲风情酒店
34 埃及卢卡索大桥
35 莎士比亚情景花园
36 伦敦桥
37 奥林匹亚广场
38 地中海
39 欧亚大陆桥
40 白天鹅水岸
41 西班牙九牛商业广场
42 爱琴湾
43 高尔夫运动场
44 欧亚风情酒店
45 金门大桥
46 南亚群岛
47 时间岛
48 天嘉湖

景观结构

四环五板五轴十二大景观节点

四环：
泊水环：泛舟荡桨，湖中赏五洲
水泊五洲，泛舟湖上，饱览滨水建筑与景观构成水都胜景。
怡翠环：绿茵挥杆，球场走五洲
环状的高尔夫球场宛如硕大的绿色项链，形成生态走廊。
人文环：居家生活，漫步品五洲
展现五大洲的风情人文、历史遗风，环路而行，走遍世界。
滨水环：养生休闲，湖岸观五洲
将环湖路结合绿地，打造出带状滨水运动休闲公园，特别是环湖设计的连续旱冰道，也许是世界之最。

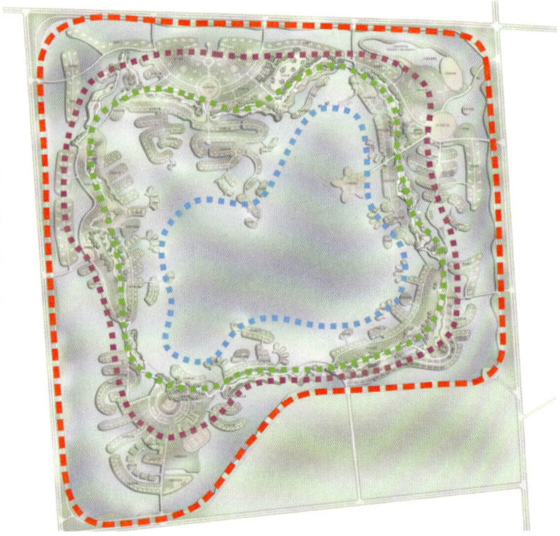

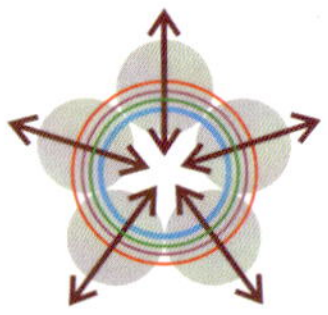

交通结构

车行交通

在交通梳理的前提下，构筑高效便捷的车行系统。

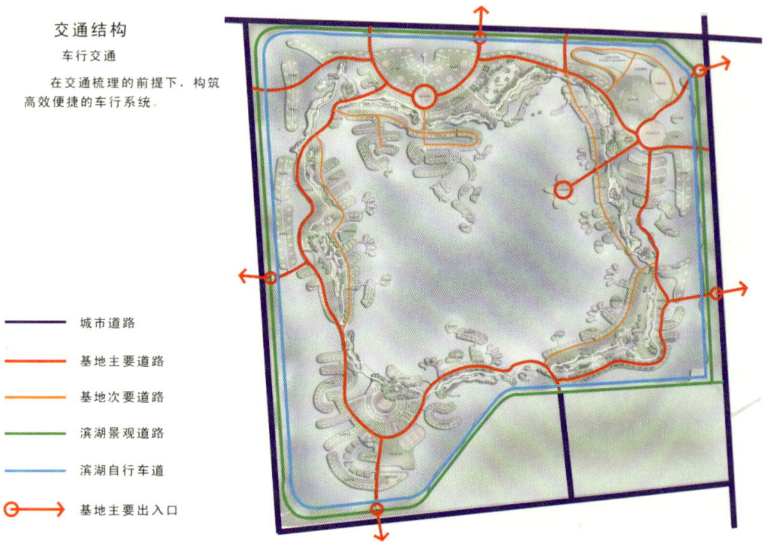

景观视线分析

本次规划视线主要强调的是环湖车行视线及水上观景视线，希望通过车行路线及水上游线的组织，达到“移步换景”的效果

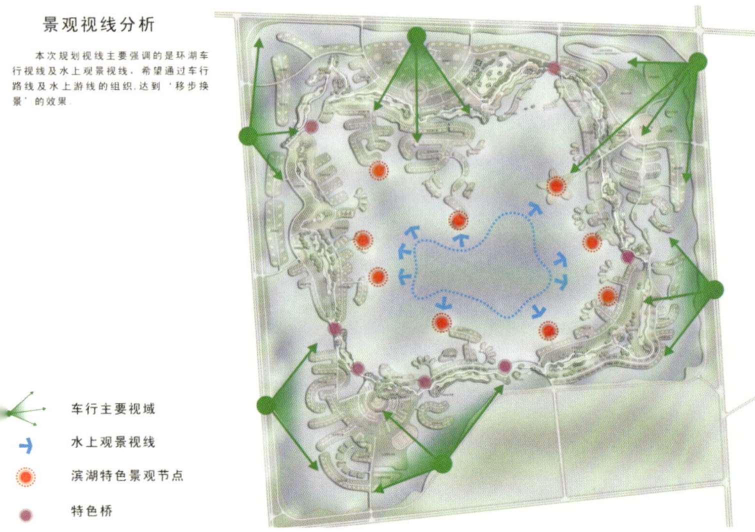

十二大景观节点

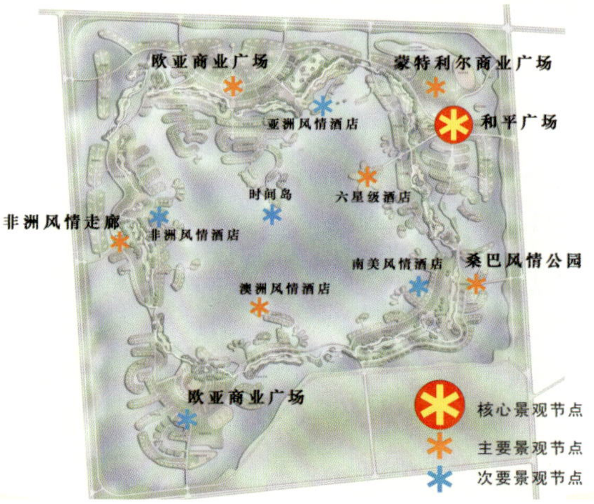

景观结构

五大板块：
优雅高贵欧亚大陆板块
活力繁盛北美大陆板块
浪漫幽静南美大陆板块
休闲清新南极大洋大陆板块
古拙狂野非洲大陆板块

五大板块：
优雅高贵欧亚大陆板块
活力繁盛北美大陆板块
浪漫幽静南美大陆板块
休闲清新南极大洋大陆板块
古拙狂野非洲大陆板块

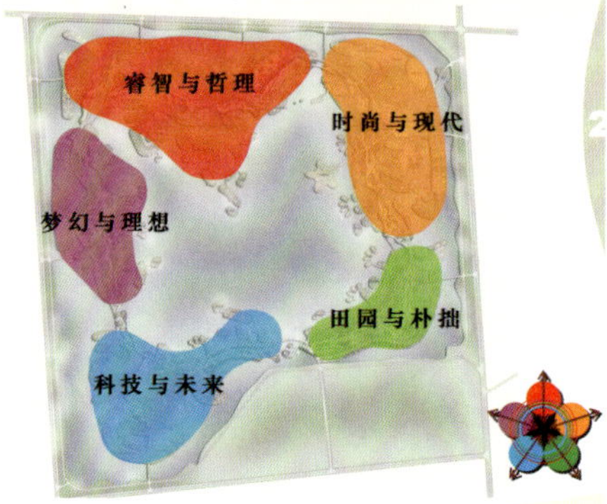

五轴：
非洲大陆风情景观轴
亚欧大陆风情景观轴
北美大陆风情景观轴
南美大陆风情景观轴
大洋洲南极洲大陆风情景观轴

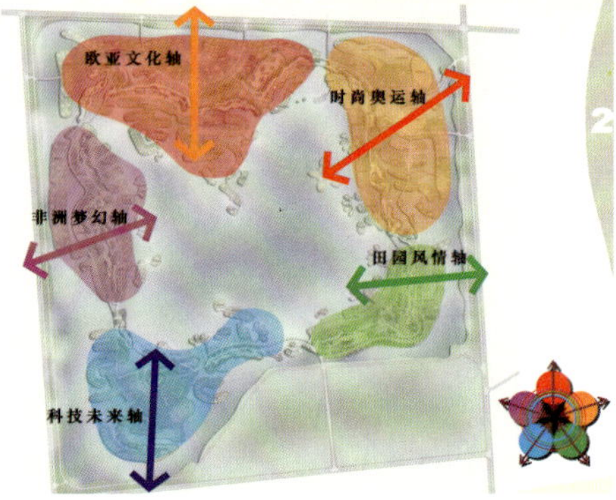

——跨时空的人文风情梦幻水都

总体构思：从地理、时空、生态、文化、建筑等方面体现五大洲独特的空间环境和景观风情。

地理的五洲：体现五大洲不同的地理环境。

浪漫的五洲：体现五大洲多样的民俗风情。

文化的五洲：体现五大洲丰富的文化特色。

运动的五洲：体现五大洲动感的青春活力。

和谐的五洲：体现五大洲共同的发展追求。

设计原则：通过景观设计，为游客和居住者提供六个体验，即地理概念的体验、世界人文的体验、科技时尚的体验、生态环保的体验、运动健身的体验、水景文化的体验。

三、景观结构及总平面布局

在原有建筑总体规划的基础上，对整个“星耀五洲”项目进行景观梳理，在景观空间结构上形成六个主题空间，即地域人文主题空间、休闲娱乐主题空间、运动养生主题空间、生态教育主题空间、名胜博览主题空间、亲水观光主题空间。通过景观规划使原建筑规划方案达到新的升华，更具魅力。

总平面布局

结合建筑规划，总平面布局为：四环、五板、五轴、十大主要景观节点。

四环：

泊水环：泛舟荡桨，湖中赏五洲。饱览滨水建筑与景观构成水都胜景。

怡翠环：绿茵挥杆，球场走五洲。环状的高尔夫球场宛如硕大的绿色项链，形成生态走廊。

人文环：居家生活，漫步品五洲。展现五大洲的风情人文、历史遗风。环路而行，走遍世界。

滨水环：养生休闲，湖岸观五洲。将环湖路结合绿地，打造出带状滨水运动休闲公园。

五板：

■非洲大陆板块

主题：梦幻与理想。非洲，地球最后一块适宜人居而又没有被滥开发的大陆。独特的原始风情，醉人的生态环境，诱人的钻石与金矿，那是多少人的梦中追求。

非洲板块鸟瞰

欧亚板块鸟瞰

北美板块鸟瞰

南美板块鸟瞰

南极洲大洋洲板块鸟瞰

■欧亚大陆板块

主题：睿智与哲理。人类古老文明的诞生地和现代文明的发源地，是人类智慧的集中体现。

■北美大陆板块

主题：时尚与现代。北美这个由哥伦布发现的后来大陆，一直无羁无绊地引领着世界都市的旋律。

■南美大陆板块

主题：田园与朴拙。诗情画意的田园气息、朴拙优雅的民风、能歌善舞的民族桑巴风情、斗牛风情，一直在追求与大地的重合。

■大洋洲南极洲大陆板块

主题：科技与未来。探索、追求、竞争、发展。人类渴望由深海的精灵引领而走向地心，极光能照亮未来的世界。

五轴：

非洲大陆风情景观轴

亚欧大陆风情景观轴

北美大陆风情景观轴

南美大陆风情景观轴

大洋洲南极洲大陆风情景观轴

十大主要景观节点（中心）：

亚欧九牛广场：以九座形态各异的金牛雕塑为中心的主题景观，暗喻“名流”“久牛”。

北美和平广场：联合国在纽约，故以联合国的重要宗旨“和平”为题，广场中央设“和平之光”塔，四周布置联合国广场上的几个著名和平主题的雕塑，如打结的枪管、铸剑为犁、和平钟等。广场还设计了世界文化墙，而周边的各国旗台更加烘托了世界要和平共处的理念。

南美桑巴广场：以南美洲最具特色的元素桑巴舞来命名的桑巴广场，是热情与浪漫的象征。南美风情的雕塑小品、色彩斑斓的地面铺装以及神秘的玛雅文化等构成了浓郁的生活文化场景。

南极光广场：体现南极洲特有的冷峻、探索与科技的光芒，激光玫瑰花灯与玻璃钢架体现了科技与未来的时尚生活。

非洲撒哈拉广场：以砂岩铺装与锈石置石小品表现沙漠主题的广场，加上入口处的球形温室雨林景观以及表现非洲主题的人文亲水景观，组成一条地域特征明显的景观带——黄金走廊。

围绕五大洲际酒店，包括亚欧大酒店、南美大酒店、南极洲大酒店、非洲大酒店、北美大酒店，形成与各洲大酒店相协调的5个景观区。

四、详细景观规划

（一）交通景观设计

“星耀五洲”项目的交通十分复杂，包括进入基地的外部轻轨铁路和快速公路、环湖道、主次机动车道、人行道、联结各板块和岸线的桥梁、游艇码头等，以及各个板块对外的出入口。在景观规划时，结合不同的道路给出不同的景观风格，在交通转换点通过设置铺装、植被等手段，设计明确的景观提示。而对作为交通功能的大小桥梁，则结合不同的区域，模仿世界名桥和世界各地的特色小桥进行设计，形成世界桥梁博览的景观。

（二）水域岸线规划

1. 水域景观规划

天嘉湖水面总面积约7000亩，宽阔的水面适合开展水上观光、运动休闲活动。主要设计适合青少年玩的水上单车、水上摩托、水上翘翘板、水上训马等设施。北美大陆板块沿岸设计一个游艇俱乐部，既可供私人游船停放，也可采用游船出租的办法供人游玩，并提供专门的管理服务，使之成为天嘉湖上具有吸引力的项目之一。大型水上音乐喷泉和水幕电影的设计，无疑是水上景观的最大亮点。

2. 岸线滨水景观规划

岸线景观是“星耀五洲”的重要景观，结合不同的区域，给出了丰富多彩的滨水景观，如码头栈道、运动步道、大量的亲水步道、自然护坡等。设计中结合五大洲的风格和周边建筑的功能，形成不同的驳岸。考虑到安全性，在距水岸6米以内，均为0.5~0.9米的浅水区。

3. 园林特色规划

为了能充分反映五大洲的景观特色、世界园林博览的效果，在景观设计中，结合不同的板块营造出景观世界著名的十大园林特色，即中、英、法、意、日、韩、德、荷兰、俄罗斯、东南亚园十大特色园林。加州风情、墨西哥风情、加拿大风情、曼哈顿风情、阿拉斯加风情、玛雅风情、桑巴风情、加勒比风情八大风情特色。

以上特色的园林和风情，给建筑规划增添了诸多风采，也增加了项目在市场的知名度。

4. 夜景景观规划

夜景规划包括夜间表演景观和景观照明，夜间表演景观主要是和平广场的激光秀和水幕音乐喷泉表演。和平广场的激光秀主题为“和平之光是宇宙之光”，音乐喷泉的主题是“共同的世界，异样的风采”。

在景观照明中，设计按照奥运五环的特色，每一个板块的景观有一种主基色，在强调整个灯光景观的丰富多彩中又突出了个性色彩。

总体风格与城市风格相适应，因地制宜，具体灯光设置以增强景点特征为目的，配置不同高度、不同形式、不同照射方向、不同光照强度的灯具系统，形成自然风格的、柔和的、人性化的灯光处理，避免整体上单调、平乏的照明方式。

5. 雕塑小品景观规划

结合园区的不同景观特色的要求，景观规划提出了世界雕塑博览的设想，根据不同区域选择不同的名人雕塑或著名的人物雕塑，使其成为旅游观光的特色。总体原则与景观设计手法的设计导引相一致；注意小品及雕塑的尺度。在人性化的绿地空间中，创造符合人体尺度的小品雕塑；在纪念性的雕塑设计中，尺度可以适当扩大。在同一区段内，设计风格统一的小品雕塑；注意不同板块或区段景观小品风格间的过渡与协调。

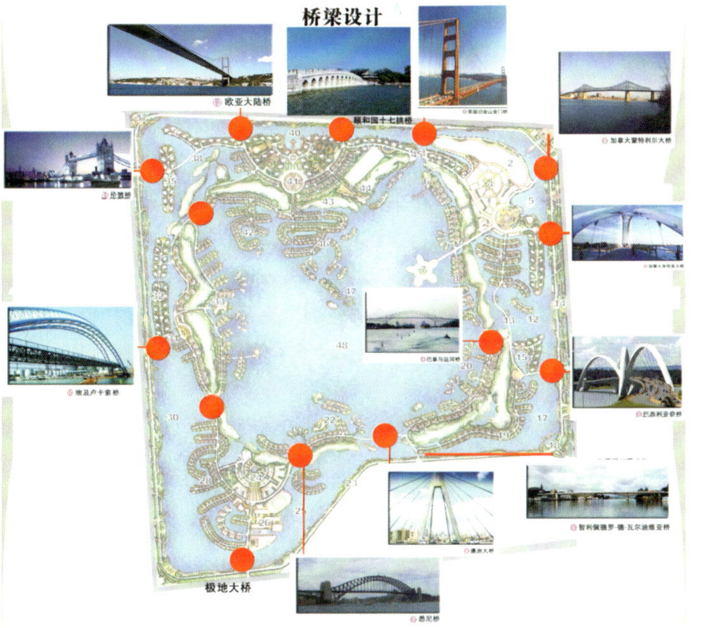

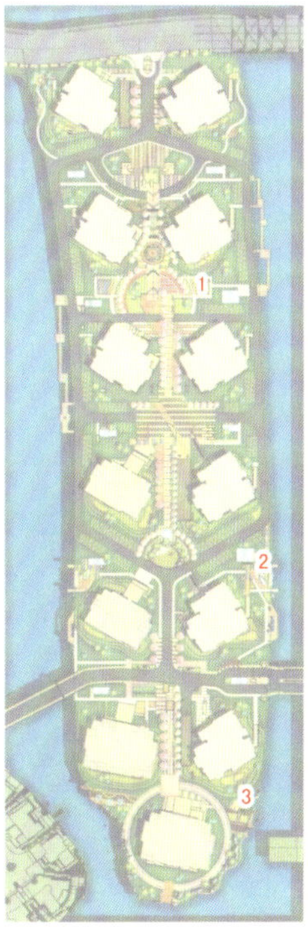

1

地面铺装图案（时间的童话）

儿童活动器械（童话屋）

2

地面铺装图案（远航与探索）

儿童活动器械（海盗船）

3

地面铺装图案（艺术的涂鸦）

儿童活动器械（自由组合）

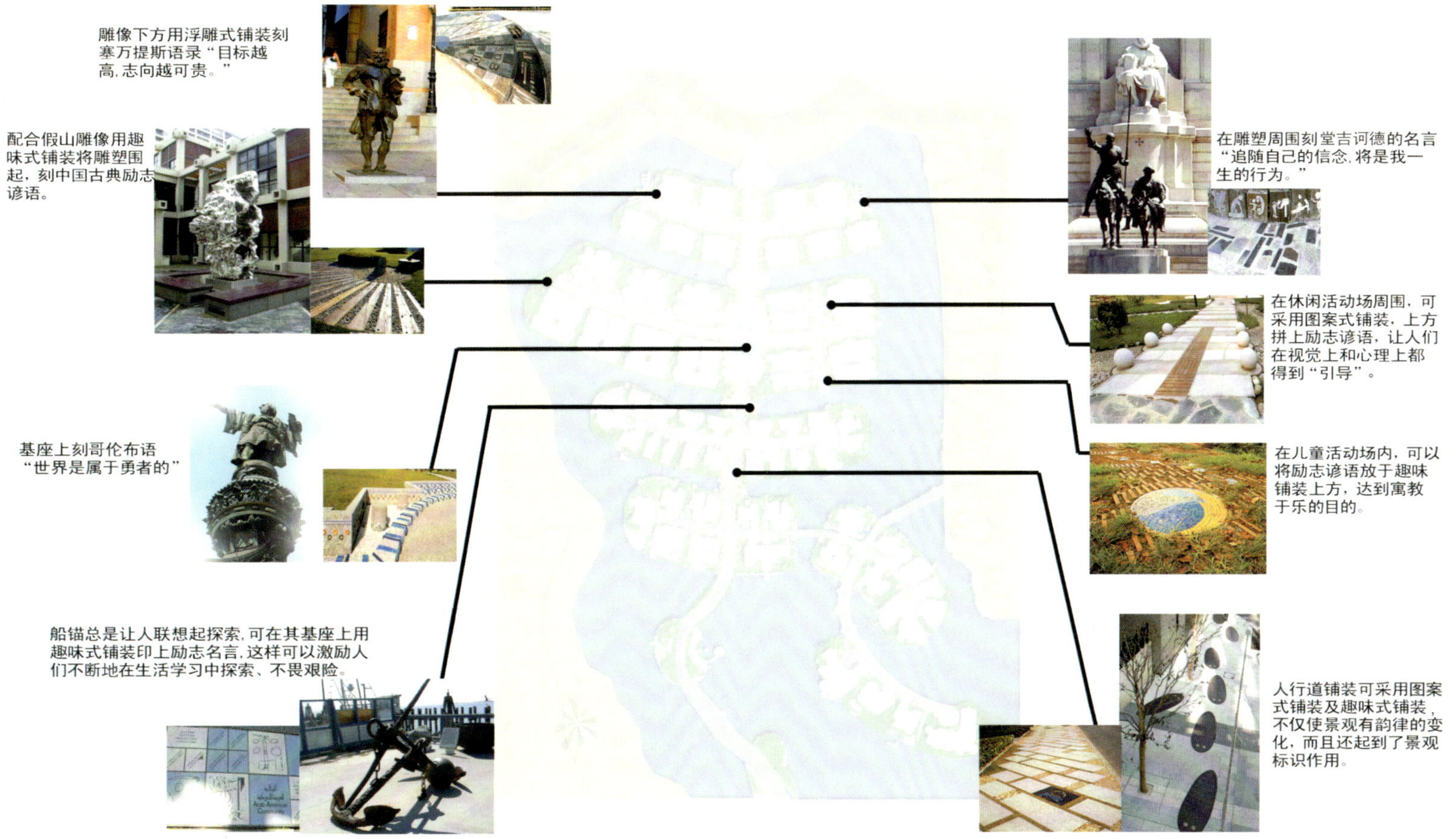

6. 植物景观规划

本案的难点在于植物的配置，要营造世界五大洲的景观，植物是关键，在设计中遵循的原则是：

一是强调大环境的真，选用五大洲具有代表性的植物，寻找形似的当地能生存的国内树种替代。

二是真假结合，对非洲板块则使用部分仿真植物。

三是室外室内结合，由于项目地处北方地区，冬季植物景观不足，因此在景观设计中在非洲板块设计了一处室内的非洲雨林，保证了冬天游人和住户也能有一个如春天般的去处。

四是重视做好夏季植物效果。不能做到季季都真，但至少保证整个项目在夏季的两三个月里能基本接近世界各地的景观氛围。

7. 旅游景观规划

（1）宣传口号：吃遍五洲、住遍五洲、玩遍五洲

主要旅游项目有：各洲商业旅游文化街、各大板块文化广场、国际高尔夫球场、各大洲酒店建筑景观、各洲主要名桥景观。

（2）旅游产品

1）五洲风情体验游

尝遍五洲美食、游遍五洲美景、体验五洲多彩风情。

2）经典高尔夫球洞运动休闲游。

3）梦幻水都娱乐休闲游。

水上观光休闲游、观水亲水戏水欢乐游、特色水上运动休闲游。

4）五洲国际度假休闲游。

购物休闲和美食休闲，各洲大酒店都是度假好去处。

5）各大洲主题节庆活动、大型观演节目

如西班牙斗牛节、美国西部牛仔风情、巴西桑巴风情节等等。

8. 标识景观规划

（1）形成体系完整、风格统一的指示系统。以简明扼要、可识别性强等为主要标准。向国际化靠齐的同时，加入五洲国际特色的创造。

（2）在重要节点位置设置五洲国际景点的地理位置示意标志；五洲国际景点系统内部之间的相互联系，五洲国际内部市政设施的位置适宜等；五洲国际与周边城市公园、绿地、重要建筑、重要交通节点、主要道路等之间的联系识别系统。

（3）创造形式多样、奇思妙想的标志识别物，利用不同高度、不同附着物、不同景观小品标识特定节点，并注意形式的统一性、标准性，以形成五洲国际标识系统的独特风格。

◆星耀景观大道鸟瞰图◆

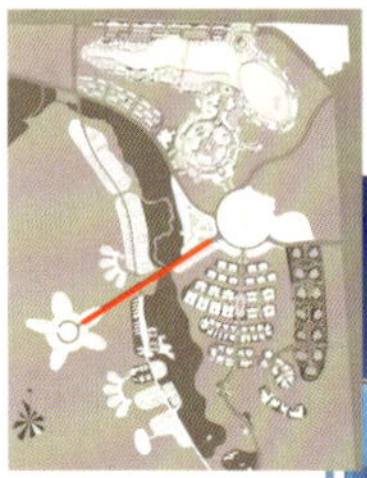

◆地中海风情效果图◆

Landscape

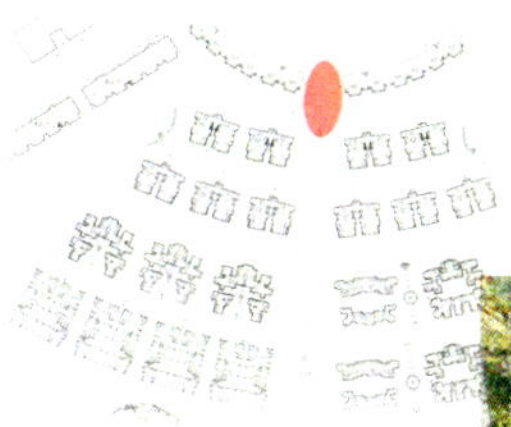

喷泉水钵

叠水花钵

阳光涌泉效果图

◆西入口效果图◆

◆哥伦布花园中轴效果图◆

◆比华利花园手绘效果图◆

平面图

◆惠特尼花园景观码头手绘效果图◆

惠州市南昆山七星湖
高山森林湖泊旅游度假区

项目资料：
项目地址：广东省惠州市
设计单位：北京TJR唐健人景观设计事务所

项目说明：

本设计区位位于七星湖的西北角，为水上旅游度假别墅区。在别墅布局上，采用曲线的做法，既有效地增加观景视线范围，又丰富了空间。该区域别墅群分三类，分别为水上别墅、临水别墅、山地别墅。其中水上别墅为主体，外形采用吊脚楼的形式。

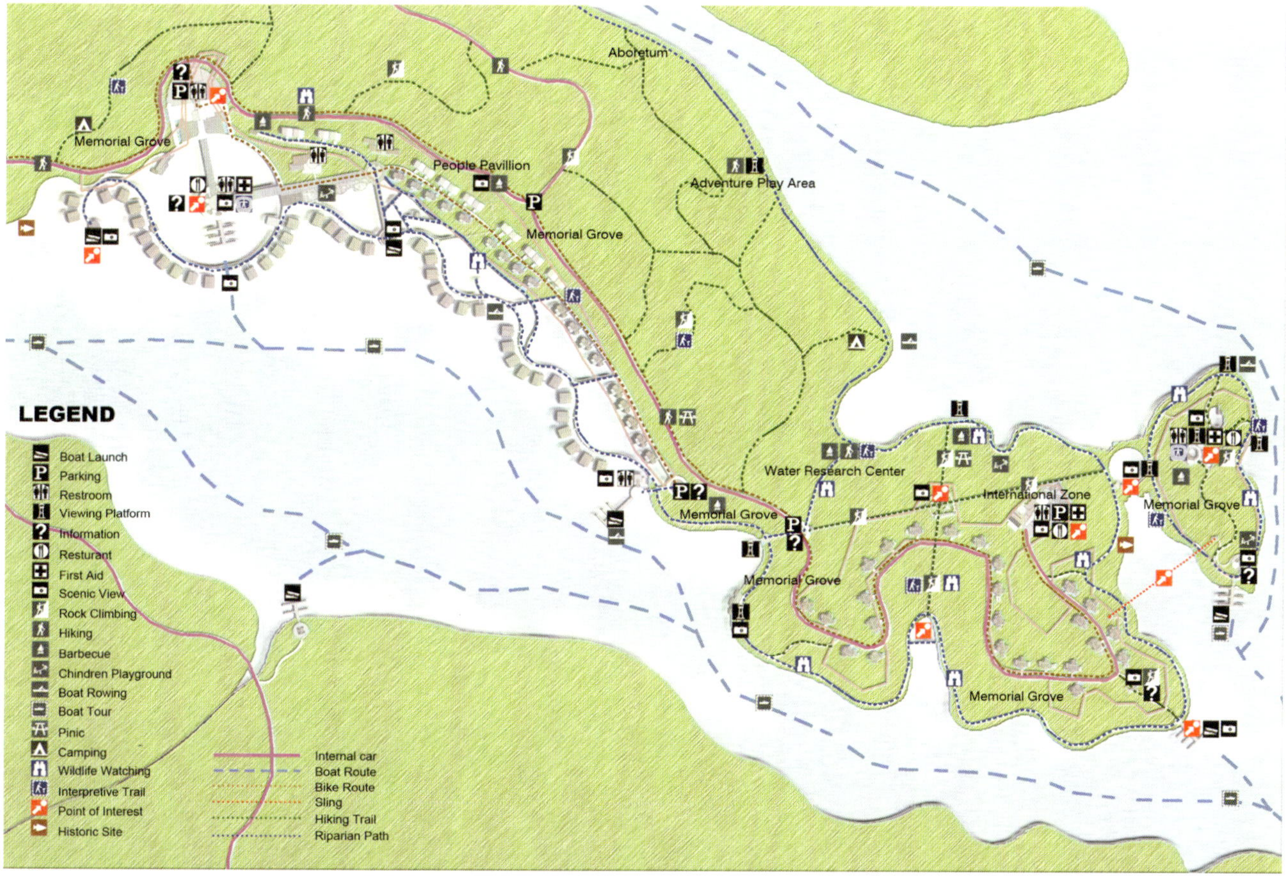

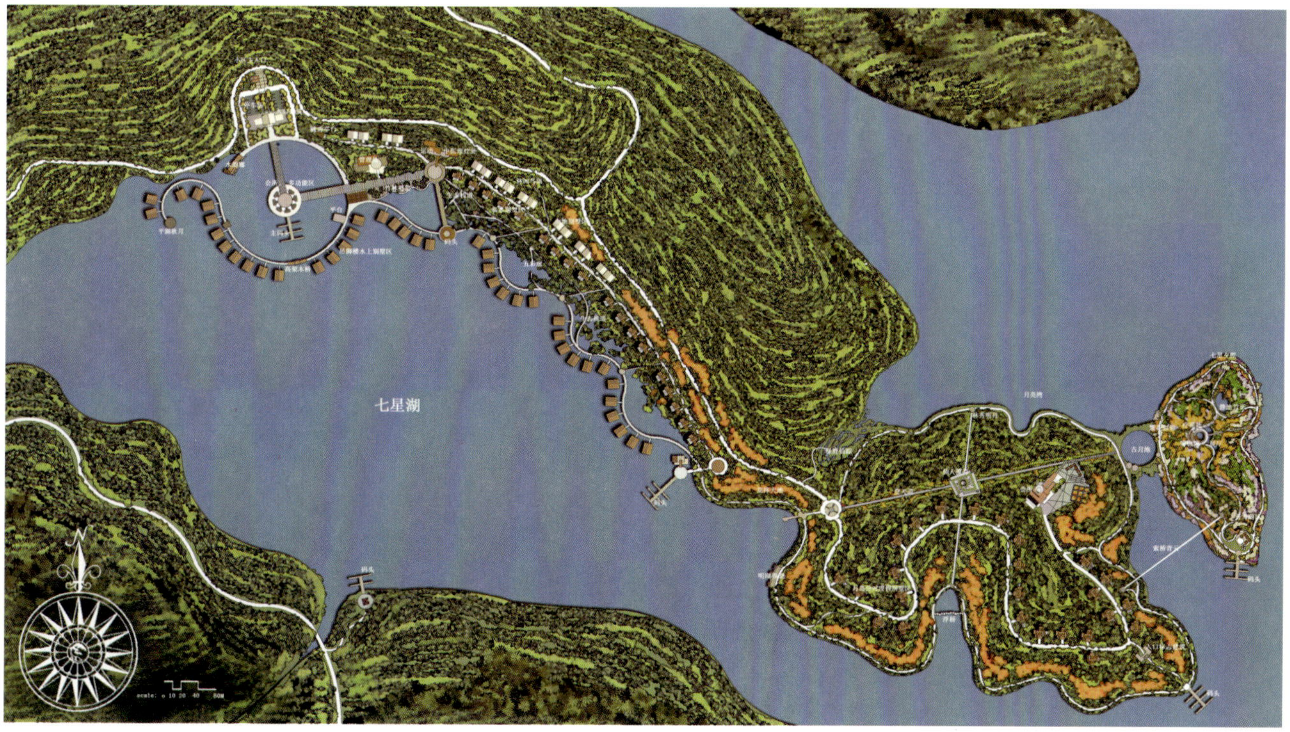

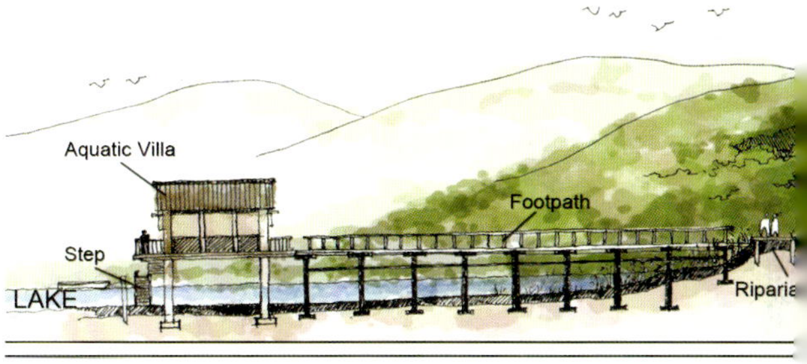
Aquatic Villa
Footpath
Step
LAKE

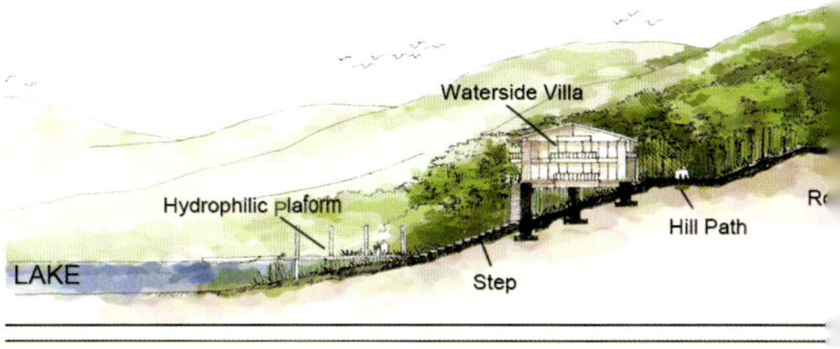
Waterside Villa
Hydrophilic plaform
Hill Path
LAKE
Step

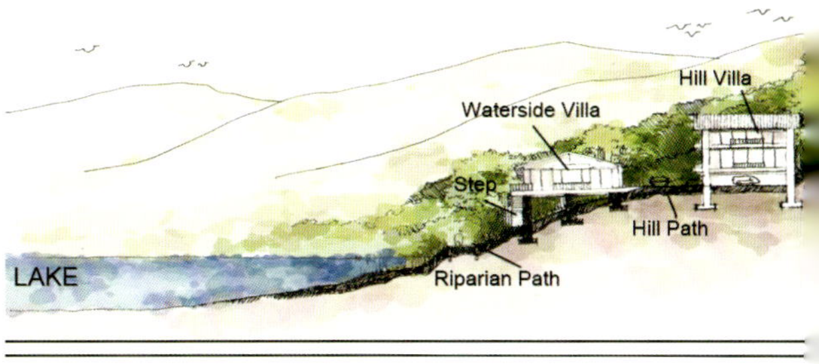
Hill Villa
Waterside Villa
Step
Hill Path
LAKE
Riparian Path

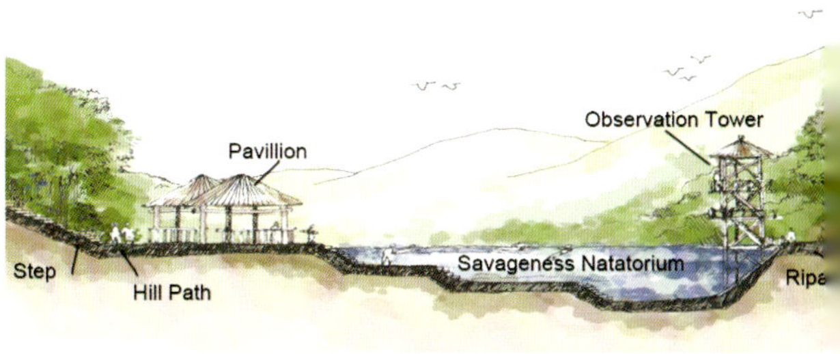
Observation Tower
Pavillion
Step
Hill Path
Savageness Natatorium

上饶市鄱阳湖乌金汉旅游景区

项目资料：
项目地址：江西省上饶市鄱阳县
设计单位：宁波星荷园林景观发展有限公司
设计人员：徐雄武 杨杰 张云锋

项目说明：

一、项目定位

规划地位于江西省上饶市鄱阳县，本地块距鄱阳县城约12公里。鄱阳县位于全国旅游区位中的奇异风景带中，周围有历史名山庐山、中国瓷都景德镇、“黄山归来不看岳”的黄山、龙虎山、丹霞地貌的龟峰和革命圣地井冈山，旅游业发展具有很大的潜质。

乌金汉有99道岭，88条溪，岭岭不高，溪溪平缓，植被较好，冷杉林郁郁葱葱，林中还间杂其他多种名贵树木花卉，前面有一马平川的谷地，沿岸也有湖汉平地，还有半开放的沙滩，自然要素组合较好，适宜探幽避暑。乌金汉地块的风景资源价值（自然的和人文的）存在于其良好的本底和与周边资源的关系上，主要表现为潜在的景源价值需要挖掘、整合，通过景观体系的塑造而实现风景资源向旅游资源的转化。

规划特色是以湖泊景观和生态候鸟为景观资源本底，以鄱阳湖文化为文化核心，借助游艇和观鸟两大高端产业的刺激，着力实现对旅游土地的增值开发利用，使珠湖成为融观鸟游憩、度假养生、诗意憩居、水上娱乐、文化休闲、农渔体验于一体的“印象之湖”“宜居之湖”“文化之湖”“生态之湖”和“欢乐之湖”。

规划区的发展定位为，依托鄱阳湖旅游发展趋势和鄱阳县正在着手打造“中国湖城”的契机，根据东鄱阳湖旅游区的发展定位，借助优良的湖泊景观和生态环境，通过东鄱阳湖游客服务中心、高档度假区、生态运动公园等项目的打造，使之成为一个集度假养生、观光游憩、生态运动、水上娱乐于一体的高档度假区，以此构建旅游区的地标形象空间，并带动整个旅游区的发展。

总体而言，规划区以水体旅游资源为核心，山地、森林、乡村等为其开发载体或者补充。在对规划区空间布局的安排上，实施“湖水、山地、休闲、度假、商务”五层次的景区综合性开发。在多个旅游产品之间实现点、线、面统筹安排。

二、规划原则

生态和谐与可持续发展原则

乌金汉景区是生态性的自然景观，规划要符合环境和资源保护的要求，应做到先评价后开发，在保护的基础上进行科学合理的开发。开发应以环境容量为开发规模的上限，不破坏自然生态又满足旅游性，注意处理各种旅游污染物，注重对脆弱生态环境的保护。

遗产保护原则

对于历史遗留的财产，必须严格执行国家法律、政策加以保护。

A、入口配套服务区
a1、入口广场
a2、配套建筑
a3、入口商业街
a4、商业内街（名店街）
a5、停车场
a6、标志性雕塑

B、丹枫醒秋酒店会所区
b1、休闲中心
b2、会所酒店
b3、会议商务酒店
b4、停车场
b5、游泳池
b6、丹枫醒秋
b7、柳烟拂风
b8、游艇码头

C、乌龟山景点
c1、鄱阳阁
c2、杆汉洼
c3、饶音绕杉
c4、半山茶室
c5、山间步道

D、日光沙滩休闲活动区
d1、喷水飞行背包
d2、水上滑道
d3、水上排球
d4、水上自主活动区
d5、沙滩按摩池
d6、沙滩排球
d7、水上巴士停靠站
d8、眺望台
d9、沙滩林下休憩区
d10、沙滩游步道
d11、滨水餐饮美食俱乐部
d12、临水峡壁
d13、野营地
d14、网球场
d15、迷你高尔夫

E、花溪浏香企业会所区
e1、听涛岩
e2、花溪浏香
e3、企业总部会所
e4、都薇别馆
e5、停车场
e6、游泳池

F、生态度假居住区
f1、叠水溪谷
f2、环山别院
f3、临水居
f4、半岛水岸
f5、翠竹台
f6、山林居

G、山林环线游憩区
g1、景庐容斋
g2、休憩平台
g3、生态停车场
g4、碑帖广场
g5、知青林
g6、红雨书院
g7、番王祠
g8、陶母祠
g9、岳杨墓

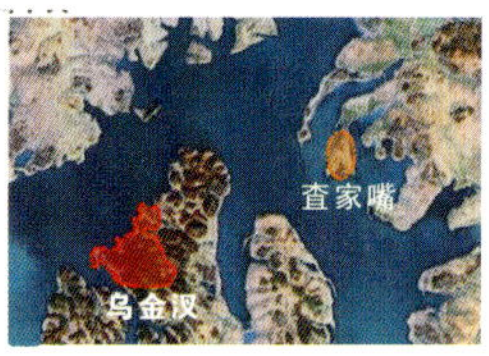

规划总平面图

沙区效果图

市场导向原则

以客源市场需求为依据，认真研究旅游客源市场的年龄、职业、文化层次、来源等，并分析他们的旅游动机和愿望，投其所好，开发适销对路的旅游项目、旅游产品和旅游服务，同时要搞好旅游促销宣传。产品应满足游客食、住、行、游、购、娱六大方面的需要，应以客源市场为导向，以旅游资源为基础寻找需求与供给之间的最佳结合点。

多元化原则

鄱阳境内的景点门类众多，层次不一，要区别情况，分别对待，多层次、多方位开发。有的需要保护，有的纯属修缮，有的需要补景，有的完全是造景，有的需要拆除，而更多的则是将文脉贯穿于整个景区中，树立标志，创造气氛，使不完整的景观、平淡的风景产生深邃的意境，支离破碎的景区形成有吸引力的专项产品，构成能适应不同年龄层次、不同文化背景、不同旅游需求的综合性旅游观光系统。

有序开发原则

采取突出重点、分期开发、形成规模、完善配套、尽快形成拳头产品的开发策略。资金问题将是一个长期的制约因素，因此，必须有计划、有步骤、有重点地开展景区开发建设，分期分批地重点开发好几个质量较高的景点，形成多条重点旅游线路。

统筹开发原则

鄱阳的旅游业正处于起步阶段，各个乡镇的旅游开发积极性较高，可能会出现一哄而上的情况，因而产生景点性质雷同，甚至重复现象，造成人力物力资源的严重浪费。因此，有关规划管理部门要严把统筹关，从景点特色资源、地理位置、潜在客源市场等方面综合考虑，分重点、分层次地开发，争取做到景点品质的少而精，而不是泛而烂，避免重复性项目、雷同景点开发，达到旅游资源的最优化利用。

三、规划理念及目标

规划理念

以科学的发展观为指导，以鄱阳湖国家湿地公园为依托，以休闲度假旅游市场需求为先导，整合鄱阳县的休闲旅游资源，深入挖掘乌金汊景区内资源的使用价值，科学规划，突出重点，力求特色，为旅游者提供休闲、度假、观光、娱乐等综合性服务，集生态旅游与度假、水域山地休闲、商务会议、生态居住等于一体。具体项目建设体现规划区内的历史人文、地形地貌、水面环境，使乌金汊景区成为鄱阳湖地区著名的滨水休闲度假基地、江西省重要的会议中心和高端企业会所基地，并且成为中国著名的第二寓所集群。

规划目标

要建成生态环境优越、强调天然风格和趣味、融合赣鄱地域文化、以水域休闲娱乐和山地户外活动为主要特色且具有深度体验的复合型旅游产品，成为即将到来的鄱阳湖旅游时代的亮点。

四、规划思路

（一）主题形象定位——企业休闲度假

规划地总体定位为借助于鄱阳湖的知名品牌，以企业会所休闲度假为主题，打造一个特色化的休闲度假旅游区块，成为鄱阳湖区域内的明星项目。

林水·居

1. 鄱阳湖上的休闲天堂

2. 避暑探幽圣地，休闲度假天堂

（二）景区特色及其开发定位

以“仁者乐山，智者乐水”为导入理念，立足鄱阳湖良好的湿地生态环境，形成一个独特的天人合一休闲度假场所。

1. “水”的特色

珠湖迷人的湖光山色给人以满目青翠、质朴恬静之感，正所谓“山水交融，清秀古雅，旷幽有序，历史悠久”。栖鸟与自然的和谐让观者心旷神怡，形成鄱阳水乡野趣的情调，如桃花源般的诗情画意。

（1）以“开发”促保护

人类对待水的态度永远是矛盾而复杂的，因此如何在人与自然之间构建一种互相依存的和谐关系，使自然能随着时间的推移绽放永恒的至美，就成为可持续发展的重要议题。

堵不如疏。既然开发势不可挡，那么以“开发”的名义进行保护再生、重现自然魅力就成为了本项目规划设计的核心立意。

以“开发”促保护成为本项目规划的着眼点和出发点。影响水域生态环境资源优化和平衡发展的几个要素，成为规划师在规划设计中关注的重点。

对水岸线的改造和梳理：1）对文化传说的保护；2）对湿地的保护；3）对沙滩的改造。

总体鸟瞰图

生态度假区

（2）提升地块品质

项目景观的品质

对岸线中的滩涂、沙滩、湿地进行改造，人工化、主题化的修饰，如银色沙滩、爱情传说、鄱阳湿地景观，重新定义，让游客从“看过游过”变为对自然充满欣赏的零距离接触。

项目活动品质

动水上攀岩、牵引滑水、水滑道、水上漂流、水上排球、喷水飞行包等绿色水上活动项目，建议以VIP会员制形式建立俱乐部，发展会员，组织滑水比赛，丰富广大人民的物质文化生活。

静以赏荷观景、听戏品茗等休闲活动的滨水空间。

1）如今可以发现中国农村和风景区自发或者规划“农家乐”烧烤、垂钓、骑马等旅游活动项目，其实这些活动项目已经对自然保护的溪水、林地、大气等资源产生很大影响。我们地块虽属商业开发地，但要通过投资提升其经营品质。乌金汉可作为生态旅游服务基地和科普教育基地，使开发商同时能取得更好的经济收益，从而共同参与到生态环境的保护中来。

2）严格控制旅游机动车进入山林游憩区，在山下旅游公路和自然林区交接处设置停车场，游客由集中的转运车运送到电瓶停车场，驾驶无尾气污染和能源消耗低的绿色交通工具，在不同速度和气氛中获得不同寻常的游览体验。

（3）优先生态保育

基地位于珠湖鸟类保护区内，因此我们所有的水上活动及其他活动均无噪音、无污染、节省能源，属环保型运动休闲娱乐项目，完全符合我国提倡的保护环境、保护生物栖息地的生态平衡和防止污染的可持续发展战略。

在进行规划之前，首先对地形、土壤、水文、环境、植被、动物等自然资源因素进行了极为细致的调查研究，了解生态系统变迁的沿革和规律。采用GIS对各项数据进行叠加，得出生态敏感性和开发适宜性分析，也可以分出不同地区的生态容量。

以现状资源调查和GIS研究为依据，保证生态旅游在最适宜的区域开展。考虑到时间的因素可进行分期开发。

（4）经济效益

经济定位上，乌金汉地块是属于大鄱阳旅游体系中的重要组成部分，它的服务对象是整个中国市场，必须将其定位为高档次、高水准休闲宜居的区域，与周边的大众式消费拉开差距，这样将适应市场中不同层次、不同人群的消费水平，适合商务消费、迎宾、VIP式的消费方式，给予鄱阳湖整个旅游体系有一定联系，又有相对独立的旅游景观小体系，打造乌金汉高品质、高档次的旅游品牌。

提供高素质的就业岗位，高档次的区域离不开优秀的服务，在管理上应效仿香港和国外的管理模式，培养高素质的服务人员或者引进更多高素质的管理人才来满足越来越多的服务需求。

生态度假居住区二平图

乌龟山景点平面

带动周边经济发展，从消费模式上看，周边各景点是“点状”“短时间”消费为主的。相比较而言，乌金汉游“带动式”消费的优势在于消费高、收入周期更为稳，这将成为珠湖旅游开发的动力。

2. “山”的特色

山地生态旅游是比较受欢迎的，规划中不仅要保护山的自然风貌、自然遗产，还需提炼当地历史文化，建成有历史文化积淀的生态文化旅游环线。

（1）以“开发”促保护

山林面貌的保护改造，分“点、线、面”三个层次。

“点”状开发（如柳烟拂风、红雨书院、无暑清凉）点进行重点植物造景改造。

“线”状开发（如香槐溢夏大道、金色大道、花溪浏、山林环线两侧）进行带状绿化改造。

“面”状开发（如丹枫醒秋）以小山岙为范围所形成植物主题特色空间与酒店休闲中心建筑有机融合，营造枫丹白露般植物特色造景。

景点设置与人文历史结合，沿袭了古人的故事，便于客通过山林游憩了解鄱阳历史。

以微风之谷景点为例，其中蝴蝶岙、花溪浏香的生态统不以人的意志为转移，因此我们设计中对蝴蝶的习性能吸引蝴蝶的花卉进行了解，创造出虽为人造，宛自天的世外桃源景观。

（2）提升地块品质

通过精心的规划设计，对鄱阳人文历史进行挖掘，再自然景观林相改造结合，不仅自然景观得以改善，历史文得到颂扬，环境得到保育，还使国内外游客充分享受欣赏历史及现存的自然文化景观，同时人们对自然生态境的理解得到培养。生态旅游项目和旅游游览线路设计达到高度融合。

荒地的改造提升了场地的观赏价值。

林相改造在最低成本的基础上从单一的向多元化的林转变。

名人游等旅游项目通过投资提升其经营品质。

针对自然条件进行游览路线的重新组织，改变以往设线路单一、游客过于集中的弊端，增加谷底、半山、山等多元化游览路线，分别与林、溪、石、山等自然元素结合，并通过大小环线相互连接，拓展观赏范围，丰富历体验，疏散过于集中的游人，使用土、碎石、废木等料与周围环境相协调，形成独特的步行效果。

在游线上增加科普节点和导向牌，寓教于乐。寻找发被忽视的自然美的同时，传播科普生态知识，培养人与然的情感。鼓励游客使用我们所提供的手持电子终端异游览设施，既节约资源，又可以得到其他不同地区的实图片，还能体现人文情怀，保证游客安全。

（3）优先生态保育

在进行规划之前，规划师首先对地形、土壤、水文、境、植被、动物等自然资源因素进行了极为细致的调查究，了解生态系统变迁的沿革和规律。

（4）升级生态旅游

在进行旅游情景设计之前，首先将该项目定位为江西区最具自然美的休闲生态旅游地之一。在游赏内容方，将游山玩水的大众旅游方式转向可持续的、对自然负的生态旅游方式。

对度假酒店、会所的建设，降低建筑的体量感，减弱城市特征，使其与自然山水进行和谐对话，采用低调、态的建筑材料，让建筑融入到美丽的自然环境之中。

五、总体空间布局及功能分区

（一）项目的主题是“生态休闲”。在充分挖掘本地的自然特征和历史人文内涵的基础上，结合鄱阳湖水域色和基地外延的旅游空间格局，乌金汉景区规划结构可括为一带、两轴、一谷、一环、四片。

一带：乌金汉景区有较长的水岸线和滨湖沙滩景观。

两轴：指沿着山体形成的两条车行公路，香槐溢香大、山林景观环线，从入口至沙滩的这两条山谷道路是景最主要的景观轴线。

生态度假居住区一平图

日光沙滩休闲活动区

丹枫醒秋酒店会所区

一谷：穿过企业会所，面朝沙滩、珠湖，以原有的山谷建设成一个花溪浏香高级会所式休憩区。

一环：指沿着山林的景观轴线发展的山地人文景观环线，利用山体的林相改造建设和鄱阳人文历史人物的挖掘串联起景点，全长3公里，按游玩速度每小时1.5公里计算，走完全程环线约需2小时，较长的山林环线可以使喜欢徒步健身的游客非常尽兴。同时山脊的观景台视线开阔，漫步山林可以环视四周，乌金汉美景一览无遗，是良好的观景场所。历史人物和景观构筑的结合为人们了解鄱阳历史人文提供了理想场所。

四片：按地理位置和不同的游览功能划分的四个重要的游览节点。丹枫醒秋酒店会所节点、生态度假居住区节点、入口配套服务区节点、乌龟山景点。

（二）以规划结构为基础，乌金汉景区首先分为两大板块：风景旅游度假区和生态度假居住区。其中风景旅游度假区板块包含六个主要的景点：日光沙滩休闲活动区、花溪浏香企业会所区、山林环线游憩区、丹枫醒秋酒店会所区、入口配套服务区、乌龟山景点。

分区特色定位：

1. 一带：日光沙滩休闲活动区

特色定位：以绿色水上活动为特色的银色沙滩。

沙滩休闲区是景区内重要的活动区域，这个区域加强水域与山之间的景点建设，将乱石滩变成铺满银色沙粒的风情沙滩。

2. 一谷：花溪浏香企业会所区

特色定位：以风为元素、花为特色、蝴蝶为点缀的风景休憩花园。是企业会所重要的高级会所式休憩区，这个区域以溪为形，种植如蔷薇、虞美人、郁金香等各种花卉，如山涧泻下的彩色瀑布，再加之花香随风洋溢，吸引蝴蝶飞舞，犹如世外桃源——景虽人造，宛若天开。

3. 一环：山林环线游憩区

随着时代的发展，远离城市、亲近自然的山野环境越来越受人欢迎，徒步健身的山林游憩已成为新的潮流。鄱阳历史悠久，我们以名人目录与景点结合来了解鄱阳的历史人文。

4. 丹枫醒秋酒店会所区

特色定位：山水休闲度假高级场所。

以枫树作为景点的命名，酒店会所于红枫、鸡爪槭、枫香、三角枫等植物群落造景之中若隐若现，采用低调、生态的建筑材料，让建筑融入到美丽的自然环境之中。

5. 生态度假居住区

特色定位：“生态”“水居”。

引入鄱阳水，以水环岛，以岛抱水的生态宜居住宅区。

6. 入口配套服务区

特色定位：乌金汉的旅游形象

位于乌金汉南入口区域，是地块对外主要窗口，公共配套服务区域是承上启下的部分。

7. 乌龟山景点

特色定位：观景旅游休闲空间。

鄱阳阁视线开阔，比较适合做景观的标志点，所以把这个区域规划为观景旅游休闲空间。沿岸依照爱情传说设置景点——杆汉洼和以鄱阳当地非物质文化遗产“鄱阳饶戏”设置景点——饶音绕杉，由此组成了乌龟山景点。

酒店效果图

芬兰木屋效果图

新亚洲建筑效果图

中国景观规划设计年鉴 2011

CHINA LANDSCAPE & PLANNING DESIGN YEARBOOK 2011

4

公寓
别墅

APARTMENT
VILLA

张先慧 主编

大连理工大学出版社

图书在版编目（CIP）数据

中国景观规划设计年鉴.2011.4：汉英对照/张先慧主编.—大连：大连理工大学出版社，2010.10
ISBN 978-7-5611-5848-7

Ⅰ.①中… Ⅱ.①张… Ⅲ.①景观—园林设计—中国—2011—年鉴—汉、英 Ⅳ.①TU986.2-54

中国版本图书馆CIP数据核字（2010）第199696号

统　　筹　房　磊
责任编辑　张昕焱
封面设计　王志峰
责任校对　伍　嘉
美术指导　李小芬
设　　计　苏雪莹　莫绿菲　梁　晓

出版发行：大连理工大学出版社
（地址：大连市软件园路80号　邮编：116023）
印　　刷：广州汉鼎印务有限公司
幅面尺寸：230mm×305mm
印　　张：78
出版时间：2010年10月第1版
印刷时间：2010年10月第1次印刷

书　　号：ISBN 978-7-5611-5848-7
定　　价：1280.00元（共4册）

CONTENTS 目录

1

2

3

4

张先慧

中国麦迪逊文化传播机构董事长
中国（广州、上海、北京）广告书店董事长
广州先慧策划工作室主持人
《麦迪逊丛书》主编

记录精英 传播经典

中国景观规划设计起步较晚，但是随着中国经济的飞速发展，近年来景观规划设计领域空前繁荣，项目数量之多、规模之大、建设速度之快，令人瞠目。而与此同时，众多设计师却缺少一套全、新、好的设计参考借鉴书籍以及交流前沿思想的平台，为此，《中国景观规划设计年鉴2011》应运而生。

鉴于景观设计与规划设计在很多时候都是密不可分的，本年鉴秉持以景观设计与规划设计并重的原则，主张以创新与发展作为景观规划设计创作的主旋律，以科学与艺术相结合的审美眼光审视景观规划设计作品，力求打造中国最具影响力的景观规划设计行业年鉴。

本年鉴征稿消息发出后，在中国有设计项目的世界各地的设计机构与设计师都踊跃参与，大量投稿，投稿数量之多完全出乎我们的意料，最终本年鉴以一套四册的形式面世。

《中国景观规划设计年鉴2011》精选目前中国最新的设计项目作品汇编而成，共分十二类，汇集百余家中外知名设计公司、近200个最新设计案例，如此大的规模前所未有。我们用年鉴的形式把当代最具价值的景观规划设计作品记录下来，传播开去，意在对景观规划设计文化予以保存的同时，也为读者提供了解当代设计状况及交流思想的平台。

“记录精英，传播经典”，这是《麦迪逊丛书》的宗旨。

希望业界朋友继续关注与支持我们。

公寓
APARTMENT

北京市朝阳区
奥林匹克运动员村

项目资料：

项目地址：北京市朝阳区
总占地面积：27.55公顷
总建筑面积：6.45公顷
容积率：0.23
景观规划设计面积：21.1公顷
设计单位：EADG泛亚国际景观设计有限公司
　　　　　北京天鸿圆方建筑设计有限责任公司
　　　　　北京城建设计研究总院有限责任公司
主要设计人员：李丹　唐少文　刘京　陈奕仁　Michael Erickson等

景观结构

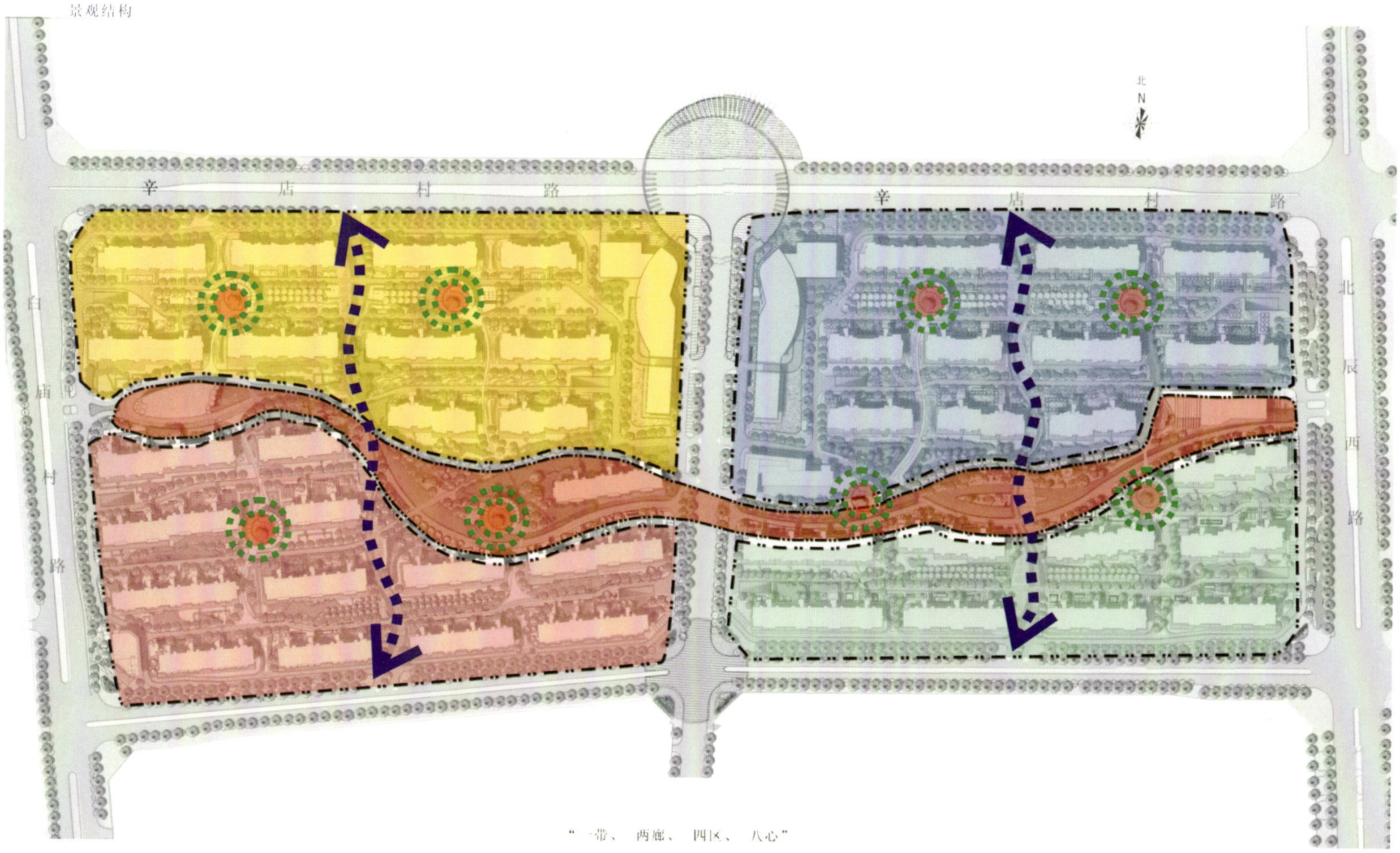

“一带、两廊、四区、八心”

景观结构分析1

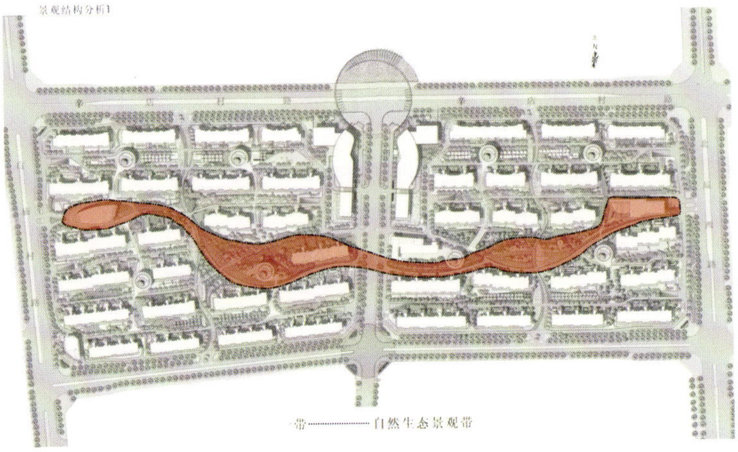

一带——自然生态景观带

景观结构分析2

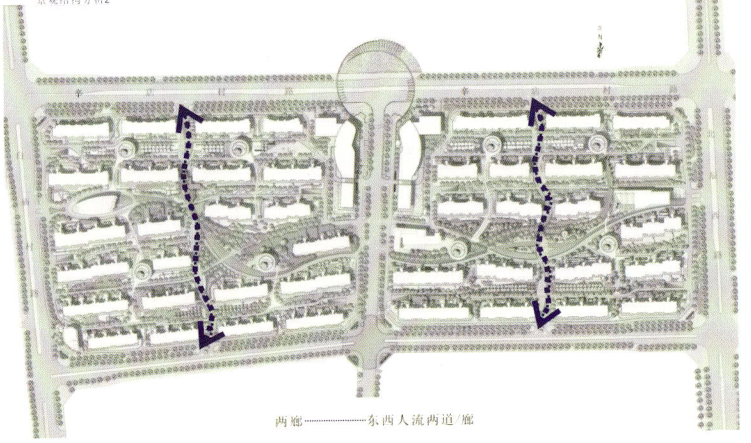

两廊——东西人流两道廊

项目说明：

1. 第29届奥运会奥运村担负双重任务，将在两个时段提供舒适的生活环境：

奥运会和残奥会期间作为各国运动员及官员的住宿地点；

奥运会结束后，将被改造成永久的居住小区。

因此，小区的景观设计必须同时满足两种需要：既能满足赛时来自不同民族和不同信仰的人群的使用，又能满足赛后普通居民的需求，同时还要能够传达和体现我们中华民族的文化特色。

2. 设计理念

绿色——自然生态、阳光健康、和谐统一的环境。

人文——以人为本，展示中国自然地理特色。

科技——简约现代，新材料、新技术与中国传统理念结合。

3. 总体规划设计

1)设计主题——中国自然地理特色

景观设计概念是运用超现实主义的现代手法来表现中国的自然地貌。中国地大物博，包含许多独有的自然景观，比如桂林山水、戈壁大漠、长江、黄河和喜马拉雅山脉。文化元素并未被景观选择作为一个主要阐述的工具。中国区域代表性的凉亭、烹饪、艺术、家具等，可能不能很准确地诠释设计概念。

如果不能很具代表性地表现出来，可能会适得其反。然而，中国各地的风光是大自然赋予的，也是最适合用景观来阐述的一个主题。

主题产生的区域是中国自然地理意义上的区域。东北面是大兴安岭、五台山等名胜；西北面是戈壁沙漠和鄂尔多斯大草原；西南面是著名的喜马拉雅山、云南梯田；东南面是江南小镇、南海群岛、桂林山脉。生命之河——长江贯穿其中。景观将由中心水系——长江把四个区域串联起来，并以此从细节和平面形式上区分四个主题区。

中心的商业开放空间代表了中国自身的经济发展。在每个区域里，从中国不同地区发展出的景观形式，代表了对雕塑性的、超现实的地理形态的诠释。积极空间和消极空间的形式与周围的软景混合在一起。

2)设计理念

奥运村景观设计采取的设计路线是“融景于物，借物造景”。

第一个“物”更侧重指建筑物，而第二个“物”则指中国文化元素和各种高科技、绿色环保设备。设计上所要面对的挑战主要有三方面：消解道路空间的冗长感；打造向世界传播中国文化的载体（奥运期间）；营造多元化的绿色、健康、宜居住宅小区（奥运赛后）。这三方面因素并非各自独立，而是相互紧密联系、三位一体的设计方式。

融景于物——消解道路空间的冗长感

奥运村基地建筑的布局主要呈正南北朝向，且北高南低，小高层建筑分布在北区，南部主要是多层建筑。此布局迎合了中国传统建筑聚落的组织理念，充分考虑风环境并巧妙地规避了北京地区典型的冬季西北罡风的正面侵扰，同时又大大地导入了湿润、宜人的夏季东南风。这一系列措施都为提高小区的居住舒适度创造了积极影响。但从另一角度看，规整的建筑布局同时也造成了开放空间的过分单调和乏味，尤显于道路空间的冗长感。

景观结构分析3

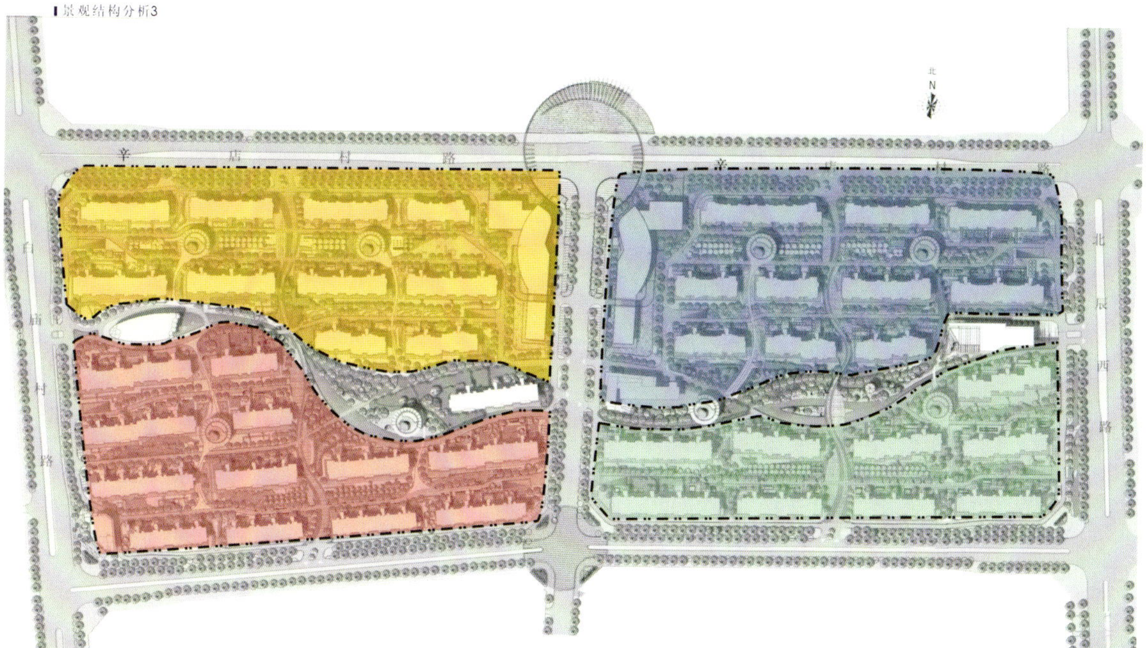

四区……景观风貌四大区……西北壮观的黄土大漠风情、西南热烈的梯田民族风情
东北爽朗粗旷白山黑水、江南秀美细腻的小桥流水

景观结构分析4

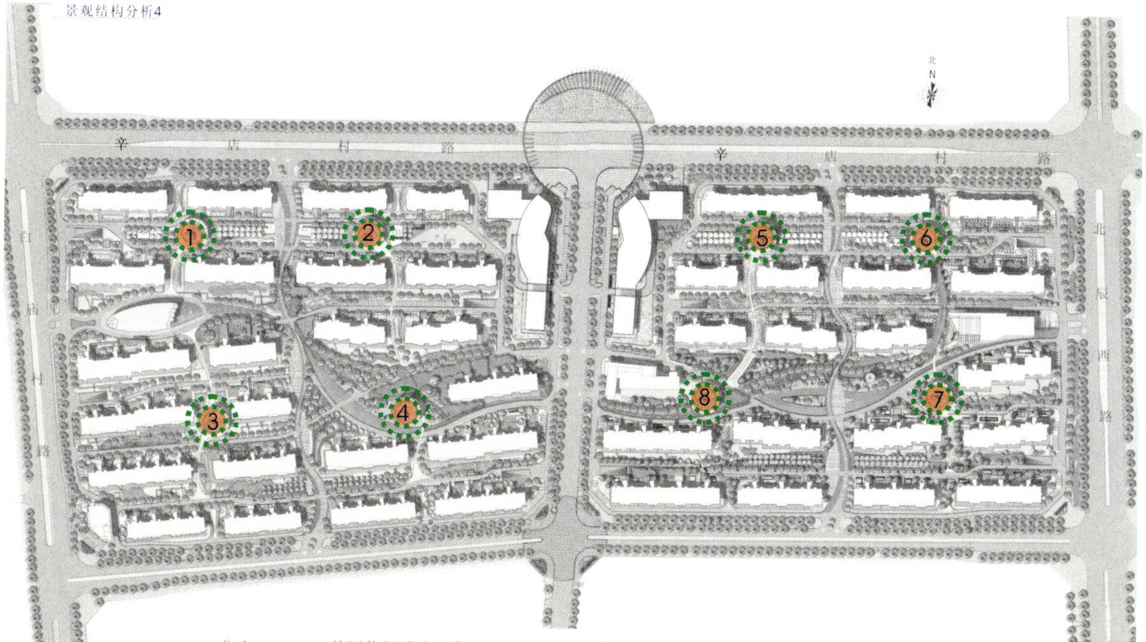

八心……社区休闲活动八中心……在满足便民服务的同时，也是文化展示中心—1陶文化、2体育文化、3酒文化、4字文化、5中国画、6音乐、7茶文化、8儿童活动中心

所以“融景于物”的目的是在充分发挥这种典型的中国传统建筑布局理念优势的同时，用景观来消化建筑空间的缺陷。景观的创造主要构筑在（起－承－转－合）序列模式的框架内。景色起始于小区的入口，承接于各不同级别的景观引导线，然后高潮于中心的主景观带，最后再延伸、扩散到另一区域或另一序列场景。由此，一种蒙太奇式的断续、连续的景观经验应运而生。另外通过对行人视觉、嗅觉和行动路线的精心规划，企图削弱行人对长距离开放空间的第一感受，将其注意力吸引到更宜人的“小”尺度上，这样的手法也使得不同区域的景观空间更丰富、更具多元性。

打造中国文化传播的平台（奥运期间）

在2008年北京奥运会期间，奥运村将会承担为世界各国运动员提供舒适生活环境的任务。更重要的是那时的奥运村将被视为向世界各国朋友展示和传播中国历史文化、风土特色和改革开放以来的现代化、国际化成就的平台。而小区的景观环境品质也将被视为北京城市的名片。

在主题景观的设计上，我们的灵感主要来自于中国这片广袤且丰富多姿的热土。小区被南北走向的熏皮厂路分割为东西两大区域。再加上一条贯通东西的、以中国长江为隐喻的主题水系景观带把小区分割为东南、西南、东北、西北四个各具特色的景观区。这四个区域景观设计的灵感、气氛、软硬环境、空间造型、文化元素等均来自或反映中国的东南、西南、东北、西北地区。如东南角的C区，其环境景观取意于中国江浙一带的地貌、人文风情和典型的特色景观。另一方面，国际式的简洁而抽象的景观语言符号和高科技、生态节能的小区配套系统设施均隐喻着中国改革开放以来城市软、硬件快速发展的骄人成绩。

此时的景观设计思路是借物造景，利用中国的地理地形和文化元素创造引喻性的现代“中国味”风景。建筑在空间关系和视觉效果上被融进了景观当中，同时也成为创造景观的元素和动因。

营造多元化的绿色住宅小区（奥运赛后）

缘于赛后小区将会以城市高档住宅区的姿态出现，景观规划的策略也注重场地赛时、赛后的弹性调整。在奥运比赛过后，小区的景观可通过“小手术”调整为高档的城市住宅区。以赛时为小区内部路，赛后为市政道的熏皮厂路（国际街）为例，其中部的矩形特色园墙被视为小区的主入口。而道路的北端入口广场与北部的奥林匹克公园交相辉映，在奥运期间，此区域更多地服务于赛时的各种国际奥运礼仪活动和营造奥运会的气氛。相比之下，道路的南段则更显人性化和生活气息，其设计考虑更侧重于赛后的城市生活小区祥和、宁静的氛围。

创造一个绿色环保且宜人的生活居住小区也是景观设计的重点任务之一。各种先进、环保的节能设备和多元化的生活活动场地被有机地融合在景观当中，如ETS生态水处理系统、太阳能绿色照明系统、生态湿地、轻质慢路道、儿童游乐场和小区健身运动点等。这使得用户在享受到各种高科技的环保设施之时也能欣赏丰富多彩的景色。另外，小区的高品质环境也会带动起城市区域综合性的景观和生态水平的提升。“以小见大”的城市景观建造策略将会使得小区成为这一区域的亮点。

小区交通分析1

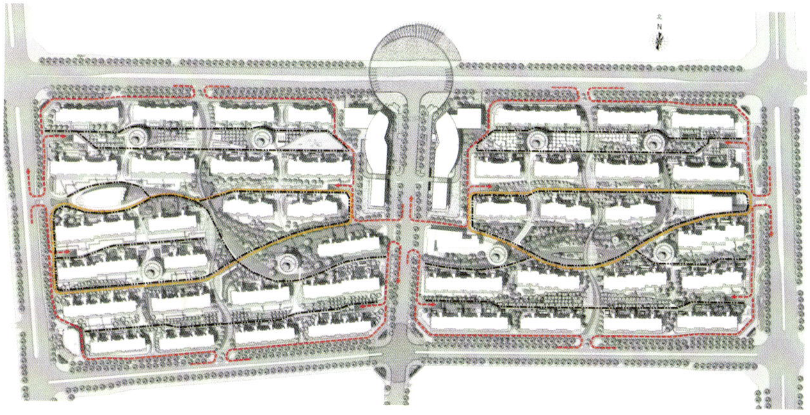

小区的交通采用人车分流的方式，汽车经小区外围车行道由车行入口直接进入地下车库；而人行有专门的人行入口和人行通道。人行主路满足消防等特殊的使用要求。
在奥运会期间，有专门的电瓶车通道，但赛后除消防和搬运需要以外，区内道路均为人行使用。

机动车流线兼赛时电瓶车通道
主要人行流线兼消防通道
赛时电瓶车通道

小区交通分析2

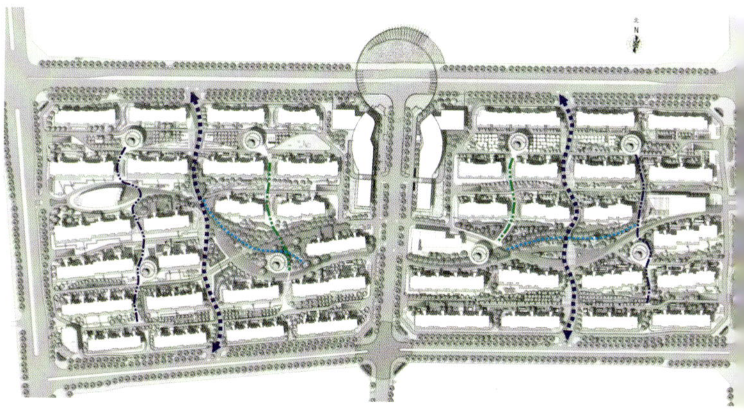

东西人行主通道满足奥运村东西人流集散的需要。设置有休闲小岛和戏水渠满足休闲轻运动等功能需要。
塑胶慢跑道供小区居民运动健身的需要。
健康步道设置在中央密林湿地区，采用不同色彩和不同图案搭配的卵石铺装，在满足按摩足部、保持健康的同时，也具有趣味性。而且，塑胶慢跑道和健康步道相邻，可以进行运动的调节和转换。

东北区节点

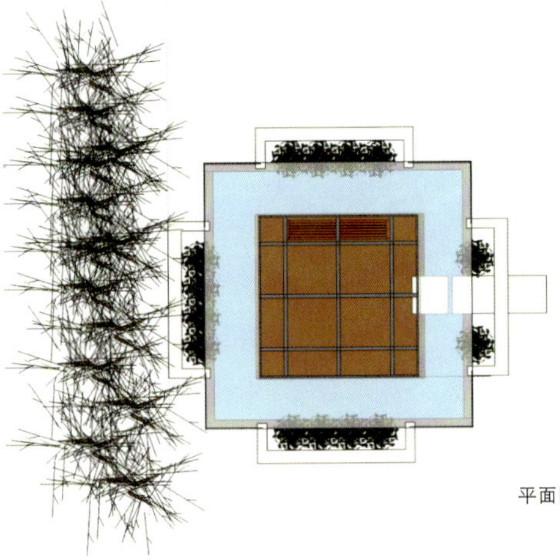

平面图

分别代表东北、东南、西南的具有中国特色的景观亭，以现代建筑手法及材料融入各地特色元素。

在景观亭中可以设置信息媒介，如将其中之一设置为音乐盒，播放中国的古典音乐等。

东南区节点

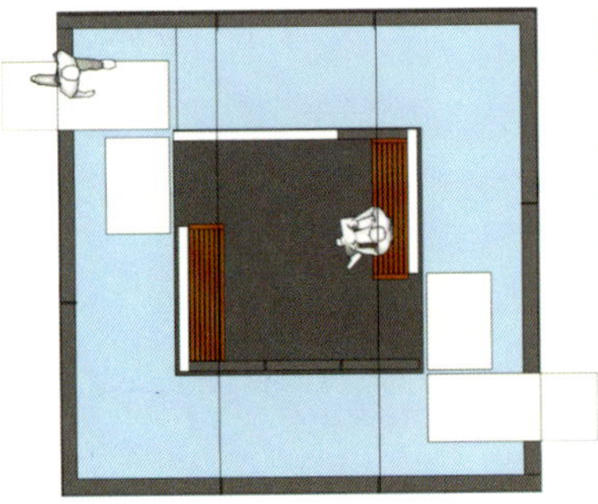

平面图

江南园林

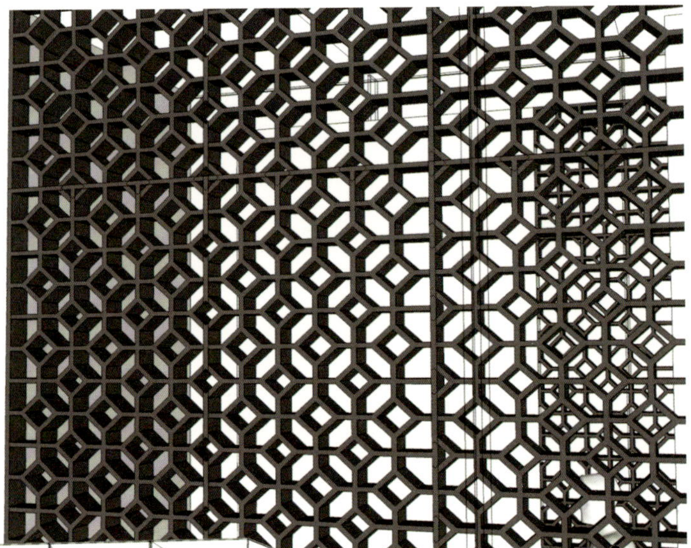

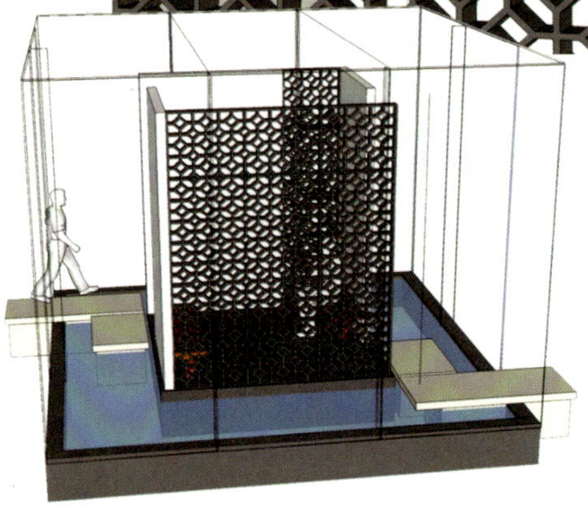

西南区节点

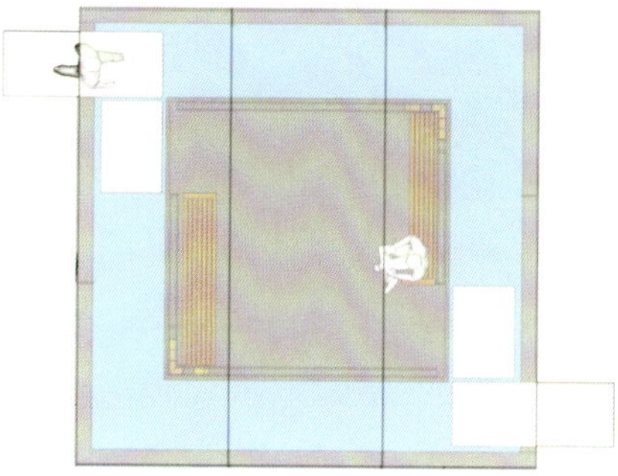

平面图

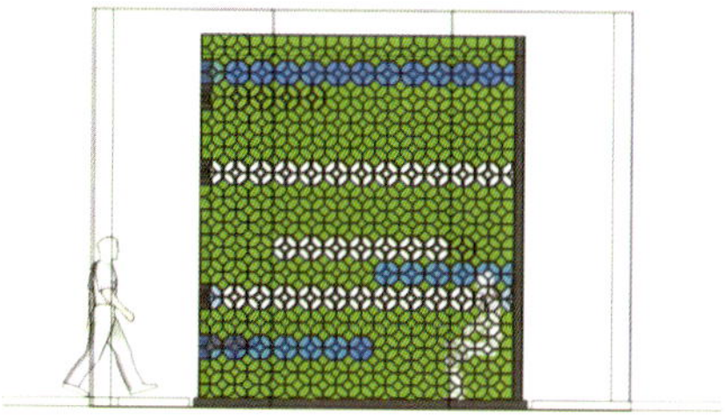

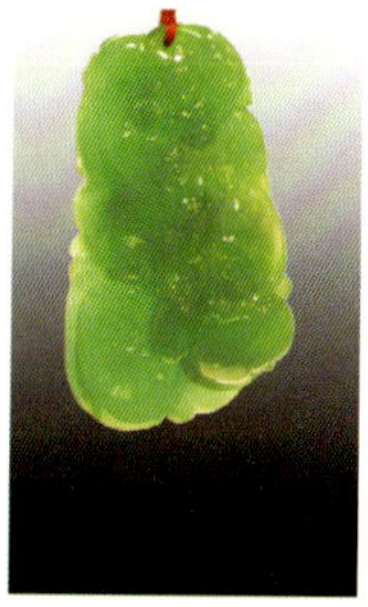

西北区节点

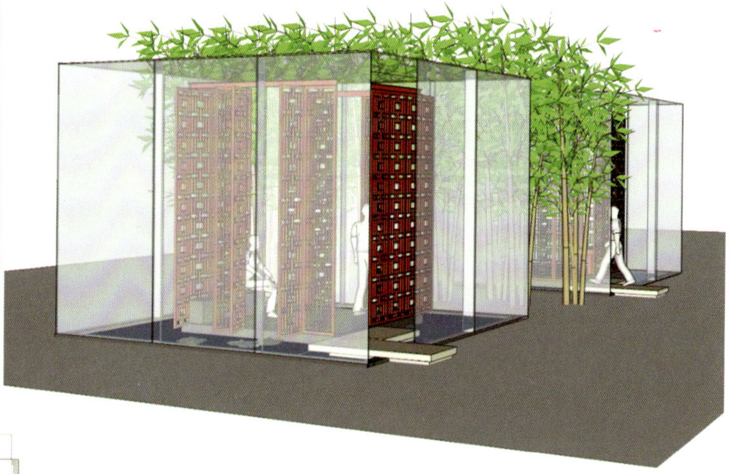

平面图

东北区私家花园围墙及入口节点

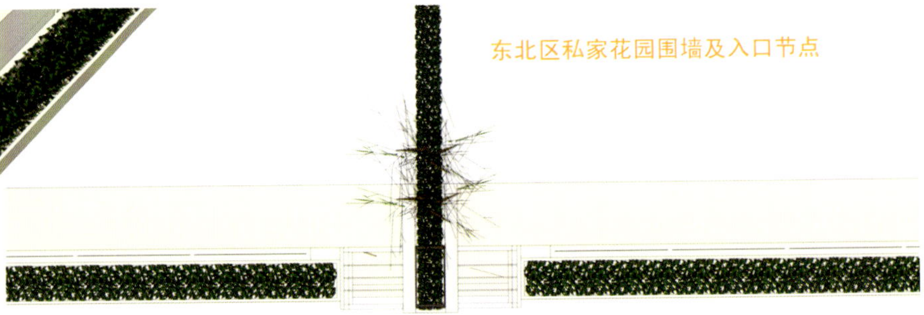

平面图

地下车库人行出入口及茶室节点

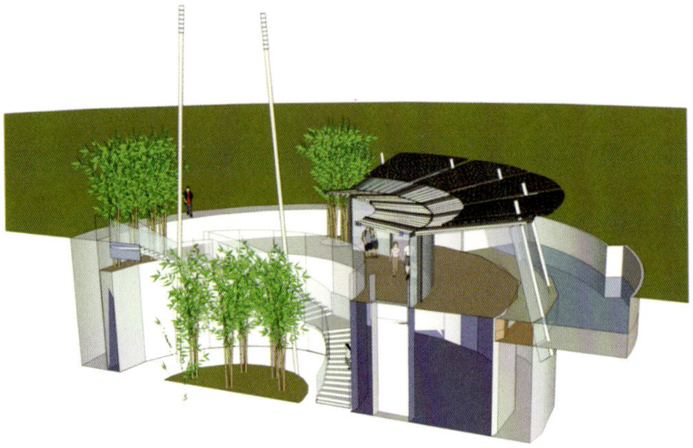

平面图

北京市朝阳区山水文园

项目资料：
项目地址：北京市朝阳区
占地面积：约70公顷
建筑面积：约100万平方米
设计单位：ECOLAND易兰（亚洲）规划设计公司

项目说明：

山水文园位于北京市弘燕路，总占地面积约70公顷，建筑面积约100万平方米，是一个以水为主题的高档住宅区。该项目是以世界上最适宜人居住的城市——加拿大温哥华的环境指标为蓝本，根据北京的地质、气候和人文特征打造的大型绿色生态社区。设计团队调整水体规模、植栽尺寸及相互比例，力求最大限度地扩大景观面积。以中心水景为分隔，每个区域都设有独立的出入口、码头、儿童游乐公园和相对独立的开放空间。

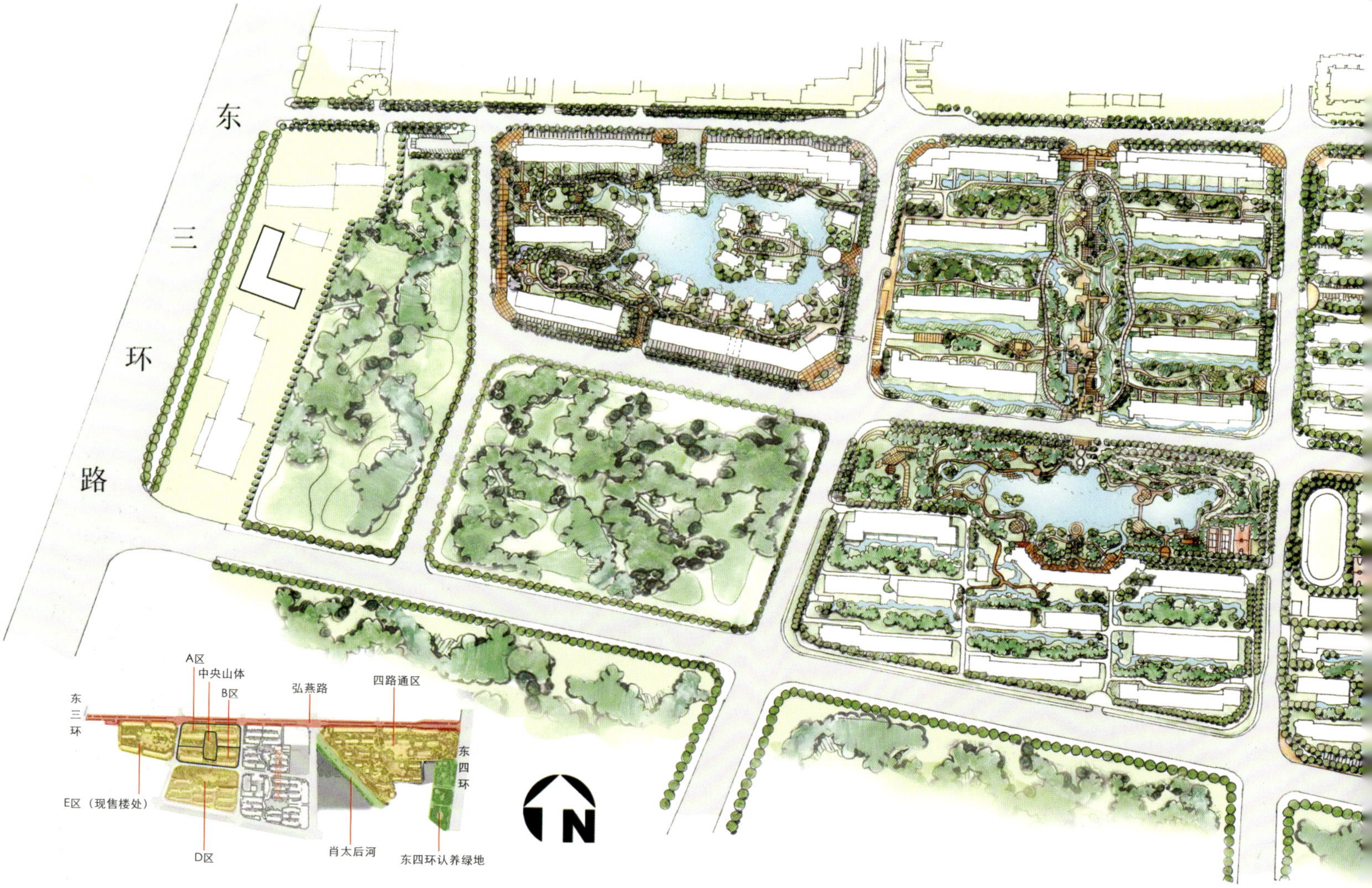

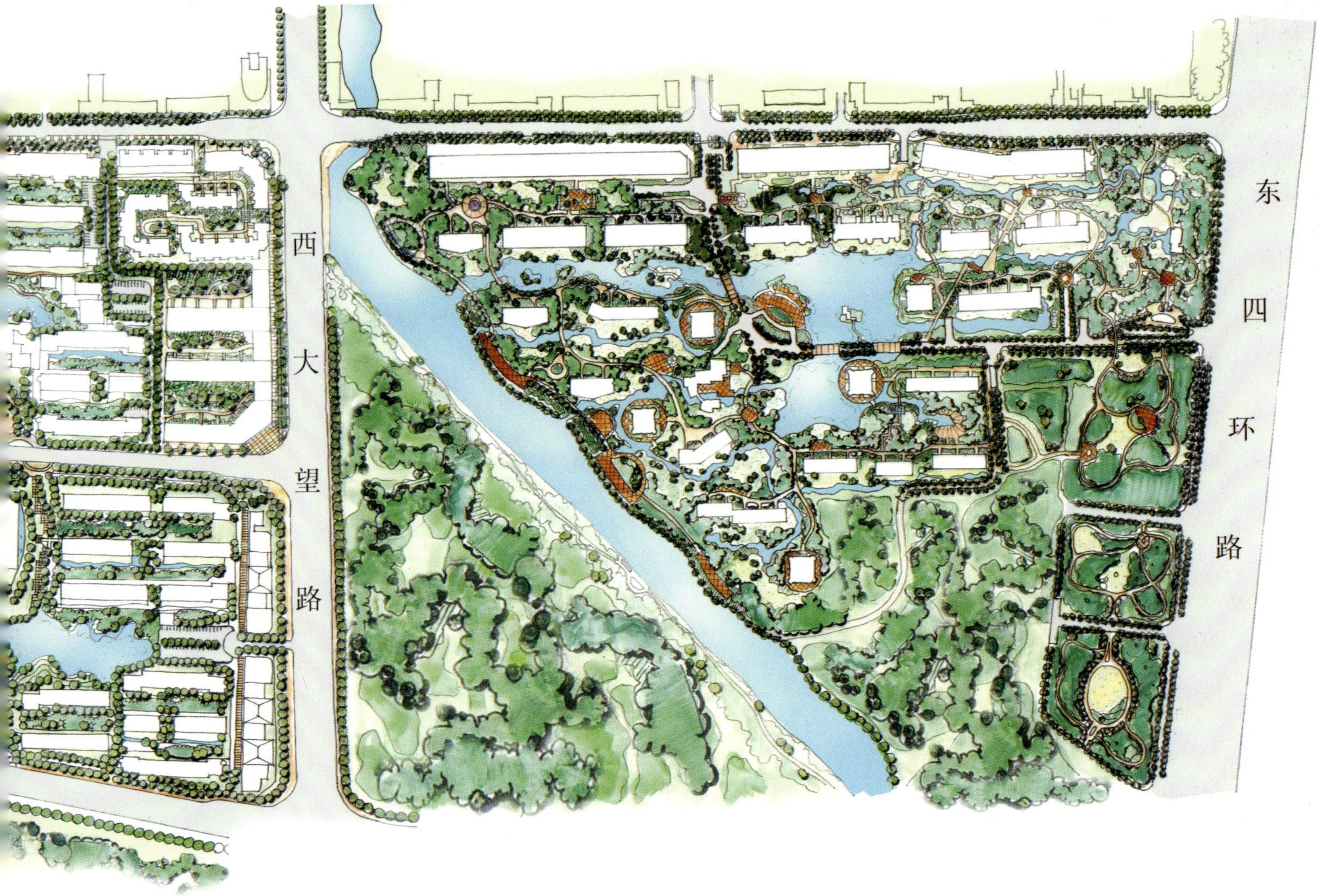
西大望路
东四环路

沈阳市万科·金域蓝湾

项目名称：
项目地址：辽宁省沈阳市
设计面积：223 645平方米
委托方：沈阳万科浑南金域房地产开发有限公司
设计单位：SED 新西林景观国际有限公司

项目说明：

万科·金域蓝湾作为万科旗下金色系列子品牌，代表着万科城市舒居的最高级别。沈阳万科·金域蓝湾在奥体滨河区，收藏了浑河稀缺的景观资源，在沈阳这个缺水的内陆城市，打造了一个泰式风情园林，实现了沈阳人滨水而居的生活理想，将沈城的品质人居氛围推向了高潮。

中央公园位于万科·金域蓝湾三大公园中央，由伽蓝阁、听水台、清迈广场、瑞象亭等多个精彩的节点组成，整体面积约4万平方米，缤纷的色彩和丰盈灵动的空间变化，宛如一幅异国风情画。低矮的灌木，高大的乔木，高低错落；平静的静面水池，流动的小溪，动静结合；朴质的雕塑，摇曳生姿的花树……从伽蓝阁到瑞象亭，独特的异域风情弥漫到生活的每一个角落。

伽蓝阁是一个轩敞阔绰的泰式廊亭，充满浓郁的异域风情，此处设计具有厚重的仪式感，让每次回家，都如经历一次洗礼，加上造型的独特美，使高端居者的身份和品位凸显。

听水台设置双层平台，高处看景，拾级而上，于高层之上可放眼整个园区，景中看景；低处为亲水平台，可用于听水，闲暇之间聆听水的灵韵，动中见静。

清迈广场阔朗的空间，汇聚了无限欢乐。开放式中央广场，可用休憩，可用活动，汇聚园区内最旺盛的人气，在自然起伏的园区中，平直开敞的清迈广场给人以舒展阔朗之感。

瑞象亭是园区内观景的制高点，风景之巅，拾级而上，凭栏而望，4万平方米泰式公园美景入心，宽广入怀。绿树葱郁、芳草如茵，代表祥瑞的大象雕塑居于亭子两侧。在风景优美的瑞象亭可以体验轻松、闲适的度假生活。

在整个设计手法中，SED新西林强调“以人为本”的设计原则，处处为人的使用便利着想，立体交通使居民行走顺畅、便利。住区的设置及使用则体现居民的参与性和互动性。通过自然生态环境的塑造，使沈阳人一面感受大自然的馈赠，一面感受来自泰国的美妙风情。

瑞象亭

瑞象亭

重庆市九龙坡区云湖天都

项目资料：
项目地址：重庆市九龙坡区
设计单位：润枫管理咨询（上海）有限公司

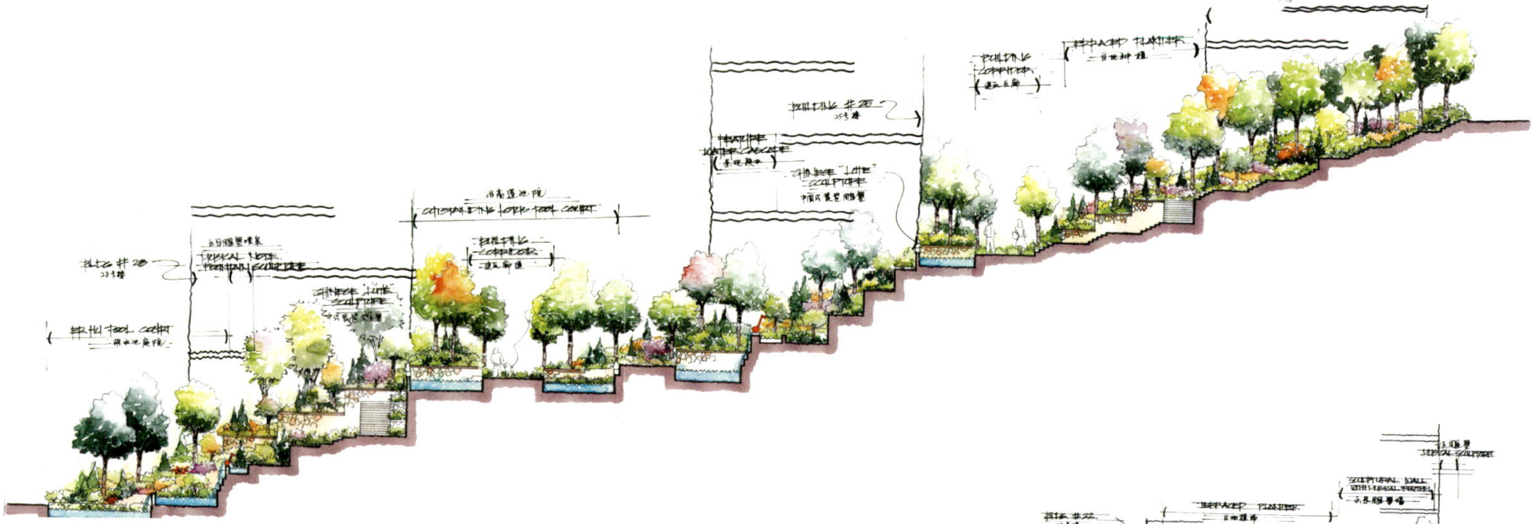

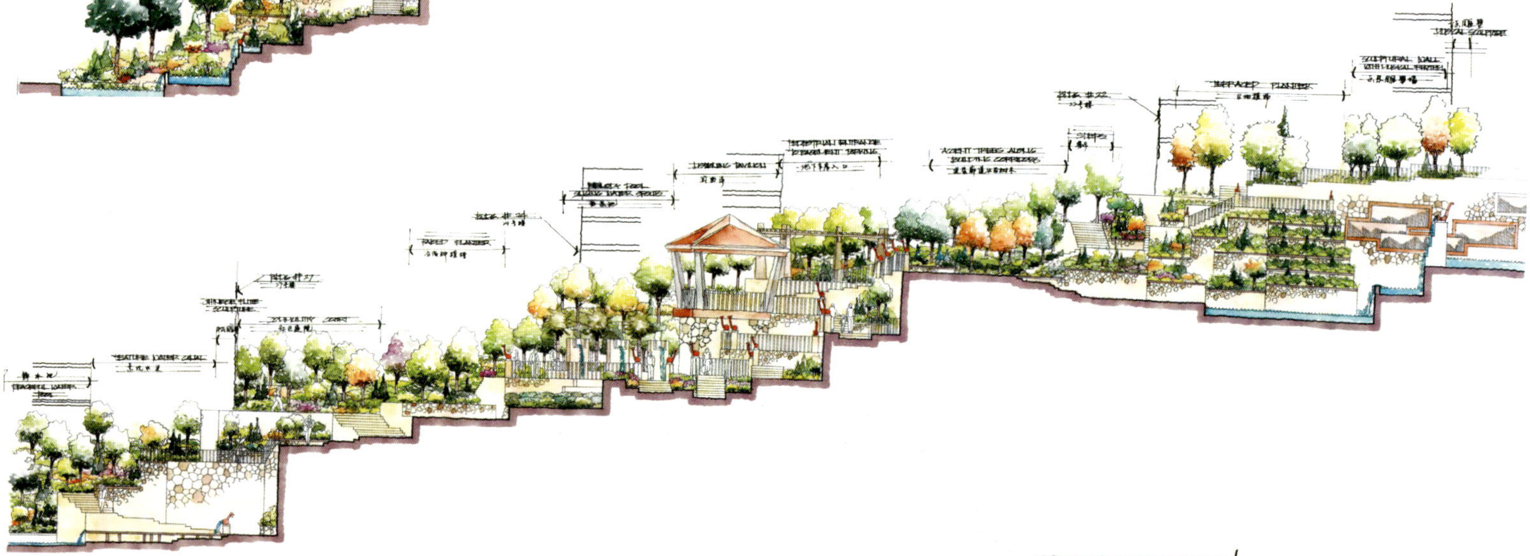

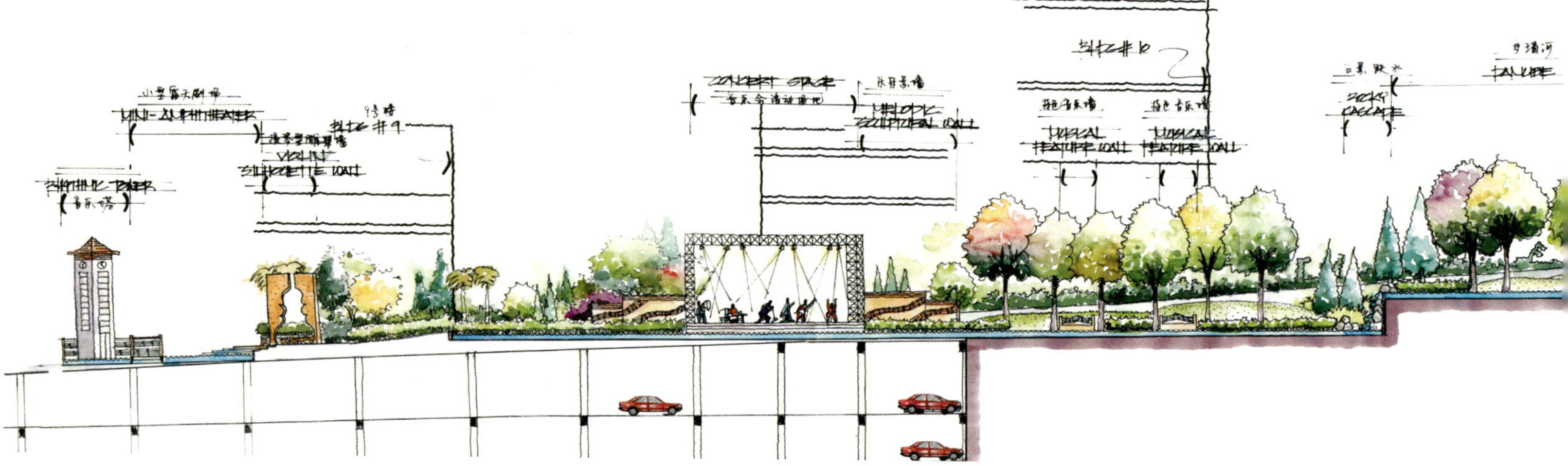

项目说明：

设计目的

用音乐作为主题打造出特色而富有情趣的景观社区

引入各类富有影响力的音乐并叙述它对人类的感染力

为居住者介绍世界各地著名音乐人和他们对音乐的热情

阐述音乐对人类及居住景观的重要贡献

景观设计在音乐主题中升华

设计思路

采用平面构图与主题相关联

引入各种乐器造型和特色景观

运用水景元素精心烘托设计主题

设计理念

设计本着以人为本的原则，同时综合考虑现场环境，以自然生态的角度在重庆当地文化背景的基础上深化整个概念，打造出花园式住宅环境。

音乐就是景观

项目设计采用提琴作为重要的景观设计元素，并将此元素巧妙地融入作为十个景观节点之一的半提琴形泳池的设计中。

不同种类的乐器会有不一样的音乐表现手法与形式，但是它们对音乐的诠释却表现出了一样的内涵与底蕴。

在本项目中，十个景观节点相互协调：

1. 主入口广场

2. 半提琴形游泳池

3. 主要人行入口庭院

4. 主要活动区域

5. 音乐会活动场地

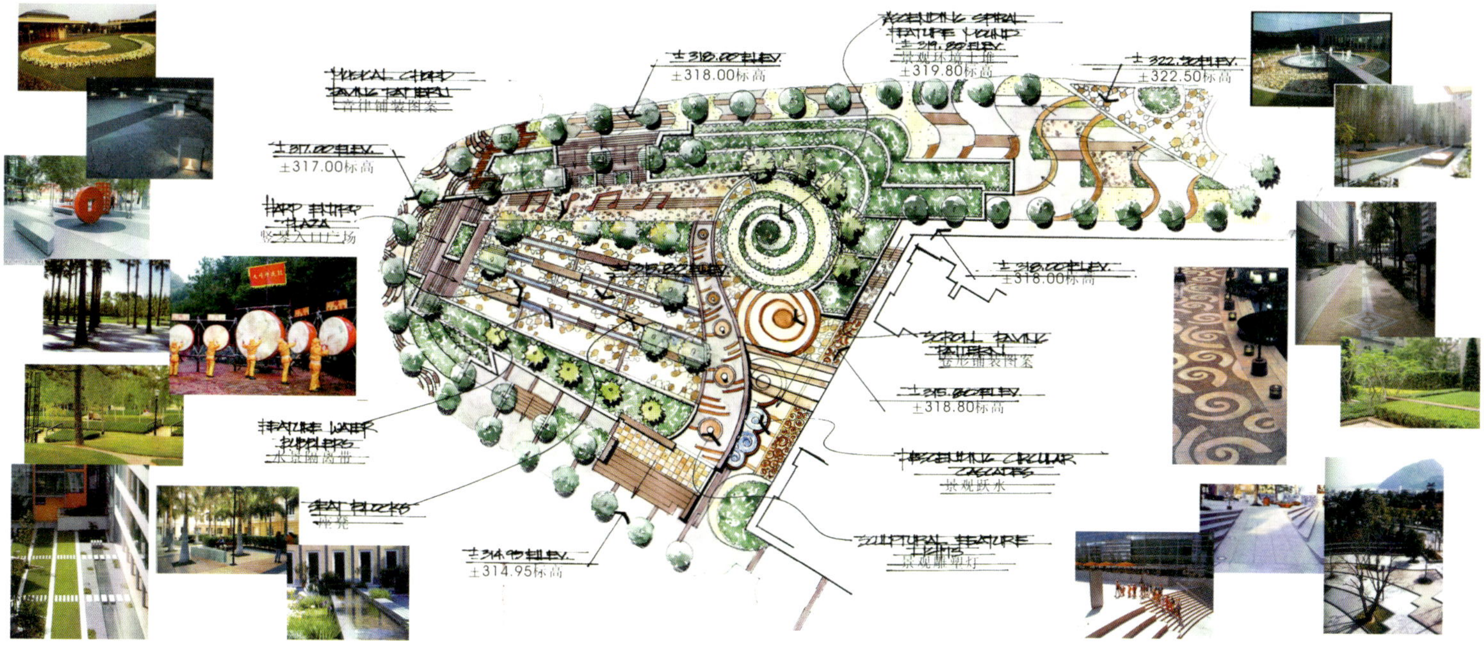

MUSICAL CHORD PAVING PATTERN
音律铺装图案
±318.00 ELEV.
±318.00标高
ASCENDING SPIRAL FEATURE MOUND
±319.80 ELEV.
景观环境土堆
±319.80标高
±322.50 ELEV.
±322.50标高
±317.00 ELEV.
±317.00标高
HARP ENTRY PLAZA
竖琴入口广场
±318.00 ELEV.
±318.00标高
SCROLL PAVING PATTERN
卷形铺装图案
±318.80标高
FEATURE WATER BUBBLERS
水景喷泉带
DESCENDING CIRCULAR CASCADES
景观跌水
SEAT BLOCKS
座凳
SCULPTURAL FEATURE LIGHTS
景观雕塑灯
±314.95 ELEV.
±314.95标高

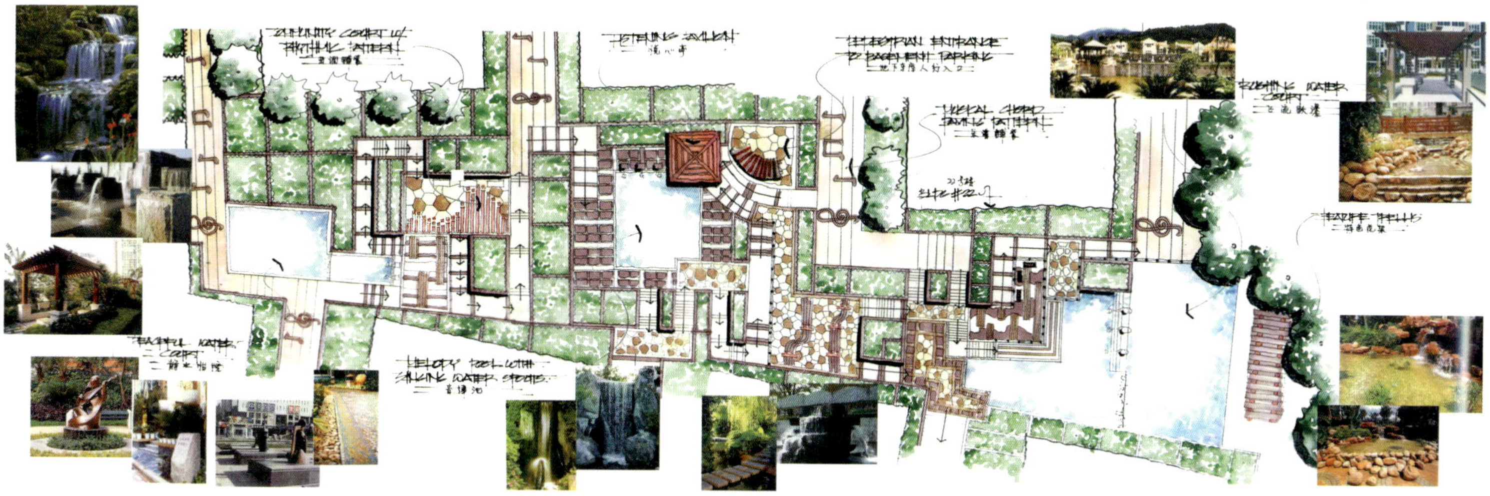

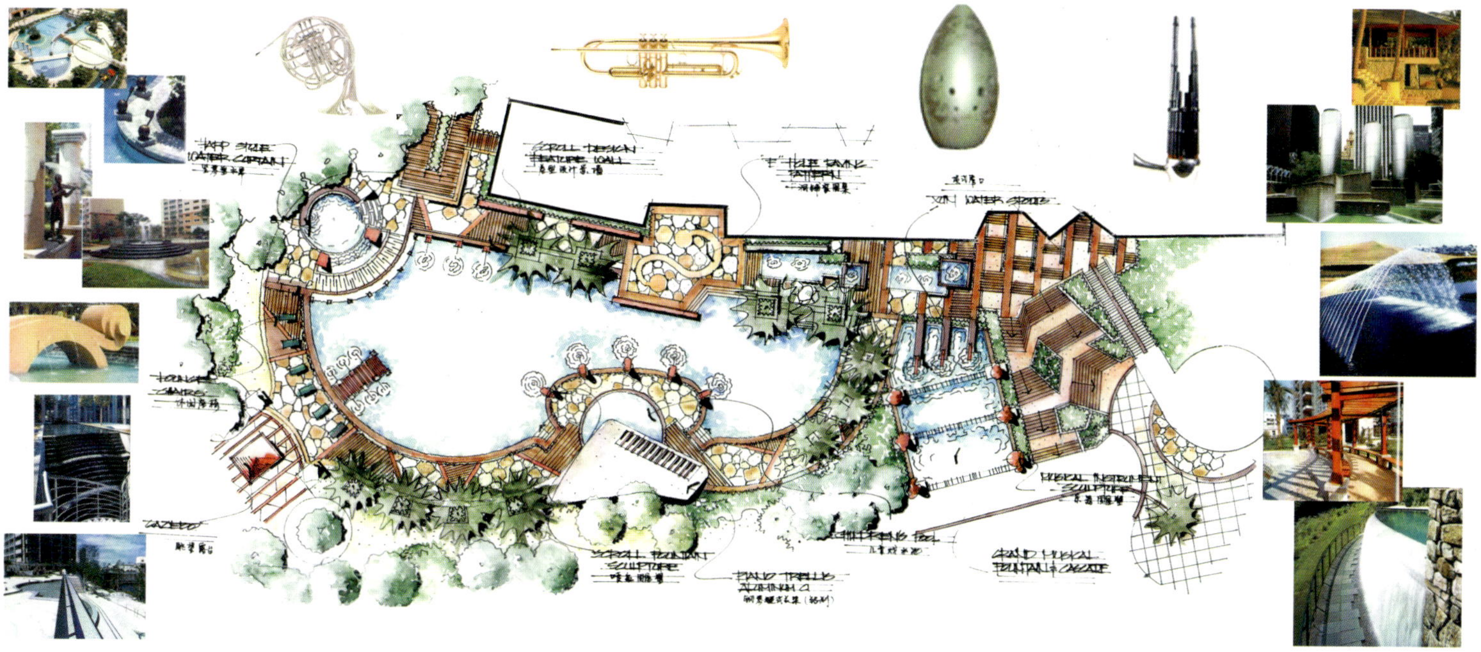

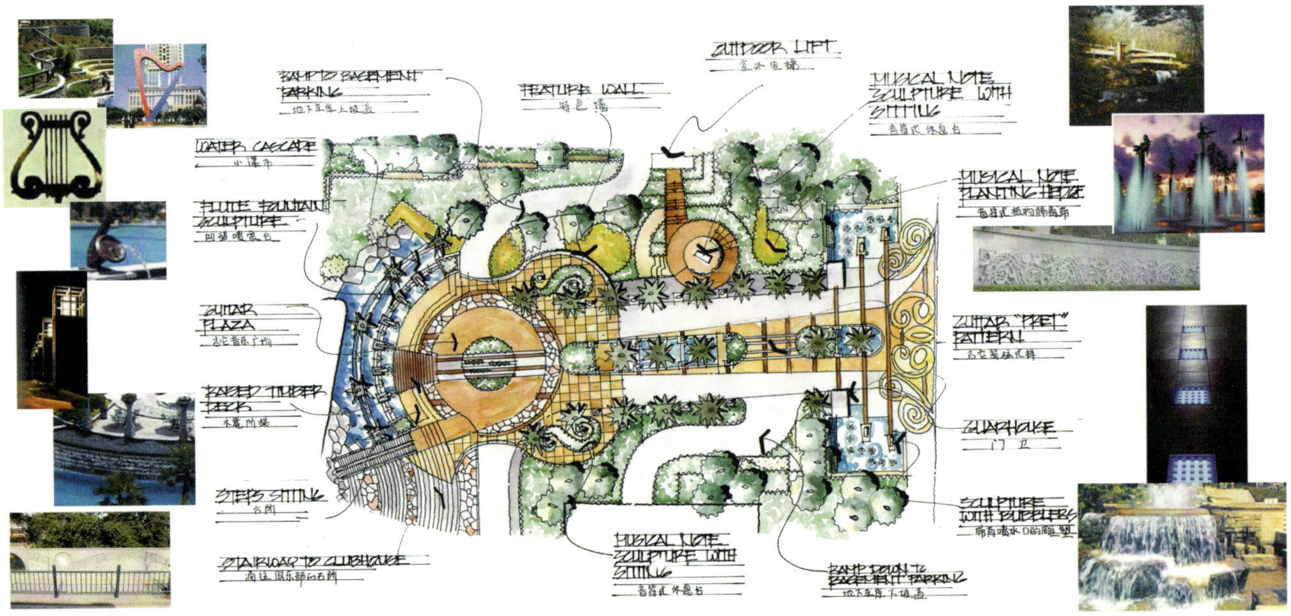
RAMP TO BASEMENT PARKING
地下车库上坡道
FEATURE WALL
特色墙
OUTDOOR LIFT
室外电梯
MUSICAL NOTE SCULPTURE WITH SITTING
音符式休息台
WATER CASCADE
小瀑布
FLUTE FOUNTAIN SCULPTURE
MUSICAL NOTE PLANTING HEDGE
GUITAR PLAZA
吉它音乐广场
GUITAR "FRET" PATTERN
RAISED TIMBER DECK
GUARDHOUSE
门卫
STEPS SITTING
台阶
SCULPTURE WITH BUBBLERS
带有喷水口的雕塑
STAIRWAY TO CLUBHOUSE
MUSICAL NOTE SCULPTURE WITH SITTING
音符式休息台
RAMP DOWN TO BASEMENT PARKING
地下车库下坡道

SHELTERED VIEW DECK
TOPIARY
PIANO KEYS TRELLIS
MUSICAL NOTE SHAPED VIEW DECK
音符型平台
MUSICAL PARTERRE
GRAND VIEW DECK
山顶平台

MAIN LINK FROM LIFT
VIEW DECK OVERLOOKING CLUBHOUSE
观景平台（会所全景）
COMPOSER'S DECK
PLANTING AT SLOPE
斜坡种植
STEP SEATS
PEDESTRIAN ACCESS TO BASEMENT PARKING
地下车库人行通道
INTER-ACTIVE PIANO KEY PAVING
钢琴键铺装
FAMOUS COMPOSER MONUMENT
著名音乐人雕塑
MINI-AMPHITHEATER
小型剧场

6. 维也纳森林

7. 休闲娱乐区

8. 儿童娱乐区

9. 高山流水居

10. 梅花三弄居

在这十个景观节点中，乐器与景观区域的适当联系有着良好的体现。

音乐景观节点

1. 主入口广场

主入口广场的设计灵感来自于六弦琴吉他的造型。整个广场的图片在总平面中可以被欣赏到，鸟瞰入口广场，将来的入住者可以很随意地把阶梯式种植墙的人行小径与吉他的部件想象在一起，而庭院则是吉他面板的写照。车道中，从入口铺装就采用了与吉他卷型装饰相似的图案，整个音乐主题在众多音符的铺装图案和音符状的修剪植物中被不断呈现。此时，吉他洞的设计就像一个中心岛的角色。平行大道的景观种植带的设计由高大挺拔的棕榈树加以巩固。

2. 半提琴形游泳池

半提琴形游泳池的设计理念来自提琴的外形与特征。提琴的背景与历史，在这里的设计写意中扮演着重要的角色。

小提琴的独特造型在泳池这里有着清晰的体现，从会所或观景台这样的有利地形望去，整个泳池呈半提琴状。乐器的不同部件在泳池周围用不同的景观小品或明或隐地表现出来。一个完整的小提琴泳池庭院铺装所勾勒的概念都是参照小提琴的形状演绎而来。

3. 主要人行入口庭院

此区庭院的设计理念感发于平躺在地面上的竖琴想象。设计围绕着竖琴的结构展开：外部边线形状恰似竖琴的外轮廓，特色水景至木块座位间的涓涓水体，是琴中弦的象征。由于庭院中三个高差不等的入口点，采用台地设计在一定程度上减少了坡度问题。抬高景观水池、台地种植、雕塑等景观元素相辅相成，打造出一个休闲的人行入口庭院。一个层层旋转式上升设计的花坛在堆起的台基上，它的造型更像是竖琴上端的涡卷。

4. 主要活动区域

整个庭院的设计在俯视角度上呈现出散开的中式扇子效果，但它的造型却是由三个音符相交融在一起延伸至主庭院的形态所组成。此区特别设置了跃动钢琴键铺装，雀跃的人们在散步的同时使悠扬的曲调在不经意间谱出。在所有景观节点的最高处都是观景平台，这样处于最高位置的三个观景平台不仅可以纵观整个会所全景，还能够从不同角度取得不一样的风景视线。三个观景平台均以著名音乐艺术家命名，分别为：德拉戈涅蒂峰、库塞维茨基峰、明格斯峰。

5. 音乐会活动场地

社区的定位是音乐主题，那么音乐会活动场地则是必不可少的升华主题的元素。作为隔离带的"多瑙河"不仅从功能上考虑到演员与观众的距离感，同时还体现了设计的美感。

6. 维也纳森林

维也纳森林带来回归自然、回归生态的设计感受。一条浓郁的植物带围绕着景观节点中的第二高峰。常青树的大量运用缔造出永恒的幽静山谷，同时配以季节性植物在色彩上作以点缀。另外还设计了几处景观平台。

7. 休闲娱乐区

现代人的生活越来越注重身心健康，休闲娱乐区中设计有各种运动设施：网球场、羽毛球场、篮球场等，为完美生活注入运动活力。

8. 儿童娱乐区

儿童娱乐区的设施让孩童们在娱乐中尝试冒险，由各类音符组成的音铃则为小天使们在玩乐时带来欢乐。

9. 高山流水居

这里地形较为复杂，地势高差也非常大。这样的地形对于设计者来说是一个很好的挑战。通过对现场的了解，设计很好地利用了高差，把水景融入其中，设计了两个以中国风情为主的音乐主题庭院。一个命名为"高山流水"的庭院在29、26、23、21和27、24、22这两排楼之间。这个庭院相对于另一个庭院高差更大一些。通过结合现场地形，设计了一些大小各异的瀑布，穿插于台阶之间。步入其中，水流之下的壮观景象将映入你的眼帘。耳朵更是听到由大小不同的流水声组成的美妙音乐——高山流水。这个庭院给人的感觉气势磅礴，是一个休闲观景的好地方。在其中放了一些有中国特色的乐器作为雕塑，给人带来东方风情十足的感觉，还有一个名为"闻曲亭"的观景小亭，能给路人提供休息观景的地方。

10. 梅花三弄居

梅花三弄居位于27、24、22、28和25这两排楼之间。"梅花三弄"这支静雅优美的曲子恰是此庭院的写意所在。设计中，一条小溪贯穿于整个庭院，"出水莲"的莲花池更是体现了雅致的特点。

JINKE

北京市丰台区世华水岸

项目资料：
项目地址：北京市丰台区
委托方：北京城建投资发展股份有限公司
设计单位：北京源树景观规划设计事务所
主要设计人员：白祖华 胡海波 李晶 刘春红 夏强
摄影：张鹏

项目说明：

“北京世华水岸”项目位于石榴庄凉水河以北，东至宋家庄路，南至凉水河绿化带，西至天坛南路，北至彩虹城住宅小区。项目总用地面积约13万平方米。

宁静、安详、舒适的人居环境是每个人的梦想。然而，随着城市节奏的加快，这种来自本能的渴望竟然成为了一种奢求。自由的心境与流光溢彩的都市就像是《向左走·向右走》中的男女主角，总是擦肩而过。然而，总有一少部分人是幸运的，他们要体验的是一种不同的生活。简洁的建筑形式、丰富的内部生态水景空间与平静的凉水河风光相呼应，构成了“世华水岸”无法复制的景观资源，它为业主所提供的不仅是一种风景，更是一种健康、和谐、时尚、非同寻常的生活方式，通过高品质的景观，使业主真正品位“豪华景观”的价值内涵。

景观理念

“世华水岸”的内部景观面积约8.3万平方米，并且与项目南侧的6万平方米代征绿地（运动公园）紧邻。景观设计牢牢把握住了“滨水而居、水景豪宅”的宗旨，以“水四季”为景观主题，通过“水之四态”与“时之四季”的景观叠加，达到双重的景观效果，使业主在景观的变化中品味“水景豪宅”的精致生活。

景观设计

本案的景观设计紧紧围绕“滨水而居、水景豪宅”的宗旨而展开。在认真分析了用地空间和产品特点的基础上，将自然界中“泉”“瀑”“溪”“雾”这四种典型的水景形态加以概括和提炼，并将其巧妙地与植物四季景观的变化相结合，将泉的灵动、瀑的气势、溪的柔美、雾的神秘分别和春的绿意盎然、夏的绿阴匝地、秋的色彩斑斓、冬的银装素裹相搭配，形成“春泉”“夏瀑”“秋溪”“冬雾”这四个主题景观，并将其巧妙地运用到本案的四个区域中，为业主创造出诗一般的生活空间。

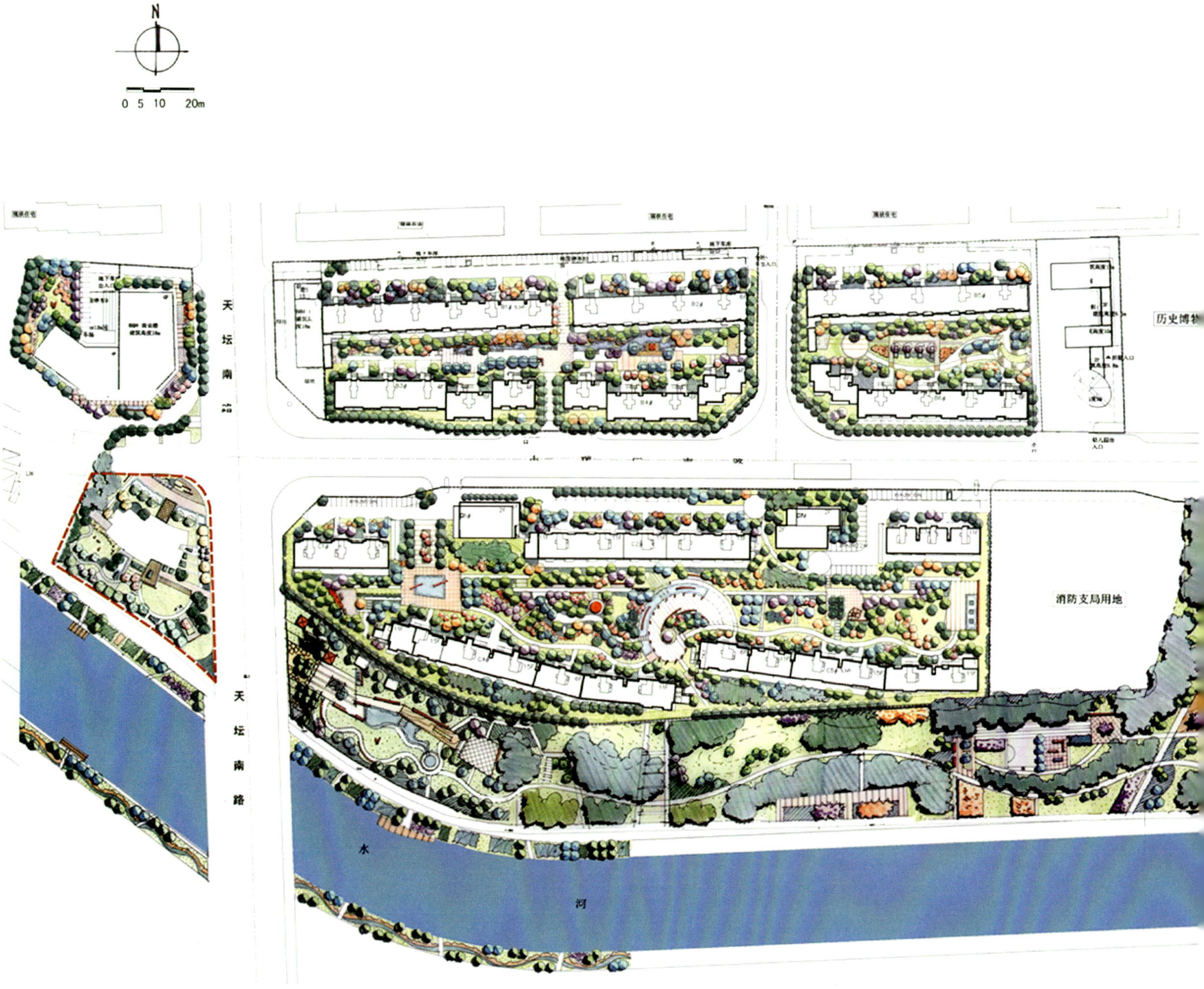

蒲黄渝路
小学用地
托幼用地
商业金融用地
电碳厂南
宋家庄路
代征道路用地
代征道路用地
凉水河

杭州市金都城市芯宇

项目资料:
项目地址：浙江省杭州市
占地面积：160750平方米
委托方：金都房产集团有限公司
设计单位：ECOLAND易兰（亚洲）规划设计公司

项目说明：

金都城市芯宇位于杭州西湖区文一路，东至西溪河、溪苑路，南至文一路，西面是教工路，北至余杭塘河。距西湖3公里，距商业中心武林广场3公里，距黄龙体育中心18公里，是主城区难得的繁华静地。

设计将小区作为一个整体的园林进行营造。下沉广场、水景区、休闲平台和小品的点缀与穿插，让园区内形成了丰富的景观层次，给人营造不同的视觉影响力与感受力。设计充分融入城市肌理，借鉴城市公共广场的设计手法，强调大开大合的规划布局，主题各异的院落层层推进，尽显大户贵族遗风，简练之风与现代俊朗的建筑造型相得益彰。整体景观的打造给人休闲、放松感觉的同时，通过空间内多种变化的营造，体现出“艺术化的生活”“生活化的艺术”以及“居住者的文化和品位”。

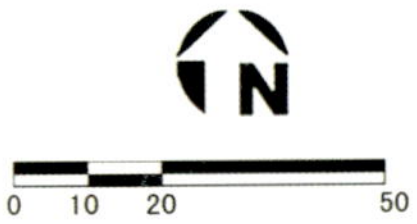

图例

1 临街绿化
2 水景雕塑
3 步行街
4 法桐大道
5 入口喷泉广场
6 树阵休息区
7 水景广场（停车）
8 竹林
9 地库入口
10 自行车停放
11 特色景墙
12 浅水池
13 休闲平台
14 水源头吐水墙
15 休息场地
16 特色花卉带
17 树阵广场
18 地形绿化
19 小溪流
20 儿童活动场地
21 树林
22 休闲景亭
23 网球场
24 篮球场
25 乒乓球场
26 特色雕塑广场
27 观景平台

东莞市万科城市高尔夫花园

项目资料：
项目地址：广东省东莞市
设计面积：27.5万平方米
委托方：东莞市万科房地产有限公司
设计单位：SED新西林景观国际有限公司

项目说明：

东莞万科城市高尔夫花园位于东莞市寮步横坑，五环路中段，与位于市中心的唯一一个高尔夫球场“峰景高尔夫”只有一路之隔，作为万科在东莞的第一个项目，东莞人的万科情结也随着高尔夫城市花园的建设而越来越醇厚。

为了凸显城市高尔夫花园的高端定位，万科邀请SED新西林景观国际针对前五期工程进行整改，对六、七期为主进行景观设计，以东南亚现代、艺术、繁华的都市为目标，努力营造出水的气氛，设计拥有亲水性、自然性、创造性的生活景观，突出情调、品位、优雅、休闲的游泳会所，营造“禀赋阳光的灵感、纯粹休闲的栖居”的意象情感，塑造一种理想的、符合文化价值取向的生活模式。SED新西林景观国际全情投入，将这里建成了一座有思想的“峰景美墅”。

从居者需求出发，体验别墅景观的人文情怀

城市高尔夫花园六、七期整体上以现代东南亚风格为设计基调，处理好由建筑山墙面围合而成的公共空间，形成南北走向的主要景观轴线，同时宅前小空间的处理考虑更多的是如何通过道路的转折和小空间的收放形成错落有致，充满趣味的住宅景观。现代的东南亚风格创造出鲜明的社区形象，利用景墙、水景、特色的雕塑、肌理变化、空间变化等讲述了现代的东南亚风情与简洁时尚的幽雅情调。

东南亚风情SPA，境界独享

万科城市高尔夫花园独有风情水景区，极具现代东南亚风情的深邃，尊重原生地理环境，并加以改造，以“水”作为园林设计主要元素。引入循环水景，营造多重景观体系；结合东南亚特色文化，热烈中不乏含蓄妩媚，蕴含着神秘兼具平和与激情及自由悠闲、简洁优雅的构筑风格，通过简练的装饰，利用简洁的线条使空间洋溢出一派热烈的东南亚简约风情，以自然的手法打造出充满现代气息的东南亚简约风尚新式景观空间。

值得一提的是，六期的水景景观以泳池为中心，整个泳池区域的设计采用移步换景的手法，充分将对景、障景等造园技巧运用其中，结合绿化作为背景，使景观具有丰富层次。全景生态泳池、SPA区棕榈道、有氧健康步道、精致花卉、观景廊架、休闲廊架等功能区形成丰富多彩、层次鲜明的水景景观。

层次丰盈的植物，营造静谧绿色空间

城市高尔夫花园将美学充分融入规划设计。在植物设计上，种植适合当地生长及与风格环境相对应的热带植物，通常在主入口区采用棕榈科对称式的种植手法，营造自然经典的入口空间。宅间中，则以自然式的搭配种植为主，根据植物的色、叶等差异做不同层次上的处理，给人清新自然的生活氛围。以亚热带植物为主打的东南亚风情园林，总带着热情与浪漫的气质，灌木与棕榈科植物相搭配，演绎出高密度、多层次的立体绿化。

精致细节，让居者体验细微处的关怀

万科城市高尔夫花园即使是在最细微的设计上，都会从居者的角度考虑，为居者创造一个美好的家园，充分体现一座美墅的精致。东南亚风情景观亭色彩原始朴实，表现出东南亚自然、粗犷的艺术美，亲水木栈道、栩栩如生的雕塑散布其中，演绎出东南亚园林的独特神韵。

在小品和雕塑的运用方面，以东南亚风格元素为主，各种休闲设施点缀于园中，如造型独特的溢水钵、水中喷泉雕塑、古朴雅致的陶罐、质朴自然的休闲伞椅，还有散布于草地疏林中的大大小小、栩栩如生的石刻雕塑。

七期平面图

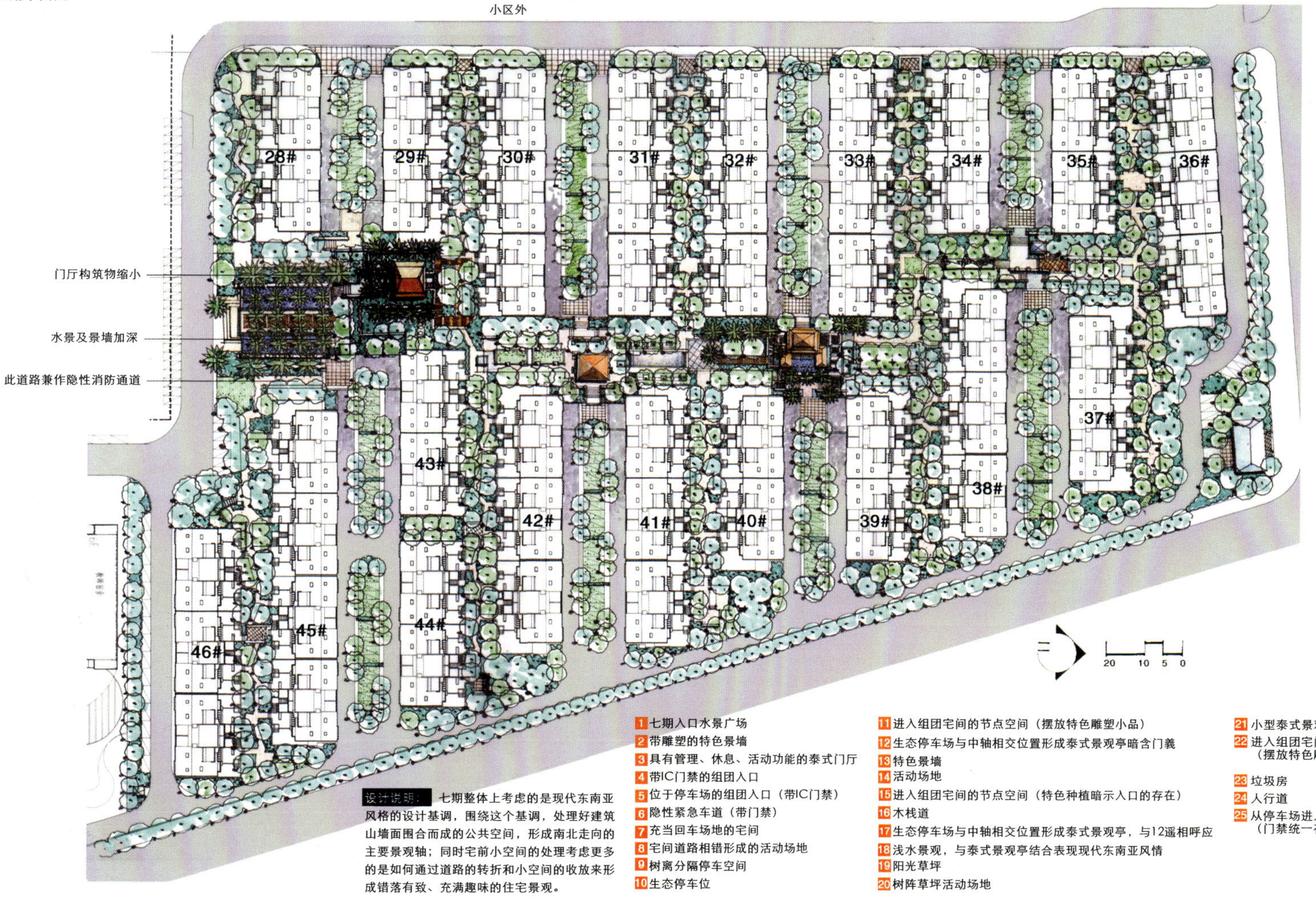

设计说明：七期整体上考虑的是现代东南亚风格的设计基调，围绕这个基调，处理好建筑山墙面围合而成的公共空间，形成南北走向的主要景观轴；同时宅前小空间的处理考虑更多的是如何通过道路的转折和小空间的收放来形成错落有致、充满趣味的住宅景观。

1 七期入口水景广场
2 带雕塑的特色景墙
3 具有管理、休息、活动功能的泰式门厅
4 带IC门禁的组团入口
5 位于停车场的组团入口（带IC门禁）
6 隐性紧急车道（带门禁）
7 充当回车场地的宅间
8 宅间道路相错形成的活动场地
9 树离分隔停车空间
10 生态停车位
11 进入组团宅间的节点空间（摆放特色雕塑小品）
12 生态停车场与中轴相交位置形成泰式景观亭暗含门義
13 特色景墙
14 活动场地
15 进入组团宅间的节点空间（特色种植暗示入口的存在）
16 木栈道
17 生态停车场与中轴相交位置形成泰式景观亭，与12遥相呼应
18 浅水景观，与泰式景观亭结合表现现代东南亚风情
19 阳光草坪
20 树阵草坪活动场地
21 小型泰式景观亭、强调空间
22 进入组团宅间的节点空间（摆放特色雕塑小品）
23 垃圾房
24 人行道
25 从停车场进入组团的入口场（门禁统一在景观门应）

五期平面图

平面图
LP-000
1 地库入口
2 景观水池
3 儿童戏水池
4 按摩池
5 与景观廊架相结合的更衣室
6 景观亭
7 成人泳池
8 泳池通道
9 休闲廊架
10 邻里交流空间
11 活动场地
12 泳池入口
13 林荫休息空间
10 5 2.5 0

六期平面图

赣州市滨江·爱丁堡

项目资料：
项目地址：江西省赣州市
项目面积：105亩
委托方：赣州新景源置业有限公司
设计单位：广州市太合景观设计有限公司

项目说明：

背景分析

赣州滨江·爱丁堡住宅小区位于江西省赣州市滨江大道东段，南眺章江和赣州新城区，西侧为“蓝波湾”住宅小区，东北区为关刀坪住宅小区，基地为南低北高的山地，呈南北向略长、东西向略宽的不规则形状，通过一条上山路与滨江大道联系起来，闹中取静、视野开阔、空气清新，是理想的人居环境。项目占地105亩，居住总户数近900户，建筑面积近15万平方米。

设计理念：

赣州滨江·爱丁堡的景观设计总体上体现了“以人为本”的新都市主义理念，整体风格与建筑形式相互映衬，营造浓厚的地中海风情园林，展现了浪漫、健康、休闲的高档精品社区。

景观布局

一期：主要由主入口景观区与内庭水景区组成，进入主入口广场迎面而来的是浓浓的异国风情。左边是造型现代的景墙跌水和树池的结合，入口右边，则是一座高大的水中景观塔，进入广场，往右看是棕榈树阵和历经沧桑的古树，线条明快、色彩丰富的铺装让人耳目一新。入口的各个景点构成了一幅充满地中海风情的美丽园林画面，同时提醒人们已进入一个浪漫、健康、休闲的高档精品社区。

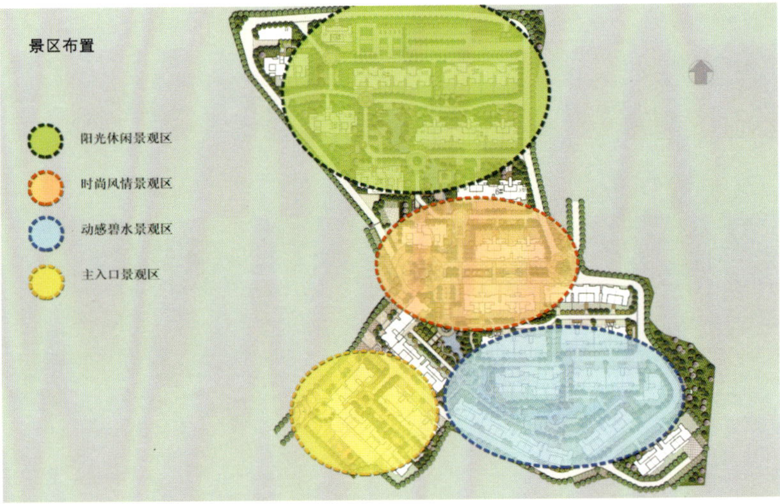

索引图

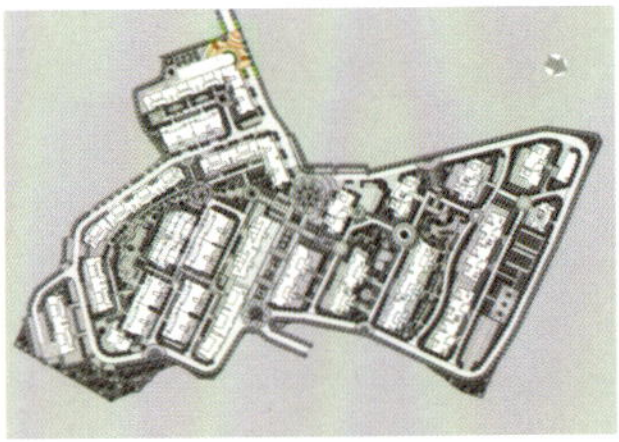

指示图

效果图一

索引图

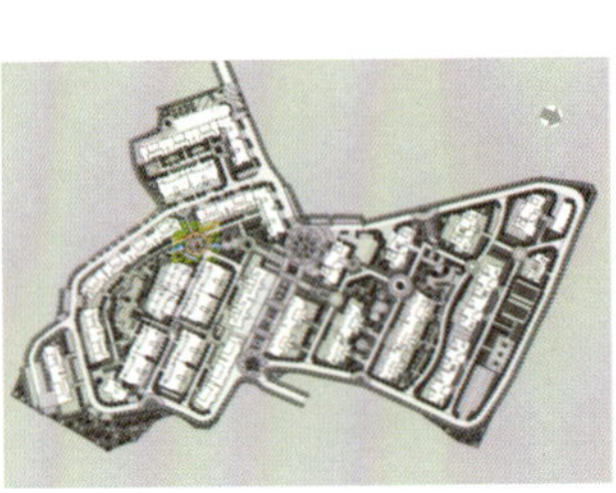

指示图

效果图二

效果图三

索引图

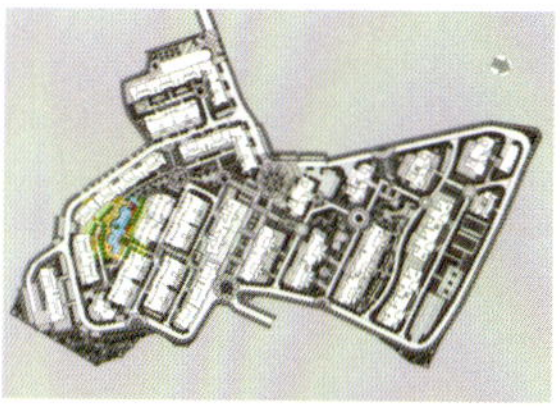

指示图

效果图四

索引图

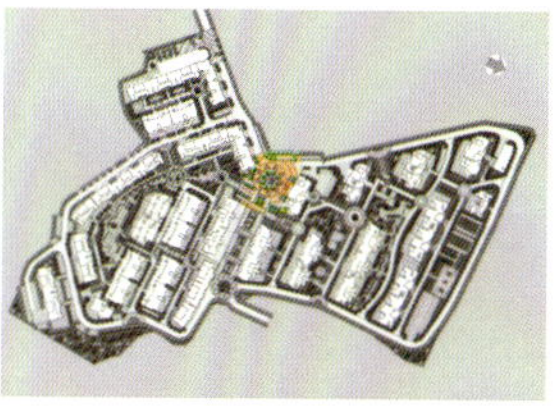

指示图

效果图五

索引图

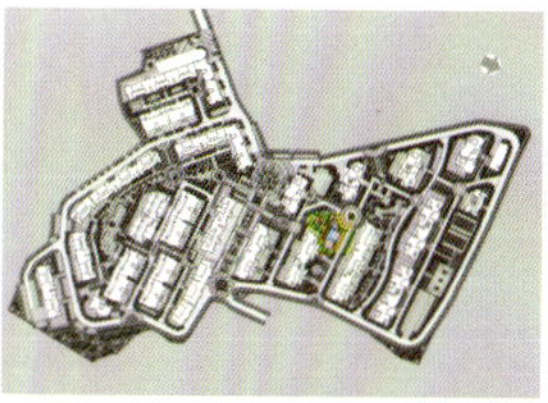

指示图

小区内庭花园以地中海风情为主的水景设计为主题，其中泳池和溪流有机地结合在一起贯穿整个内庭花园的景观序列。

泳池的设计简洁而不乏动感，中心的绿岛种植棕榈科植物，高低错落、姿态各异，微风吹起摆动的舞姿，好一派地中海风情。另外，潺潺的小溪仿佛也在向人们诉说着无尽的柔情。小溪流向的是一个中心大广场，由动感水景和现代亭组成，在这里，人们可以尽情地游玩、欢乐。

一期与二期的交汇区域是商业街，由特色广场、特色水景、休闲平台组成。在这里除了购物、休闲、娱乐外，更是感受时尚的场所。水中景观亭，跳动的喷泉，摇曳的树枝，旋转的圆形拼花铺装，在不停地撩动人们的心。入夜的商业街愈发迷人，虽没有灯火辉煌，但也处处是星光点点。在水平台上，吹着凉爽微风，喝着咖啡，却也是另外一番情趣。

高差的处理

由于地形较为复杂，高差较大，在设计中充分利用了花基、台阶、景墙等，从而形成丰富的立体空间，在挡土墙的处理上，利用攀爬植物的绿化，将挡土墙营造成充满生机的花带，形成了另一种景观。

植物的配置

在景观植物的选择上除了与园建、建筑相配合外，还考虑了植物的物质特性，包括色、香、形以及自然气息和光线作用于花草树木而产生的艺术效果。在纹理、花期、树池等方面精心配置，在观赏性与实用性之间取得平衡，并考虑不同时节、不同花的园林景致，让人清晰感受到生命成长与季节变化带来的美感，让人感受到生活在自然当中，自然在生活当中。

总结

以人为本的新都市主义的景观设计理念，提升了此项目的品位与档次，展示了一种全新的生活方式与哲理，体现了真正高质量的生活空间。

效果图六

索引图

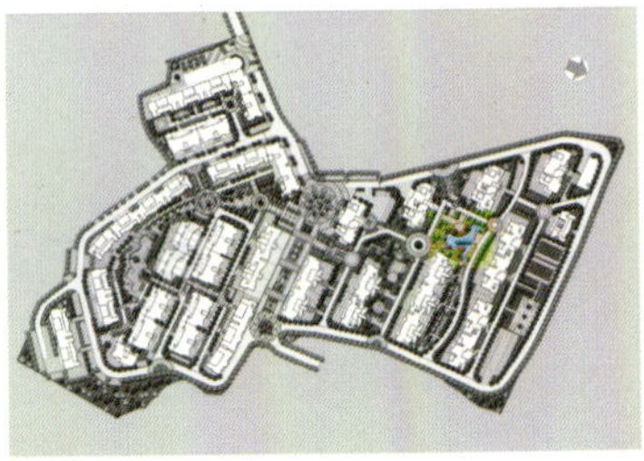

指示图

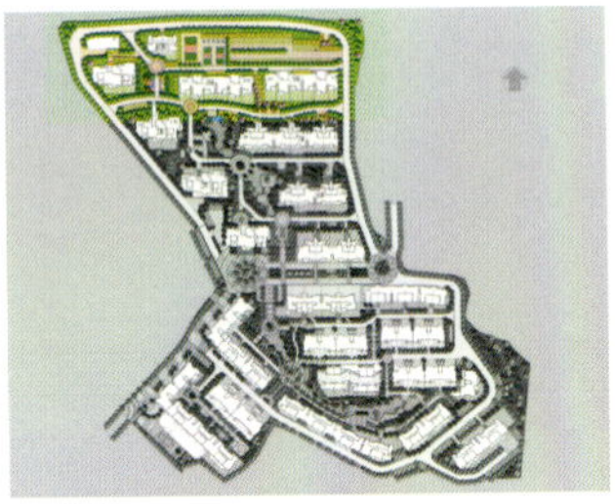

指示图

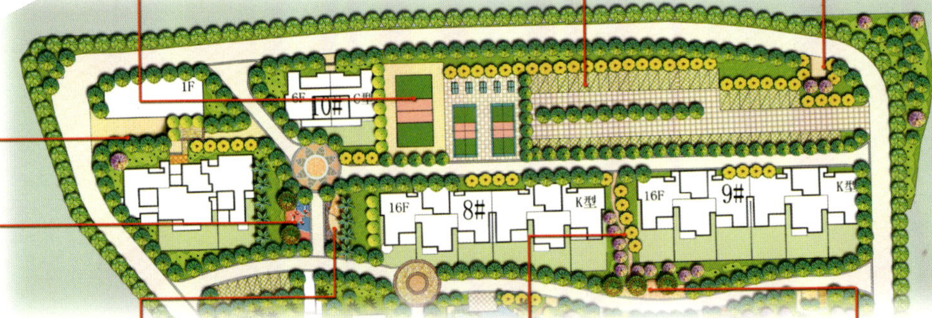

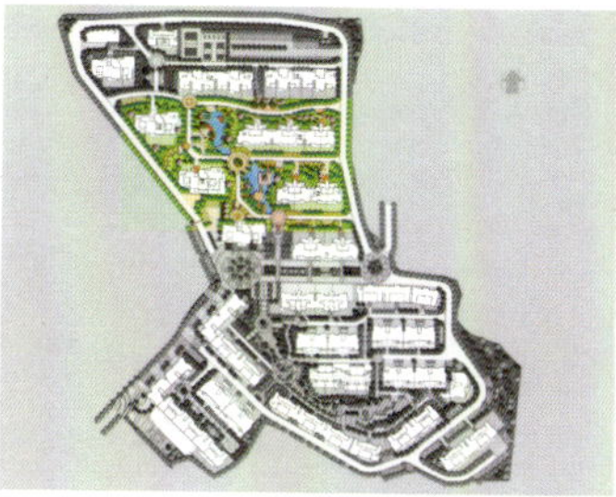

指示图

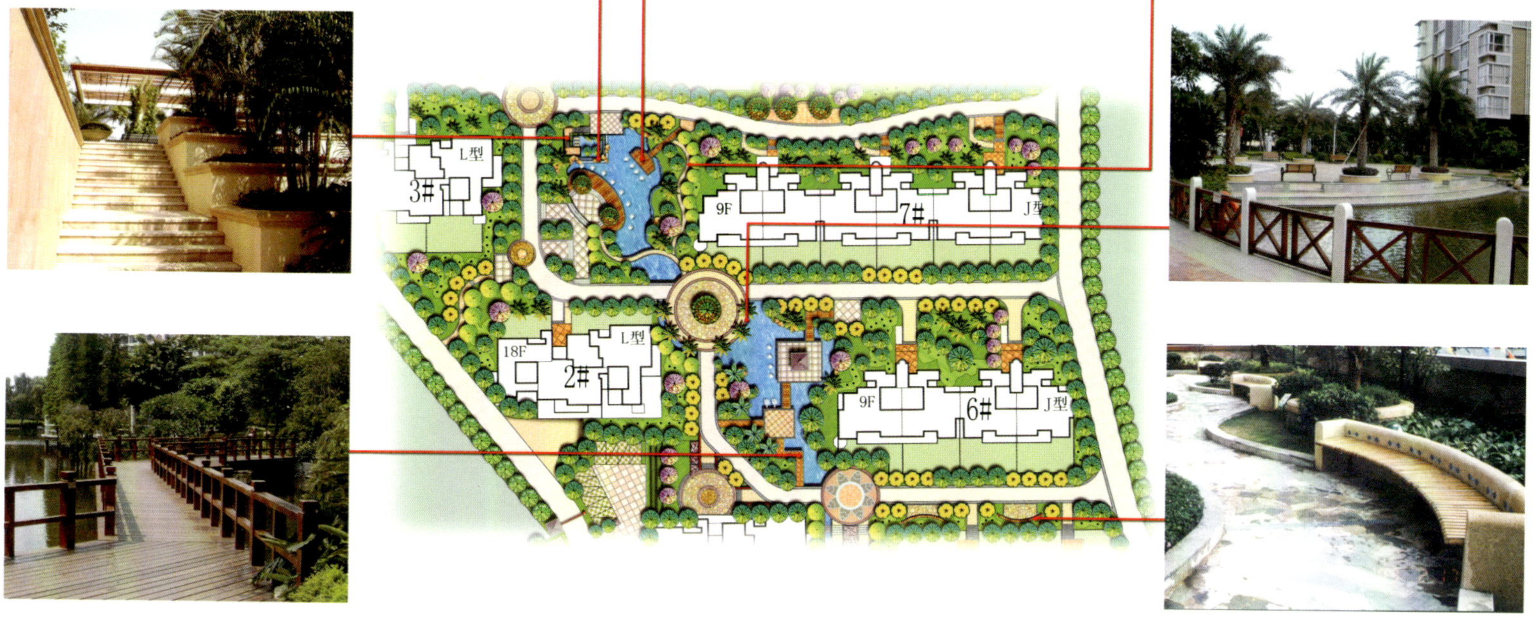

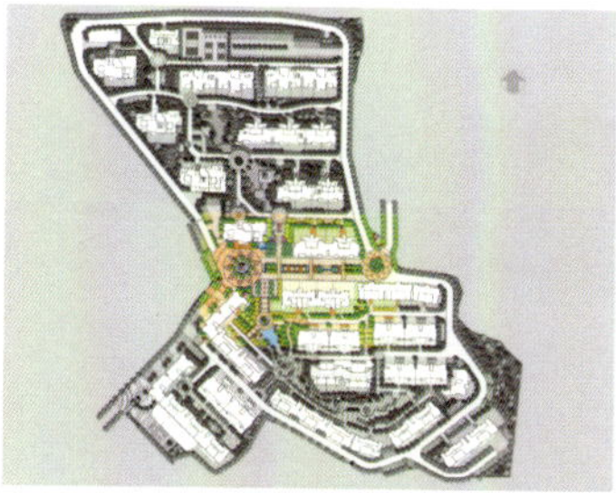

指示图

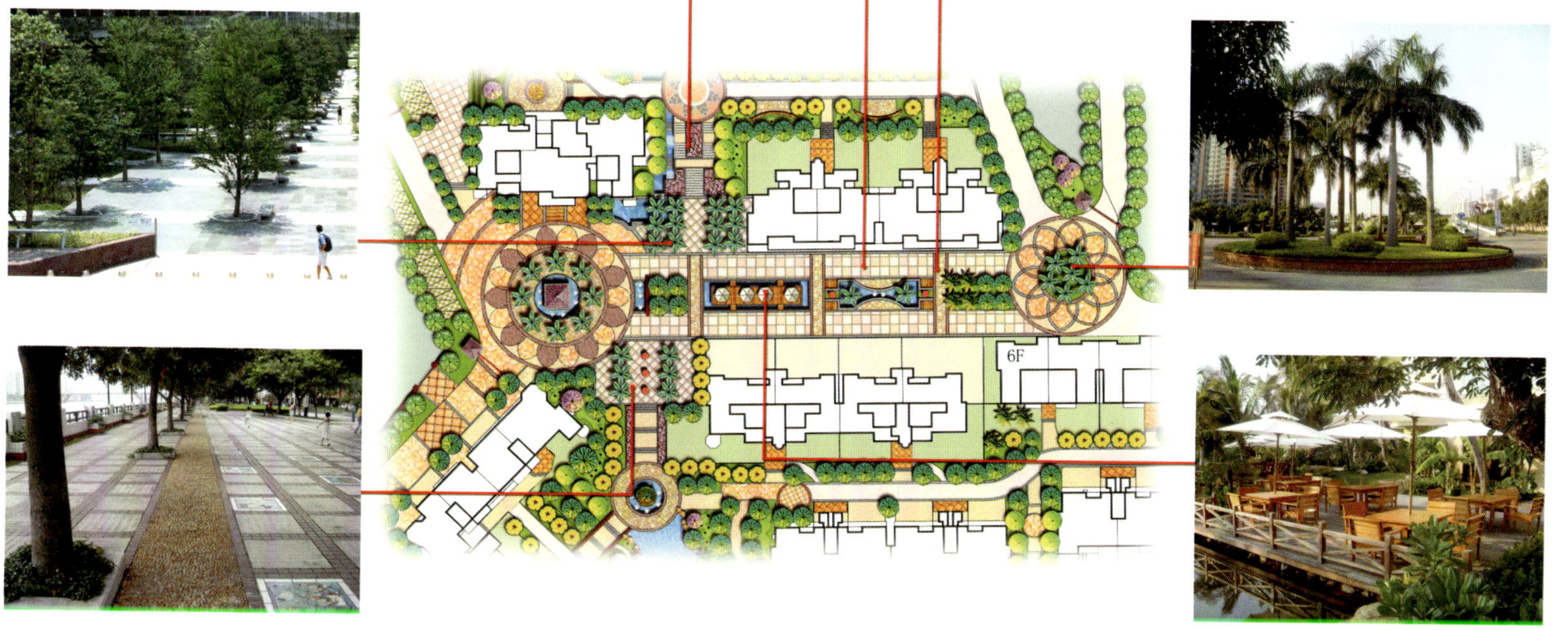

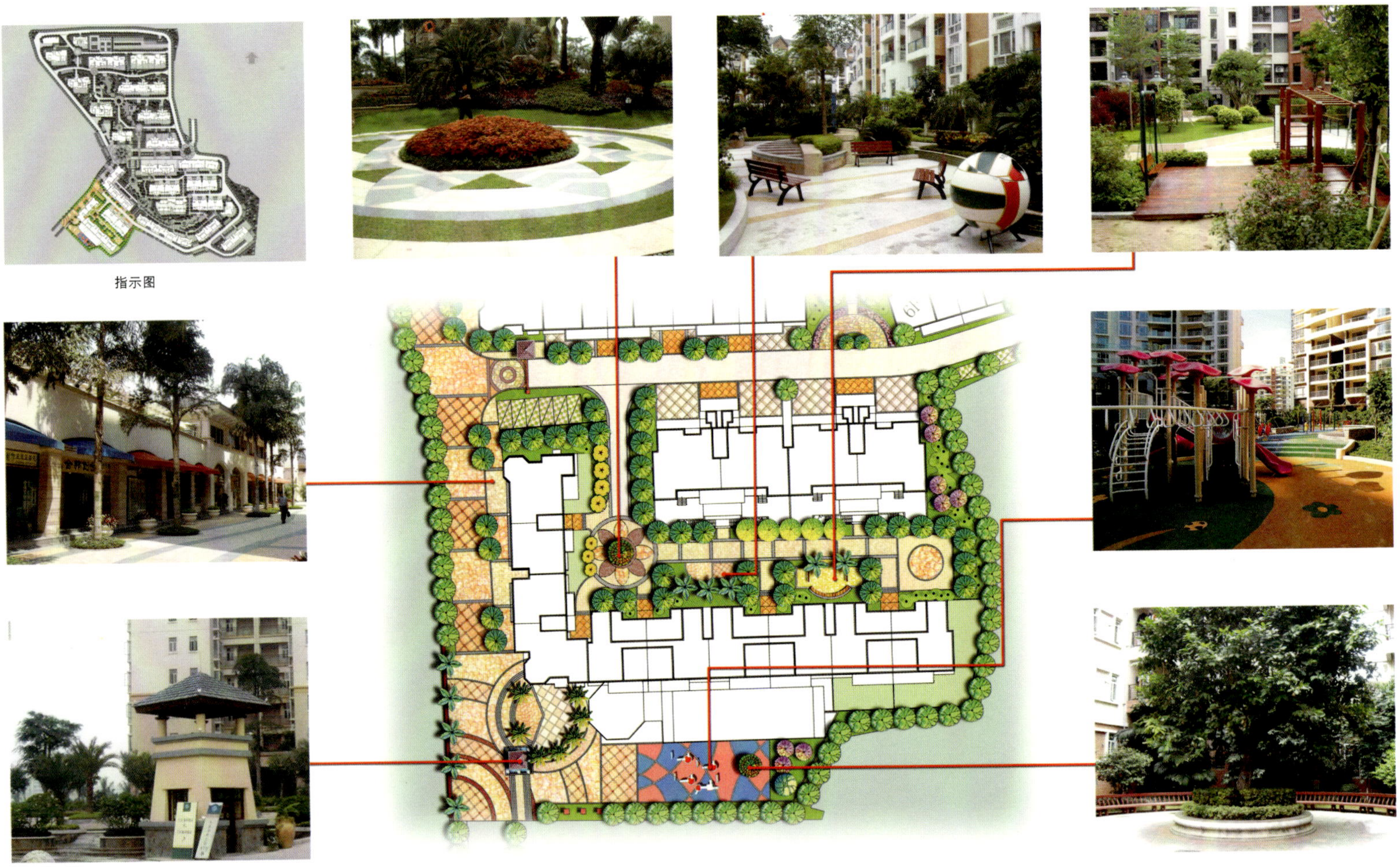

指示图

剖面图C-C

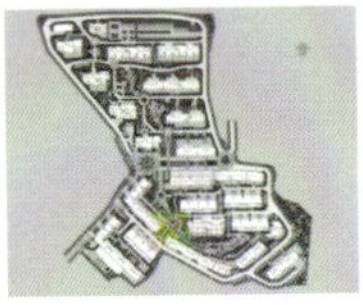

平面位置图

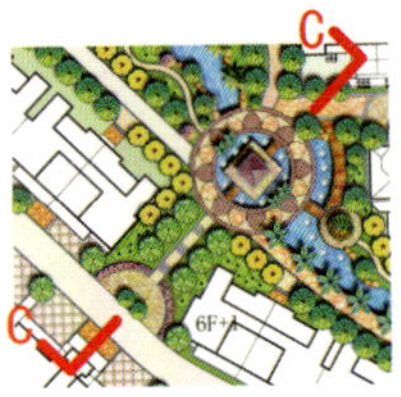

剖面图B-B

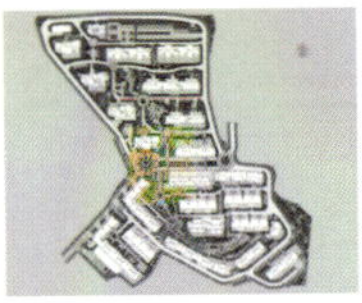

平面位置图

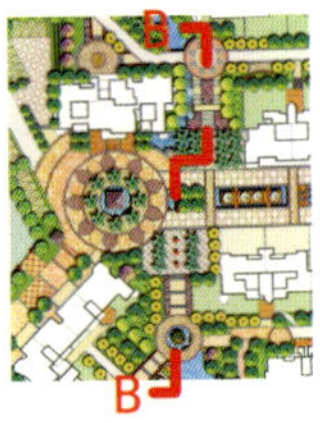

剖面图B-B

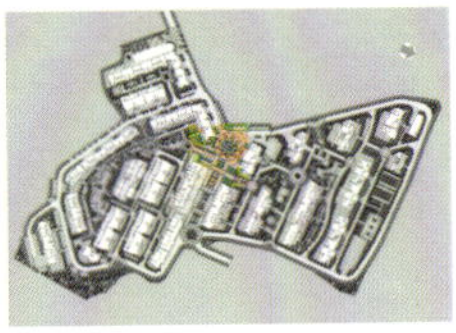

平面位置图

剖面图A-A

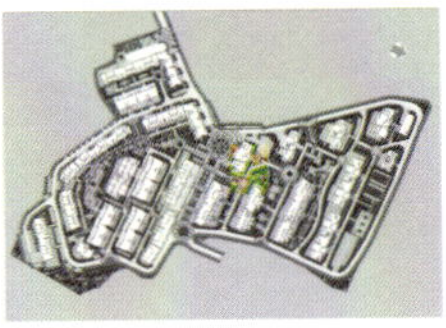

平面位置图

剖面图C-C

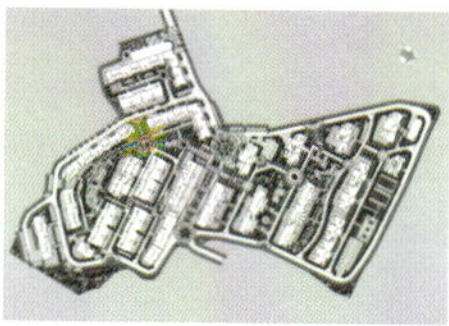

平面位置图

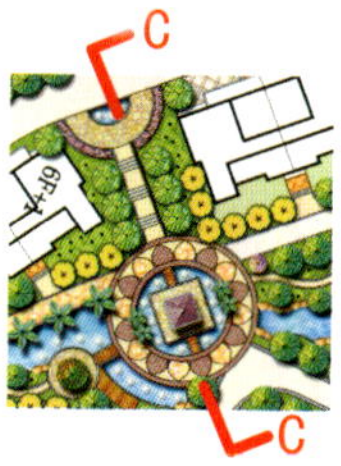

剖面图A-A

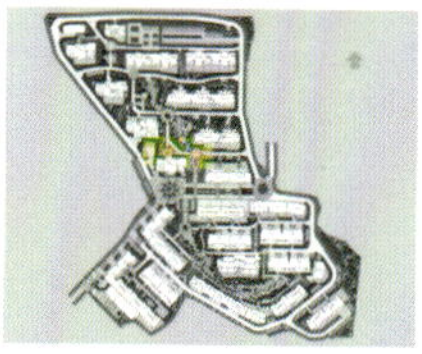

平面位置图

11幢
9幢
7幢

包头市保利花园三期

项目资料：
项目地址：内蒙古包头市
设计面积：68 000平方米
委托方：保利集团
设计单位：广州市华誉景观工程设计有限公司

项目说明：

“体验式立体园林”为本景观的设计主题。景观设计充分利用现有地形高差，通过设计台地、缓坡、跌级水景等创造“立体式园林景观”，并结合亭廊、花架、景墙及攀缘类植物来强调和丰富立面的景观效果。设计针对不同年龄层次人群的需要，按照功能划分，设置了比较集中的儿童天地、夕阳乐园、青春舞动、岁月如歌和社交园地等区域，使各个年龄层次的人都能在小区内找到自己的活动空间，通过参与得到最大的快乐，真正实现“体验式园林”的主题。

在中心区域，用一条南北向的“花之蕊”主题轴线联系了“涵碧湖”“夕阳天地”“植物园”“风之丘”“蕊之湖”“沁心瀑”等主要景观节点，通过亭廊轩榭、木桥平台等增加立面效果的同时，将空间划分为不同的区域，凸显景观的深远和丰富。为了更深度地与主题相呼应，周围分别以“瀑布”“岩石”“溪流”“台地”为主题，各组团庭院针对不同主题内容，设计多个相对独立的休闲广场，营造出不同的休闲空间和各具特色的组团环境；四周景观与中心区域景观彼此呼应，给人一种和谐统一的感觉。

在植物选择上考虑包头特殊地理气候，并配合不同景点，满足四季常青、三季有花、月月有景、景景宜人的要求，将原生态的理念融入到设计中。

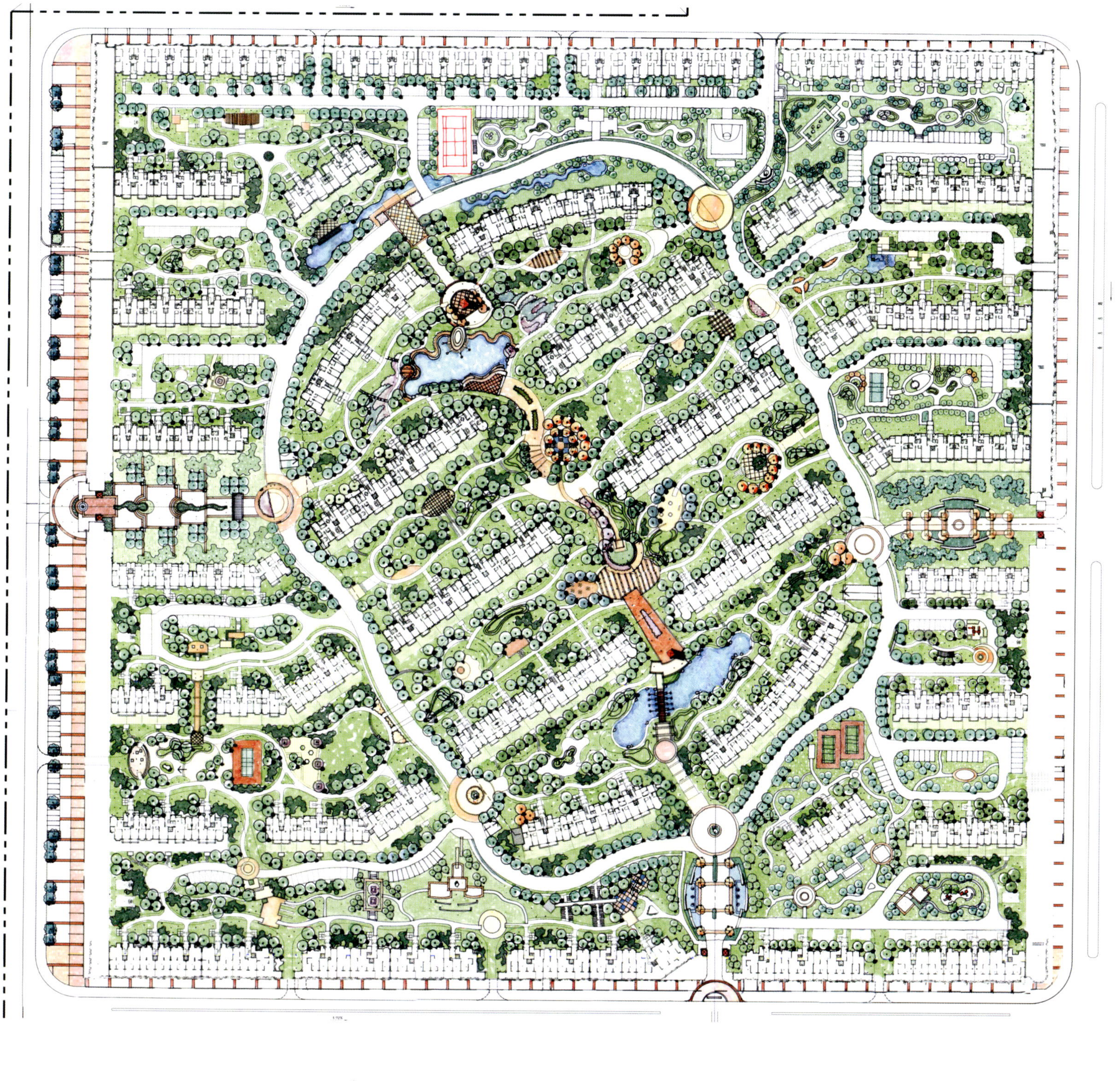

体验式立体园林

与每人共享的体验园林

+

与空间对话的立体园林

与每人共享的体验园林

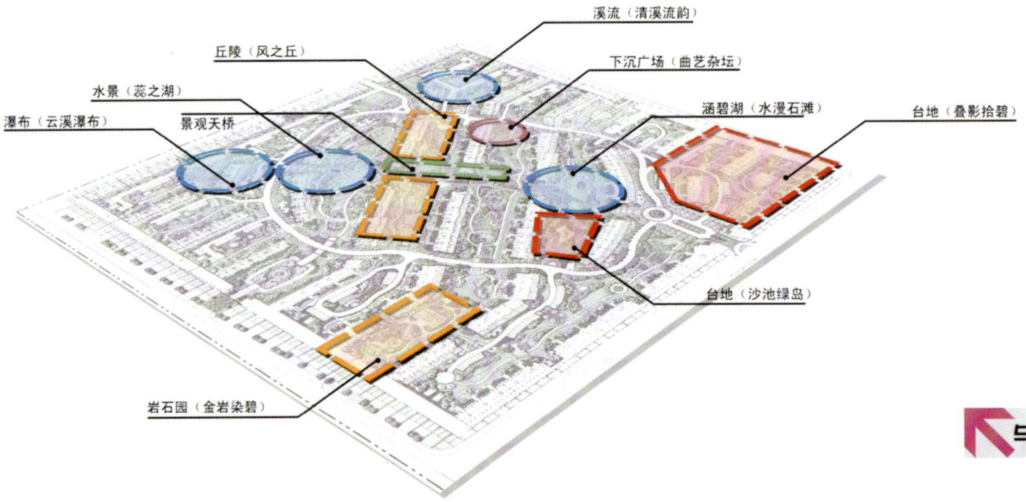

与空间对话的立体园林

设计构思过程

花之蕊

理念来源

概念抽象

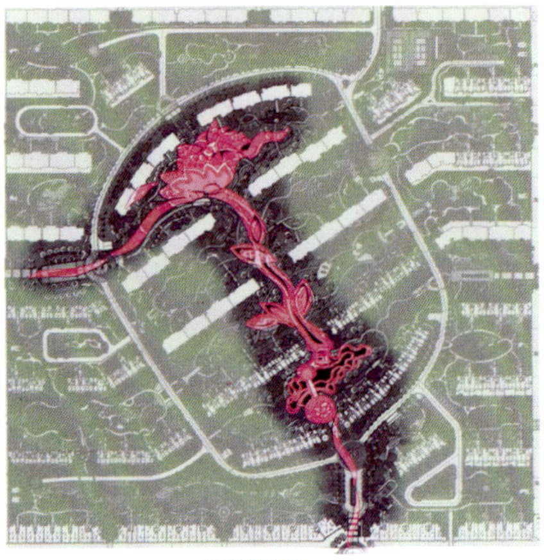
概念演变及结合地形

在大自然里，这朵花绽放得如此绚丽、如此灿烂，不禁令人为之心动。它尽情地展示着美丽，无论春夏秋冬，生怕连季节都错过。这朵生命之花，启发了我们的灵感，由此本项目的设计理念精髓——"花之蕊"应运而生。它作为设计主轴线，自由活泼，充满活力和生气，统一全园景观；衍生出的茎叶和果实，形成了纵横交错而脉络清晰的景观网，向周围渗透蔓延开来。

最终成果

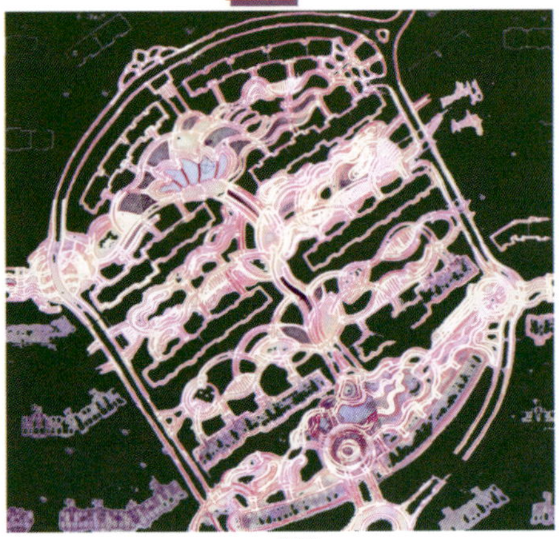
展开设计

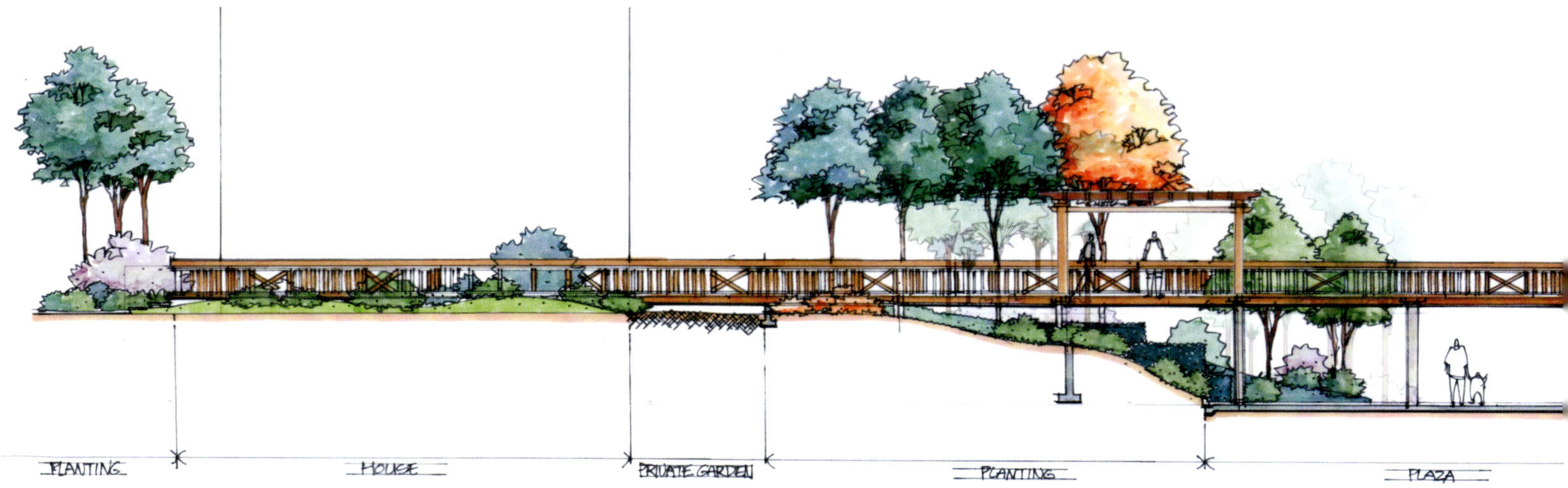

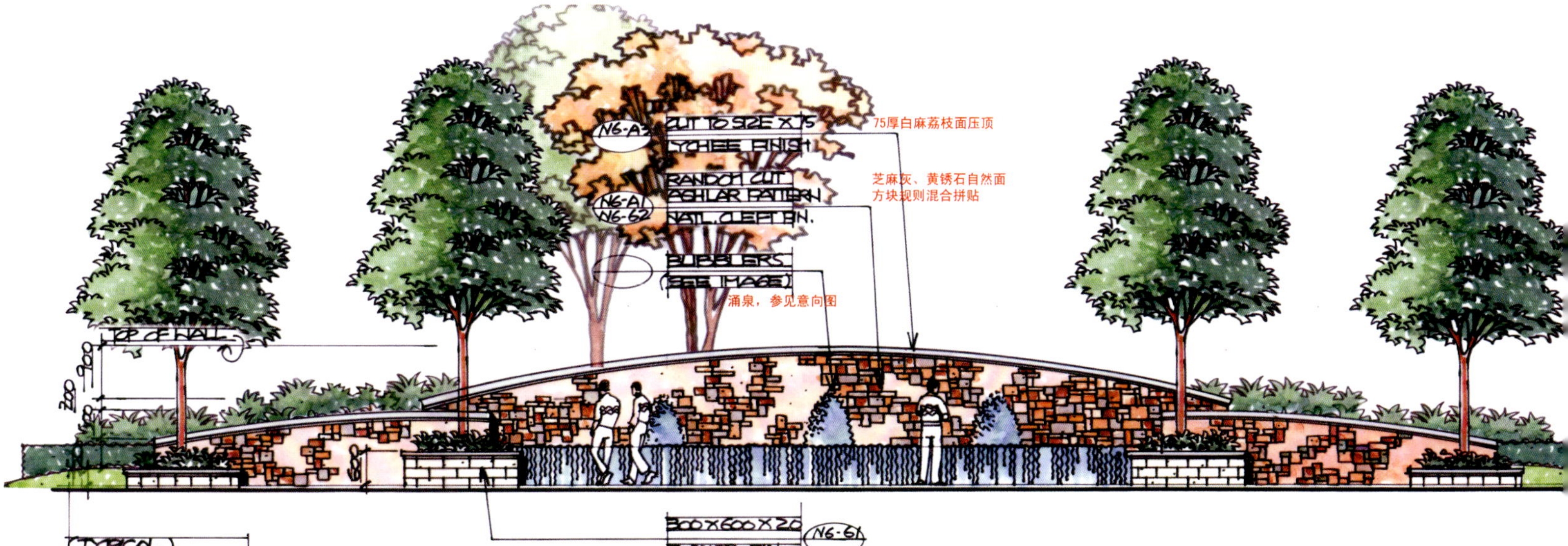

(TYPICAL)
ELEVATION
SCALE 1:50
水景墙立面 1：50

LANDSCAPE SECTION-02
SCALE 1:75

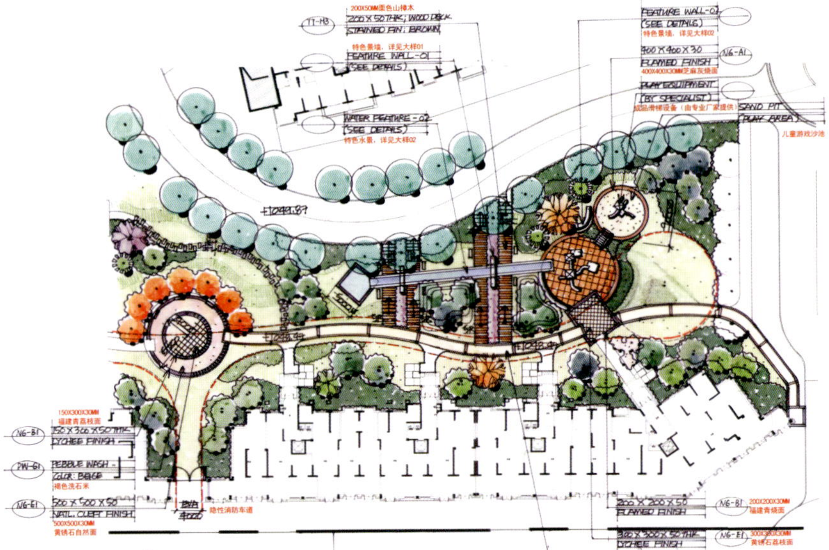

PART PLAN-08
SCALE 1:250
分区平面一08 1：250

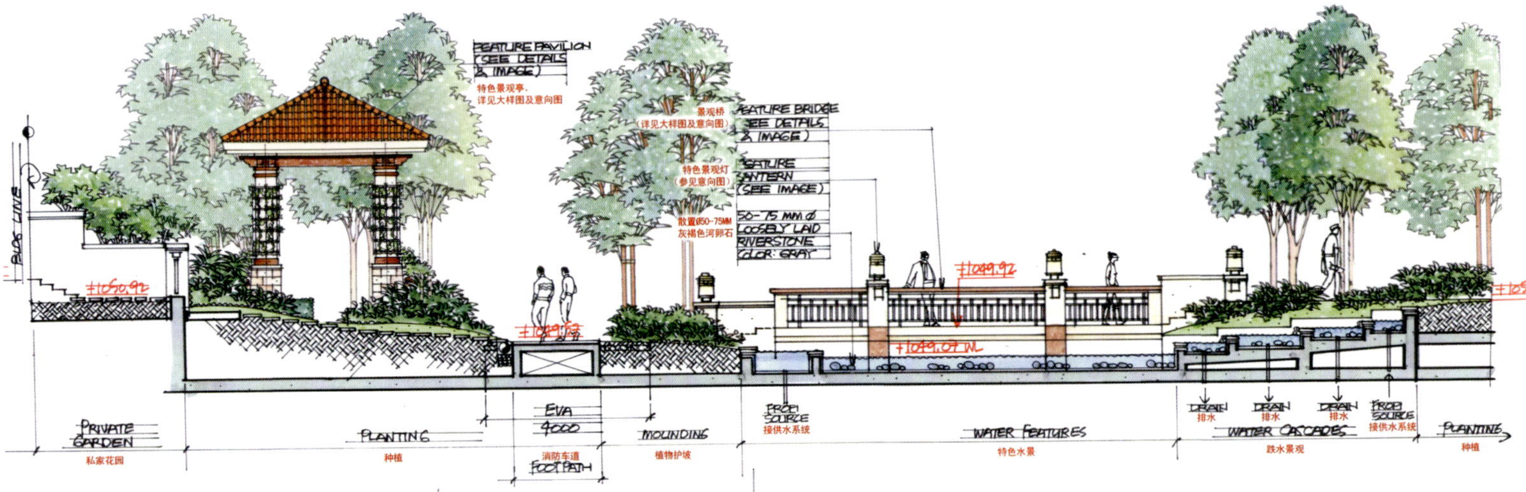

LANDSCAPE SECTION-01
SCALE 1:50
景观剖面一01 1：50

LANDSCAPE SECTION-06
SCALE 1:50
儿童欢乐天地剖面一06 1：50

北京市方庄小区

项目资料：
项目地址：北京市
委托方：北京正江房地产开发有限公司
设计单位：北京澳斯派克景观规划设计顾问有限公司
主要设计人员：李伦 刘喆 王志旺 马珂

1. 主入口
2. 次入口
3. 中央台雕塑
4. 植物群落
5. 溪谷水系
6. 林阴大道
7. 景观长廊
8. 景墙
9. 跌水
10. 汀步
11. 木平台
12. 合欢广场
13. 樱花广场
14. 儿童活动场
15. 休闲广场
16. 停车场
17. 人防出口
18. 地下车库出入口
19. 自行车停车场
20. 消防回车场

北京方庄小区总平面图

项目说明：

融合性

小区景观不论是从功能的连续性考虑，还是从感观的结构方面考虑，都能巧妙地结合在一起，弧形驳岸道路的设计解决了从人工的林阴大道休闲区到自然的香草溪谷区之间的合理过渡。

特色性

具有异域风情的香草溪谷景观区是整个小区景观设计的核心和最大的特色之处。人们置身其中，体验异国情调，体会自然气息，有如世外桃源般陶冶情操。

整个小区景观以山、水、植物为主要的景观元素，合理巧妙地有机结合，形成简约、自然的景观风格，与小区建筑共同构成极具特色的"新自然时代"景观。

南京市苏宁银河·天启花园

项目资料：
项目地址：江苏省南京市
建筑用地面积：约2.4万平方米
总建筑面积：约8.3万平方米（含地下）
绿化率：45%
委托方：南京银河房地产开发有限公司
设计单位：广州市太合景观设计有限公司

项目说明：

一、设计理念

项目位于南京市鼓楼区清凉门大街与湛江路交界处，南临凤凰西街。景观设计以现代景观空间“游”的设计构想为主轴，运用中国现代园林之秀，运用虚实相应的造园技巧，将景观绿地营造成可“居”、可“游”、可“休闲”的优雅环境。

二、设计原则

简洁、时尚、富有现代感。整个设计以现代风格为主，采用大量简洁、明快的景观元素来构成整个设计，平面构图上以直线和几何曲线结合，以体现整个小区的灵活性和趣味性。立面构成上以高差变化来构成不同空间的划分，同时结合树木、景墙、雕塑、喷泉等竖向变化来丰富整体景观并营造出人与自然和谐相融的环境。

三、功能分区

整个小区分为三大区——区内景观区、区外休闲区、商业休闲区，六小功能区——中心湖景区、休闲活动区、儿童游乐区、健身活动区、特色铺装广场区、自然植被绿化区。

1. 区外休闲区是一块附属绿地，既是小区绿地的延伸，又是小区景观功能的补充，该小区以休闲运动为主，是适合不同年龄层次活动的场所，设置了一些庭阴树池、石条座凳、健身设施和健身步道、汀步等。迎合儿童好动、活泼的天性，我们在中间设置了儿童游乐区。里面有儿童冒险游戏沙坑、拼装天地、滑梯等设施，营造一个自然、休闲、阳光、运动的活动景观。

2. 小区的东边是沿街商业休闲区，也是整个小区唯一的商业部分，与整个小区景观遥相呼应，一组组的树阵行道树形成笔直的商业景观带，区内还设置了景观灯柱、休闲座凳，并结合几何构图特色铺装。整个商业街以冷色调为主，适当地加入了一些暖色调，形成简洁、清雅、颇具现代气息并富有浓烈的商业氛围的景观区。

3. 区内景观区采用比较现代的造园手法，体现出生态、经济、休闲的特点，使整个区内景观与区外景观既互相区别，又密不可分。中心湖景区是整个小区的高潮设计部分，兼顾了其中的休闲性和娱乐性，通过色彩，质地、光泽等的对比，突出了中心湖景区自己的特色。同时中心湖景区又充分考虑了其安全性和生态性，例如在湖景区的西南边设置了浅水戏水池，20厘米深的浅水区很适合儿童戏水娱乐。水面上翠绿的睡莲和那含苞欲放的花蕾，再加上水中蓝蓝的天空倒影、空中飞舞的蝴蝶，构成了一幅生动而有趣味的画面。沿着中心湖景区的周围分别设置了自然植被绿化区、特色铺装广场区和休闲活动区等。休闲活动区根据用地状况塑造不同的休闲空间，设置一些最为接近用户生活空间的特色花架，亲水木平台、几个自然的条石座凳和庭阴树池。有清新流畅的自然式跌水，绿阴下休闲趣味的汀步，青青绿绿的草坪，休闲美观的自然式小草丘，还有那集中表演场地，无不体现大自然的景观并且满足了居民们的邻里交流的所需。

四、总结

整个小区的设计既延续了以往的小区设计的传统思路，又实现了一种崭新的居住概念，创造出一种独特的社区生活新模式。

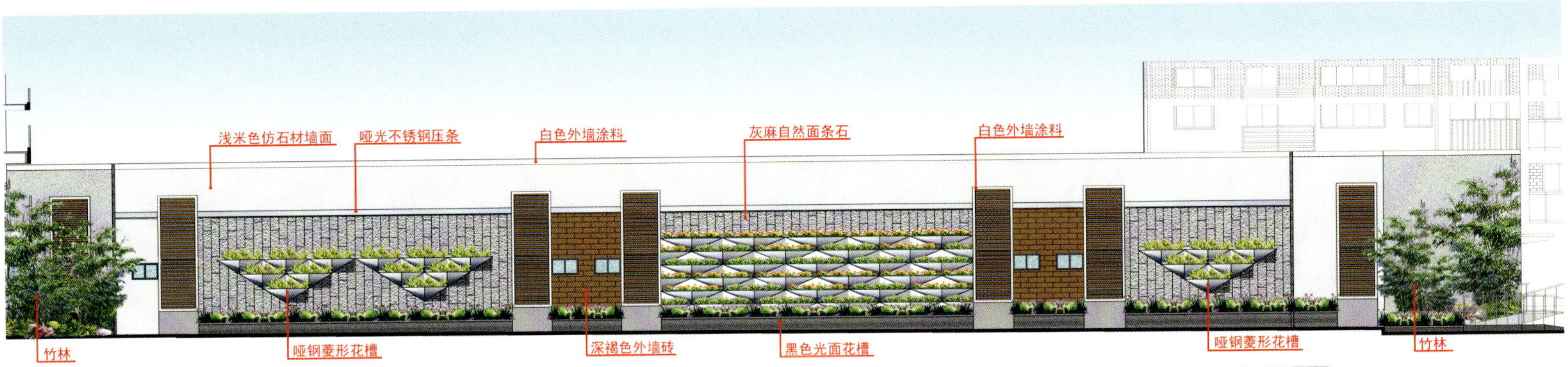

指示图

示意图

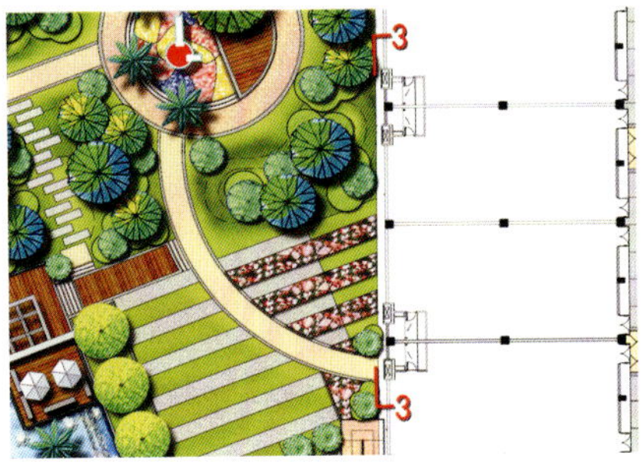

索引图

围墙方案一

围墙方案二

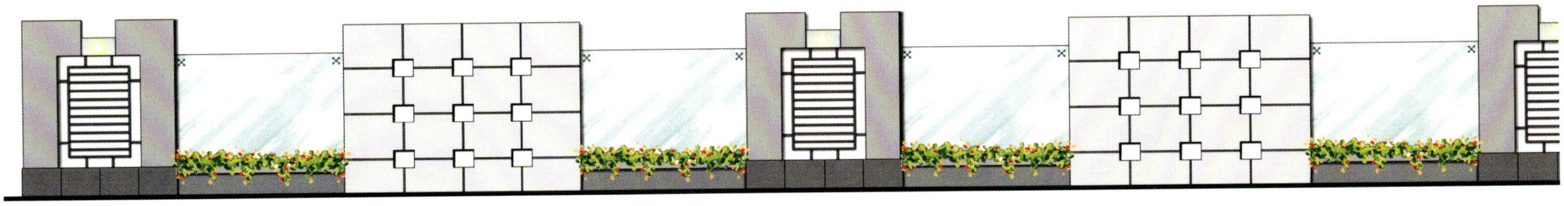

围墙方案三

指示图

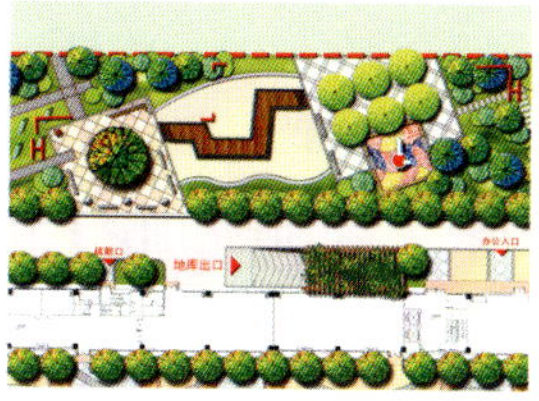

索引图

指示图

指示图

索引图

指示图

指示图

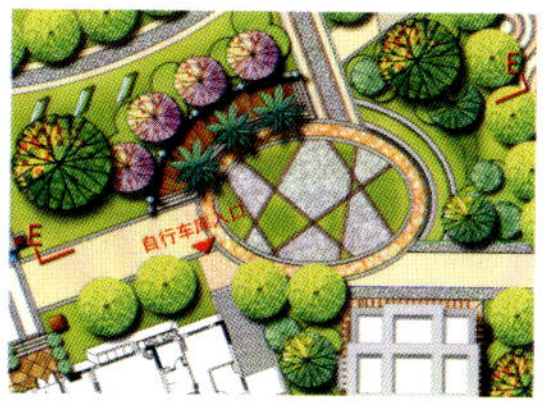

索引图

指示图

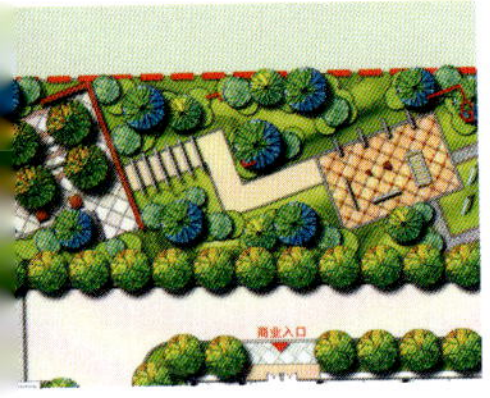

索
引
图

指
示
图

索
引
图

索
引
图

指
示
图

索
引
图

索
引
图

指
示
图

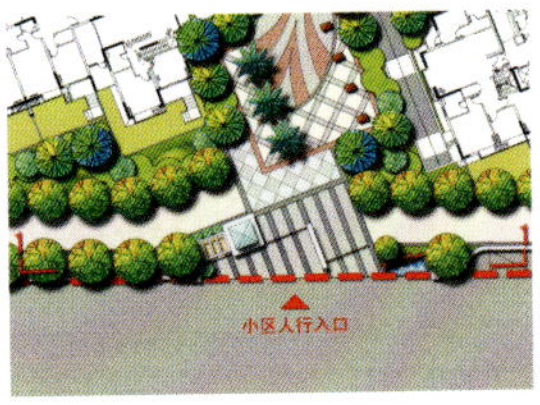

索
引
图

指示图

指示图

长春市长影世纪村电影主题社区

项目资料：
项目地址：吉林省长春市
占地面积：4.4万平方米
设计面积：约2.5万平方米
委托方：长春科信房地产开发有限公司
设计单位：英国宝佳丰(BJF PLAN)景观规划设计有限公司

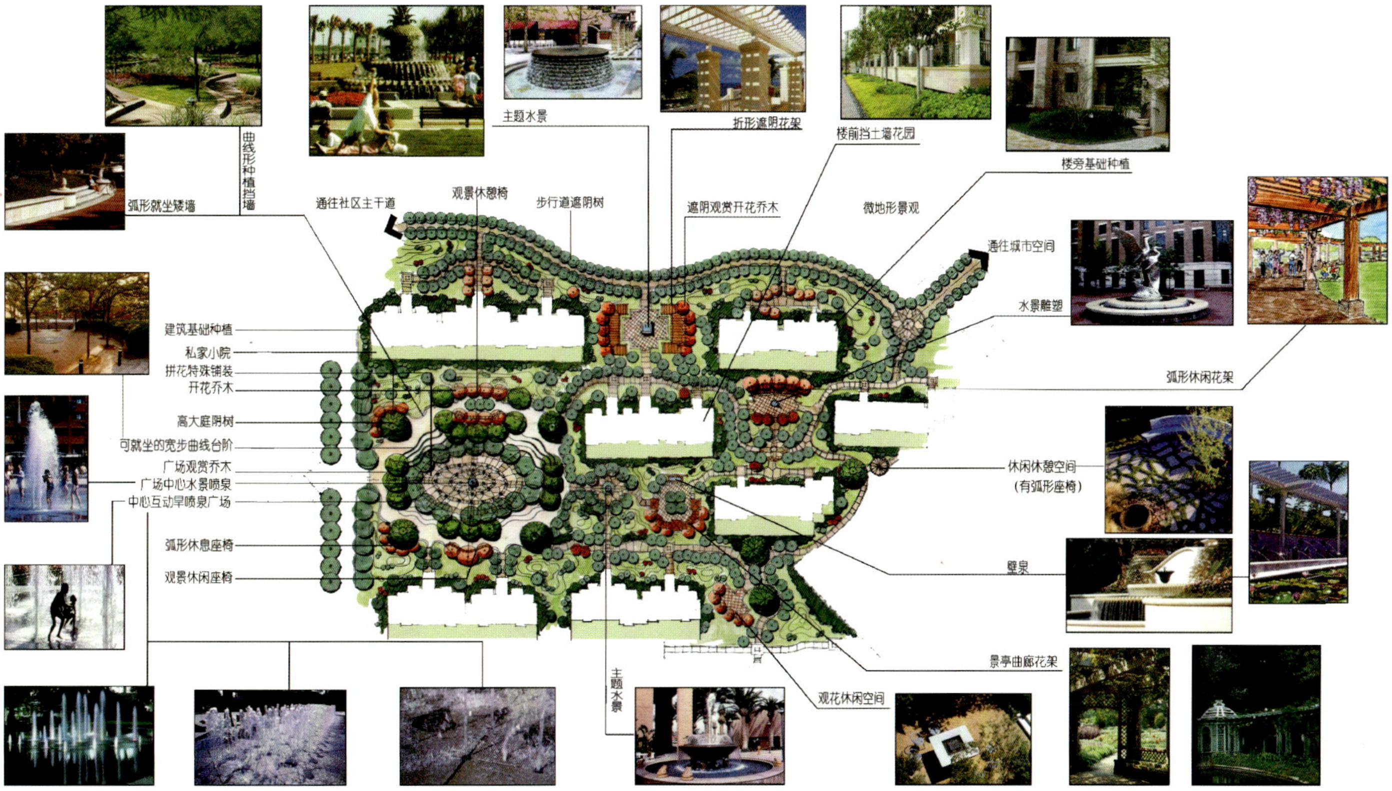

剖立面图一

项目说明：

本项目位于长春市繁华地区，西北侧邻近四十五中学，东北侧为长影老住宅楼，西侧邻近长影制片厂，南侧为长影世纪村三期项目。四期项目总占地面积4.4万平方米，其中景观面积约2.5万平方米。区域原有地势起伏较大，东、西两侧树木较多。园区景观设计依据建筑总平面规划设计。

整个项目的设计围绕电影主题线索逐渐展开，赋予园区浓厚的电影文化氛围，设计有电影墙、电影人物雕塑等。

车行道
7000
绿化带
2500
人行道
2500
跌水壁泉
5500
休闲广场
20000
雕塑空间
15000
花坛
3500
步行道
2500

剖立面二

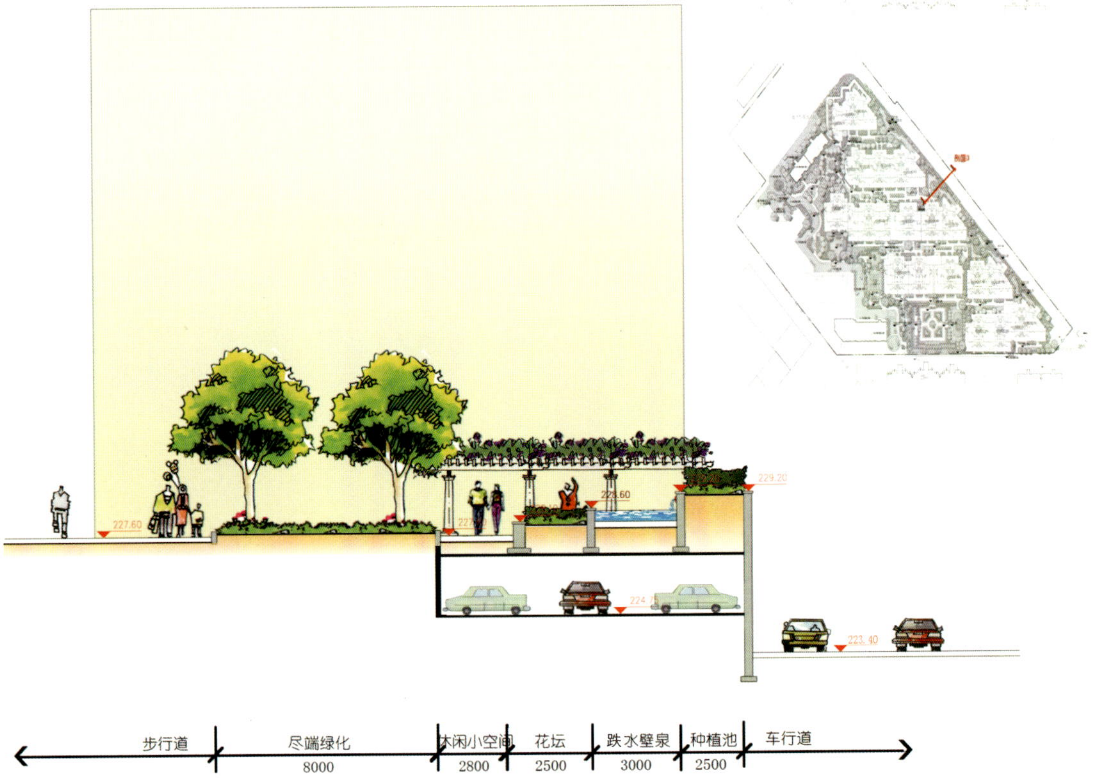
227.60
229.20
223.40
步行道
尽端绿化
8000
休闲小空间
2800
花坛
2500
跌水壁泉
3000
种植池
2500
车行道

剖面图3

伊丽莎白·泰勒
凯瑟琳·赫本

南宁市天健世纪花园

项目资料：
项目地址：广西南宁市
占地面积：3.8公顷
委托方：南宁市天健房地产开发有限公司
设计单位：加拿大赛瑞（CSC）设计顾问公司

项目说明：

高层住宅是传统邻里关系的现代版本，依赖于现代技术手段，使传统的邻里关系有了新的突破，形成一个垂直的城镇规划理念，使得所有的居民拥有更好的视野、景观、光线、微风。本项目建筑里引入空中廊道、屋顶花园、底层集中商业等设计，大大提升了项目本身的卖点。

本项目竖向建筑空间立体化、层次化，分为地面景观、平台花园和架空层三个层次，为创造丰富的景观空间提供了良好的基础。

基地现状

机遇：

天健世纪花园项目距离市中心很近，交通十分便捷，周边社区环境较为成熟，居住氛围浓厚，生活配套设施齐全。丰富的资源、完善的配套设施、良好的人文环境、世人所瞩目的发展前景承载了整个区域住宅市场和商业发展的希望。

挑战：

建筑密度较高，园林景观面积分布较为集中，如何让更多的住户享受到最大的景观资源，将社区内立体的景观空间有机串联、整合，使园区景观面积最大化、社区功能合理划分，成为本次景观设计的重点。如何使每一寸土地都发挥它存在的价值和意义，使开发商在建立优良社区的同时，得到最大的价值回报，成为本案的最大挑战。

项目风格定位：新热带风格

南宁地处北回归线以南，属亚热带季风气候，阳光充足，雨量充沛，气候温和。一年四季花常开、树常绿，绿在城中、城在绿中，享有“中国绿城”的美誉。这样的气候，适合很多热带特色植物的生长，营造新热带风格就有了坚实的基础。

南宁天健世纪花园建筑设计以现代风格为主调，为了与建筑协调形成统一的空间效果，景观也宜以现代风格为主，但考虑到项目以居住为主，并且希望拥有自身独特的形象，就应该在现代风格的基础上有所细分，找出个性化卖点，形成差异化优势。结合考虑南宁城市特色及周边环境现状，植被丰富、视觉效果突出的新热带风格是本项目园林景观的最佳选择。

优势：简洁明快，现代感，不失文化内涵；色彩丰富，提炼后的浓烈热带风情极具感染力；细部考究，融合地域特色，流露恋乡情结；个性品味，提升楼盘档次，竞争力强。

设计构思

绿阴中盛开的扶桑花

扶桑花，南宁市花，外表热情豪放，同时也是热带度假天堂夏威夷的州花，看到扶桑花就会令人想起碧海蓝天、洁白的沙滩和腰挂草裙的南国美女。

本项目地处南宁旧城区，通过景观塑造，使天健世纪花园从周边环境脱颖而出。同时，本项目的景观与外界由绿树浓阴隔离，而其本身正如一朵盛开的扶桑花，从灰色的背景中跳跃出来。为了烘托这个主题，引入抽象的海浪、静谧的泳池、宽大的木平台、浓密的植被，营造热带休闲度假的氛围。而扶桑花则以抽象图案的形式出现在众多景观元素中，形成本项目最具特色的亮点。

关键词：

抽象花语、和谐、美好、生态

取“花香”“花色”“花形”寓意美好和自然的生活。

“饮酒半酣正好，花开半时偏妍。”

它表达了一种和谐的生活状态，并寓意着天健世纪花园的生活哲学：不事张扬、豁达和平。

抽象的扶桑花的形态，与景观设计完美结合，表达了生态、和谐、共荣的优质生活理念。

设计重点

一、项目分A、B、C地块，要更有效地实现园景共享，我们认为有如下措施：

1. 强化地块之间的连接，包括功能与景观方面。地块外围的景观应统一设计，包括建筑立面、铺装、行道树、小品、灯具等，使三个地块以一个整体形象表现出来。其次强化地块结合处设计，如景观大道与天桥。将景观大道设计为一条联系两个地块的纽带，三者之间的关系是密不可分的。地块之间有联系功能的元素应增强其可达性及景观效应，让住户来到这里很方便，同时还有很美的视觉享受。

2. 保证园区之间的视觉走廊，强化视线引导。园区内应少设高大构筑物，大乔木的分布也应照顾视觉走廊的通透并在视线转折处设景观焦点，引导视线。

3. 园区一体化管理，增强园区通达性。应该让住户感觉每个地块只是大社区中的不同功能分区。

二、由于本项目竖向建筑空间立体化、层次化，分为地面景观、平台花园和架空花园三个层次，因此在景观设计时我们综合考虑各个层次景观的协调互补。

地面景区中心景观（即集中在B、C地块的两个中心景观区域），主要设计观赏性景观，并针对高层项目，设计了图案感强、形态优美的中心景观，即使是住在顶层的居民，也能清晰观赏到社区的景观。B区主要视觉焦点为景观泳池，观赏与使用功能完美结合。池底图案设计为抽象的扶桑花花纹，不但美观而且符合整个方案的设计主题。C区中心景观结合采光井，用剪形灌木围合，整体形成花朵的样式，极具观赏性。乐溪的设计使景观体验多样化，升华了景观空间的意境。对C区景观设计考虑了无水时的观赏效果，使设计具有了更高的观赏和使用价值。

N
0 10 30 50M
图例:
LEGEND
1 入口广场 Entry Plaza
2 艺术景墙 Feature Wall
3 滨水平台 Waterside Deck
4 游泳池 Swimming Pool
5 下沉镜面水广场 Sunken Plaza
6 砾乐溪 Feature Creek
7 彩练之丘 Open Lawn
8 观景木平台 Wooden Deck
9 特色园路 Feature Path
10 住宅入口 Building Entry
11 旺金源步行街 Commercial Street
12 入口大台阶 Entry Steps
13 观景木平台 Wooden Deck
14 砾石径 Natural Stone Path
15 景观树阵 Couple of Trees
16 溢香池 Feature Lake
17 台地园 Plantfall Garden
18 特色园路 Feature Path
19 特色铺装 Feature Paving
20 棕榈树阵 Feature Trees

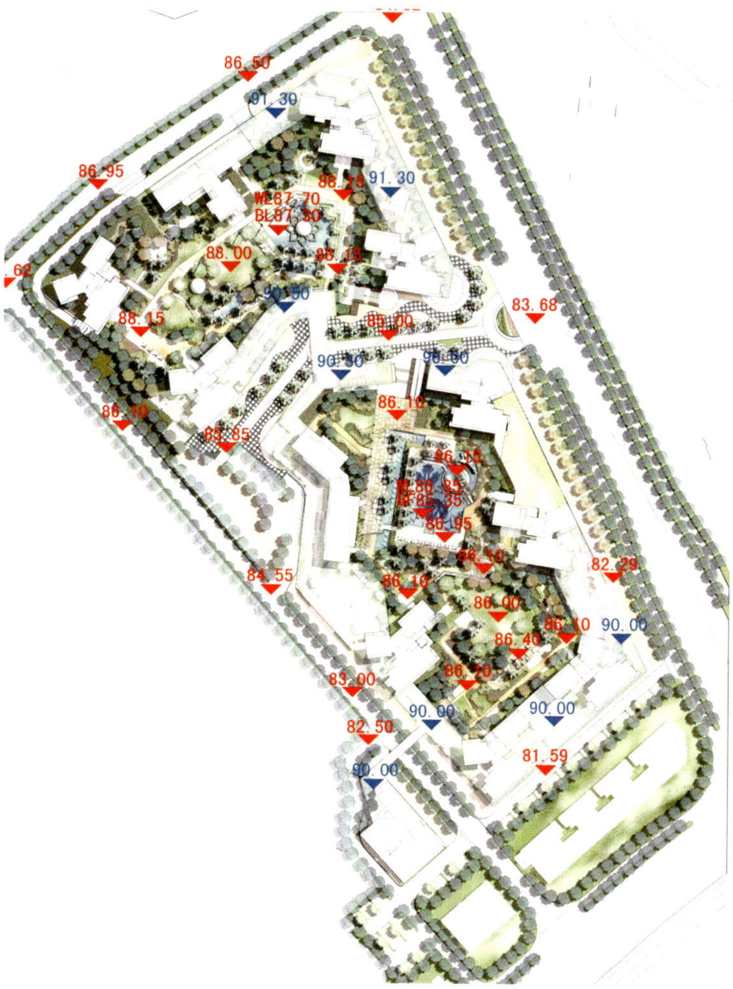

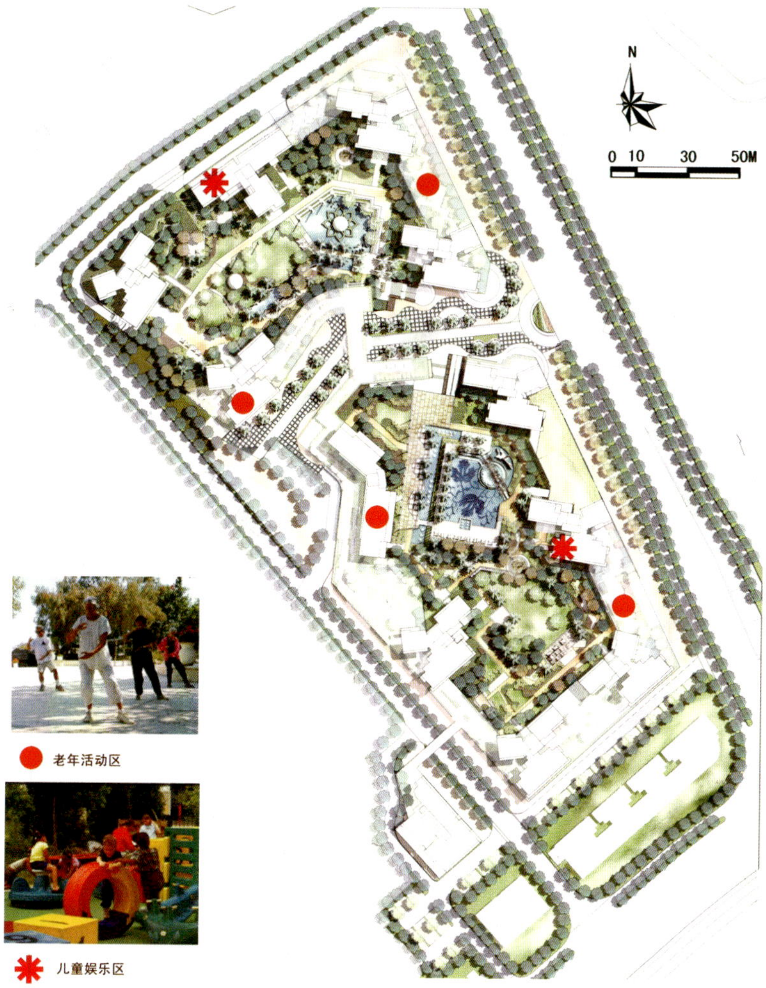

老年活动区

儿童娱乐区

交通流线分析图

消防分析图

景观结构分析图

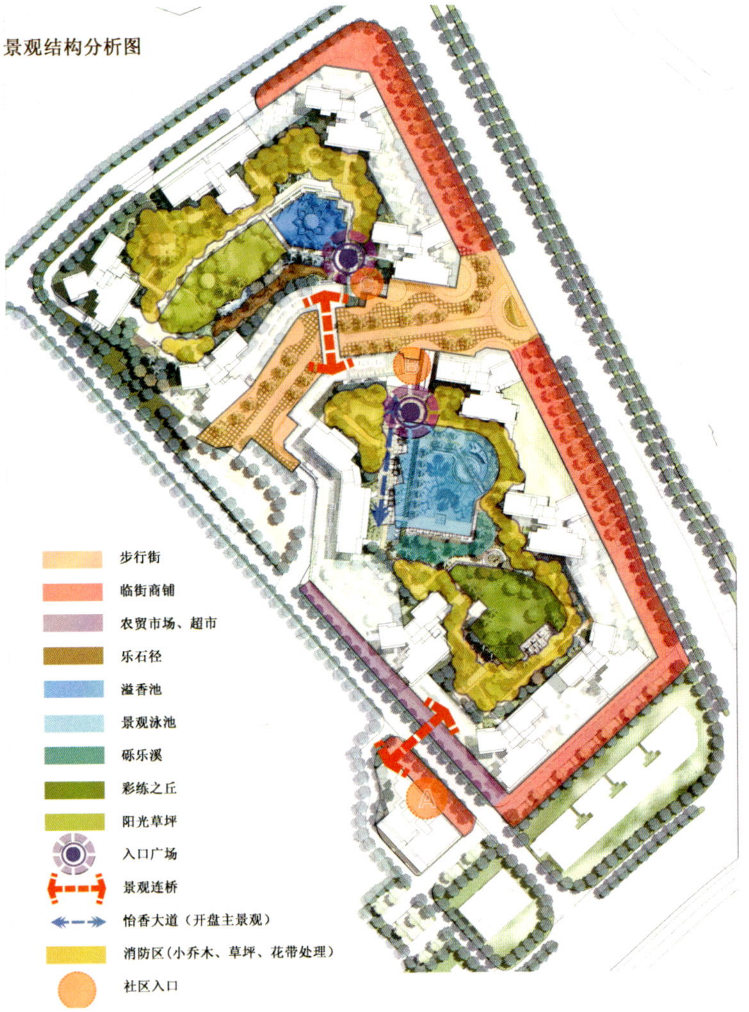

社区功能分析图

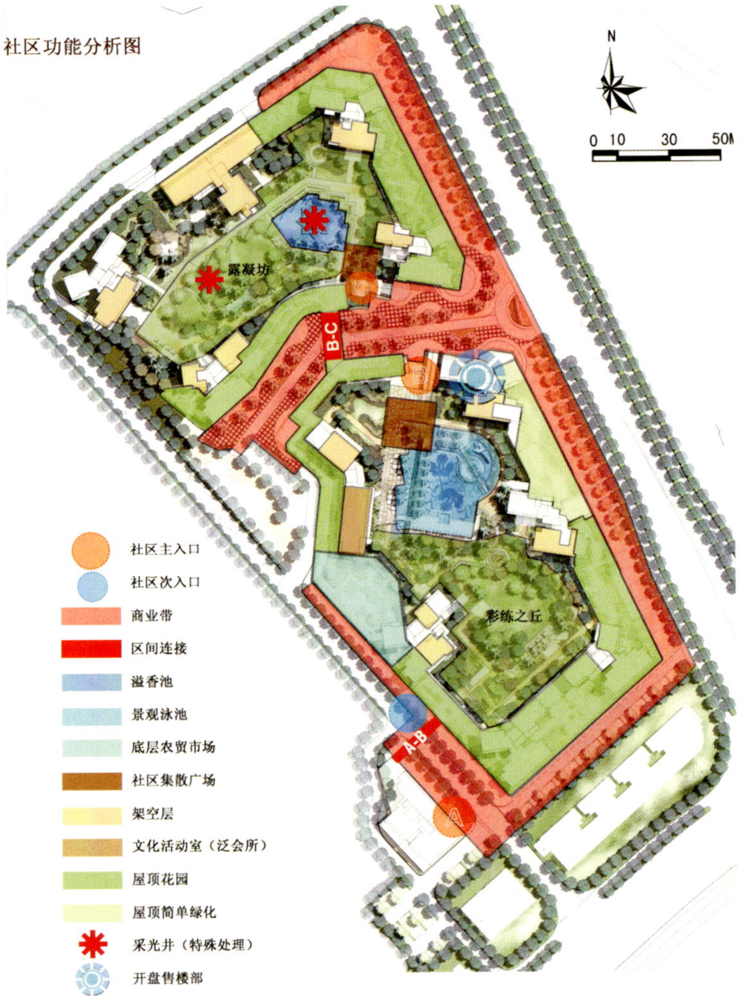

观景视线分析图

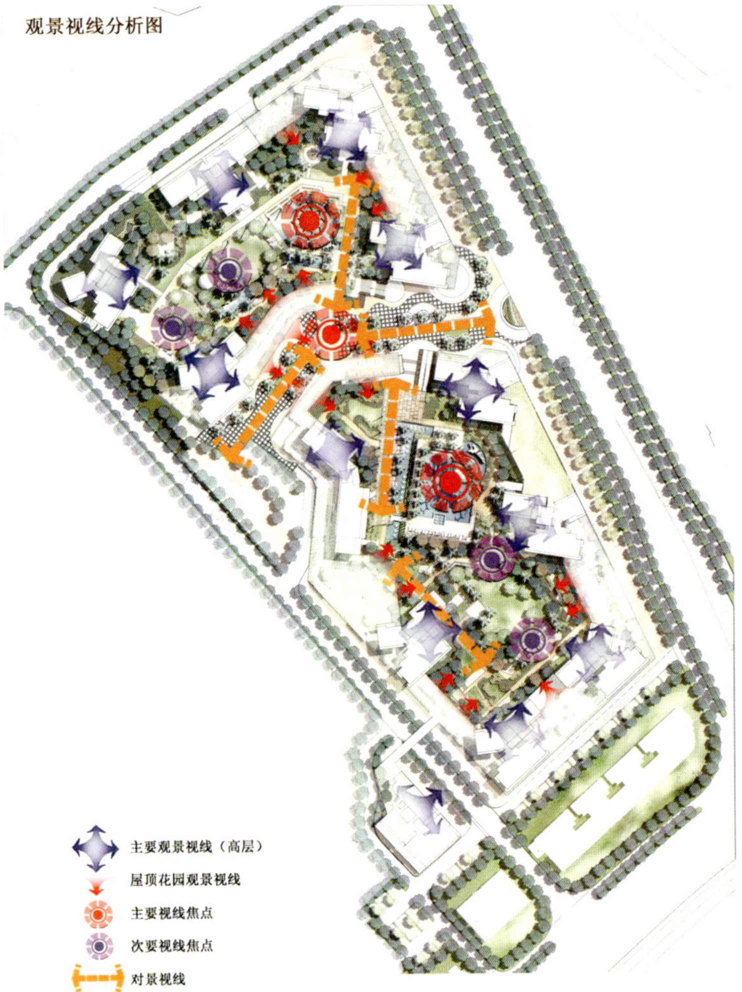

社区管理分析图

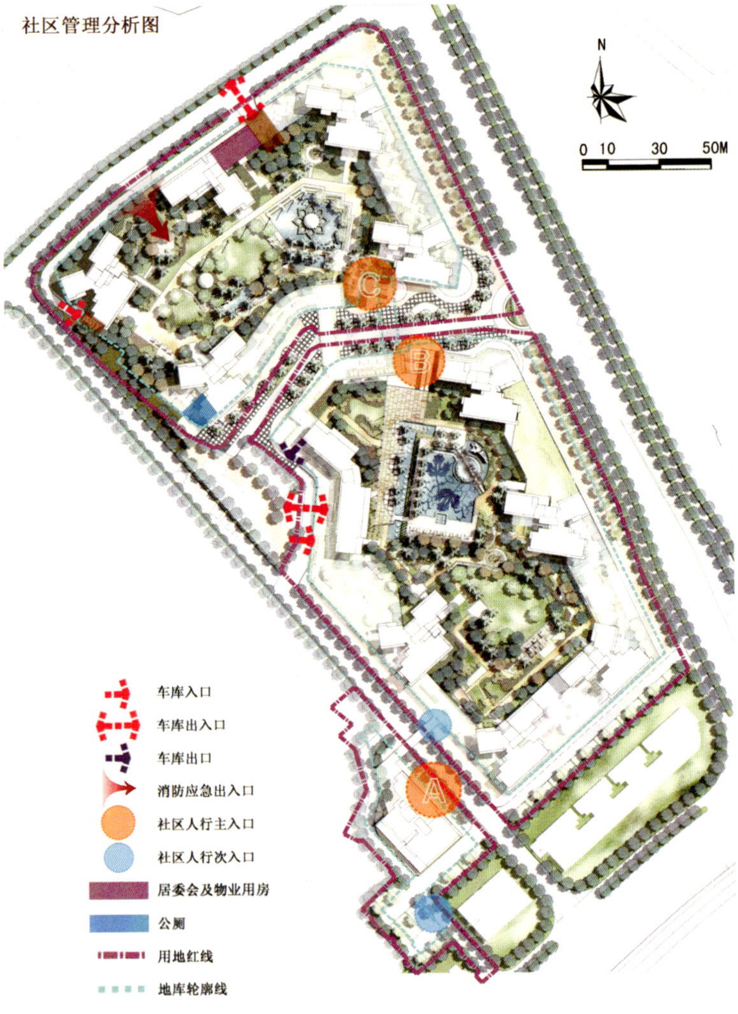

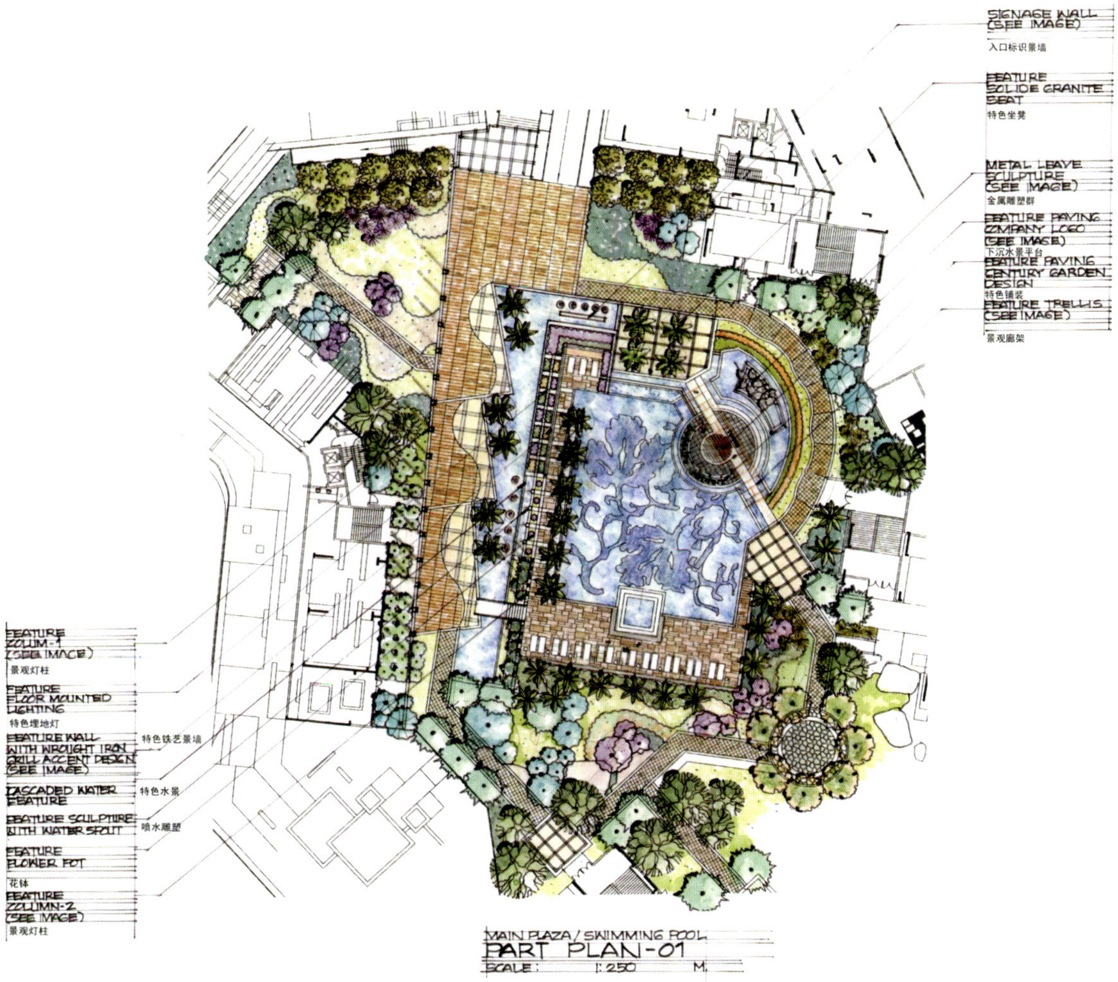

平台花园：平台花园的设计中，我们发挥了新热带风格的想象空间，通过不同的景观元素，打造不同的功能空间，为不同的人群提供各自的休闲场所。

架空花园：由于本案建筑密度较高，园林面积较为有限，所以中心景观主要设计观赏性景观。本案的架空层面积较多，因地制宜，把社区功能大多布置在架空层。架空层的功能设置也针对不同人群，提供不同运动、休闲、娱乐设施，使设计真正做到以人为本。架空层景观是居民回家的必经之路，所以在对架空层的设计上，使用了中档用料。在景观设计中通过优美且低造价的绿化软景，平衡此部分的造价开支。

各级平台的结构高差大，对于分级景观的处理，采用了立面装饰、绿化软景遮挡等手法，对不良观景视线实施了有效的措施，并把不良景观因素变为了合理的景观对景，力求设计细节达到完美。

三、要达到上面所述设计效果，需要从以下几个方面着手：

1. 主题创意

要使设计有个性、视觉冲击力强，必须要有一个不同于其他项目的主题创意，并将其作为设计的灵魂，自始至终都围绕主题进行设计表达。

2. 空间结构

必须结合项目规划、建筑特点，营造层次丰富、秩序感强、尺度宜人、结构清晰的景观架构，这是整个设计的基础，在本项目中是以打造层层递进的四重景观空间为目标。

3. 细部做法

有了大的格局之后，需要对每个细部节点精心推敲，包括尺度、材料、颜色、做法等，做出赏心悦目的设计。

4. 软景配置

植物景观应与硬质景观相协调，共同营造宜人空间。大乔木应与建筑、构筑物、人流聚集点的位置协调，弱化高大建筑对人的压迫感，同时也可少量出现在草坪上成为景观焦点。

M.08.12.

四、架空层设计

架空层设计应将主题创意与建筑平面相结合，延伸出更多的分主题，分主题再与功能相结合，这样便兼顾了景观与功能。如本项目便结合休闲、运动、娱乐，衍生出如下分主题：儿童天地、老年之家、瑜伽会馆。活动场所安排在架空层，既留出了中心绿地作为景观，又方便住户使用，户外活动不受天气影响，居民也可免受日晒雨淋之苦。

五、泛会所的功能设置构想

1. 社区图书室：丰富社区的文化生活。

2. 乒乓球桌的设置：使居民的体育运动多样化。

3. 社区服务部：为社区内的社团活动提供场所，促进社区内居民的沟通，建设和谐、生态、生活趣味浓厚的社区提供平台。

六、园景销售展示区

设在从本地块入口至4A幢入口之间的区域。这样既保证了精彩的入口效果，又使售楼处前的景观能得到展示。中心景观应结合泳池设置，泳池则与L形的销售展示区相咬合，这样既能保证销售展示区的独立性，方便提前施工，又使以后会所前景观更加丰富，一举两得，营造出复合的景观。各分区地块入口的景观效果应该是靠建筑、天桥、铺装、小品、绿化等元素复合立体营造的。我们将B、C地块间的景观带统一考虑，设计了个性、整体性、形式感都很强的铺装，使两个入口区相互统一并具有很强的可识别性，同时，天桥、小品、灯具、种植池等元素均围绕主题创意营造立体的景观视觉感受。

七、商业立面效果，天桥景观

本项目建筑空间立体化，商业立面运用屋顶花园的空间背景，作为商业立面的前景，用钢、木等结合建筑设计。灯光设计：打造现代感强，视觉冲击力强的商业氛围。材料：天桥景观设计也是

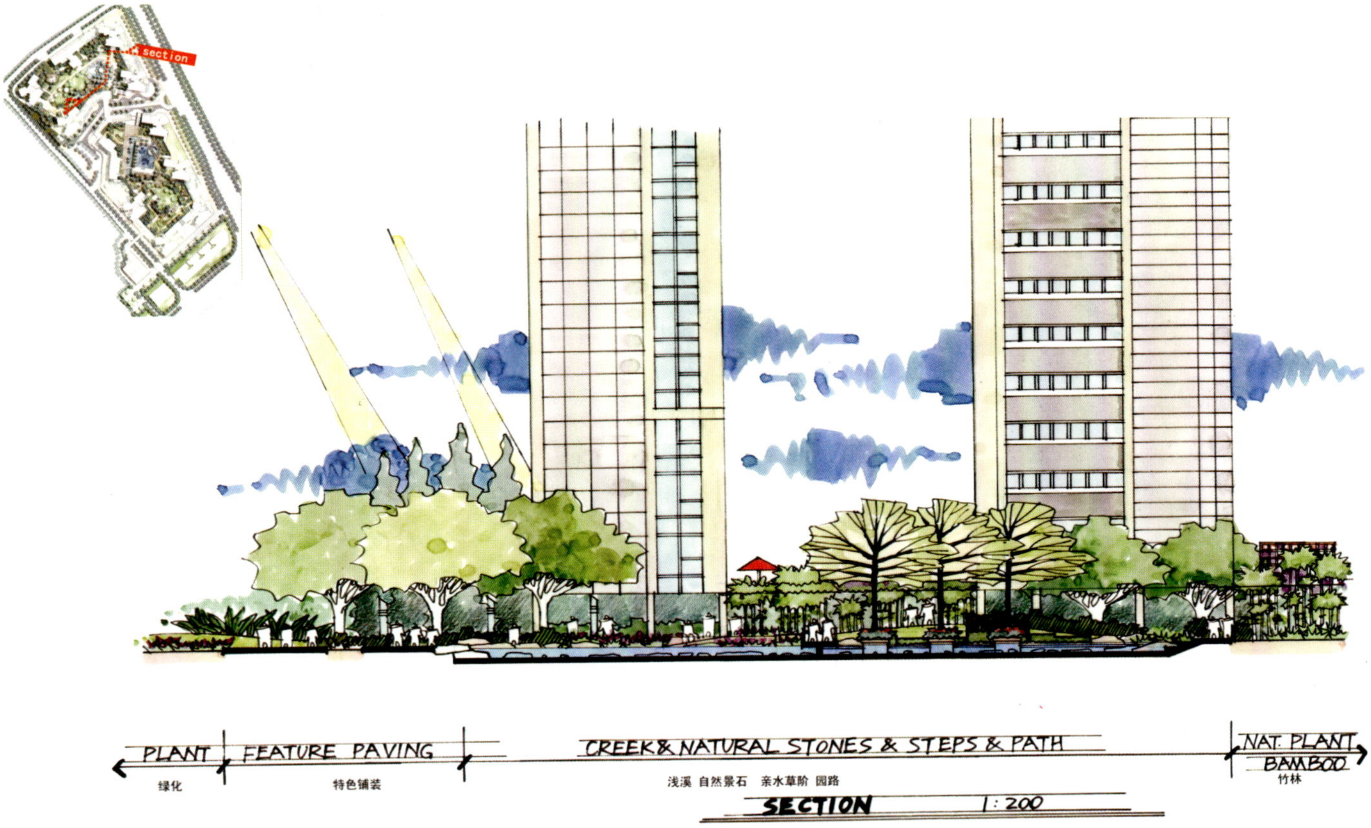

延续主题创意，以镂空的金属板表现“绿阴中盛开的扶桑花”的创意，视觉效果突出，识别性强，与主景融为一体。

八、造价控制

将本项目的分区特征与造价结合，入口、中心景观区景点密集，造价较高，但面积相对较小，而且运用一些空间营造手法，如借景、衬景等，使其感觉并不狭小，同时主动控制水景的面积与做法，使其造价降低。而休闲景观区则以绿化为主，少量水景也是以间歇性溪流为主，降低造价。

九、景观中的新材料、新工艺、新技术，水景以及照明

水景设计：控制了水体面积，并引入了水平台（镜面水与旱喷结合）、跌水墙、水中种植、水中装饰图案等，既可使水景关闭或无水期间拥有较好的效果，又使维护费用降低。

新材料、新技术：陶瓷透水砖环保、美观、无积水、低噪音；沥水储水板环保；雨水排疏、收集

选择现代照明工程中的新灯具、新光源和新材料来充分表达主题，甚至为了主题夜景的特殊要求，科学运用一些新技术，如LED多色彩照明、光纤照明、激光照明以及介质膜滤色片彩色泛光照明。

照明

平常照明：主要以满足夜间人们行走等活动的可视需要。

节日照明：主要以在小区重要景观节点着重突出效果的照明，以烘托节日热闹气氛考虑来设计。

上述照明均在控制上可设计为自动和手动控制。在道路主照明灯具上可以考虑加装光控元件，自动按室外亮度调节灯具开关。

光源：平常照明主要使用高质量的节能灯具，避免因灯具质量低劣，导致后期维护费用增加。节日照明主要以大功率金卤灯营造热闹的总体气氛，局部配以彩色LED灯具营造温馨气氛。

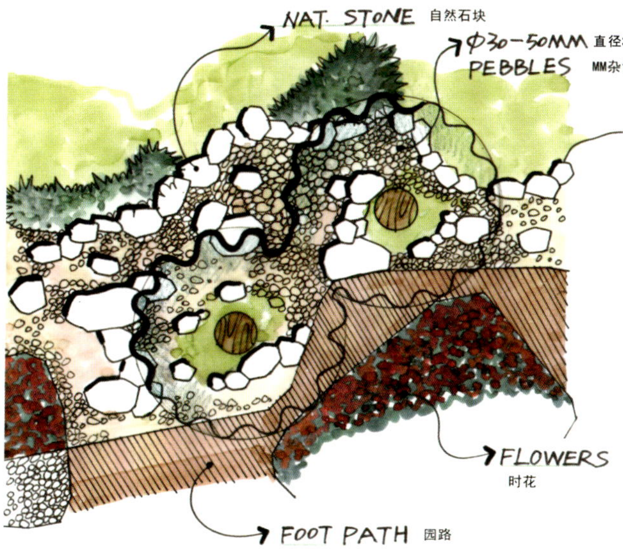

CREEK TYPICAL DETAIL 1:75

将盛开的扶桑花的形态与采光井巧妙结合，这样一朵盛开的扶桑花就静静地掩映在潺潺流水中。没水的时候，我们将生动的花瓣形态运用在池底，也是一幅美丽的画卷。

生态浅溪的设计----没水时，自然景石与色彩缤纷的河卵石，绿色的地被植物掩映着大树庭阴，给人以非常亲切的感受。

PART PLAN 1:150

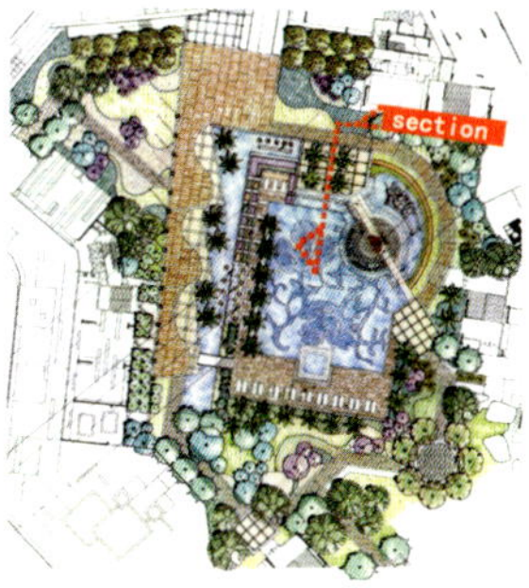

section
景观喷水雕塑 FEATURE SCULPTURE WITH WATERSPOUT (SEE IMAGE)
景观花钵 FEATURE PLANTING POT
铁艺景墙 WROUGHT IRON ACCENT DESIGN (SEE IMAGE)
TYPICAL FLOOR MOUNTED LIGHTING
特色埋地灯
FEATURE COLUMN (SEE IMAGE)
景观雕塑
FEATURE WALL
景墙
WATER FEATURE
跌水景墙
PLANTING
绿化
BRIDGE
栈桥
PLANTING
绿化
FEATURE STEPPED PLANTI
跌级绿化
MAIN PLAZA/SWIMMING POOL
LANDSCAPE SECTION-02
SCALE:

廊坊市霸州胜水小区

项目资料：
项目地址：河北省廊坊市
设计单位：北京TJR唐健人景观设计事务所

STATUS
现状

PLANNING OF THE WATER IN VITRO PROFILE
规划后水体外轮廓

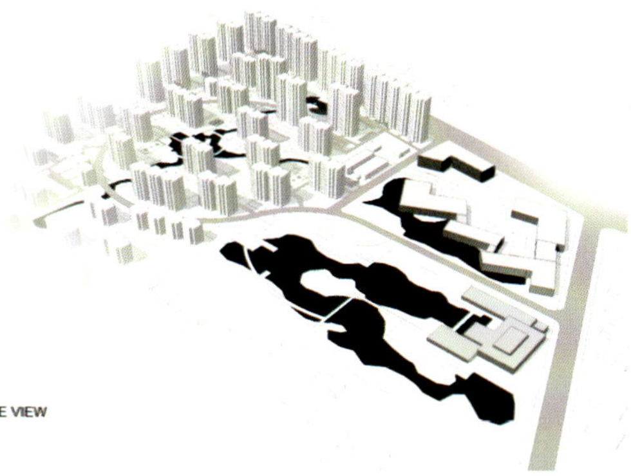

BIRD'S-EYE VIEW
鸟瞰图

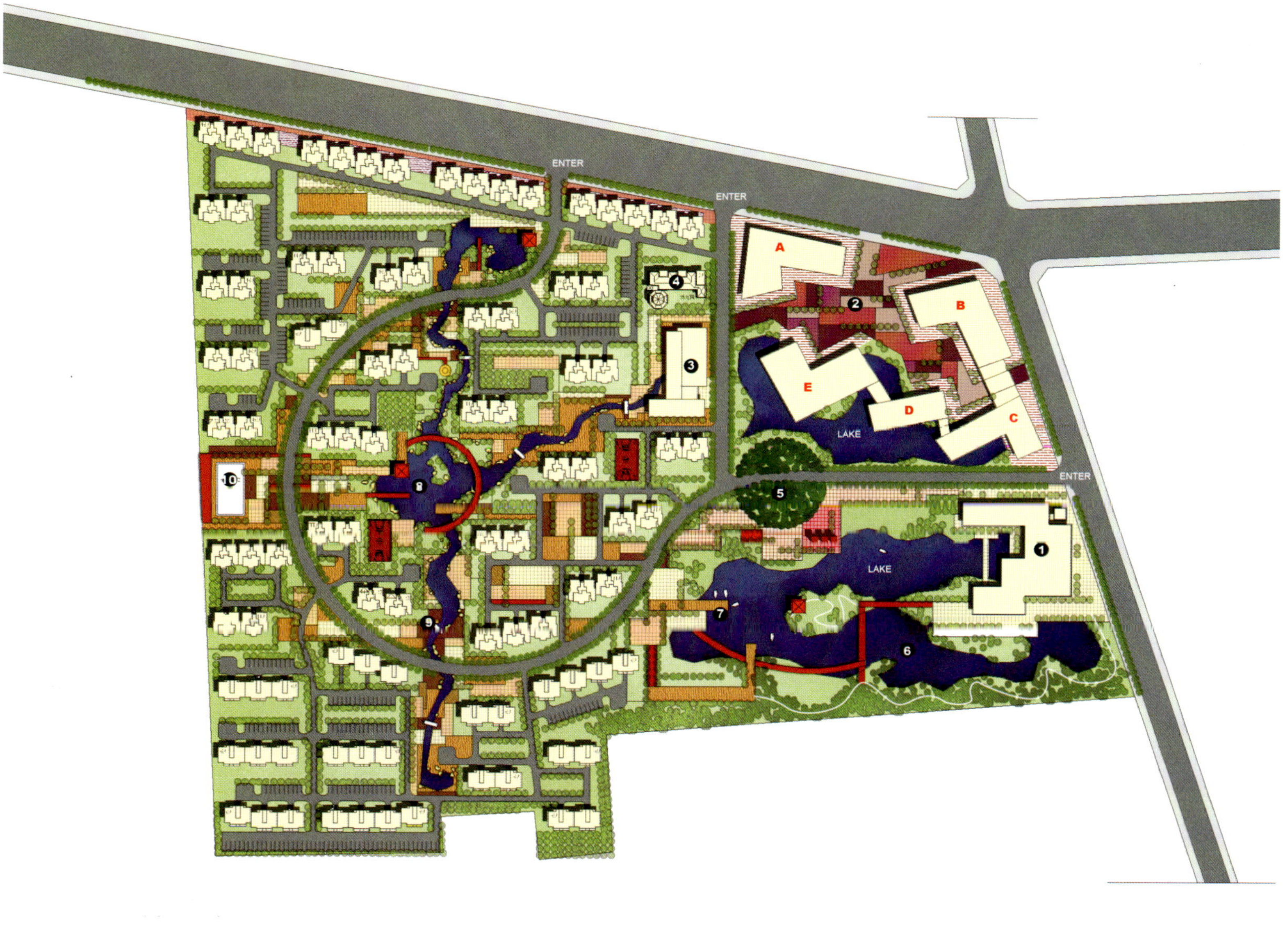

项目说明：

小区位于廊坊霸州市，充分考虑到地域性，以尊重当地的历史文化为前提，引入了当地的特色景观如芦苇、荷花、码头等元素来素造景观，营造一个宜人的居住环境。整体规划框架为两核两轴，两个核心筒、两条轴向。其中，两个核心分别为内聚的核和外散的核；两条轴，一条为视线通廊，一条为景观通廊。通过两核两轴，充分地把整个场地统一起来。

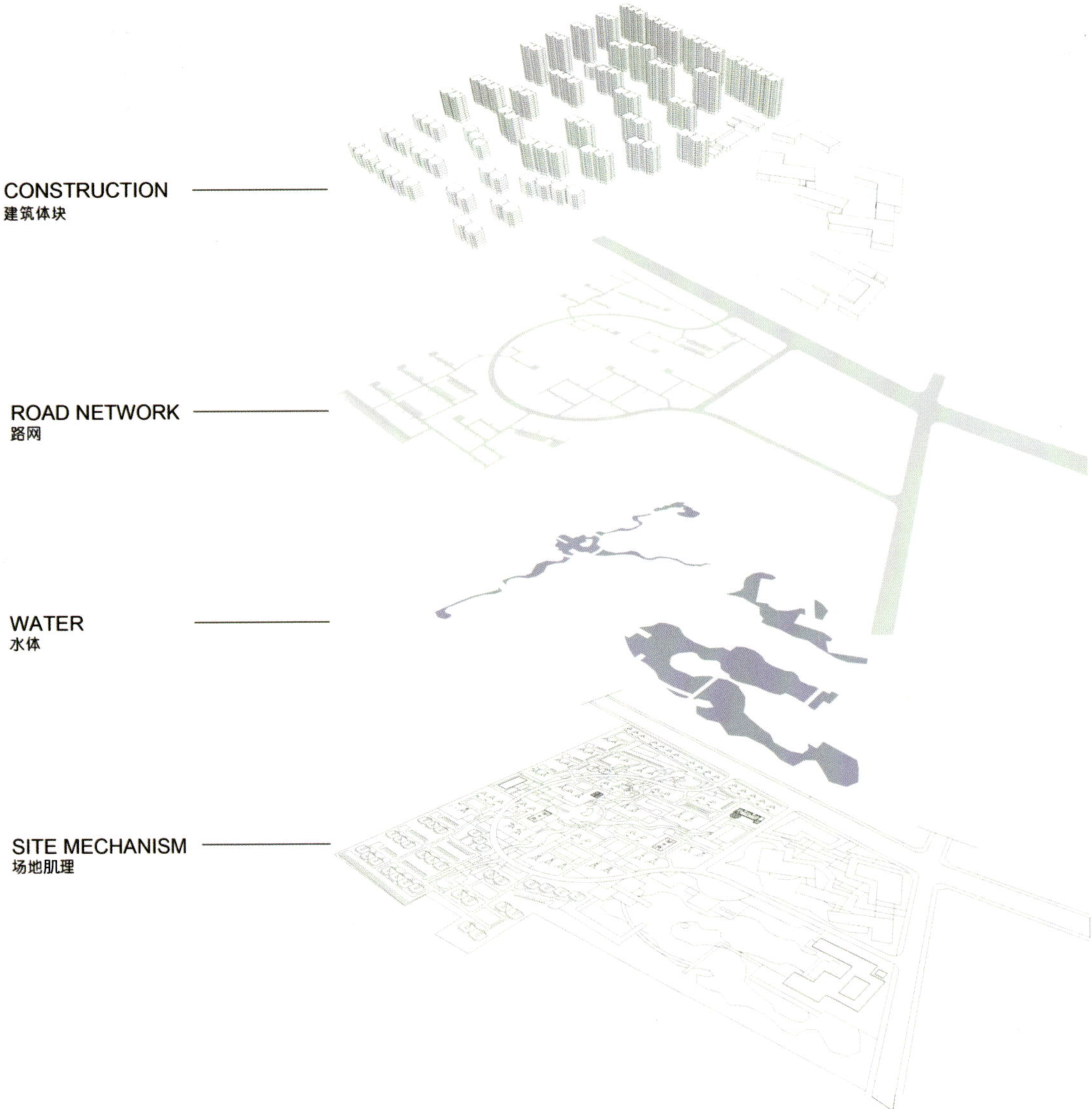

北京市富力桃园

项目资料：
项目地址：北京市海淀区
委托方：北京鸿高置业发展有限公司
设计单位：广州市太合景观设计有限公司
主要设计人员：赵伟强

景点分析图

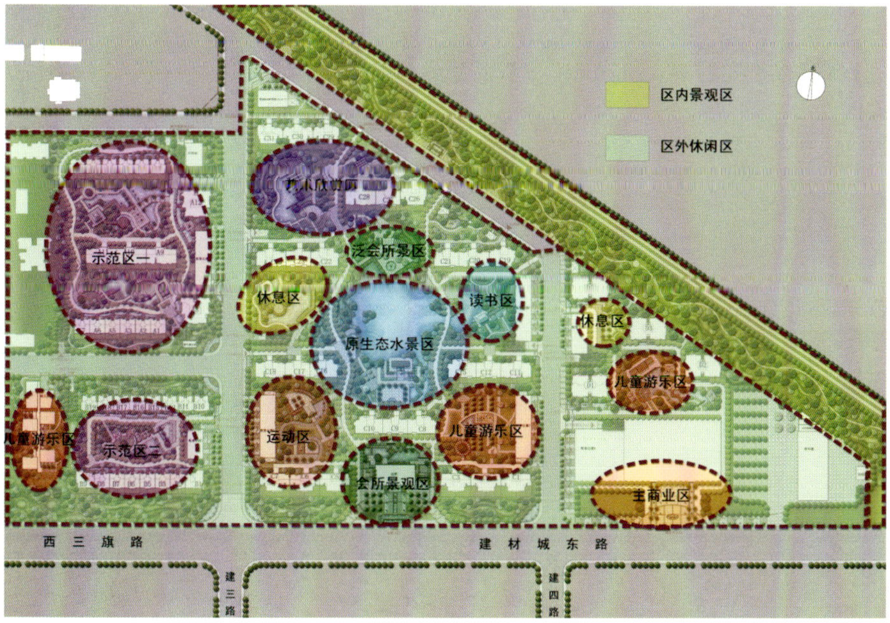

项目说明：

富力桃园位于海淀区西三旗高新建材开发区北侧，西有八达岭高速公路，东北紧邻城铁13号线，规划中的城铁8号线。西三旗区域是一个充满活力的年轻区域，该区域西侧的中关村科技园区汇集了全国最著名、最具权威性的科研院所及大专院校，是令世界瞩目的高度密集地区，被誉为中国的“硅谷”。坐拥1.8平方公里的上地信息产业基地和4平方公里的永丰新技术产业基地，是闻名中外的“中关村电子一条街”的发祥地。南面是大气磅礴的奥林匹克公园。

一、设计理念

该项目景观设计总体上以“现代、人文、艺术、原生”为四大主题，营造了具有现代气息的生态景观环境，体现现代人对原生态景观的追求与渴望，全面提升社区的品位与档次。

二、总体景观布局

1. 四大分区

项目总体分为四大区，分别为：A区、B区、C区、D区、外围绿化带。其中A、B区为一期建设区，D区为三期建设区，外围绿化带是小区与外环境的隔离区域。

2. 四大主题——现代、人文、艺术、原生

现代：在设计中运用多种元素体现这一设计主题，新型材料的运用，流畅、简洁的设计手法，现代化景观建筑和小品的运用等。

人文：充分挖掘其文化内涵，在产生视觉美的同时更满足中青年知识分子这一特殊群体对景观内涵深层次的需求。

艺术：抽象的雕塑、不同形式的景观建筑构架、各种形态的景观小品……它们是流动的韵律，是跳动的音符，不断地演奏这一浓烈的艺术乐章。

指示图

索引图

效果图五（方案二）

指示图

索引图

效果图六

原生：扩大并强化场地原有湿地，保护了重要的生态环境，并创造出现代钢筋水泥城市中少见的原生态湿地景观，形成整个小区的绿色核心区域，赋予小区回归原生态、可持续的循环生态系统。

3. 主要生态特色，开阔、丰富的水体景观

水体景观有一万多平方米的宽广水面，设计中考虑到水体难以维护的方面，中心水面采用了具有创造出自净能力的湿地水体，既减少后期维护成本又形成了奇异的湿地景观。设计师在设计中运用多种对比，创造出一处宽广中心水面与多处较小巧的组团水体，大型的湿地水面景观，自然卵石铺底的水体与蜿蜒曲折的溪水水道，自然化、原生化的湿地水体与规则、现代的涌泉、跌水等人工成分较大的水体……这些对比无不体现水体景观的丰富性、多样性、艺术性。设计考虑了生态、人性的各个方面，极力营造宜人的水体环境，满足人亲水的天性，让人最大程度有回归自然的体验。

三、两大功能分区

小区总体上分为区内景观区和区外休闲区。区内景观区包含了示范区、艺术欣赏区、运动区、读书区、休息区、儿童游乐区、原生态水景区、商业区、会所景观区；区内景观区像一个个珍珠撒在景观平面上，构成丰富的景观功能独立点。同时各区之间相互衔接、渗透，处处体现现代、人文、艺术、原生这四大主题。

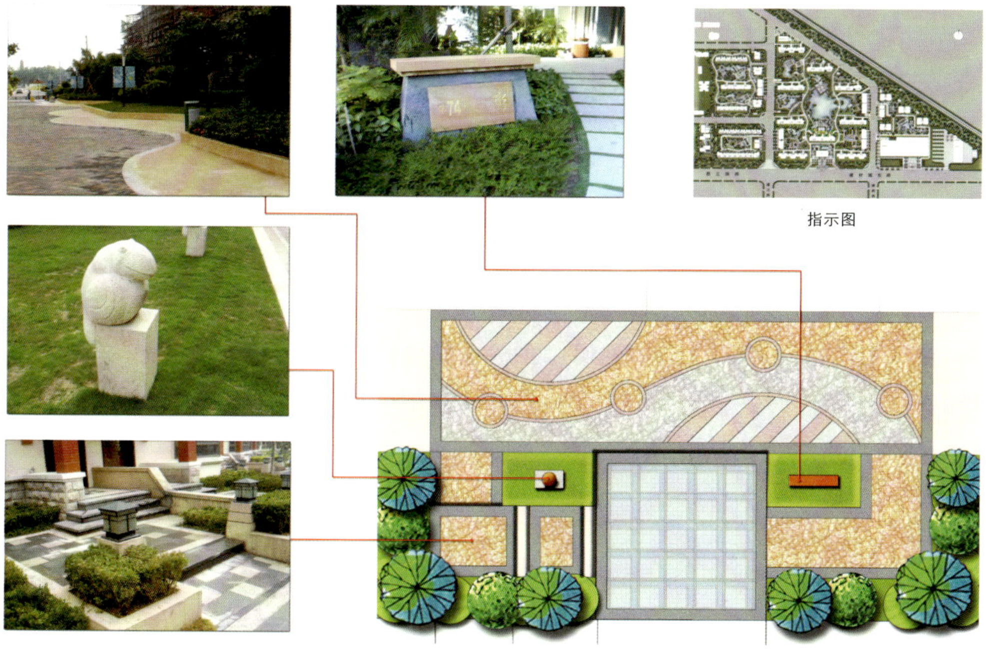
指示图

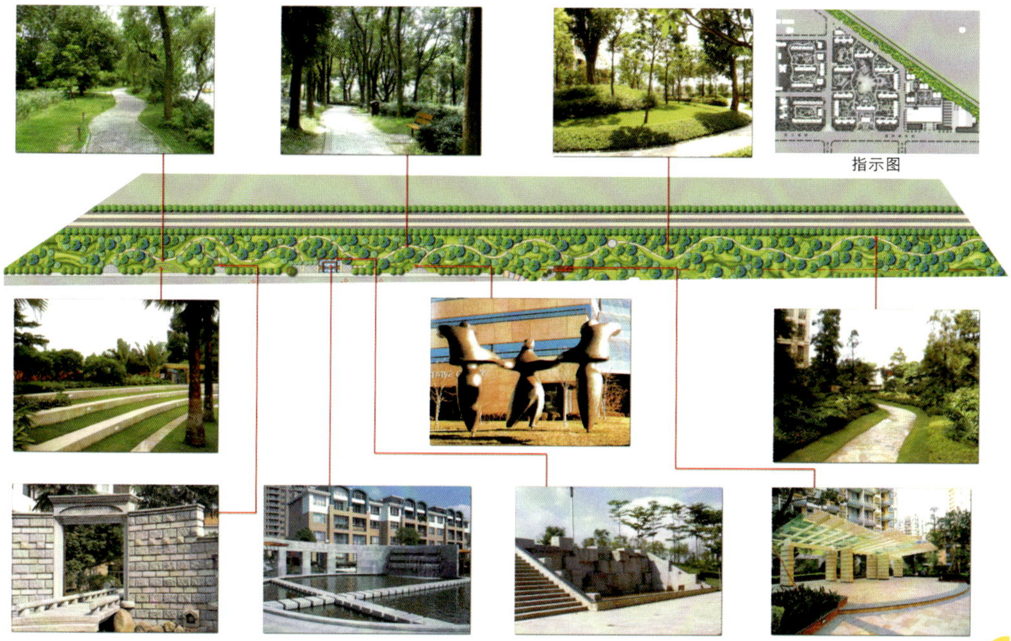
指示图

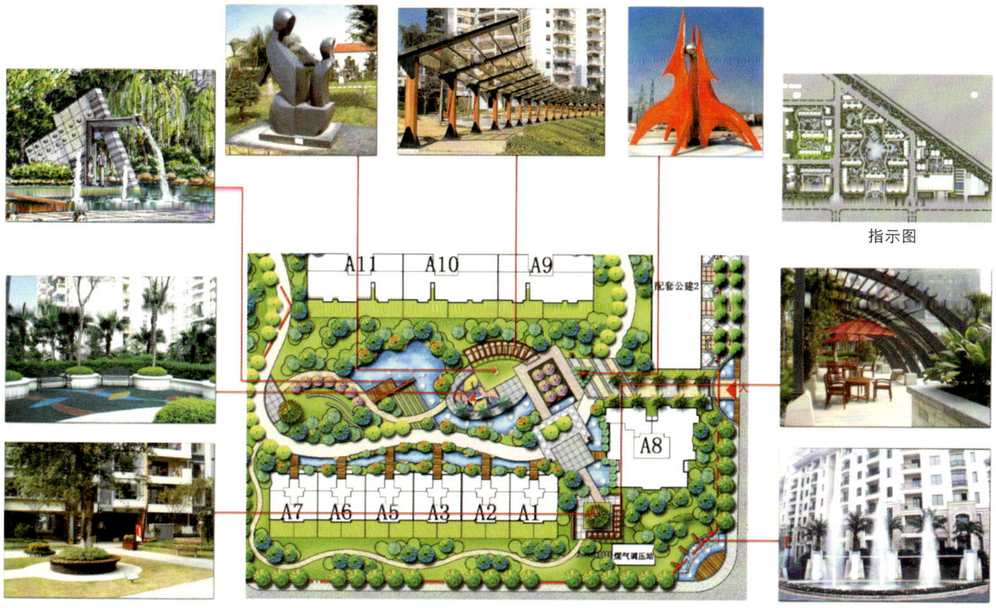
指示图
A11
A10
A9
配套公建2
A8
A7
A6
A5
A3
A2
A1
煤气调压站

地下车库出入口
开闭站
A20
A19
A18
A17
A16
A15
人行
A12
A11
A10
A9
指示图

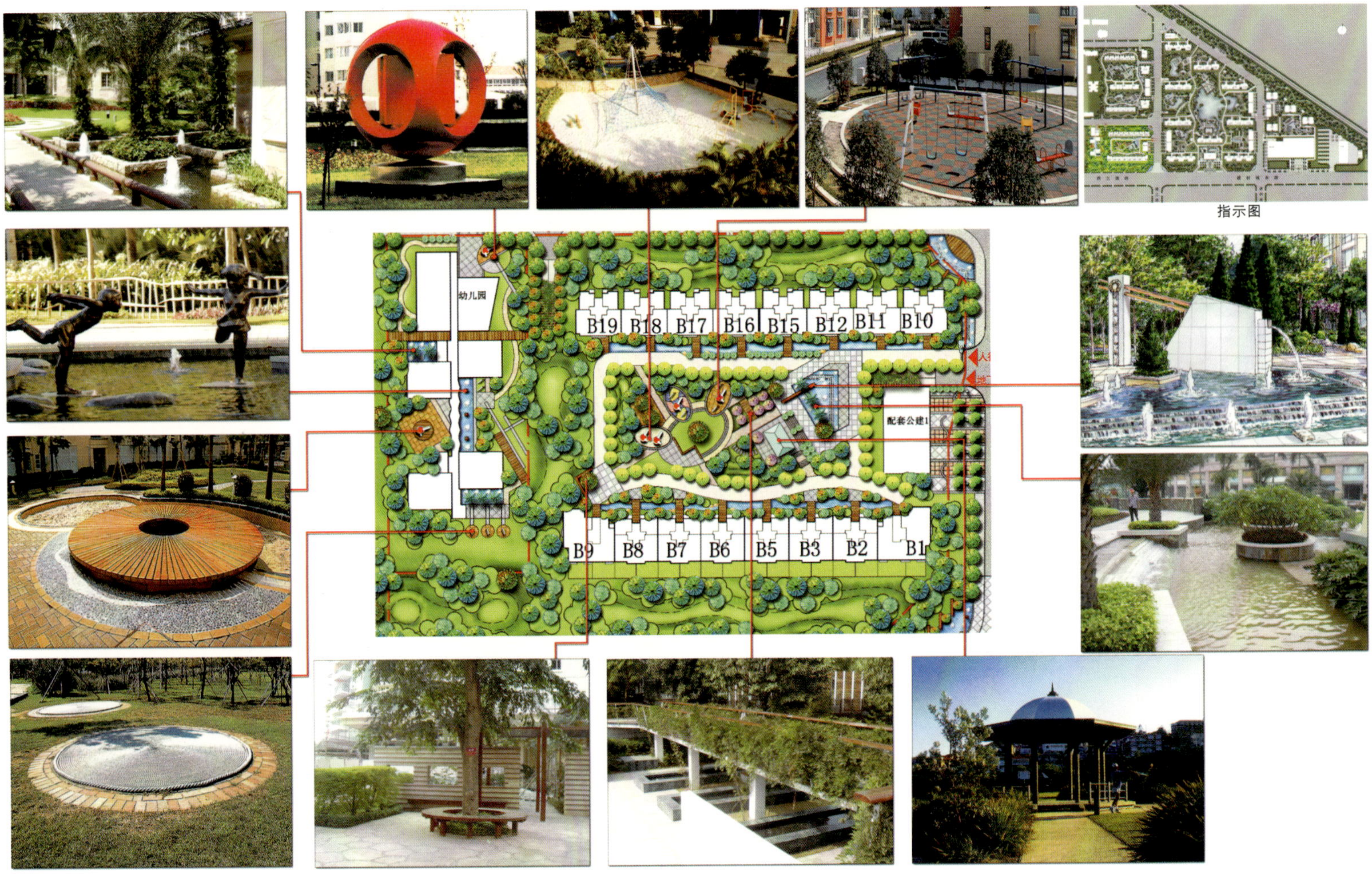
幼儿园
B19
B18
B17
B16
B15
B12
B11
B10
配套公建1
B9
B8
B7
B6
B5
B3
B2
B1
指示图

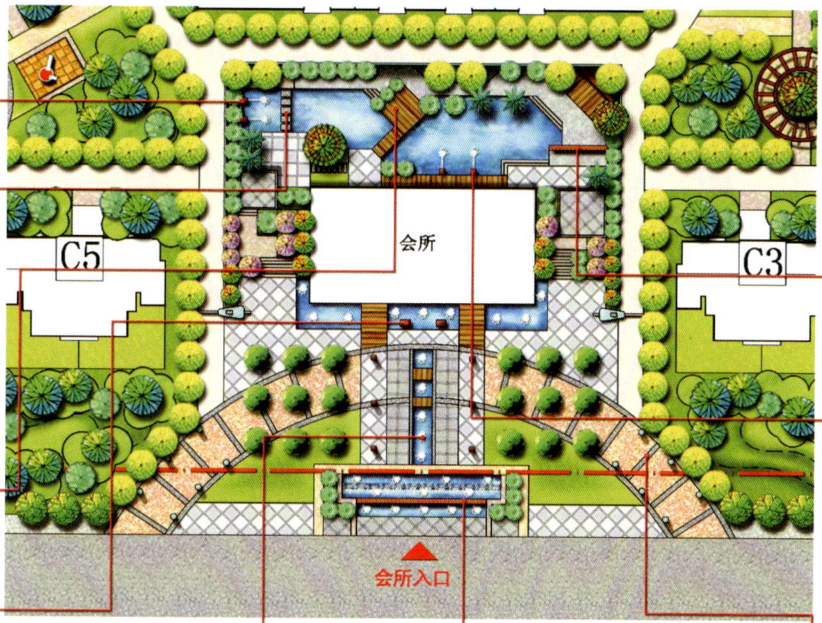

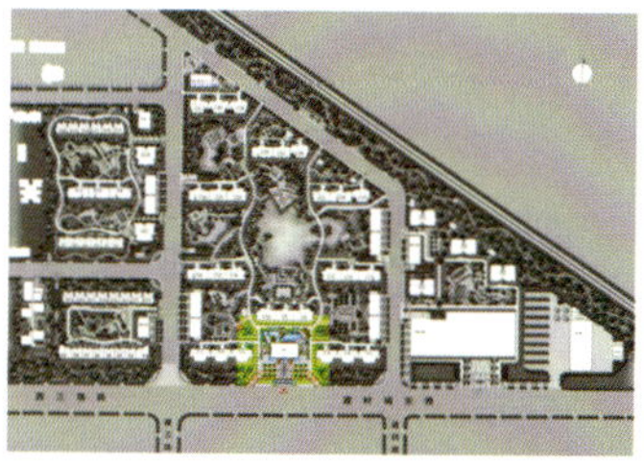

指示图

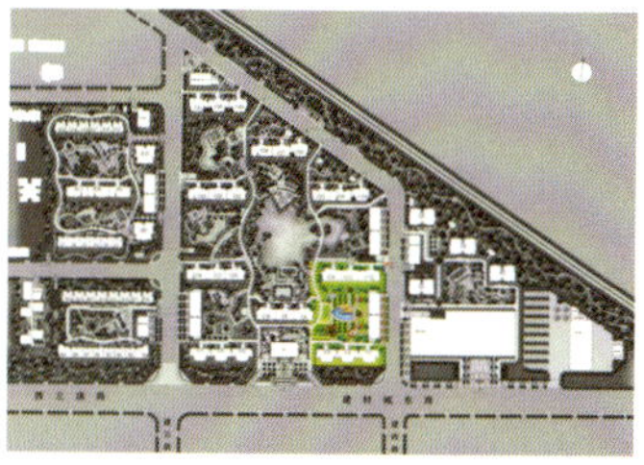

指示图

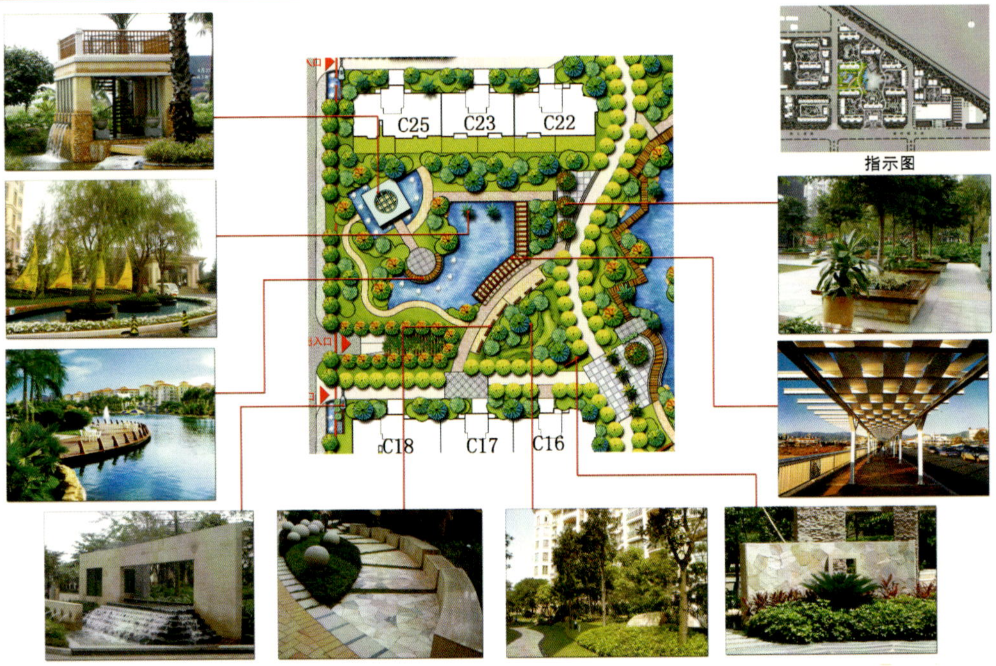
C25
C23
C22
C18
C17
C16
指示图

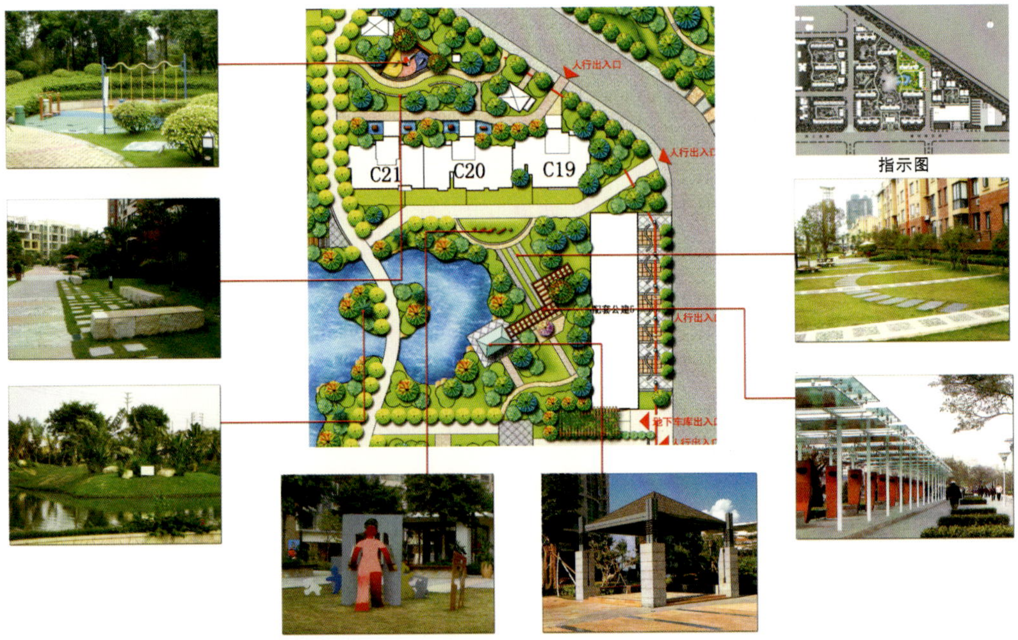
人行出入口
C21
C20
C19
指示图

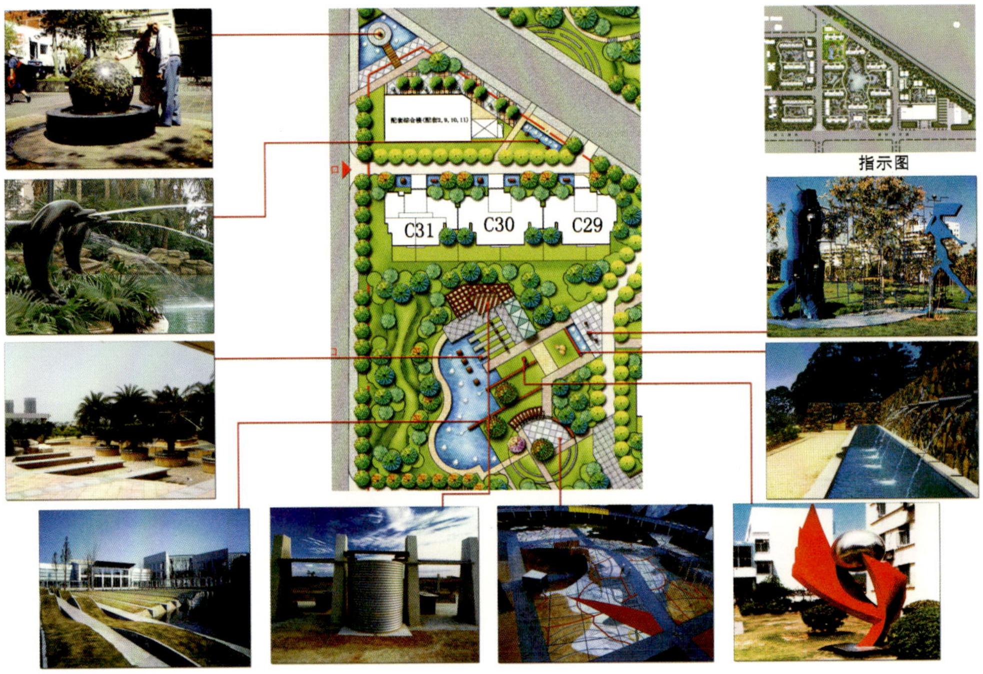
C31
C30
C29
指示图

C18
C17
C16
配套公建5
入口
库出入口
C7
C6
C5
指示图

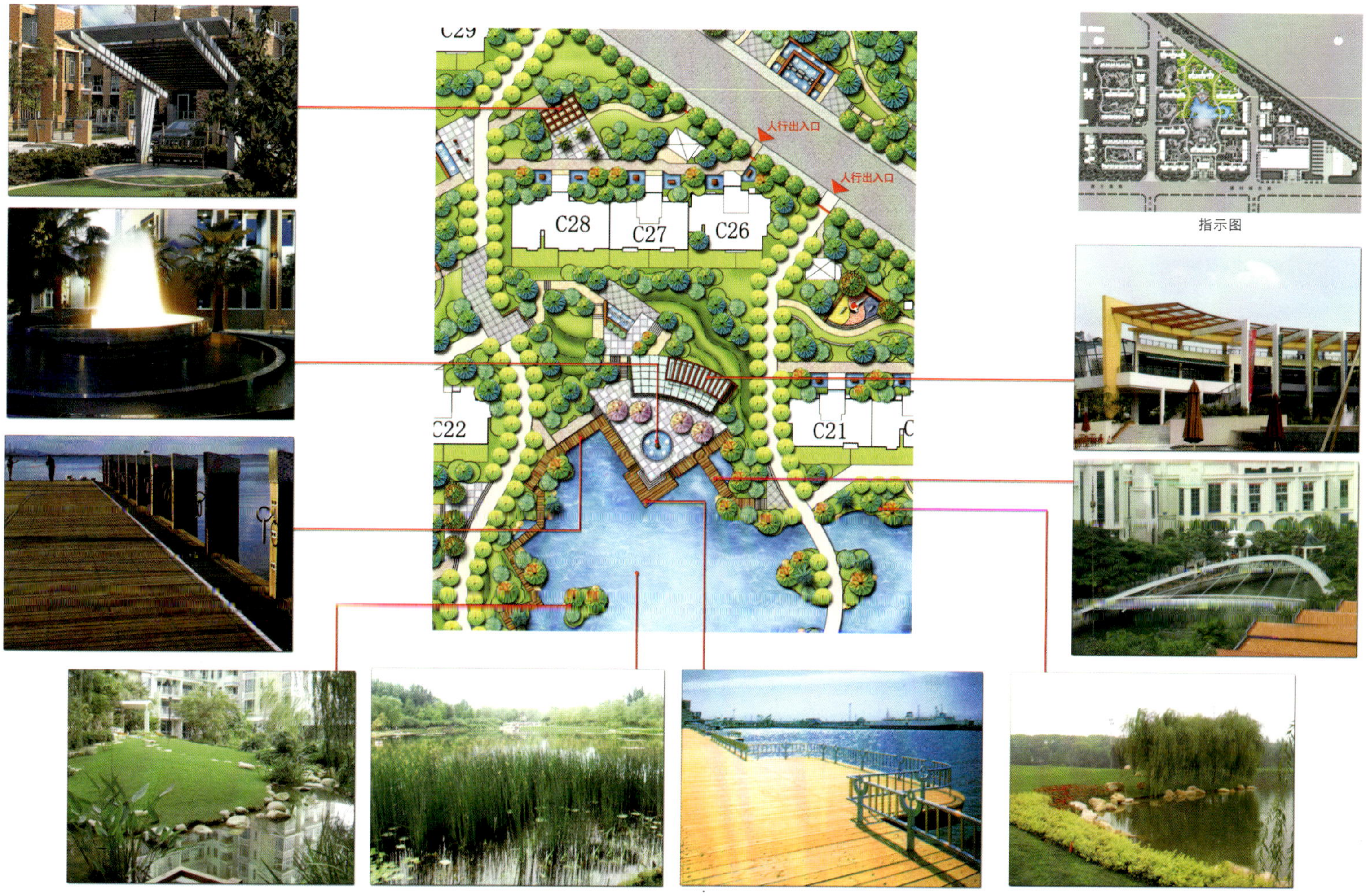
人行出入口
人行出入口
C28
C27
C26
C22
C21
指示图

指示图

指示图

N-N 剖面图

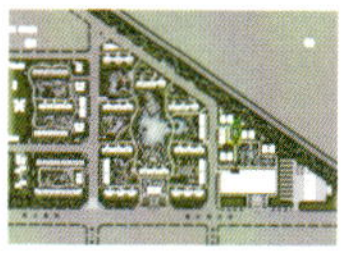

指 示 图

索 引 图

G-G 剖面图

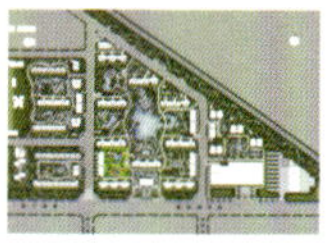

指 示 图

索 引 图

M-M 剖面图

指 示 图

索 引 图

立面图一

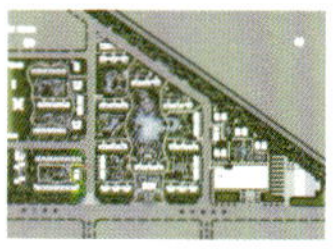

指 示 图

索 引 图

L-L 剖面图

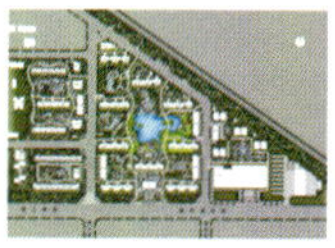

指 示 图

索 引 图

Q-Q 剖面图

指 示 图

索 引 图

富力桃园
十年精装
品质见证
82957777

25

重庆市绿地翠谷三期B组团

项目资料：
项目地址：重庆市渝北经济开发区
设计单位：深圳市吉相合景观设计有限公司

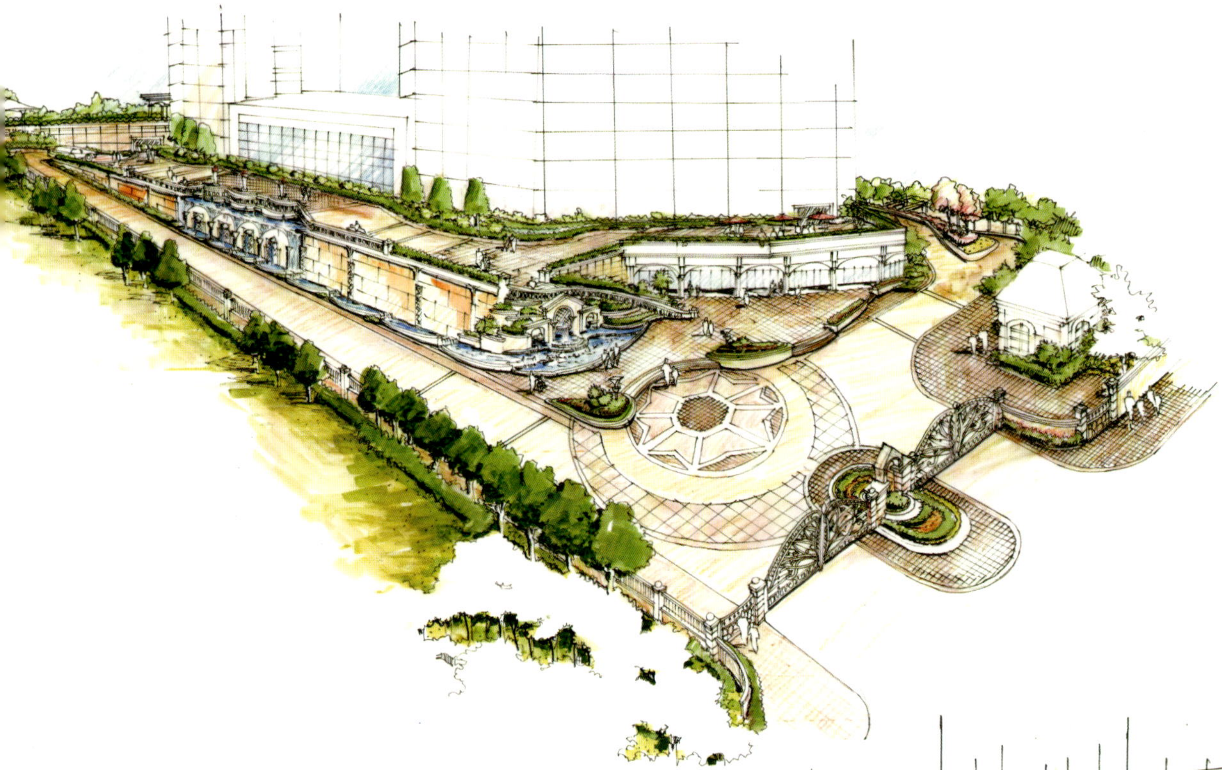

项目说明.

项目延续“法国卢瓦尔河谷”的景观设计灵感，运用柔美舒缓的曲线、动感、优雅地贯穿全场，通过明艳的色彩、明快优雅的造型，创造出有视觉震撼力的入口空间及静谧舒适的庭院休憩空间。漫步其中，法式的浪漫情怀、尊贵感及休闲度假气息得以完美展现。

苏州市相城区B、C地块

项目资料：

项目地址：江苏省苏州市
用地面积：348 449平方米
建筑面积：762 622平方米
容积率：2.19
设计单位：项秉仁建筑设计咨询（上海）有限公司
主要设计人员：项秉仁 郑滢

项目说明：

一、规划主题与原则

1. 项目定位

从宏观区域景观格局来看，B、C地块位于苏州古城南北中轴线人民路的北部延伸线上，是相城中心区南部的门户，景观区位重要，文化意义深远。作为苏州北部新城中央商贸区核心区域的有机组成部分，本地块的规划设计无论在功能上、空间结构上，还是在景观上，都具有积极的示范作用。因此，它代表了相城未来的城市形象，将对相城区的城市发展产生重要影响。

2. 设计主题

以贯彻“水城、花城、商城、最佳生态人居城”的城市特色为目标，提出了HOPSCA型城市中心区的主题。作为城市生活方式的集中体现，HOPSCA（Hotel、Office、Parking、Shopping、Club、Apartment）包含商务办公、居住、酒店、商业、休闲娱乐、纵横交叉的交通及停车系统等各种城市功能，是建筑综合体向城市空间巨型化、城市价值复合化、城市功能集约化发展的结果，实现了城市空间的有机整合，延展了城市的空间价值。这一主题与城市设计中混合使用公共设施导向是一致的。

3. 规划原则

1）从功能、形态、质量、品位、开发强度等各个方面遵循原有城市设计要求，并且强调与周围城市空间规划的呼应。

2）充分挖掘场所的文化底蕴，体现苏州相城的地域文化，通过文化与现代城市功能的融合，激发区域活力，提升城市生活品质。

3）突出“以水为魂”的设计精神、城市空间与水景的融合，公共活动、绿地景观、形体塑造均围绕水体展开，形成层次多样、内容丰富的滨水空间模式，体现“水城”的韵味。

4）注重规划的可实施性和可操作性，发挥项目的示范作用，逐步促成城市功能的完善，最终实现规划的总目标。

二、规划设计要点

1. 整体结构

1）以人民路北延伸段为主轴，作为南北活力带的一部分，东西向的规划道路为次要轴线。主轴作为苏州古城传统中轴线的延续，强调其仪式性，两侧为重要的公共服务功能区，包括办公、商业、酒店、文化广场，是体现未来相城中心区的核心区域。其形象现代、气魄宏大，又体现地方文化。次轴强调生活性，设有高品质住宅、会所、小型商业设施。

2）在水陆并行的双棋盘格局的基础上，以路网分隔形成街区，将水体纳入街区，并且在原有城市设计的基础上，引入柔性横向水系，强调一个人与自然、建筑和谐共生的、可持续发展的居住和生活环境。

3）住宅为南北朝向，强调自然通风。强调点式与板式相结合。确保楼与楼之间的通透，到达最佳的通风和采光效果。建设成为最适宜人居的区域。

2. 功能布局

1）B4地块集中布置办公与商业区，加快专业市场建设，积极引进一批品牌企业、连锁企业入驻，逐步建设成为苏州城北地区比较繁华的商贸区，汇集大小创新性办公、大型超市、大型购物中心、大型休闲娱乐设施，裙房商业设有东西向的水道，并且设有南北向的商业内街，南北地块通过跨过东西向道路的3、4层商业街天桥联系。

2）C1地块结合悟真道院，形成文化广场和小型传统特色商业设施，打造具有地方风情的街坊。

3）C2地块西临西门塘，南傍护城河，地理位置、景观条件优越，拥有艾美高档五星级酒店，裙房采用院落式布局，大小不一的水的院落形成“庭院深深”的意境，将为商务人士提供休憩和非正式的交流场所。

4）B3、C3为商住混合区，沿街为小型商业零售店和会所，其他地块为纯水景住宅区。

3. 交通系统

1）道路系统

在原有道路规划的基础上，将河道两侧的地块整合为一个住宅区单元，内部设置柔性住宅道路。

2）公共交通系统

在人民路北延伸段设有公交车站，同时在其邻近部位设轨道交通出入口，方便人们换乘。公交车站的服务半径为300～500米。

3）水上交通系统

“手指状”河道可设置游船码头和临时停靠驳岸，为市民最大限度地提供亲水机会。地块内的横向水网主要作为景观水体，不作为交通网络使用。

4. 绿地系统

1）滨水绿地

以打造岸绿水秀的现代水城为目标，结合旅游开发做好水系调整规划，切实加强水环境建设。通过若干年的努力，逐步实现“东方水城在苏州，苏州水城看相城”。

有重点地种植水生植物，形成水上特色景观和自然岸线。居住区绿化强调花木的配置，不但美化住区环境，还形成季季有花、处处成景的目标，加快生态保护区、生态走廊、生态绿带建设，加强立体绿化和花草种植，使相城区“城在林中、人在花中”。

总平面图

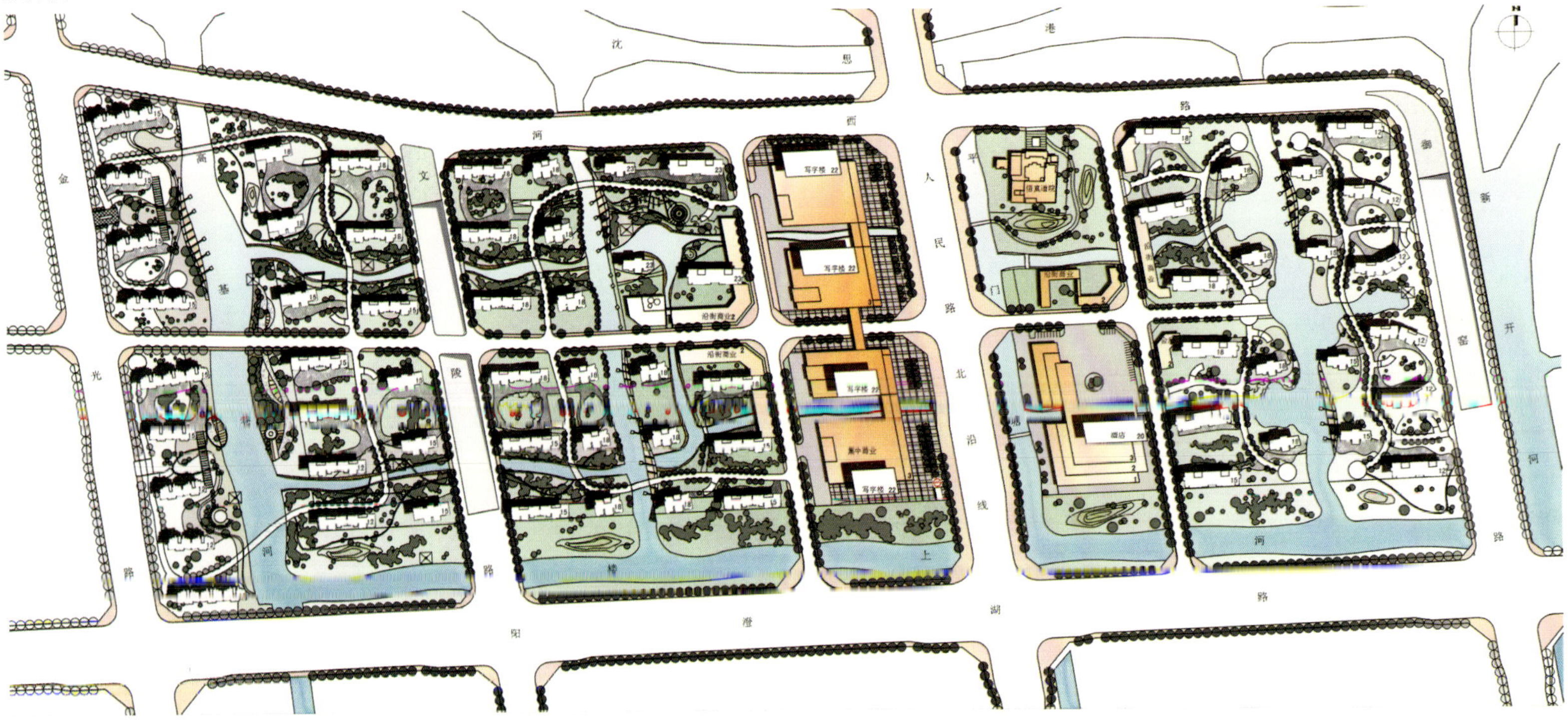

公共交通规划图

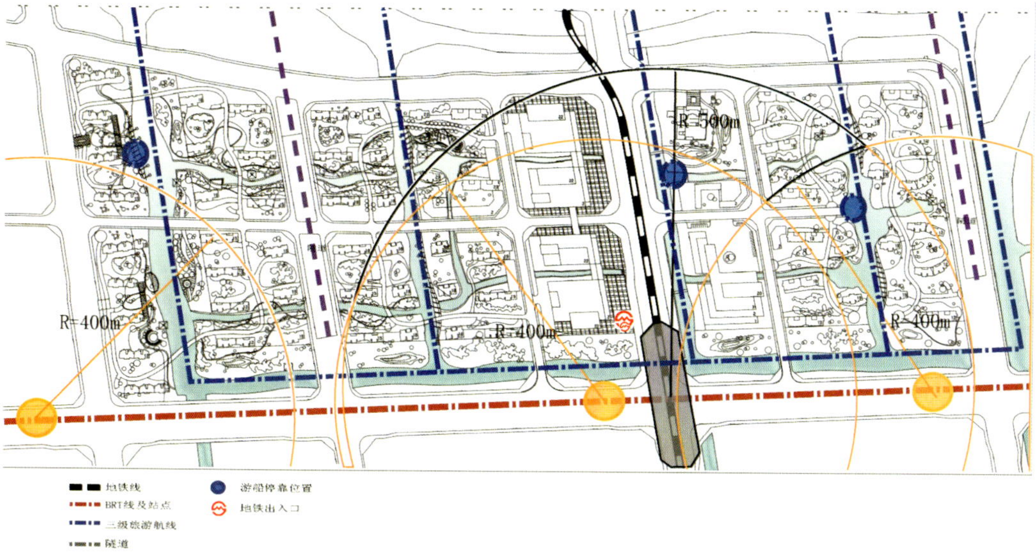

公共空间系统规划图

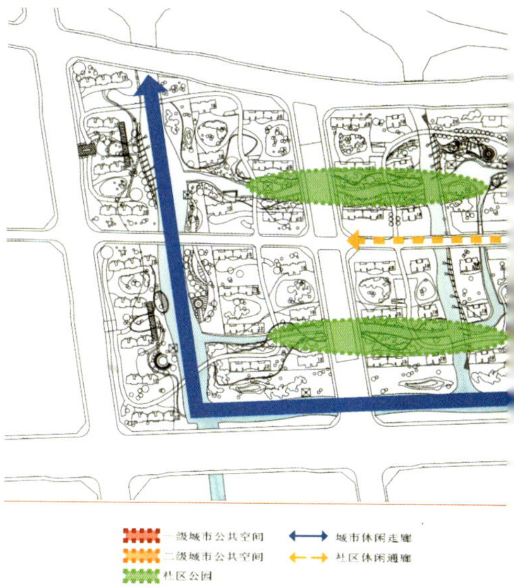

机动车系统规划图

绿化景观规划图

道路系统规划图

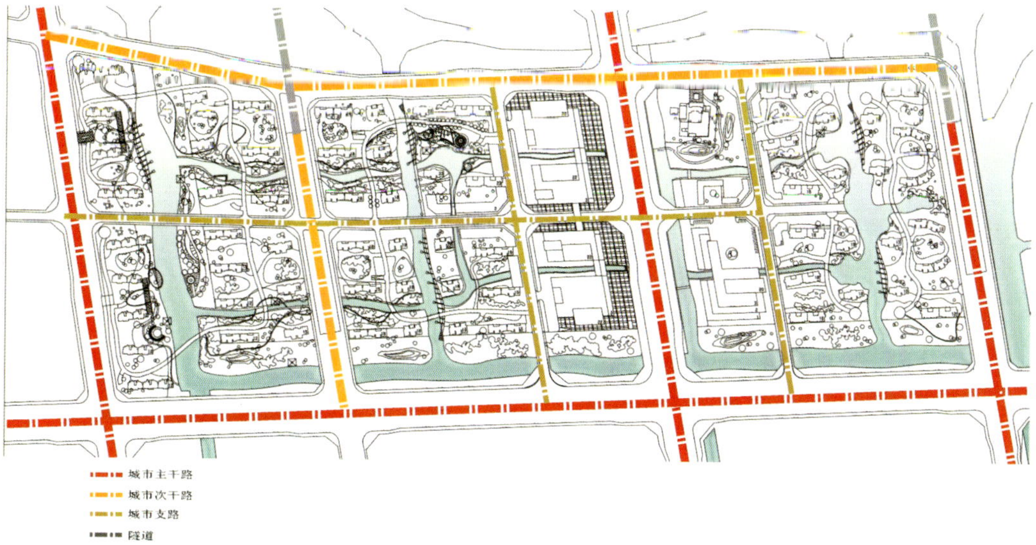

水系景观规划图

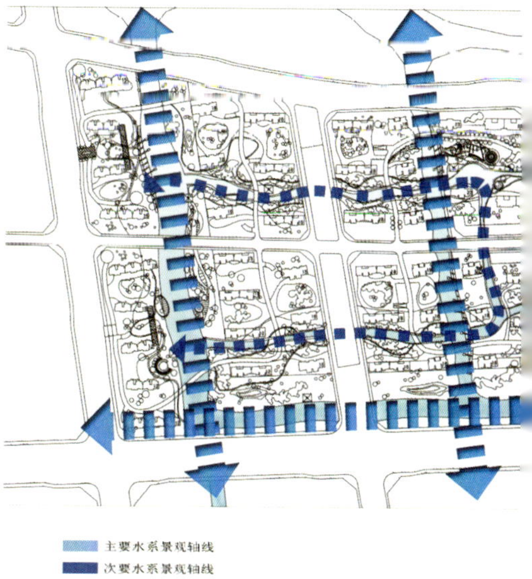

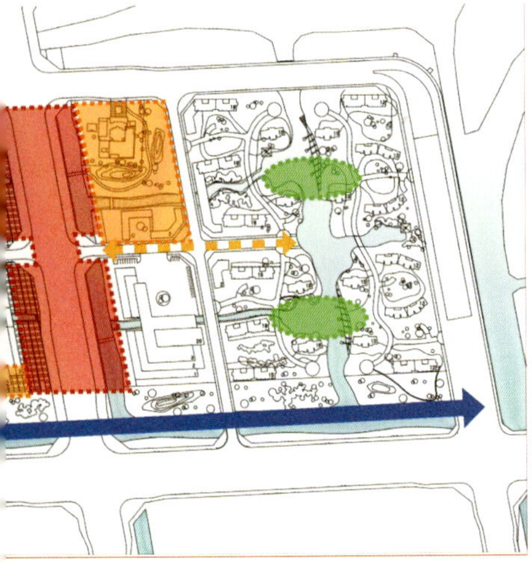

建设高度控制图

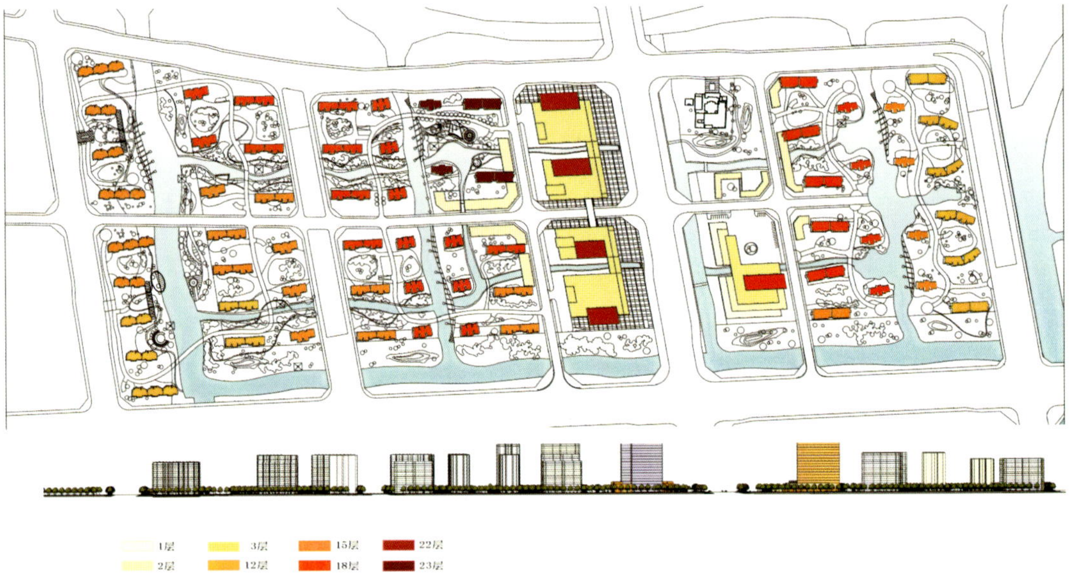

功能结构图

日照分析图

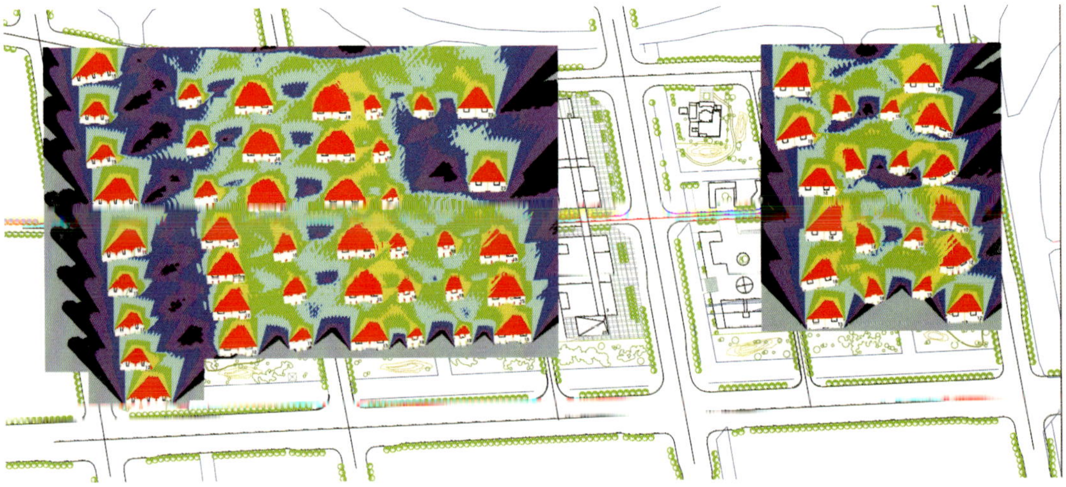

规划结构图

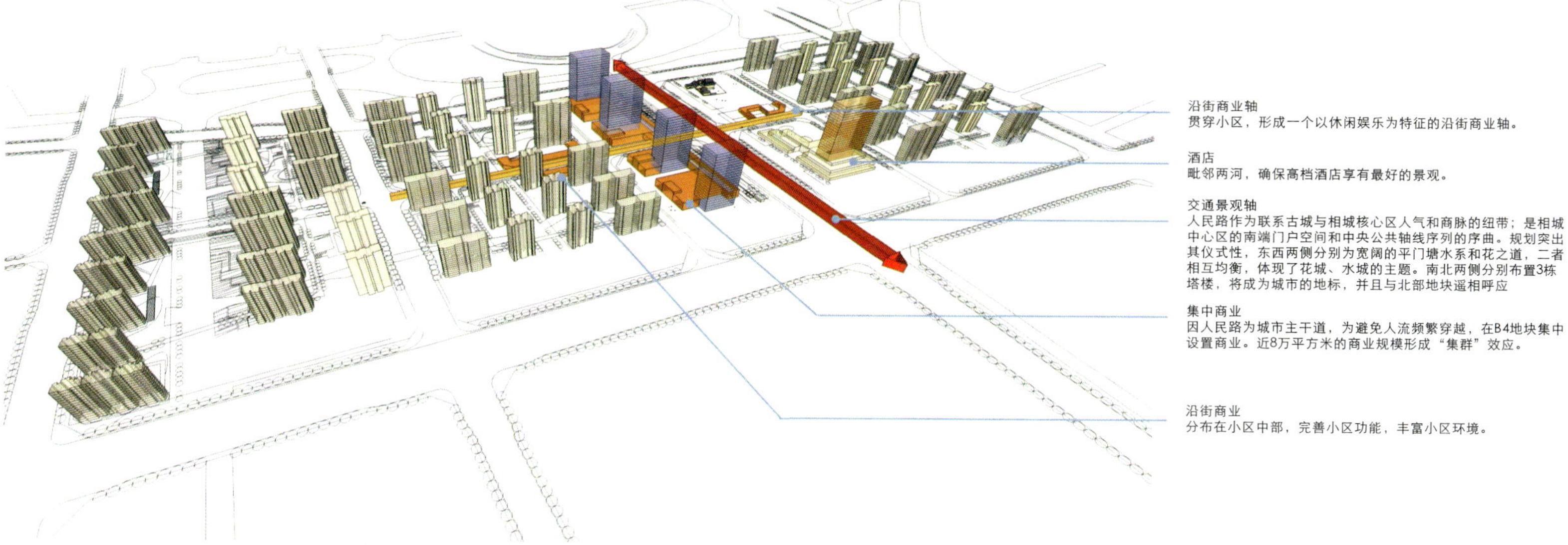

总体设计意向

2）道路广场绿地

利用开挖河道的土壤堆叠成土丘，形成立体景观，体现“山水意境”。

3）住宅绿地

利用地下车库的突起及开挖河道的土壤堆叠成土丘，形成地面起伏的立体景观，体现“山水意境”。

5. 景观系统

1）地标

标志是重要的城市设计要素和景观要素，通过城市地标可以增强区域的识别性和地域认同感，象征城市精神。

人民路作为联系古城与相城核心区人气和商脉的纽带，强调其仪式性，相城中心区的南端门户空间，是中央公共轴线序列的序曲。南侧分别布置办公楼和酒店主楼，与中心区北部的相城之门遥相呼应。其与北侧的办公楼形成3栋重要的城市地标。人民路东西两侧为景观大道和宽阔的水网，相互均衡，体现了花城、水城的主题。

悟真道院周边通过环境设计，形成文化广场，成为中心区一处具有历史文化内涵的景观标志。

2）水景

充分利用独特的景观资源构建丰富的景观环境。利用中心区的便利设施与良好景观条件，通过东西向水道将城市氛围融入社区生活，通过道路与滨水花园的高差塑造相对安静的滨水休闲环境。空间的营造注重步移景异，力求营造一个有品位、有格调的城市空间，有景可赏、有景可游的生活空间。

3）轮廓线

规划创造重点突出、主次分明的多层次天际线。建筑高度遵循“中部高两侧低、南低北高”的双重高度控制原则，形成高低错落、起伏有致的丰富城市轮廓线。两侧的高层住宅烘托陪衬中部的公共建筑。

6. 公共空间系统

地块内公共空间主要依托水网作为骨架，通过提供类型多样、生动活泼的丰富滨水空间，加强市民对水的亲近感，鼓励人们再次回到在苏州延续千年的滨水生活中。沿河两岸设置休闲走廊、亲水平台、临时停靠驳岸、滨水广场及滨水绿地等，提供良好的公共空间，改善了生活质量。

此外，B4地块沿人民大道设置线性商业广场，满足人们平时散漫、随机的购物、休闲需要，同时满足各种商业展示与非正式集会的需要。

7. 地下空间利用

有效开发地下空间对于充分利用土地的价值具有积极的意义。住宅区地下一层为半地下停车区。B4地块地下一层为大型超市和商业连锁，并且预留通道与未来的轨道交通出入口相联系，强调地下交通与建筑主体的有机结合，地下二层为停车库。

三、形象立意

应当说江南传统建筑中的某些气质与现代建筑的现代内涵是契合的。因此，建筑形象着力体现现代江南水乡的风格意象，寻求建筑的造型艺术上的创新与传统文化内涵的巧妙结合。

1. 从江南传统建筑的图式和色彩构成中，提炼升华一种“意象”。以体现江南韵味的黑、白、灰为主色调，强调素雅而现代的气息。同时，局部运用木质元素，体现出人性化的特征。

2. 从苏州传统建筑中提取“花格窗”元素，进行抽象运用到地标建筑中，产生了“看”与“被看”的良好寓意，独特的形态特征成为进入中心区的显著标志。

3. 环境设计方面，在纵横交错的河道网络上设有大小不一、形态各异的桥。住宅区内临水部位设置苏州特有的太湖石，使得亲水面更为古朴而生动。轻巧的桥、灵动的水、时尚的生活构成了新型“小桥、流水、人家”的意境。

西侧小区局部鸟瞰图

集中商业局部鸟瞰图

酒店透视图

小区内部透视图

集中商业透视图

河源市东江首府

项目资料：
项目地址：广东省河源市
委托方：河源东江明珠房地产有限公司
设计单位：广州市太合景观设计有限公司

项目说明：

一、背景概况

河源东江首府花园位于河源市风景优美的东江江畔，新城东区红星东路以东，兴源北路保留点以南，沿江路以西，用地面积约11万平方米，是河源市内目前建设的最高档精品楼盘。景观规划本着“以人为本，特色鲜明，打造精品”的设计意旨，着力营造浓郁的现代东南亚风情园林。

二、设计原则

1.以人为本，从生态园林、保健园林出发，营造舒适性，自然性景观，适地适景，做到宜人居住，达到人在景中、人景交融的效果。

2.以点、线、面相结合营造多层次园林景观，在整体协调的基础上，突出重点、主次分明、聚散有度，达到大气势与大动感。

3.体现原生态山水湖泊景观与现代东南亚特色风情。以湖、水池、跌水、涌、喷泉，立体的、多层次的、多样性的水景造法，使与人最具亲和力的水体分布在小区的每个组团，如一颗颗明珠，在日丽风和下波光粼粼、玉光闪烁。

4.用艺术化、自然化处理景观。亭、台、榭、廊、桥各种造园元素，一草一木无不遵循自然法则，人工雕塑体现人工手艺及造物的精巧。给人感觉高雅自然，代表富足、高品位、有文化层次的休闲居住天地，突出了时代感。

三、规划设计

1.主次入口景观：进入小区南面的主入口，立刻就能听到欢快的涌泉水声，宏大的入口跌水水池居于前方，池中四个高大的雕塑围护着中央醒目的标志墙，两边的跌级花坛中种植的簇簇鲜花和美丽灌木顺着台阶缓缓上升，仿佛在深情欢迎人们的到来。小区次入口分别位于小区东、西两端，东端入口的一株景观大树为拾级而上的人们遮阳挡雨，而西端入口的跌级花坛则以繁茂的植物给人以“绿”的清新。

2、组团景观区

1）会所泳池区与儿童戏水区：会所组团和东部一组团上设计了老少一家休闲生活的游泳池，池体设计简洁而不乏动感，其中前者会所泳池拥有惬意的水吧和烂漫的水边休闲木平台，在这里，人们可以尽情地享受欢乐。后者则以适宜浅水的儿童为主要对象，还精心布置了漂亮的泳池绿岛，小朋友将在玩乐中感受到绿色生命的魅力与可贵。

2）生态湖区：规划在组团西侧根据原地形构筑的一个的生态湖泊，湖泊周围植被完全按照自然状态配置，呈现给人们一个完全的生态景观。湖中心的绿岛上种植丰富的棕榈类植物，高低错落、姿态各异，微风吹起摇动着舞姿，加上岛上的东南亚景亭和湖边东南亚风格的水榭，好一派东南亚风情。

3）坡地景观区：区内引进了阳光车库的设计构想，在地表筑坡的基础上把景观延伸到地下车库，让景观得到深一层的渗透，体现了景观的均好性。景亭与观景木平台为人们提供了娱乐、休闲、欣赏坡下组合水景的理想场所。

3.天台花园：在西南楼宇宽大商业裙楼顶部，利用艺术景墙、铺装图案、棕榈树阵、儿童乐园、景观树池、多样化植被等景观要素着力打造现代风格、简洁明朗的天台花园，在这里阳光明媚、花朵飘香、鸟声阵阵，使混凝土化的人工楼宇融入大自然之中。

4.商业街步道：西南商业裙楼前设置了休闲的商业街，漂亮的景观座凳、整齐的行道树、明亮的景观灯柱和潺潺的涌泉水景衬托着游人如织的步道，显出浓厚的现代商业气息。

四、植物配置

在职景观植物的选择上积极运用棕榈科植物，以及充分发挥各植物的自身特点，包括植物的色、香、形以及自然气息和光线作用于花草树木而产生的艺术效果。通过精心的配置，在观赏性与实用性之间取得平衡，并考虑到不同时节的植物形态在季节更替时营造出不同的花草园林景致，让人们享受到生命成长与季节变化带来的自然之美，让人们感受到生活在自然之中，自然在生活之中。

索引图

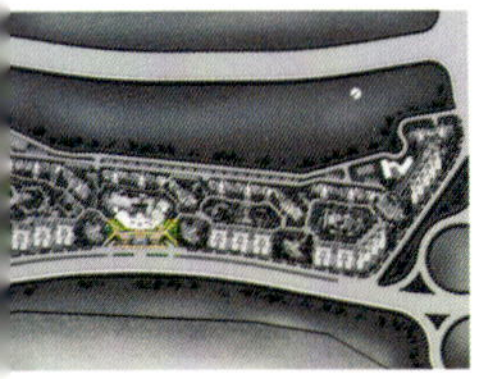

指示图

索引图

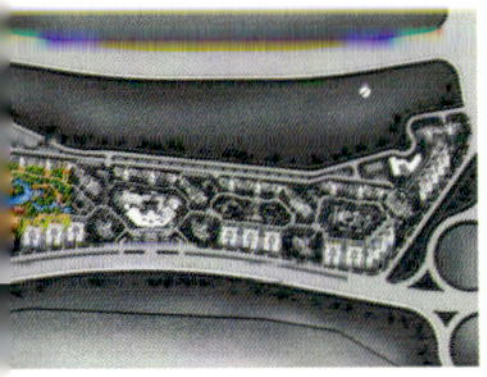

指示图

索引图

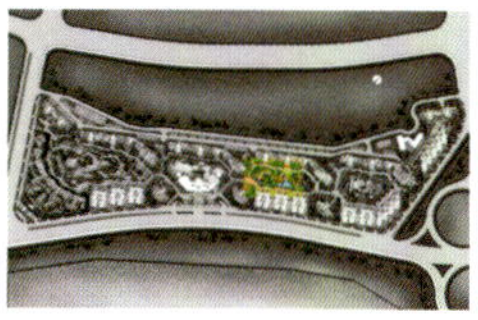

指示图

索引图

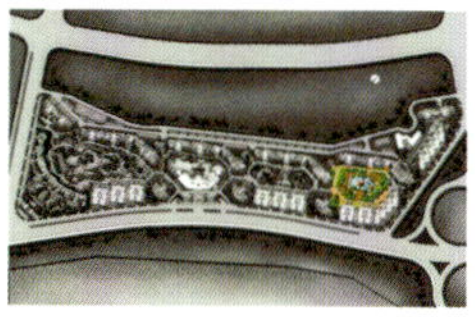

指示图

索引图

指示图

指示图

索引图

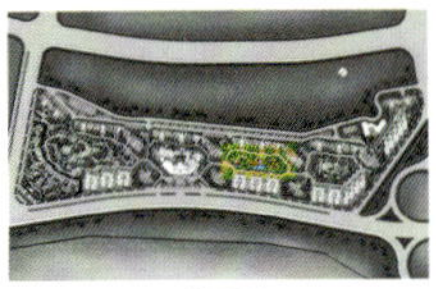

指示图

索引图

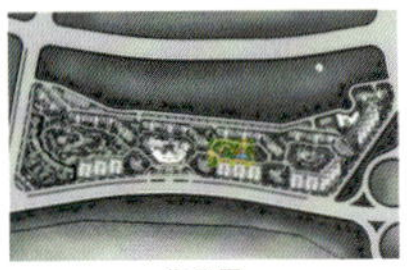

指示图

索引图

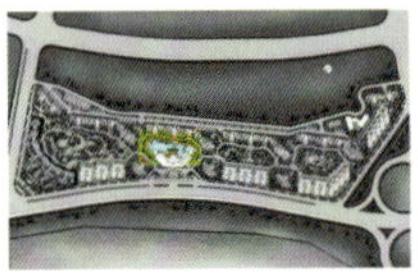

指示图

索引图

指示图

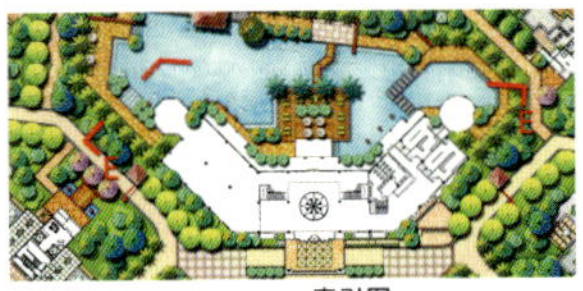

索引图

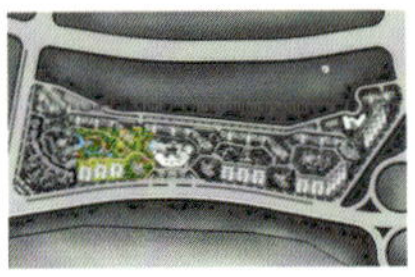

指示图

索引图

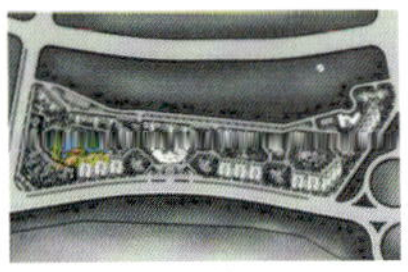

指示图

索引图

指示图

索引图

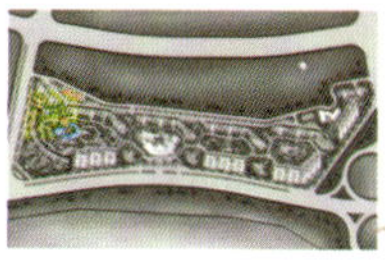

指示图

索引图

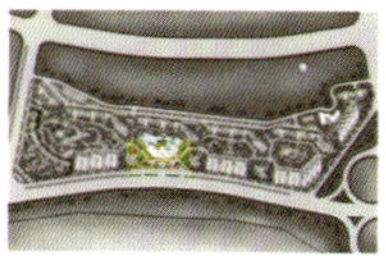

指示图

索引图

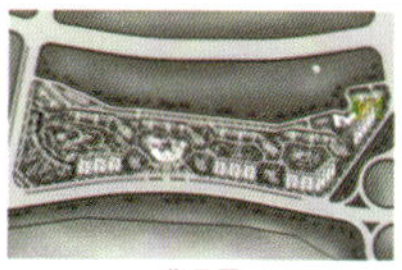

指示图

索引图

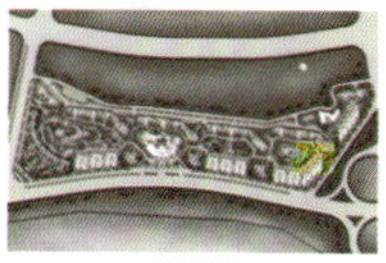

指示图

索引图

上海市闵行区一品漫城

项目资料：
项目地址：上海市闵行区
设计面积：120 000平方米
委托方：上海鹏欣地产开发有限公司
设计单位：润枫管理咨询（上海）有限公司

数据指标

序号	项目	数量	单位
1	居住区建设用地面积	118408.3	M'
2	建筑占地面积面积	29030.8	M'
3	绿地率	35.9	(%)
4	集中绿地率	16.6	(%)

项目说明：

德斯太尔抽象式

在建地块的主入口设在城市主干道浦星路上，由岗亭和一个带特色照明灯的映射池点亮，两边高大的树木将其衬托为放松身心的散步区域。整体来看，被大量运用的几何图形和简单的线性图案都在总平面中清晰地展现了出来。羽毛球场、游乐场和网球场这样的娱乐活动场所设置在这里。一个被高级草坪和几何形土坡包围的浅水池成为这里的亮点，同时它还成为与邻接路的过渡与隔断。私人空间、像国际象棋图案的花园、一个供人行走的蜿蜒小径、一个雕塑庭院，还有观景凉亭都将被设置，以便小区居民在平日生活中更好地休憩和放松。对于多层住宅，入口处种植景观开花树和有着鲜艳色彩的灌木及地被植物，并且呈现规则式排列或呈线性种植以衬托出其周围环境和整个布局。

装饰艺术风格

沿芦胜河的景观带为小区营造了天然的景观框架，在装饰艺术的映衬下显得高贵。高层宅间景观将被打造成类似公园的氛围，有小座谈心和独享私密空间。映景水池在定义了此区入口的同时也形成了一个阳光庭院。规整的直线型小径将流线型或齿轮弧线型的漫步道分割出来，同时也创造了景观图案。开敞的草坪或是平坦或是高低起伏，大树的种植为区内增添生机、提供阴影，也可以感受到季节分明。站在观景塔和延伸的观景平台上可以纵观河景，绿阴下沿河的步道可以让你享受一份静谧。

立体学派风格

俱乐部会所区域将会是在建部分中最吸引人的一个亮点，设计以简洁的线条围合成的带跌水的水池环绕着俱乐部会所，沿池边还有带特色照明的木平台。树立在入口侧面的主题雕塑也为这一区域做了定义。特色土坡成为道路与这一区域的隔断和屏障，也为其中的居民保留更多的私密性。各栋小高层之间带直线型图案的小径互相连接，旁边的区域被作为种植区和私密性节点。几何形轮廓同样在这里被着重强调，并且用这一形式组成区域中的重要元素。游乐运动区会采取一个六角形的布局，同时健身区域为梯形。这一板块中还将设置以三角形为图案或布局的私人坐席区。

新艺术风格

位于芦胜路上的次入口采用了植物图案的铺装，并且一直通向了多层区。人造水池和亲水平台将入口和商店分离出来，同时也保证了住户私密性的要求。为了从总体上达到高雅精致的设计要求，也得到新艺术时代的启发，商业区的铺地图案将采用花和树叶的图案和各色材质。停车区域中一些大树形成阴，绿化社区的同时也显得更为人性化。

与周边的现代建筑相比较，商业区的设计采用了相对较为低调却与上海的日常生活息息相关的材质，如石头、砖、可再循环利用的木料等。

漫
PENGXIN
一品漫城

海上城市一漫复兴

深圳市万科金域华府

项目资料：
项目地址：广东省深圳市
委托方：深圳市万科房地产开发有限公司
设计单位：SED新西林景观国际有限公司
合作单位：Intaran Design Inc

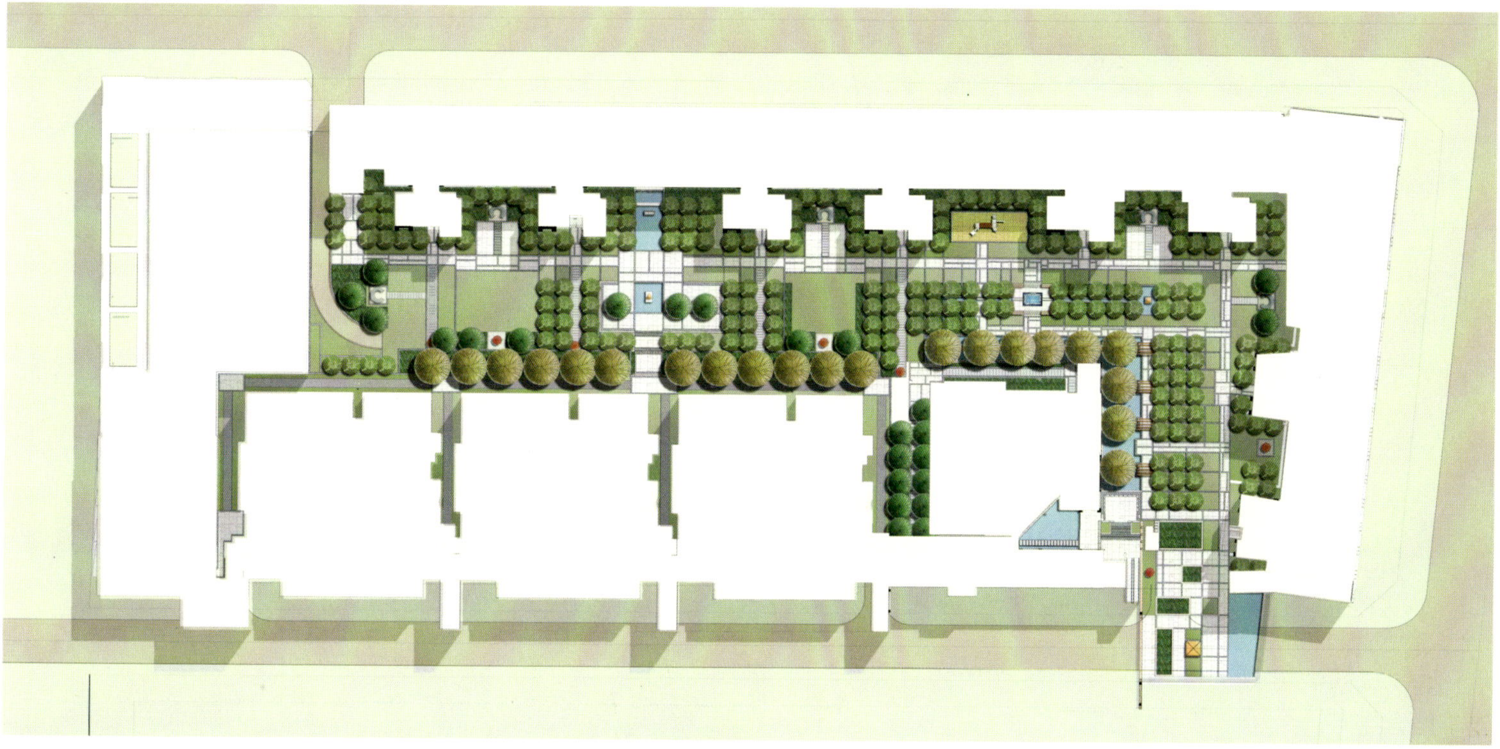

项目说明:

万科金域华府坐落在深圳城市的中心轴带北延段宝安区龙华新城，该项目占地约6.8万平方米，是深圳万科首个地铁物业。

万科金域华府园林的设计源泉来自绘画大师蒙德里安的绘画结构及色块特点。设计师将蒙德里安的抽象画分解成简洁的几何图形，让线与线、线与面、面与面之间形成相互关联，在图形中引入软、硬景的设计元素，让不同材质、肌理、色彩的物质相互融合、呼应，形成相互依存的场地空间。

细节设计上采用大量灰色元素，使空间成为一个有机的整体。景观采用建筑设计的高差进行园林布局，并引入循环水景营造多重景观体系。通过简练的装饰，让简洁的线条使空间洋溢出一派热烈的城市时尚艺术风情。抽象与秩序，简约与纯朴，项目将现代艺术融入于社区的构成中，以自然的手法打造出充满现代气息的简约风尚。

小区入口，第一道风景线

连接市政路与小区入口的是一个极具通过感的围合空间“瓮城”，步入“瓮城”，呈现在眼前的是简单的外墙、条形镂窗、井然有序的钢木格栅，设计者采用简洁、明快、风格化的手法，通过运用石材、墙面砖、钢、木、玻璃等材料，形成极具现代气息的景观造型，使景观与建筑相互渗透，很好地烘托了建筑本体。

入口“瓮城”至大红墙之间，竹林沿人行道布置成线状肌理，与车行道一起构成一道景观走廊，充分体现国人追求平安、健康的美好意愿和“竹报平安”的传统思想。竹子清幽的意境，高风亮节的品质亦彰显了居者别具一格的品位和高雅的气质。

交通流线实现人车分流，车辆不进入组团空间，车行道设置在居住区周围，与主入口大台阶进入的步行道形成互不干扰的布局，营造绿色无忧的居住环境。

主入口，构筑现代景观新秩序

项目运用高差形成颇具现代意向的主入口设计，入口的大台阶与水体相结合，高差形成入口跌水区域，水体流入景观水池，在光线的反射下形成波光粼粼的效果，建筑墙体也做了相应的景观处理。水景墙高五米，瀑布水仿佛是从建筑中无尽地溢出，从墙上丝丝倾泻，流入池底溅起朵朵水花，大台阶级级抬升的特色树池中，几棵苍劲葱翠的古树烘托出入口的厚重感。由红色砂岩饰面的入口背景墙与灰色的建筑立面砖形成鲜明的对比，引领整个社区庄重、富于现代艺术意味的主色彩，景墙镂空面更是将区内的景观映衬得若隐若现，给人以期待和联想。整个主入口设计水韵婆娑，绿意盎然，艺术徜徉，构成回家的第一道风景线。

生态组团，水景与自然和谐共生

走进金域华府，两边是翠绿萧竹，洁净的道路向内延伸，四周立刻静下来，微风拂面，空气也变得格外清新，中轴人行道在潺潺的水面上形成一条绵延至广场的水景通廊，通透廊架将人的视线引向中轴端点的莫奈雕塑。人行道两侧为无边界水景，玻璃护栏的设计让缓缓的水面更悠远和富于意境。看似简单的平面组合也有着它的精妙之处，在这里将蒙德里安的抽象图案表现得淋漓尽致的路面铺装图案、软景的构成、不同场地的组合乃至穿越了不同物质属性界限而组成的几何图案，在抽象与秩序中呈现简约的美感。

绿色人文画廊，架空层生态园林设计

万科金域华府以现代绿化手法创造出别具风情的生态公园。表现为尊崇自然，把地面留给自然，在地面连通植花种草，并在其间设置儿童游戏区、休闲交流空间、成人运动区域如乒乓球、投球机等等功能活动区域。全架空设计能够更多地实现绿化面积，将人文设施融入其中，令生活更具有情趣，视线更加通透，同时结合纯水域景观设计，令生活生机盎然。

METROPOLIS
【归院】

兴城市铂翔观海国际

项目资料：
项目地址：辽宁省兴城市
占地面积：286986平方米
建筑面积：704687 平方米
容积率：2.46
绿地率：50%
建筑密度：22%
景观规划设计面积：14.3万平方米
设计单位：厦门二木景观规划设计有限公司
主要设计人员：郑清富 黄廷华 汪金白

项目说明：

一、项目概况

铂翔观海国际项目占地约430余亩，位于兴城市海滨发展新区，兴海北路以南，龙海路以东，南依市政府规划路，处于兴城市与葫芦岛市的交通要道。毗邻兴城市高级中学和兴城市第一中学等学府。地理位置东临渤海，107公里蔚蓝风光尽收眼底，兑现亲近海、享受海的生活梦想，北依首山自然公园。社区的规划与兴城海滨旅游城市的特点相吻合，并展现了项目恢弘的气势，项目的景观设计要点、细点与兴城古城文化与海文化结合，并充分体现项目的优越性。

二、景观设计总体构思

以海洋文化为设计主题，基于兴城古城文化与海文化，把古城、山、水、海洋的文化性、功能性融入到景观设计中，描绘了铂翔观海国际得天独厚的古城、山、水、海洋文化的融合，展现出一流的景观栖居环境。在营造铂翔观海国际环境气氛中注重人文环境，把兴城古城文化与海文化融入到景观设计要点、细点中，突出了铂翔观海国际社区的文化品位和生活情趣，使整个小区真正融于古城文化与海文化之中，创造宜居、宜创、宜休闲的人文与自然和谐新空间。

三、景观设计理念

以海洋文化为设计主题，基于兴城古城文化与海文化，把古城文化与海文化融入到景观设计中，设计上着重处理铂翔观海国际海与古城、海与山、海与海、海与温泉、海与岛的融合。

四、景观布局设计说明

通过借景、造园，将铂翔观海国际塑造成一个人文与自然交融的空间，一个物质与精神融合的乐园。整个社区通过兴城古城文化与海文化的体现，以一条集山、水、人文文化于一体的综合性景观中心轴串起了整个社区，并衍生主要景区，海与古城、海与山、海与海、海与温泉、海与岛。整个社区景观布置由不同的区域出现不同风格的景点，达到举目观景、低头赏园、步移景异的景观效果。

景观设计总平面图

文化为设计
基于兴城古
文化，把古
、温泉、
入到景观设
了铂翔观海
厚一流的景
。

融入整个社区

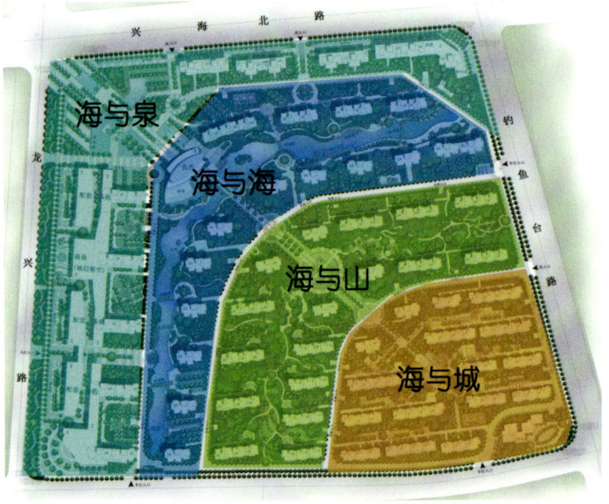

总平结构分析图

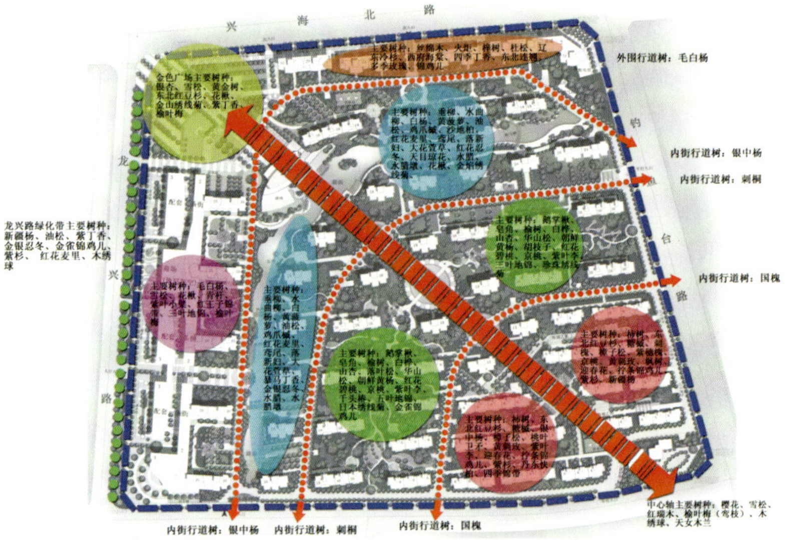

植物设计平面图

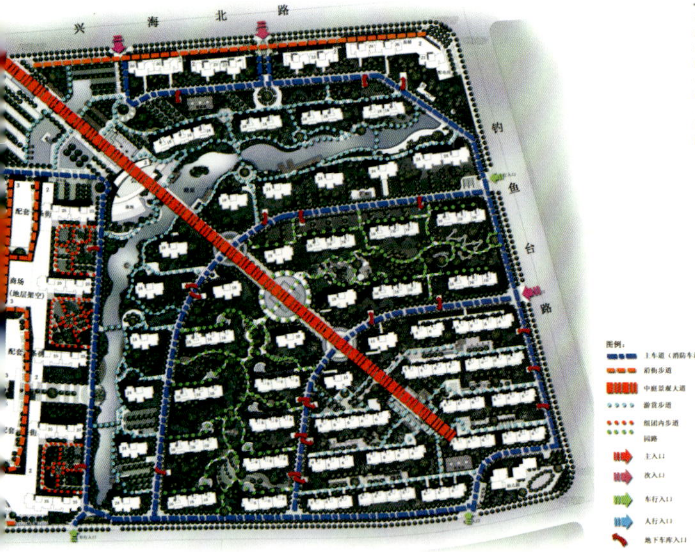

交通功能分析平面图

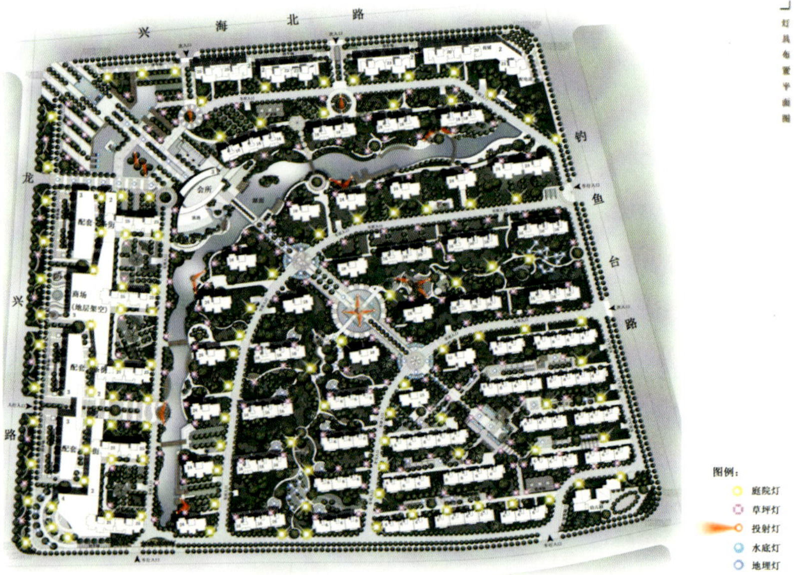

灯具布置平面图

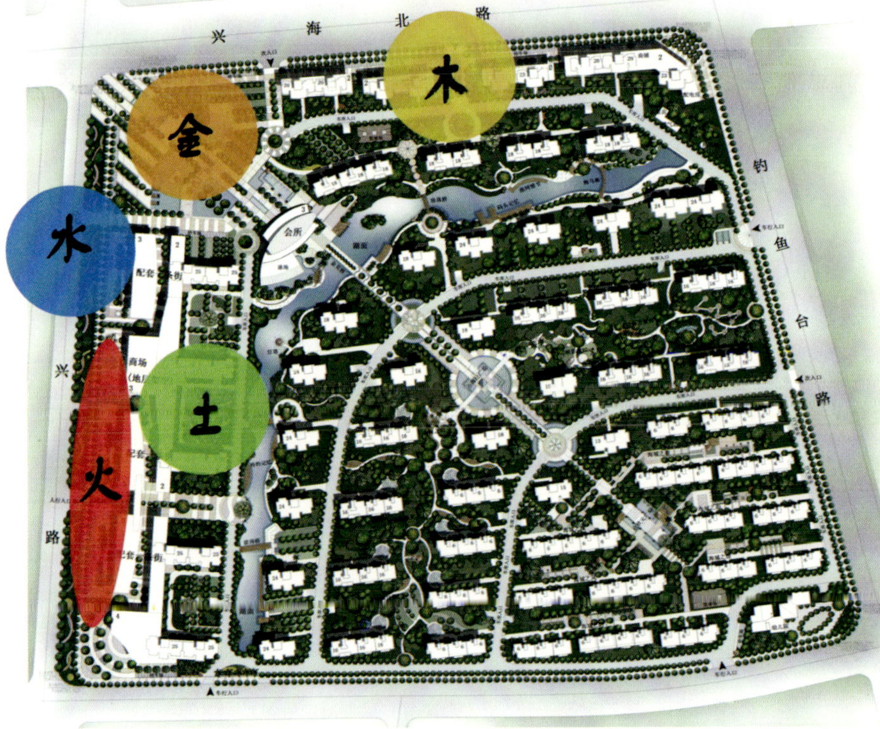

金木水火土五行

■ 海与城

海与山

海与山位置图

海与海

海马桥、贝螺广场以简洁的造型设计如阳光下海边闪烁的贝壳，既像海滩上的海螺，又似一个飞旋而上的浪花，以流畅的玻璃表达水的晶莹；渔网情结、沙滩浪漫、咖啡平台、渔舟唱晚，是何等的浪漫，何等的情调！海马桥、珍珠桥、金贝桥、风帆桥、波浪桥以金贝桥为中心，延续着社区生活中的点点滴滴；绿岛风情、花溪绣浪、舟之印象、灯塔映月又给予人们更深的印象，引导着人们步入更高、更好的社区生活中来。

景观中轴平面图

金色广场、山海经广场、魁星点状元广场等六个景观焦点以轴线的形式串起了整个小区，是一条集山、水、人文文化于一体的综合性精品轴，包揽了整个社区的特色，使进入社区的人们拥有开阔宏大的感受；设计构思以顺风顺水之寓意贯穿这个社区，让入住业主充分享受和谐而宁静的环境；融合社区引进的地下温泉资源，实现汤泉私享的梦想，演绎出诗意的尚美人居……

商业街氛围景观效果图

侧门设计

山海经广场

五、主要景观节点设计说明

整个社区拥有开阔的草坪、葱郁的树木、蜿蜒的跑道以及休闲的小广场，成为业主进行有氧运动、家庭活动等的主要活动场所，成为“动区”；而社区内部则通过起伏的地形、宁静的湖水、静逸的溪流和葱郁的树木，形成业主休闲散步、邻里畅谈、亲子活动的安全舒适环境，构成“静区”，动静结合充分体现了铂翔观海国际项目的特色。水的变化、铺地的变化、台阶的变化、植物的四季变化共同构成古城文化与海洋文化，每一元素都是这一主题不可缺少的。

1. 中心景观轴

金色广场、山海经广场、魁星点状元广场等六个景观焦点以轴线的形式串起了整个小区，是一条集山、水、人文文化于一体的综合性精品轴，体现了整个社区的特色。设计构思以顺风顺水之寓意贯穿这个社区，让入住业主充分享受和谐而宁静的环境，结合社区引进的地下温泉资源，实现汤泉私享的梦想。

2. 海与古城

作为社区的一期建设，建筑以多层建筑为主，在社区内配套了会所、幼儿园、停车场、商业街等，强化了社区自身功能，显示业主尊贵优雅的身份。景观以古朴典雅的古城形式来讲述海洋文化与古城文化的结合，区内组团景观相互呼应，海城之歌、海城之魂、海城之风、海城之恋、海城之韵诠释着社区与海、与古城的不解情缘。城廊、街巷材质主要采用透水砖、红砖，具有雨季不泥泞、旱季不飞灰的特点，各组团广场点缀着各种海洋生物石雕。正中为魁星点状元广场，取“魁星点斗、独占鳌头”的祥瑞，隐含魁星点斗、独占鳌头、克己复礼、正心修身之意，结合水景、海洋生物石雕，水自然活泼，石上花纹图案自然雅致，质感细腻，与整个城市环境十分协调。房屋的结构、古城的古朴典雅、石板小路、魁星点状元这一切都是设计追逐的目标。

3. 海与山

作为社区的二期建设，水泡广场、松涛浪曲、层林尽染、揽胜亭、片片红叶情、绿谷春阴是社区、海与山相互融合意境的空间。狭谷迷踪、七彩童乐、轻舟万重山，以动物造型结合山石，儿童游乐设施的摆设，彩色塑胶的铺地，满足儿童的好动好奇、游乐及戏耍；迷你高尔夫是让人们闲暇时间可以推推杆，练练球的场所，既陶冶人们的情操，也是提高社区档次的响亮之作。

4. 海与海

一个宽数十米、长近2000米的人工湖展现在人们面前，而且是流动的。是湖，也是海。这是社区的经典之作。“临水而居”在世界各地都是奢华的象征。水体具有良好的调节空气湿度、净化空气、美化环境的作用。在社区中央的大湖面，利用水体的集中，使其调节功能达到最大化。这是社区的五期建设的主要生态作用，是远可观海、近可赏水的理想场所。景观造型思想源于海洋中飞扬的水浪。海马桥、贝螺广场以简洁的造型设计如阳光下海边闪烁的贝壳，既像海滩上的海螺，又似一个飞旋而上的浪花，以流畅的玻璃表达水的晶莹，渔网情结、沙滩浪漫、咖啡平台、渔舟唱晚，是何等的浪漫，何等的情调！海马桥、珍珠桥、金贝桥、风帆桥、波浪桥以金贝桥为中心，延续着社区生活中的点点滴滴。绿岛风情、花溪绣浪、舟之印象、灯塔映月又给予人们更深的印象，引导着人们步入更高、更好的社区生活中来。

5、海与温泉

为了让入住业主能实现汤泉私享的梦

想，铂翔观海国际充分利用温泉资源优势，依托高新管道技术的支持，将地下温泉资源引入社区内部，真正做到温泉入户，演绎出诗意的尚美人居……温泉浴有着悠久的历史，应用范围很广，它的药用价值被人们所认识，作为养生之道渊源流传，早在三千年前，在殷商时期的甲骨文里，就已经有了“浴”“沐”“澡”“洗”“盥”这些文字记载了。温泉是现代城市人的养生之道，是五行之平衡。五行就是指”金、木、水、土、火”此五大基本元素。五行的平衡，给人们一个宜居、宜创、宜休闲的生活社区。

金：金色广场是焦点之作，是社区的形象，是售楼处的门面，也是社区四期建设的高档酒店的所在地。金色代表财富与成功，大龙腾柱给予人们的视觉冲击是不同凡响的。简洁大方的广场铺地形式及种植空间给予人们一个开阔的视野，一个宜创的空间。聚水亭、金韵水池、金色大道、景墙喷水、喷水雕塑给予人们亲近水、享受水的生活情调。

木：位于兴海路南侧，是社区的四期建设，以高层建筑为主，香花飘香的花径，规则的绿化种植，气势恢弘的建筑，给人感觉就像雨后春笋节节高，宛如万木葱茏，溪涧争流。举目观景，低头赏园，这里是观海景的制高点，蔚蓝风光尽收眼底。

水：为了提高社区的园林品质及业主居住的环境质量，开发商不惜巨资，对依临社区的龙兴路绿化带进行了改造。结合商业用房，考虑到景观的整体性及其隔音降噪的功能，绿化带为隔音防噪和衔接社区景观，起了至关重要的作用。通过海洋水波浪、水泡的形式对绿带的种植绿化、空间划分、交通贯连进行设计，以及一些入口小广场的加入，使得绿带的功能更加完善。

土：时尚的酒吧和田里的青菜，很大程度上满足着许多人追求惬意与享受田园的双重愿望。社区的三期建设外有繁华的商业圈，内有恬静悠闲的田园生活空间。沧海桑田，紫云阁、翰风居、韵香园以一条条园路及小广场围合成一个个田字状空间。

火：作为社区的三期建设，商业广场的火暴，是开发商、策划者、设计者追求的目标，以红红火火的构图意象，结合商场的环境特点，聚源广场、商业步行街、金蟾喷水、魔幻舞台是这一设计意图的写照，休息廊架让逛街的人们带着一天的收获在这里休憩一下。该中心的规划，空间组合自由灵活，充分考虑了空间的合理性、功能性和周到性，使整个商业空间内连续展示亲切、周到、轻松、愉快的海洋文化主题，让消费者的游览、逛街、购物、休闲等在这里真正变成一种前所未有的享受。

6、海与岛

岛，遍布在整个社区，湖中绿岛、海之礁岛、山之突岛……星罗棋布、风貌各异，给予人们不同的意境享受，为整个社区点亮了内景的一道道亮光。

六、植物设计说明

在现代环境设计中，植物造景已成为景观设计的重要手段。植物设计以改善、提高人的生态环境、生命质量为出发点和目标，注重绿化布局的层次、风格与环境要素互相呼应，注重不同植物的相互补充融合。在植物搭配上要体现出季节的变化，在不同季节不同地方营造不同空间，做到春有花、夏有阴、秋有果、冬有绿。社区绿化在追求整体效果的同时，也注重细节的变化，如乔、灌、花、草的复合生态搭配，落叶乔木、常青灌木高低参差、交相辉映，注重发挥绿化在整个居住区生态中的深层次作用。

售楼广场

驳岸

驳岸

商业广场

儿童乐园

驳岸

厦门二木景观规划设计有限公司

驳岸
厦门二木景观规划设计有限公司

层林

海城之情

售楼广场

山盟海誓

柳州市国信·凤起新都

项目资料：
项目地址：广西柳州市
总占地面积：326000平方米
总建筑面积：30.9万平米
容积率：0.95
景观规划设计面积：约76000平方米
绿地率：40%
设计单位：香港RAW诺奥景观
主要设计人员：陈文焙

项目说明：

一、基本概况

国信·凤起新都位于广西柳州市，城市历史悠久、人文底蕴深厚，小区地段位置优越。

二、总体构思

1. 设计定位：现代居住环境规划思想，已由单纯的景观园林飞速地发展到了追求个性，崇尚自然、注重和谐、舒适与人文意境的新阶段。它要求将有限的空间延伸到室外，使整个居住社区拥有更多的阳光、空气和水，更重要的是充满绿色。

本规划准确地把握柳州的气候与人文环境特点，并认真考虑周边楼盘的景观风格。以水城风情为底蕴，将良宅、美景、碧水三大健康和生态主题巧妙融合，打造自然、和谐、宁静、而又富有情调的现代水乡居住空间。

2. 风格的确立：自古就有“无水不成园”之说，择水而居是人的天性。本规划崇尚自然，回归古朴，将水乡文化与情调巧妙地融入小区。创造水系园林之家，让都市人临水而居，让潺潺流水从屋前或宅后缓缓淌过，让人们在湖中悠然泛舟，体味恬淡从容的人生意境。

三、设计原则

1. 景观的生态性原则

现代园林景观设计必须讲究生态效益，生态是景观的灵魂，而住区环境设计更应以追求生态为宗旨，还世人一处水流潺潺、空气清新、鸟语花香、绿色处处的自然式生态居住区。国信·凤起新都以“水”为贯穿全园环境的主题意境，既使小区的景观具有整体性，又体现国信·凤起新都的环境景观设计对生态性的不懈追求。

2. 景观与空间统一性原则

空间是展现景观的场所，景观是空间的主题和特质，园林景观必须以空间作为展现的舞台，而空间必须赋予景观灵魂。国信·凤起新都以水景为景观主轴线，营造生动、宜人的空间序列，通过发挥该地段的景观性质，充分利用地形并改造地形，重新创造城市和自然界之间的平衡关系。

3. 景观与功能的结合

在住宅小区的环境设计中，功能是首先必须满足的，在满足功能的前提下，尽量创造优美的景观空间。根据住宅区的总体规划，纯粹人车分流的步行化社区，从而为景观的营造提供更广泛有利的条件，进一步提高环境景观的质量。身在闹市，远离尘嚣，现代都市中的世外桃源。行走是一种乐趣，安步当车，视线所及满目苍翠、水流潺潺、湖光潋滟，走在桥上心旷神怡的感觉油然而生。“水景”作为贯穿全园的主轴，并充分结合运动带和景点布局，使功能与景观充分地结合。

4. 景观与建筑的和谐原则

充分考虑小区的建筑风格与布局，将园林景观作为建筑外部空间的延伸，使建筑能充分融合到环境之中，环境设计采用自然式与规则式相结合，立足于现代景观，使建筑与环境融为一个整体。全明设计、景观阳台、飘窗，延伸室内空间与自然对接，国信·凤起新都每家每户都能透过景窗，延伸视觉意象，把如画景致引入室内。不同的角度、不同的方位，水色景致是缤纷多姿的，水色景致在远近高低各不同的空间序列中变换运动相互呼应，景致随着季节的更替而变化。小广场、水榭、花架、小桥等景观建筑充分结合建筑的艺术特性而达到环境景观的统一与和谐。

5. 景观的时代性、个性原则

切合地方特征，而又把握时代脉搏，通过个性化的景观与空间来展现自己的独有特色，通过景观的手法和材料的运用来体现小区环境景观的时代感。整个小区环境整体概念规划把握充分，在细部设计上精心打造，小环境景观统一协调而又力求新颖、独具特色，使整个小区环境写上了自己的语言，国信·凤起新都——梦幻里的童话世界、记忆中的水乡生活。充分结合自然和社会文脉，设计简约、宁静、现代、新颖而又不拘一格。水的景观与乐趣的打造是小区环境的主要特色，中心湖融娱乐（嬉水浅涧）与景观（喷泉、木栈道、临湖观景休闲木平台等）为一体。全面提升小区景观质量，以穿行于楼宇之间的精致溪涧为中心湖水系的延伸。整体水景结合水中汀步、跌水、涌泉并合理设置运动、休闲空间与设施，做到户户观水，人人过小桥回家的生态、运动、美丽、健康并充满乐趣的水乡生活式高品质景观小区。

6. 景观的美学原则

小区的环境景观通过设计师的造园技巧，充分融合其他原则，而又以艺术的形式出现。造园考虑了统一、调和、均衡、韵律、对比五大美学原则，艺术性地把握与打造了国信·凤起新都的处处胜景。

注释：

01. 健乐园
02. 阳光屋
03. 绿野仙踪
04. 翠芳园
05. 水中方舟
06. 沁芳园
07. 绿趣园
08. 醉心观景
09. 丽人岛
10. 景观高尔
11. 儿童冒险
12. 康桥水岸
13. 中心广场
14. 水中茶吧
15. 入口广场
16. 标志跌水
17. 健足卵石
18. 莱茵河畔
19. 风光游廊
20. 幼儿园四
21. 异国风情
22. 绿岛儿童
23. 会所休闲
24. 美林湖畔
25. 大树氧吧
26. 流星庭院

索引图

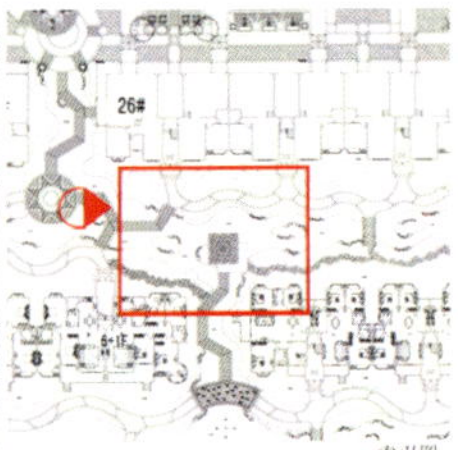

索引图

索引图

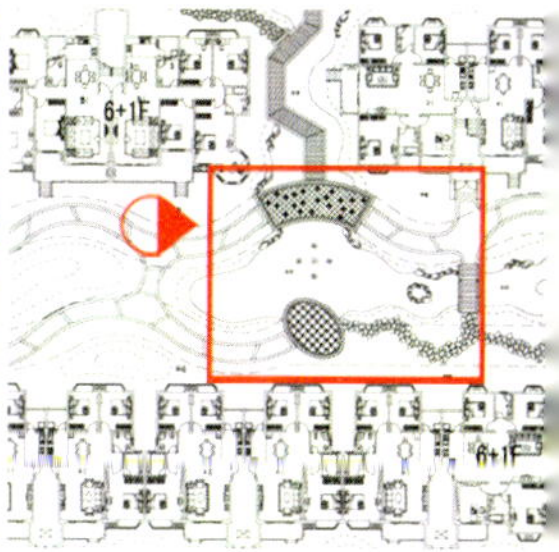

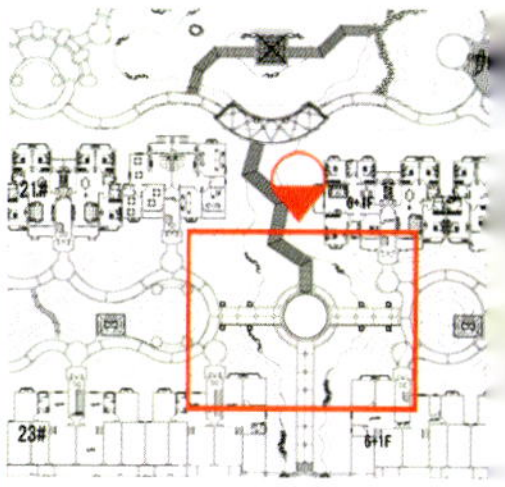

索引图

北京市朝阳区PEKING HOUSE首府

项目资料：
项目地址：北京市朝阳区
设计单位：ECOLAND易兰（亚洲）规划设计公司

项目说明：

项目距国贸仅两公里，踞守有着“财富大道”之称的西大望路，置身于“国贸华贸万达”构成的世界商圈之中，近邻北京市区最大的国际学校、未来的里兹卡尔顿酒店、水世界商城等世界级消费场所，加之低容积、低密度的社区规划，都使得Peking House首府被贯以“CBD低地、静地”的美称。

设计为Peking House首府塑造了个性化、特色化的人居环境，使得Peking House首府在园境层面更为看重原创与唯一、居住理念与设计理念的完美融合，以形成自身不可复制的优越，从而提供给居住者超越时间的恒久性——以“流动的客厅”为园林构思，以木石水雕筑园林，采用水景、鹅卵石、竹林绿植等元素，通过连贯的木栈道和蜿蜒曲折的河水连接南、北、中三个景区，更以高大浓密的树木自然围合出私密的官邸式院落，营造雄浑而私密的“流动客厅”。

重庆市同创高原

项目资料：
项目地址：重庆市九龙坡区
设计面积：177 000平方米
委托方：重庆同创置业（集团）有限公司
设计单位：润枫管理咨询（上海）有限公司

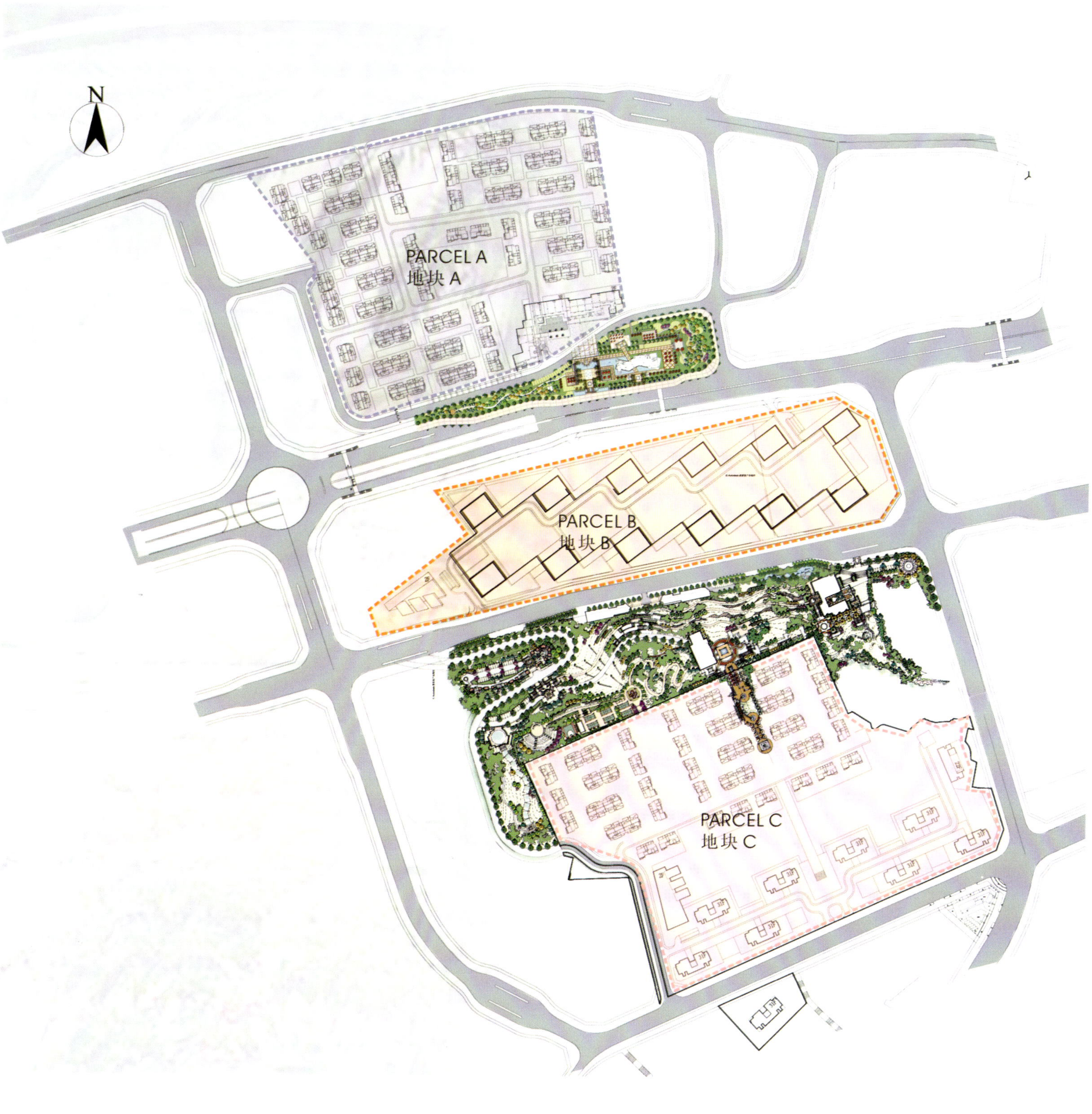

中央广场

植物园

公园

办公区

公园

圆形剧院

中央广场

人行入口

项目说明：

本案设计中，公园的设计灵感源于西班牙风情景观，艺术和色彩是其鲜明的特色。设计中运用的设计元素有彩色马赛克、风格化材料、暖色混凝土砖、雕塑、花钵、曲形线条。通过综合巧妙地利用这些设计元素，将公园分成六个主要景观区域，它们分别为：中央广场、运动休闲区、娱乐休闲区、饮食供应区、社区广场、办公区。六个主要的景观区域不仅从功能上满足公园的配备需求，也在每一景观节点处创造极好的景观效果。

中央广场

中央广场是一处引人注目的大广场，也是公园中重要的群体空间，是人们聚集并可容纳各类大型活动的中心地。中央广场位于公园中心地，以旱喷泉为大广场的特色，其他景观元素有廊道、瞭望塔、观景平台。身处塔上，能够观看到引人入胜的美景。广场上大面积的铺装采用圆形图案、红色砖与马赛克砖相结合，设计效果夺人眼球，吸引人注意，从而烘托此区。

运动休闲区

运动休闲区中设置羽毛球场、网球场、半篮球场、管理楼、儿童玩耍区、烧烤区、健身小站、攀岩墙来满足公园的运动功能。区内白墙环绕并种植大量植物。墙壁色彩明亮，运用白色灰泥、马赛克砖。开放草坪绿意盎然，周边树木葱郁成阴，为白色墙面增添深色。

娱乐休闲区

娱乐休闲区位于公园西侧，区内包括：花房、奇异鸟舍、蝴蝶园。廊道中设置文化碑广场、户外剧场和音乐舞台，成为音乐和舞蹈节庆时的场所。

饮食供应区

饮食供应区位于公园左边拐角处，此区主要景观元素有：主车行入口、管理楼、泊车区、食品/饮料售货亭。入口标识系统引导来访者沿棕榈树进入公园，创造大气而正式的效果。迷你庭院（带喷泉）结合特色景墙，不仅为整体景观增添了趣味性，同时也为人们提供了一个可以休息和交流的场所。喷泉的设置使该空间更为凉爽，并达到悦目悦耳的功效，而庭院的环境气氛也因喷泉显得更为活泼、亲近。

社区广场

社区广场的设立在更大程度上迎合了周边居民的需要。拘谨的设计创造了美好的西班牙景观氛围，主要景观元素有太阳形铺装图案、藤架、观景平台。雕塑吊灯的点亮，使得夜间景观一扫白天的严谨风格，变得抒情而柔美。植物园内花草小品、各色树木吸引步行于公园的人们驻足欣赏。

办公区

办公区气氛安静、景色秀美，主要景观元素有景观跌水、开敞草地、办公庭院、景亭和嬉戏小径。巧借直线型墙和台阶的优势来解决现场高差问题。台地种植结合各类花草和灌木，将景观融入四季，为平静的湖景区增加色彩和景观层次感。旱溪内的植物带隔离了主干道上的嘈杂和不好看的风景，同时将旱溪点缀为又一条景观带。

公园

本案中，市政公园的设计吸取了普埃布洛里广场的精华，在园内创立三个方形广场。广场均为从北面向商业，小径连接起所有的广场和商业建筑，主要道路和售楼处在南部。更为重要的是，广场为附近商业区和居住区创造了很多综合利用场地，除广场外其他区域主要为小森林和开敞草地。

运动休闲区

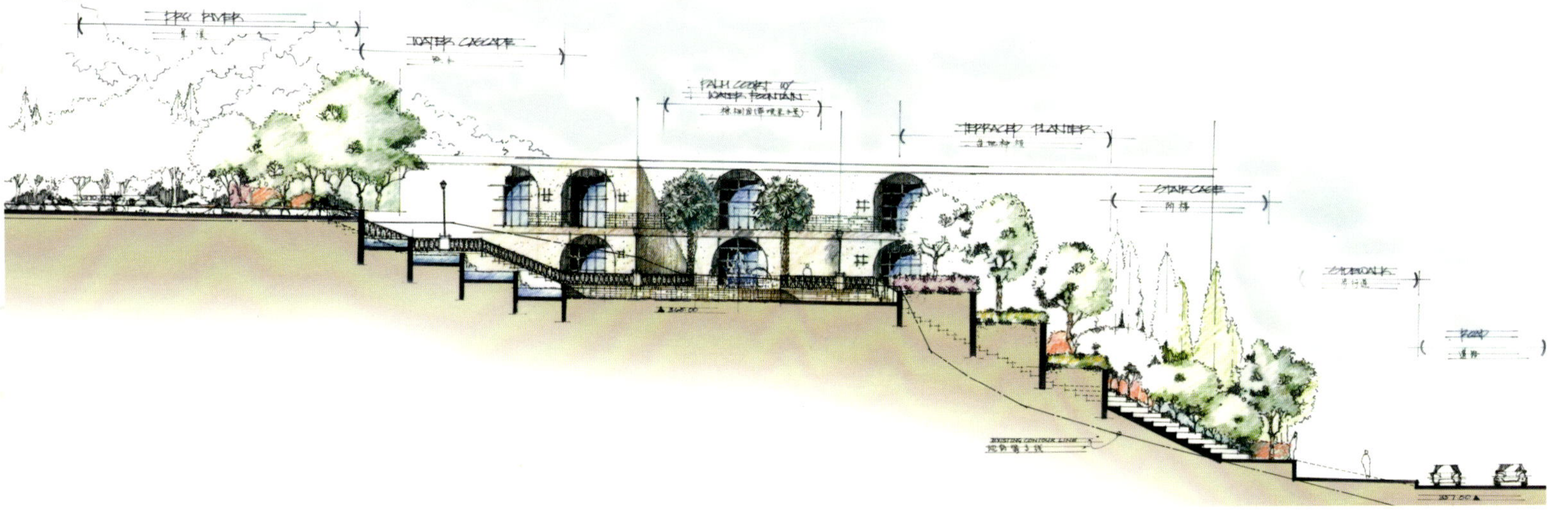
WATER CASCADE
TERRACED PLANTER
STAIRCASE
SIDEWALK

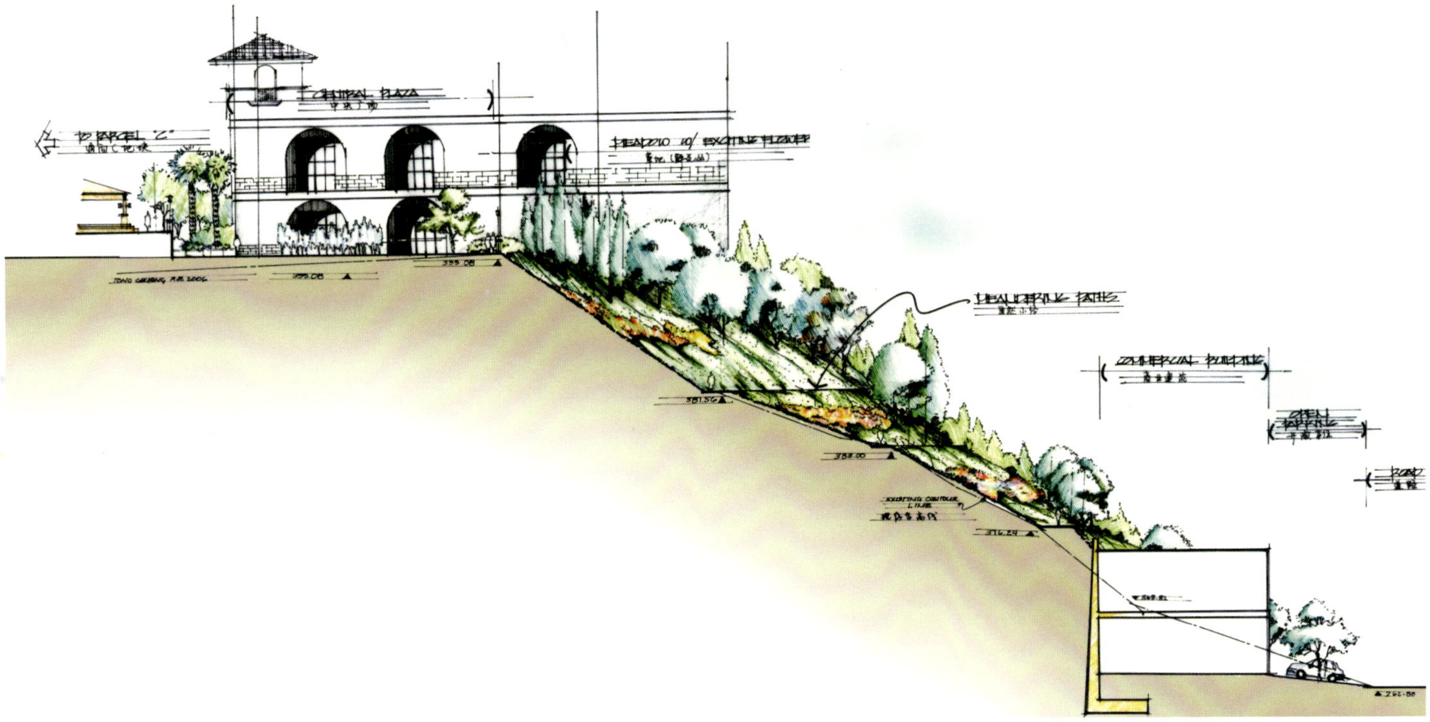
CENTRAL PLAZA
TO PARCEL "C"
MEANDERING PATHS
COMMERCIAL BUILDING
OPEN PARKING
ROAD

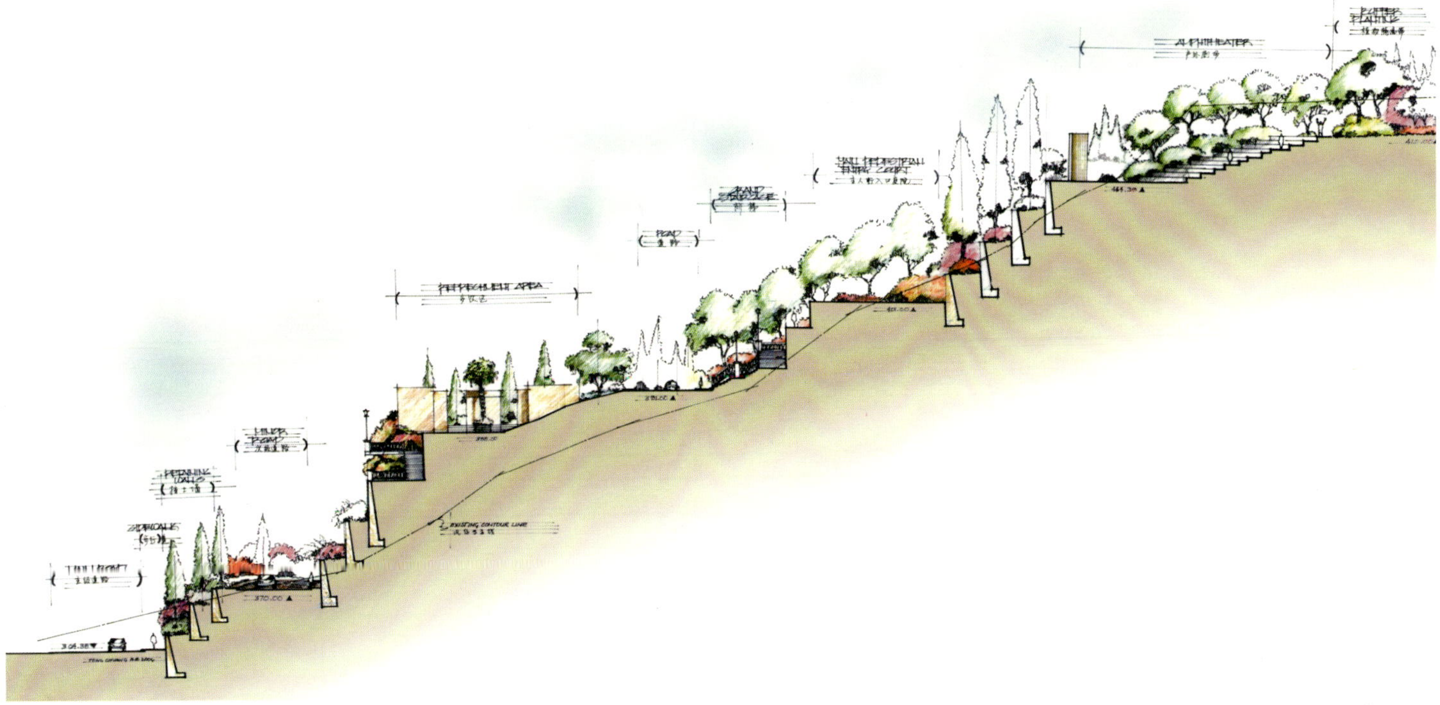

重庆市江北区廊桥水岸

项目资料：
项目地址：重庆市江北区
设计单位：润枫管理咨询（上海）有限公司

项目说明：

七条水景主轴

空间组织：

本项目的景观设计共有七条景观主轴，其主题是巴厘岛花园。

人与自然的关系可以是和谐的。而本设计正实现了人置身自然之中充分地拥抱大自然的意愿。本项目的建筑依山傍水，拥有欣赏长江江景的绝佳视觉享受。

而七条景观主轴中的六条主轴的水景充分延续了依水而居的概念，最后一条主轴则融入了长江景色以体现水居的概念。从而使所有的主轴再次呼应了廊桥水岸的主题。

看见水源喷泉意味着来到了廊桥水岸的入口，这也是整个景观庭院的惊鸿一瞥。而这个区域也象征着整个水景体系的起源之地。具有巴厘岛风格的大树烘托着优雅的喷泉水景和八座雕塑，气派宏伟，同时也暗示了小区里面还有更好的景观在等待着被人们发现。

美丽的售楼处“漂浮”在水面上，一座独特的景观桥将人行步道与之连接起来，四周围绕着丰富多彩的观赏植物，眼前的美景让人感觉如置身天堂。

“温泉之路”引领人们穿过一条40米宽的景观长廊，就像整个景观的入口。狭长的景观是为了让人们在此之后体验更大的惊喜。

象征着神话中的特色水景——羊角雕塑，正源源不断地向外喷出代表好运的泉水。而一座充满巴厘岛风情的岗亭坐落在前，周围种植着灌木，点缀着兰花和其他色彩鲜艳的时令花卉。

一个连接着多条通往小区内部通道的回车道将入口与内部的不同区域连接起来。而道路的弧形设计能让人感觉到家的温暖。

“福佑之水”是廊桥水岸的核心，同时也是它的骄傲。其流线型的布局象征了本项目尊贵、宏伟的光环。四个水池则组成了台阶式的跌落水景。

财富之池：

作为第一个同时也是最大的池，它象征了财富的宝贵和对财运的祈求。8米高的喷泉和侧喷，两边八排棕榈树表现出了八个设计整体。

极乐之池：

思想能够充分体现出“一个人”的灵魂，作为第二池它运用了景观雕塑作为设计元素，象征对人类的祝福。

前程之池：

通过两个渔夫雕塑展现出对美好事业和锦绣前程的无比期待。

圣洁之池：

作为最窄的池，它寓意在经历重重磨练后，有时只需翻越一条小径便可到达圣洁领域。

喜悦之池：

就像人生历程，在经历了财富、极乐、圣洁后到达喜悦，通过运动公园和巴厘岛式塔的设计增添了欢悦之感。斜坡草坪区的茂盛植物为河景创造了开阔的景观视野。

巴厘岛式的庭院，天然景观和人工造景的巧妙融入，综合阐述了池的设计寓意。池边平台的三个层面与地势形成衔接，使景色在不同层面得以体现。

主池的海滩区域用凉亭、跌水、按摩浴池、水上篮球、水上排球、水上曲棍球设施缔造出畅玩的乐园。成人游泳池设有池边休息椅、日光浴平台、水位提示。特色凉亭和花架勾勒出了入口处，花架亲水平台为休闲漫步者注入了一份随意。

欢腾的溪流为景观带来了生命力，桥上的跌水景观让你感受活力，整个水体景观带流动在幼儿园和特色庭院之间。

七个水轴的设计充分展示了人类对自然的向往和亲水性。

LEGENG 列表
CODE代码 DESCRPTION说明

1. Balinese Tower：巴厘岛式塔
2. Sales Office：售楼处
3. Genesis Fountain：喷泉
4. Hot spring Gateway：温泉入口大道
5. Blissful waters：水景
6. Children's Swimming Pool：儿童泳池
7. Pristine Pools：复古水池
8. Water Sports Facilities：水上乐园
9. Adult Pool：成人泳池
10. Running brooke：涓涓溪流
11. Fcaturc trcllis：特色花架
12. Park：公园
13. Viewing Deck：观景平台
14. Sample House：样板房
15. Basin of wealth：财富之池
16. Basin of professional bliss：前程之池
17. Basin of personal bliss：极乐之池
18. Basin of spiritual Bliss：圣洁之池
19. Collecting pool：集水池
20. Lake serenity：恬静湖水
21. Feature Hanging Bridge：特色吊桥
22. Badminton court：羽毛球场
23. Entry Basement：地下入口
24. Pristine Pavilion：复古凉亭
25. Secondary Entry：次入口
26. Commerecial Walk：商业步行街
27. Plaza：广场
28. Cascading Lake：跌水湖面

DNA

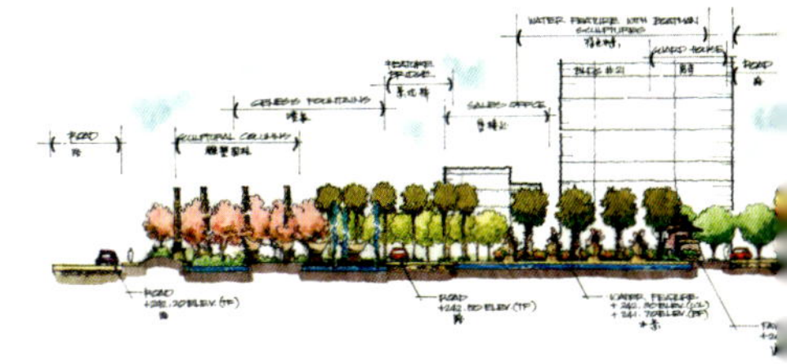

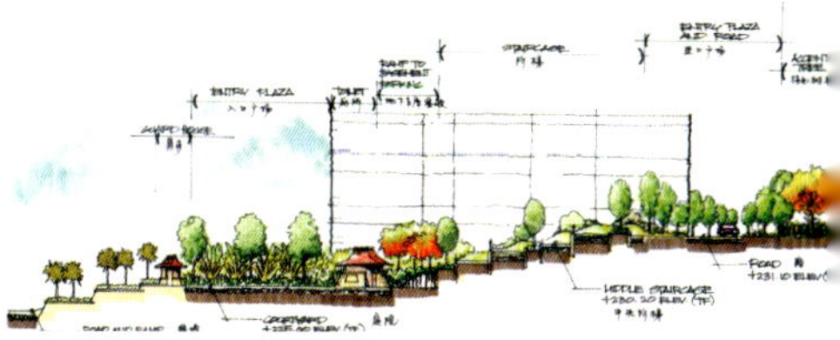

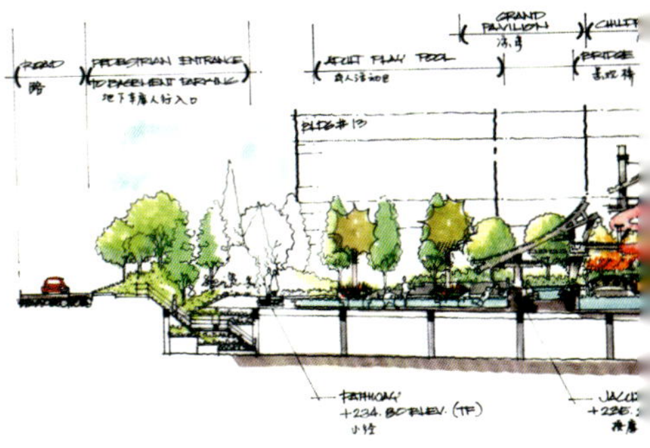
ROAD
PEDESTRIAN ENTRANCE TO BASEMENT CARPARK
ADULT PLAY POOL
GRAND PAVILION
BRIDGE
BLDG#13
PATHWAY
+234.80 ELEV. (TF)

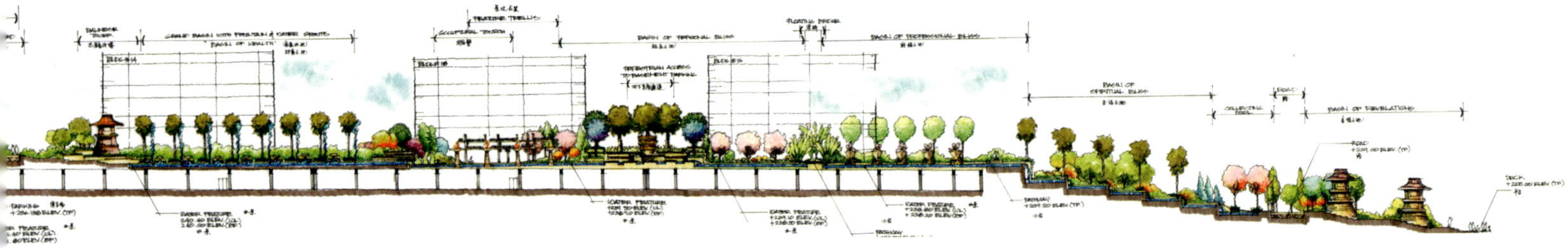

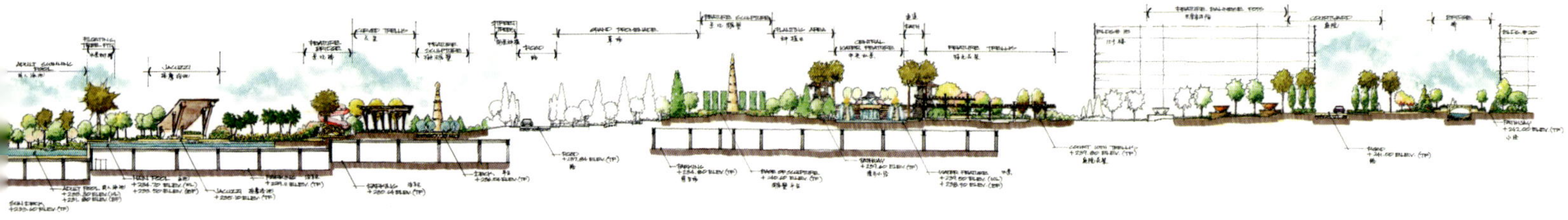

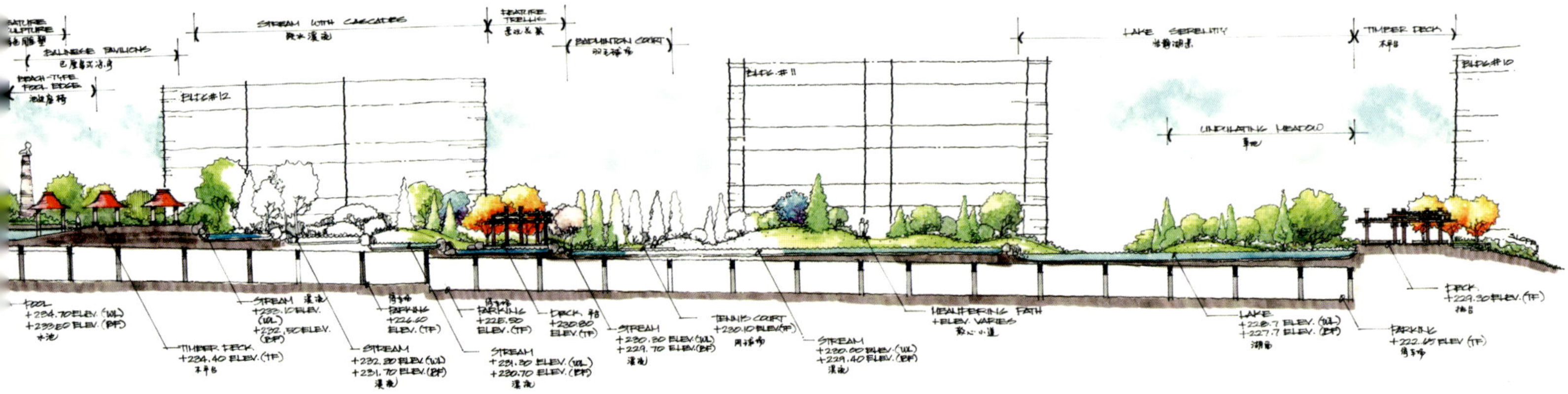
STREAM WITH CASCADES
FEATURE TRELLIS
LAKE SERENITY
TIMBER DECK
BLDG#11
BLDG#12
BLDG#10

金科·廊桥水岸

南宁市保利·21世家

项目资料：
项目地址：广西南宁市
总占地面积：77 342.18平方米
总建筑面积：12.9万平米
容积率：1.67
绿地率：38%
景观规划设计面积：约53 000平方米
设计单位：香港RAW诺奥景观
主要设计人员：陈文培

01. 入口标识花坛岗亭绿岛
02. 特色地库入口上盖攀藤花架棚
03. 中间涌泉跌级水景岛的景观走廊
04. 艺术的雕塑花池星光广场
05. 木台走廊与草坪雕塑景观灯柱
06. 旱喷与水景的聚合活动世纪广场
07. 艺术景墙与休憩绿阴大树围座
08. 开阔草坪的家庭同乐风筝园
09. 北入口树池岸滨水木骑廊
10. 绿阴树池的阅读阶梯休闲园
11. 湖中生态绿岛与趣味木栈桥
12. 浪漫情侣沙滩卵石岸
13. 架空层休闲泛会所活动空间
14. 艺术名人雕塑小水景花坛
15. 特色铁艺花架游廊休闲广场
16. 自然式生态水岸景观水景湖
17. 世纪大道节点凯歌广场
18. 景观高尔夫式生态坡地绿林
19. 石板卵石汀步的健足游园径
20. 大树下围座的竹林铺装小园
21. 晨练小设施的绿阴康乐园
22. 世纪大道水景花池绿岛
23. 带 SPA 池的泳池休闲绿岛
24. 多功能的儿童游泳池
25. 假日休闲式池岸 Party 活动区
26. 热带风情的欢乐瑶池园林泳池
27. 具趣味性的益智康乐欢乐园
28. 草坪木台的活力阳光园
29. 特色铺装绿化商业街
30. 商业活动水景广场景观廊
31. 主入口标志雕塑跌级水景岛
32. 阳光草地风景木平台步道

项目说明：

一、项目概况

项日位于广西南宁市民族大道延长线南宁中国东盟商务区内总占地面积为71.014亩，建筑占地面积为12033.2平方米，绿化率为38%。拟建设成为一个富有文化创意、充分体现人文关怀，引领居住潮流的中高档生态、节能型住宅小区。

二、景观设计主题

营造以音乐主题园林为背景的大型时尚艺术生态景观社区，打造五官皆可接触到的精品艺术环境、健康人居，谱写一曲和谐美景、高雅艺术的世纪乐章。

三、规划设计思路

景观设计围绕谱写一曲和谐美景、高雅园林的世纪乐章来开展，而“音乐主题园林”极富浪漫主义和艺术品位，我们构思整个园林景观的布局将运用点、线、面、色彩、质感等元素，形成每个独特的景观符号和感官体验，准确地表达出“活的”音乐旋律，创造一个景观有音乐、居住有艺术的品位园林景观。并根据组团的分布与景点特色，划分了八个乐章组团。这样一来，在21世纪家园里，精彩的人生每日都在轮番上演华丽的乐章，八大组团景点有机串联起一曲悠扬动听的美妙旋律回荡在小区每个角落，令艺术人生在这里得以一步到位。

四、景观结构

用园林铸就凝固的艺术，把音乐融入艺术的人生，由此艺术人生八步曲在世纪家园奏起和谐的旋律。

1. 世纪大道（前奏曲）

“21世家”是21世纪的美好家园，作为它的主入口，我们需要体现其大气、现代的一面，所以命名为“世纪大道”，寓意开创新世纪的大道，又指进入世纪家园的人生大道。大道大门设计的指挥手与乐谱雕塑，奏响进入世纪家园艺术人生大道的前奏曲。主入口的整齐大气直线空间是给人的第一形象体验，大门点题的音乐指挥雕塑跌水水景，奏响了激昂的艺术人生大道进行曲，也鲜明地把音乐园林主题突显在入口中心上。作为小区的主入口，整体设计上追求简洁大气的世纪大道感受，力求把音乐与艺术的世纪家园形象鲜明地体现出来，在入口大门中间设计了点题式的音乐指挥手雕塑的跌水景岛，大门左右两边是动感活跃的音乐人物雕塑，周围配合高大棕榈树阵与花灌，表达了美好的人生乐章正从这里开始奏响。进入大道后，两旁是整齐的花色植物树列，中间是雕塑与水景花坛分隔岛，大气笔直的大道一直延伸到了特色铁艺花架长廊上，造型艺术的花架廊下是集合了休闲、观景的活动广场，在这里静静地观赏远处的坡地景观，更有一份“悠然见南山”的感受，长廊尽头还设计有草坪雕塑与休闲木栈道、卵石健身道等活动小景。

2. 欢乐颂歌（进行曲）

定义成“欢乐之门”的西入口大道，以营造欢乐愉快的入口气氛为方向，体现把快乐进行到底的乐观主义精神。大道中间设计了动感的涌泉水景走廊，水景池上站立着吹奏乐器的四个快乐小孩，犹如一曲欢乐的颂歌回荡在整条入口走廊上。大道尽头连接了椭圆形的艺术展览广场，上面设计有抽象的音乐作品和艺术景墙、特色花坛等景点，俨然一个世外桃源、欢乐之地。

3. 游乐瑶池（狂想曲）

外形优美、空间开阔的游泳池正如天上瑶池流落人间，把欢乐带到了世纪家园，因为这里将会是欢声笑语的海洋、游乐共享的天堂，任由你放飞心情、畅快淋漓地伴随着狂想舞曲自由摇摆。池边同时洋溢着假日休闲的舒适聚会气氛，艺术小品点缀于休憩空间，四周绿树围绕。

4. 林语山色（协奏曲）

“仁者乐山”是一直以来对高雅人士向往豁达自然的描述，现在居住在世纪家园里，家里就藏有一座山，而且有山带林、鸟语花香，一派诗情雅景。坡地景观的营造给爱山人士增添了雅兴，当你休闲漫步于山林之间，登高于山顶观景亭之上，那是一种超凡脱俗的享受，更能休会山与林的和谐脉搏，领悟山林间自然绿色的协奏曲。

5. 碧水丽屿（浪漫曲）

“智者乐水”是对智慧人士乐于思考领悟自然的赞美，这里“一湾丽水天上来，汇流成湖变风景”。湖中设有绿岛，更加丰富了水岸的活动空间，碧水、美岸、丽岛成为这里鲜明的标签印记，人游历其中像是在欣赏一曲浪漫的音乐，你便成为浪漫曲中的一个小小音符。

6. 音乐绿洲（幻想曲）

开阔的中心阳光草坪犹如一片静静的绿洲流淌在高楼之间，高空看下来就像是一块瑰丽的翡翠镶嵌在小区中央，这样开阔的绿色空间让人能够敞开幻想的心扉，聆听大自然的呼吸节奏，你会发现这是大自然的音乐，是无边界、无拘束的自由音乐，灵魂的纯洁之洲。

7. 艺术广场（交响曲）

“艺术人生”在艺术广场上演最激动人心的一曲交响乐。开阔的铺装空间是最大的人生舞台，广场上欢乐动感的旱喷水景是跳动的旋律，人们在广场上或载歌载舞或康体娱乐，一派热闹欢腾的景象。广场四周点缀的艺术景墙、音乐情景小品陶冶了人们高尚的艺术情操，和谐交融的交响曲在世纪家园的艺术广场上每日热烈上演。

8. 童趣稚园（随想曲）

儿童是青年夫妇、老人的希望和寄托，我们为他们创造了一个适合他们游玩并能寓教于乐的智力开发型游乐园，当家庭同乐其中时，父母看到自己的子女能开心快乐地游乐其中并逐渐成长时，他们感到的是一种幸福和对美好未来的憧憬。和谐离不开家庭的美满幸福，在这里你看到的是一幅老少同乐，充满童真稚梦、欢声笑语的幸福美景。

这样艺术人生八步曲的格局又同时形成了“两条大道”与“山、水、林、池、园、广场”六幅美景的绝佳环境，正所谓“仁者乐山，智者乐水”，这里有山有水，风生水起，六幅美景临门，是生活居住的理想殿堂，更是热爱生活、热爱艺术的人士梦寐以求的理想天堂。

音乐绿洲

音乐绿洲

丽山岛

童趣稚园

艺术广场

商业街

游乐瑶池

商业街

保利·21世家

猪

防微杜渐

东莞市丰泰观山花园

项日资料：
项目地址：广东省东莞市
委托方：东莞丰泰地产开发有限公司
设计单位：广州市太合景观设计有限公司

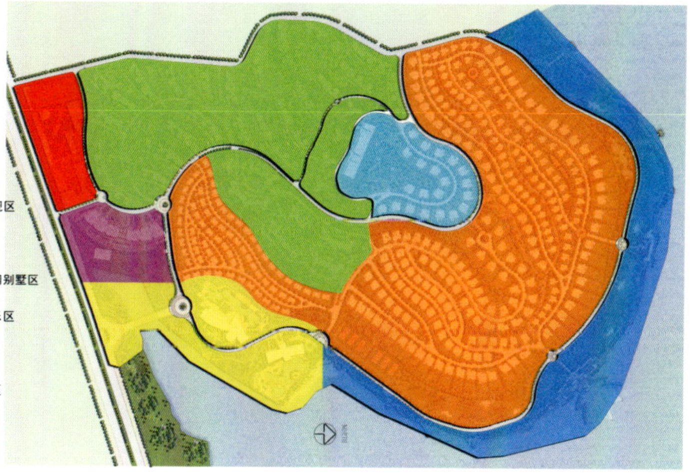

- 滨江景观区
- 别墅区
- 山顶公园别墅区
- 休闲娱乐区
- 公寓区
- 商业街区
- 学校区

项目说明：

一、背景：

丰泰观山花园位于东莞市厚街镇区横岗水库一侧，小区面江而建，呈南北狭长形走向，拥有非常稀缺的自然景观，三面环水、一面是山，庭前是10000亩横岗水库，对面是25平方公里的大岭山森林公园，依山傍水，自然环境和人文地理环境优越。

二、设计理念：

以“自然、休闲、阳光”为概念主题，营造出亚热带园林风情，塑造一个恬静、自然、环境优雅、空间互动、人际交往自由融洽的大型标志性精品社区。

三、景观布局：

(一)休闲娱乐区

休闲娱乐区由主入口景观、酒店景观及会所景观组成。

主入口广场以潺潺的跌水喷泉、具有异国风情的景观塔及亮丽的地面铺装形成一个气势恢弘的入口大广场，引导人们进入一个充满亚热带风情的空间。酒店景观及会所景观分别以巴厘岛和亚热带风格为主导，引入度假式酒店的概念，提升整个环境的档次。

(二)沿江景观区

小区三面环湖，同时由于地形的高差，形成两千多米长的临江景观带且顺坡走势，景观带如一条蜿蜒曲径贯穿其中，用多种形式的造景手法，利用亭、台、廊、铺装、植物等造景元素，营造出一个自然、休闲、阳光、运动的园林景观，更是一个适合不同年龄层活动的场所。

(三)别墅景观区

别墅区分为单体别墅区和并排别墅区。我们利用其周边的公共空间里各种园林手法创造精品景观。其中设置有景观绿化带、溪流景观带、树池、花架等，让人们在这有限的空间里感受到无限的景观。

1、运动场
2、跑道
3、聆音小广场
4、动感涌泉
5、特色水景
6、植物景观组团
7、林阴小广场
8、活动广场
9、特色喷泉
10、树阵
11、特色椰道
12、动感水景
13、特色铺装广场
14、商业街
15、喷泉
16、特色景观柱
17、特色树池水景
18、主景喷泉
19、停车场
20、特色花坛
21、特色水景
22、交通岛

1、桥
2、景观木栈道
3、水中椰阵
4、旭日亭
5、特色植物景观组
6、雕塑喷泉
7、特色大树池
8、水中休闲平台
9、星月亭
10、亲水木平台
11、智趣园
12、阳光亭
13、景观雕塑
14、特色景观小径
15、绿阴小广场
16、绿阴阵
17、景墙
18、椰林道
19、观景平台
20、休闲木平台
21、景观柱
22、亭子
23、跌水
24、洗脚池
25、绿岛
26、椰林阵
27、景观雕塑喷泉
28、花架
29、景墙
30、椰林休闲平台
31、跌水景墙
32、亭子
33、特色木平台

1、赏湖亭
2、观景廊
3、叙风亭
4、观景平台
5、高尔夫发球点
6、高尔夫接球沙池
7、网球场
8、木平台
9、花架
10、景观亭
11、凉亭
12、休闲平台
13、椰林道
14、观景台
15、木天桥
16、阶梯树阵
17、大树池平台
18、树阵平台
19、亲水阶梯
20、木桥
21、景观塔
22、湖中树池
23、渔人码头
24、映月亭

1、赏湖飘台
2、椰道
3、赏湖亭
4、高尔夫接球沙池
5、高尔夫发球点
6、滥湖
7、林阴道
8、景观堤岸
9、湖中景观树池
10、景观廊亭
11、水中树池
12、特色水景
13、亲水小广场
14、观景台
15、景观小码头
16、花架
17、砂岩雕塑
18、绿阴小广场
19、亲水木平台
20、景观水中树池
21、汀步
22、休闲平台
23、林阴小径
24、植物景观岛
25、特色小溪
26、景观木平台

东莞丰泰观山花园

指示图

指示图

指示图

指示图

指示图

指示图

指示图

指示图

(四)山顶公园景观

山顶公园是小区住户与大自然亲密接触的空间，蜿蜒曲折的登山小径，引导着探索大自然的人们去发现一个又一个奥秘，而每一个台阶不仅为人们提供休憩的空间，又让人们在不同的高度去感受小区无限风光。而山顶公园景观台，更是全区的制高点，人们可以在此呼吸大自然的新鲜空气，做做晨练，亦可以在此会友闲聊，品茶对奕。

(五)公寓景观

公寓是人群比较密集的地方，因此我们在景观上考虑得更为全面、更为具体，力求做到户户有景。每个组团都有特色花园，功能也较为齐全，体现以人为本的设计。其中设置了两个园林泳池，都别具一格地体现了亚热带的园林韵味。一条蜿蜒曲折的景观溪流其间设置了不同的景点。

(六)商业街、学校景观区

利用喷泉、景观雕塑柱、雕塑、树池、座凳等现代元素营造一个繁荣、具有文化气息的商业街景观。寓文化于景观中，创造一个具浓厚书香味的学校景观。

四、植物配置

园内以乡土树种（适地适树）及热带棕榈科植物为主，或引种（改土适树）一些外来树种、奇花异卉。如海南五针松、南洋杉、罗汉松、玉兰、木棉、红枫、苏铁、含笑、散尾葵、棕竹、琼棕、茶花、扶桑、一品红、变叶木、木槿、紫薇、青皮竹、佛肚竹、凤尾竹、地毯草、狗牙草等等。

植物的选择上除了与园建、建筑相配外，还考虑了植物的物质特性，包括色、香、形以及自然气息和光线作用于花草树木而产生的艺术效果。在纹理、花期、树池等方面精心配种，在观赏性与实用性之间取得平衡，并考虑到不同时节的植物形态。在季节更替时营造出不同的花草园林景致，让人于清晰中感受生命成长与季节变化带来的自然之美，让人感到如同生活在自然之中。

效 果 图 一

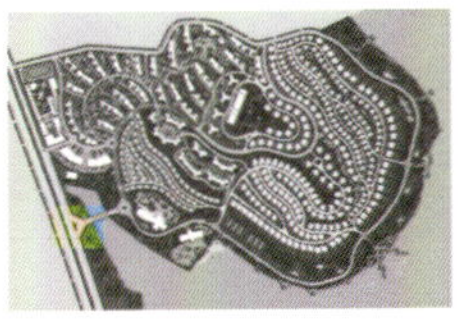

指示图

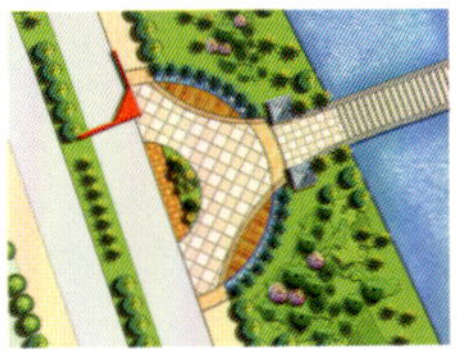

索引图

效 果 图 二

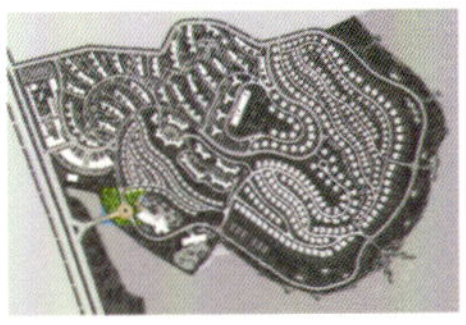

指示图

索引图

效 果 图 三

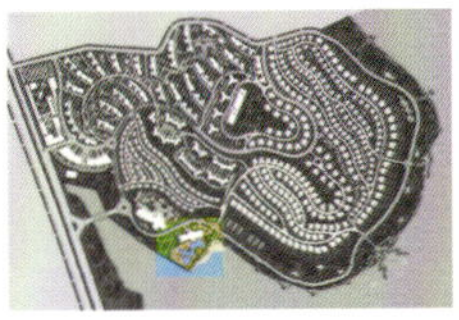

指示图

索引图

指示图

索引图

效 果 图 四

指示图

索引图

效 果 图 五

指示图

索引图

效 果 图 六

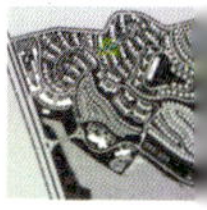

指示图

索引图

效 果 图 七

指示图

索引图

效 果 图 八

指示图

索引

效 果 图 九

指示图

索引图

效 果 图 十

指示

索引

效 果 图 十一

效 果 图 十二

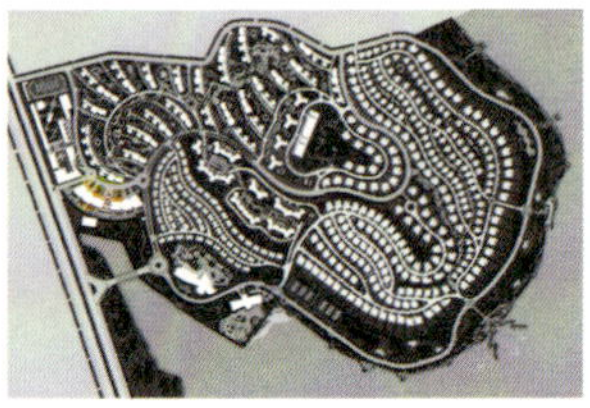

指示图

索引图

剖面图A-A

平面位置图

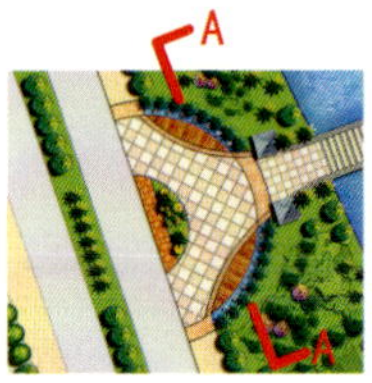

剖面图B-B

平面位置图

剖面图C-C

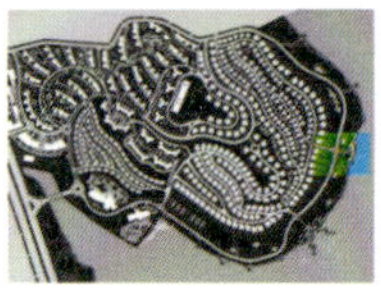

平面位置图

剖面图D-D

平面位置图

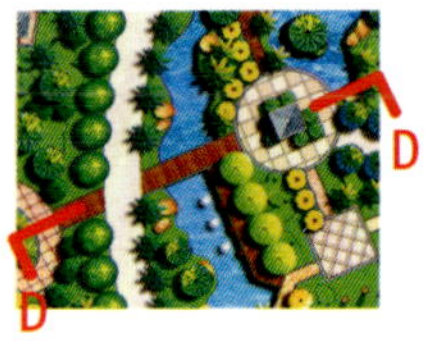

剖面图E-E

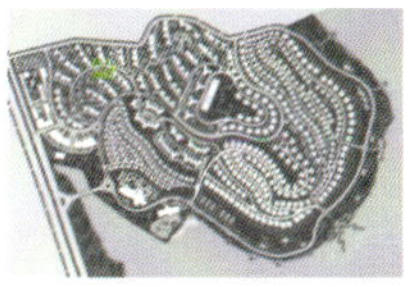

平面位置图

剖面图F-F

平面位置图

别墅
VILLA

石家庄市上山间

项目资料：
项目地址：河北省石家庄市
设计面积：21万平方米
委托方：石家庄亿城房地产有限公司
设计单位：北京澳斯派克景观规划设计顾问有限公司
主要设计人员：李伦 王志旺 何娅娅 刘哲 杨颖坤 田望 袁伟峰

项目说明：

本项目充分利用了场地自身特征，结合山地现状与项目自身定位，将原本为不利的冲沟、台地等诸多元素梳理整合、变废为宝，形成了多个具有丰富地形变化、充满体验感的溪谷景观，与新建的中式建筑配合，营造独特的山地别墅区景观。

沿主路延伸变化的“多彩锦田”、六条各具种植特色的“静林溪谷”与“珍珠项链”（主路上的关键空间节点）串联成一个系统，形成自然与人工相互渗透、和谐共生的景观格局。壮观的原始山地背景、隐逸空灵的溪谷、成组群种植的乡土植被、花卉，共同演绎着项目的主题：中国本土文化之“归隐山林”与“入世作为”相融合的中庸精神。

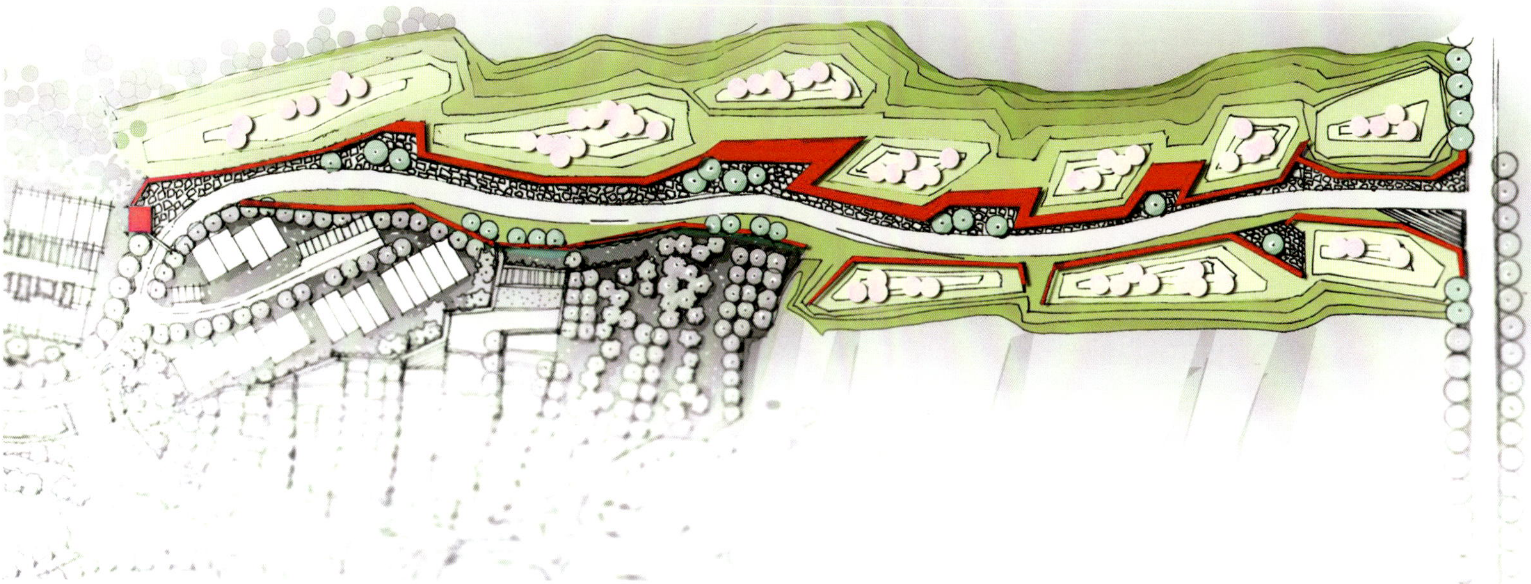

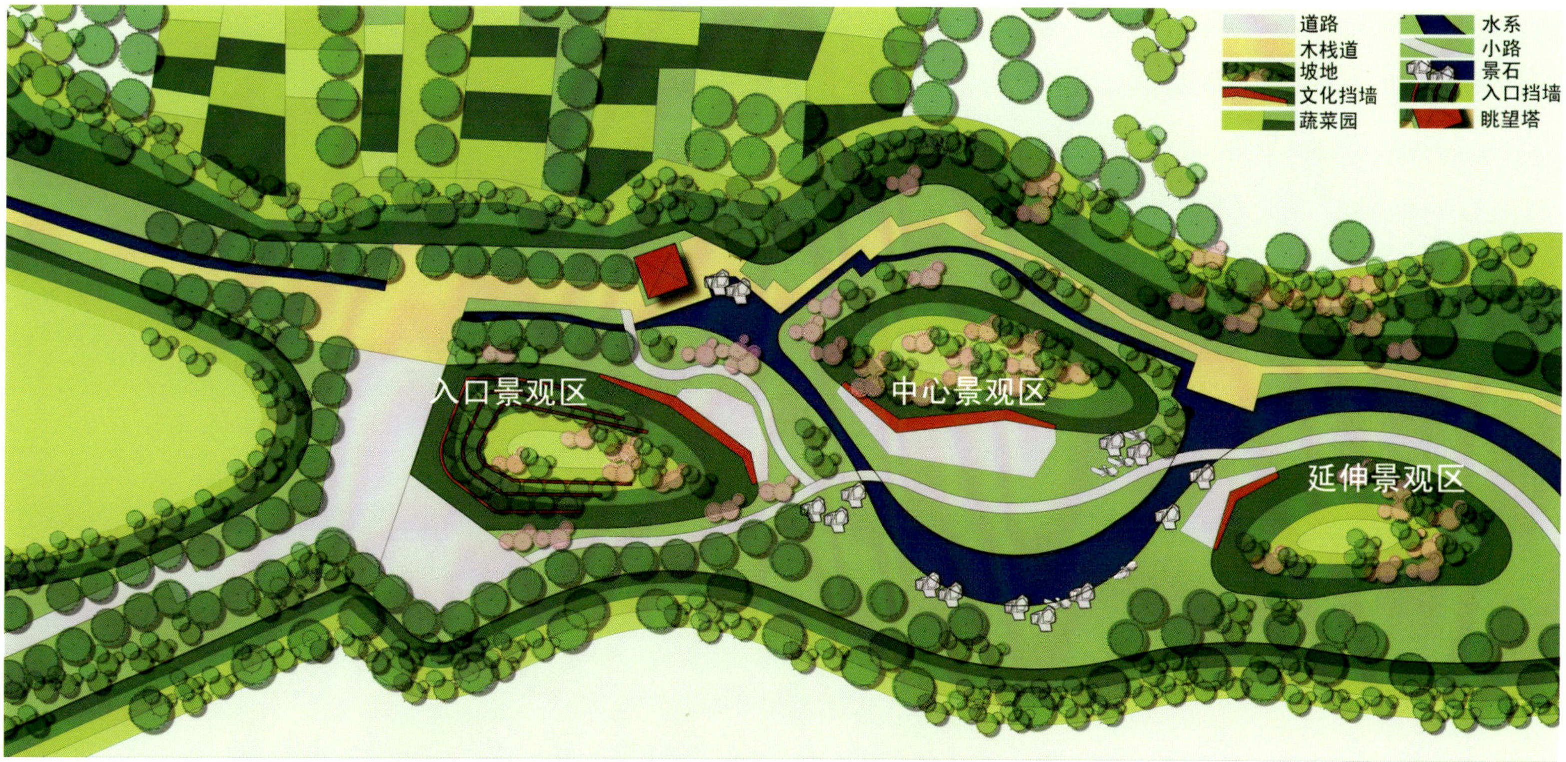

道路
木栈道
坡地
文化挡墙
蔬菜园
水系
小路
景石
入口挡墙
眺望塔
入口景观区
中心景观区
延伸景观区

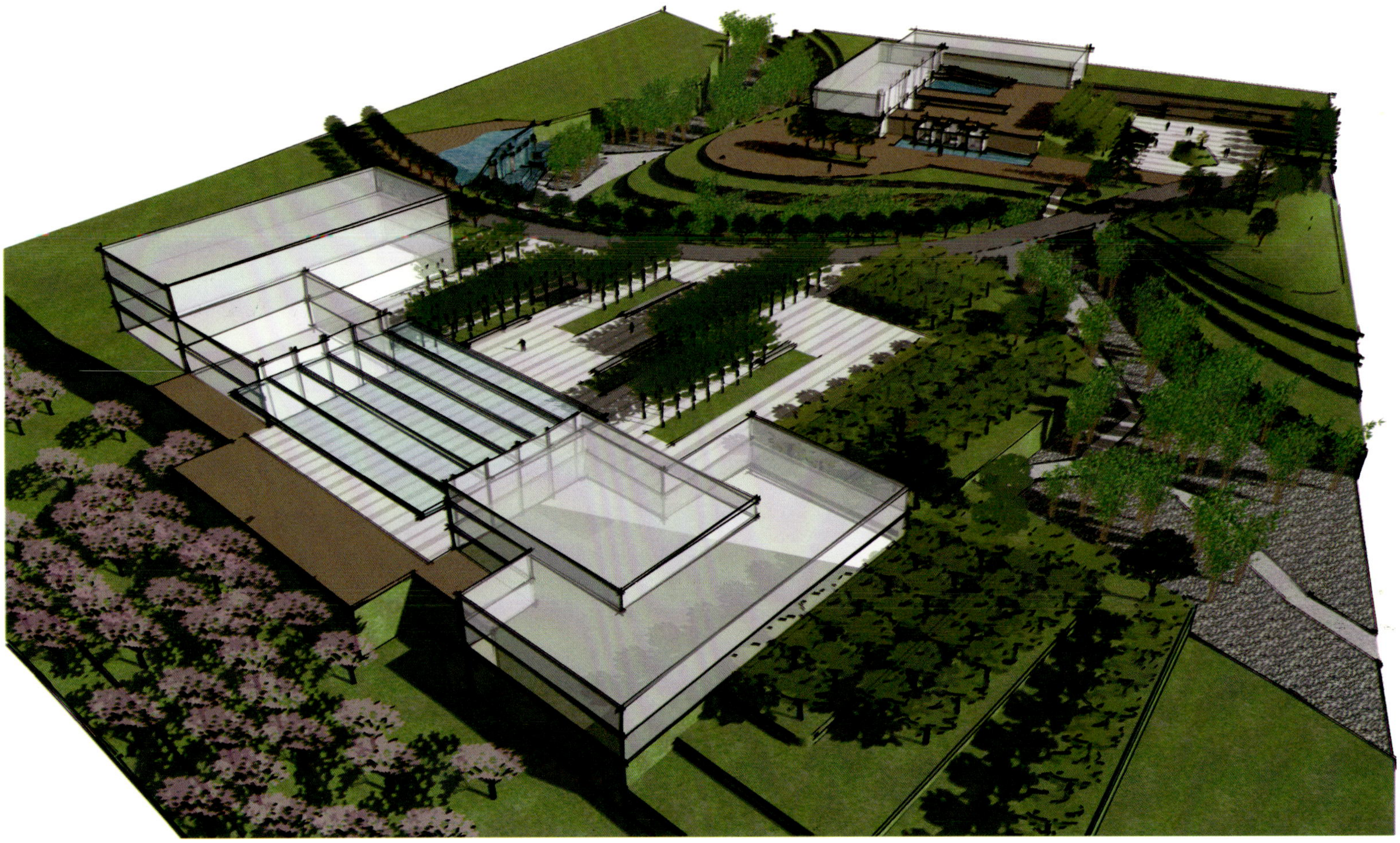

上山间

10. 55
5. 45
-2.000
-3.500

重庆市渝北区天湖美镇别墅区

项目资料：
项目地址：重庆市渝北区
设计单位：润枫管理咨询（上海）有限公司

项目说明：

项目位于重庆市渝北区北部新区金开大道旁，总占地面积约850亩。别墅区毗邻花园洋房区，景观设计延续整体自然风格的主题，无处不流露自然之美，充分体现了森林花园的设计概念。

设计主题则体现为：

1. 森林之光

森林之光总是笼罩着一层面纱，似乎无处可寻。森林某处偷偷透出的光线则显示了它的踪迹，而光明花园放射的灯光也展示了它的另一面，灯光的不同色彩也是它很重要的一部分，铺装颜色的明暗变化也从不同角度呼应了森林之光的概念。

2. 森林之音

不同的色彩在森林之音中演绎了不同的角色。色彩的变幻暗示了季节的转变。白色代表冬日，棕色代表了浓浓的秋意，红色代表苏醒的春天，绿色代表了郁郁葱葱的夏日。四季的交替用它们不同的色彩旋律传递了自己特有的韵味。

[LEGEND 图例]

01、森林之灯 LIGHTS OF FOREST
02、森林之声 SOUNDS OF FOREST
03、抬高金属桥 ELEVATED METAL BRIDGE
04、旱溪 WATER CASCADING STREAM
05、露天广场 AMPHITHEATER PLAZA
06、开放草地 OPEN LAWN
07、迎春庭院 SPRING COURTYARD
08、冬日庭院 WINTER COURTYARD
09、盛夏庭院 SUMMER COURTYARD
10、秋语庭院 AUTUMN COURTYARD
11、广场 PLAZA
12、晨跑道和健身小站 JOGGING PATHAND EXERCISE STATION
13、6米车道 6.0M ROADWAY
14、消防车道 E.V.A
15、台地草坪 TERRACED LAWN
16、台地种植槽 TERRACED PLANTER
17、光之庭院 RAY OF LIGHTS GARDEN
18、迷宫 MAZE GARDEN
19、儿童游乐场 CHILDREN'S PLAY AREA
20、特色木平台 FEATURE TIMBER
21、特色扶栏 FEATURE RAILINGS
22、特色喷头 FOUNTAIN JET
23、特色凉亭 FEATURE PAVILION
24、特色围墙 FEATURE WALL
25、特色观景台 FEATURE VIEWING
26、特色座凳 FEATURE BENCH

BUILDING
POND WITH STEPPING STONES
FRAGRANT GARDEN
VIEWING DECK
BUILDING

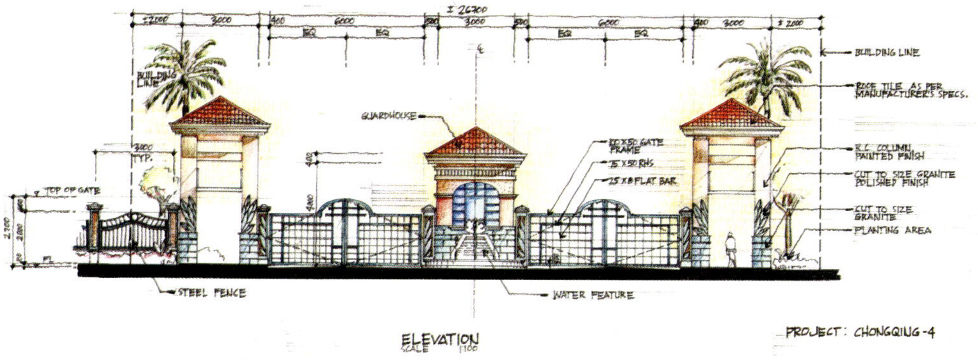
BUILDING LINE
ROOF TILE AS PER MANUFACTURER'S SPECS.
GUARDHOUSE
TOP OF GATE
R.C. COLUMN PAINTED FINISH
CUT TO SIZE GRANITE POLISHED FINISH
25 X 8 FLAT BAR
CUT TO SIZE GRANITE
PLANTING AREA
STEEL FENCE
WATER FEATURE
ELEVATION
PROJECT: CHONGQING-4

成都市Grand Hill
观岭国际社区

项目资料：

项目地址：四川省成都市

设计单位：ECOLAND易兰（亚洲）规划设计公司

项目说明：

观岭国际社区位于东方威尼斯——金堂新城区，南临唐巴公路，北临水景资源丰富的中河，并有十里大道连接金唐城区，享有金堂城区成熟配套。

设计极为严格地遵循原生地貌结构，将一切设计融入自然，只为更大可能地拥有天然纯粹的景观与视野。4200亩的原生山水，1200亩天然浅丘果岭，10条高尔夫球道，无数高低错落的绿色山丘，十余个翡翠般温润的湖泊打造了观岭国际社区山水原生、丘陵起伏、河湖浸润、四季成阴的特点。

上海市奉贤区佳兆业香溪澜院

项目资料：
项目地址：上海市奉贤区
设计单位：上海奥斯本景观设计有限公司

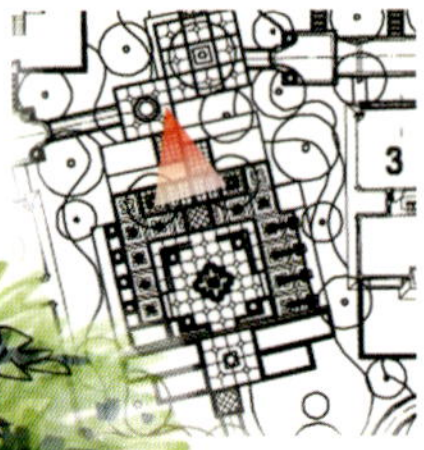

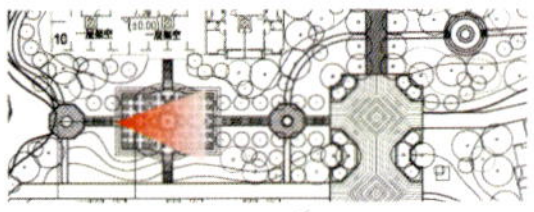

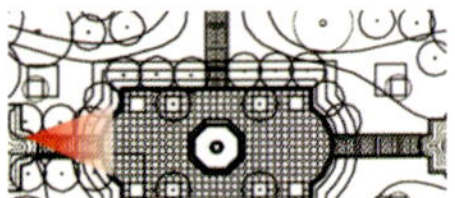

项目说明：

佳兆业香溪澜院位于上海市奉贤海湾旅游区，作为一个兼具旅游和度假双重功能的项目，在景观上将体现海湾旅游区的特色，运用各种海洋元素来创造独特景观。项目运用景观空间来讲述故事，将各个景观空间用一条故事轴串联起来，每个不同的节点景观都有可识别性，给人不同体验，而整个项目给人的感觉更像一个主题乐园，让人在景观中体验到更多互动的乐趣。

采用西班牙风格的独特性就在于其与众不同的色彩，用质朴的温暖色彩营造主题环境，用绚丽和丰富的细节色彩来让细部具有可看性。

优美造型：配合景观中茂密的植物，运用大量富有情趣的雕塑、景墙、喷泉，配合修剪过的植物，创造优美活泼的造型感。

取材质朴：为了体现原味西班牙风情，在景观中放置具有传统西班牙味道的手工质感陶罐、铁艺、圆角厚墙，给人亲和感和自然感。

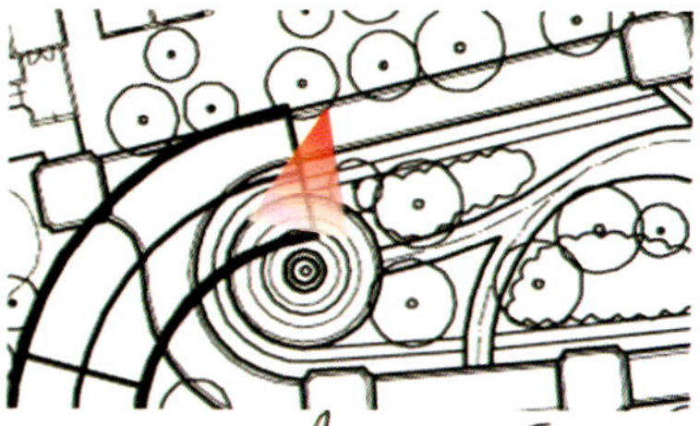

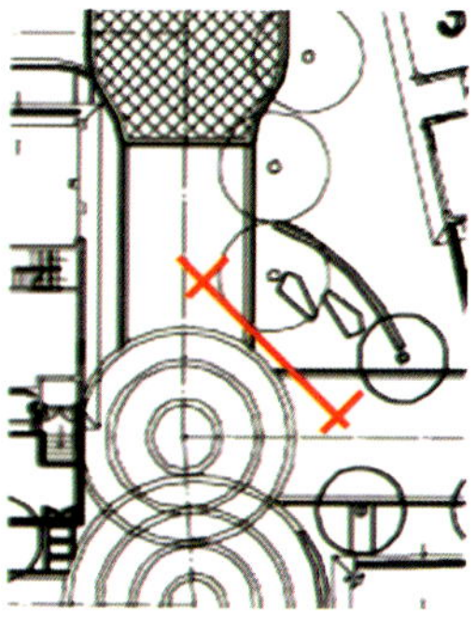

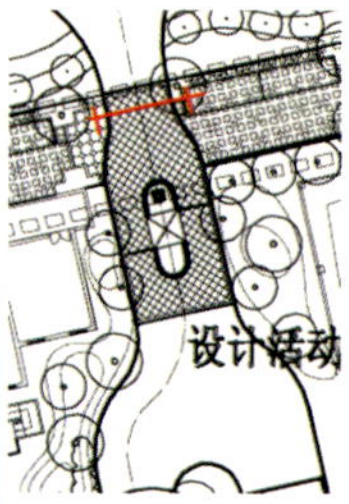
设计活动

2400

1500

水带沿缓坡低洼位置设置，形成阻隔车行道的
天然屏障和组团居民的浅池嬉水区。

水带中树坛的设置加强了临水空间的水平纵
深感与空间层次，激发散步人群的探究心理。

线性亲水系统利用带状水系分隔私家庭院与小区车道，维护了亲切私密的家居生活，并提供在自然中穿梭的驾乘感受。

水带中分段设计空间点，利用局部放大的水面承载亲水平台并联系岸际两侧的公共活动区，满足动、静、收、放的行为特征要求与空间需求。

成都市蓝光香碧歌庄园

项目资料：
项目地址：四川省成都市
设计面积：约9.4万平方米
委托方：四川蓝光和骏实业股份有限公司
设计单位：深圳市吉相合景观设计有限公司

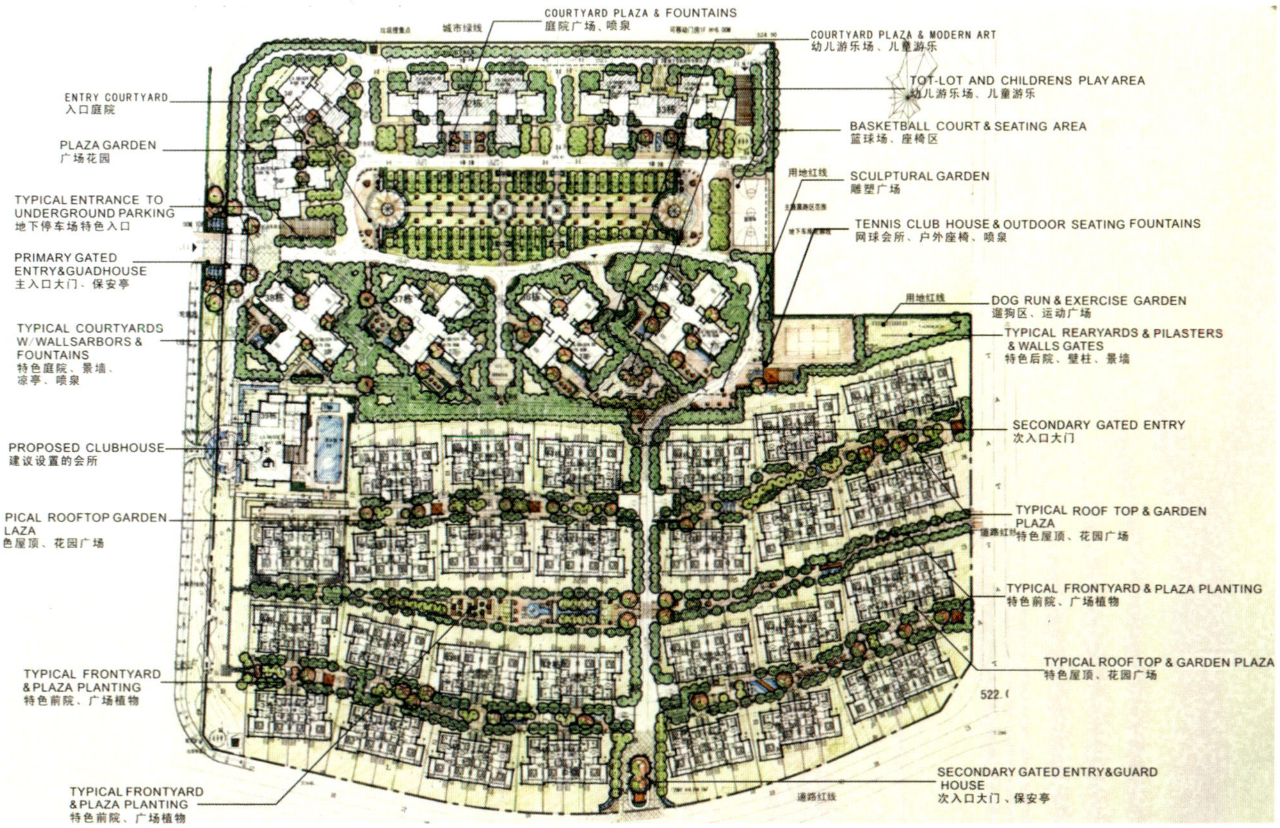

项目说明：

蓝光香碧歌庄园的设计风格采用现代法式风格。

现代法式风格的景观设计既保留了传统法式园林的辉煌、整齐、大气的贵族气质，又摒弃了其对于细节的过分繁复表现，设计的基础来源于庄园内已经设计完成的欧式建筑，我们将景观建筑与其完美相融，呈现于大家眼前的将是一组华贵、典雅的现代法式园林。

设计理念及特色：

1. 在设计手法上，设计师充分结合传统法式园林的处理手法进行设计。在景观的主要节点上，设计师多处采用了微台地与水景结合的设计手法。同时在软景与硬景的搭配中，采取了软景包围硬景，水景弱化硬景的冲击性等手法，多处采用动静结合的水景，使整个庄园生机盎然，既辉煌气派又毫无干涩之感。

2. 园中多处使用的柱廊、柱子均为浅色圆形石柱，提炼法式柱式的比例，将其简化设计，彰显法式园林的高贵典雅品质，又洋溢着现代简约风格。

3. 另外设计还处处体现着法式园林的韵律感和节奏感。这使得设计看起来更大气恢弘，让人犹如置身皇家园林中，切身感受那份尊贵。

特色景观元素设计：

1. 植物的设计。植物设计主要分为三个层次，高大的乔木、修剪整齐的灌木以及可供观赏的花卉景观，其中轮廓简洁，修剪整齐的灌木最常见，着重衬托法式园林的庄重典雅气氛。

2. 景观小品的设计。小品主要分为两类，一类是各具特色的花钵，从等级最高的带底座、杯形欧式花钵，一直到小的落地花钵，层次丰富、错落置之、主次有别；另一类是现代雕塑，抽象的现代印象派作品，材质为光面金属，放置在水中或沙子中。

3. 设计考虑了众多细节，每个住户都有独特的感受，道路转折处令人惊喜的一袭泉水，每一片绿色空间丰富层次的营造，儿童游乐空间的创意设计，室外游戏区域的设计等等，竭尽全力做到景为人用、人融景中。

长沙市龙湾国际社区

项目资料：
项目地址：湖南省长沙市
设计单位：SED新西林景观国际有限公司

项目说明：

龙湾国际社区位于长沙市南区，靠近长株潭一体化核心的位置，是以联排别墅和高层住宅为主、兼有临湖别墅的环境优美的综合居住小镇。

龙湾国际社区在景观设计上强调形式的简洁、建筑与环境空间的和谐，俯瞰龙湾国际社区，从弗洛姆小镇、松纳湾、月光山林到图尔库商业街，山水相融，再现北欧风情，塑造了一个向水而居如童话般美丽的人间胜景。

弗洛姆小镇：山水交汇，快乐生活

弗洛姆小镇位于龙湾国际社区核心位置，小镇建筑为社区居民提供了交流活动的空间，错落有致的建筑包含游泳、购物、商业、餐饮等功能，是居民日常聚会交流的空间。良好的自然地形资源、高低有致的建筑，加上独具文化特色的经典喷泉雕塑，展示着这里高雅端庄的景观品质，营造悠闲、慢节奏和浪漫的生活方式。

弗洛姆小镇精心打造商业休闲氛围，建筑风格极具北欧特色，背山面湖、高低错落地分布着不同的建筑。从简洁的木制栈道开始，蜿蜒前行的栈道将不同的商业建筑连成统一的整体，完美地展现其丰富的空间体系。

在龙湾国际弗洛姆小镇原生态的湖面上，建造了无边界泳池，在享受自然湖水的美丽风光的同时，不忘将泳池对环境的视线影响减少到最低，使泳池与周围水面融为一体，并巧妙地设置了完全独立于湖水的泳池水净化系统。

松纳湾：向水而居，春暖花开

龙湾国际社区的中央湖面和溪流，让人不禁想起北欧的松纳湾。龙湾国际社区临湖别墅田园牧歌般的美景，一坡连着一坡的绿色与林木缠绕着、一起绵延着，始终不离开人们的视线，三三两两的水系小岛宛如绿色玛瑙，星星点点地散落在碧水之间，梦幻般地飘浮在澄澈的水面上。蜿蜒的溪流潺潺，美妙的日子缓缓，人与自然巧妙地融合，向水而居，期许春暖花开。

月光山林：树影婆娑，自然洗礼

月光山林位于龙湾国际社区中央与松纳湾紧密相连，这里高耸的地势有利于雨水向松纳湾汇集，山上茂密的树木涵养大量水分，既能调节小气候环境又能增加生物多样性。龙湾国际社区南入口从两山之间通过，巧妙运用V形峡谷形成气势磅礴的大峡谷印象，通过两侧跌水景墙烘托出人们热情好客的气氛。

香樟大道是贯穿龙湾国际社区的主要交通轴线，种植时考虑空间的收放和视线的变化，在接近弗洛姆小镇的位置，适当减少香樟的种植，打开视线空间，体验那种穿行于密林时忽然发现空旷山谷的感觉，宽阔的湖面和高耸的月光山林展现在眼前。根据植物造景的需要，在弗洛姆小镇前广场适当种植银杏等高冠落叶植物，结合香樟植物，以获得不同季相效果，丰富植物层次种类。

图尔库商业街：精致典雅的休闲去处

龙湾国际社区商业街位于香樟大道景观轴线东侧的一端。在龙湾国际社区，这样的小镇仅仅有完善、齐全的商业服务设施是远远不够的，设计师在考虑增加商业气息的同时，还将进一步考虑如何通过景观设计，提升商业街的文化气息和一种闲适的氛围；龙湾国际社区这样的小镇，倘若仅采用统一颜色铺地和有韵律的绿化置于街内，与两边建筑节奏相呼应，这样的景观设计是不全面的，这里的图尔库商业街有很多设计工作需要我们去探索和尝试，很多细节需要重新思考，甚至是一个小小的门牌号、一个座椅，设计师都将倾注极大的热情以期获得满意的商业文化和休闲气息。

别墅邻里：森林童话和半坡阳光

龙湾国际社区的别墅主要分布在用地西侧，结合了人工堆坡和乔木种植等元素对特有地形进行造景，将乡间绿化运用到庭院绿化和山体绿化当中，营造“森林童话”“半坡阳光”等主题意境。

这里有低容积率的城市郊区别墅景观，高大乔木和层次分明的植物空间。水域、坡地、林地三位一体的原生态景观轴，巧妙地利用自然地形的高差，再现北欧极具特色的山地别墅景观。自然的跌级湖面、亲切的水中木栈道、幽静的湖边小路，形成清新、美丽、幽雅的童话王国。别墅区内部4.5米宽道路的宜人尺度拉近了人们与户外休闲的空间距离，为邻里交往创造了条件。

高层社区：童话般的水晶花园

龙湾国际社区总体地势西高东低，东侧地势较为平坦，分布着各个的高层组团，组团之间种植了大量的绿色植物，仿佛是移动的森林、漂流的广场，为人们带来足不出户的绿色的世界，使建筑融入广阔的绿色空间。以“西格图娜”和“水晶花园”为主题的高层区，设置了“一纵二横”主景观轴，多层次景观交相辉映，形成统一而又各具特色的国际社区景观，简洁明快的线条组合，勾勒出理性而清晰的外廓。

24
TWENTY-FOUR

GARYS

北京市顺义区富力湾

项目资料：

项目地址：北京市顺义区
占地面积：22.6公顷
委托方：北京富力地产
设计单位：北京源树景观规划设计事务所
主要设计人员：白祖华 胡海波 张鹏 丁玲 孟江月 夏强 汤进

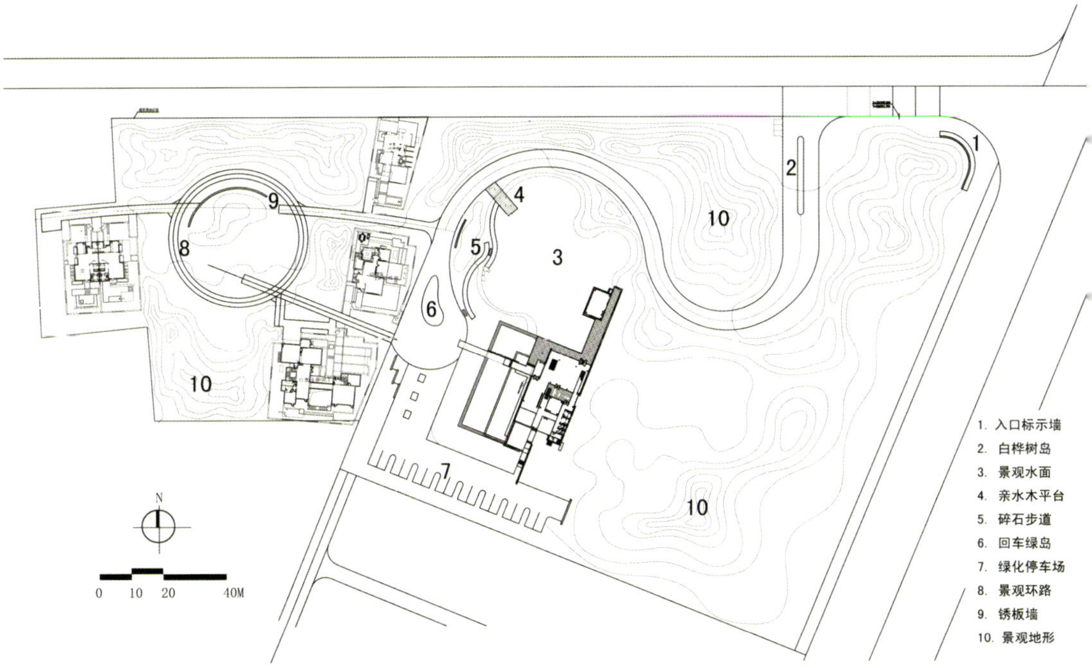

项目说明：

富力湾别墅项目位于北京市顺义区马坡，占地22.6公顷，为富力地产首个别墅项目。景观设计以新亚洲风格为代表，通过简洁的设计语言及丰富的植物景观体现出现代住宅舒适宜居的生活品质。

北京市昌平区东方普罗旺斯

项目资料：
项目地址：北京市昌平区
用地面积：67.7公顷
建筑面积：22万平方米
设计单位：ECOLAND易兰（亚洲）规划设计公司

项目说明：

东方普罗旺斯位于北京北郊昌平区，距中央商务别墅区仅10分钟车程，25分钟内车程可达亚运村。温榆河、老河湾两大自然水系流经项目东侧，河岸线蜿蜒流长，亲近自然。

项目运用“大景观”的设计理念，对场地创造性地加以利用。借势丰富的自然水系资源，充分享受河滨生态的宁静与清幽，堪称“北京第一水景社区”，并以园区内人工水系为核心，形成四大分区体系，以组团式布局，综合考虑户型、景观、朝向等因素，将水、生态与景观渗透到社区每个角落。项目建筑在功能布局和空间结构上强调人本精神的体现。独立家庭室、独立会客厅、独立式中西厨房配餐厅、佣人专用出入口，90%户型设计两个以上车位，400平方米以上户型双楼梯设计、双主卧设计，增添了无限的舒适感与方便感。

北京市顺义区龙湾别墅

项目资料：
项目地址：北京市顺义区
占地面积：1800亩
建筑面积：1000亩
设计单位：ECOLAND易兰（亚洲）规划设计公司

项目说明：

龙湾别墅位于顺义区温榆河别墅区内，西南、东南两侧拥有200米宽绿化带，西南一侧依傍温榆河，有1800米的河岸景观线。该项目是以低密度为主的环保型高档精英社区，地处北京最具国际色彩的高尚居住区。

龙湾别墅为原创型别墅，以现代中式传统元素为源泉，并在结合了市场上主流的欧美风格后，重新发掘与回归地域特色。以现代人文主义视角，融入了中国居住理念之后形成了龙湾别墅的特色风格。针对京城温榆河水资源稀缺现状，结合地域水面特征，在社区内建了4万平方米的内湖贯穿整个园区，创设组团式水景园林。

“龙湾和院”的建筑布局为十字形和T字形，这样自然就形成了三进式的四个庭院花园，细分了每个庭院的功能。下沉庭院主要为了提升地下室的采光与通风功能，在庭院的装饰上借用了很多中国传统的建筑元素，院墙采用装饰型花窗，雕塑与小品的设置体现价值感与生活场所的高品位气质。

龙湾商业街的环境与位置决定其景观设计既要与整个社区相协调，也要兼顾其对于温榆河中央别墅区的服务功能，设计师创造性地设计了“龙湾水景观商业”，在整合形态各异的商业建筑基础上，用景观的手法划分出不同业态所需空间。例如：露天亲水平台的设计在巧妙结合建筑与景观的同时，也扩大了商业利用空间，提升其商业价值；在商业建筑拐角设计的跌水喷泉，既满足建筑从里向外看的效果，也创造出热闹商街中与众不同的幽静一角，别有一番情趣。除此之外，儿童游戏区和音乐旱喷的设计使得商业街更聚人气。

商业街总平面图

ZEN YUE SPA

ZEN YUE SPA
OPEN

5821

青岛市香溪庭院

项目资料：
项目地址：山东省青岛市
占地面积：318261平方米
建筑面积：142797.8平方米
容积率：0.45
设计单位：青岛太奇环境艺术设计有限公司
主要设计人员：徐照东 易寿泉 张艳秋

项目说明：

总体构思：

地块位于青岛市城阳区，坐北朝南。东为苍翠的崂山西麓——青龙蜿蜒；西为规划道路——白虎驯俯；南侧为热闹的风情商业街——朱雀翔舞；北侧为堆土成的桃花岭——玄武垂头。整体组成藏风聚气的风水格局。地块与道路稳重方正，以大面积人工活水景观带来变化和灵气，如“血脉之贯通”。满足古人所谓的“人之居处，宜以大地山河为主”的宅居择地要素。

家是宁静的港湾，是人修身养性之处。“宅者，人之本。人以宅为家，居若安，即家代昌吉。”因此主要构思是充分利用和整合地块资源，形成自然、健康、人文的生活氛围。

满足人生理需求：

生态需求：背山面水，负阴向阳，土肥水美，林木秀蔚，环护有情。

朝向需求：宅院幽深，南北深长，通风纳阳。

排水需求：坡向合理，水系完整。

交通要求：道路合理，便利私密。

以及防风、防火、防盗、卫生等方面设施完善。

满足人心理需求：

背倚丘岗，稳定安全。

前有对景，宽松旷达。

宅周流水，弯曲有情。

宅形完整，方正稳重。

回归自然西班牙风情园林

以“院落式的生活方式”为设计理念，突出自然生态景观，满足人们回归自然的心态，达到人、建筑、环境的和谐融合。浓郁的西班牙建筑风情，结合细部的处理，给人“沉稳中不乏激情，质朴中不乏细腻”之感。

轻风细柳水中花　庭院泊岸闲云间

遵循山水格局的设计理念，充分利用崂山西麓的山地生态景观，同时根据现状冲沟设计水体，突出曲流、凹岸、河心岛、浅滩、深潭、跌水等自然生态景观，使建筑物星罗棋布地点缀其间，形成自然质朴的原生态田园生活气氛。

以人为本，满足定位客户的多层次需求以及回归自然的心态，达到人、建筑、环境的和谐共融。

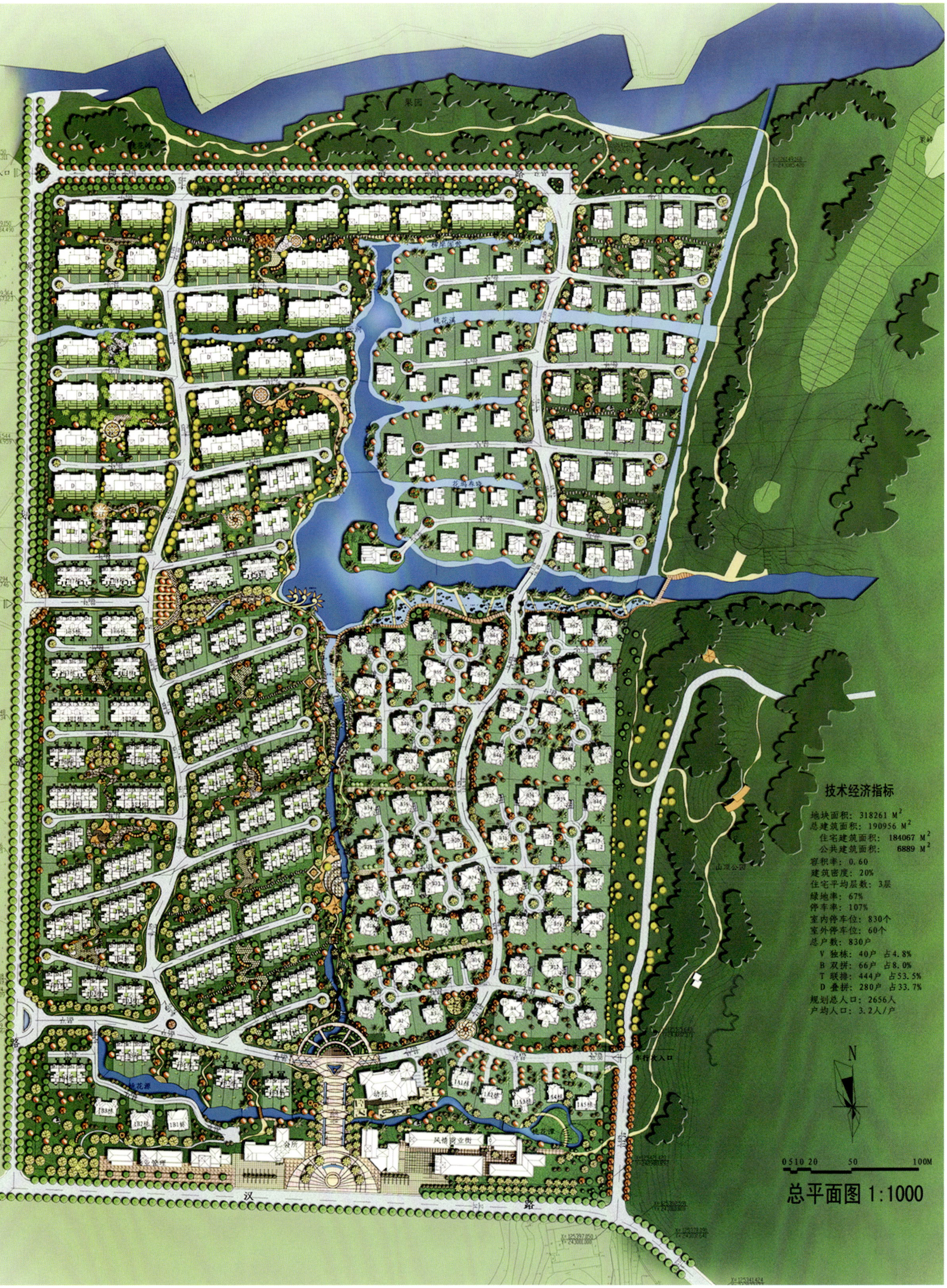
技术经济指标
地块面积：318261 M²
总建筑面积：190956 M²
住宅建筑面积：184067 M²
公共建筑面积：6889 M²
容积率：0.60
建筑密度：20%
住宅平均层数：3层
绿地率：67%
停车率：107%
室内停车位：830个
室外停车位：60个
总户数：830户
V 独栋：40户 占4.8%
B 双拼：66户 占8.0%
T 联排：444户 占53.5%
D 叠拼：280户 占33.7%
规划总人口：2656人
户均人口：3.2人/户
N
0 5 10 20 50 100M
果园
主入口
汉
路

总平面图 1:1000

车行道
挡土墙
外墙艺术石
69#楼
仿古外墙漆
70#楼
西班牙瓦
西班牙筒瓦
71#楼
挡土墙
车行道
49.20
69-71#楼立面

71#楼
71-69#楼立面效果
70#楼
69#楼

香溪庭院

涿州市丹佛尔湾别墅

项目资料：
项目地址：河北省涿州市
设计面积：160 000平方米
设计单位：北京翰时国际建筑设计咨询有限公司

水区总平面图

项目说明：

项目位于北京南界河北省涿州市，地块总占地42万平方米，总建筑面积约16万平方米，其中一期用地88 400平方米，共规划129幢别墅及会所。项目用地位于高尔夫球场中间，规划设计中通过水系引入、树系组团布局、局部微地形设计营造出优美的小区内部环境及滨水而居的人性化居住氛围。户型种类分独特型（150平方米）、紧凑型（180平方米、220平方米）、舒适型（270平方米、350平方米）等多种类型，采用L形、U形布局，以庭院组织起居、餐厅、主卧等空间，营造出与高尔夫别墅相吻合的休闲、贴近自然的建筑风格。

南区总平面图

北京市海淀区燕西台

项目名称：
项目地址：北京市海淀区
设计单位：ECOLAND易兰（亚洲）规划设计公司

项目资料：

燕西台住宅区位于上风上水的西山景区边，西邻高尔夫球场；北接网球会所、泄洪沟景观带；南面七十米城市绿化带。

由于社区地理位置优越，环抱于景观资源极佳的绿色大环境之内，景观设计上也是充分利用周围良好的景观条件，最大限度地将周边优势景观渗透到社区当中，并尽可能地将居民休闲活动的功能也融入其中，再结合社区本身安静的居住氛围，创造出一个优美、生态、舒适、独一无二的高品质居住环境。

Noble Club

北京市顺义区龙湖滟澜山

项目资料：
项目地址：北京市顺义区
占地面积：约24万平方米
委托方：北京龙湖置业有限公司
设计单位：北京源树景观规划设计事务所
主要设计人员：白祖华 胡海波
参与设计人员：孟江月 周兴阳 于沣 张鹏 汤进 王朝举 张海光

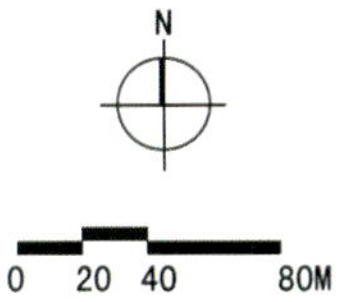

1. 别墅区入口
2. LOGO墙
3. 景观大道
4. 观景平台
5. 山林溪谷
6. 溪流源头
7. 景观种植
8. 蔷薇山谷
9. 景观桥
10. 组团小品
11. 楼间绿化
12. 业主通道
13. 物业通道
14. 翡冷翠环城南路
15. 翡冷翠环城西路
16. 翡冷翠环城北路
17. 翡冷翠环城东路

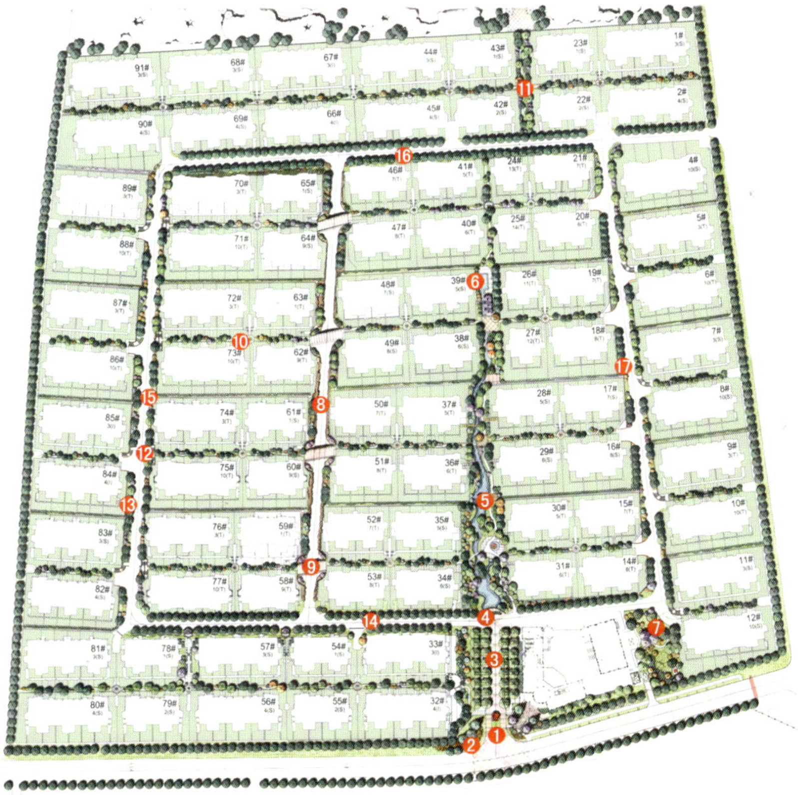

项目说明：

龙湖滟澜山位于北京市顺义区后沙峪温榆河畔的中央别墅区内，项目总占地面积约24万平方米，包括一处约5.2万平方米的景观公园，其规划总建筑面积为19万平方米，总户数430户，景观设计配合项目高端的品质要求，希望以自然朴实的手法，通过丰富的植物搭配与精致的细部处理体现高端别墅的生活内涵。

风格与表现

（1）风格的选择

“龙湖滟澜山”的设计风格经过长时间的研究，最终的设计蓝本锁定为意大利中西部的托斯卡纳地区一处人们逃避世界、寻找灵感、休憩身心的圣地。在那里，上帝得心应手地把大自然的优美、乡土的感觉和优雅的生活融合在一起。亚平宁山脉向西延伸到地中海一带，山谷中鲜花灿烂；河谷中绿叶繁茂，温泉小镇传递着源自罗马时代的幽雅；中世纪的隐秘城堡，带着文艺复兴时期的华丽微笑。自15世纪以来，其典雅的景致一直备受推崇，散发着意大利美学的独特魅力。

（2）元素的提炼

提到意大利的托斯卡纳区，很多人都会想到那部名为《托斯卡纳阳光下》的影片和那阳光下的蓝天白云。除去部分一手资料，大量的设计元素来自电影、游记以及当地的图片。鹅黄色的山丘、浓绿的杉木林、整齐的种植园、挺拔的铅笔柏、古老的街道、缀满鲜花的院落、酒红色的陶土饰品以及托斯卡纳骄傲的葡萄美酒……在综合考虑北方园林营造条件的基础上，景观设计力求将自然景观、田园风光与建筑文化相协调，通过典型景观氛围的营造，更好地诠释出托斯卡纳平和生活的真谛。

（3）自然的营造

"让生活在这里的人预享10年之后的园林景致"是龙湖的承诺，通过与委托方的沟通，深知其对植物景观的重视。在这里，没有"好景观"中常见的喷泉、花架，有的只是对自然化景观的直接表现。整个设计的基础来自对各种空间比例关系的深度研究，通过不断的探索，使空间利用率最为合理，绿化面积达到最大化，充分满足业主对自然环境的寄托感。

（4）细部的刻画

做景观就是要做细节，这也许正是北方景观难以突破的瓶颈。"龙湖滟澜山"的细部设计从空间的变化到材料的确定、从植物的规格到层次的搭配、从家具的选择到小品的配饰、从铺砌的图案到砖缝的颜色。

景观构架

"龙湖滟澜山"的平面规划并没有太多的亮点，整齐的排布充满了实用主义的味道；人车分流的交通体系造成了项目中心区域与周边较大的高差，并因此引发了大量的相关问题。大范围的高差处理是项目最大的难点，但这也为营造"纯正"的意大利风格台地园林提供了必然性。景观设计将高地比作"城堡"，充分利用规划中的地势与高差，形成了"一环两带"的景观体系。设计以托斯卡纳纯美的自然风光为蓝本，突出了"鲜花""溪涧""山谷"等自然景观元素，形成了一环（翡冷翠环路）、两带（山林溪谷与蔷薇山谷）的景观骨架。

C立面图

D立面图

A立面图

B立面图

北京市顺义区美林香槟小镇

项目资料：
项目地址：北京市顺义区
占地面积：150 000平方米
建筑面积：90 000平方米
容积率：0.6
设计单位：青岛太奇环境艺术设计有限公司
主要设计人员：徐照东 潘智

项目说明：

北京市美林香槟小镇坐落于北京市顺义区的温榆河畔，毗邻京顺路与机场路。

规划借鉴“香槟小镇”的自然形态：采用“三叶虫”式总规划布局，建筑自然、错落有致，路径、花圃交叉有序。强调丰富的视觉层次和原生的自然感受，使人们足不出户便可以体验到法国葡萄小镇式的原乡生活。欧洲庄园式古典大门、高大的磨坊式风车、整洁精美的地面铺装、舒展起伏的绿野、高大挺拔的行道树、纵横交错水系、引人入胜的雕塑小品……无不精确地演绎着美林香槟小镇的异域风情。美林香槟小镇以生态型绿化营造整个社区居住氛围，并奠定社区日趋尊贵的绿色基础。植物群落的配置按生态学原理进行搭配，使绿地、湿地、林地都具备良性循环生长的生态条件。

鲜花盛开的欧式小镇，流水潺潺的世外桃源。成功、欢乐、自然、悠闲、品位，这正是美林香槟小镇。

独具匠心的大风车设计为小镇的园林增添了特色。从外面看去，小镇就与周围建筑明显区别开来；风格简约、色彩优雅的建筑掩映在青密的树木之中，建筑的清新可人与古老的风车及原生大树体现的古朴、尊贵融为一体。

与温榆河相互呼应，小镇内部水系纵横交错。

小水潭、小水溪、小水湾、叠水、涌泉，以及近水的各种水景和近水景观带。

进入小镇后，沿着溪水从北到南，从东到西，到处看得见水面的波光，到处听得见水声叮咚，真可谓“溪水绕户走，人在画中游”，俨然一幅欧洲水彩的动人画卷，又好似一派中国江南的山水风光。

沉醉小镇水世界

纵横交错、形态各异的水溪，像一面面澄清的镜子、一条条蓝色的玉带，镶嵌在草地与建筑之间。

在水面或空间的开阔处，布置供人休息、停留的亭、台、廊、桥，水面采用缓坡入水设计。每一细节无不体现自然乐趣。

立体空间细节实现多层次多角度

小区以生态型绿化营造整个社区居住氛围，并奠定社区日趋尊贵的绿化基础。种植设计结合点、线、面，在立体空间中实现多层次、多角度立体绿化。植物群落的配置按生态学原理进行搭配，使绿地、湿地、林地都具备良性循环生长的生态条件。

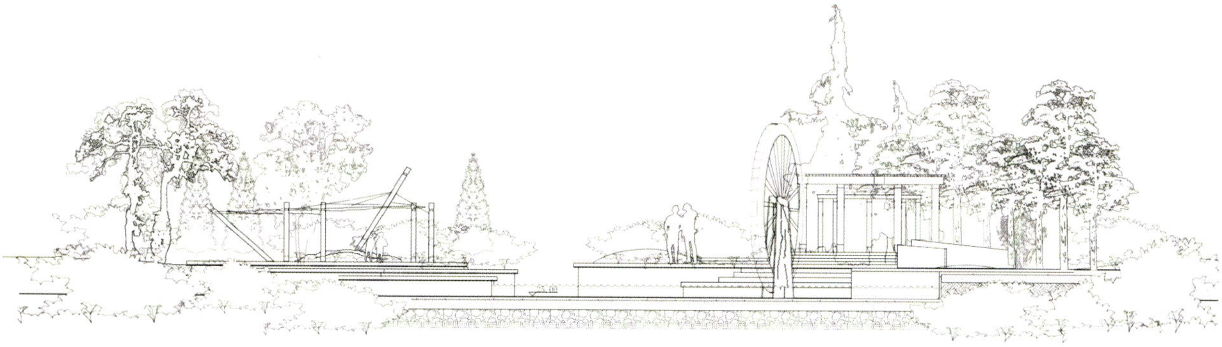

深圳市中海大山地

项目资料：
项目位置：广东省深圳市
占地面积：17.5公顷
总建筑面积：6.9万平方米
容积率：0.53
景观规划设计面积：6.1万平方米
设计单位：EADG泛亚国际景观设计有限公司
主要设计人员：陈奕仁 Jose Mejia 王莉琴

1 三角广场
2 室外游泳池
3 标志性水体
4 亲水平台
5 高处瞭望台
6 样板房绿化广场
7 沿山坡形成之綠化帶
8 邻宅绿化
9 水潭
10 车路交汇处
11 林阴大道
12 特色铺地
13 跌水池
14 亲水平台
15 山顶瞭望台
16 儿童嬉戏场
17 草坪
18 邻宅休闲区
19 户外停车场
20 障屏绿化

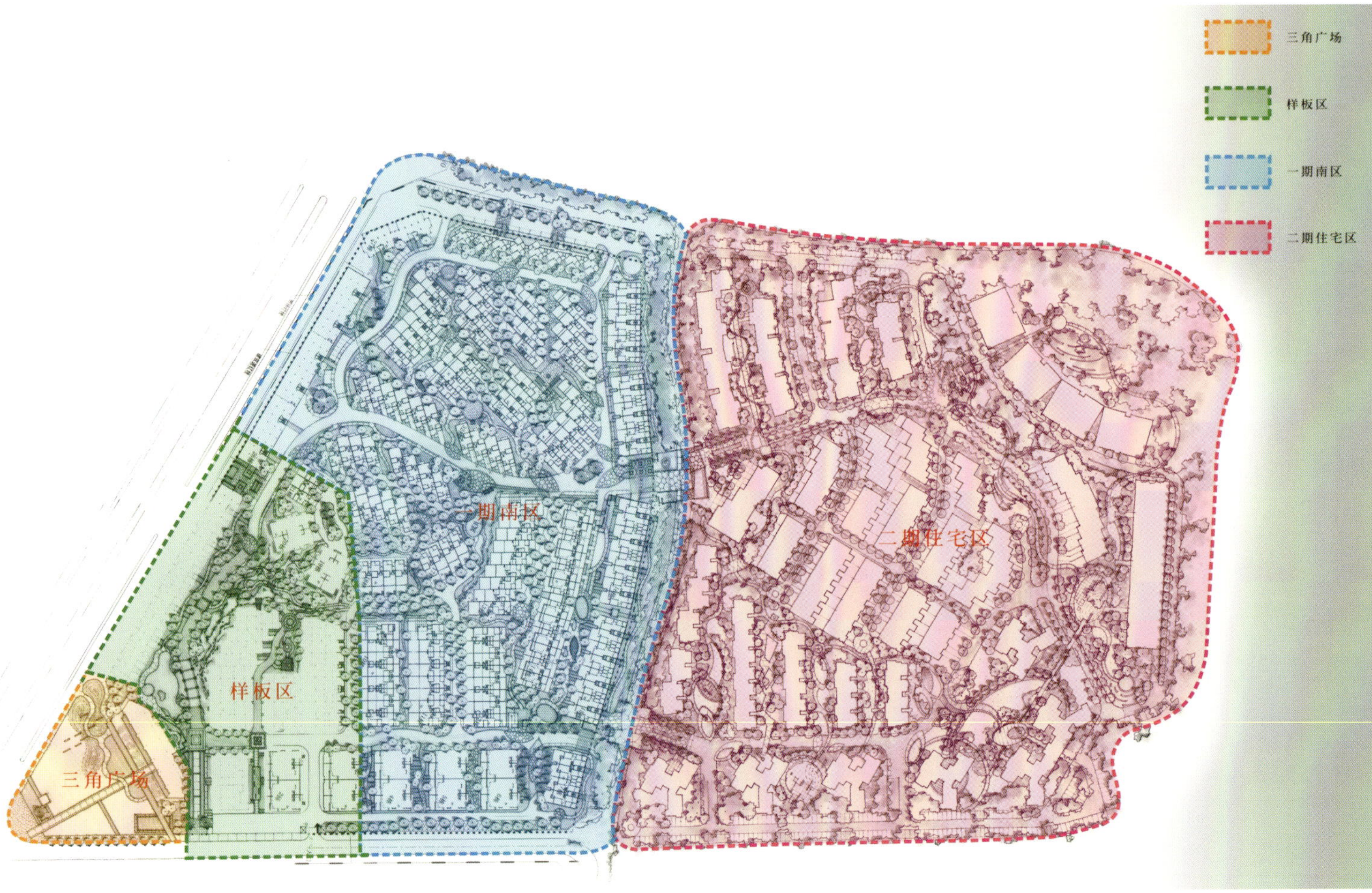

项目说明：

本基地位于深圳市龙岗区横岗镇，东临盐田大港；南接深圳经济特区；西北毗邻东莞市；北连龙岗中心城，距深圳特区18公里。

结合基地现有的优良山地资源，我们的设计师提出了“山”“水”“风”“光”的概念，充分考虑了对景、框景、近景、远眺等多层次的空间视线组织，运用地形、种植、水系、道路呈现出步移景异的效果。此外，更巧妙地运用优越的地势条件设计出富有韵味的跌水景观，部分建筑直接融于水系，形成大部分住户能观赏流水环绕的美丽景致，营造出独具一格的生态亲水社区。

前期的精良设计加上后期紧密的施工配合，中海大山地别墅无论在市场上还是口碑上都远远超过了预期的效果。

索引图

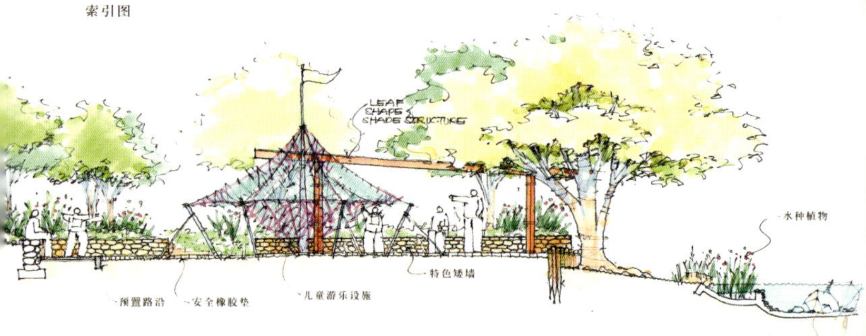

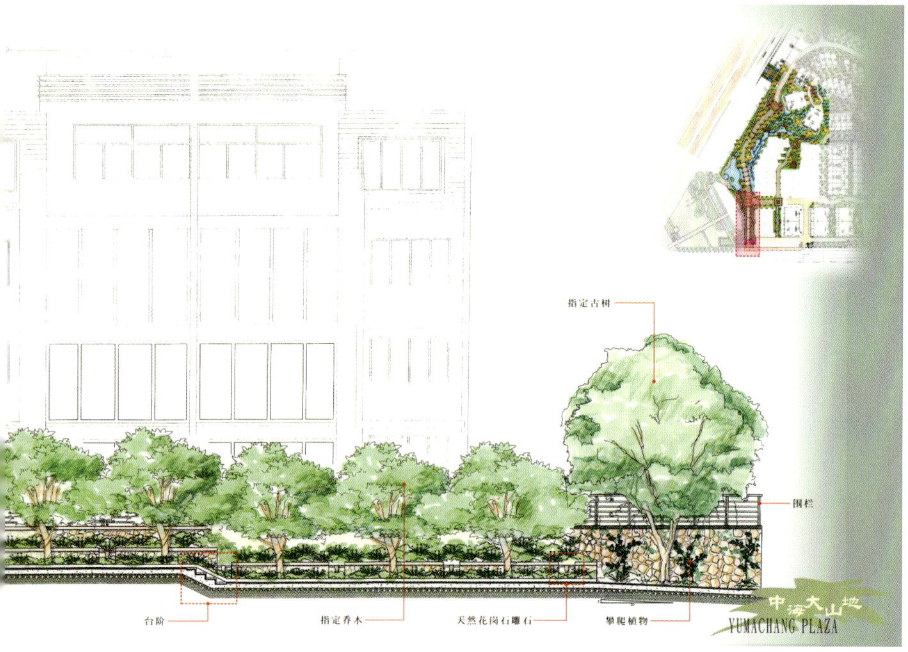

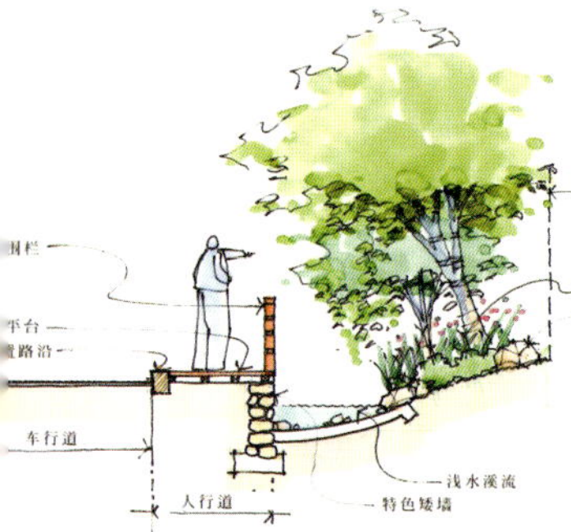

索引图

A-剖面图

B-正面图

佛山市天安鸿基花园

项目资料：
项目地址：广东省佛山市
项目面积：90 000平方米
委托方：香港新鸿基集团 天安集团
设计单位：广州市科美设计顾问有限公司
主要设计人员：罗文 黎英珍

项目说明：

天安鸿基花园发展商为香港新鸿基集团和天安集团，楼盘位于佛山市南海著名风景区南国桃园，是当地重点项目。

项目保持着完好的自然生态环境，1000多座豪华别墅环绕着大大小小近6万平方米的3个天然湖泊，自然围合，依势而建，整个社区落差达30米，高低错落有致、气势恢宏壮观。由于地利之便，南国桃园更成为其天然泛园林。特别是以坡地地形自然形成的错层空间格局，充分尊重主人的私密性，并完全体现在设计细节中，大面积新鲜高贵的墙体色块和周边的绿色山体组成相映成趣的对照关系，巧妙地成为视觉的焦点。项目设计还运用了澳洲动物雕塑小品、澳洲红木景观码头等原味的设计元素。

景观规划尊重原小区的规划构思，尽量运用其天然泛园林自然景观和当地材料，以烘托建筑设计浓郁的现代主义风格和澳洲别墅气息。

桂林市中央尊馆

项目资料:
项目地址：广西桂林市
委托方：兴进置业
设计单位：深圳市奥斯本环境艺术设计有限公司

项目说明:

错落的台地：地面的少量高差变化能够更好地界定空间，使楼宇之间的空地转变成一个个尺度宜人的庭院；

变幻的水景：此庭院中的人工水体不求大，而求精致、求亲切，形成有趣味的戏水空间；

饱满的植物：以热带大型的棕榈树、大叶观赏灌木及攀藤植物效果最佳，其形态极富热带风情，是用来营造东南亚热带园林的“必备”元素；

独特的建筑：设置材料质朴、尺度宜人的纳凉亭，大都为休闲纳凉所用，既美观又实用；

风情的布品：在地处桂林的现代住宅区中，对其形式做出适当的简化，摒除过浓的宗教色彩，可以很好地增加庭院的趣味性与人情味；

铺地的图案：崇尚手工的地面铺装图案，也是不可或缺的一笔，犹如画龙点睛，令人在不经意间感受到一种细腻。

JUNYUN
RONA

NIKE

西安市忆江南

项目资料：
项目地址：陕西省西安市
设计单位：美国AAM集团公司

项目说明：

一、项目概况

忆江南位于西安市，北邻陕西广播电视大学新校区，南面为郭杜镇居民住宅和部分空地，占地面积约15265平方米，拟建设建筑面积约45736平方米，地况较为复杂，有冷热水井各一个。目前为毛地，地势较为平整，分布有农宅，基本为市郊农田面貌，地块周边为居住小区开发热点区域。目前周边的基础设施和公建配套已经成熟。项目立足文化、休闲、商务，形成以此为主导的高尚住宅小区。

二、设计原则

1.前瞻性原则

忆江南是文化、休闲、商务，形成以此为主导的高尚住宅小区。设计应有前瞻性、科学性、美观性及实用性，基于现状，高起点、高标准，力求自然与艺术的统一，环境与人文的统一，生态与景观的统一。

2.生态可持续原则

方案规划考虑与自然的和谐共存，重视与自然生态环境的有机联系，保证生态的完整性和相对稳定性及可持续增长性。

3.因地制宜原则

充分利用现有地形，因地制宜、因物制宜、因时制宜，打造具有时代特征、地方特色的景观空间。

4.以人为本的原则

规划设计充分体现以人为本的原则，通过对自然的认识，改变对自然的态度，善待自然，孕育人与自然、城市与自然共生共荣的高素质、高品位。

5.江南文化及人文相结合的原则

设计力求反映江南文化的特色，创造自己的景观优势。

四、设计构思

将建筑融入江南园林风格中，达到源于自然高于自然的境界，将人工美与自然美相结合。充分利用中国江南古典园林元素，结合中国文化内涵且融入了现代艺术。采用回环曲折、参差错落、忽而洞开、忽而幽闭、似有而无、似无而有、真真假假、虚虚实实的手法，表现出独特的人文个性及空间特色，突出“江南拾翠”的主题，让环境与人取得最大限度的融合，营造一个具有江南韵味的生态居住小区。

五、景区分析

（一）中心景区（示范景区）

将来的景观示范区是设计的重点，该区以“湖天春色”为主题。将售楼部与入口大门密切结合，

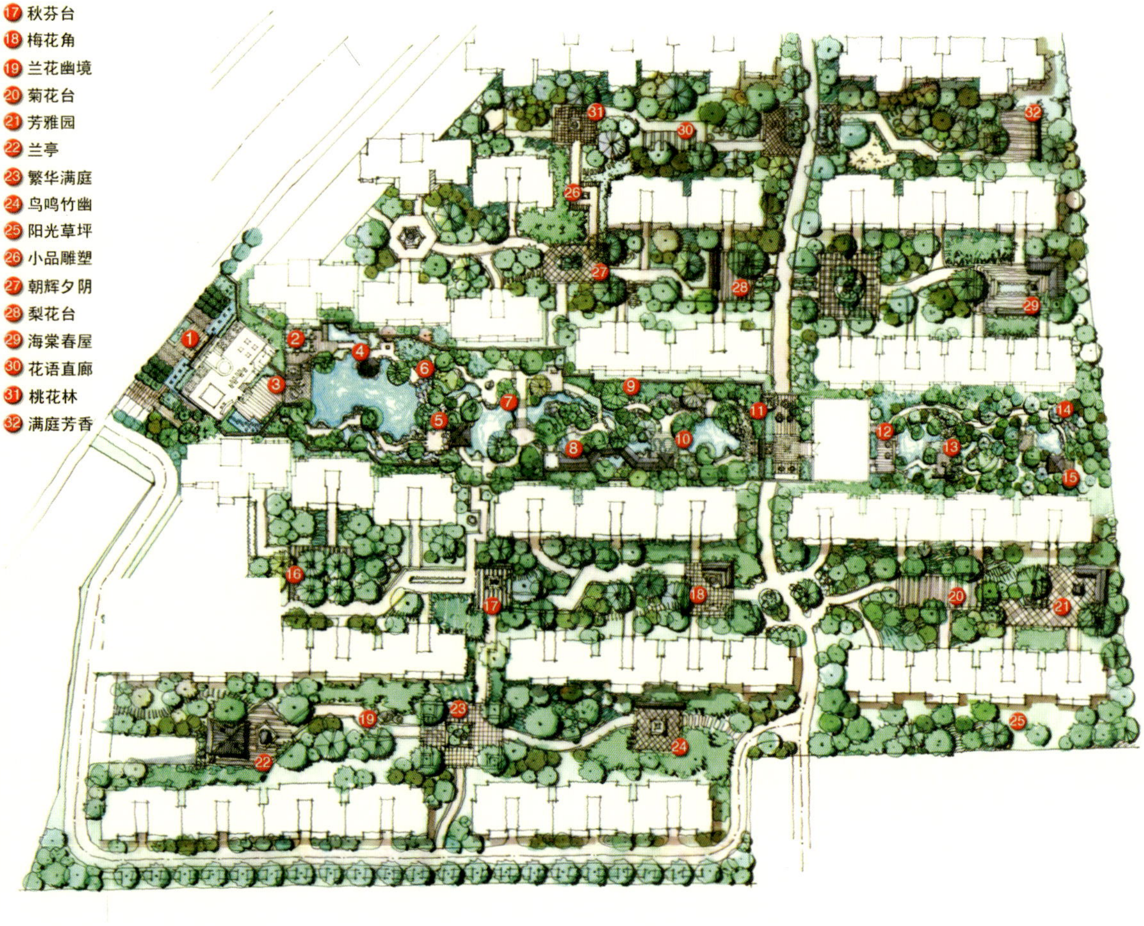

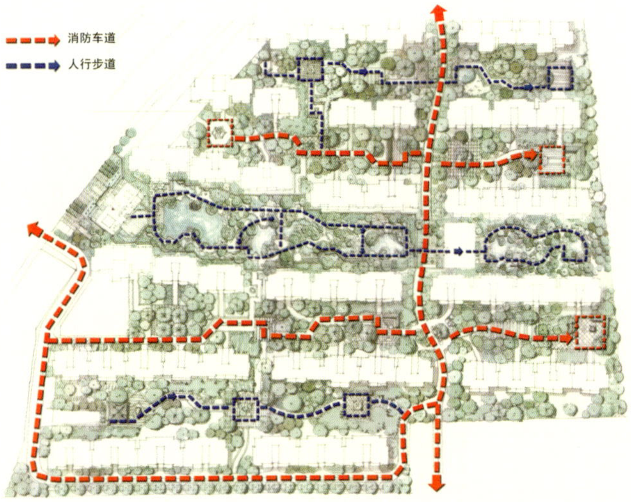

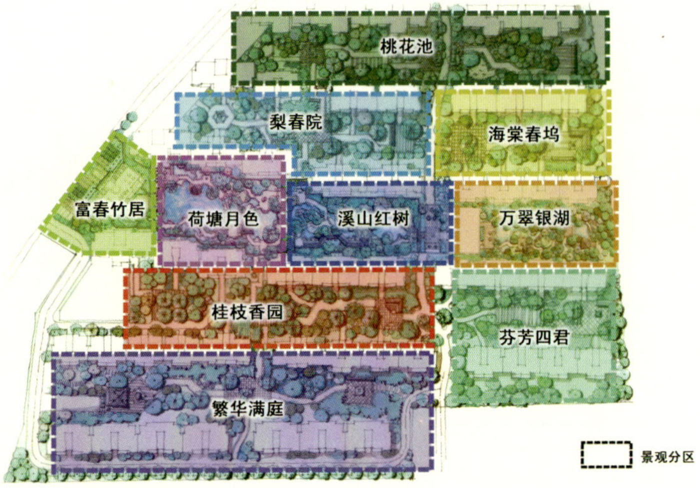

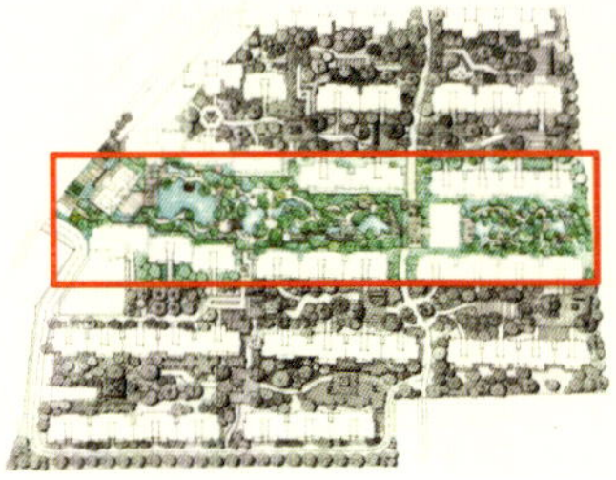

构成了一座宏伟的牌坊。将来售楼部拆除后形成一个开阔的广场，牌坊仍可保留，它能巧妙地将空间划分，形成另一道别致的风景线。

穿过严整的售楼部，来到忆韵台，瞬息之间园内曲折的水池、林立的山石、叠翠的树木、错落的亭宇便尽收眼底，开阔之感油然而生，顷刻之间气氛突变。似有"山穷水复疑无路，柳暗花明又一村"之感，达到了"意贵乎远，境贵乎深"的艺术境界。一湾清澈的水系贯穿于整个中心景区，以象征性的手法表现"龙吟潜水"的意象，远林近水所衬托的荷风亭、观湖台、欲露而藏的香山榭、风雨游廊等高低错落、层次丰富。

景区地势迎合中国人居家风水"聚源诱导"的形式及立体景观的审美。怡人清静且各具特色的水面结合竹林、景墙、荷池、喷泉及亭廊形成节点景观——富春竹居、荷塘月色、溪山红树、万翠银湖。

溪流中静卧着疏密的荷叶，绿萍慵懒地躺在水波上，风缓云静，荷风亭在清水的依傍下更显柔美。过泉绕石，树影婆娑，古朴清幽，风雨廊上的紫藤翠萝蔓绕而上，原生态的植物群落夹杂其中，如入莽林深山中。路两旁流水潺潺、忽左忽右、溪流泉涧、清冽之声不绝于耳。壁下石洞，洞引入池中潺潺有声，涧边奇石林立、曲水清流、楼阁掩映、木仰花承、皆非孤立，再加上多种形式的喷泉与景观小品结合，如叠水碧泉、风雨游廊、玉带石桥等使整个景观活跃起来。

景观强调居民的可参与性、可达性与可观赏性，同时注重景观设计的生态性，以人为本，入口处别具匠心地将中国古典园林中的精髓浓缩到园林中，力求整体园林围绕着一泓池水而展开，楼影、树影、亭影、榭影、花影、鸟影，尽落池中，让人依稀之间回到了江南水乡。

（二）组团庭院一（暮雨春庭）

沐浴在雨中的植物，雾气笼罩着建筑，流翠映入其中，宛如一幅水墨画。鸟儿轻羽飞舞无处不体现着一种恬静之美，具有层叠、变幻的意境，高低变化的地形，组合有序的空间形式表现出丰富多彩的视觉效果。点缀其中的休闲设施，满足着不同人群的参与要求，使各类居民各得其所。自然生态的廊架和富有灵气的山石，鲜明地表现了暮雨春庭的意境。

（三）组团庭院二（秋霞芳圃）

远离喧嚣的都市，漫步在秋日暖阳中，享受着满庭的芬芳，至水面穷而不穷也，石涧细流潺潺如琴之韵，"芬芳四君"为庭院观赏景区的中心区域，引用中国人熟知的"花中四君子"为题，各执秉性，却又意境紧连，幽芳雅致、风骨高洁，让人找到一种远离都市喧嚣的恬淡生活。

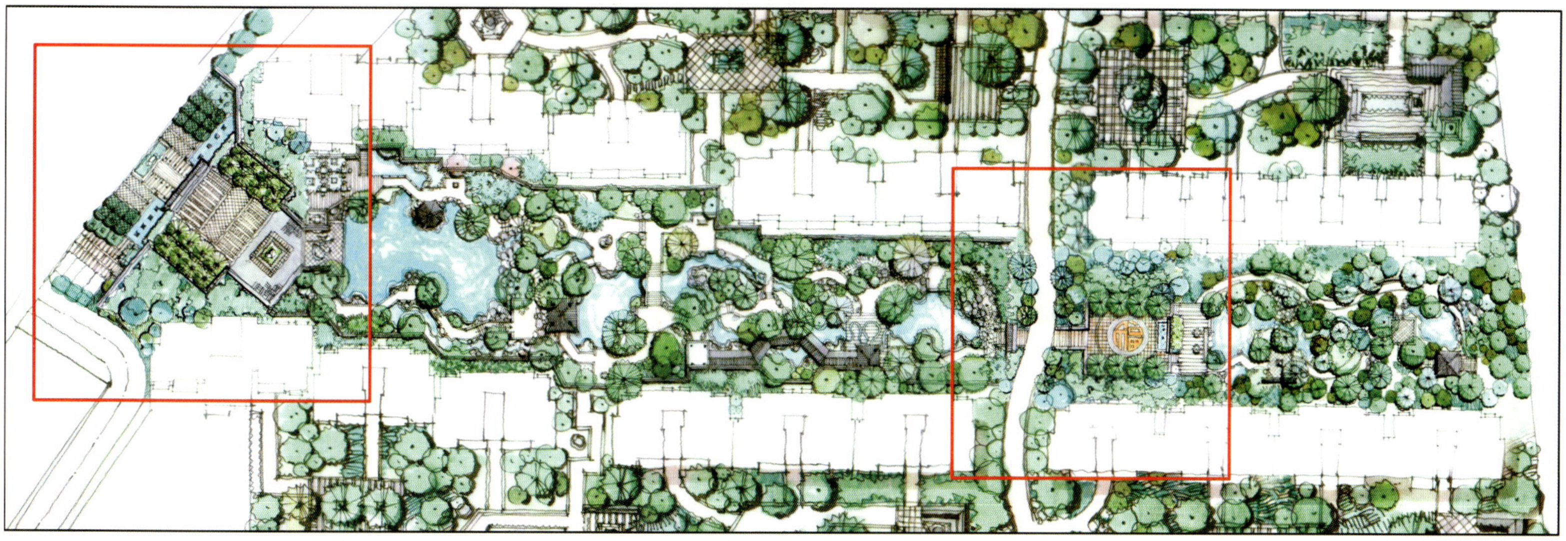

图为中轴区域在拆除售楼部及样板房后的平面方案
图中红色线框为原售楼及样板房

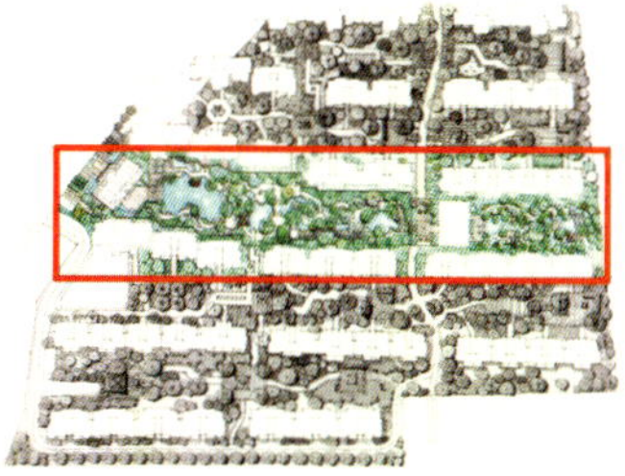

景观示意图

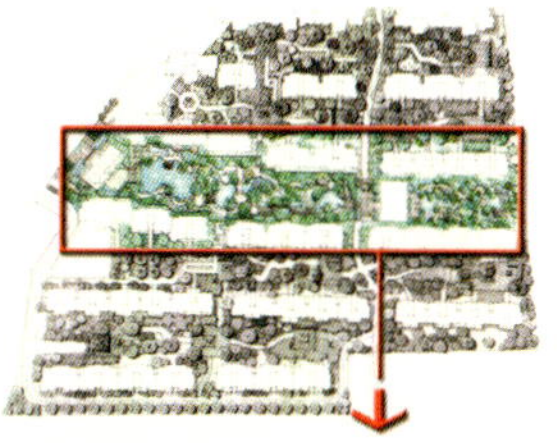

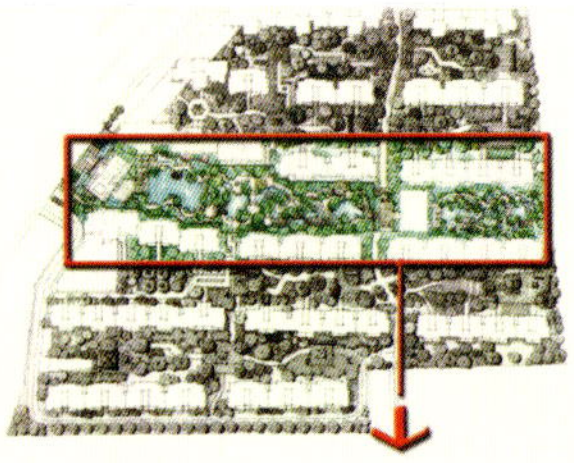

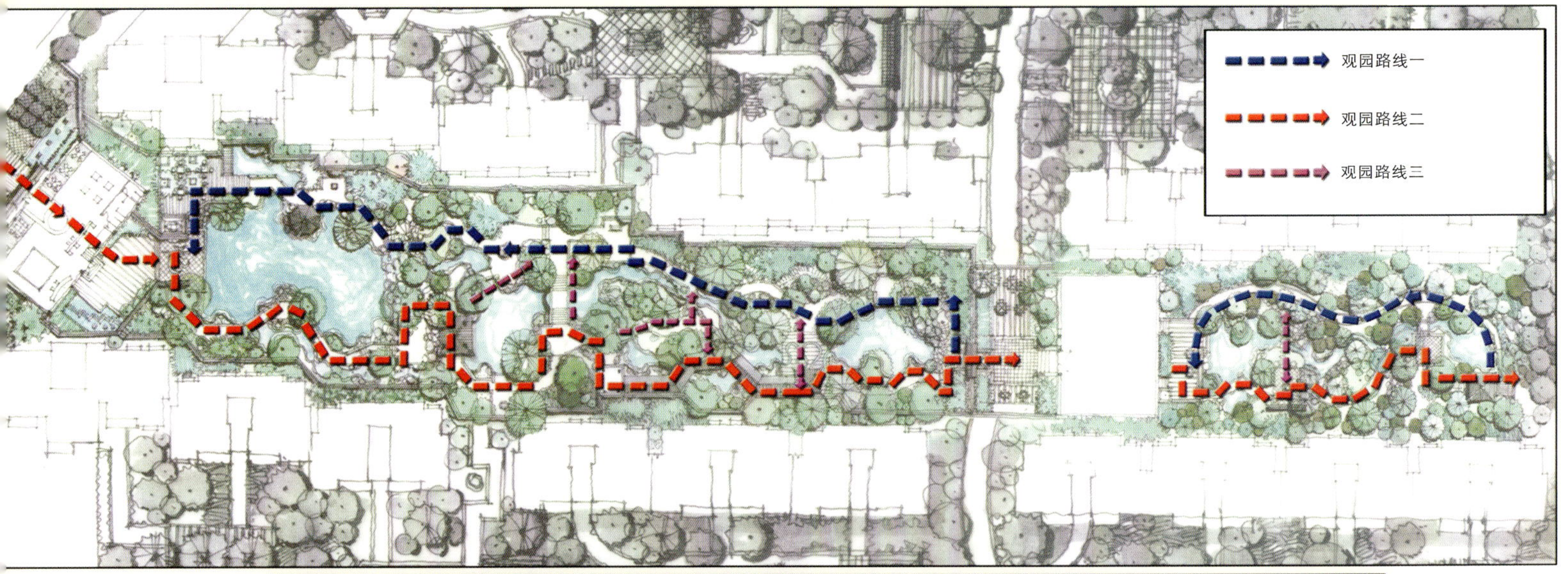

景观示意图

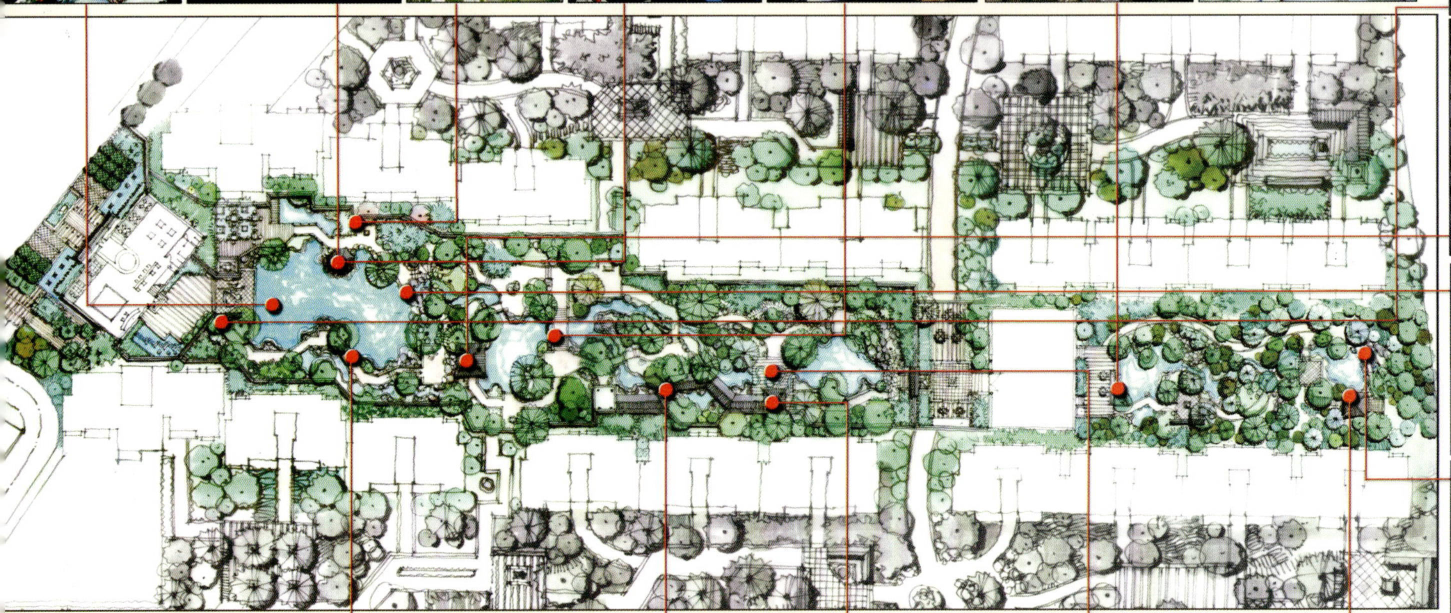
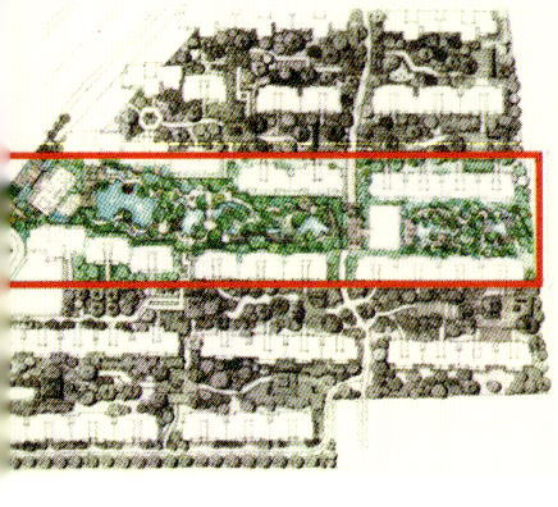

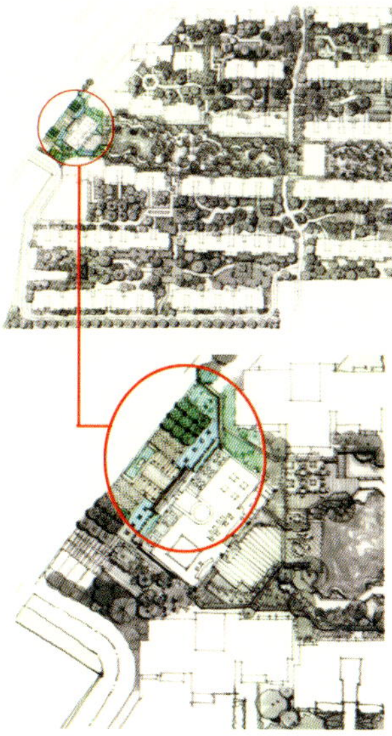

入口广场立面方案一

入口广场立面方案二

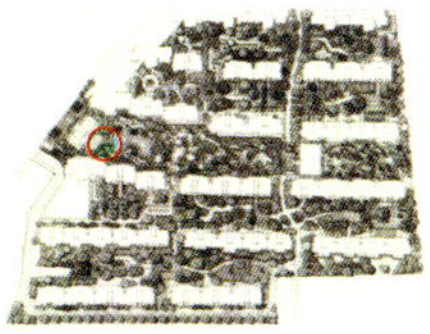

景观示意图

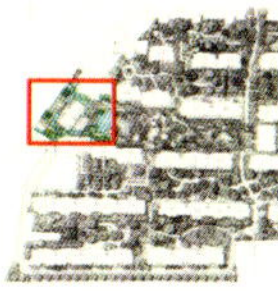

1. 特色树阵
2. 入口石景
3. 会所入口
4. 照壁
5. 门洞
6. 特色水景
7. 售楼洽谈区
8. 入口水景
9. 忆韵台
10. 休闲平台
11. 石景

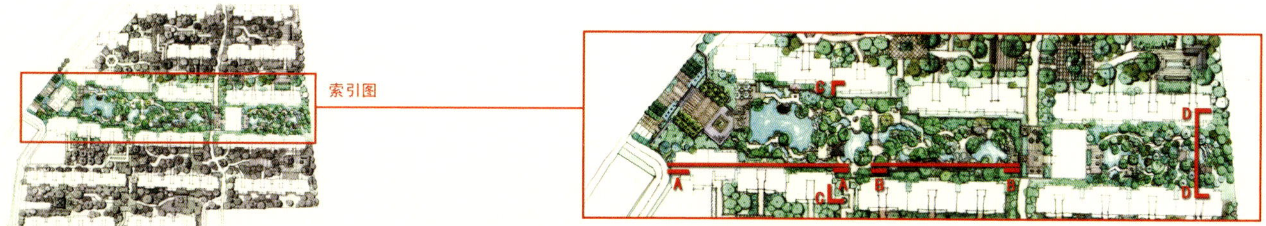

C-C 立面图

A-A 立面图

D-D 立面图

B-B 立面图

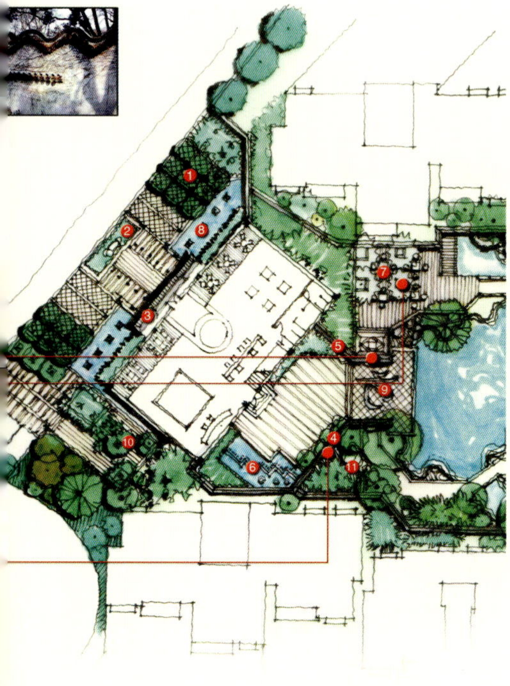

景观示意图

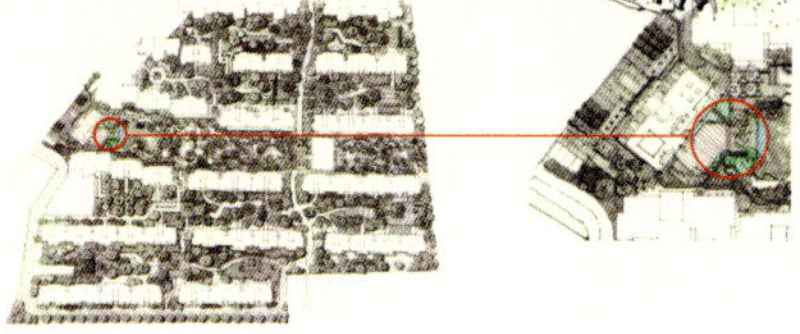

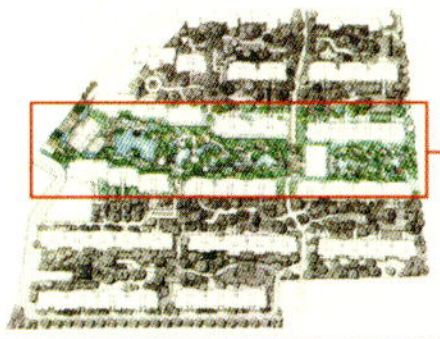
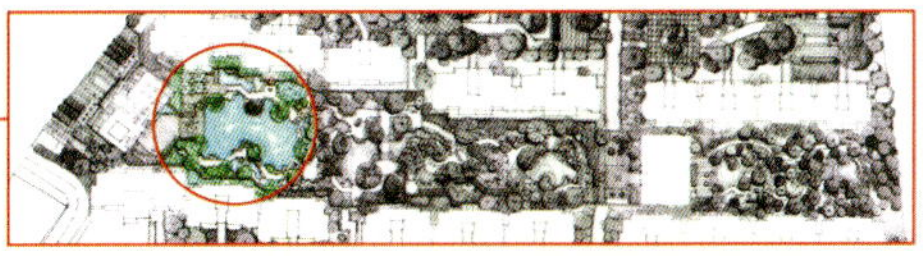

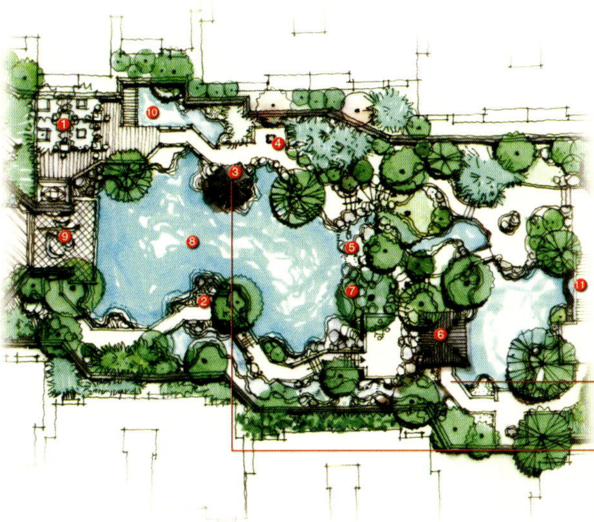

1 售楼洽谈区
2 观湖台
3 荷风亭
4 特色石景
5 盘龙玉溪
6 香山榭
7 假山石
8 映月潭
9 忆韵台
10 荷花池
11 断桥残雪

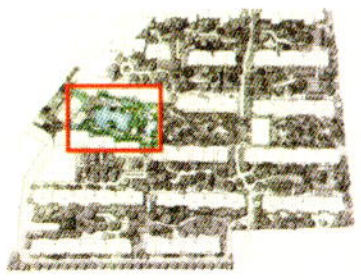

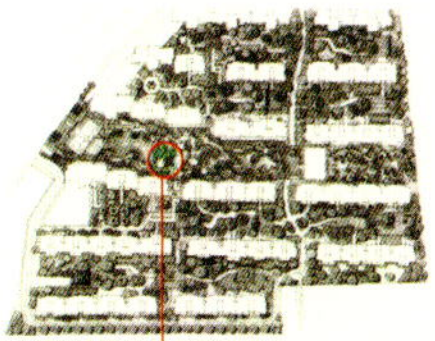
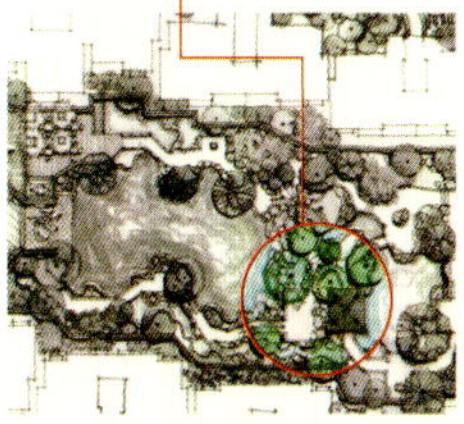

景观示意图

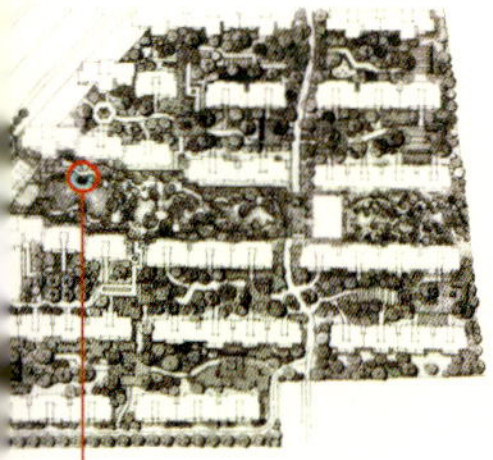
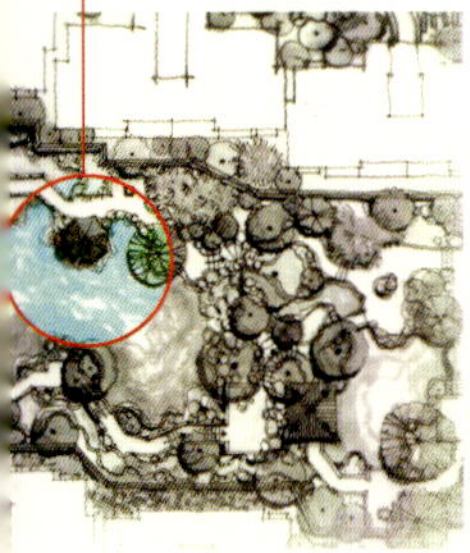

景观示意图

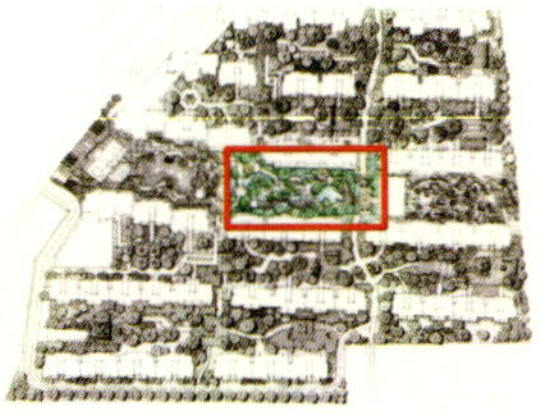

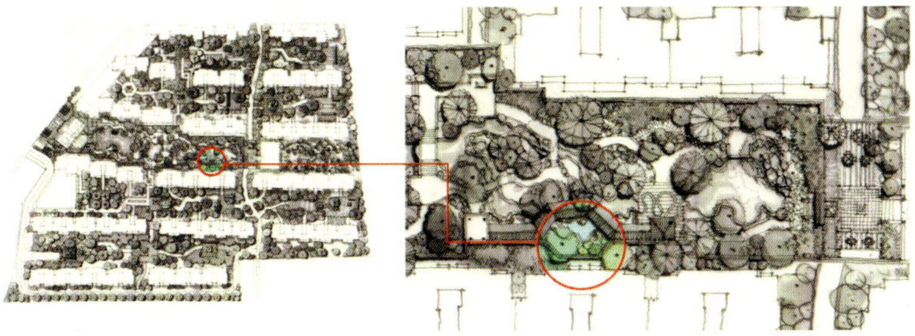

景观示意

景观示意

景观示意图

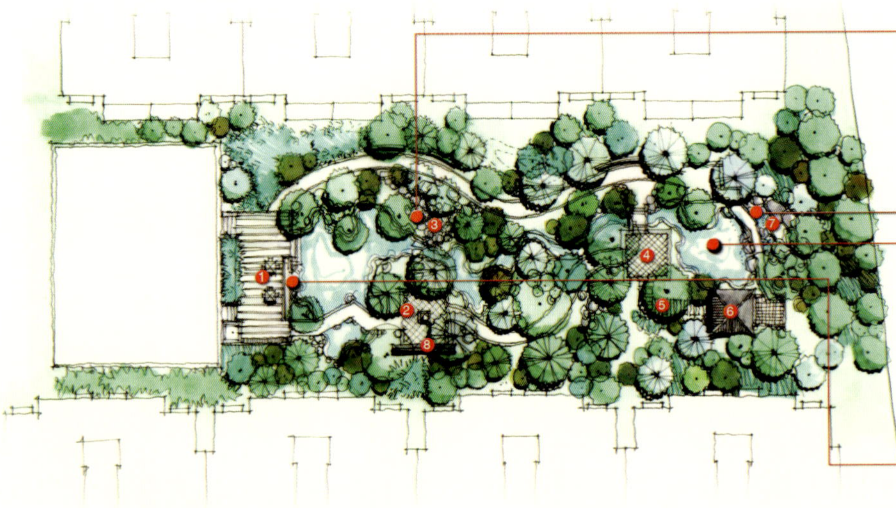

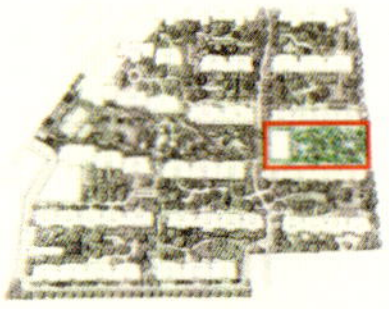

植物示意图

上海市青浦区东方庭院

项目资料：
项目位置：上海市青浦区
总占地面积：13万平方米
总建筑面积：6.9万平方米
容积率：0.53
景观规划设计面积：6.1万平方米
设计单位：EADG泛亚国际景观设计有限公司
主要设计人员：陈奕仁　孙丽丽　曾灿　刘余

项目说明：

位于上海市青浦区朱家角镇高端低密度别墅区板块，在整体设计手法上，不是单纯的复古和照搬中式，而是扬弃式的继承，将传统和现代融合，营造出独特的具有中国情结的居住环境精品。运用多层立体空间组合，吸取中式园林的精髓，由大到小、由浅到深，在转折间、虚实处，回味中国文化所带来的古老神韵。设计师力求使整个方案建立起一种舒适惬意的高品质生活方式。

杭州市碧水铭苑·江南水乡

项目资料：
项目地址：浙江省杭州市
设计面积：约20万平方米
委托方：华立地产集团
设计单位：深圳市吉相合景观设计有限公司

LANDSCAPE MASTER PLAN

项目说明：

项目位于极富江南水乡风情的西溪风景区，传承西溪风景区独特的地脉和文脉，浓缩江南传统建筑精髓，满足现代居住需求。

水居院落：提炼江南邻水民居特色，组织园区水域布置。将当代生活与传统建筑完美合璧，营造出一个极具文化品格的可观、可游、可居的江南名园。突出水居院落生活，利用现代生活观念及现代生活方式对原始院落空间进一步重塑，加强与自然结合的活动空间，实现传统人文、自然、现代的居住观念的升华。

恋故风情：在承继与创新中，复兴中国传统建筑和传统园林精神，重温辉煌的民族情结，再现江南水乡的一生情缘。承袭中国传统人居文化的精髓，并不是简单的复古。在景观规划上，借鉴中国传统园林手法，精炼融合出现代中式概念园林。通过借景、对景、框景等表现手法，体现中式园林的“味道”，并力图将景观做到每家每户，提高住宅品质，营造舒适的居住环境。

LAKE PERSPECTIVE

西安市兰亭坊

项目资料：
项目地址：陕西省西安市
委托方：西安天地源集团
设计单位：深圳市奥斯本环境艺术设计有限公司

项目说明：

项目位于西安高新技术产业开发区科技六路，西临隋唐皇家寺院遗址，在文脉上有盛唐气象的根基，通过寻找基地文脉中具有时代感的部分，使古老的传统获得新生，从而唤起人们对社区、对自身家园的自豪感，是该景观设计的理念根源。

在主题理念上，通过以下盛唐三大官方节日文化衍生出的设计主题：

1. 中和引龙回春天，教育主题
2. 上巳流觞曲水诗酒文化，休闲主题
3. 重阳登高团聚户外休闲，家庭主题

在细部表达上，则通过以下六种要素的处理实现设计目标：

1. 地形：台地与下沉相结合
2. 铺装：传统自然的铺装材料为主，现代铺装方式作为点缀
3. 建筑物：传统的建筑空间，现代的造型与材料
4. 构筑物：古典尺度与意象，现代材料与技术
5. 水景：现代的水景造型，传统的水景象征涵义
6. 植被：古典的意象，现代的围合方式

材料运用：

兰亭坊项目的总体风格决定了材料运用的以下原则：

1. 色彩淡雅：

首先材料的选择必须符合“现代中式”的总体风格，在最终的效果上体现出淡雅的效果，以黑白灰为主调，局部衬以暖色调石材，贯穿回家步道；休闲主题的场地则局部点缀中国红等鲜艳的色彩，起画龙点睛的作用。

TANDE 天地源

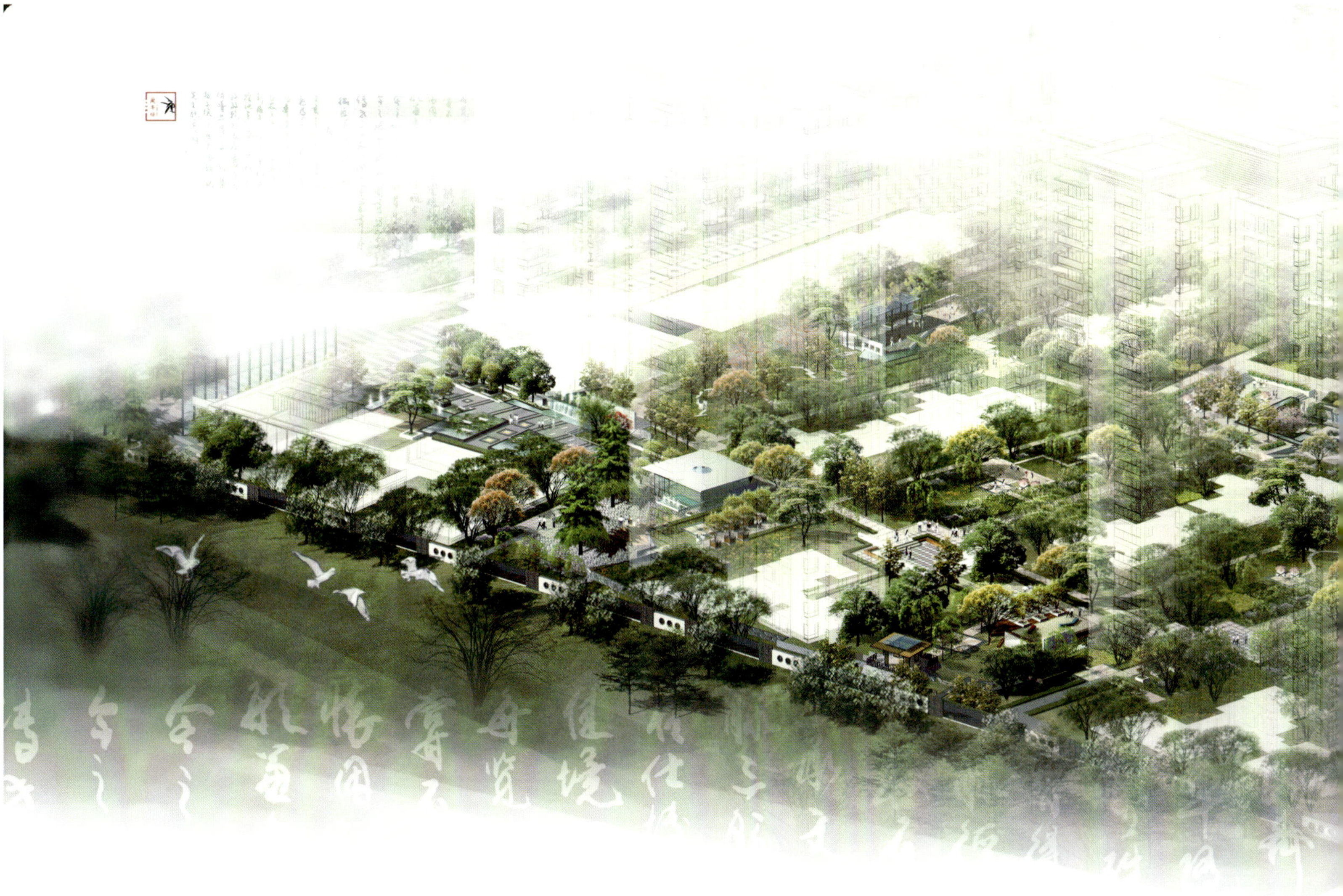

2. 种类多样：

在材料选择上，兰亭坊必须体现出与众不同的品味与格调，因此使用了一些传统材料，例如青砖、小青瓦、青石板，配以造型简洁的金属、木制构架，在传统与现代之间寻求平衡。金属材料在现代景观中的使用已经非常普遍，在传统园林中则非常罕见，但是师古不等于食古不化和完全仿古，所以在设计中我们大胆使用了金属材料，取古典园林"通透"之神。除此之外，为体现环境的优雅与宁静，选用了一些质朴且清新的材料，如古树庭院中的白色机制石，以及陶土砖等；传统材料如卵石、碎石等需要精湛的手工工艺，不宜大量使用。

3. 搭配合理：

不同材料之间的组合搭配至关重要。在兰亭坊中，如何体现"现代+传统"的融合是设计的关键之处。纯粹的传统做法在现代小区中不宜大量使用，在施工工艺和功能使用上有一定的局限性，因此以现代做法为基底，对传统材料做法进行一定程度的简化是兰亭坊材料搭配的原则，基于这个原则，我们使用了一些非常规的材料搭配方式，比如金属与瓦搭配的景墙，金属格栅与自然石搭配的庭院，钢木结构的亭子，由立面材料对比形成一定的视觉冲击；再如木地板与白色机制石搭配的古树庭院等，以纯净的白色映衬浓阴匝地的古树雪松，以强烈的色彩对比增加视觉的张力。

4. 产地本土：

材料选择上另一个十分重要的原则是产地本土化。我们尽可能地选用本地产的材料，这不仅仅是由于成本的原因，还因为西安作为古都，是一个文化根基深厚的城市，这在材料相关的产业也有所体现，例如之前提到的青砖、青瓦，特别是石材工艺，有相当程度的传统文化影响，是最适合表达传统文化的载体之一。除了传统材料外，陕西本地大规模产的新型材料也并不缺乏，例如新工艺制作的陶砖等。

以上分别从色彩基调、种类选择、品种搭配、产地等四个方面对兰亭坊项目的景观材料设计做了简单的分析，无论细节如何，总体的"现代中式"风格是指导设计的终极标杆，在这个大方向下进行材料设计，才能在五花八门、品种多样的材料面前，做到有取有舍，最终形成统一的效果。

天地源·蘭亭坊

青岛市依泉美庐

项目资料：
项目地址：山东省青岛市
占地面积：28万平方米
建筑面积：6.8万平方米
容积率：0.24
设计单位：青岛太奇环境艺术设计有限公司
设计人员：徐照东　田璐琳　聂敏　蔡强　赵纪华

项目说明：

依泉美庐坐落于著名的青岛市东部旅游度假区内的温泉镇泉海路66号，依山傍水，风水、地理、环境极佳。依泉美庐总体占地28万平方米，由174栋别墅、9栋联排别墅、3栋公寓精心打造而成，汲取青岛温泉、鳌山独特的旅游资源、自然资源、人文资源、精心造就这一篇江北最华丽的别墅篇章。

依泉美庐所处的温泉旅游度假区，本身就是以温泉而著称，自然赐予的地下热水滚涌而出，源源不断。温泉地热水又称古汤神泉，因其硫含量低、水质清澈、氯化钠含量接近于自然海水，而成为休闲娱乐、温浴的理想之地，这里是国内唯一的海水温泉，成因是海水在近处断层下渗到地底深处后受地热而升温，压力增加后又从地层缝隙涌出地表。经勘测表明温泉地热水在这里分布面积广、开采量大，水温高达93°，含氯、氮、镁、氯化钠等30多种有利于人体健康的矿物质，极富健康养生的奇效。

作为国内唯一的海水矿化温泉水直接入户的海水温泉别墅，依泉美庐所有入住的住户都可以尽情独享这一世间稀有的海水温泉资源。“温承天下，泉蕴百川”，依泉美庐真正展示出这一项目无与伦比的品位和品质。

依泉美庐坐落在温泉旅游度假区的中心地带，秉承原生态的规划设计宗旨，将建筑与自然完美交融。

在护城河外遥看依泉美庐，绿阴中古朴的红瓦，将大道所带来的所有城市喧嚣都隔绝在河上石桥的外端。

越过石桥，漫步其中，繁花似锦，生机盎然。呢呢喃喃的莺歌燕舞，妙趣横生的道路景观，红花绿树掩映中的地中海式别墅，让人禁不住怀疑自己是徜徉在地中海的某个海边小镇。尊崇艺术的意大利、浪漫优雅的法兰西、阳光与激情的西班牙，地中海的璀璨建筑文明在这里闪耀。

依泉美庐独特的下沉式后院，让传统的地下室变成生活中最亮丽的一道风景，在这里设置的娱乐休闲生活区，为生活的品味做了标注，一泓无价的海水温泉就在这景色的空间里奔流，窗外是郁郁葱葱的私家园林景观，庭院里是花色繁多的绿色植物与形态各异的园林小品，高大的树木，阴蔽着别墅与其高贵主人的生活空间。

14.31
14.46
13.69
800
100
13.63
线
13.69

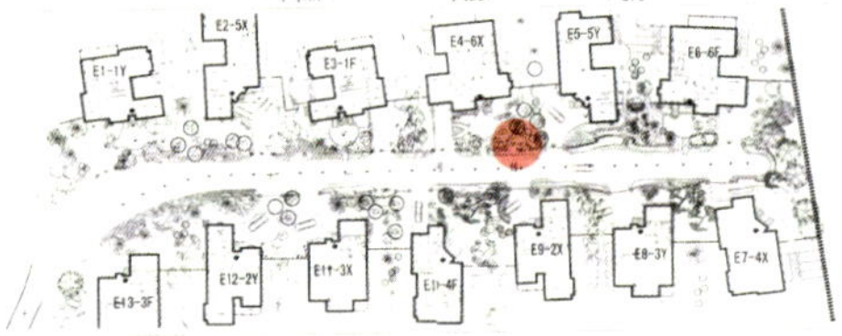

14.46
6339
700
655
60
441
60
1009
60
441
60
900
60
441
60
692
700

13.63
线
13.69

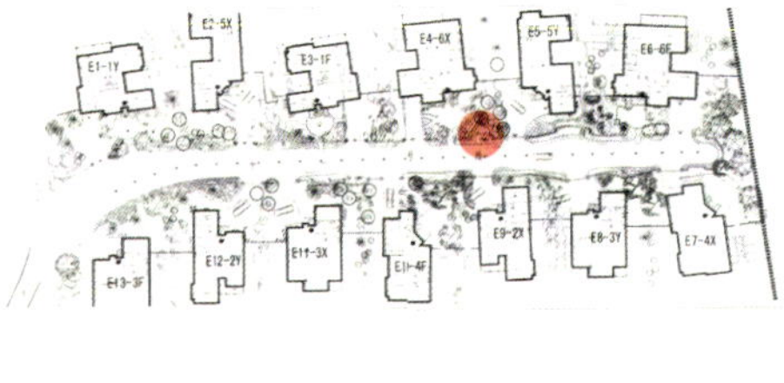

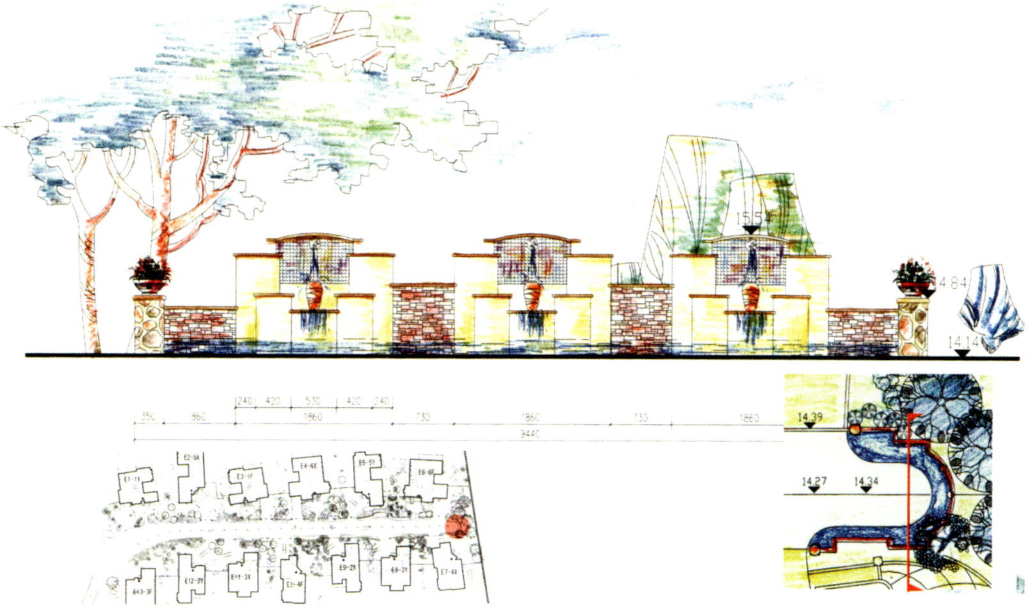

15.57
14.14
14.39
14.27
14.34
9440

14.30
13.95
13.04
13.00
13.04
13.08
1940

13.05
13.64
12.86
12.75
12.79
12.86
12.96
13.12
2335
2167
8022

上海市崇明县陈家镇3号地块

项目资料：
项目地址：上海市崇明县
设计单位：上海唯美景观设计工程有限公司
主要设计人员：郑英杰

项目说明：

一、基地概况：

建设用地位于上海崇明县陈家镇，地处上海长江隧桥的登岛位置，南距上海中心城区45公里，距浦东国际航空港50公里。全国沿海大通道上海长江桥隧桥工程将从根本上改变陈家镇交通格局，从。家镇到陆家嘴和浦东空港的时间均缩短到40分钟内，同时镇区紧邻东滩自然保护区，区域环境优越，成为养生度假的绝佳区位。现规划地块内大部分是鱼塘及农田。地块北边紧邻揽海路，南面直临中心河、东西面直临规划河。本项目分东西两块，其中住宅用地约250亩、商业用地80亩，整个地块占地面积为330亩。本次规划按照项目的建设节奏，分一、二、三期开发，一期开发用地：82389.3平方米，二期开发用地：84958.7平方米，三期开发用地：53573.5平方米。将居住用地划分为两种居住类型。第一类为独立式小住宅，布局于景观条件优越的滨水地带；第二类为4层的联排式住宅。

二、生态开发优势：

崇明岛大的开发格局，规划定位为“生态之城”，大环境优越。陈家镇已为广泛认同的别墅居住区，政府大力开发的生态旅游板块。一城九镇的陈家镇，东滩地区规划将陈家镇列为以生态居住、休闲运动、国际教育为主的科教产业集聚区和门户景观区，营造城镇与田园相融、人与自然相贴近的新型城镇格局。东滩湿地更是区域绿肺、自然氧吧。沪崇苏大通道的建成提升地块价值，发展大道的竣工开通，使市区与本地块的距离大幅度拉近，便捷的交通使本地成为离尘不离城的高档城市别墅。

三、景观定位：

项目规划定位“滨江休闲运动高尔夫别墅区”，决定营造“运动、生态、人文”的居住社区，并具有超大规模的果岭绿化带，延展社区风景线。

本项目位于陈家镇国际高尔夫周围，集度假、休闲、居住于一体，建筑风格为古典西班牙风格，以原生态的景观理念贯穿始终。

四、设计主题：

“世尊高尔夫贵族领地，生态山水园岛居别墅”，依托上海崇明岛开发优势，并紧密结合陈家镇规划，创造海上高尔夫别墅尊贵居所。地块内的自然景观即原生树木、水景优势，通过景观与建筑的结合，岛屿、溪流、庭院、别墅和园林达到人与自然、人与建筑、建筑与自然的和谐共生。

五、一期样板区规划设计：

入口区域作为进入别墅的第一印象，在景观元素的选择上以特色鲜明的logo景墙和两侧对称的跌水景墙构成，入口门卫建筑设计将西班牙风格和社区管理功能集于一体。精美的活动广场位于社区内部，由观景平台和天使广场构成，踏上观景平台可以看到中央湖景，湖中三岛的景观尽收眼底，天使广场中央的欧式喷泉由做工精致的花岗石雕刻而成，四周环绕着造型各异的天使雕塑。这里是社区业主们放松休闲的地方，继续前行至临水平台，这里由欧式花架和木栈平台构成，安全的水深和亲水台阶将业主带到水边近距离和水接触，宽阔的湖面一览无余。

N
海
路
住宅区主入口
涨
水
洪
河
心
河
陈家镇国际高尔夫运动场地

2 SECTION
SCALE: 1:50M

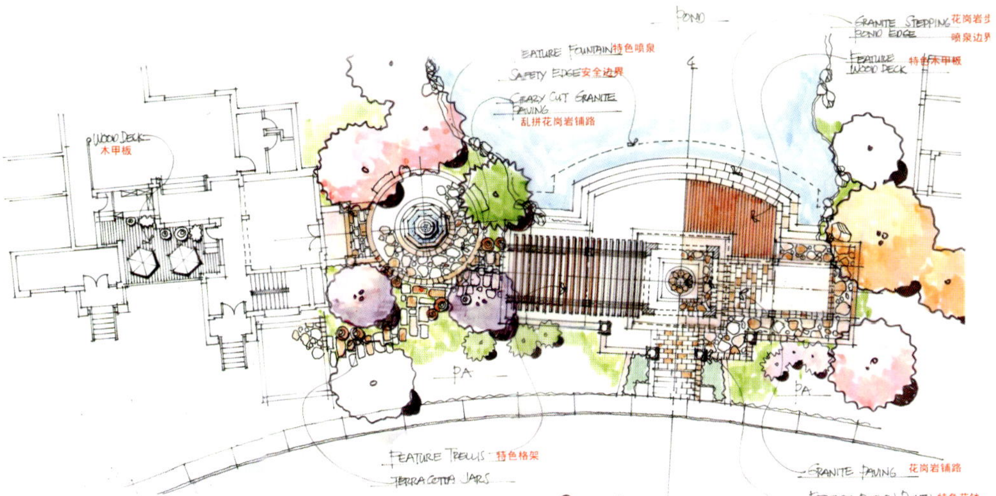

PLAN
SCALE: 1:100
亲水亭廊平面图-方案2

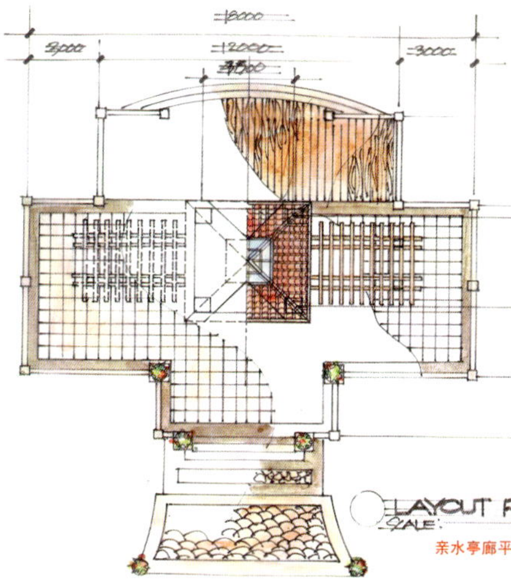

LAYOUT PLAN
SCALE: 1:100M
亲水亭廊平面图-方案2

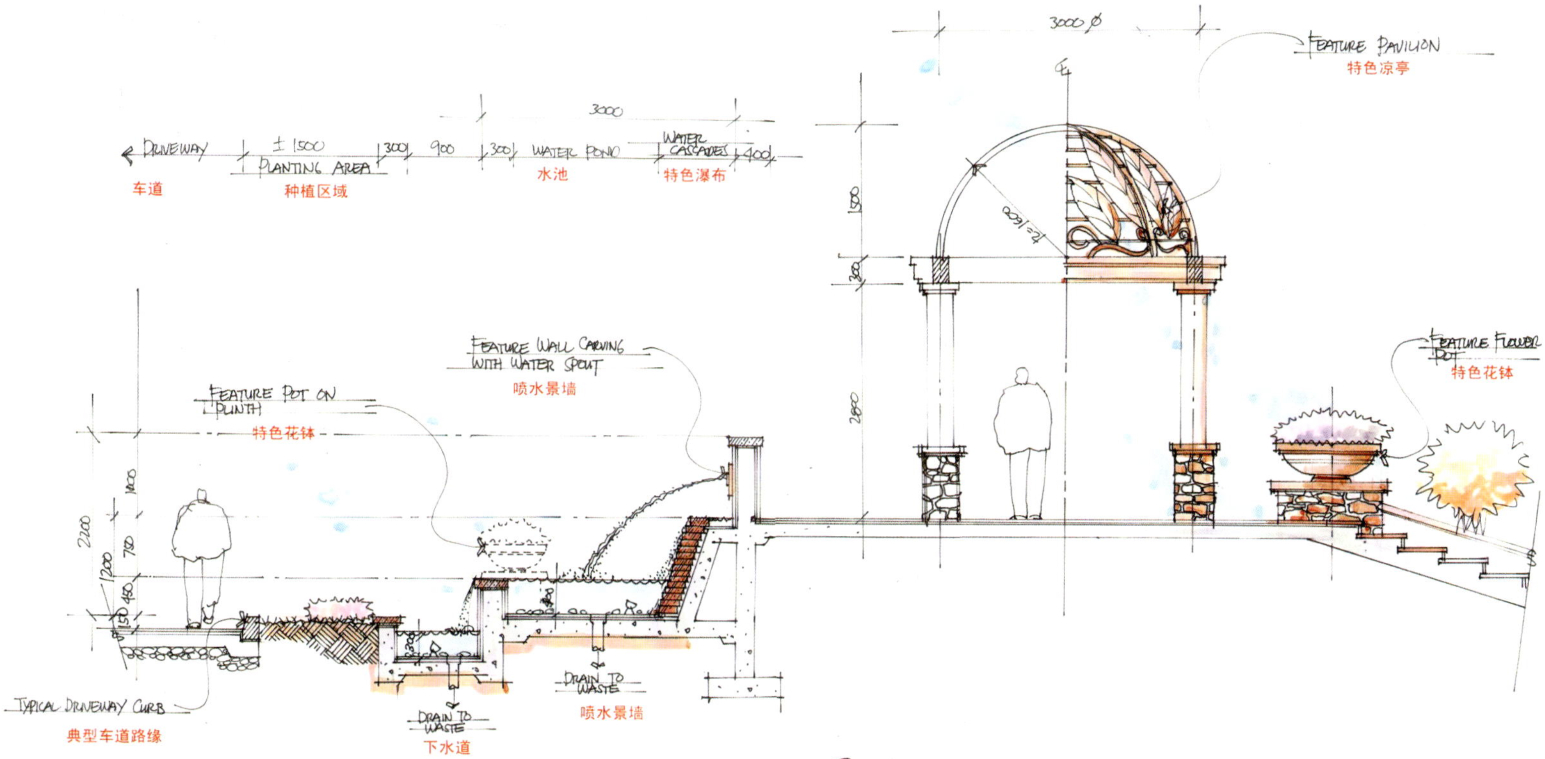

SECTION
SCALE: 1:30
入口水景剖面图-方案1

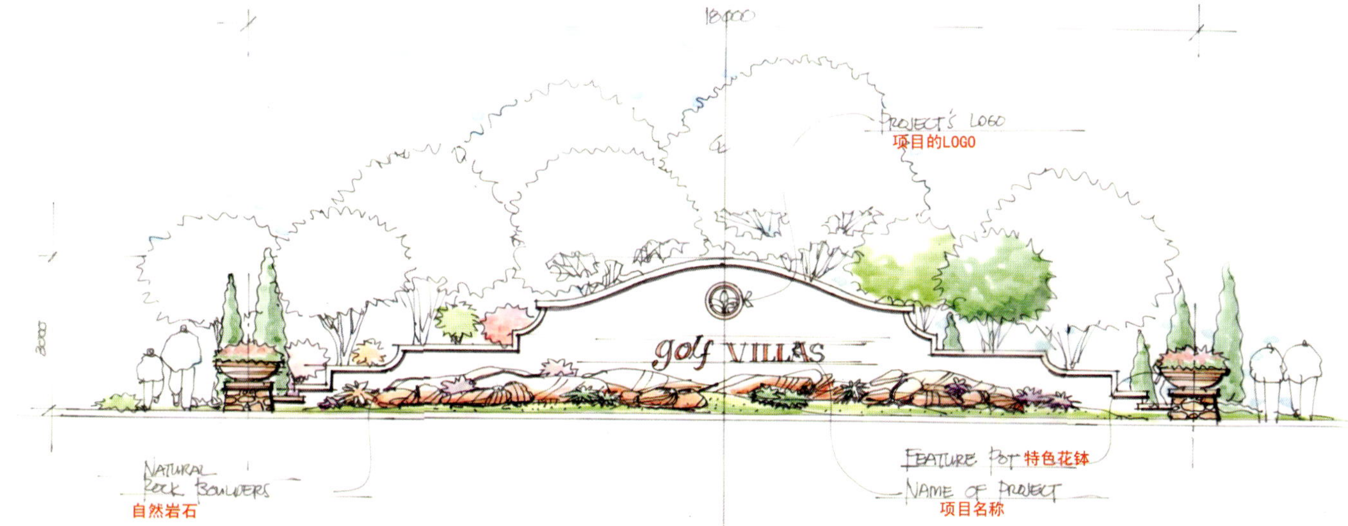

ELEVATION
SCALE: 1:30
LOGO景墙立面图-方案2

亲水亭廊正立面图-方案1

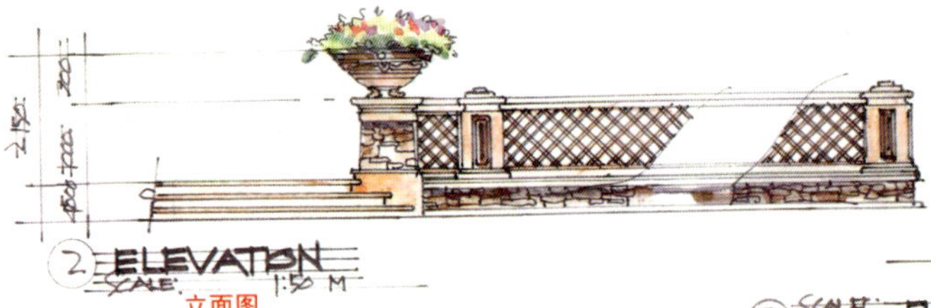

立面图

亲水亭廊侧立面图-方案1

杭州市大华·西溪风情

项目资料：

项目地址：浙江省杭州市

总占地面积：69万平方米

设计单位：EADG泛亚国际景观设计有限公司

主要设计人员：高斌 钟贞 孙亚明

项目说明：

大华·西溪风情位于杭州城西，距市中心约10公里，正居珍稀的西溪湿地，约400米近距离贴近西溪国家湿地公园，规划面积1000余亩，将建成建筑面积达50万平方米的城市湿地水景排屋别墅社区。

设计以自然风格为主，紧紧抓住水和文化两条脉络，力求将社区融入自然，将文化融入生活。本着户户临水的设计原则，三条水系贯穿整个社区，自然形成了两横一纵的景观轴线。所有景观节点均依水而建，尽量保持原生态，减少人工修饰。景观材料方面，多利用天然石材、木材等使其与周围环境相融合，同时结合钢材和部分景观小品为其注入现代元素，满足现代人对时尚的要求。利用丰富的植物资源划分多层次空间，满足不同的功能要求，同时利用植物的季相变化形成步移景异、因时而变的自然景观，着力打造一个“目之所及皆美色，心之所至尽神怡”的花园社区。